2024

내가 ~~~~~~ 경향에 맞춘 최고의 수험서

자연생태 복원

기사 필기

이효준 저

예문사

환경문제는 국지적이지만 지구 차원에서 고려되고, 그에 따른 국제동향이 정해지며 각 나라의 법과 제도가 따라가게 됩니다. 산업혁명 이후의 인구증가와 기술발전은 인간을 편리하고 윤택하게 했지만 기후변화, 생물다양성 감소, 환경오염이라는 환경문제를 인류에게 숙제로 안겨 주기도 하였습니다.

최근에는 환경문제의 중요성이 더욱 커지고 국제동향과 나라별 법과 제도가 빠르게 변하면서 환경분야 전문가의 수요가 늘고 있습니다.

이러한 흐름에서 자연생태복원기사는 환경문제와 생태계를 잘 이해하고 생태계를 조성 또는 복원함으로써 생태적 방법으로 환경문제를 해결할 수 있는 지식과 경험을 Test하여 사회적 수요에 부응하는 자격증이라 할 수 있습니다. 이러한 국제적 · 사회적 흐름에 따라 저자는, 전문 인력 양성의 기본 전제인 자격증 시험의 쉽고 빠른 합격을 위하여 NCS(국가직무능력표준)에 맞는 이론과 그동안 출제되었던 기출문제를 분석하여 되도록 핵심적인 내용을 중심으로 쉽게 설명하고자 노력하였습니다.

또한 2022년 자연생태복원기사(필기)의 출제기준은 과목과 문항수에 많은 변화가 있었기에 그에 맞게 과목별 이론 및 기출문제를 구분하여 정리하였습니다.

🗍 이 책의 구성

자연생태복원기사 출제기준에 따라,
제1편 : 생태환경 조사분석
제2편 : 생태복원 계획
제3편 : 생태복원 설계 · 시공
제4편 : 생태복원 사후관리 · 평가
제5편 : 과년도 기출(복원)문제

끝으로, 본 문제집이 발간되기까지 많은 도움을 주시고 세심하게 배려해 주신 모든 분들께 감사의 말씀을 전하며, 관련분야 발전에 힘써 주시는 모든 분들께 존경을 표합니다.

저자 이효준

☑ 시험 안내

○ **자격명**

자연생태복원기사(Engineer in Nature Environment and Ecological Restoration)

○ **관련부처**

환경부

○ **시행기관**

한국산업인력공단(http://www.q-net.or.kr)

○ **개요**

자연생태계를 체계적으로 관리하고 환경오염과 자연생태계 파괴로 인한 피해를 최소화하며, 훼손된 생태계를 환경친화적으로 복원하고, 생태계 위해성을 평가할 수 있는 인력을 양성할 목적으로 제정되었다.

○ **수수료**

- 필기 : 19,400원
- 실기 : 28,500원

○ **관련학과**

대학 환경생태 관련 학과(생물환경학과, 환경녹지학과, 환경조경학과, 환경생물학과, 생물학과, 생물학 전공, 조경학과, 농생물학과, 산림자원학과 등)

○ **시험과목**

- 필기 : 1. 생태환경 조사분석 2. 생태복원 계획 3. 생태복원 설계 · 시공 4. 생태복원 사후관리 · 평가
- 실기 : 환경생태실무

○ **검정방법**

- 필기 : 객관식 4지 택일형 과목당 20문항(과목당 30분)
- 실기 : 복합형(필답형(1시간 30분, 45점) + 작업형(3시간 정도, 55점))

○ **합격기준**

- 필기 : 100점을 만점으로 하여 과목당 40점 이상, 전과목 평균 60점 이상
- 실기 : 100점을 만점으로 하여 60점 이상

◯ 종목별 검정현황

연도	필기			실기		
	응시	합격	합격률(%)	응시	합격	합격률(%)
2023	1,202	738	61.4%	621	341	54.9%
2022	987	568	57.5%	685	403	58.8%
2021	1,203	838	69.7%	891	473	53.1%
2020	1,080	699	64.7%	833	428	51.4%
2019	1,036	803	77.5%	919	314	34.2%
2018	1,095	603	55.1%	664	379	57.1%
2017	1,199	691	57.6%	695	332	47.8%
2016	1,286	561	43.6%	688	418	60.8%
2015	1,344	623	46.4%	909	423	46.5%
2014	1,606	722	45%	745	350	47%
2013	1,714	671	39.1%	698	444	63.6%
2012	1,619	453	28%	654	422	64.5%
2011	1,395	502	36%	560	169	30.2%
2010	1,315	434	33%	516	246	47.7%
2009	1,119	392	35%	410	77	18.8%
2008	1,072	195	18.2%	282	164	58.2%
2007	873	331	37.9%	341	94	27.6%
2006	883	185	21%	283	56	19.8%
2005	913	216	23.7%	501	119	23.8%
2004	1,159	354	30.5%	0	0	0%
소계	24,100	10,579	43.9%	11,895	5,652	47.5%

☑ 이 책의 특징

1

이론 학습 후에 바로 개념을 정리하고 확인할 수 있도록 간단한 문제를 수록하였습니다. 본문을 공부한 후에 관련 문제를 통하여 바로 확인할 수 있어 자신의 학습 정도를 확인할 수 있습니다.

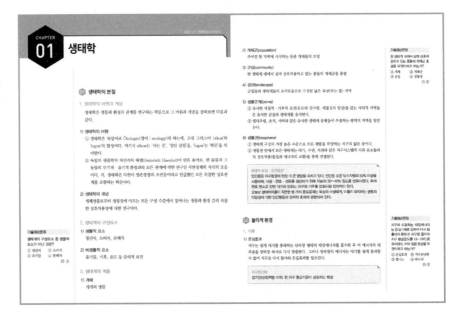

2

각 Chapter마다 단원별 기출문제를 실어, Chapter와 관련된 기출문제 유형을 알 수 있도록 하였습니다.

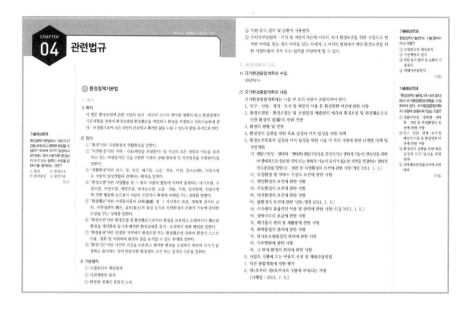

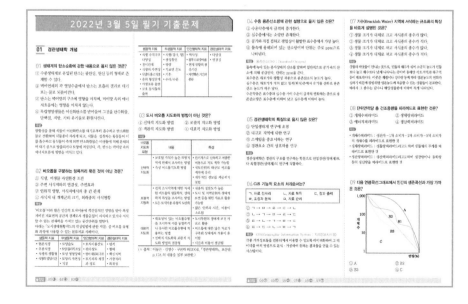

☑ 필기 출제기준

직무 분야	환경· 에너지	중직무 분야	환경	자격 종목	자연생태 복원기사	적용 기간	2022.1.1.~2024.12.31.

• 직무내용 : 자연환경분야의 전문지식을 가지고 현황조사와 교란원인을 분석하여 생태복원 기획 및 계획을 수립하고, 생태복원 후 운영 및 관리 업무를 수행하는 직무이다.

필기검정방법	객관식	문제수	80	시험시간	2시간

필기 과목명	문제수	주요항목	세부항목	세세항목
생태환경 조사 분석	20	1. 데이터 해석	1. 데이터 정리	1. 분야별 환경실태 조사결과 정리 2. 정성적 분석 3. 정량적 분석 4. 분야별 환경실태 통계값 산출 5. 환경기준 비교
			2. 시·공간적 분석	1. 시공간 통계처리 2. 처리결과 도표 및 도면화 3. GIS 분석 4. 원격 탐사
			3. 데이터 검증	1. 데이터 신뢰도 검증 2. 수집자료 해석
			4. 개체, 개체군, 군집 생태	1. 개체 생태 2. 개체군 생태 3. 군집 생태 4. 생태계 생태
			5. 국토환경 정보망	1. 국토환경정보망 개념 2. 국토환경정보망 구축 3. 국토환경정보망 이용
		2. 자연생태환경 조사 분석	1. 대상지 여건 분석	1. 환경 생태적 여건 2. 사회·경제적 여건 3. 역사·문화적 여건
			2. 육상생물상 조사 분석	1. 육상생물상 2. 육상 보호생물 3. 육상생태계 특성 4. 천이
			3. 육수생물상 조사 분석	1. 육수생물상 2. 육수 보호생물 3. 육수생태계 특성
			4. 해양생물상 조사 분석	1. 해양생물상 2. 해양 보호생물 3. 해양생태계 특성
			5. 자연환경자산 조사 분석	1. 보호지역 2. 법정보호종

필기 과목명	문제수	주요항목	세부항목	세세항목
생태환경 조사 분석	20	3. 경관생태 분석	1. 경관생태학의 개념	1. 경관생태학의 정의 2. 경관생태학의 발전 3. 경관생태학의 특징
			2. 경관의 구조	1. 패치 2. 주연부와 경계 3. 코리더와 연결성 4. 모자이크 5. 경관생태지수
			3. 경관의 기능과 변화	1. 경관의 기능 2. 경관의 변화
			4. 경관생태학적 지역 구분과 관리	1. 자연지역구분 2. 자연지역에서의 기능적 관계 3. 경관생태학적 지역구분
		4. 생태계 종합평가	1. 자연환경조사결과 분석	1. 동·식물 서식지 평가 2. 분류군별 먹이망 관계 분석 3. 생태기반 환경평가 4. 생물상과 자연환경 요소 간 상호관계 분석
			2. 종합분석	1. 대상지 현황의 핵심 사항 요약 2. 대상지 현황의 문제점 및 기회요인 파악 3. 문제점 해결 방안 도출 4. 종합분석표와 종합분석도 제작
			3. 도시생태현황지도 분석	1. 비오톱 유형 2. 도시생태현황지도 분석
			4. 가치평가	1. 생태계 보전 가치평가 2. 적지분석 3. 생태계 서비스 추정 4. 환경가치 추정 5. 자연환경총량제(자연환경침해조정제) 6. 생태·자연도평가
			5. 시사점 도출	1. 환경요인 종합 분석(SWOT)
			6. 생물다양성	1. 생물다양성 개념 2. 생물다양성 유지
생태복원 계획	20	1. 환경계획의 체 계와 내용	1. 국가환경종합계획의 체계와 내용구성	1. 국가환경종합계획의 체계 2. 국가환경종합계획의 내용구성
			2. 자연환경보전계획의 체계와 내용구성	1. 자연환경보전계획의 성격, 목표, 과제 2. 자연환경보전계획의 위계 및 수립 절차 3. 자연환경보전계획의 주요내용

필기 과목명	문제수	주요항목	세부항목	세세항목
생태복원 계획	20	2. 생태복원 구상	1. 사업목표 수립	1. 사업 기본방향 설정 2. 사업목표 설정 3. 환경윤리
			2. 목표종 선정	1. 목표종 유형 2. 목표종 선정기준 3. 목표종 서식지 특성
			3. 공간 구상	1. 유네스코 생물권(MAB) 프로그램 2. 공간구상 적정성 검토 3. 생태네트워크 구상
			4. 공간활동 프로그래밍	1. 도입활동 프로그래밍 2. 도입시설 프로그래밍
		3. 생태기반환경 복원계획	1. 토지이용 및 동선계획	1. 토지이용 2. 동선계획
			2. 지형복원계획	1. 지형 조사분석 항목 2. 지형복원 공법 3. 지형복원 부산물 처리 방법 4. 폐기물 처리 기준
			3. 토양환경복원계획	1. 토양환경 조사분석 항목 2. 표토 재활용 방법 및 기술 3. 식재토양 성능평가 4. 토양복원 공법
			4. 수환경복원계획	1. 수환경 조사분석 항목 2. 수환경복원 공법
			5. 환경영향평가	1. 환경현황조사 2. 환경영향예측 3. 저감대책
		4. 서식지 복원 계획	1. 목표종 서식지복원 계획	1. 목표종 서식지 특성 2. 서식처 적합성 지수(HSI)
			2. 숲복원계획	1. 숲의 구조와 기능 2. 숲 복원용 식물소재 선정 3. 숲 복원용 식물별 생리적, 기능적 특성 4. 잠재자연식생
			3. 초지복원계획	1. 초지의 구조와 기능 2. 초지 복원용 식물소재 선정 3. 초지 복원용 식물별 생리적, 기능적 특성
			4. 습지복원계획	1. 습지위치 및 규모 결정 2. 습지 기반환경과 지하수위 3. 생태방수기법 선정 4. 수위별 적정 습지식물 선정

필기 과목명	문제수	주요항목	세부항목	세세항목
생태복원 계획	20		5. 기타 서식지복원계획	1. 비탈면 복원계획 2. 생태하천 복원계획 3. 폐광산 및 채석장 복원계획 4. 생태통로 설치계획 5. 인공지반 조성계획 6. 기타 훼손지 복원계획
		5. 생태시설물 계획	1. 보전시설계획	1. 보전시설 종류별 특성 2. 보전시설 설치계획 3. 보전시설 유지관리계획 4. 보전시설 안전기준
			2. 관찰시설계획	1. 관찰시설 종류별 특성 2. 관찰시설 설치계획 3. 관찰시설 유지관리계획 4. 관찰시설 안전기준
			3. 체험시설계획	1. 체험시설 종류별 특성 2. 체험시설 설치계획 3. 체험시설 유지관리계획 4. 체험시설 안전기준
			4. 전시 · 연구시설계획	1. 전시 · 연구시설 종류별 특성 2. 전시 · 연구시설 설치계획 3. 전시 · 연구시설 유지관리계획 4. 전시 · 연구시설 안전기준
			5. 편의시설계획	1. 편의시설 종류별 특성 2. 편의시설 설치계획 3. 편의시설 유지관리계획 4. 편의시설 안전기준
			6. 관리시설계획	1. 관리시설 종류별 특성 2. 관리시설 설치계획 3. 관리시설 유지관리계획 4. 관리시설 안전기준
		6. 생태복원사업 타당성 검토	1. 대상지 정보 검토	1. 환경생태적 여건 2. 사회 · 경제적 여건 3. 역사 · 문화적 여건
			2. 세부 타당성 검토	1. 경제적 타당성 2. 정책적 타당성 3. 기술적 타당성
			3. 사업 집행계획 수립	1. 생태복원사업 예산 2. 생태복원사업 추진계획

필기 과목명	문제수	주요항목	세부항목	세세항목
생태복원 설계 · 시공	20	1. 생태복원 현장 관리	1. 사업관계자 협의	1. 관련기관 협의
			2. 공정관리	1. 예정공정표 2. 공사 관련 법규 검토 3. 인력 및 장비운용 계획수립
			3. 예산관리	1. 공사수량표작성 2. 내역서 및 공사원가표작성 3. 품셈활용 일위대가 작성 등 적산
			4. 품질관리	1. 품질관리 법규 2. 공사시방서 3. 공종별 품질기준 4. 산업표준(KS, ISO)기준 5. 품질시험방법
			5. 안전관리	1. 안전관리계획 2. 안전점검 3. 안전사고 예방 4. 사고발생 시 대처 5. 보상 등 사후 처리
		2. 서식지복원 설계	1. 목표종 서식지복원 설계	1. 생태네트워크 설계 2. 서식환경 적합성 분석 및 정량화 3. 서식환경 적합성 도면화 4. 생물종 먹이연쇄
			2. 숲복원 설계	1. 기존 수목 활용도면 2. 식생모델 3. 식생복원 설계 4. 식재 및 파종 수량
			3. 초지복원 설계	1. 초지 식생복원 설계 2. 초본 식재 및 파종 수량
			4. 습지복원 설계	1. 습지 구조 설계 2. 습지 식생복원 설계 3. 습지 생물종 서식처 설계
			5. 기타 서식지복원 설계	1. 지탈면 복원 설계 2. 생태하천 복원 설계 3. 폐광산 및 채석장 복원 설계 4. 생태통로 설치 설계 5. 인공지반 조성 설계 6. 기타 훼손지 복원 설계
		3. 생태시설물 설계	1. 보전시설 설계	1. 보전시설 설계 배치도 2. 보전시설 공간별 부분 배치도 3. 보전시설 용도별 상세도 4. 보전시설 수량표
			2. 관찰시설 설계	1. 관찰시설 설계 배치도 2. 관찰시설 공간별 부분 배치도 3. 관찰시설 용도별 상세도 4. 관찰시설 수량표

필기 과목명	문제수	주요항목	세부항목	세세항목
생태복원 설계 · 시공	20	3. 생태시설물 설계	3. 체험시설 설계	1. 체험시설 설계 배치도 2. 체험시설 공간별 부분 배치도 3. 체험시설 용도별 상세도 4. 체험시설 수량표
			4. 전시 · 연구시설 설계	1. 전시 · 연구시설 배치도 2. 전시 · 연구시설 공간별 부분 배치도 3. 전시 · 연구시설 상세도 4. 전시 · 연구시설 수량표
			5. 편의시설 설계	1. 편의시설 배치도 2. 편의시설 공간별 부분 배치도 3. 편의시설 상세도 4. 편의시설 수량표
			6. 관리시설 설계	1. 관리시설 배치도 2. 관리시설 공간별 부분 배치도 3. 관리시설 상세도 4. 관리시설 수량표
		4. 서식지 복원	1. 목표종 서식지 복원	1. 생태네트워크와 서식처 연결 2. 목표종 생활사 특성 3. 목표종 적합 서식환경
			2. 숲 복원	1. 숲 복원도면 이해 2. 숲 동 · 식물 서식환경 조성 3. 숲 복원공사로 인한 영향 4. 식물 군락 이식
			3. 초지 복원	1. 초지 복원도면 이해 2. 초지 동 · 식물 서식환경 조성 3. 초지 복원공사로 인한 영향
			4. 습지 복원	1. 습지 복원도면 이해 2. 습지 동 · 식물 서식환경 조성 3. 습지 복원공사로 인한 영향
			5. 기타 서식지 복원	1. 비탈면 복원 2. 생태하천 복원 3. 폐광산 및 채석장 복원 4. 생태통로 설치 5. 인공지반 조성 6. 기타 훼손지 복원
		5. 생태기반환경 복원	1. 현장 준비	1. 복원사업 관련 서류 및 법규 2. 현장여건 파악 3. 시공 측량 4. 환경생태 위해 요소 5. 보호대상 이해

필기 과목명	문제수	주요항목	세부항목	세세항목
생태복원 설계 · 시공	20	5. 생태기반환경 복원	2. 현장보호시설 설치	1. 현장보호시설 설치공법 2. 현장보호시설 유지관리 방법 3. 가설시설 설치기준 4. 환경영향 저감방안
			3. 지형 복원	1. 부지 정지계획 수립 2. 토공량 산정 3. 인력 및 장비 운용계획
			4. 토양환경 복원	1. 이화학적 특성 2. 생물학적 특성 3. 토양 검사 결과 분석 4. 표토 재활용
			5. 수환경 복원	1. 수질 특성 2. 수리 · 수문 특성 3. 수원 확보 4. 급 · 배수시설 설치 5. 방수공법 6. 저영향개발기술(LID) 적용
생태복원 사후관리 · 평가	20	1. 생태복원 관련 법	1. 생태복원 등에 관한 법령	1. 환경정책기본법, 시행령, 시행규칙 2. 자연환경보전법, 시행령, 시행규칙 3. 야생생물 보호 및 관리에 관한 법률, 시행령, 시행규칙 4. 백두대간 보호에 관한 법률, 시행령 5. 자연공원법, 시행령, 시행규칙 6. 습지보전법, 시행령, 시행규칙 7. 독도 등 도서지역의 생태계 보전에 관한 특별법, 시행령, 시행규칙 8. 생물다양성 보전 및 이용에 관한 법률, 시행령, 시행규칙 9. 물환경보전법, 시행령, 시행규칙 10. 환경영향평가법, 시행령, 시행규칙 11. 자연환경 관련 기타 법령
			2. 토지이용 등에 관한 법령	1. 국토기본법, 시행령 2. 국토의 계획 및 이용에 관한 법률, 시행령, 시행규칙 3. 토지이용 등에 관한 기타 법령
		2. 모니터링 계획	1. 대상지 사업계획 검토	1. 사전조사결과 파악 2. 사업목표와 전략 3. 공간계획 파악 4. 목표종 파악 5. 복원 전후 변화 파악
			2. 모니터링 목표 수립	1. 모니터링 기본방향 2. 모니터링 기본원칙 3. 모니터링 목표 설정

필기 과목명	문제수	주요항목	세부항목	세세항목
생태복원 사후관리 · 평가	20	2. 모니터링 계획	3. 모니터링 방법 선정	1. 모니터링 범위 2. 모니터링 항목 3. 모니터링 조사시기와 주기 4. 모니터링 수행 인력
			4. 모니터링 예산 수립	1. 모니터링 예산 수립 기준 2. 모니터링 항목별 비용 산정
		3. 복원 후 관리 계획	1. 모니터링 결과 분석	1. 생태기반환경 모니터링 결과 분석 2. 동 · 식물 모니터링 결과 분석 3. 이용자 모니터링 결과 분석
			2. 모니터링 결과 평가	1. 생태기반환경 변화분석 결과 평가 2. 동 · 식물 변화분석 결과 평가 3. 이용자 만족도 평가 4. 관리방향 평가
			3. 복원 후 관리목표 설정	1. 대상지 현황과 사업목표 비교 2. 생태적 변화 평가 3. 새로운 관리목표 설정
			4. 세부관리계획 수립	1. 생태기반환경 관리 2. 동 · 식물 관리 3. 서식지 관리 4. 시설물 관리 5. 이용자 관리
		4. 생태계 보전 지역관리계획	1. 생태계 보전지역 현황 조사	1. 인문환경조사 2. 자연환경조사
			2. 생태계 보전지역 가치 평가	1. 평가항목 및 기준 2. 공간별 보전가치등급
			3. 생태계 보전지역 관리 목표 설정	1. 관리목표 2. 관리 기본방향 3. 추진전략
			4. 생태계 보전지역 관리 세부계획 수립	1. 보전관리 세부계획 2. 복원사업 세부계획 3. 이용관리 세부계획 4. 사업기간 및 소요예산
		5. 생태계 관리 평가	1. 생태기반환경 변화 분석	1. 생태기반환경 변화 조사 · 분석 2. 생태기반환경 변화 평가
			2. 생물다양성 변화 분석	1. 목표종 서식 생태 변화 2. 기타 서식종 구성 및 생태지표 변화 3. 서식지 유형 및 크기 변화 4. 생물종 및 서식지 변화 평가
			3. 이용자 만족도 분석	1. 이용자 만족도 및 중요도 파악 2. 평가요소 및 지표산정 3. 이용자 실태 분석 4. 이용 후 평가
			4. 관리방향 설정	1. 관리목표 2. 순응적 관리방안

1편 생태환경 조사분석

CONTENTS

2편 생태복원 계획

CONTENTS

3편 생태복원 설계 · 시공

4편 생태복원 사후관리 · 평가

CONTENTS

PART 1

생태환경 조사분석

CHAPTER 01 생태학

01 생태학의 본질

1. 생태학의 어원과 개념

생태학은 생물과 환경의 관계를 연구하는 학문으로 그 어원과 개념을 살펴보면 다음과 같다.

1) 생태학의 어원

① 생태학은 독일어로 Ökologie(영어 : ecology)라 하는데, 고대 그리스어 'oikos'와 'logos'의 합성어다. 여기서 oikos는 '사는 곳', '집안 살림'을, 'logos'는 '학문'을 의미한다.

② 독일의 생물학자 하인리히 헤켈(Heinrich Haeckel)이 만든 용어로, 한 동물과 그 동물의 무기적 · 유기적 환경과의 모든 관계에 대한 연구인 자연경제학 지식의 모음이다. 즉, 생태학은 다윈이 생존경쟁의 조건들이라고 언급했던 모든 복잡한 상호관계를 포함하는 학문이다.

2) 생태학의 개념

개체생물로부터 생물권에 이르는 모든 구성 수준에서 일어나는 생물과 환경 간의 복잡한 상호작용망에 대한 연구이다.

2. 생태계의 구성요소

1) 생물적 요소

생산자, 소비자, 분해자

2) 비생물적 요소

유기물, 기후, 온도 등 물리적 요인

3. 생태계의 계층

1) 개체

개개의 생물

기출예상문제

생태계의 구성요소 중 생물적 요소가 아닌 것은?

① 생산자 ② 소비자
③ 유기물 ④ 분해자

답 ③

---

2) 개체군(population)
주어진 한 지역에 서식하는 동종 개체들의 모임

3) 군집(community)
한 생태계 내에서 살며 상호작용하고 있는 종들의 개체군을 총괄

4) 경관(landscape)
군집들과 생태계들의 조각모음으로 구성된 넓은 육상(또는 물) 지역

5) 생물군계(biome)
① 유사한 지질적 · 기후적 조건(온도와 강수량, 계절성의 양상)을 갖는 지리적 지역들은 유사한 군집과 생태계를 유지한다.
② 열대우림, 초지, 사막과 같은 유사한 생태계 유형들이 우점하는 광역의 지역을 일컫는다.

6) 생물권(biosphere)
① 생태계 구성의 가장 높은 수준으로 모든 생물을 부양하는 지구의 얇은 층이다.
② 생물권 안에서 모든 생태계는 대기, 수권, 지권과 같은 지구시스템의 다른 요소들과의 상호작용(물질과 에너지의 교환)을 통해 연결된다.

> **생태적 논점 : 인간요인**
> 인간종은 지구환경에 점점 더 큰 영향을 미치고 있다. 인간은 모든 담수자원의 50% 이상을 사용하며, 식량 · 연료 · 섬유를 생산하기 위해 지표의 30~40% 정도를 변화시켰다. 화석연료 연소로 인한 대기의 변화는 지구의 기후를 변화시킬 잠재력이 있다.
> 오늘날 생태학자들이 직면한 몇 가지 중요문제는 육상과 수생태계, 이들이 유지하는 생명의 다양성에 대한 인간활동의 잠재적 효과와 관련되어 있다.

02 물리적 환경

1. 기후

1) 온실효과
지구는 쉽게 대기를 통과하는 단파장 형태의 태양에너지를 흡수한 후 이 에너지의 대부분을 장파장 복사로 다시 방출한다. 그러나 장파장의 에너지는 대기를 쉽게 통과할 수 없어 지구로 다시 돌아와 온실효과를 일으킨다.

> **지구온난화**
> 장기간(산업혁명 이후) 전 지구 평균기온이 상승하는 현상

기출예상문제

한 생태계 내에서 살며 상호작용하고 있는 종들의 개체군 총괄을 무엇이라고 하는가?
① 개체   ② 개체군
③ 군집   ④ 생물권
답 ③

기출예상문제

지구에 도달하는 태양에너지는 온실기체로 인하여 다시 방출되지 못하고 지구로 돌아와 지구 평균온도를 15~18℃로 유지한다. 이와 같은 현상을 무엇이라고 하는가?
① 온실효과   ② 지구온난화
③ 엘니뇨   ④ 라니냐
답 ①

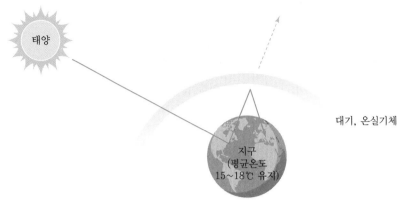

‖ 온실효과 개념도 ‖

2) 엘니뇨 – 남방진동

① 1525년 페루 앞바다의 물이 비정상적으로 따뜻했던 기간을 기록한 역사적 문헌이 있다.

② 바로 이 시기가 아기예수(스페인어 : El Niño)의 계절인 크리스마스 후였기 때문에 엘니뇨라고 불렀다.

③ 엘니뇨(El Niño)라 불리는 이 현상은 해양과 대기 사이의 대규모 상호작용에 기인하는 지구적 사건이다.

• 엘니뇨는 열대 태평양 동남부와 호주, 인도네시아 지역 사이의 해면기압(대기질량)의 진동을 의미한다.

　㉠ 태평양 동부의 물이 비정상적으로 따뜻할 때, 태평양 동부에서 해면기압이 낮아지고 서부에서는 높아진다.

　㉡ 압력기울기의 감소는 저위도 동무역풍의 약화를 동반한다.

　㉢ 서쪽으로 흐르는 표면해류가 줄어들면서 그 결과 페루지역의 용승이 약해지고 태평양 동부의 표층수 온도가 상승한다.

　㉣ 따뜻한 물이 동쪽으로 흐르고 이어 비가 내려 페루에 홍수가 나고 인도네시아와 호주에는 가뭄이 발생한다.

　㉤ 따뜻한 표층수를 덮고 있는 대기 열의 공급원(물의 증발과 관련된 잠열)이 동쪽으로 이동하면 지구 대기 순환에 커다란 변화를 가져오고, 이는 다시 열대 태평양에서 먼 지역의 날씨에 영향을 미친다.

　㉥ 어떤 때는 차가운 물의 유입이 평소보다 심해져서 태평양 동부 표층이 차가워진다. 이 변이를 라니냐(La Niña)라고 하는데, 남미에는 가뭄을, 호주 동부에는 많은 강우, 나아가 홍수까지 가져온다.

기출예상문제

엘니뇨 현상과 관계없는 것은?
① 약해진 무역풍
② 약해진 해류 이동
③ 찬 바닷물의 용승 약해짐
④ 찬 바닷물의 용승 강해짐
답 ④

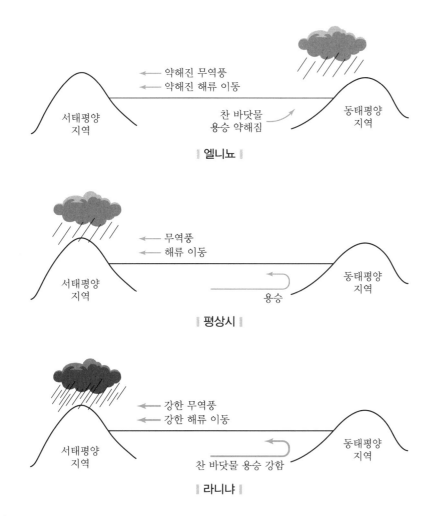

∥ 엘니뇨 ∥

∥ 평상시 ∥

∥ 라니냐 ∥

3) 미기후

　대부분의 생물은 그들을 둘러싸고 있는 더 큰 지역의 일반적인 기후 특성과 일치하지 않는 국지적 기후에서 살아간다.

　각 생물들이 느끼는 실제 환경조건을 규정하는 것은 국지적 미기후의 양상이다. 이 국지적 미기후에 따라서 특정 지역 내 생물의 분포와 활동을 결정한다.

> **도시의 미(微)기후**
> 도시지역은 이웃한 농촌지역에 비해 온도, 강우, 바람의 흐름 양상에서 중요한 차이가 있는 그들만의 미기후를 만들어낸다. 도시의 미기후는 에너지 사용 증가, 공기 질 저하, 공중위생에 대한 악영향을 가져온다. 바람이 거의 없는 더운 여름날, 도시지역의 기온은 주변 전원보다 몇 도 더 높을 수 있는데 이 현상을 도시열섬이라 표현한다.

기출예상문제

바람이 거의 없는 더운 여름날 도시지역의 기온은 주변 전원 지역보다 몇 도 더 높아지는데 이 현상을 무엇이라고 하는가?

① 도시열섬　　② 바람길
③ 엘니뇨　　　④ 라니냐

답 ①

2. 수환경

1) 물의 순환

① 물은 지구와 대기 사이를 순환한다. 모든 바다와 담수의 수환경은 물이 대기에서 지구로 이동하고 다시 대기로 돌아가는 과정인 물순환(수문학적 순환)의 요소들을 통해 직접적 또는 간접적으로 연결되어 있다.

② 지구의 대기를 가열하고 물을 증발시키는 에너지를 제공하는 태양복사는 물순환의 원동력이다. 강수가 물순환의 시작이다.

기출예상문제

다음 중 틀린 것은?

① 물은 지구와 대기 사이를 순환한다.
② 지구의 대기를 가열하고 물을 증발시키는 에너지를 제공하는 태양복사는 물순환의 원동력이다.
③ 도시에서는 강수의 표면유출수가 전원지역보다 적다.
④ 해양에서 증발한 물은 강수량보다 많다.

답 ③

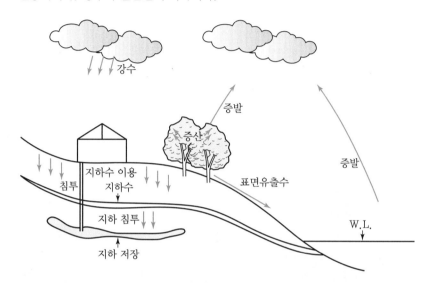

③ 저조한 침투로 인해 도시에서는 유출수가 강수의 약 85%까지 차지할 수 있다.

> **지구 물순환**
> • 지구상 물의 총 부피는 약 14억km³이고, 그중 97% 이상이 해양에 존재한다. 전체 물의 약 2%는 극지의 만년설과 빙하에 있으며, 세 번째로 크고 활발한 저장고는 지하수(0.3%)이다.
> • 해양에서 증발한 물은 강수량보다 많다. 지표에 강수로 내리는 물 중 일부만이 증발산을 통해 대기 중으로 돌아가고 나머지는 유출수의 형태로 강을 통해 해양으로 돌아간다. 이 양은 대기로 물이 증발하여 해양에서 일어나는 물의 순손실의 균형을 맞춘다.

2) 수심에 따른 온도 변화

① **표수층** : 따뜻하고 밀도가 낮은 표층수
② **수온약층** : 온도가 급격히 변하는 구역
③ **심수층** : 차고 밀도가 높은 심층수

‖ 온도 수직 종단면도 ‖

3) pH

산성도가 높아지면 생물의 생리적인 과정에 직접적으로 영향을 끼칠 수 있고, 중금속의 농도를 변화시켜 간접적인 영향을 끼칠 수도 있다. 동식물의 종류에 따라 pH에 대한 내성한계가 다르지만, 대부분의 생물은 pH 4.5 미만에서는 살거나 번식할 수 없다.

4) 조간대

① 만조와 간조 수위 사이에 놓인 극단적인 환경이다.

② 간석지는 직사광선에 노출될 때 38℃까지 오르고 물로 덮일 때에는 몇 시간 안에 10℃까지 내려간다. (모래와 개펄의 온도 변화 < 암석해안의 온도 변화)

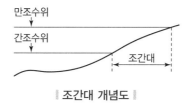

‖ 조간대 개념도 ‖

기출예상문제

하구역의 수생생물은 염도 변화에 대한 생리적 또는 행동적인 적응을 발전시켜야 한다. 하구는 담수와 염수가 만나는 □□□이기 때문이다.

① 조간대 　② 기수역
③ 간석지 　④ 해안

답 ②

5) 기수역

① 담수와 염수가 만나는 하구이다.

② 하구에서 살아남기 위해 수생생물은 염도 변화에 대한 생리적 또는 행동적인 적응을 발전시켜야 한다. 하구 혼합지역의 높은 생산력에도 불구하고 생물들이 처하는 심한 스트레스 조건들로 인해 생물 다양성은 비교적 낮다.

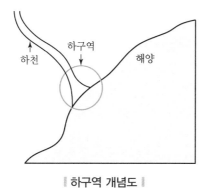

‖ 하구역 개념도 ‖

3. 육상환경

1) 수환경과 비교되는 제약

① 건조

② 중력

③ 시간과 공간의 높은 변이성

　㉠ 온도 변이

　㉡ 강수 시기와 양의 변화

기출예상문제

모재로부터 토양이 만들어지는 데 관여하는 인자들을 토양생성인자라고 한다. 다음 중 토양생성인자가 아닌 것은?

① 풍화   ② 기후
③ 생물   ④ 시간

📖 ①

2) 토양

① 토양의 기능

㉠ 물 조절

㉡ 식물과 동물의 노폐물 분해로 자연의 재순환시스템 작용에 중요한 역할

㉢ 다양한 동물의 서식지

② 토양의 형성

㉠ 암석과 광물의 풍화로 시작

- 기계적 풍화 : 물, 바람 및 온도의 복합적 활동에 노출된 암석 표면은 얇게 조각나고 벗겨진다.
- 화학적 풍화 : 화학적으로 변형되고 분해되는 과정
- 생물학적 풍화 : 동물, 식물, 미생물 등 여러 가지 생물에 의한 풍화

㉡ 토양 형성 5요인

- 모재 : 토양이 만들어지는 물질
- 기후 : 온도, 강수, 바람 등
- 생물적 요소 : 식물, 동물, 박테리아, 균류 등
- 지형 : 경사지는 물이 더 흘러내리고 덜 스며든다.
- 시간 : 잘 발달된 토양이 형성되는 데는 2,000~20,000년이 필요하다.

③ 토양의 물리적 특성

㉠ 색

- 유기물은 어둡거나 검은 토양을 만든다
- 철의 산화물은 황갈색부터 붉은 토양을 만든다.
- 망간의 산화물은 토양에 자주에서 검정까지 색을 부여한다.
- 석영, 고령토, 석고, 칼슘 및 마그네슘의 탄산염은 희고 잿빛인 토양을 만든다.
- 황갈색과 회색 등 다양한 색조의 얼룩들은 배수가 좋지 않은 토양이나 물에 포화된 토양을 나타낸다.
- 표준화된 색상표를 이용하여 토양의 색을 분류한다.

㉡ 토성

- 크기가 다양한 토양입자의 비율이다.
- 모재로부터 기인하고 부분적으로 토양 형성과정의 결과이다.
- 입자의 크기에 따라 자갈($>$2mm), 모래(0.05~2mm), 미사(0.002~0.005mm), 점토($<$0.2mm)로 분류된다.
- 토성은 모래, 미사, 점토의 백분율에 따라 토성등급이 나뉜다.
- 토성은 토양 내 공기와 물의 이동, 뿌리에 의한 침투 시 중요한 역할을 하는 공극에 영향을 미친다.(이상적 토양은 토양입자 : 공극 = 50 : 50)

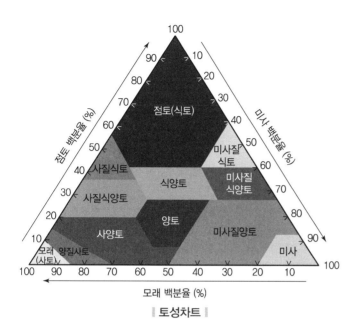

┃ 토성차트 ┃

※ **토성차트** : 기본적 토성등급에서 점토, 미사, 모래의 백분율을 보여 주는 차트

④ **토양의 층위**

organic horizon O층 : 유기물층	유기물이 대부분이고, 낙엽처럼 덜 분해되거나 또는 부분적으로 분해된 식물물질로 이루어짐
topmost mineral horizon A층 : 무기물 표층	• 부식화된 유기물로 암색(검은색)을 띰 • 대부분 입단구조가 발달되어 식물의 잔뿌리가 뻗어 나가기 쉬움 • O층이 없거나 경사지는 침식되기 쉬움
eluvial, maximum leaching horizon E층 : 최대용탈층	• 점토, Al · Fe산화물 등의 용탈층(담색) • 삼림에서 발달된 토양에는 아주 흔하지만, 초지에서 형성된 토양에는 적은 강수 때문에 거의 생기지 않음(강수량이 많은 지역일수록 E층 발달
illuvial horizon B층 : 집적층	• B층은 위아래 층보다 색이 더 진하고 토괴의 표면에는 점토피막(clay skin)이 형성됨 • O층, A층, E층 등의 상부토층으로부터 Fe, Al의 산화물, 세점토(fine clay) 등이 용탈되어 생성됨
parent material layer C층 : 모재층	• 토양이 기원한 원래의 모재에서 파생된, 뭉치지 않은 물질 • 모재의 특성 유지, 아래에 기반암이 놓여 있음

기출예상문제

토양의 층위 중 유기물이 대부분이고, 낙엽처럼 덜 분해되거나 또는 부분적으로 분해된 식물물질로 이루어진 층위는?

① O층 : 유기물층
② A층 : 무기물 표층
③ E층 : 최대용탈층
④ B층 : 집적층
⑤ C층 : 모재층

답 ①

기출예상문제

토양의 층위 중 부식화된 유기물로 암색을 띠고 대부분 입단구조가 발달되어 식물의 잔뿌리가 쉽게 뻗어 나갈 수 있는 층위는?

① O층   ② A층
③ B층   ④ C층

답 ②

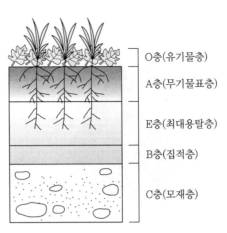

| 토양단면도 |

우측 라벨: O층(유기물층), A층(무기물표층), E층(최대용탈층), B층(집적층), C층(모재층)

기출예상문제

토성에 따른 포장용수량(field capacity)은 차이를 나타낸다. 포장용수량(단위 : %)이 가장 낮은 토성은?

① 사양토   ② 양토
③ 식양토   ④ 식토

답 ①

⑤ 토양수분

　ㄱ 포장용수량(field capacity) : 식물의 생육에 가장 적합한 수분 조건을 말함

　ㄴ 위조점(wilting point) : 식물이 물을 흡수하지 못하여 시들게 되는 토양수분상태

　ㄷ 유효수분(plant-available water) : 토양에 저장되어 있는 수분 중 식물이 이용할 수 있는 수분으로 포장용수량과 위조점 사이의 수분을 말함

▶ **토성별 포장용수량 · 위조점 · 유효수분의 함량(단위 : %)**

구분	포장용수량	위조점수분함량	유효수분함량
사양토	11.3	3.4	7.9
양토	18.1	6.8	11.3
미사질양토	19.8	7.9	11.9
식양토	21.5	10.2	11.3
식토	22.3	14.1	8.2

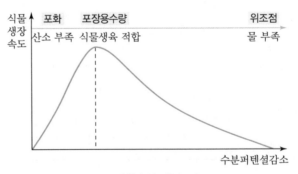

| 포장용수량 개념도 |

> **토양수분의 물리적 분류**

구분	설명	특징
흡습수 (hygroscopic water)	대기로부터 토양에 흡착되는 물	이동하지 못하며 식물이 흡수할 수 없다.
모세관수 (capillary water)	토양공극 중 모세관 공극에 존재하는 물	• 토양 표면에 가까이 있는 모세관수를 제외하면 대부분의 식물이 흡수할 수 있는 물 • 토양의 모세관공극률을 높이면 토양 중 식물이 흡수할 수 있는 물이 많아짐
중력수 (gravitational water)	자유수(free water)라고도 하며, 중력의 작용에 의하여 토양공극에서 쉽게 제거되는 물	점토함량이 적은 양질사토는 비 온 후 1일 이내에 중력수가 제거되어 포장용수량에 도달하고, 점토함량이 많은 식양토는 비가 온 후 4일 정도 지난 후 포장용수량에 도달한다.

⑥ 토양공극

　㉠ 토양공극(pore space) : 토양 입자들의 배열에 따라 만들어지는 공간으로 공극의 크기에 따라 토양이 보유할 수 있는 공기와 물의 양이 달라진다.

토양입자
■ 토양수분
□ 토양공기

‖ **공극이 큰 토양** ‖　　‖ **공극이 작은 토양** ‖

　㉡ 공극의 크기에 따른 기능

> **토양공극의 크기와 기능**

구분	크기(mm)	기능
대공극	0.08～5 이상	• 물이 빠지는 통로 • 식물 뿌리가 뻗는 공간 • 작은 토양생물의 이동통로
중공극	0.03～0.08	• 모세관수 보유 • 곰팡이와 뿌리털이 자라는 공간
소공극	0.005～0.03	• 모세관수 보유 • 세균이 자라는 공간
미세공극	0.0001～0.005	• 점토입자 사이의 공간 • 미생물 일부만 자랄 수 있는 공간
극소공극	0.0001 이하	미생물도 자랄 수 없는 아주 극소의 공극

기출예상문제

토양공극 중 모세관공극에 존재하는 물로 식물이 흡수하여 이용할 수 있는 토양수분을 무엇이라 하는가?

① 흡습수(hygroscopic water)
② 모세관수(capillary water)
③ 중력수(gravitational water)
④ 포장용수량(field capacity)

📄 ②

기출예상문제

토양입자들의 배열에 따라 토양의 공극이 만들어지고 공극의 크기에 따라 그 기능 또한 달라진다. 다음 중 식물이 이용 가능한 모세관수를 보유할 수 있고 곰팡이와 식물뿌리털이 자라는 토양공극의 크기로 적당한 것은?

① 대공극(0.08～5mm 이상)
② 중공극(0.03～0.08mm)
③ 미세공극(0.0001～0.005mm)
④ 소공극(0.03～0.05mm)

📄 ②

토양의 입단 크기가 클수록 토양공극이 많아지고, 토양의 통기성과 배수성이 좋아질 수 있다. 다음 중 토양입단의 형성요인이 아닌 것은?

① 양이온의 작용
② 유기물의 작용
③ 기후의 작용
④ 서식하는 동물종의 작용

답 ④

⑦ 토양의 입단구조

   ㉠ 입단(粒團) : 작은 토양입자들이 서로 응집하여 뭉쳐진 덩어리 형태의 토양으로, 토양의 물리적 구조를 변화시켜 수분보유력과 통기성을 향상시킨다.

   ㉡ 토양의 입단화 : 양이온에 의하여 점토가 뭉쳐지는 응집현상에 유기물이 첨가되면서 안정한 형태로 변하는 것이다.

   ㉢ 입단형성요인

▶ **토양의 입단형성요인**

구분	원리
양이온의 작용	토양용액 중의 양이온이 음전하를 가지고 있는 점토 사이에 위치하여 정전기적인 힘이 작용한다.
유기물의 작용	유기물은 곰팡이, 세균, 미소동물 등의 에너지원이 되며, 미생물들이 분비하는 점액성 유기물질들은 토양입단의 형성에 유익한 역할을 한다.
미생물의 작용	미생물이 유기물을 분해하면서 만들어 내는 균사는 실같이 가늘어 점토입자들 사이에 들어가 토양입자와 서로 엉켜서 입단을 생성한다.
기후의 작용	강우에 의한 젖음과 마름, 기온 변화에 따른 얼기와 녹기 등이 반복되면 토양의 수축과 팽창으로 큰 토괴는 부서지고 작은 토양입자들이 뭉칠 수 있는 기회를 제공한다.
토양개량제의 작용	양이온과 유기물이 입단화시키는 원리와 유사하게 작용한다.

   ㉣ 입단의 크기와 공극의 특성 : 입단의 크기가 클수록 공극량이 많아지고, 토양의 통기성과 배수성이 좋아진다.

⑧ 토양의 생성작용

   토양 단면의 안팎에서 일어나는 각종 작용을 통들어 말한다.

구분		내용
토양무기성분변화	초기토양 생성 작용	암석에 녹조류, 남조류, 규조류 등의 각종 자급영양미생물 번성 → 암석 표면에 골들이 파이고 표면적 증가 → 타급영양세균인 점균류, 사상균, 방선균 서식 → 육안으로 관찰 가능한 지의류(lichen) 형성 → 암석 표면에 세토층 형성 및 곤충류 번성 → 초본류 발생 및 토양동물 · 곤충류 번성 → 토양의 입단구조 발달 및 고등식물 생육
	점토 생성 작용	토양 중의 1차광물이 분해되어 2차 규산염광물을 생성하는 과정
	갈색화 작용	화학적 풍화작용으로 토양을 갈색으로 착색시키는 과정
	철 · 알루미늄 집적 작용	• 염기와 규산의 용탈이 강하여 수산화알루미늄과 수산화철이 침전되는 작용 • 습윤 열대지방에서 흔함

구분		내용
유기물변화	부식 집적 작용	• 부식화 : 유기물이 토양미생물에 분해되면서 토양 중 재합성되는 과정 • 부식 집적 작용 : 부식화된 토양이 토양에 집적되는 작용
	이탄 집적 작용	습윤한 지역 토양이 혐기상태로 되면서 완전히 분해되지 못한 유기물이나 습지식물이 지표에 쌓이는 작용
토양생물작용과 물질이동	회색화 작용	• 청록회색이나 암회색 토층 • 수직배수가 잘 안 되는 투수불량지나 지하수위가 높은 곳
	염기 용탈 작용	토양 중 유리염류(K, Na)나 교환성 양이온(Ca, Mg) 등이 토양용액과 함께 용탈되는 작용
	점토의 기계적 이동 작용	점토, 철산화물, 규산염 등이 물과 함께 하부 토층으로 이동하는 작용
	포드졸화 작용	• 온도가 낮아 미생물의 활동이 느려지면 표토에 유기물이 집적되고, 하방작용으로 집적층에서 흑갈색의 부식이 집적되며 적갈색을 띤 철집적층이 생성되는 등 층위분화가 명료하게 보이는 작용 • 습윤한 한대지방에서 흔함
	염류화 작용과 탈염류화 작용	• 지하수가 상승하여 지표에서 증발현상이 나타나 표토 밑에 수용성 염류가 침전·석출되어 집적되는 현상 • 증발량이 강수량보다 많은 건조한 기후조건에서 발생
	알칼리화 작용	가용성 염류가 집적된 토양에서 토양에 흡착된 치환성Na가 탄산나트륨이나 탄산수소나트륨의 가수분해로 토양이 강알칼리성을 나타내는 작용
	석회화 작용	• Ca와 Mg 등의 탄산염이 토양 단면에 집적되어 석회나 석고집적층을 이루는 작용 • 건조 또는 반건조지대의 비세탈형 토양수분상에서 볼 수 있음
	수성표백 작용	• 혐기상태에서 포층이 회백색이 되는 현상 • 토양의 표층이 물로 포화된 곳

03 유전생태학 : 적응과 자연 선택

1. 적응

① **적응의 개념** : 적응은 주어진 환경조건에서 한 생물의 적응도(장기번식 성공)를 유지하거나 증가시켜 시간에 걸쳐 진화하는 유전적 과정이다.

② **유전** : 부모에서 자손으로 전달되는 형질이다.

③ **유전자풀** : 개체군 내 모든 개체들의 유전적 정보의 합이다.

④ **표현형** : 생물의 주어진 특성의 겉모습이다.

⑤ **개체군 수준의 유전적 변이** : 유전적 변이는 한 종이 연속적으로 상호교배하는 개체군 내 또는 개체군 간에 발생한다.

> 번식하는 개체들 중에서 일부는 다른 개체들보다 더 많은 자손을 남긴다. 이들 개체는 다음 세대에 가장 많이 기여하기 때문에 다른 개체들보다 더 적응적이다. 자손을 거의 남기지 않는 개체들은 덜 적응적이다.

2. 자연선택

1) 자연선택설

자연선택은 부모가 가지고 있는 형질이 후대로 전해져 내려올 때 주위 환경에 보다 잘 적응하는 형질이 선택되어 전해져 내려옴으로써 진화가 일어난다는 이론이다.

2) 자연선택의 두 가지 조건

① 개체군 내 유전적 형질변이이다.

② 유전적 형질변이에 의한 생존과 번식 차이이다.

3) 세 가지 유형

① **방향성 선택** : 형질의 평균값이 한쪽 극단으로 이동하는 자연선택 유형이다.

② **안정화 선택** : 개체군 평균에 가까운 개체들을 선호하는 자연선택 유형이다.

③ **분단적 선택** : 양쪽 극단을 동시에 선호하는 자연선택 유형이다.

4) 유성생식에서 진화가 발생하는 요인들

① **자연선택**

② **돌연변이** : 유전자나 염색체가 변화된 상태이다.

③ **유전자부동** : 부모의 유전자 일부만을 자손에게 전달한다.

④ **유전자이동** : 개체군 간 유전자의 이동이다.

5) 하디 – 와인버그 법칙

임의교배 조건하에서 자연선택과 돌연변이, 유전자부동, 이주 등이 없을 때 유성생식

기출예상문제

유전자풀에 대해 바르게 설명된 것은?

① 생물의 주어진 특성의 겉모습
② 개체군 내 모든 개체들의 유전적 정보의 합
③ 개체군 수준의 유전적 변이 발생 정도
④ 한 생물의 적응도

답 ②

기출예상문제

'자연선택설'에 대해 바르지 않은 것은?

① 자연선택은 부모가 가지고 있는 형질 중 주위환경에 보다 잘 적응하는 형질이 선택되어 진화가 일어난다는 이론이다.
② 개체군 내 유전적 형질변이가 있어야 한다.
③ 유전적 형질변이에 의한 생존과 번식의 차이가 있어야 한다.
④ 자연선택에 약한 유전적 분화는 일어나지 않는다.

답 ④

기출예상문제

유성생식에서 진화가 발생하는 요인이 아닌 것은?

① 자연선택
② 돌연변이
③ 유전자 부동
④ 유전자 이동
⑤ 광합성

답 ⑤

과정 자체를 통해서는 아무런 진화가 발생하지 않는다는 원리이다.

6) 자연선택에 의한 유전적 분화
   ① 연속변이
      ㉠ 유전자형 빈도기울기, 환경기울기와 관련
      ㉡ 자연선택에 영향을 미치는 환경제약이 기울기에 따라 변하기 때문에, 그 차이는
         개체군 간 거리에 따라 증가

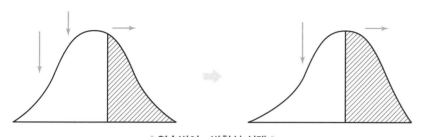

‖ 연속변이 : 방향성 선택 ‖

   ② 생태형
      ㉠ 환경의 갑작스런 변화로 인한 뚜렷한 불연속성
      ㉡ 독특한 국지 환경조건에 적응한 개체군

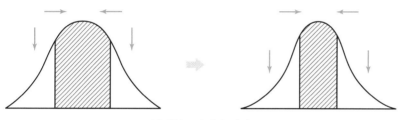

‖ 생태형 : 안정화 선택 ‖

   ③ 지리적 격리집단
      ㉠ 개체군들이 서로 격리되어 자유로운 유전자 이동이 외인성 장벽에 의해 방지된 경
         우. 완벽한 격리는 드묾
      ㉡ 종종 아종(하나 이상의 특성에 의해 구별되는 종의 개체군들에 대한 분류적 용어)
         으로 분류

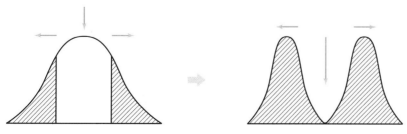

‖ 지리적 격리집단 : 분단적 선택 ‖

04 환경적응

1. 식물의 환경적응

1) 광합성과 호흡

$$6CO_2 + 12H_2O \rightarrow C_6H_{12}O_6 + 6O_2 + 6H_2O$$

① 태양 빛을 흡수하여 CO_2와 H_2O를 글루코오스로 전환한다.
② 이 반응의 첫 산물은 3탄당이기 때문에 이 광합성 경로를 C_3광합성이라 한다.
③ 세포호흡은 탄수화물에서 에너지, H_2O, CO_2를 생산한다.
④ 이 과정에서 방출된 에너지는 고에너지화합물인 ATP에 저장된다.
⑤ 호흡은 모든 생물의 살아 있는 세포에서 일어난다.

2) 광합성과 빛

① **광보상점** : 빛의 양이 감소할 때, 광합성에서의 탄소흡수속도가 호흡에 의한 탄소손실속도와 동등해지는 곳이다.
② **광포화점** : 광 수준이 광보상점을 넘으면 광합성 속도는 증가하여 명반응이 광합성 속도를 제한하게 되는데, 이처럼 더 이상 광합성이 증가하지 않는 곳이다.

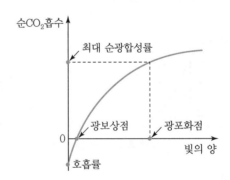

┃ **가용성 빛(X축)에 대한 광합성 활동(Y축)의 반응** ┃

3) CO_2 흡수와 수분 손실

① **확산** : 대기 중 CO_2가 잎의 구멍, 즉 기공을 통해 잎으로 이동하는 것이다.
② **증산** : 물이 잎 안쪽에서 기공을 통해, 주변의 바깥 공기로 이동하는 것이다.

4) 물의 이동

$$토양 \rightarrow 뿌리 \rightarrow 줄기 \rightarrow 잎 \rightarrow 대기$$

5) 식물의 에너지 균형

식물은 광합성 최적 온도를 가지고 있고 이 온도를 지나면 광합성이 감소한다. 호흡은 온도와 함께 증가한다.

※ 광합성과 증산 사이의 균형은 육상식물의 진화를 지배해 왔으며 서로 다른 환경조건에 있는 생태계의 생산력에 직접적으로 영향을 미치는 지극히 중요한 제한요인임

6) 광합성 결과물인 탄소 배분

광합성 결과물로 얻은 탄소는 식물조직 생산에 배분된다.

① 탄소 균형 : 광합성 과정에서 이산화탄소를 흡수하고 호흡 과정에서 이산화탄소를 배출하는 경제적 균형이다.

② 순탄소 획득 : 광합성 과정에서 탄소 획득 – 호흡 과정에서 탄소 손실이 일어난다.

③ 탄소 배분 : 순탄소 획득은 새로운 조직 형성을 포함하는 다양한 식물의 조직 생산에 배분된다.

7) 강광과 약광에 대한 식물의 적응

① 식물은 다른 빛 환경에 대해 다양한 적응과 표현형적 반응을 보인다.

② 음지 적응 내음성 식물 : 광합성률, 호흡률, 대사율, 생장률이 낮다. 음지식물은 잎이 크고 얇은 경향이 있다.

③ 양지 적응 비내음성 식물 : 광합성률, 호흡률, 생장률이 높으나 음지 조건에서는 생존율이 더 낮다. 양지식물은 잎이 작고, 갈라지며, 두꺼운 경향이 있다.

8) 광합성의 대체경로

① C_3 식물 : 광합성 과정이 엽육세포에서 일어난다.

예 조류, 선태류, 양치류, 겉씨식물(송백, 소철, 은행), 현화식물

② C_4 식물 : 엽육세포와 유관속초세포로 광합성이 분리되어 일어난다.

㉠ 엽육세포에서 CO_2를 말산과 아스파르트산의 형태로 고정하여 유관속초세포로 이동 후 CO_2로 전환 → 이어 C_3 경로에서 광합성이 일어난다.

㉡ 수분 이용 효율이 높다.

㉢ 뜨겁고 건조한 기후에서 견딘다.

예 열대와 아열대 지역이 원산인 화본과의 초본들, 사막관목 등 건조하고 염도가 높은 환경에 적응한 일부 관목

③ CAM 식물 : 세 번째 광합성 경로를 거친다.

㉠ 엽육세포와 유관속초세포에서 다른 시간에 반응하며, 습도가 높은 밤에 기공을 열어 CO_2를 흡수하고 이들은 CO_2를 4탄당 화합물인 말산으로 바꾼다.

㉡ 낮 동안 기공을 닫고, 말산을 다시 CO_2로 전환 → 이어 C_3 경로에서 광합성이 일어난다.

예 선인장과, 대극과, 돌나물과

9) 습지식물

① 산소와 가스교환을 위한 적응

㉠ 통기조직
- 침수된 뿌리와 통기된 뿌리 사이에 가스 교환
- 물 위와 물에 잠긴 조직 간에 산소 확산

기출예상문제

습지식물은 산소와 가스교환을 위한 그들의 적응 메커니즘을 가지고 있다. 이에 해당하지 않는 것은?

① 통기조직
② 부정근
③ 무릎뿌리 또는 기근
④ 엽육세포

답 ④

ⓛ 부정근
- 정상적으로 뿌리가 자라지 않는 곳에서 생기는 뿌리
- 부정근은 산소 이용이 가능한 토양 표면을 따라 수평으로 퍼짐
ⓒ 무릎뿌리 또는 기근(호흡근)

④ 염생식물
ⓐ 염분은 식물이 흡수할 수 있는 물의 양을 제한함
ⓛ 염생식물은 나트륨과 염소가 많은 물을 흡수함
- 조직에 저장된 물로 희석함
- 잎에 소금을 침적시키는 소금분비샘이 있어서 비에 의해 씻겨짐
- 뿌리의 막에서 기계적으로 소금을 제거

2. 동물의 환경적응

1) 동물의 크기
작은 몸은 동일한 형태의 보다 큰 물체에 비하여 부피에 대한 표면적이 크다. 외부환경으로부터 필수영양소가 계속 공급되도록 몸 크기가 증가할수록 생물구조가 복잡해진다.

기출예상문제

동물들의 환경적응방법과 관계가 적은 것은?
① 영양소와 에너지 섭취
② 에너지교환
③ 열조절
④ 휴면
⑤ 광합성

답 ⑤

2) 영양소와 에너지 획득 방법
① **초식성** : 식물(초본, 목본, 종자, 과실)을 섭취하는 동물
② **육식성** : 다른 동물 섭취
③ **잡식성** : 식물과 동물 모두 섭취
④ **부니섭식자** : 죽은 유기물질 섭취

3) 내부 조건 조절방법
① **항상성** : 변동하는 외부환경에서 비교적 일정한 내부환경을 유지하는 것이다.
② **내성범위** : 항상성이 유지되는 환경의 범위로, 내성범위를 벗어나는 극단적인 환경에서 동물은 생존할 수 없다.

4) 에너지교환
중심체온을 유지하기 위해 동물이 환경에서 열획득과 손실의 균형을 맞추는 방법
① 대사율 변화
② 열 교환

5) 열 조절
① **변온동물** : 체온이 주변 온도의 영향으로 변하는 외온성 동물이다. 예 양서류
② **항온동물** : 내부적으로 생산하는 열에 의해 체온을 유지하는 내온성 항온동물이다.
예 포유류
③ **이온동물** : 외부상황에 따라 내온성 또는 외온성으로 작용하는 동물이다.
예 박쥐, 벌, 벌새

6) 휴면
   ① **일휴면** : 극단적 환경에서 동물이 몸을 덥게 또는 서늘하게 유지하는 높은 에너지 비
   용을 줄이기 위해 대사작용, 박동, 호흡을 느리게 하고 체온을 낮추는 수면현상이다.
   <u>예</u> 벌새, 박쥐
   ② **동면** : 대사작용을 매우 낮은 수준으로 유지하기 위해 박동, 호흡, 체온이 모두 크
   게 낮아지는 수면현상이다.

05 생활사 유형

1. 생식

1) 유성생식
   ① **자웅이주** : 암컷과 수컷이 분리되어 있다.

   ② **자웅동체** : 암수 생식기관을 모두 가지고 있다.
      ㉠ 동시자웅동체 : 암수 생식기관을 모두 가지고 있음
         <u>예</u> 지렁이 등 무척추동물에서 흔함
      ㉡ 순차자웅동체 : 생활사의 일정시기에 암컷과 수컷이 됨
         <u>예</u> 연체동물, 극피동물

   ③ **자웅동주** : 한 식물에 별개의 암꽃과 수꽃을 피우는 것이다.
      <u>예</u> 자작나무, 솔송나무

   동식물의 성전환
   • 일부 동물에서는 개체군의 성비가 성전환을 촉진한다. 어떤 해양어류에서는 한쪽 성의 개
   체를 제거하면 성전환이 일어난다. 몇몇 산호초, 어류의 사회 무리에서 암컷을 제거하면
   수컷이 자극을 받아 암컷으로 성전환한다. 다른 종에서는 수컷을 제거하면 암컷이 성전환
   하여 수컷의 1 : 1 대치를 촉진한다.
   • 식물도 성이 바뀔 수 있다. 천남성은 에너지 비축량에 따라 무성적이거나 수컷 또는 암컷
   이 된다. 천남성은 한 해에는 수꽃, 그 다음 해에는 무성생식으로 영양번식 줄기, 그 다음
   해에는 암꽃을 생산한다. 생존기간 동안 무성생식하는 영양줄기와 두 성을 모두 형성하는
   특별한 순서는 없다.
   보통은 유성생식 후 무성생식이 나타난다. 천남성의 성전환은 암꽃 생산에 드는 많은 에
   너지 비용으로 인해 유발되는 것으로 보인다. 일반적으로 천남성은 계속해서 암꽃을 피울
   정도의 충분한 자원이 부족하다.(수꽃과 꽃가루는 암꽃과 열매보다 생산비용이 훨씬 적게
   든다)

2) 무성생식

암수개체가 필요없이, 한 개체가 단독으로 새로운 개체를 형성하는 방법이다.

2. 교배

① 일부일처제 : 새끼를 성공적으로 키우기 위해 양친 모두의 협력이 필요한 종에서 나타난다. 대부분의 조류종들은 계절적으로 번식기에 일부일처제이다.

② 복혼 : 배우자가 여럿인 개체는 일반적으로 어린 새끼를 돌보지 않는다. 부모의 개체에서 벗어난 이런 개체는 더 많은 자원과 배우자를 얻기 위한 경쟁에 보다 많은 시간과 에너지를 소비한다.

3. 번식

1) 일회번식

처음에는 모든 에너지를 생장, 발달, 에너지 저장에 투자하고 이어 대규모 번식을 위한 노력 뒤에 죽는 것이다. 반복번식의 결여를 충분히 보상할 만큼 적응도를 증가시켜야 한다.

① 돼지풀 등 : 일시적으로 교란된 서식지

② 하루살이 등 : 오래 살고 번식을 지연한다.(수일간 성체시기를 보내기 위해 수표면으로 올라오기 전 수년간을 유생으로 보냄)

③ 주기매미 : 성체로 탈피하기 전 땅속에서 13~17년을 보낸다.

④ 대나무 : 몇 종은 100~120년 동안 개화하지 않고 있다가 한 번 대규모로 종자를 생산하고 죽는다.

⑤ 하와이 은검초 : 7~30년을 보낸 후 개화하고 죽는다.

2) 반복번식

한 번에 적은 수의 어린 자손을 생산하면서 평생 동안 번식을 반복하는 것이다.

예 대부분의 척추동물, 다년생 초본식물, 관목, 교목(실제로 한 생물이 미래세대에 최대로 기여하려면 생물은 번식비용과 자신의 생존비용을 포함한 미래의 전망과 당장의 번식이득을 가늠해야 한다)

① 조기번식 : 보다 적은 생장, 이른 성숙, 낮은 생존 및 미래 번식의 잠재력을 의미한다.

② 후기번식 : 높은 생장, 늦은 성숙, 높은 생존을 의미하나 번식할 시간은 부족하다.

4. 자손수 조절

① 동기살해 : 한 동기를 다른 동기가 살해하는 것이다.

② 비동시적 부화 : 시기가 다르게 부화하는 것이다.

5. 서식지 선택

① 서식지는 필수자원에 대한 접근, 영소장소, 잠재포식자로부터의 커버(cover, 은신처) 제공, 배우자를 유인하는 능력에 영향을 미친다.

② 서식지 선택 : 생물이 서식할 특정위치를 적극적으로 선택하는 과정으로, 최적지에 못 미치는 서식지에 정착하면 번식에 실패할 수 있다.

6. 생활사 특성

1) 종 서식지의 분류

① 시간에 따라 변하기 쉽거나 또는 단명한 서식지

② 임의적 환경 변동이 거의 없는 비교적 안정한 서식지

2) 맥아더 · 윌슨 · 피앙카의 r – 선택, K – 선택

① 서로 다른 환경에 적응한 종들의 크기, 번식력, 최초 번식연령, 총 번식횟수, 총 수명 같은 생활사 특징이 다를 것이라 예측한다.

구분	r – 전략가	K – 전략가
적응전략	• 불안정 서식지 • 비경쟁 상황	• 안정한 서식지 • 경쟁 상황
번식전략	• 번식연령이 빠름 • 자손 수가 많음 • 부모 돌봄 최소	• 번식연령이 늦음 • 자손 수가 적음 • 부모 돌봄 최대
사례	점백이 도롱뇽(많은 수의 알을 덩어리로 낳으나 방치)	빨간 도롱뇽(단지 몇 개의 알을 낳지만 부화할 때까지 보호)

② r종과 K종의 개념은 분류적 또는 기능적으로 유사한 생물들을 비교하는 데 가장 유용하다.

3) 그라임이 분류한 식물의 생활사

① 식물의 적응을 서로 다른 서식지를 관련시킨 세 가지 기본전략(R, C, S)에 근거했다.
  ㉠ R : 황무지전략을 나타내는 종, 교란지역에 신속히 정착하나 크기가 작고 단명함. 새로운 교란지로 종자를 멀리 분산시키는 특성을 갖춘 번식에 주로 자원이 분배됨
  ㉡ C : 자원이 풍부한 예측적 서식지는 자원 획득과 경쟁력에 유리한 생장에 자원을 분배하는 종을 선호함
  ㉢ S : 자원이 제한된 서식지는 유지에 자원을 분배하는 스트레스 내성 종을 선호함

② 이들 세 전략은 자원 가용성과 교란 빈도와 같은 환경요인에 의해 결정되는 중간적인 전략들을 반영하는 삼각형 분류체계의 세 꼭짓점을 이룬다.

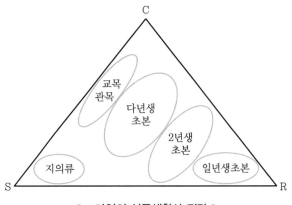

‖ 그라임의 식물생활사 전략 ‖

기출예상문제

구성원 간 상호교배가 가능하고 일정지역에 살고 있는 같은 종개체들의 무리를 무엇이라 하는가?

① 개체군   ② 군집
③ 생태계   ④ 모둠체

답 ①

06 개체군 특징

1. 정의

일정한 지역에 살고 있는 같은 종개체들의 무리로서 개체군 내 구성원 간 상호교배가 가능하다.

2. 개체

① 단일체

② 모둠체

ㄱ 지넷 : 유성생식으로 형성되고 한 접합자에서 생긴 나무 또는 식물의 유전적 개체

ㄴ 러밋 : 지넷에서 무성적으로 생산된 모듈

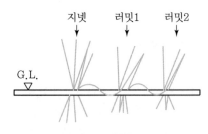

‖ 지넷과 러밋 개념도 ‖

3. 개체군분포와 풍부도

1) 개체군분포

① 개념 : 개체군 내의 모든 개체들이 살고 있는 공간적 경계

② 개체군분포 영향
　　㉠ 환경조건
　　㉡ 지리적 장벽
　　㉢ 다른 종과의 상호작용

③ 개체군분포방식
　　㉠ 임의분포 : 각 개체의 위치가 다른 개체들의 위치와 독립적
　　㉡ 균일분포 : 개체군의 개체들 사이의 최소거리를 유지시키는 작용을 하는 경쟁. 같은 개체 간 부정적인 상호작용에서 기인
　　　　예 한 지역 독점 이용 동물개체군, 수분과 영양염류 등 경쟁이 심한 식물개체군
　　㉢ 군생분포 : 가장 흔한 공간적 분포
　　　　예 물고기떼, 새떼, 인간

2) 풍부도
① 개체군의 크기 = 밀도 × 면적
② 개체군 밀도 = $\dfrac{개체\ 수}{단위면적}$
③ 풍부도 = 개체군의 총 개체 수

4. 생태적 연령구조
① 전생식
② 생식
③ 후생식

5. 개체군의 분산
① **식물** : 풍산포, 조산포, 동물산포, 중력산포
② **이동성 동물** : 배우자와 빈 서식지 찾기
③ **회유성 동물** : 지역 사이의 규칙적 이동

6. 개체군의 동태
① 분산
② 출생과 사망
③ 이입과 이출

7. 개체군의 생존곡선
① Ⅰ유형 : 생존율이 일생 동안 높다가 마지막에 사망률이 높아진다.
② Ⅱ유형 : 생존율이 연령에 따라 일정하게 변화한다.

기출예상문제

개체군분포방식 중 군집을 이루는 공간적 분포로 물고기, 새, 인간 등 가장 흔하게 나타나는 분포방식은?

① 임의분포　② 균일분포
③ 단일분포　④ 군생분포

답 ④

③ Ⅲ유형 : 초기사망률이 높다.

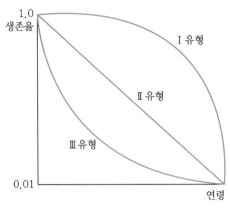

‖ 생존곡선의 세 가지 유형 ‖

8. 개체군의 성장과 소멸

① 개체군의 성장 : 출생률 > 사망률
② 개체군의 지수적 생장 : 좋은 환경에서 저밀도로 서식하는 개체군은 지수적 생장을 한다.

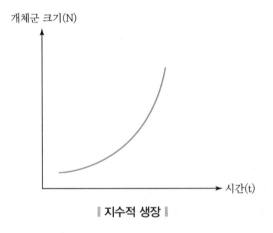

‖ 지수적 생장 ‖

③ 개체군 소멸 : 출생률 < 사망률
④ 작은 개체군의 절멸가능성
　ㄱ 임의변동
　ㄴ 사회구조 붕괴
　ㄷ 유전다양성 감소

9. 알리효과

① 개체군 밀도가 낮은 상황에서의 번식 또는 생존의 감소 기작이다.

② 많은 종들은 개체들이 포식자로부터 자신들을 방어하거나 먹이를 발견할 수 있도록 떼나 패를 짓고 산다. 일단 개체군이 너무 작아 효과적인 떼나 패를 유지할 수 없으면 포식이나 굶주림으로 사망률이 증가하여 개체군이 감소될 수 있다.

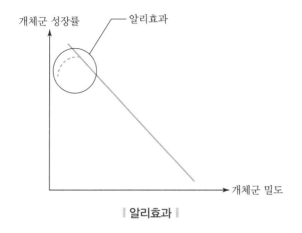

‖ 알리효과 ‖

기출예상문제

알리효과를 바르게 설명한 것은?

① 개체군 밀도가 낮은 상황에서의 번식 또는 생존의 감소 기작이다.

② 개체군이 너무 작아 떼를 이룰 수 없으면 개체군이 증가한다.

③ 개체군 밀도가 높은 종들의 개체군 성장률은 항상 증가한다.

④ 개체군 밀도와 개체군 성장률은 관계가 없다.

답 ①

07 종 내 개체군 조절

1. 환경

① **환경수용능력** : 지배적인 환경에서 유지할 수 있는 최대 개체군 크기

② **로지스트형 개체군 성장모델** : 개체군 성장률은 개체군의 크기가 작을 때는 빠른 속도로 증가하고, 이후 환경수용능(K)에 접근함에 따라 감소한다.

※ 개체군 성장률은 K/2(환경수용능 50%)에서 가장 크다.

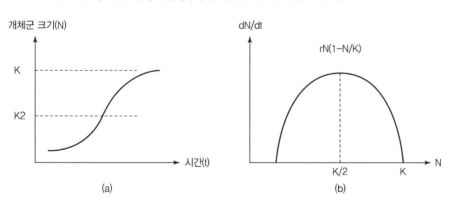

2. 밀도의존성

밀도의존효과는 개체군 밀도의 증가와 함께 사망률을 높이거나 번식력을 감소시키거나 또는 두 가지 모두에 의해 개체군 성장률을 낮추도록 작용한다.

기출예상문제

일반적으로 개체군 밀도가 낮으면 개체군 성장률은 증가하지만, 개체군 밀도가 낮을 때 개체군 성장률이 감소하는 '알리효과'가 나타날 수 있다. 그 원인이 되지 않는 것은?
① 잠재적 배우자를 찾기 어려움
② 먹이획득이나 방어능력 저감
③ 교배·번식의 어려움
④ 극단적 날씨와 같은 환경요인 대응 어려움

답 ④

－ 자원 가용성

－ 포식의 양상 또는 질병과 기생자 확산

① 알리효과(역밀도 의존성)

개체군의 밀도가 낮을 때 출생률과 생존율을 낮춘다.

㉠ 잠재적 배우자를 찾는 능력이 제한된다.

㉡ 교배, 먹이획득 또는 방어와 관련된 협동 또는 촉진행동을 수행하는 종의 사회구조 붕괴를 가져온다.

㉢ 개체군의 어떤 최저 밀도 이하에서는 개체군 성장률이 음수이다.

② 밀도 비의존적 : 극단적 날씨 같은 일부 환경요인에 의한다.

3. 자원 제한에 따른 경쟁

① 종 내 경쟁

㉠ 쟁탈경쟁 : 경쟁이 심해짐에 따라 개체군 내 개체들의 생장과 생식이 똑같이 억제될 때 일어난다.

㉡ 시합경쟁 : 일부 개체들은 충분한 자원을 확보하나 다른 개체들과 공유하지 않을 때 일어난다.

② 종 내 경쟁의 영향

㉠ 생장과 발달 저하

㉡ 사망률 증가

㉢ 번식 감소

기출예상문제

개체군은 고밀도상황에서 스트레스를 받게 된다. 이러한 경우 나타날 수 있는 개체군의 반응이 아닌 것은?
① 번식 지연
② 비이상적 행동
③ 생장과 종자생산 저하
④ 분산율 감소

답 ④

4. 고밀도 스트레스

① 동물의 혼잡스트레스

㉠ 번식 지연

㉡ 비이상적 행동

㉢ 질병과 기생적 감염에 대한 저항력 저하

② 식물의 생장과 종자생산 저하

5. 분산

개체군 성장에 대한 반응으로 분산율이 증가하면 개체군을 조절하는 작용을 한다.

6. 개체군을 제한하는 사회적 행동

사회위계는 우점도에 근거한다. 우점개체들은 자원의 대부분을 차지하고 우세가 아닌 개체들은 부족을 견뎌내야 한다. 이러한 사회적 우점은 개체군 조절기작으로 작용한다. 일단 개체들의 사회적 순위가 확립되면, 하위서열 개체들의 습관적 복종에 의해 유지된다.

① 알파(α)개체 : 무리에서 다른 모든 개체를 지배하는 개체
② 베타(β)개체 : 알파를 제외한 다른 개체들을 지배하는 개체
③ 오메가(ω)개체 : 다른 모든 개체들에 복종하는 개체

7. 세력권제

① 행동권
　　㉠ 생활사에서 정상적으로 섭렵하는 지역이다.
　　㉡ 행동권의 크기는 몸 크기에 영향을 받는다.

| 세력권과 행동권의 개념도 |

② 세력권
　　㉠ 동물이나 동물의 한 무리의 행동권 내 독점적인 방어지역
　　㉡ 노래, 울음, 과시, 화학적 냄새, 싸움
　　㉢ 개체군 일부가 번식에서 배제되는 일종의 시합경쟁
　　㉣ 비번식 개체들은 세력권 유지자가 사라지면 대치할 수 있는 잠재적 번식자들의 부유개체로 작용

8. 식물의 세력권 유지(공간 선점)

① 공간에 고착되어, 크기가 같거나 작은 다른 개체들을 배제한다.
② 식물은 빛, 수분, 양분을 가로채 공간을 획득하고 확보한다.

기출예상문제

동물의 세력권제 중 행동권과 세력권에 대한 설명으로 틀린 것은?
① 행동권은 세력권보다 크다.
② 행동권의 크기는 몸 크기에 영향을 받는다.
③ 동물들의 번식자는 세력권에 속한다.
④ 세력권에서는 개체군 일부가 번식에서 배제되는 일종의 시합경쟁이 일어난다.
⑤ 행동권은 동물의 한 무리의 독점적인 방어지역이다.
　　　　　　　답 ⑤

08 메타개체군

1. 정의 및 조건

① 정의
　　넓은 면적이나 지역 내에서 상호작용하는 국지개체군들의 집합이다.

② 메타개체군의 4가지 조건
　　㉠ 적절한 서식지는 국지번식개체군에 의하여 채워질 수 있는 불연속적인 조각으로 나타난다.
　　㉡ 가장 큰 개체군이라도 상당한 소멸위험이 있다.
　　㉢ 국지 소멸 후에 재정착이 방해될 정도로 서식지 조각들이 너무 격리되어서는 안 된다.
　　㉣ 국지개체군들의 동태는 동시적이 아니다.

기출예상문제

메타개체군에 대한 설명으로 틀린 것은?
① 넓은 면적이나 지역 내에서 상호작용하는 국지개체군들의 집합을 말한다.
② 메타개체군 정착률이 국지적 소멸률보다 작다면 존속이 어렵다.
③ 국지적 소멸확률은 조각면적이 증가함에 따라 감소하고 다른 국지개체군들과 격리됨에 따라 증가한다.
④ 조각크기가 증가할수록 국지개체군 부양이 어렵다.
　　　　　　　답 ④

③ 메타개체군은 더 작은 위성개체군들로 이동하는 이출자의 주 공급원으로 작용하는 하나의 보다 큰 핵심개체군을 가지고 있다. 이런 조건에서 핵심개체군의 국지적 소멸확률은 극히 낮다.

2. 메타개체군 동태(정착과 소멸의 균형)

① **이입률＞국지적 소멸률** : 국지개체군들은 하나의 연속적인 개체군으로서 존속한다.
② **정착률＜국지적 소멸률** : 메타개체군의 존속이 어렵다.

3. 조각면적과 격리

① 국지적 소멸확률은 조각면적이 증가함에 따라 감소하고 다른 국지개체군들과 격리됨에 따라 증가한다.
② 정착확률은 조각면적과 함께 증가하고 다른 국지개체군들과 격리될수록 감소한다.

4. 서식지 이질성

① 많은 연구에서 큰 조각이 작은 조각보다 공간적 이질성이 높다.
② 조각크기가 증가하면 더 큰 국지개체군을 부양할 뿐만 아니라 환경 이질성의 잠재력을 증가시켜 국지개체군 존속에 영향을 미칠 수 있다.

5. 구조효과

① 이입률 증가로 발생하는 개체군 크기의 증가로 절멸위험의 감소를 의미한다.

② **본토 – 도서 메타개체군의 구조**
  ㉠ 본토 : 크고, 질 좋은 서식지 – 공급개체군
  ㉡ 도서 : 열등한 서식지 – 수용개체군
  ㉢ 수용개체군들은 번식을 통해 양의 성장률을 유지할 수 없더라도 공급개체군으로부터의 높은 이입률에 의해 지속적이거나 심지어는 큰 개체군을 이룸

6. 국지개체군 동태 동시화

많은 환경적 요인들이 국지개체군들의 동태를 동시화할 수 있다.
① **날씨** : 가뭄, 자연재해 등
② 경관과 서식지 변화

7. 잠재적 정착률과 소멸률

① 일시적 서식지 또는 국지적 환경수용능의 변이가 큰 곳에 사는 종들의 분산이 크다.
② 고번식력 종들의 분산력이 크다.
③ 번식방식, 몸의 크기와 행동권 크기에 따라 다르다.

8. 개체군의 계층적 개념

> 국지개체군 < 메타개체군 < 아종 < 종

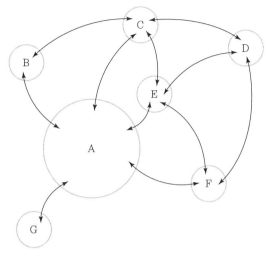

- 개체군 A＋B＋C＋D＋E＋F＋G＝메타개체군
- 개체군 A : 본토, 공급개체군
- 개체군 B, C, D, E, F, G : 도서, 수용개체군

▌ **메타개체군의 개념도** ▌

09 종 간 경쟁

1. 개념

① 두 종 이상의 개체군들에 부정적 영향을 주는 관계이다.

② 종 간 경쟁형태

   ㉠ 소비 : 한 종의 개체들이 공통자원을 소비하여 다른 종의 개체들의 섭취를 방해

   ㉡ 선취 : 한 개체가 선점하여 다른 생물의 정착을 방해

   ㉢ 과다생장 : 한 생물체가 다른 생물체보다 훨씬 더 성장하여 어떠한 필수자원에 접근하는 것을 방해

   ㉣ 화학적 상호작용 : 개체가 화학적 생장저해제나 독성물질을 방출하여 다른 종을 저해하거나 죽일 때

   ㉤ 세력권제 : 세력권으로 방어하는 특정공간에 다른 종이 접근하지 못하도록 하는 행동적 배타

   ㉥ 우연한 만남 : 세력권과 무관한 개체들의 접촉이 부정적 효과를 초래하는 것

기출예상문제

종 간 경쟁의 형태가 아닌 것은?

① 소비

② 선취

③ 과다생장

④ 포식

답 ④

기출예상문제

완벽한 경쟁자는 공존할 수 없음을 나타내는 경쟁배타원리의 개념은 자연환경에서의 경쟁관계 변수들을 고려하지 않았다. 그에 해당하지 않는 것은?

① 종들의 생존 · 생장 · 생식에 직접적 영향을 미치나 소비성 자원이 아닌 환경요인
② 자원 가용성의 시공간적 변이
③ 다수의 제한자원에 대한 경쟁
④ 종 간 경쟁의 결과에 미치는 다양한 요인
⑤ 일정하게 유지되는 환경조건

🖃 ⑤

2. 종 간 경쟁의 결과

1) **로트카 – 볼테라 모델** : 동일한 자원을 이용하는 두 종(A종, B종)관계 모델
   ① 한 종의 세력이 더 우수한 경우
      ㉠ A종이 성장, B종 소멸
      ㉡ B종이 성장, A종 소멸
   ② 두 종의 세력이 비슷한 경우
      ㉠ 서로 다른 종의 성장을 방해하여 결국 한 종이 이기고 나머지 종은 소멸
      ㉡ 각 종은 다른 종을 제거할 수 없고 종 내 경쟁을 하며 두 종은 공존

2) **경쟁 – 배타원리**
   ① **개념** : 완벽한 경쟁자는 공존할 수 없다.(로트카 – 볼테라 식으로 예측할 수 있는 네 경우 중 세 경우에서 한 종이 다른 종을 소멸시킴)

   ② **경쟁 – 배타원리의 한계**
      ㉠ 경쟁자들은 자원요구에 있어 완전히 동일하고 환경조건이 일정하게 유지된다고 가정한다.
      ㉡ 그러나 자연환경에서 이러한 조건들은 매우 드물다.

   ③ **자연환경에서 변수**
      ㉠ 종들의 생존, 생장, 생식에 직접적 영향을 미치나 소비성 자원이 아닌 환경요인의 영향
      ㉡ 자원 가용성의 시공간적 변이
      ㉢ 다수의 제한자원에 대한 경쟁
      ㉣ 자원분배 등 종 간 경쟁의 결과에 미치는 다양한 요인

기출예상문제

생태적 지위에 대한 설명으로 틀린 것은?

① 기본니치 : 다른 종의 간섭 없이 생존, 생식할 수 있는 모든 범위의 조건과 자원 이용
② 실현니치 : 다른 종과의 상호작용으로 한 종이 실제 이용하는 기본니치의 일부
③ 니치중복 : 둘 이상의 생물이 먹이 또는 서식지의 동일한 자원을 동시에 이용
④ 니치분화 : 이용자원의 범위 또는 환경내성 범위의 분화
⑤ 다차원니치 : 둘 이상의 종들이 정확히 동일한 요구들의 조합을 갖는 것

🖃 ⑤

3. 생태적 지위

① **기본니치** : 다른 종의 간섭 없이 생존, 생식할 수 있는 모든 범위의 조건과 자원을 이용하는 것이다.
② **실현니치** : 다른 종과의 상호작용으로 한 종이 실제 이용하는 기본니치의 일부이다.

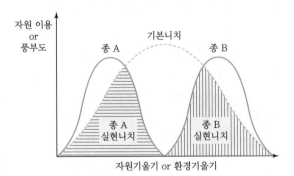

‖ **기본니치, 실현니치의 개념도** ‖

③ **니치중복** : 둘 이상의 생물이 먹이 또는 서식지의 동일한 자원을 동시에 이용하는 것이다.

④ **니치분화** : 이용자원의 범위 또는 환경내성 범위의 분화이다.

⑤ **다차원니치** : 실제로 한 종의 니치는 많은 유형의 자원(먹이, 섭식장소, 커버, 공간 등)을 포함한다.

⑥ 둘 이상의 종들이 정확히 동일한 요구들의 조합을 갖는 경우는 드물다. 종들은 니치의 한 차원에서는 중복될 수 있으나 다른 차원에서는 그렇지 않다.

10 포식

1. 개념

① 한 생물에 의한 다른 생물의 전부 또는 일부의 소비를 의미한다.

② 먹는 자와 먹히는 자인 두 종 이상의 종들의 직접적이고 복잡한 상호작용이다.

2. 로트카-볼테라 포식모형

① 포식자-피식자 상호작용에 대한 로트카-볼테라모델에 의하여 예측되는 양상이다.

② 포식자와 피식자 개체군 상호조절을 지나치게 강조한다고 비판 받아 왔다.

③ 하지만, 간단한 수리적 묘사와 포식자-피식자 사이에서 발생하는 진동행동을 잘 표현한다.

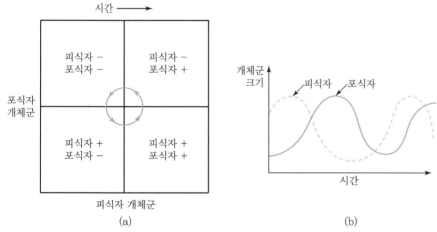

(a) 등사습곡을 결합하면 포식자와 피식자 개체군의 결합된 개체군 궤적을 조사하는 수단이 된다. 화살표는 결합된 개체군 궤적을 나타낸다. −부호는 개체군의 감소를, ＋부호는 개체군의 증가를 나타낸다. 이 궤적은 포식자-피식자 상호작용의 주기적 성격을 보여 준다.

(b) 시간에 따른 포식자, 피식자 개체군 크기의 내재적 변화를 도식화하면, 포식자 밀도가 피식자 밀도를 뒤따르는 어긋난 위상으로 두 개체군이 끊임없이 순환함을 볼 수 있다.

┃ **로트카-볼테라 포식모형** ┃

※ 최적먹이획득설(optimal foraging theory) : 자연선택은 효율적 먹이 획득자 즉, 단위노력당 최대의 에너지 또는 영양을 획득하는 개체를 선호한다.

3. 먹이획득행동과 포식위험

1) 먹이획득행동

① **최적먹이획득** : 가장 효율적 먹이획득이다.

② **이질적 환경에서 먹이획득** : 최적장소에서 먹이가 소진되었을 경우 다른 곳으로 이동한다.

2) 포식위험

만일 포식자들이 근처에 있으면 먹이획득자는 수익성은 최고지만 포식당하기 쉬운 지역은 방문하지 않고, 덜 유익하나 더 안전한 서식지로 이동하는 것이 이롭다.

4. 포식자와 피식자의 공진화

① **피식자** : 포식자에게 발견되고 포획되는 것을 피할 수 있도록 적응도를 높인다. 자연선택은 더 똑똑하고 더 잡기 어려운 피식자를 만들어 낸다.

② **포식자** : 피식자 포획에 실패한 포식자는 생식이 저하되고 사망이 증가한다. 자연선택은 더 똑똑하고 더 기술이 좋은 포식자를 만들어 낸다.

③ **공진화** : 피식자들은 포획을 피하는 수단을 진화시켜야 하고, 굶어 죽지 않기 위해 포식자들은 포획하는 더 좋은 기술을 진화시켜야 한다.

기출예상문제

피식자의 방어기작이 아닌 것은?

① 화학적 방어
② 보호색
③ 행동방어
④ 포식자 포만
⑤ 잠복

📖 ⑤

5. 피식자의 방어기작

① **화학적 방어** : 페로몬, 냄새, 독물

② **보호색** : 환경과 섞이는 색과 문양

　㉠ 대상물의 태 : 나뭇가지 또는 잎 흉내

　㉡ 안점표지 : 포식자 위협, 시선 또는 주위 전환

　㉢ 과시채식 : 눈에 잘 띄는 색을 드러내서 포식자로 혼란케 함

　㉣ 경계색 : 포식자에게 고통 또는 불쾌감을 상기시킴

　㉤ 베이츠 의태 : 독성 종들의 경계색을 닮거나 흉내내어 채색을 진화

　㉥ 뮐러 의태 : 맛이 없거나 독이 있는 많은 종들의 유사한 색채, 문양 공유

　㉦ 보호외장 : 위험 시 외장덮개나 껍데기 속으로 움츠림

③ **행동방어**

　㉠ 경계성 고음

　㉡ 전환과시 : 포식자의 주위를 서식지나 새끼로부터 다른 곳으로 돌림

　㉢ 무리생활

④ **포식자 포만** : 자손을 단기간에 생산하며 일부만 잡아먹힌다.

6. 포식자 사냥전략 진화

    ① 잠복

    ② 암행

    ③ 추적

7. 초식동물의 식물포식

    ① 자신이 섭취하는 식물을 죽이지 않는 특이한 포식형태

    ② 식물의 진화

        ㉠ 구조적 방어

           • 털이 많은 잎

           • 줄기가 변형된 가시

           • 턱잎이 변형된 가시

        ㉡ 그 밖의 방어

           • 2차 화합물 : 초식동물이 식물조직을 소화하는 능력을 감소시키거나 초식동물의 섭식을 억제

           • 식물－곤충 상호작용 : 일부 식물에서 자신의 포식자의 포식자를 유인

11 기생과 상리공생

1. 기생자와 숙주

    ① 개념

        ㉠ 기생자 : 먹이, 서식지, 분산을 위하여 숙주를 이용, 숙주를 죽이지 않음

        ㉡ 숙주 : 2차 감염으로 죽거나 생장 지연, 쇠약, 이상행동 또는 불임으로 고통받음

    ② 감염 : 기생자의 과부하이다.

    ③ 질병 : 감염의 결과이다.

    ④ 서식지 : 숙주는 기생자의 서식지이다.

        ㉠ 동물

            • 외부기생자 : 깃털과 털의 보호덮개 안의 피부에 사는 기생자

           • 내부기생자 : 숙주 내부에 사는 기생자

        ㉡ 식물

            • 뿌리와 줄기

           • 뿌리와 수피 밑에 있는 목부조직 아래

- 뿌리근원부
- 잎의 내부, 어린 잎 위, 성숙한 잎 위
- 꽃, 꽃가루, 열매 위
⑤ 매개자 : 일부 기생자는 중간생물 또는 매개자에 의해 숙주 간에 전파된다.

2. 상리공생

1) 개념
직접적, 간접적 상리공생관계는 이제 막 인정하고 이해하기 시작한 방식으로, 개체군 동태에 영향을 미칠 수 있는 개념이다. 종 간 관계에서 한 종은 부정적 영향을 받는 편리공생과 대조적으로 상리공생은 관계되는 두 종 모두 이익이 되는 관계를 말한다.

※ 편리공생 : 한 종이 다른 종에 별 영향을 주지 않으면서 이득을 얻는 두 종 간의 관계

기출예상문제

상리공생의 사례가 아닌 것은?
① 질소고정세균과 콩과식물
② 식물뿌리와 균근
③ 다년생 호밀풀과 키큰김 털의 독성효과
④ 아카시아의 부푼가시 안에 사는 중미의 개미종
⑤ 동물의 경계색

답 ⑤

※ 상리공생은 꽃피는 식물종의 수분, 종자분산 등에 관여한다. 따라서, 생태계에서 어떤 한 종이 제거되었을 때 상리공생관계에 있는 다른 종들도 영향을 받을 수 있다.

2) 상리공생의 종류
① 절대적 상리공생 : 상리적 상호작용이 없으면 생존하거나 번식할 수 없다.
② 조건적 상리공생 : 상리적 상호작용이 없어도 생존하거나 번식이 가능하다.
③ 공생적 상리공생 : 같이 살기 예 산호초, 지의류
④ 비공생적 상리공생 : 따로 살기
　　예 꽃피는 식물의 수분과 종자분산 – 여러 식물, 수분매개자, 종자분산자

3) 상리공생의 사례
① 질소고정세균과 콩과식물 : 콩과식물뿌리에서 삼출액과 효소를 방출하여 질소고정세균을 유인 → 뿌리혹 형성 → 뿌리세포 내 세균은 가스상태 질소를 암모니아로 환원 → 세균은 숙주식물로부터 탄소와 그 밖의 자원을 받는다.
② 식물뿌리와 균근 : 균류는 식물이 토양에서 물과 양분을 흡수하는 것을 돕고 그 대신 식물은 균류에게 에너지의 근원인 탄소를 공급한다.
③ 다년생 호밀풀과 키큰김 털의 독성효과 : 호밀풀은 식물조직 내에 사는 내부착생 공생균류로 감염 → 균류는 초본조직에서 풀에 쓴맛을 내게 하는 알칼로이드화합물을 생산함 → 알칼로이드는 초식포유류와 곤충에게 유독함 → 균류는 식물생장과 종자생산을 촉진한다.
④ 아카시아의 부푼가시 안에 사는 중미의 개미종 : 식물은 개미에게 은신처와 먹이 제공 → 개미는 초식동물로부터 식물 보호 → 아주 작은 교란에도 개미는 불쾌한 냄새를 내뿜음 → 공격자가 쫓겨날 때까지 공격한다.
⑤ 산호초 군락에서 청소새우, 청소어류와 많은 어종 간의 청소 상리공생 : 청소어류와 청소새우는 숙주어류에서 외부기생자와 병들고 죽은 조직을 청소하여 먹이를 얻고 해로운 물질을 제거한 숙주어류를 이롭게 한다.
⑥ 수분매개자 : 곤충, 조류, 박쥐 – 식물은 색, 향기, 냄새로 동물을 유인하여 이들을 꽃가루로 덮고 당이 풍부한 꽃꿀, 단백질이 풍부한 꽃가루, 지질이 풍부한 오일 등 좋은 먹이원으로 보상한다.

종자분산

종자가 친개체로부터 떨어져 나가는 것을 뜻하며, 고착성 생물인 식물의 개체가 상당거리를 이동할 수 있는 유일한 기회다. 종자분산에는 여러 방법이 있는데, 그중 동물을 종자분산매체로 이용하는 경우는 개미분산, 피식분산, 저식분산, 부착분산 4가지로 나눌 수 있다.

예 개미분산 : 종자껍질에 엘라이오좀이라 불리는 개미 유인 먹이가 있다. 개미들이 엘라이오좀이 붙은 씨앗을 집으로 이동시키면, 땅속에서 안전하게 발아하게 된다. 개미집은 질소와 인이 풍부하여 좋은 기질을 제공한다.

12 군집구조

※ 군집 : 한 지역을 공유하며 서로 직간접적으로 상호작용하는 종들의 무리

1. 다양도

① **종풍부도(S)** : 군집에 나타나는 종의 수이다.

② **상대풍부도** : 모든 종이 포함된 총 개체 수에서 각 종이 차지하는 백분율이다.

③ **종균등도** : 각 종에 속하는 개체 수의 균등도이다.

④ **다양도지수** : 군집 내 종 수와 종들의 상대풍부도 모두를 고려한다.

⑤ **심슨지수(D)**

　㉠ 다양도 지수 중 가장 단순하고 널리 사용되는 지수로, 한 표본에서 임의로 추출된 두 개체가 같은 종(같은 범주)에 속할 확률을 나타낸다.

　㉡ D값은 0~1이다. D값이 1이면 1종만 존재하며, 0에 접근하면 종풍부도와 균등도가 증가한다.

　㉢ $D = \sum (n_i / N)^2$

　　$n_i = i$종의 개체 수, $N =$ 총 개체 수

⑥ **샤논지수(H')**

　㉠ 종풍부도와 균등도를 모두 고려한 다양도 지수 중 하나이다.

　㉡ $H' = -\sum (P_i \log P_i)$

　　$P_i = N_i / N (P_i =$상대풍부도, $N_i = i$종의 개체 수, $N =$ 총 개체 수)

2. 우점도

① 군집에서 한 종 또는 소수의 종이 우세할 때, 이들 종이 우점했다고 한다.

② 우점은 다양도와 반대되는 말이다. 실제로, 기본적 심슨지수인 D는 종종 우점도의 척도로 사용된다. D값이 1이면 군집 내 단 한 종이 존재하는 완벽한 우점을 나타낸다.

③ 일반적으로 우점종은 군집 내 다른 종을 희생시켜 그 지위에 오르므로, 이들은 지배적인 환경조건하에서 우세한 경쟁자인 경우가 많다.

※ 우점이란 일반적으로 숫자가 가장 많은 것을 의미하지만 삼림에서는 많은 하층 수목보다 몇몇 큰 나무가 생물량의 대부분을 차지하기도 한다. 이런 경우, 개체 수와 개체의 크기 모두를 고려하여 우점을 정의하여야 한다.

기출예상문제

풍부도에 비하여 군집에 비례적으로 큰 영향을 주는 종으로 이들을 제거하면 군집구조가 변하기 시작하고 종종 군집의 종 다양도가 낮아지기도 하는 종을 무엇이라고 하는가?

① 우점종   ② 핵심종
③ 길드   ④ 니치

답 ②

3. 핵심종(keystone species)

① 풍부도에 비하여 군집에 비례적으로 큰 영향을 주는 종이다.

② 이들을 제거하면 군집구조가 변하기 시작하고, 종종 군집의 종다양도가 낮아진다.

③ **사례**

산호, 아프리카코끼리(관목과 교목을 먹고 뿌리 뽑으며, 부러뜨리고 없애버린다. 관목과 교목의 밀도가 낮아지면 초본의 생장과 생산이 좋아진다. 이러한 식물군집 조성의 변화는 코끼리에게는 불리하나 초본식물을 먹는 다른 초식동물들은 이익을 얻음), 해달(켈프군집의 핵심포식자이다. 해달은 성게를 먹고, 성게는 켈프를 먹는다. 해달 개체군이 감소하면 성게 개체군이 극적으로 증가한다. 그 결과 켈프 숲이 사라진다.)

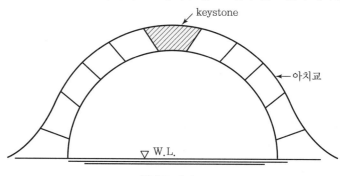

‖ 핵심종 개념도 ‖

4. 먹이사슬과 먹이망

① **먹이사슬(food chain)** : 군집 내 섭식관계를 함축적으로 표현한 것으로, 어떤 한 종에서 출발하여 다른 종을 향하는 일련의 화살표는 피식자(먹히는 생물)에서 포식자(먹는 생물)로 먹이에너지가 흐르는 것을 나타낸다.

예 풀 → 메뚜기 → 멧새 → 매

※ 먹이망(먹이그물)과 먹이사슬을 이해할 수 있어야 한다.

② **먹이망(food web)** : 여러 종 간 상호작용을 보여 주는 연결(화살표로 표시)때문에 아주 복잡하게 얽혀진다.

㉠ 기저종 : 다른 종을 먹지 않고 다른 종에게 먹히기만 한다.

㉡ 중간종 : 다른 종을 먹지만, 이들도 다른 포식자에게 잡아먹힌다.

㉢ 최상위포식자 : 다른 종에 잡아먹히지 않고 중간종 또는 기저종을 잡아먹는다.

③ **영양단계** : 독립영양생물 → 초식동물 → 육식동물

‖ 먹이망 개념도 ‖

5. 기능집단

① **길드** : 한 공통자원을 유사한 방식으로 이용하는 종들의 무리로서 종들을 길드로 구
분하면 군집연구를 단순화시켜, 연구자가 감당할 만한 군집의 부분집합들에 집중할
수 있게 된다.

② **군집** : 상호작용하는 구성길드들의 복잡한 조합이다.

③ **기능형** : 환경, 생활사 특성 또는 군집 내의 역할에 대한 공통적 반응에 근거하여 종
의 무리를 규정하기 위해 현재 통상적으로 이용한다.

예 C_3, C_4, CAM

6. 군집의 물리적 구조

1) 육상식물군집의 수직구조

① 임관

② 하층식생

③ 초본층

④ 근권

‖ 식물군집 수직구조 개념도 ‖

기출예상문제

한 공통자원을 유사한 방식으
로 이용하는 종들의 무리를 무
엇이라고 하는가?

① 길드   ② 니치

③ 군집   ④ 기능형

답 ①

※ 전도 : 표층수의 온도가 내
려가 심층수의 물보다 차가
워지면 표층수는 가라앉기
시작하여 심수층의 물을 표
면으로 밀어 올린다. 이때
수온약층이 파괴되고 영양
소가 바닥에서 표층수로 올
라온다.

2) 수생태계 : 온도와 산소에 따라

① 표수층 : 따뜻하고, 밀도가 낮으며 영양소가 적은 물이다.

② 수온약층 : 급격한 온도기울기가 나타나는 곳이다.

③ 심수층 : 차갑고, 밀도가 높으며 영양소가 많은 물이다.

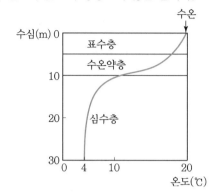

3) 수생태계 : 빛에 의해

① 투광대 : 빛이 주로 식물플랑크톤의 광합성을 부양하는 곳인 상층이다.

② 무광대 : 빛이 없는 보다 깊은 층이다.

③ 저서대 : 유기물 분해가 가장 활발한 호수의 바닥이다.

7. 군집의 개념

1) 클레멘츠의 군집유기체 개념

① 군락을 생명체에 비유하여 각 종을 상호작용하면서 통합된 전체의 한 요소로 본다.

② 천이는 생물체의 발달에 비유한다.

③ 한 군락에 속한 종들은 환경기울기상에서 분포한계가 서로 비슷하며, 이 중 많은 종들은 동일 지점에서 풍부도가 최대가 된다.

④ 인접한 군집들 사이의 전이지대는 폭이 좁고 두 군집이 서로 공유하는 종은 거의 없다.

2) 글리슨의 개체론적 개념(연속체 개념)

① 종 분포의 개체적 성격을 강조한다.

② 환경기울기에 따른 종풍부도의 변화는 매우 점진적으로 일어나므로 식생(종)을 군락으로 나누는 것이 비현실적이다.

③ 환경전이는 점진적이고 구분하기 어렵다. 군집이라고 말하는 것은 어떤 특정한 일련의 환경조건에서 공존하는 것으로 밝혀진 종들의 무리일 뿐이다.

※ 우리가 일반적으로 사용하는 군집의 견해는 클레멘츠와 글리슨의 견해를 모두 포함한다.

8. 군집구조에 영향을 미치는 요인

① 기본니치
② 먹이망
③ 종 간 상호작용
④ 환경적 이질성
⑤ 자원 가용성

기출예상문제

군집구조에 영향을 미치는 요인이 아닌 것은?
① 기본니치
② 종 간 상호관계
③ 자원 가용성
④ 사회적 거리

답 ④

13 천이(시간에 따른 군집구조의 변화)

1. 천이

① 개념 : 군집구조의 시간에 따른 변화이다.
② 천이계열 : 초본 → 관목 → 교목
③ 천이단계 : 시간에 따른 연속체상의 한 단계이다.
④ 천이과정은 육상과 수환경 모두에서 일어난다.
⑤ 천이초기종 : 최초의 종, 선구종, 개척종 – 대개 높은 성장률, 작은 크기, 높은 분산력 및 높은 개체당 개체군 성장률이 특징이다.
⑥ 천이후기종 : 분산율과 정착률이 낮으며 개체당 개체군 성장률도 낮고, 몸이 크며 수명이 길다.
⑦ 천이유형
　㉠ 1차 천이 : 전에 군집이 없었던 장소에서 일어난다.
　　예 암반, 조간대환경의 콘크리트 벽돌과 같이 새로 노출된 표면
　㉡ 2차 천이 : 이미 생물에 의해 점유되었던 공간이 교란된 후에 일어난다.

기출예상문제

천이에 대한 설명으로 틀린 것은?
① 천이는 시간에 따른 군집구조의 변화를 나타낸다.
② 천이 초기종에 비하여 후기종은 분산율과 정착률이 낮다.
③ 교란 후 일어나는 천이는 1차 천이라고 한다.
④ 천이과정은 육상과 수환경 모두에서 일어난다.

답 ③

2. 1차 천이

① 암반 절벽, 모래언덕, 새로 노출된 빙하쇄설물과 같이 이전에 군집이 살지 않았던 장소에서 시작한다.
② 황무지 → 화본과 초본류 등의 선구식물이 안정화 → 관목 → 교목(소나무 – 참나무) 범람원 → 오리나무류와 사시나무류 등 다양한 종 점유 → 가문비나무와 솔송나무류 등의 천이후기종으로 교체 → 주변경관 삼림군집과 유사해짐

3. 2차 천이

1) 육상환경에서 2차 천이
묵밭천이 : 첫해 한해살이 풀 바랭이 → 망초, 쑥부쟁이, 돼지풀 → 다년생 바랭이새속식물, 소나무 묘목 → 소나무 성장 → 활엽수림

2) 해양환경 2차 천이

① **켈프 숲** : 켈프 숲 제거 → 1년 후 여러 종의 켈프 혼합, 쇠미역과 다시마 하층식생 → 다시마류의 연속적 발달 → 원래의 구성으로 되돌아감

② **잘피군집** : 잘피밭 훼손 → 조류에 의한 국지적 교란 → 지하경이 있는 대형 조류 정착 → 죽고 분해됨 → 잘피종류 중 국지적 선구종 정착 → 밀생 → 주변 잘피군집과 비슷해짐

4. 천이연구의 역사

1) 클레멘츠의 단극상가설

천이과정이란 궁극적 또는 극상단계를 향한 군집의 단계적이고 점진적인 발달을 나타낸다.

2) 이글러의 초기식생구성가설

어느 지점의 천이과정은 어떤 종이 그곳에 먼저 도착하는지에 달렸다. 먼저 도착하여 정착한 종은 뒤늦게 도착하는 종이 정착하지 못하도록 방해한다. 천이는 개별적이고, 그 자리에 정착한 특정 종들과 도착하는 순서에 달려있다.

3) 코넬과 슬라티어의 세 가지 모델

① **촉진모델** : 천이초기종이 환경을 변화시켜 천이후기종의 침입, 생장, 성숙에 유리한 조건이 된다고 하였다.

② **억제모델** : 종 간 경쟁이 심한 경우에 해당된다. 어떤 종도 다른 종보다 모든 면에서 우세하지는 않다. 처음 도착한 종은 모든 다른 종으로부터 자기를 방어한다. 생존하고 번식하는 한, 최초 종은 자리를 유지한다. 그러나 단명한 종은 장수하는 종에게 자리를 내주면서 점진적으로 종 구성이 바뀐다.

③ **내성모델** : 후기단계 종은 그들보다 앞선 종이나 늦은 종에 상관없이 새로 노출된 장소에 침입하여 정착하고 성장할 수 있다. 이들이 자원 수준이 낮은 것을 견딜 수 있기 때문이다.

4) 최근

변화하는 환경조건하에서 개별 종들의 적응과 생활사 특성들이 종 간 상호작용과 궁극적으로 종들의 분포와 풍부도에 어떤 영향을 주는지에 초점을 두고 있다.

5. 천이과정의 종다양도 변화

① 종다양도는 초본단계 후까지 증가하고 관목단계에서 감소한다. 그 후 숲이 어릴 때 종다양도는 다시 증가하지만 숲의 나이가 많아지면서 감소한다.

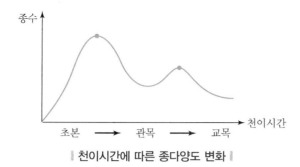

‖ 천이시간에 따른 종다양도 변화 ‖

- 휴스턴 : 천이과정 중 천이초기종을 대치할 경쟁종의 개체군 성장률을 느리게 함으로써 공존기간이 연장되어 종다양도가 높게 유지된다.(자원 가용성이 낮거나 중간인 수준에서 다양도가 최대에 이를 것이라 예측)

② 중규모교란설(휴스턴, 코넬리)

　　㉠ 교란 : 천이의 시계를 되돌림, 식물개체군을 감소시키거나 제거함으로써 그 장소에는 다시 천이초기종이 정착하고, 종의 정착과 대치과정이 다시 시작된다.(교란은 종들의 공존기간을 연장시켜 생장률이 저하되었을 때와 유사한 효과를 보인다)

　　㉡ 중규모교란설 : 만일 교란빈도가 높으면 천이후기종이 정착할 기회가 없을 것이고, 교란이 없다면 천이후기종이 궁극적으로 천이초기종을 대치할 것이다. 교란빈도가 중간인 경우, 정착은 일어날 수 있으나 경쟁적 대치는 최소한으로 유지된다.

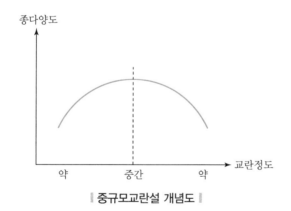

‖ 중규모교란설 개념도 ‖

6. 숲틈천이

숲틈 → 나무좀, 천공성 딱정벌레 → 쓰러진 나무의 부패 → 이끼, 지의류, 식물 묘목
→ 고사분해(종다양도 가장 높음) → 토양과 혼합

기출예상문제

휴스턴과 코넬리의 중규모교란설을 가장 잘 설명한 것은?
① 교란빈도가 중간인 경우 종다양도가 가장 높다.
② 교란빈도가 약한 경우 종다양도가 가장 높다.
③ 교란빈도가 강한 경우 종다양도가 가장 높다.
④ 교란빈도와 종다양성은 관련이 없다.

답 ①

14 경관생태학

※ 경관생태학은 다양한 토지 피복유형(예 산림, 농지, 하천 도심 등)으로 이루어진 경관의 조각들과 경계의 형성 원인들의 공간적 패턴이 경관에 미치는 생태적 결과에 대해 연구한다.

1. 경관생태학의 정의

1) 경관생태학의 정의

① 하나의 경관 안에 있는 공간적 · 시간적 구성요소와 생물 및 지질학적 과정, 정보이동 사이의 상호관계를 연구하는 학문으로 구조적 측면과 기능적 측면이 양 축을 이룬다.

② 경관의 구조, 기능, 변화를 고려한다.
   ㉠ 구조 : 뚜렷한 차이가 있는 생태 소공간의 공간적인 관계, 즉 경관요소의 공간적 크기와 형상, 수, 종류, 방향, 대비, 구성요소들의 짜임과 관련된 에너지와 물질, 생물, 그리고 유형의 정보분포상태를 말함
   ㉡ 기능 : 공간적인 요소의 상호작용을 말하며, 경관요소 사이에서 일어나는 에너지와 물질, 생물종 그리고 정보의 흐름을 말함
   ㉢ 변화 : 시간에 따른 경관구조와 기능의 변화특성을 말함

③ 에너지는 경관의 이질적인 구조를 창조하며 동시에 구조는 에너지가 어디에 어떻게 작용할 것인지 결정한다. 즉 구조는 흐름을 결정하고 흐름은 구조의 변화를 초래한다.

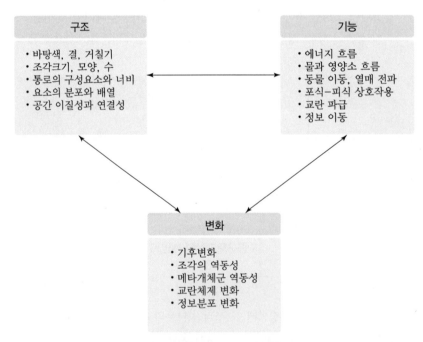

| 경관의 구조 · 기능 · 변화 개념도 |

2. 경관의 구조와 기능

1) 경관구조

① **개념** : 이질적인 공간요소들이 이루는 유형이다.

② **경관요소** : 경관을 이루는 기본적인 단위이다.

    ㉠ 바탕(matrix) : 가장 넓은 면적을 차지하고 연결성이 가장 좋은 경관

    ㉡ 조각(patch) : 생태적, 시각적 특성이 주변과 다르게 나타나는 비선형적 지역인 경관요소

    ㉢ 통로(corridor) : 바탕에 놓여 있는 선형의 경관요소

기출예상문제

경관생태학에서는 경관을 이루는 기본적인 단위인 경관요소를 규정하고 있다. 아닌 것은?

① 바탕(matrix)
② 조각(patch)
③ 통로(corridor)
④ 프로그램(program)

답 ④

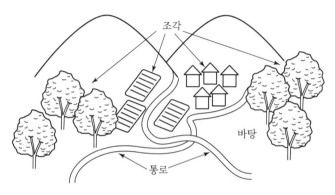

‖ **경관요소 개념도** ‖

③ **경관에서 바탕을 조각과 통로로부터 구별하는 방법**

    ㉠ 전체면적 : 전체 토지면적의 반 이상을 덮고 있는 부분이 경관바탕이다.

    ㉡ 연결성 : 두 가지 특징이 한 구역에서 동등하게 나타나는 경우에는 연결성이 높은 부분이 경관바탕이다.

    ㉢ 역동성 통제력 : 구역의 경관 역동성을 좌우하는 공간부분이 경관바탕이다.

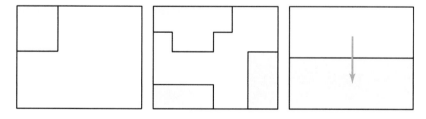

④ **경관 조각의 종류**

    ㉠ 잔류조각 : 교란이 주위를 둘러싸고 일어나 원래의 서식지가 작아진 경우

    ㉡ 재생조각 : 잔류조각과 유사하지만 교란된 지역의 일부가 회복되면서 주변과 차별성을 가지는 경우

    ㉢ 도입조각 : 바탕 안에 새로 도입된 종이 우점하거나 흔히 인간이 숲을 베어내고 농경지 개발이나 식재활동을 하거나 골프장 또는 주택지를 조성하는 경우

@ 환경조각 : 암석, 토양형태와 같이 주위를 둘러싸고 있는 지역과 물리적 자원이 다른 조각

@ 교란조각 : 벌목, 폭풍이나 화재와 같이 경관바탕에서 국지적으로 일어난 교란에 의해서 생긴 조각

2) 경관기능

① 개념 : 경관생태학은 서로 다른 경관요소와 요소의 경계를 가로질러 일어나는 에너지와 물질, 생물, 정보의 이동원리와 함께 이동과 지역을 이루는 각기 다른 특징의 토지 크기, 모양, 배열, 구성요소들 사이의 관계에 관심을 갖는다.

② 경관요소들의 상호작용 또는 흐름경로

㉠ 확산과 덩어리흐름

- 확산 : 농도가 높은 곳에서 낮은 곳으로
- 덩어리흐름 : 물질이 바람이나 물의 흐름에 실려 이동하는 경우

㉡ 능동적 동물이동 : 동물이 옮겨가는 현상 예 철새 떼 등
㉢ 동물과 사람의 운반과 교신수단

3) 변화와 구조기능의 상호작용

① 개념 : 경관구조와 기능의 상호작용에 의해서 경관은 변한다.
② 의의 : 초기의 경관생태학이 경관의 유형화라는 명목으로 구조파악에 많은 시간을 보냈다면, 토지이용과 환경 및 자원관리, 생물다양성 보존에서 유용성을 높이기 위해서는 경관의 기능적 측면을 이해하려는 노력이 더욱 가중되어야 할 것이다.

3. 토지모자이크

1) 개념

① 독특한 군집들의 물리적, 생물적 구조의 변화로 정의되는 경계들, 즉 모자이크요소인 조각들의 산물이다.
② 경관생태학은 경관 과정이 분석될 수 있는 시공간적 규모에서 이질적인 토지모자이크를 형성하는 중심수준에 초점을 맞춘다.
③ 작은 규모에 비해서 큰 규모의 현상은 지속적이고 안정적이다. 짧은 기간에 일어나는 대부분의 변화는 작은 면적에 영향을 주는 반면에 장기적인 변화는 큰 면적에 영향을 미친다. 경관차원에서는 몇 시간 또는 며칠 안에 척추동물의 이동이 일어나며, 대부분의 경관과 광역수준의 토지모자이크는 수십 년부터 수 세기에 걸쳐 조금씩 변형된다.

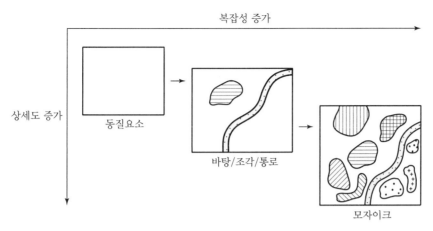

| 경관생태학에서 다루는 공간변이유형의 개념도 |

2) 서식지 파편화

① **파편화의 정의** : 커다란 서식처가 두 개 이상의 작은 서식처로 나누어지는 것을 말한다.

② **파편화의 영향**

　㉠ 초기배제효과 : 파편화가 되면 큰 면적을 요구하는 종, 간섭에 민감한 종, 독특한 서식처를 요구하는 종 등은 다른 곳으로 이동하거나 사라지는 현상

　㉡ 장벽과 격리화 : 도로 등에 의해 서식처 이동에 제한이 생겨 개체군 이동 단절로 개체군의 크기가 작아지고, 최소개체군 이하로 개체군의 크가 작아질 수 있음

　㉢ 혼잡효과

　　• 초기에 파편화되어 어느 한 패치로 많은 개체들이 모여 수용능력 이상이 될 경우 경쟁이 치열해져서 개체군 밀도가 낮아지는 현상

　　• 메타개체군 측면에서 혼잡효과에 의해 개체군이 줄어드는 현상

　㉣ 국지적 멸종

4. 전이지역

1) 가장자리(edge), 또는 경계(border) 종류

① **고유가장자리** : 장기적인 자연적 특징들이 인접 식생에 영향을 주는 곳에서 가장자리는 통상적이고 안정되고 영구적이다.

② **유도가장자리** : 자연교란 또는 인간교란과 관련된 가장자리들은 시간이 흐르면서 연속적 변화가 일어난다.

③ **경계** : 한 조각의 가장자리가 다른 조각의 가장자리를 만나는 지점을 조각 간 접촉, 격리 또는 전이지역인 경계라고 한다.

④ **점이대(ecotone)** : 넓은 경계는 인접 조각들 사이에 종종 점이대라고 불리는 전이지역을 형성한다.

기출예상문제

가장자리(edge) 또는 경계(border) 종류가 아닌 것은?

① 고유가장자리
② 유도가장자리
③ 경계
④ 점이대
⑤ 모자이크

🖹 ⑤

기출예상문제

가장자리효과에 대하여 적절하게 설명한 것은?

① 경계면적(길이와 폭)과 인접하는 식물군집들 간에 상이한 정도가 커질수록 종 다양도가 높아지는 효과
② 가장자리 종 생활사를 변화시키는 효과
③ 생태계의 구조와 기능을 변화시키는 효과
④ 가장자리에서 종다양도가 낮아지는 효과

目 ①

2) 가장자리의 기능

① 물질, 에너지, 생물의 유동 또는 흐름을 통해 조각들을 기능적으로 연결한다.

② 전적으로 가장자리 환경에 국한되는 가장자리 종들을 부양한다.

③ **가장자리효과**

㉠ 경계면적(길이와 폭)과 인접하는 식물군집들 간 상이한 정도가 커질수록 좋다. (종다양도가 높아지는 효과)

㉡ 삼림과 초지 간의 경계는 유령림과 성숙림 간의 경계보다 더 많은 종을 부양할 수 있다.

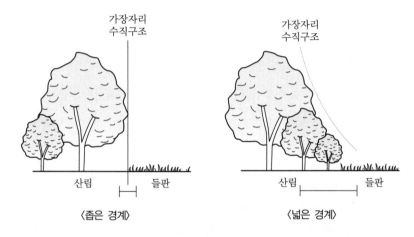

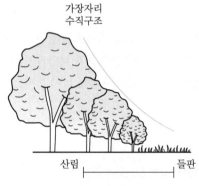

┃ 시간 변화에 따른 경계 변화 개념도 ┃

5. 조각크기와 형태

1) 조각크기에 따른 군집구조, 종다양도, 종의 존재

① 큰 서식지에서는 행동권이 큰 동물군집이 생존 가능하다.

② 조각크기가 클수록 다양한 서식지를 창출한다.

③ 가장자리 내부환경에 있는 서식지 간의 차이
  ㉠ 조각이 충분히 클 때에만 경계보다 폭이 커서 내부 조건을 발달시킬 수 있다.
  ㉡ 아주 작은 조각의 경우 모두 경계이거나 가장자리 서식지이다. 조각의 크기가 증
    가할수록 내부에 대한 경계의 비율은 점점 감소한다. 길고 좁아 그 너비가 경계의
    폭을 넘지 않는 삼림지 조각은 총 조각면적에 상관없이 모두 경계군집이다.

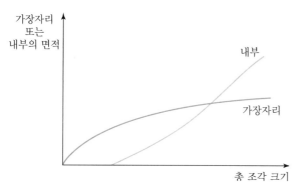

┃ 조각크기와 가장자리 및 내부면적 사이 일반적 관계 ┃

④ 조각면적과 종수의 관계
  일반적으로 숲 조각의 면적이 크면 서식하는 종의 수는 많아진다.

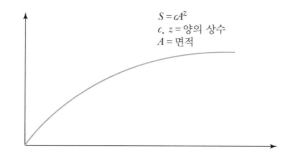

$$S = cA^z$$
c, z = 양의 상수
A = 면적

2) 내부종
  ① 경계환경에 관련된 돌연한 변화와 거리가 먼, 내부 서식지에 특징적인 환경조건이
    필요하다.
  ② 내부종 유지에 필요한 서식지의 최소 면적은 동물과 식물이 다르다.
    ㉠ 식물 : 조각크기 자체는 환경조건보다 종의 존속에 덜 중요함
    ㉡ 동물 : 조각크기가 어느 한도까지 증가할 때까지 종풍부도가 증가함

숲과 초지 조각 모두에서 조류 종다양도를 조사한 많은 연구들은 조각크기가 어느 한도까지 증가할 때까지 종풍부도가 증가함을 보여 준다. 즉 24ha크기의 삼림지에서 조류종의 최대 다양성이 나타난다. 중간크기 조각의 경우, 최대종다양도의 일반적 양상은 내부종과 증가된 면적 간의 양(+)의 상관관계와 더불어 가장자리종과 서식지 조각크기 간의 음(-)의 상관관계에서 기인한다.

이러한 연구들은 둘 이상의 작은 삼림조각들이 동일한 면적의 연속된 삼림보다 더 많은 종을 부양하는 것을 나타낸다. 그러나 보다 작은 삼림지는 광범위한 삼림지역을 필요로 하는 진정한 삼림 내부종을 부양하지 않았다. 따라서 종다양도의 추정치는 삼림 단편화가 경관의 생물다양성에 어떻게 영향을 미치는지에 대한 완벽한 그림을 제시하지 못한다. 내부 서식지와 가장자리 서식지 모두에 특징적인 조류종 무리를 부양하려면 이질성이 높은 커다란 숲 지대가 필요하다.

기출예상문제

1963년 맥아더와 윌슨의 도서 생물지리설에 대한 설명으로 틀린 것은?

① 한 섬에 정착한 종의 수는 이입률과 절멸률 간의 균형이다.

② 본토로부터 가장 잘 분산할 수 있는 종이 섬에 가장 먼저 정착할 것이다.

③ 섬에서 종의 수가 증가함에 따라 종들의 경쟁이 치열해져 절멸률이 높아질 수 있다.

④ 섬과 본토 간의 거리가 멀수록 이입종들이 성공적으로 도착할 확률이 높다.

답 ④

6. 도서생물지리설

1) 도서생물지리설

① **1963년 맥아더와 윌슨** : 한 섬에 정착한 종의 수는 새롭게 정착하는 종들의 이입과 예전에 정착했던 종들의 절멸 사이의 역동적 평형을 나타낸다.

② **섬에서의 평형종수** : 종풍부도 증가에 따라 이입률은 감소하나 절멸률은 증가한다. 절멸률과 이입률 간의 균형(이입률＝절멸률)은 섬에서의 평형종수를 정의한다.

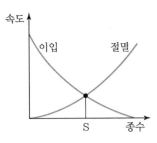

‖ **섬에서 평형종수 개념도** ‖

③ **이입률** : 본토로부터 가장 잘 분산할 수 있는 종이 섬에 가장 먼저 정착할 것이다. 섬에서 종수가 증가함에 따라, 새로운 종의 이입률이 감소할 것이다. 이는 섬에 성공적으로 정착하는 종이 많을수록 본토(이입하는 종들의 공급지)에 남아 있는 잠재적인 새로운 정착종이 적어지기 때문이다. 본토의 모든 종들이 섬에 존재할 때 이입률은 0이 된다.

④ **절멸률** : 초기 이입종들이 사용 가능한 서식지와 자원들을 이미 사용했을 터이므로 후기 이입종들은 개체군을 확립하지 못할 수 있다. 종의 수가 증가함에 따라 종들의 경쟁이 더 치열해져서 절멸률이 점차 높아지게 된다. 만일 섬에 서식하는 종의 수가 이 평형을 초과한다면, 절멸률이 이입률보다 더 높아서 종풍부도의 감소를 초래한다.

⑤ 도서생물지리설 : 본토에서 섬까지의 거리와 섬의 크기 모두 종풍부도의 평형에 영
향을 준다는 이론이다.
　㉠ 거리 : 섬과 본토 간의 거리가 멀수록 많은 이입종들이 성공적으로 도착할 확률이
　　 낮다. 그 결과는 평형종수의 감소이다.
　㉡ 크기 : 넓은 지역은 일반적으로 자원과 서식지가 더 다양하기 때문에 면적에 따라
　　 변하는 절멸률은 큰 섬에서 더 낮다. 큰 섬은 더 많은 종들의 요구를 수용할 수 있
　　 을 뿐만 아니라 더 많은 각종의 개체들을 부양할 수도 있다. 큰 섬은 작은 섬에 비
　　 해 절멸률이 낮아 평형종수가 더 높다.

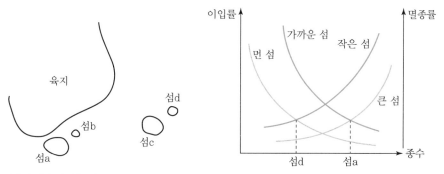

(a) 육지와 가까운 섬 a, b
　 육지와 먼 섬 c, d
　 크기가 큰 섬 a, c
　 크기가 작은 섬 b, d

(b) 이입률은 거리와 관계있고 멸종률은 섬의 크기와 관
　 계가 있다. 따라서 크기가 크고 거리가 가까운 섬 a
　 의 종수가 가장 많고, 크기가 작고 거리가 먼 섬 d의
　 종 수가 가장 적다.

‖ 도서생물지리설의 개념도 ‖

※ 연륙도는 고립효과를 완화
한다.

2) 도서생물지리설의 이용
① 처음에는 도서생물지리설이 해양의 섬들에 적용되었지만 많은 다른 유형의 섬이
　 있다.
② 심벌로프는 "섬이란 조각의 생물들이 지나기 어려운 상대적으로 황폐하고 상이한
　 지형에 의해 유사한 서식지와 격리된 모든 서식지 조각"이라고 했다.
③ 도서생물지리설이 경관조각에 어떻게 적용될 수 있을까?(만약 도시의 콘크리트 구
　 조물이 바다이고 녹지가 섬이라고 생각한다면?)

해양의 섬	경관조각
물이라는 분산에 대한 장벽으로 포위된 육상 환경	조각 간 이동과 분산에 별다른 장벽이 없는 다른 육상환경과 연관되어 있다.

※ 도심지역 내 녹지가 섬이고
콘크리트구조물이 바다라고
본다면 도심에서 생물종의
이입률을 높이고 절멸률을
낮추어 도심 내에서 서식하
는 생물종의 수를 늘릴 수
있다.

3) 다이아몬드 이론

1975년 다이아몬드에 의해 육상에서 자연환경보전구역 설정 시 적용한다.

① 큰 조각이 작은 조각보다 유리하다.

② 하나의 큰 조각이 여러 개의 작은 조각보다 유리하다.

③ 조각들의 모양이 모여 있는 것이 일렬로 있는 것보다 유리하다.

④ 연결되어 있는 조각이 연결이 없는 조각보다 유리하다.

⑤ 거리가 가까운 조각들이 먼 조각보다 유리하다.

⑥ 원형 모양이 기다란 모양보다 유리하다.

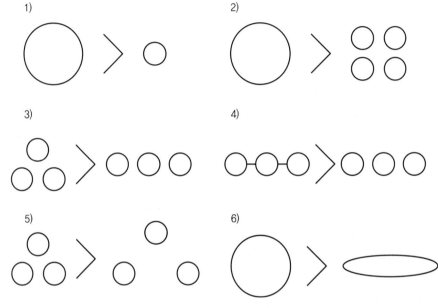

┃ 다이아몬드 이론 개념도 ┃

7. 이동통로(corridor)

1) 이동통로의 종류

① 선형 이동통로(narrow line corridor) : 생울타리, 급류 위에 놓인 다리, 고속도로 중간지대 등 식생의 띠 형태이다.

② 띠 조각형 이동통로(strip corridor) : 보다 넓은 식생대는 내부와 외부 환경 모두로 구성될 수 있다. 택지개발지, 송전선 용지, 하천과 강변의 식생대 사이에 남은 넓은 삼림지 띠 조각 등이 해당한다.

③ 징검다리형 이동통로(stepping stone corridor) : 옥상조경, 벽면녹화 등 작은 조각 형태이다.

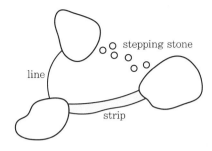

▌이동통로 개념도 ▌

2) 이동통로의 역할
① 통로
② 필터 : 크기가 다른 이동통로의 틈은 특정 생물은 건너가도록 하나 다른 종은 제한한다.
③ 서식지 제공
④ 종 공급처
⑤ 종 수용처

3) 이동통로의 부정적 영향
① 포식자에게 정찰위치를 제공한다.
② 질병 전파, 외래종의 침입이나 확산의 통로를 제공한다.
③ 만약 이동통로가 너무 좁다면 집단들의 사회적인 이동성을 억제한다.

8. 교란

1) 교란의 개념
군집구조와 기능에 지장을 주는 불, 폭풍, 홍수, 혹한, 가뭄과 전염병 같은 비교적 불연속적인 사건이다. 교란은 경관상 패턴을 만들어 내고 또한 패턴의 영향을 받는다.

2) 교란사건과 교란체제
① **교란사건** : 1회의 폭풍이나 불 등 특정한 교란사건
② **교란체제(양상)** : 장기간에 걸쳐 경관을 특징 짓는 교란으로 시공간적 특성을 모두 갖고 있고 이 특성들은 세기, 빈도, 공간적 범위, 즉 규모를 포함한다.

3) 교란크기
① 소규모교란
　　㉠ 대표적 사례는 숲틈
　　㉡ 새로운 개체들의 정착을 위한 물리적 공간 제공뿐 아니라 그 이상을 제공

② 대규모교란
　　㉠ 사례 : 화재, 벌채, 토지개발

기출예상문제

교란에 대한 설명으로 틀린 것은?
① 교란은 경관상 패턴을 만들어 내고 또한 패턴의 영향을 받는다.
② 교란은 순수하게 자연적인 현상이며 인간에 의해서는 일어나지 않는다.
③ 교란사건이란 1회의 폭풍이나 불 등 특정시간·특정장소에서 발생하는 것을 말한다.
④ 교란체제는 장기간에 걸쳐 경관을 특징 짓는 것을 말한다.

🔑 ②

ⓒ 국지개체군들의 실질적인 감소를 초래하거나 제거시키고, 물리적 환경을 바꾼다.

ⓒ 장기적 복구는 원 군집에 특징적인 종들이 결국 초기 정착 종들을 대치하는 2차 천이과정을 수반한다.

4) 교란 종류

① **자연교란** : 폭풍, 홍수, 바람, 유수, 불

> • 지표화 : 지표만을 태우는 빈번한 가벼운 불(1~25년에 한 번 발생)
> • 수관화 : 나무를 태우는 불(50년, 100년, 300년에 한 번 발생)
> • 지중화 : 땅속을 태우는 불

② **인간교란** : 가장 오랜 시간 지속되는 경관교란의 일부는 인간에 의한 것이고, 지속적으로 생태계 관리를 수반하기 때문에 자연교란보다 생태계에 더 큰 영향을 미친다.
   예 농업, 벌목(택벌, 개벌)

15 생태계 에너지학

1. 열역학 법칙

기출예상문제

열역학 법칙에 대하여 바르게 설명하지 않은 것은?
① 에너지는 창조되거나 파괴될 수 없다.
② 에너지가 전달되거나 변형될 때, 에너지 일부는 더 이상 전달될 수 없는 형태로 변한다.
③ 이론적으로 주변환경과 에너지 및 물질을 교환하지 않는 닫힌 계에서 적용된다.
④ 살아 있는 계는 태양복사의 형태로 계속적으로 에너지를 받고 있는 열린 계로서 엔트로피를 없애는 방법이 없다.

目 ④

1) 에너지

① **잠재에너지** : 저장된 에너지, 즉 일을 할 수 있는 에너지이다.

② **운동에너지** : 운동을 하는 에너지, 운동에너지는 잠재에너지를 소비하여 일을 한다.

2) **열역학 제1법칙**

① 에너지는 창조되거나 파괴될 수 없다.

② **발열** : 화학반응 결과로 인해 계가 에너지를 잃는 것이다.

③ **흡열** : 화학반응이 진행되기 위해 에너지를 흡수하는 것이다.

3) **열역학 제2법칙(엔트로피 증가)**

에너지가 전달되거나 변형될 때, 에너지 일부는 더 이상 전달될 수 없는 형태로 변한다.

4) **열역학 제2법칙의 한계**

① 이론적으로 주변환경과 에너지 및 물질을 교환하지 않는 닫힌 계에서 적용된다. 시간이 지남에 따라 닫힌 계는 최대 엔트로피로 가는 경향이 있다. 궁극적으로 일할 수 있는 에너지가 없어진다.

② 살아 있는 계는 태양복사의 형태로 계속적으로 에너지를 받고 있는 열린 계로서 엔트로피를 없애는 방법을 갖고 있다.

2. 1차생산

① 총1차생산력(GPP) : 독립영양생물에 의한 총광합성률(즉 동화된 에너지)

② 순1차생산력(NPP) : 호흡하고 남은 유기물로서 에너지가 저장되는 속도

$$NPP = GPP - R(\text{독립영양생물의 호흡})$$

③ 현존량 : 주어진 시간에 일정 면적 내에 축적된 유기물의 양

3. 1차생산 영향요인

1) 육상생태계

① 기후 : 강수량, 기온

② 필수영양소의 가용성 등이 있다.

2) 수생태계

① 빛

② 온도

③ 영양소

4. 1차생산력은 2차생산을 제한

① 순1차생산력은 생태계의 종속영양생물들이 이용 가능한 에너지이다.

㉠ 초식동물 또는 분해자가 식물생산력 소비

㉡ 사람 또는 기타 요인에 의해 다른 먹이사슬로 분산

② 2차생산 : 유지와 호흡에 이용되고 남은 에너지로 새로운 조직 생장과 자손을 생산한다.

③ 2차생산력 : 단위시간당 2차생산으로, 개체군의 출생률과 개체의 생장률이 최대일 때 가장 크다.

5. 소비자의 생산효율

① 섭취효율 : 전 영양단계에서 생산된 에너지 중 다음 영양 단계로 섭취되는 비율

② 동화효율 : 한 영양단계에서 섭취된 에너지 중 체내로 흡수되는 비율

③ 생산효율 : 한 영양단계에서 동화된 에너지 중 물질생산(생장, 번식)으로 전환되는 비율

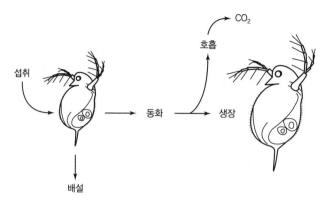

∥ 물벼룩 섭취 · 동화 · 생산효율 개념도 ∥

6. 두 가지 먹이사슬

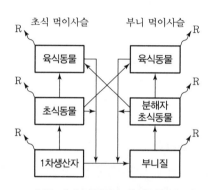

∥ 두 가지 먹이사슬의 개념도 ∥

7. 에너지는 영양단계마다 감소

① **10% 법칙** : 한 영양단계에서 생물량으로 저장된 에너지의 10%만이 그 다음 높은 영양단계의 생물량으로 전환된다.

② **영양효율** : 영양단계 사이의 에너지 전달을 기술하기 위해 사용되는 효율의 척도이다.

③ **생태학적 피라미드**

   ⊙ 개체수 피라미드

   ⓒ 생물량(Biomass) 피라미드

   ⓒ 에너지피라미드

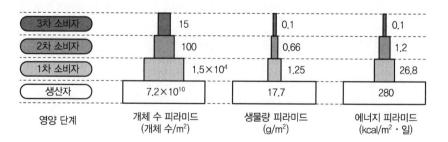

16 분해와 영양소순환

1. 영양소순환

1) 체내 재전이 또는 재흡수
① 임상에 떨어지면, 다양한 분해생물이 죽은 식물조직을 분해하고 소비하며, 그 과정에서 무기화가 일어나 유기영양소가 무기형태로 전환된다.
② 영양소가 다시 식물에 흡수되고 식물조직으로 통합된다.

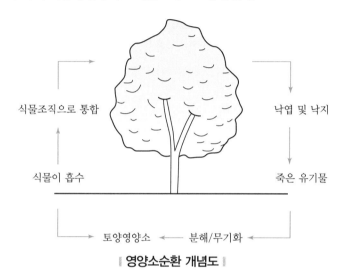

∥ 영양소순환 개념도 ∥

2. 분해

1) 개념
분해란 식물조직과 동물조직 형성 중에 만들어진 화학결합이 붕괴되는 것으로, 생태계 내부에서 일어나는 영양소재순환의 핵심과정이다.

2) 분해자
① 세균, 균류 : 미생물분해자(세균 – 죽은 동물성 물질의 주요 분해자, 균류 – 식물성 물질의 주요 분해자)
② 부니섭식자 : 배설물을 포함한 죽은 유기물을 먹는 동물이다.

3) 부니섭식자
① 종류
　㉠ 토양의 공극수에 서식하는 원생동물과 선충을 포함하는 미생물과 미소동물 ($<100\mu m$)
　㉡ 토양공극에 서식하는 진드기, 작은 흰색지렁이, 톡토기를 포함하는 몸 폭이 $100\mu m$ ~2mm인 중형동물

기출예상문제

식물조직과 동물조직형성중에 만들어진 화학결합이 붕괴되는 것으로, 생태계내부에서 일어나는 영양소채순환의 핵심과정을 무엇이라 하는가?
① 분해
② 생물량피라미드
③ 광합성
④ 부니섭식자

답 ①

ⓒ 대형동물 : 2~20mm

ⓓ 거대동물(>20mm) : 지렁이, 달팽이

② 역할

ⓐ 대형동물과 거대동물은 토양이나 지질을 파고들어 자신들의 공간을 만들며, 지렁이 같은 거대동물은 토양구조에 큰 영향력을 갖고 있다. 이들은 동식물의 잔해와 배설물을 먹는다

[예] 지네, 지렁이, 달팽이류, 수생서식지의 환형동물, 소형 갑각류

ⓑ 세균과 균류를 먹는 생물을 미생물섭식자라고 한다.

[예] 아메바, 톡토기, 선충, 딱정벌레유충, 진드기 등

ⓒ 보다 작은 미생물섭식자는 세균과 균류의 균사만을 먹는다.

17 생지화학적 순환

1. 개념 및 유형

① **개념** : 생지화학적 순환이란 영양소의 끊임없는 순환 속에서 생태계의 생명요소와 비생명요소를 반복하고, 이 순환을 통해 식물과 동물은 생존과 생장에 필요한 영양소를 얻을 수 있다.

② **유형**

ⓐ 기체형 : 영양소의 주요 풀이 대기와 해양이다.

ⓑ 퇴적물형 : 영양소의 주요 풀이 토양, 암석 및 광물이다.

2. 생지화학적 순환모델

1) 유입

① **기체형** : 대기를 통해 생태계로 들어간다.

[예] 탄소, 질소

② **퇴적물형** : 암석과 광물의 풍화이다.

[예] 칼슘, 인

2) 유출

생태계로부터 영양소가 유출되는 것을 의미하며 영양소가 순감소되지 않기 위해서는 유입에 의해 반드시 상쇄되어야 한다.

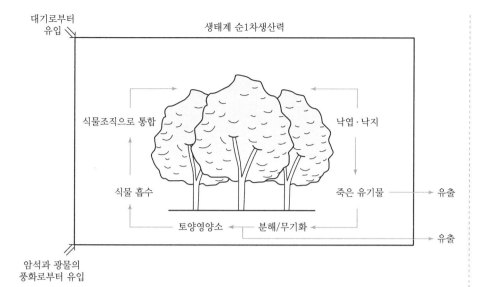

생태계에서 일어나는 생지화학적 순환의 일반화된 모델

상당한 양의 영양소가 농업이나 벌목처럼 생물량을 직접 제거해 버리는 수확에 의해 생태계로부터 영원히 제거된다. 이런 생태계에서는 비료처리를 통해 손실량이 반드시 되돌려져야 한다. 그렇지 않으면 생태계가 황폐화된다.

3. 탄소순환

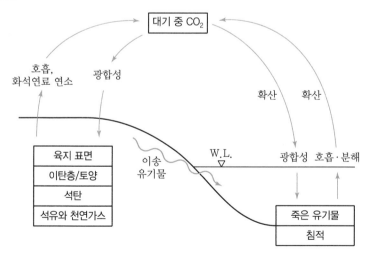

탄소순환 개념도

기출예상문제

지구적 탄소순환에 대한 설명
으로 틀린 것은?

① 살아 있는 생물량 속 탄소보
다 토양에 저장된 탄소가 3배
정도 많다.
② 토양체적당 탄소량은 열대지
방에서 높고 한대림과 동토
대의 극지방은 갈수록 감소
한다.
③ 해양에서는 주로 표층수에서
대기와 해양 간의 탄소 교환
이 일어난다.
④ 산업혁명 이후 대기 중의 탄
소량이 증가하는 추세이다.

답 ②

기출예상문제

질소순환에 대한 설명으로 바
르지 않은 것은?

① 생태계에서 질소가 비생물환
경으로부터 생산자, 소비자
를 거쳐 다시 비생물환경으
로 되돌아오는 현상
② 대기 중의 유리질소는 질소고
정에 의해 토양에 들어가 생
물체에 이용되고, 여러 가지
모양을 취하면서 순환한다.
③ 질소고정에는 생물적 질소고
정, 그리고 번개의 공중방전
이나 공중질소고정 등의 비
생물적 질소고정이 있다.
④ 식물은 질소를 대기 중에서
N_2형태로만 이용 가능하다.

답 ④

1) 지구적 탄소순환

① 육지와 대기 사이의 교환

㉠ 살아 있는 생물량 속 탄소보다 토양에 저장된 탄소가 3배 정도 많다.

㉡ 토양체적당 탄소량은 열대지방에서 낮고 한대림과 동토대의 극지방은 갈수록
증가한다.

저온과 포화된 토양, 혐기성 조건과 같은 요인들이 분해를 억제하기 때문에 툰
드라의 동토, 스왐프와 습지의 질척한 토양에는 죽은 유기물이 가장 많이 축적
되어 있다.

② 해양과 대기 사이의 교환

해양에서는 주로 표층수에서 대기와 해양 간의 탄소 교환이 일어난다. 표층수에서
탄소는 물리적으로는 해류에 의해, 생물학적으로는 식물플랑크톤의 광합성과 먹이
사슬을 통한 이동에 의해 순환한다.

4. 질소순환

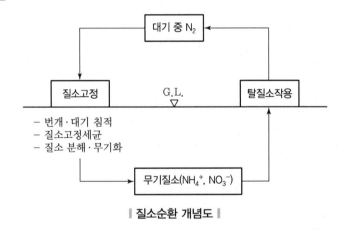

∥ 질소순환 개념도 ∥

식물은 질소를 암모늄(NH_4^+)과 질산염(NO_3^-)의 형태로만 이용 가능

1) 질소의 생태계 유입경로

① 대기침적 : 식물이 바로 흡수 가능한 형태로 공급된다.

㉠ 비, 눈, 안개방울 등의 습성 강하물

㉡ 에어로졸과 입자 등의 건성 강하물

② 질소고정방법

자연적 질소고정		• 번개에 의한 방전 • 자외선 및 복사에너지
미생물에 의한 질소고정	비공생 질소고정균	• 호기성균 : Azotobacter • 혐기성균 : Clostridium • Cyanobacteria : 남조류
	공생 질소고정균	• Cyanobacteria : 곰팡이류, 지의류 • Rhizobium : 콩과식물 • Frankia : 비콩과식물(오리나무류, 보리수나무류, 소귀나무, 갈매나무)

질소포화

최근 수십 년 동안 인간활동(집약적 농업, 화석연료연소)에 의해 자연적인 양보다 훨씬 많은 양의 질소산화물이 대기로 유입되었다. → 대기 중 질소산화물은 대기 중에 장기간 체류하지 않고 빠르게 다양한 화학반응을 거쳐 배출된 지역에 침적되는 경향이 있다. → 토양용액 중의 질소농도는 식물의 흡수속도와 식물조직의 농도에 영향을 준다. → 초기에는 질소침적이 비료로 작용하여 순1차생산력의 속도를 증가시킨다. → 그러나 질소에 비해 상대적으로 물과 다른 영양소가 부족해지면서 이들 생태계는 질소포화상태로 다가간다. → 만일 질소 공급이 계속 증가된다면, 토양과 식물대사의 복잡한 일련의 변화는 궁극적으로 삼림의 쇠퇴와 토양산성화를 초래할 것이다.

5. 인순환

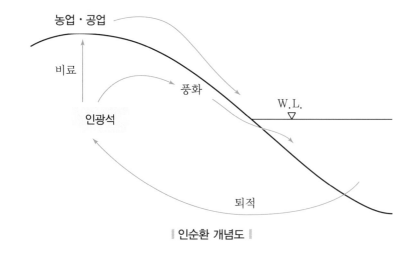

‖ 인순환 개념도 ‖

기출예상문제

생지화학적 순환이란 영양소의 끊임없는 순환 속에서 생태계의 생명요소와 비생명요소를 반복하고, 이 순환을 통해 식물과 동물은 생존과 생장에 필요한 영양소를 얻는 과정을 말한다. 생지화학적 순환 중 대기순환이 일어나지 않는 것은?

① 인순환   ② 물순환
③ 탄소순환   ④ 질소순환

🗏 ①

① 인순환은 육지에서 바다까지 부분적으로 물순환을 따른다. 따라서 생태계에서 유실된 인은 생지화학적 순환에 의해 되돌아오지 않기 때문에, 교란되지 않은 자연조건에서 인은 항상 공급이 부족하다.

② 육상생태계에 존재하는 거의 모든 인은 인산칼슘광석에서 풍화된 것이다.

18 육상생태계 - 생물지리학

1. 생물군계

1) 클레멘츠와 셸포드의 생물군계

생물군계(biome)는 식물들과 식물에 관련된 동물 모두의 광역분포를 단일분류체계로 연결하는 생물적 단위이다.

예 열대림, 온대림, 침엽수림(타이가 또는 아한대림), 열대 사바나, 온대초지, 채퍼럴(chaparral, 관목지), 툰드라, 사막

2) 휘태커와 생물군계

① 연평균온도와 연평균강수량의 기울기에 따라 생물군계 유형을 나눈다.

② 생물군계 간의 경계가 넓고 군계들이 서로 섞여 있기 때문에 경계가 종종 불분명하다.

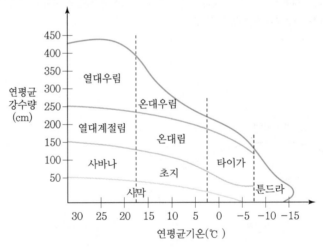

열대-아열대-온대-한대-극지방-고산

┃ **휘태커 생물군계 개념도** ┃

2. 열대림

① 연중 따뜻하며, 거의 매일 비가 내리는 적도지역 : 월평균기온 18℃ 초과, 월 최소 강수량 60mm 이상

② 동식물 생활형의 다양성이 높다.
- ㉠ 동물
  - 열대우림은 지표면의 6%를 차지하지만, 현재까지 알려진 동식물 종의 50% 이상이 살고 있다.
  - 인간을 제외한 모든 영장류의 약 90%는 열대우림에 살고 있다.
- ㉡ 식물
  - 초교목층, 상부수관층, 하부임목층, 하부관목층, 지면층 등이 있다.
  - 우림의 임상은 크고 작은 뿌리가 두껍게 엮여져 지면에 빽빽한 매트를 형성한다.

③ 옥시졸토양 : 연중 온난다습한 우림의 조건은 강한 화학적 풍화와 수용성 물질의 급속한 용탈을 촉진한다.(깊이 풍화되고 뚜렷한 층상이 없는 옥시졸토양)

④ 분해속도
- ㉠ 순1차생산력과 높은 연간 낙엽 축적률(낙엽이 떨어지자마자 분해자가 죽은 유기물 소비)
- ㉡ 식물이 흡수할 수 있는 대부분의 양분은 지표에 계속 떨어지는 유기물이 급속히 분해된 결과이고, 식물들은 양분을 신속히 흡수해 낙엽 분해는 평균 24주 정도 걸림

3. 열대 사바나

① 뚜렷한 계절적 강우가 있고 총 강수량이 연간 크게 변하는 온난한 대륙성 기후 : 월평균온도 18℃ 이상, 온도에 계절성이 존재

② 산재한 관목 또는 교목으로 이루어진 지면피복이 특징인 보다 건조한 열대와 아열대에 있는 일련의 식생 유형들
- ㉠ 식물 : 빈번한 불 때문에 우점식생은 불에 적응한다. 목본식생이 있든 없든 간에 초본피복은 항상 존재하고 목본요소는 단명하여 수십 년 이상 생존하는 개체가 드물다. 사바나 초본피복과 관목 또는 교목의 존재로 인해 2층 수직구조를 갖는다.
- ㉡ 동물
  - 엄청난 수의 곤충들 부양
  - 다양한 육식동물

③ 옥시졸토양 : 계속적인 풍화작용으로 인이 결핍되고 양분이 척박한 옥시졸토양이다.

④ 대부분의 낙엽은 우기 동안 분해되고 대부분의 나무 잔재는 건기 동안 흰개미에 의해 소비된다.

4. 온대초지

① 연강우량 250~800mm 사이 지역에 나타나지만 완전히 기후에 의존하지는 않는다.
  ㉠ 가뭄이 빈번한 기후이며, 식생피복의 다양성 대부분은 강수의 양과 확실성에서의 차이를 반영한다.
  ㉡ 온대 초지생태계의 생산력은 주로 연간강수량과 관련되어 있으나 온도 증가는 광합성에 긍정적인 효과를 주지만, 실제로는 수분 요구량을 증가시켜 생산력을 낮출 수 있다.

② 종류
  ㉠ 북미의 프레리
    • 긴풀프레리
    • 혼합프레리 : 짧은 풀프레리와 사막 초지로 구성
    • 사막 초지
    • 일년생 초지

  ㉡ 유라시아 대륙 중앙의 스텝 : 숲 띠와 조각을 제외하고는 나무가 없는 지역
  ㉢ 아르헨티나 팜파스
  ㉣ 아프리카 남부 고원 그래스벨트

③ 다양한 동물을 부양
  ㉠ 식물
    • 초지의 3층
      ⓐ 토양을 덮는 식물의 임관, 마디, 방석잎
      ⓑ 지면층
      ⓒ 지하 뿌리층
  ㉡ 동물 : 초식성 유제류와 굴을 파는 포유류

④ **모리졸토양** : 암갈색에서 검은색을 띠는 상대적으로 두껍고 유기물질이 풍부한 표층이다.

5. 사막

① 강수의 부족

② 동물과 식물 모두 가뭄회피 또는 가뭄내성을 통해 물 부족에 적응한다.
  ㉠ 가뭄회피식물 : 수분이 있을 때만 꽃을 피운다.
  ㉡ 가뭄회피동물 : 연간활동주기를 갖추거나 건조한 계절 동안 하면(夏眠) 또는 다른 종류의 휴면상태에 돌입

③ 아리디졸과 엔티졸토양

6. 지중해성 기후 온대관목지

① **지중해성 기후** : 여름의 가뭄과 냉습한 겨울이 특징이다.

② **온대관목지** : 상록관목과 경질목이 우점하며 불과 저영양토양에 적응한다.

③ **종류**
- ㉠ 아프리카 남부 핀보스
- ㉡ 호주 남서부 퀭간
- ㉢ 북미 채퍼럴
- ㉣ 칠레 마토랄

④ 하층식생과 낙엽층이 부족하며 가연성이 높다.
- ㉠ 많은 종의 종자가 발아하기 위해서는 열과 불로 인한 상처가 필요
- ㉡ 복잡한 동물상

⑤ 알피졸토양

7. 온대 습윤지역 삼림생태계

① 온화하고 습윤한 지역이다.

② **온대지역 낙엽활엽수림**

4개의 수직층 : 상부임관층, 하부임관층, 관목층, 지면층

③ 알피졸토양

8. 냉온대와 아한대지역의 침엽수림

① 극지 부근 지대 또는 저온으로 인해 생육기가 연간 수개월에 불과한 산악지역
- ㉠ 계절적 변동이 심한 차가운 대륙성 기후
- ㉡ 여름이 짧고 서늘하며 습하고, 강설기간이 긴 겨울은 오래 지속되며 매섭고 건조하다.

② **침엽수림의 다양한 조성과 구조는 숲이 자라는 광범위한 기후조건 반영**

지구상에서 가장 넓은 식물군계를 유지하는 가장 큰 침엽수림 : 아한대림 타이가(러시아어로 작은 막대기의 땅을 뜻함) : 지구 육상 표면의 약 11%를 덮고 있음

③ **타이가의 3가지 주요 식생대**
- ㉠ 툰드라 점이대 – 생장이 지체된 가문비나무, 지의류 및 이끼의 열린 임분으로 된 삼림
- ㉡ 지의류와 검은 가문비나무 임분이 있는 열린 지의류 삼림지
- ㉢ 교란지역에 발생하는 포플러와 자작나무로 인해 가문비나무와 소나무의 연속적인 임분이 끊어지는 주요 아한대림

기출예상문제

북극이나 남극 주변의 고위도 냉온대와 아한대에서 나타나는 2년 이상 모든 계절 동안 결빙온도 이하로 유지되는 땅을 무엇이라 하는가?

① 영구동토층
② 활성층
③ 탤릭층
④ 빙하층

답 ①

④ 영구동토층

    ㉠ 수백m 깊이에 달하는 연중 얼어 있는 지하부이다.

    ㉡ 상층부는 여름에 녹을 수도 있으나 겨울에는 다시 언다.

    ㉢ 영구동토는 불투수층이므로 모든 물을 그 위에 머물거나 흐르게 한다. 따라서 강수량이 적더라도 지면은 물에 젖어 있어 북극의 가장 건조한 지역에서도 식물이 살 수 있게 한다.

⑤ 불

    ㉠ 너무 극심하지 않은 불은 나무의 갱신을 위한 묘판을 제공하며, 가벼운 지표화는 천이초기단계의 경질목 종에게 유리하다.

    ㉡ 보다 심한 불은 경질목 경쟁을 제거하므로 가문비나무와 방크스소나무의 갱신에 유리하다.

⑥ 스포드졸토양

9. 북극 툰드라

1) 특징

① 강수량이 적고 기온이 낮다.

② 영구적으로 얼어 있는 깊은 영구동토층이다.

③ 영구동토층 위는 여름마다 녹고 겨울에는 어는 활성층이 있다.

④ 여름에 더워지는 것을 줄이고 토양이 녹는 것을 저해하는 식생이다.

2) 구분

① 툰드라 : 습윤한 토양

② 극지사막 : 건조한 토양

19 수생태계 - 생물지리학

1. 호수

1) 물리적 특징

① **연안대(친수역)** : 빛이 바닥까지 닿아 유근식물의 생장을 촉진한다.

② **준조광대(호수 중앙부)** : 연안대를 넘어서서 나타나는 개방수면이며, 이 구역은 빛이 침투할 수 있는 깊이까지 확장되어 있다.

③ **심연대** : 빛이 실질적으로 침투하는 깊이를 넘어서는 구역, 에너지를 준조광대에서 떨어지는 유기물에 의존한다.

기출예상문제

북극 툰드라지역의 특징이 아닌 것은?

① 강수량이 적고 기온이 낮다.

② 영구적으로 얼어 있는 깊은 영구동토층이 있다.

③ 영구동토층 위쪽 계절에 따라 얼고 녹는 활성층이 있다.

④ 건조한 토양이 형성된다.

    🗐 ④

④ **저서대** : 연안대와 심연대 모두 분해가 가장 많이 일어나는 저서대 또는 바닥층이라는 수직으로 세 번째 층이 있다.

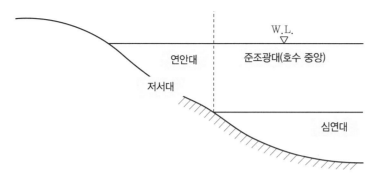

‖ 호수 수직층 개념도 ‖

2) 부영양화

영양소가 많은 상태이다.(영양소가 풍부한 활엽수림과 농경지가 부영양호를 감싸고 있는 경우)

다량의 인과 질소 유입 → 조류와 기타 수생식물의 대폭적 성장 촉진 → 광합성 산물이 증가하여 영양소와 유기화합물의 재순환 증가 → 식물생장을 더욱 촉진 → 식물플랑크톤은 따뜻한 상층부의 물에 밀집하여 짙은 초록색 물이 됨 → 조류와 유입되는 유기물 잔해, 퇴적물, 유근식물의 잔해가 바닥으로 떨어지며, 바닥의 세균은 죽은 유기물을 먹음 → 세균의 활동은 바닥 퇴적물과 깊은 물에 호기성 생물이 살 수 없을 정도로 산소를 고갈시킴 → 생물들의 생물량과 수는 높게 유지되지만, 저서 종의 수는 감소 → 극단적인 경우 산소 고갈이 무척추동물과 어류개체군을 집단폐사시킬 수 있음

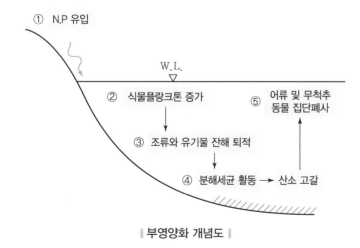

‖ 부영양화 개념도 ‖

기출예상문제

부영양화 과정을 나타내는 다음 ☐☐☐를 채우시오.
① 수생태계에 다량의 ☐☐☐ 유입
↓
② 식물플랑크톤 증가
↓
③ 조류와 유기물 잔해 퇴적
↓
④ 분해세균활동 증가
↓
⑤ 수중 ☐☐☐ 고갈
↓
⑥ 어류 및 무척추동물 집단폐사
🖪 ① 인과 질소
⑤ 산소

기출예상문제

부영양화 과정 중 일어나는 일이 아닌 것은?
① 식물플랑크톤 증가
② 분해세균활동 증가
③ 수중 산소 증가
④ 어류 및 무척추동물 폐사
🖪 ③

2. 유수생태계

1) 상류, 중류, 하류

구분	상류	중류	하류
특징	• 작고, 직선으로 빠르게 흐르기도 하고, 폭포와 급류가 있을 수도 있다.	• 기울기가 덜 급해져서 유속이 느려지고, 하천은 굽이쳐 흐르기 시작하면서 침니, 모래, 뻘 등의 침전물 부하를 퇴적시킨다. • 홍수 때 침전물 부하가 하천 주변의 평지에 쌓이고, 물이 이들 위로 퍼져나가 범람원 퇴적물이 만들어진다.	• 강이 바다로 흘러드는 곳에서 유속이 갑자기 느려진다. • 강어귀에 있는 부채모양의 지역에 침전물 부하를 퇴적시켜 삼각주를 형성한다.
차수	1~3차하천	4~6차하천	6차하천보다 큰 하천
유속	• 하천수로의 형태와 경사, 바닥폭, 깊이와 요철, 강우강도 등은 유속에 영향을 준다.		
유속	• 유속이 50cm/sec 이상, 물살이 지름 5mm 이하인 모든 입자를 제거하면 돌바닥을 남긴다.	• 하천 기울기가 감소하고 폭, 깊이, 물의 양이 증가함에 따라, 침니와 부패 중인 유기물이 바닥에 쌓인다. • 여울과 소(웅덩이)가 나타난다.	
생태계	• 1차생산력이 낮아 총유기물 유입량의 90% 이상을 하천변 육상식생 부니질 유입에 의존한다. • 뜯어 먹는 무리, 모아 먹는 무리의 우점, 냉수어종 작은 물고기가 대부분	• 조류와 유근수생식물의 1차생산 • 모아 먹는 무리와 독립영양생산을 섭식하는 긁어 먹는 무리의 우점, 온수어종	• 에너지원의 근간 F.P.O.M. • 모아 먹는 무리의 우점, 식물플랑크톤과 동물플랑크톤 개체군 부양

기출예상문제

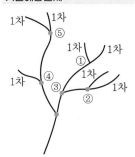

위 지점 중 3차하천이 시작되는 지점은?

답 ③

> **하천차수**
> 하천은 강으로 가면서 커지고 또 다른 강들과 합쳐지기 때문에 차수에 따라 하천을 분류할 수 있다. 같은 차수의 두 하천이 만나는 곳에서 하천은 다음 차수의 하천이 된다.
> 만일 두 1차하천이 만나면 2차하천이 되고 두 2차하천이 합쳐지면 3차하천이 된다.

<table>
<tr><td colspan="2">거친 여울과 조용한 웅덩이
유수생태계는 다르지만 서로 연관된 서식지가 번갈아 나타난다.</td></tr>
<tr><td>여울</td><td>소(웅덩이)</td></tr>
<tr><td>1차생산이 이루어지는 곳</td><td>분해가 일어나는 장소</td></tr>
<tr><td>식물표면 부착생물과 침수된 바위나 나무의 표면에 붙어 살고 있는 생물들이 우세함</td><td>여름과 가을에 이산화탄소를 생산하여 물속에 중탄산염이 계속 공급될 수 있게 해 주는 장소－웅덩이가 없다면 여울에서 일어나는 광합성 때문에 중탄산염이 고갈될 것이고, 하류에서 사용할 수 있는 이산화탄소의 양이 점점 적어질 것이다.</td></tr>
</table>

20 생물다양성

1. 시간에 따른 생물다양성 변화

① 지질학적 시간 동안, 지구의 다양성 양상에는 장기간에 극적인 진화에 따른 변화가 있었다. 즉 지난 6억년 동안 다양한 유형의 생물들 수가 증가해 왔다.

② 육상 관속식물의 다양성 진화
 ㉠ 뿌리와 잎이 없는 초기 관속식물
 ㉡ 석탄기 양치식물
 ㉢ 트라이아스기 초기 : 양치식물 감소, 겉씨식물(은행나무, 소철 , 침엽수 등) 증가
 ㉣ 속씨식물(현화식물) 번성

2. 과거의 절멸

① 백악기 : 대부분의 공룡들 멸종
② 페름기 말 : 곤충 포함 57%의 과, 83% 속이 모두 멸종
③ 현재의 인간에 의한 절멸

3. 종다양도의 지리적 변화

① 육상생물 종의 수는 적도에서 극지방으로 올라갈수록 감소
② 기후 및 필수 자원의 가용성 등의 변화

4. 육상생태계의 종풍부도

① 육상생태계의 종풍부도는 기후 및 생산력과 연관되어 있다.

※ 생물다양성의 4가지 수준

생태계
다양성

종다양성

유전자다양성

분자다양성

1. 생태계 다양성
 지구상에 다양하게 존재하는 자연생태계
 예 육상생태계, 수생태계

2. 종다양성

 가장 일반적으로 사용되는 생물다양성 수준으로 어떤 지역의 생물종 수와 종류를 나타내는 개념이다.

3. 유전자다양성

 유전자 수준에서의 생물다양성이다.

4. 분자다양성

 새롭게 대두된 개념으로, 분자 수준의 생물다양성이다.

② 광합성과 식물의 생장에 유리한 환경조건은 진화적 시간 동안 식물다양성을 증가시켰다.

③ 식물종의 다양성은 동물에게 적절한 서식지뿐만 아니라 다양한 잠재 먹이자원을 제공하므로 동물다양성은 식물다양성과 같이 연관되어 있다.

5. 해양환경에서 생산력과 다양성의 역관계

① 해양생산력의 위도기울기는 육상과 반대이다.

② 해양에서 1차생산력은 적도에서 극지방으로 갈수록 증가한다.

③ 1차생산력에 대한 계절적 온도 변화의 영향이 증가할수록 종풍부도는 감소하고 우점도는 증가한다.

※ 환경피해의 역진성
환경문제는 전 지구적으로 발생하고 있지만 환경피해는 사회적 · 경제적 · 정치적 약자에게 집중된다. 또한 발언권이 없는 미래세대와 인간 외의 생물종들이 더 큰 희생을 치르게 된다. 따라서, 우리는 지속가능한 자원의 사용을 노력해야 하며 환경윤리에 대하여 고민하여야 한다.

21 인구성장, 자원 사용 및 지속가능성

1. 지속가능한 자원의 사용

① 지속가능한 자원의 이용을 제한하는 것은 수요와 공급이다. 자원을 지속가능하게 사용하려면, 자원이 사용되는 속도(소비 또는 수확률)가 자원이 공급되는 속도를 넘지 않아야 한다.

② 재생불능 자원
㉠ 광물자원
㉡ 화석연료 : 석탄, 석유, 천연가스
㉢ 많은 재생불능 자원들은 재활용되어 최초의 자원이 수확되는 속도를 줄여준다. (화석연료는 재활용 불가능)

2. 지속가능한 자원 사용의 부작용

① 지속가능한 사용도 자원의 관리, 추출 또는 사용에서 발생하는 생태계서비스의 부정적 영향의 결과로 인해 간접적으로 제한될 수도 있다.
예 쓰레기 문제 등

② 지속가능성에 대한 의문들을 평가할 때, 현재와 미래의 자원소비 속도를 유지하는 능력 외에도 환경과 인간 모두의 안녕을 위해 이러한 자원의 관리와 소비의 결과에도 초점을 두어야 한다.

3. 자연생태계의 지속가능성

① 자연생태계는 지속가능한 단위로 작동한다.
㉠ 식물의 영양소 수확속도와 그에 따른 생태계 내 1차생산력은 영양소가 토양으로

공급되는 속도에 의해 제한되며 그 속도를 넘을 수 없다.

ⓒ 유기물에 묶인 영양소들은 미생물 분해와 무기화 과정을 통해 재활용된다.

② 자원의 공급속도가 시간에 따라 달라질 때, 자원의 사용속도 또한 유사하게 달라져야 한다.

22 서식지 소실, 생물다양성 및 보전

1. 서식지 소실

현재 지구는 대절멸을 겪고 있으며 연간 수천 종이 사라질 것으로 예측되고 있다.
- 열대우림 및 삼림의 단편화
- 온대초지 소실

2. 외래종 유입에 따른 영향

① 포식, 방목, 경쟁, 서식지 변경을 통해 자생종이 절멸한다.
② 섬에 서식하는 종이 가장 큰 영향을 받는다.
③ 식물 침입종들은 자생종과의 경쟁에서 이기고 산불유형, 영양물질순환, 에너지흐름, 수리수문을 바꾼다.

3. 절멸에 대한 민감도가 큰 종

① **고유종** : 자연적으로 유일한 지역에서 발견되고 다른 곳에 분포하지 않는 종이다.
② 작은 메타개체군
③ 계절적으로 이주하는 종
④ 특수한 서식지종
⑤ 넓은 행동권이 필요한 종
⑥ 사냥종이거나 인간의 요구 및 활동과 충돌하는 종

4. IUCN절멸위기종

① 희귀하거나 절멸위기에 놓인 종들의 상황을 정의하기 위해, 국제자연보호연맹(IUCN)은 절멸확률에 근거한 정량적 분류를 발전시켰다.

② **3단계**
ⓐ 심각한 절멸위기종 : 10년 내 또는 3세대 내에 절멸확률이 50% 이상
ⓑ 절멸위기종 : 20년 내 또는 5세대 내에 절멸확률이 20% 이상
ⓒ 취약종 : 100년 내에 절멸확률이 10% 이상

기출예상문제

서식지가 소실될 경우 절멸에 대한 민감도가 가장 낮은 종은?
① 고유종
② 개체군의 크기가 작은 종
③ 특수한 서식지를 요구하는 종
④ 생태교란종

답 ④

③ 이 중 한 범주로 종을 지정하려면 다음 중 하나에 해당해야 한다.
  ㉠ 주목할 만한 개체수의 감소
  ㉡ 한 종과 개체군들이 서식하는 지역의 면적
  ㉢ 생존해 있는 개체의 총 수와 번식개체의 수
  ㉣ 현재 예측된 개체군 감소 또는 지속적인 서식지 파괴경향이 있을 경우 예상되는 개체수의 감소
  ㉤ 특정연도 또는 세대에 종이 절멸할 확률

5. 종다양성이 높은 곳 보전

① **열대우림** : 지표의 7% 면적이지만, 동식물의 반 이상이 이 생태계에 서식한다.

② 지구상 대부분의 종이 고유종이며 작고 제한된 지역에 분포한다.

③ **중점지역(hotspot)** : 특정지역들은 높은 종풍부도와 고유성을 동시에 나타낸다.
  ㉠ 생물다양성 중점지역(1,500종 이상 고유종 유지, 원래 서식지의 70% 이상 소실)
  ㉡ 지역의 전반적 다양성
  ㉢ 인간활동 영향의 중요성

6. 개체군 보호

① 가능한 최대면적에 최대개체 수를 보전하는 것이 적절한 보전전략이다.

② **최소생존개체군(MVP)** : 한 종의 장기생존 보장에 필요한 개체수
  ㉠ 섀퍼의 최소생존개체군(MVP) : 개체군의 통계적, 환경적 임의변동, 자연의 대참사의 예측 가능한 영향에도 불구하고 천 년 동안 존속확률이 99%인 가장 작은 격리된 개체군
  ㉡ 한 종의 MVP는 그 종의 생활사(수명, 교배체계 등)와 서식지 조각 간의 분사능력에 따라 다르다.
    • 척추동물종의 경우 유효개체군 크기가 100 이하이다. 실질적으로 1,000개체 미만의 개체군은 절멸에 고도로 취약하다.
    • 무척추동물 또는 일년생식물처럼 개체군 크기가 극단적으로 변하는 종들의 경우 최소생존개체군은 10,000개체가 되어야 한다.

③ **최소역동면적(MDA)** : 최소생존개체군 유지에 필요한 서식지 면적이다.
  ㉠ 한 종의 MDA를 추정하기 위해서는 개체들, 혈연무리들, 집단번식무리들의 행동권 면적을 먼저 알아야 한다.
    • 한 종 내 한 개체의 요구면적(행동권)은 신체크기와 함께 증가한다.
    • 동일 크기일 경우 육식동물의 행동권은 초식동물보다 더 크다.

ⓛ 한 종의 개체당 요구면적과 MVP를 알 경우 생존가능개체군을 유지하는 데 필요
　　　한 면적을 계산할 수 있다.

　④ 메타개체군 공급조각에서는 국지적 번식률이 국지적 사망률보다 높다.

　　ⓐ 수용조각에서는 사망률이 번식률보다 높고 따라서 새로운 이입자들이 정기적으
　　　로 재점유하지 않으면 국지개체군은 소멸할 것이다.

　　ⓛ 핵심 공급조각들과 이들을 연결하는 이동통로들을 확인하는 것은 종의 보전에 매
　　　우 중요하다.

　　ⓒ 메타개체군 구조에 대한 이해가 종 보전에 중요하다.

7. 재도입

　① 일부 종들은 개체군 재조성을 위해 재도입이 필요하다.

　　ⓐ 개체들을 한 지역에서 다른 지역으로 이동시킨다.

　　ⓛ 방사 후 개체들 간의 싸움으로 사망할 수 있다.

　② **사육개체의 도입** : 먹이습득, 피난처 모색, 같은 종 다른 개체들과의 상호작용, 인간
　　에 대한 두려움과 회피 등을 포함하는 방사 전후의 조건 형성이 필요하다.

　③ 재도입 계획들은 절멸소용돌이를 중지시켰고, 어떤 경우에는 소용돌이의 방향을 바
　　꾸기도 한다.

8. 서식지 보전

　① 생물다양성을 보전하는 가장 효율적인 방법은 서식지 또는 전체 생태적 군집들을
　　보호하는 것이다.

　② **큰 지역은 작은 지역에 비해 일반적으로 더 많은 종을 보유**

　　ⓐ 보다 큰 지역은 더 이질적이어서, 작은 지역에 비해 더 다양한 서식지가 있다. 따
　　　라서 더 다양한 종들의 요구를 조달할 수 있다.

　　ⓛ 행동권이 큰 동물은 최소생존개체군을 유지하기 위해 더 넓은 서식지가 필요하다.

　　ⓒ 많은 종들은 국지적으로 희귀하고 소수로 있더라도 보다 큰 면적을 필요로 한다.

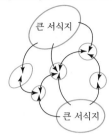

큰 서식지

큰 서식지

③ 하나의 커다란 서식지 vs 작은 여러 개의 서식지(SLOSS 논쟁)

하나의 커다란 서식지(Single Large)	작은 여러 개의 서식지(Several Small)
가장자리효과를 최소화하고, 서식지 다양성이 가장 높으며, 대형 육식동물같이 크고 밀도가 낮은 종들이 개체군을 장기간 유지할 수 있는 충분한 개체수를 수용할 수 있다.	한 지역이 일정 크기보다 커지면, 면적이 커짐에 따라 추가되는 신종들의 수는 감소한다. 이러한 경우 일정거리를 두고 두 번째 지역을 설정하는 것이 기존 보전지역의 면적을 단순히 증가시키는 것보다 추가적인 종 보존을 위해 더 바람직한 전략이다.
–	보다 넓은 지역에 걸쳐 위치하는 작은 지역들의 네트워크는 더 다양한 서식지 유형과 더 많은 희귀종을 보유하고 단일연속구역에 비해 불, 홍수, 질병 같은 각각의 재난 또는 외래종 도입에 덜 취약할 것이다.

* 복합전략
보다 큰 종들의 보존을 위해서는 큰 지역이 필요하나 보전지역들의 네트워크는 종들의 장기간 보존에 더 바람직한 해결책이 될 것이다.
메타개체군 생물학의 발전은 이러한 사고의 변화를 가져온 원동력이다.

9. 보호구역 설정

① 인구 증가에 따라 토지 이용에 대한 압력이 증가하면서 생물다양성의 보존은 법적으로 지정된 보호구역의 설정에 더욱 의존하고 있다.

② **보호구역의 IUCN 분류**

　㉠ a (엄정자연보호지역) : 주로 과학을 위해 관리되는 보호지역

　㉡ b (야생지보호지역) : 주로 야생지보호를 위해 관리되는 보호지역

　㉢ Ⅱ (국립공원) : 생태계보호와 휴양을 위해 주로 관리되는 보호지역

　㉣ Ⅲ (천연기념물) : 특이한 자연의 보전을 위해 주로 관리되는 보호지역

　㉤ Ⅳ (야생동식물서식지 및 종관리지역) : 관리 · 개입을 통한 보존을 위해 주로 관리되는 보전지역

　㉥ Ⅴ (육지 및 해양경관보호지역) : 경관/해관 보전과 휴양을 위해 주로 관리되는 보호지역

　㉦ Ⅵ (관리자원보전지역) : 지속가능한 자연생태계를 위해 주로 관리되는 보호지역

10. 서식지 복원(복원생태학)

생태학 원리를 적용하여 한 생태계를 교란 이전의 상태에 근접하도록 되돌려 놓는 것이 목표이다. 복원생태학은 종의 재도입과 서식지 회복에서부터 군집 전체를 기능하는 생태계로 재조성하기 위한 시도에 이르는 모든 접근을 포함한다.

11. 환경윤리

1) 생물다양성 유지의 중요성
① **경제적** : 자연자원으로부터 얻은 생산물에 초점을 맞춘다.
② **진화적** : 현대의 종의 절멸이 미래의 종 다양성의 잠재적 진화를 제한한다.
③ **윤리적** : 인간은 지구상에 서식하는 수많은 종 중 하나일 뿐이며, 지구의 오랜 생명의 역사에서 비교적 새내기에 속한다.

23 생태네트워크

1. 생태네크워크의 개념
① 이미 파편화된 녹지의 효율적 연결과 함께 새롭게 조성되는 도시에서 녹지가 단절되지 않도록 계획하여 생물다양성을 증진하도록 돕는 것이다.
② 파편화되는 생태계 및 서식처를 보전하는 것은 좁게는 생물다양성을 증진시킬 수 있는 방향으로 합리적인 토지이용계획을 하는 것이며, 넓게는 도시 및 지역계획 차원에서 전체적인 골격을 유지하면서 도시를 하나의 시스템으로 유지하기 위한 방법이다.

2. 녹지공간연결과 관련된 용어
① **녹지축** : 17C 프랑스의 평면기하학식 오픈스페이스 시각적 회랑
  예 현대 도시공원 및 녹지조성에서 시각적 축, 축선 강조
② **그린웨이** : 곧게 뻗은 녹지축을 벗어나 쾌적한 도시공간을 위한 녹지의 연결
  예 도시민을 위한 쾌적한 환경조성, 녹지로의 쉬운 접근, 도심 내 녹도 연결
③ **생태네트워크** : 사람의 이용 관점에서 벗어나 야생동물의 서식처 관점에서 녹지의 연결

배경이론
- 도서생물지리설 평형이론
- 메타개체군이 적은 개체군은 많은 개체군에 비해 소멸위험이 큼
- 유전과 교환
- 동물의 이동본능
---

3. 생태네트워크의 유형
① White : 바람네트워크
② Green : 식생네트워크

③ Gold : 토양네트워크
④ Blue : 물네트워크

기출예상문제

생물다양성의 범주에 포함하
는 개념이 아닌 것은?
① 종 다양성
② 유전적 다양성
③ 군집 및 생태계 다양성
④ 환경 다양성
　　　　　　　🔖 ④

4. 생태네트워크의 구성

① **핵심지역(core)** : 주요 종의 이동이나 번식과 관련된 지역 및 생태적으로 중요한 서
식처로 구성되어 있다.

② **완충지역(buffer)** : 핵심지역과 코리더를 보호하기 위해 외부의 위협요인으로부터의
충격을 어느 정도 감소시켜 줄 수 있는 지역이다.

③ **코리더(corridor)**
　㉠ 면형(area)
　㉡ 선형(line)
　㉢ 징검다리형(stepping stone)

④ **복원지**

기출예상문제

생태네트워크 구성요소가 아
닌 것은?
① 핵심지역　② 완충지역
③ 코리더　　④ 전이지역
　　　　　　　🔖 ④

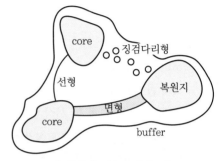

┃ 생태네트워크 개념도 ┃

01 빨판상어와 상어의 관계와 같이 다른 한쪽은 전혀 영향을 받지 않는 경우를 가리키는 것은? (2018)

① 종간경쟁
② 편해공생
③ 편리공생
④ 상리공생

해설 편리공생(commensalism)

생물의 공생 중 공생자 한쪽만 이익을 받고, 다른 쪽은 이익이나 불이익을 받지 않는 관계를 일컫는다.

영양분·서식처·이동·숨는 곳 등을 찾기 위해 둘 이상의 개체가 서로 힘을 합하여 사는 방식으로, 한 종의 생물이 이익을 얻는 반면 다른 한 종은 아무런 영향을 받지 않는다. 상대의 몸에 붙어 이동에 의한 이익을 얻는 관계를 운반공생(phoresy), 숨는 장소나 서식처로서 상대의 몸속이나 둥지, 집 등을 이용하는 것을 더부살이공생(inquilinism)이라고 한다.

황새치나 상어의 몸에 달라붙는 빨판상어, 사람의 대장 안에 사는 박테리아, 고래의 피부에 붙어사는 따개비, 해삼의 항문이나 큰 불가사리의 내장 안에 숨어 사는 숨이고기의 경우가 대표적 예이다. 일방적 관계이므로 기생과의 구별은 명확하지 않다.

02 대기오염물질의 중요한 제한요인 중 육상생태계에 교란을 일으키는 원인이 아닌 것은? (2018)

① 빛의 조사량과 광도
② 생물들의 내성한계
③ 온도 상승에 따른 기후변화
④ 기후변화에 따른 강우량의 변동

해설 육상환경

수환경과 비교되는 제약
㉠ 건조
㉡ 중력
㉢ 시간과 공간의 높은 변이성
  • 온도 변이
  • 강수 시기와 양의 변화

03 생물이 생태계에서 차지하는 위치와 신분으로서 생태계 기능상의 위치를 의미하는 것은? (2018)

① niche
② biotop
③ habitat
④ ecosystem

해설 생태적 지위

㉠ 기본니치 : 다른 종의 간섭 없이 생존, 생식할 수 있는 모든 범위의 조건과 자원을 이용하는 것이다.
㉡ 실현니치 : 다른 종과의 상호작용으로 한 종이 실제 이용하는 기본니치의 일부이다.

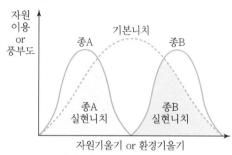

[기본니치, 실현니치 개념도]

㉢ 니치중복 : 둘 이상의 생물이 먹이 또는 서식지의 동일한 자원을 동시에 이용하는 것이다.
㉣ 니치분화 : 이용자원의 범위 또는 환경내성 범위의 분화이다.
㉤ 다차원니치 : 실제로 한 종의 니치는 많은 유형의 자원(먹이, 섭식 장소, 커버, 공간 등)을 포함한다.
㉥ 둘 이상의 종들이 정확히 동일한 요구들의 조합을 갖는 경우는 드물다. 종들은 니치의 한 차원에서는 중복될 수 있으나 다른 차원에서는 그렇지 않다.

04 환경 중 암석에 저장소를 가지며 생명의 DNA와 RNA의 주요 구성물질을 이루고 있는 것은? (2018)

① 인
② 황
③ 철
④ 질소

해설 **인 순환**

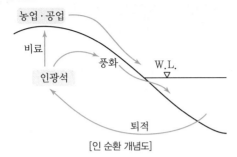

[인 순환 개념도]

㉠ 인 순환은 육지에서 바다까지 부분적으로는 물 순환을 따른다. 따라서 생태계에서 유실된 인은 생지화학적 순환에 의해 되돌아오지 않기 때문에, 교란되지 않은 자연조건에서 인은 항상 공급이 부족하다.

㉡ 육상생태계에 존재하는 거의 모든 인은 인산칼슘광석에서 풍화된 것이다.

05 두 개체군 상호 간에 불이익을 초래하는 관계는?

(2018)

① 기생　　　　　　② 포식
③ 편리공생　　　　④ 경쟁

해설 **종 간 경쟁**

㉠ 두 종 이상의 개체군들에게 부정적 영향을 주는 관계
㉡ 종 간 경쟁형태
　• 소비 : 한 종의 개체들이 공통자원을 소비하여 다른 종의 개체들의 섭취를 방해
　• 선취 : 한 개체가 선점하여 다른 생물의 정착을 방해
　• 과다생장 : 한 생물체가 다른 생물체보다 훨씬 더 성장하여 어떤 필수자원에 접근하는 것을 방해
　• 화학적 상호작용 : 개체가 화학적 생장저해제나 독성물질을 방출하여 다른 종을 저해하거나 죽일 때
　• 세력권제 : 세력권으로 방어하는 특정공간에 다른 종이 접근하지 못하도록 하는 행동적 배타
　• 우연한 만남 : 세력권과 무관한 개체들의 접촉이 부정적 효과를 초래하는 것

06 갈매기가 비행할 때 기류의 에너지를 이용하는 경우처럼 생물이 외부환경에너지를 이용하는 것은?

(2018)

① 에너지생산　　　② 에너지보조
③ 에너지흐름　　　④ 에너지배출

07 가이아 가설(Gaia hypothesis)에 관한 설명 중 틀린 것은?

(2018)

① 생물권은 화학적, 물리적 환경을 능동적으로 조절한다.
② 화산폭발, 혜성의 충돌 또한 범지구적 항상성 범주에 든다.
③ 원시대기에서 이차대기(현재 대기)로의 변화는 생물적 산물이다.
④ 생물권은 자동조절적(cybernetic) 또는 제어적인 계이다.

해설 **가이아(Gaia) 가설**

가이아이론은 지구가 그 대기, 해양, 토양과 생물권이 유기적으로 결합된 하나의 살아 있는 생명체라는 이론. '가이아(Gaia)'는 고대 그리스인들이 대지의 여신을 부른 이름이다.

가이아 가설은 1978년 영국의 과학자 제임스 러브록(James Lovelock 1919~)의 〈가이아 : 지구생명에 대한 새로운 시각(Gaia : A New Look at Life on Earth)〉이라는 저서를 통해 소개되었다. 미 NASA의 의뢰를 받아 다른 행성들의 대기를 연구하던 그는 지구를 생명에 의해 조절되는 하나의 유기체로 보았다.

그의 저서에 따르면 지구의 환경, 특히 대기권과 해양권은 지구상의 생물들에 의해서 능동적으로 조정되고 유지된다. 따라서 지구의 물리화학적 무생물계와 생물계는 상호 유기적으로 연결되어 하나의 시스템처럼 작용한다.

예를 들면, 그 증거로서 생물이 사는 데 절대적으로 필요한 대기 중 산소가 일정한 양으로 오랫동안 지속되어 왔다는 것, 대기온도 역시 생물이 얼어죽지 않고 지금까지 살 수 있도록 유지되어 왔다는 것, 그 밖에 바닷물 온도가 일정하게 유지되어 왔다는 것 등이다.

이는 생물체가 자연에 순응하지만 않고 '능동적'으로 자신에 적합한 환경을 만들어 가는 과정이며 땅, 대기와 생명체는 이렇게 일체를 이루고 있다는 것이 가이아 가설의 결론이다.

이러한 가이아 가설은 특히 환경문제를 걱정하는 많은 사람들로부터 환영을 받았다. 유기적으로 상호작용하고 있는 지구의 다양한 생물 요소들에 인간이 개입하지 말아야 한다는 메시지를 담고 있는 것으로 간주했기 때문이다. 그러나 가이아 가설은 지나치게 논리적인 비약이며 비과학적이라는 비판도 받고 있다.

08 어떤 특정시간에 특정공간을 차지하는 같은 종류의 생물 집단은?

(2018)

① 생태군　　　　　　② 개체군
③ 우점군　　　　　　④ 분류군

해설 **개체군 특징**

일정한 지역에 살고 있는 같은 종개체들의 무리로서 개체군 내 구성원 간 상호교배가 가능하다.

🔒정답　05 ④　06 ②　07 ②　08 ②

09 개체군의 상호관계에 있어 상리공생이 아닌 것은?

(2018)

① 게 – 강장동물
② 흰개미 – 편모충
③ 식물 뿌리 – 균근
④ 질소고정박테리아 – 콩과식물

해설 상리공생

㉠ 개념

직접적, 간접적 상리공생관계는 이제 막 인정하고 이해하기 시작한 방식으로, 개체군 동태에 영향을 미칠 수 있는 개념이다. 종 간 관계에서 한 종은 부정적 영향을 받는 편리공생과 대조적으로 상리공생은 관계되는 두 종 모두 이익이 되는 관계를 말한다.

㉡ 상리공생의 종류

• 절대적 상리공생 : 상리적 상호작용이 없으면 생존하거나 번식할 수 없다.
• 조건적 상리공생 : 상리적 상호작용이 없어도 생존하거나 번식이 가능하다.
• 공생적 상리공생 : 같이 살기(산호초, 지의류)
• 비공생적 상리공생 : 따로 살기(꽃피는 식물의 수분과 종자분산 – 여러 식물, 수분매개자, 종자분산자)

㉢ 상리공생의 사례

• 질소고정세균과 콩과식물 : 콩과식물 뿌리에서 삼출액과 효소를 방출하여 질소고정세균을 유인 – 뿌리혹 형성 – 뿌리세포 내 세균은 가스상태 질소를 암모니아로 환원 – 세균은 숙주식물로부터 탄소와 그 밖의 자원을 얻는다.
• 식물 뿌리와 균근 : 균류는 식물이 토양으로부터 물과 양분을 흡수하는 것을 돕고 그 대신 식물은 균류에게 에너지의 근원인 탄소를 공급한다.
• 다년생 호밀풀과 키큰김 털의 독성효과 : 호밀풀은 식물 조직 내에 사는 내부착생 공생균류로 감염 – 균류는 초본 조직에서 풀에 쓴맛을 내게 하는 알칼로이드화합물을 생산함 – 알칼로이드는 초식포유류와 곤충에게 유독함 – 균류는 식물 생장과 종자 생산 촉진
• 아카시아의 부푼가시 안에 사는 중미의 개미종 : 식물은 개미에게 은신처와 먹이 제공 → 개미는 초식동물로부터 식물 보호 → 아주 작은 교란에도 개미는 불쾌한 냄새를 내뿜음, 공격자가 쫓겨날 때까지 공격
• 산호초 군락에서 청소새우, 청소어류와 많은 어종 간의 청소 상리공생 : 청소어류와 청소새우는 숙주어류에서 외부기생자와 병들고 죽은 조직을 청소하여 먹이를 얻고 해로운 물질을 제거하여 숙주어류를 이롭게 한다.
• 수분매개자 : 곤충, 조류, 박쥐 – 식물은 색, 향기, 냄새로 동물을 유인하여 이들을 꽃가루로 덮고 당이 풍부한 꽃꿀, 단백질이 풍부한 꽃가루, 지질이 풍부한 오일 등 좋은 먹이원으로 보상한다.

10 열역학 제2법칙에 대한 설명으로 틀린 것은?

(2018)

① 엔트로피의 법칙이라고도 한다.
② 물질과 에너지는 하나의 방향으로만 변화한다.
③ 질서 있는 것에서 무질서한 것으로 변화한다.
④ 엔트로피가 증대한다는 것은 사용가능한 에너지가 증가한다는 것을 뜻한다.

해설 열역학법칙

㉠ 에너지

• 잠재에너지 : 저장된 에너지, 즉 일을 할 수 있는 에너지이다.
• 운동에너지 : 운동을 하는 에너지, 운동에너지는 잠재에너지를 소비하여 일을 한다.

㉡ 열역학 제1법칙

• 에너지는 창조되거나 파괴될 수 없다.
• 발열 : 화학반응 결과로 인해 계가 에너지를 잃는 것이다.
• 흡열 : 화학반응이 진행되기 위해 에너지를 흡수하는 것이다.

㉢ 열역학 제2법칙(엔트로피 증가)

에너지가 전달되거나 변형될 때, 에너지 일부는 더 이상 전달될 수 없는 형태로 변한다.

11 생태계의 생물군집은 주위의 무기적인 환경과 끊임없이 물질의 순환이 일어나고 있다. 대표적인 물질순환이 아닌 것은?

(2018)

① 물순환
② 공기순환
③ 탄소순환
④ 질소순환

해설 대표적 물질순환

탄소순환, 질소순환, 인순환, 물순환, 황순환, 산소순환 등

12 울릉도가 독도보다 더 많은 생물을 갖고 있다면 이를 설명하는 이론에 가장 가까운 것은?

(2018)

① 메타개체군이론
② 동태적 보전이론
③ 도서생물지리학 이론
④ 경쟁적 배제의 원리이론

해설 도서생물지리설

본토에서 섬까지의 거리와 섬의 크기 모두 종풍부도의 평형에 영향을 준다는 이론

㉠ 거리 : 섬과 본토 간의 거리가 멀수록 많은 이입종들이 성공적으로 도착할 확률이 낮다. 그 결과는 평형종수의 감소이다.

ⓛ 크기 : 넓은 지역은 일반적으로 자원과 서식지가 더 다양하기 때문에 면적에 따라 변하는 절멸률은 큰 섬에서 더 낮다. 큰 섬은 더 많은 종들의 요구를 수용할 수 있을 뿐만 아니라 더 많은 각 종의 개체들을 부양할 수도 있다. 큰 섬은 작은 섬에 비해 절멸률이 낮아 평형종수가 더 많다.

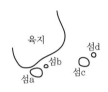

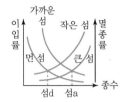

(a) 육지와 가까운 섬 a, b
육지와 먼 섬 c, d
크기가 큰 섬 a, c
크기가 작은 섬 b, d

(b) 이입률은 거리와 관계있고 멸종률은 섬의 크기와 관계가 있다. 따라서 크기가 크고 거리가 가까운 섬 a의 종수가 가장 많고, 크기가 작고 거리가 먼 섬 d의 종수가 가장 적다.

[도서생물지리설의 개념도]

13 생물체를 구성하는 가장 기본적인 원소로서 지구상의 모든 생물들은 이것을 기본으로 유기체를 구성하고 있으며 주로 녹색식물에 의해 유기물로 합성되는 원소는? (2018)

① 산소
② 수소
③ 황
④ 탄소

해설

탄소는 모든 유기화합물의 기본 구성물질이며 광합성에 의한 에너지 고정에 관련된다.

14 황(S) 순환의 설명으로 옳지 않은 것은? (2018)

① 동식물 시체 속의 유기태황을 분해하여 SO_4^{2-}으로 전환시키는 미생물은 Aspergillus이다.
② 호수의 진흙 속이나 심해의 바닥에 가라앉은 SO_4^{2-}은 혐기성 상태에서 Desulfovibrio에 의하여 기체형태의 H_2S로 환원된다.
③ 산성비란 산도(pH)가 6.5 이하인 강우를 말하며, 대기 중의 NOx와 아황산가스(SO_2)가 녹아서 약한 산성을 나타낸다.
④ 지각에 존재하는 황은 화산활동과 화석연료의 연소를 통하여 대기권으로 유입된다.

해설

산성비는 pH 5.6 미만인 비를 말한다.

15 광합성 과정 중 산화 · 환원반응에 적합하게 구성된 과정은? (2018)

① $CO_2 + H_2O + 태양에너지 = glucose + O_2$
② $CO_2 + 2H_2A \rightarrow (CH_2O) + H_2O + 2A$
③ $2H_2A \rightarrow 4H + 2A$
④ $4H + CO_2 \rightarrow (CH_2O) + H_2O$

해설 녹색식물의 광합성 반응식
$6CO_2 + 12H_2O \rightarrow C_6H_{12}O_6 + 6H_2O + 6O_2$
홍색세균, 홍색황세균, 녹색황세균의 광합성 반응식
$CO_2 + 2H_2A \rightarrow C(H_2O) + H_2O + A$

16 다음 그래프로 설명할 수 있는 군집의 상호작용은? (2018)

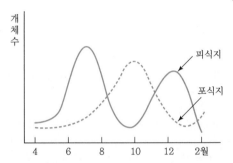

① 중립(neuteralism)
② 편리(commensalism)
③ 포식(predation)
④ 상리(mutualism)

해설 포식

ⓐ 한 생물에 의한 다른 생물의 전부 또는 일부의 소비이다.
ⓑ 먹는 자와 먹히는 자인 두 종 이상의 종들의 직접적이고 종종 복잡한 상호작용이다.

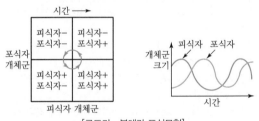

[로트카 - 볼테라 포식모형]

ⓒ 등사습곡을 결합하면 포식자와 피식자개체군의 결합된 개체군궤적을 조사하는 수단이 된다. 화살표는 결합된 개체군궤적을 나타낸다. −부호는 개체군의 감소를, ＋부호는 개체군의 증가를 나타낸다. 이 궤적은 포식자−피식자 상호작용의 주기적 성격을 보여 준다.
ⓓ 시간에 따른 포식자, 피식자개체군 크기의 내재적 변화를 도식화하면, 포식자 밀도가 피식자 밀도를 뒤따르는 어긋난 위상으로 두 개체군이 끊임없이 순환함을 볼 수 있다.

17 군집의 우점도 – 다양성(dominance – diversity)곡선 중 A, B, C곡선에 대한 설명으로 옳지 않은 것은? (2018)

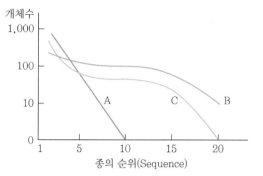

① A곡선은 생태학적 niche의 선점을 수반하는 분포형으로 가장 개체수가 많은 종은 다음 개체수가 많은 종의 2배이다.
② B곡선은 대부분의 자연적인 군집 내에서 나타나는 우점도와 종다양성의 특성을 보여 준다.
③ C곡선은 생태학적 niche가 불규칙하게 분포하면서 서로 인접하지만 중복되지 않는 경우로, 우점도와 종다양성 간의 극단적인 형태이다.
④ 거친 환경 속에서 끊임없이 niche의 선점을 위해 경쟁할 경우에는 C곡선의 형태로, 중복되지 않은 영토확보를 위한 경쟁이 발생한 경우에는 점차 A곡선의 형태를 보인다.

18 식물이 이용할 수 있는 질소형태부터 질소의 순환을 올바른 순서로 설명하고 있는 것은? (2018)

① 유기질소 → 아질산염 → 암모니아 → 질산염
② 질산염 → 원형질 → 암모니아 → 아질산염
③ 아미노산 → 원형질 → 암모니아 → 아질산염
④ 아질산염 → 아미노산 → 암모니아 → 원형질

19 생태계를 구성하고 있는 생물종 간의 상호작용의 형태가 아닌 것은? (2018)

① 경쟁 ② 기생
③ 포획 ④ 공생

해설 ▶ 포획
사람이 짐승이나 물고기를 잡는 행위

20 생물의 생태적 지위를 제한하는 제한요인(limiting factor)에 대한 설명으로 틀린 것은? (2018)

① 환경인자 중에서 부족하거나 조건이 나빠서 생태적 지위를 제한하는 요소를 말한다.
② 생물체가 정상적으로 성장하기 위해서는 특정 영양물질의 최소량이 필요하다는 최소의 법칙이 적용되기도 한다.
③ 그 동안 조사된 제한요인은 대개 토양의 광물질 함유량, 최고·최저 기온, 강수량과 같은 복잡한 요소들이다.
④ 제한요인은 대개 생물의 생명주기 전반에 걸쳐 영향을 미친다.

21 '엔트로피의 증가'가 의미하는 것으로 가장 적절한 것은? (2018)

① 유기에너지의 상태로 바뀌는 현상
② 잠재적 에너지의 상태로 바뀌는 현상
③ 오염된 에너지의 상태로 바뀌는 현상
④ 사용 불가능한 에너지의 상태로 바뀌는 형상

22 대기 중의 질소를 고정할 수 있는 생물이 아닌 것은? (2018)

① 자유생활은 하는 Azotobacter
② 콩과식물에 공생하는 뿌리혹박테리아
③ 일부 남조류
④ 수중의 원생동물

23 생태계에서 먹이피라미드의 내용에 해당되지 않는 것은? (2018)

① 열역학 제 1, 2법칙이 적용된다.
② 고차소비자가 많은 에너지를 소비한다.
③ 생산자 – 소비자 – 분해자로 구성되어 있다.
④ 태양광선을 이용해 에너지를 생산하는 것은 초식동물이다.

해설 ▶
태양광선을 이용해 에너지를 생산하는 것은 식물이다.

24 E.P. Odum의 결합법칙에 해당하는 것은? (2018)

① 열역학 제1법칙＋열역학 제2법칙
② 독립의 법칙＋분배의 법칙
③ 최소량의 법칙＋내성의 법칙
④ 우열의 법칙＋일정성분비의 법칙

25 두 생물 간에 상리공생(mutualism)관계에 해당하는 것은? (2018)

① 관속식물과 뿌리에 붙어 있는 균근균
② 호두나무와 일반 잡초
③ 인삼 또는 가지과작물의 연작
④ 복숭아 과수원의 고사목 식재지에 보식한 복숭아 묘목

해설 상리공생
㉠ 개념
직접적, 간접적 상리공생관계는 이제 막 인정하고 이해하기 시작한 방식으로, 개체군 동태에 영향을 미칠 수 있는 개념이다. 종 간 관계에서 한 종은 부정적 영향을 받는 편리공생과 대조적으로 상리공생은 관계되는 두 종 모두 이익이 되는 관계를 말한다.
㉡ 상리공생의 종류
• 절대적 상리공생 : 상리적 상호작용이 없으면 생존하거나 번식할 수 없다.
• 조건적 상리공생 : 상리적 상호작용이 없어도 생존하거나 번식이 가능하다.
• 공생적 상리공생 : 같이 살기(산호초, 지의류)
• 비공생적 상리공생 : 따로 살기(꽃피는 식물의 수분과 종자분산 −여러 식물, 수분매개자, 종자분산자)
㉢ 상리공생의 사례
• 질소고정세균과 콩과식물 : 콩과식물 뿌리에서 삼출액과 효소를 방출하여 질소고정세균을 유인−뿌리혹 형성−뿌리세포 내 세균은 가스상태 질소를 암모니아로 환원−세균은 숙주식물로부터 탄소와 그 밖의 자원을 얻는다.
• 식물 뿌리와 균근 : 균류는 식물이 토양으로부터 물과 양분을 흡수하는 것을 돕고 그 대신 식물은 균류에게 에너지의 근원인 탄소를 공급한다.
• 다년생 호밀풀과 키큰김 털의 독성효과 : 호밀풀은 식물조직 내에 사는 내부착생 공생균로로 감염−균류는 초본 조직에서 풀에 쓴맛을 내게 하는 알칼로이드화합물을 생산함−알칼로이드는 초식포유류와 곤충에게 유독함−균류는 식물 생장과 종자 생산 촉진
• 아카시아의 부푼가시 안에 사는 중미의 개미종 : 식물은 개미에게 은신처와 먹이 제공 → 개미는 초식동물로부터 식물 보호 → 아주 작은 교란에도 개미는 불쾌한 냄새를 내뿜음, 공격자가 쫓겨날 때까지 공격

• 산호초 군락에서 청소새우, 청소어류와 많은 어종 간의 청소 상리공생 : 청소어류와 청소새우는 숙주어류에서 외부기생자와 병들고 죽은 조직을 청소하여 먹이를 얻고 해로운 물질을 제거하여 숙주어류를 이롭게 한다.
• 수분매개자 : 곤충, 조류, 박쥐−식물은 색, 향기, 냄새로 동물을 유인하여 이들을 꽃가루로 덮고 당이 풍부한 꽃꿀, 단백질이 풍부한 꽃가루, 지질이 풍부한 오일 등 좋은 먹이원으로 보상한다.

26 "개체군 내에는 최적의 생장과 생존을 보장하는 밀도가 있다. 과소 및 과밀은 제한요인으로 작용한다."가 설명하고 있는 원리는? (2018)

① Allee의 원리
② Gause의 원리
③ 적자생존의 원리
④ 항상성의 원리

해설 알리효과
㉠ 개체군밀도가 낮은 상황에서의 번식 또는 생존의 감소 기작
㉡ 많은 종들은 개체들이 포식자로부터 자신들을 방어하거나 먹이를 발견할 수 있도록 떼나 패를 짓고 산다. 일단 개체군이 너무 작아 효과적인 떼나 패를 유지할 수 없으면 포식이나 굶주림으로 사망률이 증가하여 개체군이 감소할 수 있다.

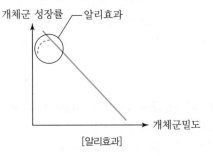

[알리효과]

27 생물다양성 유지를 위한 보호지구 설정을 위해 흔히 이용하는 도서생물지리모형의 내용과 가장 거리가 먼 것은? (2018)

① 보호지구는 여러 개로 분산시킨다.
② 보호지구는 넓게 조성한다.
③ 보호지구는 최대한 서로 가깝게 붙도록 조성한다.
④ 보호지구의 형태는 원형이 유리하며, 지구 간에 생태통로를 조성한다.

해설 도서생물지리설
본토에서 섬까지의 거리와 섬의 크기 모두 종풍부도의 평형에 영향을 준다는 이론이다.
㉠ 거리 : 섬과 본토 간의 거리가 멀수록 많은 이입종들이 성공적으

로 도착할 확률이 낮다. 그 결과는 평형종수의 감소이다.
ⓒ 크기 : 넓은 지역은 일반적으로 자원과 서식지가 더 다양하기 때
문에 면적에 따라 변하는 절멸률은 큰 섬에서 더 낮다. 큰 섬은 더
많은 종들의 요구를 수용할 수 있을 뿐만 아니라 더 많은 각 종의
개체들을 부양할 수도 있다. 큰 섬은 작은 섬에 비해 절멸률이 낮아
평형종수가 더 많다.

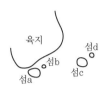 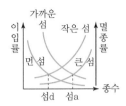

(a) 육지와 가까운 섬 a, b (b) 이입률은 거리와 관계가 있고 멸종률은
육지와 먼 섬 c, d 섬의 크기와 관계가 있다. 따라서 크기
크기가 큰 섬 a, c 가 크고 거리가 가까운 섬 a의 종수가 가
크기가 작은 섬 b, d 장 많고, 크기가 작고 거리가 먼 섬 d의
종수가 가장 적다.

[도서생물지리설 개념도]

28 식물에서는 종자의 전파양식이나 무성번식에 의해 일어
나며 동물은 사회적 행동에 의해 서로 비슷한 종끼리 유대관
계를 형성하기 때문에 나타나는 개체군의 공간분포양식은?

(2018)

① 규칙분포(uniform distribution)
② 집중분포(clumped distribution)
③ 기회분포(random distribution)
④ 공간분포(space distribution)

해설 개체군의 분포방식
㉠ 임의분포 : 각 개체의 위치가 다른 개체들의 위치와 독립적
㉡ 균일분포 : 개체군의 개체들 사이 최소거리를 유지시키는 작용을
하는 경쟁, 같은 개체 간의 부정적인 상호작용에서 기인(한 지역 독
점 이용 동물개체군, 수분과 영양염류 등 경쟁이 심한 식물개체군)
㉢ 군생분포 : 가장 흔한 공간적 분포(물고기떼, 새떼, 인간)

29 생태적 지위(ecological niche)에 대한 설명으로 틀린
것은?

(2018)

① 한 종이 생물군집 내에서 어떠한 위치에 있는지를 나타내는
개념이다.
② 전혀 다른 식물이 동일한 생태계지위를 가지는 경우는 없다.

③ 생물이 점유하는 물리적인 공간에서의 지위를 서식장소 지
위라고 한다.
④ 온도, 먹이의 종류 등 환경요인의 조합에서 나타나는 지위
를 다차원적 지위라 한다.

해설 생태적 지위
㉠ 기본니치 : 다른 종의 간섭 없이 생존, 생식할 수 있는 모든 범위의
조건과 자원을 이용하는 것이다.
㉡ 실현니치 : 다른 종과의 상호작용으로 한 종이 실제 이용하는 기
본니치의 일부이다.

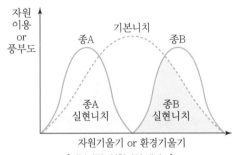

[기본니치, 실현니치 개념도]

㉢ 니치중복 : 둘 이상의 생물이 먹이 또는 서식지의 동일한 자원을
동시에 이용하는 것이다.
㉣ 니치분화 : 이용자원의 범위 또는 환경내성범위의 분화이다.
㉤ 다차원적 : 실제로 한 종의 니치는 많은 유형의 자원(먹이, 섭식
장소, 터버, 공간 등)을 포함한다.
㉥ 둘 이상의 종들이 정확히 동일한 요구들의 조합을 갖는 경우는 드
물다. 종들은 니치의 한 차원에서는 중복될 수 있으나 다른 차원에
서는 그렇지 않다.

30 생태계의 발전과정에 대하여 서술한 것으로 잘못된 것은?

(2018)

① 생태계의 발전과정을 생태적천이(ecological succession)
라고 한다.
② 생태계는 일정한 생장단계를 거쳐 성숙 또는 안정되며 최
후의 단계를 극상(climax)이라 한다.
③ 초기 천이단계에서는 생산량보다 호흡량이 많으며 따라서
순생산량도 적다.
④ 성숙한 단계에서는 생산량과 호흡량이 거의 같아지므로
순생산량은 적어진다.

해설
초기 천이단계는 천이 후기에 비하여 순생산량이 많다.

31 영양구조 및 기능을 함께 볼 수 있는 것으로 생태적 피라미드의 모형을 이용하는데, 다음 중 개체의 크기에 따라 역피라미드의 구조 등 변수가 많기 때문에 바람직하지 않은 생태적 피라미드는? (2018)

① 개체수피라미드(pyramid of numbers)
② 생체량피라미드(biomass pyramid)
③ 에너지피라미드(pyramid of energy)
④ 생산력피라미드(pyramid of productivity)

해설
에너지는 영양단계마다 감소한다.
㉠ 10% 법칙 : 한 영양단계에서 생물량으로 저장된 에너지의 10%만이 그 다음 높은 영양단계의 생물량으로 전환된다.
㉡ 영양효율 : 영양단계 사이의 에너지 전달을 기술하기 위해 사용되는 효율의 척도이다.
㉢ 생물량피라미드 : 무게 또는 생물체를 측정하는 다른 수단으로 표현된, 어느 한 시간에 존재하는 생물의 총량 또는 고정된 에너지, 즉 현존량을 나타낸다. 영양단계마다 일부 에너지나 물질이 소멸되므로, 각 단계에서 부양할 수 있는 총 질량은 바로 아래에 있는 단계에서 에너지가 저장되는 속도에 의해 제한된다.

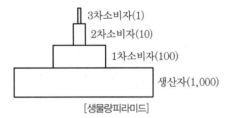

[생물량피라미드]

32 생태계에서 무기물과 에너지의 흐름에 관한 설명으로 옳은 것은? (2018)

① 무기물과 에너지는 모두 순환한다.
② 무기물과 에너지는 모두 소모된다.
③ 무기물은 순환하지만 에너지는 소모된다.
④ 에너지는 순환하지만 무기물은 소모된다.

33 질소순환과정을 바르게 설명한 것은? (2018)

① 낙엽 등에 존재하는 유기태질소는 질산화작용에 의하여 NH_4^+ 형태의 무기태질소를 만든다.
② NH_4^+가 토양미생물에 의하여 NO_3^-로 산화되는 과정을 암모늄화작용이라고 한다.

③ 수목의 뿌리는 이온형태로 된 유기태질소의 형태로 흡수한다.
④ 질산태질소(NO_3^-)는 산소공급이 부족하여 혐기성 상태가 되면, 질소가스로 환원되어 대기권으로 되돌아 간다.

34 경쟁종의 공존에 대한 설명으로 틀린 것은? (2018)

① 종내경쟁이 종간경쟁보다 더 치열한 곳에서는 두 종이 공존한다.
② 두 개체군 사이에 생태적 지위는 중복될 수 없다.
③ 공존은 이용하는 자원의 차이에서 비롯된다.
④ 경쟁배타의 원리에 의해 공존한다.

해설 경쟁배타원리
㉠ 개념 : 완벽한 경쟁자는 공존할 수 없음(로트카 – 볼테라 식으로 예측할 수 있는 네 경우 중 세 경우에서 한 종이 다른 종을 소멸시킴)
㉡ 경쟁배타원리 한계
• 경쟁자들은 자원 요구에 있어 완전히 동일
• 환경조건이 일정하게 유지된다고 가정
㉢ 자연환경에서 변수
• 종들의 생존, 생장, 생식에 직접적 영향을 미치나 소비성 자원이 아닌 환경요인의 영향
• 자원가용성의 시공간적 변이
• 다수의 제한자원에 대한 경쟁
• 환경변이는 경쟁자들이 공존하도록 함

35 메타개체군 개념을 적용한 종 또는 개체군의 복원방법이 아닌 것은? (2018)

① 포획번식   ② 방사
③ 돌발적 이동   ④ 이주

해설 메타개체군
㉠ 정의 : 넓은 면적이나 지역 내에서 상호작용하는 국지개체군들의 집합이다.
㉡ 메타개체군의 4가지 조건
• 적절한 서식지는 국지번식개체군에 의하여 채워질 수 있는 불연속적인 조각으로 나타난다.
• 가장 큰 개체군이라도 상당한 소멸위험이 있다.
• 국지 소멸 후에 개·정착이 방해될 정도로 서식지 조각들이 너무 격리되어서는 안 된다.
• 국지개체군들의 동태는 동시적이 아니다.
㉢ 메타개체군은 더 작은 위성개체군들로 이동하는 이출자의 주 공급원으로 작용하는 하나의 보다 큰 핵심개체군을 가지고 있다. 이런 조건에서 핵심개체군의 국지적 소멸확률은 극히 낮다.

정답 31 ①   32 ③   33 ④   34 ④   35 ③

36 생태학적 원리를 자연관리에 응용하는 생태기술의 기반으로 틀린 것은? (2018)

① 자연자원의 흐름경로
② 물질의 이동형태
③ 유전구조
④ 물질의 이동원리

37 군집수준의 생물종 다양성을 결정짓는 두 가지 요소는? (2019)

① 균등도(evenness), 변이도(variety)
② 생물량(biomass), 유사도(similarity)
③ 우점도(dominance), 중요치(importance value)
④ 종 풍부도(species richness), 균등도(evenness)

38 환경변화에 대한 생물체의 반응(response)이 아닌 것은? (2019)

① 압박(stress)
② 치사(lethal)
③ 차폐(masking)
④ 조절(controlling)

해설
㉠ stress : 외부자극(환경변화)
㉡ 생물체 반응 : lethal, masking, controlling

39 생물군집의 특성이 아닌 것은? (2019)

① 비중
② 우점도
③ 종의 다양성
④ 개체군의 밀도

해설 비중
어떤 물질의 질량과, 이것과 같은 부피를 가진 표준물질의 질량과의 비율

40 두 가지 다른 생물의 관계에서 편리공생의 예로 가장 적합한 것은? (2019)

① 개미와 아카시아
② 열대우림과 난초류
③ 리기테다소나무와 균근
④ 콩과식물과 뿌리혹박테리아

해설
㉠ 편리공생 : 한 종이 다른 종에 별 영향을 주지 않으면서 이득을 돕는 두 종의 관계(기생자와 숙주는 공생관계를 이루며 사는데 기생자는 숙주생물을 희생하여 이익(서식지와 먹이자원)을 얻는다. 숙주가 기생자 존재로 인한 부정적 영향을 해소한 경우는 편리공생이다. 숙주와 기생자 공진화의 어떤 단계에서, 그 관계가 상호 이익이 될 수가 있다. 기생자 감염에 내성이 있는 숙주가 그 관계를 이용하기 시작하는 단계에서는 상리공생이 나타날 수 있다.)
㉡ 개미와 아카시아 : 아카시아의 부푼 가시 안에서 사는 중미의 개미 종무리는 방어적 상리공생의 예이다. 식물은 개미에게 은신처가 될 뿐만 아니라 개미의 발달단계에 따라 균형잡힌, 거의 완전한 먹이를 제공한다. 대신에 개미는 은신처에서 몰려 나와 불쾌한 냄새를 내뿜고, 공격자가 쫓겨날 때까지 공격한다.
㉢ 식물뿌리와 균근 : 균류는 식물이 토양에서 물과 양분을 흡수하는 것을 돕는 상리공생이다.
㉣ 콩과식물과 뿌리혹박테리아 : 콩과식물은 뿌리에서 삼출액과 효소를 방출하여 세균을 유인한다. 라이조비움 세균은 뿌리털로 들어가, 그곳에서 증식하고 크기가 커진다. 세균은 숙주식물로부터 탄소와 그 밖의 자원을 얻는다. 그 대신 세균은 고정된 질소를 식물에 공급하는 상리공생이다.

41 다음 그림에서 편리공생의 위치를 나타내는 것은? (2019)

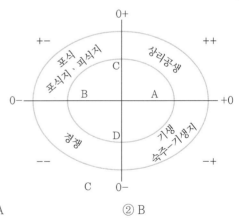

① A
② B
③ C
④ D

해설 편리공생
한 종이 다른 종에 별 영향을 주지 않으면서 이득을 돕는 두 종의 관계

42 물질의 순환 중 질소순환에 대한 설명으로 틀린 것은?

(2019)

① 질소는 대기 중 다량으로 존재하며 식물체에 직접 이용된다.
② 질소고정생물은 대기 중의 분자상 질소를 암모니아로 전환시킨다.
③ 대부분의 식물은 암모니아나 질산염의 형태로 질소를 흡수한다.
④ 식물은 단백질과 기타 많은 화합물을 합성하는 데 질소를 사용한다.

43 생태계의 포식상호작용에서 피식자가 포식자로부터 피식되는 위험을 최소화하기 위한 장치로 볼 수 없는 것은?

(2019)

① 의태(mimicry)
② 방위(defense)
③ 위장(camouflage)
④ 상리공생(mutualism)

해설▶ 피식자 방어기작
㉠ 화학적 방어 : 페로몬, 냄새, 독물
㉡ 보호색 : 환경과 섞이는 색과 문양
  • 대상물 의태 : 나뭇가지 또는 잎 흉내
  • 안점표지 : 포식자의 위협, 시선 또는 주위를 전환
  • 과시채식 : 눈에 잘 띄는 색을 드러내서 포식자를 혼란케 함
  • 경계색 : 포식자에게 고통 또는 불쾌감을 상기시킴
  • 베이츠 의태 : 독성 종들의 경계색을 닮거나 흉내내어 채색을 진화
  • 뮐러 의태 : 맛이 없거나 독이 있는 많은 종들의 유사한 색채, 문양 공유
  • 보호외장 : 위험 시 외장덮개나 껍데기 속으로 움츠림
㉢ 행동방어
  • 경계성 고음
  • 전환과시 : 포식자의 주위를 서식지나 새끼로부터 다른 곳으로 돌림
  • 무리생활
㉣ 포식자 포만 : 자손을 단기간에 생산, 일부만 잡아먹힘

44 질소고정방법으로 가장 적합하지 않은 것은?

(2019)

① 산업적 질소고정
② 번개에 의한 질소고정
③ 미생물에 의한 질소고정
④ 생태계천이에 의한 질소고정'

45 시간에 따른 군집의 변화를 무엇이라 하는가?

(2019)

① 항상성
② 다양성
③ 생태적 천이
④ 생명부양시스템

46 생태계 내의 질소순환(nitrogen cycle)에서 생산자들이 질소를 이용할 때의 형태는?

(2019)

① NO_3^-
② N_2O
③ N_2
④ NH_4^+

47 생물의 사체나 배설물로부터 에너지흐름이 시작되는 먹이사슬은?

(2019)

① 방목먹이사슬
② 부니먹이사슬
③ 육상먹이사슬
④ 해상먹이사슬

해설▶ 두 가지 먹이사슬

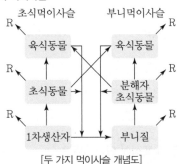

[두 가지 먹이사슬 개념도]

48 생태계의 생물적 구성요소 중의 하나인 생산자(producer)에 해당하지 않는 것은?

(2019)

① 남조류
② 속씨식물
③ 광합성 세균
④ 종속영양성 식물

해설▶ 종속영양성 식물
엽록소가 없어 광합성을 하지 못하는 식물

49 생태계에서 순환하는 물질로서 가장 거리가 먼 것은?

(2019)

① 인
② 탄소
③ 질소
④ 우라늄

50 생물개체군 성장곡선에 대한 설명으로 틀린 것은?

(2019)

① J자형, S자형 성장곡선이 나타난다.
② J자형 성장곡선은 외부 환경요인에 의해 조절된다.
③ S자형 성장곡선은 불안정한 하등생물상에서 보여진다.
④ 수용한계(수용능력 K)는 생물적 요인과 비생물적 요인에 의해 영향을 받아 시간에 따라 급격히 변화할 수 있다.

J형

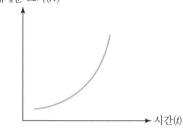

S형(로지스트형)

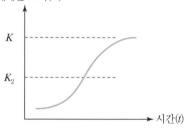

51 개체군의 공간분포에 관한 설명으로 틀린 것은? (2019)

① 자연에서 흔히 있는 분포형은 집중분포이다.
② 새의 세력권제는 새를 불규칙적으로 분포하게 한다.
③ 규칙분포는 바둑판처럼 심은 과수원 나무의 분포에서 볼 수 있다.
④ 개체군의 집중분포는 습도, 먹이, 그늘과 같은 환경요인 때문이다.

해설 개체군 분포방식

㉠ 임의분포 : 각 개체의 위치가 다른 개체들의 위치와 독립적
㉡ 균일분포 : 개체군의 개체들 사이 최소거리를 유지시키는 작용을 하는 경쟁, 같은 개체 간의 부정적인 상호작용에서 기인(한 지역 독점 이용 동물개체군, 수분과 영양염류 등 경쟁이 심한 식물개체군)
㉢ 군생분포 : 가장 흔한 공간적 분포(물고기떼, 새떼, 인간)

52 개체군생태학에서 사망률(mortality)에 대한 설명으로 가장 적절한 것은?

(2019)

① 단위공간당 개체군의 크기를 말한다.
② 단위시간당 죽음에 의해서 개체들이 사라지는 숫자를 말한다.
③ 단위시간당 생식활동에 의해서 새로운 개체들이 더해지는 숫자를 말한다.
④ 개체들이 공간에 분포되는 방법으로서 임의분포, 균일분포, 집중분포 등으로 구분한다.

해설 개체군의 생존곡선

㉠ Ⅰ유형 : 생존율이 일생 동안 높다가 마지막에 사망률이 높아진다.
㉡ Ⅱ유형 : 생존율이 연령에 따라 변하지 않는다.
㉢ Ⅲ유형 : 초기사망률이 높다.

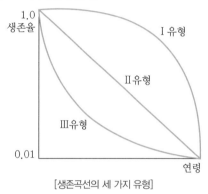

[생존곡선의 세 가지 유형]

53 질소를 고정할 수 있는 생물이 아닌 것은? (2019)

① Nostoc과 같은 남조류
② Nitrobacter와 같은 질산화 세균
③ Rhodospirillum과 같은 광영양혐기세균
④ Desulfovibrio와 같은 편성혐기성 세균

54 인의 순환에 대한 설명으로 틀린 것은?

(2019)

① 척추동물의 뼈를 구성하는 성분이다.
② 호소의 퇴적물에 축적되는 경향이 있다.
③ 해양에서 육지로 회수되는 인에는 기체상 인화합물이 가장 많다.
④ 토양 속의 인은 불용성으로 흔히 식물생장의 제한요인으로 작용한다.

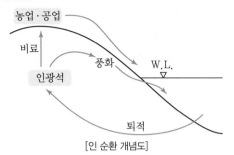

[인 순환 개념도]

㉠ 인 순환은 육지에서 바다까지 부분적으로 물 순환을 따른다. 따라서 생태계에서 유실된 인은 생지화학적 순환에 의해 되돌아오지 않기 때문에, 교란되지 않은 자연조건에서 인은 항상 공급이 부족하다.

㉡ 육상생태계에 존재하는 거의 모든 인은 인산칼슘광석에서 풍화된 것이다.

55 한 종이 점유지역이 아닌 곳으로 분포범위를 넓히는 영역확장(range expansion)의 경우가 아닌 것은?　(2019)

① 그 종이 양육과 훈련행동을 하는 경우
② 그 종의 산포를 저해하던 요인이 제거된 경우
③ 이전에는 부적당하던 지역이 적당한 지역으로 변화된 경우
④ 종이 진화되어 부적당지역이 적당지역으로 이용할 수 있게 된 경우

56 군집의 구조적 측면에서 같은 표징종을 포함하는 식물의 군집은?　(2019)

① 군락　　　　　　② 우점종
③ 부수종　　　　　④ 지표종

57 한 종개체군과 다른 종개체군 사이에서 두 개체군이 모두 이익을 얻으며 서로 상호작용을 하지 않으면 생존하지 못하는 관계는?　(2019)

① 상리공생　　　　② 상조공생
③ 편리공생　　　　④ 내부공생

㉠ 개념
　직접적, 간접적 상리공생관계는 이제 막 인정하고 이해하기 시작한 방식으로, 개체군동태에 영향을 미칠 수 있는 개념이다. 종 간 관계에서 한 종은 부정적 영향을 받는 편리공생과 대조적으로 상리공생은 관계되는 두 종 모두에게 이익이 되는 관계를 말한다.

㉡ 상리공생의 종류
　• 절대적 상리공생 : 상리적 상호작용이 없으면 생존하거나 번식할 수 없다.
　• 조건적 상리공생 : 상리적 상호작용이 없어도 생존하거나 번식이 가능하다.
　• 공생적 상리공생 : 같이 살기(산호초, 지의류)
　• 비공생적 상리공생 : 따로 살기(꽃피는 식물의 수분과 종자분산－여러 식물, 수분매개자, 종자분산자)

58 종개체군 사이의 상호작용 중 서로 피해를 주는 관계로 옳은 것은?　(2019)

① 중립　　　　　　② 경쟁
③ 공생　　　　　　④ 공존

㉠ 두 종 이상의 개체군들에 부정적 영향을 주는 관계

㉡ 종 간 경쟁형태
　• 소비 : 한 종의 개체들이 공통자원을 소비하여 다른 종 개체들의 섭취를 방해
　• 선취 : 한 개체가 선점하여 다른 생물의 정착을 방해
　• 과다생장 : 한 생물체가 다른 생물체보다 훨씬 더 성장하여 어떤 필수자원에 접근하는 것을 방해
　• 화학적 상호작용 : 개체가 화학적 생장저해제나 독성물질을 방출하여 다른 종을 저해하거나 죽일 때
　• 세력권제 : 세력권으로 방어하는 특정공간에 다른 종이 접근하지 못하도록 하는 행동적 배타
　• 우연한 만남 : 세력권과 무관한 개체들의 접촉이 부정적 효과를 초래하는 것

59 생태계의 생물다양성과 관련이 없는 것은?　(2019)

① 유전적 다양성　　② 종 다양성
③ 생태계 다양성　　④ 작물의 다양성

60 종 또는 개체군의 복원에 대한 보기의 설명에서 각각의
( )에 들어갈 용어를 순서대로 나열한 것은? (2019)

> 종 또는 개체군의 복원을 위한 프로그램을 적용하기 위해서는
> (㉠)의 개념이 적용될 수 있다. 이를 통한 종 또는 개체군의 복원
> 방법에는 크게 3가지가 있는데, (㉡)이/가 대표적인 방법이다.

① ㉠ 메타개체군, ㉡ 이주(translocation)
② ㉠ SLOSS, ㉡ 방사(reintroduction)
③ ㉠ 비오톱(biotope), ㉡ 포획번식(captive breeding)
④ ㉠ 포획번식(captive breeding), ㉡ 방사(reintroduction)

61 개체군 크기를 늘리고 최소존속개체군 이상이 되도록 하
는 보전생물학적인 방법으로 적당하지 않은 것은? (2019)

① 서식처의 확대
② 생태통로의 설치
③ 멸종위기 동식물의 수집
④ 패치연결 징검다리 녹지의 조성

62 생물이 일주율로 시간을 감지하는 현상을 무엇이라 하
는가? (2020)

> 일주율
> 활동만이 24시간 주기가 아니고 세포분열이나 효소분비와 같은
> 생리적 활성도 일주기를 나타낸다. 이러한 현상은 명암의 교대
> 가 없고 온도나 습도가 일정하게 유지된 환경에서도 일정하게
> 나타나는데 이러한 주기성을 말한다.

① 생물학적 시계
② 생물학적 주기성
③ 생물학적 주행성
④ 생물학적 야행성

63 에너지가 무기환경에서 생물계로 들어오는 최초과정에
해당되는 것은? (2020)

① 생산자의 광합성
② 분해자에 의한 생물사체의 분해
③ 생산자의 1차소비자에 의한 소비
④ 1차소비자의 2차소비자에 의한 소비

64 생물군집에서 여러 다른 종들 사이에 일어날 수 있는 상
호작용이 아닌 것은? (2020)

① 공생
② 기생
③ 호흡
④ 경쟁

65 공진화(coevolution)에 대한 설명으로 옳지 않은 것은? (2020)

① 두 종 모두에서 일어나는 변화이다.
② 상리공생하는 군총에서는 공진화가 필요없다.
③ 둘 이상의 종이 상호작용하여 일어나는 진화이다.
④ 많은 군집들이 수 세대 동안 진화를 반복하면서 발전되어
왔다.

해설 포식자와 피식자의 공진화
㉠ 피식자 : 포식자에게 발견되고 포획되는 것을 피할 수 있도록 적
응도를 높인다. 자연선택은 더 똑똑하고 더 잡기 어려운 피식자를
만들어 낸다.
㉡ 포식자 : 피식자 포획에 실패한 포식자는 생식이 저하되고 사망이
증가한다. 자연선택은 더 똑똑하고 더 기술이 좋은 포식자를 만들
어 낸다.
㉢ 공진화 : 피식자들은 포획을 피하는 수단을 진화시켜야 하고, 굶
어 죽지 않기 위해 포식자들은 포획하는 더 좋은 기술을 진화시켜
야 한다.

66 흰개미와 흰개미의 내장에 서식하는 미생물(Trichony-
mpha속)과의 관계를 설명하는 상호작용으로 옳은 것은? (2020)

① 경쟁
② 기생
③ 포식
④ 상리공생

67 군집 내에서 에너지의 안정상태에 대한 설명으로 옳지
않은 것은? (2020)

① 안정상태의 군집은 총광합성량과 총호흡량의 비율이 1이다.
② 군집의 호흡량을 초과하여 축적되는 생산량을 군집순생산
량이라 한다.
③ 소나무 조림지는 생산된 에너지양보다 호흡으로 소실된
양이 더 많다.
④ 열대우림은 호흡으로 소실된 에너지양과 광합성으로 고정
된 에너지양이 같다.

🔒정답 60 ① 61 ③ 62 ① 63 ① 64 ③ 65 ② 66 ④ 67 ③

68 다음 보기가 설명하는 용어로 옳은 것은? (2020)

> 같은 생태적 지위를 가진 두 종은 같은 지역 내에서 공존할 수 없다.

① 순위 ② 자연선택
③ 형질대치 ④ 경쟁배타의 원리

해설 경쟁배타원리

㉠ 개념
완벽한 경쟁자는 공존할 수 없음(로트카−볼테라 식으로 예측할 수 있는 네 경우 중 세 경우에서 한 종이 다른 종을 소멸시킴)

㉡ 경쟁배타원리 한계
• 경쟁자들은 자원 요구에 있어 완전히 동일
• 환경조건이 일정하게 유지된다고 가정

69 생물이 생태계에서 차지하는 구조적, 기능적 역할을 종합적으로 나타내는 개념은? (2020)

① 길드 ② 주행성
③ 지위유사종 ④ 생태적 지위

해설 생태적 지위

㉠ 기본니치 : 다른 종의 간섭 없이 생존, 생식할 수 있는 모든 범위의 조건과 자원을 이용하는 것이다.

㉡ 실현니치 : 다른 종과의 상호작용으로 한 종이 실제 이용하는 기본 니치의 일부이다.

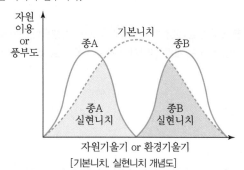

[기본니치, 실현니치 개념도]

㉢ 니치중복 : 둘 이상의 생물이 먹이 또는 서식지의 동일한 자원을 동시에 이용하는 것이다.

㉣ 니치분화 : 이용자원의 범위 또는 환경내성범위의 분화이다.

㉤ 다차원니치 : 실제로 한 종의 니치는 많은 유형의 자원(먹이, 섭식장소, 커버, 공간 등)을 포함한다.

㉥ 둘 이상의 종들이 정확히 동일한 요구들의 조합을 갖는 경우는 드물다. 종들은 니치의 한 차원에서는 중복될 수 있으나 다른 차원에서는 그렇지 않다.

70 개체군의 분산형태 중 균일형(uniform distribution)에 대한 설명으로 옳은 것은? (2020)

① 자연상태에서 많이 나타나는 현상
② 환경이 고르지 못하고 생식이나 먹이를 구하는 개체군
③ 생존경쟁이 치열하지 않고 환경조건이 균일하지 않은 곳에서 관찰 가능
④ 전 지역을 통하여 환경조건이 균일하고 개체 간에 치열한 경쟁이 일어나는 개체군

해설 개체군 분포방식

㉠ 임의분포 : 각 개체의 위치가 다른 개체들의 위치와 독립적
㉡ 균일분포 : 개체군의 개체들 사이 최소거리를 유지시키는 작용을 하는 경쟁, 같은 개체간 부정적인 상호작용에서 기인한다. (한 지역 독점 이용 동물개체군, 수분과 영양염류 등 경쟁이 심한 식물 개체군)
㉢ 군생분포 : 가장 흔한 공간적 분포(물고기떼, 새떼, 인간)

71 생물이 살아가는 데 관여하는 많은 조건 중에서 생물은 공급이 가장 부족한 단일 혹은 소수조건에 의해 지배되는데 이러한 특수요인을 무엇이라고 하는가? (2020)

① 극상 ② 기대치
③ 내성요인 ④ 제한요인

72 다음 중 생태계 구성요소와 그 역할에 대한 설명으로 옳지 않은 것은? (2020)

① 무기환경 – 빛, 공기, 물 등을 말한다.
② 소비자 – 종속영양생물로 육식동물을 말한다.
③ 생산자 – 녹색식물을 먹는 초식동물을 말한다.
④ 분해자 – 낙엽, 동물사체 등을 분해하는 생물을 말한다.

해설
생산자 − 녹색식물

73 다음 ( ) 안에 적합한 용어가 순서대로 짝지어진 것은? (2020)

> (㉠)의 포텐셜은 (㉡), (㉢), (㉣)의 3가지 포텐셜에 의해 결정된다.

① ㉠ 천이, ㉡ 입지, ㉢ 종의 공급, ㉣ 종의 관계
② ㉠ 입지, ㉡ 종의 공급, ㉢ 종의 관계, ㉣ 천이

③ ㉠ 종의 공급, ㉡ 천이, ㉢ 입지, ㉣ 종의 관계
④ ㉠ 종의 관계, ㉡ 천이, ㉢ 입지, ㉣ 종의 공급

해설 환경포텐셜(enviroment potential)

특정장소에 있어서 종의 서식이나 생태계 성립의 잠재적 가능성을 나타낸다.

㉠ 입지포텐셜

토지의 환경조건에 관한 환경포텐셜로, 기후, 지형, 토양, 수환경 등의 토지적 환경조건이 특정생태계의 성립에 적당한가를 나타내는 포텐셜이다. 서로 독립하고 있는 것이 아니라 상호영향을 미치며 그 총화로서 입지포텐셜이 결정된다.

㉡ 종의 공급포텐셜

식물의 종자나 동물의 개체 등이 다른 곳으로부터 공급될 가능성을 나타내는 것으로서 종의 공급가능성으로는 종의 공급원(source)과 공급처(sink)의 공간적 관계, 종의 이동력에 의해 결정된다.

㉢ 종간관계의 포텐셜

종의 생육과 서식과의 관계를 나타낸다.

모든 생물종은 복잡한 종간관계로 이루어진 생물 간 상호작용을 하고 있다. 생물 간 상호작용에서 어떤 특정한 종은 생존에 플러스(+)로 작용하는가 하면 어떤 종은 마이너스(−)로 작용하기도 한다.

㉣ 천이포텐셜

생태계의 시간적 변화가 어떤 과정을 거쳐 어느 정도의 속도로 진행되며, 최종적으로 어떤 모습이 될 것인가 하는 가능성이다.

독립영양천이와 종속영양천이를 망라한 천이를 말하며 천이가 향하는 방향, 속도, 종국상 등은 입지포텐셜, 종의 공급포텐셜, 공간관계의 포텐셜에 의해 결정된다.

74 섬생물지리이론에 관한 설명으로 옳지 않은 것은?

(2020)

① 하나의 섬에서 종의 수와 조성은 역동적이다.
② 경관계획과 자연보전지구 지정에 유용한 이론이다.
③ 섬이 클수록, 육지와 멀리 떨어질수록 종수는 적다.
④ 어떤 섬에서 생물종수는 이주와 사멸의 균형에 의해 결정된다.

해설 도서생물지리설

본토에서 섬까지의 거리와 섬의 크기 모두 종풍부도의 평형에 영향을 준다는 이론이다.

㉠ 거리 : 섬과 본토 간의 거리가 멀수록 많은 이입종들이 성공적으로 도착할 확률이 낮다. 그 결과는 평형종수의 감소이다.

㉡ 크기 : 넓은 지역은 일반적으로 자원과 서식지가 더 다양하기 때문에 면적에 따라 변하는 절멸률은 큰 섬에서 더 낮다. 큰 섬은 더 많은 종들의 요구를 수용할 수 있을 뿐만 아니라 더 많은 각 종의 개체들을 부양할 수도 있다. 큰 섬은 작은 섬에 비해 절멸률이 낮아 평형종수가 더 많다.

(a) 육지와 가까운 섬 a, b
   육지와 먼 섬 c, d
   크기가 큰 섬 a, c
   크기가 작은 섬 b, d

(b) 이입률은 거리와 관계가 있고 멸종률은 섬의 크기와 관계가 있다. 따라서 크기가 크고 거리가 가까운 섬 a의 종수가 가장 많고, 크기가 작고 거리가 먼 섬 d의 종수가 가장 적다.

[도서생물지리설 개념도]

75 생물학적 오염(biological pollution)의 예로 옳은 것은?

(2020)

① 질병에 감염된 생명체를 자연계로 방사한다.
② 생물의 사체에 의해 부영양화가 발생한다.
③ 어획량을 늘리기 위해 팔당호에 베스를 방사했다.
④ 먹이사슬에 의해 수은이나 납 같은 중금속이 자연계 내 생물들의 체내에 축적된다.

해설 생물학적 오염

생명 고유종의 서식지에 외래종과 비고유종이 유입되어 생태계의 평형을 무너뜨리는 현상

76 생태적 피라미드(ecological pyramid) 중 군집의 기능적 성질의 가장 좋은 전체도(全體圖)를 나타내며, 피라미드가 항상 정점이 위를 향한 똑바른 형태로서 생태학적으로 가장 큰 의의를 가진 것은?

(2020)

① 개체수피라미드   ② 에너지피라미드
③ 개체군피라미드   ④ 생체량피라미드

77 질소고정박테리아는 질소의 순환과정에 깊이 관여하고 있다. 다음 중 질소고정박테리아로 널리 알려져 있는 것은?

(2020)

① *Rhizobium*   ② *Nitrobacter*
③ *Nitrosomonas*   ④ *Micrococcus*

생물이 대기 중에 존재하는 질소를 흡수하여 생물체가 이용할 수 있는 상태의 질소화합물로 바꾸는 작용이다. 공기 중에 존재하는 질소를 환원하여 암모니아로 만드는 대사과정을 말한다. 시아노박테리아인 Rhizobium과 다른 질소고정미생물에 의해 수행되는 과정이다. 또한 대기 중 유리질소가 질소고정박테리아, 광합성박테리아, 녹조류에 의해 암모니아, 질산염 같은 화합물로 변화되는 과정을 말하기도 한다.

78 생물이 필요로 하는 원소가 생물권 내에서 환경 → 생물 → 환경으로 일정한 경로를 거쳐 순환되는 과정을 무엇이라고 하는가? (2020)

① 천이   ② 온실효과
③ 먹이연쇄순환   ④ 생물지구화학적 순환

79 다음의 설명에 해당되는 것은? (2020)

> 유기체와 환경 사이를 왔다갔다 하는 화학원소들의 순환경로

① 물질순환   ② 에너지순환
③ 생물종순환   ④ 생물지화학적 순환

80 생태계의 구성요소에서 생산자에 해당하지 않는 것은? (2020)

① 산림식물   ② 초원식물
③ 식물플랑크톤   ④ 유기영양미생물

81 다음 보기가 설명하는 것은? (2020)

> 야생동물 행동반경의 모든 것이나 또는 부분을 말하는 것으로서 다른 동물들의 침입에 대해서 방어하는 기능을 가지는 것

① 세력권   ② 산란처
③ 은신처   ④ 생태적 지위

해설 세력권제
㉠ 행동권
- 생활사에서 정상적으로 섭렵하는 지역이다.
- 행동권의 크기는 몸 크기에 영향을 받는다.

㉡ 세력권
- 동물이나 동물의 한 무리의 행동권 내 독점적인 방어지역
- 노래, 울음, 과시, 화학적 냄새, 싸움
- 개체권 일부가 번식에서 배제되는 일종의 시합경쟁
- 비번식개체들은 세력권 유지자가 사라지면 대치할 수 있는 잠재적 번식자들의 부유개체로 작용

[세력권과 행동권의 개념도]

82 어떤 식물이 충분한 빛이 쪼이는 곳에서 생육할 때보다 그늘에서 생육하는 경우에 토양 속의 아연 요구량이 적게 필요하다고 가정한다면, 이 내용에 적합한 법칙으로 옳은 것은? (2020)

① Allen의 법칙   ② Bergmann의 법칙
③ Liebig의 최소량 법칙   ④ Gause의 경쟁배타 법칙

해설 리비히의 최소량의 법칙(Liebig's law of minimum)
생물체의 생장은 필요로 하는 성분 중 최소량으로 공급되는 양분(제한요인)에 의존한다.
생물이 어떤 장소에 분포하고 번영하기 위해서는 생장과 번식에 필요한 여러 가지 필수물질을 얻어야 하는데 종(種)이나 장소에 따라 필수물질의 종류가 다르다. 이 필수물질 중 가장 적게 공급되는 요소에 의해 생물이 지배된다는 사실은 1840년 리비히(Justus Liebig)에 의해 밝혀졌다. 예컨대 작물의 수확이 다량으로 필요한 환경에서는 일반적으로 풍부한 이산화탄소나 물과 같은 양분이 아닌, 매우 미량만 필요하나 토양 중에는 극소량인 붕소와 같은 원소에 의해 생물의 생장이 제한된다. 리비히의 연구 이후 많은 연구자들은 무기질 외에 시간적 요소 등 다른 여러 가지 요인을 이 법칙에 포함하여 그 개념을 확대하였다.
리비히의 법칙을 실제로 유용하게 사용하기 위해서는 두 개의 보조적 원리가 필요하다. 제1의 보조적 원리는 리비히의 법칙은 에너지와 물질의 유입·유출이 균형된 상태하에서만 엄밀히 적용된다는 것이다. 제2의 보조적 원리는 요인 간 상호작용으로 생물이 때로는 환경 속에서 부족한 물질 대신 화학적으로 매우 유사한 물질을 찾아 대용한다는 것이다.

🔒정답   78 ④   79 ④   80 ④   81 ①   82 ③

83 생물종 간의 상호관계 중 한 종이 다른 종에 도움을 주지만 도움을 받는 종은 상대편에 아무런 작용도 하지 않는 관계를 의미하는 용어로 옳은 것은? (2020)

① 종간경쟁
② 편해공생
③ 편리공생
④ 상리공생

84 내성(tolerance)범위에 대한 설명으로 가장 거리가 먼 것은? (2020)

① 모든 요인에 대하여 넓은 내성범위를 갖는 생물은 분포구역이 좁다.
② 일반적으로 각 생물의 발생 초기에는 각 요인에 대한 내성범위가 좁다.
③ 대부분의 생물이 자연계에서 최적 범위 내의 생태적 요인 하에서 살고 있는 것은 아니다.
④ 어떤 환경요인이 최적 범위에 있지 않을 때에는 다른 요인에 대해서도 내성이 약화된다.

해설 내성범위
생물이 생존할 수 있는 환경요인의 범위이다. 특정생물은 어떤 요인에 대하여 내성범위가 넓으나, 다른 요인에 대해서는 좁을 수도 있다.

85 다음 보기가 설명하는 용어로 옳은 것은? (2020)

> 서로 다른 개체군이 오랜 시간에 걸쳐서 상호작용하게 되면 한 종의 유전자풀이 다른 종의 유전자풀의 변화를 유도하게 된다.

① 적응
② 공진화
③ 생태적 지위
④ 제한요인

86 생물군집에서 생물종 간의 상호관계 중 상리공생(mutualism)과 상조공생(synergism)의 차이점을 옳게 설명한 것은? (2020)

① 상리공생은 상조공생보다 진화된 공생의 형태이다.
② 상리공생, 상조공생 모두 편해작용에 상반되는 현상이다.
③ 상조공생은 개체수가 증가할수록 높은 에너지 효율을 보인다.
④ 상리공생은 두 집단 간에 의무적 관계가 성립하는 반면, 상조공생은 반드시 필요한 의무적인 관계는 아니다.

해설

㉠ 상조공생(synergism)이란 두 미생물 집단 모두가 이익을 얻지만 두 집단의 공생이 필수적이지는 않다. 상조공생의 예로 협동영양(syntrophism)이 있다. 이것은 필요로 하는 영양소를 둘 이상의 집단이 상호작용하여 공급하는 것이다. 예를 들어 Streptococcus faecalis와 E. coli는 모두 단독으로는 아르기닌을 푸트레신(put-rescine)으로 변화시킬 수 없다. 그런데 S. faecalis가 아르기닌을 오르니틴(ornithine)으로 변화시킨 후에는 E. coli는 오르니틴으로부터 푸트레신을 생산할 수 있다.

㉡ 상리공생(mutualism)은 공생(symbiosis)이라고도 하며 상조공생의 특수한 경우로, 두 집단 사이의 관계가 의무적인 경우이다. 두 집단이 상리공생관계이면 단독으로는 생존할 수 없었던 서식지에서 생존이 가능하다. 예를 들어 지의류에서 조류와 균류는 상리공생을 한다. 조류공생자(phycobiont)인 시아노박테리아(cyanobacteria)와 녹조류 등은 광합성을 하여 균류에 유기물을 제공한다. 자낭균류 등으로 구성된 균류공생자(mycobiont)는 무기영양염류나 생장인자를 공급하고 조류공생자를 보호한다.

지의류는 건조나 온도변화 등에 대한 저항성이 크다. 그러나 대기오염으로 아황산가스(sulfur dioxide)의 농도가 증가하면 조류공생자의 엽록소가 파괴되어 사멸하게 된다. 이때 균류 단독으로는 그 서식지에서 생존할 수 없게 된다. 이러한 성질을 이용하여 지의류를 대기오염의 지표생물(indicator organism)로 사용할 수 있다.
(*출처 : https://blog.naver.com/puom9/120150209351)

87 환경요인에 대해서 특정생물종의 생존가능범위를 무엇이라고 하는가? (2020)

① 생물범위
② 내성범위
③ 서식범위
④ 비생물범위

88 다음 중 알베도(albedo)의 정의로 옳은 것은? (2020)

① 생태계를 통해 손실되는 에너지의 양
② 토양을 통해 유입되는 에너지의 총량
③ 생산성에서 소비되는 양을 제한 순에너지
④ 경관요소로 들어오는 태양에너지에 대해 반사되는 에너지의 비

정답 83 ③　84 ①　85 ②　86 ④　87 ②　88 ④

해설 **알베도(albedo)**

알베도는 라틴어로 백색도(whiteness)를 의미한다. 이는 반사율 또는 광학적 밝기를 나타내며, 0에서 1 사이의 단위가 없는 값을 가진다. 0은 입사한 복사조도의 "완벽한 흡수"(예 black body)를 의미하며, 1은 입사한 복사조도의 "완벽한 반사"(예 white body)를 의미한다. 표면알베도는 표면에 도달한 복사조도와 반사된 복사조도의 비율로 정의된다. 특정파장에서의 알베도를 의미하는 분광알베도와 함께 일반적으로 알베도는 일사의 전 파장(약 $0.3 \sim 3.0 \mu m$)에서의 복사조도의 비율을 의미한다. 이는 가시영역($0.4 \sim 0.7 \mu m$)을 포함하기 때문에 해양 및 숲과 같이 어두운 표면은 낮은 알베도를 나타내며 적설 및 구름과 같이 밝은 표면은 높은 알베도를 나타낸다. 그리고 알베도는 단일입사각(당시에 주어진 태양의 위치)에 대한 반사율(reflectance)과 달리 모든 태양각에 대한 반사율을 의미한다. 따라서 알베도는 표면의 특성뿐만 아니라 지리적 위치, 시간에 따른 태양의 위치 변화, 대기의 조성에 따라 변동성을 갖는다. 일반적으로 태양각이 낮을 수록 입사하는 태양에너지가 작기 때문에 알베도는 증가하며 매끄러운 표면은 거친 표면보다 더 높은 알베도를 나타낸다.

89 **툰드라(tundra)의 설명으로 틀린 것은?** (2018)

① 북쪽의 극지에 해당한다.
② 교란발생 시 회복에 오랜 기간이 걸린다.
③ 봄과 여름이 오면 토양의 아래층은 그대로 영구동토로 남아 있으나 표층은 해동된다.
④ 건생식물이 우점한다.

해설 **북극 툰드라**

㉠ 특징
• 강수량이 적고 기온이 낮음
• 영구적으로 얼어 있는 깊은 영구동토층
• 영구동토층 위는 여름마다 녹고 겨울에는 어는 동토층
• 여름에 더워지는 것을 감소시키고 토양이 녹는 것을 저해하는 식생
㉡ 구분
• 툰드라 : 습윤한 토양
• 극지사막 : 건조한 토양

90 **대기권 중에서 오존층이 위치한 곳은?** (2018)

① 대류권 ② 성층권
③ 전리권 ④ 외기권

91 **북반구의 육상생태계 중 짧은 여름기간 동안 증가하는 생물량에 의해 이동성 물새의 번식이 주로 이뤄지는 지역은?** (2018)

① 팜파스 ② 툰드라
③ 차파렐 ④ 열대우림

92 **Diamond가 제시한 보호구설계를 위한 기준으로 옳지 않은 것은?** (2018)

① 보호구의 면적이 클수록 바람직하다.
② 같은 면적일 경우 여러개로 나눠 있는 것보다 하나로 있는 것이 바람직하다.
③ 패치간의 거리가 가까운 것이 바람직하다.
④ 같은 면적일 경우 주연부 길이가 큰 것이 유리하다.

해설 **다이아몬드 이론**

1975년 다이아몬드에 의해 제시되어 육상에서 자연환경보전구역 설정 시 적용
㉠ 큰 조각이 작은 조각보다 유리함
㉡ 하나의 큰 조각이 여러 개의 작은 조각보다 유리함
㉢ 조각들의 모양이 모여 있는 것이 일렬로 있는 것보다 유리함
㉣ 연결되어 있는 조각이 연결이 없는 조각보다 유리함
㉤ 거리가 가까운 조각들이 먼 조각보다 유리함
㉥ 원형 모양이 기다란 모양보다 유리함

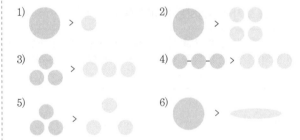

[다이아몬드 이론 개념도]

93 **생태계의 구조에 대한 설명으로 틀린 것은?** (2019)

① 생태계는 크게 비생물적 구성요소와 생물적 구성요소로 나눌 수 있다.
② 거대소비자는 다른 생물이나 유기물을 섭취하는 동물 등의 종속영양생물을 말한다.
③ 생산자는 간단한 무기물로부터 먹이를 만들 수 있는 녹색식물과 물질순환에 관여하는 무기물 등을 말한다.

🔒정답 89 ④ 90 ② 91 ② 92 ④ 93 ③

④ 분해자는 미세소비자로서, 사체를 분해시키거나 다른 생물로부터 유기물을 취하여 에너지를 얻는 세균, 곰팡이 등의 종속영양생물 등을 들 수 있다.

해설 생태계의 구성요소
㉠ 생물적 요소
  생산자, 소비자, 분해자
㉡ 비생물적 요소
  유기물, 기후, 온도 등 물리적 요인

94 물질 및 에너지 순환계통으로 옳은 것은? (2018)

① 무기물 → 생산자 → 유기물 → 소비자 → 유기물 → 분해자
② 유기물 → 생산자 → 무기물 → 소비자 → 유기물 → 분해자
③ 무기물 → 생산자 → 무기물 → 소비자 → 유기물 → 분해자
④ 유기물 → 생산자 → 유기물 → 소비자 → 무기물 → 분해자

95 다음이 설명하는 법칙은? (2019)

> 식물체의 생산성은 요구 정도에 비해 가장 적은 양으로 존재하는 영양물질에 의해 결정된다.

① Shelford의 내성법칙
② Liebig의 최소량의 법칙
③ Shannon의 다양성 법칙
④ Hardin의 경쟁적 배제의 법칙

해설 리비히의 최소량의 법칙(Liebig's law of minimum)
생물체의 생장은 필요로 하는 성분 중 최소량으로 공급되는 양분(제한요인)에 의존한다.
생물이 어떤 장소에 분포하고 번영하기 위해서는 생장과 번식에 필요한 여러 가지 필수물질을 얻어야 하는데 종(種)이나 장소에 따라 필수물질의 종류가 다르다. 이 필수물질 중 가장 적게 공급되는 요소에 의해 생물이 지배된다는 사실은 1840년 리비히(Justus Liebig)에 의해 밝혀졌다. 예컨대 작물의 수확이 다량으로 필요한 환경에서는 일반적으로 풍부한 이산화탄소나 물과 같은 양분이 아닌, 매우 미량만 필요하나 토양 중에는 극소량인 붕소와 같은 원소에 의해 생물의 생장이 제한된다. 리비히의 연구 이후 많은 연구자들은 무기질 외에 시간적 요소 등 다른 여러 가지 요인을 이 법칙에 포함하여 그 개념을 확대하였다.
리비히의 법칙을 실제로 유용하게 사용하기 위해서는 두 개의 보조적 원리가 필요하다. 제1의 보조적 원리는 리비히의 법칙은 에너지와 물질의 유입·유출이 균형된 상태하에서만 엄밀히 적용된다는 것이다. 제2의 보조적 원리는 요인 간 상호작용으로 생물이 때로는 환경 속에

서 부족한 물질 대신 화학적으로 매우 유사한 물질을 찾아 대용한다는 것이다.

96 생물다양성의 범주에 포함하는 개념이 아닌 것은? (2018)

① 종 다양성
② 유전적 다양성
③ 군집 및 생태계 다양성
④ 환경 다양성

97 경관생태학에서의 공간요소를 나타내는 그림이다. 그림에 대한 설명으로 부적합한 것은? (2018)

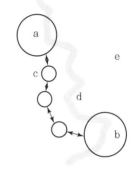

① a, b는 생물서식공간이며 종 공급지로서 중요한 역할을 한다.
② c는 보조패치로서 종 이동의 단절을 막을 수 있다.
③ d는 하천으로 생물서식처로만 기능을 한다.
④ e는 패치와는 이질적인 요소이며, 전체 토지면적의 반 이상을 덮고 있다.

98 경관생태학이라는 용어를 최초로 사용한 사람은? (2018)

① Troll
② Forman
③ Zonneveld
④ Harber

해설
경관생태학이라는 단어가 사용되기 시작한 것은 땅을 먼 거리에서 조망할 수 있는 수단인 항공사진을 널리 사용할 수 있게 된 20세기 초반이었다. Troll이 1939년 처음 사용한 것으로 알려져 있다.
(*출처 : 이도원, 경관생태학)

🔒정답 94 ① 95 ② 96 ④ 97 ③ 98 ①

99 경관을 이루는 기본적인 단위인 경관요소를 크게 3가지로 나눌 때 포함되지 않는 것은? (2018)

① 공간(space) ② 조각(patch)
③ 바탕(matrix) ④ 통로(corridor)

해설 경관요소

경관을 이루는 기본적인 단위

㉠ 바탕(matrix) : 가장 넓은 면적을 차지하고 연결성이 가장 좋은 경관
㉡ 조각(patch) : 생태적, 시각적 특성이 주변과 다르게 나타나는 비선형적 지역인 경관요소
㉢ 통로(corridor) : 바탕에 놓여 있는 선형의 경관요소

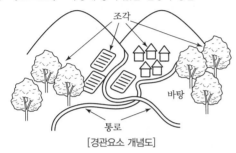

[경관요소 개념도]

100 모형(model)은 경관생태학에서 중요한 연구도구이며 미래에도 중요한 도구이다. 모형의 현명한 적용을 위해 필요한 주의사항 중 관계가 먼 것은? (2018)

① 모델의 수행 결과는 모형이 수립된 가설이나 가정의 결과이다.
② 계수값을 계산하는 데 있어 오차에 대한 모형의 민감도를 이해하는 것이 중요하다.
③ 모형은 현실의 단순화이다.
④ 최첨단 기술 적용은 좋은 모형 수립의 신뢰성을 보장한다.

해설 모형 이용 시 주의사항

㉠ 모형은 기초한 가설과 가정에 의한 논리적인 결과이다. 따라서 모형을 숙지하고 비교·분석할 수 있어야 한다.
㉡ 작은 오차라도 출력값은 크게 달라질 수 있다. 따라서 예측하기 전에 반드시 오차의 영향 해석을 할 필요가 있다.
㉢ 어떠한 모형도 현실을 완벽히 표현할 수 없다. 따라서 모형은 단순하며 명확하게 하는 것이 좋다.
㉣ 데이터는 불완전하다. 따라서 계수값은 다양한 자료로부터 추측하지 않으면 안 되는 것이 많다.
㉤ 최첨단 기술방법을 적용하였다고 해서 좋은 모형 수립을 보장하는 것은 아니다.
㉥ 경관의 공간적 모형에 대한 단일 패러다임은 존재하지 않는다. 따라서 광범위한 관점에서 접근하여야 한다.

101 경관의 공간배열 중 하천통로, 생울타리, 송전선로를 설명하는 공간요소의 명칭은? (2018)

① 거미형 ② 그래프형
③ 촛대형 ④ 목걸이형

해설

하천통로, 생울타리, 송전선로 등은 주로 곡선과 선형을 이루고 있다.

102 경관생태학에서 경관을 구성하는 요소가 아닌 것은? (2018)

① 조각(patch)
② 바탕(matrix)
③ 통로(corridor)
④ 비오톱(biotope)

해설 경관요소

matrix, patch, corridor

103 경관조각의 생성요인에 따른 분류가 아닌 것은? (2018)

① 회복조각 ② 도입조각
③ 환경조각 ④ 재생조각

해설

경관조각의 종류는 생성원인에 따라 다섯 가지로 나눈다.

㉠ 잔류조각(remnant patch) : 교란이 주위를 둘러싸고 일어나 원래의 서식지가 작아진 경우이다.
㉡ 재생조각(regenerated patch) : 잔류조각과 유사하지만 교란된 지역의 일부가 회복되면서 주변과 차별성을 가지는 경우이다.
㉢ 도입조각(introduced patch) : 바탕 안에 새로 도입된 종이 우점하거나 흔히 인간이 숲을 베어 내고 농경지 개발이나 식재활동을 하거나 골프장 또는 주택지를 조성하는 경우이다.
㉣ 환경조각(environmental patch) : 암석, 토양형태와 같이 주위를 둘러싸고 있는 지역과 물리적 자원이 다른 조각에 의해서 생긴다.
㉤ 교란조각(disturbance patch) : 벌목, 폭풍이나 화재와 같이 경관바탕에서 국지적으로 일어난 교란에 의해서 생긴다.
(*출처 : 이도원, 경관생태학)

정답 99 ① 100 ④ 101 ④ 102 ④ 103 ①

104 경관을 이루는 기본단위인 경관요소와 가장 거리가 먼 것은? (2019)

① patch   ② corridor

③ matrix   ④ view point

해설 경관요소

matrix, patch, corridor

105 토지(경관)모자이크의 특성에 대한 설명 중 옳지 않은 것은? (2019)

① 경관모자이크는 이질적인 공간의 집합으로 이루어진다.

② 모자이크 내의 다양한 서식지들은 많은 종 집합의 근원이 된다.

③ 모자이크 내 종의 근원은 한 방향으로 작용하며 확산되어 간다.

④ 모자이크는 매우 불균일하며, 그 형태와 적합성이 광범위한 서식지를 포함한다.

해설 토지모자이크

㉠ 독특한 군집들의 물리적, 생물적 구조의 변화로 정의되는 경계들, 즉 모자이크 요소인 조각들의 산물이다.

㉡ 경관생태학은 경관 과정이 분석될 수 있는 시공간적 규모에서 이질적인 토지모자이크를 형성하는 중심수준에 초점을 맞춘다.

㉢ 작은 규모에 비해서 큰 규모의 현상은 지속적이고 안정적이다. 짧은 기간에 일어나는 대부분의 변화는 작은 면적에 영향을 주는 반면에 장기적인 변화는 큰 면적에 영향을 미친다. 경관 차원에서는 몇 시간 또는 며칠 안에 척추동물의 이동이 일어나며, 대부분의 경관과 광역수준의 토지모자이크는 수십 년부터 수세기에 걸쳐 조금씩 변형된다.

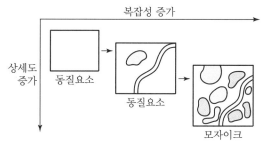

[경관생태학에서 다루는 공간변이유형 개념도]

106 경관생태학에서 자연환경요소가 유기적인 수직관계를 가진 독특한 경관단위를 구성하고 자연 및 인공조건의 상호작용을 통해 경계를 형성하는 지역으로 정의하는 용어는? (2019)

① 생물권   ② 결절지역

③ 경관모자이크   ④ 도시생태계

해설 토지모자이크

㉠ 독특한 군집들의 물리적, 생물적 구조의 변화로 정의되는 경계들, 즉 모자이크 요소인 조각들의 산물이다.

㉡ 경관생태학은 경관 과정이 분석될 수 있는 시공간적 규모에서 이질적인 토지모자이크를 형성하는 중심수준에 초점을 맞춘다.

㉢ 작은 규모에 비해서 큰 규모의 현상은 지속적이고 안정적이다. 짧은 기간에 일어나는 대부분의 변화는 작은 면적에 영향을 주는 반면에 장기적인 변화는 큰 면적에 영향을 미친다. 경관 차원에서는 몇 시간 또는 며칠 안에 척추동물의 이동이 일어나며, 대부분의 경관과 광역수준의 토지모자이크는 수십 년부터 수세기에 걸쳐 조금씩 변형된다.

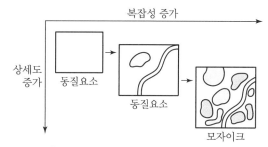

[경관생태학에서 다루는 공간변이유형 개념도]

107 트롤(Troll, C.)에 의한 최소의 경관개체에 대한 설명이 아닌 것은? (2019)

① 최소의 경관개체를 에코톱이라 한다.

② 동질의 잠재자연식생이 분포하는 영역이다.

③ 기후와 토양, 식생 간의 상호 작용이 두드러진다.

④ 경관개체의 내부에는 여러 가지 요소 간의 긴밀한 상호 작용이 인정된다.

해설

Troll은 1968년 논문에서 경관생태학을 '경관이 특정 부분에서 우세하게 퍼져 있으며, 특정 경관유형이나 여러 가지 다른 크기의 자연공간 분류체계에서 분명하게 나타나는 생물군집과 환경조건 사이의 전체적이고 복합적인 원인과 결과의 연결망을 연구하는 학문'으로 정의했다.

108 경관의 안정성에 대한 설명으로 틀린 것은? (2019)

① 안정성은 경관의 간섭에 대해 저항하는 정도와 간섭으로부터의 회복력을 말한다.
② 경관의 전체 안정성은 현존하는 경관요소의 각 형태의 비율을 반영한다.
③ 생체량이 높은 경우 체계는 보통 간섭에 저항력이 높으며 간섭으로부터의 회복 또한 빠르다.
④ 경관모자이크의 안정성은 물리적 체계의 안정성, 간섭으로부터의 빠른 회복, 간섭에 대환 강한 저항성 등 세 가지 방식으로 증가한다.

해설
경관 안정성은 외부작용에 대해 조금도 물러서지 않고 저항하거나 일단 물러나더라도 탄력성에 의해서 원래의 상태로 쉽게 되돌아오는 등 여러 가지 기작으로 체계가 자기의 속성을 유지하는 경우이다.
특히, 생물의 탄력 안정성은 교란에 의해서 일시적으로 훼손이 된다고 하더라도 빠른 재생 또는 주변 공급원 경관요소로부터 유입이 보장된다면 유지될 수 있다. 이 경우 탄력성은 다른 생물과의 먹이사슬관계 그리고 생물요소의 공급처와 수용처의 연결에 의해 좌우된다.
(*출처 : 이도원, 경관생태학)

109 경관의 이질성에 대한 설명으로 옳지 않은 것은? (2020)

① 간섭이 증가하면 이질성은 항상 감소한다.
② 이질성이 중간 정도일 때 종다양성이 가장 높다.
③ 이질성에는 미시적 이질성과 거시적 이질성이 있다.
④ 아프리카 사바나 지역은 미시적 이질성이 높은 지역이다.

해설
간섭이 증가하면 이질성은 증가할 수 있다.

110 경관생태학의 연구 특성에 관한 설명으로 옳지 않은 것은? (2020)

① 토지시스템(landsystem) 조사를 이용할 수 있다.
② 경관의 전체상을 파악하기 위하여 원격탐사(RS)나 항공사진 등을 이용한다.
③ 인간과 지역환경의 관계를 생태학적 시점에서 분석·종합·평가하여 바람직한 지역환경의 보전·창출을 연구하는 학문이다.
④ 대상을 보다 작은 요소로 분해하여 요소마다의 특성을 분석함으로써 큰 전체 구조를 이해하는 방법으로 연구를 진행한다.

해설
경관생태학에서는 대상을 단순화하고 명확하게 표현하여야 한다.

111 경관생태학의 개념에 대한 설명으로 옳지 않은 것은? (2020)

① 지역 내 공간요소들이 경관이다.
② 지역을 다루는 생태학을 지역생태학이라 한다.
③ 생태학은 경관과 지역의 상호작용을 연구하는 학문이다.
④ 경관생태학이란 인접한 생태계의 상호작용을 연구하는 학문이다.

해설
생태학은 생물과 환경과의 관계를 연구하는 학문이다.

112 다음 중 추이대에 적합하지 않은 항목은? (2018)

① 구조가 다른 두 군집 사이의 전이지대이다.
② 어떠한 특정 공간을 점유하는 같은 종의 생물집단이다.
③ 산림과 초원의 군집, 연질과 경질의 해저군집 등의 이행부에서 볼 수 있다.
④ 접합지대 또는 긴장지대로서 상당한 넓이를 가지는 경우가 있다.

해설 추이대(ecotone)
두 가지 식물군 사이에 있는 점이지대로, 자연환경적인 변화와 관련이 있고, 특히 경쟁과 같은 식물체들의 상호작용과도 관련이 있다.

113 경관 구성요소를 가장 바르게 나열한 것은? (2018)

① 패치 – 산림 – 농경지
② 패치 – 코리더 – 매트릭스
③ 코리더 – 매트릭스 – 수목
④ 패치 – 코리더 – 건축물

해설 경관요소

matrix, patch, corridor

정답 108 ③ 109 ① 110 ④ 111 ③ 112 ② 113 ②

114 패치와 패치가 만나 형성되는 경계에 관한 설명으로 틀린 것은? (2018)

① 자연경관에서 패치와 패치가 만나는 경계부는 곡선이며 복잡하고 부드럽다.
② 인위적으로 만들어진 경계부는 직선적이다.
③ 곡선적 경계는 경계를 따라 이동하는 종에게 유리하고, 직선적 경계는 경계를 가로질러 이동하는 종에게 유리하다.
④ 작은 패치를 가진 곡선적 경계가 토양침식을 막고 야생동물이 이동할 때 유리하다.

해설

직선경계는 생태적 덫이 될 수 있다.

115 지역환경시스템의 경관계획에 있어서 그림에서 보여 주는 바와 같이 가장 우선되는 생태학적 필수요소들이 4가지 있다. 이들 필수요소에 대한 설명이 잘못된 것은? (2019)

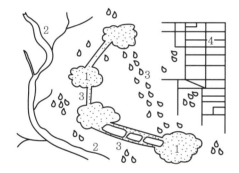

① 1 : 몇 개의 큰 농경지 바탕
② 2 : 주요 지류 또는 하천통로
③ 3 : 큰 조각 사이의 통로와 징검다리의 연결성
④ 4 : 기질을 따라 나타나는 자연의 불균일성 흔적

해설

그림에 농경지는 보이지 않는다.

116 가장자리 효과의 설명으로 가장 적합하지 않은 것은? (2019)

① 토양의 상태를 조절한다.
② 태양복사에너지를 조절한다.
③ 인간은 가장자리를 유지하는 데 주도적인 역할을 한다.
④ 사냥감이 되는 초식동물의 밀도는 내부지역보다 더 낮다.

해설 가장자리 효과

㉠ 경계면적(길이와 폭)과 인접하는 식물군집들 간의 상이한 정도가 커질수록 좋다(양도가 높아지는 효과).
㉡ 삼림과 초지 간의 경계는 유령림과 성숙림 간의 경계보다 더 많은 종을 부양할 수 있다.

117 인공경관생태의 유형으로 볼 수 없는 것은? (2019)

① 농촌
② 도시
③ 도서(섬)
④ 도로 및 건축 구조물

해설

도서(섬)는 자연경관이다.

118 경관요소 간의 연결성을 확대하는 방법으로 가장 거리가 먼 것은? (2019)

① 코리더의 설치
② 징검다리식 녹지 보전
③ 기존 녹지의 면적 확대
④ 동물이동로 주변에 포장도로 증설

해설

동물이동로 주변에 포장도로 증설은 연결성을 차단하는 행위이다.

119 경관조각(patch) 모양을 결정짓는 요인 중 가장 거리가 먼 것은? (2019)

① 생물다양성
② 역동적인 교란
③ 침식과 퇴적, 빙하 등의 지형학적 요소
④ 인공적인 조각에서 많이 볼 수 있는 철도, 도로 등과 같은 그물형태

해설

생물다양성 등은 patch에 나타나지 않는다.

120 작은 패치와 비교할 때 큰 패치가 갖는 생태학적 장점이 아닌 것은? (2020)

① 종의 공급원 역할을 수행한다.
② 내부종의 개체군 유지에 적합하다.
③ 환경변화로 인한 종소멸을 막는 완충지 역할을 수행한다.
④ 총 분산 및 재정착이 이루어지는 징검다리 역할을 수행한다.

해설

하나의 커다란 서식처	작은 여러 개의 서식처
가장자리 효과를 최소화하고, 서식지 다양성이 가장 높으며, 대형 육식동물같이 크고 밀도가 낮은 종들이 개체군을 장기간 유지할 수 있는 충분한 개체수를 수용할 수 있다.	• 한 지역이 일정 크기보다 커지면, 면적이 커짐에 따라 추가되는 신종들의 수는 감소한다. 이러한 경우 일정거리를 두고 두 번째 지역을 설정하는 것이 기존 보전지역의 면적을 단순히 증가시키는 것보다 추가적인 종 보존을 위해 더 바람직한 전략이다. • 보다 넓은 지역에 걸쳐 위치하는 작은 지역들의 네트워크는 다양한 서식지 유형과 더 많은 희귀종을 보유하고 단일 연속구역에 비해 불, 홍수, 질병 같은 각각의 재난 또는 외래종 도입에 덜 취약할 것이다.

121 추이대(ecotone)와 가장자리(edge)의 설명으로 틀린 것은? (2020)

① 연안 경관은 추이대와 가장자리의 좋은 예이다.
② 고산지대의 추이대는 기후요소에 따라 계절군락을 잘 형성한다.
③ 추이대는 생물군에서부터 개별 패치에 이르기까지 다양한 규모로 파악이 가능하다.
④ 경관의 물질흐름은 다른 패치 사이의 가장자리를 통해 진행되므로 중요하다.

해설 전이지역

1) 가장자리(edge), 또는 경계(border)의 종류
   ㉠ 고유가장자리 : 장기적인 자연적 특징들이 인접 식생에 영향을 주는 곳에서 가장자리는 통상적이며 안정되고 영구적이다.
   ㉡ 유도가장자리 : 자연교란 또는 인간교란과 관련된 가장자리들은 시간이 흐르면서 연속적 변화가 일어난다.
   ㉢ 경계 : 한 조각의 가장자리가 다른 조각의 가장자리를 만나는 지점을 조각 간 접촉, 격리 또는 전이지역인 경계라고 한다.
   ㉣ 점이대(ecotone) : 넓은 경계는 인접 조각들 사이에 종종 점이대라고 불리는 전이지역을 형성한다.

2) 가장자리의 기능
   ㉠ 물질, 에너지, 생물의 유동 또는 흐름을 통해 조각들을 기능적으로 연결한다.
   ㉡ 전적으로 가장자리 환경에 국한되는 가장자리 종들을 부양한다.
   ㉢ 가장자리 효과
      • 경계면적(길이와 폭)과 인접하는 식물군집들 간의 상이한 정도가 커질수록 좋다(양도가 높아지는 효과).
      • 삼림과 초지 간의 경계는 유령림과 성숙림 간의 경계보다 더 많은 종을 부양할 수 있다.

<좁은 경계>   <넓은 경계>   <보다 넓은 경계>
[시간 변화에 따른 경계 변화 개념도]

* 주거지 조성 등 인위적 행위로 인해 발생하는 경계도 가장자리에 포함된다.

122 적정 패치의 수를 결정할 때 고려할 요인으로 가장 거리가 먼 것은? (2020)

① 종집합   ② 종풍부도
③ 바람이동   ④ 종의 행동반경

해설
패치의 크기와 수는 생물종에 따라 달라질 수 있다.

123 경관생태학에서 패치에 대한 설명으로 옳지 않은 것은? (2020)

① 경관모자이크의 구성요소이다.
② 주변과 구별되는 상대적으로 균일한 넓은 지역이다.
③ 패치지역 전체에 걸쳐 내부의 미세한 불균일성은 반복적이고 유사한 형태로 나타난다.
④ 패치의 형태가 굴곡이 심할수록 패치와 주변 매트릭스 간에 존재하는 상호작용이 적어진다.

해설
패치에 굴곡이 심하면 주변 매트릭스 간 상호작용이 커질 수 있다.

124 일반적으로 지형이 생태계의 패턴과 과정에 미치는 영향에 대한 설명 중 옳지 않은 것은? (2020)

① 지형은 산불, 바람 같은 자연교란의 빈도와 공간적 분포에 영향을 미친다.
② 지형은 경관 내의 많은 생물, 번식, 각종 물질 양의 흐름에 영향을 미친다.
③ 경관을 이루는 부분들은 산사태나 하천수로 변화에 영향을 받는 정도가 같다.
④ 지형에서 해발고도, 비탈면 방향, 모암, 경사도 등은 한 경관 내 여러 물질 분포의 양에 영향을 미친다.

해설
산사태나 하천수로 변화의 영향은 patch 종류에 따라 다르다.

125 도시경관생태의 특성에 대한 설명으로 옳지 않은 것은? (2020)

① 도시의 특징 중 하나는 도시 열섬현상이다.
② 도시화로 인한 토지이용 변화에 의해 도시지역은 교외 지역에 비해 뚜렷한 기온의 차를 나타낸다.
③ 목본에서 성장하는 지의류와 선태류가 줄어드는 것은 대기오염 외에도 도시가 도시 외곽에 비해 습도가 낮기 때문이다.
④ 다양한 도시구조와 토지이용패턴에 의한 도시서식공간의 이질성은 특별한 생태적 지위를 창출하기 때문에 도시에서 생물종의 수가 극도로 제한된다.

해설
도시에서 서식가능한 종은 일반종이 대부분이다.

126 경관조각의 형태적 특성을 결정짓는 요소로 볼 수 없는 것은? (2020)

① 신장성 　　　　② 굴곡성
③ 내부면적 　　　④ 개체군의 크기

해설
개체군의 크기는 경관조각의 형태적 특성을 결정하기보다 형태적 특성에 영향을 받는 요소이다.

127 서식지의 분절화에 대한 설명으로 옳지 않은 것은? (2020)

① 면적효과란 서식지의 면적이 클수록 종수나 개체수가 적어지는 것을 말한다.
② 장벽효과의 정도는 동물의 이동공간과 이동능력에 따라 달라진다.
③ 가장자리 효과란 안정된 내부환경을 좋아하는 종이 서식하기 어려워지는 현상을 말한다.
④ 거리효과란 서식지 상호 간의 거리가 작을수록 생물의 왕래가 용이하게 되는 것을 말한다.

해설 면적과 종수의 상관관계 기술
㉠ 일반적으로 숲 조작의 면적이 크면 서식하는 종의 수는 많아진다.
㉡ 패치 면적이 증가함에 따라 처음에는 종의 수도 급격히 증가하지만, 어느 수준(최소면적점, M)을 넘어서면 완만해지다 일정수준을 유지한다.

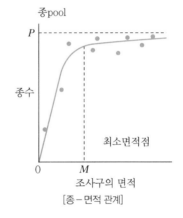

[종 – 면적 관계]

128 다음 보기의 설명 중 이것에 해당하는 것은? (2020)

> 우리가 인간으로서 경관패턴이라고 인식하는 것은 실제 이것을 가리킬 때가 많다. 삼림 · 초원 · 사막 등이 그 예이다.

① 자연적 교란 양상
② 우점식생의 공간적 분포
③ 생물의 상호작용의 결과
④ 비생물적 환경의 변화 양상

해설
일반적으로 우점식생의 종류에 따라 경관패턴을 구분한다.

129 경관패턴 분석을 위한 자료에서 잠재적인 오차의 원천이 아닌 것은?

(2018)

① 자료의 연령　　　　② 위치의 정확도
③ 자료의 분량　　　　④ 내용의 정확도

해설

잠재적인 오차라 함은 특정 시기에 변할 수도 있는 값이다. 연령, 위치, 내용 등은 잠재적인 변화가능성이 있다.

130 인위적 교란을 지속적으로 받고 있는 농촌경관의 경관생태학적인 복원 및 보전을 위해 반드시 고려되고 반영되어야 할 요소가 아닌 것은?

(2018)

① 경작지　　　　　　② 묘지
③ 2차 생식　　　　　④ 주택

해설

주택은 복원 및 보전되어야 할 고려요소가 아니다.

131 토지의 변형과정 중 경관변화에 영향을 미치는 요인이 아닌 것은?

(2018)

① 조각의 크기　　　　② 기온
③ 연결성　　　　　　④ 둘레길이

해설

조각의 크기, 연결성, 둘레길이가 변화하면 경관은 변화한다.

132 교란으로 나타나는 서식처 파편화에 대한 설명 중 틀린 것은?

(2018)

① 자연식생지역의 파편화는 지표 교란에 의해 바람, 일조, 건조 등의 물리적 구조 변화를 초래한다.
② 파편화는 공간적으로 내부, 가장자리의 비율을 증가시킨다.
③ 파편화는 연결성과 전체 내부면적을 감소시킨다.
④ 초원의 파편화는 자연발화에 의한 조각 생성을 저해하고, 그에 따라 종 손실을 일으키는 경우도 있다.

해설

파편화는 공간적으로 내부의 면적이 작아지므로, 내부, 가장자리 비율을 감소시킨다.

133 토지 변형에 따른 경관 특성 변화와 관계가 먼 것은?

(2019)

① 연결성　　　　　　② 조각의 크기
③ 둘레의 길이　　　　④ 전자파의 이용

해설

전자파의 이용은 경관 특성 변화와 관계가 적다.

134 코리더의 기능으로 틀린 것은?

(2019)

① 공급원　　　　　　② 서식처
③ 여과장치　　　　　④ 오염 발생원

해설　이동통로의 역할

㉠ 통로
㉡ 필터 : 크기가 다른 이동통로의 틈은 특정생물은 건너가도록 하나 다른 종은 제한함
㉢ 서식지 제공
㉣ 종 공급처
㉤ 종 수용처

135 경관의 구조, 기능, 변화의 원리와 관계가 없는 것은?

(2019)

① 경관 안정성의 원리　　② 에너지 흐름의 원리
③ 천이의 불균일성 원리　④ 생물적 다양성의 원리

해설

㉠ 생태계가 건강하면 경관 안정성이 높아질 수 있다.
㉡ 경관요소들의 상호작용은 에너지의 흐름이다.
㉢ 초기의 경관생태학이 경관의 유형화라는 명목으로 구조파악에 많은 시간을 보냈다면, 토지이용과 환경 및 자원관리, 생물다양성 보존에서 유용성을 높이는 경관의 기능적 측면을 이해하려는 노력이 필요하다.

136 최근 농촌경관 변화의 경향과 관계가 없는 것은?

(2019)

① 고립된 마을의 증가
② 농지전환을 통한 토지모자이크의 변화
③ 농촌마을 숲 관리 및 연료목 사용 증가
④ 농촌 노동인구의 감소로 인한 휴경지 증가

해설

농촌마을 숲 관리 및 연료목 사용 증가는 개화기 이전의 모습이다.

🔒정답　129 ③　　130 ④　　131 ②　　132 ②　　133 ④　　134 ④　　135 ③　　136 ③

137 하천코리더(riparian corridor)의 상류와 하류에 대한 설명으로 가장 거리가 먼 것은? (2020)

① 상류의 수온은 높고 하류는 낮다.
② 상류는 급한 경사와 빠른 유속을 갖는다.
③ 상류에는 높은 용존산소를 요구하는 어류가 서식한다.
④ 하류로 갈수록 하천의 폭이 넓어지고 용존산소가 낮아진다.

해설 하천생태계의 특징

구분	상류	중류	하류
특징	• 작고, 직선으로 빠르게 흐르기도 하며, 폭포와 급류가 있을 수도 있다. • 하도폭 좁은 V자형 • 급류소 반복, 산림 통과 • 폭포형, 암반형, 계단형, 거석하천, 호박돌 하천	• 기울기가 덜 급해져서 유속이 느려지고, 하천은 굽이쳐 흐르기 시작하면서 침니, 모래, 뻘 등의 침전물 부하를 퇴적한다. • 홍수 때 침전물 부하가 하천 주변의 평지에 쌓이고, 물이 이들 위로 퍼져 나가 범람원 퇴적물이 만들어진다. • 넓은 홍수터, 초본 우점, 넓은 범람원, 사행하천, 여울소 교차	• 강이 바다로 흘러드는 곳에서 유속이 갑자기 느려진다. • 강 어귀에 있는 부채모양의 지역에 침전물 부하를 퇴적시켜 삼각주를 형성한다. • 하상경사 완만, 유속 느림, 퇴적 영양물질 다량, 생물상 다량
차수	1~3차 하천	4~6차 하천	6차 하천보다 큰 하천
경사	1 : 50 이하	1 : 500 이하	1 : 500 이하
유속	하천수로의 형태와 경사, 바닥폭, 깊이와 요철, 강우강도 등은 유속에 영향을 준다.		
유속	• 유속이 50cm/sec 이상, 물살이 지름 5mm 이하인 모든 입자를 제거하면 돌바닥을 남긴다.	• 하천 기울기가 감소하고 폭, 깊이, 물의 양이 증가함에 따라, 침니와 부패 중인 유기물이 바닥에 쌓인다. • 여울과 소(웅덩이)가 나타난다.	
생태계	• 1차 생산력이 낮아 총 유기물 유입량의 90% 이상을 하천변 육상식생 부니질 유입에 의존 • 뜯어먹는 무리, 모아먹는 무리 우점, 냉수어종 작은 물고기가 대부분	• 조류와 유근 수생생물의 1차 생산 • 모아먹는 무리와 독립영양생산을 섭식하는 긁어먹는 무리 우점, 온수어종	• 에너지원의 근간 FPOM • 모아먹는 무리 우점, 식물플랑크톤과 동물플랑크톤 개체군 부양
식물상	• 계곡부 : 신나무, 물푸레나무, 선버들, 오리나무, 시무나무 • 수변 암반 틈 : 바위말발도리, 산철쭉, 돌단풍 • 하천변 : 갯버들, 키버들, 달뿌리풀, 참억새, 쑥, 쇠뜨기, 사초류	• 교목류 : 버드나무, 오리나무, 느릅나무, 팽나무, 소나무, 찔레꽃, 붉나무, 왕버들, 선버들 • 초본류 : 달뿌리풀, 명아자여뀌, 방동사니, 바랭이, 산철쭉, 물억새, 띠, 갈풀, 고마리	갈대, 줄, 매자기, 애기부들, 고마리, 미나리, 여뀌, 기타 정수식물, 부엽식물, 침수식물, 천일사초, 염생식물

138 토지개발에 따른 경관변화의 형태와 관계가 먼 것은? (2020)

① 마멸 　　　　　　 ② 확대
③ 분할 　　　　　　 ④ 천공화

해설
토지개발에 따라 숲은 마멸, 분화, 천공화되고 있다.

139 파편화에 의한 멸종 가능성이 높은 종으로 옳지 않은 것은? (2020)

① 개체군의 크기가 큰 종
② 개체군의 밀도가 낮은 종
③ 넓은 행동권을 요구하는 종
④ 특이한 생태적 지위를 요구하는 종

해설
개체군 크기가 큰 종은 멸종 위험성이 낮다.

140 다음 중 코리더(corridor)의 기능이 아닌 것은? (2020)

① 여과 기능 　　　　 ② 서식처 기능
③ 종수요처 기능 　　 ④ 종의 유전자 공급 기능

해설 이동통로의 역할
㉠ 통로
㉡ 필터 : 크기가 다른 이동통로의 틈은 특정생물은 건너가도록 하나 다른 종은 제한함
㉢ 서식지 제공
㉣ 종 공급처
㉤ 종 수용처

141 댐 건설이 토지이용과 경관자원에 미치는 간접적 영향으로 옳지 않은 것은? (2020)

① 수몰지역 주변의 광범위한 토지이용의 변화
② 댐 건설로 인한 진입도로 및 통과도로의 신축
③ 담수호의 부유물질 증가로 인한 시각적 불쾌감
④ 홍보관, 전망대, 광장 등의 부대시설로 인한 경관의 변화

해설
홍보관, 전망대, 광장 등의 부대시설은 직접영향이다.

142 해양의 유형에 따른 경관생태에 대한 설명으로 옳은 것은? (2020)

① 암반해안은 해수면의 온도에 따라 대상분포를 나타낸다.
② 펄갯벌은 모래질이 20% 이하에 불과하며 갑각류나 조개류가 많이 서식한다.
③ 모래갯벌은 해수의 흐름이 빠른 수로주변이나 바람이 강한 지역의 해변에 나타나는데 보통 폭이 넓은 편이다.
④ 자갈해안은 갯벌해안이나 모래사장에 서식하는 생물에 비해 매우 한정된 종들이 낮은 밀도로 서식한다.

해설
㉠ 모래갯벌(sand flats) : 모래갯벌은 바닥이 주로 모래질로 되어 있다. 바닷물의 흐름이 빠른 해변에 주로 나타나며 해안의 경사가 급하고 갯벌의 폭이 좁은 것이 특징이다. 모래갯벌은 모래 알갱이의 평균 크기가 0.2~0.7mm 정도로 유기물의 함량은 적다. 모래갯벌에는 바지락, 동죽, 서해비단고둥, 갯고둥 등이 살고 있다.
㉡ 펄갯벌(mud flats) : 모래질이 차지하는 비율이 10% 이하에 불과하지만 펄 함량이 90% 이상에 달하는 갯벌이다. 펄갯벌은 바닥이 주로 개흙질로 되어 있으며 바닷물의 흐름이 완만한 내만이나 강 하구의 가장자리에 형성된다.
펄갯벌은 경사가 완만하고 폭이 넓다. 또한 펄갯벌에는 물골이 많은 것이 특징이다. 펄갯벌은 펄 함량이 90% 이상으로 퇴적물과 산소를 갖고 있는 바닷물이 펄 속에 들어가기 어렵다. 그래서 이곳에 사는 생물들은 지표면에 구멍을 내거나 관을 만들어 바닷물이 침투되도록 한다. 펄갯벌에서는 모래갯벌에 비해 갯지렁이류, 게 종류가 많다.
㉢ 혼합갯벌(mixed flats) : 혼합갯벌은 모래 – 펄 갯벌이라 부르기도 한다. 모래와 펄이 각각 90% 미만으로 섞여있는 갯벌을 말하며, 혼합갯벌에는 칠게, 동죽, 맛, 가시닻해삼 등이 살고 있다.

143 생물지리지역 접근에서 생물지리지역의 구분에 대한 설명으로 잘못된 것은? (2018)

① 생물지역은 생물지리학적 접근단위의 최대단위이다.
② 하부생물지역은 지역에서의 독특한 기후, 지형, 식생, 유역, 토지이용유형에 의해 구분한다.
③ 경관지역은 유역과 산맥에 의해 구분되며 관찰자가 인식할 수 있는 범위이다.
④ 장소단위는 독특한 시각적 특징을 지닌 지역으로 위요된 공간(enclosed space)이다.

해설
생물지리지역의 접근은 경관의 연속성을 중시하고 분석된 각 경관단위를 통합하는 접근이다(Jones et al., SNU, 1998).
이러한 생물지리지역의 단위는 최상위에 생물지역(bioregion)이 있으며, 이것이 세분화되면서 하부생물지역(sub-region), 경관지구(landscape district), 그리고 최하위단계에서 장소단위(place unit)로 구분된다.
생물지리지역 접근의 특징은 그 진행과정에서 큰 특징을 찾아볼 수 있는데, 각각의 구분되는 장소단위들은 일련의 평가과정을 거친 후에 동질의 단위들을 하나의 더 큰 지역(예를 들어, landscape district, sub-region, bioregion)으로 묶어서 이들 지역을 대상으로 보전, 복원, 활용계획을 수립하게 된다. 즉, Moss와 Milne이 제기한 바와 같이 장소의 규모에 적합한 계획기법을 적용할 수 있는 기반이 마련된다. 또한, 생물지리지역 접근은 자연자원만을 고려하지 않고 장소가 지니는 특징과 문화재, 문화행사, 다양한 전설 등의 문화자원들을 고려한다.
(*출처 : 김귀곤 외, 연안지역관리를 위한 생물지리지역 접근방법에 관한 연구)

144 한반도 해안경관의 설명으로 옳지 않은 것은? (2018)

① 동해안은 융기해안으로서 해안선이 단조롭다.
② 동해안은 주로 조석(tide)이 모래를 옮겨와 사빈해안을 만들었다.
③ 서해안은 갯벌이 매우 잘 발달되어 있다.
④ 서해안에 발달한 사구는 강한 서풍에 의해 형성된 것이다.

해설
동해안의 사빈은 파랑의 작용과 동해 쪽으로 흘러내리는 하천들이 토사를 많이 공급하기 때문에 생긴다.

145 인간에 의해 간섭을 받고 있는 농·산촌경관에 대하여 틀린 것은? (2018)

① 2차 식생 농·산촌경관의 주요요소는 2차 식생과 경작지이다.
② 농·산촌경관의 계획 시 물리적 환경과 주변요소 간의 상호관계를 고려한다.
③ 토양 및 지형 유형과 경관구조의 변화는 관계가 없다.
④ 농·산촌경관의 복원·보전 및 설계 시 서식지와 생물상, 생태계 규모를 조사한다.

해설
토양 및 지형 유형과 경관구조의 변화는 밀접한 관계가 있다.

146 등질지역과 결절지역을 개념적으로 구별하는 것은 매우 중요하다. 하지만 이것은 등질지역이라 봐야 하는지 결절지역이라 봐야 하는지에 관해서는 종종 혼란이 있다. 이러한 혼란을 줄이기 위한 방법으로 지역구분의 기준이 될 수 있는 것은? (2019)

① 방향
② 연결
③ 종류
④ 공간범위

147 지역생태학에서 지역(region)에 대한 설명으로 틀린 것은? (2019)

① 다양한 지형, 자연교란 및 인간활동들이 풍부한 다양성을 가진 생태학적 조건들을 제공한다.
② 교통, 통신 및 문화에 의해 서로 연결되어 있는 인간활동과 관심 역시 인간활동의 범위를 제한한다.
③ 국지생태계의 집합이 몇 km² 넓이의 공간에 걸쳐 같은 형태로 반복되어 나타나는 토지모자이크이다.
④ 광범위한 지리학적 공간으로서 공통적으로 나타나는 대기후 및 공통적인 인간활동과 관심이 포함된다.

CHAPTER 02 데이터

01 데이터정리

1. 데이터분석방법

기출예상문제

데이터분석방법 중 정량적 분석방법의 특징이 아닌 것은?

① 객관적 지표를 기준으로함
② 연역적 방법
③ 귀납적 방법
④ 객관적 해석 가능함

답 ③

기출예상문제

국토계획평가 시 정량적 기법이 아닌 것은?

① 편익 · 비용분석
② GIS분석
③ 환경용량분석
④ 전문가 의견

답 ④

정량적(양적) 분석	정성적(질적) 분석
• 수치나 숫자, 객관적인 지표만을 기준으로 한 연역적 방법 • 객관적 해석 가능	• 가치분석으로, 현상학에 바탕을 둔 귀납적 방법 • 주관적 해석이 주를 이룸

1) 국토계획평가의 평가기법(예시)

분류	평가기법	개요	적용가능 세부평가기준(예시)
정량적 기법	편익 · 비용분석	계획의 영향을 금전화하여 편익과 비용을 비교	• 자립적 경쟁기반 구축 : 계획 수립으로 인한 광역경제권, 초광역개발권 선도사업 추진의 편익과 비용을 분석 • 국토 기간시설의 효율적 이용, 첨단 국토정보 통합네트워크 구축 : 도로, 철도, 공항, 항만, 물류시설, 댐 등의 건설과 각종 정보네트워크 구축의 편익과 비용을 분석
	모델링	계획의 영향을 계량화된 인문 및 자연시스템의 인과관계로 분석	• 국토자원의 지속가능한 이용 및 관리 : 계획으로 인한 산림, 수산, 식량, 생태자원 및 수자원의 이용량 변화를 분석 • 쾌적한 국토환경 및 생활공간 조성 : 계획으로 인한 대기질, 수질 변화 분석 • 기후변화에 대비하는 국토 : 계획으로 인한 온실가스 배출량 분석
	시나리오 분석	계획의 내용이나 대안에 따른 미래상이나 목표 달성 등의 변화 정도를 복수로 제시, 분석	• 기후변화에 대비하는 국토 : 계획의 대안별 온실가스 배출량 분석

정량적 기법	GIS분석	계획으로 영향을 받는 공간적 범위나 영향 정도를 시각적으로 비교, 분석	• 국토자원의 지속가능한 이용 및 관리 : 계획으로 인한 토지, 산림, 생태자원 및 수자원의 분포와 변화를 분석 • 쾌적한 국토환경 및 생활공간 조성 : 계획으로 인한 생활공간의 쾌적성, 오픈스페이스, 생태공간, 녹지축 변화를 분석 • 생물서식공간 보전 및 훼손 생태계복원 : 계획으로 인하여 훼손이 우려되는 생물서식공간, 생태계 분석
	지표분석	계획으로 인한 유관 지표의 변화를 전망, 분석	• 특화산업 육성 : 계획 수립으로 인한 신성장동력산업의 비중, 지역 특화자원의 부가가치 등 지표 변화 분석 • 균형발전 : 계획 수립으로 인한 수도권과 비수도권, 도시와 농산어촌, 대도시와 중소도시 간 인구, 일자리 등 지표 변화 분석 • 생활여건 낙후지역의 발전기반 확충 : 계획으로 인한 인구, 일자리 등 지표 변화 분석 • 국토의 국제적 인적, 물적 교류 증대 : 계획으로 인한 해외기업 및 관광객 유치 등 지표 변화 분석
	환경용량 분석	계획으로 인한 환경용량, 임계치 등의 변화 분석	• 쾌적한 국토환경 및 생활공간 조성 : 계획으로 인한 대기오염 및 수질오염량 변화를 분석
정성적 기법	전문가 의견	지속가능성 이슈(형평, 효율, 환경)와 계획이슈(공간구조, 토지이용, 산업, 교통 등) 간의 관계를 전문가적 식견과 판단에 근거하여 평가	• 지역 간 교류협력 촉진 : 계획으로 인한 협력적 거버넌스 강화 정도의 분석 • 남북 교류협력의 단계적 추진 : 계획으로 인한 비무장지대 평화적 이용, 수자원 공동 이용, 공동방재체계 구축 등의 분석 • 지속가능한 국토공간 조성 : 계획의 난개발 방지, 용도지역제 개편, 통합적 토지관리에 기여하는 바를 분석

2. 환경지표

1) 지표

구분	지표	지수
뜻	하나의 실체를 경험적으로 분석하기 위해 그 실체를 측정하는 잣대 중 하나로, 특정 현상의 정보를 요약해 주는 측정치(measure) 또는 그 측정을 위한 적합한 대리측정치(proxy measure), 한 현상의 상태를 측정 및 관찰하는 속성을 서술해 주거나 그 속성의 정보를 제공해 주는 값(value)	개별 지표들의 값을 더하여 그 평균치를 지수로 할 수도 있고, 어떤 값을 기준으로 하여 다른 지표들의 상대적 값을 지수로 할 수도 있다. 즉 지수는 여러 개의 지표를 한데 모아 하나의 수치로 사용할 때 필요한 복합개념
조건	• 양적 측정이 가능한 것 • 현상의 본질을 명확하게 나타낼 수 있는 대표적인 것 • 상호 중복되지 않을 것 • 지역의 크기와 관계없이 적용가능할 것	–
기능	• 의사결정 • 정보의 종합화 • 정책평가와 감시	–

기출예상문제

OECD환경지표 구성틀이 아닌 것은?

① pressure
② state
③ response
④ measure

답 ④

2) OECD환경지표

OECD는 자연환경의 오염·파괴는 어떤 원인에 의해 발생하고(원인), 그 원인에 의해 자연환경의 상태가 결정되고(상태), 자연환경의 상태는 그대로 방치되는 것이 아니라 이를 해결하기 위한 대응책이 강구된다는(대응) 맥락에서 원인(pressure) – 상태(state) – 대응(response)의 인과사슬 틀에 기초하여 환경지표 설정을 추진하였다. 그 구성틀은 그림과 같다. 이것을 PSR구조라고 한다.

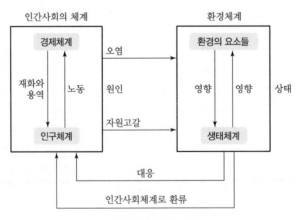

‖ OECD의 환경지표 구성틀 ‖

(1) OECD의 환경지표(예비작업)

환경지표의 범주	지표
자연환경	CO_2, 지구온난화 가스, SOx, NOx 배출, 수자원 이용, 강물의 질, 토지이용의 변동, 녹지 등 보존지역, 질소비료의 사용, 열대우림의 감소, 삼림자원의 이용, 멸종위기의 생물종, 어획, 쓰레기 배출, 쓰레기 처리 등
사회경제환경	환경정책에 대한 여론수렴, 산업현장에서의 환경사고, 경제활동의 성장, 에너지 공급과 사용, 산업생산량, 자동차 대수와 교통량 등의 교통현황, 소비, 인구 등

(2) OECD의 환경지표 구성틀에서 원인 · 상태 · 대응의 정의

분류	정의	예
원인 (pressure)	인간의 활동, 생활과정과 삶의 유형	• 자원의 이용 • 오염물질 배출량 • 폐기물 발생량 등
상태 (state)	원인에 의해 변화된 환경상태	• 오염된 공기 또는 물 • 토양의 비옥도 • 염화 및 침식 등
대응 (response)	환경변화에 대한 사회적 대응	• 법정, 제도적, 경제적 수단 • 관리전략 • 개발계획 및 전략 등

3) 우리나라 주요 환경지표

부문	환경지표명
환경정책	• 친환경상품 구매실적 • 환경보전에 관한 국민의식조사 • 환경오염방지 투자현황 • 환경산업 매출액 및 수출액현황
환경보건	• 소음 · 진동 배출시설현황 • 주요 대도시 환경소음도 • 화학물질 배출량 및 유통량 • 유해화학물질 지정현황 • 체내 중금속농도
기후 · 대기	• 대기오염물질 배출업소현황 • 주요 도시 대기오염도 • 친환경자동차 보급현황 • 주요 도시 미세먼지 경보 · 주의보현황

물환경	• 가축분뇨 발생량 및 처리현황 • 수질현황 • 폐수배출시설 및 배출량현황
상하수도	• 상수도 급수현황(보급 및 급수량) • 지하수 및 지표수의 연간 취수량 • 토양오염도현황 • 하수도 보급률 변화추이 • 수도요금 현실화율 • 하수도요금 현실화율
자연보전	• 국립공원현황 • 멸종위기야생생물현황 • 자생생물종현황 • 전략/소규모평가 및 환경영향평가 협의실적 • 자연환경보호 지역수 및 지정면적
자원순환	• 생활, 사업장(일반, 건설) 폐기물 발생 및 처리현황 • 지정폐기물 발생 및 처리현황 • 폐기물 재활용실적 및 업체현황 • 폐기물 에너지화 시설현황(고형연료제품 제조시설) • 폐기물 에너지화 시설현황(유기성 폐기물 가스화시설)
환경 분쟁	환경오염 분쟁조정

3. 환경기준 : 환경정책기본법 시행령 [별표 1] 〈개정 2020. 5. 12.〉

1) 환경기준(제2조 관련)

(1) 대기

항목	기준
아황산가스(SO_2)	• 연간평균치 0.02ppm 이하 • 24시간평균치 0.05ppm 이하 • 1시간평균치 0.15ppm 이하
일산화탄소(CO)	• 8시간평균치 9ppm 이하 • 1시간평균치 25ppm 이하
이산화질소(NO_2)	• 연간평균치 0.03ppm 이하 • 24시간평균치 0.06ppm 이하 • 1시간평균치 0.10ppm 이하
미세먼지(PM－10)	• 연간평균치 $50\mu g/m^3$ 이하 • 24시간평균치 $100\mu g/m^3$ 이하
초미세먼지(PM－2.5)	• 연간평균치 $15\mu g/m^3$ 이하 • 24시간평균치 $35\mu g/m^3$ 이하
오존(O_3)	• 8시간평균치 0.06ppm 이하 • 1시간평균치 0.1ppm 이하
납(Pb)	연간평균치 $0.5\mu g/m^3$ 이하
벤젠	연간평균치 $5\mu g/m^3$ 이하

비고
1. 1시간평균치는 999천분위수(千分位數)의 값이 그 기준을 초과해서는 안 되고, 8시간 및 24시간 평균치는 99백분위수의 값이 그 기준을 초과해서는 안 된다.
2. 미세먼지(PM－10)는 입자의 크기가 $10\mu m$ 이하인 먼지를 말한다.
3. 초미세먼지(PM－2.5)는 입자의 크기가 $2.5\mu m$ 이하인 먼지를 말한다.

(2) 소음

(단위 : Leq dB(A))

지역구분	적용 대상지역	기준	
		낮(06 : 00 ~ 22 : 00)	밤(22 : 00 ~ 06 : 00)
일반지역	"가"지역	50	40
	"나"지역	55	45
	"다"지역	65	55
	"라"지역	70	65
도로변지역	"가" 및 "나"지역	65	55
	"다"지역	70	60
	"라"지역	75	70

비고
1. 지역구분별 적용 대상지역의 구분은 다음과 같다.
    가. "가"지역
        1) 「국토의 계획 및 이용에 관한 법률」 제36조제1항제1호라목에 따른 녹지지역
        2) 「국토의 계획 및 이용에 관한 법률」 제36조제1항제2호가목에 따른 보전관리지역
        3) 「국토의 계획 및 이용에 관한 법률」 제36조제1항제3호 및 제4호에 따른 농림지역 및 자연환경보전지역
        4) 「국토의 계획 및 이용에 관한 법률 시행령」 제30조제1호가목에 따른 전용주거지역
        5) 「의료법」 제3조제2항제3호마목에 따른 종합병원의 부지경계로부터 50m 이내의 지역
        6) 「초ㆍ중등교육법」 제2조 및 「고등교육법」 제2조에 따른 학교의 부지경계로부터 50m 이내의 지역
        7) 「도서관법」 제4호제2항제1호에 따른 공공도서관, 제4조제2항제5호에 따른 특수도서관
    나. "나"지역
        1) 「국토의 계획 및 이용에 관한 법률」 제36조제1항제2호나목에 따른 생산관리지역
        2) 「국토의 계획 및 이용에 관한 법률 시행령」 제30조제1호나목 및 다목에 따른 일반주거지역 및 준주거지역
    다. "다"지역
        1) 「국토의 계획 및 이용에 관한 법률」 제36조제1항제1호나목에 따른 상업지역 및 같은 항 제2호다목에 따른 계획관리지역
        2) 「국토의 계획 및 이용에 관한 법률 시행령」 제30조제3호다목에 따른 준공업지역
    라. "라"지역
        「국토의 계획 및 이용에 관한 법률 시행령」 제30조제3호가목 및 나목에 따른 전용공업지역 및 일반공업지역
2. "도로"란 자동차(2륜자동차는 제외한다)가 한 줄로 안전하고 원활하게 주행하는 데에 필요한 일정 폭의 차선이 2개 이상 있는 도로를 말한다.
3. 이 소음환경기준은 항공기소음, 철도소음 및 건설작업소음에는 적용하지 않는다.

(3) 수질 및 수생태계

① 하천

㉠ 사람의 건강보호기준

항목	기준값(mg/L)
카드뮴(Cd)	0.005 이하
비소(As)	0.05 이하
시안(CN)	검출되어서는 안 됨(검출한계 0.01)
수은(Hg)	검출되어서는 안 됨(검출한계 0.001)
유기인	검출되어서는 안 됨(검출한계 0.0005)
폴리클로리네이티드비페닐(PCB)	검출되어서는 안 됨(검출한계 0.0005)
납(Pb)	0.05 이하
6가 크롬(Cr^{6+})	0.05 이하
음이온 계면활성제(ABS)	0.5 이하
사염화탄소	0.004 이하
1,2 – 디클로로에탄	0.03 이하
테트라클로로에틸렌(PCE)	0.04 이하
디클로로메탄	0.02 이하
벤젠	0.01 이하
클로로포름	0.08 이하
디에틸헥실프탈레이트(DEHP)	0.008 이하
안티몬	0.02 이하
1,4 – 다이옥세인	0.05 이하
포름알데히드	0.5 이하
헥사클로로벤젠	0.00004 이하

기출예상문제

「환경정책기본법 시행령」의 환경기준에 따라 하천에서 「사람의 건강보호기준」 항목과 기준값(mg/L)이 명시되고 있다. 그 중 검출한계가 0.0005로 검출되어서는 안 되는 항목은?

① 시안(CN)
② 수은(Hg)
③ 유기인
④ 폴리클로리네이티드비페닐(PCB)

답 ④

기출예상문제

「환경정책기본법 시행령」의 환경기준에 따라 하천에서 생활환경기준을 Ia~Ⅵ등급으로 구분하고 있다. 그중 Ⅲ (보통) 등급의 총인(total phosphorus) 기준은?

① 0.02mg/L 이하
② 0.04mg/L 이하
③ 0.1mg/L 이하
④ 0.2mg/L 이하

답 ①

ⓛ 생활환경기준

등급		상태 (캐릭터)	기준								
			수소 이온 농도 (pH)	생물 화학적 산소 요구량 (BOD) (mg/L)	화학적 산소 요구량 (COD) (mg/L)	총 유기 탄소량 (TOC) (mg/L)	부유 물질량 (SS) (mg/L)	용존 산소량 (DO) (mg/L)	총인 (total phosphorus) (mg/L)	대장균군 (군수/100mL)	
										총 대장균군	분원성 대장균군
매우 좋음	Ia		6.5~8.5	1 이하	2 이하	2 이하	25 이하	7.5 이상	0.02 이하	50 이하	10 이하
좋음	Ib		6.5~8.5	2 이하	4 이하	3 이하	25 이하	5.0 이상	0.04 이하	500 이하	100 이하
약간 좋음	II		6.5~8.5	3 이하	5 이하	4 이하	25 이하	5.0 이상	0.1 이하	1,000 이하	200 이하
보통	III		6.5~8.5	5 이하	7 이하	5 이하	25 이하	5.0 이상	0.2 이하	5,000 이하	1,000 이하
약간 나쁨	IV		6.0~8.5	8 이하	9 이하	6 이하	100 이하	2.0 이상	0.3 이하	–	–
나쁨	V		6.0~8.5	10 이하	11 이하	8 이하	쓰레기 등이 떠 있지 않을 것	2.0 이상	0.5 이하	–	–
매우 나쁨	VI		–	10 초과	11 초과	8 초과	–	2.0 미만	0.5 초과	–	–

비고
1. 등급별 수질 및 수생태계 상태
　가. 매우 좋음 : 용존산소(溶存酸素)가 풍부하고 오염물질이 없는 청정상태의 생태계로 여과·살균 등 간단한 정수처리 후 생활용수로 사용할 수 있음.
　나. 좋음 : 용존산소가 많은 편이고 오염물질이 거의 없는 청정상태에 근접한 생태계로 여과·침전·살균 등 일반적인 정수처리 후 생활용수로 사용할 수 있음.
　다. 약간 좋음 : 약간의 오염물질은 있으나 용존산소가 많은 상태의 다소 좋은 생태계로 여과·침전·살균 등 일반적인 정수처리 후 생활용수 또는 수영용수로 사용할 수 있음.
　라. 보통 : 보통의 오염물질로 인하여 용존산소가 소모되는 일반 생태계로 여과, 침전, 활성탄 투입, 살균 등 고도의 정수처리 후 생활용수로 이용하거나 일반적 정수처리 후 공업용수로 사용할 수 있음.
　마. 약간 나쁨 : 상당량의 오염물질로 인하여 용존산소가 소모되는 생태계로 농업용수로 사용하거나 여과, 침전, 활성탄 투입, 살균 등 고도의 정수처리 후 공업용수로 사용할 수 있음.
　바. 나쁨 : 다량의 오염물질로 인하여 용존산소가 소모되는 생태계로 산책 등 국민의 일상생활에 불쾌감을 주지 않으며, 활성탄 투입, 역삼투압 공법 등 특수한 정수처리 후 공업용수로 사용할 수 있음.
　사. 매우 나쁨 : 용존산소가 거의 없는 오염된 물로 물고기가 살기 어려움.
　아. 용수는 해당 등급보다 낮은 등급의 용도로 사용할 수 있음.
　자. 수소이온농도(pH) 등 각 기준항목에 대한 오염도 현황, 용수처리방법 등을 종합적으로 검토하여 그에 맞는 처리방법에 따라 용수를 처리하는 경우에는 해당 등급보다 높은 등급의 용도로도 사용할 수 있음.

ⓒ 수질 및 수생태계 상태별 생물학적 특성 이해표

생물 등급	생물 지표종		서식지 및 생물 특성
	저서생물(底棲生物)	어류	
매우 좋음 ~ 좋음	옆새우, 가재, 뿔하루살이, 민하루살이, 강도래, 물날도래, 광택날도래, 띠무늬우묵날도래, 바수염날도래	산천어, 금강모치, 열목어, 버들치 등 서식	• 물이 매우 맑으며, 유속은 빠른 편임 • 바닥은 주로 바위와 자갈로 구성됨 • 부착 조류(藻類)가 매우 적음
좋음 ~ 보통	다슬기, 넓적거머리, 강하루살이, 동양하루살이, 등줄하루살이, 등딱지하루살이, 물삿갓벌레, 큰줄날도래	쉬리, 갈겨니, 은어, 쏘가리 등 서식	• 물이 맑으며, 유속은 약간 빠르거나 보통임 • 바닥은 주로 자갈과 모래로 구성됨 • 부착 조류가 약간 있음
보통 ~ 약간 나쁨	물달팽이, 턱거머리, 물벌레, 밀잠자리	피라미, 끄리, 모래무지, 참붕어 등 서식	• 물이 약간 혼탁하며, 유속은 약간 느린 편임 • 바닥은 주로 잔자갈과 모래로 구성됨 • 부착 조류가 녹색을 띠며 많음
약간 나쁨 ~ 매우 나쁨	왼돌이물달팽이, 실지렁이, 붉은깔따구, 나방파리, 꽃등에	붕어, 잉어, 미꾸라지, 메기 등 서식	• 물이 매우 혼탁하며, 유속은 느린 편임 • 바닥은 주로 모래와 실트로 구성되며, 대체로 검은색을 띰 • 부착 조류가 갈색 혹은 회색을 띠며 매우 많음

② 호소

　㉠ 사람의 건강보호기준 : ① 하천의 사람의 건강보호기준과 같다.

　㉡ 생활환경기준

기출예상문제

수질 및 수생태계 생활환경기준 중 '보통(Ⅲ)' 등급에 해당하는 하천과 호소의 총인(mg/L) 기준은?

① 하천 : 0.02 이하
　호소 : 0.01 이하
② 하천 : 0.04 이하
　호소 : 0.02 이하
③ 하천 : 0.1 이하
　호소 : 0.03 이하
④ 하천 : 0.2 이하
　호소 : 0.05 이하

답 ④

등급		상태 (캐릭터)	수소이온농도 (pH)	화학적 산소요구량 (COD) (mg/L)	총유기탄소량 (TOC) (mg/L)	부유물질량 (SS) (mg/L)	용존산소량 (DO) (mg/L)	총인 (mg/L)	총질소 (total nitrogen) (mg/L)	클로로필-a (Chl-a) (mg/m³)	대장균군 (군수/100mL) 총 대장균군	대장균군 (군수/100mL) 분원성 대장균군
매우좋음	Ⅰa		6.5~8.5	2 이하	2 이하	1 이하	7.5 이상	0.01 이하	0.2 이하	5 이하	50 이하	10 이하
좋음	Ⅰb		6.5~8.5	3 이하	3 이하	5 이하	5.0 이상	0.02 이하	0.3 이하	9 이하	500 이하	100 이하
약간좋음	Ⅱ		6.5~8.5	4 이하	4 이하	5 이하	5.0 이상	0.03 이하	0.4 이하	14 이하	1,000 이하	200 이하
보통	Ⅲ		6.5~8.5	5 이하	5 이하	15 이하	5.0 이상	0.05 이하	0.6 이하	20 이하	5,000 이하	1,000 이하
약간나쁨	Ⅳ		6.0~8.5	8 이하	6 이하	15 이하	2.0 이상	0.10 이하	1.0 이하	35 이하	-	-
나쁨	Ⅴ		6.0~8.5	10 이하	8 이하	쓰레기 등이 떠 있지 않을 것	2.0 이상	0.15 이하	1.5 이하	70 이하	-	-
매우나쁨	Ⅵ		-	10 초과	8 초과	-	2.0 미만	0.15 초과	1.5 초과	70 초과	-	-

비고

1. 총인, 총질소의 경우 총인에 대한 총질소의 농도비율이 7 미만일 경우에는 총인의 기준을 적용하지 않으며, 그 비율이 16 이상일 경우에는 총질소의 기준을 적용하지 않는다.
2. 등급별 수질 및 수생태계 상태는 ① 하천의 생활환경기준과 같다.
3. 상태(캐릭터) 도안 모형 및 도안 요령은 ① 하천의 상태(캐릭터) 도안 모형 및 도안 요령과 같다.
4. 화학적 산소요구량(COD) 기준은 2015년 12월 31일까지 적용한다.

③ 지하수

지하수 환경기준 항목 및 수질기준은 「먹는물관리법」 제5조 및 「수도법」 제26조에 따라 환경부령으로 정하는 수질기준을 적용한다. 다만, 환경부장관이 고시하는 지역 및 항목은 적용하지 않는다.

④ 해역

㉠ 생활환경

항목	수소이온농도 (pH)	총대장균군 (총대장균군수/100mL)	용매 추출유분 (mg/L)
기준	6.5~8.5	1,000 이하	0.01 이하

㉡ 생태기반 해수수질기준

등급	수질평가 지수값(Water Quality Index)
Ⅰ(매우 좋음)	23 이하
Ⅱ(좋음)	24 ~ 33
Ⅲ(보통)	34 ~ 46
Ⅳ(나쁨)	47 ~ 59
Ⅴ(아주 나쁨)	60 이상

㉢ 해양생태계 보호기준

(단위 : μg/L)

중금속류	구리	납	아연	비소	카드뮴	6가크로뮴(Cr^{6+})
단기기준*	3.0	7.6	34	9.4	19	200
장기기준**	1.2	1.6	11	3.4	2.2	2.8

* 단기기준 : 1회성 관측값과 비교 적용

** 장기기준 : 연간평균값(최소 사계절 동안 조사한 자료)과 비교 적용

ⓔ 사람의 건강보호

등급	항목	기준(mg/L)
모든 수역	6가크로뮴(Cr^{6+})	0.05
	비소(As)	0.05
	카드뮴(Cd)	0.01
	납(Pb)	0.05
	아연(Zn)	0.1
	구리(Cu)	0.02
	시안(CN)	0.01
	수은(Hg)	0.0005
	폴리클로리네이티드비페닐(PCB)	0.0005
	다이아지논	0.02
	파라티온	0.06
	말라티온	0.25
	1.1.1 – 트리클로로에탄	0.1
	테트라클로로에틸렌	0.01
	트리클로로에틸렌	0.03
	디클로로메탄	0.02
	벤젠	0.01
	페놀	0.005
	음이온 계면활성제(ABS)	0.5

02 시 · 공간적 분석

1. GIS(Geographic Information System)분석

1) GIS 역사
① 1700년대에 들어서면서 조사방법으로서 지형도가 작성되고, 과학적 조사 용도로 주제도가 사용되기 시작하였다.

② 20C에 들어서면서 지도를 레이어로 나누어서 생각하기 시작하였다.

③ 1967년 Dr. Roge Tomlinson가 CGIS(Canadian Geographic Information System)를 개발하면서 세계 최초로 전산화된 GIS를 선보였다.

④ 오늘날 각 나라는 x, y, z 값을 모두 이용한 3차원 지도를 제작한다.

2) GIS분석의 정의
위성기반탐색시스템(GPS)을 이용하여 적어도 24개 이상의 인공위성 자료를 활용하기 때문에 지표면의 구조물이나 수면의 반사 등의 에러를 잡아 정확한 위치를 찾아낼 수 있다.

따라서 컴퓨터상에 디지털지도를 만들 때 여러 방법을 이용한 데이터를 기반으로 정확한 x, y, z값과 인공위성 카메라센서에 탑재된 다양한 이미지를 함께 지도화할 수 있다. 이미지는 하나하나의 작은 셀로 이루어져 있으며, 각각의 셀은 좌표 이외에도 인공위성에 탑재된 카메라센서에 의한 다양한 값들이 들어가 있는데 이것을 래스터(Raster)데이터라고 한다.

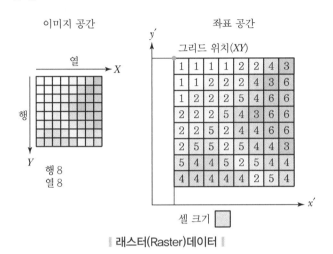

▌ 래스터(Raster)데이터 ▌

래스터(Raster)데이터를 이용하여 모양을 따라 컴퓨터상에 그래픽을 그려 넣는데, 그 타입은 점·선·면을 가진다. 집은 점, 도로나 하천은 선, 공원이나 학교 등은 면으로 그려지고 여기에 고도값이 더하여지는 데이터를 백터(Vector)데이터라 하고, 이렇게 그려진 주제도 하나하나가 레이어로 저장된다.

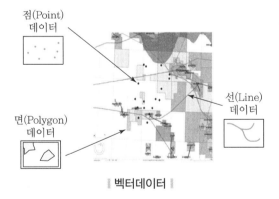

▌ 벡터데이터 ▌

각각의 레이어를 지구 표면의 좌표점(x, y좌표)의 각 꼭지점을 맞추면 오버랩이 가능해지는데, 이것이 GIS(Geographic Information System)분석이다.

기출예상문제

20C 들어서면서 지도를 레이어로 나누어 생각하기 시작하고 GPS에 기반한 GIS(Geographic Information System)분석이 사용되고 있다. GIS분석에 대한 설명 중 틀린 것은?

① 인공위성카메라센서에 탑재된 다양한 이미지로 지도화할 수 있다.
② 이미지는 래스터(raster)데이터이다.
③ 래스터(raster)데이터를 이용하여 컴퓨터에 점, 선, 면의 형태를 벡터(vector)데이터로 그려 넣는다.
④ 래스터(raster)데이터와 벡터(vector)데이터는 각각의 레이어로 저장되며 오버랩은 불가능하다.

답 ④

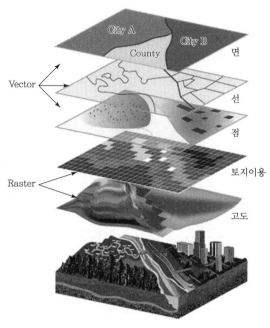

| GIS(Geographic Information System) |

기출예상문제

GIS(Geographic Informat
−ion System)의 구성요소가
아닌 것은?

① spatial analysis
② remote sensing
③ database development
④ google earth

답 ④

3) GIS의 구성요소

구분	내용
공간분석 (spatial analysis)	• 공간(지구 표면의 x, y좌표) 위에 표시된 요소들을 목적에 맞게 처리하여 해석하는 것 • GIS가 가진 가장 기본적이고 효율적인 기능임 • 대부분 벡터데이터를 이용 • 도시계획 등에서 많이 이용
이미지분석 (image analysis/remote sensing(원격탐사))	• 인공위성은 목적(다양함)에 맞게 최적화 카메라를 탑재하여 궤도를 따라 움직이며 지구 표면 사진을 전송 • 인공위성에서 전송된 화상은 사진과 많이 다르기 때문에 특수한 소프트웨어와 기술을 이용하여 사진을 분석/처리하는 작업을 하는데 이를 remote sensing(원격탐사)이라고 함 • remote sensing(원격탐사) 전문가들은 고도의 지식과 기술을 이용하여 사막화, 기온변화, 환경변화 등의 목적에 맞게 지표면의 변화를 분석할 수 있음
데이터베이스 구축/관리 (database development/management)	• 하나의 GIS그래픽 정보들은 연동(아이디로 연동됨)되어 움직임 • x, y좌표값과 연동되는 데이터들을 구축, 관리하는 작업임
개발 (customize : development)	• GIS를 이용하여 프로그램 등을 개발 • 소프트웨어 및 툴 등을 개발함 • open소스 GIS프로그램인 QGIS 등이 이용됨

2. remote sensing(원격탐사)

1) 원격탐사의 정의

GIS분석 중의 하나로 이미지분석으로 특화된 분야이다. 인공위성 항공사진이미지를 판독하고 분석하는 기술이 remote sensing으로, 지도 제작에 유용하게 사용된다.

2) 인공위성 Landsat & CALIPSO

Landsat	CALIPSO
• 가장 오랫동안 지구를 지속적으로 관찰한 인공위성(1972~현재)으로 풍부한 데이터로 지구관찰데이터의 기준이 되었다. • 농업, 지질학, 삼림학, 지역계획, 교육, 지도제작, 지구변화 모니터링에 활용된다. • 지구 표면 사물체의 종류, 습도, 밝기, 색깔 등에 따라 파장을 반사하는 정도가 달라 스펙트럼의 특성을 구분하여 조합을 달리하면 다양한 지구의 정보를 얻을 수 있다.	• 2006년 쏘아 올린 환경관찰위성의 하나이다. • 구름, 대기, 에어로졸층에 있는 공기 중에서 생성되는 입자들의 역할과 영향을 파악하는 것이 목표이다.

3) remote sensing소프트웨어의 종류

① Geomatica, PCI Geomatics

② SAGA GIS(Open Source)

③ OpenEV(Open Source)

④ QGIS(Open Source)

⑤ TNTmips gis, Micro Images,USA

⑥ Google Earth

⑦ GRASS GIS

⑧ ArcGIS

03 국토환경정보망

1. 국토환경정보망 개념

1) 환경공간정보서비스

환경공간정보서비스(Environmental Geographic Information Service, EGIS)는 기존에 서비스되고 있던 환경공간정보서비스와 환경주제도를 통합하여 환경부에서 보유하고 있는 다양한 환경공간정보를 쉽게 활용할 수 있도록 통합지도서비스 및 환경주제도를 서비스한다.

통합지도서비스에서 제공하는 환경공간정보는 크게 토지피복지도, 환경주제도, 토지

이용규제지역ㆍ지구도, 개별 공간정보시스템이며, 사용자는 원하는 레이어를 선택하고 색상 및 투영도를 조절하여 중첩할 수 있다.

환경주제도에서는 환경분야데이터를 주제별로 지도화한 공간정보와 주제에 대한 설명을 추가하여 "주제도+콘텐츠" 형태의 지도집을 제공한다.

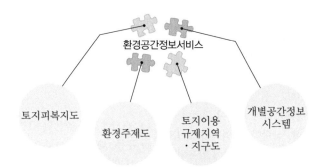

‖ 환경공간정보서비스체계 ‖

2. 국토환경정보망 구축

1) 토지피복도

(1) 토지피복지도의 개념

① 주제도(thematic map)의 일종으로, 지구 표면 지형ㆍ지물의 형태를 일정한 과학적 기준에 따라 분류하여 동질의 특성을 지닌 구역을 color indexing한 후 지도의 형태로 표현한 공간정보DB를 말한다.

‖ 위성영상 ‖

‖ 토지피복지도 ‖

② 1985년 유럽환경청(Europe Environment Agency, EEA)에서 추진된 CORINE (Coordination of Information on the Environment)프로젝트에서 개념을 정립하였다.

③ 이를 기반으로 우리나라 실정에 맞는 분류기준을 확정하여 1998년 환경부에서 최초로 남한지역에 대한 대분류 토지피복지도를 구축하였다.

※ EU(舊 EC)에서 회원국들의 토지현황에 대한 방대한 정보를 종합적으로 수집 · 관리하기 위해 유럽환경청(EEA)에서 추진한 전 유럽 토지피복지도 구축사업

(2) 토지피복지도의 특징

① 지표면의 현상을 가장 잘 반영하기 때문에 지표면의 투수율(透水率)에 의한 비점오염원부하량 산정, 비오톱 지도작성에 의한 도시계획, 댐 수문 방류 시 하류지역 수몰피해시뮬레이션, 기후 · 대기 예측모델링, 환경영향평가 등에 폭넓게 활용된다.

② 중앙정부 및 지방정부의 환경정책수립의 과학적 근거로서 위상을 가지고 있고 관련 학계에 다양한 연구자료로 활용되고 있다.

(3) 해상도별 토지피복지도 비교

대분류 토지피복지도	중분류 토지피복지도	세분류 토지피복지도
• 30M 공간해상도 • 7개 분류항목 • 1 : 50,000 도곽단위로 구축 • Landsat TM위성영상	• 5M 공간해상도 • 22개 분류항목 • 1 : 25,000 도곽단위로 구축 • Landsat TM+IRS 1C위성영상 • SPOT5, 아리랑 2호 위성영상	• 1M 공간해상도 • 41개 분류항목 • 1 : 5,000 도곽단위로 구축 • 아리랑 2호 위성영상, IKONOS 위성영상, 항공사진

기출예상문제

환경공간정보서비스(EGIS)의 해상도별 토지피복지도 중 1M 공간해상도와 41개 분류항목을 지원하는 것은?
① 대분류 토지피복지도
② 중분류 토지피복지도
③ 세분류 토지피복지도
④ 주제별 토지피복지도

답 ③

2) 환경주제도

(1) 환경주제도 개요

① 주제별로 맞춤 정보 제공을 위해 환경분야데이터를 지도화하여 시각화된 공간정보를 제공하고 설명을 추가하여 "주제도 + 콘텐츠"형태로 제작된 지도이다.

② 콘텐츠는 제작 근거, 배경, 사용 데이터베이스, 통계 등으로 구성되어 업무담당자, 전문가, 연구자, 대국민 등 다양한 사용자들이 쉽게 주제도를 이해할 수 있도록 제공하고 있다.

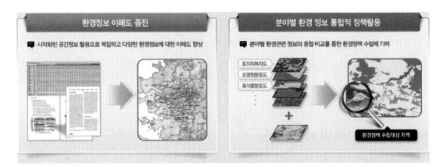

| 환경주제도 |

(2) 환경주제도의 특징

환경주제도를 별도의 주제도로 만드는 이유는 현재 제작되어 있는 공간정보는 많다. 하지만 공간정보를 활용하여 자신이 원하는 형태로 만드는 것은 어려운 일이다. 따라서 사용자의 목적에 맞는 주제도를 제공하여 사용자가 정보를 모으고, 가공하고 분석하며 시간을 줄일 수 있다.

| 환경주제도의 특징 |

(3) 환경주제도의 주제 선정

환경분야를 크게 자연, 물, 기후·대기, 생활, 토양지하수, 기초지리의 6개 분야로 구분하고 각 분야별로 환경부에서 수행하고 있는 업무를 중심으로 구축 가능성, 활용 데이터 여부, 업무 활용성을 고려하여 주제를 선정한다.

| 환경주제도 주제선정 개념도 |

3) 토지이용규제지역 · 지구도

(1) 지역 · 지구도

"지역·지구등"이란 지역·지구·구역·권역·단지·도시계획시설 등 명칭에 관계없이 개발행위를 제한하거나 토지이용과 관련된 인가·허가 등을 받도록 하는 등 토지의 이용 및 보전에 관한 제한을 하는 일단(一團)의 토지(토지와 연접한 해수면으로서 토지와 같이 제한되는 경우에는 그 해수면을 포함한다. 이하와 같다)로서「토지이용규제 기본법」제5조 각 호에 규정된 것을 말한다.

(2) 토지의 이용 및 보전에 관한 제한

국토의 효율적인 관리를 위해 각각의 지역 · 지구도는 관련 법령에 의거하여 토지이용행위 제약사항을 명시하고 있다.

(3) 환경공간정보서비스에서 제공하는 토지이용규제지역 · 지구도 정보

전국적인 환경분야의 다양한 이슈를 위해 환경공간정보서비스에서는 아래의 토지이용규제지역 · 지구도를 전국 단위로 제공한다.

▶ **토지이용규제지역 · 지구**

No.	분야	용도지역 · 지구명	레이어
1	환경	국립공원	LT_C_UM101
2		생태 · 경관보전지역	LT_C_UM211
3		야생생물특별보호구역	LT_C_UM221
4		상수원보호구역	LT_C_UM710
5		공장설립제한지역	LT_C_UM711
6		공장설립승인지역	LT_C_UM712
7		수변구역	LT_C_UM730~3
8		오염행위제한지역	LT_C_UM730~3
9		폐기물매립시설설치제한지역	LT_C_UM730~3
10		특별대책지역	LT_C_UM750
11		수질보전특별대책지역	LT_C_UM750
12		배출시설설치제한지역	LT_C_UM760
13		습지보호지역	LT_C_UM901
14		습지주변관리지역	LT_C_UM901
15		습지개선지역	LT_C_UM901
16		특정도서	LT_C_UM910
17		도립공원	LT_C_UM101
18		군립공원	LT_C_UM101
19	도시	개발제한구역	LT_C_UD801
20	농업	농업진흥지역	LT_C_UE101
21		농업진흥구역	LT_C_UE101
22		농업보호구역	LT_C_UE101

기출예상문제

환경공간정보서비스(egis.me.go.kr)에서는 토지이용규제지역 · 지구도에 관한 정보를 제공하고 있다. 다음 중 환경분야 토지이용규제지역 · 지구도가 아닌 것은?
① 생태 · 경관보전지역
② 수변구역
③ 습지보호지역
④ 개발제한구역

🖱 ④

No.	분야	용도지역 · 지구명	레이어
23	농업	한계농지정비지구	LT_C_UE301
24	산림	자연휴양림구역	LT_C_UF132
25		채종림구역	LT_C_UF141
26		시험림구역	LT_C_UF141
27		사방지	LT_C_UF301
28		보전산지	LT_C_UF801
29		임업용산지	LT_C_UF801
30		공익용산지	LT_C_UF801
31		산지전용 · 일시사용제한지역	LT_C_UF811
32		백두대간보호지역	LT_C_UF901
33	수자원	하천구역	LT_C_UJ201
34		홍수관리구역	LT_C_UJ201
35		소하천구역	LT_C_UJ301
36		지하수보전구역	LT_C_UJ501
37	교육문화	문화재보호구역	LT_C_UO301
38	국토계획	도시지역	LT_C_UQ101
39		보전녹지지역	LT_C_UQ111
40		생산녹지지역	LT_C_UQ111
41		자연녹지지역	LT_C_UQ111
42		관리지역	LT_C_UQ112
43		농림지역	LT_C_UQ113
44		자연환경보전지역	LT_C_UQ114
45		기타 용도지역	LT_C_UQ115
46		경관지구	LT_C_UQ121
47		고도지구	LT_C_UQ123
48		방화지구	LT_C_UQ124
49		방재지구	LT_C_UQ125
50		보호지구	LT_C_UQ126
51		역사문화환경보호지구	LT_C_UQ126
52		생태계보호지구	LT_C_UQ126
53		중요시설물보호지구	LT_C_UQ127
54		용도지구취락지구	LT_C_UQ128

No.	분야	용도지역 · 지구명	레이어
55	국토계획	개발진흥지구	LT_C_UQ129
56		특정용도제한지구	LT_C_UQ130
57		국토이용기타용도지구	LT_C_UQ131
58		도시자연공원구역	LT_C_UQ162
59		수산자원보호구역	LT_C_UQ141
60	지역(제주)	절대보전지역	LT_C_UB301
61		상대보전지역	LT_C_UB301
62		지하수자원보전지구	LT_C_UB311
63		생태계보전지구	LT_C_UB312
64		경관보전지구	LT_C_UB313

4) 개별공간정보시스템(https : //egis.me.go.kr/intro/each.do)
　① 국토환경성 평가지도시스템(https : //ecvam.neins.go.kr/main.do)
　② 환경영향평가정보지원시스템(https : //www.eiass.go.kr/)
　③ 생활환경안전정보시스템(초록누리)(https : //ecolife.me.go.kr/ecolife/)
　④ 물환경정보시스템(water.nier.go.kr)
　⑤ 토양지하수정보시스템(http : //sgis.nier.go.kr/)
　⑥ 국가소음정보시스템(http : //www.noiseinfo.or.kr/index.jsp)
　⑦ 기후변화 취약성 평가지원도구 시스템(https : //vestap.kei.re.kr)
　⑧ 자동차배기가스관리종합전산시스템(mecar.or.kr)
　⑨ 폐기물종합관리시스템(올바로)(https : //www.allbaro.or.kr)
　⑩ 순환자원정보센터(https : //www.re.or.kr)

5) 국토환경성 평가지도
　(1) 국토환경성 평가지도의 정의
　　　국토를 친환경적 · 계획적으로 보전하고 이용하기 위하여 환경적 가치를 종합적으로 평가하여 환경적 중요도에 따라 5개 등급으로 구분하고 색채를 달리 표시하여 알기 쉽게 작성한 지도이다.

기출예상문제

국토를 친환경적 · 계획적으로 보전하고 이용하기 위하여 환경적 가치를 종합적으로 평가하여 환경적 중요도에 따라 5개 등급으로 구분하고 색채를 달리 표시하여 알기 쉽게 작성한 지도는?

① 국토환경성 평가지도
② 토지피복지도
③ 지역 · 지구도
④ 토지적성평가

답 ④

┌───┐
│   국토환경성 평가지도 구축 및 운영   │
└───┘

종합적 · 과학적 국토환경정보 제공	국토환경성 평가지도 구축 추진 근거	국토-환경계획 통합관리 기반 마련
		국토계획 + 환경계획
과잉난개발로 인한 환경문제의 심각성이 대두됨에 따라 환경에 대한 인식전환 및 환경을 고려한 국토관리 필요성 부각	국토 · 환경계획 통합관리의 기술적 지원 기반 마련(국정 과제 지원)	정부의 국토환경계획 통합관리 추진에 따라 고도화된 환경정보 통합체계 구축이 필수적
	환경정책기본법 제24조 (환경정보의 보급 등)	
환경친화적인 관리에 대한 요구 증가로 현행국토의 환경정보를 종합 · 과학적으로 평가하여 국민에 제공	환경정책기본법 시행령 제12조 (환경정보망의 구축 · 운영 등)	지리정보를 바탕으로 통합적이고 고도화된 국토환경성 평가지도의 확대 및 활용 증진

❚ 국토환경성 평가지도 구축 및 운영 ❚

(2) 추진 근거

① **법적 근거** : 국토의 환경적 가치를 평가하여 등급으로 표시한 평가지도 작성 · 보급('03~)

② **국정과제** : 국토-환경계획 통합관리(59-1) 시행의 기술적 지원 기반으로 국토환경성 평가지도 정밀도 개선사업 등 고도화 추진('13~)

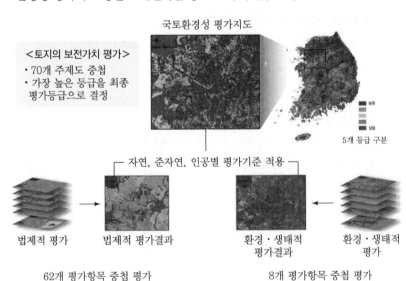

❚ 국토환경성 평가지도 개념도 ❚

(3) 1 : 5,000 국토환경성 평가지도

  ① 1 : 25,000 국토환경성 평가지도 법제적 평가항목을 1 : 5,000 축척으로 고도화
    한 자료와 각 지자체별 정밀임상도, 세분류토지피복지도 등 1 : 5,000 국토환경
    성 평가지도 구축에 필요한 데이터를 바탕으로 구축한 환경생태적 평가항목에 의
    해 국토를 5개 등급으로 평가하여 나타낸 지도이다.

  ② 국토계획 수립, 개발사업 추진단계에서 쉽게 연계하여 활용 가능하도록 1 :
    25,000 국토환경성 평가지도를 1 : 5,000 축척으로 고도화하여 구축하였다.

▎1 : 5,000 국토환경성 평가지도 개념도 ▎

01 환경정책기본법령상 오존(O_3)의 대기환경기준(ppm)으로 옳은 것은? (단, 8시간 평균치이다.) (2018)

① 0.02 이하 ② 0.03 이하
③ 0.05 이하 ④ 0.06 이하

해설 오존(O_3)

㉠ 8시간 평균치 : 0.06ppm 이하
㉡ 1시간 평균치 : 0.1ppm 이하

02 환경정책기본법령상 아황산가스(SO_2)의 대기환경기준으로 옳은 것은? (단, 1시간 평균치) (2018)

① 0.02ppm 이하 ② 0.06ppm 이하
③ 0.10ppm 이하 ④ 0.15ppm 이하

해설 아황산가스(SO_2)

㉠ 연간 평균치 : 0.02ppm 이하
㉡ 24시간 평균치 : 0.05ppm 이하
㉢ 1시간 평균치 : 0.15ppm 이하

03 환경정책기본법령상 하천의 수질 및 수생태계 환경기준으로 옳지 않은 것은? (단, 사람의 건강보호 기준) (2018)

구분	항목	기준값(mg/L)
㉠	카드뮴	0.005 이하
㉡	비소	0.05 이하
㉢	사염화탄소	0.01 이하
㉣	음이온계면활성제	0.5 이하

① ㉠ ② ㉡
③ ㉢ ④ ㉣

해설

3. 수질 및 수생태계
　가. 하천
　　1) 사람의 건강보호 기준

항목	기준값(mg/L)
카드뮴(Cd)	0.005 이하
비소(As)	0.05 이하
시안(CN)	검출되어서는 안 됨 (검출한계 : 0.01)
수은(Hg)	검출되어서는 안 됨 (검출한계 : 0.001)
유기인	검출되어서는 안 됨 (검출한계 : 0.0005)
폴리크로리네이티드비페닐(PCB)	검출되어서는 안 됨 (검출한계 : 0.0005)
납(Pb)	0.05 이하
6가 크롬(Cr^{6+})	0.05 이하
음이온계면활성제(ABS)	0.5 이하
사염화탄소	0.004 이하
1,2-디클로로에틸렌	0.03 이하
테트라클로로에틸렌(PCE)	0.04 이하
디클로로메탄	0.02 이하
벤젠	0.01 이하
클로로포름	0.08 이하
디에틸헥실프탈레이트(DEHP)	0.008 이하
안티몬	0.02 이하
1,4-다이옥세인	0.05 이하
포름알데히드	0.5 이하
헥사클로로벤젠	0.00004 이하

04 환경정책기본법령상 이산화질소의 대기환경기준(ppm)은? (단, 24시간 평균치) (2019)

① 0.03 이하 ② 0.05 이하
③ 0.06 이하 ④ 0.10 이하

해설 이산화질소(NO_2)

㉠ 연간 평균치 : 0.03ppm 이하
㉡ 24시간 평균치 : 0.06ppm 이하
㉢ 1시간 평균치 : 0.10ppm 이하

정답 01 ④　02 ④　03 ③　04 ③

05 환경정책기본법령에 따른 환경기준에서 일반지역에 위치한 녹지지역 및 보전관리지역의 소음기준으로 적당한 것은?

(2019)

① 낮 40dB, 밤 30dB　　② 낮 50dB, 밤 40dB
③ 낮 65dB, 밤 55dB　　④ 낮 75dB, 밤 70dB

해설

2. 소음 (단위 : Leq dB(A))

지역 구분	적용 대상지역	기준	
		낮 (06 : 00~22 : 00)	밤 (22 : 00~06 : 00)
일반 지역	"가" 지역	50	40
	"나" 지역	55	45
	"다" 지역	65	55
	"라" 지역	70	65
도로 변 지역	"가" 및 "나" 지역	65	55
	"다" 지역	70	60
	"라" 지역	75	70

- "가"지역 : 녹지지역, 보전관리지역, 농림지역 및 자연환경보전지역, 전용주거지역, 종합병원경계 · 학교부지경계 · 공공도서관경계로부터 50m 이내 지역
- "나"지역 : 생산관리지역, 일반주거지역 및 준주거지역
- "다"지역 : 상업지역 및 계획관리지역
- "라"지역 : 전용공업지역 및 일반공업지역

06 환경정책기본법령상 수질 및 수생태계 기준 중 하천에서 사람의 건강보호 기준으로 옳지 않은 것은? (단, 단위는 mg/L이다.)

(2019)

① 납(Pb) : 0.02 이하
② 사염화탄소 : 0.004 이하
③ 음이온계면활성제(ABS) : 0.5 이하
④ 테트라클로로에틸렌(PCE) : 0.04 이하

해설

3. 수질 및 수생태계
　가. 하천
　　1) 사람의 건강보호 기준

항목	기준값(mg/L)
카드뮴(Cd)	0.005 이하
비소(As)	0.05 이하
시안(CN)	검출되어서는 안 됨 (검출한계 : 0.01)

항목	기준값(mg/L)
수은(Hg)	검출되어서는 안 됨 (검출한계 : 0.001)
유기인	검출되어서는 안 됨 (검출한계 : 0.0005)
폴리크로리네이티드비페닐(PCB)	검출되어서는 안 됨 (검출한계 : 0.0005)
납(Pb)	0.05 이하
6가 크롬(Cr^{6+})	0.05 이하
음이온계면활성제(ABS)	0.5 이하
사염화탄소	0.004 이하
1,2 – 디클로로에틸렌	0.03 이하
테트라클로로에틸렌(PCE)	0.04 이하
디클로로메탄	0.02 이하
벤젠	0.01 이하
클로로포름	0.08 이하
디에틸헥실프탈레이트(DEHP)	0.008 이하
안티몬	0.02 이하
1,4 – 다이옥세인	0.05 이하
포름알데히드	0.5 이하
헥사클로로벤젠	0.00004 이하

07 환경정책기본법상 환경기준의 설정에 대한 설명으로 가장 거리가 먼 것은?

(2020)

① 환경기준은 대통령령으로 정한다.
② 오염물질 배출에 대한 개략적인 기준을 설정한다.
③ 환경 여건의 변화에 따른 적정성이 유지되도록 한다.
④ 생태계 또는 인간의 건강에 미치는 영향 등을 고려하여 환경기준을 설정하여야 한다.

해설 제12조(환경기준의 설정)

① 국가는 생태계 또는 인간의 건강에 미치는 영향 등을 고려하여 환경기준을 설정하여야 하며, 환경 여건의 변화에 따라 그 적정성이 유지되도록 하여야 한다. (개정 2016.1.27)
② 환경기준은 대통령령으로 정한다.
③ 특별시 · 광역시 · 특별자치시 · 도 · 특별자치도(이하 "시 · 도"라 한다)는 해당 지역의 환경적 특수성을 고려하여 필요하다고 인정할 때에는 해당 시 · 도의 조례로 제1항에 따른 환경기준보다 확대 · 강화된 별도의 환경기준(이하 "지역환경기준"이라 한다)을 설정 또는 변경할 수 있다. (개정 2021.1.5)
④ 특별시장 · 광역시장 · 특별자치시장 · 도지사 · 특별자치도지사(이하 "시 · 도지사"라 한다)는 제3항에 따라 지역환경기준을 설정하거나 변경한 경우에는 이를 지체 없이 환경부장관에게 통보하여야 한다. (개정 2021.1.5)

08 환경정책기본법령상 하천의 수질 및 수생태계기준 중 "음이온계면활성제(ABS)" 기준값(mg/L)으로 옳은 것은? (단, 사람의 건강보호 기준으로 한다.) (2020)

① 검출되어서는 안 됨(검출한계 0.001)
② 검출되어서는 안 됨(검출한계 0.01)
③ 0.05 이하
④ 0.5 이하

해설
3. 수질 및 수생태계
　가. 하천
　　1) 사람의 건강보호 기준

항목	기준값(mg/L)
카드뮴(Cd)	0.005 이하
비소(As)	0.05 이하
시안(CN)	검출되어서는 안 됨 (검출한계 : 0.01)
수은(Hg)	검출되어서는 안 됨 (검출한계 : 0.001)
유기인	검출되어서는 안 됨 (검출한계 : 0.0005)
폴리크로리네이티드비페닐(PCB)	검출되어서는 안 됨 (검출한계 : 0.0005)
납(Pb)	0.05 이하
6가 크롬(Cr^{6+})	0.05 이하
음이온계면활성제(ABS)	0.5 이하
사염화탄소	0.004 이하
1,2-디클로로에틸렌	0.03 이하
테트라클로로에틸렌(PCE)	0.04 이하
디클로로메탄	0.02 이하
벤젠	0.01 이하
클로로포름	0.08 이하
디에틸헥실프탈레이트(DEHP)	0.008 이하
안티몬	0.02 이하
1,4-다이옥세인	0.05 이하
포름알데히드	0.5 이하
헥사클로로벤젠	0.00004 이하

09 환경정책기본법령상 아황산가스(SO_2)의 대기환경기준으로 옳은 것은? (단, 24시간 평균치이다.) (2020)

① 0.02ppm 이하
② 0.03ppm 이하
③ 0.05ppm 이하
④ 0.06ppm 이하

해설 아황산가스(SO_2)
　㉠ 연간 평균치 : 0.02ppm 이하
　㉡ 24시간 평균치 : 0.05ppm 이하
　㉢ 1시간 평균치 : 0.15ppm 이하

10 환경정책기본법령상 하천에서의 디클로로메탄의 수질 및 수생태계 기준(mg/L)으로 옳은 것은? (단, 사람의 건강보호 기준으로 한다.) (2020)

① 0.008 이하
② 0.01 이하
③ 0.02 이하
④ 0.05 이하

해설
3. 수질 및 수생태계
　가. 하천
　　1) 사람의 건강보호 기준

항목	기준값(mg/L)
카드뮴(Cd)	0.005 이하
비소(As)	0.05 이하
시안(CN)	검출되어서는 안 됨 (검출한계 : 0.01)
수은(Hg)	검출되어서는 안 됨 (검출한계 : 0.001)
유기인	검출되어서는 안 됨 (검출한계 : 0.0005)
폴리크로리네이티드비페닐(PCB)	검출되어서는 안 됨 (검출한계 : 0.0005)
납(Pb)	0.05 이하
6가 크롬(Cr^{6+})	0.05 이하
음이온계면활성제(ABS)	0.5 이하
사염화탄소	0.004 이하
1,2-디클로로에틸렌	0.03 이하
테트라클로로에틸렌(PCE)	0.04 이하
디클로로메탄	0.02 이하
벤젠	0.01 이하
클로로포름	0.08 이하
디에틸헥실프탈레이트(DEHP)	0.008 이하
안티몬	0.02 이하
1,4-다이옥세인	0.05 이하
포름알데히드	0.5 이하
헥사클로로벤젠	0.00004 이하

정답 08 ④ 09 ③ 10 ③

11 환경정책기본법령상 국토의 계획 및 이용에 관한 법률에 따른 주거지역 중 전용주거지역의 밤(22 : 00~06 : 00)시간대 소음환경기준은? (단, 일반지역이며, 단위는 Leq dB(A)) (2018)

① 40   ② 45
③ 50   ④ 55

해설

2. 소음(단위 : Leq dB(A))

지역 구분	적용 대상지역	기준	
		낮 (06 : 00~22 : 00)	밤 (22 : 00~06 : 00)
일반 지역	"가" 지역	50	40
	"나" 지역	55	45
	"다" 지역	65	55
	"라" 지역	70	65
도로 변 지역	"가" 및 "나" 지역	65	55
	"다" 지역	70	60
	"라" 지역	75	70

• "가"지역 : 녹지지역, 보전관리지역, 농림지역 및 자연환경보전지역, 전용주거지역, 종합병원경계 · 학교부지경계 · 공공도서관경계로부터 50m 이내 지역
• "나"지역 : 생산관리지역, 일반주거지역 및 준주거지역
• "다"지역 : 상업지역 및 계획관리지역
• "라"지역 : 전용공업지역 및 일반공업지역

12 환경정책기본법령상 다음 오염물질의 대기환경기준으로 옳지 않은 것은? (2019)

① 오존 – 1시간 평균치 0.1ppm 이하
② 일산화탄소 – 1시간 평균치 0.15ppm 이하
③ 아황산가스 – 24시간 평균치 0.05ppm 이하
④ 이산화질소 – 24시간 평균치 0.06ppm 이하

해설

1. 대기

항목	기준	
아황산가스(SO_2)	• 연간 평균치	0.02ppm 이하
	• 24시간 평균치	0.05ppm 이하
	• 1시간 평균치	0.15ppm 이하
일산화탄소(CO)	• 8시간 평균치	9ppm 이하
	• 1시간 평균치	25ppm 이하
이산화질소(NO_2)	• 연간 평균치	0.03ppm 이하
	• 24시간 평균치	0.06ppm 이하
	• 1시간 평균치	0.10ppm 이하
미세먼지(PM – 10)	• 연간 평균치	$50\mu g/m^3$ 이하
	• 24시간 평균치	$100\mu g/m^3$ 이하
초미세먼지 (PM – 2.5)	• 연간 평균치	$15\mu g/m^3$ 이하
	• 24시간 평균치	$35\mu g/m^3$ 이하
오존(O_3)	• 8시간 평균치	0.06ppm 이하
	• 1시간 평균치	0.1ppm 이하
납(Pb)	• 연간 평균치	$0.5\mu g/m^3$ 이하
벤젠	• 연간 평균치	$5\mu g/m^3$ 이하

13 OECD의 환경지표 설정을 위한 PSR구조에서 대응 (response)에 해당하는 것은? (2018)

① 에너지, 운송, 제조업, 농업
② 행정, 기업, 국제사회
③ 대기, 토양, 자연자원
④ 학교, 민간단체, 군대

해설 OECD의 환경지표 구성틀에서 원인 · 상태 · 대응의 정의

분류	정의	예
원인 (pressure)	인간의 활동, 생활과정과 삶의 유형	• 자연자원의 이용 • 오염물질 배출량 • 폐기물 발생량 등
상태 (state)	원인에 의해 변화된 환경상태	• 오염된 공기 또는 물 • 토양의 비옥도 • 염화 및 침식 등
대응 (response)	환경변화에 대한 사회적 대응	• 법적, 제도적, 경제적 수단 • 관리전략 • 개발계획 및 전략 등

14 환경지표는 정보전달의 제1종 지표와 가치평가의 제2종 지표로 구분할 수 있다. 이때 제2종 지표의 사례만 나열한 것은? (2020)

① 물가지수, 수질종합지표
② 물가지수, 대기질 종합지표
③ 오염피해 지표, 대기질 종합지표
④ 오염피해 지표, 도시쾌적성 · 만족도 지표

가치(value)는 그것을 부여하는 주체나 그러한 주체가 속한 사회적 상황, 시대적 상황 등에 따라 달라지는 상대적 개념

15 OECD에서 채택한 환경지표 구조는 압력(Pressure)−상태(Status)−대응(Response) 구조였다. 다음 환경문제를 해석하는 환경지표 중 PSR구조가 아닌 것은? (2018)

① 기후변화 : 압력(온실가스 배출) – 상태(농도) – 대응(CFC 회수)
② 부영양화 : 압력(질소, 인 배출) – 상태(농도) – 대응(처리 관련 투자)
③ 도시환경질 : 압력(VOCs, NOx, SOx 배출) – 상태(농도) – 대응(운송정책)
④ 생물다양성 : 압력(개발사업) – 상태(생물종수) – 대응(보호지역 지정)

해설▶ 우리나라 환경지표 체계개발

구분	입력지표	상태지표	대응지표
1. 발생환경문제 부문 • 기후변화	• 온실가스 배출량 • CO_2, NH_4, N_2O	• 지구평균기온 • 온실가스 대기 농도	• 에너지 원단위 • 에너지 환경세

16 SCOPE의 환경지표세트체계를 순자원역경지표, 종합오염지표, 생태계위험지표, 인간생활에의 영향지표로 구분할 때 다음 중 생태계위험지표에 해당되는 것은? (단, SCOPE는 환경문제과학위원회(Scientific Committee on Problem of the Environment)이다.) (2018)

① 인구분포
② 대기오염의 영향
③ 산성화를 유발하는 물질
④ 어업자원과 어장환경의 소모

17 GIS로 파악이 가능한 자연환경정보의 내용이 아닌 것은? (2018)

① 대상지 규모　　　② 오염물질 종류
③ 산림 및 산지　　　④ 토지 피복/이용

GIS는 컴퓨터상에 디지털지도를 만들 때 여러 방법을 이용한 데이터에 의하여 정확한 X, Y, Z값과 인공위성 카메라센서에 탑재된 다양한 이미지를 함께 지도화할 수 있다.

18 리모트센싱(remote sensing)을 이용한 경관특성분석의 장점을 기술한 것과 가장 거리가 먼 것은? (2018)

① 일정지역의 서로 다른 경관유형의 파악이 가능하다.
② 산림경관에서 수목의 활력도, 수관 및 잎의 변화 등을 파악하는 데 용이하다.
③ 분광특성을 통해 경관구조를 정량적으로 파악하는 데 용이하다.
④ 지하수위의 변화에 대한 정보를 구체적으로 제시해 줄 수 있다.

㉠ 인공위성에서 전송된 화상은 사진과 많이 다르기 때문에 특수한 소프트웨어와 기술을 이용하여 사진을 분석/처리하는 작업을 하는데 이를 remote sensing(원격탐사)이라고 한다.
㉡ remote sensing(원격탐사) 전문가들은 고도의 지식과 기술을 이용하여 사막화, 기온변화, 환경변화 등의 목적에 맞게 지표면의 변화를 분석할 수 있다.

19 행동권(home range) 분석을 위한 GPS시스템의 특징으로 옳지 않은 것은? (2018)

① 데이터의 신뢰성이 높다
② 장비의 가격이 중·고가이다.
③ 24시간 추적이 불가능하다.
④ 배터리의 크기 및 성능에 따라 장기간 사용할 수 있다.

GPS는 24시간 추적이 가능하다.

20 지구관측위성 Landsat TM의 근적외선 영역(파장 : $0.76\sim0.9\mu m$)을 이용한 응용분야는? (2018)

① 식생유형, 활력도, 생체량 측정, 수역, 토양수분 판별
② 물의 투과에 의한 연안역 조사, 토양과 식생의 판별, 산림유형 및 인공물 식별
③ 광물과 암석의 분리
④ 식생의 스트레스(stress) 분석, 열 추정

해설

Blue	$0.45\sim0.52$	해안선시, 토양 및 식생, 산림도
Green	$0.52\sim0.60$	식생, 문화 특성 판독
Red	$0.63\sim0.69$	지질도, 토양분석, 식물 비교
Near Infrared	$0.76\sim0.90$	식생, 생물자원 함유, 수계망, 토양함수량
Mid Infrared	$1.55\sim1.75$	식물수분량, 갈수기작황, 눈/구름 구별
Thermal Infrared	$10.4\sim12.5$	열오염 분포
Mid Infrared	$2.08\sim2.35$	식생함수량, 암석과 광물 구별

21 GIS에서 커버리지 또는 레이어(coverage or layer)에 대한 설명으로 옳지 않은 것은? (2018)

① 단일주제와 관련된 데이터세트를 의미한다.
② 공간자료와 속성자료를 갖고 있는 수치지도를 의미한다.
③ 균등한 특성을 갖는 래스터정보의 기본요소를 의미한다.
④ 하나의 인공위성 영상에 포함되는 지상의 면적을 의미하기도 한다.

해설

레이어는 래스터데이터 또는 벡터데이터로 구성된다.

22 GIS를 활용한 자연환경정보의 내용이 아닌 것은? (2018)

① 대상지 규모
② 토지피복/이용
③ 산림 및 산지
④ 오염물질 종류

23 GIS(지리정보체계)자료의 구축 및 활용 절차를 바르게 순서대로 나열한 것은? (2018)

① 자료 획득 → 모의실험 → 전처리 → 모델 → 결과 출력
② 현장 조사 → 실험실 분석 → 자료 획득 → 결과 도출 → 자료 해석
③ 자료 획득 → 전처리 → 자료 관리 → 조장과 분석 → 결과 출력
④ 현장 조사 → 자료 획득 → 자료 해석 → 전처리 → 결과 출력

24 원격탐사자료(satellite remote sensing data)의 유리한 특징만을 모아 놓은 것은? (2018)

① 광역성, 동시성, 단발성
② 동시성, 주기성, 표현성
③ 주기성, 개방성, 표현성
④ 동시성, 광역성, 주기성

해설

㉠ GIS분석 중의 하나로 이미지분석으로 특화된 분야이다.
㉡ 인공위성 항공사진이미지를 판독하고 분석하는 기술이 remote sensing으로 지도 제작에 유용하게 사용된다.
㉢ 따라서, 광역적 범위를 주기적으로 동시에 분석할 수 있다.

25 원격탐사(remote sensing)를 환경문제에 응용할 때의 유리한 특징으로 볼 수 없는 것은? (2019)

① 일시성 　　　　② 주기성
③ 광역성 　　　　④ 동시성

26 생태통로를 설치하기 위한 적지 선정에 활용하는 GIS나 RS기법에 대한 설명으로 틀린 것은? (2019)

① 다양한 조건을 이용하여 모의실험이 가능하다.
② 생태통로를 이용하는 모든 동물종을 예측할 수 있다.
③ 객관적이고 합리적인 입지선정 대안을 제시할 수 있다.
④ 대상지역에 대한 상세한 정보와 대용량의 자료를 용이하게 처리할 수 있다.

해설

모든 동물종을 예측하는 것은 불가능하다.

정답 20 ① 　21 ③ 　22 ④ 　23 ③ 　24 ④ 　25 ① 　26 ②

27 지리정보체계(GIS)를 활용하여 분석 가능한 경관생태 항목들 중 틀린 것은? (2019)

① 논농사지역의 잡초분포 파악
② 산림군락지 내 병해충의 종류 및 원인 파악
③ 토양도 작성을 통한 토양 형성과정의 이해
④ 배수구역 내의 물수지평형과 하천 오염원 계산

해설

GIS는 공간분석, 이미지분석, 데이터베이스 구축 및 관리, 개발을 할 수 있다.

28 고도 832km에서 지구의 폭 117km를 일시에 관측하며, 26일마다 동일 위치로 돌아오는 태양동기 준회귀궤도를 가지고 있는 위성으로서 HRV/XS의 해상력이 약 20m2인 위성은? (2019)

① SPOT
② MOS – 1
③ Landsat TM
④ Landsat MSS

29 원격탐사(RS)기법의 특징에 대한 설명으로 틀린 것은? (2019)

① 컴퓨터를 이용하여 손쉽게 분석할 수 있다.
② 광범위한 지역의 공간정보를 획득하기에 용이하다.
③ 정밀한 땅속 지하암반의 형태를 쉽게 추출할 수 있다.
④ 시각적 정보를 지도의 형태로 제공함으로써 누구나 이해하기 용이하다.

해설

원격탐사는 GIS분석 중의 하나로 이미지분석으로 특화된 분야이다.

30 지리정보시스템(GIS)에서 기본도를 그림과 같이 A와 B의 2가지의 자료유형으로 재구성하였다. A와 B 유형의 형식을 옳게 나타낸 것은? (2020)

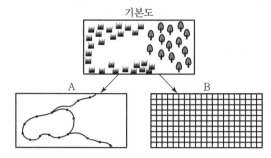

① A : 벡터(vector), B : 래스터(raster)
② A : 페리미터(perimeter), B : 셀(cell)
③ A : 아노말리(anomaly), B : 그리드(grid)
④ A : 커브(curve), B : 모자이크(mosaics)

해설

raster data	vector data
하나하나의 작은 셀로 이루어져 있으며, 각각의 셀은 좌표 이외에도 인공위성에 탑재된 카메라센서에 의한 다양한 값들이 들어가 있다.	래스터(raster)데이터를 이용하여 모양을 따라 컴퓨터상에 그래픽을 그려 넣는데, 그 타입은 점 · 선 · 면을 가진다. 집은 점, 도로나 하천은 선, 공원이나 학교 등은 면으로 그려지고 여기에 고도값이 더하여지는 데이터이다.

31 원격탐사(remote sensing)를 이용한 경관특성분석에 대한 설명 중 옳지 않은 것은? (2020)

① 일정지역의 구조적인 경관유형의 파악이 가능하다.
② 지하수위의 변화에 대한 정보를 구체적으로 제시해 줄 수 있다.
③ 분광특성을 통해 경관구조를 정량적으로 파악하는 데 용이하다.
④ 산림경관에서 수목의 활력도, 수관 및 잎의 변화 등을 파악하는 데 용이하다.

해설

원격탐사는 GIS 분석 중의 하나로 이미지 분석으로 특화된 분야이다.

32 원격탐사(RS)에 대한 설명으로 옳지 않은 것은? (2020)

① 원격탐사시스템은 태양에너지를 에너지원으로 활용한다.
② 전자파스펙트럼은 모든 물체에서 동일한 특성을 가지고 있다.
③ 비접촉센서를 이용하여 관심의 대상이 되는 물체나 현상에 대한 정보를 얻는 기술이다.
④ 물체에서 방출되거나 반사되는 전자파의 양을 측정하여 판독하거나 필요한 정보를 얻는다.

해설
물체에 따라 다른 특성을 나타낸다.

Blue	0.45~0.52	해안선도시, 토양 및 식생, 산림도
Green	0.52~0.60	식생, 문화 특성 판독
Red	0.63~0.69	지질도, 토양분석, 식물 비교
Near Infrared	0.76~0.90	식생, 생물자원 함유, 수계망, 토양함수량
Mid Infrared	1.55~1.75	식물수분량, 갈수기작황, 눈/구름 구별
Thermal Infrared	10.4~12.5	열오염 분포
Mid Infrared	2.08~2.35	식생함수량, 암석과 광물 구별

33 원격탐사의 특징으로 옳지 않은 것은? (2020)

① 광역성
② 전자파 이용
③ 주기적 정보획득
④ 자료의 저장과 분석의 어려움

34 환경부에서 제작한 생태·자연도의 특징에 해당되지 않는 것은? (2018)

① 자연환경보전법에 의한 전국 자연환경조사 결과에 기초하여 매 10년마다 작성한다.
② 도면의 축척은 1/50,000이다.
③ 생태·자연도등급 변경신청을 받은 때에 변경신청에 정당한 사유가 있다고 인정되는 때에는 신청을 받은 날로부터 90일 이내에 정밀조사를 실시한다.
④ 평가항목의 경계는 실선과 격자를 병행하여 표시한다.

해설 자연환경보전법 제34조

④ 생태·자연도는 2만5천분의 1 이상의 지도에 실선으로 표시하여야 한다. 그 밖에 생태·자연도의 작성기준 및 작성방법 등 작성에 필요한 사항과 제1항에 따른 생태·자연도의 활용대상 및 활용방법에 관하여 필요한 사항은 대통령령으로 정한다. 〈개정 2020. 5. 26.〉

CHAPTER
03 자연생태환경 조사분석

01 대상지 여건분석

1. 환경생태적 여건

기출예상문제

자연생태환경 조사분석 중 기상
환경 조사분석 항목이 아닌 것은?
① 기온   ② 상대습도
③ 강수량   ④ 토양경도
                    정답 ④

1) 기상환경 조사분석하기

(1) 기상환경 조사계획을 수립하고 조사항목을 선정한다.

▶ 기후환경 조사항목 및 세부사항

조사항목	세부사항
기온	최근 10년간 평균기온, 최고기온, 최저기온
강수량	최근 10년간 평균강수량
상대습도	최근 10년간 평균상대습도
강우일수	최근 10년간 강우일수
일조시간	최근 10년간 평균일조시간
풍속 · 풍향	최근 10년간 평균풍속, 풍향별 발생빈도

(2) 실내조사항목과 현장조사항목을 구분한다.

▶ 기상환경 조사항목

구분		필수조사	선택조사
조사 항목	실내조사	기온, 풍향 · 풍속, 습도, 강수량	강우일수, 일조시간, 일사량, 적설량
	현장조사	–	기온, 풍향 · 풍속, 습도, 일조시간, 일사량

(3) 실내조사(문헌조사)를 통해 전반적인 기상환경을 분석한다.
   ① 기상청 홈페이지(http : //www.kma.go.kr)
   ② 농촌진흥청 농업기상정보 홈페이지(http : //weather.rda.go.kr)

(4) 수치지형도를 이용하여 현지조사가 필요한 지점을 선정한다.

   ① 국가공간정보포털 홈페이지(http : //www.nsdi.go.kr) : 수치지형도 제공

   ② 습지 · 하천 등 수자원이 있거나 울폐도(crown density : 임목의 수관과 수관이 서로 접하여 이루고 있는 임관의 폐쇄정도) 변화가 심하여 기후환경이 변할 가능성이 있는 지역

   ③ GPS 등을 이용하여 수치지형도에 표시

(5) 현지조사를 통해 세부적인 기상환경을 분석한다.

   ① 온도 · 습도 조사 : 온습도계

   ② 풍향 · 풍속 : 풍향 · 풍속계

   ③ 기타 기상환경 : 광량, 일조시간 등

(6) 문헌조사자료와 현지조사자료를 종합하여 도면화한다.

   ① 문헌조사자료와 현지조사자료를 비교 · 검토한다.

   ② 현지조사자료를 구체화하여 도면화한다.(Mapping)

‖ 기상환경분석 과정 ‖

기출예상문제

자연생태환경 조사분석 중 지형환경 조사분석 항목이 아닌 것은?

① 향(동·서·남·북)
② 경사
③ 보전가치 지형·지질
④ 풍향, 풍속

답 ④

2) 지형환경

(1) 지형환경 조사계획을 수립하고 조사항목을 선정한다.

표고	산 하단부를 기준으로 산의 높이로서 지반고		
향	동·서·남·북의 4개 방향 또는 남동·남서·북동·북서를 포함한 8향 기준으로 조사		
경사	대상지의 가파르고 완만한 정도 분석 〈경사도 계산방법〉		

<table>
<tr><th colspan="2">경사도 계산 1</th><th colspan="2">경사도 계산 2</th></tr>
<tr><td colspan="2"></td><td colspan="2"></td></tr>
<tr><td colspan="2">경사도$(\theta) = \dfrac{h}{1} \times 100\%$</td><td colspan="2">전체경사도 $= \dfrac{d_1 l_1 + d_2 l_2 + d_3 l_3 + d_4 l_4 + d_5 l_5}{l_1 + l_2 + l_3 + l_4 + l_5}$

$= \dfrac{\sum d_1 l_1}{\sum l_1}$

d_1 : 구간 i에서의 경사도
l_1 : 구간 i에서의 평면거리</td></tr>
<tr><td colspan="2">지형의 단면을 단순한 삼각형으로 가정하여 그 삼각형의 각도를 경사도로 하는 방법</td><td colspan="2">지형이 구간에 따라 변화되는 경우, 복잡한 지형을 고려하여 지형단면의 여러 면을 삼각형으로 분할하고 각각의 수평거리 가중치를 더하여 평균하는 방법</td></tr>
</table>

기타	지형적 장애물	일반적으로 인정될 수 있는 동물의 이동을 방해하는 인공적, 자연적 장애물
	보전가치 지형·지질	자연·경관적, 학술적, 문화적, 역사적, 예술적 가치를 지닌 지형·지질요소

(2) 실내조사항목과 현장조사항목을 구분한다.

▶ **지형환경 조사항목**

구분		필수조사	선택조사
조사 항목	실내조사	표고, 향, 경사	시계열(지형변화)
	현장조사	토양 침식 및 유실, 비탈면 표면 안정성, 건습상태	표고, 향, 경사

(3) 실내조사(문헌조사)를 통해 전반적인 지형환경을 조사한다.

① 수치지형도
② 항공사진 및 기타

(4) 현지조사가 필요한 지점을 선정한다.

① 국가공간정보포털(http : //www.nsdi.go.kr) : 수치지형도 제공

② 토양 침식 및 유실 지점, 비탈면 안정성이 우려되는 지점, 기타 조사가 필요한 지점을 선정한다.

③ GPS 등을 이용하여 조사지점을 표시한다.

(5) 현지조사를 통해 세부적인 지형환경을 조사한다.

① 경사 : 경사도계　　　　　　② 향 : 방위계

③ 표고 : 고도계　　　　　　④ 지형장애물 및 보전가치 지형 · 지질

(6) 문헌조사자료와 현지조사자료를 종합하여 도면화한다.

① 표고분석도　　　　　　② 방위분석도

③ 경사분석도　　　　　　④ 과거지형과 현재지형 비교분석도

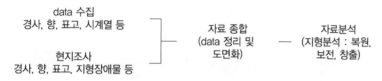

│ 지형환경분석 과정 │

3) 토양환경

(1) 토양환경 조사계획을 수립하고 조사할 항목을 선정한다.

① 표토의 토성　　　　　　② 배수등급

③ 토양경도　　　　　　④ 토양습도

⑤ 토양산도

(2) 실내조사항목과 현장조사항목으로 구분한다.

▶ **토양조사항목**

구분		필수조사	선택조사
조사 항목	실내조사	표토의 토성, 배수등급	• 토양 물리성(입도 및 토성, 토양 입단율, 토양공극률, 유효 토실 등) • 화학성(산도, 전기전도도, 양이온 치환용량, 유기물함량, 전질소, 유효인산, 염분농도, 치환성 양이온 등), 토양 동물 출현
	현장조사	토양경도, 토양습도, 토양산도	유기물층, 토심, 간이토성

기출예상문제

자연생태환경 조사분석 중 토양환경 조사분석 항목이 아닌 것은?

① 표토의 토성
② 배수등급
③ 토양경도
④ 표고 및 경사

답 ④

(3) 실내조사(문헌조사)를 통해 전반적인 토양환경을 조사한다.
  ① 토양환경정보시스템(http : //soil.rda.go.kr)을 이용한다.
  ② 토성, 유효토심, 배수등급, 침식정도, 경사, 토지이용형태를 확인한다.

(4) 실내조사(문헌조사)자료를 바탕으로 현지조사를 실시한다.
  ① 유기물층 : 시료 채취와 겸하여 깊이 30cm 이상 조사가 가능한 단면을 만들고 토양상태를 조사한다.
  ② 유효토심 : 구덩이를 파고, 줄자 또는 수직자를 이용한다.

  ▶ **유효토심의 구분**

내용	토심 구분
유효토심	뿌리가 가장 많이 분포하는 깊이
A층 토심	A층 하단부까지의 깊이
B층 토심	B층 하단부까지의 깊이

  ③ 토성 : 촉감법

| 촉감법에 의한 토성조사 |

  ▶ **촉감법에 의한 토성조사방법**

띠의 길이	촉감	토성
2.5cm 이하	매우 거칠다.	사질양토
	거칠지도 부드럽지도 않다.	양토
	매우 부드럽다.	미사질양토
2.5cm<띠<5.0cm	매우 거칠다.	사질식 양토
	거칠지도 부드럽지도 않다.	식양토
	매우 부드럽다.	미사질식 양토
5.0cm 이상	매우 거칠다.	사질식 토
	거칠지도 부드럽지도 않다.	식토
	매우 부드럽다.	미사질식 토

기출예상문제

토양조사방법 중 토성을 결정하는 방법에는 현장에서 손가락 촉감을 이용하는 촉감분석법이 있다. 촉감분석법으로 토성을 측정 시 식양토의 설명으로 맞는 것은?
① 띠의 길이 2.5~5cm
② 뭉쳐지지 않고 그대로 부서짐
③ 띠의 길이가 2.5cm 이상 길어지지 않음
④ 띠의 길이 5.0cm 이상
답 ①

④ 토양건습 : 촉감법

> **촉감법에 의한 토양건습 조사방법**

촉감법에 의한 토양건습 조사				
건조	약건	적윤	약습	습
손으로 꽉 쥐었을 때 수분에 대한 감촉이 거의 없음	꽉 쥐었을 때 손바닥에 습기가 약간 묻을 정도	손으로 꽉 쥐었을 때 손바닥 전체에 습기가 묻고 물의 감촉이 뚜렷함	꼭 쥐었을 때 손가락 사이에 물기가 약간 비침	꼭 쥐었을 때 손가락 사이에 물방울이 맺힘

⑤ **토양산도** : 휴대용 pH측정기, 리트머스시험지
⑥ **토양수분** : 토양수분 조사장비
⑦ **토양경도** : 토양경도계

> **토양경도지수와 수목생장**

구분(mm)	내용
18mm 이하	수목의 생육이 가능함
18~23mm	수목의 근계생장이 가능함
23~27mm	수목의 생육이 양호하지 않음
27mm 이상	수목의 생육이 불가능

⑧ 기타 대상지에 필요한 자료

(5) 문헌조사자료와 현지조사자료를 종합하여 도면화한다.

‖ **토양환경분석 과정** ‖

기출예상문제

수목생육이 불가능한 토양경도(mm)는?

① 18mm 이하
② 18~23mm
③ 23~27mm
④ 27mm 이상

답 ④

기출예상문제

수환경 조사항목 중 물속에 녹아 있는 산소를 뜻하며, 유기물에 의하여 심하게 오염된 수역일수록 낮은 농도로 보이는 것은?

① pH   ② DO
③ BOD   ④ COD

🔑 ②

4) 수환경

(1) 수환경 조사계획을 수립하고 조사항목을 선정한다.

▶ 수질분석항목

구분	분석항목
수온	수온을 기록한다.
pH	수소이온지수, 즉 수소이온농도를 지수로 나타낸 것이다. 수질의 산성이나 알칼리성의 농도를 나타내는 수치이며 물속에 존재하는 수소이온은 화학반응이나 미생물의 활동에 큰 영향을 미친다.
DO	물속에 녹아 있는 산소(dissolved oxygen)를 뜻하며, 유기물에 의하여 심하게 오염된 수역일수록 낮은 농도를 보인다. 용존산소는 수중생물의 생존 및 성장에 반드시 필요한 물질로, 수질관리나 수처리 측면에서 매우 중요한 인자이며, 수질을 판단하는 데 주로 이용된다. 또한 하천이나 호수의 수질분석항목 중에서 용존산소를 가장 중요한 인자로 간주한다.
BOD	생화학적 산소요구량(biochemical oxygen demand)을 뜻하며, 호기성 미생물이 일정 기간 동안 수중의 유기물을 산화·분해할 때에 소비하는 산소량으로, 수질오염을 나타내는 지표로 쓰이며 ppm으로 나타낸다.
COD	유기물 등의 오염물질 산화제로 산화·분해시켜 정화하는 데 소비되는 산화제의 양을 산소 상당량으로 환산한 것을 말한다.
SS	현탁물질(suspended solid)로 부유물질이라고 하는 경우도 있다. 또한 부유물질량을 지칭하는 경우도 있으며, 물속에 현탁되어 있는 불용성 물질 또는 입자를 가리키기도 한다.
EC	전기전도도란 전류를 통과시키는 정도를 말하며 이는 이온의 존재, 이온들의 총 농도와 온도의 영향을 받는다. 전류는 수중에 존재하는 이온성 물질이 증가하면 전기전도도가 증가한다. 또한 온도가 높아지면 전기전도도가 증가한다.
T-P	총인(total phosphorus)을 뜻하며, 하천, 호소 등의 부영양화를 나타내는 지표의 하나이다. 수중에 포함된 인의 총량을 뜻한다. 조류의 다량발생과 이로 인한 산소공급의 부족, 햇빛의 부족으로 인한 문제를 발생시킬 수 있다.
T-N	총질소(total nitrogen)를 뜻하며, 유기성 질소(단백질, 아미노산), 암모니아 질소, 아질산성 질소, 질산성 질소 형태로 이루어져 있다. 수중에 존재하는 질소의 총량은 수중의 생산력을 좌우한다. 영양염류가 다량 수계로 유입되어 수중의 생산력이 증가하면 조류의 성장이 빠르게 진행되어 용존산소의 결핍과 같은 악영향을 나타낸다.

(2) 실내조사항목과 현장조사항목을 구분한다.

➤ **수환경의 조사항목**

구분		필수조사	선택조사
조사항목	실내조사	유역범위, 수문현황	오염원 및 처리시설현황, 수위, 유량
	현장조사	수질(녹조, 오염정도), 수계를 유지하는 유입 및 유출부, 수위 및 수량, 호안, 하안 및 하상 유지	수온, pH, DO, BOD, COD, SS, T-P, T-N

(3) 실내조사(문헌조사)를 통해 전반적인 수환경을 조사한다.

① 유역범위 산정 : 수치지형도 및 항공지도 이용

② 수원 및 유입 · 유출구 파악하기

➤ **수문현황조사 구분**

구분	유입	유출
수원	강우	증발
	용출수	증산
	지하수	지하침투
	지표수 유입	지표수 유출

(4) 실내조사(문헌조사)자료를 바탕으로 현장조사를 실시한다.

① 유역범위조사

② 수환경범위조사

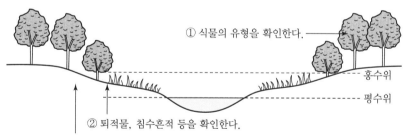

‖ **수환경의 범위 인식방법** ‖

기출예상문제

자연생태환경 조사분석 중 수환경범위의 조사방법으로 알맞지 않은 것은?

① 식물의 유형을 확인한다.
② 퇴적물, 침수흔적 등을 확인한다.
③ 토양의 수분상태를 확인한다.
④ 수질을 확인한다.

답 ④

▶ 수환경의 인식 지표

구분	지표
수환경 인식	범람 흔적
	토양의 침윤조사
	퇴적물 침전
	나무줄기의 이끼류
	식물의 유형
	침수되었거나 침식된 흔적

③ 수원의 유입 · 유출 확인

▶ 수문현황 조사방법

구분	유입	유출
	유입량(%)	유출량(%)
수원	강우	증발
	용출수	증산
	지하수	지하침투
	지표수 유입	지표수 유출

④ 수질측정 : 휴대용 수질측정기

(5) 문헌조사자료와 현지조사자료를 종합하여 도면화한다.

① 수리수문분석도

② 기타 도면

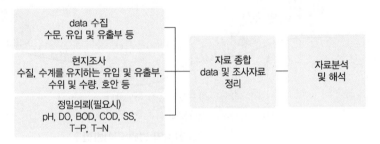

‖ 수질환경분석 과정 ‖

5) 생태네트워크

(1) 환경공간정보를 바탕으로 생태네트워크현황을 조사한다.

① 광역생태네트워크 : 도시와 도시 간의 생태적 연대

② 지역생태네트워크 : 도시 내의 생태적 연대

③ 지구생태네트워크 : 대상지의 생태적 연대

(2) 현장조사를 실시한다.

　① 생태네트워크를 형성하기 위한 핵심지역, 완충지역, 코리더를 구분한다.

　② 생물종의 이동장애물을 조사한다.

　③ 환경공간정보에 나타나지 않았던 기타 정보를 매핑(mapping)한다.

(3) 경관의 유형, 구조 및 기능을 파악하여 도면화한다.

　① 생물종의 공급원(source)과 수용처(sink)관계를 파악한다.

　② 환경공간정보와 현장조사 결과에 의한 정보를 종합하여 효율적인 생태네트워크 구조 및 기능을 파악한다.

　③ 실현가능성을 도면화한다.

‖ 생태네트워크환경 분석과정 ‖

6) 기타 환경

　① 소음 · 진동 : 교통, 산업설비, 공사장, 생활 및 기타

　② 빛공해

　③ 대기오염 : 가스상 물질, 입자상 물질, 고정배출원, 이동배출원

2. 사회경제적 여건

1) 인구 및 주거

(1) 인구

　① 총 인구수, 인구밀도(인구수/면적), 성별 · 연령별 구성비율

　② 세대수, 세대별 인구수(총 인구수/세대수)

(2) 주거

　① 주택의 형태

　② 주택보급률

(3) 변화추이

　인구 및 주거현황의 시계열적 변화 추세

(4) 이용 수요 추정

　① **수용능력 추정** : 자연생태계가 안정적으로 유지되면서 부양할 수 있는 인간활동량이다.

　② **사회적 수요 추정** : 과거의 통계자료 및 유사시설의 사례를 바탕으로 관련된 변수

기출예상문제

자연생태환경 조사분석 중 생태네트워크 조사방법으로 알맞지 않은 것은?

① 생태네트워크를 형성하기 위한 핵심지역, 완충지역, 코리더를 구분한다.

② 생물종의 이동장애물을 조사한다.

③ 환경공간정보에 나타나지 않았던 기타 정보를 현장조사하여 매핑(mapping)한다.

④ 인구 및 주거현황을 조사한다.

답 ④

간의 통계적 관계를 찾아낸 후 이를 미래로 연장시키는 것을 기본방향으로 하고 있다.

　　㉠ 정성적 예측 : 명확한 수치적인 기술을 문제 삼지 않고 주관적인 관점을 주로 이용

　　㉡ 정량적 예측 : 시계열 자료를 연장하거나 예측을 위한 인과변수를 이용

2) 토지이용

① **토지이용** : 지목, 용도지역 · 지구, 토지이용 항목

② **토지피복** : 토지피복 유형 구분 및 면적 산출

③ **관련 계획** : 상위계획과 기타 사업에 영향을 미칠 수 있는 기 수립된 또는 수립 중인 관련 계획

④ **관련 법규** : 사업의 영향을 미칠 수 있는 관련 법규들

⑤ **교통체계** : 사업지구 주변 가로망, 접근동선체계, 교통량, 대상지 내 주요 동선현황

3. 역사문화적 여건

1) 역사문화환경

(1) 교육시설

초 · 중 · 고등학교, 특수학교, 대학, 평생교육기관, 유치원 등

(2) 문화시설

① 공연시설

② 박물관 및 미술관 등 전시시설

③ 도서시설

④ 공연시설과 다른 문화시설이 복합된 종합시설

⑤ 예술인의 창작공간, 창작물을 공연 · 전시하기 위하여 조성된 시설

⑥ 지역문화복지시설, 문화보급 · 전수시설, 그 밖에 문화예술활동에 지속적으로 이용되는 시설

(3) 문화재

① 유형문화재

② 무형문화재

③ 기념물

④ 민속문화재

(4) 생태관광자원

생태관광이란 생태계가 특히 우수하거나 자연경관이 수려한 지역에서 자연자산의 보전 및 현명한 이용을 통하여 환경의 중요성을 체험할 수 있는 자연친화적인 관광을 말한다(자연환경보전법, 제2조).

02 육상생물상 조사분석

1. 포유류

1) 포획조사

(1) 포획조사 일반

① 조사 대상지 내 야생동물의 예상되는 이동로나 잠자리 등의 지역에 포획장비를 설치한다.

② 포획 후 종을 확인하고 조사표를 작성한다.

③ 조사가 끝난 야생동물은 방사한다.

(2) 포획조사의 종류

① 함정포획조사(pitfall trap) : 소형 포유류나 식충류의 탈출 방지까지 고려한 크기의 트랩(trap)을 제작하여 포획하는 방법이다.

② 쥐덫(snap trap) : 먹이로 유인 후 압살하여 포획하는 방법이다.

③ 생포틀(sheman trap) : 먹이로 유인 후 덫 안에 들어오면 입구가 닫히는 구조의 트랩(trap)을 이용하여 포획하는 방법이다.

④ 박쥐그물(bat trap) : 대상지 내 주변환경(나무, 바위 등)을 이용하여 그물을 걸어 포획하는 방법이다.

기출예상문제

포유류 포획조사방법 중 소형 포유류나 식충류의 탈출 방지까지 고려한 크기의 트랩(trap)을 제작하여 포획하는 방법은?

① pitfall trap
② snap trap
③ sheman trap
④ bat trap

답 ①

2) 흔적조사

(1) 대상분류군

① 직접적인 관찰이 용이하지 않은 포유동물을 조사하는 방법이다.

② 대상지 내 서식하는 종과 이동패턴 등을 파악할 수 있다.

(2) 관찰대상의 흔적

배설물, 둥지, 휴식처, 털, 발자국, 먹이흔적 등

(3) 포유류조사표 작성

① 흔적의 크기 측정

② 사진 촬영

③ 발견 위치 좌표

④ 종명 및 흔적구분, 특이사항

기출예상문제

육상생물상 조사분석 중 포유류 조사방법이 아닌 것은?

① 함정포획조사
② 흔적조사
③ 청문조사
④ 털어잡기법

답 ④

3) 청문조사

(1) 청문대상

지역주민, 약초재배꾼, 수렵인, 지역전문가, 생태해설가 등

(2) 청문조사표 작성

① 청문대상자의 정보

② 청문대상종

(3) 청문조사 시 주의점

① 연령, 학력, 성별에 따른 편차가 심함을 고려한다.

② 이해관계가 있는 사업종사자의 왜곡된 의견이 존재함을 고려한다.

③ 객관적인 문헌자료를 바탕으로 조사를 실시한다.

4) 직접관찰조사

(1) 직접관찰조사

① 야생동물의 직접관찰을 시도하는 방법이다.

② 은폐하고 직접관찰하거나 다음 (2)의 직접관찰조사의 종류법을 이용한다.

③ 조사방법에 따른 조사표를 작성한다.

(2) 직접관찰조사의 종류

① **정점조사** : 전망이 좋은 산 능선, 해안에서 조사지역을 관찰하여 센서를 이용하거나 사진촬영을 하여 확인하는 방법이다.

② **라이트센서스** : 야간에 수행하는 조사로, 불빛(라이트)을 이용하여 동물의 눈에 빛 반사로 존재를 확인하는 야간조사방법이다.

③ **항공조사** : 중대형 포유류를 소형 항공기로 관찰하여 광범위한 지역을 조사하는 방법이다. 드론(drone)을 활용할 수 있다.

④ **무인센서카메라조사** : 무인카메라센서를 이용하여 지나가는 야생포유류의 서식 유무를 파악하는 데 활용하는 방법이다.

⑤ **발신추적장치조사** : 특정 포유류의 몸에 발신장치를 걸어 포유류의 이동경로, 행동범위, 서식 여부 등을 파악하는 방법이다.

2. 조류

1) 조류의 특징

(1) 이동에 따른 분류

구분	개념
텃새(resident)	계절에 따라 이동하지 않고 서식하는 새
철새(migrant)	계절에 따라 정기적으로 이동하는 새
여름철새 (summer visitor)	더운 동남아지역에서 우리나라 여름철에 도착하여 둥지를 틀고 번식하는 새
겨울철새 (winter visitor)	우리나라 북쪽에서 번식하고 겨울에 먹이활동을 위해 남하하는 종으로, 대부분 무리를 지어 이동하여 월동하는 새
나그네새 (passage migrant)	북쪽지역에서 번식하고, 호주, 동남아 등지에서 월동하는 종으로, 우리나라에 잠시 들러 휴식을 취하는 새
미조(vagrant)	태풍과 같은 자연현상, 기후변화 또는 다른 이유로 찾아온 길 잃은 새

(2) 조류의 서식행동

행동형태	행동습성
번식시기 (breeding season)	조류의 서식지 내에서 번식관계에 따른 시기로, 둥지를 짓고, 산란하여 새끼를 기르는 기간이다. 종마다 다소 차이를 보이고 있으나 보통 4~7월(북반구), 10~2월(남반부)이다.
비번식시기 (nonbreeding season)	번식이 이루어지지 않는 시기로, 종에 따라 번식기와 비번식기는 다른 깃털의 양상을 보인다.
서식지 (habitat)	조류가 생활하는 지역으로, 종마다 다른 서식공간을 가지고 살아가는 장소이다.
포란기간 (Incubation period)	암컷이 산란 후 알을 품고 있는 시기이다.
탁란 (brood parasitism)	탁란은 둥지를 짓지 않고 다른 조류의 둥지에 알을 위탁하여 포란시키는 습성이다.
이소 (nest leaving)	어린 유조가 자라서 날개를 얻은 후 둥지를 떠나는 것을 말한다.
행동권 (territory)	조류가 자기 둥지를 중심으로 일정한 면적의 영역을 지키기 위해 방어하는 행동이다.
지저귐 (song)	지저귐은 번식기 때 암컷을 부르는 행동으로 수컷이 내는 소리이다.
울음소리 (call)	울음소리는 날아오르며 짧게 내는 비상음(flight call), 둥지에 천적이 나타날 경우 내는 소리(alarm call), 새끼가 어미새에게 먹이를 조르거나 수컷에게 먹이를 달라는 울음(begging call) 등이 있다.

2) 조류관찰

(1) 조사시기

① 번식기를 기본으로 한다.

② 다만, 비번식기에 조사할 필요성이 있는 경우에는 비번식기의 조류 생태특성을 고려하여 조사를 시행한다.

③ 번식기 조류조사는 3월 말~6월 중순이 가장 알맞은 시기이다.

④ 조류 번식지는 지역마다 차이가 있으므로 기존 연구와 예비조사를 통하여 조사시작 시기와 마무리 시기를 결정한다.

(2) 조사시간

① 조류에 대한 관찰력이 높은 시간을 기준으로 한다.

② 번식기의 조류 군집조사는 해 뜨는 시각부터 3시간 동안 진행하는 것을 기본으로 하고 조사대상이 되는 조류의 생태적 특성을 고려한다.

③ 조류의 활동과 소리 감지를 위해 날씨가 맑은 날 조사를 실시한다.

기출예상문제

조류의 서식행동 중 둥지를 짓지 않고 다른 조류의 둥지에 알을 위탁하여 포란시키는 습성을 무엇이라 하는가?

① 이소　　② 행동권
③ 번식　　④ 탁란

답 ④

(3) 조사방법 일반

① 산림의 경우, 조사자의 이동으로 인한 방해요소를 제거하기 위해 조사지점에 도착 후 조사 시작 전 1분 정도 정지 후 시작한다.

② 조사 시 육안, 쌍안경, 소리 등을 통해 종, 개체수, 행동특성 등을 파악한다.

③ 조사자가 조사지점 사이를 이동하면서 관찰한 것도 기록하여 분석한다.

(4) 조사법 종류

구분	내용
정점조사법 (point census method)	• 다양한 서식지 형태가 존재하는 지역을 조사할 경우, 소규모의 일정 면적을 정해진 시간 동안 머물면서 관찰하는 방법이다. • 일정한 간격으로 정점지역을 선정하여 관찰된 조류의 모습, 울음소리를 기록하는 방법이다. • 주로 넓은 행동권을 가지고 있는 맹금류, 두루미류 또는 야행성 올빼미, 수리부엉이, 쏙독새 등의 개체수 및 서식지를 파악하는 방법이다.
선조사법 (line census method)	일정한 속력으로 걸으면서 조사자의 양쪽에 나타나는 조류의 형태, 색깔, 나는 모양이나 우는 소리 등을 식별하여 조사하는 방법이다.
세력권조사법 (territory mapping method)	• 대부분의 조류는 번식기 때 일정면적의 세력권 또는 행동권을 가지고, 이들이 생활하는 범위를 방어하는 습성을 지니고 있다. • 따라서, 둥지를 중심으로 방어하는 지역의 위치를 지도에 표기하여 조류의 종 및 개체수를 명확히 조사하는 방법이다. • 지도상의 일정면적을 선정하여 세력권도식법을 실시하는 방법이다.
메시법 (mesh method)	• 특정지역의 면적을 대상으로 조사구역을 여러 개의 소규모 방형구를 설치하여 전체 방형구를 조사하는 방법이다. • 조류의 개체수를 조사하는 데 많이 이용된다.
플롯조사법 (plot census method)	• 우리나라 산림의 경우 숲이 울창하여 하층식생 및 관목층이 발달하여 안에 들어가 조사하기 쉽지 않은 경우가 많다. • 따라서 이러한 지역을 지나 일정시간을 머물면서 반경 내에 관찰되는 조류의 종 및 개체수를 조사하는 방법이다.
포획조사	• 소형 솔새류 관찰이나 새들이 이동하는 시기에 종의 확인을 위해서 그물이나 캐넌포를 이용하여 채집조사를 한다. • 하지만 최근에는 새 그물을 이용하는 방법 이외에는 잘 사용하지 않는다.
항공조사	• 드론을 활용하는 조사로 조사자가 접근할 수 없는 섬, 절벽 등의 번식지 및 조류를 관찰하는 방법이다. • 일정장소 외에는 잘 이용하지 않는다.
무인추적발신 장치조사	• 대상지 내 특정 조류의 목, 발에 발신장치를 부착하여 조류의 이동경로, 행동범위 등을 파악한다. • 생태복원 설계에 반영하여 도면화 작업에 활용되는 방법이다.

기출예상문제

조류조사방법 중 일정한 속력으로 걸으면서 조사자의 양쪽에 나타나는 조류의 형태, 색깔, 나는 모양이나 우는 소리 등을 식별하여 조사하는 방법은?

① 정점조사법
② 선조사법
③ 세력권조사법
④ 플롯조사법

답 ②

3. 양서 · 파충류

1) 서식지

(1) 양서류

① 저지대의 습지, 하천, 웅덩이, 산지, 계곡, 논 등 저지대의 수계가 지속적으로 유지되고 있는 지역이다.

② 그중 논습지를 가장 많이 선호하지만 종에 따라 산간계곡에서 산란, 번식하여 생활하는 종도 있다.

➤ 양서류의 서식유형 및 서식종

서식유형	서식종
논습지, 하천, 웅덩이, 습지	맹꽁이, 청개구리, 수원청개구리, 참개구리, 금개구리, 한국산개구리, 황소개구리, 고리도롱뇽
저지대수계와 산림	북방산개구리, 도롱뇽, 제주도롱뇽, 두꺼비, 옴개구리
산간계곡	물두꺼비, 계곡산개구리, 이끼도롱뇽, 꼬리치레도롱뇽

기출예상문제

양서류는 서식유형에 따라 논습지, 하천, 산림, 산간계곡 등의 서식지를 이용한다. 다음 중 산간계곡 서식종이 아닌 것은?

① 물두꺼비
② 계곡산개구리
③ 이끼도롱뇽
④ 맹꽁이

답 ④

2) 번식시기

(1) 양서류

① 각 종마다 다르기 때문에 조사 시 종의 서식지 유형, 번식시기 등을 고려하여 관찰할 수 있도록 한다.

② 대부분 야행성이며, 번식할 수 있는 장소에 모여 집단으로 산란하는 특성이 있다.

③ 우리나라에 서식하는 양서류는 겨울잠에서 깨어나 주로 봄철에서 이른 여름에 산란하는 경우가 많다.

➤ 양서류의 번식시기에 따른 종 구분

번식시기	서식종
2~4월	두꺼비, 도롱뇽, 한국산개구리, 북방산개구리, 계곡산개구리, 물두꺼비, 무당개구리, 고리도롱뇽, 제주도롱뇽
5~7월	금개구리, 청개구리, 수원청개구리, 옴개구리, 참개구리, 꼬리치레도롱뇽
6월 장마시기	맹꽁이

3) 조사방법

(1) 일반

① 조사대상지역의 현지조사 전 하천 및 수변지역, 삼림 등의 입지를 파악한 후 생태적 특성을 고려하여 현지조사에서 서식이 예상되는 곳으로 이동하며 조사를 실시한다.

② 양서류는 주로 하천 및 수변지역에서 난괴와 유생, 성체를 직접 관찰하여 조사하며, 뜰채를 이용하여 직접 포획하여 확인 후 양서류 조사표에 종명, 관찰내용, 특

이사항 등을 기록하고 방사한다.

③ 양서류의 서식이 예상되는 지역에 트랩 및 통발(설치 시 통발 전체를 물에 잠기게 설치하면 포획에 성공하여도 전부 폐사하게 되므로 설치 시 통발이 절반만 잠기게 하여 설치한다)을 설치한다.

④ 포획 후 종을 확인할 수 있으며, 설치 후 야간을 보낸 후 다음 날 수거를 실시한다.

⑤ 양서류는 울음소리로도 조사가 가능하며 주로 주간보다 야간에 논이나 밭 근처, 수로, 웅덩이 등에 모여 집단으로 울기 때문에 울음소리로 종을 식별한다.

⑥ 파충류 현지조사 시 주로 하천변, 도로 주변, 삼림 일대의 바위나 초본류가 있는 곳에 중점을 두고 조사를 실시하며, 도보로 이동하면서 포충망 및 뱀집게 등을 이용하여 포획 후 동정을 실시한다.

⑦ 현지에서 확인된 파충류의 종명, 관찰내용, 특이사항 등을 조사표에 기록한다.

※ 양서류는 다리가 네 개이며 알에 양막이 없고 변온동물이며 일생의 일부분을 육지에서 생활하는 동물이다. 최근 20여 년 동안 일어난 양서류의 급감은 지구적인 생물다양성에 심각한 타격을 주고 있다.

기출예상문제

양서류 급감원인이 아닌 것은?
① 인간의 서식지 파괴
② 기후변화
③ 지구온난화
④ 항아리곰팡이병 내성 증가

답 ④

(2) 조사법의 종류

직접관찰조사	• 산란시기에 실시하는 것을 원칙으로 한다. • 비산란기의 조사는 생태적 특성을 고려하여 서식이 예상되는 곳으로 이동하며 실시한다. • 양서류는 하천 및 수변지역에서 난괴와 유생, 성체를 직접 관찰하여 조사한다. • 파충류는 하천변, 도로 주변, 삼림 일대의 바위나 초본류가 있는 곳에서 소형 포충망 및 뱀집게 등을 이용하여 조사한다.	
포획조사	함정포획조사 (pitfall trap)	포유류 함정포획조사방법과 동일하나 설치위치, 트랩의 크기 등이 상이하며, 주로 양서류를 포획하는 것을 목적으로 한다.
	통발조사	• 주로 어류나 새우류를 포획하는 통발을 이용하여 논이나, 하천 수변에 서식하는 양서류를 포획하는 방법이다. • 단, 설치 시 통발 전체를 물에 잠기게 설치하면 포획에 성공하여도 전부 폐사하게 되므로 설치 시 통발이 절반만 잠기게 설치하여야 한다.
울음소리조사	주간보다 야간에 논이나 밭 근처, 수로, 웅덩이 등에 모여 집단으로 울기 때문에 울음소리로 종을 식별하여 조사하는 방법이다.	
흔적조사	• 뱀류는 성장을 하면서 영양상태가 양호하면 수시로 허물을 벗게 된다. • 그래서 자연상태에서 뱀들이 탈피한 허물을 수거하여 종의 서식 유무를 확인할 수 있다.	
라이트 센서스	야간에 수행하는 조사로, 논습지, 웅덩이, 계곡 등을 다니며 불빛(라이트)을 이용하여 양서·파충류의 존재를 확인하는 야간조사방법이다.	
표식조사	대상지 내 특정 양서·파충류의 목 또는 꼬리부분에 표식을 부착하여 방사한 후 방형구 내 트랩을 설치, 재포획하여 특정종의 이동경로, 행동범위 등을 파악하여 생태복원 설계에 반영하여 도면화작업에 활용하는 방법이다.	
청문조사	조사시간, 범위, 계절적 조사의 한계가 발생하므로 지역전문가, 주민, 생태해설가 등을 대상으로 조사대상지의 양서류 종 서식을 파악하는 데 이용하는 방법이다.	

4. 곤충류

1) 조사 일반

① 육상곤충상을 조사하기 위해 조사대상지역을 이동하면서 채집방법을 이용하여 조사를 실시한다.

② 곤충류의 특성상 몇몇 종을 제외하고는 빠르게 이동하는 곤충류를 육안으로 확인한 후 현장에서 동정하기가 쉽지 않으므로 직접 및 간접적인 채집방법으로 채집하여 실내에서 동정을 실시한다.

2) 직접채집방법

> **육상곤충류의 직접채집방법**

조사방법		내용
채어잡기법 (brandishing method)		빠르게 비행하고 있는 곤충을 포충망을 이용해 재빨리 낚아 채 포획한다.
쓸어잡기법 (sweeping method)		포충망을 이용해 키 작은 초본류 등 식물군락을 구분하여 약 30회 정도 쓸어잡는다. 곤충조사의 정량화 데이터로 이용할 수 있다.
털어잡기법 (beating method)		새우망이나 우산을 이용하여 목본류 등 식물의 밑동에 펼쳐놓고 식물을 타격하여 떨어지는 곤충류를 채집한다.
흡충관이용법 (aspirator method)		손으로 포획하기 어려운 미세한 곤충류를 흡충관을 이용하여 포획한다.

기출예상문제

곤충류 조사방법 중 포충망을 이용하여 키 작은 초본류 등 식물군락을 구분하여 약 30회 정도 쓸어잡는 방법으로 곤충조사의 정량화 데이터로 이용할 수 있는 방법은?

① brandishing method
② sweeping method
③ beating method
④ aspirator method

답 ②

곤충류 채집방법 중 간접채집
방법이 아닌 것은?
① 말레이즈트랩
② 함정법
③ 당밀유인법
④ 흡충관이용법

답 ④

3) 간접채집방법

조사방법		내용
말레이즈트랩 (malaise trap)		• 곤충류가 위로 올라가는 특성을 고려하여 설계된 트랩이다. • 곤충류가 그물집에 들어오면 위로 올라가 알코올이 담긴 채집병에 모이게 된다.
함정법 (cup trap)		• 종이컵에 먹이를 두고 땅의 표면까지만 묻어 포획하는 채집방법이다. • 땅을 기어다니는 곤충류가 주로 포획된다.
당밀유인법 (sticky trap)		• 화장솜이나 나무 표면에 혼합액을 묻혀 유인하는 채집방법이다. • 주로 개미류나, 말벌류, 딱정벌레류가 채집된다.
황색수반채집 (yellow pan trap)		• 꽃으로 모이는 곤충류의 습성을 이용한 포획방법이다. • 그릇 안에 물을 부어 곤충류가 빠지면 다시 나갈 수 없게 한 것이다. • 파리목, 벌목 같은 종류가 주로 채집된다.
야간등화채집 (light trap)		• 야간에 곤충류가 불빛에 의하여 모이는 특성을 이용하여 전등이나 불빛의 간섭이 없는 지역에서 조사를 실시한다. • 주로 나방류가 유입된다.

03 육수생물상 조사분석

1. 어류조사하기

1) 조사 일반

(1) 조사대상항목

① 종수, 개체수

② 군집지수(우점도, 다양도, 풍부도, 균등도)

③ 고유종/외래종

④ 여울성 어종/정수성 어종

⑤ 민감종/중간종/내성종

⑥ 잡식종/충식종/초식종/육식종

⑦ 비정상종/생태계 교란종

⑧ 어류지수/생물등급

(2) 조사 및 채집장소

어류 조사 장소(point)를 선택하기 위해 하천 차수 및 하천 특성을 고려하여 총 200m 구간에 가능한 여울(riffle), 소(pool), 유속이 느린 구간(run)을 모두 포함하는 장소를 선정한다.

(3) 종 분류 및 개체수 산정

① 어류 체장길이가 20mm 이하의 동정이 불가능한 치어의 경우에는 개체수 산정에서 제외한다.

② 종 동정은 채집 시 현장에서 바로 수행하며, 현장 동정이 어려운 경우 10% 포르말린 용액에 고정한 후 실험실로 운반하여 동정을 실시한다.

③ 멸종위기야생생물 및 천연기념물과 같은 법정보호종은 채집 시 바로 방사조치하여야 한다.

④ 채집일자, 채집지역, 조사자 등을 기록해야 한다.

(4) 정량조사

구분	내용
유로 폭 3m 이하	투망 0~5회, 족대 30분 이내
유로 폭 3~5m	투망 5~10회, 족대 30~40분 이내
유로 폭 5m 이상	투망 10회 이상, 족대 40분 이상

(5) 비정상어류의 동정

현장에서 비정상어류의 외형적 동정 구분은 기형, 지느러미 손상, 피부 손상 및 종양으로 구분한다.

▶ 비정상어류의 외형적 동정

비정상어류	특징	증상
기형	변형	머리, 근육, 지느러미, 몸의 다른 부분의 변형
지느러미 손상	지느러미 짓무름	정상 지느러미의 후천적 영향으로 파괴 및 부식
피부 손상	피부 손상	체벽과 조직의 상해, 부상
종양	종양	체벽 외부로 조직의 돌출

기출예상문제

환경부「생물측정망조사 및 평가지침」에서 어류의 생물등급은 A~E 5등급으로 평가되고 있다. A등급(매우 좋음)의 지표생물군이 아닌 것은?

① 금강모치
② 열목어
③ 참갈겨니
④ 동사리

답 ④

(6) 어류의 생물등급 평가

생물등급	환경상태	어류평가지수(FAI)	지표생물군
A	매우 좋음	$80 \leq - \leq 100$	금강모치, 둑중개, 미유기, 버들치, 산천어, 새미, 열목어, 참갈겨니
B	좋음	$60 \leq - < 80$	갈겨니, 감돌고기, 꺽저기, 꺽지, 꾸꾸리, 남방종개, 눈동자개 등
C	보통	$40 \leq - < 60$	각시붕어, 강준치, 기름종개, 긴몰개, 납자루, 대농갱이, 동사리 등
D	나쁨	$20 \leq - < 40$	가물치, 가숭어, 끄리, 누치, 눈불개, 메기, 몰개, 미꾸라지 등
E	매우 나쁨	$0 \leq - < 20$	붕어, 잉어, 참붕어

기출예상문제

어류 조사방법이 아닌 것은?

① 투망   ② 족대
③ 통발   ④ 드론

답 ④

2) 어류조사방법

조사방법	내용
투망	투망을 이용하여 정해진 횟수를 던져 출현한 어류 종 및 개체수를 기록한다.
족대	족대를 이용하여 채집하고 정해진 시간 동안 채집된 어류 종 및 개체수를 기록한다.
통발	통발 안에 먹이를 두고 어류가 이동하는 길목이나 주로 휴식하는 곳에 설치하여 일정한 시간이 지난 후 수거하여 채집된 어류 종을 기록한다.
유인망	주로 유로 폭이 넓은 하천이나 저수지 등에서 많이 사용되나 지나치게 많은 개체수 및 어린 치어들이 포획될 수 있으므로 허가를 받고 채집을 실시한다.

➤ **대상지 내 조사지 개황(예시)**

조사지점	Wa.1(좌표 기재)	
하천분류		
유역환경		
제방		
하폭/수폭/수심		
하상구조		
교란/기타		

2. 담수무척추동물

1) 조사 일반

(1) 대상동물

무척추동물의 대상생물은 편형동물, 태형동물, 환형동물, 연체동물, 절지동물(갑각류 및 수서곤충류) 등 대형무척추동물을 대상으로 한다.

(2) 조사내용

무척추동물의 조사항목을 보면 대형무척추동물의 출현종수, 종별 개체밀도, 우점종 및 우점률, 군집지수(우점도, 다양도, 풍부도, 균등도), 크기 측정 등을 조사한다.

(3) 조사대상지역

조사대상지역은 대표할 수 있는 정점을 선정하고, 선정된 정점에서 좌우안 수변부와 중심부의 중간지점 등을 고려하여 선정한다.

(4) 현장조사방법

구분	내용
수변부	• 정량조사는 드렛지넷(폭 40cm, 망목 1.0m)을 사용하여 조사정점과 바닥을 0.5m를 끄는 방식으로 2회 조사한다. • 정성조사는 필요할 경우 정점 부근의 다양한 서식처에서 뜰채를 사용하여 조사한다.
중심부	• 포나그랩 혹은 에크만그랩(가로 20cm, 세로 20cm)을 사용하여 각 정점에서 3회씩 정량채집을 실시한다.
고정 및 보관	• 모든 채집물은 500mL 플라스크(vial)에 넣고 현장에서 95% 에틸알코올에 고정하며, 실험실로 운반하여 동정한다.

※ 1. 정성적 생물상조사
  다양한 미소서식지에 대하여 면적을 고려하지 않고 세밀하게 해당 지점들을 선택하여 조사하는 방식
2. 정량적 생물상조사
  정량조사는 단위면적당 생물의 개체수 및 종수 등을 환산할 수 있는 방식

(5) 동물상 군집분석

구분	분석방법
우점도(D.I.) Dominance Index (McNaughton, 1967)	각 조사점별로 총 개체수를 기록하여 우점도를 산출한다. • $DI(\%) - (ni/N) \times 100$ 　여기서, DI : 우점도지수, N : 총 개체수 　　　　ni : 제 i번째 종의 개체수
종다양도(H') Biodiversity Index (Margalef, 1968, Pielou, 1966)	Margalef(1968)의 정보이론에 의하여 유도된 Shannon-Wiener function(Pielou, 1969)을 이용하여 산출한다. • $H' = -\sum pi \ln(pi)$ 　여기서, H' : 다양도 　　　　pi : i번째에 속하는 개체수의 비율(ni/N)로 계산 　　　　(N : 군집 내의 전체 개체수, ni : 각종의 개체수)
균등도(E') Evenness Index (Pielou, 1975)	Pielou(1975)의 식을 이용하여 산출하였으며, 균등도는 각 지수의 최대치에 대한 실제치의 비로써 표현된다. 각 다양도지수는 군집 내 모든 종의 개체수가 동일할 때 최대가 되므로 결국 균등도지수는 군집 내 종구성의 균일한 정도를 나타내는 것이다. • $E' = D'/\ln(S)$ 　여기서, E' : 균등도, D' : 다양도, S : 전체 종수
종풍부도(R') Richness Index (Margalef, 1958)	종풍부도지수는 총 개체수와 총 종수만을 가지고 군집의 상태를 표현하는 지수로서, 지수값이 높을수록 환경의 정도가 양호하다는 것을 전제로 하며, Margalef(1958)의 계산을 이용한다. • $R' = (S-1)/\ln(N)$ 　여기서, R' : 풍부도, S : 전체 종수, N : 총 개체수

2) 조사방법

▶ **무척추동물의 정량채집방법**

조사방법	내용	
서버넷 (surber net)		가장 일반적인 정량채집방법으로서 연구목적 및 하천의 규모에 따라서 다양한 크기의 서버넷을 사용한다.
드레지 (dredge)		물이 정체되어 있는 정수역에서 주로 사용하며, 드레지로 바닥을 긁어서 채집한다.

3. 조류(algae)조사하기

1) 조사 일반

(1) 부착조류

부착조류는 수중의 암반 또는 인공구조물 등에 붙어 자라는 미세조류 및 대형 조류가 있으며, 대부분 환경조건이 극히 좋지 않은 유기오탁수역에서 많이 서식한다.

(2) 미세조류

미세조류는 색소를 가지고 광합성을 하는 단세포동물을 말한다.

(3) 담수조류

① 저수지, 논, 호소, 강 등의 수계에 서식하는 조류로, 바위 등에서 생육하는 녹조 Trentepohli, 토양에 생육하는 Chlorococcum 등을 담수조류라 한다.

② 담수조류는 유기물의 생산자로 육상수계의 생태계에서 중요한 위치를 차지하고 있지만 해양조류에 비하면 현존량의 계절적 변동이 많다.

③ 담수조류는 주변환경이 악화되면 유성생식을 하여 접합자를 만들거나 또는 세포 주위에 후막을 형성하여 휴면상태로 변한다.

2) 조사방법

(1) 채집

조류채집에 있어 대상 수계에서 가장 안정적이고 견고한 자갈, 단단한 돌을 채집하며, 수심은 10~30cm 깊이의 대상 수계의 대표적인 위치를 선정하여 조사를 실시한다.

(2) 생물량 및 유기물량 측정

① 조류의 생체량에 대한 간접적인 지표인 엽록소−a는 부착조류의 정량시료 20~100mL를 GF/C filter로 여과한 후 여지를 90% 아세톤 10mL에 넣어 조직마쇄기(tissue grinder)로 마쇄하여 측정한 후 최종 농도를 면적당 무게($\mu g/cm^2$)로 환산한다.

② 조류기질의 유기물량은 조류의 정량시료 20~100mL를 GF/C filter로 여과한 후 여과지를 105℃에서 2시간 건조하여 무게를 측정하고, 500℃에서 2시간 동안 유기물을 모두 태운 후 무게를 측정하여 그 무게차를 이용하여 산출한다. 유기물량은 면적당 무게($\mu g/cm^2$)로 환산한다.

(3) 군집분석

① 출현종분석

② 상태풍부도 : 규조류 표본에서 200개체 이상을 계수 및 동정하여 총 세포수당 각 분류군별 세포수로 계산한다.

(4) 조류(algae)를 이용한 수환경평가

① 유기오탁지수(Diatom Assemblage Index of Organic Water Pollution, DAIpo) : 0-가장 오염된 상태, 100-가장 청정한 상태

$$DAI_{po} = 50 + 0.5 \left(\sum_{i=1}^{s} X_i - \sum_{i=1}^{s} S_i \right)$$

$\sum_{i=1}^{s} X_i$: 민감종의 %상대풍부도 합

$\sum_{i=1}^{s} S_i$: 내성종의 %상대풍부도 합

② 영양염지수(Trophic Diatom Index, TDI) : 0-가장 청정한 상태, 100-가장 오염된 상태

$$TDI = (WMS \times 25) - 25$$

$$WMS = \sum_{j=1}^{s} (A_j S_j V_j) / \sum_{i=1}^{s} (A_j V_J)$$

WMS : 가중평균민감도
A_j : j종의 개체수 출현도
S_j : j종의 민감도
V_j : j종의 가중치

04 식물상 조사분석

1. 조사 일반

1) 서식지조사 및 분석과정

과정	조사과정	조사내용
1	조사 대상지 선정	연구에 필요한 조사 및 분석을 실시할 조사 대상지 선정
2	대상지 유형에 따른 조사계획 수립	• 대상지 내에 주로 서식이 예상되는 분류군에 대한 조사계획 수립 • 대상지 내 생태적 서식지 유형에 따른 조사계획 수립
3	대상지 유형에 따른 조사시행	• 대상지 내 서식지의 유형별 조사 시행 • 현지조사를 통한 대상지 내 자료 확보 • 확보한 자료를 바탕으로 서식지의 유형별 분석 실시
4	대상지 유형별 결과 도출	• 분석한 자료를 바탕으로 유형별 결과 도출 • 자료의 디지털이미지화 및 도면화

2) 조사방법

관속식물현황	조사지역을 직접 도보로 이동하면서 관찰·확인되는 모든 관속식물의 출현종을 식물상 조사야장에 기재하며, 분류와 동정은 식물도감들을 이용한다.

조사지역의 소산식물 집계표(예시)

구분		과	속	종	변종	품종	계
양치식물							
나자식물							
피자식물	쌍자엽식물						
	단자엽식물						
합계							

생활형 분석

최종 집계된 식물종에 대하여 Raunkiaer(1934)의 생활형을 분석하여 조사지역의 주요환경요소 등의 상호 작용 또는 공존하는 식물 간의 직접적인 경쟁을 나타낸다.

Raunkiaer(1934)의 생활형 구분

구분		개요
G	Geophyte(지중식물)	휴면아가 땅속에 있는 다년초로 지상부는 마른 상태
H	Hemicryptophytes(반지중식물)	휴면아가 지표 바로 밑에 있는 다년초
Ch	Chamephytes(지표식물)	휴면아가 지표면에서 0~0.3m 이내에 있는 다년초
N	Phanerophytes(지상식물−소형)	조목, 미소지상식물로 휴면아가 지표면에서 0.3~2m 사이에 있는 것
M	Phanerophytes(지상식물−대형)	대고목, 대형 지상식물로 휴면아가 지표면에서 8~30m 사이에 있는 것
HH	Hydatophytes(수생식물)	1년생 수생식물, 뿌리가 진흙 속에 있거나 수면에 뜨는 부엽식물
E	Epiphytes(착생식물)	바위나 다른 식물체에 붙어서 서식하는 종
Th	Therophytes(일년생식물)	월동하지 않는 1년 초이거나 월동하는 월년초. 지하에 있는 휴면아가 모체에서 분리되어 월동하고 모체는 그해에 죽는 영양번식형 1년초와 다년초의 중간형태

귀화식물

- 귀화식물의 분포율에 따라 도시화정도를 나타내기 위하여 도시화지수 및 귀화율을 산출한다.
- 국가생물종정보시스템(www.nature.go.kr)의 귀화식물목록(310종) 등 한국의 귀화식물을 기준할 수 있는 서적 및 정보를 참고한다.

도시화지수 및 귀화율

구분	내용							
도시화지수(UI)	$UI-S/N×100$ (S : 해당 조사지역의 귀화식물 종수, N : 남한의 귀화식물 종수 310종)							
귀화율(PN)	$PN-S/N×100$ (S : 해당 조사지역의 귀화식물 종수, N : 해당 조사지역의 관속식물 종수)							
	입지별 평균귀화율(PN)							
	언덕 주택지	밭	시가지	평지 주택지	논	냇가	계단식 논	풀밭	숲
	48.8	32.1	27.7	18.1	14.5	13.3	7.2	4.9	4.4

식물 구계학적 특정식물	• 식물 구계학적 특정식물은 서로 다른 지역의 환경을 서로 다르게 표현해 주고, 서로 유사한 지역의 환경은 서로 유사하게 표현해 주는 데 이용하는 분류이다. • 그 분포역의 범위에 따라 5등급(Ⅰ~Ⅴ)으로 구분하여 총 1,258분류군이 정리되었다.

식물 구계학적 특정식물 분포역

등급	분포역
Ⅴ	국내에서 고립되어 분포하거나 불연속적으로 분포하는 분류군
Ⅳ	북방계 식물로서 일반적으로 1개의 아구에 분포하는 분류군
	남방계 식물로서 일반적으로 2개의 아구에 분포하는 분류군
Ⅲ	북방계 식물로서 일반적으로 2개의 아구에 분포하는 분류군
	남방계 식물로서 일반적으로 2개의 아구에 분포하는 분류군
Ⅱ	비교적 전국적으로 분포하지만 일반적으로 1,000m 이상 지역에 분포하는 분류군
Ⅰ	북방계 식물로서 일반적으로 3개의 아구에 분포하는 분류군
	남방계 식물로서 일반적으로 3개의 아구에 분포하는 분류군

환경부 지정 법정보호종 및 산림청 지정 희귀식물	• 멸종위기야생생물의 분포 • 보호되어야 하는 자생지의 개체군 크기 • 서식지의 특이성 등 • 보전이 필요한 산림청 지정 희귀식물
보호수 및 노거수	• 보호할 가치가 있는 노목(老木), 거목, 희귀목 • 현지 참문, 문헌조사, 현지조사 등 • 수종, 수령, 수고, 흉고직경(DHB) 등과 분포위치를 기록

05 식생조사분석

1. 조사방법

1) 산림식생

(1) 현존식생(actual vegetation)

① 기존에 준비된 위성지도 및 수치지도를 바탕으로 도보로 이동하면서 식물군락유형을 판별한다.

② 이동경로는 대부분 능선 및 계곡부를 이용하여 진입하며, 사면으로 이동한다.

③ 우점(최상층 수목의 수종)하는 수종을 대표하여 식물군락 판별을 실시한다.

④ 식물군락 판별 시 단일군락이 아닌 혼효가 되어 있는 군락의 경우 상위우점수종－하위우점수종(예 소나무－신갈나무군락)으로 표기를 하여 도면에 기재한다.

⑤ 일부 군락단위의 경계를 확인할 수 있을 경우 현장에서 도면에 표시하되 어려운 경우 조사 후 실내에서 위성도면 및 수치지도를 바탕으로 경계를 재작성하고 확인한다.

⑥ 현상조사에서 군락 판별 후 해당 군락의 대표성을 띠는 지점을 설정하여 식생조사
　표를 작성한다.

⑦ 식물사회학적 방법(Braun-Blanquet, 1965)에 따라 실시한다.

⑧ 최상층 수목의 수고를 기준으로 줄자를 사용하여 가로세로 방형구를 설정

⑨ 표고, 사면방향, 경사도, 조사지점 좌표, 조사일, 조사시간, 조사자 등과 함께 교
　목층, 아교목층, 관목층, 초본층으로 나누어 종조성 및 피도값을 기록한다.

⑩ 우점종 및 수고, 식피율 등을 주관적인 판단하에 기재한다.

➤ 수도 및 피도범위 판정기준

계급	수도(abundance)	피도범위(cover)
r	한 개 또는 수개의 개체	고려하지 않음
+	다수의 개체이며	조사구(releve) 면적의 5% 미만
1	어떤 경우나 조사구 면적의 5% 미만	
1	많은 개체이면서	매우 낮은 피도 또는
1	보다 적은 개체이면서	보다 높은 피도
2	매우 풍부하며 피도 5% 미만 또는 조사구 내에서 피도 5~25%	
3	수도를 고려하지 않으며	26~50%
4	수도를 고려하지 않으며	51~75%
5	수도를 고려하지 않으며	76~100%

〈우점도〉

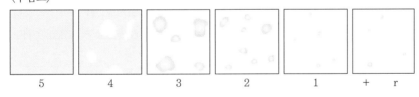

| 5 | 4 | 3 | 2 | 1 | +　r |

(2) 식생보전등급

조사대상지역의 현존식생을 자연성, 희귀성 및 분포상황 등에 따라 그 보전가치를 평
가하고, Ⅰ~Ⅴ의 5개 등급으로 등급화한다.

기출예상문제

조사대상지역의 현존식생을 자
연성, 희귀성 및 분포상황 등에
따라 그 보전가치를 평가하고,
Ⅰ~Ⅴ의 5개 등급으로 등급화
한 것은?
① 녹지자연도
② 식생보전등급
③ 생태자연도
④ 국토환경성 평가

답 ②

〈식생보전등급 평가 및 등급분류기준(환경부, 자연환경조사방법 및 등급분류기준 등에 관한 규정)〉

기출예상문제

환경부 「식생보전등급평가 및 등급분류기준」에서 식생보전 등급의 평가항목이 아닌 것은?

① 분포희귀성
② 식생복원잠재성
③ 구성식물종 온전성
④ 녹지자연도

답 ④

1. 평가항목 및 평가요령

평가항목	평가요령
분포희귀성 (rarity)	• 평가대상이 되는 식물군락이 한반도 내에서 분포하는 패턴을 의미 • 분포면적이 국지적으로 좁으면 높게, 전국적으로 분포하면 낮게 평가
식생복원잠재성 (potentiality)	• 평가대상이 되는 식물군락(식분)이 형성되는 데 소요되는 기간(잠재 자연식생의 형성기간)을 의미 • 오랜 시간이 요구되면 높게, 짧은 시간에 형성되는 식물군락은 낮게 평가. 다만, 식생 발달기원이 부영화, 식재 등에 의한 것이면 상대적으로 낮은 것으로 평가
구성식물종온전성 (integrity)	• 평가대상이 되는 식물군락의 구성식물종(진단종군)이 해당 입지에 잠재적으로 형성되는 식물사회의 구성식물종인가에 대한 평가를 의미 • 이는 입지의 자연식생 구성종을 엄밀히 파악하는 것으로, 삼림의 경우 흔히 천이후기종(극상종)으로 구성되면 높게, 초기종의 구성비가 높으면 낮게 평가
식생구조온전성	• 평가대상이 되는 식물군락이 해당 입지에 전형적으로 발달하는 식생구조(층위구조)와 얼마나 원형에 가까운가를 가지고 판정 • 삼림식생은 4층의 식생구조를 가지며, 각 층위는 고유의 식생고(height)와 식피율(coverage)을 가지고 있으므로 층위구조가 온전하면 보전생태학적으로 높게 평가
중요종서식	• 식물군락은 식물종의 구성으로 이루어지므로 식물종 자체에 대한 보전생태학적 가치를 평가 • 그 분포면적이 좁거나, 중요한 식물종(멸종위기야생식물 I · II급 또는 식물구계학적 중요종)이 포함되면 더욱 높게 평가
식재림 흉고직경	식재림의 경우 가장 큰 개체, 보통 개체의 흉고직경(DBH)을 기록

2. 등급분류기준

등급구분	분류기준
Ⅰ등급	• 식생천이의 종국적인 단계에 이른 극상림 또는 그와 유사한 자연림 − 아고산대 침엽수림(분비나무군락, 구상나무군락, 주목군락 등) − 산지 계곡림(고로쇠나무군락, 층층나무군락 등), 하반림(오리나무군락, 비술나무군락 등), 너도밤나무군락 등의 낙엽활엽수림 • 삼림식생 이외의 특수한 입지에 형성된 자연성이 우수한 식생이나 특이식생 중 인위적 간섭의 영향을 거의 받지 않아 자연성이 우수한 식생 − 해안사구, 단애지, 자연호소, 하천습지, 습원, 염습지, 고산황원, 석회암지대, 아고산초원, 자연암벽 등에 형성된 식생. 다만, 이와 같은 식생유형은 조사자에 의해 규모가 크고 절대보전가치가 있을 경우에만 지형도에 표시하고, 보고서에 기재사유를 상세히 기술하여야 함
Ⅱ등급	• 자연식생이 교란된 후 2차 천이에 의해 다시 자연식생에 가까울 정도로 거의 회복된 상태의 삼림식생 − 군락의 계층구조가 안정되어 있고, 종조성의 대부분이 해당 지역의 잠재자연식생을 반영하고 있음 − 난온대 상록활엽수림(동백나무군락, 신갈나무−당단풍군락, 졸참나무군락, 서어나무군락 등의 낙엽활엽수림) • 특이식생 중 인위적 간섭의 영향을 약하게 받고 있는 식생
Ⅲ등급	• 자연식생이 교란된 후 2차 천이의 진행에 의하여 회복단계에 들어섰거나 인간에 의한 교란이 지속되고 있는 삼림식생 − 군락의 계층구조가 불안정하고, 종조성의 대부분이 해당 지역의 잠재자연식생을 충분히 반영하지 못함 − 조림기원 식생이지만 방치되어 자연림과 구별이 어려울 정도로 회복된 경우 • 산지대에 형성된 2차 관목림이나 2차 초원 • 특이식생 중 인위적 간섭의 영향을 심하게 받고 있는 식생
Ⅳ등급	인위적으로 조림된 식재림
Ⅴ등급	• 2차적으로 형성된 키가 큰 초원식생(묵밭이나 훼손지 등의 억새군락이나 기타 잡초군락 등) • 2차적으로 형성된 키가 작은 초원식생(골프장, 공원묘지, 목장 등) • 과수원이나 유실수 재배지역 및 묘포장 • 논·밭 등의 경작지 • 주거지 또는 시가지 • 강, 호수, 저수지 등에 식생이 없는 수면과 그 하안 및 호안

비고 : 식재림은 인위적으로 조림된 수종 또는 자연적(2차림)으로 형성되었다 하더라도 아까시나무 등의 조림기원 도입종이나 개량종에 의해 식피율이 70% 이상인 식물군락으로 한다. 다만, 녹화목적으로 적지적수(適地適樹)가 식재된 경우에는 식재림으로 보지 않는다.

기출예상문제

환경부 「식생보전등급평가 및 등급분류기준」 중 식생보전등급 Ⅱ등급으로 분류될 수 있는 것은?

① 식생천이의 종국적인 단계에 이른 극상림 또는 그와 유사한 자연림
② 자연식생이 교란된 후 2차 천이에 의해 다시 자연식생에 가까울 정도로 거의 회복된 상태의 삼림식생
③ 자연식생이 교란된 후 2차 천이의 진행에 의하여 회복단계에 들어섰거나 인간에 의한 교란이 지속되고 있는 삼림식생
④ 인위적으로 조림된 식재림

답 ②

2) 하천 식생

① 하천생태계는 유수에 의해 지형형성과정이 역동적이며, 유수량과 수위의 계절적 변화가 심하여 하천식생구조가 다양하게 나타난다. 따라서 조사시기를 정하는 것이 중요하다.

② 시기상 여름철이 가장 적기이며, 그 외 불가피할 경우 봄철 및 가을철에 조사를 실시하는 것이 바람직하다.

③ 하천현장조사 시 조사대상지역의 하천 시점으로부터 도보로 조사를 실시하며, 식물군락을 판별하고 도면에 표시한다.

④ 하천의 현존식생도(actual vegetation map)는 조사지역의 식생구조와 기능이 대표되는 지점을 선정한다.

⑤ 식물군락 판별 시 군락의 우점종 및 상층을 이루는 높이를 기준으로 방형구를 설정한다.

⑥ 해당 방형구 내 종조성 및 피도식피율, 우점종 등을 식생조사표에 기록한다.

⑦ 하천 내 식생단면도는 크게 5개 구역(수역, 수생식물역, 정수식물역, 하원식물역, 하변림)의 우점식생에 의한 군락단면도를 작성한다.

⑧ 하천의 하류방향을 주시하여 좌안 및 우안의 식생분포현황(종조성 및 종의 분포형태)을 지면형태에 맞게 작성하며, 주변 인접 식물상에 대한 수반종을 기록한다.

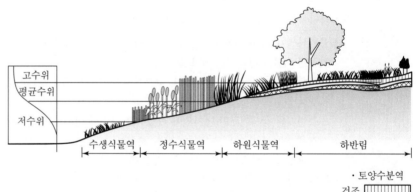

‖ 지표수, 지하수위와의 관계에 따른 하천식생 분포역 ‖

▶ **하천식생의 횡단구조 구분기준**

분류	분류기준	우점식물	우점종(예)

수생식물역
(aquatic plant
zone)
	• 개방수면과 육상의 중간지대인 연안
	  대에 발달
	• 연안대에 관속(管束)이 있는 고등식물
	• 물속 또는 물 위에 생장하거나 경엽
	  의 일부가 항상 물에 잠겨 있는 식물
		부유식물	개구리밥, 생이가
			래, 자라풀 등

		침수식물	물수세미, 검정말, 나사말, 말즘 등
		부엽식물	마름, 수련, 어리 연꽃 등

정수식물역
(emergent plant
zone)
	• 하안이 직접 맞닿는 하안선을 중심
	  으로 발달
	• 뿌리와 줄기의 하부는 수중이나 토
	  양층에 존재, 줄기와 잎의 대부분은
	  수면 위에 존재
		대형수생
		관속식물
			갈대, 부들, 줄 등

하원식물역
(riparian
meadow zone)
	• 계절적 홍수에 의해 범람되면서 생
	  성된 지역에 발달
	• 주로 초본류에 의해 피복
	• 높은 지하수위에 따른 습한 토양 수
	  분조건과 주기적인 범람에 대해 내
	  성이 강한 식물종
		초본류	부처꽃, 물억새 등

하변림 (riparian woodland)	• 하천의 영향을 받는 범위 내에 형성 된 수림 • 주로 대형 관속식물 우점 • 성장이 빠른 속성수, 수명이 짧음	버드나무류, 사시나무류	갯버들, 키버들, 선버들 등

기출예상문제

부엽식물이 아닌 것은?
① 마름   ② 수련
③ 어리연꽃   ④ 말즘
　　　　　　答 ④

기출예상문제

녹지자연도 10등급에 해당하는 것은?

① 수역
② 자연식생이 교란된 후 2차 천이에 의해 다시 자연식생에 가까울 정도로 거의 회복된 상태의 삼림식생
③ 식생천이의 종국적인 단계에 이른 극상림 또는 그와 유사한 자연림
④ 삼림식생 이외의 자연식생이나 특이식생

답 ④

3) 녹지자연도

녹지자연도의 사정기준은 다음과 같다.

▶ **녹지자연도 사정기준**

지역	등급	개요	해당 식생형
수역	0	수역	• 수역(강, 호수, 저수지 등 수체가 존재하는 부분과 식생이 존재하지 않는 하중도 및 하안을 포함)
개발 지역	1	시가지, 조성지	• 식생이 존재하지 않는 지역
	2	농경지(논, 밭)	• 논, 밭, 텃밭 등의 경작지 – 비교적 녹지가 많은 주택지(녹피율 60% 이상)
	3	농경지(과수원)	• 과수원이나 유실수 재배지역 및 묘포장
	4	이차초원A (키 작은 초원)	• 이차적으로 형성된 키가 작은 초원식생(골프장, 공원묘지, 목장 등)
	5	이차초원B (키 큰 초원)	• 이차적으로 형성된 키가 큰 초원식생(묵밭 등 훼손지역의 억새군락이나 기타 잡초군락 등)
반자연 지역	6	조림지	• 인위적으로 조림된 후 지속적으로 관리되고 있는 식재림 – 인위적으로 조림된 수종이 약 70% 이상 우점하고 있는 식생과 아까시나무림이나 사방오리나무림과 같이 도입종이나 개량종에 의해 우점된 식물군락
	7	이차림(Ⅰ)	• 자연식생이 교란된 후 2차 천이의 진행에 의하여 회복단계에 들어섰거나 인간에 의한 교란이 심한 삼림식생 – 군락의 계층구조가 불안정하고, 종조성의 대부분이 해당지역의 잠재자연식생을 반영하지 못함 – 조림기원 식생이지만 방치되어 자연림과 구별이 어려울 정도로 회복된 경우
	8	이차림(Ⅱ)	• 자연식생이 교란된 후 2차 천이에 의해 다시 자연식생에 가까울 정도로 거의 회복된 상태의 삼림식생 – 군락의 계층구조가 안정되어 있고 종조성의 대부분이 해당 지역의 잠재자연식생을 반영하고 있음 – 난온대 상록활엽수림(동백나무군락, 구실잣밤나무군락 등), 산지계곡림(고로쇠나무군락, 층층나무군락), 하반림(버드나무-신나무군락, 오리나무군락, 비술나무군락 등), 너도밤나무군락, 신갈나무-당단풍군락, 졸참나무군락, 서어나무군락 등
자연 지역	9	자연림	• 식생천이의 종국적인 단계에 이른 극상림 또는 그와 유사한 자연림 – 8등급 식생 중 평균수령이 50년 이상된 삼림 – 아고산대 침엽수림(분비나무군락, 구상나무군락, 잣나무군락, 찝빵나무군락 등)
	10	자연초원, 습지	• 산림식생 이외의 자연식생이나 특이식생 – 고산황원, 아고산초원, 습원, 하천습지, 염습지, 해안사구, 자연암벽 등

01 **녹지자연도에 대한 설명으로 틀린 것은?** (2018)

① 녹지자연도는 자연환경의 생태적 가치, 자연성, 경관적 가치 등에 따라 등급화한 지도이다.

② 녹지자연도는 식생과 토지이용현황을 기초로 하여 작성한다.

③ 녹지자연도 8등급 이상의 경우, 실제적인 개발행위가 불가하다.

④ 유사식물군집으로 그룹화하여 자연성 정도를 등급화하기 때문에 녹지자연도는 인위적이고 주관적인 명목 지표라는 한계가 지적되고 있다.

해설

녹지자연도는 인간의 간섭정도에 따라 식물군락이 가지는 자연성의 정도를 0~10등급으로 나눈 지도이다.

02 **식생조사방법 중 하나인 Braun-Blanquet 방법에 대한 설명으로 옳지 않은 것은?** (2018)

① 주목적은 조사구의 범위에 나타나는 식물의 양적 평가를 수반하여 완전한 목록을 작성하는 데 있다.

② 기본적인 조사도구는 조사용지, 화판, 필기구, 줄자, 접자, 지형도, 카메라, 경사계, 식물채집용구 등이다.

③ 특징 중 하나는 상관적, 구조적으로 균질하지 않은 식생의 집합체에 조사구를 설정한다.

④ 조사구 내에 출현한 식물을 계층별로 기록하여 식생조사표에 기입한다.

해설

현장조사에서 군락 판별 후 해당 군락의 대표성을 띠는 지점을 설정하여 식생조사표를 작성한다.

03 **생태적 천이에 나타나는 특성으로 옳지 않은 것은?** (2018)

① 성숙단계로 갈수록 순생산량이 낮다.

② 성숙단계로 갈수록 생물체의 크기가 크다.

③ 성숙단계로 갈수록 생활사이클이 길고 복잡하다.

④ 성숙단계로 갈수록 생태적 지위의 특수화가 넓다.

해설 천이

㉠ 개념 : 군집구조의 시간에 따른 변화

㉡ 천이계열 : 초본 → 관목 → 교목

㉢ 천이단계 : 시간에 따른 연속체상의 한 단계

㉣ 천이과정은 육상과 수환경 모두에서 일어난다.

㉤ 천이초기종 : 최초의 종, 선구종, 개척종 - 대개 높은 성장률, 작은 크기, 높은 분산력 및 높은 개체당 개체군 성장률이 특징이다.

㉥ 천이후기종 : 분산율과 정착률이 낮으며 개체당 개체군 성장률도 낮고, 몸이 크며 수명이 길다.

㉦ 천이유형
 • 1차 천이 : 전에 군집이 없었던 장소에서 일어난다(암반, 조간대환경의 콘크리트 벽돌과 같이 새로 노출된 표면).
 • 2차 천이 : 이미 생물에 의해 점유되었던 공간이 교란된 후에 일어난다.

04 **개체군의 크기를 측정하는 방법 중 개체수 밀도를 측정하는 방법이 아닌 것은?** (2018)

① 선차단법   ② 측구법

③ 대상법   ④ 표비교법

해설

① 접선법(선차단법) : 줄을 긋고 접선하는 식생을 조사, 초지나 지피 식물 조사 시에 많이 사용되는 방법

② 측구법(방형구법) : 일정 면적 방형구를 설정하여 그 안의 식물종과 개체수 조사, 보편적으로 사용되는 방법

③ 대상법(띠대상법) : 두 줄 사이의 폭을 일정히 하여 그 안에 나타나는 식생을 조사, 주로 하천변 식생조사에 사용되는 방법

05 총단위공간당의 개체수로 정의되는 것은? (2018)

① 조밀도   ② 고유밀도
③ 생태밀도   ④ 분산밀도

해설 조밀도(crude density)

밀도와 같은 의미로 사용되는 말로, 기본적으로는 단위면적당 존재하는 질량을 나타낸다. 생명과학에서는 단위면적당 존재하는 한 종의 생물들의 개체수를 말하는 경우가 많으며, 단위면적에 존재하는 생물들의 수를 이용하여 그 지역의 생활환경을 예측하거나 그 생물들이 살아가기 좋은 생활환경을 예측할 수 있다. 일반적으로 생물들은 한 공간당 존재하는 이 밀도를 다른 종의 생물들이나 환경과의 조화를 통해 일정하게 유지시킨다.(*출처 : https : //www.scienceall.com)

06 식생군락을 측정한 결과, 빈도(F)가 20, 밀도(D)가 10이었을 때 수도(abundance)값은? (2018)

① 10   ② 25
③ 50   ④ 200

해설

㉠ 수도(abundance N) : 조사대상 면적에 나타나는 어떤 종의 개체수
㉡ 밀도(density) : 단위면적당 어떤 종의 개체수
㉢ 빈도(frequency) : 표본단위 총수에 대한 해당 종이 출현한 표본단위 수의 비율

07 토양표본을 칭량병에 넣고 덮개를 덮은 채 신선토양의 무게(S_f)를 달고, 105℃에서 무게가 변하지 않을 때까지 건조시킨 후 토양의 무게(S_d)를 달았다. 그 결과 신선토양의 무게(S_f)는 278g, 말린 토양의 무게(S_d)는 194g이었다. 이 토양의 함수량(%)은? (단, 측정한 무게는 칭량병의 무게를 제외한 토양만의 무게이다.) (2018)

① 27.5   ② 29.3
③ 35.2   ④ 43.3

해설 채토건조법

현장에서 채토한 토양의 무게를 측정하고 항온기에서 105~110℃로 건조시킨 후 또다시 무게를 측정하여 함수량을 구하는 방법
함수량 = (278 - 194)/194 × 100

08 인위적인 자연적 방해작용으로 군집의 속성이 보다 단순하고 획일화되는 천이는? (2018)

① 퇴행적 천이   ② 건성천이
③ 중성천이   ④ 진행적 천이

해설 코넬과 슬라티어 세 가지 모델 제시

㉠ 촉진모델 : 천이초기종이 환경을 변화시켜 천이후기종의 침입, 생장, 성숙에 유리한 조건을 만든다.
㉡ 억제모델 : 종간경쟁이 심한 경우에 해당된다. 어떤 종도 다른 종보다 모든 면에서 우세하지 않다. 처음 도착한 종은 모든 다른 종으로부터 자기를 방어한다. 생존하고 번식하는 한, 최초 종은 자리를 유지한다. 그러나 단명한 종은 장수하는 종에게 자리를 내주면서 점진적으로 종 구성이 바뀐다.
㉢ 내성모델 : 후기단계 종은 그들보다 앞선 종이나 늦은 종에 상관없이 새로 노출된 장소에 침입하여 정착하고 성장할 수 있다. 이들이 자원 수준이 낮은 것을 견딜 수 있기 때문이다.

09 종 – 면적 관계식($S = cA^z$)에 대한 설명으로 맞는 것은? (2018)

① A는 종다양성을 나타낸다.
② 면적과 종수의 관계그래프는 직선으로 나타난다.
③ 다양한 군집 안에서 채집된 표본수와 종의 수를 이용하였다.
④ c값은 연구지의 특성에 따라 다르다.

해설

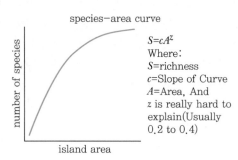

species-area curve

$S = cA^z$
Where:
S = richness
c = Slope of Curve
A = Area, And
z is really hard to explain(Usually 0.2 to 0.4)

(number of species / island area)

10 천이(succession)는 시간에 따라 어떤 지역에 있는 종들의 방향적이고 계속적인 변화를 의미한다. 수십 년이나 수백 년이 지난 다음에 종조성에서의 중요한 변화가 발생하지 않는 안정된 군집은? (2019)

① 극상군집   ② 수관교체
③ 사구천이   ④ 개척군집

천이과정이란 궁극적 또는 극상단계를 향한 군집의 단계적이고 점진적인 발달을 나타낸다.

11 일정 토지의 자연성을 나타내는 지표로서, 식생과 토지의 이용현황에 따라 녹지공간의 상태를 등급화한 녹지자연도의 등급 기준으로 틀린 것은?

(2019)

① 3등급 – 과수원 – 경작지나 과수원, 묘포지 등과 같이 비교적 녹지식생의 분량이 우세한 지구
② 4등급 – 2차 초원 – 갈대, 조릿대군락 등과 같이 비교적 식생의 키가 높은 2차 초원지구
③ 6등급 – 조림지 – 각종 활엽수 또는 침엽수의 식생지구
④ 7등급 – 2차림 – 1차적으로 2차림으로 불리는 대생식생지구

해설 녹지자연도 사정 기준

지역	등급	개요	해당 식생형
수역	0	수역	• 수역(강, 호수, 저수지 등 수체가 존재하는 부분과 식생이 존재하지 않는 하중도와 하안을 포함)
개발지역	1	시가지, 조성지	• 식생이 존재하지 않는 지역
	2	농경지 (논, 밭)	• 논, 밭, 텃밭 등의 경작지 – 비교적 녹지가 많은 주택지(녹피율 60% 이상)
	3	농경지 (과수원)	• 과수원이나 유실수 재배지역 및 묘포장
	4	이차 초원A (키낮은 초원)	• 2차적으로 형성된 초원지구(골프장, 공원묘지, 목장 등)
	5	이차 초원B (키큰 초원)	• 2차적으로 형성된 키가 큰 초원식물 (묵밭 등 훼손지역의 억새군락이나 기타 잡초군락 등)
반자연지역	6	조림지	• 인위적으로 조림된 후 지속적으로 관리되고 있는 식재림 – 인위적으로 조림된 수종이 약 70% 이상 우점하고 있는 식생과 아까시나무림이나 사방오리나무림과 같이 도입종이나 개량종에 의해 우점된 식물군락
	7	이차림(Ⅰ)	• 자연식생이 교란된 후 2차 천이의 진행에 의하여 회복단계에 들어섰거나 인간에 의한 교란이 심한 산림식생 – 군락의 계층구조가 불안정하고, 종 조성의 대부분이 해당 지역의 잠재자연식생을 반영하지 못함
			– 조림기원 식생이지만 방치되어 자연림과 구별이 어려울 정도로 회복된 경우 – 소나무군락, 상수리나무군락, 굴참나무군락, 졸참나무군락 등
반자연지역	8	이차림(Ⅱ)	• 자연식생이 교란된 후 2차 천이에 의해 다시 자연식생에 가까울 정도로 거의 회복된 상태의 삼림식생 – 군락의 계층구조가 안정되어 있고, 종조성의 대부분이 해당 지역의 잠재자연식생을 반영하고 있음 – 난온대 상록활엽수림(동백나무군락, 구실잣밤나무군락 등), 산지 계곡림(고로쇠나무군락, 층층나무군락), 하반림(버드나무–신나무군락, 오리나무군락, 비술나무군락 등), 너도밤나무군락, 신갈나무–당단풍군락, 졸참나무군락, 서어나무군락 등
자연지역	9	자연림	• 식생천이의 종국적인 단계에 이른 극상림 또는 그와 유사한 자연림 – 8등급 식생 중 평균수령이 50년 이상인 산림 – 아고산대 침엽수림(분비나무군락, 구상나무군락, 잣나무군락, 찝빵나무군락 등)
	10	자연초원, 습지	• 삼림식생 이외의 자연식생이나 특이식생 – 고산황원, 아고산초원, 습원, 하천습지, 염습지, 해안사구, 자연암벽 등

자료 : 환경부(2014.1) 전략환경영향평가 업무매뉴얼

12 토양환경분석을 위해 일반적으로 사용하는 정밀토양도의 축척은?

(2019)

① 1/10,000
② 1/25,000
③ 1/50,000
④ 1/70,000

13 식재용토 토성의 측정, 처리 및 적용기준에서 볼 때 수분함량은 건토중의 몇 %가 존재하는 것이 가장 적정한가?

(2019)

① 10~20%
② 20~40%
③ 40~80%
④ 80% 이상

14 자생적 독립영양 천이유형에서 종 다양성의 천이과정으로 가장 적합한 것은? (2019)

① 지속적으로 증가한다.
② 처음에는 감소하나 개체의 수가 증가함에 따라 성숙된 단계에서는 증가한다.
③ 처음에는 감소하나 개체의 수가 증가함에 따라 성숙된 단계에서는 안정된다.
④ 처음에는 증가하나 개체의 크기가 증가함에 따라 성숙된 단계에서는 안정되거나 감소한다.

해설 천이과정의 종다양도 변화

종다양도는 초본단계 후까지 증가하고 관목단계에서 감소한다. 그 후 숲이 어릴 때 종다양도는 다시 증가하지만 숲이 나이가 많아지면서 감소한다.

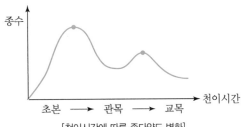

[천이시간에 따른 종다양도 변화]

• 휴스턴 : 천이과정 중 천이초기종을 대치할 경쟁종의 개체군 성장률을 느리게 함으로써 공존기간이 연장되어 종다양도가 높게 유지된다(자원 가용성이 낮거나 중간의 수준에서 다양도가 최대에 이를 것이라 예측).

15 식생기반재(토양) 분석의 기초이론 중 물리성을 평가하는 항목이 아닌 것은? (2019)

① 토성
② 토양 온도
③ 토양의 밀도
④ 토양의 염기치환용량

해설 토양 물리성

토성, 경도, 온도, 수분 삼상 등 물리적 성질

16 육상 산림생태계의 천이과정을 옳게 나열한 것은? (2020)

① 나지 → 음수 → 양수 → 1년생 초본 → 다년생 초본 → 극상림
② 나지 → 음수1년생 → 초본 → 다년생 초본 → 양수 → 극상림

③ 나지 → 1년생 초본 → 다년생 초본 → 음수 → 양수 → 극상림
④ 나지 → 1년생 초본 → 다년생 초본 → 양수 → 음수 → 극상림

해설 1차 천이

㉠ 암반 절벽, 모래언덕, 새로 노출된 빙하쇄설물과 같이 이전에 군집이 살지 않았던 장소에서 시작한다.
㉡ 황무지 → 화본과 초본류 등의 선구식물이 안정화 → 관목 → 교목(소나무-참나무) 범람원 → 오리나무류와 사시나무류 등 다양한 종 점유 → 가문비나무와 솔송나무류 등의 천이 후기종으로 교체 → 주변 경관 산림군집과 유사해짐

17 대표적인 토양환경의 변화인 토양침식(erosion)에 대한 설명으로 옳지 않은 것은? (2020)

① 지나친 경작이나 방목 등이 원인이다.
② 토양침식에 의해 경작이 불가능한 지역이 감소하게 된다.
③ 침식이 일어나면 작물재배에 적합한 흙이 가장 먼저 씻겨나간다.
④ 강우량이 적은 지역에서의 토양침식은 사막화를 초래할 수 있다.

해설

토양침식이 일어나면 경작가능 지역이 줄어들 수 있다.

18 일반적으로 우점도를 비교할 때 사용되는 지수는? (2020)

① 브라운지수
② 마이애미지수
③ Shannon index
④ Simpson index

해설

㉠ Simpson의 다양성 지수 : 군집에서 무작위로 선택한 2개 이상의 개체가 같은 종에 속할 확률
㉡ 우점도를 측정한 다음 종다양성을 산출
㉢ Shannon-Wiener의 다양성지수
  • 정보이론에 기초를 둔 불확실성으로 종다양성을 측정함. 즉, 종다양성이 높을수록 한번 선택된 수종이 다시 선택될 가능성은 희박해지며 불확실성이 증가
  • 넓은 지역에 걸친 산림군집에서 무작위 추출된 표본구에서 획득한 식생자료로써 구할 수 있는 적당한 방법

19 천이의 유형 중 수분조건과 관련하여 빙하토와 같이 적습한 토양에서 시작하는 천이는? (2020)

① 수생천이　　　　　　② 건생천이
③ 중성천이　　　　　　④ 퇴행천이

해설

㉠ 건생천이 : 암석의 표면에서 시작되고 토양 형성의 속도가 곧 천이의 속도에 관계된다.

㉡ 중성천이 : 어느 정도의 습기가 있는 생활장소에서 시작되는 천이이다.

㉢ 습생천이 : 못 또는 호수와 같은 곳에서 시작되는 천이이다.

20 제주특별자치도 한라산의 수직적 산림대 중 온대림과 한대림을 구분하는 해발 표고기준으로 옳은 것은? (2020)

① 500m　　　　　　② 1,500m
③ 2,000m　　　　　　④ 2,500m

21 다음 [보기]가 설명하는 천이의 유형은? (2020)

> 천이의 극상군집상태에서 외부적 환경에 의해 극상식생이 수명을 다해서 다시 어린 수목이나 그 조건이 맞는 다른 식생형이 자라게 되는 것

① 진행적 천이　　　　　　② 퇴행적 천이
③ 순환적 천이　　　　　　④ 자발적 천이

22 벌채, 산불 등으로 파괴된 산림과 같이 인위적인 교란에 의하여 파괴된 장소나 휴경지에서 시작되는 천이로 옳은 것은? (2020)

① 1차 천이　　　　　　② 2차 천이
③ 건성천이　　　　　　④ 습성천이

해설 천이유형

㉠ 1차 천이 : 전에 군집이 없었던 장소에서 일어난다(암반, 조간대 환경의 콘크리트 벽돌과 같이 새로 노출된 표면).

㉡ 2차 천이 : 이미 생물에 의해 점유되었던 공간이 교란된 후에 일어난다.

23 토양 화학성을 나타내는 지표에 대한 설명으로 옳지 않은 것은? (2020)

① 양이온교환용량은 보비력 혹은 완충능력의 지표가 된다.
② 산림토양의 양이온교환용량은 일반적으로 경작토양보다 낮다.
③ 토양입자의 표면은 음전하($-$)로 되어 있고, 양이온을 흡착하고 있다.
④ 양이온교환용량이 큰 토양일수록 토양 pH 변동을 작게 하는 완충능력이 작다.

해설 양이온교환용량(CEC)

특정 pH에서 일정량의 토양에 전기적 인력에 의하여 다른 양이온과 교환이 가능한 형태로 흡착된 양이온의 총량이며 양이온치환용량이라고도 한다. 점토의 함량 및 이를 구성하는 광물의 종류와 유기물함량에 의해서 토양의 CEC가 결정된다.

CEC는 토양비옥도를 나타내는 하나의 지표이며 CEC가 높은 토양일수록 양분을 지니는 능력이 크고 비옥도가 높다(*출처 : https://terms.naver.com).

24 토양생성인자들에 대한 설명으로 옳지 않은 것은? (2020)

① 습윤지대에서는 토층분화가 쉽게 일어나고 산성토양이 발달되기 쉽다.
② 침엽수는 염기함량이 낮기 때문에 침엽수림하에서 생성된 토양은 활엽수림에 비하여 알칼리성으로 된다.
③ 식생의 종류에 따라 토양에 공급되는 유기물의 양이 다르며, 토양의 침식 방지에 기여하는 정도가 다르다.
④ 토양의 단면특성을 결정하는 기본적인 인자인 동시에 토양생성에 대한 기후인자의 특성을 촉진시키거나 지연시키는 역할을 하는 것을 모재인자라고 한다.

해설 토양의 형성과정

라테라이트화	열대와 아열대성 지역의 습한 환경에서 발생하며, 철산화물로 인해 붉은색 토양이 되고 심한 용탈로 산성을 띔 ▶ 덥고, 많은 비 → 바위와 광물의 빠른 풍화 → 심한 용탈 → 화합물과 영양소를 토양 단면 밖으로 이송
석회화	증발과 식물이 흡수하는 수분이 강수량보다 많을 때 발생 ▶ 지하수 내 탄산칼슘($CaCO_3$) 비율 상승 → 지표로부터의 물의 침투는 염류를 밑으로 이동시킴 → B층에 침전물 축적
염류화	•건조한 기후 토양 표면 매우 가까이에 염류 침전 발생 •사막, 해안지역, 관개가 이루어지는 농경지

포드졸화	침엽수 식생이 우점하는 중위도 지역의 한랭하고 습한 기후에서 발생 ▶ 침엽수 식생의 유기물은 강한 산성조건을 야기 → 산성 토양용액은 용탈과정을 촉진 → A층(표토)에서 양이온, 철 화합물, 알루미늄 화합물을 제거 → A층에 회백색을 띠는 모래로 이루어진 하부층을 만듦
글라이화	강수량이 많은 지역 또는 배수가 안 되는 저지대에서 발생 ▶ 늘 젖은 상태로 분해자(박테리아와 곰팡이)에 의한 유기물 분해가 느려짐 → 토양 상층에 물질이 축적됨 → 토양의 철과 반응하는 유기산을 방출 → 토양은 검정에서 회청색을 띰

25 산림의 생태천이에 대한 설명으로 옳지 않은 것은?
(2020)

① 1차 천이는 습성천이, 건성천이, 중성천이 등으로 구분되며 자발적 천이의 성격을 가진다.
② 생태천이 후기에는 개체수를 늘리는 r전략보다는 개체수를 제한하는 K전략을 갖는다.
③ 일반적으로 산림의 극상과 다르게 특정한 환경조건에서는 양수 또는 중간내음성 수종에 의해 산림경관이 유지된다.
④ 생태천이 진행 초기에는 광합성량/생체량의 비율이 낮지만 후기에는 안정화되면서 광합성량/생체량 비율이 높아진다.

해설
생태천이 후기로 갈수록 광합성량/생체량 비율이 낮아진다.

26 다음 보기가 설명하는 것은?
(2020)

> 자연적인 상태에서의 1차나 2차 천이의 경우는 세월이 흐르면서 이주정착하는 종이 다양해지고 수직적 층화가 생기면 현존 생태량이 증가하면서 산림생태계가 안정된 구조를 보이게 된다.

① 천이계열　　　　② 진행적 천이
③ 퇴행적 천이　　　④ 생태적 수렴

27 녹지자연도의 등급별 토지이용 현황에 대한 연결로 틀린 것은?
(2018)

① 1등급(시가지) : 녹지식생이 거의 존재하지 않는 지구
② 3등급(과수원) : 경작지나 과수원, 모포지 등과 같이 비교

적 녹지식생의 분량이 우세한 지구
③ 6등급(2차림) : 1차적으로 2차림이라 불리는 개상 식생 지구
④ 9등급(자연림) : 다층의 식물사회를 형성하는 천이의 마지막에 나타나는 극상림지구

해설 녹지자연도 사정기준

지역	등급	개요	해당 식생형
수역	0	수역	• 수역(강, 호수, 저수지 등 수체가 존재하는 부분과 식생이 존재하지 않는 하중도와 하안을 포함)
개발지역	1	시가지, 조성지	• 식생이 존재하지 않는 지역
	2	농경지 (논, 밭)	• 논, 밭, 텃밭 등의 경작지 －비교적 녹지가 많은 주택지(녹피율 60% 이상)
	3	농경지 (과수원)	• 과수원이나 유실수 재배지역 및 묘포장
	4	이차 초원A (키낮은 초원)	• 2차적으로 형성된 초원지구(골프장, 공원묘지, 목장 등)
	5	이차 초원B (키큰 초원)	• 2차적으로 형성된 키가 큰 초원식물 (묵밭 등 훼손지역의 억새군락이나 기타 잡초군락 등)
반자연지역	6	조림지	• 인위적으로 조림된 후 지속적으로 관리되고 있는 식재림 －인위적으로 조림된 수종이 약 70% 이상 우점하고 있는 식생과 아까시나무림이나 사방오리나무림과 같이 도입종이나 개량종에 의해 우점된 식물군락
	7	이차림(Ⅰ)	• 자연식생이 교란된 후 2차 천이의 진행에 의하여 회복단계에 들어섰거나 인간에 의한 교란이 심한 산림식생 －군락의 계층구조가 불안정하고, 종조성의 대부분이 해당 지역의 잠재자연식생을 반영하지 못함 －조림기원 식생이지만 방치되어 자연림과 구별이 어려울 정도로 회복된 경우 －소나무군락, 상수리나무군락, 굴참나무군락, 졸참나무군락 등
	8	이차림(Ⅱ)	• 자연식생이 교란된 후 2차 천이에 의해 다시 자연식생에 가까울 정도로 거의 회복된 상태의 삼림식생 －군락의 계층구조가 안정되어 있고, 종조성의 대부분이 해당 지역의 잠재자연식생을 반영하고 있음 －난온대 상록활엽수림(동백나무군락, 구실잣밤나무군락 등), 산지 계

지역	등급	개요	해당 식생형
자연지역	9	자연림	• 식생천이의 종국적인 단계에 이른 극상림 또는 그와 유사한 자연림 －8등급 식생 중 평균수령이 50년 이상인 산림 －아고산대 침엽수림(분비나무군락, 구상나무군락, 잣나무군락, 찝빵나무군락 등)
	10	자연초원, 습지	• 삼림식생 이외의 자연식생이나 특이식생 －고산황원, 아고산초원, 습원, 하천습지, 염습지, 해안사구, 자연암벽 등

| | | | 곡림(고로쇠나무군락, 층층나무군락), 하반림(버드나무–신나무군락, 오리나무군락, 비술나무군락 등), 너도밤나무군락, 신갈나무–당단풍군락, 졸참나무군락, 서어나무군락 등 |

자료 : 환경부(2014.1) 전략환경영향평가 업무매뉴얼

28 녹지자연도의 등급별 토지이용현황에 대한 연결로 틀린 것은?

(2019)

① 1등급(시가지) : 녹지식생이 거의 존재하지 않는 지구
② 3등급(과수원) : 경작지나 과수원, 모포지 등과 같이 비교적 녹지식생의 분량이 우세한 지구
③ 6등급(2차림) : 1차적으로 2차림이라 불리는 개상 식생지구
④ 9등급(자연림) : 다층의 식물사회를 형성하는 천이의 마지막에 나타나는 극상림지구

해설 녹지자연도 사정기준

지역	등급	개요	해당 식생형
수역	0	수역	• 수역(강, 호수, 저수지 등 수체가 존재하는 부분과 식생이 존재하지 않는 하중도와 하안을 포함)
개발지역	1	시가지, 조성지	• 식생이 존재하지 않는 지역
	2	농경지 (논, 밭)	• 논, 밭, 텃밭 등의 경작지 －비교적 녹지가 많은 주택지(녹피율 60% 이상)
	3	농경지 (과수원)	• 과수원이나 유실수 재배지역 및 묘포장
	4	이차 초원A (키낮은 초원)	• 2차적으로 형성된 초원지구(골프장, 공원묘지, 목장 등)
	5	이차 초원B (키큰 초원)	• 2차적으로 형성된 키가 큰 초원식물(묵밭 등 훼손지역의 억새군락이나
			기타 잡초군락 등)
반자연지역	6	조림지	• 인위적으로 조림된 후 지속적으로 관리되고 있는 식재림 －인위적으로 조림된 수종이 약 70% 이상 우점하고 있는 식생과 아까시나무림이나 사방오리나무림과 같이 도입종이나 개량종에 의해 우점된 식물군락
	7	이차림(Ⅰ)	• 자연식생이 교란된 후 2차 천이의 진행에 의하여 회복단계에 들어섰거나 인간에 의한 교란이 심한 산림식생 －군락의 계층구조가 불안정하고, 종조성의 대부분이 해당 지역의 잠재자연식생을 반영하지 못함 －조림기원 식생이지만 방치되어 자연림과 구별이 어려울 정도로 회복된 경우 －소나무군락, 상수리나무군락, 굴참나무군락, 졸참나무군락 등
	8	이차림(Ⅱ)	• 자연식생이 교란된 후 2차 천이에 의해 다시 자연식생에 가까울 정도로 거의 회복된 상태의 삼림식생 －군락의 계층구조가 안정되어 있고, 종조성의 대부분이 해당 지역의 잠재자연식생을 반영하고 있음 －난온대 상록활엽수림(동백나무군락, 구실잣밤나무군락 등), 산지계곡림(고로쇠나무군락, 층층나무군락), 하반림(버드나무–신나무군락, 오리나무군락, 비술나무군락 등), 너도밤나무군락, 신갈나무–당단풍군락, 졸참나무군락, 서어나무군락 등
자연지역	9	자연림	• 식생천이의 종국적인 단계에 이른 극상림 또는 그와 유사한 자연림 －8등급 식생 중 평균수령이 50년 이상인 산림 －아고산대 침엽수림(분비나무군락, 구상나무군락, 잣나무군락, 찝빵나무군락 등)
	10	자연초원, 습지	• 삼림식생 이외의 자연식생이나 특이식생 －고산황원, 아고산초원, 습원, 하천습지, 염습지, 해안사구, 자연암벽 등

자료 : 환경부(2014.1) 전략환경영향평가 업무매뉴얼

29 야생동물 복원에서 야생동물종의 움직임에 대한 고려는 매우 중요하다. 다음 설명에 해당하는 움직임은? (2018)

> 먹이를 얻기 위해 하루(또는 일주일, 한 달) 정도의 기간 내에 상당히 한정되고 알려진 공간에서 움직이는 것

① 이동(dispersal)
② 이주(migration)
③ 돌발적 이동(eruption movement)
④ 행동권 이동(home range movement)

해설 세력권제
㉠ 행동권
• 생활사에서 정상적으로 섭렵하는 지역이다.
• 행동권의 크기는 몸 크기에 영향을 받는다.
㉡ 세력권
• 동물이나 동물의 한 무리의 행동권 내 독립적인 방어지역이다.
• 노래, 울음, 과시, 화학적 냄새, 싸움 등으로 방어한다.
• 개체권 일부가 번식에서 배제되는 일종의 시합경쟁이다.
• 비번식 개체들은 세력권 유지자가 사라지면 대치할 수 있는 잠재적 번식자들의 부유개체로 작용한다.

[세력권과 행동권의 개념도]

30 일정 토지의 자연성을 나타내는 지표로서, 식생과 토지의 이용현황에 따라 녹지공간의 상태를 등급화한 것은? (2018)

① 생태자연도
② 녹지자연도
③ 국토환경성평가도
④ 수관밀도

31 식물과 곤충과의 관련성을 고려한 분류체계에서 식물의 잎을 섭식하는 곤충은? (2018)

① 화분매개충
② 흡즙곤충
③ 식엽곤충
④ 위생곤충

해설
① 화분매개충 : 식물의 꽃가루 받이를 도와 수정을 돕는 곤충
② 흡즙곤충 : 진딧물처럼 식물의 즙을 빨아먹고 사는 곤충
④ 위생곤충 : 인체에 직간접적으로 해를 주거나, 의학이나 위생학에 관계가 있는 곤충

32 호소의 유역으로부터 유입되는 인의 배출원으로 가장 거리가 먼 것은? (2018)

① 비료
② 가축분뇨
③ 하수처리장
④ 생활하수

해설
하수처리장은 보통 강(유수역) 주변에 위치한다.

33 1980년대 들어서 일반의 관심을 끌게 된 것으로, 트리클로로에틸렌, 사염화탄소, 벤젠 등의 매립에 의해 발생한 오염은? (2018)

① 호수오염
② 해저오염
③ 지하수오염
④ 대기오염

34 호수에서 수온구배에 따른 성층을 나타내는 용어가 아닌 것은? (2018)

① 중수층(metalimnion)
② 표수층(epilimnion)
③ 저수층(bottom)
④ 심수층(hypolimnion)

해설
㉠ 표수층(epilimnion) : 표면 부근에 형성된 온수층
㉡ 수온약층(metalimnion) : 표수층 아래 수온이 급격히 변화하는 층, 변수층, 변온층
㉢ 심수층(hypolimnion) : 변온층 아래 수온이 심도에 따라 서서히 저하하는 층
㉣ 수심에 따른 온도 변화
• 표수층 : 따뜻하고 밀도가 낮은 표층수
• 수온약층 : 온도가 급격히 변화는 구역
• 심수층 : 차고 밀도가 높은 심층수

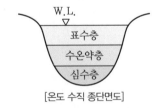

[온도 수직 종단면도]

35 높은 하천차수를 갖는 하천의 특징과 거리가 먼 것은?

(2019)

① 짧은 길이 ② 완만한 경사
③ 넓은 유역면적 ④ 넓고 깊은 하천 단면

해설

하천차수가 높을수록 큰 하천이다.

36 중금속에 오염된 어느 늪지에 다음의 생물이 살고 있다. 생물농축이 일어날 경우 생체 내 중금속 농도가 가장 높은 생물은?

(2019)

① 배스 ② 피라미
③ 하루살이 ④ 식물성 조류

해설

먹이피라미드의 상위포식자일수록 중금속 농도가 높다.

37 다음 보기가 설명하는 것은?

(2019)

> 화학적으로 분해 가능한 유기물을 산화시키기 위해 필요한 산소의 양

① DO ② SS
③ COD ④ BOD

해설

① DO : 용존산소
② SS : 부유물질
③ COD : 화학적산소요구량
④ BOD : 생물학적산소요구량

38 부영양화 현상에 관한 설명 중 틀린 것은?

(2019)

① 부영양화 현상이 있으면 용존산소량이 풍부해진다.
② 부영양화된 호수는 식물성 플랑크톤이 대량 발생되기 쉽다.
③ 부영양화 현상은 물이 정체되기 쉬운 호수에서 잘 발생한다.
④ 부영양화된 호수는 식물성 조류에 의하여 물의 투명도가 저하된다.

해설 부영양화

영양소가 많은 상태(영양소가 풍부한 활엽수림과 농경지가 부영양호를 감싸고 있는 경우)에서 다량의 인과 질소 유입 → 조류와 기타 수생식물의 대폭적 성장 촉진 → 광합성 산물이 증가하여 영양소와 유기화합물의 재순환 증가 → 식물생장을 더욱 촉진 → 식물플랑크톤은 따뜻한 상층부의 물에 밀집하여 짙은 초록색 물이 된다. → 조류와 유입되는 유기물 잔해, 퇴적물, 유근식물의 잔해가 바닥으로 떨어지며, 바닥의 세균은 죽은 유기물을 먹는다. → 세균의 활동은 바닥 퇴적물과 깊은 물의 호기성 생물이 살 수 없을 정도로 산소를 고갈시킨다. → 생물들의 생물량과 수는 높게 유지되지만, 저서종의 수는 감소한다. → 극단적인 경우 산소 고갈이 무척추동물과 어류 개체군을 집단폐사시킬 수 있다.

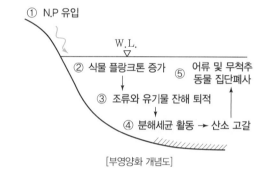

[부영양화 개념도]

39 담수의 수질평가 시 생물지수를 이용한 측정방법에 대한 설명으로 옳지 않은 것은?

(2020)

① 종 또는 분류군에 따라 다른 가중치를 준다.
② 군집변화의 수를 이용한 지수로 계량화하여 분석하는 방법을 말한다.
③ 생물이 지닌 내성의 한계나 환경에 따른 반응성을 고려한 방법이다.
④ 생물의 여러 가지 고유성을 감안하여 제작된 객관적인 지수이다.

40 다음 중 담수에서 생태학적으로 중요한 환경요인이 아닌 것은?

(2020)

① 빛 ② 온도
③ 산소 ④ 염분농도

해설

염분농도는 해수 및 기수역에서 중요한 환경요인이다.

41 보기의 (   )에 들어갈 적합한 용어는? (2018)

> 우리나라 3면의 바다 중 남해는 연중 계속해서 (   )의 영향을 받으며 서쪽의 중국대륙으로부터 유입되는 담수의 영향도 예상 되는 해역이다.

① 연안류   ② 대마난류
③ 동한난류   ④ 북한한류

42 수은(Hg)을 함유하는 폐수가 방류되어 오염된 바다에서 잡은 어패류를 섭취함으로써 발생하는 병은? (2018)

① 이따이이따이병   ② 미나마타병
③ 피부흑색병   ④ 골연화증

43 지난 반세기 동안 네덜란드 북해 연안과 더불어 우리나라의 서해안에서 가장 활발하게 일어났던 훼손으로 인위적으로 해안경관을 변화시켜 친환경적이지 못하며 자연적인 해안경관을 해치게 된 것은? (2018)

① 쓰레기 투기   ② 해상 유류 유출사고
③ 간척 및 매립   ④ 연안의 수많은 양식시설

44 조간대 지역은 조석의 주기에 따라 대기에 노출되고, 환경변화에 따라 서식 생물의 종류가 다르게 나타나게 된다. 해수면의 수평높이에 따라 달라지는 조간대 생물의 분포를 나타내는 용어는? (2018)

① 대상분포   ② 임계분포
③ 평형분포   ④ 규칙분포

45 연안생태계 지역을 잘못 설명한 것은? (2018)

① 바닷가 부근의 해양생태계와 육상생태계 간의 경계지역을 조간대라고 한다.
② 썰물 때의 곳에서부터 대륙붕 가장자리까지의 지역이다.
③ 대륙붕 가장자리에서부터 바다 쪽 전체를 포함한다.
④ 수심 0~200m까지의 지역으로 빛이 투과하는 지역을 투광대라고 한다.

46 해안식생에 대한 설명으로 옳지 않은 것은? (2018)

① 하구역의 후미처럼 담수유입의 영향을 받는 곳에 발달된 소택지에는 해안습지가 존재하며, 염색식물이 발달한다.
② 해수의 영향을 받는 하구역의 물가에서는 부들이나 줄이 순군락을 형성하며, 갯는쟁이, 해홍나물, 퉁퉁마디, 칠면초 등의 염색식물 군락이 바다 쪽으로 나타난다.
③ 거머리알은 연안역의 기초 생산력을 증대시키며, 질소와 인 등의 영양염류를 흡수하고 생리활성물질의 공급원이다.
④ 거머리알의 생육장소는 조간대와 조하대의 경계지역에서 나타나며, 조하대에서도 넓은 초지를 형성한다.

47 지구자전, 해류의 흐름, 지형 등의 요인으로 저층의 수괴가 상층으로 유입되어 형성되며 생산력이 높은 어장이 발생하는 특징을 가지고 있는 것은? (2018)

① 저탁류(turbidity current)
② 원심력(centrifugal force)
③ 용승류(upwelling)
④ 적도해류(equatorial current)

48 다음 중 (   ) 안에 들어갈 용어를 옳게 나열한 것은? (2020)

> 지구와 태양과 달이 일직선에 놓이는 보름과 그믐 직후에는 조석 차이가 큰 (㉠)가 나타나고, 반대로 태양과 달리 지구에 대해 직각으로 놓이는 반월 직후에는 조석 차이가 적은 (㉡)이(가) 나타난다.

① ㉠ 고조, ㉡ 저조   ② ㉠ 사리, ㉡ 조금
③ ㉠ 창조, ㉡ 낙조   ④ ㉠ 만조, ㉡ 간조

🔒정답 41 ②   42 ②   43 ③   44 ①   45 ③   46 ②   47 ③   48 ②

CHAPTER 04 생태계 종합평가

01 자연환경조사 결과분석

1. 생태기반환경을 종합적으로 파악

① 기상환경
② 지형환경
③ 토양환경
④ 수환경

2. 생물서식환경을 종합적으로 파악

1) 동물상

① 야생동물 분포현황 정리
② 분류군별 집계표 작성
③ 법정보호종 구분
④ 외래종 및 생태계교란 생물의 구분
⑤ 사업대상지 동물 분포도 작성

2) 식물상/식생

① 식물 분포현황 정리
② 분류군별 집계표 작성
③ 식물구계학적 특정식물 구분
④ 법정보호종 및 보호수, 노거수 구분
⑤ 외래종 및 생태계교란생물 구분
⑥ 현존식생도 작성

3. 결과분석

1) 야생동물과 서식환경분석

(1) 출현종 목록 확인

기출예상문제

생태계종합평가를 위한 자연
환경조사 결과분석의 항목이
아닌 것은?

① 야생동물과 서식환경분석
② 먹이그물분석
③ 분류군별 행동영역 및 서식영
   역분석
④ 사업목표 설정

답 ④

(2) 출현지점 분류군별 분포도 검토

    ① 출현지점의 지형, 식생, 토지이용 등 주변환경 검토

    ② 생물종의 공간지위(생태적 지위) 파악

(3) 출현종의 서식환경조사

    ① 공간(space)

    ② 은신처(cover)

    ③ 먹이(food)

    ④ 수환경(water)

(4) 길드(guild : 동일 자원을 유사한 방식으로 이용하는 종들)분석

    ① 영소길드(nestion guild : 둥지장소), 채이길드(foraging guild : 먹이장소) 구분

    ② 생태적 지위(공간지위, 영양지위, 다차원적 지위)와 길드의 연관성 분석

▶ **산림성 조류의 영소길드와 채이길드의 구분(예시)**

길드		위치 및 해당 종
영소 길드	수동 영소길드	• 나무 구멍을 둥지로 이용하는 종류 • 크낙새, 딱따구리류, 박새류, 흰눈썹황금새, 올빼미류, 원앙, 동고비 등
	수관층 영소길드	• 수관층을 둥지로 이용하는 종류(수고 2m 이상의 교목 상 층에 형성) • 수관 내 둥지길드 : 부엉이, 까치 • 수관 상부 둥지길드 : 백로류
	관목층 영소길드	• 지면, 관목, 덩굴 등에 둥지를 짓는 종류 • 종달새, 참새, 꿩, 검은딱새 등
	임연부 영소길드	• 산림의 임연부를 자원으로 이용하는 종류
채이 길드	외부 채이길드	• 산림 이외의 장소, 임연부에서 먹이자원을 이용하는 종류
	수관층 채이길드	• 공중, 잎, 가지, 줄기, 새순 등에서 먹이자원을 이용하는 종류
	관목층 채이길드	• 덩굴, 낙엽, 고사목, 덤불에서 먹이자원을 이용하는 종류

2) 먹이그물(생물 상호 간 섭식 및 포식관계)을 분석

    ① 분류군별 출현종을 생태계 내 기능과 역할에 따라 생산자, 소비자, 분해자로 구분

    ② 분류군별 출현종 중에서 대표적인 생물종을 선별

    ③ 분류군별로 선별한 대표 생물종에 대한 주요 먹이원을 조사

④ 분류군별로 선별한 대표 생물종에 대한 주요 먹이원을 토대로 1차소비자, 2차소비자, 3차소비자, 고차소비자 등으로 구별하여 도식화

‖ 먹이그물 개념도 ‖

3) 분류군별 서식처의 유형조사 결과를 바탕으로 행동영역 및 서식영역을 분석

  (1) 현장조사 이동경로를 도면화

  (2) 조사지점별 출현종 목록화

  (3) 현장조사 시 출현종 도면화

    ① 육상동물은 포유류, 조류, 양서류 · 파충류 등의 출현종을 도면에 표시
    ② 육수동물은 수계망을 도면에 표현하고 대표종 또는 보호종 위주로 출현종을 표시

02 종합분석

1. 종합분석표

1) 정의

종합분석표는 사업대상지의 환경부문별 및 항목별 조사 · 분석내용에 대하여 현황, 문제점, 강점, 약점, 잠재력, 기회성 등으로 구분하여 일목요연하게 요약하고 정리하는 표 형식의 문서를 말한다.

2) 작성목적 및 활용

  (1) 작성목적

생태기반환경, 생물서식환경, 인문 · 사회환경 조사내용을 정리 · 분석 · 평가하여 대상 지역의 환경현황을 한눈에 알아볼 수 있게 하고 상호 관련성을 파악하는 것을 주된 목적으로 한다.

  (2) 활용

    ① 대상지의 문제점, 잠재력, 기회성을 파악할 수 있다.
    ② 생태복원계획의 시사점을 도출하는 기초자료로 활용할 수 있다.

③ 사업의 기본방향 및 기본전략 제시, 복원을 위한 공간계획의 근거자료로 활용할 수 있다.

2. 종합분석도

1) 일반도(general map)

① 지표면의 일반적인 형상을 축척에 따라 그려 놓은 지도이다.

② 대표적인 일반도는 지형도이며, 각종 주제도를 만드는 데 기초도면(base map)으로 쓰인다.

2) 개별주제도

① 주제도(thematic map) : 하나의 특정한 목적을 위해 특정 주제 및 내용만을 표현하여 제작한 지도이다.

② 활용 : 대상지역의 종합분석도 작성과 향후 생태복원의 기본방향을 설정하기 위한 적지분석, 환경민감지역 도출, 대상지역의 생태계보전가치평가, 환경잠재성평가 등에 활용할 수 있다.

3) 종합분석도(comprehensive analysis map)

(1) 정의

생태기반환경, 생물서식환경, 인문·사회환경 조사내용 중 핵심사항을 정리, 분석, 종합하고 이를 그림, 기호 등으로 시각화하여 한눈에 파악할 수 있도록 평면적 또는 입체적으로 표현한 지도 또는 도면이다.

(2) 작성 목적

대상지역의 생태기반환경과 서식생물과의 상호관계, 생태계 훼손 원인과 문제점, 대상지의 생태적 잠재력을 시각화하기 위함이다.

(3) 활용

생태복원계획의 시사점을 도출하는 기초자료로 활용하며 사업의 기본방향 및 기본전략 제시, 복원을 위한 공간계획의 기초근거자료로 활용한다.

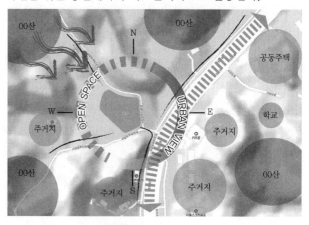

▮ 종합분석도 ▮

03 비오톱 유형분석과 도시생태현황지도 지침

1. 비오톱 유형분석

1) 비오톱의 개념 및 기능

(1) 개념

① 1908년 독일 생물학자 Dahl이 "생물공동체의 서식지"라고 정의하였다.

② 도시생태현황지도의 작성방법에 관한 지침(환경부 고시 제2017-270호)에서 비오톱은 "공간적 경계를 가지는 특정생물군집의 서식공간으로 각각의 비오톱은 고유한 속성을 가지며 다른 환경과 구분될 수 있다."로 정의한다.

③ 비오톱은 독일어의 bio(생명)와 top(장소)을 조합한 합성어이다.

④ 일반적으로 서식지(habitat)란 특정종 또는 특정개체군의 서식공간을 의미하지만 비오톱은 생물군집과 연결한 개념으로, 동식물 군집이 서식하고 있거나 서식할 수 있는 최소한의 단위공간을 의미하며, 생물적 개체요소가 중심이 되어 주변환경과 상호작용이 활발히 일어나는 최소단위공간을 말한다.

(2) 기능

① 환경보전 기능

② 환경교육 및 연구 기능

③ 사회적 기능

2) 비오톱지도(biotope map)

(1) 정의, 목적 및 활용

① 정의

비오톱지도는 「자연환경보전법」에 의하여 도시생태현황지도라고 한다. 도시생태현황지도란 각 비오톱의 생태적 특성을 나타내는 기본 주제도와 비오톱 유형화와 비오톱 평가과정을 거쳐 각 비오톱(공간)의 생태적 특성과 등급화된 평가가치를 표현한 비오톱유형도 및 비오톱평가도 등을 말한다.

② 작성목적

지역규모에서 자연 및 환경생태적 특성과 가치를 반영하여 각 지역의 자연환경보전 및 복원, 생태네트워크의 형성뿐만 아니라 생태적인 토지 이용 및 환경관리를 통해 환경친화적이고 지속가능한 도시관리의 기초자료로 활용하고자 함이다.

③ 활용

㉠ 환경생태분야

㉡ 생활환경분야

㉢ 도시계획분야

㉣ 공원녹지분야

기출예상문제

환경부 도시생태현황지도에 대하여 잘못 기술한 것은?

① 비오톱유형도 및 비오톱평가도를 말한다.

② 지역규모에서 자연 및 환경생태적 특성과 가치를 반영한다.

③ 환경친화적이고 지속가능한 도시관리 기초자료로 활용한다.

④ 국토를 친환경적·계획적으로 보전하고 이용하기 위하여 환경적 가치를 종합적으로 평가하여 환경적 중요도에 따라 5개 등급으로 구분하고 색채를 달리 표시하여 알기 쉽게 작성한 지도이다.

🖹 ④

(2) 비오톱지도화 방법

비오톱지도화 유형	내용	특성
선택적 지도화	• 보호할 가치가 높은 특별지역에 한해서 조사하는 방법 • 속성 비오톱지도화 방법	• 단기적으로 신속하고 저렴한 비용으로 지도 제작 가능함 • 국토단위의 대규모 비오톱 제작에 유리 • 세부적인 정보를 제공하지 못함
포괄적 지도화	• 전체 조사지역에 대한 자세한 비오톱의 생물학적, 생태학적 특성을 조사하는 방법 • 모든 토지이용 유형의 도면화	• 내용의 정밀도가 높음 • 도시 및 지역단위의 생태계보전 등을 위한 자료로 활용 가능함 • 많은 인력과 시간, 비용이 소요됨
대표적 지도화	• 대표성이 있는 비오톱 유형을 조사하여 이를 동일하거나 유사한 비오톱 유형에 적용하는 방법 • 선택적 지도화와 포괄적 지도화 방법의 절충형	• 도시차원의 생태계보전 자료로 활용 • 비오톱에 대한 많은 자료가 구축된 상태에서 적용이 용이함 • 시간과 비용이 절감됨

(3) 비오톱지도의 구성
　① 기본주제도
　② 기타 주제도
　③ 비오톱유형도
　④ 비오톱평가도

(4) 비오톱지도의 작성절차

① 작성절차

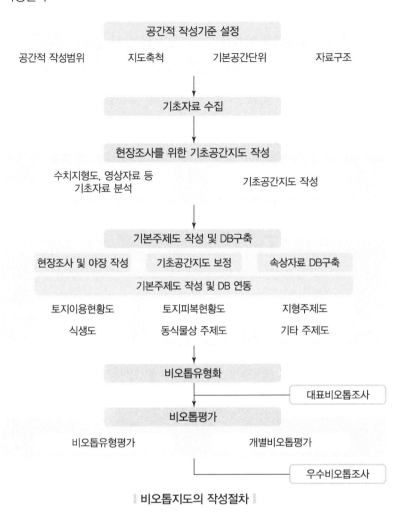

| 비오톱지도의 작성절차 |

환경부고시 제2021-110호

도시생태현황지도의 작성방법에 관한 지침

제1장 총칙

제1조(목적) 이 지침은 「자연환경보전법」 제34조의2 및 동법시행규칙 제17조에 따라 도시생태현황지도(비오톱지도)의 효율적이고 실효성 있는 작성과 운영을 위한 방법 및 기준을 정하는 데 그 목적이 있다.

제2조(의의) 도시생태현황지도는 특별시·광역시·특별자치시·특별자치도 및 시·군(이하 "지자체"라 한다)의 자연 및 환경생태적 특성과 가치를 반영한 정밀공간생태정보지도로서 각 지역의 자연환경 보전 및 복원, 생태적 네트워크의 형성뿐만 아니라 생태적인 토지이용 및 환경관리를 통해 환경친화적이고 지속가능한 도시관리의 기초자료로 활용할 수 있다.

제3조(정의) 이 지침에서 사용하는 용어의 정의는 다음과 같다.

1. "비오톱"이라 함은 인간의 토지이용에 직간접적인 영향을 받아 특징지어진 지표면의 공간적 경계로서 생물군집이 서식하고 있거나 서식할 수 있는 잠재력을 가지고 있는 공간단위를 말한다.

2. "주제도"라 함은 각 비오톱(공간)의 유형화와 평가를 위해 생태적·구조적 정보를 분석하고 다양한 도시생태계 정보의 표현과 도시생태현황지도의 효과적인 활용을 위해 조사 및 작성되는 지도를 말하며 비오톱 유형화에 사용되는 토지이용현황도, 토지피복현황도, 지형주제도, 식생도, 동·식물상주제도를 "기본 주제도"라 한다.

3. "비오톱 유형"이라 함은 기본 주제도를 통해 분석된 비오톱 공간의 구조적·생태적 특성을 체계적으로 분류한 것을 말하며 이를 지도화한 것을 "비오톱유형도"라 한다.

4. "비오톱 평가"라 함은 비오톱 유형화를 통해 구분된 개별공간을 다양한 평가항목을 적용하여 그 가치를 등급화하는 과정을 말하며 등급을 지도화한 것을 "비오톱평가도"라 한다.

5. "도시생태현황지도"라 함은 각 비오톱의 생태적 특성을 나타내는 "기본 주제도"와 비오톱 유형화와 비오톱 평가과정을 거쳐 각 비오톱(공간)의 생태적 특성과 등급화된 평가가치를 표현한 "비오톱유형도" 및 "비오톱평가도" 등을 말한다.

6. "대표비오톱"이란 도시생태현황지도 작성과정에서 도출된 도시 전체의 비오톱 유형별 대표성을 갖는 비오톱을 말한다.

7. "우수비오톱"이란 도시생태현황지도평가를 통해 우수등급으로 평가된 유형 중에서 희소성, 생물다양성 등 생태적 가치가 특히 우수한 비오톱을 말한다.

8. "검토위원"이라 함은 도시생태현황지도의 원활한 작성을 위하여 해당 지자체가 구성한 검토위원회의 구성원을 말한다.

9. "비오톱 최소면적"이란 도시생태현황지도에 표현되는 비오톱 폴리곤 면적의 최소 기준을 말하는 것으로 도시생태현황지도의 해상도와 자세함을 표현하는 단위이다. 이 경우 최소면적이 작을수록 자세한 지도이며, 최소면적은 100m²(10m×10m) ~ 2,500m²(50m×50m)의 범위 내에서 지자체현황에 맞게 사용한다.

제4조(근거 및 적용범위) 이 지침은 「자연환경보전법」 제34조의2 및 동법시행규칙 제17조에 의하여 도시생태현황지도를 작성 및 운영하는 데 적용한다.

제5조(작성주체) 도시생태현황지도는 특별시장·광역시장·특별자치시장·특별자치도지사 또는 시장(「지방자치법」 제2조제1항제2호에 따른 시의 장을 말한다. 이하 같다)이 작성하며, 필요한 경우에는 군수가 시·도지사와 협의하여 작성할 수 있다.

제6조(작성대상) 도시생태현황지도의 공간적 작성범위는 관할구역 행정경계 내부 전 지역을 대상으로 한다.

제2장 도시생태현황지도 구성과 작성원칙

(생략)

제3장 주제도조사 및 작성방법

(생략)

제4장 도시생태현황지도 유형화 원칙 및 방법

제17조(비오톱 유형화 원칙) ① 비오톱 유형화 작업은 각각의 개별적인 비오톱의 속성을 파악하여 동일하거나 유사한 비오톱들을 추상화하고 일반화하여 체계적으로 분류해야 한다.

② 비오톱 유형화의 목적은 해당 지자체에서 나타나는 수많은 비오톱을 일정한 기준으로 분류하고 단순화한 개념체계로 정리함으로써 다양하고 복잡한 자연생태계에 대한 이해를 높이고 비오톱지도의 활용성을 높이는 것에 있다.

③ 비오톱 유형화 목적을 이루기 위해서는 해당 지자체의 지역적 특성이 충실히 반영된 분류지표, 분류기준을 정확하게 사용해야 한다.

④ 비오톱 유형화를 위한 분류지표와 분류기준은 반드시 과학적 검증을 받은 방법론을 사용해야 하며, 해당 지자체의 현황이 반영된 통계적 유의성을 확보해야 하고, 유형화 결과의 정책적 활용성이 검토되어야 한다. 이를 위해 분류지표, 분류기준, 유형화 결과는 검토위원회의 검토과정을 거친다.

⑤ 비오톱 유형화는 수집된 비오톱 현장조사를 통해 수집된 각 폴리곤별 속성자료를 종합하여 대상지의 생태적 특성이 드러나도록 구분해야 한다.

⑥ 비오톱 유형분류는 대분류─중분류─소분류체계를 갖도록 작성하며 대분류─중분류는 별표 15를 참고하여 작성할 수 있다.

⑦ 단, 대상지의 특성상 중분류 유형에서 추가적인 유형이 필요한 경우 현 분류체계 안에서 새로운 유형을 추가할 수 있으며 추가된 유형은 본 지침의 개정 시 반영될 수 있도록 해야 한다.

⑧ 소분류는 표준화된 대분류─중분류 유형 체계 안에서 지역특성을 반영하여 지침에서 정하는 유형화방법에 따라 세부적으로 유형화해야 한다.

제18조(비오톱 유형분류방법) ① 비오톱 유형화과정은 비오톱 속성정보, 기타 환경공간정보 등을 기반으로 해당 지자체의 특성을 고려하여 다음과 같이 분류위계, 분류항목, 분류지표, 분류기준을 설정하여 진행한다.

기출예상문제

환경부 「도시생태현황지도의 작성방법에 관한 지침」에서 비오톱은 시가지비오톱과 녹지비오톱으로 구분하여 비오톱유형분류를 하고 있다. 다음 중 시가지비오톱이 아닌 것은?

① 주거지
② 공공용도지
③ 특수지
④ 하천

답 ①

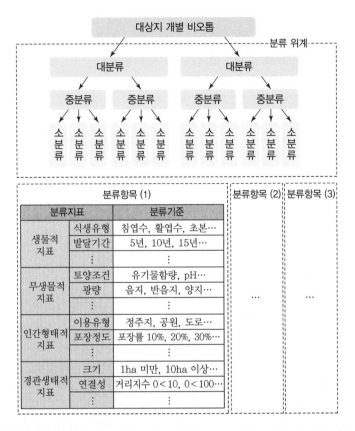

분류항목 (1)		분류항목 (2)	분류항목 (3)
분류지표	분류기준		
생물적 지표	식생유형	침엽수, 활엽수, 초본…	⋮
	발달기간	5년, 10년, 15년…	
	⋮	⋮	
무생물적 지표	토양조건	유기물함량, pH…	…
	광량	음지, 반음지, 양지…	
	⋮	⋮	
인간형태적 지표	이용유형	정주지, 공원, 도로…	
	포장정도	포장률 10%, 20%, 30%…	
	⋮	⋮	
경관생태적 지표	크기	1ha 미만, 10ha 이상…	
	연결성	거리지수 0<10, 0<100…	
	⋮	⋮	

1. 분류위계
   가. 비오톱 유형화과정에서 분류위계는 분류의 단계를 의미하는 것으로 상위에서 하위로 갈수록 세분화된 비오톱 유형체계를 이루며 일반적으로 3단계의 대분류 – 중분류 – 소분류의 위계를 갖도록 작성한다.
   나. 가목에도 불구하고, 지자체의 필요에 따라 소분류 하위위계로 세분류단계를 두어 도시생태현황지도의 활용성을 높일 수 있다.
2. 분류항목
   가. 분류항목은 비오톱 속성을 구분하기 위한 관점을 나타내는 포괄적 개념으로 일반적으로 비오톱의 자연적 발달상태를 의미하는 자연성, 비오톱의 면적과 출현빈도에 따른 희귀성, 해당 비오톱에 서식하는 생물요소에 영향을 주는 서식처기능성, 도시환경 개선기능성, 경관생태학적 측면의 가치 등을 사용하며, 지역의 특성에 맞게 선택하거나 다른 항목을 추가하여 사용할 수 있다.
   나. 소분류 유형화를 위한 분류항목 설정 시 본 지침에서 제시된 중분류 비오톱 유형의 특성을 고려하여 중분류 유형별로 적합한 분류항목을 설정하여 소분류 유형화에 활용한다.
3. 분류지표
   가. 분류지표 설정은 비오톱 유형화의 핵심과정으로 비오톱의 특성을 구분 짓고 유형의 한계를 규정하게 되므로 지자체의 특성과 비오톱의 다양한 가치를 반영할 수 있는 지표를 설정한다.

나. 분류지표는 일반적으로 생물적 요인지표, 무생물적 요인지표, 인간행태적 요인지표, 경관생태적 요인지표 등이 있으며, 비오톱의 다양한 가치가 잘 고려될 수 있도록 다양한 지표를 적절히 활용해야 한다.

다. 비오톱 유형화과정에 사용할 수 있는 분류지표 사례는 다음과 같으며, 대상지의 생태적 특성에 따라 적합한 분류지표를 추가하여 사용해야 하며, 도시생태현황지도의 활용성을 높이기 위해서는 단순한 지표 사용은 지양한다.

생물적 지표	무생물적 지표	인간행태적 지표	경관생태적 지표
• 현존식생 • 우점식생 • 식생의 생활형 • 식생의 발달기간 • 식생 수직구조 다양성 • 천이단계 • 식생의 자연성 • 식생의 흉고직경 • 층위 형성단계 • 야생조류 출현 • 보호동식물의 출현	• 토양습도 • 토양 물리적 조성 • 토양 영양상태 • 토양의 자연성 • 지질 • 지형(경사, 향) • 생성원인 • 광량 • 지표면 온도 • 기후 • 수리/수문	• 토지이용강도 • 관리정도 • 정비 재료와 구조 • 토지피복 재질과 정도 • 역사성 • 불투수포장비율 • 현재상황의 점유기간 • 자연훼손 기간과 종류	• 면적 • 형태 • 핵심지역 • 가장자리 • 희귀성 • 다양성 • 연결성

4. 분류기준

가. 분류기준은 설정된 지표에 따라 비오톱의 유형을 구분하는 기준이며, 지표가 가지는 의미와 비오톱 유형의 특성을 고려하여 명목척도, 비율척도, 서열척도, 등간척도 등을 적합하게 사용해야 한다.

나. 명목척도에 해당하는 정성적인 질적기준 형태의 분류기준을 활용할 경우, 해당 비오톱의 속성을 파악하는 조사자의 역량과 주관적 견해에 의한 오류가 발생하지 않도록 정확성이 담보되고 검증이 가능한 기준을 설정해야 한다.

다. 비율척도, 등간척도, 서열척도에 해당하는 정량적인 양적기준 형태의 분류기준을 활용할 경우 해당 비오톱 유형에 속하는 각 비오톱들의 속성과 현황에 대한 통계적 유의성을 가지는 분석을 기반으로 적정한 기준을 설정해야 한다.

5. 소분류 명칭은 유형화된 비오톱이 가지는 구조적, 기능적, 생태적 속성이 잘 드러나는 수식어를 사용하여 명명한다.

② 비오톱 유형화는 해당 비오톱의 토지이용현황, 토지피복현황, 현존식생, 지형주제도, 야생동물조사 자료 등을 확인하고 설정된 분류항목, 분류지표, 분류기준을 적용하여 비오톱을 유형화한다.

③ 도시생태현황지도의 정확한 이해와 효율적인 활용을 위해서 비오톱 유형화과정과 원리, 비오톱 유형의 정의를 자세히 기술한 비오톱유형목록집을 필수적으로 작성하며, 비오톱 유형목록집에는 다음 각 호의 내용을 포함한다.

1. 지자체의 특성과 현황을 분석하여 비오톱 유형화에 적용한 과정
2. 분류항목, 분류지표, 분류기준의 설정 근거와 원칙
3. 비오톱 유형의 세부적인 정의
4. 비오톱 유형의 일반현황

5. 비오톱 유형의 가치

6. 비오톱 유형의 기술통계량

7. 비오톱 유형을 이해하는 데 도움이 되는 항공사진, 현장사진 등의 기타 자료

④ 비오톱 유형화 완료 후 비오톱유형도 작성은 대－중－소분류의 비오톱 유형을 기준으로 도면화한다.

제5장 도시생태현황지도평가방법

제19조(비오톱평가 원칙) ① 비오톱평가는 비오톱의 상대적인 가치를 평가하여 비교를 가능하게 함으로써 평가결과를 바탕으로 보전, 복원, 이용, 관리 등의 공간을 구분하여 도시계획, 환경생태계획과 같은 다양한 계획과 정책에서의 도시생태현황지도의 활용성을 높이는 방향으로 진행해야 한다.

② 평가의 목적이 범위, 특성, 기준 등에 영향을 많이 주기 때문에 평가결과 활용분야에 대한 논의과정을 통해 평가의 목적을 분명히 해야 하며, 이 과정은 검토위원회의 검토과정을 거쳐야 한다.

③ 비오톱평가에 사용되는 지표와 기준은 반드시 과학적 검증을 받은 방법론을 사용해야 하며, 해당 지자체현황이 반영된 통계적 유의성을 확보해야 하고, 비오톱 평가결과의 정책적 활용성이 검토되어야 한다. 이를 위해 평가지표, 평가기준, 평가결과는 검토위원회의 검토과정을 거쳐야 한다.

④ 비오톱평가는 비오톱 유형평가와 개별비오톱평가로 구분하여 진행하며 2가지 평가 모두를 진행하는 것을 원칙으로 한다.

1. 비오톱 유형평가 : 각 비오톱 유형의 가치를 평가하여 지자체현황에 대한 이해를 빠르고 쉽게 하기 위해 진행하는 것으로 중분류와 소분류 위계에서 시행하며 비오톱 중분류 유형평가는 광역지자체 또는 국가단위의 활용성을 고려한 평가를 진행하며, 소분류 유형평가는 지역의 특성이 반영된 평가를 진행한다.

2. 개별비오톱평가 : 경계가 구획된 각 비오톱의 개별적인 특성과 가치를 평가하는 것으로 비오톱 유형평가에서 동일한 비오톱 유형에 속하는 각각의 개별비오톱 특성과 가치가 동일하게 평가되는 문제점을 보완하기 위해 시행하는 평가의 의미를 가지며, 비오톱 유형에 따라 다른 평가방법을 사용할 수 있다.

⑤ 조사가 불가능하거나 기초자료 획득이 불충분하여 평가가 불가능한 비오톱은 '평가 외 등급'으로 제시하며 평가 제외사유를 명확하게 명시한다.

제20조(비오톱평가방법) ① 비오톱평가는 지자체의 특성, 현황, 미래상 등을 종합적으로 고려하여야 하며, 평가지표와 기준 선정 시 다음 각 호의 사항을 유의한다.

1. 생물군집의 입장에서의 비오톱 가치와 인간과의 관계 속에서 생성되는 비오톱 가치가 균형을 이루어 평가될 수 있도록 해야 하며, 해당 비오톱의 다양한 측면의 가치가 잘 반영될 수 있는 평가항목, 평가지표, 평가기준을 적용해야 한다.

2. 식물을 제외한 이동이 가능한 생물종의 경우 서식의 경계를 공간단위로 특정하기 어려우므로 공간적 경계를 가지는 비오톱의 평가지표로 사용할 경우 특별한 주의가 필요하다.

3. 비오톱평가를 위한 평가항목 및 평가지표는 비오톱 유형화의 분류항목 및 분류지표와 연계성을 갖도록 선정하며 비오톱 유형 및 개별비오톱의 특성을 고려하여 다양한 평가지표를 활용한다.

4. 시가지, 농촌지역, 자연녹지, 인공녹지, 하천 등 비오톱 유형 특성이 반영된 평가지표
  와 기준을 유형별로 사용할 수 있다.
5. 단순한 평가지표의 사용은 비오톱의 다양한 가치를 반영할 수 없음을 인지하고 세밀하
  고 논리적인 평가가 될 수 있도록 다양한 평가지표를 사용한다.
② 비오톱평가에 사용된 평가지표의 사례는 다음과 같으며, 해당 지자체 특성과 평가목적에
  맞게 새로운 평가지표를 선정하여 활용할 수 있다.

평가지표	활용 시 중점 고려사항
식생의 자연성	식생이 가지는 보전가치, 자연자원으로서 희귀성
훼손 위험성(취약성)	주변지역의 개발과 이용압력으로 해당 비오톱의 특성이 변화될 가능성
식생의 발달기간	발달기간의 수준에 따른 장점과 단점을 평가목적에 맞게 활용
표고/경사	해당 지자체의 지형특성에 대한 고려가 선행되어야 함
토양습윤조건/ 지하수위	식생 생육기반 특성 반영, 습지지역 보호관점 반영
미기후	비오톱의 특성이 도시 생활환경 개선에 기여하는 측면에서 고려
토지이용 강도	인간의 토지이용 밀도 측면에서 고려
투수가능 면적	도시 내 잠재적 생물서식처 기능, 미기후 개선 차원에서 고려
외래종 서식여부	인간의 지속적인 간섭여부 확인
잠재자연식생	주어진 자연조건 아래에서 발달가능한 식생 예측, 자연환경 복원 관점의 생태정보
면적, 형태, 가장자리	각각의 개별 비오톱이 가지는 경관생태학적 특성 분석
인간 이용성	인간의 휴식, 여가, 운동 등이 가능한 녹지 및 오픈스페이스로서의 역할 관점
연결성 기여도	생물서식처 측면에서 연결성 확보 관점
다양성 기여도	비오톱의 특성이 해당 지자체 내에서의 희귀성, 서식처 다양성에 기여하는 정도
층위구조	식생수직구조 기반으로 서식처 다양성, 생물량, 식생의 건전성과 자연성 측정
바이오매스	녹지의 도시환경 기능개선(찬공기생성, 미세먼지흡착 등) 기여 측면 고려
하상구조, 여울	하천의 생물종 구성과 서식지 보호 관점
도시환경 개선기능	도심지 자투리 녹지, 인공녹지 등 정주지 주변 녹지의 도시환경 개선 기여 관점
지형변화	자연지형의 훼손 민감도, 지형변화에 따른 동식물 생육기반 훼손 정도 관점

③ 비오톱평가의 등급체계는 다음을 원칙으로 한다.
  1. 5개 등급으로 평가하는 것을 원칙으로 1등급에 가까울수록 긍정적 가치가 높은 것으로
    평가한다.
  2. 5개 등급 평가의 수행을 전제로 도시생태현황지도의 활용성을 높이기 위해 6개 등급 이
    상의 평가등급체계를 가진 비오톱평가를 추가적으로 진행할 수 있다.

기출예상문제

환경부 「도시생태현황지도의 작성방법에 관한 지침」에 따른 비오톱 평가등급을 Ⅰ~Ⅴ등급으로 구분된다. 인간간섭이 높고 훼손에 대한 예민성이 낮으며 자연성이 낮아 중·장기간 재생이 필요한 비오톱 등급은?

① Ⅰ   ② Ⅱ
③ Ⅲ   ④ Ⅳ

답 ④

3. 시가화지역, 농촌지역, 자연지역 등 비오톱 유형 특성에 따라 별도의 평가방법 및 등급체계를 가진 평가를 수행할 수 있다.

4. 보고서에 평가항목, 평가지표 등의 평가방법 및 각 등급이 가지는 의미를 자세히 서술한다.

④ 비오톱 유형평가 등급별 생태적 가치는 다음 표를 참고하여 평가될 수 있도록 한다.

평가등급	내용
Ⅰ	• 인간 간섭이 없거나 장기간 안정되고 성숙한 비오톱 • 자연성이 높아 대체조성이 불가능하여 절대적인 보존이 필요한 비오톱
Ⅱ	• 인간 간섭이 다소 있고 훼손에 대한 중간 정도 예민성을 가진 감소추세 비오톱 • 일정 수준 자연성이 있어 복원 후 생태적 가치 향상의 잠재성이 높으며 조건부 대체가 가능한 비오톱
Ⅲ	인간 간섭이 높고 훼손에 대한 예민성이 낮으며 자연성이 낮아 중·장기간 재생이 필요한 비오톱
Ⅳ	인간 간섭이 매우 높은 비오톱으로 자연으로의 재생 가능성이 낮은 비오톱
Ⅴ	과도한 에너지 이용 및 순환체계가 단절된 비오톱으로 자연에 의한 재생가능성이 없는 비오톱

⑤ 비오톱 유형평가 시 각 항목별 평가는 의사결정나무방법에 따라 수행하며, 항목별 평가결과의 종합에는 가치합산매트릭스방법을 적용할 수 있다. 다만, 대상지 특성에 따라 학술적으로 검증된 별도의 평가방법을 적용할 수 있다.

M 3×3		평가지표		
		Ⅰ	Ⅱ	Ⅲ
평가 지표	Ⅰ	Ⅰ	Ⅱ	Ⅲ
	Ⅱ	Ⅱ	Ⅲ	Ⅳ
	Ⅲ	Ⅲ	Ⅳ	Ⅴ

⑥ 개별비오톱평가는 동일 비오톱 유형으로 구분되는 비오톱이라도 서로 다른 가치를 가질 수 있으므로 그 가치를 확인하고 평가하기 위한 목적이 있으며, 다음 각 호의 사항을 유의하여 평가한다.

1. 비오톱 유형평가에 활용된 평가지표와 동일한 지표를 개별비오톱평가에 활용하는 것은 지양하여 중복평가에 의한 오류를 유의한다.

2. 비오톱 유형에 따라 별도의 평가지표를 사용할 수 있다.

3. 비오톱 유형평가 결과에 의한 등급에 따라 별도의 개별비오톱평가를 실시할 수 있다.

4. 비오톱 보전가치, 도시환경 개선측면 가치, 경관적 가치 등 활용목적에 따라 세분화된 평가목표를 설정하고 그에 맞는 평가지표로 평가할 수 있다.

⑦ 비오톱평가도는 비오톱평가과정을 통해 도출된 평가등급을 기준으로 도면화한다.

04 가치평가

1. 생태계보전가치평가

1) 정의
사업대상지의 생태계 건강을 생태계현황자료를 근거로 진단하여 평가하는 것이다.

2) 평가항목

(1) 희귀성
현재 존재하는 생물종의 서식지 면적이나 개체수가 작을수록 높은 보전가치를 부여한다.

▶ **공간위계에 따른 희귀성 구분**

구분	내용
국제적 희귀성	• 국제적 차원의 멸종위기종 • 세계자연보전연맹(IUCN)의 적색 목록(red list) • 멸종위기에 처한 야생동식물종의 국제거래에 관한 협약(CITES)에 포함된 생물종
국가적 희귀성	• 국가적 차원의 멸종위기종 • 국내 관련법에 의한 법적 보호종 • 멸종위기야생생물(Ⅰ급, Ⅱ급), 천연기념물 등
지역적 희귀성	• 지역적 차원의 멸종위기종 • 지방자치단체조례 등에 의한 보호종

(2) 다양성
① 주로 생물다양성(biodiversity)을 말하며, 생물다양성협약(Convention on Biological Diversity : CBD) 제2조에 따르면 육상, 해양 및 기타 수생태계와 이들 생태계가 부분을 이루는 복합생태계를 포함한 모든 분야의 생물체 간 변이성(variability)을 의미한다.
「생물다양성 보전 및 이용에 관한 법률」에 따르면 육상생태계 및 수생태계와 이들의 복합생태계를 포함하는 모든 원천에서 발생한 생물체의 다양성을 말하며,

기출예상문제

생태계보전가치평가 시 고려
사항이 아닌 것은?
① 희귀성　　② 다양성
③ 자연성　　④ 전형성
⑤ 고유성　　⑥ 편의성

답 ⑥

종 내·종 간 및 생태계의 다양성을 포함한다.

② 생태계보전가치평가에 있어서 다양성이란 생물종의 많고 적음과 그 분포의 균질성을 통계학적으로 표현한 것이다. 이러한 다양성이 높을수록 보전가치가 높게 평가된다.

(3) 자연성

① 천이과정에서 극상에 가까울수록 높게 평가하는 것이다.

② 자연성에 대한 보전가치를 평가할 때, 주로 사용하는 자료는 식생보전등급, 생태자연도, 국토환경성평가지도, 도시생태현황지도(비오톱지도) 등이 있다.

(4) 고유성

① 생태계보전가치평가에 있어서 고유성을 국가, 지역 차원의 고유종을 대상으로 한다. 고유성은 고유종이 많이 서식할수록 높게 평가한다.

② 지역의 고유성은 귀화생물종의 수로도 판단할 수 있는데 귀화생물종의 수와 고유성은 반비례한다.

(5) 전형성

'소백산 주목군락' 또는 '울진 금강소나무군락'처럼 군락의 전형적인 상태를 나타낸 것일수록 높게 평가하는 항목이다.

3) 평가방법

▶ **보전가치평가방법**

구분		내용
최소지표법		• 절대평가법 • 평가항목 중 가장 높은 등급을 해당 토지의 등급으로 지정함으로써 보전가치에 최고 가중치를 부여하는 방법 • 보전가치에 대한 자의성 방지 • 토지의 환경적 가치를 최우선 반영
가중치법	등 가중치법	• 평가항목별 동일한 값을 부여하는 평가방법 • 토지이용과 연계 유리 • 보전가치 축소 가능성 존재
	상대 가중치법	• 상대평가법 • 평가항목별 중요도를 고려하여 상대가중치를 부여하는 평가방법 • 전문가 의견 수렴 필요

4) 보전가치평가의 절차

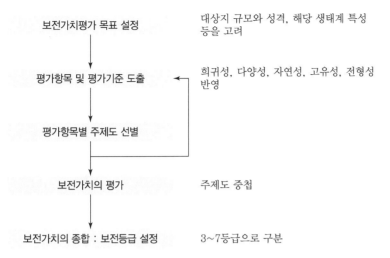

보전가치평가 목표 설정	대상지 규모와 성격, 해당 생태계 특성 등을 고려
평가항목 및 평가기준 도출	희귀성, 다양성, 자연성, 고유성, 전형성 반영
평가항목별 주제도 선별	
보전가치의 평가	주제도 중첩
보전가치의 종합 : 보전등급 설정	3~7등급으로 구분

‖ 생태계보전가치 평가과정 ‖

(1) 평가의 목표를 설정하고 평가항목 및 평가기준을 도출한다.
　① 생태계 건강성을 평가하여 대상지의 성격, 규모, 지역생태계 특성 등을 고려하여 보전, 복원, 향상 등의 목표를 설정한다.
　② 설정된 목표에 따라 항목 및 평가기준을 도출한다.

▶ **광역생태축 보전을 위한 생태계보전가치평가의 항목 및 기준(예시)**

구분	항목	보전가치 평가기준		산림축	하천축	야생동물축	비고
환경 생태적 기준	생태자연도	1등급		✔			절대기준
		2등급	1등급과 인접한 2등급 지역	✔			상대기준
			그 외 2등급 지역				
	임상도	5, 6 영급		✔			상대기준
		3, 4 영급					
	하천	국가하천, 지방 1급 하천			✔		절대기준
		• 국가하천 : 수변 좌우 500m					
		• 지방 1급 하천 : 수변 좌우 250m					
	습지	습지(토지피복지도의 습지, 갯벌)			✔		절대기준
	주요종 발견지점	• 포유류 : 중대형 포유류, 희귀종 및 멸종위기종 발견지점 반경 500m				✔	절대기준
		• 조류 : 희귀종 및 멸종위기종 발견지점 반경 500m					

구분	항목		보전가치 평가기준	산림축	하천축	야생동물축	비고
지형적 기준	정맥		1차 계류유역	✔			절대기준
	표고도		300m 이상	✔			상대기준
			200m 이상 300m 미만				
	경사도		20° 이상	✔			상대기준
			15~20°				
법제적 기준	법정보호지역		백두대간보호지역, 생태 · 경관보전지역, 자연공원(국립 · 도립 · 군립공원), 야생동식물보호구역, 야생동식물특별보호구역, 산림유전자원보호림, 천연기념물보호구역, DMZ 일원(군사분계선 상하 2km 지역, 통제보호구역), 보전임지(공익용 산지), 습지보호지역, 수변구역	✔	✔		절대기준
기타	제척시킬 지역	기개발지	대분류 토지피복지도의 항목 중 시가화 건조지역, 택지개발지역, 산업단지				
	자연환경보전 기본계획상의 산						

(2) 자연환경분석 및 인문 · 사회환경분석 자료를 활용하여 항목별 주제도를 작성한다.

① 주제도를 국가좌표체계에 부합하는 수치화된 주제도로 작성하여 GIS프로그램에서 활용이 가능한 형태로 작성한다.

② 국가공간정보 및 국가환경지도를 적극 활용한다.

▶ **주제도 목록 예시**

생태기반환경	생태환경	인문사회환경
• 표고분석도 • 경사분석도 • 향분석도 • 지질도 • 토양도 −토양분류 −토성 −유효토심 −배수등급 −침식정도 등	• 현존식생도 • 노거수, 보호수 분포현황도 • 임상도 −임상 −영급 −경급 −수관밀도 • 분류군별 분포도 −포유류 −조류 −양서파충류 −어류	• 행정구역도 • 지적도 • 토지소유구분도 • 용도지역구분도 • 산지구분도 • 문화재분포도 • 기타 개별법에 의한 용도지역, 용도지구, 용도구역 구분도 • 토지이용현황도 • 토지피복분류도

생태기반환경	생태환경	인문사회환경
• 산림입지 토양도 • 산사태 위험지도 • 유역구분도 • 수계현황도	• 생태자연도 • 녹지자연도 • 국토환경성 평가지도 • 비오톱지도(도시생태현황도) 　－비오톱유형 　－비오톱평가 • 유해야생동물 피해지도 • 자연환경자산 분포현황도	

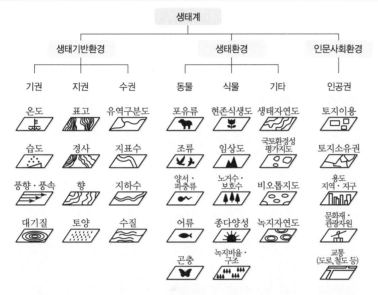

‖ 주제도의 구성 사례 ‖

(3) 작성한 평가항목별 주제도를 활용하여 생태계보전가치를 평가한다.

GIS중첩기법(overlay method)을 적용하여 평가기준에 따라 생태계보전가치를 평가한다.

‖ GIS중첩기법 ‖

기출예상문제

생태계보전가치평가를 통한 보전가치등급 설정과 관계없는 것은?

① 평가등급에 따라 보전·향상·복원 방안의 기본방향을 도출한다.
② 생물다양성 보전을 위한 핵심서식지는 핵심구역으로 설정한다.
③ 핵심구역을 둘러싸고 있는 지역은 완충구역으로 설정한다.
④ 완충구역을 둘러싸고 있는 지역은 협력구역으로 설정한다.

🗎 ④

(4) 생태계보전가치 평가 결과를 종합하고 보전등급을 구분한다.

① 생태계보전가치 결과를 종합한다.

② 최고점과 최저점의 분포범위를 확인한다.

③ 대상지의 규모, 성격, 특성을 고려하여 보전등급을 3~7등급으로 구분한다.

④ 보전등급을 구분한 다음, 도면에 색채 또는 기호를 사용하여 표현하고 생태계보전가치 평가등급도를 만든다.

(5) 생태계보전가치 평가등급에 따라 보전, 향상, 복원방안의 기본방향을 도출한다.

① 핵심구역(core area)

㉠ 생물다양성 보전을 위한 핵심서식지이거나 교란이 거의 일어나지 않은 건강한 생태계임을 고려하여 엄격히 보호되는 구역

㉡ 보전(conservation)구역

② 완충구역(buffer area)

㉠ 핵심구역을 둘러싸고 있거나 연접한 곳으로, 핵심구역의 외부로부터 악영향 또는 부정적 영향을 완화하는 역할을 하는 구역

㉡ 향상·개선구역

③ 협력구역(transition area)

㉠ 지속가능한 방식으로 이용하는 구역

㉡ 낮은 보전등급이 나타나는 곳으로 지형, 토양, 서식지 등이 훼손된 곳

㉢ 복원, 복구, 대체구역

▶ **보전등급에 따른 생태계복원계획방향의 설정**

보전등급			공간구분	생태복원계획방향 (생태복원 유형)
3개 등급	5개 등급	7개 등급		
1등급	1등급	1등급	핵심구역 (core area)	보전
	2등급	2등급		
2등급	3등급	3등급	완충구역 (buffer area)	향상, 개선 등
		4등급		
		5등급		
3등급	4등급	6등급	협력구역 (transition area)	복원, 복구, 대체 등
	5등급	7등급		

2. 생태계서비스(ecosystem service)

1) 개념
① 새천년 생태계 평가(Millennium Ecosystem Assessment, MA, 2005)에서 "인간이 생태계로부터 얻는 직간접적인 각종 혜택"으로 개념을 정립하였다.
② 자연생태계가 인간에게 제공하는 모든 것, 생태계의 경제적 효용성을 뜻한다.
③ 생태계서비스를 통하여 생태계에 경제적 관점 및 개념을 도입했다는 의의가 있다.

2) 유형
「생물다양성 보전 및 이용에 관한 법률」에 따르면 생태계서비스란 인간이 생태계로부터 얻는 다음 각 목의 어느 하나에 해당하는 혜택을 말한다.

구분	내용
공급 (provisioning services)	식량, 수자원, 목재 등 유형적 생산물을 제공하는 공급서비스
조절 (regulation services)	대기정화, 탄소흡수, 기후조절, 재해 방지 등의 환경조절서비스
지지 (supportion services)	토양형성, 서식지제공, 물질순환 등 자연을 유지하는 지지서비스
문화 (cultural services)	생태관광, 아름답고 쾌적한 경관 휴양 등의 문화서비스

기출예상문제

생태계서비스 중 대기정화, 탄소흡수, 기후조절, 재해방지 등의 혜택이 속하는 것은?
① 공급서비스
② 환경조절서비스
③ 문화서비스
④ 지지서비스

답 ②

3) 경제적 가치
생태계서비스는 경제적 가치를 가지고 있다.

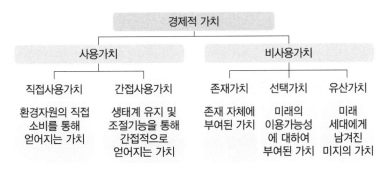

┃ 생태계서비스의 경제적 가치 종류 ┃

4) 평가방법
① 생태계서비스의 경제적 가치추정은 생태계 또는 환경의 고유특성을 경제적 수치나 값어치로 환산하여 얼마만큼 중요한지를 추정하는 방법을 말한다.
② 가치추정대상 및 가치추정목적에 따라 적절한 가치평가기법을 선정하여 추정해야 한다.

기출예상문제

경제적 가치추정기법 중 비시
장재화의 가치를 그 재화의 관
련 시장에서 소비행위와 연관
시켜 간접적으로 측정하는 방
법으로, 휴양객들이 휴양환경
지역을 여행하는 데 드는 비용
(시간비용 포함)을 추정함으로
써 환경의 가치를 추정하는 방
법은?

① 시장가격법
② 헤도닉가격법
③ 여행비용법
④ 조건부 가치평가법

답 ③

③ 경제적 가치추정기법

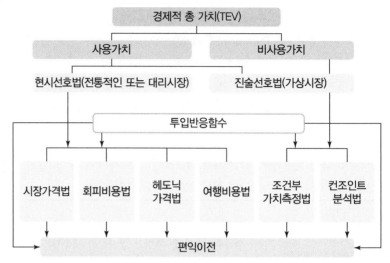

∥ 환경가치유형과 추정기법 ∥

> **경제적 가치추정기법의 유형별 특징**

구분		내용
현시 선호법	개요	• 특정 환경요소와 연관된 시장의 행동을 관찰하여 간접적으로 환경에 대한 선호도를 추정하는 방법 • 행동으로 표현된 선호도를 통해 추정하는 방법 • 사용가치만을 추정하는 방법
	시장가격법 (market price method)	• 시장에서 거래되는 재화와 용역에 대한 가격을 이용하는 방법 • 목재, 수산물 등의 비용과 개인의 지급의사를 반영하는 방법 • 산림의 임분적재량에 대한 가치평가
	회피비용법 (averting behavior method)	• 시장에서 거래되는 재화와 환경재화 간의 존재를 대체관계를 이용하여 가치를 평가하는 방법 • 환경의 질이 악화되는 상황에서 원래와 유사한 환경의 질을 향유하기 위하여 드는 비용으로 환경의 가치를 평가하는 방법 • 대기오염을 회피하기 위해 공기청정기 구입 지급의사를 금액으로 산정
	헤도닉가격법 (hedonic price method, HPM)	• 속성가격측정법 • 개인이 구매하는 상품의 구성요소에 공공재의 수준이 포함되어 있는 경우 적용하는 방법 예 한강변 아파트 가격을 통한 한강 경관의 화폐가치 추정
	여행비용법 (travel cost method, TCM)	• 비시장재화의 가치를 그 재화의 관련 시장에서 소비행위와 연관시켜서 간접적으로 측정하는 방법 • 휴양객들이 휴양환경지역을 여행하는 데 드는 비용(시간비용 포함)을 추정함으로써 환경의 가치를 측정하는 방법 • 공원, 위락자원, 휴양환경이 제공하는 자연환경서비스의 가치를 추정하는 데 널리 이용하는 방법
진술 선호법	개요	• 시장에 거래되지 않는 환경재에 대하여 가상시장을 설정하고 소비자에게 직접 환경개선에 대해 얼마만큼의 지급의사가 있는지를 물어 환경개선의 편익을 추정하는 방법 • 소비자가 직접 말로 표현한 선호로부터 정보를 이끌어 내는 방법 • 사용가치뿐 아니라 비사용가치도 추정이 가능함
	조건부 가치평가법 (contingent valuation method, CVM)	• 환경재와 같은 비경제재에 대하여 가상시나리오를 기반으로 한 설문조사를 하여 그 해당가치의 지불의사금액을 측정하는 방법 • 개방형 질문법, 경매법, 지급카드법, 양분선택형 질문법으로 구분
	컨조인트분석법 (conjoint analysis, CA)	• 하나 이상의 특정 속성대안을 포함하는 선택이나 선택집합을 제시한 후 소비자의 선호도를 측정하여 소비자가 각 속성에 부여하는 상대적 중요도와 각 속성수준의 효율을 추정하는 방법 • 지불의사 유도방법에 따라 조건부선택법, 조건부순위결정법, 조건부등급결정법으로 구분함
편익이전법		• 기존의 정보나 지식을 새로운 상황 또는 환경으로 이전하여 사용하는 방법으로, 특정 대상의 경제정보를 조정하여 적용하는 기법 • 기 연구된 결과를 활용하고 유사 평가자료를 활용하는 방법 • 가치이전(value transfer), 함수이전(function transfer)

05 시사점 도출

1. SWOT분석 및 전략 도출

1) 개념

목표를 달성하기 위해 의사결정을 해야 하는 대상에 대한 강점(strength, S), 약점(weakness, W), 기회(opportunity, O), 위협(threat, T)의 4가지 요인을 기초로 사업을 평가하고 전략을 수립하는 방안이다.

2) SWOT분석하기

S (강점요인 분석)	내부 환경	• 강점을 어떻게 살릴 것인가? • 내부적인 요인이 장점으로 작용하거나 다른 조건과 비교하여 구별되는 강점을 부각해 분석하는 방법
W (약점요인 분석)		• 약점을 어떻게 극복할 것인가? • 단점으로 작용하거나 다른 조건과 비교하여 특별히 부각할 만한 점이 없는 약점을 분석하는 방법
O (기회요인 분석)	외부 환경	• 기회를 어떻게 이용할 것인가? • 잠재력이나 장단점요인이 외부적인 환경에 비추어 봤을 때 도움이 되거나 기회로 작용할 수 있는 특성들을 부각해 주는 분석방법
T (위협요인 분석)		• 위협을 어떻게 해소할 것인가? • 외부요소가 좋지 않은 영향을 미치거나 위협적인 요소로 작용할 수 있는지를 분석하는 방법

(1) 요인별 세부전략 도출하기

① **강화전략** : 강점을 최대한 이용하여 극대화하는 전략

② **보완전략** : 약점을 가릴 수 있도록 보완하는 전략

③ **활용전략** : 기회를 적극적으로 활용하는 전략

④ **극복전략** : 위협을 억제하고 최소화하려는 전략

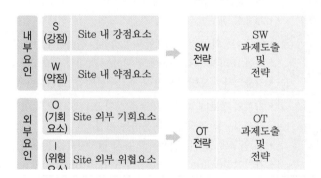

01 콘크리트나 아스팔트로 포장된 도로로 인하여 주변생태계에 미치는 영향으로 가장 거리가 먼 것은? (2018)

① 도로 횡단 동물의 압사
② 교량으로 인한 어도 차단
③ 소음에 의한 교란
④ 도로 자체와 가장자리의 미기후 변화

해설
어도는 하천의 단절 시 어류의 이동을 돕기 위하여 설치하는 시설이다.

02 다음 중 도로 건설로 발생할 수 있는 문제점으로 옳지 않은 것은? (2020)

① 접근성 증대
② 녹지의 파편화
③ 비탈면 대형화
④ 서식처의 파편화

해설
접근성 증대는 문제점이라 볼 수 없다.

03 생태천이로 인해 산림생태계는 산림군집에 기능적, 구조적 변화를 가져오게 된다. 이에 대한 설명으로 알맞지 않은 것은? (2018)

① 천이 후기단계로 갈수록 종다양성이 높고 생태적 안정성이 높아진다.
② 생태계의 기본전략은 K전략에서 r전략으로 변화한다.
③ 생태천이 초기에는 광합성량과 생체량의 비(P/B)가 높다.
④ 생태천이 후기에는 호흡량이 높아져 순군집 생산량은 초기단계보다 오히려 낮아진다.

해설
생태계의 기본전략은 r전략에서 K전략으로 변화한다.

구분	r-전략	K-전략
적응전략	• 불안정 서식지 • 비경쟁상황	• 안정한 서식지 • 경쟁상황
번식전략	• 번식연령이 빠르다. • 자손수가 많다. • 부모 돌봄 최소	• 번식연령이 늦다. • 자손수가 적다. • 부모 돌봄 최대
사례	점박이도롱뇽	빨간 도롱뇽

04 다음 설명에 해당하는 분석방법은? (2018)

생물의 종, 식생생태계 등의 실제 분포와 그것이 보호되고 있는 상황과의 괴리를 도출하여 보호계획에 도입하기 위한 방법

① GAP분석
② 시나리오분석
③ 서식처 적합성 분석
④ 영역성 분석

해설
각각의 레이어를 지구 표면의 좌표점(XY좌표)의 각 꼭지점을 맞추면 오버랩이 가능해지는데, 이것이 GIS(Geographic Information System) 분석(GAP분석)이다.

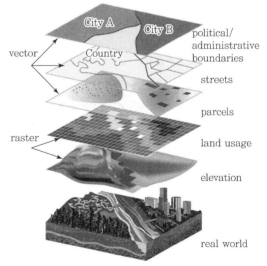

[GIS(Geographic Information System)]

05 복원계획을 위한 분석기법 중 계획의 장래효과를 예측하여 복수의 대안을 비교하는 분석방법은? (2018)

① GAP분석
② 시나리오분석
③ 행동권분석
④ 중첩분석

06 틈 분석(gap analysis) 내용으로 가장 거리가 먼 것은? (2018)

① 야생동물의 적절한 또는 최소한의 보전장소를 지정하기 위해 활용한다.
② 지리정보체계를 이용하여 종 분포에 대한 정보를 파악한다.
③ 생태계 다양성을 포함하는 공원계획에 활용가능하다.
④ 비생물적인 요소는 고려할 필요가 없다.

07 생태도시를 조성하기 위해서는 도시의 비오톱이 중요한 요소가 된다. 도시의 비오톱을 활용해 생태적인 도시계획을 실행하기 위한 지침으로 옳지 않은 것은? (2018)

① 동일한 토지이용이 오랫동안 지속되어진 공간은 우선적으로 보호한다.
② 서식지의 다양성을 유지한다.
③ 자연보호에 있어서 도시 전체의 동질성을 확보한다.
④ 토지이용에 대한 밀도를 다양하게 한다.

> **해설**
> 분류지표에 따라 비오톱유형을 분류하여야 한다.

08 도시생태계를 설명한 것으로 적합하지 않은 것은? (2018)

① 도시생태계는 주로 자연시스템으로부터 인위적 시스템으로의 에너지 이전에 의해서 기능이 유지된다.
② 도시생태계는 사회-경제-자연의 결합으로 성립되는 복합생태계이다.
③ 대도시들은 물질순환관계의 불균형으로 많은 문제점을 안고 있다.
④ 대도시에서는 자연시스템을 구성하고 있는 대기, 토양, 공기, 물, 녹지 등이 오염되어 자정능력을 상실하고 있다.

> **해설**
> 도시생태계는 자연시스템의 기능이 유지되지 못하고 있다.

09 도시생태계 평가에 사용될 수 있는 방안 중 가장 거리가 먼 것은? (2018)

① 환경영향평가제도
② 사전환경성 검토
③ 산지특성평가
④ 비오톱 평가

> **해설**
> 산지특성평가제도는 2008년 산지구분도 정비 이후 보전산지 지정해제의 적합 여부와 공원, 그린벨트, 임업진흥권역 등의 지정요건 소멸 또는 해제 시 보전산지의 해제를 검토하는 데 운영되고 있다.

10 비오톱(biotope)의 개념을 가장 바르게 설명한 것은? (2018)

① 지생태적 요소 중심의 동질성을 나타내는 공간단위
② 인문적 요소들의 상호작용을 통해 나타나는 동질적 공간단위
③ 생물생태, 지생태, 인문적 요소들의 상호복합 작용을 통해 동질성을 나타내는 공간단위
④ 어떤 일정한 야생 동식물의 서식공간이나 중요한 일시적 서식공간단위

> **해설** 비오톱
> 인간의 토지이용에 직간접적인 영향을 받아 특징지어진 지표면의 공간적 경계로서 생물군집이 서식하고 있거나 서식할 수 있는 잠재력을 가지고 있는 공간단위를 말한다.
> (*출처 : 도시생태현황지도의 작성방법에 관한 지침)

11 비오톱 유형분류에 필요한 기초자료의 종류를 가장 바르게 나열한 것은? (2018)

① 토지이용형태도면, 수질도면, 토양도면
② 식생도면, 항공사진, 교통지도
③ 지형도면, 항공사진, 식생도면
④ 항공사진, 지적도, 인구분포도면

정답 05 ② 06 ④ 07 ③ 08 ① 09 ③ 10 ④ 11 ③

① 도시생태현황지도 작성을 위해 다음의 기본주제도를 작성한다.
  1. 토지이용현황도
  2. 토지피복현황도
  3. 지형주제도 : 경사분석도, 표고분석도, 향분석도 등
  4. 현존식생도
  5. 동식물상주제도
② 기타주제도로 유역권분석도, 큰나무분포도, 대경목군락지분포도, 철새류 주요 도래지 및 이동현황분석도 등 지역의 특성 및 향후 활용을 고려한 주제도를 작성할 수 있다.
③ 도시생태현황지도는 기본 주제도를 비롯하여 기본 주제도의 속성자료를 종합하여 유형화한 비오톱유형도, 각 유형별 평가를 통한 등급을 도면으로 제시한 비오톱평가도로 제시한다.
(*출처 : 도시생태현황지도의 작성방법에 관한 지침)

12 보전공간 설정을 위한 비오톱 평가지표들을 가장 바르게 나열한 것은?
(2018)

① 접근성, 포장률, 층위구조
② 복원능력, 종다양도, 멸종위기종의 출현
③ 주거지와의 거리, 멸종위기종의 출현
④ 층위구조, 종다양도, 이용빈도

13 비오톱을 보전 및 조성할 때 고려해야 할 원칙으로 부적합한 것은?
(2018)

① 조성 대상지 본래의 자연환경을 복원하고 보전하며, 이를 위해 자연환경은 필수적으로 파악한다.
② 생물과 비생물을 모두 포함하는 이용소재는 외부에서 도입하여 본래의 취약점을 보완하도록 한다.
③ 회복, 보전할 생물의 계속적 생존을 위하여 이에 상응하는 용수를 확보하도록 한다.
④ 비오톱네트워크시스템 구축을 위해 해당 비오톱 조성 후 모니터링을 충분히 실시한다.

해설
생물과 비생물을 모두 포함하는 이용소재는 지역에서 구하는 것을 권장한다.

14 비오톱의 생태적 가치 평가지표로 가장 타당한 것은?
(2018)

① 이용강도 – 희귀종의 출현 유무 – 재생복원능력
② 이용강도 – 접근성 – 포장률
③ 포장률 – 종 다양성 – 소득수준
④ 종 다양성 – 재생복원능력 – 인구밀도

해설
③ 비오톱 평가의 등급체계는 다음을 원칙으로 한다.
  1. 5개 등급으로 평가하는 것을 원칙으로 1등급에 가까울수록 긍정적 가치가 높은 것으로 평가한다.
  2. 5개 등급 평가의 수행을 전제로 도시생태현황지도의 활용성을 높이기 위해 6개 등급 이상의 평가등급체계를 가진 비오톱 평가를 추가적으로 진행할 수 있다.
  3. 시가화지역, 농촌지역, 자연지역 등 비오톱유형 특성에 따라 별도의 평가방법 및 등급체계를 가진 평가를 수행할 수 있다.
  4. 보고서에 평가항목, 평가지표 등의 평가방법 및 각 등급이 가지는 의미를 자세히 서술한다.
④ 비오톱유형 평가 등급별 생태적 가치는 다음 표를 참고하여 평가될 수 있도록 한다.

평가등급	내용
Ⅰ	• 인간 간섭이 없거나 장기간 안정되고 성숙한 비오톱 • 자연성이 높아 대체조성이 불가능하여 절대적인 보존이 필요한 비오톱
Ⅱ	• 인간 간섭이 다소 있고 훼손에 대한 중간 정도 예민성을 가진 감소추세 비오톱 • 일정 수준 지연성이 있어 복원 후 생태적 가치 향상의 잠재성이 높으며 조건부 대체가 가능한 비오톱
Ⅲ	• 인간 간섭이 높고 훼손에 대한 예민성이 낮으며 자연성이 낮아 중·장기간 재생이 필요한 비오톱
Ⅳ	• 인간 간섭이 매우 높은 비오톱으로 자연으로의 재생 가능성이 낮은 비오톱
Ⅴ	• 과도한 에너지 이용 및 순환체계가 단절된 비오톱으로 자연에 의한 재생가능성이 없는 비오톱

15 도시비오톱 지도의 활용 가치에 대한 설명으로 옳지 않은 것은?
(2018)

① 경관녹지계획 수립의 핵심적 기초자료를 제공한다.
② 자연보호지역, 경관보호지역 및 주요 생물서식공간 조성의 토대를 제공한다.
③ 생태도시건설을 위한 기초자료로는 큰 의미가 없다.
④ 토양 및 자연체험공간 조성의 타당성 검토를 위한 기초자료를 제공한다.

정답 12 ②   13 ②   14 ①   15 ③

분야	활용내용
환경생태 분야	• 생태 · 자연도 갱신을 위한 기초자료로 활용 • 비오톱 평가 및 우수비오톱 조사결과를 바탕으로 한 법적 보호지역의 지정 및 관리 • 대표비오톱 및 우수비오톱, 야생동물주제도를 바탕으로 도시별 생물상 목록 도출 및 생물다양성평가 기초자료로 활용 • 생태네트워크 구축 및 우수비오톱 네트워크 구축 • 전략환경영향평가 자연생태계 분야 기초자료로 활용 • 국토교통부의 도시개발 및 정비사업에 대응 · 협의하는 기초공간자료로 활용
생활환경 분야	• 점 · 비점오염원관리 기초자료로 활용 • 엔트로피 저감 관리자료로 활용 • 생태면적률 개선을 위한 자료로 활용 • 개발행위 허가제도 기초자료로 활용 • 자연재해 방지를 위한 기초자료로 활용
도시계획 분야	• 도시기본계획에서 토지의 생태적 가치를 고려한 도시공간구조 및 시가화 예정용지를 지정하기 위한 기초자료로 활용 • 도시관리계획에서 비오톱 등급 보전가치를 고려한 합리적인 용도지역지구를 지정하기 위한 기초자료로 활용 • 지구단위계획의 개발계획 시 개발가능 적지 판단 및 환경친화적인 토지이용 계획수립 기초자료로 활용 • 토지 적성 평가 시 자연보전 및 지역특성 평가 기초자료로 활용 • 도시개발사업의 환경생태계획 및 환경친화적 도시관리 정책 제시 • 도시생태다양성 지수(city biodiversity index)등 도시의 건강성을 나타내는 다양한 평가방법의 항목 및 지표와 연계하여 도시의 생태적 기능 및 건강성 평가 • 기타 정책적으로 사용되는 지표에 따라 지방자치단체별 생태적 보전 및 관리 수준을 비교평가할 수 있는 평가 기초자료로 활용
공원녹지 분야	• 공원녹지 기본계획의 기초자료로 활용 • 공원 및 녹지 지정을 위한 대상지 선정 기초자료로 활용 • 생태복지를 위한 적정 대상지 선정 기초자료로 활용 • 도시녹화 대상지 선정 기초자료로 활용

16 비오톱 지도화방법 중 유형분류는 전체적으로 수행하고, 조사 및 평가는 동일 유형(군) 내 대표성이 있는 유형을 선택하여 추진하는 것은? (2018)

① 선택적 지도화 ② 배타적 지도화
③ 대표적 지도화 ④ 포괄적 지도화

비오톱 지도화 유형	내용	특성
선택적 지도화	• 보호할 가치가 높은 특별지역에 한해서 조사하는 방법 • 속성 비오톱 지도화 방법	• 단기적으로 신속하고 저렴한 비용으로 지도 제작 가능함 • 국토 단위의 대규모 비오톱 제작에 유리 • 세부적인 정보를 제공하지 못함
포괄적 지도화	• 전체 조사 지역에 대한 자세한 비오톱의 생물학적, 생태학적 특성을 조사하는 방법 • 모든 토지이용 유형의 도면화	• 내용의 정밀도가 높음 • 도시 및 지역 단위의 생태계 보전 등을 위한 자료로 활용 가능함 • 많은 인력과 시간, 비용이 소요됨 • 서울시, 부산시 비오톱 지도
대표적 지도화	• 대표성이 있는 비오톱유형을 조사하여 이를 동일하거나 유사한 비오톱유형에 적용하는 방법 • 선택적 지도화와 포괄적 지도화 방법의 절충형	• 도시 차원의 생태계 보전 자료로 활용 • 비오톱에 대한 많은 자료가 구축된 상태에서 적용이 용이함 • 시간과 비용이 절감됨

(*출처 : 이동근 · 김명수 · 구본학 외(2004), 『경관생태학』, 보문당, p.178.의 내용을 일부 보완함.)

17 특정 목적을 가지고 실세계로부터 공간자료를 저장하고 추출하며 이를 변환하여 보여 주거나 분석하는 강력한 도구는? (2018)

① 원격탐사 ② 범지구측위시스템(GPS)
③ 항공사진판독 ④ 지리정보시스템

해설

GIS는 위성기반탐색시스템(GPS)을 이용하여 적어도 24개 이상의 인공위성 자료를 이용하기 때문에 지표면의 구조물이나 수면 반사 등의 에러를 잡아 정확한 위치를 찾아낼 수 있다.
따라서 컴퓨터상에 디지털지도를 만들 때 여러 방법을 이용한 데이터를 이용하여 정확한 X,Y,Z값과 인공위성 카메라센서에 탑재된 다양한 이미지를 함께 지도화할 수 있다.

18 GIS로 파악이 가능한 자연환경정보의 내용으로 볼 수 없는 것은? (2018)

① 토지 피복
② 지표면의 온도
③ 식물군락유형 구분
④ 대기오염물질의 종류

19 비오톱 지도화에는 선택적 지도화, 포괄적 지도화, 대표적 지도화로 구분되어 사용된다. 포괄적 지도화의 설명에 해당하는 것은? (2018)

① 보호할 가치가 높은 특별지역에 한해서 조사하는 방법
② 도시 및 지역단위의 생태계 보전 등을 위한 자료로 활용 가능
③ 대표성이 있는 비오톱을 조사하여 유사한 비오톱 유형에 적용하는 방법
④ 비오톱에 대한 많은 자료가 구축된 상태에서 적용이 용이

해설 비오톱 지도화의 방법

비오톱 지도화 유형	내용	특성
선택적 지도화	• 보호할 가치가 높은 특별지역에 한해서 조사하는 방법 • 속성 비오톱 지도화 방법	• 단기적으로 신속하고 저렴한 비용으로 지도 제작 가능함 • 국토 단위의 대규모 비오톱 제작에 유리 • 세부적인 정보를 제공하지 못함
포괄적 지도화	• 전체 조사 지역에 대한 자세한 비오톱의 생물학적, 생태학적 특성을 조사하는 방법 • 모든 토지이용 유형의 도면화	• 내용의 정밀도가 높음 • 도시 및 지역 단위의 생태계 보전 등을 위한 자료로 활용 가능함 • 많은 인력과 시간, 비용이 소요됨 • 서울시, 부산시 비오톱 지도
대표적 지도화	• 대표성이 있는 비오톱유형을 조사하여 이를 동일하거나 유사한 비오톱유형에 적용하는 방법 • 선택적 지도화와 포괄적 지도화 방법의 절충형	• 도시 차원의 생태계보전 자료로 활용 • 비오톱에 대한 많은 자료가 구축된 상태에서 적용이 용이함 • 시간과 비용이 절감됨

(*출처 : 이동근·김명수·구본학 외(2004), 『경관생태학』, 보문당, p.178.의 내용을 일부 보완함.)

20 다음은 토양 분류에 따른 토지능력에 대한 특징이다. 몇 급지에 해당하는 토지인가? (2019)

- 농업지역으로 보전이 바람직한 토지
- 교통이 편리하고 인구가 집중되어 있는 지역으로 집약적 토지 이용이 이뤄지는 지역
- 도시 근교에서는 과수, 채소 및 꽃 재배, 농촌지역에서는 답작이 중심이 되며, 전작지는 경제성 작물 재배 등 절대 농업지대

① 1급지
② 2급지
③ 3급지
④ 5급지

해설 국토환경성 평가지도

㉠ 정의 : 우리가 살고 있는 국토를 친환경적이고 계획적으로 보전, 개발 및 이용하기 위하여 환경적 가치(환경성)를 여러 가지로 평가하여 전국을 5개 등급(환경적 가치가 높은 경우 1등급으로 분류)으로 나누고, 등급에 따라 색을 달리하여 지형도에 표시한 지도이다.

㉡ 국토환경성 평가와 토지 적성 평가 비교

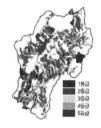 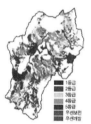

21 도시생태계에 대한 설명으로 가장 거리가 먼 것은? (2020)

① 외부로부터 물질과 에너지를 공급받는 생태계
② 태양에너지와 화석에너지에 의존하는 종속영양계
③ 특정환경에 적응한 종이 우세하게 나타나는 생태계
④ 생물군집과 비생물환경 사이에 물질순환이 이루어지는 생태계

해설

도시생태계는 자연생태계의 훼손으로 물질순환에 제한이 생긴다.

22 비오톱(biotope)의 의미로 가장 적당한 것은? (2018)

① 다양한 생물종이 함께 어울려 하나의 생물사회를 이루고 있는 공간으로서 다양한 생태계를 포함하는 지역이다.

② 유기적으로 결합된 생물군 즉, 생물사회의 서식공간으로 최소한의 면적을 가지며 주변공간과 명확히 구별할 수 있도록 균질한 상태의 곳으로 볼 수 있다.

③ 농경지, 산림, 호수, 하천 등의 다양한 생태계가 서로 인접한 지역으로서 이들 생태계 사이의 기능적인 관계가 잘 연계된 곳이다.

④ 어떤 생물이라도 그 종족을 유지하기 위한 유전자 풀(pool)의 다양성이 유지될 수 있는 습지공간을 말한다.

[해설] 비오톱

인간의 토지이용에 직간접적인 영향을 받아 특징지어진 지표면의 공간적 경계로서 생물군집이 서식하고 있거나 서식할 수 있는 잠재력을 가지고 있는 공간단위를 말한다.
(*출처 : 도시생태현황지도의 작성방법에 관한 지침)

23 도시생태계가 갖는 독특한 특성이 아닌 것은? (2018)

① 태양에너지 이외에 화석과 원자력에너지를 도입하여야 하는 종속영양계이다.

② 외부로부터 다량의 물질과 에너지를 도입하여 생산품과 폐기물을 생산하는 인공생태계이다.

③ 도시개발에 의한 단절로 인하여 생물다양성의 저하가 초래되어 생태계 구성요소가 적은 편이다.

④ 모든 구성원 사이의 자연스러운 상호관계가 일어난다.

[해설]

도시는 생태적 구성요소 간의 상호관계가 단절되는 경우가 발생한다.

24 도시 비오톱의 기능 및 역할과 가장 거리가 먼 것은? (2019)

① 생물종 서식의 중심지 역할을 수행한다.

② 기후, 토양, 수질 보전의 기능을 가지고 있다.

③ 건축물의 스카이라인 조절 기능을 가지고 있다.

④ 도시민들에게 휴양 및 자연체험의 장을 제공해 준다.

[해설]

비오톱은 생물서식지로 건축물의 스카이라인을 조절하기 어렵다.

25 다음의 비오톱 타입 중 훼손 후 재생에 가장 오랜 시간이 소요되는 것은? (2019)

① 빈영양단경초지　　　② 빈영양수역의 식물

③ 부영양수역의 식생　　④ 동굴에만 서식하는 생물종

[해설]

특정서식지에만 서식 가능한 종은 특정서식지가 훼손되면 멸종위험이 따르고, 그에 따른 복원 및 재생이 어렵다.

26 비오톱을 보전하거나 복원하기 위한 고려사항으로 옳지 않은 것은? (2020)

① 일정한 공간에 일정한 간격으로 기능적인 배치를 한다.

② 자연환경을 파악하여 조성 대상지 본래의 자연환경을 복원하고 보전한다.

③ 비오톱 조성 설계 시 이용소재(생물과 비생물 모두 포함)는 그 지역 본래의 것으로 한다.

④ 순수한 자연생태계의 보전, 복원을 위해 사람이 들어가지 않는 핵심지역을 설정한다.

[해설]

비오톱은 현황을 고려하여 가능한 곳에 적절히 복원 또는 보전한다.

27 비오톱에 대한 설명으로 옳지 않은 것은? (2020)

① "bio"는 생활, 생명을 의미하고, "tope"은 장소, 공간을 의미한다.

② 다양한 야생 동식물과 미생물이 서식하고 자연의 생태계가 기능하는 공간을 의미한다.

③ 비오톱이란 공간적 경계가 없는 특정생물군집의 서식지를 의미한다.

④ 비오톱을 새롭게 조성하는 경우에는 경관이 갖는 자연공간 형태의 특징이 보전·유지되어야 한다.

[해설] 비오톱

인간의 토지이용에 직간접적인 영향을 받아 특징지어진 지표면의 공간적 경계로서 생물군집이 서식하고 있거나 서식할 수 있는 잠재력을 가지고 있는 공간단위를 말한다.
(*출처 : 도시생태현황지도의 작성방법에 관한 지침)

28 비오톱 보호 및 조성을 위한 원칙으로 옳지 않은 것은?

(2020)

① 보전할 생물의 계속적 생존을 위하여 이에 상응하는 수질의 용수를 확보하도록 한다.

② 조성대상지 본래의 자연환경을 복원하고 보전하기 위하여 자연환경의 파악은 필수조건이다.

③ 비오톱 조성의 설계 시 이용되는 비생물적인 소재는 생태계 보호를 위해 외부에서 도입하도록 한다.

④ 설계도면에 따라 조성한 비오톱은 완성과정에 있으므로 완성상태가 되기 위한 계획이 설계에 포함되어야 한다.

29 비오톱의 개념은 시대에 따라서 조금씩 변화해 가는 추세에 있다. 다음 중 비오톱의 개념을 결정하는 특성이 아닌 것은?

(2020)

① 서식환경의 질적 특성

② 서식환경의 입지적 특성

③ 생물서식지의 분포지로서 위치적 특성

④ 유사 학문적 관점에 착안하여 사용하는 특성

30 비오톱의 지도화방법에 대한 설명으로 옳은 것은?

(2020)

① 선택적 지도화는 보호할 가치가 높은 특별지역에 한해서 조사하는 방법이다.

② 대표적 지도화는 전체 조사지역에 대한 생태학적 특성을 조사하는 방법이다.

③ 포괄적 지도화는 대표성 있는 비오톱유형을 조사하여 유사 비오톱유형에 적용하는 방법이다.

④ 포괄적 – 대표적 지도화는 블록단위별로 특징이 있는 비오톱유형을 중심으로 조사하는 방법이다.

해설 비오톱 지도화의 방법

비오톱 지도화 유형	내용	특성
선택적 지도화	• 보호할 가치가 높은 특별지역에 한해서 조사하는 방법 • 속성 비오톱 지도화방법	• 단기적으로 신속하고 저렴한 비용으로 지도 제작 가능함 • 국토 단위의 대규모 비오톱 제작에 유리 • 세부적인 정보를 제공하지 못함
포괄적 지도화	• 전체 조사 지역에 대한 자세한 비오톱의 생물학적, 생태학적 특성을 조사하는 방법 • 모든 토지이용 유형의 도면화	• 내용의 정밀도가 높음 • 도시 및 지역 단위의 생태계 보전 등을 위한 자료로 활용 가능함 • 많은 인력과 시간, 비용이 소요됨 • 서울시, 부산시 비오톱 지도
대표적 지도화	• 대표성이 있는 비오톱유형을 조사하여 이를 동일하거나 유사한 비오톱유형에 적용하는 방법 • 선택적 지도화와 포괄적 지도화 방법의 절충형	• 도시 차원의 생태계보전 자료로 활용 • 비오톱에 대한 많은 자료가 구축된 상태에서 적용이 용이함 • 시간과 비용이 절감됨

(*출처 : 이동근 · 김명수 · 구본학 외(2004), 『경관생태학』, 보문당, p.178.의 내용을 일부 보완함.)

31 생물공동체의 서식처, 어떤 일정한 생물집단 및 입체적으로 다른 것들과 구분될 수 있는 생물집단의 공간영역으로 정의될 수 있는 환경계획의 공간 차원은?

(2020)

① 산림   ② 비오톱

③ 생태공원   ④ 지역사회

32 점차 자연성을 잃어가고 황폐화되어 가는 도시지역에서 비오톱이 갖는 기능으로 볼 수 없는 것은?

(2020)

① 어린이를 위한 공식적 놀이공간

② 도시의 환경변화 및 오염의 지표

③ 도시생물종의 은신처, 분산 및 이동통로

④ 도시민의 휴식 및 레크리에이션을 위한 공간

해설

생물서식지와 놀이공간은 구분하는 것이 일반적이다.

🔒정답 28 ③   29 ④   30 ①   31 ②   32 ①

33 습지의 기능을 평가하는 방법 중 아래의 설명에 해당하는 것은? (2018)

> - 11개의 범주로 습지기능과 가치를 평가한다.
> - 물리적, 화학적, 생물학적 평가변수를 평가기법에 이용한다.
> - 습지유역, 지형, 식생 등을 고려하며 어류, 야생동물, 물새 등에 대한 서식지 적합도, 사회적 중요성, 효과, 기회성을 평가한다.

① RAM(Rapid Assessment Method)
② WET II(Wetland Evaluation Technique II)
③ HGM(the Hydrogeomorphic)
④ EMAP(Environmental Monitoring Assessment Program)

해설
㉠ RAM : 습지의 일반적인 수준의 기능을 평가하기 위한 간이기능평가. 습지의 기능을 8가지로 분류하여 각각의 기능에 대한 이익을 제공하는 능력을 수행정도에 따라 '높음', '보통', '낮음' 3단계로 평가
㉡ HGM : 습지의 기능을 수문학적 측면, 생지화학적 측면, 식물서식처 측면, 동물서식처 측면으로 분류하고 세부적으로 15가지 기능을 평가

34 다음 습지생태계의 평가를 위한 모델 중 설명이 틀린 것은? (2019)

① EMAP : 캐나다 정부에서 주관하는 환경평가기법으로 생물상의 평가에 탁월하다.
② HEP : 어류 및 야생동물서식지를 평가하기 위한 모델로 지표종을 선정하여 평가한다.
③ RAM : 숙련된 연구자들이 짧은 기간의 현장조사를 통하여 얻은 자료를 이용한다.
④ IBI : 특정습지의 구조와 기능을 자연상태의 습지와 비교하여 평가한다.

해설
㉠ WET : 미국에서 개발, 개별습지를 대상으로 종합적인 습지 기능 평가
㉡ EMAP : WET보다 넓은 범위와 시야의 습지를 모니터링하기 위한 성격의 보고, 미국 환경보호청에 의해 제안

35 산림녹지의 주요 기능이 아닌 것은? (2019)

① 수자원보호
② 자연 및 경관보호
③ 휴양 기능보호
④ 생활주거지 확보

36 환경가치를 추정하는 방법으로 옳지 않은 것은? (2020)

① 여행비용에 의한 추정방법
② 속성가격에 의한 추정방법
③ 지불용의액에 의한 추정방법
④ 환경수용력에 의한 추정방법

해설
㉠ 여행비용 : 지역여행비용법, 개인여행비용법
㉡ 속성가격 : 여러 가지 변수를 이용하여 가치를 추정하는 방법
㉢ 지불용의액 : 개인이 지불할 의향이 있는 금액을 조사하여 추정하는 방법

37 환경가치추정은 여러 가지 방법에 의해 계산되고 있다. 예를 들어 공기 좋은 곳의 부동산 값이 공기가 나쁜 곳의 부동산 값에 비해서 비싸다면 그에 대한 환경가치를 추정할 수 있는 가장 적절한 방법은? (2020)

① 여행비용에 의한 추정
② 속성가격에 의한 추정
③ 경제시스템에 의한 추정
④ 부동산 공시지가에 의한 추정

38 환경부 생태자연도 조사지침에 따른 습지평가항목에 포함되지 않는 것은? (2020)

① 수질정화
② 국가적 대표성
③ 특정식물 서식지
④ 보호야생동물 번식지

해설 제6조(생태 · 자연도 평가항목 및 자료)
생태 · 자연도는 "식생, 멸종위기 야생생물, 습지, 지형"항목을 기준으로 평가하며 각 항목을 평가할 때에는 다음 각 호의 자료를 활용한다.
1. 식생 : 현존식생도 및 식생보전등급, 임상도 등 식생의 현황을 파악할 수 있는 자료
2. 멸종위기 야생생물 : 자연환경조사보고서(무인도서 및 습지조사보고서 포함), 겨울철 조류 동시센서스 보고서, 야생동물 실태조사보고서, 멸종위기 야생생물 전국분포조사보고서, 철새도래지, 국제협약보호지역 관련 자료 등 야생생물의 현황을 파악할 수 있는 자료
3. 습지 : 전국자연환경조사보고서, 겨울철 조류 동시센서스 보고서, 야생동물 실태조사 보고서, 습지조사보고서 등 습지의 생태적 상태를 파악할 수 있는 자료
4. 지형 : 전국자연환경조사보고서, 관련 조사연구보고서 등 지형보전등급을 파악할 수 있는 자료
(*출처 : 생태자연도 작성지침)

39 여러 가지 평가항목을 평가함에 있어 일정 특성의 크고 작음을 비교하여 크기의 순서에 따라 숫자를 부여한 척도는?

(2020)

① 순서척(順序尺)　　　② 명목척(名目尺)
③ 등간척(等間尺)　　　④ 비례척(比例尺)

PART 2

생태복원 계획

CHAPTER 01 지구환경문제 및 국제협력

01 환경정책사상의 기원

기출예상문제

토지는 도덕적 지위를 받을 만한 가치있는 공동체임을 강조하여 환경정책사상의 기원이 된 인물은?

① 알도 레오폴드
② 레이첼 카슨
③ 게릿 하딘
④ 베리 커머너

답 ①

1) 알도 레오폴드 – 토지윤리

① 토지는 도덕적 지위를 받을 만한 가치 있는 공동체이다.

② 노예시대 때 노예들이 권리를 인정받지 못했듯이 토지(자연) 또한 그 권리를 인정받지 못하고 강자(인간)에게 훼손되는 문제를 지적하여.

2) 레이첼 카슨 – 침묵의 봄

① 봄은 왔어도 꽃도 피지 않고 새도 지저귀지 않는다.

② 죽음의 침묵이 계속되고 있다.

③ 독극물의 무분별한 사용뿐만 아니라 자연계에 대한 산업기술사회의 근본적 무책임을 문제시하였다.

3) 게릿 하딘 – 공유지의 비극

① 전 지구적 인구과잉에 대한 해결책을 찾고자 하였다.

② 마을의 모든 주민이 목초지를 공동으로 사용한다면 개별 주민은 가축 수를 늘리고 전체 가축 수는 적정 수준을 넘어서게 되어 결국 목초지는 황폐화된다.

③ 가축 사육을 지속하려면 전체 가축 수를 적정 수준으로 유지해야 하는데 마을 주민들은 이 사실을 알지 못한다.

④ 책임의식과 공동체 의식 결여로 비극적 결말을 맞는다.

⑤ 지구자원(공유지)에 대한 책임의식 결여는 지구 미래에 대한 희망을 잃게 할 수 있다.

4) 베리 커머너 – 닫힌 원

① 인간은 환경과 상호작용하며 균형을 이룬다.

② 생태계는 끊임없이 순환하는 닫힌 원이다.

③ 그러나 그 원은 인간의 행위에 의해 파괴됨 → 인간이 자연과 균형을 이룰 수 있는 상태로 돌아오려면 원을 닫을 수 있는 가능성을 탐구하여야 한다.

5) 생태학 법칙

① 모든 것은 연결되어 있다.

② 모든 것은 어디론가 가야 한다.

③ 자연이 제일 잘 안다.

④ 공짜 점심은 없다.

6) 한스 요나스

① 과학기술 발전으로 인간의 행위를 통해 자연을 파괴할 수 있는 힘이 생겼다.

② 과학기술 발전에 따른 윤리의 확장 적용을 강조하였다.

02 지구환경문제

1) UN 선정 지구환경문제

① 인구 증가　　　　　　② 빈곤과 불평등

③ 식량 및 농업　　　　　④ 에너지

⑤ 산림　　　　　　　　⑥ 물

⑦ 기후변화　　　　　　⑧ 건강과 물

⑨ 건강과 대기오염

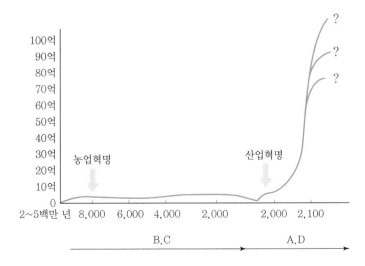

2) 지구의 환경수용력과 인간의 생태발자국

① 인간의 생태발자국

㉠ 인간에 의한 환경압력

㉡ 도시, 지역, 국가 차원에서 사람들이 소비하는 물질을 추출, 생산, 처리하는 데 필요한 자연생태계의 총면적

㉢ 선진국일수록 1인당 생태발자국이 큼

② 지구의 환경수용력

지구환경이 환경압력을 수용할 수 있는 능력이다.

③ 인구 증가와 산업화는 지구의 환경수용력을 넘어서는 생태발자국 증가를 가져올 수 있음

㉠ 지구의 환경수용력 증대방안 : 지구생태계 보전, 온실가스 감축, 과학발전

㉡ 생태발자국 감소방안 : 재생불가능자원의 이용 제한, 재생가능자원 이용, 채식, 검소하게 생활하기

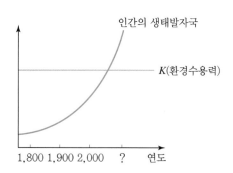

03 환경문제에 대한 국제적 대응

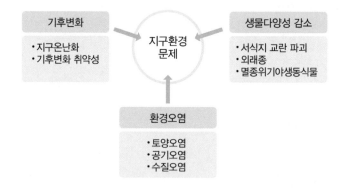

1) 로마클럽(1971)

① 지구자원의 유한성 문제인식

② '성장의 한계' 보고서

㉠ The Limit of Growth

㉡ 경제발전에서 J형 성장(끝없는 성장)은 불가능함

㉢ 멜서스의 '인구론' 기초

③ 화석연료 한정성 경고

④ 지구온난화에 대한 최초의 공식적 지적

2) 스톡홀름 세계정상회의(1972)

① 지구환경문제의 대응 논의를 위한 최초의 세계정상회의

② 인간환경선언 '하나뿐인 지구'

③ 환경의 날 선언(6월 5일)

3) 리우 지구정상회의(1992)

① 배경

㉠ 스톡홀름＋20주년

㉡ 열대림 파괴의 대명사인 브라질에서 개최

㉢ 유엔환경개발회의(UNCED) 개최

㉣ UNFCCC(기후변화협약) 체결

② 특성

㉠ 정치적 : 환경보전＋경제발전을 위한 국제적 회의

㉡ 경제적 : 남북국가 간의 이해 조정

㉢ 사상적 : 인류의 자연관 조정, 인간은 지구생태계의 중심이 아님

③ 주요 내용

㉠ ESSD(지속가능한 개발) 채택

㉡ 환경적으로 건전·지속가능한 개발

㉢ 리우선언 '지구를 건강하게, 미래를 풍요롭게'

㉣ 의제 21 : 대기보호, 사막화, 생물다양성 등

㉤ 협약 : 생물다양성협약, 기후변화협약, 산림원칙성명

4) 지속가능발전 세계정상회의(WSSD, 2002)

① Rio＋10주년

② 새천년발전목표 채택

③ 지방의제 21 실천사항 점검

④ 요하네스버그 선언(WEHAB ; Water＋Energy＋Health＋Agriculture＋Biodiversity)

5) Rio＋20 지구정상회의

① 의제 : 녹색경제(Green Economy)

② 성명 : 우리가 원하는 미래(The Future We want)

㉠ 지구위협요인 : 사막화, 어류자원 고갈, 오염, 불법벌목, 생물종 멸종위기, 지구
온난화 등

※ 그러나 미국, 독일, 영국 등 주요국 정상들은 불참

ⓛ 기후변화의 주범인 온실가스 배출량을 줄이고, 자원효율성은 높이며, 사회적 통합을 지향하는 새로운 경제모델(녹색경제) 이행 촉구

6) MDGs(UN새천년 개발목표)

① 2000년 UN에서 채택된 의제

2015년까지 빈곤을 반으로 감소시키자는 범세계적인 약속

② 8가지 목표

㉠ 극심한 빈곤과 기아 퇴치

㉡ 초등교육 보급

㉢ 성평등 촉진과 여권 신장

㉣ 유아사망률 감소

㉤ 임산부의 건강개선

㉥ 에이즈와 말라리아 등 질병과의 전쟁

㉦ 환경 지속가능성 보장

㉧ 발전을 위한 전 세계적인 동반관계 구축

7) SDGs(UN지속가능발전목표)

① 2016~2030년까지 국제사회 이행목표 설정

㉠ MDGs에 언급되었던 목표들을 보완 · 수정

㉡ 2030년까지 지속가능목표에 기후변화 영향 방지를 위한 긴급조치 추진(Goal 13)을 포함

② OWG 진행 결과 SDGs에 관한 중점 분야 focus area 19개 제시

Cluster 1	빈곤 퇴치 : 평등 촉진
Cluster 2	성평등 및 여권 신장 : 교육 · 고용 및 양질의 일자리, 보건과 인구 동태
Cluster 3	물과 위생 : 지속가능한 농업, 식량 안보 및 영양
Cluster 4	경제성장 : 산업화, 사회기반 시설, 에너지
Cluster 5	지속가능한 도시 및 인간정주 : 지속가능한 소비 및 생산 촉진, 기후
Cluster 6	해양자원, 해양 연안의 보전 및 지속가능한 이용 : 생태계와 생물다양성
Cluster 7	지속가능한 발전을 위한 이행수단, 글로벌 파트너십
Cluster 8	평화적 및 비폭력 사회, 법에 의한 규제 및 역량 있는 제도

기출예상문제

2000년부터 2015년까지 시행된 밀레니엄개발목표(MDGs)를 종료하고 2016년부터 2030년까지 새로 시행되는 유엔과 국제사회의 최대 공동목표인 SDGs에 포함되지 않는 것은?

① 빈곤퇴치
② 물과 위생
③ 파트너십
④ 질병과의 전쟁

답 ④

04 환경 관련 주요 협력기구

1) IUCN
① 국제자연보호연맹
② WCC(세계자연보전총회) : 자연보전, 생물다양성, 기후변화 논의를 위해 4년마다 개최

2) UNEP
① 유엔환경계획
② 환경전담 국제정부 간 기구
③ 지구감시프로그램 운영

3) IPCC
① 기후변화에 관한 정부 간 협의체
② 기후변화 정기보고서 제출(2007 − AR4, 2014 − AR5)
③ 기후변화에 대한 과학적 증명
④ 교토의정서 채택기반 마련

4) UNCSD
① 유엔지속개발위원회
② 리우선언 실천계획의 일환으로 뉴욕에 설립
③ 의제 21 실천상황을 정기적으로 평가 · 감시

5) IPBES
① 생물다양성, 생태계서비스 정부 간 과학정책기반 국제기구
② 생물다양성, 생태계서비스 평가정보 제공, 영향 예측
③ 전문가, 정부 또는 국제협력기구 사무국 간 연계 강화

6) GCF
① 녹색기후기금
② 우리나라 인천에 위치
③ 개도국의 온실가스 감축과 기후변화 적응을 지원하는 기후변화 특화기금
④ UN기후변화협약의 설립 주체
⑤ 협약에 참여하는 194개의 회원국 보유
⑥ 기금 규모는 1,000억 달러 + α 이며 회원국별 분담비율을 합의 중

7) OWG
① SDGs 이해당사자에 개방된 정부 간 협의체인 공개작업반
② 우리나라 포함 5개 지역별 총 70개국 구성

기출예상문제

환경 관련 주요 협력기구 중 개도국의 온실가스 감축과 기후변화 적응을 지원하는 기후변화 특화기금을 위하여 우리나라 인천에 설립한 협력기구는?
① UNEP   ② UNCSD
③ GCF   ④ OWG

답 ③

05 기후변화 대응

1) 몬트리올의정서(1989)

① 오존층 파괴물질 논의
② 1974년 캐나다의 롤랜드 교수가 최초로 오존층 파괴문제를 제기
③ 1985년 빈협약 체결 – 오존층 파괴물질 생산·사용 규제
④ 염화불화탄소(CFC)의 단계적 감소방안 및 비가입국 통상제재기준

2) 사막화방지협약(1994)

① UNCCD(UN Convention to Combat Desertification), UN사막화방지협약 채택
② 자연현상과 인간활동에 기인하는 토지황폐화
③ 사막화의 진행은 비가역적 현상으로 사막화방지를 위한 협약
④ GEF(세계환경기금) 등의 기금으로 아프리카 사헬, 중국 등지에서 GreenWall 프로젝트 수행

3) 기후변화협약(1992)

① UNFCCC(UN Framework Convention on Climate Change), 기후변화에 관한 유엔기본협약 채택
② 1987년 IPCC(Intergovernmental Panel on Climate Change, 기후변화에 관한 정부 간 협의체) 결성
③ 온실가스 규제, 재정지원, 기술이전문제 등 특수상황에 처한 국가 고려
④ CO_2 등 온실가스 방출제한 목적
⑤ IPCC 조사결과, 국제연합기본협약 채택의 필요에서 출발

4) 교토의정서(1997, COP 3)

① 기후변화협약의 구체적 이행방안
② 온난화 방지를 위한 온실가스배출량 제한, 6대 온실가스 규정
③ 선진국 38개국 가입, 2008~2012년까지 1990년대 온실가스배출량의 5.2% 감축 목표

④ 3대 메커니즘으로 온실가스 감축의 탄력적 운용
   [배출권거래제도(ET ; Emission Trade)]
   ㉠ 할당량을 기초로 감축의무국들의 배출권 거래 허용
      • 청정개발제도(CDM ; Clear Development Mechanism)
   ㉡ 선진국이 개도국에 투자
   ㉢ 감축 실적을 선진국 실적으로 인정
   ㉣ 개도국은 기술과 재원을 유치
      • 공동이행제도(JI ; Joint Implementation)
   ㉤ 선진국 간 공동으로 배출감축사업 이행

5) COP 18

① 2012년 카타르 도하에서 열린 제18차 유엔기후변화협약 당사국 총회

② 2013~2020년 8년간 제2차 감축공약기간 설정

③ 1990년 대비 온실가스 배출량의 25~40% 감축 목표

6) COP 20

① 리마선언

② 각 국가의 기여방안(INDCs)에 감축과 함께 적응 포함

7) COP 21

① 2015년 프랑스 파리에서 열린 UN기후변화협약 당사국 총회

② **파리협정 채택**

　㉠ 교토의정서 2차 공약이 종료되는 2020년 이후 적용

　㉡ 선진국, 개도국 구분 없이 모든 국가가 온실가스 감축에 동참한 신기후체제

> ※ INDC
> 교토의정서 후속 신기후체제(post-2020) 합의를 위한 각국의 자발적 기여 공약

파리총회
• 신기후체제 합의가 이루어지더라도 구체적 이행부분에 구속력이 없으며 온실가스 저감에 따른 분담금에 대한 이해관계가 다르다.(미국·중국 : 그동안 온실가스 증가에 따른 책임은 선진국에 있는 만큼 온실가스 감축대책에 따른 분담금은 선진국이 책임져야 함)
• 화석연료를 줄이기 위해 다른 에너지원이 필요하며, 문제는 다른 에너지원이 현재 지구의 에너지소비를 따라가기에 역부족이라는 점이다.
• 향후 과제
  − 신기후체제는 과학적 이슈라기보다는 정치·경제적 이슈로 나아가고 있다.
  − 과학적 접근보다는 각국의 이해관계에 따라 협상테이블이 좌지우지된다.
  − 현재의 에너지사용량은 줄이지 않으면서 온실가스 주범인 화석연료를 줄여야 한다는 주장은 자가당착이다.
  − 현재의 에너지사용량을 줄일 수 있는 라이프스타일 변화에 주목해야 한다.

8) COP 22

① 2016년 모로코 마라케시에서 개최된 제1차 파리협정 당사국 총회

② 파리협정 후 실제적 이행기반을 준비하는 "기후행동" 총회

③ 2018년까지 협정 이행지침 마련 : 투명성 체계, 기후변화 노력 이행점검체계, 온실가스 시장 메커니즘 등

* Paris Rulebook : 온실가스 감축, 기후변화 영향에 대한 적응, 감축 이행에 대한 투명성 확보, 개도국에 대한 재원 제공 및 기술이전 등 파리협정을 이행하는 데 필요한 세부이행지침

** 탄소시장 : 국가 간에 온실가스 감축분을 거래하고 국가감축목표 달성에 산정하는 방법에 관한 규칙

* 공정한 전환(Just Transition) : 저탄소사회로의 전환과정에서 발생할 수 있는 실직인구 등 기후취약계층을 사회적으로 포용해야 한다는 개념

9) COP 23

① 2017년 독일에서 개체된 파리협정 이행지침 마련을 위한 기후 총회

② 2018년까지 파리협정 이행규칙을 위한 협정기반 마련 목적의 징검다리 총회

③ 선진국과 개도국 간 이견을 남긴 기반문서 마련

10) COP 24

① 파리협정의 실질적 이행을 위한 이행지침(Paris Rulebook)* 채택 : 탄소시장** 지침을 제외한 8개 분야 16개 지침 채택

② 공정한 전환(Just Transition)*을 정상선언문에 반영

11) COP 25

① 개도국 – 선진국, 잠정 감축분 판매국 – 구매국 간 입장이 대립되면서 국제탄소시장 이행규칙에 합의하지 못하였다.

② 향후 2년 동안 라운드테이블 개최 등을 통해 2020년 이전(Pre – 2020)까지의 공약 이행현황을 점검하기로 하였다.

기후변화 대응 글로벌 동향

1. 신기후체제 출범(Post 2020)

전 지구적 기후변화 대응을 위한 파리협정 채택('15.12) 및 발효('16.11)

- 목표 : 지구온도를 산업화 이전 대비 2℃ 상승 이하(well below 2℃)로 억제하고 나아가 1.5℃ 상승 이내로 유지하는 데 노력

  ※ 2℃ 목표 : 온실가스로 인한 기후변화를 인류가 감내할 수 있는 한계점 온도

- 의의 : 기존 선진국 중심의 교토의정서(1997~2020)체제를 넘어서서 지구촌 모든 국가가 참여하는 보편적 기후변화체제 마련

- 경과 : '11년 제17차 당사국 총회(더반)에서 '20년 이후 적용될 신체제 설립 합의, '12~'15년까지 15차례의 협상 끝에 파리협정 채택

- 발효 : 미국, 중국, EU 등 주요국의 적극적인 비준 노력으로 '16.11.4 파리협정 발효 (55개국 비준 및 그 국가들의 국제기준 온실가스 배출량 총합 비중이 전 세계 온실가스 배출량의 55% 이상이 되면 발효)

〈신기후체제(파리협정)의 특징〉

① 감축 이외에 적응, 재원 등 다양한 분야 포괄

- 온실가스 감축에만 집중한 교토의정서 체제를 넘어서 기후변화 대응을 위한 감축·적응을 위한 수단으로서 재원·기술확보·역량배양 및 절차적 투명성 강조

② 모든 국가 참여, 자발적 감축목표 설정

- 선진국과 개발도상국 모두가 참여하는 보편적 체제(40개국 → 189개국)로서, 상향식(bottom – up) 방식의 국가별 자발적인 온실가스 감축목표 설정(NDC)

③ 통합이행점검과 진전원칙 확립

- 파리협정 당사국이 제출한 NDC가 2℃ 목표에 적절한지 검증을 위해 5년마다 글로벌 이행점검(global stocktake)체계 구축

- 글로벌 이행점검 결과를 고려하여 모든 당사국은 5년마다 기존보다 진전된 새로운 NDC를 제출, 협정의 종료시점 없이 지속적인 진전(progression)체계 구축

④ 다양한 행위자들의 참여
- 당사국 대상인 국가뿐만 아니라, 다국적 기업·시민사회·민간 부문(ICAO, IMO) 등 국가 이외의 주체들이 참여할 수 있는 기반 마련

2. 세계기후변화 대응

1) 주요국 동향

① EU : 높은 수준의 감축목표 설정 등 파리협정 이행의 모범적 역할 수행
- '2030 기후·에너지 프레임워크' 마련('14.10), '30년까지 온실가스 40% 감축('90년 대비) 및 재생에너지 비중·에너지효율 개선 추진(27%↑)
- IPCC 권고에 기반하여 지구 온도상승을 산업화 이전과 비교하여 1.5℃ 이내로 억제하도록 온실가스 감축목표의 상향 추진 논의 중
  ※ '30년까지 전체 에너지소비 중 재생에너지 비중 상향, '50년까지 탄소 제로화 달성 등
- EU 전역에 걸친 배출권거래제(ETS) 시행('05~'18년 기준 11,500개社 참여)
- 주요산업인 자동차 부문에 대한 '30년 온실가스 감축목표 설정
  ※ '30년까지 '21년 대비 승용차 35%, 승합차 30% 온실가스 감축

② 영국 : 세계 최초 기후변화법 제정, 청정성장전략 발표 등 선도적 대응 추진
- '08년 세계 최초로「기후변화법」을 제정하고, '50년까지 탄소배출 제로 목표를 법제화(당초 '90년 대비 80% 감축목표에서 상향)
- 청정성장전략(clean growth strategy)에 따라 해상풍력, 전기차, CCS기술 등에 투자계획 발표('17.10) 및 '25년까지 석탄발전을 종결하는 탈석탄 로드맵 발표('18.1)
  ※ '18년 재생에너지 발전비율 33%로 최대치 기록, 석탄발전량을 추월하였으며, 석탄발전 비중 역시 약 40%('12) → 5%('18)로 최근 몇 년간 대폭 축소

③ 프랑스 : 기후변화 대응을 위한 전 세계적 노력 강조 등 리더십 발휘
- 중국과 정상회담을 통해 기후변화 공동대응노력 재확인('18.1)
- EU회원국에 재생에너지 촉진을 위한 탄소가격 하한제 채택 촉구('18.3)
- '40년까지 석유차량 판매 중단, '22년까지 석탄발전 중단, 신재생에너지 확대를 통해 '25년까지 원전 의존도 50% 축소 법안 발표

④ 미국 : 중앙정부의 파리협정 탈퇴 선언과 지방정부의 감축 노력이 혼재
- 청정발전계획의 무효화 행정명령 서명('17.3), 파리협정 탈퇴의향서 제출('17.8, '20.11.4 탈퇴 효력 발효) 등 오바마 행정부의 기후변화 대응 주요정책 철회
  ※ '30년까지 발전소 탄소배출량을 '05년 대비 32% 감축('15.3, UN에 제출)
- 주요 주정부, 시민사회는 여전히 적극적인 기후변화 대응 노력에 동참할 것(We Are Still In)이라는 의지 표명 및 행동 추진
  ※ (뉴욕시) 화석연료에 투자된 연기금 회수 발표, (매사추세츠주) 발전소 배출권 거래제 도입, (캘리포니아주) 배출권거래제 '30년까지 연장, '45년까지 탄소 제로화 선언

⑤ 중국 : 국제사회 노력에 동참하는 등 기후변화 대응 의지 강화
- '30년까지 GDP당 탄소배출량을 '05 대비 60~65% 감축하는 목표 설정, 전국단위 배출권거래제 도입·시행계획
  ※ '20년 온실가스 감축목표(GDP당 40~45% 감축)를 3년 앞선 '17년에 조기 달성(46%)

- 주요 대기오염 및 온실가스 배출원인인 철강 등의 중공업부문에 대한 모니터링 강화('18~'20년간)계획 발표('18.7)
2) 주요기구 동향
  ① 국제민간항공기구 : 탄소상쇄(offsetting)제도를 '21년부터 시범운영 예정
    * ICAO(International Civil Aviation Organization) : 교토의정서에 의거한 국제항공부문 감축업무담당
  - 항공부문에 의한 탄소배출량(전 지구 CO_2 배출량의 2.4% 차지, '18년 기준)을 '20년 수준으로 제한, 초과 배출량은 시장에서 매입 · 상쇄('27년부터 의무화)
  ② 국제해사기구 : 국제해운 온실가스감축전략 수립('23년 최종전략 채택)
    * IMO(International Maritime Organization) : 교토의정서에 의거한 해운부문감축업무담당
  - 선박 배출 온실가스감축을 위해 「1978년 의정서에 의하여 개정된 선박으로부터의 오염방지를 위한 1973년 국제협약」 개정안 채택('16.10)
    ※ 국제항해선박(5천 톤 이상) 대상 연간 연료사용량, 운항거리 및 운항시간 등에 대한 데이터 수집 의무 적용('19년~)
  - 제72차 해양환경보호위원회에서 국제해운부문 온실가스 배출량을 '50년까지 '08년 대비 최소 50% 감축하기로 합의('18.4)

06 오염 대응

1) 런던협약(London Dumping Convention, 1975)
① 선박·항공기·해양시설로부터 폐기물 등의 해양투기·해양소각 등의 규제
② 방사성 폐기물 투기금지
③ 규제물질에 대한 투기·소각을 특별허가로 제한

런던협약(폐기물 기타 물질의 투기에 의한 해양오염방지협약)
1. 배경
 • 산업의 고도화로 대량 배출되는 산업폐기물을 모두 육지에 매립하기에는 한계가 있어 각국은 이를 해양에 투기하기로 결정
 • 우리나라 정부는 1988년부터 쓰레기 해양투기를 허용
 • 이에 오늘날 해양은 각종 오염원으로 인해 심각한 오염에 노출
 • 국제사회는 해양오염의 심각성을 인지하면서 해양환경에 영향을 주는 폐기물 투기에 대한 각종 규제와 관련 협약을 체결 예 : 런던협약
2. 개요
 • 1972년 런던협약 채택
 • 특정물질의 해양투기를 금지하여 해양오염 예방을 목적
 • 우리나라는 1993년에 가입
 • 폐기물 등의 해양투기 및 해상소각 규제 목적
 • 85개국이 가입한 다자협약
3. 주요 내용
 • 협약당사국에게 폐기물의 해양투기 방지의무 부과
 • 매년 자국의 해양투기 폐기물현황을 협약사무국에 보고할 의무가 있으나, 무역규제조항은 없음
 • 런던협약에도 불구, 해양오염이 날로 심각해졌고 자체의 미비한 규정과 효율성 문제가 지속적으로 제기
 • 2012년부터는 하수슬러지(하수침전물)와 가축분뇨의 해양투기를 전면 중단
 • 2013년부터는 음식폐기물의 해양투기 금지

2) 바젤협약(Basel Convention, 1989)
① 1992년에 발효
② 유해폐기물의 국가 이동 및 처리에 관한 국제협약
③ 이탈리아 세베소에서 유출된 다이옥신(1976)이 1983년 프랑스에서 발견
④ '카이로지침'을 바탕으로 스위스 바젤에서 채택
⑤ 유해폐기물의 수출입 경유국 및 수입국에 사전통보 의무
⑥ 우리나라는 1994년에 가입

※ 1992년 '폐기물의 국가 간 이동 및 그 처리에 관한 법률' 시행

바젤협약(유해폐기물의 국가 간 교역을 규제하는 국제협약)

1. 배경
   - 1976년 이탈리아 세베소에서 발생한 다이옥신 유출사고 때 증발한 폐기물 41배럴이 1983년 그린피스(Green Peace)에 의해 프랑스 한 마을에서 발견되면서 국제적인 문제로 대두됨
   - 대부분의 환경 관련 국제협약이 미국, EU 등 선진국 주도로 이루어진 데 반해 이것은 아프리카 등 77그룹이 주도함
   - 선진국의 폐기물 처리장이 돼서는 안 되겠다는 후진국들의 위기의식에서 시작

2. 개요
   - 1987년 환경적으로 유해폐기물의 건전한 관리를 위해 카이로 지침과 원칙 채택
   - 1989년 카이로 지침을 바탕으로 스위스 바젤에서 바젤협약을 채택, 1992년 발효
   - 유해폐기물의 국제적 이동 통제와 규제가 목적
   - 한국은 1994년 2월 가입, 관련 국내법인 〈폐기물의 국가 간 이동 및 그 처리에 관한 법률〉이 같은 해 5월부터 시행

3. 주요 내용
   - 유해폐기물과 기타 폐기물 처리에서 건전한 관리가 보장되어야 하며, 유해폐기물의 수출입 경유국 및 수입국에 사전통보가 의무화된다.
   - 각 나라는 유해폐기물의 발생을 최소화해야 한다.
   - 가능한 한 유해폐기물이 발생한 장소 가까운 곳에서 처리해야 한다.
   - 유해폐기물을 적절히 관리할 수 없는 국가에 수출해서는 안 된다.
   - 각 국가는 유해폐기물의 수입을 금지할 수 있는 주권을 가지고 있다.
   - 유해폐기물의 국가 간 이동은 협약에 규정된 방법에 따라 이루어져야 한다.

4. 바젤협약의 유해폐기물 분류
   - 녹색폐기물(Green Lists of Wastes)/바젤협약 폐기물목록 B
     유해특성을 갖고 있지 않으며, 국가 간 이동 중 위험정도가 무시될 정도인 폐기물로, 재생기술이 상당히 축적된 것으로서 통상적으로 국가 간 이동 통제대상에서 제외
     예 귀금속과 금속합금스크랩 및 그 폐기물, 철과 강스크랩 및 그 폐기물, 금속함유 폐기물, 종이·판지, 고형플라스틱, 섬유폐기물, 농상·식품산업폐기물 등
   - 황색폐기물(Amber Lists of Wastes)/바젤협약 폐기물목록 A
     한 가지 이상의 유해특성을 가지는 폐기물로, 충분한 주의가 요망되며, 적색폐기물보다는 위험성이 낮고 재활용이 용이한 폐기물로서 국가 간 이동 통제대상
     예 철·구리·아연·납 등 금속의 재·잔재물·찌꺼기 등의 폐기물, 의약품제조·생산과정에서 발생한 폐기물, 폐수슬러지 등
   - 적색폐기물(Red Lists of Wastes)/바젤협약 폐기물목록 A
     한 가지 이상의 유해특성을 가지는 폐기물로, 황색폐기물보다 엄격한 통제가 요구되는 폐기물
     예 PCB, PBB함유 폐기물, 석면, 세라믹섬유 등
     ※ 다만, 폐기물의 분류는 자국의 특성에 따라 구분을 달리할 수 있으며, 이 경우 회원국에게 통보하여야 함

3) REACH(2007)

① 신화학물질 관리제도이다.

② 유럽연합(EU) 내에서 연간 1톤 이상 제조 또는 수입되는 모든 화학물질에 대해 유통량 및 유해성 등에 따라 등록, 평가, 승인을 받도록 의무화하는 제도다. 순수한 화학물질뿐만 아니라 혼합물, 완제품에 사용된 화학물질 등 화학물질이 포함된 모든 제품들이 그 대상이 된다.

③ 제조업자와 수입업자가 물질의 특성 및 유통량에 따라 위해성 정보 등을 등록하면, 유럽화학물질청(ECHA)과 EU회원국은 등록서류의 검토와 함께 물질의 위해성을 평가한다. 등록된 정보를 바탕으로 유해물질에 대해서는 허가 및 제한이라는 엄격한 규제를 받게 되고, 궁극적으로 새로운 대체물질 개발을 고려해야 한다.

2007년 6월 1일부터 발효됨에 따라, 2008년 12월부터 미등록된 물질 및 미등록 물질이 포함된 제품은 EU 내에서 제조 또는 수입이 전면 금지되었다. REACH는 단순한 환경의 문제를 넘어서, 국가 간 무역에 영향을 미치고 나아가 기업의 제품경쟁력에 지대한 영향을 미치는 요인으로 작용하고 있다.

기출예상문제

화학물질의 관리제도로, 유럽연합(EU) 내에서 연간 1톤 이상 제조 또는 수입되는 모든 화학물질에 대해 유통량 및 유해성 등에 대한 등록, 평가, 승인을 받도록 의무화하는 제도는?

① REACH
② 바젤협약
③ 교토의정서
④ 런던협약

답 ①

07 생물다양성 감소 대응

1) 람사르협약(Ramsar Convention, 1971.2.2.)

① 최초의 국제적 정부 간 협약이다.

The Convention on Wetlands of International Importance, especially as Waterfowl Habitat(물새서식지로서 특히 국제적으로 중요한 습지에 관한 협약)

② 습지 잠식과 상실 방지

③ 우리나라는 101번째 가입국

④ 배경

ㄱ 토지이용 변화로 생태적으로 중요한 습지의 면적이 전 세계적으로 50% 감소

ㄴ 인간에게 유용한 환경자원인 습지의 중요성 부각

ㄷ 국제협약의 필요성 대두

⑤ 생태적 · 환경적 · 경제적 가치를 지닌 습지의 '현명한 이용＋체계적 보전 유도'

⑥ 회원국 등록기준

ㄱ 1개소 이상 등록습지 보유

ㄴ 습지 추가 · 축소 시 사무국에 통보

ㄷ 지정습지의 보전 · 적정이용계획 수립 시행

기출예상문제

습지 잠식과 상실방지를 위해 물새서식지로서 특히 국제적으로 중요한 습지에 관한 협약은?

① 람사르협약
② 런던협약
③ 바젤협약
④ 생물다양성협약

답 ①

기출예상문제

람사르습지 등록기준이 아닌
것은?

① 특이습지로 생태적 중요성,
　희귀성이 있을 것
② 멸종위기종 · 희귀종 서식
③ 물새 1만 마리 이상이 정기적
　으로 서식할 것
④ 어류, 먹이, 산란, 서식장소,
　이동통로, 생물다양성에 기여

답 ③

⑦ 습지 선정기준

　　㉠ 대표성 · 특이습지로 생태적 중요성 · 희귀성을 띨 것

　　㉡ 멸종위기종 · 희귀종 서식

　　㉢ 물새 2만 마리 이상의 정기적 서식, 전 세계 개체 수 1% 이상 서식

　　㉣ 어류 · 먹이 · 산란 · 서식장소 · 이동통로 · 생물다양성에 기여

2) CITES(Convention on International Trade in Endangered Species of Wild Fauna and Flora, 1973)

① IUCN 회원 협의에 의한 입안 1963년에 결의안 채택

② 1973년 워싱턴국제회의에서 채택 – '워싱턴협약'이라고도 함

③ 세계적으로 야생동식물의 불법거래나 과도한 국제거래규제로 멸종으로부터 야생생물을 보호하려는 노력의 일환

④ 가장 성공적인 야생동식물보호협약

⑤ 주요 내용

　　㉠ 부속서에 포함된 멸종위기종의 국가 간 수출입 인허가 제도

　　㉡ 국제규제 및 국제거래 규정

　　㉢ 멸종위기야생생물의 서식 · 번식에 관한 대책 수립 의무화

⑥ 한계점

　　㉠ 비가입국의 가입 강요 곤란

　　㉡ 협약국이라도 종자원 보전 유보 가능 → 실효성 감소

기출예상문제

생물다양성의 보존과 지속가
능한 이용을 위해 브라질 리우
에서 각국 정상들이 서명함으
로써 채택된 협약은?

① CBD　　② CITES
③ CMS　　④ ABS

답 ①

3) 생물다양성협약(CBD ; Convention on Biological Diversity, 1992)

① 생물다양성의 보존과 지속가능한 이용을 위해 브라질 리우에서 각국 정상들이 서명함으로써 채택

② 생물다양성 보전이 '인류공동관심사'임을 인식하게 만든 최초 국제협약

③ 인류공동관심사 원칙

　　㉠ 모든 유전자원 보존은 국가의무, 국제공동체의 공동관심사

　　㉡ 보존에 초점, 보존 관련 국가들의 의무적 측면 강조

④ 배경

　　㉠ 생태계의 지속가능한 유지를 위해 생물다양성의 중요성 인식

　　㉡ 생물다양성 감소는 인류의 생존기반 위협

　　㉢ 생물자원의 선점과 이용 증가

⑤ 목적

　　㉠ 생물다양성 보전

　　㉡ 생물다양성의 지속가능한 이용

　　㉢ 유전자원 이용으로 발생하는 이익의 공평한 공유

4) 이동성야생동물종의 보전에 관한 협약(CMS ; Convention on Migratory Species, 1979)

① 국경을 넘나드는 야생동물들과 그 서식지 보호

② 1979년 채택, 1983년 발효

③ 가장 오래된 대표적 환경협약

④ 이동성 생물종에 대한 국제적 관심유도 : 국가적 조치·국제적 협력에 관한 규범적 골격을 형성하는 국제환경협약

⑤ 특정생태계 보전을 위한 범지구적 차원의 협약

　　㉠ CBD에서 제공하지 못하는 실질적·세부적 보전방안 제시

　　㉡ CITES 미포함 생물종 보전활동·서식지 보호·살상행위·국내거래의 부분보완

　　㉢ Ramsar에 미포함된 이동성 동물 및 서식지 보호, 이동경로 보전 등

5) 나고야의정서(ABS ; Access to genetic resources and Benefit Sharing)

① 내용

　　㉠ '더 이상의 공짜는 없다.'

　　　• 유전자원 이용과 그 이익의 공평한 공유를 상호합의조건에 따라 공정한 분배를 채택한 의정서

　　　• 유전자원에 접근 시 자원제공국의 사전승인 필요

　　　• 발생이익은 제공국과 공정하게 공유

　　　• 이때 전통지식도 자원으로 포함

　　㉡ 2010년 10월 채택

② 배경

　　㉠ 과거

　　　• 생물유전자원이 인류의 공동자산이라는 그릇된 인식

　　　• 그로 인해 선진국의 생물해적질이 심했으며, 남북 갈등 유발

　　㉡ 현재

　　　• 자원보유국(주로 개발후진국)의 생물유전자원 "주권선언"

　　　• 남남협력 발생(자원보유국 간의 연대)

기출예상문제

생물다양성협약(CBD)의 목적이 아닌 것은?

① 생물다양성 보전

② 생물다양성의 지속가능한 이용

③ 유전자원 이용으로 발생하는 이익의 공평한 공유

④ 습지의 보전

답 ④

기출예상문제

나고야의정서(ABS)의 내용이 아닌 것은?

① 유전자원 이용과 그 이익의 공평한 공유를 상호합의조건에 따라 공정한 분배를 채택

② 유전자원 접근 시 자원제공국의 사전승인 필요

③ 발생이익은 제공국과 공정하게 공유

④ 전통지식은 자원에 포함하지 않음

답 ④

③ 주요 내용
  ㉠ 상호합의조건(MAT)
  ㉡ 사전통보승인(PIC)
  ㉢ 전통지식(TK)
  ㉣ 국가연락기관 및 국가책임기관(NFP & CNA)
  ㉤ 점검기관(CP)
  ㉥ 의무준수인정서 작성

08 생물다양성 보전 트렌드의 변화

1997년	2009년	2014년
1차 전략 "보전관리기반 마련"	2차 전략 "보전과 지속가능한 이용"	3차 전략 "생물다양성의 미래가치 확대"

· '91 자연환경보전법 제정
· '93 CBD 발효, '94 한국 가입
· '97 제1차 국가생물다양성 전략
· '00 UN 새천년개발목표(MDGs)
· '04 야생동식물보호법 제정
	· '02 자연환경보전법 제정
	· '05 생물자원보전종합대책
	· '07 국립생물자원관 설립
	· '09 제2차 국가생물다양성 전략
	· '10 COP10 Aichi Target
	  2011~2020 및 나고야
	  의정서 채택
	· '12 생물다양성법률 제정
		· 생물다양성의 주류화
		· 생물다양성의 보전과 회복
		· 생물다양성의 지속가능한 기용
		· 생물다양성의 국제위상 강화
		※ COP12 개최를 계기로 국제적
		  생물다양성 강국으로 도약

∥ 생물다양성 보전 트렌드의 변화 ∥

유전자원의 접근 및 발생이익 공유를 위한 나고야의정서
• 연혁 : "제10차 생물다양성협약 당사국 총회('10, 일본 나고야)"에서 채택
• 주요 내용 : 유전자원 접근 시 자원보유국의 사전승인(PIC ; Prior Informed Consent)을 받고, 자원이용으로부터 발생한 이익을 자원 제공국과 공유 의무화

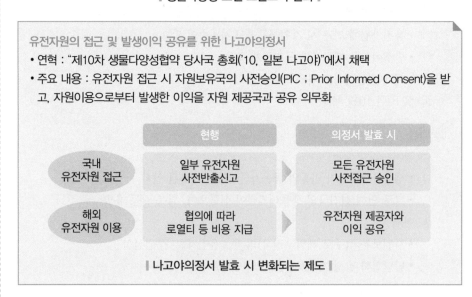

∥ 나고야의정서 발효 시 변화되는 제도 ∥

09 국제협약 요약

구분	협약	내용
기후변화 대응	몬트리올의정서	오존층 파괴
	기후변화협약	온실가스 규제, 재정기술지원
	사막화방지협약	빈곤퇴치, 사막화방지, 재정기술지원
	교토의정서	주요 온실가스 규정, 교토 메커니즘(배출권거래제, 공동이행체제, 청정개발체제)
오염규제	런던협약	폐기물 및 방사성폐기물 해상소각 금지, 허가제
	바젤협약	유해폐기물의 국가 간 이동·처리 규제, 사전통보제
	REACH	화학물질관리제도
생물다양성 감소 방지	람사르협약	물새서식지로서 국제적으로 중요한 습지 보전에 관한 협약
	CITES	• 멸종위기야생동식물 국제거래에 관한 협약 • 수출입 인허가 제도
	CBD	• 생물다양성협약 • 보전, 지속가능 이용, 이익공정 배분
	나고야의정서	• 생물유전자원 접근 및 이익 공유의정서 • 생물자원 접근 사전승인 • 이용국, 보유국 간 금전적·비금전적 계약이행 • 당사국 규정 마련

1) IUCN

평가	적절 자료	절멸	절멸	–
			야생절멸	동물원에서 볼 수 있음
		위협	위기	10년, 3세대 내 50% 절멸 가능성
			위험	20년, 5세대 내 20% 절멸 가능성
			취약	100년 내 10% 절멸 가능성
		낮은 위험	준위협	–
			최소 관심	–
	자료 미비	자료가 부족해 평가하기 어려움		
미평가	평가할 수 없음			

- 20,934종의 동식물이 멸종위기목록(Red List)에 등재(IUCN, '13)되어 있으며, 향후 2050년까지 전 세계 생물의 10%가 사라질 전망(OECD 환경전망 2050)
- 전 세계 생물자원의 가치는 약 700조 원으로 추정되고 있으며, 2002~2003년 신규 발견된 의약물질의 80%는 생물자원에서 유래(UNEP, '07)

> (생물다양성) 서식지 감소, 기후변화 등으로 전 세계 생물종 급격히 감소
> - 전 세계 생물종은 1,400만 종으로 추정되며, 이 중 약 175만 종(13%) 확인(UNEP, '00)
> - UN은 자연상태에서보다 1,000배 이상 빨리 진행되는 생물종 감소에 대한 우려와 함께 전 세계적 노력 촉구(UN 생물다양성 전망보고서, '10)
>   * 1970~2006년 사이에 전 세계 야생척추동물의 31% 감소, 해산어류는 절반이 고갈되었고 19%가 과다포획되고 있음

🔟 기후변화 대응

1) 기후변화 적응
① 기후상태 변화에 적응하기 위한 생태계·사회경제시스템의 모든 행동이다.
② 생태학적 적응은 유기체가 환경에 적합하도록 진화하는 과정이다.
③ IPCC : 발생·발생예상의 기후자극과 그 효과에 대응한 자연·인간시스템의 조절작용, 기후변화의 새로운 기회를 활용하여 기회로 삼는 행동 또는 과정이다.
④ UNFCCC : 지역사회와 생태계가 변화하는 기후조건에 대응하는 모든 행동이다.

2) 기후변화 대응방법
① 감축(emission) : 온실가스배출량을 줄이거나 흡수한다.
② 적응(adaptation) : 기후변화로 인한 위험의 최소화와 기회의 최대화이다.

3) 적응의 필요성
① 온실가스배출이 현저히 줄더라도 향후 지구온난화는 지속(기후시스템의 관성)될 것이다.
② 완화와 적응은 동시에 시행되어야 한다.

4) 적응 용어
① 적응(adaptation) : 지역사회와 생태계가 변화하는 기후조건에 대응하는 행동이다.
② 영향평가(impact assessment) : 기후변화가 가져오는 긍정적, 부정적 과정을 정의 및 분석하려 노력하는 것이다.
③ 탄력성(resilience) : 충격으로부터 회복할 수 있는 자기조절능력, 완충능력 등이다.
④ 민감도(sensitivity) : 기후 관련 이상변동이나 스트레스에 영향을 받는 정도이다.
⑤ 취약성(vulnerability) : 기후변동이나 스트레스에 대한 노출과 이에 대한 대처, 회복, 적응능력에 따른 노출단위의 위험에 대한 민감도이다.

11 스모그

1) 개념
① 기체 · 액체 · 고체상의 오염물질 smoke + 안개 fog의 합성어이다.
② 안개와 오염물질이 합쳐져 하늘이 뿌옇게 보이는 현상이다.
③ 여름보다는 겨울에, 농촌보다는 도시에 연무 · 농무 발생률이 높다.

2) 유형
① 런던형 스모그
   ㉠ 1952년 런던지역에서 석탄 등의 화석연료 사용으로 발생
   ㉡ 5일 만에 4,000여 명 사망
   ㉢ CO_2, SO_2, 미세먼지가 원인
   ㉣ 습한 공기와 오염물질, 겨울에 기온역전층에 갇혀 유발 → '어두운 대낮' 현상 발생

② LA형 스모그
   ㉠ 미국 LA에서 1962년 큰 피해
   ㉡ 자동차배기가스 N_2O, NO, HC + 여름 햇빛 → 옥시던트 생성
   ㉢ 분지형 도시 LA에서 여름과 가을에 기온역전층 발생
   ㉣ 인체의 눈 · 코 · 목 · 허파, 가축 · 농작물, 고무 · 탄성재 피해

3) 스모그 비교

비교항목	런던형	LA형
원인물질	CO, SO_2	NO, N_2O, HC
발생시기	겨울 · 밤	여름 · 낮
발생원인	난방용 화석연료	자동차배기가스
색깔	짙은 회색	옅은 갈색
피해대상	사람의 호흡기	사람 눈 · 목 · 식물 등

12 도시열섬화(heat island)

1) 정의
① 도심지역 기온이 근교교외보다 1~4℃ 높게 나타나는 현상이다.
② 등온선이 마치 섬처럼 폐곡선으로 나타나는 현상이다.

기출예상문제

도시열섬현상의 증가와 관계가 적은 것은?

① 화석연료 사용 증가
② 인공구조물 증가
③ 불투수포장면 증가
④ 국지성 호우 증가

답 ④

2) 원인
  ① 화석연료(NOx, SOx)의 사용
    ㉠ 건물 냉난방
    ㉡ 자동차 배기가스 · 매연

  ② 인공구조물 증가
    ㉠ 밀집한 고층건물
    ㉡ 알베도 증가
    ㉢ 바람길 차단

  ③ 불투수포장면 증가
    ㉠ 녹지량 감소로 자연투수량 감소
    ㉡ 물순환균형(고리) 깨져 대기의 냉각기회 상실

3) 문제점
  ① 대기질 저하
    ㉠ 대기오염 가중
    ㉡ 스모그 발생
    ㉢ 호흡기질환 발생

  ② 생물상 변화
    ㉠ 식물조기 개화
    ㉡ 병충해 증가
    ㉢ 생물다양성 감소

  ③ 에너지소비 악순화
    냉방기 사용 증가

  ④ 오염정화시설 증설

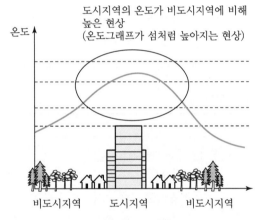

도시지역의 온도가 비도시지역에 비해 높은 현상
(온도그래프가 섬처럼 높아지는 현상)

온도

비도시지역   도시지역   비도시지역

‖ 도시열섬현상 개념도 ‖

⑬ 기후변화에 대한 국제적 대응현황

1988년

IPCC 창설
기후변화에 대한 전 지구적 문제 인식

1990년

INC(국가 간 협상위원회) 설립

1992년

기후변화협약 채택
인간이 기후체계에 위험한 영향을 미치지 않을 수준으로 대기 중
온실가스 농도 안정화

1994년

기후변화협약 발효

1997년

교토의정서 채택
• 온실가스 목록(부속서 A)
• 감축 의무 국가들의 구체적 감축량(부속서 B)

2005년

교토의정서 발효
• 제1차 공약기간(2008~2012)
• 부속서 B 국가 전체 온실가스배출량 1990년 대비 5.2% 감축
• 선진국 의무 강조
• 시장메커니즘 도입(공동이행제도, 배출권거래제, 청정개발제도)

2011년

더반플랫폼
• 2020년 이후 적용될 새로운 체제 설립 합의
• ADP(더반플랫폼 특별작업반) 구성

2012년

도하개정문 채택
• 교토의정서 제2차 공약기간(2013~2020)
• 발효되지 않음

2015년

파리협정 채택/신기후체제 전환
• 모든 나라가 의무적 감축
• 산업화 이전 수준과 비교하여 지구 평균온도가 2℃ 이상 상승되지 않도록
  온실가스 배출량 감축 목표 수립
• 감축, 적응, 재원, 기술, 역량배양, 투명성 강조

2016년

파리협정 발효
• 온도 상승을 2℃ 이하로 유지한다.
• 5년마다 감축 목표를 높이자.
• 국제탄소시장을 새로 만들자.
• 기후변화 적응력을 높이자.
• 손실과 피해를 줄이기 위해 협력하자.
• 목표를 달성하기 위한 수단을 강화하자.
• 이행상황을 투명하게 주기적으로 점검하자.

▌연도별 대응과정 ▌

14 온실가스

1) 개요

제1차 공약기간(2008~2012)	제2차 공약기간(2013~2020)
이산화탄소(CO_2)	이산화탄소(CO_2)
메탄(CH_4)	메탄(CH_4)
아산화질소(N_2O)	아산화질소(N_2O)
육불화황(SF_6)	육불화황(SF_6)
수소불화탄소(HFC_s)	수소불화탄소(HFC_s)
과불화탄소(PFC_s)	과불화탄소(PFC_s)
	삼불화질소(NF_3)

① 교토의정서에서 감축하여야 하는 온실가스목록(부속서 A)을 규정하였다.
② 온실가스는 짧게는 10년, 길게는 1,000년이 넘도록 대기 중에 남아 기후변화에 영향을 미친다.
③ 당장 온실가스를 전혀 배출하지 않는다고 해도 기후변화가 곧바로 멈추는 것이 아니라, 감축 노력은 향후 30년 동안에는 기후변화에 큰 차이를 가져오지 못하지만 장기적으로는 큰 차이를 가져올 수 있다.

15 기후변화

1) 개요

① 기후변화란 30년 평균의 날씨변화를 말한다.
② 기후시스템을 구성하는 대기, 물, 얼음, 땅, 생물 등의 요소가 바뀌거나 그러한 요소들 간 상호작용의 결과로 기후가 변화한다.

2) 기후변화 원인

인위적 요인이 없을 경우 1951~2010년까지 1℃ 이상 상승될 수 없으므로 여러 가지 원인 중 인위적 요인이 크다고 할 수 있다.

내적 요인		대기권, 수권, 빙설권, 지권, 생물권 등의 내부적 변동이나 이들 사이의 복잡한 상호작용
외적 요인	자연적 요인	지구의 공전궤도, 자전축 주기운동, 대기 중의 온실가스와 에어로졸 양의 변화, 지표면상태의 변화 등
	인위적 요인	화석연료 사용 등으로 온실가스 및 에어로졸 양의 변화, 과도한 토지 사용이나 산림 파괴 등으로 지표면상태변화 등

3) 지구온난화

① 온실효과로 지구의 평균기온이 상승하는 현상이다.

② 온실효과란 대기를 가지고 있는 행성 표면에서 나오는 복사에너지가 대기로 빠져나
가기 전에 흡수되어 그 에너지가 대기에 남아 기온이 상승하는 현상이다.

┃ 정상적 온실효과 ┃   ┃ 온실기체 증가로 온실효과 증가에 의한 지구온난화 ┃

4) 결과

온도 상승	물	음식	건강	토지	환경	급격한 변화
1℃	5천만 명의 물 공급 위험	온대지역에서 곡물 생산이 약간 상승	최소 30만 명이 기후와 관련된 질병으로 사망 예 설사, 말라리아, 영양실조 등	영구동토가 녹아 캐나다와 러시아 등의 지역에서 건물과 도로 파괴	• 적어도 10%의 육상생물이 멸종 위기 • 80%의 산호가 표백	대서양의 열염분 순환이 약해지기 시작
2℃	몇몇 지역에서는 물 사용 가능성이 20~30% 감소 가능	열대지역에서 곡물 생산이 급격하게 감소	아프리카에서 4~6천만 명 이상의 사람들이 말라리아에 노출	매해 천만 명에 이르는 사람들이 해면 침수를 겪음	• 15~40%의 생물 멸종위기 • 북극곰 등 북극 생물멸종위기	• 그린란드 빙상이 녹기 시작하여 해수면 상승, 최종적으로 7m까지 상승
3℃	• 남유럽에서는 10년마다 극심한 가뭄 발생 • 10~40억 이상의 사람들이 물 부족으로 고통	• 1억 5천~5억 5천만 이상의 사람들이 굶주릴 위험 • 고위도 지역에서 농산물 생산량 정점 도달	1~3백만 명 이상의 사람들이 영양실조로 사망	매해 최대 1억 7천만 명까지 해면침수를 겪음	• 20~50%의 생물 멸종위기 • 아마존열대우림 파괴	• 몬순 등 대기순환에 급격한 변화가 발생할 위험 상승 • 서남극 빙상의 붕괴 위험 상승 • 대서양의 열염분 순환이 완전히 붕괴될 위험 상승
4℃	남아프리카와 지중해 지역에서 물 사용 가능성 30~50% 감소 가능	아프리카에서 농산물 생산량 15~35% 감소	아프리카에서 8천만 명에 이르는 사람들이 말라리아에 노출	매해 최대 3억 명까지 해면침수를 겪음	• 북극 툰드라 절반 정도 상실 • 절반 이상의 자연보호구역 기능 상실	
5℃	히말라야 빙하가 사라져서 중국과 인도의 수많은 사람에게 영향을 미칠 가능성	해양 산성화가 계속되어 해양 생태계가 심각하게 파괴	–	해수면 상승이 군소도시국과 지지대 그리고 뉴욕, 런던, 도쿄 등 세계의 주요 도시를 위협	–	
5℃ 이상	최근 연구에 따르면, 온실가스 배출이 계속되면 지구 평균 온도가 5℃보다 더 상승할 수 있다. 이런 수준의 온도 상승은 지난 시기(age)와 오늘날의 온도 상승과 동등한 수준이며 엄청난 혼란과 대규모 인구이동을 초래할 것이다. 그러한 변화의 결과는 재앙적일 것이지만 지금 모델로는 인간의 경험을 벗어난 수준의 온도상승에 따른 결과를 파악하기는 어렵다.					

16 교토의정서

1) 개요

① 1997년 제3차 당사국 총회(일본 교토)는 구체적인 의무를 담고 있는 '교토의정서(Kyoto Protocol)'를 채택하고, 2005년 2월 발효되었다.

② 감축하여야 하는 온실가스의 목록(부속서 A), 감축의무를 부담하는 국가와 그들의 구체적인 감축량(부속서 B) 등을 규정하고 있다.

③ 부속서 B 국가들은 제1차 공약기간 동안 온실가스감축 목표 5.2%를 넘는 22.6%를 감축하고 8,000개에 달하는 청정개발제도(CDM)사업이 수행되었다.

④ 교토의정서는 온실가스 배출 1위 국가인 미국이 비준하지 않았고, 배출 2위, 3위인 중국과 인도는 개발도상국이라는 이유로 감축의무가 없었다.

⑤ 제2차 공약기간인 도하개정문은 발효되지 않았다.

2) 주요 내용

① 부속서 A

온실가스를 이산화탄소(CO_2), 메탄(CH_4), 아산화질소(N_2O), 육불화황(SF_6), 수소불화탄소(HFC_s), 과불화탄소(PFC_s), 삼불화질소(NF_3)로 규정

② 부속서 B

부속서 Ⅰ	• 온실가스 배출에 대한 역사적 책임의무가 있는 선진국 • 온실가스 배출량을 1990년도 수준으로 되돌리는 것이 목표임
부속서 Ⅱ	개발도상국이 기후변화에 대응하는 것을 돕기 위하여 재원과 기술을 지원할 의무
비부속서	개발도상국(우리나라도 포함)

3) 시장메커니즘 도입

구분		주요내용
공동이행제도	JI	부속서 Ⅰ 국가(A국)가 다른 부속서 Ⅰ 국가(B국)에 투자하여 온실가스 배출을 감축하면 그 가운데 일부를 A국의 감축으로 인정
청정개발제도	CDM	부속서 Ⅰ 국가(A)가 비부속서 국가(C)에 투자하여 온실가스 배출을 감축하면 그 가운데 일부를 A국의 감축으로 인정
배출권거래제	ET	온실가스 감축의무가 있는 국가들에 배출할당량을 부여한 후 해당 국가들이 서로 배출권을 거래할 수 있도록 허용

17 파리협정/신기후체제

1) 신기후체제 출범(Post 2020)

전 지구적 기후변화 대응을 위한 파리협정 채택('15.12) 및 발효('16.11)

① **목표** : 지구온도를 산업화 이전 대비 2℃ 상승 이하(well below 2℃)로 억제하고 나아가 1.5℃ 상승 이내로 유지하는 데 노력

② **의의** : 기존 선진국 중심의 교토의정서(1997~2020)체제를 넘어서서 지구촌 모든 국가가 참여하는 보편적 기후변화체제 마련

③ **경과** : '11년 제17차 당사국 총회(더반)에서 '20년 이후 적용될 신체제 설립 합의, '12~'15년까지 15차례의 협상 끝에 파리협정 채택

④ **발효** : 미국, 중국, EU 등 주요국의 적극적인 비준 노력으로 '16.11.4 파리협정 발효(55개국 비준 및 그 국가들의 국제기준 온실가스 배출량 총합 비중이 전 세계 온실가스 배출량의 55% 이상이 되면 발효)

※ 2℃ 목표란 온실가스로 인한 기후변화를 인류가 감내할 수 있는 한계점 온도

2) 신기후체제(파리협정)의 특징

① **감축 이외에 적응, 재원 등 다양한 분야 포괄** : 온실가스 감축에만 집중한 교토의정서체제를 넘어서 기후변화 대응을 위한 감축 · 적응을 위한 수단으로서 재원 · 기술확보 · 역량배양 및 절차적 투명성 강조

② **모든 국가 참여, 자발적 감축목표 설정** : 선진국과 개발도상국 모두가 참여하는 보편적 체제(40개국 → 189개국)로서, 상향식(bottom-up) 방식의 국가별 자발적인 온실가스 감축목표 설정(NDC)

③ **통합이행점검과 진전원칙 확립**

㉠ 파리협정 당사국이 제출한 NDC가 2℃ 목표에 적절한지 검증을 위해 5년마다 글로벌 이행점검(global stocktake)체계 구축

㉡ 글로벌 이행점검 결과를 고려하여 모든 당사국은 5년마다 기존보다 진전된 새로운 NDC를 제출, 협정의 종료시점 없이 지속적인 진전(progression)체계 구축

④ **다양한 행위자들의 참여** : 당사국 대상인 국가뿐만 아니라, 다국적 기업 · 시민사회 · 민간 부문(ICAO, IMO) 등 국가 이외의 주체들이 참여할 수 있는 기반 마련

3) 파리협정 이행규칙의 주요내용

① 개요

파리협정의 장기온도목표(2℃ 목표)와 각국이 스스로 결정한 감축목표(NDC)의 이행 및 달성을 위한 세부규칙을 제1차 파리협정 당사국 회의(CMA)까지 추가적으로 개발하기로 합의

※ 근거 : 파리협정 및 파리총회 결정문(1/CP.21)

② 경과

㉠ COP 22('16.11) : 파리협정이 예상보다 빠른 시점에서 공식 발효('16.11.4.)됨에 따라 COP 22에서 제1차 CMA를 우선 개회한 후 정회*하고, 파리협정 이행규칙 개발 시한을 COP 24로 재설정

* COP 22 : 제1-1차 CMA
COP 23 : 제1-2차 CMA
COP 24 : 제1-3차 CMA

ⓛ COP 24('18.12) : 당사국 간에 치열한 협상 끝에 '카토비체 기후패키지' 표제하에 파리협정 세부이행규칙의 합의 성공

③ 주요내용

ⓐ 감축 : NDC 감축목표와 관련된 수량적 정보 등 보다 상세한 정보를 제출하도록 하여 투명한 체계구축을 위한 기반 마련에 성공

ⓛ 적응 : 적응 관련 지원희망 우선순위 등 NDC 또는 여타 UNFCCC하 적응 관련 보고서*와 함께 제출할 수 있는 적응보고를 포함한 요소 도출

ⓒ 투명성 : 모든 당사국*은 온실가스 인벤토리, NDC 이행 및 달성에 관한 진전 추적 정보, 재원 · 기술 · 역량배양 지원 및 수혜정보 등을 '24년부터 매 2년마다 격년투명성보고서를 통해 제출하기로 합의

ⓔ 이행점검 : '23년부터 매 5년마다 실시할 전 지구적 이행점검의 절차와 방식을 결정하고, 검토대상 자료를 목록화

ⓜ 기후재원 : 선진국이 개도국에 제공하는 기후재원에 대한 사전적 정보목록을 구체화하고, '20년부터 격년으로 제출하는 데 합의

※ 파리협정 제6조(국제탄소시장) 및 NDC 이행을 위한 공통기간은 합의 실패

* 국가적응계획, 국가보고서 등

* 단, 보고 역량이 부족하다고 자체적으로 판단할 시 유연성 조항 적용 가능

18 교토의정서와 파리협정 비교

1) 교토의정서와 파리협정의 차이

	교토의정서	파리협정
감축의무국	주로 선진국 ⇨	모든 당사국
범위	온실가스 감축에 초점 ⇨	감축만이 아니라 적응, 투명성, 이행수단 등 포괄
지속가능성	공약기간 설정 (1차 : 2008~2012) (2차 : 2013~2020) ⇨	종료시점 미규정 (5년마다 이행점검)
목표설정	의정서에서 규정 ⇨	자발적으로 설정
행위자	국가 중심 ⇨	다양한 행위자의 참여 독려

① 주로 선진국 참여 → 모든 당사국 참여

교토의정서체제에서는 주로 선진국만 감축의무를 지고 있었으나 파리협정은 선진국 및 개도국 구분 없이 모든 국가에 의무 부여

② 온실가스 감축에 집중 → 규정범위의 포괄성

온실가스 감축에 집중하였던 교토의정서와 달리 파리협정에서는 적응, 투명성, 이행수단 등을 포괄적으로 규정

③ 지속가능 여부가 불확실 → 지속가능한 대응체제

공약기간이 정해져 있어 기간이 종료한 후 체제 유지 여부가 불확실하였으나 파리협정에는 종료시점 없이 지속

④ 의정서에서 목표 규정 → 자발적으로 목표 설정

의정서에서 하향식(top-down) 목표를 규정하는 방식에서 벗어나 각국이 스스로의 상황을 고려하여 자발적으로 목표 설정(bottom-up)

⑤ 국가 중심으로 대응 → 다양한 행위자의 참여 독려

당사국 중심에서 국제민간항공기구(ICAO) 등 국제기구 및 지자체 · NGO 등 비당사국 이해관계자(non-party stakeholders)의 참여 독려

19 REDD+

1) 개요

① REDD(Reducing Emissions from Deforestation and forest Degradation)는 개발도상국이 산림을 전용(deforestation)하거나 황폐하게 만드는 것(forest degradation)을 방지하여 온실가스 배출량을 감축하는 행위를 가리킨다.

② 여기에 산림 보전, 지속가능한 관리, 탄소흡수능력 향상 개념을 추가하여 REDD+ 라고 한다.

2) 주요내용

① 당사국은 산림을 포함한 온실가스 흡수원과 저장소를 적정하게 보존하고 증진하는 조치를 취하여야 한다.

② 당사국은 개발도상국이 산림 전용과 황폐화를 줄이고 산림을 보존하며 산림의 지속가능한 발전과 탄소흡수능력을 향상시키도록 정책적으로 접근하고 유인수단을 제공하여야 한다.

3) 의의

REDD+는 21세기 말까지 온실가스 배출량과 흡수량 사이의 균형을 달성하기 위한 중요한 첫걸음이자 개발도상국이 산림 관련 조치를 취하도록 유도하는 데에 필수적인 정치적 신호라는 평가를 받고 있다.

4) 향후 협상 쟁점

산림부문의 온실가스 흡수량을 국가의 온실가스 감축목표에 통합하여 계산하는 문제에 대하여 논의가 필요하다.

5) REDD+ 관련 논의의 경과

① 산림 전용과 황폐화로 인한 온실가스 배출량이 전체의 약 20%에 달한다는 사실이 알려지면서 온실가스 감축부문에서 산림의 중요성이 부각되기 시작하였다. 이는 수송 분야 전체 배출량보다 많고 에너지 분야 배출량 다음으로 많다.

② 산림의 중요성이 널리 알려지면서 2005년 제11차 당사국 총회(캐나다 몬트리올)에서 REDD+가 논의되기 시작하였다. REDD+는 코펜하겐 합의(COP 15), 칸쿤 합의(COP 16) 등을 거치면서 더욱 구체화되었다.

③ 파리협정 논의과정에서 파나마(열대우림국가연대 의장국), 아프리카그룹 등은 REDD+가 개발도상국에게 중요한 감축활동이라는 이유를 들어 산림조항이 합의문에 독자적인 조항으로 반영되어야 한다고 주장하였다.

④ REDD+ 논의를 정치적으로 지원할 필요가 있다는 의견에 공감하여 산림조항을 독자적인 조항으로 반영하는 데에 찬성하였다.

20 IPCC(Intergovernmental Panel on Climate Change)

1) 개요

① '기후변화에 관한 정부 간 협의체'를 의미한다.

② 1988년 '유엔환경계획(UNEP ; United Nations Environment Programme)'과 '세계기상기구(WMO ; World Meteorological Organization)'의 지원을 받아 창설되었다.

③ 기후변화가 초래하는 영향을 평가하고 대책을 검토하여 종합평가보고서(AR ; Assessment Report)를 작성한다.

④ **역할** : 전 세계 과학자가 참여·발간하는 IPCC 평가보고서(AR)는 기후변화의 과학적 근거와 정책방향을 제시하고 유엔기후변화협약(UNFCCC)에서 정부 간 협상의 근거자료로 활용된다.

    ㉠ 제1차 평가보고서('90) → 유엔기후변화협약(UNFCCC)에서 채택('92)

    ㉡ 제2차 평가보고서('95) → 교토의정서에서 채택('97)

    ㉢ 제4차 평가보고서('07) → 기후변화 심각성 전파 공로로 노벨평화상 수상(엘 고어 공동 수상)

    ㉣ 제5차 평가보고서('14) → 파리협정에서 채택('15)

2) IPCC 제5차 보고서

① 인류가 기후변화에 어떻게 대응하는지에 따라 달라질 수 있는 미래상을 4가지로 나누어 제시하였다.

▶ RCP 시나리오

구분	설명
RCP 2.6	온실가스 배출을 지금 당장 적극적으로 감축하는 경우
RCP 4.5	온실가스 배출 저감정책이 상당히 실현되는 경우
RCP 6.0	온실가스 배출 저감정책이 어느 정도 실현되는 경우
RCP 8.5	추가적인 온실가스 배출 저감정책 없이 배출되는 경우

② 온실가스는 짧게는 10년, 길게는 1,000년이 넘도록 대기 중에 남아 기후변화에 영향을 미치고, 추가적인 노력이 없다면 2100년 지구의 온도는 산업화 이전에 비해서 3.7~4.8℃까지 상승할지도 모른다.

③ 주요 내용

과학적 근거	• 지구평균온도는 지난 133년간 0.85℃ 증가함 • 기후변화 주요원인은 온실가스 배출 때문이며, 총 온실가스 배출량 증가의 78%가 화석연료 연소 및 산업공정으로부터 발생한 이산화탄소 배출에 기인함
기후변화 영향, 적응 및 취약성	• 지금 추세면 21세기 말 지구의 평균기온은 2.6~4.8℃ 상승 • 지구 온도 상승을 2℃ 이내로 유지하기 위해 CO_2 배출량을 2,900$GtCO_2$ 이내로 제한 • 기후변화 위험성 증가
기후변화 적응과 감축	• 적응은 현재와 단기위험을, 감축은 장기영향을 줄여 줌 • 2023년까지 추가적인 감축 노력 필요 • 온실가스 감축과 기후변화 적응효과는 정책에 따라 크게 좌우되며, 다른 사회적 목표와 연계할 때 효과가 배로 증가

3) IPCC 1.5℃ 특별보고서

① 제21차 유엔기후변화협약 당사국 총회에서는 전 세계 모든 국가에 지구온난화 완화의무를 부여하는 파리협정을 체결('15.12)하고, IPCC에 1.5℃ 목표의 영향, 감축경로 등을 평가하는 1.5℃ 특별보고서 작성을 정식으로 요청하였다.

② IPCC는 2018년까지 동 보고서의 작성을 완료할 것을 결정하고, 2018년 10월, 우리나라 인천시에서 개최되는 제48차 IPCC총회에서 보고서를 승인하기로 결정하였다.

IPCC 1.5℃ 특별보고서 주요내용

1. 현황
- 인간의 인위적 활동이 산업화 이전 대비 현재 약 1℃(0.8~1.2℃)의 지구 온도 상승을 유발한 것으로 추정
- 1850~1900년 대비 2006~2015년의 전 지구 평균온도가 0.87℃ 상승

2. 전망
- 현재 속도로 지구온난화가 지속되면 2030~2052년 사이 1.5℃ 초과
- 파리협정에 따라 제출된 국가별 감축목표를 이행하더라도 2030년 연간 온실가스 배출량은 520~580억 톤에 달해, 1.5℃ 달성에 필요한 배출량을 초과
- 2100년 지구 온도가 산업화 이전 대비 3℃ 상승할 것으로 예상

3. 1.5℃ 온난화 영향
- 대부분 지역에서 평균온도가 상승하고 극한 고온이 발생, 일부지역에서는 호우 및 가뭄이 증가할 것으로 예상
- 지구온난화는 빈곤계층과 사회적 약자에 더 큰 영향을 미침

4. 1.5℃ 달성방안
2030년까지 2010년 대비 CO_2 배출량 최소 45% 감축 필요
① 감축수단 : 에너지 수요 관리, 전력 저탄소화, 에너지소비의 전력화 등
② 에너지 : 전력의 70~85%를 재생에너지로 공급, 화석연료 비중 대폭 축소
③ 산업 : 신기술, 전력화를 통해 배출량을 75~90% 감축
④ 수송 : 저탄소 에너지원 비중을 35~65%로 확대

➤ 1.5℃ 달성 경로별 특성

구분	경로1		경로2		경로3		경로4	
	2030	2050	2030	2050	2030	2050	2030	2050
CO_2 배출량 (2010년 대비 변화율, %)	△58	△93	△47	△95	△41	△91	4	△97
전력 중 재생에너지 비중 (2010년 대비 변화율, %)	60	77	58	81	48	63	25	70
2100년 누적 탄소포집·저장 (GtCO₂)	0	0	348	151	687	414	1,218	1,191

- 경로1 : 사회·경제·기술 전반의 혁신으로 에너지 수요가 감소, 탄소포집·저장 불필요
- 경로2 : 에너지·인간·경제 등의 지속가능성에 초점, 저탄소 기술 혁신 및 효율적 토지관리 등
- 경로3 : 전통방식의 사회적·기술적 개발로 에너지 및 생산방식 변화 등에 중점
- 경로4 : 일시적 온도 초과 상승이 있는 1.5℃ 달성 시나리오, 많은 탄소포집·저장 필요

01 도시열섬의 해결책으로 적당하지 않은 것은? (2018)

① 지붕과 도로에 밝은 색을 사용하는 등 포장재료를 열반사율이 높은 것으로 교체한다.
② 수목식재를 통한 도시의 기온을 낮추고 대기 중의 이산화탄소를 줄이도록 한다.
③ 비용이 적게 들고 내구성이 강한 아스팔트포장을 권장한다.
④ 수목식재를 통해 나무는 땅속의 지하수를 흡수하고 나뭇잎의 증산작용을 통해 직접적으로 주변공기를 시원하게 한다.

해설
아스팔트는 열을 흡수하여 도시열섬을 증대시킨다.

02 오늘날 야기되는 대표적인 환경문제가 아닌 것은?

(2020)

① 대기오염   ② 자원고갈
③ 지구온난화   ④ 이산화탄소 감소

해설
환경문제는 이산화탄소의 증가와 밀접하게 관련되어 있다.

03 도시지역 기온의 상승 결과로 나타나는 열섬(heat island) 현상의 원인으로 볼 수 없는 것은?

(2020)

① 각종 산업시설, 자동차 등에 의한 대기오염
② 교통량 증가, 냉난방, 조명 등에 의한 인공열
③ 지표면의 인공포장으로 인한 녹지면적의 부족
④ 넓은 도로 또는 오픈스페이스에 의한 원활하지 못한 통풍

해설
넓은 도로와 오픈스페이스는 바람길을 형성한다.

04 생물학적 영향을 미치는 금속류에 대한 설명 중 맞지 않은 것은?

(2018)

① 경금속(light metals) – 나트륨, 칼륨, 칼슘 등 양이온으로 수중에 분포
② 전이금속(transition metals) – 나트륨, 칼륨, 칼슘 등 양이온으로 수중에 분포
③ 전이금속(transition metals) – 철, 구리, 코발트, 망간 등 미량원소이나 고농도에서는 유독함
④ 중금속(heavy metals or metalloids) – 수은, 납, 셀레늄, 비소 등은 저농도에서도 유해함

해설
㉠ 경금속(light metal)
중금속에 대응한 말. 비교적 가벼운 금속을 말한다. 비중의 크기에 의해 금속을 중금속과 경금속으로 분류하는데, 어디까지나 비교적인 것이고 엄밀한 구별은 없다. 따라서, 그 구별도 경계를 비중 4로 하는 것 또는 비중 5로 하는 것 등이 있고 일정하지 않다. 알칼리 금속, 베릴륨, 마그네슘, 알칼리토금속, 알루미늄 등이 경금속이라 되어 있다.
㉡ 중금속(heavy metals)
일반적으로 중금속(heavy metals)은 상대적으로 높은 밀도나 원자량 또는 큰 원자번호를 가진 금속들이며, 더 구체적인 분류기준들이 제안되기는 하였으나 이들 중 오늘날 널리 받아들여지는 것은 없는 상황이다. 이처럼 명확하고 통일된 분류기준이 마련되어 있지 않음에도 불구하고 중금속이란 용어는 오늘날까지도 다양한 과학 분야에서 사용되고 있다. 철, 아연, 코발트 같은 일부 중금속은 인체에 필수적이기도 하고, 루테늄이나 은, 인듐과 같은 금속은 상대적으로 무해하기도 하지만 과량으로 인체에 유입될 경우 독성을 나타내기도 한다. 특히 카드뮴, 수은, 납과 같은 중금속은 매우 높은 독성을 보인다.
㉢ 전이금속
전이금속(transition metal, 轉移金屬) 또는 전이원소(transition element, 轉移元素)는 주기율표의 d−구역 원소를 말한다. 주기율표의 3족에서 12족 원소가 모두 포함된다. 전이금속이라는 이름은 원소들을 분류하던 초기에 원자번호 순으로 원소를 나열하면 이 원소들이 전형원소로 전이되는 중간단계 역할을 한다 하여 붙여진 이름이다. 전이금속은 착화합물을 만든다. 결정장 이론과 리간드장 이론이 착화합물의 화학을 설명한다.

정답 01 ③ 02 ④ 03 ④ 04 ②

05 수은(Hg)을 함유하는 폐수가 방류되어 오염된 바다에서 잡은 어패류를 섭취함으로써 발생하는 병은? (2018)

① 이따이이따이병　　② 미나마타병
③ 피부흑색병　　　　④ 골연화증

1932년부터 신일본질소비료의 미나마타공장에서는 아세트알데하이드를 생산하기 위해 수은 성분의 촉매를 사용하였다. 여기서 부산물로 나온 메틸수은이 함유된 폐수가 정화처리를 충분히 하지 않은 상태로 바다에 버려졌다. 이 메틸수은이 물고기를 통한 생물농축 과정을 거쳐 이들을 섭취한 인근 주민들에게 수은중독현상이 나타났다. 수은중독은 주로 중추신경에 문제를 일으킨다. 손발이 저려 걷는 것도 힘들게 되고, 심각한 경우에는 경련이나 정신착란을 일으켜 결국은 사망에 이른다. 증상이 나타난 후 3개월 후에는 중증 환자의 절반이 사망하였다.

06 실내 오염물 중 유해한 물질 중의 하나이며, 자연적으로 존재하는 방사성 가스로서 가공 석재물이 많은 지하철에서 많이 검출되는 것은? (2018)

① 황화수소　　　　② 네온
③ 아르곤　　　　　④ 라돈

07 환경문제의 원인으로 가장 거리가 먼 것은? (2018)

① 도시화　　　　　② 산업화
③ 인구증가　　　　④ 주민참여 증대

08 오존의 환경오염에 관한 설명으로 가장 거리가 먼 것은? (2018)

① 자동차배출가스가 오존오염의 주원인 중 하나이다.
② 오존은 주로 이산화질소와 탄화수소가 태양광선과 반응하여 생성된다.
③ 오존층은 지구 상층부에서 적외선을 막아 주기 때문에 생물이 살아갈 수 있는 환경을 만들어 준다.
④ 일사량이 많고 고온인 여름철에 주로 오존농도가 높다.

오존층은 자외선 차단과 관련이 있다.

09 1980년대 들어서 일반의 관심을 끌게 된 것으로 트리클로로에틸렌, 사염화탄소, 벤젠 등의 매립에 의해 발생한 오염은? (2018)

① 호수오염　　　　② 해저오염
③ 지하수오염　　　④ 대기오염

10 산성비를 잘못 설명한 것은? (2018)

① 산성비의 원인은 황산이온, 질산이온, 염소이온 등이다.
② pH 6.0보다 높은 pH를 나타내는 강우를 말한다.
③ 공장이나 자동차에서 방출되는 황산화물이나 질소산화물이 빗물에 섞여 지상으로 낙하해 온 것이다.
④ 흙속의 미네랄과 영양염을 녹여 내어 용출하기 때문에 비옥한 토양이 황폐화된다.

대기오염물질 중에는 질소산화물과 황산화물이 있다. 이들이 대기 중에서 수증기와 만나면 황산이나 질산으로 변한다. 이처럼 매우 강한 산성을 띤 물질이 비에 흡수되어 내리는 것을 산성비라 한다. 우리나라에서는 수소이온농도(pH) 5.6 미만의 산성을 띨 때 산성비로 부른다. 일부 국가에서는 pH 5.0 이하인 비를 산성비로 정의하기도 한다.

11 도시경관생태의 특징은 도시기후가 교외나 그 주변지역과 비교하여 다른 성질을 나타낸다는 것인데, 이러한 현상 중 가장 뚜렷한 것이 도심을 중심으로 기온이 상승하는 현상이다. 이러한 도시의 비정상적인 기온 분포는? (2018)

① 미기후　　　　　② 온실효과
③ 이질효과　　　　④ 열섬효과

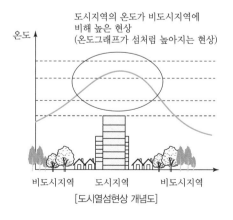

[도시열섬현상 개념도]

12 지구 온난화의 생태학적 영향에 대한 설명으로 틀린 것은?

(2019)

① 지구 온난화로 인해 해수면이 낮아질 것이다.
② 생물학자들은 지구 온난화가 서식지를 이동할 수 없는 식물에서 특히 커다란 영향을 미치게 될 것으로 믿고 있다.
③ 지구 온난화로 인해 잡초, 곤충, 다양한 환경에서 살아가는 질병매개 생물체는 개체수가 크게 증가하게 된다.
④ 지구 온난화는 여러 지역에서 강우패턴을 변화시켜 더욱 빈번하게 가뭄이 일어나게 한다.

해설
지구 온난화는 해수면을 상승시킨다.

13 환경호르몬에 대한 설명으로 옳지 않은 것은? (2020)

① 생체 호르몬처럼 쉽게 분해된다.
② 돌연변이, 암 등을 유발하곤 한다.
③ 생물체의 지방 및 조직에 농축된다.
④ 생체 내에 잔존하며 수년간 지속될 수 있다.

해설
환경호르몬은 화학물질로 쉽게 분해되지 않는다.

14 엘니뇨현상에 대한 설명으로 옳지 않은 것은? (2020)

① 이상기후를 일으킨다.
② 엘니뇨현상은 무역풍이 강해지면 발생한다.
③ 정반대되는 변화를 일으키는 것은 라니냐현상이다.
④ 해수의 온도가 증가하여 주변지역과 멀리 떨어진 지역에 폭풍, 홍수 등 각종 재난을 일으키는 기후현상이다.

해설
엘니뇨는 무역풍이 약화되어 나타나게 된다.

15 농약이 환경에 미치는 영향이 아닌 것은? (2018)

① 생물 체내 농약 잔류
② 천적의 증가
③ 해충의 살충제에 대한 저항성 증가
④ 토양 및 수질오염

해설
농약의 독성으로 인해 천적은 감소한다.

16 대기에 포함된 함량은 0.03%에 지나지 않으며, 물속 생명체의 운동 및 호흡에 영향을 미치는 환경요인은? (2018)

① 이산화탄소　　　　② 산소
③ 질소　　　　　　　④ 일광

17 대규모 건설사업이 생태환경에 미치는 영향과 가장 거리가 먼 것은? (2018)

① 생물서식지의 훼손 및 손실
② 생물서식지의 단절 및 분절
③ 생물종 다양성의 지속적 유지
④ 생태계 기능의 변화

18 고체상태 또는 액체상태의 대기오염물질이 식물체의 표면에 부착되는 현상을 무엇이라 하는가? (2019)

① 흡수　　　　　　　② 확산
③ 희석　　　　　　　④ 흡착

19 연안지역을 육지화시키는 간척(reclamation)에 의해 나타나는 현상이 아닌 것은? (2018)

① 지역 활성화
② 농경지 또는 산업용지 확보
③ 도로와 연안 교통망 개설 등 교통개선
④ 간척지 개발에 의한 해양오염 감소

20 환경의 특성을 바르게 설명한 것은? (2018)

① 상호관련성 : 환경문제는 상호 작용하는 여러 변수들에 의해 발생하므로 상호 간에 인과관계가 성립되기 때문에 단편적이고 부분적인 방법으로 해결해야 한다.
② 시차성 : 일본의 공해병으로 잘 알려진 이타이이타이병과 미나마타병은 짧은 기간 동안 배출된 오염물질의 영향이 뒤늦게 표출된 것이다.
③ 광역성 : 고비사막에서 발원한 황사는 황하를 타고 중국 동남 연해까지 내려와 황해를 건너 한반도에 영향을 미친 뒤, 태평양 넘어 미국까지도 이동하게 된다.
④ 탄력성과 비가역성 : 자연자원은 풍부할수록 회복탄력성이 낮고, 파괴될수록 복원력(자정능력)도 떨어지게 된다.

해설

㉠ 상호관련성 : 환경문제는 복잡하기 때문에 전체적이고 통합적으로 접근하여 해결해야 한다.
㉡ 시차성 : 미나마타병은 메틸수은이 함유된 폐수가 생물농축으로 인근 주민들에게 수은중독현상이 나타난 경우이다. 증상이 나타난 후 3개월 후에는 중증환자 절반이 사망하였다.
㉢ 탄력성과 비가역성 : 자연자원은 풍부할수록 회복탄력성이 높다.

21 환경계획이나 설계의 패러다임 중 자연과 인간의 조화, 유기적이고 체계적 접근, 상호 의존성, 직관적 통찰력 등을 특징으로 하는 패러다임은? (2018)

① 데카르트적 패러다임　② 전체론적 패러다임
③ 직관적 패러다임　④ 뉴어버니즘적 패러다임

22 환경수용능력의 산정기준이 아닌 것은? (2018)

① 환경자본　② 환경이슈와 지표
③ 환경용량기준　④ 환경적 개발방식

23 자정능력의 한계를 초과하는 과다한 오염물질이 유입되면 환경은 자정작용을 상실하여 훼손되기 이전의 본래 상태로 돌아가기 어렵게 되는데 이와 같은 환경의 특성은? (2018)

① 상호관련성　② 광역성
③ 시차성　④ 비가역성

해설 환경문제의 특성

㉠ 복잡성 : 다요인, 다변수, 시차
㉡ 감축불가능성 : 단순화 불가능, 환원주의 부정
㉢ 시공간적 가변성 : 동적인 생태계
㉣ 불확실성 : 상호침투성, 우발성, 동태성(개별 or 결합)
㉤ 집합적 특성 : 많은 행위자－공유재의 비극, 공공재 과소 공급
㉥ 자발적 특성 : 자기조절, 적응성

24 참여형 환경계획에 대한 설명으로 옳은 것은? (2018)

① 시민참여는 시대·국가는 달라도 참여형태는 동일하다.
② 시민참여는 1920년대 활발히 논의되어 1980년 이후 참여형 민주주의 발전, 시민의식의 성숙과 더불어 보급된 개념이다.
③ 시민참여는 환경계획에 직·간접으로 이해관계가 있는 시민들만이 참여하는 방법이다.
④ 환경정책 수립이나 계획과정이 정부 주도의 하향식, 밀실 구조에서 탈피하여 이해당사자가 공동이익을 추구함으로써 환경의 질을 높이기 위한 과정이다.

25 옴부즈맨(ombudsman)제도에 관한 설명으로 틀린 것은? (2018)

① 1809년 독일에서 최초로 창설되었다.
② 조선시대의 신문고제도 및 암행어사제도와 유사한 제도이다.
③ 다른 기관에서 처리해야 할 성격의 민원에 대해서 친절히 안내하는 기능을 한다.
④ 행정기관의 위법－부당한 처분 등을 시정하고 국민에게 공개하는 등의 민주적인 통제기능을 한다.

해설 옴부즈맨제도(ombudsman system)

스웨덴 등 북유럽에서 1808년 이후 발전된 행정통제 제도로, 민원조사관인 옴부즈맨의 활동에 의해 행정부를 통제하는 제도를 말한다. 옴부즈맨은 잘못된 행정에 대해 관련 공무원의 설명을 요구하고, 필요한 사항을 조사해 민원인에게 결과를 알려 주며, 언론을 통해 공표하는 등의 활동을 한다. 입법부와 행정부로부터 독립되어 있는 옴부즈맨은 독립적 조사권, 시찰권, 소추권 등을 가지나, 소추권은 대부분의 나라에서 인정하지 않는 것이 보통이다. 옴부즈맨제도의 유형은 옴부즈맨을 누가 선출해 임명하는가에 따라, 국회에서 선출하는 북구형의 의회 옴부즈맨과 행정수반이 임명하는 행정부형 옴부즈맨으로 구분된다.

26 비정부기구로 생물다양성과 환경위협에 관심을 가지며 기후변화 방지, 원시림 보존, 해양보존, 유전공학연구의 제한, 핵확산 금지 등을 위해 활동하는 국제민간협력기구의 명칭은?

(2018)

① 그린피스(Greenpeace)
② 세계자연보호기금(WWF)
③ 세계자연보전연맹(IUCN)
④ 지구의 친구(Friends of the Earth)

27 환경계획 및 설계 시 고려되어야 할 내용으로 가장 거리가 먼 것은?

(2018)

① 환경위기 의식이 기본바탕이 되어야 한다.
② 계획·설계의 주제와 공간의 주체가 생물종이 되어야 한다.
③ 에너지 절약적이고 물질순환적인 공간설계가 이루어져야 한다.
④ 자본 창출을 위한 생산성을 높일 수 있어야 한다.

28 일정한 지역에서 환경의 질을 유지하고 환경오염 또는 환경훼손에 대하여 환경이 스스로 수용·정화 및 복원할 수 있는 한계를 말하는 것은?

(2018)

① 환경용량   ② 환경훼손
③ 환경오염   ④ 환경파괴

> **해설** 환경용량의 개념
> ㉠ 자원의 지속가능한 생산량
> ㉡ 지역의 수용용량
> ㉢ 생태계의 자정능력

29 환경계획의 주요 개념과 이론이 아닌 것은?

(2018)

① 환경경제이론
② 환경용량개념
③ 환경공간이론
④ 환경사회시스템론

30 환경용량을 평가할 때 사용되는 지표 중의 하나로, 재화와 용역의 생산에 필요한 에너지 측면의 가치를 과학적으로 측정한 것은?

(2018)

① 생태적 발자국   ② 에머지
③ 에너지지수   ④ 에너지 환경지표

31 지역환경 생태계획의 생태적 단위를 큰 것부터 작은 순서대로 나열한 것은?

(2018)

① landscape district → ecoregion → bioregion → sub-bioregion → place unit
② bioregion → sub-bioregion → ecoregion → place unit → landscape district
③ place unit → bioregion → sub-bioregion → ecoregion → landscape district
④ ecoregion → bioregion → sub-bioregion → landscape district → place unit

32 환경계획 및 설계 시 고려되어야 할 내용으로 가장 거리가 먼 것은?

(2019)

① 환경위기 의식이 기본바탕이 되어야 한다.
② 계획·설계의 주제와 공간의 주체가 생물종이 되어야 한다.
③ 에너지 절약적이고 물질순환적인 공간설계가 이루어져야 한다.
④ 자본 창출을 위한 생산성을 높일 수 있어야 한다.

33 일정한 지역에서 환경의 질을 유지하고 환경오염 또는 환경훼손에 대하여 환경이 스스로 수용·정화 및 복원할 수 있는 한계를 말하는 것은?

(2019)

① 환경용량   ② 환경훼손
③ 환경오염   ④ 환경파괴

34 환경계획의 주요 개념과 이론이 아닌 것은? (2019)

① 환경경제이론
② 환경용량개념
③ 환경공간이론
④ 환경사회시스템론

35 사회기반형성 차원에서의 환경계획의 내용과 거리가 먼 것은? (2019)

① 소음방지
② 에너지계획
③ 환경교육 및 환경감시
④ 시민참여의 제도적 장치

36 환경계획을 위해 요구되는 생태학적 지식으로 볼 수 없는 것은? (2019)

① 자연계를 설명하는 이론으로서의 순수생태학적 지식
② 훼손된 환경의 복원과 새로운 환경건설에 관련된 지식
③ 토지이용계획 수립에 필요한 지역의 개발계획에 관련된 정보
④ 인간의 환경에 있어서 급속히 파괴되는 자연조건과 불균형에 대처하기 위한 지식

37 환경의 특성에 대한 설명으로 틀린 것은? (2019)

① 자연자원은 풍부할수록 회복탄력성이 높지만, 파괴될수록 복원력이 떨어진다.
② 환경문제는 어느 한 지역, 한 국가만의 문제가 아니라, 범지구적, 국제간의 문제이다.
③ 환경문제는 문제발생 시기와 이로 인한 영향이 현실적으로 나타나는 시점 사이에 차이가 존재하지 않는다.
④ 환경문제는 상호 작용하는 여러 변수들에 의해 발생하므로 상호 간에 인과관계가 성립되어 문제해결을 어렵게 한다.

해설 환경문제의 특성
㉠ 복잡성 : 다요인, 다변수, 시차
㉡ 감축불가능성 : 단순화 불가능, 환원주의 부정
㉢ 시공간적 가변성 : 동적인 생태계
㉣ 불확실성 : 상호침투성, 우발성, 동태성(개별 or 결합)
㉤ 집합적 특성 : 많은 행위자-공유재의 비극, 공공재 과소 공급
㉥ 자발적 특성 : 자기조절, 적응성

38 환경용량 개념에 대한 생태학적 측면과 관계없는 것은? (2019)

① 지역의 수용용량
② 생태계 자정능력
③ 지역의 경제적 개발수용력
④ 자연자원의 지속가능한 생산

39 다음 보기에 제시된 현대적 환경관의 특성 및 이념을 가진 유형으로 옳은 것은? (2020)

- 개발을 위한 자연환경 파괴 경계
- 인간의 능력 및 과학기술의 역할에 회의적 시각
- 자연의 자기정화능력을 고려한 소규모 집단의 소규모 개발 주장
- 환경문제에 대한 적극적 대중 참여 지지

① 낙관론자
② 조화론자
③ 환경보호론자
④ 절대환경론자

40 환경계획의 영역적 분류 중 내셔널트러스트운동과 가장 깊은 관련을 가진 분야는? (2020)

① 오염관리계획
② 환경시설계획
③ 생태건축계획
④ 환경자원관리계획

해설 내셔널트러스트운동(national trust movement)
시민들의 자발적인 헌금과 자산기부를 통해 보존가치가 있는 자연 및 문화자산을 확보한 후 이를 시민의 주도하에 영구히 보전하고 관리하는 새로운 시민환경운동이다. 내셔널트러스트운동은 1895년 영국에서 시작되었으며 무분별한 개발로부터 귀중한 자연자원이나 역사적 환경을 시민의 단결된 힘으로 지켜왔다. 시민들의 자발적인 기증이나 모금을 통해, 보존가치가 높은 자연 및 문화유산지역의 토지나 시설을 인수 또는 신탁받아 이를 영구보존하는 운동이다. 현재 영국토지의 1.5%, 해안지역의 17%나 소유하고 있으며, 회원이 250만 명, 연간 예산이 3천억 원 이상이다. 미국, 일본, 뉴질랜드 등 24개 선진국에도 도입된 세계적인 운동으로 자리잡아 가고 있다. 우리나라에서도 무등산 공유화 운동, 태백산 변전소 땅 한 평 사기 운동 등 내셔널트러스트 성격의 시민운동들이 진행되고 있다(*출처 : www.ntrust.or.kr).

🔒정답 34 ④　35 ①　36 ③　37 ③　38 ③　39 ③　40 ④

41 환경계획의 영역적 분류에 해당하지 않는 것은? (2020)

① 오염관리계획
② 환경시설계획
③ 환경개발계획
④ 환경자원관리계획

42 다음 난개발과 지속가능개발의 특성에 관한 비교 중 평가기준의 내용이 옳지 않은 것은? (2020)

평가기준	난개발	지속가능개발
이론	갈등이론	협력이론
접근방법	통합적 접근	분야별 접근
환경정의	환경의무 이행의 획일화	환경의무 이행의 차등화
사회적 형평성	계층 간의 갈등	미래세대와 현세대 간의 형평성 추구

① 이론
② 접근방법
③ 환경정의
④ 사회적 형평성

해설
지속가능개발의 접근방법은 통합적이다.

43 옴부즈맨 기능에 대한 설명으로 틀린것은? (2018)

① 행정기관의 부작위, 불합리제도에 의한 국민권리를 구제한다.
② 행정기관의 부당한 처분은 업무의 효율을 위해 보안을 유지하는 등 비민주적으로 행정을 통제한다.
③ 공개 운영 및 조사 등의 과정에서 행정정보를 적극적으로 공개한다.
④ 다른 기관에서 처리하여야 하는 민원 안내 및 고질적이고 반복적인 민원을 종결할 수 있다.

해설 옴부즈맨제도(ombudsman system)
스웨덴 등 북유럽에서 1808년 이후 발전된 행정통제 제도로, 민원조사관인 옴부즈맨의 활동에 의해 행정부를 통제하는 제도를 말한다. 옴부즈맨은 잘못된 행정에 대해 관련 공무원의 설명을 요구하고, 필요한 사항을 조사해 민원인에게 결과를 알려 주며, 언론을 통해 공표하는 등의 활동을 한다. 입법부와 행정부로부터 독립되어 있는 옴부즈맨은 독립적 조사권, 시찰권, 소추권 등을 가지나, 소추권은 대부분의 나라에서 인정하지 않는 것이 보통이다. 옴부즈맨제도의 유형은 옴부즈맨을 누가 선출해 임명하는가에 따라, 국회에서 선출하는 북구형의 의회 옴부즈맨과 행정수반이 임명하는 행정부형 옴부즈맨으로 구분된다.

44 환경피해에 대한 다툼과 환경시설의 설치 또는 관리와 관련된 다툼인 환경분쟁을 조정하는 방법이 아닌 것은? (2018)

① 협상
② 조정
③ 재정
④ 알선

해설
환경분쟁의 조정을 신청하려는 자는 관할 위원회에 알선, 조정, 재정 또는 중재 신청서를 제출하여야 한다.

45 리우환경선언과 관련하여 채택된 것이 아닌 것은? (2018)

① 기후변화협약
② 세계자연헌장
③ 생물다양성협약
④ 의제21(Agenda)

해설 리우 지구정상회의(1992)
㉠ 배경
• 스톡홀름+20주년
• 열대림 파괴의 대명사 브라질 개최
• 유엔환경개발회의(UNCED) 개최
• UNFCCC(기후변화협약) 체결
㉡ 특성
• 정치적 : 환경보전+경제발전을 위한 국제적 회의
• 경제적 : 남북국가 간의 이해 조정
• 사상적 : 인류의 자연관 조정, 인간은 지구생태계의 중심이 아님
㉢ 주요 내용
• ESSD 채택
• 환경적으로 건전 · 지속가능한 개발
• 리우선언 '지구를 건강하게, 미래를 풍요롭게'
• 의제 21(대기보호, 사막화, 생물다양성 등)
• 협약(생물다양성협약, 기후변화협약, 산림원칙성명)

46 자연생태계보전에 관한 대표적인 국제기관은? (2018)

① IUCN
② UNESCO
③ OECD
④ FAO

🔒**정답** 41 ③ 42 ② 43 ② 44 ① 45 ② 46 ①

㉠ 국제자연보호연맹
㉡ WCC : 자연보전, 생물다양성, 기후변화 논의를 위해 4년마다 개최
㉢ UNESCO : 교육, 과학, 문화의 보급 및 교류를 통하여 국가 간의 협력증진을 목적으로 설립된 국제연합전문기구
㉣ OECD : 경제협력개발기구
㉤ FAO : 국제연합식량농업기구

47 1971년 2월 이란에서 채택된 정부 간 협약으로, 자연자원의 유용과 보존에 관한 내용을 담은 국제 정부 간 협의는?

(2018)

① 람사르협약
② 생물다양성협약
③ 사막화방지협약
④ 기후변화협약

해설 국제습지조약(The Convention on Wetlands of International Importance, especially as Waterfowl Habitat)

물새의 서식지로 중요한 습지를 보호하기 위해 국제적인 협력으로 맺어진 조약이다.

정식 명칭은 '특히 물새 서식지로서 국제적으로 중요한 습지에 관한 협약(The Convention on Wetlands of International Importance, especially as Waterfowl Habitat)'이며, '람사르조약(Ramsar Convention)'이라고도 한다. 1971년 2월 2일 이란의 람사르에서 열린 국제회의 때 채택되어 1975년 12월에 발효되었다.

48 IUCN 적색목록의 멸종위기등급에 대한 설명으로 옳지 않은 것은?

(2018)

① 위급(CR : Critically Endangered) : 긴박한 미래의 야생에서 극도로 높은 점멸 위험에 직면해 있는 분류군
② 취약(VU : Vulnerable) : 위급이나 위기는 아니지만 멀지 않은 미래에 야생에서 절멸위기에 처해있는 분류군
③ 절멸(EX : Extinct) : 사육이나 생포된 상태 또는 과거의 분포범위 밖에서 순화된 개체군으로만 생존이 알려진 분류군
④ 최소관심(LC : Least Concern) : 위협 범주 평가기준으로 평가하였으나 위협 또는 준위협 범주에 부적합한 분류군

해설

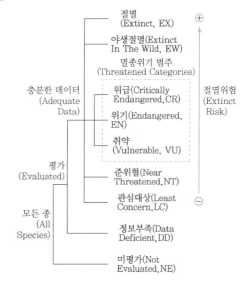

㉠ 절멸(EX, Extinct) : 개체가 하나도 남아 있지 않음
㉡ 야생절멸(EW, Extinct in the Wild) : 보호시설에서만 생존하고 있거나 원래의 서식지역이 아닌 곳에서만 인위적으로 유입되어 생존하고 있음
㉢ 절멸 위급(CR, Critically Endangered) : 야생에서 절멸할 가능성이 대단히 높음
㉣ 절멸 위기(EN, Endangered) : 야생에서 절멸할 가능성이 높음
㉤ 취약(VU, Vulnerable) : 야생에서 절멸 위기에 처할 가능성이 높음
㉥ 준위협(NT, Near Threatened) : 가까운 장래에 야생에서 멸종 우려 위기에 처할 가능성이 높음
㉦ 관심대상(LC, Least Concern) : 위험이 낮고 위험 범주에 도달하지 않음
㉧ 정보부족(DD, Data Deficient) : 멸종위험에 관한 평가자료 부족
㉨ 미평가(NE, Not Evaluated) : 아직 평가작업을 거치지 않음

49 몬트리올의정서는 어떤 물질의 사용을 금지하기 위한 것인가?

(2018)

① 이산화탄소
② 메탄
③ 질소산화물
④ 프레온가스

해설

몬트리올의정서는 염화불화탄소 또는 프레온가스(CFCs), 할론(halon) 등 지구대기권 오존층을 파괴하는 물질에 대한 사용금지 및 규제를 통해 오존층 파괴로부터 초래되는 인체 및 동식물에 대한 피해를 최소화하기 위한 목적으로 1987년 9월 채택되어 1989년 1월 발효되었다.

50 지방의제21(Local Agenda 21)의 설명 중 옳지 않은 것은? (2018)

① 1992년 브라질의 리우에서 개최된 유엔환경계획(UNEP)에서는 21세기 지구환경보전을 위한 행동강령으로서 의제21을 채택하였다.

② 의제21의 28장에서는 지구환경보전을 위한 지방정부의 역할을 강조하면서 각국의 지방정부가 지역주민과 협의하여 지방의제21을 추진하도록 권고하였다.

③ 1997년 4월에는 우리나라 환경부에서 지방의제21 작성 지침을 보급하고 순회 설명회를 개최하면서 지방의제21의 추진이 전국적으로 확산되었다.

④ 1999년 9월 제1회 지방의제21 전국대회(제주) 이후 수차례의 토론과 협의를 거쳐 2000년 6월 지방의제21 전국협의회가 창립되었다.

해설 아젠다21(Agenda 21)

- 1992년 6월 리우회의(유엔환경개발회의 : UNCED)를 통해 채택된 '리우선언'의 실천계획으로, 역시 리우회의에서 채택되었으며 21세기를 향한 지구환경보전 종합계획이다.
- 리우선언은 환경보전의 원칙을 담은 것이고 의제21은 그에 따른 각국 정부의 행동강령을 구체화한 것이라고 할 수 있다.
- 의제21은 1개 전문과 사회경제·자원의 보존 및 관리·그룹별 역할·이행수단 등 4개 부문의 39개장으로 구성되어 있으며 2,500여 개의 권고내용을 담고 있다.
- 물, 대기, 토양, 해양, 산림, 생물종 등 자연자원의 보전과 관리를 위한 지침뿐만 아니라 빈곤퇴치, 건강, 인간정주, 소비행태의 변화등 사회경제적 이슈까지 폭넓게 다루고 있다.

51 현대적 환경관 중 자원개발을 통한 경제성장을 추구, 인간의 효용증진을 위한 양적성장을 추구하는 환경관에 해당하는 경우는? (2018)

① 낙관론자
② 조화론자
③ 환경보호론자
④ 절대환경론자

52 지구온난화를 유발하는 이산화탄소의 양을 감축하여 온실가스에 대한 대비책 마련을 위해 채택된 것으로 기후변화협약과 관련된 것은? (2019)

① 교토의정서
② 워싱턴의정서
③ 제네바의정서
④ 몬트리올의정서

해설 교토의정서(1997, COP 3)

㉠ 기후변화협약의 구체적 이행방안
㉡ 온난화 방지를 위한 온실가스배출량 제한, 6대 온실가스 규정
㉢ 선진국 38개국 가입, 2008~2012년까지 1990년대 온실가스배출량의 5.2% 감축 목표
㉣ 3대 메커니즘으로 온실가스 감축의 탄력적 운용
[배출권거래제도(ET : Emission Trade)]
- 할당량을 기초로 감축의무국들의 배출권 거래 허용
  − 청정개발제도(CDM : Clear Development Mechanism)
- 선진국이 개도국에 투자
- 감축 실적을 선진국 실적으로 인정
- 개도국은 기술과 재원을 유치
  − 공동이행제도(JI : Joint Implementation)
- 선진국 간 공동으로 배출감축사업 이행

6대 온실가스					
• CO_2	• CH_4	• N_2O	• PFCs	HFCs	SF_6

53 기후변화협약의 내용이 아닌 것은? (2019)

① 몬트리올의정서에서 규제 대상물질을 규정하고 있다.
② 규제 대상물질은 탄산, 메탄가스, 프레온가스 등이 대표적인 예이다.
③ 협약의 목적은 이산화탄소를 비롯한 온실가스의 방출을 제한하여 지구온난화를 방지하고자 하는 것이다.
④ 협약내용은 기본원칙, 온실가스 규제문제, 재정지원 및 기술이전문제, 특수상황에 처한 국가에 대한 고려로 구성되어 있다.

해설 기후변화협약(1992)

- UNFCCC(UN Framework Convention on Climate Change)
- 1987년 IPCC(Intergovernmental Panel on Climate Change) 결성
- 온실가스 규제, 재정지원, 기술이전문제 등 특수상황에 처한 국가 고려
- CO_2 등 온실가스 방출제한 목적
- IPCC 조사 결과, 국제연합기본협약 채택의 필요에서 출발

54 생물다양성의 보존에 대한 설명으로 틀린 것은? (2019)

① 생물다양성은 종 내, 종 간, 생태계의 다양성을 포함한다.
② 생물다양성은 생물종은 물론 유전자, 서식처의 다양성을 포함한다.

③ 생물다양성은 자연환경 복원의 가장 중심적인 과제이다.

④ 생물다양성은 서식처 복원보다는 생물종의 복원에 더욱 관심을 가져야 한다.

해설

생물종 복원을 위해서는 서식처의 복원이 선행되어야 한다.

55 다음 보기가 설명하는 국제협력기구는? (2020)

> • 비정부기구로서 1971년 미국 알래스카에서 실시된 지하핵실험 반대를 위해 보트를 타고 항해하면서 시작되었으며, 정부나 기업의 기부를 받지 않고 회원의 회비나 기부 등에 의해 유지된다.
> • 생물다양성과 환경위협에 관심을 갖는다.

① 그린피스(Greenpeace)

② 지구의 벗(Friends of the Earth)

③ 세계야생생물기금(World Wildlife Fund)

④ 지구환경기금(the Global Environment Facility)

56 람사르협약에 대한 설명으로 옳은 것은? (2020)

① 오존층 파괴물질의 규제에 관한 국제협약이다.

② 생물종의 멸종위기를 극복하기 위해서 체결된 국제협약이다.

③ 1997년 이산화탄소를 비롯한 온실가스 방출을 제한하고자 하는 지구온난화 방지를 위한 국제협약이다.

④ 습지 보전의 필요성에 대한 인식으로 식자되었으며 물새 서식처로서 국제적으로 중요한 습지에 관한 협약이다.

해설 람사르협약(1971.2.2.)

㉠ Ramsar Convention, 최초 국제적 정부 간 협약
The Convention on Wetlands of International Importance especially as Waterfowl Habitat

㉡ 물새 서식지로서 특히 국제적으로 중요한 습지에 관한 협약

㉢ 습지 잠식과 상실 방지

㉣ 우리나라는 101번째 가입국

㉤ 배경
- 토지이용 변화로 생태적으로 중요한 습지의 면적이 전 세계적으로 50% 감소
- 인간에게 유용한 환경자원인 습지의 중요성 부각
- 국제협약의 필요성 대두

㉥ 생태적 · 환경적 · 경제적 가치를 지닌 습지의 '현명한 이용+체계적 보전 유도'

㉧ 회원국 등록기준
- 1개소 이상 등록습지 보유
- 습지 추가 · 축소 시 사무국에 통보
- 지정습지의 보전 · 적정이용계획 수립 시행

㉨ 습지선정기준
- 대표성 · 특이습지로 생태적 중요성 · 희귀성을 띨 것
- 멸종위기종 · 희귀종 서식
- 물새 2만마리 이상의 정기적 서식, 전 세계 개체 수 1% 이상 서식
- 어류 · 먹이 · 산란 · 서식장소 · 이동통로 · 생물다양성에 기여

57 지속가능한 지표의 기본골격을 제시하고 있는 OECD는 1991년 OECD환경장관회의에서 인간활동과 환경의 관계를 다루는 공통의 접근구조를 채택하였다. 이에 해당하지 않는 것은? (2020)

① 부하(pressure)

② 환경상태(state)

③ 대책(response)

④ 구동력(driving force)

해설 OECD의 환경지표 구성틀에서 원인 · 상태 · 대응의 정의

분류	정의	예
원인 (pressure)	인간의 활동, 생활과정과 삶의 유형	• 자연자원의 이용 • 오염물질 배출량 • 폐기물 발생량 등
상태 (state)	원인에 의해 변화된 환경상태	• 오염된 공기 또는 물 • 토양의 비옥도 • 염화 및 침식 등
대응 (response)	환경변화에 대한 사회적 대응	• 법적, 제도적, 경제적 수단 • 관리전략 • 개발계획 및 전략 등

* 국가 지속가능발전지표 개발의 목적과 의의(정대연)

58 자연보호구 설계를 위한 개념으로 옳지 않은 것은? (2020)

① 자연은 복합적이고 동적이다.

② 자연보호구의 생태적 과정을 보전한다.

③ 학제 간 교류와 다양한 협업을 통해 설계한다.

④ 자연은 항상 불변이며 자기유지적이며, 균형을 향해 간다.

59 국제자연보존연맹(IUCN)의 평가기준에서 보호대책이 없으면 가까운 장래에 멸종할 것으로 생각되는 것은? (2020)

① 절멸종 ② 위기종
③ 취약종 ④ 희귀종

해설

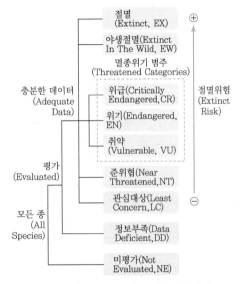

㉠ 절멸(EX, Extinct) : 개체가 하나도 남아 있지 않음
㉡ 야생절멸(EW, Extinct in the Wild) : 보호시설에서만 생존하고 있거나 원래의 서식지역이 아닌 곳에서만 인위적으로 유입되어 생존하고 있음
㉢ 절멸 위급(CR, Critically Endangered) : 야생에서 절멸할 가능성이 대단히 높음
㉣ 절멸 위기(EN, Endangered) : 야생에서 절멸할 가능성이 높음
㉤ 취약(VU, Vulnerable) : 야생에서 절멸 위기에 처할 가능성이 높음
㉥ 준위협(NT, Near Threatened) : 가까운 장래에 야생에서 멸종 우려 위기에 처할 가능성이 높음
㉦ 관심대상(LC, Least Concern) : 위험이 낮고 위험 범주에 도달하지 않음
㉧ 정보부족(DD, Data Deficient) : 멸종위험에 관한 평가자료 부족
㉨ 미평가(NE, Not Evaluated) : 아직 평가작업을 거치지 않음

60 멸종위기에 처한 야생동식물을 보호하기 위한 국제협약은? (2020)

① CITES협약 ② 람사르협약
③ 생물종다양성협약 ④ CISG협약

해설 CITES(1973)
㉠ IUCN, 1963년 결의안 채택
• Convention on International Trade in Endangered Species of Wild Fauna and Flora
㉡ 1973년 워싱턴국제회의에서 채택 – '워싱턴협약'이라고도 함
㉢ 세계적으로 야생동식물의 불법거래나 과도한 국제거래규제로 멸종으로부터 야생동물을 보호하려는 노력의 일환
㉣ 가장 성공적인 야생동식물보호협약
㉤ 주요 내용
• 부속서에 포함된 멸종위기종의 국가 간 수출입 인허가 제도
• 국제규제 및 국제거래 규정
• 멸종위기 야생생물의 서식 · 번식에 관한 대책 수립 의무화
㉥ 한계점
• 비가입국의 가입 강요 곤란
• 협약국이라도 종자원 보전 유보 가능, 실효성 감소

61 생물보전지구의 크기와 수를 결정할 때 고려되어야 할 사항은? (2018)

① 여러 개의 작은 패치보다는 적은 수의 큰 패치가 개체군을 유지하는 데 유리하다.
② 적은 수의 큰 패치보다는 여러 개의 작은 패치가 개체군을 유지하는 데 유리하다.
③ 생물의 서식서로서 숲 패치는 항상 동질적인 비역동성을 유지하는 동일한 면적이어야 한다.
④ 최소존속개체군이 유지되기 위해서는 경관패치의 크기보다는 패치들 간의 연결성이 더 중요하다.

해설 다이아몬드 이론
1975년 다이아몬드에 의해 육상에서 자연환경보전구역 설정 시 적용
① 큰 조각이 작은 조각보다 유리함
② 하나의 큰 조각이 여러 개의 작은 조각보다 유리함
③ 조각들의 모양이 모여 있는 것이 일렬로 있는 것보다 유리함
④ 연결되어 있는 조각이 연결이 없는 조각보다 유리함
⑤ 거리가 가까운 조각들이 먼 조각보다 유리함
⑥ 원형 모양이 기다란 모양보다 유리함

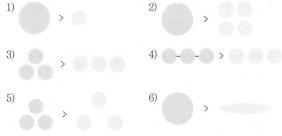

[다이아몬드 이론 개념도]

62 생물다양성협약의 내용으로 거리가 먼 것은? (2018)

① 유전자원 및 자연서식지 보호를 위한 전략
② 생물다양성 보전과 서식지 개발을 위한 정책
③ 생물자원의 접근 및 이익공유에 관한 사항
④ 생태계 내에서 생물종 다양성의 역할과 보존에 관한 기술 개발

해설 생물다양성협약(CBD, 1992)
㉠ Convention on Biological Diversity
㉡ 생물다양성 보존과 지속가능한 이용을 위해 브라질 리우에서 각국 정상들이 서명함으로써 채택
㉢ 생물다양성 보존이 '인류공동관심사'임을 인식하게 만든 최초 국제협약
㉣ 인류공동관심사 원칙
  • 모든 유전자원 보존은 국가의무, 국제공동체의 공동관심사
  • 보존에 초점, 보존 관련 국가들의 의무적 측면 강조
㉤ 배경
  • 생태계의 지속가능한 유지를 위해 생물다양성의 중요성 인식
  • 생물다양성 감소는 인류의 생존기반 위협
  • 생물자원의 선점과 이용 증가
㉥ 목적
  • 생물다양성 보전
  • 생물다양성의 지속가능한 이용
  • 유전자원 이용으로부터 발생하는 이익의 공평한 공유

63 "지구 생물다양성 전략"의 목적을 달성하기 위해서 국제적으로 권장되고 있는 내용과 가장 거리가 먼 것은? (2019)

① 생물다양성협상을 이행한다..
② 국제적 실행기구를 만든다.
③ 생물다양성의 중요성을 국가계획 수립 시 고려한다.
④ 지구자원에 대한 전략적이고 활발한 개발을 보장한다.

64 생물다양성협약에서 제시한 생물다양성 유형이 아닌 것은? (2020)

① 유역다양성 ② 유전자다양성
③ 생물종다양성 ④ 서식처다양성

CHAPTER 02 환경문제와 환경정책

01 환경정책론

1. 문명발달과 환경문제

1) 수렵채집시대의 인간생활
   ① 사유재산 존재하지 않음, 자연생태계의 한 구성원
   ② 불의 이용 : 생태계 내에서 우월한 지위 획득

2) 농경사회와 환경문제
   ① 정주지역 주변 산림의 황폐화
      ㉠ 인구증가(연료용)
      ㉡ 농업활동(경작용)
      ㉢ 도시형성(건축용)

   ② 토양의 염분화
      건조지역의 관개기술 발달

   ③ 농경사회 환경문제의 특징
      ㉠ 지역적 문제
      ㉡ 복원 가능

3) 숲의 파괴와 환경재난
   ① 농업을 통한 잉여생산 → 교역발달 → 기술발전과 도시발달 촉진

   ② 산림파괴로 인한 환경재난
      ㉠ 기후변화
      ㉡ 전염병 창궐
      ㉢ 곡물수확 감소
      ㉣ 사막화

4) 산업혁명과 환경문제
   ① 대기오염 : 런던스모그, LA스모그
   ② 수질 및 토양오염 : 화학비료, 농약

③ 폐기물 : 증기기관 출현, 화석연료 사용, 대량생산 → 에너지자원 고갈, 폐기물 발생

④ 화학물질 : 인간의 건강, 생물체 기능 이상, 환경호르몬, 생체농축

5) 지구환경 위기의 경고

기후변화, 생물다양성 감소, 식량 · 물 부족 등

2. 환경문제의 특성과 영향변수

1) 환경문제의 특성

① 복잡성 : 다요인, 다변수, 시차

② 감축불가능성 : 단순화 불가능, 환원주의 부정

③ 시공간적 가변성 : 동적인 생태계

④ 불확실성 : 상호침투성, 우발성, 동태성(개별 또는 결합)

⑤ 집합적 특성 : 많은 행위자 − 공유재의 비극, 공공재의 과소공급

⑥ 자발적 특성 : 자기조절, 적응성

기출예상문제

환경문제의 특성이 아닌 것은?

① 복잡성
② 시공간적 가변성
③ 불확실성
④ 희귀성

답 ④

2) 환경피해의 형태

① 공간적

㉠ 1세대 → 국지적

㉡ 2세대 → 범지구적, 국경을 넘은 오염

② 피해함수

㉠ 임계치 뚜렷 → 즉시 영향

㉡ 임계치 미약 → 누적 영향

③ 환경파괴 복구 가능성

㉠ 사후복원 가능 → 효율성 문제로 접근

㉡ 사후복원 불가능 → 예방 우선

3) 환경영향 결정변수

① 인구증가와 도시화

자연환경 수용능력

② 경제개발 및 저개발

㉠ 경제개발 : 경제규모 팽창 → 생산소비 증가 → 폐기물 증가

㉡ 저개발 : 빈곤 → 자원파괴, 고갈 → 토지황폐화 → 가난

㉢ 악순환 → 선순환으로의 전환

③ 생태파괴적인 기술의 개발

    ㉠ 농업생산 : 화학비료, 농약 → 수질오염, 토양오염

    ㉡ 교통 : 자동차 → 대기오염

3. 생태이론과 환경문제

1) 생태계 구성인자 = 생태계 구조

〈생물〉	+	〈비생물〉
생산자, 소비자, 분해자		화학물질, 에너지, 물리적 환경

2) 생태계 기능

① 에너지흐름 : 먹이사슬, 영양단계(10% 법칙)

② 물질순환 : 물, 인, 질소, 탄소, 황

3) 열역학과 환경문제의 해석

① 질량불변의 법칙 = 에너지보존법칙

② 엔트로피 증가의 법칙 : 에너지흐름은 엔트로피 증가의 한 방향으로 이동

자연자원	⇒	이용에너지	⇒	폐기물
(환경계)		(경제계)		(환경계)

4) 환경정책에의 시사점

① 자연자원 사용량 줄이기

② 폐기물 줄이기

    ㉠ 오염물질 양 감축 : 환경기술 발전, 기초시설 설치

    ㉡ 재이용, 재활용

③ 재생가능자원의 사용 증가

    = 재생불가능자원의 사용 감소

5) 지구환경기능

① 조절기능 : 생태적 과정 조절

② 부양기능 : 장소 제공

③ 공급기능 : 자연자원 제공

④ 문화기능 : 정보, 영감, 미적, 학습

6) 환경용량 개념

① 자원의 지속가능한 생산량

② 지역의 수용용량

③ 생태계의 자정능력

7) 환경문제에 대한 생태학적 처방

① 생산성의 보전

② **성장한계 인식** : 환경용량 보전

③ 생태원칙 존중, 생물다양성 보전

④ 인구증가 억제

⑤ 기술혁신, 무방류기술

> 생태원칙(생태학 법칙)
>
> • 모든 것은 연결되어 있다.   • 모든 것은 어디론가 가야 한다.
>
> • 자연이 제일 잘 안다.   • 공짜 점심은 없다.

4. 경제이론과 환경문제

1) 경제학설과 환경문제

① **고전학파 경제학** : 도덕철학적 방법론

㉠ 국부론 : 아담스미스 "보이지 않는 손" 개인적 탐욕 정당화

㉡ 인구론 : 맬서스 "인구 증가에 의한 식량 부족"

㉢ 지대이론 : 리카도 "농지 간 생산비용에 따른 지대 형성"

㉣ 재산권 행사 규범과 사회적 책임의식에 기초한 경쟁적 시장의 존재가 개인적 자유를 보장(존 스튜어트 밀)

• 항구적 경제성장은 불가능(도덕적이지 않음)

• 자연자본을 인조자본으로 전환하는 것에 반대

• 생물종다양성 보전이 필요함 강조

② **신고전학파 경제학** : 가치중립적 방법론(현대경제학의 견해를 대표)

㉠ 고전학파와의 차이점

• 재화의 가치를 희소성으로 결정

• 단기적인 한계 분석 강조, 수요공급 변화 분석

㉡ 환경문제와 관련된 의문점

• 환경을 생산요소의 하나로 간주

• 환경이 제공하는 재화나 서비스의 필요성 무시

• 성장의 한계 부정, 기술개발에 의한 한계 극복 신봉

• 인간복지는 시장경제시스템에서 가장 잘 달성될 수 있음

ⓒ 한계
- 지구환경의 특성 무시, 환경위기에 크게 기여
- 인간 경제계는 태양계로부터 에너지를 받아 존립하는 반개방체계라는 인식 부족

③ 생태경제학
- ⊙ 자원경제학 : 자원고갈과 희소성 증가에 대해 동태적 적정 배분방식 탐구
- ⊙ 환경경제학 : 환경오염의 적정관리수준, 폐기물의 적정관리문제 연구
- ⓒ 생태경제학 : 인간과 자연환경의 공존과 공동발전 강조

2) 환경문제의 발생원인 : 시장의 실패
① **외부효과** : 어떤 경제주체가 대가를 지불하지 않고 얻는 이익(재화의 공급을 시장의 기능에만 의존할 경우, 과소 · 과잉 공급 가능성)
- ⊙ 외부경제 : 공원, 산림 등의 환경재 과소공급
- ⓒ 외부불경제 : 소음, 진동, 공해 과다공급

② **공공재**
- ⊙ 분할되지 않음. 가격을 내지 않고 사용가능한 재화
- ⓒ 자발적으로 생산되지 않음. 공공의 악(오염) 무한 공급
③ **정보의 부재** : 환경재 가치를 평가할 수 있는 정보가 시장기능에 형성되지 않음

3) 환경문제에 대한 처방
① **적정환경오염** : 환경규제의 목적은 오염 없는 사회가 아님, 적정수준의 오염을 유지하는 것이다.

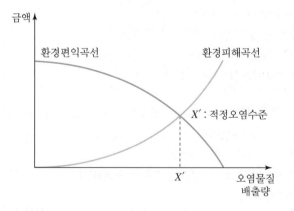

② **정책 결정 수준** : 경제성 평가
- ⊙ CBA(비용편익분석) B/C
- ⓒ 개발사업 추진 여부 결정 시 투자비용과 편익 비교
  편익 > 투자비용 : 사업의 타당성 인정
- ⓒ 환경 개선에 따른 이익 > 환경 개선을 위해 소요되는 비용

③ 환경정책의 수단 : 경제적 유인

    ㉠ 개인의 경제적 동기를 경제적 유인장치로 활용

    ㉡ 시장메커니즘에 의해 오염물질 배출량의 적정수준 유지 → 기술개발 동기 부여

5. 철학윤리와 환경문제

1) 환경문제의 발생원인 : 물질주의 팽배와 사회정의의 부재

  ① 서구의 물질주의적 가치관

    ㉠ 기독교적 자연관

    ㉡ 최대다수 최대행복 : 공리주의, 인간중심의 편익 추구

    ㉢ 이분법적 사고 : 인간과 자연의 분리, 자연을 물질로만 봄

    ㉣ 근대 이후 서구의 진보사상, 계몽주의, 공리주의

  ② 환경피해의 역진성

    ㉠ 환경피해는 사회적 · 경제적 · 정치적 약자에게 집중

    ㉡ 발언권이 없는 미래세대 인간 외의 종에게 집중

2) 환경정의와 환경정책

  ① 환경정책과 사회적 형평성

    ㉠ 정부는 스스로 보호할 능력이 없는 자 보호

    ㉡ 모든 국민이 임계치 이상의 환경질을 누리도록 하는 것이 국가권력의 도덕적 책무

  ② 환경정의의 개념화

    ㉠ 대상 : 사회적 약자(자국), 제3세대 민중, 미래세대 인간

    ㉡ 방법 • 환경피해 역진성 해소

        • 비용부담 역진성 해소

        • 지구자원 사용원칙, 정의 본성에 초점을 맞춘 공평성

  ③ 분배적 정의 관점에서의 환경정의

    ㉠ 국가 간 공평성

    ㉡ 특정 국가, 사회 내부 공평성

    ㉢ 세대 간 공평성

    ㉣ 생물종 간 공평성

3) 윤리적 관점에서의 환경보전대안(생태계의 위기로 환경윤리에 대한 관심 부각)

  ① 서구의 대안적 환경윤리관

    ㉠ 생태 및 생물중심주의

        • 레오폴드의 대지윤리론

        • 안네스의 심층생태주의 : 생명평등주의 입각, 인간과 자연관계 재정립

기출예상문제

환경피해는 사회적 · 경제적 · 정치적 약자에게 집중되며, 발언권이 없는 미래세대 인간 외의 종에게 더 많은 피해를 줄 수 있다. 이와 같은 현상을 무엇이라고 하는가?

① 환경피해의 역진성
② 환경피해의 형평성
③ 환경피해의 공평성
④ 환경피해의 불가역성

답 ①

※ 환경정의 차원에서 환경정책의 기본목표는 환경권에 대한 공평한 배분과 부여된 환경권의 철저한 보장이 있어야 한다.

- 피터싱어의 동물해방론 : 인간 포함 모든 동물은 동일
- 톰레건의 동물권리론 : 인간과 동물 모두 본질적 가치가 있다.
- 폴테일러의 생명중심이론
ⓛ 사회생태주의와 생태여성주의
- 사회생태주의 : 인간에 의한 자연지배는 인간이 인간을 지배하기 때문임. 자유주의적 무정부상태를 이상으로 삼음
- 생태여성주의 : 여성이 남성으로부터 지배당하는 것처럼 환경도 인간에게 부당하게 지배당함

② 환경정의 구현을 위한 환경권의 보장
ⓐ 환경기준 강화 및 관리
ⓛ 환경에 대한 사전예방 원칙 강조
ⓒ 세대 간 기회균등 : 미래세대 환경권 보장
ⓓ 자연의 고유권 인정
- 사회경제적 약자의 환경권
- 미래세대의 환경권
- 생물종의 생존권

※ 국가 간, 세대 내, 세대 간, 종 간 공평한 환경권의 배분과 보장을 위해 중요한 것은 환경용량을 침해하지 않는 것이다.

6. 환경정책의 개념과 구조

1) 환경정책의 의의와 내용
① 정책의 정의
공공문제의 해결 또는 목표 달성을 위해 정부에 의해 결정된 작위, 부작위의 행동방침이다.

② 정책의 성격
ⓐ 결정 집행 주체는 정부
ⓛ 권위 있는 결정의 산물
ⓒ 내용은 행동방침
ⓓ 목표는 공공문제 해결

2) 환경정책의 목표
① 환경정책의 정의
환경오염과 훼손이라는 공공문제 해결을 목표로 정부에 의해 결정된 행동방침이다.

② 환경정책의 목표
ⓐ 정책대상에 따라서 다양한 방법으로 제시
ⓛ 인간환경 : 오염물질 농도규제
ⓒ 환경기준

- 보편적 방법으로 목표하는 환경질 수준을 제시
- 인간의 건강을 보호하고 쾌적한 생활환경을 보전하기 위해 유지되어야 할 최소한의 환경질 수준을 의미

ⓔ 환경기준 설정방법
- 사회적 비용과 편익의 비교 : 각 환경관리지역마다 사회·경제·자연적 특성을 고려하여 환경기준을 정하여야 하는 어려움이 있음
- 임계치 설정 : single medium별 관리 → 종합지표로 관리 → 임계치를 구체적으로 설정하는 방식으로 다양하고, 어려움이 큼

기출예상문제

인간의 건강을 보호하고 쾌적한 생활환경을 보전하기 위해 유지되어야 할 최소한의 환경질 수준을 무엇이라고 하는가?

① 환경지표
② 환경기준
③ 환경정의
④ 환경정책

답 ①

3) 환경정책 과정

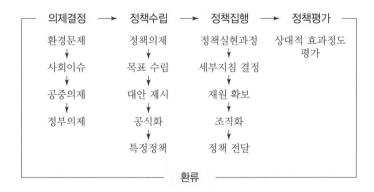

※ 환경오염과 피해 간 함수관계

4) 환경정책의 특수성

① 환경재 특성과 환경정책

ㄱ 경제성장 : 환경오염, 소득수준 : 환경오염

ㄴ 경제가 성장하면 분진, 아황산, 산업폐수 등의 오염은 완화되지만 오존오염, 쓰레기 배출 등의 오염은 심화

ㄷ 경제성장과 환경오염 사이에 터닝포인트 존재

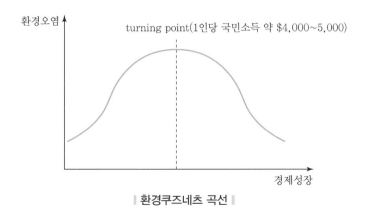

‖ 환경쿠즈네츠 곡선 ‖

② 환경정책의 특수성

환경정책의 유형	• 할당 • 규제 • 재분배	
환경정책의 특수성	• 불확실성 • 타 정책과 갈등관계 : zerosum game • 정책수요자의 불명확성 : 일반대중, 미래세대, 동식물 등	
	효과의 비가시성	• 측정이 어렵고 타 정책에 비하여 장기적임(할인가치 필요) • 유발자, 오염자 이익은 주주 등 소수 이해관계자에게 집중되는 경향
	정책논의의 지역성	• 배경이 특수한 공간 • 국가 간, 지역 간 이해조정이 필요

5) 환경정책의 구조(= 체계 : 유형)

① 환경규제수단의 선택 : 이행규제

㉠ 명령과 통제 : 특정연료 사용금지, 특정오염물질 배출금지, 한계 설정, 배출허용지역 지정, 배출방법 규제

㉡ 경제적 유인 : 오염억제행위에 보조금, 배출행위 세금, 배출권거래제

㉢ 사회적 수단 : 환경교육, 환경개선캠페인, 환경 관련 홍보활동 등

② 오염배출권 감시 · 감독과 불이행 제재

㉠ 오염감시의 중요성

㉡ 오염배출권 감시 · 감독

㉢ 배출규제 및 위반행위의 제재

7. 환경정책의 추진원칙

기출예상문제

환경정책의 추진원칙이 아닌 것은?

① 오염자 부담의 원칙
② 사전예방의 원칙
③ 공동부담의 원칙
④ 환경용량보전의 원칙
⑤ 피해 역진성의 원칙

답 ⑤

1) 오염자 부담의 원칙

유럽 월경 오염문제, 비용할당방식

2) 사전예방의 원칙

복구비용 > 예방비용

3) 공동부담의 원칙

① 일반적 공동부담의 원칙

㉠ 오염자를 찾지 못하는 경우

㉡ 오염을 빨리 제거하기 어려운 경우

② 수익자 부담의 원칙

③ 집단적 원인자 부담의 원칙

4) 환경용량 보전의 원칙

ESSD(Environmentally Sound and Sustainable Development) : 지속가능개발(지구의
환경용량 내에서 삶의 질을 향상시키는 개발)

5) 협력의 원칙과 중점의 원칙

① 협력의 원칙 : 공동책임, 공동협력

② 중점의 원칙 : 우선순위에 따라

6) 평가

1)~5) 종합적 고려 평가

8. 환경정책과 환경계획

1) 환경계획의 개념

① 장기적 전망하에

② 사전예방적 환경관리의 수단으로서

③ 이해관계자의 참여를 유도하는 조정

④ 미래형성적인 환경정책 수단

2) 환경계획의 수립과정

① 수립과정 : 계속적인 협의

계획목표 정의 ⇒ 속성과 기준선 판별 ⇒ 자연자본 여타 속성 관리목표 정의 ⇒ 관리대안 정립과 분석 ⇒ 집행·성과 관찰 성과평가

② 환경계획(자연생태계 보전과 환경문제 해결)

> **환경계획의 쟁점**
> • 환경변화에 일정 정도 강제성 가짐   • 지역의견 경험 반영
> • 기술적인 지식의 산출 수반   • 통합적인 지배구조 형성

3) 환경계획의 정책방향

① 환경계획과 공간계획의 연계

㉠ 환경계획에 공간관리적 내용 확충 필요

㉡ 도시공간계획에 환경보전계획의 내용 반영

㉢ 개발과 보전이 통합된 토지이용계획 수립

② 환경계획의 체계화

㉠ 상위계획 구체화

　　　　ⓛ 부문계획과의 통합성과 일관성 강화

　　　　ⓒ 사업 간 연계성 강화, 환경계획 실천성 제고

　　③ 참여적 환경계획

　　　사회적 정당성을 요구 받는다.

> **현행 공간환경계획의 한계**
> - 기초환경조사 및 공간환경정보 기반의 미흡
> - 공간계획에 대응한 환경분야계획의 실효성 한계
> - 국토공간개발에 대한 자연훼손 문제의 근본적 대응의 한계
> - 국토공간환경정책 전략 부재에 따른 한계

4) 국토환경조사와 정보체계

　　① 조사결과의 연계통합과 공유

　　② 국토환경정보의 체계화와 공유기반 마련

　　③ 환경생태 관련 도면과 토지이용 관련 도면의 구분 작성 필요와 요구에 따라 활용

　　④ 한국의 환경계획체계

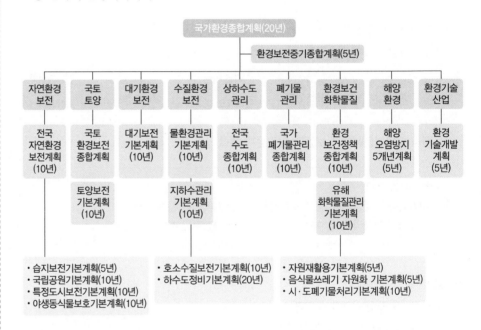

5) 환경계획의 실효성 제고방안

　　① 계획의 구속력 부재와 통합적 실천성이 부족하다.

　　② 환경부는 정책을 종합 조정하는 권한을 갖지 못하고 있다.

환경계획의 문제점
• 계획의 위계 및 계획 간 관계가 불명확
• 환경오염매체 중심의 환경계획 과다
• 다수계획 남발, 계획내용 중복
• 환경계획의 구속력 부족
• 환경계획에 공간성을 다루는 내용 부족
• 환경계획 수립과정에서 이해당사자들의 참여가 미흡

9. 직접규제와 통합관리

1) 직접규제
  ① 배출기준 설정
  ② 미이행 시 처벌

2) 직접규제의 종류와 평가
  ① 배출허용기준과 기술기준
    ㉠ 배출허용기준 : 오염물질 최대허용기준, 농도 수치적 표현
    ㉡ 기술기준 : 오염물질 측정이 어려운 경우, 특정기술 설계 사용 의무화
  ② 배출시설 설치 및 운영에 대한 규제
    ㉠ 시설부문 인허가
    ㉡ 원료제품 인허가
    ㉢ 환경 관련 사업 인허가
  ③ 특정행위 금지
    예 상수원지역 낚시금지, 쓰레기 투기금지, 멸종위기동식물 거래금지
  ④ 토지이용규제
    ㉠ 용도지역지구제 : 일정지역 오염으로부터 보호규제수단
    ㉡ 개발제한구역

기출예상문제

환경문제를 해결하기 위한 직접규제정책이 아닌 것은?
① 배출허용기준
② 배출시설설치
③ 특정행위 금지
④ 부과금제도

답 ④

3) 직접규제에 대한 평가

장점	문제점
• 정보가 적어도 가능	• 과도한 환경오염 통제비용
• 오염원인자에게 의무부과	• 비효율성(획일성 – 동일 규제기준)
• 납득 용이, 수용 용이	• 규제기법 한계
• 집행 용이, 동일한 규제기준 적용	• 좁은 범위 오염규제
• 형평성 있음	• 사후처방

4) 통합오염 예방과 통제

① 목적

통합적 환경관리는 규정된 오염물질 배출의 최소화 및 생산과정에서부터 모든 매체까지 단계별 오염관리수단 개발에 있다.

② 구성요소

㉠ 종합적인 평가

㉡ 의사결정과정의 통합

㉢ 통합적 정책 집행과 운영

③ **방법** : 통합오염물질관리, 배출원 통합관리, 지역통합관리

④ **촉진수단** : 제품의 환경성 평가, 생산자 책임의 강화, 경제적 수단

10. 경제적 유인제도

1) 개념

환경오염물질을 배출한 자에게 그 배출량에 비례하여 비용을 부담하게 하여 오염자 스스로가 배출총량을 줄이도록 경제적 동기를 부여하고자 하는 것이다.

피구세

오염물질 배출자에게 오염물질 배출로 인한 피해만큼 세금을 부과함으로써 오염행위 규제
→ 현실적 도입 어려움

2) 경제적 유인제도의 종류

① 부과금제도

㉠ 배출자가 오염물질을 직접 처리 또는 처리소요비용 납부

㉡ 환경기준 달성하는 데 필요한 오염처리비용기준

㉢ 배출부과금 : 오염행위에 직접 부과

㉣ 제품부담금 : 경유차 환경개선비용부담금, 폐기물부담금

㉤ 부과금 요율 결정

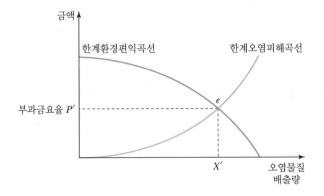

기출예상문제

환경정책 중 경제적 유인제도에 속하지 않는 것은?

① 부과금제도

② 예치금제도

③ 환경오염배출권 거래제도

④ 배출허용기준제도

답 ④

② 예치금제도

폐기물 예치금제도

예치요율 결정	• 예치요율이 낮으면 회수 및 처리 동기를 부여할 수 없음 • 예치요율이 높으면 기업투자 위축, 소비자에 과다비용 전가

③ 환경오염배출권 거래제도

㉠ 환경오염배출권의 종류

권리의 내용에 따른 분류	• 배출권거래제 : 특정오염물질을 일정량 배출할 수 있는 권리의 거래 　예 온실가스, 휘발성 유기화합물 균등 혼합성 오염물질 • 오염권거래제 : 특정지역에 특정오염물질 오염도를 일정기간 동 　안 일정수준 증가시킬 수 있는 권리를 사고팔 수 있도록 하는 제도 　예 먼지, 아황산가스
배출권 인정 기준에 따라	• 배출총량을 기준으로 거래하는 방식 : 총량거래제도 • 배출기준 초과달성분기준으로 하는 방식 : 삭감인증권거래

㉡ 운영절차
  • 환경질 목표설정, 배출량 총량규정
  • 개별오염자의 오염허용량 할당
  • 오염자 간 거래허용
  • 배출량거래시장 구축
  • 배출행위의 감시 및 제재

11. 환경정보규제와 자율환경관리

1) 개념

① 환경정보규제의 의의

기업이나 공공기관에 대하여 원료물질, 제품 및 생산과정 그리고 각종 개발행위에 관한 환경정보를 공개하는 것이다.

② 자율환경관리제의 개념(= 자율환경관리협정)

정부·기업·민간이 바람직한 환경목표 달성을 위해 상호협력하여 자체적으로 목표선언을 함으로써 자발적으로 추진하는 환경관리형태 지침이다.

2) 환경정보규제

① 유해화학물질 배출량 보고제도

② 환경표지제도 : 제품의 환경성에 대한 정보표지

  ㉠ 환경마크제도 : 환경오염 적고, 자원절약 제품인증
  ㉡ 환경성 자기주장제도
  ㉢ 환경성적 표지제도

③ 전생애평가제도(LCA)

제품의 생산에서 폐기까지 전생애에 걸쳐 발생가능한 환경영향을 정의 및 평가하는 분석기법이다.

3) 자율환경관리

① 유형

특성에 따라	• 목표지향적 자율협약 • 연구개발을 위한 상호협력	• 성과지향적 자율협약 • 자율적인 감시보고
참여 주체에 따라	• 자발적 환경개선서약 • 환경개선 협정	• 환경개선 사전계약 • 자율참여 환경관리제도

② 자율환경관리의 설계변수

㉠ 기업의 참여방식

㉡ 참여대상의 지역적 범위 결정

㉢ 법적 구속력의 유무와 정도

㉣ 참여제도의 개방성 정도

㉤ 환경오염 저감목표의 설정 유무

12. 환경감시와 규제집행

1) 환경감시와 이행강제의 중요성

① 환경감시

㉠ 잠재적 위반자 경고

㉡ 규제 대상기업 : 규제 당국과 국민과의 연결고리를 통한 감시

② 이행강제

기업의 불이행 사실 적발 시 적절한 제재를 가하여 이행을 촉구하여야 한다.

2) 배출원 감시와 규제집행의 정책 설계

① 최적 정책결합 및 집중관리의 원칙

환경규제의 실효성을 높이기 위해서는 기본적으로 모든 오염원을 상시 감시하고 위반행위에 대해서는 단호히 처벌해야 한다. 하지만, 감시감독을 위한 인력과 재원은 한정되어 있으며 감시해야 할 배출원이 너무나 많으므로 이러한 현실에서 가장 바람직한 감시감독전략은 최적 정책 결합과 집중관리의 원칙이다.

최적 결합의 원칙 (최적 정책결합 원칙)	배출부과금, 총량규제, 정기지도단속, 수시단속, 환경오염 신고제도, 시민소송 등 다양한 정책수단의 복합적 형태
집중관리의 원칙	• 배출원 위해도 클수록 • 과거 위반실적 많을수록 • 오염피해 잠재적 규모 클수록

② 불이행 제재수단의 선택

사회적, 경제적, 형식적 제재가 있다.

13. 환경경제이론

1) 환경가치의 성격과 추정의 필요성

환경개발로 인한 이익은 금전화되어 특정인에 귀속되나 환경보전으로 인한 이익은 금전화되지 못하고 불특정 다수에 분산된다. 따라서 환경개발의 결정은 사회 전체의 시각에서 이루어져야 한다.

2) 환경가치의 경제적 평가 근거

① 여행비용법

② 환경가치모델화

③ 의제시장법 : 시장가치로 전환시켜 분석

3) 자연환경시스템과 경제시스템

4) 환경가치 추정방법

① 지불용의액에 의한 추정

㉠ 환경개선에 대한 사람들의 지불의사(환경 혜택을 받는 사람들의 최대지불 예상금액의 합) > 환경개선비 = 환경개선사업이 타당함

㉡ 조건부가치 추정방법 : 환경개선사업으로 개선된 환경상품을 가상적 시장에서 최대지불용의액을 표명하게 하는 방법

㉢ 지불용의액의 문제점 : 전략적 거짓의사 표명(정부부담과 개인부담 시 금액이 현저히 다름)

② 여행비용에 의한 추정

㉠ 자연환경을 찾아가 즐기는 데 사람들이 실제 지불하는 비용을 환경의 가치에 대한 추정치로 삼는 것

㉡ 문제점 : 공공재로서의 환경가치를 충분히 반영하기 어려움

※ 개발순이익
  = 개발이익 − (개발에 소요되는 비용 + 개발×보전시순이익)
  = 개발 순이익이 "0"보다 크면 개발 타당성이 있음

기출예상문제

환경가치 추정방법 중 환경개선사업으로 개선된 환경상품을 가상적 시장에서 최대지불용의액을 표명하게 하는 방법은?

① 지불용의액에 의한 추정
② 여행비용에 의한 추정
③ 속성가격에 의한 추정
④ 부과금에 의한 추정

답 ①

③ 속성가격에 의한 추정

- 실제로 시장에서 유통되는 상품의 가격으로부터 환경의 가치를 추정하는 방법
- 다른 조건이 같다면 깨끗한 환경의 가치가 토지가격이나 주택가격에 포함됨
- 그러나 주택이나 땅가격에 여러 가지 요소들이 작용함으로써 각 속성들의 가격을 함수 계산하여 환경가치를 추정하는 방법임

CHAPTER 03 우리나라 환경계획의 체계와 내용

01 환경계획의 체계

▶ **환경 관련 법률에 의한 기본계획체계**

구분	내용	
20년 단위 기본계획	• 국가환경종합계획 • 지속발전가능 기본계획	• 기후변화 대응 기본계획
10년 단위 기본계획	• 자연환경보전 기본계획 • 물환경관리 기본계획	• 자연공원 기본계획 • 백두대간 기본계획
5년 단위 기본계획 및 전략	• 습지보전 기본계획 • 외래생물 관리계획	• 국가생물다양성 전략 • 야생생물보호 기본계획

환경정책기본법
제5차 국가환경종합계획
(2020~2040)

자연환경보전법	자연공원법	저탄소 녹색성장 기본법
– 제3차 자연환경 기본계획 (2016~2025)	– 제2차 자연공원 기본계획 (2013~2022)	– 제2차 기후변화 대응 기본계획(2020~2040)

생물다양성 보전 및 이용에 관한 법률	습지보전법	물환경보전법
– 제4차 국가생물다양성 전략 (2019~2023) – 제2차 외래생물 관리계획 (2019~2023)	– 제3차 습지보전기본계획 (2018~2022)	– 제2차 물환경관리 기본 계획(2016~2025)

야생생물 보호 및 관리에 관한 법률	백두대간 보호에 관한 법률	지속가능발전법
– 제4차 야생생물보호 기본계획 (2021~2025)	– 제2차 백두대간 기본계획 (2016~2025)	– 제3차 지속발전가능 기본계획 (2016~2035)

▎ **환경계획의 체계도** ▎

※ 지침
 • 생태면적률 적용 지침
 • 환경영향평가 시 저영향개발(LID)기법 적용 매뉴얼
 • 도시생태현황지도의 작성방법에 관한 지침

02 환경계획의 내용

1. 국가환경종합계획의 내용(2020~2040)

1) 계획 수립의 배경

① 인구 감소, 기술 혁신과 저성장 시대 등 사회 · 경제적 전환에 대비한 국가환경정책의 방향을 모색한 것이다.

② 친환경에너지로의 전환, 통합물관리, 환경정의, 국토-환경계획의 통합관리 등 새로운 환경정책 수요를 반영한 국가환경 비전과 전략을 마련하기 위함이다.

③ 최상위 국가환경종합계획으로서의 위상 정립과 실효성을 제고하기 위해서이다.

④ 사회 · 경제적 전환과 새로운 환경정책 수요에 적극 대응하고 미래를 열어갈 수 있도록 「제5차 국가환경종합계획」을 새롭게 수립하였다.

2) 계획의 법적 근거와 범위

① 국가환경종합계획은 「헌법」 및 「환경정책기본법」에 따른 환경분야 최상위 계획이다.

② 시간적 범위 : 2020~2040년

③ 공간적 범위 : 대한민국의 주권이 실질적으로 미치는 국토 및 해양 전역을 대상으로 하고, 필요시 환경영향권을 고려하여 한반도 및 동북아시아 등 공간적 영역 포함

④ 내용적 범위 : 「환경정책기본법」 제15조에 따라 환경현황과 전망, 각 환경 분야별 대책과 계획 등을 마련

⑤ 다른 계획과의 관계 : 지속가능발전의 공동목표를 달성할 수 있도록 「제5차 국토종합계획(2020~2040)」과의 통합관리를 위한 사항을 작성 · 반영

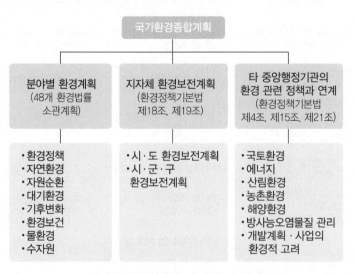

┃ 국가환경종합계획과 타 계획 간 관계 ┃

※ 15년 제4차 국가환경종합계획('16~'35)을 수립하여 추진해 왔으나, 사회 · 경제 전반의 녹색전환을 견인하고 국토-환경계획 통합관리 훈령에 따라 제5차 국토종합계획('20~'40)과 연계하기 위하여 「제5차 국가환경종합계획('20~'40)」을 수립

3) 핵심 정책방향과 과제

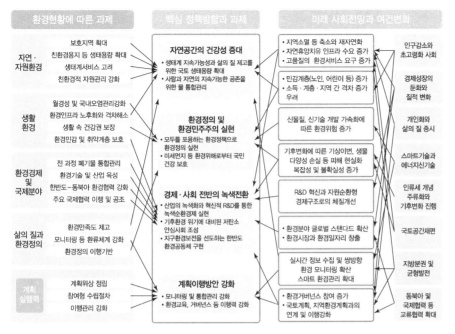

┃ 국가환경 발전을 위한 핵심 정책방향과 과제 ┃

4) 계획의 비전과 목표

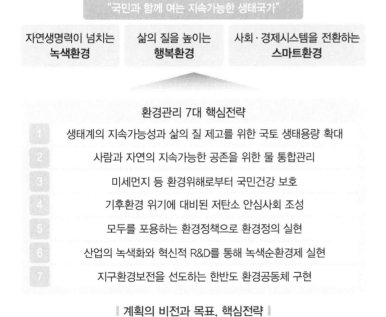

┃ 계획의 비전과 목표, 핵심전략 ┃

5) 국토환경 기본구상

▶ 환경관리 7대 핵심전략 및 주요 정책과제

환경관리 7대 핵심전략	주요 정책과제
전략 1. 생태계 지속가능성과 삶의 질 제고를 위한 국토 생태용량 확대	• 국토환경 연결성 확보와 자연회복으로 국토 생태용량 증가 • 모두가 누리는 자연혜택으로 생태복지 실현 • 지속가능한 녹색도시 · 지역으로 도약 • 연안 및 해양환경의 생태건강성 강화
전략 2. 사람과 자연의 지속가능한 공존을 위한 통합물관리	• 물순환 건전성과 수요 · 공급의 조화를 고려한 물서비스 강화 • 수질오염관리 선진화로 안전한 물환경 조성 • 수생태계 건강성 증진 및 생태계서비스 가치 실현 • 유역기반 · 참여기반의 통합물관리로의 전환
전략 3. 미세먼지 등 환경위해로부터 국민건강 보호	• 미세먼지의 근본적 해결 추진 • 위해성에 기반한 공기질 관리 • 생활주변 유해인자 · 화학물질 · 제품관리 강화
전략 4. 기후환경 위기에 대비된 저탄소 안심사회 조성	• 저탄소 안심사회 기반 구축 • 저탄소 사회로의 전환 추진 • 기후위험 대응과 신(新)기회 창출 현실화 • 미래 환경안보 관리 강화
전략 5. 모두를 포용하는 환경정책으로 환경정의 실현	• 환경정의 구현과 녹색사회로의 전환 • 수용체 관점의 환경개선 • 환경정보의 알권리와 피해자 구제 강화
전략 6. 산업의 녹색화와 혁신적 R&D를 통한 녹색순환경제 실현	• 환경 R&D의 미래지향적 혁신 • 물질순환과 친환경경영에 기초한 산업 녹색화 • 환경일자리 창출과 환경가치 제고
전략 7. 지구환경보전을 선도하는 한반도 환경공동체 구현	• 항구적인 남북환경협력 이행 • 동북아 환경협력 발전 • 국제협약의 성실한 이행 · 선도와 개발도상국협력 확대

6) 핵심전략별 추진계획

① 생태계 지속가능성과 삶의 질 제고를 위한 국토 생태용량 확대

	현재(As-Is)	⇒	미래 방향(To-Be)
정책 방향	백두대간 중심의 국토생태축 관리	⇒	국가-광역-도시를 잇는 생태축 확립
	생태용량 지속 감소, 인간 중심 자연 관리	⇒	생태용량 순증 전환, 자연과 인간의 상생
	도시노후화, 자연훼손 등 도시 지속성 저하	⇒	스마트기술, 탄소제로 등 도시 지속성 도약

기출예상문제

「제5차 국가환경종합계획('20 ~'40)」에 따른 환경관리 7대 핵심전략 중 '국토 생태용량 확대'의 주요지표가 아닌 것은?

① 국토우수생태계지역
② 생태계훼손지역 보전·복원
③ 국가생물종 목록화 수
④ 불투수면적률

답 ④

	주요 정책 과제	
주요 정책 과제	국토환경 연결성 확보와 자연회복으로 국토 생태용량 증가	• 한반도 국토생태축 연결성 확보 • 자연환경 보전·복원 활성화로 생태용량 순증 실현 • 자연자원의 합리적 관리 강화
	모두가 누리는 자연혜택으로 생태복지 실현	• 생물다양성·생태계서비스 인식 및 가치 증진 • 생태계서비스 기반 국가·지역의 정책의사결정 추진 • 국토생태벨트 등 지역경제 활성화를 위한 자연혜택 증진
	지속가능한 녹색도시·지역으로 도약	• 미래 공간환경 이슈를 고려한 친환경적 공간관리 강화 • 지속가능한 도시·지역 도약모델 개발과 확산 • 탄소제로 및 스마트 녹색도시 조성 • 지역 정주생태계 개선을 통한 지속가능성 제고
	연안 및 해양환경의 생태건강성 강화	• 연안 및 해양환경 위해요소의 체계적 관리 • 해양공간 통합관리체계 정착과 육상-해양 통합관리 지향

	구분	단위	현재	⇒	2030	⇒	2040
주요 지표	국토우수생태계지역	%	24.8 ('18)	⇒	27	⇒	33
	생태훼손지역 보전·복원	ha	465 ('17)	⇒	1,200	⇒	2,000
	국가생물종 목록화 수	천 종	50.8 ('18)	⇒	68	⇒	75
	생태계서비스 활성화 촉진구역 지정	건	−	⇒	20	⇒	50
	국가 연안·해양건강성 지수(OHI)	100점	77 ('18)	⇒	80	⇒	85

* 주) 국토우수생태계지역은 보호지역과 생태자연도 1등급 지역을 의미

기출예상문제

「제5차 국가환경종합계획('20
~'40)」에 따른 환경관리 7대
핵심전략 중 통합물관리에 대
한 주요지표가 아닌 것은?

① 불투수면적률
② 수돗물음용률
③ 물 공급 안전율
④ 국토우수생태계지역

답 ④

② 사람과 자연의 지속가능한 공존을 위한 통합물관리

		현재(As‒Is)	⇒	미래 방향(To‒Be)
정책 방향		수자원 확보 위주의 인프라 건설 및 단편적 도시물순환정책	⇒	이수·치수·수생태를 고려한 댐·보 운영 및 도시물순환정책 추진
		물공급 위주의 물이용서비스	⇒	물수요·안전성·재이용을 종합 고려한 물이용서비스 강화
		오염원 관리 위주의 물환경관리	⇒	미량물질 등 신규오염원 관리 강화 및 수용체를 고려한 물환경정책 추진
		「물관리기본법」 등 통합물관리 법적 기반 마련	⇒	물관리 정보 통합·공유체계 및 유역 거버넌스 확립

주요 정책 과제	물순환 건전성과 수요·공급의 조화를 고려한 물서비스 강화	• 건강한 물순환 회복으로 기후변화에 강한 도시 구축 • 저류‒방류, 수질‒수량‒수생태계를 연계한 종합적 댐 운영 • 유역별 수요관리 우선 고려 및 하수 재이용 등 대체 수자원을 적극 활용하는 물공급체계 구축
주요 정책 과제	수질오염관리 선진화로 안전한 물환경 조성	• 수질오염총량제 고도화 및 미량물질관리 등 수질오염관리체계 강화 • 사전예방적 비점오염원관리 강화 • 유역단위 하수도관리정책 추진
	수생태계 건강성 증진 및 생태서비스 가치 실현	• 하천/하구 수생태계 건강성 증진 및 연속성 확보 • 수생태계 생물다양성 관리 강화 및 건강성 관리시스템 구축 • 수생태계 건강성 관리를 통한 생태서비스 가치 실현
	유역기반·참여기반의 통합물관리로의 전환	• 물관련 법령·계획 정비와 물정보 통합·공유, 혁신성장체계 마련 • 지역발전과 연계한 유역 중심의 거버넌스 구축 • 5대 강 고유의 물문화프로그램 개발·보급

	구분	단위	현재	⇒	2030	⇒	2040
주요 지표	불투수면적률	개	51('17)	⇒	30	⇒	10
	수돗물 음용률(음식조리 등)	%	49.4('17)	⇒	55	⇒	60
	물 공급 안전율	%	67.6('17)	⇒	98	⇒	100
	홍수예보지점	개	60('19)	⇒	110	⇒	170
	신규오염물질관리항목	개	55('17)	⇒	100	⇒	120
	물산업 일자리	만 개	16.3('17)	⇒	20	⇒	25

* 주) 불투수면적률은 25% 이상 소유역 개수, 예보지점은 특보기준

③ 미세먼지 등 환경위해로부터 국민건강 보호

정책 방향	현재(As-Is)	⇒	미래 방향(To-Be)
	대기정책으로 미세먼지관리	⇒	에너지-산업-도시환경정책으로 미세먼지관리
	매체별 환경오염관리	⇒	수용체 중심 환경오염관리
	화학물질에 대한 사후관리	⇒	전 과정관리를 통한 유기적 화학물질관리

주요 정책 과제	미세먼지의 근본적 해결 추진	• 미세먼지 해결을 위한 국가비전 마련 • 환경친화적 에너지 · 산업 · 도시정책 강화 • 미세먼지 저감정책에 대한 국민소통 강화
	위해성에 기반한 공기질관리	• 위해성 기반의 대기오염물질 감시 강화 • 오존 대응 강화 • 실내 공기질관리 강화
	생활 주변 유해인자 · 화학물질 · 제품관리 강화	• 수용체 중심 환경관리 강화 • 환경오염 민감 · 취약계층의 건강 우선 보호 • 화학물질 사전위해성 관리 강화 • 생활화학제품 등 안전관리체계 구축 • 미세플라스틱관리 기반 구축

주요 지표	구분	단위	현재	⇒	2030	⇒	2040
	초미세먼지관리 기준(PM2.5, 연간)	$\mu g/m^3$	15	⇒	–	⇒	10
	초미세먼지농도(PM2.5, 연간)	$\mu g/m^3$	23('18)	⇒	16('24)	⇒	10
	석면슬레이트 함유 건축물 수	만 동	128	⇒	70	⇒	0
	유통 화학물질의 유해성 정보 확보율	%	5	⇒	70	⇒	100

④ 기후환경 위기에 대비된 저탄소 안심사회 조성

정책 방향	현재(As-Is)	⇒	미래 방향(To-Be)
	감축과 적응 정책 이원화	⇒	감축과 적응 정책의 균형과 공편익 강화
	정책 및 계획 수립에 초점	⇒	실행과 실천 중심, 이행점검 강화
	정부주도 기후변화 위험관리	⇒	시민 · 기업과 함께 하는 기후변화 대응
	환경재해 중심관리	⇒	미래 환경안보 위험 예측과 대응력 확대

주요 정책 과제	저탄소 안심사회 기반구축	• 기후변화 대응을 위한 법 · 제도 기반 강화 • 온실가스 감축과 기후적응 연계를 통한 공동편익 극대화 • 저탄소 안심사회로의 전환을 위한 생활양식 정착
	저탄소 사회로의 전환 추진	• 온실가스 장기 배출목표 설정과 주기적 갱신 강화 • 저공해자동차 획기적 확대 등 탈내연기관 자동차로 전환 • 탄소가격화 강화 및 규제정책과의 조화

기출예상문제

「제5차 국가환경종합계획('20~'40)」에 따른 환경관리 7대 핵심전략 중 미세먼지 등 환경위해로부터 국민건강 보호에 대한 주요지표가 아닌 것은?

① 초미세먼지관리 기준
② 초미세먼지농도
③ 석면슬레이트 함유 건축물 수
④ 전기 · 수소차 판매 비중

🖐 ④

기후위험 대응과 신(新)기회 창출 현실화	• 기후변화 적응 내재화를 통한 기후탄력성 확보 • 지역 주도 기후위험 대응과 취약지역 · 계층 집중관리 • 공공기관 및 산업계 기후위험 대응과 신(新)기회 창출 촉진 • 기후위험관리를 위한 통합정보체계 구축
미래 환경안보 관리강화	• 국제기준에 부합하는 방사성 폐기물 안전규제체계 선진화 추진 • 기후-기술-사회 등 복합환경재해 목록화 및 관리 강화 • 지정학적 요건을 고려한 동북아 환경재해관리 강화

기출예상문제

「제5차 국가환경종합계획('20~'40)」에 따른 환경관리 7대 핵심전략 중 저탄소 안심사회 조성에 대한 주요지표가 아닌 것은?

① 전기 · 수소차 판매 비중
② 기후탄력도시 조성
③ 기후보험 가입
④ 생태면적률

답 ④

	구분	단위	현재	⇒	2030	⇒	2040
주요 지표	전기 · 수소차 판매 비중	%	1.7('18)	⇒	33.3	⇒	80
	기후탄력도시 조성	건	–	⇒	10	⇒	30
	기후보험(농작물재해보험) 가입	%	33.1('18)	⇒	45	⇒	60
	CTCN 연계 개도국 협력 · 지원	건수 (누적)	4('18)	⇒	50	⇒	100

⑤ 모두를 포용하는 환경정책으로 환경정의 실현

	현재(As-Is)	⇒	미래 방향(To-Be)
정책 방향	환경정의와 녹색사회 실현 제도 미비	⇒	환경정의 제도 구현 및 사회전반에 걸친 녹색전환전략 추진
	전반적인 공급 중심의 환경 개선	⇒	수용체를 고려한 균등한 환경 개선
	환경정보의 양적 공개 확대	⇒	국민이 알고 싶은 효용성 있는 정보 공개
	先피해입증, 後피해구제 및 책임 부여	⇒	先피해구제 및 책임 부여, 後피해입증

주요 정책 과제	환경정의 구현과 녹색사 회로의 전환	• 환경정의제도화 및 정책추진 • 녹색 사회전환을 위한 포괄적 전략 추진
	수용체 관점의 환경 개선	• 공간적 · 계층적 환경불평등 평가 · 진단 및 개선 기반 구축 • 공간적 · 계층적 환경불평등 개선사업 강화 • 미래세대, 동식물까지 포용하는 환경정의 확장 모색
	환경정보의 알권리와 피 해자 구제 강화	• 환경정보 제공의 획기적 확대로 국민의 알권리 충족 • 국민의 실질적 참여기회 강화 • 환경책임 · 피해구제, 분쟁조정 및 환경소송제도의 개선으로 교정적 환경정의 강화

	구분	단위	현재	⇒	2030	⇒	2040
주요 지표	인구집단 · 지역별 환경질 · 서비스 평가체계 구축	–	환경정의 평가체계 구축 추진	⇒	환경정의 평가 및 부정의 개선정책 도출	⇒	개선 정책 이행

주요 지표	취약계층 환경복지서비스 제공 (의료지원)	명 (누적)	1,341	⇒	3,800	⇒	5,800
	취약계층 환경피해 법률지원	건수/ 연	6('17)	⇒	50	⇒	100
	녹색사회 전환을 위한 부문별 정책 정합성 확보	–	부처 간 정책정합성 미흡	⇒	녹색전환을 위한 정책 · 계획 검토 제도 마련	⇒	제도 정착

⑥ 산업의 녹색화와 혁신적 R&D를 통한 녹색순환경제 실현

	현재(As-Is)	⇒	미래 방향(To-Be)
정책 방향	환경기술-산업발전 정체	⇒	환경기술 혁신, 환경산업 생태계 확충
	대량생산-소비-폐기의 선형 경제	⇒	자원 전 과정 이용, 순환경제체제 정착
	직접 규제 중심의 환경정책	⇒	사회적 환경비용을 반영한 정책 설계

	환경 R&D의 미래지향적 혁신	• 미래대응형 유망환경기술 개발 추진 • 사회문제해결형-정책연계형 핵심기술 개발 확대
주요 정책 과제	물질순환과 친환경경영에 기초한 산업녹색화	• 순환경제모델 정립 및 확산 • 순환자원의 자원가치 극대화 • 플라스틱 폐기물 및 유해폐기물의 책임관리 강화 • 일회용품 규제 등 친환경소비 촉진을 위한 관리 강화 • 기업 및 공공기관의 친환경경영 정착
	환경일자리 창출과 환경가치 제고	• 환경분야 창업 · 벤처 · 강소기업 육성 및 전방위 지원 • 환경 일자리 창출과 전문인력 육성 • 환경비용 내부화와 규제 선진화 • 시장과 ICT를 활용한 친환경 가치 창출 • 자원순환패러다임 변화에 따른 새로운 물질순환가치 창출

	구분	단위	현재	⇒	2030	⇒	2040
주요 지표	환경 · 기상기술 격차 (최고기술 보유국인 미국 기준)	연	4.1('18)	⇒	2 (일본수준)	⇒	0.25 (EU 수준)
	환경산업 비중(GDP 대비)	%	5.4('17)	⇒	7	⇒	10
	자원생산성	USD/kg	3.2('17)	⇒	4.0	⇒	5.0
	순환이용률	%	70.3('16)	⇒	82.0('27)	⇒	90
	플라스틱 재활용률	%	62.0('17)	⇒	70	⇒	100
	환경세 수입 비중 (GDP 대비)	%	2.6('14)	⇒	3.5	⇒	5.0

기출예상문제

「제5차 국가환경종합계획('20
~'40)」에 따른 환경관리 7대
핵심전략 중 모두를 포용하는
환경정책으로 환경정의 실현에
대한 주요지표가 아닌 것은?

① 취약계층 환경복지서비스 제공
② 취약계층 환경피해법률지원
③ 녹색사회 전환을 위한 부문별
정책 적합성 확보
④ 기후보험 가입 확대

답 ④

⑦ 지구환경보전을 선도하는 한반도 환경공동체 구현

	현재(As – Is)	⇒	미래 방향(To – Be)
정책 방향	남북 간 유리된 환경관리 및 정책	⇒	남북 간 통합환경관리를 위한 기반 조성
	전시성 성격의 남북환경협력	⇒	지속가능하며 구체성 있는 남북 환경협력 사업 이행

주요 정책 과제	항구적인 남북 환경협력 이행	• '한반도 환경통일'을 위한 기반 구축 • 한반도 환경공동체 구현을 위한 남북협력사업 이행
	동북아 환경협력 발전	• 동북아 월경성 환경오염 대응 협력체제 구축 • 동북아 생태네트워크 구축 및 지속가능한 이용 • 양자 · 다자간 환경협력을 동북아 지역협력으로 발전
	국제협약의 성실한 이행 · 선도와 개발도상국협력 확대	• 기후변화 등 국제협력의 이행과 공조 • 지구생물다양성 증진 노력 강화 • 기후변화 대응 글로벌 기술협력 확대 • 개발도상국에 대한 지속가능발전 지원 및 협력 강화

	구분	단위	현재	⇒	2030	⇒	2040
주요 지표	한반도 생태네트워크 구축	–	–	⇒	백두대간 중심 생태축 연결 사업 추진	⇒	한반도 육상 및 해양 생태축 연결
	기후변화 및 생물다양성 국제협약 공조와 주도	–	협약별 MRV 시행과 결과 공유	⇒	주요 의사 결정권 확보	⇒	국내 기술 주도의 협약 이행 사업 추진
	환경분야 개발도상국 SDGs 이행 지원 사업전개 및 확대	–	지원체계 수립 및 국가별 단위 사업 지원	⇒	SDGs 이행 지원사업 전개 : ASEAN 포함 아시아권 전역	⇒	SDGs 이행지원 사업 전개 : 아프리카 및 중남미 전역

2. 기후변화 대응 기본계획 내용(2020~2040)

1) 기본계획의 의의

(1) 기본원칙

① 지구온난화에 따른 기후변화 문제의 심각성을 인식하고, 국가적 · 국민적 역량을 모아 총체적 대응 및 범지구적 노력에 적극적으로 참여한다.

② 온실가스 감축의 비용과 편익을 경제적으로 분석하고 국내 여건 등을 감안하여 국가 온실가스 중장기 감축목표를 설정하고 비용 · 효과적 방식의 합리적 규제체제를 도입한다.

③ 온실가스를 획기적으로 감축하기 위한 첨단기술 및 융합기술을 적극적으로 개발·활용한다.

④ 온실가스 배출에 따른 권리·의무를 명확히 하고 국내·외 시장거래를 허용한다.

⑤ 기후변화로 인한 영향을 최소화하고 위험 및 재난으로부터 국민의 안전을 보호한다.

(2) 위상과 목적

① 기후변화 대응의 최상위 계획으로서 기후변화 정책의 철학과 비전을 제시한다.

② 온실가스 감축의무 이행과 지구온난화 적응을 위한 정책방향 설정 및 에너지 등 유관계획과 적합성을 확보한다.

(3) 온실가스 감축목표 설정

파리협정상 5년 단위 NDC(Nationally Determined Contribution) 갱신에 맞추어 국가 온실가스 감축목표 및 이행 로드맵을 포함한 기후변화 대응 기본계획을 수립한다.

> ※ '30년 이후 장기 온실가스 감축목표는 차기 NDC 제출('25)과 연계(목표 시점)하여 설정

(4) 다른 계획과의 관계

① 기후변화부문에서 녹색성장 국가전략을 실현하기 위한 이행계획이자 유관계획 및 하위계획의 작성방향을 제시한다.

② 장기 수립주기(5년)의 한계, 여건 변화에 따른 능동적 대처 등을 위해 기본원칙을 유지하는 범위에서 하부계획의 자율성을 최대한 보장한다.

2) 국내 기후변화 추이

(1) 이상기후 현상

① 기온 : 20세기 초와 비교(1912~, 6개 지점 관측)하여 연평균기온 변화량은 0.18℃/10년 상승*하였으며, 최근 30년간 큰 폭으로 상승(1.4℃↑)

　* 계절적으로 겨울(+0.25℃/10년)과 봄의 기온상승(+0.24℃/10년)이 가장 크게 나타남

② 강수량 : 지난 106년 동안 연 강수량은 16.3mm/10년 증가하였으나 강수일은 변동 없는 등 강수의 양극화현상 심화(강한 강수↑, 약한 강수↓)

③ 계절 : 과거 30년과 최근 30년 비교 시 여름이 길어지고 겨울이 짧아지는 지구온난화현상 발생(여름 19일↑, 겨울 18일↓)

> ※ 2018년 우리나라의 여름 평균기온은 25.4℃로 1973년 이후 가장 높게 관측되었으며, 서울(39.6℃), 홍천(41℃), 전주(38.9℃) 등 곳곳에서 관측 이래 최고기온 경신
>
> ※ 여름 강수량의 증가가 가장 컸으며(+11.6mm/10년), 다른 계절도 큰 변화

(2) 기상이변

① 한파 : '18년 1월 말~2월 초 전국 평균기온은 '73년 이후로 두 번째로 낮았고 국내 상층의 찬 공기가 지속 유입되면서 한파가 지속

② 폭염 : '18년 여름철 전국 평균기온은 '73년 이후로 가장 높았고, 전국적으로 무더위가 이어지면서 낮에는 폭염, 밤에는 열대야가 발생

(3) 사회·경제적 피해

① 최근 10년간(2008~2017) 기상재해로 152명의 인명피해 및 약 20만 명의 이재

민이 발생하였으며 재산피해와 복구에 따른 경제적 손실은 10조 7천억 원이 발생하였다.

② 특히, 태풍과 호우로 인한 피해액이 전체 피해규모의 88.4%에 달하여 기상재해 원인 중 가장 큰 비중을 차지하였다.

3) 국내 기후변화 전망

(1) 현재 추세대로 온실가스 배출 시, 21세기 말 이상기후현상 더욱 심화

① 기온 : 기후변화 대응정책의 성과에 따라 다르나 21세기 말 기준 전 지구의 온도 상승보다 가파른 추세로 1.8℃~4.7℃ 상승할 것으로 예측

② 강수량 : 현재 대비 21세기 말 전체적으로 강수량은 증가할 것으로 예측(+5.5~+13.1%)되며, 현 추세대로 배출 시 한반도 전 지역에서 증가 예상

③ 극한기후 : 현재 남해안에 국한되는 아열대 기후는 점차 영역이 넓어지며, 폭염·열대야 등 고온 관련 극한지수의 증가 및 저온 관련 지수 감소 예측

4) 기본계획의 기본방향

(1) 온실가스 감축

① 파리협정 목표(2℃ 상승 억제, 1.5℃ 달성 노력) 이행을 위한 온실가스 감축 추진

㉠ 국제사회에 약속한 국가 온실가스 감축목표 달성을 위하여 정부·민간 등 주체별·분야별 전 부문의 역량을 집중하여 대응

㉡ 국내 산업 여건 등을 고려하여 시장원리에 기반을 둔 비용으로 효과적인 정책 추진을 통하여 국가 전체 온실가스 감축 비용의 최소화

② 기후변화 대응을 신시장·신산업 창출의 기회로 활용

㉠ 기후변화 대응 노력을 화석연료 기반 탈피, 에너지 절감 등 저탄소 고부가가치 산업구조로의 개편 기회로 활용

㉡ 국제 에너지산업의 패러다임 전환에 부응하여 재생에너지 확산, 혁신적 수요관리, ICT결합 등 에너지 신산업 적극 육성

(2) 기후변화 적응

① 국민 모두가 함께 참여하는 기후변화 대응 주류화 실현

㉠ 전 국민의 이해와 협조를 기반으로 온실가스 감축(예 에너지 전환, 수요관리)과 이상기후 적응을 함께 실현

㉡ 국민 각자가 기후위기의 심각성을 이해·인식하고 스스로 적응의 주체로서 행동할 수 있도록 제도 설계

② 우리 사회의 기후탄력성 제고와 취약계층 지원 강화

이상기후에도 안전한 기후탄력적 사회 건설을 위해 총체적 적응 역량 제고 및 환경정의 차원에서 취약계층의 지원을 확대·강화하여야 한다.

5) 비전 및 주요과제

비전	지속가능한 저탄소 녹색사회 구현	
목표	온실가스 배출	709.1백만 톤('17) ➡ 536백만 톤('30)
	적응력 제고	기후변화 적응 주류화로 2℃ 온도상승에 대비
	기반 조성	파리협정 이행을 위한 전 부문 역량 강화

핵심전략	중점 추진과제
저탄소 사회로의 전환	• 국가 온실가스 감축목표 달성을 위한 8대 부문 대책 추진 • 국가목표에 상응한 배출허용총량 할당 및 기업책임 강화 • 신속하고 투명한 범부처 이행점검 · 평가체계 구축
기후변화 적응체계 구축	• 5대 부문(국토 · 물 · 생태계 · 농수산 · 건강) 기후변화 적응력 제고 • 기후변화 감시 · 예측 고도화 및 적응평가 강화 • 모든 부문 · 주체의 기후변화 적응 주류화 실현
기후변화 대응 기반 강화	• 기후변화 대응 신기술 · 신시장 육성으로 미래시장 창출 • 국격에 맞는 신기후체제 국제협상 대응 및 국제협력 강화 • 전 국민의 기후변화 인식 제고 및 저탄소 생활문화 확산 • 제도 · 조직 · 거버넌스 등 기후변화 대응 인프라 구축

6) 중점추진과제의 이행방안

(1) 저탄소사회로의 전환

국가 온실가스 감축목표 달성을 위한 8대 부문 대책 추진	전환부문	• 친환경에너지믹스로 전환 • 혁신적 에너지 수요관리 • 에너지 가격체계 합리화
	산업부문	• 에너지효율 개선 • 신기술 적용 • 냉매규제 • 연료대체
	건물 (가정 · 상업)	• 녹색건축물 확산 • 에너지효율 향상 • 인프라 확충
	수송부문	• 도로부문 • 물류 및 인프라 • 항공부문
	폐기물	• 지속가능한 생산 · 소비체계 구축으로 폐기물 발생 최소화 • 메탄가스 회수
	공공부문	• 에너지소비 감축 • 목표관리제 강화

지구온난화에 따른 기후변화 문제의 심각성을 인식하고, 국가적·국민적 역량을 모아 총체적 대응 및 범지구적 노력에 적극 참여하기 위하여 우리나라는 「기후변화 대응기본계획(2020 ~2040)」을 수립하였다. 위 계획의 핵심전략이 아닌 것은?

① 저탄소사회로의 전환
② 기후변화 적응체계 구축
③ 기후변화 대응기반 강화
④ 물관리통합

답 ④

국가 온실가스 감축목표 달성을 위한 8대 부문 대책 추진	농축산 부문	• 농어촌 지역 저탄소인프라 구축 및 활용 확대 • 가축분뇨 에너지화 및 자원화 시설 확충 • 저메탄·양질의 사료 공급 확대
	CCUS·산림 부문	• CCUS 원천기술 개발 및 실증기술 확보· 활용으로 탄소 저감 실현 • 산림흡수원
시장을 활용한 효율적 온실가스 감축	배출권거래제	• 실효성 있는 감축기반 구축 • 온실가스 배출기업의 책임 강화 • 온실가스 감축투자 촉진 • 배출권거래 유동성 제고 • 배출량 검·인증체계 개선 • 외부사업의 합리성 제고
	목표관리제	• 관리대상 목표를 온실가스 배출량으로 단계적 일원화 • 온실가스 감축 기술진단 지원 등 추진 • 보조금 지급범위 확대 및 절차 간소화로 중소업체 행정부 담 완화
	국제 탄소시장 활용	• 해외 배출권 확보체계 구축 • 민·관 협력체계 구축 • 국가 간 상호인정체계 구축
신속하고 투명한 점검·평 가 체계 구축	범부처 점검·평가 체계	• 온실가스 감축 점검·평가체계 마련 • 성과평가의 객관성·실효성을 높이기 위한 내·외부 환 류체계 정립
	점검·평가 절차	• 준비단계 : 부처별 소관 과제에 대한 이행실적 수집 • 평가단계 : 온실가스정보센터 주관 이행평가 보고서 작 성(전문가 작업반 구성) • 보고단계 : 이행평가 결과 보고 및 대국민 공개

(2) 기후변화 적응체계 구축

5대 부문 기후변화 적응력 제고	물관리부문	• 통합물관리계획 강화 • 홍수·가뭄 등 위험 대응력 강화 • 물순환 건전성 확보
	생태계부문	• 생물종 및 유전자원 보호 • 서식처 보전 및 복원 • 생태계 안전관리 강화
	국토·연안 부문	• 관리 기반 마련 • 토지·건물·시설관리
	농·수산 부문	• 농업/생산 기반 관리 • 식량안보 및 재해예방

	건강부문	• 건강 피해 최소화 기반 마련 • 취약계층 보호 강화 • 관리 · 협업체계 강화
기후변화 감시 · 예측 및 평가 강화	감시 · 예측 고도화	• 첨단기술 기반의 감시체계 강화 • 중장기 기후변화 예측 기반기술 개발 및 고도화 • 예측정보 생성체계 고도화
	정보플랫폼 및 위험지도 구축	• 기후변화 과학 · 적응정보 플랫폼 구축 • 기후변화 위험지도 구축
	취약성 평가 도구 개선	지역 취약성 평가 도구 고도화 및 활용성 제고
	기후변화 영향 예측 평가 강화	기후변화 영향 통합평가모형을 활용한 정량적 영향평가
기후변화 적응 주류화	기후변화 적응대책 실효성 확보	• 국가 · 지자체 적응대책 이행력 확보 • 공공기관 적응대책 수립 의무화 • 기후변화 적응 평가제도 도입
	기후변화 적응 탄력성 제고	• 도시기후변화 취약성 저감사업 발굴 • 지역 주도의 기후탄력성 제고
	기후변화 취약계층 · 산 업 보호 강화	• 취약계층 지원사업 추진 • 기후보험 도입 검토 및 재해보험 확대 • 산업계 적응대책 수립 및 지원 강화

(3) 기후변화 대응 기반 강화

	기후기술 기반 조성 및 상용화 추진	• 기후변화 4대 분야 중점 기술개발 추진 : 탄소저감, 탄소자원화, 기후변화 적응, 글로벌협력 • 기후기술 연구개발 기반 조성
신기술 · 신산업 육성으로 미래시장 창출	기후산업 육성으로 신성장동력 확보	• 에너지 신사업의 새로운 전환 • 에너지 신사업 추진 : 에너지프로슈머, 저탄소 발전, 전기차, 친환경공정 • 기후변화 대응 신산업 육성 • 신산업 확산 기반 조성
	산업계 기후변화 대응 지원 확대	• 배출권 유상할당 수입 활용 및 지원 확대 • 온실가스 감축설비 및 고효율설비 구축 지원 • 금융 · 세제 지원 확대 • 배출권거래제 정보 공유 확대 • 미래를 이끌 기후전문가 육성

기후변화 국제협력 확대·강화	기후변화 국제협상 대응력 강화	• 국격에 맞는 신기후체계 국제협상 대응 • 파리협정 이행규칙 후속협상에 전략적 대응
	국제사회와 협력 강화	• 기후변화 관련 주요 국제기구 및 협의체와 협력채널 다각화 • 국제기구에 전문가 진출 확대 및 전략적 협력사업 발굴 • 양자협력 플랫폼 구축
	개도국 지원 확대	• 개도국의 지속가능한 저탄소사회 구현을 위한 ODA 확대 • 개도국 지원체계 구축을 위한 GCF 참여 확대
저탄소 생활문화 확산	저탄소생활 자원프로그램 확대	• 친환경 생산·소비 지원프로그램 개선·확대 • 생활 속 에너지 절약 확산 • 저탄소생활을 실천할 수 있는 종합정보 제공
	기후변화 국민 인식 제고	• 기후변화 홍보 강화 • 기후변화 교육 확대
기후변화 대응 인프라 구축	지역사회의 기후변화 대응 책임 강화	• 지자체 역할 확대 • 통계 기반 지역온실가스 감축
	기후변화 대응 정보 투명성 강화	• 최고 수준의 온실가스 배출 통계체계 구축 • 국가 온실가스 잠정 배출량 산정 및 활용성 제고 • 기후변화에 따른 경제적·사회적 비용의 분석·평가
	중·장기 기후변화 대응 인프라 구축	• 2050 저탄소 발전전략 수립 • 기후변화 대응 기반 구축

3. 제3차 지속가능발전 기본계획(2016~2035)

1) 수립배경

① 법적 근거 : 「저탄소 녹색성장 기본법」 제50조

지속가능발전 관련 국제적 합의를 이행하고 국가의 지속가능발전을 촉진하기 위하여 20년 계획기간으로 5년마다 수립·시행한다.

② 계획의 범위

㉠ 지속가능발전의 현황 및 여건변화와 전망에 관한 사항

㉡ 지속가능발전을 위한 비전, 목표, 추진전략과 원칙, 기본정책방향, 주요지표에 관한 사항

㉢ 지속가능발전과 관련된 국제적 합의 이행에 관한 사항 등

2) 주요개념 및 국내외 주요성과

① 지속가능발전의 개념 : 환경＋경제＋사회

    ㉠ 지속가능발전은 지속가능성에 기초하여 경제의 성장, 사회의 안정과 통합 및 환경의 보전이 균형을 이루는 발전을 의미한다.

    ㉡ "지속가능성"이란 현재 세대의 필요를 충족시키기 위하여 미래 세대가 사용할 경제·사회·환경 등의 자원을 낭비하거나 여건을 저하시키지 아니하고 서로 조화와 균형을 이루는 것을 말한다.

② 국내외 주요추진경과(*기울임 : 국외*)

연도	주요추진내용

1992년	• *UN환경개발회의(UNCED)*
	  − *리우선언, 의제 21 채택*
	  − *UN 3대 환경협약(기후변화, 생물다양성, 사막화방지) 출범*

1996년	의제 21 국가실천계획 수립·시행
2000년	• 새천년 국가환경비전 선언 • 대통령 소속 지속가능발전위원회 출범
2002년	• *지속가능발전세계정상회의(WSSD), 요하네스버그 선언 채택* − *빈곤퇴치, 환경보호 등 지속가능발전 세부이행계획 합의*
2005년	국가지속가능발전비전 선언
2006년	• 제1차 지속가능발전전략 및 이행계획 수립(2006~2010) −4대 전략, 48개 이행과제, 238개 세부이행과제 • 지속가능발전지표(77개) 선정
2007년	「지속가능발전 기본법」 제정
2010년	• 「지속가능발전 기본법」 → 「지속가능발전법」으로 개정 −환경부장관 소속 지속가능발전위원회로 개편
2011년	• 제2차 국가지속가능발전 기본계획(2011~2015) 수립 −4대 전략, 25개 이행과제, 84개 세부이행과제 • UN지속가능발전센터(UNOSD) 유치(인천 송도)

2012년	• *UN지속가능발전회의(UNCSD)*
	  − *지속가능발전과 빈곤퇴치 맥락에서의 녹색경제 개념 설정*
	  − *UN지속가능발전목표(SDGs) 설정 합의*

2014년	• 국가지속가능성 보고서 발간 • 유엔사무총장보고서 발간

2015년	• *제70차 UN총회*
	  − *2030 발전의제 및 지속가능발전목표(SDGs) 채택*
	• 제3차 기본계획 수립
	  −지속가능발전위원회 및 녹색성장위원회 심의
	  −국무회의 심의·확정('16.1)

※ UN Brundtland Report('87) 지속가능개발(Sustainable Development)라는 개념이 처음 사용됨

: a development that meets the needs of present generations without com−promising the ability of future generations to meet their own needs

3) 제3차 지속가능발전 기본계획의 내용

① 구성

환경·사회·경제의 조화로운 발전이라는 비전하에 환경, 사회, 경제, 국제분야 4대 목표, 부문별 14개 전략, 50개 이행과제로 구성되어 있다.

② 수립방향

㉠ UN지속가능발전목표(SDGs)를 국내 여건에 맞게 반영

㉡ 온실가스 감축, 에너지사용, 신재생에너지 비중, 비정규직 차별, 양성평등, 재해·안전 등 국가지속가능성 평가 결과 취약 분야 반영

㉢ 양극화, 에너지, 지역불균형, 일자리, 취약한 거버넌스, 저출산·고령화, 대량생산과 대량소비 등 전문가 진단(포럼, 자문)에 따른 위협요인 반영

③ 2차 기본계획과 비교한 특징

㉠ 환경 : 화학물질 사전관리 및 피해구제, 생태계서비스 기반 국토환경관리, 친환경 자원순환경제 구축, 건전한 물순환체계 확립, 시장 기반 온실가스 감축 등 정책 강화

㉡ 사회 : 양성평등, 장애인·다문화가족 지원, 사회안전 확충, 예방적 건강관리 등 정책 강화

㉢ 경제 : 일자리 창출, 비정규직 등 고용안정성, 공정거래 기반 확충 등 정책강화

㉣ 종합 : 환경 – 사회 – 경제 각 부문 간 통합성 제고정책 강화

※ SDGs 국내외 이행체계 구축은 글로벌 지표('16.2월 유엔통계위원회 확정), 이행 검토체제('16.7월 유엔 고위급 정치포럼 논의) 등을 고려하여 별도 추진

4. 자연환경보전 기본계획의 내용(2016~2025)

1) 계획의 성격과 역할, 기본계획의 법적 성격

자연환경보전법 제8조 규정에 근거한 장기종합계획('16~'25)	자연환경보전 기본원칙(제3조)과 자연환경보전 기본방침(제6조)을 실천하기 위해 향후 10년간 추진할 사항을 담은 기본계획
국가환경종합계획의 자연환경 분야 부문계획	국토－환경계획 연동제 추진에 따라 수립되는 제4차 국가환경종합계획('16~'35)의 자연환경 분야 실천과제 추진을 위한 부문계획
우리나라 자연환경 분야 최상위 종합계획	• 자연환경보전을 위한 최상위 계획으로 생태계, 생물종, 유전다양성, 생물안전, 생태계서비스 부문을 포괄하는 전략계획 • 생물다양성을 증진하기 위한 국가생물다양성전략의 내용을 반영하여 실천과제를 추진하는 실행계획 • 자연환경보전실천계획, 야생생물보호세부계획, 지방생물다양성전략 등 지자체 추진계획의 방향을 제시하는 계획

2) 비전 및 목표

풍요로운 자연, 자연과 공존하는 삶

Goal 1

자연생태계 서식지 보호

한반도 생태네트워크 구현 | 국제적 수준의 보호지역 확대 및 관리 강화

Goal 2

야생동물 보호·복원

야생동물의 보호·관리 강화 | 외래·유해생물로부터 안전한 자연환경

Goal 3

자연과 인간이 더불어 사는 생활공간

도시생태계 보전·복원 | 마을생태계 보전·복원 | 생활공간생태계 보전 기반 강화

Goal 4

자연혜택의 현명한 이용

국민에게 더 가까운 자연환경 조성 | 자연혜택 증진을 위한 기반 마련 | 생물자원의 확보와 이용

Goal 5

자연환경보전 기반 선진화

자연보전과 개발의 조화 | 자연환경 보전 조사 및 기술개발 | 인식증진, 교육 및 참여 | 자연환경 보전 정책평가·조정

Goal 6

자연환경보전협력 강화

국가/지자체/지역주민 협력과제 발굴 및 추진 | 우리나라의 자연환경보전 국제적 역할 강화 | 남북·동북아 자연환경보전 협력 확대

「자연환경보전기본계획」의 역할이 아닌 것은?

① 향후 10년간의 우리나라 자연환경 여건을 전망하고, 이를 토대로 정책적 대응방향과 추진과제를 제시한다.
② 지자체와 민간단체, 국민, 기업 등 이해관계자가 자연환경보전을 위해 추진해야 할 권역별 시책과 협력과제 추진방안을 제시한다.
③ 국제사회에서의 우리나라 역할 확대를 위해 지구환경보전에 기여할 수 있는 추진 과제를 제시한다.
④ 우리 사회의 기후탄력성 제고와 취약계층의 지원을 강화한다.

답 ④

3) 기본계획의 역할

① 향후 10년간의 우리나라 자연환경 여건을 전망하고, 이를 토대로 정책적 대응방향과 추진과제를 제시한다.

② 지자체와 민간단체, 국민, 기업 등 이해관계자가 자연환경보전을 위해 추진해야 할 권역별 시책과 협력과제 추진방안을 제시한다.

③ 국제사회에서의 우리나라 역할 확대를 위해 지구환경보전에 기여할 수 있는 추진과제를 제시한다.

4) 미래의 자연환경정책의 여건 전망

① 보호지역 기후변화와 생물다양성 감소

② 인간과 생태계 안전에 대한 위협 증가

③ 자연자원의 현명한 이용 수요 증가

④ 지방화와 시민의 역할 증대 요구

⑤ 국제사회와의 협력 강화 필요

5) 목표별 추진과제

(1) 자연생태계 서식지 보호

① 3대 생태축의 기본개념 설정 → 생태축 보전 · 복원체계 확립 및 법 · 제도 정비

② 국토의 12.6%를 보호지역 지정 → 국제수준 보호지역 확대(17%)

③ 보전 위주의 보호지역 관리 → 보호지역 행위규제의 합리적 개선

(2) 야생생물의 보호 · 복원

① 멸종위기야생생물 관리체계 미흡 → 멸종위기야생생물 지정 · 해제 기준 · 절차 정비

② 외래종, 인수공통질병, LMO 등으로 인한 경제적 · 생태적 피해 증가 → 생물안전 중장기 통합관리대책 수립

(3) 자연과 인간이 더불어 사는 생활공간

① 도시자연환경보전 정보 미흡 → 도시생태현황 지도 구축 · 활용 의무화

② 비도시지역 생물다양성 감소 → 마을생태계 모니터링 및 보전 · 복원 추진

③ 생태복원 초기단계 → 생태복원체계 확립 및 전문업 도입

(4) 자연혜택의 현명한 이용

① 현명한 이용 수요 대비 체험기반 미흡 → 생태관광을 포함한 생태계서비스 확대

② 전 세계적으로 생물주권 확립 추세 → 자생 생물자원 조사 · 발굴 · DB화 확대

(5) 자연환경보전 기반 선진화

① 국토-환경계획 연동제 근거 마련 → 지자체 국토-환경계획 연계수립 촉진

② 개발행위 환경영향평가 실시 → 환경영향평가 실효성 증대, 자연훼손조정제 도입

③ 국가 · 전문가 중심 자연환경 조사 → 지역 · 시민 · 준전문가 참여 기반 마련

(6) 자연환경보전협력 강화

　　① 자연환경 분야 국제적 위상 확대 → 재정 · 인력 지원, 국제적 리드 확보

　　② 동북아지역 개발, 기후변화 확대 → 동북아 자연환경협력체계 구축 및 사업 확대

5. 자연공원 기본계획의 내용(2013～2022)

1) 자연공원 지정현황

　① 지정 개소 및 면적(국토면적의 4.8%)

구분		합계	국립공원	도립공원	군립공원
개소(수)		79	20	31	28
면적(km²)		7,857	6,581	1,036	240
	육상	4,847	3,827	783	237
	해상	3,010	2,754	253	3

　② 자연공원 지정현황도

기출예상문제

「자연공원법」에 따른 자연공원이 아닌 것은?

① 국립공원　② 도립공원
③ 군립공원　④ 도시공원

답 ④

2) 제2차 기본계획의 추진방향

① 정책패러다임의 변화

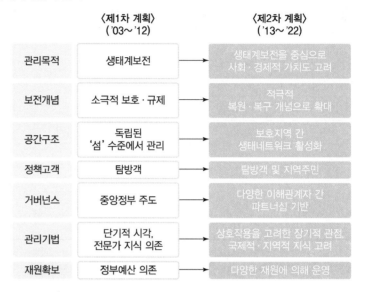

	〈제1차 계획〉 ('03~'12)	〈제2차 계획〉 ('13~'22)
관리목적	생태계보전	생태계보전을 중심으로 사회·경제적 가치도 고려
보전개념	소극적 보호·규제	적극적 복원·복구 개념으로 확대
공간구조	독립된 '섬' 수준에서 관리	보호지역 간 생태네트워크 활성화
정책고객	탐방객	탐방객 및 지역주민
거버넌스	중앙정부 주도	다양한 이해관계자 간 파트너십 기반
관리기법	단기적 시각, 전문가 지식 의존	상호작용을 고려한 장기적 관점, 국제적·지역적 지식 고려
재원확보	정부예산 의존	다양한 재원에 의해 운영

② 제2차 기본계획의 중점 추진과제

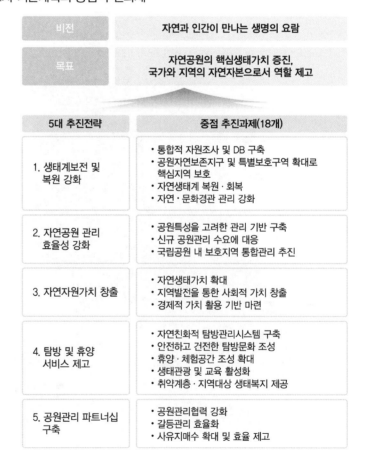

비전	자연과 인간이 만나는 생명의 요람
목표	자연공원의 핵심생태가치 증진, 국가와 지역의 자연자본으로서 역할 제고

5대 추진전략	중점 추진과제(18개)
1. 생태계보전 및 복원 강화	• 통합적 자원조사 및 DB 구축 • 공원자연보존지구 및 특별보호구역 확대로 핵심지역 보호 • 자연생태계 복원·회복 • 자연·문화경관 관리 강화
2. 자연공원 관리 효율성 강화	• 공원특성을 고려한 관리 기반 구축 • 신규 공원관리 수요에 대응 • 국립공원 내 보호지역 통합관리 추진
3. 자연자원가치 창출	• 자연생태가치 확대 • 지역발전을 통한 사회적 가치 창출 • 경제적 가치 활용 기반 마련
4. 탐방 및 휴양 서비스 제고	• 자연친화적 탐방관리시스템 구축 • 안전하고 건전한 탐방문화 조성 • 휴양·체험공간 조성 확대 • 생태관광 및 교육 활성화 • 취약계층·지역대상 생태복지 제공
5. 공원관리 파트너십 구축	• 공원관리협력 강화 • 갈등관리 효율화 • 사유지매수 확대 및 효율 제고

6. 물환경관리 기본계획(2016~2025)

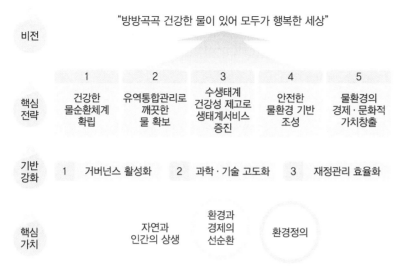

비전 "방방곡곡 건강한 물이 있어 모두가 행복한 세상"

	1	2	3	4	5
핵심 전략	건강한 물순환체계 확립	유역통합관리로 깨끗한 물 확보	수생태계 건강성 제고로 생태계서비스 증진	안전한 물환경 기반 조성	물환경의 경제·문화적 가치창출

기반 강화 1 거버넌스 활성화 2 과학·기술 고도화 3 재정관리 효율화

핵심 가치 자연과 인간의 상생 환경과 경제의 선순환 환경정의

▌ **제2차 물환경관리 기본계획의 체계** ▌

➤ **물환경관리 핵심전략1**

구분	내용
핵심전략 1.	• 건강한 물순환체계 확립 • 불투수면적률 25% 초과 51개 소권역의 지역별 물순환 목표 설정 * 기본계획 5년차 평가 시까지 정량화된 지표 개발·산정하여 국가 목표 설정
핵심전략 2.	• 유역통합관리로 깨끗한 물 확보 • 주요 상수원의 수질 좋음(Ⅰ) 등급(BOD*·T-P 기준) 달성 * 하천 목표 기준에 TOC 도입 시(2021년) 기준 변경 검토
핵심전략 3.	• 수생태계 건강성 제고로 생태계서비스 증진 • 전국 수체의 수생태계 건강성 양호(B) 등급 달성
핵심전략 4.	• 안전한 물환경 기반 조성 • 산업폐수의 유해물질 배출량 10% 저감(2010~2015년 평균 대비) • 4대강 상수원 보의 총인 농도와 남조류세포수 일정 수준 이하 유지
핵심전략 5.	• 물환경의 경제·문화적 가치 창출 • 국민 물환경 체감 만족도 80% 이상 달성

기출예상문제

물환경관리 기본계획(2016~2025)의 내용으로 적절하지 않은 것은?
① 유역통합관리
② 수생태계 건강성 제고
③ 건강한 물순환체계 확립
④ 산업폐수의 유해물질 배출 금지

답 ④

▶ 물환경관리 핵심전략2

구분	내용
건강한 물순환체계 확립	• 환경생태유량 확보 제도화 • 지표수−지하수 통합관리 • 전 국토의 물 저류 · 함양 기능 향상 • 물 재이용 활성화로 대체수자원 확보 • 물 수요관리 강화 • 관계부처협업 강화
유역통합관리로 깨끗한 물 확보	• 주요 상수원 수질 I 등급 달성과 유역계획의 수립 • 오염총량제가 상수원 수질개선의 핵심수단이 되도록 지류 · 지천 수질개선 강화 • 농 · 축산업 분야 오염원 중점관리 • 경제적 유인책을 활용한 사전예방적 비점오염원관리 • 집중관리대상 호소별 수질목표 설정 및 관리 • 하구 및 하구호관리를 위한 관계부처협업
수생태계 건강성 제고로 생태계서비스 증진	• 수생태계 건강성 평가체계 확립 및 양호(B) 등급 목표 달성 • 건강성 훼손 하천 원인규명 및 복원체계 확립 • 수생태계의 종 · 횡적 연결성 제고 • 기후변화에 취약한 수생태계관리 및 생물다양성 보전 • 수생태계서비스 가치 측정 및 정책 활용 • 수생태계 전문 조사 · 연구조직 신설
안전한 물환경 기반 조성	• 감시물질 도입 및 수질오염물질 지정 · 관리 강화 • TOC 중심의 유기물질관리 강화 • 업종특성을 고려한 폐수배출시설관리 • 사업장 수질오염의 자율관리 기반 마련 • 수질오염사고 대응능력 강화 • 통제가능한 수준의 녹조관리 • 기후변화 취약시설관리
물환경의 경제 · 문화적 가치 창출	• 물환경관리 전문화로 물산업 창출 • 환경기초시설의 자산관리제도 도입 • 친수활동 안전 확보 및 쾌적함 제고 • 물문화 체험공간 조성

7. 백두대간 기본계획의 내용(2016~2025)

1) 백두대간현황

지리적 환경	• 백두산에서 지리산까지 남북으로 길게 뻗은 길이가 약 1,400km • 우리나라의 대표적인 산림지대로 평균 임야율은 77%를 차지
자연환경	• 동쪽은 해양성 기후, 서쪽은 내륙성 기후, 전체적 온대계절풍 지대 • 화강암, 변성퇴적암류 등 계곡분지, 풍화·침식분지, 석회암지대 발달 • 생태적으로는 우리나라 종다양성을 유지하는 핵심공간
사회·인문 환경	• 행정구역별로는 강원도가 52%로 가장 넓고, 전남이 2% • 백두대간보호지역은 전 지역의 인구가 전반적으로 감소하는 추세 • 문화유산과 옛길(고개) • 사찰림과 불교문화
경제 산업 환경	• 동서를 연결하는 광역교통망 미비와 백두대간으로 인한 교통단절 • 백두대간 내 32개 시·군 재정자립도 크게 떨어짐
제도 및 관리환경	• 「백두대간보호에 관한 법률」 • 환경부 산림청이 원칙과 기준을 설정하고 산림청 기본계획수립·시행 • 보호지역의 지정목적과 대상 및 관리주체가 매우 다양(10개 종류)
이용현황	• 철도, 고속도로, 송전선로 등 국가전력사업이 시행 및 계획 중에 있음 • 케이블카, 골프장·스키장, 휴양레저타운, 생태공원 및 산악레포츠단지 등
훼손현황	• 백두대간 내 상당한 지역이 단절 또는 훼손된 상태로 방치 • 지형훼손을 비롯한 식생 및 인공구조물 등 훼손유형별로 다양

2) 백두대간보호의 기본방향

비전	자연과 인간이 어우러진 풍요로운 삶의 터전			
전략	보전과 이용의 조화를 통해 백두대간의 생태·문화·경제 가치 증진			
추진 전략	자원의 생태적 관리	통합적 자원조사	보호·관리 강화	훼손지 복원·복구
	가치 창출 확대	산림복지서비스 강화	경관·문화자원 관리	자원활용지역의 활성화
	항구적인 보호 기반 구축	보호지역의 확대·관리	행위제한의 투명성 제고	협력적 관리 기반 구축
	국민참여와 소통 강화	국민참여 확대		교육 및 홍보 강화
	남북/국제협력	남북한 백두대간공동관리		동북아 생태네트워크 구축

기출예상문제

우리나라 백두대간현황으로 틀린 것은?

① 백두대간에서 지리산까지 남북으로 길게 뻗은 길이가 약 1,400km
② 생태적으로 우리나라 종다양성을 유지하는 핵심공간
③ 「백두대간보호에 관한 법률」에 의해 관리됨
④ 우리나라의 대표적인 산림지대로 국가 소유의 토지

답 ④

8. 습지보전 기본계획의 내용(2018~2022)

1) 기본계획의 체계와 위상

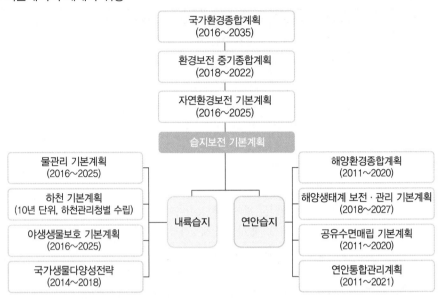

※ MEE
(Management Effectiveness
Evaluation) : "보호지역이
얼마나 잘 관리되고 있는
가?"에 대한 평가

2) 국제사회의 동향

(1) 생물다양성협약(CBD)

① 생물다양성보전을 위한 당사국별 보호지역 확대와 관리효과성평가(MEE)를 통한 관리강화를 권고하였다.

② 당사국별 '20년까지 육상 17%, 해양 10% 이상을 보호토록 권고하였다[제10차 CBD 당사국 총회('10, 나고야), Aichi Target 11].

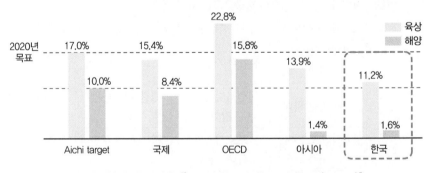

┃ 세계보호지역 지정현황 ['16년 기준 세계보호지역 DB(WDPA)] ┃

※ 제4차 전략계획 목표 : 습
지의 손실과 훼손 요인을
해소, 람사르습지네트워크
의 효과적 보전 및 관리, 모
든 습지의 현명한 이용, 이
행 강화

(2) 람사르협약

제4차 람사르전략계획('16~'24)에서 습지의 기능과 가치를 고려한 보전과 복원, 습지의 현명한 이용 및 활성화를 강조하였다.

(3) 기타

습지보전에 기여하기 위한 아시아권 국가들의 환경협력 확대와 문제의 공유 및 해결을 위한 역할 증대를 권고하였다.

※ 동아시아람사르지역센터 (RRC-EA), 동아시아 대양주 철새 이동경로 파트너십 (EAAFP) 등 주요 사무국을 국내에 유치하여 국제기구와 협력 확대

3) 습지보전정책의 추진방향

(1) 정책 비전 · 목표 및 추진과제

비전	미래를 위한 습지, 모두가 누리는 혜택			
목표	① 습지조사 선진화	② 습지보전 및 관리 강화	③ 현명한 이용체계 구축	④ 국제협력 강화
추진과제	①-1 습지조사 기반 강화	②-1 습지보호지역 확대 및 관리 강화	③-1 습지의 현명한 이용 확대	④-1 국제협력 · 협약 이행 강화
	①-2 국민 공감형 습지 정보체계 구축	②-2 우수 습지보전·관리 기반 구축	③-2 습지 생태계서비스 인식 증진	④-2 습지보전을 위한 국제적 역할 강화
	①-3 민간참여형 습지조사체계 도입	②-3 습지보전관리 역량 강화		
		②-4 습지보전관리제도 선진화		

(2) 세부 실천과제
① 습지조사 선진화

추진과제	세부 실천과제
①-1. 습지조사 기반 강화	• (1-1-1) 습지 기초조사체계 전환 • (1-1-2) 습지보호지역 정밀조사 강화 • (1-1-3) 하구역 습지생태계 정밀조사 기반 강화 • (1-1-4) 습지생태계서비스 기초조사 도입
①-2. 국민 공감형 습지정보 체계 구축	• (1-2-1) 국가 습지정보 고도화 및 활용도 제고 • (1-2-2) 지역사회 밀착형 습지정보체계 구축 • (1-2-3) 연안습지생태계 조사자료 품질관리 강화 • (1-2-4) 연안습지생태계 건강성 평가체계 구축
①-3. 민간참여형 습지조사 체계 도입	• (1-3-1) 습지조사 민간(시민)참여 확대 • (1-3-2) 과학기술 기반의 민간참여제도 마련 • (1-3-3) 연안습지보호지역의 시민모니터링체계 개선

② 습지보전 및 관리 강화

추진과제	세부 실천과제
②-1. 습지보호지역 확대 및 복원 강화	• (2-1-1) 습지보호지역 등 지속 확대 • (2-1-2) 습지보호지역의 관리·복원 기반 강화 • (2-1-3) 국제수준의 관리효율성 평가 및 사후관리 • (2-1-4) 연안습지보호지역 관리협의체의 구축·운영
②-2. 우수 습지보전·관리 기반 구축	• (2-2-1) 습지생태축 보전관리 강화 • (2-2-2) 논습지보전관리 기반 마련 • (2-2-3) 습지총량제 도입·이행 기반 구축 • (2-2-4) 연안습지(갯벌) 법정관리종 관리 강화
②-3. 습지보전관리 역량 강화	• (2-3-1) 습지보전 전문기관 기능 개선 및 강화 • (2-3-2) 습지보전관리 담당 인력 역량 강화 • (2-3-3) 습지보전관리 민간참여 확대
②-4. 습지보전관리제도 선진화	• (2-4-1) 습지와 생태자연도 연계체계 구축 • (2-4-2) 습지보전관리제도 선진화 • (2-4-3) 습지생태계서비스 지불제 도입 기반 마련

③ 현명한 이용체계 구축

추진과제	세부 실천과제
③-1. 습지의 현명한 이용 확대	• (3-1-1) 습지의 현명한 이용 문화 확산 • (3-1-2) 습지의 현명한 이용제도 기반 구축
③-2. 습지생태계서비스 인식 증진	• (3-2-1) 습지보전·이용 민관협력체계 확립 • (3-2-2) 국민과 함께 하는 습지 인식·홍보 강화 • (3-2-3) 습지와 전통지식 연계 홍보

④ 국제협력 강화

추진과제	세부 실천과제
④-1. 국제협력 · 협약 이행 강화	• (4-1-1) 람사르 습지도시 인증제 정착 • (4-1-2) 람사르협약 전략계획 및 CEPA이행 강화 • (4-1-3) 람사르협약 선도적 이행 강화
④-2. 습지보전 국제적 역할 강화	• (4-2-1) 국제기구 협력사업 추진 • (4-2-2) 람사르협약 STRP활동 강화 • (4-2-3) 남북 교류 · 협력사업 추진

9. 국가생물다양성전략(2019~2023)

1) 비전 및 추진전략

비전	생물다양성을 풍부하게 보전하여 지속가능하게 이용할 수 있는 대한민국 구현
목표	생물다양성보전 및 증진을 통해 모든 국민이 공평한 자연혜택 공유

전략 1	생물다양성 주류화
실천목표	• 대국민 인식 제고 • 전략계획에 생물다양성 가치 반영 • 유익한 유인조치 확대 • 생물다양성 친화적 생산 · 소비
전략 2	생물다양성 위험요인관리
실천목표	• 서식지 손실 저감 • 취약생태계 압력 감소 • 교란종 침입예방 및 통제 • 오염물질 저감
전략 3	생물다양성보전 및 증진
실천목표	• 보호지역 확대 · 관리 강화 • 생태계 복원 • 멸종위기종 · 고유종 보호 • 유전적 다양성 증진
전략 4	생물다양성 이익공유 및 지속가능한 이용
실천목표	• 생태계서비스 기반 구축 • 지속가능한 생태자원 활용 활성화 • 나고야의정서 이행 • 지속가능한 농 · 임 · 수산업
전략 5	이행력 증진 기반 마련
실천목표	• 국제협력 강화 • 전통지식의 보전 · 활용 • 과학적 지식 · 정책협력 강화

※ 생물다양성이란 육상생태계 및 수생태계와 이들의 복합생태계를 포함하는 모든 원천에서 발생한 생물체의 다양성을 말하며, 종 내, 종 간 및 생태계 다양성을 포함한다.
「생물다양성보전 및 이용에 관한 법률」

2) 전략별 성과지표

전략	성과지표	현재상황('18)	향후목표('23)
전략 1. 생물다양성 주류화	생물다양성 인지도	78.00%	90.00%
	광역자치단체의 지역생물다양성계획 수립	9	17
	민간단체 생물다양성활동프로그램 수	민간단체활동 집계체계 미비	• 집계체계 구축('19) • '19년도 프로그램 수의 200% 증가('23)
	BNBP참여 기업 수	31	66
전략 2. 생물다양성 위험요인 관리	연간 산지면적 증감량	$-48km^2$	$+20km^2$
	아고산대 기후변화 민감도(기후변화에 민감한 구상나무 적합 서식지 면적)	현재 $809km^2$	현행 유지 (대체서식지 조성 등)
	국내 도입 시 생태계 피해 우려 외래종 지정 수	155종	209종
	하천수질목표 달성률(전국 115개의 중권역 하천 중 수질목표 기준을 달성한 하천의 비율)	69.6%	74.8%
전략 3. 생물다양성보전 및 증진	보호지역 면적	육상 15.18% 해양 1.90%	육상 17%('21) 해양 10%('21)
	국가생물종 목록 구축 수	49,027종	60,000종
	증식·복원하는 멸종위기종(동물) 수	40종	52종
	국가희귀식물보전 목표 달성률	84.9%(485종/전체 571종)	95.1%(543종/전체 571종)
전략 4. 생물다양성 이익공유 및 지속가능한 이용	정책·입법활동	• 생태계서비스 측정·평가 입법 추진 • 개별 생태계별 복원정책 추진	• 생태계서비스 증진·보상 입법 추진 • 종합 생태계복원정책 개발
	생태관광지역 수입(4개 모델지역)	1,564(백만 원)	1,875(백만 원)
	ABSCH*정보 공유건수 (* 접근 및 이익공유정보공유체계)	2건	10건
	지속가능방식 농산물 비율	3.53%	5%
전략 5. 이행력 증진 기반 마련	생물다양성 관련 ODA사업 비율	1.12%	4.10%
	전통지식 DB(국립생물자원관)에 누적된 데이터(구전·문헌) 수	8.3만 건	12만 건
	생물다양성 연구과제 수	연구과제 60건/연 (3차 전략기간 평균치)	연구과제 85건/연 (4차 전략기간 평균치)

3) 추진전략별 세부과제

추진전략		세부과제
생물다양성 주류화	대국민 인식 제고	• 생물다양성 교육프로그램 개발 • 생물다양성 홍보프로그램 운영 • 민간의 생물다양성활동 확대 지원
	생물다양성 가치를 반영한 전략 · 계획 수립	• 법정계획에 생물다양성 가치 통합 • 지역생물다양성전략 수립 확대
	유익한 유인조치 확대	• 생태계서비스 지불제 확대 · 도입 • 친환경농업 직불제 확대 기반 마련 • 대체산림자원 조성비 운영 합리화 • 생태계보전협력금 운영 내실화
	생물다양성에 친화적인 생산 · 소비활동 확대	• 생물다양성보전을 고려한 생산 • 생물다양성을 보전하는 소비활동 유도
생물다양성 위험요인관리	서식지 손실 저감	• 서식지 연결성 회복 • 자연자원 통합관리를 위한 제도 도입 · 개선 • 국토－환경계획 통합관리 도입
	취약생태계에 미치는 압력 감소	생물다양성의 기후변화 대응대책 마련
	교란종 침입예방 및 통제	• 외래종 침입 사전예방 • 침입외래종에 대한 강력한 사후대응 • 유전자변형생물체(LMO)에 대한 생물안전 확보
	오염물질 저감	• 오염물질에 대한 선제적 관리 • 오염물질의 통합관리 강화 • 비점오염원의 관리체계 개선
생물다양성 보전 · 증진	보호지역 확대 및 관리 강화	• 보호지역 확대 • 보호지역관리 강화
	생태계복원	• 생태계복원 기반 구축 • 훼손생태계 복원사업
	멸종위기종 및 고유종 보호	• 멸종위기종보전 및 복원 • 국제적 멸종위기종(CITES)관리 강화 • 야생동물 질병관리 및 조사 · 연구
	유전적 다양성 증진	• 생물유전자원 보존 · 활용사업 • 유전다양성 증진을 위한 제도 기반 구축 • 주요 생물자원의 유전자 연구
생물다양성 이익공유 및 지속가능한 이용	생태계서비스의 제도적 기반 구축 및 이행	• 생태계서비스 평가 기반 마련 • 생태계서비스 대국민 제공
	지속가능한 생태자원 활용의 활성화	• 생물자원을 활용한 성장동력 마련 • 생태모방기술을 통한 지속가능한 발전 기반 마련
	나고야의정서 이행	• 나고야의정서 국가 이행 기반 마련 • 나고야의정서 민간 이행 지원

추진전략	세부과제	
	지속가능한 방식으로 농 · 임 · 수산업 추진	• 지속가능한 농업 유도 • 지속가능한 임업 확대 • 지속가능한 수산자원 이용
이행력 증진 기반 마련	생물다양성에 관한 국제협력 강화	• 국제협력체계 구축 및 이행 • 생물다양성 해외지원 추진 • 남북 자연생태협력체계 추진
	전통지식의 보전 및 활용 강화	• 전통지식 발굴 및 DB 구축 • 전통지식 확산 · 활용방안 마련
	과학적 지식과 정책협력 강화	• 생물다양성정보체계 구축 • 생물다양성정책 기반 강화 • 시민과학 모니터링 활용 확대

10. 외래생물 관리계획(2019~2023)

기출예상문제

외래생물관리를 위해 추진되는 과제가 아닌 것은?
① 미유입 위해의심종의 사전관리 강화
② 국내 기유입 외래생물의 위험관리 강화
③ 외래생물 확산 방지체계 구축
④ 대외협력 단절

답 ④

1) 수립배경

① 위해 외래생물로부터 우리나라의 생물다양성을 보호하기 위한 5년 단위 국가전략을 마련하였다.

② 사후대응 위주의 관리체계를 보완하여 유입 전 사전관리체계를 강화하기 위한 추진전략을 제시하였다.

③ "생물다양성 보전 및 이용에 관한 법률"에 근거하여 수립하였다.

2) 제2차 외래생물관리계획 추진과제

① 미유입 위해의심종의 사전관리 강화

ㄱ '유입주의 생물' 지정 및 관리 기반 마련

ㄴ 국경지역 외래생물관리 사각지대 해소

ㄷ 외래생물 판별 역량 강화

② 국내 기유입 외래생물의 위험관리 강화

ㄱ 외래생물 모니터링체계 개선

ㄴ 외래생물 위해성 평가체계 개선

③ 외래생물 확산 방지체계 구축

ㄱ 생태계교란생물 지정 · 관리체계 개선

ㄴ 대상종별 확산 방지체계 구축

ㄷ 관계기관의 합동 외래생물 대응체계 구축

④ 외래생물 관리 기반 확충

ㄱ 외래생물관리 전담인프라 확대

ㄴ 외래생물관리 연구개발 추진

ⓒ 외래생물 DB통합 활용 기반 마련

⑤ 대외협력 및 홍보 강화

　　㉠ 국제교류 및 공동대응체계 구축

　　㉡ 대국민 홍보 · 교육 강화

11. 야생생물보호 기본계획(2021~2025)

1) 비전, 목표 및 추진전략

(1) 비전

　야생생물과 국민이 공존하는 건강한 한반도

(2) 목표

　야생생물 위협요인을 저감시키는 보호 · 관리체계 정착

　① 보호지역 확대 : '20년 16.8% → '25년 20%

　② 상시 예찰 야생동물 질병 확대 : '20년 2개 → '25년 25개

　③ 유입주의 생물 지정 확대 : '20년 300종 → '25년 1,000종

(3) 추진전략

　① 야생생물 보호 및 복원

　　㉠ 야생생물종 조사 · 활용체계 선진화

　　㉡ 멸종위기야생생물보호 및 보전 체계화

　　ⓒ 국제적 멸종위기종 보호 · 관리 강화

　　㉣ 야생동물 질병관리체계 강화

　② 야생생물 서식지보전

　　㉠ 야생생물 서식지 보전 및 복원체계 마련

　　㉡ 한반도 생태네트워크 보전 · 복원 확대

　　ⓒ 기후변화 대응 야생생물보호

　　㉣ LMO 안전관리 강화

　③ 공존 기반 선진화

　　㉠ 해외 유입 야생동물관리 기반 마련

　　㉡ 외래생물관리 기반 확충

　　ⓒ 야생동물 사고예방과 구조 · 치료체계 강화

　　㉣ 유해동물관리 기반 확충

　　㉤ 밀렵, 밀거래, 수렵제도 정비

④ 보호 · 관리 기반 강화
- ㉠ 야생생물보호 · 관리체계 및 제도 정비
- ㉡ 야생생물보호 교육 · 홍보 강화
- ㉢ 야생생물보호 대내외 협력 강화

2) 성과 목표 및 지표

구분	목표	지표
야생생물 보호 및 복원	야생생물 관련 조사 공유시스템 구축	'25년
	멸종위기종 지정 · 해제	'22년
	주요 예찰 야생동물 질병	('20) 2개 → ('23) 11개 → ('25) 40개(누적)
야생생물 서식지보전	보호지역 확대	('20) 16.8% → ('25) 20%
	생태축 단절구간 연결	('20) 46개 → ('23) 81개소(누적)
	기후변화 영향 모니터링항목 확대	('20) 17개 → ('25) 20개
	곤충 대발생 DB구축	'25년
공존 기반 선진화	야생동물 종합관리시스템 구축	('21) 시범운영 → ('22) 본격 운영
	유입주의 생물 지정 확대	('20) 300종 → ('25) 1,000종
	조류충돌 저감조치 의무화	'21년
보호 · 관리 기반 강화	「야생생물법」 개정	('21년) 검역제도 ('22년) 유입 · 유통 제도
	「동물원 · 수족관법」 개정	'22년
	「자연환경보전법」 개정	'21년
	시민 · 준전문가가 참여하는 자연환경 조사지점 확대	('20) 0개소 → ('25) 500개소

3) 아이치 타깃

아이치목표	전략계획 및 목표 주요 내용	목표연도
1. 인식 제고	대중이 생물다양성의 가치와 지속가능한 이용을 위한 행동방식에 대한 인식	2020
2. 국가계획 수립	생물다양성 가치를 개발 및 빈곤퇴치전략과 통합, 국가회계제도 등에 반영	
3. 유해인센티브 폐지	보조금을 비롯한 생물다양성에 유해한 인센티브 폐지	
4. 이해관계자 참여	정부와 기업 및 여타 이해관계자가 지속가능 소비ㆍ생산계획 수립ㆍ이행 및 생태학적 한계 내 자연자원 사용	
5. 서식지 손실 저감	자연서식지의 손실률을 절반(가능한 곳에서는 0)으로 저감	
6. 어업관리	어류 등 수산자원의 남획방지 등 지속가능한 관리제도 정착, 어로행위가 멸종위기종, 취약생태계, 수산자원에 악영향을 미치지 않도록 관리	
7. 농산업관리	지속가능한 방식으로 농업ㆍ양식업지역 및 산림관리	
8. 오염 저감	생태계 기능 및 생물다양성에 무해한 수준으로 오염ㆍ영양물질 억제	
9. 외래종관리	외래종과 이들의 유입경로를 파악ㆍ근절	
10. 기후변화 대응	기후변화에 취약한 산호초 및 취약생태계에 대한 압력 최소화	2015
11. 육상ㆍ해양 보호지역 확대	육상지역은 17%까지, 연안ㆍ해양지역은 10%를 보전 ※ 현재 육상지역은 10%, 연안 해양지역은 1%가 보호구역(IUCN)	2020
12. 멸종위기종관리	알려진 멸종위기종의 멸종을 막고, 취약종의 보전상황을 개선	
13. 유전적 다양성 증진	작물과 가축 또는 야생종의 유전적 다양성 유지	
14. 생태계서비스 이용 증진	생존에 필수적인 서비스를 제공하는 생태계를 보호	
15. 생태계복원	훼손된 생태계의 15% 이상을 복원	
16. ABS 이행	국내법 제정 등 'ABS 의정서' 이행 기반 구축 및 이행	2015
17. 국가전략 수립	효과적이고, 최근의 생물다양성현황을 반영한 국가 생물다양성전략 및 실천계획 수립	
18. 전통지식보호	토착지역사회의 전통지식과 지속가능한 이용관습을 존중하고 보호	2020
19. 과학기술 이전	과학적 기반과 기술을 개선하고, 공유 및 이전	
20. 재원 마련	전략계획을 효과적으로 실시하기 위한 재원을 확충	

※ 굵은 글씨 : 부분 달성으로 평가된 목표(GBO5)

4) Post-2020 GBF(Global Biodiversity Framework)

(1) 개요

아이치 타깃 종료 이후 2020년부터 생물다양성협약 당사국들이 2030년까지 달성할 목표

- 중국 쿤밍에서 개최될 생물다양성협약(CBD) 제15차 당사국 총회(COP-15)에서 최종 승인 예정이다.

(2) 초안 주요내용('20.9 기준)

비전 (2050 Vision)	자연과 조화로운 삶(Living in harmony with nature)
목표 (2030 Mission)	논의 중
목적 (Goals)	생태계복원, 멸종위기종 비율 저감, 유전자 다양성 유지, 인류에게 자연이 주는 이익(영양, 물, 자연재해 등) 개선, 유전자원 · 전통지식 이익 공유
실천목표 (Targets)	생물다양성 위협요인 저감 ① 공간계획에 따라 관리되는 육상 · 해양을 (50%) 증가 ② 육상 · 해양 보호지역을 (30%)로 증가, 생물다양성 중요지역 (60%) 보호 ③ 침입외래종 유입률 (50%) 및 영향 (50%) 감소 ④ 과영향, 플라스틱 폐기물, 살생물제 등으로 인한 오염을 (50%) 감소 ⑤ 야생종의 합법적이고 지속가능한 이용 · 매매 · 수확 보장 ⑥ 파리협정 목표 달성을 위해 필요한 기후변화 완화 노력 (30%) 성취 지속가능한 이용과 이익공유 ⑦ 야생생물의 지속가능한 이용 강화 및 인간-야생동물 갈등 감소(X%) ⑧ 농업생태계 등 인간관리생태계의 생산성 격차를 (50%) 감소 ⑨ (X명)에게 깨끗한 물 제공을 위한 자연 기반 해법 강화 ⑩ 녹지에 접근 가능한 도시 거주자 비율을 (100%)로 증가 ⑪ 유전자원과 전통지식 이용에 따른 이익공유 이행과 주류화를 위한 방법 ⑫ 생물다양성에 유해한 보조금 개혁 ⑬ 모든 부분에 생물다양성 주류화 및 환경영향평가에 생물다양성 포함 등 ⑭ 공급망 등 경제부분 개혁을 통해 생물다양성에 부정적인 영향을 (50%) 감소 ⑮ 역량강화 포함 자원동원을 (X%) 증가 ⑯ 생명공학기술로 인한 생물다양성의 부정적 영향 최소화를 위한 국가 조치 수립 · 이행 ⑰ 지속가능한 소비와 삶을 위한 측정가능한 조치 ⑱ 생물다양성 정보공유 증진 ⑲ 생물다양성 의사결정에 지역공동체, 여성, 청년참여 증진 ⑳ 양질의 삶에 대한 다양한 비전 발전

01 지속가능발전과 관련하여 국토 및 지역차원에서의 환경 계획 수립 시 고려해야 하는 사항이 아닌 것은? (2018)

① 인간의 활동은 환경적 고려사항에 의해서 궁극적으로 제한받아야 한다.

② 환경에 대한 우리의 부주의의 대가를 차세대가 치르도록 해서는 안 된다.

③ 재생이나 순환가능한 물질을 사용하고 폐기물을 최소화함으로써 자원을 보전한다.

④ 프로그램 및 정책에 대한 이행 및 관리책임을 가장 낮은 수준의 민간에서 맡도록 해야 한다.

02 한반도의 생태축에 속하지 않는 것은? (2019)

① 백두대간 생태축

② 남해안 도서보전축

③ 남북접경지역 생태보전축

④ 수도권 개발제한구역 환상녹지축

해설 한반도의 생태축

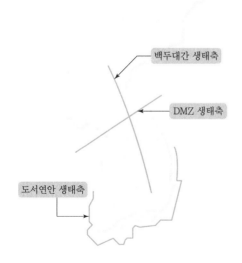

03 국가환경종합계획에 대한 설명으로 옳지 않은 것은? (2020)

① 국가환경종합계획에는 환경의 현황 및 전망에 관한 사항이 포함된다.

② 수립된 국가환경종합계획은 국무회의의 심의를 거쳐 확정된다.

③ 환경부장관은 관련 규정에 의하여 확정된 국가환경종합계획의 종합적·체계적 추진을 위하여 3년마다 환경보전중기종합계획을 수립하여야 한다.

④ 환경부장관은 관계 중앙행정기관의 장과 협의하여 국가차원의 환경보전을 위한 종합계획을 20년마다 수립하여야 한다.

해설 환경정책기본법

[시행 2021. 7. 6.] [법률 제17857호, 2021. 1. 5., 일부개정]

제16조의2(국가환경종합계획의 정비)

① 환경부장관은 환경적·사회적 여건 변화 등을 고려하여 5년마다 국가환경종합계획의 타당성을 재검토하고 필요한 경우 이를 정비하여야 한다. 〈개정 2021. 1. 5.〉

② 환경부장관은 제1항에 따라 국가환경종합계획을 정비하려면 그 초안을 마련하여 공청회 등을 열어 국민, 관계 전문가 등의 의견을 수렴한 후 관계 중앙행정기관의 장과의 협의를 거쳐 확정한다. 〈신설 2021. 1. 5.〉

③ 환경부장관은 제1항 및 제2항에 따라 정비한 국가환경종합계획을 관계 중앙행정기관의 장, 시·도지사 및 시장·군수·구청장(자치구의 구청장을 말한다. 이하 같다)에게 통보하여야 한다. 〈신설 2021. 1. 5.〉

[본조신설 2015. 12. 1.]

04 생태축의 역할 및 기능 중 생태적 기능에 해당하지 않는 것은? (2020)

① 생물 이동성 증진

② 도시 내 생태계의 균형 유지

③ 대기오염 및 소음 저감 기능

④ 생물의 다양성 유지 및 증대

05 자연환경보전기본계획의 내용으로 적절하지 않은 것은?

(2019)

① 자연경관의 보전 · 관리에 관한 사항
② 지방자치단체별로 추진할 주요 자연보전시책에 관한 사항
③ 사업시행에 소요되는 경비의 산정 및 재원조달 방안에 관한 사항
④ 행정계획과 개발사업에 대한 환경친화적 계획 기법 개발에 관한 사항

해설 자연환경보전기본계획 수립

㉠ 환경부장관, 10년마다 수립
㉡ 내용
- 자연환경의 현황 및 전망에 관한 사항
- 자연환경보전에 관한 기본방향 및 보전목표 설정에 관한 사항
- 자연환경보전을 위한 주요 추진과제에 관한 사항
- 지방자치단체별로 추진할 주요 자연보전시책에 관한 사항
- 자연경관의 보전 · 관리에 관한 사항
- 생태축의 구축 · 추진에 관한 사항
- 생태통로 설치, 훼손지 복원 등 생태계 복원을 위한 주요 사업에 관한 사항
- 규정에 의한 자연환경종합지리정보시스템의 구축 · 운영에 관한 사항
- 사업시행에 소요되는 경비의 산정 및 재원조달 방안에 관한 사항
- 그 밖에 자연환경보전에 관하여 대통령령이 정하는 사항

정답 05 ④

CHAPTER 04 생태복원 구상

01 사업목표 수립

1. 사업목표

1) 정의

생태복원사업의 목표는 미래의 어느 시점(목표시점)에서 형성되는 이상적인 생태계의 상태이다.

2) 기능

① 사업의 방향제시
② 사업의 정당성 확보
③ 사업을 평가하는 척도

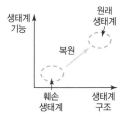

※ 생태복원은 훼손된 생태계의 구조와 기능을 훼손 전의 상태로 되돌리는 과정이다.

3) 조건

① 구체적인 목표(specific goals) : 구체적이고 분명하게
② 측정 가능한 목표(measurable goals) : 정량화 및 측정가능성
③ 달성 가능한 목표(achievable goals) : 실현가능한 목표설정
④ 합리적인 목표(reasonable goals) : 경제적 · 시간적 여건 고려
⑤ 시간한계가 정해진 목표(time – bound goals) : 목표연도 설정

4) 목표설정방법

① 핵심훼손원인을 파악한다.
② 훼손원인을 제거하거나 완화했을 때, 기대되는 정량적 · 정성적 목표를 수립한다.

> **정량적 · 정성적 목표 비교**

구분	내용
정량적 목표	일정 온도 저감, 일정 탄소 축적량 증가 등 수치화할 수 있는 목표
정성적 목표	생물서식공간 조성, 생태계복원 등 현상학에 바탕을 둔 목표

2. 사업(설계) 개념(concept) 및 주제(theme)

1) 정의

(1) 개념(concept)

생태계가 본래 가지고 있는 구조와 기능을 재현하는 것이다.

(2) 주제(theme)

설계가가 생태학이론을 바탕으로 나타내고자 하는 중심내용이다.

2) 구현방식

① **직설적 구현** : 있는 그대로 표현하는 방식이다.

② **추상적 구현** : 상상을 통하여 유추할 수 있는 여지를 마련하는 것이다.

③ **해체적 구현** : 원래 모습을 찾아볼 수 없지만 더 새로우면서도 본래의 형상이나 모습의 느낌이 전달되는 구현방식이다.

3) 설정방법

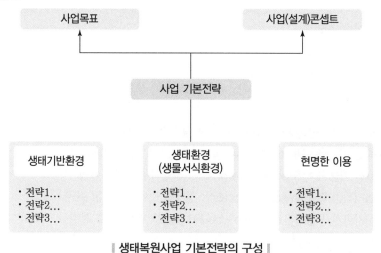

▌ 생태복원사업 기본전략의 구성 ▌

3. 생태복원의 접근방법

구분	내용
생태공학적 접근방법	생태공학에 근거한 정량적인 접근방법(quantitative approach)
전통생태학적 접근방법	전통생태학적 지혜를 이용하는 정성적 접근 방법(qualitative approach)
사회과학적 접근방법	인간과 자연의 공생을 위한 사회적인 커뮤니티(community) 형성을 목적으로 접근하는 것이며, 환경수용력을 고려하여 자연생태계를 지속가능한 수준에서 현명하게 이용하는 것을 추구한다.

02 목표종 선정

1. 목표종(target species)

1) 정의
　① 훼손된 생태계를 복원한 후 안정적이며 지속해서 서식하기를 원하는 생물종을 말한다.
　② 목표종이 사업대상지에 서식한다는 의미는 훼손된 생태계가 목표종 서식에 적합한 환경으로 복원되었다고 이해할 수 있다.
　③ 목표종은 생태복원의 목표를 달성하는 중요한 수단이며 생태복원 목표달성을 평가할 수 있는 주요한 지표이다.

2) 목표종 가능 생물종
　① 우점종 : 특정군집에서 다른 종들보다 더 많은 비율을 차지하는 종
　② 생태적 지표종 : 특정지역의 환경조건이나 상태를 측정하는 척도로 이용하는 생물종
　③ 핵심종(중추종) : 한 종의 존재가 생태계 내 종다양성 유지에 결정적인 역할을 하는 종
　④ 우산종 : 어느 지역의 생태계피라미드 최상층 생물종
　⑤ 깃대종(상징종) : 특정지역의 생태 · 지리 · 문화 특성을 반영하는 상징적인 중요 야생생물
　⑥ 희소종(희귀종) : 야생상태에서 개체수가 특히 적은 종

※ 성공적 생태복원은 목표종의 서식과 개체수 증가 등으로 정량적 평가가 가능하다.

기출예상문제

생태복원사업 목표종으로 가능하지 않은 종은?
① 생태적 지표종
② 핵심종
③ 깃대종
④ 교란종

답 ④

1) 국제적 보호종

(1) 국제적 멸종위기종

> **국제적 멸종위기종(CITES species) 지정현황**

구분		부속서 Ⅰ	부속서 Ⅱ	부속서 Ⅲ
동물	포유류	318종 (13개체군 포함), 20아종 (4개체군 포함)	513종(17개체군 포함), 7아종(2개체군 포함)	52종, 11아종
	조류	155종 (2개체군 포함), 8아종	1,278종 (1개체군 포함), 4아종	27종
	파충류	87종 (7개체군 포함), 5아종	749종 (6개체군 포함)	61종
	양서류	24종	134종	4종
	어류	16종	107종	24종 (15개체군 포함)
	무척추동물	69종, 5아종	2,171종, 1아종	22종, 3아종
	소계	669종, 38아종	4,952종, 12아종	190종, 14아종
식물		334종, 4아종	29,664종 (93개체군 포함)	12종 (1개체군 포함), 1변종
합계		1,003종, 42아종	34,596종, 12아종	202종, 14아종, 1변종

(2) 세계자연보전연맹(IUCN) 적색목록(red list)

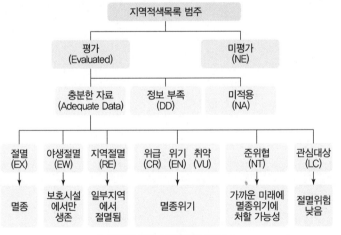

│ 국가(지역) 적색목록 범주 │

2) 우리나라 법정보호종

(1) 「야생생물보호 및 관리에 관한 법률」

① 멸종위기야생생물

▶ **멸종위기야생생물 지정현황**

분류군	멸종위기야생생물 Ⅰ급	멸종위기야생생물 Ⅱ급	계
포유류	12	8	20
조류	14	49	63
양서류 · 파충류	2	6	8
어류	11	16	27
곤충류	6	20	26
무척추동물	4	28	32
식물	11	77	88
해조류	–	2	2
고등균류	–	1	1
합계	60	207	267

② 포획 · 채취 등의 금지 야생생물

▶ **포획 · 채취 등의 금지 야생생물 지정현황**

합계	포유류	조류	양서류	파충류
478	57	395	9	17

(2) 「해양생태계의 보전 및 관리에 관한 법률」

① 보호 대상 해양생물

▶ **보호 대상 해양생물 지정현황**

합계	포유류	무척추동물	해조류	파충류	어류	조류
83	18	34	7	5	5	14

(3) 「문화재보호법」

천연기념물

(4) 「수목원 · 정원의 조성 및 진흥에 관한 법률」

희귀식물과 특산식물

※ 양서 · 파충류
멸종위기야생생물 Ⅰ급
① 비바리뱀
② 수원청개구리
멸종위기야생생물 Ⅱ급
① 고리도롱뇽
② 구렁이
③ 금개구리
④ 남생이
⑤ 맹꽁이
⑥ 표범장지뱀

기출예상문제

멸종위기야생생물 Ⅰ급에 속하는 양서 · 파충류는?
① 수원청개구리
② 고리도롱뇽
③ 금개구리
④ 맹꽁이

답 ①

(5) 기타 보호 야생생물

① 국가 기후변화 생물지표종(Climate-sensitive Biological Indicator Species, CBIS)

▶ 국가 기후변화 생물지표종

합계	균류	해조류	식물	무척추동물	곤충(수서곤충 포함)	척추동물
100	7	7	39	7	15	25

② 수질환경 생물지표종

▶ 수질환경 생물지표종

생물등급	생물지표종		서식지 및 생물 특성
	저서생물(底棲生物)	어류	
매우 좋음 ~ 좋음	옆새우, 가재, 뿔하루살이, 민하루살이, 강도래, 물날도래, 광택날도래, 띠무늬우묵날도래, 비수염날도래	산천어, 금강모치, 열목어, 버들치 등 서식	• 물이 매우 맑으며, 유속은 빠른 편임 • 바닥은 주로 바위와 자갈로 구성됨 • 부착조류(藻類)가 매우 적음
좋음 ~ 보통	다슬기, 넓적거머리, 강하루살이, 동양하루살이, 등줄하루살이, 등딱지하루살이, 물삿갓벌레, 큰줄날도래	쉬리, 갈겨니, 은어, 쏘가리 등 서식	• 물이 맑으며, 유속은 약간 빠르거나 보통임 • 바닥은 주로 자갈과 모래로 구성됨 • 부착조류가 약간 있음
보통 ~ 약간 나쁨	물달팽이, 턱거머리, 물벌레, 밀잠자리	피라미, 끄리, 모래무지, 참붕어 등 서식	• 물이 약간 혼탁하며 유속은 약간 느린 편임 • 바닥은 주로 잔자갈과 모래로 구성됨 • 부착조류가 녹색을 띠며 많음
약간 나쁨 ~ 매우 나쁨	왼돌이물달팽이, 실지렁이, 붉은깔따구, 나방파리, 꽃등에	붕어, 잉어, 미꾸라지, 메기 등 서식	• 물이 매우 혼탁하며, 유속은 느린 편임 • 바닥은 주로 모래와 실트로 구성되며, 대체로 검은색을 띰 • 부착조류가 갈색 혹은 회색을 띠며 매우 많음

③ 생물구계학적 특정식물

▶ 식물구계학적 특정식물(환경평가를 위한 식물군) 평가기준

등급	평가기준	분류군
제Ⅴ등급	고립 혹은 불연속적으로 분포하는 분류군	41과 76속 83분류군
제Ⅳ등급	4개의 아구 중 1개의 아구에만 분포하는 분류군	78과 217속 314분류군
제Ⅲ등급	4개의 아구 중 2개의 아구에만 분포하는 분류군	93과 233속 307분류군
제Ⅱ등급	일반적으로 백두대간을 중심으로 비교적 1,000m 이상 되는 지역에 분포하는 식물군	43과 92속 109분류군
제Ⅰ등급	4개의 아구 중 2개의 아구에만 분포하는 분류군	91과 207속 258분류군

④ 지역적 보호종

    ㉠ 시 · 도 지정 보호야생생물

    ㉡ 보호수

3. 국가관리 대상 야생생물

1) 「생물다양성보전 및 이용에 관한 법률」

    (1) 생태계 교란생물

▶ 생태계 교란생물 지정현황

구분	종명
포유류	뉴트리아 *Myocastor coypus*
양서류 · 파충류	• 황소개구리 *Rana catesbeiana* • 붉은귀거북속 전종 *Trachemys* spp. • 리버쿠터 *Pseudemys concinna* • 중국줄무늬목거북 *Mauremys sinensis* • 악어거북 *Macrochelys temminckii* • 플로리다붉은배거북 *Pseudemys nelsoni*
어류	• 파랑볼우럭(블루길) *Lepomis macrochirus* • 큰입배스 *Micropterus salmoides* • 브라운송어 *Salmo trutta*
갑각류	미국가재 *Procambarus clarkii*

기출예상문제

환경부 고시 생태계 교란생물이 아닌 것은?

① 황소개구리

② 큰입배스

③ 가시박

④ 칡덩굴

답 ④

구분	종명
곤충류	• 꽃매미 *Lycorma delicatula* • 붉은불개미 *Solenopsis invicta* • 등검은말벌 *Vespa velutina nigrithorax* • 갈색날개매미충 *Pochazia shantungensis* • 미국선녀벌레 *Metcalfa pruinosa* • 아르헨티나개미 *Linepithema humile* • 긴다리비틀개미 *Anoplolepis gracilipes* • 빗살무늬미주메뚜기 *Melanoplus differentialis*
식물	• 돼지풀 *Ambrosia artemisiaefolia* var. *elatior* • 단풍잎돼지풀 *Ambrosia trifida* • 서양등골나물 *Eupatorium rugosum* • 털물참새피 *Paspalum distichum* var. *indutum* • 물참새피 *Paspalum distichum* var. *distichum* • 도깨비가지 *Solanum carolinense* • 애기수영 *Rumex acetosella* • 가시박 *Sicyos angulatus* • 서양금혼초 *Hypochoeris radicata* • 미국쑥부쟁이 *Aster pilosus* • 양미역취 *Solidago altissima* • 가시상추 *Lactuca scariola* • 갯줄풀 *Spartina alterniflora* • 영국갯끈풀 *Spartina anglica* • 환삼덩굴 *Humulus japonicus* • 마늘냉이 *Alliaria petiolata*

기출예상문제

환경부에서 고시하는 위해우려종이 아닌 것은?

① 라쿤(Procyon lotor)
② 대서양연어(Salmon Salar)
③ 아프리카발톱개구리
　(Xenopus laevis)
④ 황소개구리
　(Rana catesbeiana)

답 ④

(2) 위해우려생물

▶ **위해우려종 지정현황**

구분	종명
포유류	라쿤 *Procyon lotor*
어류	• 대서양연어 *Salmon salar* • 피라냐 *Pygocenrrus nattereri*
양서류	아프리카발톱개구리 *Xenopus laevis*

2) 「해양생태계의 보전 및 관리에 관한 법률」

(1) 해양생태계 교란생물

▶ **해양생태계 교란생물 지정현황**

분류군	국명(보통명)	학명
척삭동물	유령멍게	*Ciona robusta*

3) 「야생생물보호 및 관리에 관한 법률」

▶ **유해 야생동물**

피해유형	유해 야생동물
장기간에 걸쳐 무리를 지어 농작물 또는 과수에 피해를 주는 야생동물	참새, 까치, 어치, 직박구리, 까마귀, 갈까마귀, 떼까마귀
일부 지역에서 서식밀도가 너무 높아 농·임·수산업에 피해를 주는 야생동물	꿩, 멧비둘기, 고라니, 멧돼지, 청설모, 두더지, 쥐류 및 오리류(오리류 중 원앙이, 원앙사촌, 황오리, 알락쇠오리, 호사비오리, 뿔쇠오리, 붉은가슴흰죽지는 제외)
비행장 주변에서 출현하여 항공기 또는 특수 건조물에 피해를 주거나, 군 작전에 지장을 주는 야생동물	조수류 (멸종위기야생동물 제외)
인가 주변에 출현하여 인명·가축에 위해를 주거나 위해 발생의 우려가 있는 야생동물	멧돼지 및 맹수류 (멸종위기야생동물 제외)
분묘를 훼손하는 야생동물	멧돼지
전주 등 전력시설에 피해를 주는 야생동물	까치
일부 지역에서 서식밀도가 너무 높아 분변(糞便) 및 털 날림 등으로 문화재 훼손이나 건물 부식 등의 재산상 피해를 주거나 생활에 피해를 주는 야생동물	집비둘기

4. 서식지 구성요소

기출예상문제

야생동물이 종의 다른 개체 또는 무리로부터 방어를 위해 점유하는 공간으로, 독점적으로 사용하는 고유영역을 무엇이라고 하는가?

① 세력권　② 행동권
③ 길드　　④ 니치

🔲 ①

1) 공간(space)

(1) 행동권(home range)

야생동물의 행동반경이다.

(2) 세력권(territory)

① 야생동물 종의 다른 개체 또는 다른 무리로부터 방어하여 점유하는 지역을 말하며 텃세권이라고도 한다.

② 야생동물은 자신의 세력권은 독점적으로 사용하며, 다른 동물들이 자신의 세력권에 침입하면 경고, 위협, 물리적 압박을 가하는 적대적 행동을 취한다.

▶ **행동권과 세력권**

구분	행동권	세력권
개념	야생동물들이 생활하는 데 필요한 포괄적인 서식지역	• 텃세권 • 야생동물이 방어를 위해 점유하는 공간이자 독점적으로 사용하는 고유영역
모식도		
타개체와의 관계	• 타개체와 함께 사용 • 타개체와 무관	타개체에 대한 방어행위

2) 은신처(cover)

① 열악한 기후조건과 적 또는 기타 위협으로부터 동물을 보호해 주고 동물의 서식활동을 보조해 주는 안식처를 말한다.

② 은신처는 주로 식생으로 이루어진다.

③ 은신처(cover)의 종류

　㉠ 겨울은신처(winter cover)

　㉡ 피난은신처(refuge cover)

　㉢ 휴식은신처(loafing cover)

　㉣ 수면은신처(roosting cover)

　㉤ 번식은신처(breeding cover)

　㉥ 체온유지은신처(thermal cover)

3) 먹이(food)

　① 생존에 가장 기본적인 구성요소이다.

　② 야생동물의 종류 및 계절에 따라 먹이자원이 달라지기도 한다.

　③ 개체군 밀도 및 야생동물의 성장과 번식에 영향을 준다.

4) 수환경(물, water)

　① 마시는 물을 제공하며 먹이자원을 획득하는 장소이다.

　② 특정생물종에게 주된 생활공간이기도 하며 적을 피할 수 있는 도피처 및 피난처로
　　사용하기도 한다.

5. 목표종 선정방법

1) 목표종의 유형을 이해한다.

　(1) 개체군의 상호작용에 대해 이해한다.

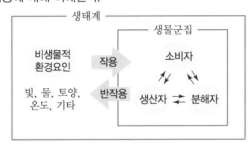

　(2) 생태적 지위(ecological niche)에 대해 이해한다.

　　① 서식처지위 : 특정 종이 그에 맞는 서식처를 이용할 때 주어지는 지위

　　② 먹이지위 : 특정 종이 그에 맞는 먹이를 섭식할 때 주어지는 지위

　　③ 복합지위 : 서식처+먹이+ … 등 여러 가지 지위가 복합될 때 주어지는 지위

기출예상문제

생태복원사업에서 목표종으로 자주 이용되는 분류군 중 특정 지역의 생태, 지리, 문화특성을 반영하는 상징적인 중요 야생동물로 생물종의 아름다움이나 매력 때문에 일반 사람들이 보호해야 한다고 인식하는 생물종을 무엇이라 하는가?

① 우점종
② 핵심종
③ 우산종
④ 깃대종

답 ④

기출예상문제

생물종의 기능적 분류 중 핵심종에 대한 설명으로 틀린 것은?

① 우점도나 중요도와 상관없이 어떤 종류에 지배적 영향력을 발휘하는 생물종
② 생물군집에 있어서 생물 간 상호작용의 필요가 있고, 그 종이 사라지면 생태계가 변질된다고 생각되는 생물종
③ 군집에서 중요한 역할을 수행하는 생물종
④ 특정 지역의 환경조건이나 상태를 측정하는 척도로 이용하는 생물종

🖹 ④

(3) 생물종의 기능적 분류, 즉 목표종의 유형에 대해 이해한다.

▶ 생물종의 기능적 분류

구분	내용
우점종 (dominant species)	• 군집 또는 군락 내에서 중요도가 높은 종 • 밀도(단위면적당 개체수), 빈도(자주 나타나는 확률), 피도(단위면적당 피복면적)의 총체적 합으로 결정함 • 생태계 내의 생산성 및 영양염류순환과 기타 과정들을 가장 많이 통제하는 종일 확률이 높음
생태적 지표종 (ecological indicator)	• 특정지역의 환경조건이나 상태를 측정하는 척도로 이용하는 생물종 • 특정생물종의 존재 여부를 통하여 그 지역의 환경조건을 알 수 있으며 특정환경의 상태를 잘 나타내는 생물종
핵심종 (중추종) (keystone species)	• 우점도나 중요도와 상관없이 어떤 종류에 지배적 영향력을 발휘하고 있는 생물종 • 생물군집에 있어서 생물 간 상호작용의 필요가 있고, 그 종이 사라지면 생태계가 변질된다고 생각되는 종 • 군집에서 중요한 역할을 수행하는 종
여별종	• 어떤 군집 내 유사한 생태적 서비스를 하는 종 • 생태적 서비스를 복구하는 예비군 • 생태계의 주요 안전장치
우산종 (umbrella species)	• 최상위 영양단계에 위치하는 대형 포유류나 맹금류로, 넓은 서식면적을 필요로 하는 생물종 • 이 종을 보호하면 많은 다른 생물종이 생존할 수 있다고 생각되는 종
깃대종 (상징종) (flagship species)	• 특정지역의 생태·지리·문화 특성을 반영하는 상징적인 중요 야생생물 • 생물종의 아름다움이나 매력 때문에 일반 사람들이 보호를 해야 한다고 인식하는 생물종 • 깃대(flagship)라는 단어는 해당 지역생태계 회복의 개척자 이미지를 부여한 상징적인 표현임 예 홍천의 열목어, 거제도의 고란초, 덕유산의 반딧불이, 태화강의 각시붕어, 광릉숲의 크낙새 등
희소종(희귀종) (threatened species)	• 서식지의 축소, 생물학적 침입, 남획 등으로 점멸의 우려가 있는 종 • 국제적 차원의 희소종, 국가적 차원의 희소종, 지역적 차원의 희소종 등으로 구분이 가능함
생태적 동등종 (ecological equivalents)	• 지리적으로 서로 다른 지역에서 생태적으로 유사하거나 동일한 지위를 점하는 생물종 • 분류학적으로는 서로 다르지만 기능적으로 유사한 생물종 예 호주의 캥거루와 아프리카 초원의 영양

2) 사업대상지의 자연환경조사 및 분석 결과를 바탕으로 대상지의 목표종을 선정한다.

   (1) 사업대상지의 목표종 선정을 위한 기준을 작성한다.

   (2) 사업대상지의 목표종 후보군을 선정한다.

   (3) 목표종 선정기준을 적용하여 사업대상지의 최종 목표종을 선정한다.

목표종
선정기준 작성 ➡ 목표종
후보군 선정 ➡ 목표종 선정

▮ **목표종 선정과정** ▮

3) 선정된 목표종의 서식지 구성요소와 서식 특성을 파악한다.

   (1) 목표종의 생활사(life cycle)를 파악한다.

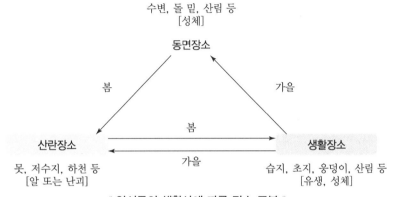

▮ **양서류의 생활사에 따른 장소 구분** ▮

   (2) 목표종의 서식지 요구조건을 파악한다.

     ① 요구공간 조사

     ② 요구은신처 조사

     ③ 요구먹이 조사

     ④ 요구수환경 조사

➤ **분류군별 핵심 구성요소**

구분	내용
포유류	동면지, 보금자리, 먹이자원, 활동권
조류	번식지, 채식지, 월동지, 커버자원(잠자리, 휴식처 등)
양서류/파충류	집단산란지, 활동지, 동면지, 이동경로
어류	산란지, 먹이자원, 회유성 어류의 이동경로
곤충류	산란지, 먹이자원, 월동지, 피난처

기출예상문제

생태복원사업에서 목표종을 정하고 그에 따른 서식환경을 조성하여야 한다. 다음 중 목표종이 양서 · 파충류일 경우 서식지 요구조건이 아닌 것은?

① 집단산란지

② 동면지

③ 이동경로

④ 개방수면

답 ④

| 서식지 구성요소 |

┌─────────────┬─────────────┬─────────────┬─────────────┐

공간 (space)
· 행동권과 행세력권

은식처 (cover)
· 피난처
· 둥지
· 잠자리
· 휴식터 등

먹이 (food)
· 생존에 필요한 먹이자원

수환경 (water)
· 물 획득 장소

‖ 서식지 구성요소 ‖

🔷 03 공간구상

1. 인간과 생물권계획(Man And the Biosphere programme : MAB)

1) 설립목적

① 자연과학과 사회과학 측면에서 생물권의 자원을 합리적으로 이용하고 보전하는 토대를 마련하기 위해서이다.

② 인간과 환경의 관계 증진을 위하여 현재의 인간 행위가 미래에 미치는 영향을 예측하기 위해서이다.

③ 생물권의 자연자원을 효율적으로 관리할 수 있는 능력을 배양하기 위해서이다.

2) 주요사업

· 역량 형성을 위한 사업
· 생태계 유형별 사업
· 연구와 모니터링
· 지속가능한 발전

⟹ 생물권보전지역(Biosphere Reserves, BR)을 지정하고 관리·보전·발전

3) 생물권보전지역(Biosphere Reserves : BR)

(1) 기능

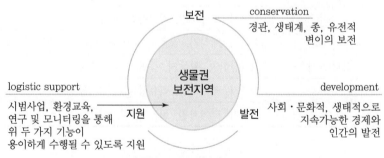

보전 ─ conservation
경관, 생태계, 종, 유전적 변이의 보전

생물권 보전지역

logistic support
시범사업, 환경교육, 연구 및 모니터링을 통해 위 두 가지 기능이 용이하게 수행될 수 있도록 지원
지원 ➝

development
발전
사회·문화적, 생태적으로 지속가능한 경제와 인간의 발전

‖ 생물권보전지역(BR)의 기능 ‖

(2) 공간모형(the space model of biosphere)

▶ **생물권보전지역의 공간모형**

구분	내용
핵심구역 (core area)	생물다양성의 보전과 최소한으로 교란된 생태계의 모니터링, 파괴적이지 않은 조사연구와 영향을 적게 주는 이용(교육 등) 등을 할 수 있는 엄격히 보호되는 하나 또는 여러 개의 장소
완충구역 (buffer area)	핵심지역을 둘러싸고 있거나 그것에 인접해 있으면서 환경교육, 레크리에이션, 생태관광, 기초연구 및 응용연구 등의 건전한 생태적 활동에 적합한 협력활동을 위해 허용되는 곳
협력구역 (transition area)	다양한 농업활동과 주거지, 다른 용도로 이용되며 지역의 자원을 함께 관리하고 지속가능한 방식으로 개발하기 위해 지역사회, 관리 당국, 학자, 비정부단체(NGOs), 문화단체, 경제적 이해집단과 기존 이해당사자들이 함께 일하는 곳

※ transition area(전이구역
→ 협력구역)transition
area는 생물권보전지역 중
가장 외곽의 일반지역과의
경계지역으로, 다양한 농업
활동, 주거지, 기타 용도로
이용 가능한 구역을 말한다.
환경부는 transition area의
활용 의미를 정확히 전달하
기 위해 우리말 명칭을 2015년
9월 '전이구역'에서 '협력구
역'으로 변경하였다.(환경부,
2016. 3. 20)

아래 그림과 같이 3개 구역이 원래 일련의 동심원을 이루도록 구상되었으나 현지의
요구와 조건에 맞게 다양한 형태를 보인다. 생물권보전지역(BR)의 공간구분 개념은
자연환경보전 및 생태복원에서도 매우 활용 가치가 높다.

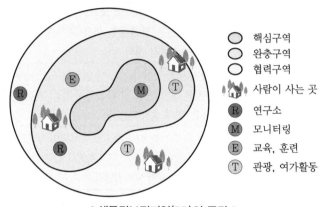

| 생물권보전지역(BR)의 공간 |

2. 서식지 평가기법(Habitat Evaluation Procedure : HEP)

1) 정의

① 미국 어류 및 야생동물보호청(U.S. Fish & Wildlife Service)은 1970년대 중반에
개발사업의 야생동식물에 대한 영향을 파악하기 위해 서식지 평가기법(Habitat
Evaluation Procedure : HEP)을 개발하였다(환경부, 2011).

② 해당 야생동물종의 서식지를 서식지적합성지수(HSI)로 설명할 수 있다는 가정을
기반으로 한다.

③ 정량지수(0~1)는 이용가능한 서식지면적과 곱하여 기준서식지단위(Habitat Units :
HU)를 도출할 수 있다.

> 서식지단위(HU)
> = 서식지의 질(HSI) × 이용가능한 서식지면적(area of available habitat)

2) 서식지적합성지수(Habitat Suitability Index : HSI)

① 특정야생생물이 서식할 수 있는 서식지의 능력 즉 공간의 수용력을 나타내는 정량
적 지표이다.

② 정량지수(0~1)값을 취한다.

$$서식지적합성지수(HSI) = \frac{적용\ 대상지역의\ 서식지\ 조건}{최적의\ 서식지\ 조건}$$

3) 활용

① 서로 다른 2개 이상의 야생동물 서식지를 비교·평가할 수 있다.

② 하나의 서식지를 대상으로 현재의 서식지적합성(복원 전의 서식지)과 미래의 서식지적합성(복원 후의 서식지)을 비교·평가할 수 있다.

3. 공간구상하는 방법

1) 핵심·완충·협력구역으로 공간구분

① 보전가치 평가등급을 생물권보전지역(BR)의 공간모형 공간구분기준에 따라 분류한다.

▶ **보전등급에 따른 공간구분 예시**

등급			공간구분
3등급	5등급	7등급	
1등급	1등급	1등급	핵심구역 (core area)
	2등급	2등급	
		3등급	
2등급	3등급	4등급	완충구역 (buffer area)
		5등급	
3등급	4등급	6등급	협력구역 (transition area)
	5등급	7등급	

② 핵심구역은 일반적으로 복원대상지 전체 면적의 50% 이상이 되도록 구획한다.

③ 지속가능한 이용공간인 협력구역은 25% 이하로 구획한다.

④ 핵심구역, 완충구역, 협력구역의 공간구분을 완료한 후, 구역별 면적 및 비율을 표로 정리하여 작성한다.

기출예상문제

생태복원 사업의 공간구상단계에서 핵심구역을 중심으로 적정 규모의 목표종 서식지를 구성하고 배치하여야 한다. 목표종의 서식지 요구조건이 아닌 것은?

① 공간
② 은신처
③ 먹이
④ 인간의 접근성

답 ④

2) 핵심구역을 중심으로 적정 규모의 목표종 서식지를 구성하고 배치한다.

(1) 목표종의 서식환경을 조사한다.

목표종의 서식지를 조사하고 서식지적합성지수(HSI)를 도출한다.

➤ **청개구리의 서식지 요구조건**

구분		내용
학명		Hyla japonica Gunther
분류		무미목 청개구리과
특이사항		• 국가적색목록 관심대상(LC), 세계적색목록 관심대상(LC) • 최근 개체수가 점점 감소하는 추세 • 청개구리는 등쪽이 초록색을 띠고 있으며, 주위환경에 따라 현저하게 색이 변함
서식지 요구조건	공간	• 낮은 산의 논밭, 하천, 산지 계곡 주변에 풀과 나무가 우거진 곳 • 산지나 평지의 풀이나 나무 위 • 낮은 물웅덩이, 낙엽, 썩은 나무 등
	은신처	• 낮은 산의 논밭, 하천, 산지 계곡 • 논, 습지, 연못, 웅덩이, 계곡 등에서 산란함 • 4~5월 무논에 짝짓기를 위해 몰려들어 밤새도록 울어댐 • 산란기 이외에는 활엽수나 풀잎에 올라가서 생활함 • 거목 줄기의 썩은 곳, 낙엽이 덮인 땅속에서 동면을 함
	먹이	• 올챙이 시기에는 작은 수서곤충, 수생식물의 연한 줄기나 뿌리를 먹음 • 성체 시기에는 애벌레, 파리, 모기 등 작은 곤충 및 거미 등을 먹으며, 다지류의 절지동물, 지렁이 등도 섭취함
	수환경(물)	• 물은 서식, 은신, 번식에 필요함 • 산란 시 작은 물웅덩이에 덩어리로 물풀에 부착하여 알을 낳음

(2) 목표종의 서식지복원모형(habitat restoration model)을 개발한다.

목표종의 서식지 요구조건 조사 결과와 도출한 서식지적합성지수(HSI)항목을 바탕으로 목표종의 서식환경에 대한 복원모형을 개발한다.

산림	계곡 및 웅덩이	논습지
은신처·동면지 및 곤충류(성체의 먹이) 서식지	산란지 및 올챙이 시기 서식지	산란지 및 올챙이 시기 서식지

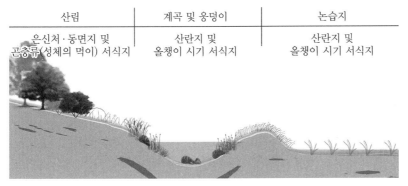

‖ 청개구리 서식지복원모형 ‖

(3) 사업대상지에 목표종의 서식지모형(habitat restoration model)을 적용한다.

① 목표종의 서식지 위치를 선정한다.

② 목표종의 서식지 규모와 형태를 결정한다.

③ 목표종의 서식지복원모형을 적용하여 서식환경을 구성한다.

3) 핵심구역, 완충구역, 협력구역의 용도를 고려하여 원활한 이동동선을 계획한다.

(1) 핵심구역, 완충구역, 협력구역의 용도를 고려하여 원활한 이동동선을 구성한다.

① 공간의 용도를 고려하여 원활한 이동동선 구성

㉠ 핵심구역 안으로 접근 및 이동하는 동선은 설치하지 않는다.

㉡ 완충구역의 동선은 핵심구역에 부정적 영향을 끼치지 않는 범위 내에서 설치한다.

㉢ 협력구역의 동선은 기능별 위계에 따라 동선체계를 구성하고 지속가능한 활동을 원활히 지원할 수 있도록 배치한다.

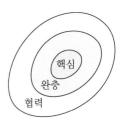

핵심 · 완충 · 협력구역 개념도

(2) 핵심구역, 완충구역, 협력구역의 용도를 고려하여 토지이용 및 시설물을 계획한다.

① 토지이용계획의 기본원칙

㉠ 핵심구역은 보전

㉡ 완충구역은 핵심구역 보호

㉢ 협력구역은 지속가능 이용

② 시설물계획의 기본원칙

㉠ 핵심구역에는 보전시설, 관찰시설, 연구시설을 설치한다.

㉡ 완충구역은 핵심구역에 부정적 영향을 끼치지 않도록 시설물을 설치한다.

㉢ 협력구역은 지속가능한 이용을 할 수 있는 다양한 시설을 설치할 수 있다.

기출예상문제

생태복원사업 공간구상의 방법
으로 잘못된 것은?

① 핵심 · 완충 · 협력구역으로
공간구분
② 핵심구역을 중심으로 적정 규
모의 목표종 서식지를 구성
하고 배치
③ 사업목적에 부합하는 복수의
대안을 수립하고 이들을 비
교 · 검토하여 최종공간구상
도를 작성
④ 핵심구역 안으로 인간의 접근
이 원활하도록 이동동선을
배치

답 ④

4) 사업목적에 부합하는 복수의 대안을 수립하고 이들을 비교 · 검토하여 최종공간구상도
를 작성한다.

① 사업목적에 부합하는 다양한 대안을 수립한다.

② 대안의 평가를 위해 평가기준을 설정한다.

③ 평가 후 대안의 문제점을 개선한다.

④ 파악된 대안의 장단점을 통해 구상안을 보강하고 최종기본구상도를 작성한다.

⑤ 최종공간구상도를 바탕으로 기본계획도(마스터플랜)를 작성한다.

▶ **환경부의 자연마당 조성사업 기본계획 및 설계안 평가기준**

항목	평가기준	세부사항	배점
계획성	개념적 측면	• 과업의 이해도 • 계획의 독창성 및 상징성 • 주제 선정 및 구성의 합리성	10
	계획적 측면	• 상위계획 및 주변 지역계획과의 연관성 • 주변 자연 및 문화환경과의 조화성 • 공간 및 시설물계획의 적정성 • 접근성에 대한 고려	10
	환경적 측면	• 생태계보전 및 복원계획의 적합성 • 생물서식환경 조성계획의 적정성 • 식재 기반 조성계획의 적정성 • 도입시설의 친환경성 • 기후변화 적응성 • 기존 자원의 보존과 이용의 조화성 • 환경 개선 효과 및 환경 신기술의 적용	30
시공성	경제적 측면	• 설계내용의 시공 가능성 • 도입시설의 안전성 및 활용성 • 특수지역(간석지 등) 적용공법의 적정성 • 추정공사비 산정의 적정성	20
관리성	유지관리 및 주민참여	• 식재, 시설물 유지관리계획의 적합성 • 모니터링 및 유지관리계획 수립 • 주민참여 활용 여부	20

04 공간활동프로그래밍하기

1. 수용력(carrying capacity)

1) 물리적 수용력(Physical Carrying Capacity : PCC)
시설이 수용할 수 있는 능력 즉 시설 수용력이다.

2) 사회적 수용력(Social Carrying Capacity : SCC)
만족도를 떨어뜨리지 않으면서 질을 지속시킬 수 있는 수준을 의미한다.

3) 생태적 수용력(Ecological Carrying Capacity : ECC)
생태학적 측면에서 특정지역의 환경 질을 저하시키지 않고 유지할 수 있는 최대개체군 밀도이다.

2. 이용수요의 추정

1) 물리적 수용력
① 최대 시 이용자 수 = 이용가능면적 / 1인당 이용면적(원단위)
② 최대 일 이용자 수 = 최대 시 이용자 수 /회전율
③ 연간 이용자 수 = 최대 일 이용자 수/최대일률

2) 사회적 수용력
① 연간 이용자 수 = 인구×연간이용횟수×분담률
② 최대 일 이용자 수 = 연간이용자 수×최대일률
③ 최대 시 이용자 수 = 최대 일 이용자 수×회전율

3) 생태적 수용력
① $PCC = A \times V/a \times Rf$

A : 이용가능면적, V/a : 1인이 자유로운 활동이 가능한 최소면적

Rf : 회전율

② $RCC = PCC \times (100 - cf1)/100 \times (100 - cf2)/100 \times \cdots \times (100 - Cfn)/100$

Cfn : 보정요소 = $Mn/Mt \times 100$, Mn : 변수의 제한량

Mt : 변수의 총량

③ $ECC = RCC \times MC$

MC : 관리능력

기출예상문제

생태복원사업 공간활동프로그래밍 시 '생태학적 측면에서 특정지역의 환경 질을 저하시키지 않고 유지할 수 있는 최대개체군 밀도'를 무엇이라 하는가?
① 물리적 수용력
② 사회적 수용력
③ 생태적 수용력
④ 회전율

답 ③

3. 공간활용프로그래밍

1) 핵심 · 완충 · 협력구역 등 공간별로 목표종의 서식지와 도입활동을 프로그래밍한다.

▶ **공간별 도입활동프로그램 및 도입시설**

구분	활용프로그램	도입시설
핵심구역	• 자연관찰 • 생태교육 • 자연보호	자연을 보호하고 연구관찰 가능한 시설
완충구역	• 체험(자연) • 모니터링	자연을 활용한 체험시설 및 모니터링 시설
협력구역	인간의 지속가능 이용이 가능한 프로그램	편의시설, 휴식시설 및 생태교육시설 등

2) 목표종의 서식지 구성요소와 서식 특성을 고려하여 서식지 규모를 산정한다.
① 목표종의 생활사, 서식지 구성요소, 서식 특성 파악
② 목표종의 최소존속개체군(Minimum Viable Population : MVP) 파악
③ 목표종의 최소존속면적(Minimum Viable Area : MVA) 파악
④ 목표종의 서식지 규모 산정

3) 도입활동에 필요한 생태시설물을 선정하고 생태적 수용력과 적정 이용 수요를 추정하여 도입하는 생태시설물 규모 산출
수용력 산정방식별 이용 수요 추정 결과를 비교하여 적정 이용 수요를 결정
① 생태적 수용력＞사회적 수용력 → 사회적 수용력 이용
② 사회적 수용력＞생태적 수용력 → 생태적 수용력 이용

4) 결정된 연간 이용자 수로 최대 시 이용자 수를 산정한 후, 60~80% 수준에서 경제적인 최대 시 이용자 수를 결정한다.

5) 이용 규모를 통해 시설 규모를 산정한다.
시설 규모＝(이용률)×(단위 규모)×(최대 시 이용자 수)

➤ **단위시설 원단위**

시설구분		단위시설규모	시설구분		단위시설규모
공공 편익 시설	관광안내소	4.5m^2/인	휴양 문화 시설	야외공연장	3.5m^2/인
	관리사무소	6.5m^2/인		어린이놀이터	14.0m^2/대
	주차장(소)	34.5m^2/대		조경휴게소	6.5m^2/대
	주차장(대)	73.5m^2/대		전망대	5.5m^2/인
	화장실	3.8m^2/인	상가 시설	매점	3.5m^2/인
	공동취사장	2.5m^2/인		관광식당	12.0m^2/인
	급수대	1.5m^2/대	운동 오락 시설	눈썰매장	16.0m^2/인
휴양 문화 시설	공원	22.5m^2/인		수영장	8.5m^2/인
	공장	17.0m^2/인		농구장	28×15m
	잔디광장	13.0m^2/인		축구장	(90−120)×(45−90)m
	산림욕장	17.5m^2/인		배구장	18×9m
	청소년수련장	20.0m^2/인		배드민턴장	13.4×6.1m
	온실	10.0m^2/인		배구장	18×9m
	야영장	15.5m^2/인		다목적 운동장	17.5m^2/인

01 훼손된 자연을 회복시키고자 하는 세 가지 단계에 해당되지 않는 것은?

(2018)

① 복원(restoration)

② 복구(rehabilitation)

③ 대치(replacement)

④ 개발(development)

해설 ▶ 생태복원의 종류

① 복원 : 훼손되기 이전의 상태로 되돌리는 것

② 복구 : 원래보다는 못하지만 원래의 자연상태와 유사하게 되돌림

③ 대체 : 현재의 상태를 개선하기 위하여 다른 생태계로 원래의 생태계 대체

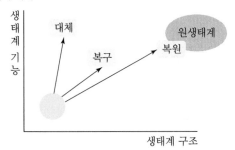

02 복원의 유형 중에서 대체에 대한 설명에 해당하지 않는 것은?

(2018)

① 훼손된 지역의 입지에 동일하게 만들어 주는 것

② 다른 생태계로 원래 생태계를 대신하는 것

③ 구조에 있어서는 간단할 수 있지만, 보다 생산적일 수 있음

④ 초지를 농업적 목초지로 전환하여 높은 생산성을 보유하게 함

해설

훼손된 지역의 입지를 동일하게 만들어 주는 것은 복원에 가깝다.

03 자연의 복원과 관련된 용어의 설명 중 가장 올바른 것은?

(2018)

① 복원 : 훼손된 자연의 기능만 새롭게 조성하는 것

② 복구 : 훼손된 자연을 자연상태와 유사한 상태에 도달하도록 회복시키는 것

③ 재배치 : 훼손되기 이전의 자연구조를 원래 있는 상태로 완전히 회복시키는 것

④ 대체 : 훼손된 지역을 자연의 회복력에 의하여 완전히 재생되도록 하는 것

해설 ▶ 생태복원의 종류

① 복원 : 훼손되기 이전의 상태로 되돌리는 것

② 복구 : 원래보다는 못하지만 원래의 자연상태와 유사하게 되돌림

④ 대체 : 현재의 상태를 개선하기 위하여 다른 생태계로 원래의 생태계 대체

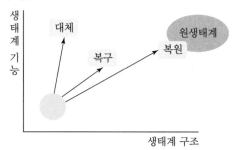

04 성공적인 자연환경 복원이 이루어지기 위한 생태계 복원 원칙이 아닌 것은?

(2018)

① 대상지역의 생태적 특성을 존중하여 복원계획을 수립, 시행한다.

② 각 입지별 유일한 생태적 특성을 인식하여 복원계획을 수립, 반영한다.

③ 다른 지역과 차별화되는 자연적 특성을 우선적으로 고려한다.

④ 도입되는 식생은 가능한 조기녹화를 고려한 외래수종을 우선적으로 하고 추가로 자생종을 사용한다.

해설

자생종을 우선적으로 도입하고 외래수종은 되도록 도입하지 않는다.

05 생태도시계획에 있어서 생태적 원칙에 적합하지 않은 것은? (2018)

① 순환성   ② 다양성
③ 개별성   ④ 안정성

해설 생태적 원칙
안정성, 순환성, 다양성, 자연성

06 환경포텐셜에 관한 설명 중 옳은 것은? (2018)

① 입지포텐셜은 기후, 지형, 토양 등의 토지적인 조건이 어떤 생태계의 성립에 적당한가를 나타내는 것이다.
② 종의 공급포텐셜은 먹고 먹히는 포식의 관계나 자원을 둘러싼 경쟁관계 등 생물 간의 상호작용을 나타내는 것이다.
③ 천이의 포텐셜은 생태계에서 종자나 개체가 다른 곳으로부터 공급의 가능성을 나타내는 것이다.
④ 종간관계의 포텐셜은 시간의 변화가 어떤 과정과 어떤 속도로 진행되며 최종적으로 어떤 모습을 나타내는가를 보여 주는 가능성을 나타내는 것이다.

해설 환경포텐셜
특정 장소에서의 종의 서식이나 생태계 성립의 잠재적 가능성
㉠ 입지포텐셜 : 기후, 지형, 토양, 수환경 등 입지의 기반환경을 나타내는 포텐셜
㉡ 종의 공급포텐셜 : 식물 종자나 동물 개체 등 주변으로부터 종의 유입가능성을 나타내는 포텐셜로 source(종공급원), sink(종수용처), 종의 이동력 등이 중요
㉢ 종간관계 포텐셜 : 생물종 간 상호관계를 나타내는 포텐셜로 생태계 먹이그물을 고려하여야 하는 포텐셜
㉣ 천이포텐셜 : 천이는 시간에 따른 군집의 변화양상을 나타내는 것으로, 천이의 방향, 속도 등을 고려하여야 함

07 성공적인 자연환경 복원이 이루어지기 위한 생태계 복원 원칙이 아닌 것은? (2019)

① 대상지역의 생태적 특성을 존중하여 복원계획을 수립, 시행한다.
② 각 입지별 유일한 생태적 특성을 인식하여 복원계획을 수립, 반영한다.
③ 다른 지역과 차별화되는 자연적 특성을 우선적으로 고려한다.
④ 도입되는 식생은 가능한 조기녹화를 고려한 외래수종을 우선적으로 하고 추가로 자생종을 사용한다.

해설
자생종을 우선적으로 도입하고 외래수종은 되도록 도입하지 않는다.

08 생태도시계획에 있어서 생태적 원칙에 적합하지 않은 것은? (2019)

① 순환성   ② 다양성
③ 개별성   ④ 안정성

해설 생태적 원칙
안정성, 순환성, 다양성, 자연성

09 지역환경 생태계획의 생태적 단위를 큰 것부터 작은 순서대로 나열한 것은? (2019)

① landscape district → ecoregion → bioregion → sub-bioregion → place unit
② bioregion → sub-bioregion → ecoregion → place unit → landscape district
③ place unit → bioregion → sub-bioregion → ecoregion → landscape district
④ ecoregion → bioregion → sub-bioregion → landscape district → place unit

해설
ecoregion(생태지역) → bioregion(생물지역) → sub-bioregion(하부생물지역) → landscape district(경관지구) → place unit(장소단위)

10 생태적 복원의 유형에 대한 설명으로 틀린 것은? (2019)

① 복구(rehabilitation) – 완벽한 복원으로 단순한 구조의 생태계 창출
② 복원(restoration) – 교란 이전의 상태로 정확하게 돌아가기 위한 시도
③ 복원(restoration) – 시간과 많은 비용이 소요되기 때문에 쉽지 않음
④ 대체(replacement) – 현재 상태를 개선하기 위하여 다른 생태계로 원래의 생태계를 대체하는 것

해설 생태복원의 종류
① 복구 : 원래보다는 못하지만 원래의 자연상태와 유사하게 되돌림
② 복원 : 훼손되기 이전의 상태로 되돌리는 것
④ 대체 : 현재의 상태를 개선하기 위하여 다른 생태계로 원래의 생태계 대체

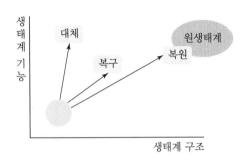

11 생태계 복원에 대한 개념 설명 중 옳지 않은 것은?

(2020)

① 종수와 다양성이 증가할수록 총생체량은 증가하고 영양물질은 감소한다.
② 생태계는 시간이 경과함에 따라 구조와 기능이 발달하면서 방향성을 갖는다.
③ 원래의 생태계 또는 극상단계의 생태계로 복원하는 것을 이상적인 복원이라 할 수 있다.
④ 자연계의 천이에서 극상단계까지는 일반적으로 생태계가 안정, 발달할수록 종수와 다양성이 증가한다.

해설
영양물질은 생명체의 성장·발달 및 유지에 필요한 모든 물질의 총칭이다. 따라서 종수와 다양성이 증가할수록 총생체량은 증가하고 영양물질 또한 증가한다.

12 자연환경복원계획을 수립하기 위한 여러 요소의 설명으로 가장 거리가 먼 것은?

(2020)

① 지형의 조사, 분석에서는 대상지의 경사, 고도, 방향 등을 위주로 하여야 한다.
② 수리, 수문, 수질의 조사와 분석은 습지, 하천, 넓은 유역의 계획에 중요한 요소이다.
③ 토양은 자연적 식생천이에 그리 중요한 요소는 아니나 초기 복원에 중요한 요소이다.

④ 기후는 동식물분포, 식물의 발달, 천이에 영향을 끼칠 뿐만 아니라 인간의 행태에도 중요한 인자이다.

해설
토양은 식생천이와 밀접한 관련이 있다.

13 생태적 복원의 유형 중 복원(restoration)에 관한 설명으로 옳은 것은?

(2020)

① 교란 이전의 상태로 정확하게 돌아가기 위한 시도이다.
② 구조에 있어 간단할 수 있지만 보다 생산적일 수 있다.
③ 현재의 상태를 개선하기 위해 다른 생태계로 대체하는 것이다.
④ 이전 생태계와 유사한 기능을 지니면서도 다양한 구조의 생태계를 창출할 수 있다.

해설 생태복원의 종류
㉠ 복원 : 훼손되기 이전의 상태로 되돌리는 것
㉡ 대체 : 현재의 상태를 개선하기 위하여 다른 생태계로 원래의 생태계 대체
㉢ 복구 : 원래보다는 못하지만 원래의 자연상태와 유사하게 되돌림

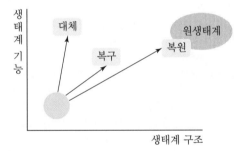

14 서식처의 창출과 같이 새롭게 서식처를 조성해 주는 방법으로 틀린 것은?

(2018)

① 자연적 형성　　　　② 서식처 구조형성
③ 설계자로서의 서식처　④ 경제적 서식처

해설
창출(creation)이란 훼손 등의 여부와는 상관없이 생태계를 지속적으로 유지하지 못하는 지역에 지속성이 높은 생태계를 새롭게 만들어 내는 것을 말한다. 또는 다양한 목적에 의해서 전혀 생태계가 없던 곳에 새로운 생태계를 만들어 내는 것도 포함된다. 도시화된 지역에서 생물 서식공간을 새롭게 만드는 것이 대표적인 창출이 될 수 있다(*출처 : 조동길, 생태복원 계획설계론).

15 생태적 복원공법 유형의 기본개념이 올바르게 짝지어진 것은? (2018)

① naturalization – 인위적인 관리를 통한 자연적인 천이를 유도함
② colonization – 산림의 종자원(seed source)이 가능한 곳에서 가지치기, 솎아주기, 기타 교란 등을 중지하는 방법
③ natural regeneration – 나지 형태로 조성한 후 향후 식물이 자연스럽게 이입하여 극상림으로 발달해 갈 수 있도록 유도함
④ nucleation – 수종을 패치형태로 식재하는 방법으로, 핵심종이 자리잡고, natural regeneration이 가속화되게 하는 방법

해설
① naturalization : 자연적 천이를 존중하는 기법으로서 식재 후 자연적인 경쟁 및 천이 등에 의해서 극상으로 발달할 수 있도록 유도하는 기법
② colonization : 식물종을 직접 이용하지 않고 식생이 정착할 수 있는 환경만 제공하는 기법
③ natural regeneration : 산림 종자원(seed source)이 있는 곳에서 가지치기나 솎아주기 등과 같은 다른 교란을 배제시키는 방법으로서, 식재 설계보다는 관리의 방법에 해당하는 것
④ nucleation : 식물을 패치형태로 식재하는 방법으로서, 우선 핵심종이 자리잡고 난 후에 자연적 재생을 가속화되게 하는 방법
(*출처 : 조동길, 생태복원 계획 설계)

16 환경포텐셜에 대한 설명으로 틀린 것은? (2018)

① 복원잠재력을 의미한다.
② 환경의 생태수용력을 의미한다.
③ 시간이 지나면서 천이가 진행될 가능성을 의미하기도 한다.
④ 특정 장소에서 종의 서식이나 생태계 성립의 잠재적 가능성을 나타내는 개념이다.

해설 환경포텐셜
특정 장소에서의 종의 서식이나 생태계 성립의 잠재적 가능성
㉠ 입지포텐셜 : 기후, 지형, 토양, 수환경 등 입지의 기반환경을 나타내는 포텐셜
㉡ 종의 공급포텐셜 : 식물 종자나 동물 개체 등 주변으로부터 종의 유입가능성을 나타내는 포텐셜로 source(종공급원), sink(종수용처), 종의 이동력 등이 중요

㉢ 종간관계 포텐셜 : 생물종 간 상호관계를 나타내는 포텐셜로 생태계 먹이그물을 고려하여야 하는 포텐셜
㉣ 천이포텐셜 : 천이는 시간에 따른 군집의 변화양상을 나타내는 것으로, 천이의 방향, 속도 등을 고려하여야 함

17 다음 중 생태복원과 관련이 없는 것은? (2018)

① 생물이동통로를 설치하여 동물의 이동을 돕는다.
② 화전민 거주지였던 곳에 주변의 임상과 유사하게 군락식재를 적용한다.
③ 비버(beaver 혹은 Castor species)가 하천에 만든 댐을 허물어 물의 흐름을 원활하게 한다.
④ 하천의 호안블록을 걷어내고 소와 여울을 만든다.

18 생태계의 복원원칙에 대한 설명으로 옳은 것은? (2018)

① 도입되는 식생은 생명력이 강한 외래수종을 우선적으로 사용한다.
② 각 입지별로 통일된 생태계로 조성할 수 있도록 복원계획을 수립한다.
③ 적용하는 복원효과를 잘 검증할 수 있는 우선순위 지역을 선정하여 복원계획을 시행한다.
④ 개별적인 생물 구성요소의 회복에 중점을 두도록 한다.

19 도시의 생물다양성 보전을 위해 고려해야 할 사항으로 부적합한 것은? (2018)

① 생물 개개의 서식처 보전만으로 다양성을 유지할 수 없으므로 서식공간의 네트워크가 필요하다.
② 개개의 생물종 보전대책이 종의 장기적인 생존을 위해 최우선적으로 고려되어야 한다.
③ 미래의 생물서식환경과 종의 생존을 위해 넓은 범위에서의 대책이 시급하다.
④ 서식지 규모의 단편화, 축소화, 질적 악화를 방지하기 위해서는 서식환경 전체를 대상으로 하는 대책이 필요하다.

20 도시생태계 복원을 위한 절차 중 가장 선행되어야 하는 것은? (2018)

① 시행, 관리, 모니터링의 실시
② 복원계획의 작성
③ 복원목적의 설정
④ 대상지역의 여건분석

대상지 분석 – 복원목적 설정 – 복원계획의 작성 – 시행, 관리, 모니터링의 실시

21 생태공원 조성의 기본이념이 아닌 것은? (2018)

① 지속가능성
② 생태적 건전성
③ 생물적 단일성
④ 인위적 에너지 투입 최소화

22 자연환경 복원을 위한 생태계의 복원과정에서 ( )에 적합한 것은? (2018)

> 대상지역의 여건 분석 → 부지현황 조사 및 평가 → ( ) → 복원계획의 작성 → 시행, 관리, 모니터링의 실시

① 적용기술 선정
② 공청회 개최
③ 예산 확인
④ 복원목적의 설정

23 생태공원 조성을 위한 기본원칙에 해당하지 않는 것은? (2018)

① 지속가능성 확보
② 생물적 다양성 확보
③ 생태적 건전성 확보
④ 관리인력 수요 창출

24 생태도시에 적용할 수 있는 계획요소로서 관련이 가장 적은 것은? (2018)

① 관광 분야
② 물·바람 분야
③ 에너지 분야
④ 생태 및 녹지 분야

25 생태공원의 계획과정과 그 내용이 잘못 연결된 것은? (2018)

① 목적 및 목표 설정 – 목표종 및 서식처 특성 설정
② 현황조사 및 분석 – 유지 및 관리계획
③ 기본구상 – 프로그램의 기능적 연결
④ 기본계획 및 부문별 계획 – 서식처 계획, 토지이용계획

현황조사 및 분석 – 인문환경, 자연환경 등의 조사·분석

26 생태적 도시림의 설명으로 옳지 않은 것은? (2018)

① 생태적 관리 기술이 도시에서도 적용될 수 있다.
② 도시림은 자기유지적인 경관을 창출해야 한다.
③ 도시림의 유지비용을 충분히 확보할 필요가 없다.
④ 조성 시 식재 초기에는 빨리 자라고 햇빛을 많이 요구하는 식물을 식재한다.

27 생태공원 조성을 위한 기본원칙에 해당하지 않는 것은? (2019)

① 지속가능성 확보
② 생물적 다양성 확보
③ 생태적 건전성 확보
④ 관리인력 수요 창출

정답 20 ④   21 ③   22 ④   23 ④   24 ①   25 ②   26 ③   27 ④

340 _ PART 02 생태복원 계획

28 생태도시에 적용할 수 있는 계획요소로서 관련이 가장 적은 것은? (2019)

① 관광 분야
② 물 · 바람 분야
③ 에너지 분야
④ 생태 및 녹지 분야

29 생태공원의 계획과정과 그 내용이 잘못 연결된 것은? (2019)

① 목적 및 목표 설정 - 목표종 및 서식처 특성 설정
② 현황조사 및 분석 - 유지 및 관리계획
③ 기본구상 - 프로그램의 기능적 연결
④ 기본계획 및 부문별 계획 - 서식처 계획, 토지이용계획

30 생태적 도시림의 설명으로 옳지 않은 것은? (2019)

① 생태적 관리 기술이 도시에서도 적용될 수 있다.
② 도시림은 자기유지적인 경관을 창출해야 한다.
③ 도시림의 유지비용을 충분히 확보할 필요가 없다.
④ 조성 시 식재 초기에는 빨리 자라고 햇빛을 많이 요구하는 식물을 식재한다.

31 생태공원 조성 이론의 설명으로 틀린 것은? (2019)

① 지속가능성은 인간의 활동을 중심으로 공간을 창출하여 삶의 질을 높인다.
② 생물다양성은 유전자, 종, 소생물권 등의 다양성을 의미하며 생물학적 다양성과 생태적 안정성은 비례한다.
③ 생태적 건전성은 생태계 내 자체 생산성을 유지함으로써 건전성이 확보되며, 지속적으로 생물자원 이용이 가능하다.
④ 최소의 에너지 투입은 자연순환계를 형성하여 에너지, 자원, 인력을 절감하고 경제성 효율을 극대화할 수 있도록 계획하여 인위적인 에너지 투입을 최소화하도록 한다.

해설
지속가능성을 높이려면 인간활동으로 발생하는 교란을 최소화할 필요가 있다.

32 환경친화적 단지조성계획의 기본목표에 대한 설명으로 틀린 것은? (2019)

① 기존의 식생 · 자연지형 · 수로 등의 변경을 최대화함으로써 환경부하를 줄일 수 있도록 유도하고 녹지공간을 체계화한다.
② 수자원 순환의 유지 및 쓰레기의 재활용 건축재료의 이용 등 자연환경의 순환체계를 보존하여 자연계의 물질순환이 활성화될 수 있도록 유도한다.
③ 자연생태계가 유지될 수 있도록 일정 규모의 소생물권을 조성하여 훼손되어 가고 있는 소생물권을 유지 · 복원할 수 있도록 계획한다.
④ 에너지 소비를 줄일 수 있는 재료의 사용 및 자연에너지를 최대한 줄일 수 있는 계획을 함으로써 환경오염물질의 배출을 줄일 수 있도록 유도한다.

해설
기존의 식생, 자연지형, 수로 등의 변경은 최소화하여야 한다.

33 생태도시의 설계지표 설정 시 고려해야 할 사항이 아닌 것은? (2019)

① 정보수집이 용이해야 한다.
② 단기간에 걸친 경향을 보여 주어야 한다.
③ 개별적, 종합적으로 의미가 있어야 한다.
④ 정책, 서비스, 생활양식 등의 변화를 유발해야 한다.

34 생태복원의 측면에서 도시림에 대한 설명 중 가장 적합하지 않은 것은? (2019)

① 가로수, 주거지의 나무, 공원수, 그린벨트의 식생 등을 포함한다.
② 큰 나무 밑의 작은 나무와 풀을 제거하여 경관적인 측면을 고려한 관리가 되어야 한다.
③ 조성 목적과 기능 발휘의 측면에서 생활환경형, 경관형, 휴양형, 생태계보전형, 교육형, 방재형 등으로 구분한다.
④ 최근에는 지구온난화와 생물다양성 등의 지구환경문제와 관련하여 환경보존의 기능과 생태적 기능이 강조된다.

해설
생태복원 시 다층림의 조성을 권장한다.

정답 28 ① 29 ② 30 ③ 31 ① 32 ① 33 ② 34 ②

35 도시경관생태의 보전과 관리를 위한 생태적인 도시계획을 위한 적절한 지침이 아닌 것은? (2019)

① 도심에 적응하는 생물상을 고려한다.
② 토지 이용에 대한 밀도를 다양하게 한다.
③ 생물다양성을 높이기 위해 특정 외래수종을 도입한다.
④ 도시 내의 큰 숲을 가능하면 보전하여 보호구역을 만든다.

해설
외래수종의 도입은 생물다양성을 높일 수는 있으나 생태계교란의 원인이 될 수 있으므로 자생종의 도입을 권장한다.

36 도시녹지의 양을 증대하기 위한 방법과 관계가 없는 것은? (2020)

① 녹지의 농도 증가
② 녹지의 규모 확대
③ 녹지의 종류 증가
④ 녹지의 거리 축소

37 생태공원 조성 이론에 대한 설명으로 옳지 않은 것은? (2020)

① 지속가능성은 생물자원을 지속적으로 보전, 재생하여 생태적으로 영속성을 유지한다.
② 생물적 다양성은 유전자, 종, 소생물권 등의 다양성을 의미하여 생물적 다양성과 생태적 안정성은 반비례한다.
③ 생태적 건전성은 생태계 내 자체 생산성을 유지함으로써 건전성이 확보되며 지속적으로 생물자원 이용이 가능하다.
④ 최소의 에너지 투입은 자연순환계를 형성하여 에너지, 자원, 인력 투입을 절감하고, 경제적 효율을 극대화할 수 있도록 계획한다.

해설
생물적 다양성과 생태적 안정성은 비례한다.

38 도시림의 기능이나 효용에 관한 설명으로 가장 거리가 먼 것은? (2020)

① 방충적 효용
② 방음적 효용
③ 방화적 효용
④ 심리적 효용

39 농업적으로 생산적인 생태계의 의도적인 설계와 유지관리를 위해 퍼머컬쳐(perma-culture)가 가져야 하는 특성으로 옳지 않은 것은? (2020)

① 자연생태계의 다양성
② 자연생태계의 안정성
③ 자연생태계의 순환성
④ 자연생태계의 고립성

40 생태복원의 각 단계를 설명한 것으로 옳지 않은 것은? (2020)

① 목적설정이란 생태계와 인공계의 관계를 조정할 때 구체적인 수준을 정하는 것이다.
② 시공은 목표종의 서식에 적합한 공간을 만드는 것으로 종의 생활사를 고려하여야 한다.
③ 조사 및 분석에서 생태계는 지역마다 그 특징이 유사하므로 대표적인 지역에 대한 조사만 수행해도 된다.
④ 계획은 생태계와 인공계의 관계를 공간적인 배치에 의해 조정함과 동시에 생태계의 질, 크기, 배치 등을 결정하는 것이다.

41 영양단위의 최상위에 위치하는 대형 포유류나 맹금류 등 서식에 넓은 면적을 필요로 하고, 이 종을 지키면 많은 종의 생존이 확보된다고 생각되며 생태계 보전 및 복원의 목표가 되는 종군을 무엇이라 하는가? (2018)

① 지표종
② 핵심종
③ 상징종
④ 우산종

해설 생물종의 기능적 분류

구분	내용
우점종 (dominant species)	• 군집 또는 군락 내에서 중요도가 높은 종 • 밀도(단위면적당 개체수), 빈도(자주 나타나는 확률), 피도(단위면적당 피복면적)의 총체적 합으로 결정함 • 생태계 내의 생산성 및 영양염류 순환과 기타 과정들을 가장 많이 통제하는 종일 확률이 높음
생태적 지표종 (ecological indicator)	• 특정지역의 환경조건이나 상태를 측정하는 척도로 이용하는 생물종 • 특정생물종의 존재 여부를 통하여 그 지역의 환경조건을 알 수 있으며 특정환경의 상태를 잘 나타내는 생물종

핵심종(중추종)
(keystone
species)
	• 우점도나 중요도와 상관없이 어떤 종류의 지배적
	  영향력을 발휘하고 있는 생물종
	• 생물 군집에 있어서 생물 간 상호작용의 필요가 있
	  고, 그 종이 사라지면 생태계가 변질된다고 생각되
	  는 종
	• 군집에서 중요한 역할을 수행하는 종

여별종	• 어떤 군집 내에서 유사한 생태적 서비스를 하는 종 • 생태적 서비스를 복구하는 예비군 • 생태계의 주요 안전장치

우산종
(umbrella
species)
	• 최상위 영양단계에 위치하는 대형 포유류나 맹금
	  류로 넓은 서식면적을 필요로 하는 생물종
	• 이 종을 보호하면 많은 다른 생물종이 생존할 수
	  있다고 생각되는 종

깃대종(상징종)
(flagship
species)
	• 특정지역의 생태·지리·문화 특성을 반영하는
	  상징적인 중요 야생생물
	• 생물종의 아름다움이나 매력 때문에 일반 사람들
	  이 보호를 해야 한다고 인식하는 생물종
	• 깃대(flagship)라는 단어는 해당 지역 생태계 회
	  복의 개척자 이미지를 부여한 상징적인 표현
	• 홍천의 열목어, 거제도의 고란초, 덕유산의 반딧
	  불이, 태화강의 각시붕어, 광릉숲의 크낙새 등

희소종(희귀종)
(threatened
species)
	• 서식지의 축소, 생물학적 침입, 남획 등으로 절멸
	  의 우려가 있는 종
	• 국제적 차원의 희소종, 국가적 차원의 희소종, 지
	  역적 차원의 희소종 등으로 구분이 가능함

생태적 동등종
(ecological
equivalents)
	• 지리적으로 서로 다른 지역에서 생태적으로 유사
	  하거나 동일한 지위를 점하는 생물종
	• 분류학적으로는 서로 다르지만 기능적으로 유사
	  한 생물종
	• 호주의 캥거루와 아프리카 초원의 영양

침입종 (invasive species)	• 외부에서 들어와 다른 생물의 서식지를 점유하고 있는 종

*출처
- 김준호·서계홍·정연숙 외(2007). 『현대생태학(개정판)』. (주)교문사. p.174.
- 조동길(2011). 『생태복원계획·설계론』. 넥서스환경디자인연구원 출판부. p.477.
- 차윤정·전승훈(2009). 『숲 생태학 강의』. 지성사. p.160.
- Primack, R.B.([2012] 2014)『보전생물학(A Primer of Conservation Biology(5ed.))』. 이상돈·강혜순·강호정 외(역). 월드사이언스. p.122. 229.의 내용을 정리하여 표로 작성함

42 영양단위의 최상위에 위치하는 대형 포유류나 맹금류 등 서식에 넓은 면적을 필요로 하고, 이 종을 지키면 많은 종의 생존이 확보된다고 생각되며 생태계 보전 및 복원의 목표가 되는 종군을 무엇이라 하는가? (2019)

① 지표종
② 핵심종
③ 상징종
④ 우산종

43 식물과 곤충 간의 관련성으로 고려한 분류체계에서 화분 매개충이 아닌 것은? (2019)

① 나비
② 매미
③ 꿀벌
④ 꽃등에

해설 화분매개곤충

꽃가루를 실어 나르며 식물의 결실에 도움을 주는 곤충류인 화분매개 곤충은 전 세계 농경지의 80~85%의 수정을 담당한다.

44 환경친화적 택지개발에 관한 설명으로 옳지 않은 것은? (2020)

① 지구환경의 보전
② 인간과 자연 상호에게 유익함 제공
③ 토지자원 절약을 통한 효율성 제고
④ 단지 개발 시 자연보존문제를 동시적으로 고려

45 생태복원 목표종 선정 시 영양단계의 최상위에 속하는 대형 포유류 및 맹금류와 같이 넓은 서식면적을 필요로 하지만, 지키면 많은 종의 생존이 확보된다고 생각되는 종은? (2018)

① 희소종   ② 중추종
③ 우산종   ④ 깃대종

46 생태네트워크 계획에서 고려할 사항으로 우선순위가 가장 낮은 것은? (2018)

① 재해방지 및 미기상조절을 위한 녹지의 확보
② 생물의 생식, 생육공간이 되는 녹지의 생태적 기능 향상
③ 인간성 회복의 장이 되는 녹지 확보
④ 환경학습의 장으로서 녹지 활용

해설 생태네트워크

1) 생태네트워크의 개념
　㉠ 이미 파편화된 녹지의 효율적 연결과 함께 새롭게 조성되는 도시에서 녹지가 단절되지 않도록 계획하여 생물다양성을 증진토록 돕는 것
　㉡ 파편화되는 생태계 및 서식처를 보전하는 것은 좁게는 생물다양성을 증진시킬 수 있는 방향으로 합리적인 토지이용계획을 하는 것이며, 넓게는 도시 및 지역계획 차원에서 전체적인 골격을 유지하면서 도시를 하나의 시스템으로 유지하기 위한 방법

2) 녹지공간 연결 용이
　㉠ 녹지축 : 17C 프랑스의 평면기하학식 오픈스페이스 시각적 회랑(현대 도시공원 및 녹지조성에서 시각적 축, 축선 강조)
　㉡ 그린웨이 : 곧게 뻗은 녹지축을 벗어나 쾌적한 도시공간을 위한 녹지의 연결(도시만을 위한 쾌적한 환경조성, 녹지로의 쉬운 접근, 도심 내 녹도 연결)
　㉢ 생태네트워크 : 사람의 이용 관점에서 벗어나 야생동물의 서식처 관점에서 녹지의 연결
　　• 배경이론
　　　－도서생물지리설 평형이론
　　　－메타개체군이 적은 개체군은 많은 개체군에 비해 소멸위험이 큼
　　　－유전과 교환
　　　－동물의 이동본능

3) 생태네트워크의 유형
　㉠ White : 바람네트워크
　㉡ Green : 식생네트워크
　㉢ Gold : 토양네트워크
　㉣ Blue : 물네트워크

4) 생태네트워크의 구성
　㉠ 핵심지역(core) : 주요 종의 이동이나 번식과 관련된 지역 및 생태적으로 중요한 서식처로 구성
　㉡ 완충지역(buffer) : 핵심지역과 코리더를 보호하기 위해 외부의 위협요인으로부터의 충격을 어느 정도 감소시켜 줄 수 있는 지역
　㉢ 코리더(corridor)
　　• 면형(area)
　　• 선형(line)
　　• 징검다리형(stepping stone)

㉣ 복원지

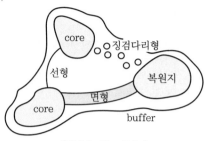

[생태네트워크 개념도]

47 도시 및 단지 차원의 환경계획이 아닌 것은? (2018)

① 생태네트워크 계획
② 생태마을과 퍼머컬처
③ 생태건축
④ 지속가능도시

48 녹지네트워크(green network)의 설명으로 가장 거리가 먼 것은? (2018)

① 자연의 천이와 인간과의 관계 형성을 지양한다.
② 공원 및 식생현황 등의 녹지 서식처를 유기적으로 연결한다.
③ 생태네트워크와 유사하나, 네트워크를 위한 연결대상이 주로 식생, 공원, 녹지, 산림으로 제한된다.
④ 녹지공간은 도시생태계의 건전성을 증진하기 위한 생태네트워크의 핵심이다.

해설
자연의 천이와 인간관계 형성을 지향한다.

49 생태네트워크의 특징이 아닌 것은? (2018)

① 생물다양성의 시점이다.
② 광역네트워크의 시점이다.
③ 환경복원 · 창조의 시점이다.
④ 토지경제성의 시점이다.

정답 46 ①　47 ③　48 ①　49 ④

50 우리나라의 광역적 그린네트워크를 형성할 때, 생태적 거점핵심지역(main core area)으로 작용하기 어려운 곳은?

(2018)

① 자연공원
② 생태·경관보전지역
③ 천연보호구역
④ 도시근린공원

51 MAB(Man And Biosphere)의 이론에 근거한 지역구분을 올바르게 나열한 것은?

(2018)

① 보존지역 – 유보지역 – 잠재적 개발지역
② 핵심지역 – 완충지역 – 전이지역
③ 핵심지역 – 완충지역 – 유보지역
④ 전이지역 – 유보지역 – 보존지역

해설 생물권보전지역의 공간모형

구분	내용
핵심구역 (core area)	생물다양성의 보전과 최소한으로 교란된 생태계의 모니터링, 파괴적이지 않은 조사연구와 영향을 적게 주는 이용(예 : 교육) 등을 할 수 있는 엄격히 보호되는 하나 또는 여러 개의 장소
완충구역 (buffer area)	핵심지역을 둘러싸고 있거나 그것에 인접해 있으면서 환경교육, 레크리에이션, 생태관광, 기초연구 및 응용연구 등의 건전한 생태적 활동에 적합한 협력활동을 위해 허용되는 곳
협력구역 (transition area)	다양한 농업활동과 주거지, 다른 용도로 이용되며 지역의 자원을 함께 관리하고 지속가능한 방식으로 개발하기 위해 지역사회, 관리 당국, 학자, 비정부단체(NGOs), 문화단체, 경제적 이해집단과 기존 이해당사자들이 함께 일하는 곳

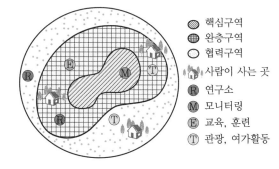

◎ 핵심구역
⊕ 완충구역
○ 협력구역
🏠 사람이 사는 곳
Ⓡ 연구소
Ⓜ 모니터링
Ⓔ 교육, 훈련
Ⓣ 관광, 여가활동

52 1971년 유네스코가 설립한 MAB(Man And the Biosphere programme)에서 지정한 생물권보전지역을 구분하는 세 가지 기본요소가 아닌 것은?

(2018)

① 완충지역
② 핵심지역
③ 전이지역
④ 관리지역

53 녹지네트워크의 구성요소를 점요소, 선요소, 면적요소로 구분할 때 면적요소에 해당하는 것은?

(2018)

① 화분
② 가로수
③ 생태통로
④ 서울의 남산

54 1971년 유네스코가 설립한 MAB(Man And the Biosphere programme)에서 지정한 생물권보전지역을 구분하는 세 가지 기본요소가 아닌 것은?

(2019)

① 완충지역
② 핵심지역
③ 전이지역
④ 관리지역

해설 생물권보전지역의 공간모형

구분	내용
핵심구역 (core area)	생물다양성의 보전과 최소한으로 교란된 생태계의 모니터링, 파괴적이지 않은 조사연구와 영향을 적게 주는 이용(예 : 교육) 등을 할 수 있는 엄격히 보호되는 하나 또는 여러 개의 장소
완충구역 (buffer area)	핵심지역을 둘러싸고 있거나 그것에 인접해 있으면서 환경교육, 레크리에이션, 생태관광, 기초연구 및 응용연구 등의 건전한 생태적 활동에 적합한 협력활동을 위해 허용되는 곳
협력구역 (transition area)	다양한 농업활동과 주거지, 다른 용도로 이용되며 지역의 자원을 함께 관리하고 지속가능한 방식으로 개발하기 위해 지역사회, 관리 당국, 학자, 비정부단체(NGOs), 문화단체, 경제적 이해집단과 기존 이해당사자들이 함께 일하는 곳

transition area(전이구역 → 협력구역)

transition area는 생물권보전지역 중 가장 외곽의 일반지역과의 경계지역으로 다양한 농업활동, 주거지, 기타 용도로 이용 가능한 구역을 말한다. 환경부는 transition area의 활용 의미를 정확히 전달하기 위해 우리말 명칭을 2015년 9월 '전이구역'에서 '협력구역'으로 변경하였다(환경부, 2016.3.20).

55 녹지네트워크의 구성요소를 점요소, 선요소, 면적요소로 구분할 때 면적요소에 해당하는 것은? (2019)

① 화분
② 가로수
③ 생태통로
④ 서울의 남산

56 도시 및 지역차원의 환경계획으로 생태네트워크의 개념이 아닌 것은? (2019)

① 공간계획이나 물리적 계획을 위한 모델링 도구이다.
② 기본적으로 개별적인 서식처와 생물종을 목표로 한다.
③ 지역적 맥락에서 보전가치가 있는 서식처와 생물종의 보전을 목적으로 한다.
④ 전체적인 맥락이나 구조 측면에서 어떻게 생물종과 서식처를 보전할 것인가에 중점을 둔다.

해설
전체적인 서식처와 생물종을 목표로 한다.

57 생태네트워크를 구성하는 원리 중 형태에 따른 분류가 아닌 것은? (2019)

① 점(point)형
② 선(line)형
③ 면(area)형
④ 징검다리(stepping stone)형

58 생태복원을 위한 공간구획 및 동선계획단계의 내용과 가장 거리가 먼 것은? (2019)

① 동선은 최대한으로 조성하는 것이 바람직하다.
② 공간구획은 핵심지역, 완충지역, 전이지역으로 구분한다.
③ 목표종이 서식해야 하는 지역은 핵심지역으로 설정한다.
④ 자연적인 공간과 인공적인 공간은 격리형 혹은 융합형으로 조정한다.

해설
인간의 동선은 최소화하는 것이 권장된다.

59 UNESCO MAB의 생물권보전지역에 의한 기준에서 다음 설명에 해당되는 지역은? (2019)

희귀종, 고유종, 멸종위기종이 다수 분포하고 있으며 생물다양성이 높고 학술적 연구 가치가 큰 지역으로서 전문가에 의한 모니터링 정도의 행위만 허용된다.

① 핵심지역(core area)
② 완충지역(buffer zone)
③ 전이지역(transition area)
④ 보전지역(conservation area)

60 도시생태 · 녹지네트워크계획 수립의 흐름으로 가장 적합한 것은? (2020)

① 과제정리 – 평가 – 해석 – 조사 – 계획
② 과제정리 – 조사 – 평가 – 해석 – 계획
③ 조사 – 해석 – 평가 – 과제정리 – 계획
④ 조사 – 평가 – 과제정리 – 해석 – 계획

61 생태네트워크계획 시 고려해야 할 주요 내용과 가장 거리가 먼 것은? (2020)

① 사회적 편익을 위한 녹지의 확보
② 인간성 회복의 장이 되는 녹지의 확보
③ 생물의 생식 · 생육공간이 되는 녹지의 확보
④ 생물의 생식 · 생육공간이 되는 녹지의 생태적 기능의 향상

62 생태네트워크의 필요성에 관한 설명으로 옳지 않은 것은? (2020)

① 생물다양성을 증진하기 위해서이다.
② 생물서식공간을 각각의 독립적인 공간으로 조성하기 위해서이다.
③ 불필요한 생물서식공간의 조성으로 인한 경제적 손실비용을 최소화하기 위해서이다.
④ 무절제한 개발로 인한 훼손된 환경을 개발과 보전이 조화를 이루면서 자연지역을 보전하기 위해서이다.

63 다음 중 생태네트워크의 구성요소가 아닌 것은? (2020)

① 핵심지역 　　　　② 완충지역
③ 경계지역 　　　　④ 생태적 코리더

해설 생태네트워크의 구성

㉠ 핵심지역(core) : 주요 종의 이동이나 번식과 관련된 지역 및 생태적으로 중요한 서식처로 구성
㉡ 완충지역(buffer) : 핵심지역과 코리더를 보호하기 위해 외부의 위협요인으로부터의 충격을 어느 정도 감소시켜 줄 수 있는 지역
㉢ 코리더(corridor)
　• 면형(area)
　• 선형(line)
　• 징검다리형(stepping stone)
㉣ 복원지

[생태네트워크 개념도]

64 생태네트워크의 시행방안에 대한 설명으로 옳지 않은 것은? (2020)

① 기존 수자원, 즉 호소, 하천, 실개천 등을 적극적으로 보전하고 최대한 계획에 활용한다.
② 공원 및 옥외공간의 녹화는 경관향상을 위한 녹화를 하며 평면구조의 생태적인 기법으로 녹화한다.
③ 녹지체계는 생태통로, 녹도, 보행자 전용도로 등 선형의 생물이동통로를 조성하여 그린네트워크를 형성한다.
④ 생물이 이동할 수 있도록 중앙의 핵심녹지를 중심으로 거점녹지(면녹지), 점녹지를 체계적으로 연결한다.

해설
평면구조보다는 입체적 구조를 선호한다.

65 생태네트워크계획의 과정에서 보전, 복원, 창출해야 할 서식지 및 분단장소를 설정하는 과정은? (2018)

① 조사 　　　　② 분석 · 평가
③ 실행 　　　　④ 계획

66 인간과 물이 만나는 수변공간의 특성에 해당되지 않는 것은? (2018)

① 사람의 오감을 통해 전달되는 풍요로움과 편안함을 주는 정서적 효과
② 수면상에 있는 물건을 실제보다 가깝게 보이게 하는 효과
③ 도시공간을 일체적이고 안정된 분위기로 만드는 효과
④ 도시의 소음을 정화시켜 주는 효과

67 전원도시의 개념이 미국에서 최초로 실현되었다는 래드번(Radburn)계획의 설명 중 틀린 것은? (2018)

① 래드번의 개념은 12~20ha의 대가구(super block)를 형성하는 것이었고, 그 가운데로는 통과교통이 지나지 않도록 했다.
② 거실과 현관, 침실이 주거의 앞쪽 정원을 보게 함으로써 개방감을 주었다.
③ 녹지 내부의 도로는 보행자전용의 도로이며, 자동차도로와 교차하는 곳에서는 육교나 지하도로 처리되어 있다.
④ 단지 내 통과교통을 차단하고 보차도를 분리하며, 교통사고 위험을 줄이는 쿨데삭(cul-de-sac) 개념을 채택하였다.

🔒정답 63 ③ 　64 ② 　65 ② 　66 ② 　67 ②

CHAPTER 05 생태기반환경 복원계획

01 토지이용 및 동선계획

1. 토지이용계획

1) 인간과 생물권프로그램(Man And Biosphere programme : MAB)
   ① 생물권보전지역의 구역인 핵심 · 완충 · 협력공간을 구획한다.
   ② 생태통로(corridor) 계획을 한다.
   ③ 복원공간으로 구획하고, 복원방법을 제시한다.
   ④ 핵심 · 완충 · 협력지역별 면적을 CAD로 구적하고 구성비를 산출한다. 가급적 협력지역은 25%를 넘지 않도록 한다.

2) 생태네트워크 구축을 위한 공간토지이용계획
   ① 자연환경의 보전방안과 생태체험 및 탐방이 이루어질 수 있도록 계획을 수립한다.
   ② 생물 서식지 중심의 핵심지역은 주변 야생동식물의 서식환경에 적합한 토지이용계획을 수립한다.
   ③ 기존의 지형이나 식생 등 자연자원을 적극적으로 활용하며 양호한 자연경관은 최대한 보존한다.
   ④ 상충되는 기능은 분리하고 상호보완기능은 가까이 배치하도록 한다.

2. 동선계획

1) 진입, 광장, 탐방, 관리 등 동선의 위계를 설정한다.
   ① 주변 지역의 교통망과 접근성, 토지이용계획과의 상관관계 등을 감안한다.
   ② 핵심지역의 동선은 최소화한다.
   ③ 동선체계는 기능별로 성격이 다른 동선을 분리한다.
   ④ 기존 지형을 최대한 이용함으로써 자연훼손을 최소화한다.

2) 효율적인 서식지 조성 및 관리를 위한 동선계획 수립
   ① 생물종 서식지의 간섭을 최소화하는 동선연계계획을 수립한다.
   ② 유지관리를 위한 최소의 관리동선 및 탐방동선을 계획한다.
   ③ 핵심지역 내 동선은 최소로 계획하고, 탐방동선과 유지관리용 서비스동선은 구분하여 계획한다.

④ 동선의 포장재료는 자연재료를 도입한다.

3. 서식지계획이 토지이용 및 동선설계에 잘 반영될 수 있도록 비오톱유형도를 활용한다.

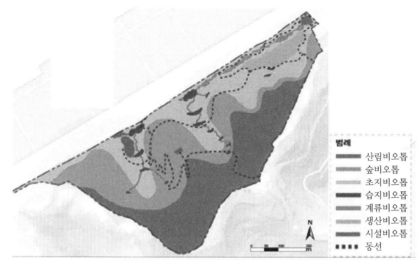

| 범례 |
| 산림비오톱 |
| 숲비오톱 |
| 초지비오톱 |
| 습지비오톱 |
| 계류비오톱 |
| 생산비오톱 |
| 시설비오톱 |
| ▪▪▪▪ 동선 |

‖ 비오톱유형도를 활용한 토지이용 및 동선설계 예시 ‖

02 지형복원계획

1. 원지형을 확인한다.

현황분석을 통해 원지형을 확인한 후 도면에 표기한다.

2. 원지형의 복원계획을 수립한다.

① 기존 지형을 활용하여 그 지역의 생물 서식환경과 지형의 특성이 보전되도록 계획한다.

② 기존 지형의 경관 및 생태적 특성을 고려하여 지형의 보전 및 변형을 통한 복원을 결정한다.

③ 기존 지형은 점표고(spot elevation)와 등고선으로 표현하고 경관과 구조적 측면 및 주변 지형과의 연결성을 검토하여 형태를 결정한다.

④ 보전 및 복원된 지형은 주변 생태계와 자연스럽게 연결되도록 계획한다.

⑤ 지형의 훼손이 최소화되도록 복원계획을 한다.

기출예상문제

생태복원사업을 위한 지형복원계획에 대하여 잘못 설명한 것은?

① 기존 지형을 활용하여 그 지역의 생물 서식환경과 지형의 특성이 보전되도록 계획한다.

② 절성토의 이동을 최소한으로 한 토공계획을 수립한다.

③ 표토재활용계획을 수립한다.

④ 전체 절토량보다 전체 성토량이 더 많게 계획한다.

답 ④

3. 절성토계획을 수립한다.

① 절성토의 이동을 최소한으로 한 토공계획을 수립한다.
② 비탈면의 토사 유출 및 산사태 등 재해 우려 지역은 비탈면안정화계획을 수립한다.
③ 절성토 시 비탈면의 기울기는 성토 1 : 2~3, 절토 1 : 1~2의 기울기를 적용하나 토양재료에 따라 달리 적용한다.
④ 대상지의 지형변화로 인한 우수의 유입과 유출 등을 고려하여 배수계획을 한다.
⑤ 훼손된 지형은 구조적으로 안정되도록 표토의 성질에 따른 기울기는 안식각을 유지한다. 단, 안식각을 유지할 수 없을 때에는 구조물을 반영하여 지형의 안정을 유지한다.

4. 생태복원목표에 부합하는 계획고를 확정한다.

① 지형의 형태에 따라 등고선 그리기와 지반고를 표현한다.
② 경사도를 병행하여 표현한다.

5. 표토재활용계획을 수립한다.

① 표토는 매토종자를 포함하고 있으므로 기존 식생과 유사한 환경을 복원하고자 할 때에는 표토를 채집하여 토양분석을 의뢰한 후 분석결과를 기준으로 활용계획을 수립한다.
② 각 공간별 복원방법에 따라 매토종자 활용이 필요한 지역은 면적을 산출하고, 산출된 면적에 복원이 가능한 표토를 채집하여 저장한다.
③ 표토는 빗물 등에 유실되지 않도록 저장장소 및 방법을 계획한다.

6. 환경 신기술을 적용할 수 있다.

① 환경 신기술의 종류와 기능, 경제성 등을 고려하여 관련 자료를 검색하고 공법 및 시공방법을 고려하여 대상지에 적용한다.
② 타 복원 지역의 사례 등을 조사하여 월등히 성능(가성비)이 우수한 공법을 선정한다.
③ 복원(조성계획)목적에 부합한 신기술 도입(절성토구간의 조기피복 등) 및 수량과 시공방법, 적용범위를 결정한다.

7. 지형복원설계도에 따라 절토량과 성토량을 산정하고, 전체 토량을 산정한다.

1) 지형 변경에 따른 절토량과 성토량을 계산한다.
　(1) 단면법을 적용한 토량계산
　　① 양단면평균법 : $V = 1/2(A_1 + A_2) \times L$

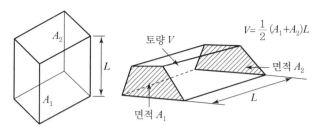

┃ 양단면평균법에 의한 토량산정방법 ┃

② 각주공식에 의한 토량산정 : $V = L/6(A_1 + 4A_m + A_2)$

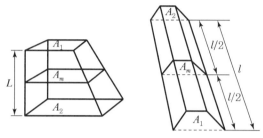

┃ 각주공식에 의한 토량산정 ┃

(2) 점고법을 적용한 토량계산

① 구형 분할법

지형의 변화가 일어나는 전 지역을 구형으로 분할하여 각 구형의 정점 지반고를 측정하여 각 점의 지반고 평균값을 구한 후 높이를 기준면으로 한다. 네 정점의 토공고 합을 $\sum h$로 표시하고 구형 단면적을 A라 하여 토공량은 $V = 1/4A\sum h$가 된다. 이것을 정점 1, 2, 3, 4의 토공량의 합을 $\sum h_1$, $\sum h_2$, $\sum h_3$, $\sum h_4$라 하면 전 토공량은 다음과 같다.

$$V = \sum V_0 = 1/4A(\sum h_1 + 2\sum h_2 + 3\sum h_3 + 4\sum h_4)$$

② 삼각분할에 의한 토량산정법

아래 그림은 삼각분할에 의한 토양산정방법을 설명한 것이다.

$$V = \sum V_0 = 1/3A(\sum h_1 + 2\sum h_2 + 3\sum h_3 + \cdots + 8\sum h_8)$$

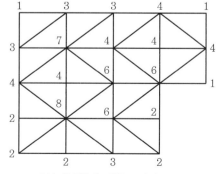

┃ 삼각분할에 의한 토량산정법 ┃

2) 성토부분과 절토부분의 면적을 계산하여 표로 작성한다.

3) 각 단면의 전단면, 후단면의 면적을 활용하여 토적을 계산한다.

4) 전체 절토량과 성토량을 비교하여 보정작업을 실시한다.
　① 토양의 반출과 반입을을 조정하여 토양 이동을 최소화한다.
　② '전체토량 = 성토량−절토량'의 산식을 이용하여 절성토량의 균형을 유지한다.

03 토양환경복원계획

1. 토양조사 및 분석을 토대로 오염된 지역의 토양복원방법 및 개량계획을 수립한다.

① 토양오염지역을 구획하고 오염원을 분석 및 정리한다.

② 오염원차단계획을 수립한다.

③ 토양개량계획을 수립한다.

2. 표토활용계획을 수립한다.

① 표토의 토성 및 토양을 분석한다.

② 표토의 이용목적 및 수량을 결정한다.

③ 복원사업 착수 시까지 저장장소, 위치를 선정한다.

④ 표토의 이동방법을 검토한다.

⑤ 표토 활용의 세부계획을 수립한다(표토의 운반 및 채집 · 보관).

　㉠ 표토의 보관 및 활용

　　• 자연토양에서 볼 수 있는 표토층의 토양환경 및 입단구조로 복원해 주는 방법을 강구한다.

　　• 토심 15~20cm 이내의 표토층을 활용하며, 재활용을 위해 임시로 쌓는 표토는 3m 이하의 높이로 쌓고 다른 흙과 섞이지 않도록 보관한다.

　　• 표토 활용 시 도입 수목의 종류에 따라 적정두께로 포설하며, 하층토와 복원한 표토와의 조화를 위해 최소 20cm 이상의 지반경운을 한다.

3. 치환 · 객토량, 토양개량제 성분과 소요량, 비율을 산정한다.

① **치환 · 객토량 산정**

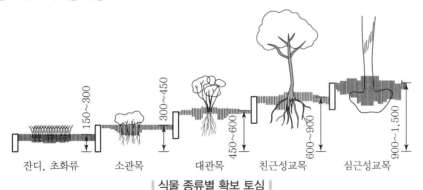

| 식물 종류별 확보 토심 |

기출예상문제

생태복원사업을 위한 토양환경복원계획에 대하여 잘못 설명한 것은?

① 토양조사 및 분석을 토대로 오염된 지역의 토양복원방법 및 개량계획을 수립한다.

② 표토 활용 시 도입 수목의 종류에 따라 적정 두께로 포설하며, 하층토와 복원한 표토와의 조화를 위해 최소 20cm 이상의 지반경운을 한다.

③ 치환 · 객토량, 토양개량제 성분과 소요량, 비율을 산정한다.

④ 오염토양의 경우 2m 이상의 깊이에 묻어 오염물질이 방출되지 않게 한다.

답 ④

기출예상문제

토양등급이 중급 이상일 경우
식물의 생육 최소토심(cm)이
바르게 표기된 것은?

① 잔디/초화류 : 15cm
② 소관목 : 30cm
③ 대관목 : 45cm
④ 천근성 교목 : 90cm

답 ④

▶ **식물의 생육토심**

구분	생존 최소토심(cm)			생육 최소토심(cm)	
	인공토	자연토	혼합토 (인공토 50% 기준)	토양 등급 중급 이상	토양 등급 상급 이상
잔디/초화류	10	15	13	30	25
소관목	20	30	25	45	40
대관목	30	45	38	60	50
천근성 교목	40	60	50	90	70
심근성 교목	60	90	75	150	100

② 토양개량제의 성분과 소요량을 산정

　㉠ 토양개량제는 자연토양, 모래, 점토, 자갈, 인공토양, 유기질 비료 등을 사용

　㉡ 치환 · 객토량 중 토양개량제를 일정 비율 혼합하여 객토하며 치환 · 객토량 중 비
　　율을 곱하여 토량개량제의 소요량을 산정

04 수환경복원계획

1) 대상지 내 수원확보 방안계획
   ① 빗물(우수)
   ② 주변 하천이나 계곡수
   ③ 용출수
   ④ 지표수
   ⑤ 지하수
   ⑥ 상수
   ⑦ 중수
   ⑧ 기타

2) 수원확보량에 따른 복원목적별 계획
   ① 정화습지
   ② 저류습지
   ③ 논습지
   ④ 계류
   ⑤ 둠벙
   ⑥ 개방수면
   ⑦ 기타

3) 수환경의 개선계획
   ① 지표수
   ② 지하수
   ③ 상수
   ④ 하수의 재처리수 혹은 고도처리 후 발생된 물계획
   ⑤ 하천과 실개울계획
   ⑥ 완충식생대계획
   ⑦ 여과층계획

4) 물공급계획안을 바탕으로 습지 등의 위치, 규모를 결정
   ① 하나의 수원을 확보하기보다는 주요 수원과 비상급수원으로 구분하여 다양한 수원을 설계한다.
   ② 물이 고이기에 적절한 위치에 연못이나 웅덩이, 계류를 배치한다.

기출예상문제

생태복원사업에서 수환경의 복원계획에 대하여 잘못 설명한 것은?
① 지속적인 수원확보가 어려울 경우 빗물을 이용할 수 있다.
② 수환경복원 시 수질등급은 매우 좋음을 유지할 수 있도록 한다.
③ 하나의 수원을 확보하기보다는 주요 수원과 비상급수원으로 구분하여 다양한 수원을 설계한다.
④ 유출량을 산정하고 그에 적합한 처리용량, 배수시설의 종류를 선정한다.

답 ②

합리식 우수유출량의 산정공
식은?

① $Q = 1/360 \cdot C \cdot I \cdot A$
  C = 유출계수
  I = 강우강도(mm/hr)
  A = 배수면적(ha)
② $Q = 1/3,600 \cdot C \cdot I \cdot A$
  C = 유출계수
  I = 강우강도(mm/hr)
  A = 배수면적(ha)
③ $Q = AV(\text{m}^2/\text{sec})$
  A = 수로의 단면(m²)
  V = 평균속도(m/sec)
④ $Q = AVI(\text{m}^2/\text{sec})$
  A = 수로의 단면(m²)
  V = 평균속도(m/sec)
  I = 강우강도(mm/hr)

답 ①

5) 유출량을 산정하고, 그에 적합한 처리용량, 배수시설의 종류 선정 및 배수시설의 시설소
   요량 산정

   ① 유출량 산정

   우수유출량 $Q = 1/360\, C \cdot I \cdot A$

   $\qquad C$: 유출계수

   $\qquad I$: 강우강도(mm/hr)

   $\qquad A$: 배수면적(ha)

   ② 배수용량에 따른 배수시설 종류 결정

   유량 $Q = AV(\text{m}^2/\text{sec})$

   $\qquad A$: 수로의 단면(유적, m²)

   $\qquad V$: 평균 속도(m/sec)

   토사나 낙엽의 흐름이 있는 나지의 경우 최소 300mm 이상의 관경을 사용하는 것
   이 바람직하며 집수정과 연결되도록 설계한다.

   ③ 배수시설 도면 작성

   ㉠ 지형도 이용

   ㉡ 유수가 원활히 흐르도록 적정 기울기를 줄 것

   ㉢ 배수시설의 매설깊이, 접합부위 등을 상세히 작성

05 기타 서식지복원계획(가이드라인 및 지침이 있는 기타 서식지)

1. 도로비탈면 녹화공사의 설계 및 시공지침(´09. 7. 1.부터 시행)

1) 총칙

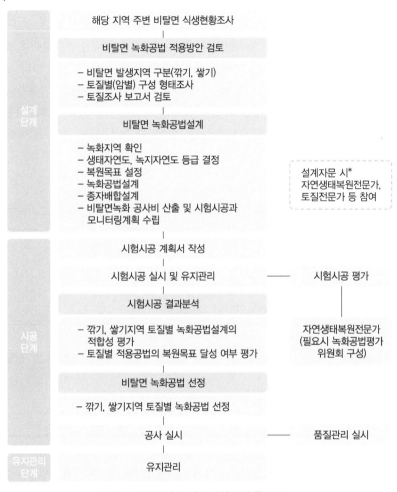

해당 지역 주변 비탈면 식생현황조사

비탈면 녹화공법 적용방안 검토

- 비탈면 발생지역 구분(깎기, 쌓기)
- 토질별(암별) 구성 형태조사
- 토질조사 보고서 검토

비탈면 녹화공법설계

- 녹화지역 확인
- 생태자연도, 녹지자연도 등급 결정
- 복원목표 설정
- 녹화공법설계
- 종자배합설계
- 비탈면녹화 공사비 산출 및 시험시공과 모니터링계획 수립

설계자문 시*
자연생태복원전문가,
토질전문가 등 참여

시험시공 계획서 작성

시험시공 실시 및 유지관리 ——— 시험시공 평가

시험시공 결과분석

- 깎기, 쌓기지역 토질별 녹화공법설계의 적합성 평가
- 토질별 적용공법의 복원목표 달성 여부 평가

자연생태복원전문가
(필요시 녹화공법평가
위원회 구성)

비탈면 녹화공법 선정

- 깎기, 쌓기지역 토질별 녹화공법 선정

공사 실시 ——— 품질관리 실시

유지관리

┃선도로비탈면 녹화공사업무 흐름도┃

2) 도로비탈면녹화공사의 설계

① 도로비탈면녹화공사의 설계순서

ㄱ 비탈면녹화공법 선정 시 먼저 녹화대상지역이 녹화지역의 구분 중 어느 지역에 해당하는지를 확인하고 복원목표를 정한다.

ㄴ 깎기비탈면과 쌓기비탈면으로 구분하고, 비탈면의 토질조건과 식생 기반조건에 대한 분석결과를 바탕으로 비탈면녹화공법 선정절차에 따라 비탈면복원목표, 비탈면의 경사도, 토질(암질)조건, 주변환경, 지역여건 등을 종합적으로 고려하여 최적의 녹화공법을 적용한다.

※ 설계자문에서 녹화지역과 생태자연도, 녹지자연도등급, 복원목표, 녹화공법, 종자배합설계 및 공사비 등 비탈면 녹화설계내용의 적정성을 검토한다.

기출예상문제

「도로비탈면 녹화공사의 설계 및 시공지침」에 따라 도로비탈면 녹화공사의 설계 시 가장 마지막 단계는?

① 복원목표를 정한다.
② 녹화공법을 선정한다.
③ 종자배합을 설계한다.
④ 설계단가, 내역서를 작성한다.

답 ④

ⓒ 녹화공법을 선정할 때에는 현장을 방문하여 설계조건을 확인한다.

ⓔ 선정된 녹화공법에 적용할 종자배합을 설계한다.

ⓜ 평면도를 이용하여 전개도를 작성하고 녹화공법별 수량을 산출한다.

ⓗ 녹화공법별 설계단가, 설계내역서를 작성한다.

② **복원목표**

ⓖ 비탈면의 복원목표는 녹화지역과 생태자연도등급에 따라 초본위주형, 초본 · 관목혼합형, 목본군락형, 자연경관복원형으로 구분한다.

ⓛ 생태자연도 1등급지역과 별도관리지역은 자연경관과 생태계복원가치가 높은 지역이므로 자연경관복원형으로 복원하고, 해안지역에서는 해안생태계의 특성에 적합한 식물을 고려하며, 내륙지역에서는 경관적인 측면을 고려하여 생태자연도 등급과 녹지자연도등급에 따라 비탈면의 형상과 토질을 고려하여 복원목표를 정한다.

③ **녹화지역의 구분**

녹화지역의 구분은 기후환경, 지역환경, 산림환경, 토질조건 등을 고려하여 태백산맥을 중심으로 한 국토핵심생태녹지축지역, 해안일대와 도서지역을 포함한 해안생태계지역, 내륙생태계지역으로 구분한다.

④ **생태자연도등급별 비탈면 복원목표 적용**

ⓖ 생태자연도 평가등급별 비탈면 복원목표

생태자연도등급	복원목표	
	일반 복원형	자연경관복원형
1	–	○
2	○	–
3	○	–

- 별도관리지역은 생태자연도 1등급으로 본다.
- 생태자연도등급이 설정되지 않은 기타 등급 외 지역은 생태자연도 3등급의 기준을 적용한다.
- 복원목표별로 시험시공을 통해 품질이 우수한 녹화공법을 선정하고, 특히, 자연경관복원형은 현지에 적합한 식물 위주로 설계한다.

ⓛ 녹화지역과 생태자연도별 비탈면 복원목표

복원목표 녹화지역의 구분	생태자연도등급별 복원목표					
	1등급	2등급			3등급	
		일반 복원형			일반 복원형	
	자연경관 복원형	목본 군락형	초본· 관목 혼합형	초본 위주형	초본· 관목 혼합형	초본 위주형
국토핵심생태녹지축지역	○	○	○	○	○	○
해안생태계지역	○	○	○	○	○	○
내륙생태계 지역 — 녹지자연도 8등급 이상	○	○	○	○	○	○
내륙생태계 지역 — 녹지자연도 7등급 이하	—	○	○	○	○	○

- 생태자연도등급기준은 녹지자연도등급기준보다 우선하여 적용한다. 녹지자연도 7등급이라도 생태자연도가 1등급인 경우에는 자연경관복원형의 목표를 정한다.
- 별도관리지역은 생태자연도 1등급으로 본다.
- 해안생태계지역은 해안생태계의 식물상을 반영한 식물배합을 하되 주변 자연경관과 조화되는 경관녹화에 주력한다.

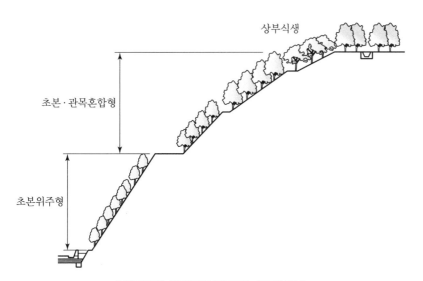

‖ **일반적인 깎기지역 비탈면녹화모형도** ‖

기출예상문제

「도로비탈면 녹화공사의 설계 및 시공지침」에 따라 비탈면 복원목표를 설정할 경우 자연경관복원형이 아닌 곳은?

① 국토핵심생태녹지축지역
② 해양생태계지역
③ 녹지자연도 8등급 이상 지역
④ 생태자연도 2등급 이상 지역

답 ④

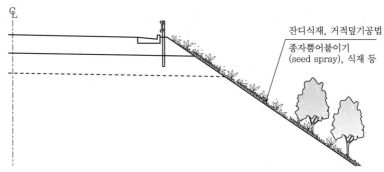

┃ 일반적인 쌓기지역 비탈면녹화모형도 ┃

⑤ 녹화설계 일반사항

　　㉠ 비탈면녹화설계는 환경친화적이면서 비탈면의 안정성 유지, 토양유실 방지, 경관복원, 자연식생천이 유도, 이산화탄소 저감에 유리한 식생구조를 조성하기 위해 자연환경, 토양환경, 지질 및 토질(암질) 특성, 식생기반재 기준 등을 종합적으로 고려하여 진행한다.

　　㉡ 설계 시 기본적으로 지역환경에 대한 선행조사, 분석, 평가 등의 절차를 거쳐 녹화지역구분과 생태자연도의 등급에 따라 설정된 비탈면복원목표를 효과적으로 달성할 수 있도록 녹화공법을 설계한다.

　　㉢ 녹화공법이 선정된 다음에는 복원목표 달성을 위한 종자배합을 설계하고, 시험시공계획 및 모니터링계획, 유지관리계획을 수립하여 세부수량을 산출한다.

⑥ 비탈면녹화공법 선정

　　㉠ 비탈면녹화공법 선정절차

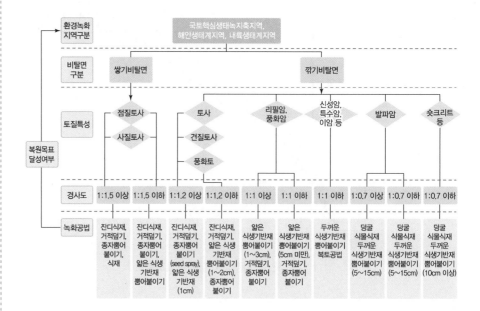

- 상기공법은 토질 특성과 경사도에 따라 일반적인 공법을 예시로 제시한 것으로 이외에도 식생매트, 식생네트, 자생종 포트묘식재+식생기반재 뿜어붙이기, 표층토 활용공법, 식물발생재 활용공법, 친환경소재 활용공법, 조경수 식재공법 등 다양한 녹화공법이 있다. 리핑암, 풍화암구간의 거적덮기와 종자뿜어붙이기는 암 풍화에 따라 제한적으로 적용 가능한 공법이다. 식재에는 초본류 식재, 초본·관목류 식재, 목본류 식재 등이 있다. 식생기반재 뿜어붙이기 두께도 일반적인 값을 제시한 것이며 현장여건에 따라 적정하게 설계한다.
- 1:1.5는 높이가 1일 때 수평거리가 1.5인 비탈면이며 1:1.5 이상은 수평거리가 1.5 이상을 말한다.

ⓒ 특수한 암질의 녹화공법 선정

산성배수를 유발하는 암이나 점토광물을 함유하여 swelling, slaking현상을 유발하고 급속히 풍화가 진행되어 사면이 불안정하게 될 가능성이 있는 이암(셰일) 등 특수한 암질인 경우는 유사사례를 조사, 분석하고 전문가의 자문을 받아 적정한 녹화공법을 선정해야 한다.

⑦ 종자배합설계

㉠ 자연경관복원형

복원목표	식생 구분	종자배합비율(%)
초본위주형	관목류	20~40[1)]
	초본, 야생화류	40~80
	외래초종(양잔디류)	0~10
	합계	100[2)]
초본·관목 혼합형	관목류	30~50
	초본, 야생화류	45~70
	외래초종(양잔디류)	0~5
	합계	100[2)]
목본군락형	교목류, 아교목류, 관목류	40~70
	초본, 야생화류	30~70
	외래초종(양잔디류)	0
	합계	100[2)]

주 1) 숫자는 중량배합비율을 의미한다.
주 2) 종자배합 시 외래초종의 중량배합비율을 우선 정한 다음 초본, 야생화류, 관목류 등 전체 종자배합량의 합이 100이 되도록 정한다.

- 복원목표가 자연경관복원형인 경우 녹화식물은 그늘사초, 큰기름새, 대사초, 참억새, 새, 솔새, 개솔새, 쑥류(맑은대쑥, 쑥, 넓은잎외잎쑥, 뺑쑥), 양지꽃, 노루오줌, 구절초, 참취, 큰까치수영, 뚝갈 등의 초본류와 생강나무, 진달래, 철

쭉, 개옻나무, 붉나무, 국수나무, 산초나무, 쥐똥나무, 개암나무, 호랑버들, 병꽃나무, 찔레나무, 산딸기, 복분자딸기, 노린재나무, 호랑버들, 소나무 등의 목본류가 비탈면녹화용 자생종(재래초본, 재래목본)으로 사용될 수 있으며, 이들 외에도 식물들을 추가로 사용할 수 있다.

- 녹화용 식물은 현지에 서식하는 식물을 주로 활용하고, 중국산인 경우 산지를 확인하여 우리나라 기후 및 풍토와 유사한 지역인지를 확인한다.
- 목본군락형의 경우 교목류와 아교목류는 비탈면 상부의 토심이 깊고 경사도가 완만하며 비탈면 안정에 영향이 없고 시거에 지장이 없는 구간에 적용이 가능하며, 성장 후 키가 낮은 식물을 우선 적용할 수 있다.

ⓒ 기타

복원목표	식생 구분	종자배합비율(%)
초본위주형	관목류	10~40[1]
	초본, 야생화류	40~80
	외래초종(양잔디류)	10~20
	합계	100[2]
초본·관목 혼합형	관목류, 아교목류	30~50
	초본, 야생화류	40~70
	외래초종(양잔디류)	5~15
	합계	100[2]
목본군락형	교목류, 아교목류, 관목류	35~60
	초본, 야생화류	35~65
	외래초종(양잔디류)	3~10
	합계	100[2]

주 1) 숫자는 중량배합비율을 의미한다.
주 2) 종자배합 시 외래초종의 중량배합비율을 우선 정한 다음 초본, 야생화류, 관목류 등 전체 종자배합량의 합이 100이 되도록 정한다.

- 해안생태계지역에서는 해안에 적합한 종자배합을 하고, 외래도입초종이 10%를 상회하지 않도록 한다.
- 난지형 초종인 weeping lovegrass 사용을 최대한 억제한다.
- 싸리와 낭아초는 20% 이하의 비율로 배합하여 지나치게 우점하지 않도록 한다.
- 목본군락형의 경우 교목류와 아교목류는 비탈면 상부의 토심이 깊고 경사도가 완만하며 비탈면 안정에 영향이 없고 시거에 지장이 없는 구간에 적용이 가능하며, 성장 후 키가 낮은 식물을 우선 적용할 수 있다.
- 기타 적용지역이란 자연경관복원형의 복원목표가 적용되지 않는 지역을 말한다.

⑧ 도면 작성 및 수량 산출

도면 및 전개도 작성은 쌓기 및 깎기로 구분하여 작성하고, 구간별 토질(암질)의 종류별로 구분하여 비탈면 면적으로 수량을 산출한다.

⑨ 시험시공 및 모니터링 비용 산정

설계 시 시험시공과 모니터링 비용을 설계서에 반영하여야 한다.

3) 도로비탈면녹화공사의 시험시공

① 일반사항

㉠ 시공자는 설계도서를 검토하고, 설계된 비탈면녹화공법이 복원목표에 부합될 수 있는지를 검토한다. 시험시공 및 모니터링계획을 수립하고, 유지관리계획을 마련한다.

㉡ 비탈면 녹화공법의 적용을 위해 토질별로 복원목표에 부합되는 녹화공법을 정하기 전에 시험시공을 통하여 녹화품질 및 시공성을 정량적·경제적으로 분석함으로써, 해당 비탈면의 자연환경 여건에 부합하고 지속성이 있는 최적 녹화공법을 선정하기 위하여 시험시공을 실시한다.

㉢ 시공자는 설계에 반영한 녹화식물과 종자배합비율, 종자 사용량 등으로 시험시공을 실시한다. 다만, 설계내용과 상이하게 시험시공을 시행할 필요가 있다고 판단될 경우에는 사전에 해당 전문가의 자문을 구하고, 발주자와 협의를 해야 한다.

㉣ 시공자는 현장에서 시험시공에 적합하다고 판단되는 대표적인 위치를 시험시공의 대상지로 선정하고, 깎기 및 쌓기구간의 토질 및 암질별로 3개 공법을 선정한다.

㉤ 시험시공은 현장별로 1회 이상 시행하는 것을 원칙으로 하되, 인근 현장과의 거리가 10km 내외이고 현장여건이 유사하여 인근 현장의 시험시공 결과를 활용할 수 있는 경우에 발주자는 시험시공 횟수를 생략하거나 조정하여 시행하게 할 수 있다.

㉥ 이암(셰일) 등 점토광물을 함유하여 swelling, slaking현상을 유발하는 특수한 암질인 경우, 급속히 풍화가 진행되어 사면이 불안정하게 될 가능성이 있으므로, 유사사례 등을 통한 녹화공법을 면밀히 검토 후 설계에 반영하여 조기에 녹화를 실시하도록 한다.

㉦ 일반적인 녹화가 어려운 토질일 경우에는 전문가의 자문을 거친 후 시험시공을 통해 적정한 공법을 선정한다.

② 재료

종자, 식생기반재 등 녹화재료에 대해서는 소요품질을 반드시 검사하여 양호한 재료만을 사용하여야 하며, 현장에서 시험이 어려운 경우에는 공인시험기관에 의뢰하여 품질을 검사하여야 한다.

기출예상문제

「도로비탈면녹화공사의 설계 및 시공지침」에서 도로비탈면녹화공사의 시험시공에 대하여 잘못 설명한 것은?

① 시공자는 현장에서 시험시공에 적합하다고 판단되는 대표적인 위치를 시험시공의 대상지로 선정하고, 깎기 및 쌓기구간의 토질 및 암질별로 3개 공법을 선정한다.

② 시험시공은 현장별로 1회 이상 시행하는 것을 원칙으로 하되, 인근 현장과의 거리가 10km 내외이고 현장여건이 유사하여 인근 현장의 시험시공 결과를 활용할 수 있는 경우에 발주자는 시험시공 횟수를 생략하거나 조정하여 시행하게 할 수 있다.

③ 시험시공에 적용하는 공법은 시험시공 3~4개월 전에 감독자와 토질 및 기초기술사, 자연생태복원전문가등이 참여하여 현장의 지반 등 자연환경의 특성을 조사·분석하여 현장에 적합한 공법을 선정한다. 단, 설계에 반영된 녹화공법을 우선적용하되, 토질별로 3개 이상의 공법을 적용한다.

④ 시험시공의 면적은 공법당 200~300m² 범위 내에서 시공한다.

답 ④

③ 시험시공절차

항목	내용
1. 시험시공계획	시공목적, 시공대상지, 환경조건, 복원목표 등 검토
2. 공법의 선정	감독자는 자연생태복원전문가 등의 자문을 통해 복원목표에 부합되는 공법 선정
3. 시험시공 및 유지관리 실시	• 시험시공계획서 작성 및 분석 • 시공재료(뿜어붙이기용 재료, 종자)의 시공 전후분석 • 시공장비 및 시공방법 협의 • 계획서 및 시방서에 준한 시공 실시 • 유지관리 실시
4. 시험시공 결과분석	• 자연생태복원전문가에 의한 주기적인 평가 • 생육판정기준표에 의한 분석 실시
5. 최적공법 선정	녹화공법평가표에 의한 현장여건에 부합하는 최적공법 선정

④ 시험시공계획 수립 및 방법

  ㉠ 시험시공계획

    • 시험시공계획은 다음 항목을 고려하여 수립하도록 한다.

      – 지반조사항목은 시공자의 토질(암질)조사보고서를 토대로 전문가의 자문을 거쳐 녹화공법 적합 여부를 검토한다.

      – 주변 식생 환경조사항목은 환경영향평가자료와 현지조사 결과를 참조하여 적용한다.

      – 기후환경조사항목은 대상지역과 가까운 거리의 기상관측소 자료를 이용하되 최근 10년간의 강우량, 온도, 습도 등을 평균 산출하여 이용한다.

      – 시공시기와 기후조건을 고려하여 시험시공지의 유지관리계획을 수립하여 제출한다.

    • 시험시공에 적용하는 공법은 시험시공 3~4개월 전에 감독자와 토질 및 기초기술사, 자연생태복원전문가 등이 참여하여 현장의 지반 등 자연환경의 특성을 조사·분석하여 현장에 적합한 공법을 선정한다. 단, 설계에 반영된 녹화공법을 우선 적용하되 토질별로 3개 이상의 공법을 적용한다.

  ㉡ 시험시공 및 모니터링

    • 시험시공의 면적은 공법당 100~200m² 범위 내에서 시공한다.

    • 뿜어붙이기두께는 녹화공법에 따라 암질, 토질상태, 자연환경, 식생기반재기준 등을 고려하여 조정할 수 있다.

⑤ 시험시공 결과평가

㉠ 녹화공법평가표

구분	평가	항목			배점(%)	배점기준		
재료	정량적	토양 및 종자품질			–	합격기준 미달 시 불합격 처리		
품질	정량적	식물 생육	식생 피복률 (전체)	초본위주형 초본·관목 혼합형	15	80% 이상 (15)	60~79% (10)	60% 미만 (5)
				목본군락형 자연경관복원형		70% 이상 (15)	50~69% (10)	50% 미만 (5)
			식생피복률 (한지형 초본 등 외래도입초종)		(0~-5)	피복률에서 외래도입초본의 점유율		
						30% 미만 (0)	30~59% (-3)	60% 이상 (-5)
			식생생육량 (한지형 초종 제외)		5	양호(5)	보통(3)	불량(1)
			병충해		5	양호(5)	보통(3)	불량(1)
		출현 종수	목본성립본수		10	식생생육판정기준표 복원목표의 달성도		
						80% 이상 (10)	60~79% (7)	60% 미만 (3)
			초본 및 목본의 출현종수		15	80% 이상 (15)	60~79% (10)	60% 미만 (5)
			생태계교란 및 위해종 침입		(0~-5)	하(0)	중(-3)	상(-5)
		식생기반재 물리적 특성			10	양호(10)	보통(7)	불량(3)
		탈락 및 붕괴지점			5	양호(5)	보통(3)	불량(1)
	정성적	녹화 지속성 및 식생침입 가능성			5	양호(5)	보통(3)	불량(1)
		주변환경과의 유사도			(0~-5)	양호(0)	보통(-3)	불량(-5)
		소계			70%			

구분	평가	항목	배점(%)	배점기준				
경제성	정량적	시공단가	30	130% 미만 (30)	130~ 160% (24)	161~ 190% (18)	191~ 220% (12)	220% 초과 (6)
		소계	30%					
합 계			100%					

기출예상문제

「도로비탈면녹화공사의 설계 및 시공지침」에 따라 시험시공 결과평가를 할 경우 녹화공법평가표를 참고하여야 한다. 그중 식생피복률(전체)의 배점(%)은?

① 10% ② 15%
③ 20% ④ 25%

답 ②

ⓛ 비탈면복원목표별 식생생육판정 기준표

| 복원목표 | 평가 | 목본 성립본수 | 출현종수 | |
			초본	목본
초본 위주형	합격	2본/m² 이상	5종/m² 이상	2종/m² 이상
	판정보류	피복률이 50~70%이며 1m²당 10본 발아가 있으면서 생육이 늦은 경우 1~2개월 동안 상태를 지켜보고 재평가한다.		
	불합격	피복률이 50% 이하이면서 식생 기반이 유실되어 식물의 성립이 기대되지 않을 경우 재시공한다.		
초본·관목 혼합형	합격	3본/m² 이상	4종/m² 이상	3종/m² 이상
	판정보류	피복률이 50~70%이면서 1m²당 관목의 발아가 늦을 경우 2~3개월 동안 상태를 지켜보고 재평가한다.		
	불합격	피복률이 50% 이하이면서 식생 기반이 유실되어 식물의 성립이 기대되지 않을 경우 재시공한다.		
목본 군락형	합격	5본/m² 이상	3종/m² 이상	4종/m² 이상
	판정보류	피복률이 70~80%이고 교목이 1~2본/m²인 경우 익년 봄까지 상태를 본다. 드문드문 발아가 보이지만, 비탈면 전체가 나지로 보일 경우 2~3개월 동안 상태를 지켜본 후 판정한다(부적기 시공의 경우).		
	불합격	식생 기반이 유실되어 식물의 성립이 기대되지 않을 경우 재시공한다.		
		초본 피복률이 80~90%이면서 목본이 피압당하고 있을 경우 예초 후 대책을 강구한다.		
자연경관 복원형	합격	7본/m²	5종/m² 이상	5종/m² 이상
	판정보류	피복률이 70~80%이고 교목이 3~4본/m²인 경우 익년 봄까지 상태를 본다. 드문드문 발아가 보이지만, 비탈면 전체가 나지로 보일 경우 2~3개월 상태를 지켜본 후 판정한다(부적기 시공의 경우).		
	불합격	식생 기반이 유실되어 식물의 성립이 기대되지 않을 경우 재시공한다.		
		피복률이 80% 이상이면서 목본이 피압당하고 있을 경우 예초 후 대책을 강구한다.		

ⓒ 녹화공법 품질 및 경제성 평가기준과 방법

구분	평가	항목		평가기준	평가기준 및 방법	평가빈도
재료	정량적	재료품질		절대평가	식생기반재 샘플을 1~2kg 채취하여 토양의 이화학성을 분석 후 기준항목 합격 여부를 판단함	1회
품질	정량적	식물생육	식생피복률 (전체)	절대평가	시공 후 공법별 식생피복률을 1×1m 방형구에 설치하여 3회 반복 조사 후 평균함	주기조사
			식생피복률 (한지형 초종)	절대평가	격자틀(20×20cm) 또는 1×1m 방형구를 설치하여 한지형 잔디(외래종)만의 피복률을 3회 반복 조사하여 평균함. 피복률에서 외래도입초종만의 점유율을 평가함	계절별 1회
			식생생육량 (한지형 초종 제외)	상대평가	한지형 초종을 제외한 식생을 채취하여 생물중량(생체중)을 전자저울 등을 이용하여 실측함	계절별 1회
			병충해	상대평가	생육판정시기까지 계절별로 병충해, 여름철 하고현상 등을 조사함	계절별 1회
		출현종수	목본 성립본수	절대평가	1m×1m 방형구를 설치하고 목본의 성립본수를 10회 조사하여 본수/m²로 평균하여 합격 목표치에 따른 달성도를 측정. 목본의 수고가 1~6m인 경우에는 방형구를 2m×2m로 확대함	계절별 1회
			초본 및 목본의 출현종수	절대평가	1m×1m 방형구를 설치하여 초본 및 목본의 출현종수를 조사하여 종수/m²로 환산 평균하여 합격 목표치에 따른 달성도를 측정함. 이때 초본 및 목본 출현종수비율을 각각 평가한 후 이를 평균으로 환산함. 목본의 수고가 1~6m인 경우에는 방형구를 2m×2m로 확대함	계절별 1회
			위해종 침입 및 시험지의 교란정도	상대평가	위해종인 돼지풀, 단풍잎돼지풀 등과 교란종인 환삼덩굴, 칡 등에 의한 교란정도를 측정함	수시평가
		식생기반재 물리적 특성		절대평가	식생기반재의 토양경도는 양호(11~23mm), 보통(23~27mm), 불량(11mm 미만, 27mm 초과)으로 분류하고 토양습도는 양호(0.5~5%), 보통(5~8%), 불량(0.5% 미만, 8% 초과)으로 분류한다(간이측정기기를 이용하여 현장 측정 가능).	1회 이상 조사
		탈락 및 붕괴지점		상대평가	시험시공면적당 탈락 및 붕괴지점 수를 조사함	계절별 1회
	정성적	녹화 지속성 및 식생침입 가능성		상대평가	3~5년 정도 지난 기존 시공지에서의 녹화 지속성 및 천이 여부를 평가함	1회 이상
		주변 환경과의 유사도		상대평가	주변 환경과의 생태적 경관 조화성을 평가함	수시평가
경제성	정량적	시공단가		상대평가	시험시공참여업체의 최저가를 기준으로 상대평가함	최종 평가 시

4) 도로비탈면녹화공사의 시공

① 시공계획 수립

비탈면녹화에 대한 시공계획은 시험시공을 통해 선정된 녹화공법을 반영하여 비탈면 복원목표를 충분히 달성할 수 있도록 수립한다.

② 재료

녹화공법의 종자, 식생기반재 등 녹화재료는 품질기준 및 환경기준에 맞는 제품을 사용한다.

③ 시공

비탈면 식생녹화는 시공시기와 기상조건에 영향을 받으므로 시공시기를 충분하게 검토하여 공사가 순조롭게 달성될 수 있도록 하여야 하며, 시험시공한 결과와 본시공의 결과가 상이하지 않도록 시행한다.

④ 녹화식생의 평가

㉠ 녹화식생 조성에 대하여는 판정시기와 판정기준을 참고하여 평가하고, 시공 후의 녹화공법, 시공시기, 도입식물, 시공 후의 기상, 식생기반재의 지속성 등을 적절하게 고려하여 평가한다.

㉡ 시공자는 시공 완료 후에는 시험시공 결과와 일치 여부를 평가하고, 그 결과를 기성검사 또는 준공검사 시 제출한다.

5) 도로비탈면녹화공사의 유지관리

① 일반사항

비탈면의 녹화는 주변에서의 식물천이를 유도하여 자연상태의 환경을 조성하는 것으로서 관리는 점검, 유지관리 등의 과정이 적절하게 수행되어야 한다.

② 유지관리

㉠ 점검

시공자는 비탈면에 시공된 안정공법, 식생기반, 식생 등이 지속적으로 유지되고 복원목표에 부합되도록 유지관리계획을 수립하여 주기적으로 점검을 시행한다.

㉡ 유지관리방법

비탈면녹화의 유지관리방법은 도입식물의 식생천이가 정상적으로 진행되는지 여부를 확인하고, 미래에 녹화목표를 달성할 수 있도록 관리한다.

2. 생태하천

1) 하천식생복원과 보전의 중요성

① 하천식생복원과 보전의 중요성

　㉠ 하천의 식생 기능

- 생물다양성 증대 : 서식지, 먹이공급
- 수리조절 : 지표유출량 조절, 지하수 재충전
- 수질정화, 하안보호, 경관미 조성, 그 외 가능성

　㉡ 하천 서식지의 다양성

종적 다양성	• 상류, 중류, 하류 구조 다양성 • 배후습지, 우각호, 구하도 등의 습지 및 다양한 지형 생물서식지가 나타남
횡적 다양성	특히, 정수역습지는 유수역의 하도와는 차별되는 생태계 특징을 나타내어 지역의 생태계 및 생물종의 다양성을 높이는 중요한 생태계임
수직적 다양성	• 개방수면 • 수중부 • 바닥부
시간적 다양성	시간의 흐름에 따른 변화

　㉢ 식생과 습지복원 및 보전의 필요성

② 식생복원 및 보전의 원칙

　㉠ 대조하천을 찾아 식생복원 목표과정 학습

- 모든 사람이 동의하는 대조하천
- 조사, 잠재자연식생 추정, 목표설정, 조성

　㉡ 하천 스스로 자기설계적 복원 유도

- 교란하천도 자연적 회복력 지님
- 인간의 과도한 설계시공 배제
- 그러나 현재 시행되는 대부분의 하천복원사업에서는 최종목표 하천을 복원 유도 없이 만들어 내려고 함

※「생태하천복원사업 업무추진 지침(13차 개정)」

V. 용어의 정의

• 생태하천복원사업이라 함은 수질이 오염되거나 생물서식환경이 훼손 또는 교란된 하천의 생태적 건강성을 회복하는 사업을 말한다.

• 수생태계란 공공수역과 이에 영향을 주는 수변지역의 식물·동물 및 미생물군집들과 무생물환경이 기능적인 단위로 상호작용하는 유기적인 복합체를 말한다.

• 수생태계 건강성이란 수생태계를 구성하고 있는 물리적·화학적·생물적 요소들이 최적으로 유지되어 온전한 기능을 발휘할 수 있는 상태를 말한다.

• 수생태계 연속성이란 공공수역의 상류와 하류 간 또는 공공수역과 수변지역 간에 물, 토양 등 물질의 순환이 원활하고 생물의 이동이 자연스러운 상태를 말한다.

• 환경생태유량이란 인간의 물 이용 이외에 수생태계의 건강성 유지를 위하여 필요한 최소한의 유량을 말한다.

• 수생태계복원이란 훼손된 수생태계의 건강성을 회복하려는 목적으로 훼손 이전과 유사한 수생태계 또는 변화한 여건에 적합한 기능을 수행하는 대체 수생태계를 조성하는 것을 말한다.

• 지방하천이라 함은「하천법」에 따라 시·도지사가 지정한 하천을 말한다.

• 소하천이란「소하천정비법」에 따라 특별자치도지사, 특별자치시장, 시장·군수·구청장이 지정한 하천을 말한다.

• 비법정하천이란 국가하천, 지방하천 또는 소하천으로 지정되지 않은 하천을 말한다.

• 지방하천정비사업이라 함은 하천의 이치수 및 환경 친수문화 등을 종합적으로 고려한 하천정비사업을 말한다.

※「생태하천복원사업 업무추진 지침(13차 개정)」
V. 용어의 정의
• 하천기본계획이라 함은「하천법」에 따라 하천관리청이 수립한 계획을 말한다.
• 보조금이란 생태하천복원사업 추진을 위하여 지방재정법에 따라 시·도지사가 시·군·구에 교부하는 예산을 말한다.

• 단, 교란이 심할 경우 인간이 약간의 도움을 가하여 자연회복과정을 도울 필요 있음

ⓒ 천이과정의 이해와 식생을 보전·복원
 • 하천에서의 천이 이해

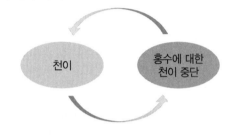

 • 하천은 1년생 교목이 들어오더라도 홍수에 의해 쓸어버림
 • 하천 산림 울창 → 하천의 홍수기능 상실
 • 하천에서 홍수는 육상식생과는 차별되는 하천식생의 역동성을 부여하는 가장 중요한 환경요인임

ⓔ 제한요인을 찾아 먼저 해결
 • 생태학 제한요인의 법칙 : 어떤 식물의 생장이나 생존은 여러 환경요인 중에서 가장 결핍되거나 지나치게 많은 요인 하나에 의해 제한됨
 • 복원 전 대상 하천에 대한 철저한 조사를 통해 제한요인을 파악하는 게 중요함

ⓜ 현존 자연식생은 가능하면 유지(표토를 보전하고 이용해야 함)
 • 현존 자생식생, 나무줄기 고사체, 그루터기, 표토 및 암석더미 보존
 • 훼손 시 외래식물 포함 침입식물이 순식간에 정착, 확산
 • **예 항구지천 → 표토 저장 후 복원(식재보다 더 빨리 복원)**

ⓗ 하천 통로로서 식생을 종적·횡적으로 충분히 넓게 연결

ⓢ 적어도 저수로는 자유롭게
 • 최근 거석을 사용한 저수로 제방축조는 저수로가 더욱 고착되는 문제를 심화시킴
 • 저수로 흐름을 자유롭게 하여 하도습지를 유도하고, 저수로와 홍수터를 부드럽게 연결

ⓞ 식생의 내부 보호지+주변부 고려
 우리나라 하천식생의 단편화로 내부종이 감소하여 하천 복원에서 내부종이 복원 목표종으로 선정되는 경우가 흔함

③ 식생조성 및 관리기법

　㉠ 식생조성기법

　　ⓐ 식물종 선정

　　　• 지형의 토양환경 조성 후 유입 유도

　　　• 표토 또는 기반 마련은 빠르게 복원됨

　　　• 식물종 공급원이 없거나 부족한 경우

　　　　→ 잠재자연식생 선정 후 종자, 유묘, 번식체 식재

　　ⓑ 제외지 주요 식재종

　　　• 초본 : 달뿌리풀, 갈대, 물억새, 띠, 부처꽃, 쑥부쟁이

　　　• 목본 : 갯버들, 키버들, 선버들, 찔레꽃, 조팝나무, 신나무

구분	특성	주요 하안식물
상류	• 유속 빠름 • 홍수파괴력 큼 • 범람원 좁음	달뿌리풀, 갯버들, 선버들, 오리나무, 시무나무
중류	• 하천폭 중 • 유속 중 • 사행부 보수력 약(모래, 자갈)	달뿌리풀, 명아자여뀌, 방동사니, 바랭이, 산철쭉, 물억새, 띠, 왕버들, 선버들, 갈풀, 고마리
하류	• 유속 느림 • 범람원 넓음 • 수위 변동	갈대, 줄, 매자기, 애기부들, 기타 정수식물, 부엽식물, 침수식물, 천일사초, 산조풀, 염생식물

　　　• 식재방법 : 식물을 들여오는 건 쉽지만 없애는 것은 어려움

　　　　– 초본 : 포트묘, 영양번식체 식재, 시비하지 않음

　　　　– 목본 : 산가지, 발근시킨 산가지, 1·2년생 묘목식재(홍수 시 통수문제 없도록)

　　　• 육성방법

　　　　– 보호양육(0~5년) : 제초, 물주기, 간벌(4년 후), 가지치기

　　　　– 육성(5~20년) : 간벌(10년 후), 가지치기

　　　　– 유지(20년 후) : 가지치기

　㉡ 식생관리기법

　　• 홍수 발생이 가장 좋음

　　• 풀, 나무관리 : 풀베기, 불놓기, 가지치기

　　• 침입식물관리 : 예방(자연식생보전), 방제(종자 맺기 전 제거)

　　• 수림화관리 : 뿌리 뽑음, 벌목

　　• 자갈, 하상식생관리 : 침입식물 제거, 자갈 틈 사이 토사를 인위적으로 제거

※ 홍수 발생 빈도 감소 → 자갈 틈 토사 매몰 → 외래종 버드나무류 식생 침입 번성

3. 내륙습지

1) 습지생태계의 특징

① 습지

㉠ 습지(濕地, wetland)의 사전적인 의미는 "물기가 축축한 땅"을 지칭하는 말로, 간단하게 말하면 물을 담고 있는 땅이 될 것이다. 일반적으로 습지는 물에 따라 동식물의 생활과 주변환경이 결정되는 곳이며, 1년의 일정기간 이상 물에 잠겨 있거나 젖어 있는 지역을 말한다. 하지만 습지에 대한 상세한 정의는 나라마다 또는 전문가마다 조금씩 의미가 다르다.

㉡ 우리나라의 「습지보전법」(1999년 8월 7일 시행)에서는 습지란 "담수·기수 또는 염수가 영구적 또는 일시적으로 그 표면을 덮고 있는 지역으로서 내륙습지 및 연안습지"를 말한다. 또한 "내륙습지"는 육지 또는 섬 안에 있는 호 또는 소와 하구 등의 지역, "연안습지"는 만조 시에 수위선과 지면이 접하는 경계선으로부터 간조 시에 수위선과 지면이 접하는 경계선까지의 지역으로 정의하고 있다.

㉢ 세계적으로 널리 쓰이는 람사르(Ramsar)협약에서는 식생과 토양보다는 수문의 관점에서 보며, 통상적으로 인정되는 2m의 수심을 초과하는 6m의 수심까지로 습지의 범위를 확대하여 정의하고 있다. 습지란 "자연 또는 인공이든, 영구적 또는 일시적이든, 정수 또는 유수이든, 담수, 기수 혹은 염수이든, 간조 시 수심 6m를 넘지 않는 곳을 포함하는 늪, 습원, 이탄지, 물이 있는 지역" 또한 습지에 인접한 하천변과 섬, 그리고 습지 내 있는 저수위 시 6m를 초과하는 해양도 함께 고려되고 있으며, 양어장, 농경지 연못, 관수 농경지, 저수지, 운하 등과 같은 곳도 습지로 분류하고 있다.

㉣ 미국의 EPA(the U.S. Environmental Protection Agency ; 한국 환경부와 비슷한 역할을 하는 부처)에서는 습지에 대해 "빈번히 또는 일정 기간 이상 동안 물에 잠겨 있거나 젖어 있는 곳이며, 일반적으로 물기가 많은 지역에 적응해 살아가는 생물들에게 적당한 식생을 제공해 주는 곳으로, 늪, 소택지, 습원 등이나 비슷한 지역"이라고 정의하는데, 람사르협약의 정의와는 차이가 있다.

② 습지의 가치

㉠ 가치의 분류

환경적 가치	사회·경제적 가치
• 어류의 산란장 • 패류의 서식지 • 물새 및 야생동식물의 서식지 • 수질보전기능(오염물질 여과, 토사 제거, 산소생산, 영양염류 소환) • 수중생산력 향상 • 미세기후 조절	• 홍수조절 • 해상재해 방지 • 해안침식 방지 • 지하수 양의 조절 및 재공급 • 목재 및 천연자원 공급 • 가축의 먹이 제공 • 심미적 가치 • 교육 및 과학조사 • 문화적·고고학적 자산

※ 습지의 기능

생태적 기능	생태계의 연결고리, 생물종 다양성의 보고
수질정화 기능	영양염류의 축적 및 보존
기후조절 기능	온습도 조절
문화적 기능	자연교육, 생태관광
수리적 기능	홍수통제, 용수공급
지하수위 조절기능	지하수위의 조정

습지는 지구의 수많은 화학, 물리 및 유전인자의 원천, 저장소 및 변화의 산실로서 인류에게 매우 귀중한 역할을 하고 있다. 습지는 자연현상 및 인간의 활동으로 발생된 유·무기질 물질을 변화시키고, 수문·수리·화학적 순환을 시키며, 이러한 과정에서 자연적으로 수질을 정화한다. 이러한 점 때문에 습지는 "자연의 콩팥"이란 용어로 묘사되기도 한다. 이외에도, 습지는 홍수 방지 및 해안 침식 방지, 지하수 충전을 통한 지하수량 조절과 다양한 종류의 식물 및 동물군으로 구성되어, 아름답고도 특이한 심미적 경관을 만들어낸다

ⓛ 습지는 인간이 누리고 있는 자연의 일부이기도 하면서 또한 인간이 보호해야 할 환경이지만 이러한 습지가 전형적인 준공공재(Quasi-public goods)의 성격을 띠고 있어 습지의 가치가 저평가된다.

ⓒ 습지의 가치추정을 위해서는 습지의 생태적 기능과 경제적 기능을 구분해야 한다. 습지의 생태적 기능과 경제적 기능은 유기적으로 연계되어 있기 때문에 분리하는 것이 쉬운 일은 아니나 최소한 개념적인 구분이 필요하다.
- 습지의 특성 : 습지가 가지고 있는 속성
- 습지의 구조 : 생물적, 비생물적 요소들이 습지의 특성과 복합적인 망을 형성
- 습지의 기능 : 습지의 특성과 구조, 과정들의 상호작용 결과
- 습지의 경제적 가치는 인간중심의 가치로서 습지의 물리적 · 생태적 가치와는 구별
- 습지의 생태적 기능들이 모두 경제적 가치를 갖는 것은 아니며 그중에서 인간에게 인식되는 기능에 한해서만 가치를 부여

ⓔ 습지의 경제적 기능 가치의 유형분류

사용가치 (use value)	직접 사용가치	어획, 채취, 휴양활동과 같이 갯벌이 제공하는 재화를 직접 소비함으로써 수반되는 가치	낚시, 농업, 연료, 여가, 운송, 수렵 등
	간접 사용가치	홍수조절, 폭풍방지, 수질정화 기능과 같은 갯벌의 생태적 조절기능을 의미하며 경제계를 간접적으로 지원하는 데서 유발되는 가치	영양염류 보유, 홍수조절, 지하수 충전, 해안선 안정 등
비사용가치 (non-use value)	선택가치	현재는 사용하지 않으나, 미래의 사용 가능성을 보증 또는 확보함으로써 수반되는 가치	미래의 잠재적 사용 및 정보가치 등
	존재가치	사용 여부와 관계없이 습지가 존재한다는 사실 자체만으로 얻을 수 있는 만족감을 의미하는 가치	생물다양성 등
	유산가치	습지를 다음 세대가 이용할 수 있도록 가능성을 열어두는 데서 오는 가치	문화자산, 유물적 가치 등

㉮ 습지의 가치와 그에 따른 기능

가치	기능

환경적 가치
(생태적 가치)
	어패류의 산란 서식지 제공
	야생조류를 비롯한 야생동식물의 서식처 제공
	• 생태계의 먹이사슬 구성 여건 제공
	  − 생물종 다양성 유지
	  − 영양분의 순환 및 균형 유지
	  − 수질정화 기능
	• 습지 내의 미생물들은 유수 속의 침전물과 유기물을 제거
	  − 기후변화 완충작용
	  − 홍수조절기능
	• 지표수와 지하수의 저장 및 충전을 통해 유량 조절
	  − 수변과 연계된 레크리에이션의 이용 가능성

사회·경제적
가치
	습지가 제공해 주는 경제적인 가치를 정확히 평가할 수는 없지만, 습지는 수자원의 확보와 적정 유지에 기여하는 수자원 개발 및 관리와 관련된 비용을 절감시킴으로써 경제적 가치가 있다고 할 수 있다.
	〈생산기능〉
	• 습지가 어업 및 수산업의 산실로서 전 세계 어획고의 2/3를 차지하여 어업 및 수산업에서 수입원 및 자원공급
	• 지역에 따라 농업, 목재생산, 이탄과 식물 자원 등의 에너지 자원
	• 야생동물 자원
	  − 수질정화기능
	• 환경오염에 따른 환경개선 비용 절감
	  − 홍수조절 기능
	  − 해안선의 안정화 및 해상재해 방지
	  − 먹이사슬 유지기능
	  − 휴양 및 생태관광의 기회제공
	  − 문화적·고고학적 자산가치

경관적 가치	• 물과 함께 다른 자연경관과 시각적으로 구분할 수 있는 독특한 경관을 제공 • 지역의 문화적 가치와 함께 생명력이 넘치는 역동적인 공간으로 인류사회의 내면적 가치와 관련되어 중요한 역할을 하며 자연교육 및 체험장소, 생태공원 등으로 활용하는 경관적 가치가 있음
문화적 가치	• 지역사회는 물론 한 국가가 갖는 자연적 측면에서의 중요한 유산 • 630개의 람사르습지에 대한 예비조사에서 30% 이상의 습지가 지역적 차원이나 국가적 차원에 있어서 고고학적, 역사적, 종교적, 신화적 그리고 문화적으로 중요함이 입증

③ 습지의 유형

    ⊙ 유형 : 습지는 물의 원천, 우점식생, 규모, 위치, 물리적·화학적·생물학적 과정 및 특성에 따라 매우 다양하다. 일반적으로 '소택지(swamp)', '늪(marsh)', '이탄 늪(bog)' 등 몇 가지 용어로 사용되어 왔으며, 때로는 식생의 발달과 토양 등을 기준으로 저층습지, 중층습지, 고층습지(high moor, raised mire) 등으로 구분하기도 하는데, 일반적으로 해안습지, 내륙습지, 인공습지로 나눈다.

    ⊙ 람사르습지 유형 분류

구분	대분류	중분류	소분류	세분류	코드	종류
해안 습지	해양형	조하대		영구 저수심 해안	A	간조 시 6m 이하 해안(해협 및 만 포함)
			수초대	해안 수초대	B	갈조류장, 잘피밭, 열대 해안습지
			암초	산호초	C	
		조간대	암반대	암석 해안	D	연안바위섬, 해안 절벽
			미고결대	모래 및 자갈해안	E	사주, 사취, 모래섬, 사구 및 습한 사구습지
	하구형	조하대		하구수역	F	하구수역, 삼각주
		조간대	미고결대	조간대 갯벌	G	펄갯벌, 모래갯벌, 혼성갯벌
			정수식물	조간대 초본 소택지	H	염습지, 염초지
			교목우점	조간대 삼림 습지	I	맹그로브 소택지
	호소형/ 소택형	영구적/계절적		기수/염수 석호	J	바다와 연결된 수로가 있는 석호
				연안 담수 석호	K	담수 삼각주 석호
	카르스트형		해안 카르스트 및 지하수계		Zk(a)	
내륙 습지	하천형	영구적		내륙 삼각주	L	
				영구하천	M	폭포 포함
		간헐적		간헐 하천	N	
	호수형 (8ha 이상, 수심 2m 이상)	영구적		영구 담수호	O	담수 호수
		계절적/간헐적		간헐 담수호	P	
		영구적		영구 염호	Q	염수/기수/알칼리성 호수
		계절적/간헐적		간헐 염호	R	
	소택형 (8ha 이하, 수심 2m 이하)	영구적	초본우점	영구 염수/기수 늪	Sp	염수/기수/알칼리성 늪
				영구 담수 늪	Tp	연못, 정수식물군락 우점, 무기질토양 습지
		계절적/간헐적	초본우점	간헐 염수/기수 늪	Ss	염수/기수/알칼리성 늪
				간헐 담수 늪	Ts	진흙구덩이, 사초늪, 무기질토양 습지
		영구적/계절적 /간헐적	관목우점	비삼림 이탄습지	U	관목 또는 개수 고층습원
		영구적		담수 관목우점 습지	W	관목우점 소택지 또는 늪

구분	대분류	중분류	소분류	세분류	코드	종류
내륙 습지	소택형 (8ha 이하, 수심 2m 이하)	계절적 /간헐적	교목우점	삼림 이탄습지	Xp	이탄 소택지 숲
				담수 교목우점 습지	Xf	담수 소택지 숲
			초본우점	고산습지	Va	고산초지
						(일시적 고산 융빙수 습지 포함)
				툰드라습지	Vt	툰드라 웅덩이
						(일시적 툰드라 융빙수 습지 포함)
				샘물습지	Y	담수 샘, 오아시스
	지열형			지열습지	Zg	
	카르스트형			내륙 카르스트 및 지하수계	Zk(b)	돌리네, 우발레 등
인공 습지	내수면어업			양어장	1	어류, 새우 양식
	농경지			농업용 저수지	2	일반적으로 8ha 이하
				관개지	3	논, 관개수로
				계절성 침수경작지	4	
	염전			소금산출지	5	염전
	도시 및 공단			저수지, 댐, 간척호	6	
				채굴장	7	자갈/벽돌/점토/토사 채취장
				수질정화습지	8	하수처리장, 침전지, 산화지
				운하 및 수로	9	운하 및 배수로, 도랑

2) 습지생태계별 특징

① 열대지역 맹그로브숲

열대지방에서는 간석지의 염성소택지가 맹그로브숲, 망갈로 바뀐다.

- 맹그로브숲은 파도가 없고, 퇴적물이 축적되며, 뻘이 혐기성인 곳에 발달한다.
- 맹그로브숲은 육상과 해양의 생물이 독특하게 혼합된 풍부한 생물상을 유지한다.

② 담수습지

㉠ 육상습지 : 담수와 육지의 전이지대

㉡ 습지 수생식물

- 절대습지식물 : 침수성 가래, 부엽성 수련, 정수식물인 부들과 갈대, 낙우송
- 조건습지식물 : 사초류와 오리나무류, 적단풍나무와 사시나무류 등의 수목
- 우발습지식물 : 통상적으로 습지 밖에서 자라지만 습지에 내성이 있음
  - 토양수분의 기울기에 따라 습지의 상부한계를 결정하는 중요식물

㉢ 습지의 지형조건

- 분지형 습지 : 고지대와 저지대뿐 아니라, 매립된 호수와 연못 등 다양한 얕은 분지에 발달 → 강수로 토양 속으로 물이 침투

- 하천형 습지 : 강과 하천을 따라 놓인, 주기적으로 얕은 둑을 따라 발달 → 물흐름이 한 방향임
- 주변형 습지 : 큰 호수의 호변을 따라 발달 → 물의 흐름이 두 방향

ⓔ 소택지
- 정수성 초본식생이 우세한 습지
- 갈대와 사초, 화본과 초본, 부들이 자람

ⓜ 스왐프
- 삼림을 이룬 습지
- 커다란 강계를 따라 저지대림, 또는 하변림이라 불리는 넓은 숲이 있으며, 이들은 강물에 의해 가끔 또는 계절적으로 범람하지만 생육기 대부분은 건조하다.
- 낙우송, 닛사나무, 스왐프참나무가 우점 : 물이 깊은 스왐프
- 오리나무와 버드나무가 우점 : 관목성 스왐프

ⓗ 이탄지
- 부분적으로 분해된 유기물 퇴적에 의해 상당히 많은 양의 물이 저장된 곳
- 알칼리습원(fen) : 무기토양을 통해 이동하는 지하수에서 물이 공급되고, 지하수에서 영양소의 대부분을 얻으며, 사초가 우점하는 곳
- 습원(bog) : 물과 영양소의 대부분을 빗물로부터 얻으며 물이끼가 우점
- 양탄자이탄지(blanket mire)와 돋은습원(raised bog) : 압축된 이탄이 물이 아래로 이동하지 못하도록 장애물을 형성함으로써 무기토양 위에 떠 있는 수면이 생기는, 고지대 상황에서 발달하는 이탄지
- 떠는 습원(quaking bog) : 호수분지가 아래부터가 아닌 위로부터 메워져서 개방수면 위에 부유성 이탄뭉치를 만드는 경우

③ 담수습지의 수문
ⓐ 습지의 구조는 습지를 형성하는 수문조건에 의해 영향을 받는다.
ⓑ 수문조건
- 강수, 지표와 지표 밑 흐름, 물의 방향과 운동에너지, 물의 화학성 등 물과 물 흐름의 물리적 특성들
- 수몰주기 : 수목기간, 빈도, 깊이와 계절을 포함한다. 수몰주기는 식물의 발아와 생존, 식물의 생활환경 중 다양한 단계에서의 사망률에 영향을 주기 때문에 식물구성에 영향을 미친다.

④ 습지생물의 다양성
습지는 다양한 야생동물을 부양한다. 담수습지는 개구리와 두꺼비, 거북이, 다양한 무척추동물에게 필수적인 서식지를 제공한다. 둥지를 틀고, 이동하고, 또 월동하는 물새들은 이 서식지에 의존한다.

※ 돌리네습지
일반적으로 석회암 지대는 배수가 잘 이루어지므로 습지가 발달하기 어렵다. 하지만, 돌리네는 석회암이 빗물에 의한 용식으로 움푹 파여 형성된 분지를 말하며, 바닥에 석회암 풍화토양인 테라로사가 미세하게 쌓여 불투수층을 형성하고 있어 물을 유지하기에 유리한 특성을 가지고 있다. 이렇게 돌리네지형에 형성된 습지를 돌리네습지라 한다. 대표적인 곳이 문경돌리네습지로 2017년 국가습지로 지정되었다.

돌리네습지 카리스트지형
석회암지대
석회암동굴
지하수

돌리네습지 형성 과정
해발 390m
테사로사

3) 습지보호지역 지정 및 람사르습지 등록현황(2021년 12월 기준)

    (1) 지정근거 : 습지보전법 제8조

    (2) 지정절차 : 습지조사 → 지정계획 수립 → 시·도지사 및 지역주민 의견수렴 → 관계부처 협의 → 지정·고시

    (3) 지정현황 : 48개 지역, 1,573.130km²(개선지역 및 주변관리지역 포함)

① 환경부 지정 : 28개소, 133.186km²

지역명	위치	면적(km²)	특징	지정일자 (람사르 등록)
낙동강 하구	부산 사하구 신평, 장림, 다대동 일원 해면 및 강서구 명지동 하단 해면	37.718	철새도래지	1999.08.09
대암산용늪	강원 인제군 서화면 대암산의 큰용늪과 작은용늪 일원	1.360	우리나라 유일의 고층습원	1999.08.09 (1997.03.28)
우포늪	경남 창녕군 대합면, 이방면, 유어면, 대지면 일원	8.652 (개 : 0.105)	우리나라 최고(最古)의 원시 자연늪	1999.08.09 (1998.03.02)
무제치늪	울산 울주군 삼동면 조일리 일원	0.184	산지습지	1999.08.09 (2007.12.20)
제주 물영아리 오름	제주 서귀포시 남원읍 수망리	0.309	기생화산구	2000.12.05 (2006.11.18)
화엄늪	경남 양산시 하북면 용연리	0.124	산지습지	2002.02.01
두웅습지	충남 태안군 원북면 신두리	0.067	신두리사구의 배후습지 희귀야생동식물 서식	2002.11.01 (2007.12.20)
신불산 고산습지	경남 양산시 원동면 대리 산92-2 일원	0.308	희귀 야생동식물이 서식하는 산지습지	2004.02.20
담양하천습지	전남 담양군 대전면, 수북면, 황금면, 광주광역시 북구 용강동 일원	0.981	멸종위기 및 보호 야생동식물이 서식하는 하천습지	2004.07.08
신안 장도 산지습지	전남 신안군 흑산면 비리 대장도 일원	0.090	도서지역 최초의 산지습지	2004.08.31 (2005.03.30)
한강 하구	경기 고양시 김포대교 남단~강화군 송해면 숭뢰리 사이 하천제방과 철책선 안쪽(수면부 포함)	60.668	자연하구로 생물다양성이 풍부하여 다양한 생태계 발달	2006.04.17 (장항 2021.05.21)
밀양 재약산 사자평 고산습지	경남 밀양시 단장면 구천리 산1	0.587	절경이 뛰어나고 이탄층 발달, 멸종위기종 삵 등 서식	2006.12.28
제주 1100고지	제주 서귀포시 색달동, 중문동 및 제주 제주시 광령리 경계 일원	0.126	산지습지로 멸종위기종 및 희귀야생동식물 서식	2009.10.01 (2009.10.12)
제주 물장오리오름	제주 제주시 봉개동	0.610	산정화구호의 특이지형, 희귀야생동식물 서식	2009.10.01 (2008.10.13)

지역명	위치	면적(km²)	특징	지정일자 (람사르 등록)
제주 동백 동산습지	제주 제주시 조천읍 선흘리	0.590	생물다양성 풍부, 북·남방계 식물 공존	2010.11.12 (2011.03.14)
고창 운곡습지	전북 고창군 아산면 운곡리	1.930 (개 : 0.133)	생물다양성 풍부, 멸종위기야생동 식물 서식	2011.03.14 (2011.04.06)
상주 공검지	경북 상주시 공검면 양정리	0.264	생물다양성 풍부, 멸종위기야생동 식물 서식	2011.06.29
영월 한반도습지	강원도 영월군 한반도면	2.772 (주 : 0.857)	수달, 돌상어, 묵납자루 등 총 8종 의 법정 보호종 서식	2012.01.13 (2015.05.13)
정읍 월영습지	전북 정읍시 쌍암동 일원	0.375	생물다양성이 풍부하고 구렁이, 말 똥가리 등 멸종위기종 6종 서식	2014.07.24
제주 숨은물뱅딘	제주 제주시 애월읍 광령리	1.175 (주 : 0.875)	생물다양성이 풍부하고 자주땅귀 개, 새호리기 등 법정 보호종 다수 분포	2015.07.01 (2015.05.13)
순천 동천하구	전남 순천시 교량동, 도사동, 해룡 면, 별량면 일원	5.656 (개 : 0.263)	국제적으로 중요한 이동물새 서식 지이며, 생물다양성이 풍부하고 멸종 위기종 상당수 분포	2015.12.24 (2016.01.20)
섬진강 침실습지	전남 곡성군 곡성읍·고달면·오곡 면, 전북 남원시 송동면 섬진강 일원	2.037	수달, 남생이 등 법정보호종이 다수 분포하고 생물다양성이 풍부	2016.11.07
문경 돌리네	경북 문경시 산북면 우곡리 일원	0.494	멸종위기종이 다수분포하고 국내 유일의 돌리네 습지	2017.06.15
김해 화포천	경남 김해시 한림면, 진영읍 일원	1.244	황새 등 법정 보호종이 다수분포하 고 생물다양성이 풍부	2017.11.23
고창 인천강 하구	고창군 아산면, 심원면, 부안면 일원	0.722	생물다양성이 풍부한 열린 하구로 서 노랑부리백로 등 법정보호종이 다수 서식	2018.10.24
광주광역시 장록	광주광역시 광산구 일원	2.704	생물다양성이 풍부하며, 습지원형 이 잘 보전된 도심 내 하천습지	2020.12.08
철원 용양보	강원도 철원군 김화읍 일원	0.519	장기간 보전되어 자연성이 뛰어나 며, 다양한 서식환경을 지녀 생물다 양성이 풍부	2020.12.08
충주 비내섬	충북 충주시 앙성면, 소태면 일원	0.920	지연성 높은 하천경관 보유한 하천 습지로 다수 멸종위기종 서식 등 생 물다양성이 우수	2021.11.30

✱ (주)습지주변관리지역, (개)습지개선지역

② 해양수산부 지정 : 13개소, 1,431.69km²

지역명	위치	면적 (km²)	특징	지정일자 (람사르 등록)
무안갯벌	전남 무안군 해제면, 현경면 일대	42.0	생물다양성이 풍부, 지질학적 보전가치 있음	2001.12.28 (2008.01.14)
진도갯벌	전남 진도군 군내면 고군면 일원(신동지역)	1.44	수려한 경관 및 생물다양성 풍부, 철새도래지	2002.12.28
순천만갯벌	전남 순천시 별량면, 해룡면, 도사동 일대	28.0	흑두루미 서식·도래 및 수려한 자연경관	2003.12.31 (2006.1.20)
보성·벌교 갯벌	전남 보성군 호동리, 장양리, 영등리, 장암리, 대포리 일대	33.92	자연성 우수 및 다양한 수산자원	2003.12.31 (2006.01.20)
옹진 장봉도 갯벌	인천 옹진군 장봉리 일대	68.4	희귀철새 도래·서식 및 생물다양성 우수	2003.12.31
부안줄포만 갯벌	전북 부안군 줄포면·보안면 일원	4.9	자연성 우수 및 도요새 등 희귀철새 도래·서식	2006.12.05 (2010.12.13)
고창갯벌	전북 고창군 부안면(Ⅰ지구), 심원면(Ⅱ지구) 일원	64.66	광활한 면적과 빼어난 경관, 유용 수자원의 보고	2007.12.31 (2010.12.13)
서천갯벌	충남 서천군 비인면, 종천면 일원	68.09	검은머리물떼새 서식, 빼어난 자연경관	2008.01.30 (2010.09.09)
신안갯벌	전남 신안군	1,100.86	빼어난 자연경관 및 생물다양성 풍부(염생식물, 저서동물)	2018.09.03 (증도 2011.09.01)
마산만 봉암갯벌	경남 창원시 마산 회원구 봉암동	0.1	도심습지, 희귀·멸종위기 야생동식물 서식	2011.12.16
시흥갯벌	경기 시흥시 장곡동	0.71	내만형 갯벌, 희귀·멸종위기야생동물 서식·도래 지역	2012.02.17
대부도갯벌	경기 안산시 단원구 연안 갯벌	4.53	멸종위기종인 저어새, 노랑부리백로, 알락꼬리마도요의 서식지이자 생물다양성이 풍부한 갯벌	2017.03.22 (2018.10.25)
화성 매향리갯벌	경기 화성시 우정읍 매향리 주변 갯벌	14.08	칠면초군락 등 염생식물과 대형저서동물 등 생물다양성이 풍부한 갯벌	2021.07.20

③ 시 · 도지사 지정 : 7개소, 8.254km²

지역명	위치	면적(km²)	특징	지정일자 (람사르 등록)
대구달성 하천습지	대구 달서구 호림동, 달성군 화원읍	0.178	흑두루미, 재두루미 등 철새도래지, 노랑어리연꽃, 기생초 등 습지식물 발달	2007.05.25
대청호 추동습지	대전 동구 추동 91번지	0.346	수달, 말똥가리, 흰목물떼새, 청딱따구리 등 희귀 동물 서식	2008.12.26
송도갯벌	인천 연수구 송도동 일원	6.11	저어새, 검은머리갈매기, 말똥가리, 알락꼬리도요 등 동아시아 철새이동경로	2009.12.31 (2014.07.10)
경포호 · 가시 연습지	강원 강릉시 운정동, 안현동, 초당동, 저동일원	1.314 (주 : 0.007)	동해안 대표 석호, 철새도래지, 멸종위기종 가시연 서식	2016.11.15
순포호	강원 강릉시 사천면 산대월리 일원	0.133	멸종위기종 Ⅱ급 순채서식, 철새도래지이며 생물다양성이 풍부	2016.11.15
쌍호	강원 양양군 손양면 오산리 일원	0.139 (주 : 0.012)	사구 위에 형성된 소규모 석호, 동발 서식	2016.11.15
가평리 습지	강원 양양군 손양면 가평리 일원	0.034	해안충적지에 발달한 담수화된 석호로 꽃창포, 부채붓꽃, 털부처꽃 서식	2016.11.15

4) 람사르습지 등록 현황(2021년 12월 기준)
  (1) 등록근거 : 습지보전법 제9조
  (2) 등록절차 : 습지조사 → 등록계획 수립 → 시 · 도지사 및 지역주민 의견수렴 → 관계부처 협의 → 등록신청(환경부 → 람사르사무국) → 람사르 등록 심의(람사르사무국) → 등록 확인서 교부(람사르사무국 → 환경부)
  (3) 등록현황 : 24개 지역, 202.672km²

기출예상문제

우리나라가 람사르협약에 가입하면서 제일 먼저 등록한 습지로, 1,280m의 구릉지대에 형성된 습지이다. 북방계 식물이 남하하다가 남방계 식물과 만나는 곳, 즉 북방계와 남방계 식물을 동시에 만날 수 있는 곳이기도 하며 우리나라 중북부 지방에서 매우 찾아보기 어려운 이탄습지로, 여러 희귀동식물과 빼어난 자연경관으로 유명한 곳은?

① 대암산용늪
② 우포늪
③ 오대산 국립공원습지
④ 고창 운곡습지

답 ①

지역명	위치	면적(km²)	등록일자
대암산용늪	강원 인제군 서화면 심적리 대암산 일원	1.360	1997.03.28
우포늪	경남 창녕군 대합면 · 이방면 · 유어면 · 대지면 일원	8.652	1998.03.02
신안장도 산지습지	전남 신안군 흑산면 비리 장도(섬) 일원	0.090	2005.03.30
제주 물영아리오름	제주 서귀포시 남원읍 수망리 수령산 일대 분화구	0.309	2006.11.18
무제치늪	울산 울주군 삼동면 조일리 정족산 일원	0.184	2007.12.20
두웅습지	충남 태안군 원북면 신두리	0.067	2007.12.20
제주 물장오리오름	제주 제주시 봉개동	0.628	2008.10.13
오대산 국립공원 습지	강원 평창군 대관령면 횡계리 일대(소황병산늪, 질뫼늪), 홍천군 내면 명개리 일대(조개동늪)	0.018	2008.10.13
강화 매화마름 군락지	인천 강화군 길상면 초지리	0.003	2008.10.13
제주 1100고지	제주 서귀포시 색달동 · 중문동~제주시 광령리	0.126	2009.10.12
제주 동백동산 습지	제주 제주시 조천읍 선흘리	0.590	2011.03.14
고창 운곡습지	전북 고창군 아산면 운곡리	1.797	2011.04.06
한강밤섬	서울 영등포구 여의도동	0.273	2012.06.21
제주 숨은물뱅듸	제주 제주시 광령리	1.175	2015.05.13
한반도습지	강원 영월군 한반도면	1.915	2015.05.13
순천 동천 하구	전남 순천시 도사동, 해룡면 · 별량면 일원	5.399	2016.01.20
고양 장항습지	경기 고양시 신평동, 장항동 일원	5.956	2021.05.21
순천만 · 보성갯벌	전남 순천시 별량면 · 해룡면 · 도사동 일대, 전남 보성군 벌교읍 해안가 일대	35.500	2006.01.20
무안갯벌	전남 무안군 해제면 · 현경면 일대	35.890	2008.01.14
서천갯벌	충남 서천군 서면, 유부도 일대	15.300	2010.09.09
고창 · 부안갯벌	전북 부안군 줄포면 · 보안면, 고창군 부안면 · 심원면 일대	45.500	2010.12.13
증도갯벌	전남 신안군 증도면 증도 및 병풍도 일대	31.300	2011.09.01
송도갯벌	인천 연수구 송도	6.110	2014.07.10
대부도갯벌	안산 단원구 대부남동 일원	4.530	2018.10.25

5) 내륙습지 생태복원을 위한 안내서(2015년 3월)

 (1) 적용범위 및 내륙습지 유형

  ① 적용범위

     하천형, 호소형, 산지형 내륙습지를 대상으로 일선 행정과 관리업무를 돕기 위해
     내륙습지의 복원 시 고려할 개괄적 사항을 다루고 있다.

  ② 내륙습지 유형

     ㉠ 하천형 내륙습지

구분			특징	예
중분류	소분류 (수원/범람)	상세분류 (식생, 토양, 수문)		
하천형 내륙습지	유수역	하도습지	제외지 내에 유수의 영향을 지속적 혹은 주기적으로 받는 모든 습지	 한반도습지
		보습지	보의 정체수역 내에 침수식물과 정수식물이 우점하는 습지	 웃들습지
	정수역	배후습지	자연제방 배후지역 혹은 제내지 범람원에 계절적 혹은 영구적으로 침수되는 습지	 우포늪
		용천습지	용출수 하천에 형성된 습지	 장계습지

ⓛ 호수형 내륙습지

구분			특징		예
중분류	소분류 (수원/범람)	상세분류 (식생, 토양, 수문)			
호수형 내륙습지	담수역	담수호습지	호안(자연호수이거나 인공호수)을 중심으로 자연 발생적으로 형성된 습지		 물영아리오름
		우각호습지	구하도에 물이 고여 형성된 습지		 괴정못습지

ⓒ 산지형 내륙습지

구분			특징		예
중분류	소분류 (수원/범람)	상세분류 (식생, 토양, 수문)			
산지형 내륙습지	강우	고층습원 (bog)	강우나 안개에 의해 수원을 확보하며, 빈영양 환경에 적응한 식생군락이 나타나거나 이탄층이 형성된 습지		 대암산 용늪
	지중수	저층습원 (fen)	지중수 혹은 지표수가 유입하여 비교적 부영양환경을 유지한 유기물 분해 상태가 빨라 무기성 토양 혹은 유기물과 점토, 실트 등으로 구성되고 초본식생이 우점한 습지		 신안장도습지
	지중수 · 지표수	저습지 (marsh)	주기적으로 과습 또는 계속적으로 침수된 지역. 표면이 깊게 담수되어 있지 않으며, 초목, 관목 등이 자람		 대관령 습지
		소택지 (swamp)	지하수면이 높고 배수가 불량하며, 목본이 우세한 습지		 연수동습지

(2) 내륙습지복원의 목표

습지복원의 목표는 생태계 동적 균형을 이루고 있는 습지가 인위적 간섭에 의해 교란되어 습지생태계를 유지하지 못할 때, 원래의 습지생태계에 가깝게 되돌려서 습지가 지니는 생태적 기능이 원활하게 균형을 이룰 수 있도록 회복시키는 데 있다.

복원대상지의 여건을 고려하여 다음 5가지를 병행하여 복원방향을 설정한다.
첫째, 인위적 간섭에 의한 영향을 제거, 완화하여 원래의 생태계에 가깝게 되돌리는 것
둘째, 원형에 가깝게 복구하는 것
셋째, 훼손된 상태만큼 보상하거나 대체하는 것
넷째, 새로운 생태계를 창출하는 것
다섯째, 습지의 생태적 기능을 더욱 증진시키는 것 등

① 복원대상지의 여건과 특성을 고려하여 5가지의 방안을 검토한 후 복원방향을 설정
  ㉠ 복원방향 1. 완화(mitigation) : 습지에 미치는 영향 및 훼손요인을 제거하거나 완화함으로써 인위적인 간섭과 교란원인을 배제
  ㉡ 복원방향 2. 복구(rehabilitation) : 기존의 동적 균형을 이루고 있던 습지생태계의 원형에 가깝게 되돌림
  ㉢ 복원방향 3. 보상 대체(compensation, replacement) : 기존의 동적 균형을 이루고 있던 습지생태계의 원형이나 총체적인 생태계의 기능과 양만큼 복구할 수 없는 상태일 때 복원부지 내 혹은 인근지역에 대체하여 보상 및 대체
  ㉣ 복원방향 4. 창출(creation) : 새로운 습지생태계 구성요소를 창출함으로써 전반적인 습지생태계 기능회복
  ㉤ 복원방향 5. 강화(enhancement) : 전반적 생태계의 기능과 구조를 향상

기출예상문제

산지형 내륙습지 중 강우나 안개에 의해 수원을 확보하며, 빈영양환경에 적응한 식생군락이 나타나거나 이탄층이 형성된 습지는?
① 고층습원(bog)
② 저층습원(fen)
③ 저습지(marsh)
④ 소택지(swamp)

답 ①

② 내륙습지복원의 흐름도

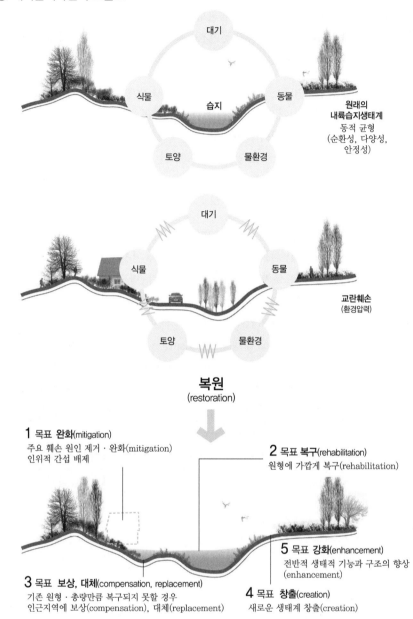

(3) 내륙습지 복원과정

① 내륙습지 복원과정

내륙습지의 복원은 단순히 서식처의 복원만을 의미하지 않으며, 서식처에서 살아가는 생물종에 대한 복원·보호·관리를 함께 포함한다.

내륙습지의 복원과정은 크게 4단계로 구분된다.

1단계(분석, analysis) : 훼손상태, 원인분석

2단계(구상, concept plan) : 복원방향 설정

3단계(복원, planning, design and construction) : 복원계획, 설계, 시공

4단계(관리, management and wise use) : 관리와 현명한 이용

ㄱ. 1단계(분석, analysis) : 습지의 훼손상태 및 원인분석
- 복원 대상 습지의 훼손원인분석을 위한 공간범위 설정 및 결정
- 습지원형의 추정과 함께 훼손상태와 원인을 규명
- 수리, 수문, 토양, 식물, 동물, 습지활용 등의 관점에서 분석
- 각 분야별(수리, 수문, 수질, 지하수, 토양, 식물, 동물 등) 전문가 또는 국립습지센터 등 습지전문기관의 자문의견 수렴을 통하여 종합적 분석 권장

ㄴ. 2단계(구상, concept plan) : 복원방향 및 목표상 설정
- 훼손상태와 원인에 따라 훼손원인 제거, 환경압력 완화, 원형복구, 부문복구 및 대체, 재창출 및 강화 등의 복원방향을 설정
- 필요시 부지 내 세부구역별로 복원방향 설정
- 습지여건에 따라 수리, 수문, 식생, 동물, 서식처 등의 복원목표상을 설정
- 관련 전문가, 시공자, 국립습지센터 등이 포함된 자문단을 구성하여 복원 초기부터 관리까지 전체 과정에 있어 공동검토 및 대응을 권장

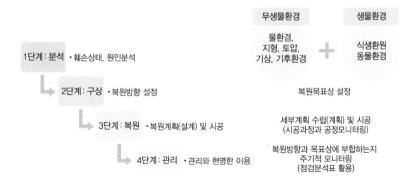

ㄷ. 3단계(복원, planning, design and construction) : 복원계획(설계) 및 시공
- 복원방향에 부합하도록 부지를 구획하여 공간계획 설계
- 각 세부분야별 복원계획을 수립한 후 시공을 위한 설계 진행
- 습지복원 시공 시 복원방향, 계획, 설계에 따라 합리적이고 정확하게 시공되

는지 시공과정과 공정을 모니터링하면서 문제점 발견 시 보완조치 단행

ㄹ 4단계(관리, management and wise use) : 관리와 현명한 이용
- 복원방향과 목표에 대한 부합 여부를 주기적인 모니터링을 통하여 점검하고 그 분석표를 디자인하여 활용, 습지복원 시 생태계의 동적 균형 유지를 위한 순환적 관리가 필요
- 습지복원과 더불어 생태 및 환경교육과 생태관광 등으로 대중인식을 증진시키고 현명하게 이용하게 되면, 해당 습지의 가치가 제고되고 지역 활성화의 기회 제공

② 내륙습지 복원절차

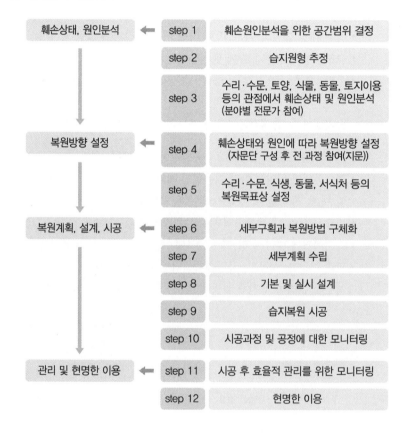

4. 생물이동통로

1) 생태통로 설치 및 관리지침

(1) 용어의 정의

① 생태계단절 : 하나의 생태계가 여러 개의 작고 고립된 생태계로 분할되는 현상이다.

② 로드킬 : 길에서 동물이 운송수단에 의해 치어 죽는 현상으로서 도로에 의해 고립된 동물개체군이 감소해 가는 대표적인 과정이다.

③ 생태통로 : 단절된 생태계의 연결 및 야생동물의 이동을 위한 인공구조물이다.

④ 유도울타리 : 야생동물이 도로로 침입하여 발생하는 로드킬을 방지하거나 생태통로까지 안전하게 유도하기 위해 설치하는 구조물이다.

⑤ 수로탈출시설 : 소형동물(소형 포유류, 양서류, 파충류)이 도로의 측구 및 배수로 또는 농수로에 빠질 경우에 대비해 경사로 등을 설치하여 탈출을 도와주는 시설이다.

⑥ 암거수로보완시설 : 암거수로에 턱이나 선반 등을 설치하는 시설이다.

⑦ 도로횡단보완시설 : 나무 위 동물이 도로를 횡단할 수 있도록 도로변에 기둥을 세우거나 가로대 등을 설치한 시설물이다.

(2) 구조물유형

분류		대상 동물	설치목적 및 시설규모 · 종류	형태
생태통로	육교형	포유류	〈포유동물의 이동〉 • 너비 −일반 지역 : 7m 이상 −주요 생태축 : 30m 이상	
		기타 유형	〈경관적 연결〉 • 경관 및 지역적 생태계 연결 • 너비 : 보통 100m 이상	
			〈개착식 터널의 보완〉 • 개착식 터널의 상부 보완을 통한 생태통로 기능 부여 • 너비 : 보통 100m 이상	

기출예상문제

「생태통로 설치 및 관리지침」에서 양서 · 파충류의 터널형 생태통로 설치 시 왕복 4차선 이상일 경우 폭의 넓이 규정은?

① 50cm 이상
② 1m 이상
③ 80cm 이상
④ 1.2m 이상

답 ②

분류		대상 동물	설치목적 및 시설규모 · 종류		형태
생태 통로	터널형	포유류	• 포유동물 이동 • 개방도 0.7 이상(개방도＝통로 단면적/통로 길이)		
		양서 · 파충류	〈양서류, 파충류용 터널〉 • 왕복 2차선 : 폭 50cm 이상 • 왕복 4차선 이상 : 폭 1m 이상 • 통로 내 햇빛투과형과 비투과형	햇빛투과	
				비투과	
유도 울타리	울타리	포유류	포유류 로드킬 예방과 생태통로로 유도, 높이 : 1.2~1.5m		
		양서 · 파충류	• 양서 · 파충류 로드킬 예방과 생태통로로 유도 • 높이 : 40cm 이상 • 망 크기 : 1×1cm 이내		
		조류	조류의 비행고도를 높여 로드킬 방지를 위한 도로변 수림대, 울타리 및 기둥 등		
	부대 시설	탈출구	울타리 내에 침입한 동물의 도로 밖 탈출을 유도하는 시설(탈출용 경사로)		

분류		대상 동물	설치목적 및 시설규모 · 종류	형태
유도 울타리	부대 시설	출입문	도로관리를 위한 출입시설	
		침입방지 노면	교차로나 진입로를 통한 동물 침입 방지를 위하여 바닥에 동물이 밟기 꺼리는 재질로 노면 처리한 시설	
기타 시설		수로탈출 시설	도로의 배수로 및 농수로 등에 빠진 양서류, 파충류, 소형 포유류가 빠져나오도록 하는 시설	
		암거수로 보완시설	수로박스 등의 기존 암거구조물을 야생동물이 생태통로처럼 이용할 수 있도록 하는 보완시설	
		도로횡단 보완시설	하늘다람쥐나 청설모 등이 도로를 안전하게 횡단할 있도록 설치한 기둥 등의 보조시설	

(3) 생태통로 설치과정

설치과정		주요내용
사전조사 및 정밀조사	사전조사	• 생태통로의 필요성조사 • 여러 군데 잠정후보지 선정
	정밀조사	• 목표종 설정 • 구체적 위치 · 규격 · 유형 결정
설계 및 시공		
사후관리 및 모니터링	사후관리	시설, 식생 기능관리
	모니터링	• 시공 후 3년 동안 계절별 1회 이상 • 그 이후 연 1회 이상 • 생태통로 조성 후 문제점 및 효과 파악
	모니터링 결과 반영	• 생태통로 이용개선 제시 • 인근지역 로드킬 대책 마련

5. 환경영향평가 시 저영향개발(LID)기법 적용 매뉴얼(환경부)

1) 개요

(1) **저영향개발(LID ; Low Impact Development)의 정의**

국내외에서 다양하게 정의되고 있는데, 개발로 인해 변화하는 물순환상태를 자연친화적인 기법을 활용해 최대한 개발 이전에 가깝게 유지하도록 하는 것이 공통된 사항이다.

(2) **주요내용**

① 총칙 : 매뉴얼 및 저영향개발(LID)기법의 개요

㉠ 매뉴얼 : 배경 및 목적, 적용범위, 유사지침현황

㉡ LID기법 : 정의, 등장배경, 분류, 관련 정책의 추진현황

② 저영향개발(LID)기법의 종류 및 적용 시 고려사항

㉠ 종류 : 저류형, 인공습지, 침투형, 식생형 시설 등의 종류

㉡ 적용 시 고려사항 : 개별 시설별 설치 가능지역 및 고려사항, 설치사례

③ 개발사업의 단계별 저영향개발(LID)기법 적용방안

ㄱ 전략평가 : 적용위치, 주변 토지이용계획을 고려한 기법적용, 발생원 제어 가능한 소규모 침투시설 우선 고려, 별도시설 설치 최소화 등 저영향개발(LID) 기법의 적용 기본방향을 제시

ㄴ 환경평가 : 적용기법의 위치, 규모, 효율 등 구체적인 사항과 사후관리계획에 조사항목, 조사시기 등을 포함하여 제시

ㄷ 사후관리 : 사후환경영향조사에 포함·관리 및 이행실태 점검

2) 총칙

(1) 매뉴얼의 개요

① 작성의 배경 및 목적

ㄱ 배경 : 도시지역의 비점오염원관리 및 건전한 물순환체계 확보를 위해 저영향개발(LID ; Low Impact Development)기법이 적극 검토되고 있으나, 개발사업에 대한 적용을 확산하기 위한 제도적 기반이 미비한 실정

ㄴ 목적 : 개발사업에 대한 환경영향평가협의 시 저영향개발(LID)기법 적용을 유도하여 노시지역에서의 물순환 기능을 개선함과 아울러 비점오염물질을 줄이고자 함

② 적용범위

본 매뉴얼은 환경영향평가 대상사업 중 도시개발, 산업단지개발, 도로개발 등과 관련된 사업에 적용함을 원칙으로 함

③ 국내외 유사지침현황

ㄱ 비점오염저감시설의 설치 및 관리·운영 매뉴얼(2008, 환경부)

ㄴ LID기법을 활용한 자연형 비점오염원관리방안 마련(2009, 환경부)

ㄷ 우수유출저감시설의 종류·구조·설치 및 유지관리기준(2010, 소방방재청)

ㄹ 수질오염총량관리를 위한 비점오염원 최적관리지침(2012, 국립환경과학원)

ㅁ "긴급호우대책"에 기초한 "공공시설의 일시저류시설 등의 설치에 관한 기술지침"(2012, 도쿄도 도시정비국)

ㅂ 지속가능한 신도시계획기준(2012, 국토해양부)

ㅅ 건강한 물순환체계 구축을 위한 저영향개발(LID) 기술요소 가이드라인(2013, 환경부)

(2) 저영향개발(LID)기법의 개요

① 정의

ㄱ 불투수면 감소를 통해 빗물의 표면유출을 줄이고, 빗물의 토양침투를 증가시켜 물순환 개선, 오염저감을 동시에 달성하는 방법(제2차 비점오염원관리 종합대책)

ⓛ 도시화로 인해 변화되는 수문특성 때문에 발생하는 문제점에 대해 지역 내의
자연시설과 수문학적 기능을 도시화 이전의 수문특성과 유사하게 보존하는 계
획 및 설계기법(미국 EPA)

ⓒ 자연의 물순환에 미치는 영향을 최소로 하여 개발하는 것을 의미하며, 토지이
용계획단계에서 고려되어야 할 종합적 토지계획과 저류, 침투, 여과, 증발산
등의 기능을 구현할 수 있는 개별 기술요소로 구분할 수 있음

구분	전통적 빗물관리	새로운 빗물관리(LID)
명칭	중앙집중식 빗물관리	분산형 빗물관리
기본방향	빗물을 빠르게 집수하고 배제	빗물을 발생원에서 머금고 가두기
계획목표	개발 후 첨두유출량 증가의 감소	개발 후 총유출량 증가의 감소
주요시설	빗물펌프장, 저류지	소규모 침투 및 저류시설
한계	물순환 장애 및 건천화	집중호우 시 효과의 한계

② **국내 등장 배경**
  ㉠ 도심홍수, 기후변화로 인한 집중강우 등으로 도시물순환체계에 대한 개선 필
  요성 대두
  ㉡ 도시지역 비점오염원은 발생원에서의 관리가 최적의 대안이라는 판단
  ㉢ 비점오염원 설치신고제도 도입('06.04) 이후 4대강 수계비점오염저감시설에
  대한 모니터링 결과 장치형 시설에 비해 자연형 시설이 효율 및 유지관리 측면
  에서 유리하다는 결론 도출

③ **분류**
  ㉠ 저영향개발(LID)기법은 매우 다양하고, 하나의 기법이 저류, 여과, 증발산 등
  복합적 다기능을 수행하는 경우가 많으므로 분류하기가 쉽지 않으며, 국내에서
  는 도입 초기단계로 그 종류가 법적으로 규정되거나 분류되어 있지 않은 상황
  ㉡ 본 매뉴얼에서는 편의상 「수질 및 수생태계 보전에 관한 법률」(2017년 1월 17일
  이후로 「물환경보전법」으로 변경)에서 규정하고 있는 자연형 비점오염저감시
  설 중 일부 시설의 경우 저영향개발(LID)기법으로 볼 수 없는 경우도 있으므로
  (⑩ 침투기능이 없는 단순저류지, 기존의 중앙집중식 빗물관리의 일환으로 배수
  구의 말단에 설치되는 대형 저류지 등) 활용에 유의하여야 함
  ㉢ 아울러, 본 매뉴얼에 수록되지 않은 저영향개발(LID)기법도 상당수 있으며
  (⑩ 옥상녹화, 빗물통 등), 이러한 기법의 설치 및 관리 · 운영기준은 "건강한
  물순환체계 구축을 위한 저영향개발(LID) 기술요소 가이드라인(2013.4, 환
  경부)"을 따름

(3) 관련 정책의 추진현황

① 박근혜정부 140대 국정과제(과제 99 : 기상이변 등 기후변화 적응)

㉠ 과제개요 : 기후변화의 위기를 기회로 활용한 '지속가능사회' 구현

㉡ 주요 추진계획 : 지속가능한 물순환체계 구축 및 적응대책 수립 지원

－개발사업 추진 시 저영향개발기법 적용을 확대

② 제2차 비점오염원관리 종합대책('12.05, 관계부처 합동)

대책의 개요 : 비점오염원관리를 위한 기본방향, 제도개선, 분야별 세부추진계획 등 관계부처 합동의 중장기 국가종합대책

▶ **분야별 추진대책 과제(도시분야)**

주요 대책	추진과제	관계부처
• 저영향개발(LID)기법 적용 확대 • 비점오염저감형 그린빗물인프라 (green stormwater infra) 구축 • 하수저류시설 설치 확대 등을 통한 초기우수 처리강화	1. 저영향개발(LID)기법 적용 확대	환경부 국토부
	2. 도시물순환기능 회복을 위한 관련 규정 제·개정	국토부 환경부
	3. 비점오염저감형 그린빗물인프라 조성	국토부 환경부 (지자체)
	4. 포장도로 청소 등 도로 비점오염원관리 강화	환경부
	5. 하수저류시설 설치 확대	환경부
	6. 도시 기반시설 활용 비점오염저감시설 설치 확대	환경부 국토부 소방방재청
	7. 비점저감형 도로설치 및 유지관리지침 제·개정	국토부 환경부
	8. 산업단지 완충저류시설 설치 확대	환경부

3) 저영향개발(LID)기법의 종류 및 적용 시 고려사항

(1) 저류형 시설

법적 설치기준 및 관리 · 운영기준

1. 설치기준(「물환경보전법」 시행규칙 별표 17)
   ① 자연형 저류지는 지반을 절토 · 성토하여 설치하는 등 사면의 안전도와 누수를 방지하기 위하여 제반 토목공사기준을 따라 조성하여야 한다.
   ② 저류지 계획최대수위를 고려하여 제방의 여유고가 0.6 m 이상이 되도록 설계하여야 한다.
   ③ 강우유출수가 유입되거나 유출될 때에 시설의 침식이 일어나지 아니하도록 유입 · 유출구 아래에 웅덩이를 설치하거나 사석(砂石)을 깔아야 한다.
   ④ 저류지의 호안(湖岸)은 침식되지 아니하도록 식생 등의 방법으로 사면을 보호하여야 한다.
   ⑤ 처리효율을 높이기 위하여 길이 대 폭의 비율은 1.5 : 1 이상이 되도록 하여야 한다.
   ⑥ 저류시설에 물이 항상 있는 연못 등의 저류지에서는 조류 및 박테리아 등의 미생물에 의하여 용해성 수질오염물질이 효과적으로 제거될 수 있도록 하여야 한다.
   ⑦ 수위가 변동하는 저류지에서는 침전효율을 높이기 위하여 유출수가 수위별로 유출될 수 있도록 하고 유출지점에서 소류력이 작아지도록 설계한다.
   ⑧ 저류지의 부유물질이 저류지 밖으로 유출되지 아니하도록 여과망, 여과쇄석 등을 설치하여야 한다.
   ⑨ 저류지는 퇴적토 및 침전물의 준설이 쉬운 구조로 하며, 준설을 위한 장비 진입도로 등을 만들어야 한다.

2. 관리 · 운영기준(「물환경보전법」 시행규칙 별표 18)
   ① 저류지의 침전물은 주기적으로 제거하여야 한다.

① 저류지

㉠ 시설 개요

강우유출수의 집수, 저류 및 배수를 조절하는 저류시설의 하나로, 강우유출수를 저류시킨 후 중력침전 및 생물학적 과정으로 오염물질을 저감하는 시설

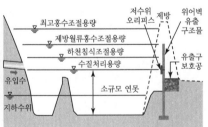

㉡ 시설 설치 가능지역

• 고밀도 도심지를 제외한 주거단지, 산업단지, 각종 공원, 도로, 주차장 등 다방면의 입지에 적용 가능

- 비교적 넓은 부지면적이 소요되므로 기존 도시지역에 적용하기에는 한계가 있으며, 신규 개발지역에 적용할 경우 토지이용계획 수립 시 설치 부지를 사전에 확보하는 것이 유리하며 조경 부지를 활용하는 방안도 가능
- 저류지의 입지 선정 시 설치 부지는 최소한의 터파기 작업으로 최대의 저류 공간을 확보할 수 있는 곳이 바람직하며, 자연유하를 통한 빗물 유입이 가능하도록 주변보다 고도가 낮은 공간을 우선 고려
- 땅을 굴착하거나 저류지 가장자리에 제방을 쌓아 설치

ⓒ 설치 시 고려사항
- 지하수위가 지표에 인접하여 있어 침투기능 확보가 불가능하거나, 매립지, 성토지 등 지반의 안정성에 영향을 줄 수 있을 경우 설치에 신중하여야 함
- 계절에 따른 최고 지하수위나 기반암의 깊이와 침투율에 따라 30~90cm의 깊이로 굴착
- 지하수위와 기반암의 인접 여부에 따라 설치가 제한적이므로 충실한 기초공사가 중요함
- 불규칙한 경사도를 갖는 곳은 바람직하지 못하며, 경사도는 15% 미만으로 함

(2) 인공습지

법적 설치기준 및 관리 · 운영기준

1. 설치기준(「물환경보전법」 시행규칙 별표 17)
   ① 인공습지의 유입구에서 유출구까지의 유로는 최대한 길게 하고, 길이 대 폭의 비율은 2 : 1 이상으로 한다.
   ② 다양한 생태환경을 조성하기 위하여 인공습지 전체 면적 중 50%는 얕은 습지(0~0.3m), 30%는 깊은 습지(0.3~1.0m), 20%는 깊은 못(1~2m)으로 구성한다.
   ③ 유입부에서 유출부까지의 경사는 0.5% 이상 1.0% 이하의 범위를 초과하지 아니하도록 한다.
   ④ 물이 습지의 표면 전체에 분포할 수 있도록 적당한 수심을 유지하고, 물 이동이 원활하도록 습지의 형상 등을 설계하며, 유량과 수위를 정기적으로 점검한다.
   ⑤ 습지는 생태계의 상호작용 및 먹이사슬로 수질정화가 촉진되도록 정수식물, 침수식물, 부엽식물 등의 수생식물과 조류, 박테리아 등의 미생물, 소형 어패류 등의 수중생태계를 조성하여야 한다.
   ⑥ 습지에는 물이 연중 항상 있을 수 있도록 유량공급대책을 마련하여야 한다.
   ⑦ 생물의 서식공간을 창출하기 위하여 5종부터 7종까지의 다양한 식물을 심어 생물다양성을 증가시킨다.
   ⑧ 부유성 물질이 습지에서 최종 방류되기 전에 하류수역으로 유출되지 아니하도록 출구부분에 자갈쇄석, 여과망 등을 설치한다.

2. 관리 · 운영기준(「물환경보전법」 시행규칙 별표 18)
    ① 동절기(11월부터 다음 해 3월까지를 말한다)에는 인공습지에서 말라 죽은 식생(植生)을 제거 · 처리하여야 한다.
    ② 인공습지의 퇴적물은 주기적으로 제거하여야 한다.
    ③ 인공습지의 식생대가 50% 이상 고사하는 경우에는 추가로 수생식물을 심어야 한다.
    ④ 인공습지에서 식생대의 과도한 성장을 억제하고 유로(流路)가 편중되지 아니하도록 수생식물을 잘라내는 등 수생식물을 관리하여야 한다.
    ⑤ 인공습지 침사지의 매몰 정도를 주기적으로 점검하여야 하고, 50% 이상 매몰될 경우에는 토사를 제거하여야 한다.

① 인공습지
    ㉠ 시설 개요
        침전, 여과, 흡착, 미생물 분해, 식생식물에 의한 정화 등 자연상태의 습지가 보유하고 있는 정화능력을 인위적으로 향상시켜 비점오염물질을 저감시키는 시설

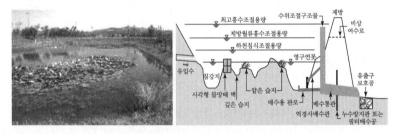

    ㉡ 시설 설치 가능지역
        • 농경지, 도로, 공원, 골프장 및 도시지역에 적용 가능
        • 토사유입이 많은 지역은 침사지 등 전처리시설을 배치하여야 하며, 기존 습지 내에 설치하는 것은 부적합

    ㉢ 설치 시 고려사항
        • 습지로의 유입수로 경사는 15% 이하, 유로경사는 0.5~1.0%로 함
        • 습지의 유입구에서 유출구까지의 유로는 최대한 길게 하고, 길이 대 폭의 비율은 2 : 1 이상이 되도록 함
        • 효과적인 강우저류를 위해 인공습지 전체 면적 중 50%는 얕은 습지(0~0.3m), 30%는 깊은 습지(0.3~1.0m), 20%는 깊은 못(1~2m)으로 구성

ㄹ 설치사례

주소지	배수면적 (ha)	처리용량 (m³/d)	시설면적 (m²)	토지이용
경기도 용인시 처인구 포곡읍 삼계리1	10.38	893	4,181	농경지
경기도 이천시 백사면 도지리	7.42	1,741	5,010	도로, 농경지, 도시
충청남도 공주시 우성면 상서리	221	11,235	23,772	농업지역
충청남도 공주시 탄천면 남산리	465	2,957	8,943	축산지역
전라북도 김제시 장화동	75	1,836	7,804	농업지역
전라남도 나주시 다시면 송촌리	253	13,127	23,569	농업지역
경상북도 영천시 청통면 대평리	568	5,000	7,100	축산 및 농업지역

(3) 침투형 시설

> 법적 설치기준 및 관리·운영기준
>
> 1. 설치기준(「물환경보전법」 시행규칙 별표 17)
>   ① 침전물로 인하여 토양의 공극이 막히지 아니하는 구조로 설계한다.
>   ② 침투시설 하층 토양의 침투율은 시간당 13mm 이상이어야 하며, 동절기에 동결로 기능이 저하되지 아니하는 지역에 설치한다.
>   ③ 지하수 오염을 방지하기 위하여 최고 지하수위 또는 기반암으로부터 수직으로 최소 1.2m 이상의 거리를 두도록 한다.
>   ④ 침투도랑, 침투저류조는 초과유량의 우회시설을 설치한다.
>   ⑤ 침투저류조 등은 비상시 배수를 위하여 암거 등 비상배수시설을 설치한다.
> 2. 관리·운영기준(「물환경보전법」 시행규칙 별표 18)
>   ① 토양의 공극이 막히지 아니하도록 시설 내의 침전물을 주기적으로 제거하여야 한다.
>   ② 침투시설은 침투단면의 투수계수 또는 투수용량 등을 주기적으로 조사하고 막힘 현상이 발생하지 아니하도록 조치하여야 한다.

① 투수성 포장
  ㉠ 시설 개요
    강우유출수 내 오염물질을 직접 포장체를 통해 하부 지층으로 침투시켜 제거하는 시설로, 침투수의 일시저류기능을 하는 자갈층과 토양층 및 섬유여과층으로 구성

기출예상문제

저영향개발(LID)기법의 종류 중 침투형 시설에 해당하지 않는 것은?
① 투수블록
② 침투도랑
③ 침투저류지
④ 식생수로

답 ④

 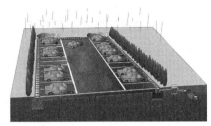

   ⓛ 시설 설치 가능지역
- 교통량이 적은 도로 또는 주차장 등에 설치하며, 내구성을 고려하여 차량 총 중량 5톤 이하의 도로에 적용하고 간선도로에는 설치하지 않음
- 빗물의 침투로 지반의 안정성에 문제가 발생할 우려가 있거나 자연환경에 영향을 줄 수 있는 지역 및 지하수 함양이 높아 빗물침투가 불필요한 지역은 설치가 부적합
- 겨울철 동결로 인해 기능이 저하되지 않는 지역에 설치하는 것이 바람직

   ⓒ 설치 시 고려사항
- 토양침투율이 낮은 지역에 투수성 포장을 시공할 때는 천공암거를 설치하며, 이때 관측정 및 청소정이 설치되어야 함
- 포장면적 이외의 불투수면적으로부터 발생하는 강우유출수를 유입 · 침투시킬 목적으로 투수성 포장을 설치하는 경우 자갈층 두께는 최소 30cm 이상이 되도록 함
- 빗물 침투로 인한 지지력 저하나 교통하중에 의한 압밀로 침투기능이 저하되어서는 안 됨
- 보행자의 민원을 최소화하기 위하여 전면투수성 포장보다는 부분포장을 우선 고려

   ⓔ 설치사례

주소지	배수면적 (ha)	처리용량 (m³/d)	시설면적 (m²)	토지이용
전라북도 나주시 성북동 주차장	0.26	213	2,834	주차장

② **투수블록**
   ③ 시설 개요
      하중이 크지 않은 도로에 불투수성 포장 대신 빗물이 땅으로 침투될 수 있도록 투수성 블록을 설치하여 자연의 물순환기능을 회복할 수 있도록 하는 공법

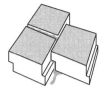

▮ 결합틈새투수블록 ▮　　▮ 자체투수블록 ▮

ⓛ 시설 설치 대상지역

- 12m 미만의 도로, 보도, 주차장, 광장, 산책로, 자전거도로 등 모든 포장지역
- 토사유입이 많은 지역과 하천 내에 설치되는 것은 부적합

ⓒ 설치 시 고려사항

- 반드시 투수능력이 지속적으로 유지되어야 하며, 이를 위해 투수성능의 지속성에 관한 시험성적서 등을 제시하여야 함
- 공극막힘에 대한 유지관리방안으로 진공청소 등의 대안이 제시되고 있으나, 현실적인 적용의 한계가 있으므로 별도의 유지관리 없이도 일정 기간 동안 일정 기준 이상의 투수능이 유지될 수 있어야 함

ⓔ 설치사례

주소지	투수계수 (mm/sec)	유지기간 (year)	시설면적 (m²)	토지이용
서울시 광진구 뚝섬유원지역	6.3	5년 이상	200	이면도로
서울시 구로구 외	1.7	5년 이상	250	보도
경기도 의정부시 외	1.7	5년 이상	500	주차장

※ 유지기간은 별도의 유지관리 없이 기준투수계수 이상의 투수능력을 확보할 수 있는 기간

③ 침투도랑

ⓛ 시설 개요

자갈 등으로 채워진 도랑형태의 처리시설로, 강우유출수가 도랑을 통해 유하하는 동안 침투에 의해 오염물질을 처리하는 시설

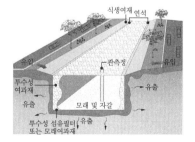

© 시설 설치 가능지역
- 도로 및 주차장의 강우유출수 처리에 많이 적용되며, 저류지를 설치할 수 없는 작은 부지나 배수구역 가장자리 및 자투리땅에 쉽게 설치 가능
- 침투시설에 적합한 토성은 양토(loam), 사질양토(sandy loam), 양질양토(loamy sand)이고, 침투속도는 13~210mm/hr 정도
- 토사부하량이 많은 지역은 침사지 등 전처리시설을 배치하여야 하며, 부지 경사가 6% 이상인 곳은 설치 부적합

© 설치 시 고려사항
- 강우유출수가 많아 침투용량을 초과할 경우 우회로를 이용해 월류시킴
- 설치 시, 최상부 30cm를 제외하고 막힘을 방지하기 위하여 투수성이 있는 부직포를 이용하여 충진재를 감싼 후 설치
- 직경 10~15cm의 뚜껑이 있는 관측공을 설치하여 수위, 침투시간 및 오염물 퇴적량을 관측
- 대민친화형 시설이 되기 위해서는 지속적인 식생관리가 중요

② 설치사례

주소지	배수면적 (ha)	처리용량 (m³/d)	시설면적 (m²)	토지이용
경기도 용인시 포곡면 전대리1	0.3	39	300	도로
경기도 용인시 포곡면 전대리2	0.5	55	300	도로
경기도 이천시 부발읍 아미리 이천C	1.6	135	444	도로, 주거지

④ **침투통**
㉠ 시설 개요
투수성을 갖는 통 본체와 주변을 쇄석으로 충전하여 집수한 빗물을 측면 및 바닥에서 땅속으로 침투시키는 시설

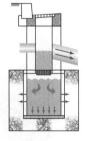

ⓛ 시설 설치 가능지역
- 투수계수가 10^{-5}cm/sec보다 작은 토양(시공지역의 터파기 공사 후 물이 5시간 동안 0.18cm 이하로 침투되는 토양)은 침투통 설치 불가능
- 입도분포도에서 점토가 40% 이상을 차지하는 지역은 설치 불가능
- 침투시설에 적합한 토성은 양토(loam), 사질양토(sandy loam), 양질양토(loamy sand)이고, 침투속도는 13~210mm/hr 정도
- 입자상 오염물질(토사)을 많이 배출하는 지역은 침사지 등 전처리시설을 배치하여야 함

ⓒ 설치 시 고려사항
- 침투통은 단독으로 설치하거나 침투관이나 침투측구 등과 연결하여 설치 가능
- 침투통의 시공은 하부층이 동결되었거나 기온이 4℃ 이하인 경우와 30℃ 이상인 경우 부적합
- 토양오염의 가능성이 있는 경우 오염물질이 지하로 침투되지 못하게 시설 바닥에 차수층(遮水層)을 설치함
- 침투시설의 간격을 너무 가깝게 하면 침투류의 상호간섭에 의해 침투량이 저하되므로 침투시설은 서로 1.5m 이상 거리를 두고 설치

⑤ 침투트렌치/침투관
ⓐ 시설 개요
굴착한 도랑에 쇄석을 충전하고 그 중심에 침투통과 연결되는 유공관을 설치하여 빗물을 통하게 하며, 쇄석의 측면 및 저면에서부터 땅속으로 침투시키는 시설

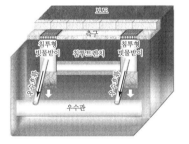

ⓑ 시설 설치 가능지역
- 설치 적합지역 : 대지 및 단구, 선상지, 구릉지(구성 지질에 따라 급경사면은 적절치 않음), 사구지 등
- 고농도의 토사 또는 탄화수소(석유 및 유지 등)를 함유한 유출수는 폐색 및 토양오염의 우려가 있으므로 모래여과, 토사스크린 등 전처리시설이 있는 곳이 적합

ⓒ 설치 시 고려사항
- 공공도로에 매설하는 경우에는 그 매설위치 및 깊이를 도로관리자와 협의
- 철도횡단의 경우에는 침투트렌치가 교통하중 및 진동을 직접 받지 않도록 충분한 깊이로 매설하고, 종단경사의 특수성에 의하여 교통하중 및 진동이 작용하는 경우에는 관거에 직접 영향을 주지 않도록 방호공을 설치
- 수질 제어 및 첨두유량 저감을 위해 유수지와 같은 강우유출수 저감시설과 연계하여 설치 가능
- 시설의 바닥높이는 지하수위선에서 최소 1.5m 이상 떨어지는 것이 바람직하며 오염물질의 종류와 양, 토양 특성 등을 종합적으로 고려하여 이격거리를 조정

⑥ **침투측구**

㉠ 시설 개요

침투측구는 측구 주변을 쇄석으로 충전하고 빗물을 측면 및 바닥을 통하여 땅속으로 침투시키는 시설

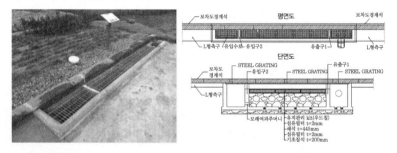

㉡ 시설 설치 가능지역
- I.C나 분리차선, 시가지 구간, 녹지대 및 부체도로에 지형여건을 감안하여 설치
- 침투시설에 적합한 토성은 양토(loam), 사질양토(sandy loam), 양질양토(loamy sand)이고 침투속도는 13~210mm/hr 정도

㉢ 설치 시 고려사항

침투측구는 횡단경사 및 종단경사로 구분하여 설치
- 횡단경사의 경우 설계도에 별도의 명시가 없는 한, 도로 쪽에서 보·차도 경계블록 쪽으로 2~4%의 편경사를 두어야 하며, 도로 횡단경사를 편경사로 시공하는 경우에는 높은 쪽 측구를 도로 횡단경사에 맞추어 역경사로 시공
- 종단경사는 경사지의 경우 도로의 종단경사와 동일하게 적용하며, 평지의 경우에는 두 빗물받이 사이의 중앙점에서 양쪽으로 0.25% 이상 경사를 두어 배수가 원활히 되도록 함

⑦ 침투저류지

㉠ 시설 개요

투수성 토양으로 시공된 우수 저장시설로, 강우유출수를 얕은 수심의 저류지
에 차집하여 임시저장 및 침투를 통해 오염물질을 제거하도록 설계된 시설

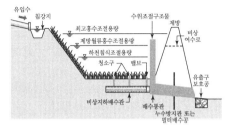

㉡ 시설 설치 가능지역

• 비교적 넓은 토지가 필요하여 이미 개발된 지역보다는 개발되고 있는 지역
에 적합

• 설치 적합지역 : 대지 및 단구, 선상지, 구릉지(구성지질에 따라 급경사면은
적절치 않음), 사구지 등

• 모래, 양토와 같이 투과율이 5mm/hr 이상인 토양이 적합

㉢ 설치 시 고려사항

• 지하수위가 높은 경우 사용이 제한될 수 있으므로 지하수위는 최소한 시설
의 바닥에서 60~120cm 하부에 위치해야 함

• 완충지대는 침투저류지의 끝단으로부터 최소한 7~8m가 바람직

• 저류지 바닥은 경사가 거의 없도록 수심을 균일하게 설계하여 저류지 내 모
든 지역에 균일한 침투가 이루어지도록 함

• 물에 잘 견디는 식생을 조밀하게 조성하여 침식을 방지

• 지역사회의 의견을 적극적으로 수렴·반영하고 불쾌감, 선호도 등을 고려

㉣ 설치사례

주소지	배수면적 (ha)	처리용량 (m³/d)	시설면적 (m²)	토지이용
경기도 용인시 처인구 모현면 초부리	9.61	500	3,463	공장, 도로, 주택, 농경지
경기도 용인시 유방동	9.13	517	3,325	도로 산지

기출예상문제

저영향개발(LID)기법의 종류 중 식생형 시설에 해당하지 않는 것은?

① 수목여과박스(침투화분)
② 식생수로
③ 식생여과대
④ 인공습지

답 ④

(4) 식생형 시설

> **법적 설치기준 및 관리 · 운영기준**
>
> 1. 설치기준(「물환경보전법」시행규칙 별표 17)
>   길이방향의 경사를 5% 이하로 한다.
> 2. 관리 · 운영기준(「물환경보전법」시행규칙 별표 18)
>   ① 식생이 안정화되는 기간에는 강우유출수를 우회시켜야 한다.
>   ② 식생수로 바닥의 퇴적물이 처리용량의 25%를 초과하는 경우에는 침전된 토사를 제거하여야 한다.
>   ③ 침전물질이 식생을 덮거나 생물학적 여과시설의 용량을 감소시키기 시작하면 침전물을 제거하여야 한다.
>   ④ 동절기(11월부터 다음 해 3월까지를 말한다)에 말라 죽은 식생을 제거 · 처리한다.

① 수목여과박스(침투화분)

㉠ 시설 개요

식물이 식재된 토양층과 그 하부를 자갈로 충전하여 채운 구조로, 강우유출수를 식재토양층과 지하로 침투시키는 시설

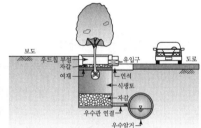

㉡ 시설 설치 가능지역

- 수목여과박스는 도로변 및 주차장 주변 지역에 적용 가능
- 도로면 및 주차장면보다 낮아야 강우유출수 유입이 가능
- 지붕의 낙수홈통 인근에 설치하여 지붕 유출수 처리에 적용 가능
- 침투시설에 적합한 토성은 양토(loam), 사질양토(sandy loam), 양질양토(loamy sand)이고 침투속도는 13~210mm/hr 정도

㉢ 설치 시 고려사항

- 큰 강우의 집중저류장치로는 사용이 부적합
- 수목여과박스의 형상은 원형, 각형 등 현장에 따라 적절하게 설계할 수 있으며, 단락류(short circuiting)를 방지하고 충분한 처리시간을 확보하기 위해 폭은 최소 75cm 이상으로 설치
- 가뭄, 침수, 염분에 내성이 있는 토착수목을 선정하며, 수목의 뿌리가 지나치게 빨리 성장하는 수목은 피함

- 배수유역면적을 고려하여 수목여과박스의 규모를 결정하며, 침사지 등 전처리시설을 배치하여야 함

② 식생수로

㉠ 시설 개요

식생으로 덮인 개수로를 통해 강우유출수를 이송시키는 시설로, 식생에 의한 여과, 토양으로의 침투 등의 기작으로 강우유출수 내 오염물질을 제거하는 시설

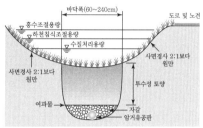

㉡ 시설 설치 가능지역
- 도로나 고속도로 노면의 유출수 처리에 널리 적용
- 식생수로는 연석을 설치하고 배수시스템을 재정비해야 하기 때문에 기존의 개발지역에는 적용이 어려움

㉢ 설치 시 고려사항
- 습식 식생수로(wet swale)는 수분을 보유하기 위해서 낮은 지하수위와 투수성이 낮은 토양이 필요
- 유입부와 유출부 높이에 차이를 두어 자연유하로 유출될 수 있도록 설계
- 계획된 강우유출수를 적절하게 처리하기 위해 길이방향의 경사를 5% 이하로 하는 것이 바람직
- 농경지 등 토사유출이 많은 지역에 적용할 경우 식생여과대와 같이 토사를 포집하는 전처리시설과 연계처리가 가능

㉣ 설치사례

주소지	배수면적 (ha)	처리용량 (m³/d)	시설면적 (m²)	토지이용
경기도 용인시 포곡면 삼계리2	0.77	40.8	346	도로
경기도 용인시 처인구 모현면 왕산리	27.66	420	1,708	도로, 농경지, 산지
경상남도 함안군 산서리	351	1,600	30,000	농업지역

③ 식생여과대

　㉠ 시설 개요

　　강우유출수가 조밀한 식생으로 조성된 여과대면을 균등하게 흐르며 유출속도가 감소되고, 식생에 의한 여과 및 토양으로의 침투기작으로 강우유출수 내 오염물질을 제거하는 시설로서 완충지대라고도 함

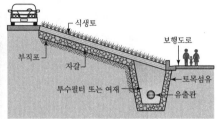

　㉡ 시설 설치 가능지역

　　• 수변완충구역 외곽이 최적지역이며 서로 상반되는 토지이용 사이의 완충지대로 적용하게 되면 경관을 향상시킬 수 있음

　　• 투수성 토양에서는 지하수 재충전기능 기대

　　• 주택 및 상업지역 또는 고속도로나 일반도로 인근에 설치

　　• 오염물질 제거를 위한 최소너비가 필요하므로 일정규모의 토지가 필요

　㉢ 설치 시 고려사항

　　• 여과대의 평균 길이는 20m, 기울기는 3.6%로 조성

　　• 강우 시 집중되는 강우유출수의 흐름을 분산시켜 처리될 수 있도록 함

　　• 단회로 현상(short circuiting)이 생기지 않도록 주의하여 여과대의 수직방향으로 조성

　　• 오염물질 제거효율은 수역의 크기, 유속, 여과대의 길이와 크기, 경사 및 토양의 침투성, 여과성에 의해 결정

　㉣ 설치사례

주소지	배수면적 (ha)	처리용량 (m³/d)	시설면적 (m²)	토지이용
경기도 용인시 처인구 모현면 초부리	7.03	98	3,258	농경지
경기도 용인시 처인구 해곡동	2.53	84	1,966	밭, 산지

4) 개발사업의 단계별 저영향개발(LID)기법 적용방안

　(1) 전략환경영향평가단계에서의 저영향개발(LID)기법 적용 검토

　　① 전략환경영향평가제도의 개요

　　　환경에 영향을 미치는 상위계획을 수립할 때 환경보전계획과의 부합 여부 확인 및 대안의 설정·분석 등을 통하여 환경적 측면에서 해당 계획의 적정성 및 입지의

타당성 등을 검토하여 국토의 지속가능한 발전을 도모하는 것

② 전략환경영향평가 대상 행정계획(「환경영향평가법」 시행령 별표 2)

ⓐ 정책계획
- 정의 : 국토의 전 지역이나 일부 지역을 대상으로 개발 및 보전 등에 관한 기본방향이나 지침 등을 일반적으로 제시하는 계획
- 대상 행정계획
  ⓐ 도시의 개발, ⓑ 도로의 건설, ⓒ 수자원의 개발, ⓓ 철도의 건설, ⓔ 관광단지의 개발, ⓕ 산지의 개발, ⓖ 특정지역의 개발, ⓗ 폐기물 · 분뇨 · 가축분뇨 처리시설의 설치

ⓑ 개발기본계획
- 정의 : 국토의 일부 지역을 대상으로 하는 계획으로서 구체적인 개발구역의 지정에 관한 계획 또는 개별 법령에서 실시계획 등을 수립하기 전에 수립하도록 하는 계획으로서 실시계획 등의 기준이 되는 계획
- 대상 행정계획
  ⓐ 도시의 개발, ⓑ 산업입지 · 산업단지 조성, ⓒ 에너지 개발, ⓓ 항만의 건설, ⓔ 도로의 건설, ⓕ 수자원의 개발, ⓖ 철도의 건설, ⓗ 공항의 건설, ⓘ 하천의 이용 및 개발, ⓙ 개간 · 공유수면 매립, ⓚ 관광단지의 개발, ⓛ 산지의 개발, ⓜ 특정지역의 개발, ⓝ 체육시설의 설치, ⓞ 폐기물 · 분뇨 · 가축분뇨 처리시설의 설치, ⓟ 국방 · 군사시설의 설치, ⓠ 토석 · 모래 · 자갈 · 광물 등의 채취

③ 전략환경영향평가 협의 시 저영향개발(LID)기법 적용방안

ⓐ 기본방향
- 전략환경영향평가 대상 행정계획 중 정책계획은 사업의 구체성이 부족하기 때문에 저영향개발(LID)기법을 적용하는 데 한계가 있음. 저영향개발(LID)기법 적용은 개발기본계획을 대상으로 하는 것을 원칙으로 함
- 개발기본계획은 구체적인 개발구역의 지정에 관한 계획 또는 개별 법령에서 실시계획 등을 수립하기 전에 수립하도록 하는 계획임을 감안하여 구조 및 용량 등에 대한 내용보다는 저영향개발(LID)기법 적용 위치, 주변 토지이용계획을 고려한 기법 적용 등을 검토
- 적용되는 시설은 저영향개발(LID)기법의 취지를 감안하여 가급적 발생원에서 제어할 수 있는 소규모의 침투시설 등을 우선 적용하되, 시설설치에 대한 비용부담 최소화와 유지관리의 용이성을 위해 별도의 시설설치는 최소가 되도록 함
- 저영향개발(LID)기법은 수환경의 보전 또는 환경친화적 토지이용항목에 포함하여 적용된 사항을 제시하도록 함

※ 인구밀집지역, 사람의 왕래가 빈번한 지역에는 물고임 등의 민원발생 우려가 있는 경우에는 일정시간 경과 후 자연배수 또는 전량 침투되는 기능을 갖추도록 함

※ 불투수면과 투수면을 연계함으로써 불투수면에서 유출된 우수가 투수면으로 침투될 수 있도록 토지이용계획 수립을 유도

ⓒ 토지이용계획별 적용 가능한 저영향개발(LID)기법

토지이용	저영향개발(LID)기법 및 적용방안
자동차도로	[적용 가능기법] • 완충녹지가 있는 도로 : 식생수로, 침투도랑 • 완충녹지가 없는 도로 : 침투통, 침투트렌치, 수목여과박스 [적용방안 및 고려사항] 공동주택지 인근 등 사람의 동선이 많은 곳은 물고임 등의 우려가 있는 경우에는 일정시간 경과 후 자연배수 또는 전량 침투되는 기능을 갖추도록 함
보행자 및 자전거도로	[적용 가능기법] : 투수성 포장, 투수블록 [적용방안 및 고려사항] • 보행자도로 및 자전거도로에 적용하며, 차량 통행이 많지 않은 이면도로에도 적용 가능 • 보행자 민원을 최소화하기 위하여 전면투수포장보다는 부분포장을 우선 고려
주차장	[적용 가능기법] : 투수성 포장, 투수블록 [적용방안 및 고려사항] • 주차장 부지는 투수성 포장 및 투수블록 등의 적용을 원칙으로 함 • 보행자 민원을 최소화하기 위하여 전면투수포장보다는 부분포장을 우선 고려
공원	[적용 가능기법] 저류지, 침투저류지, 식생수로, 식생여과대 [적용방안 및 고려사항] 공원 일부 지역에 저류지 등을 설치하여 공원에서의 우수유출수에 대한 저류기능 및 친수공간 조성기능을 수행하도록 함

(2) 환경영향평가단계에서의 저영향개발(LID)기법 적용 검토

① 환경영향평가의 개요

환경에 영향을 미치는 실시계획 · 시행계획 등의 허가 · 인가 · 승인 · 면허 또는 결정 등을 할 때 해당 사업이 환경에 미치는 영향을 미리 조사 · 예측 · 평가하여 해로운 환경영향을 피하거나 제거 또는 감소시킬 수 있는 방안을 마련하는 것이다.

② 환경영향평가 대상사업(「환경영향평가법」 시행령 별표 3)

ⓐ 도시의 개발사업, ⓑ 산업입지 및 산업단지의 조성사업, ⓒ 에너지 개발사업, ⓓ 항만의 건설사업, ⓔ 도로의 건설사업, ⓕ 수자원의 개발사업, ⓖ 철도(도시철도를 포함한다)의 건설사업, ⓗ 공항의 건설사업, ⓘ 하천의 이용 및 개발사업, ⓙ 개간 및 공유수면의 매립사업, ⓚ 관광단지의 개발사업, ⓛ 산지의 개발사업, ⓜ 특정지역의 개발사업, ⓝ 체육시설의 설치사업, ⓞ 폐기물 처리시설·분뇨 처리시설 및 가축분뇨 처리시설의 설치, ⓟ 국방·군사시설의 설치사업, ⓠ 토석·모래·자갈·광물 등의 채취사업

③ 환경영향평가 협의 시 저영향개발(LID)기법 적용방안

ⓐ 기본방향

- 대상사업의 구체적인 실시계획이 수립되는 단계임을 감안하여 저영향개발(LID)기법의 적용 위치, 규모, 효율 등에 대한 구체적인 내용을 제시하도록 함
- 환경영향평가서에는 강우유출모델 수행 등을 통해 저영향개발(LID)기법 적용에 따른 우수유출 저감효과를 제시하도록 함
- 평가서에 제시된 저영향개발(LID)기법의 유지관리 여부를 확인할 수 있도록 사후환경영향조사항목에 저영향개발(LID)기법에 대한 조사항목, 조사시기 등을 포함하도록 함
- 저영향개발(LID)기법은 수질, 수리·수문 또는 토지이용항목에 포함하여 적용된 사항을 제시하도록 함
- 저영향개발(LID)기법을 적용하는 구역은 개발지역 내 주변보다 상대적으로 고도가 낮은 곳에 배치하며, 빗물이 자연유하되는 경로를 고려하도록 함
- 다년생 식물을 식재하는 경우 침수 및 염분에 내성이 있는 식생을 고려
- 도로 및 주차장 등 불투수면과 녹지 등의 투수면을 연계함으로써 불투수면에서 유출된 강우유출수가 투수면으로 유입될 수 있도록 우수배제체계를 고려
- 우수의 지하침투 유도를 위해 보행자도로 및 자전거도로 등 하중이 크지 않은 도로는 투수성 포장 또는 블록설치를 원칙으로 함
- 저영향개발(LID)기법의 단위시설 개수는 최소화하거나 또는 그 이상의 기법이 선형으로 연결되도록 배치하고, 대형화하여 유지관리가 용이하도록 함
- 저영향개발(LID)기법별 설계 및 유지관리에 관한 세부사항은 「건강한 물순환체계 구축을 위한 저영향개발(LID) 기술요소 가이드라인(환경부, 2013.4)」을 따르도록 함
- 환경영향평가서 작성 시 적용된 저영향개발(LID)기법의 세부 설계도면 및 유지관리에 필요한 세부사항(유지관리비용, 유지관리항목 등)을 기술하도록 함

ⓒ 토지이용계획별 적용 가능한 저영향개발(LID)기법

토지이용	저영향개발(LID)기법 및 적용방안
자동차도로	[적용 가능기법] • 완충녹지가 있는 도로 : 식생수로, 침투도랑 • 완충녹지가 없는 도로 : 침투통, 침투트렌치, 수목여과박스 [적용방안 및 고려사항] • 도로 노면의 유출수가 주변 녹지로 유입될 수 있도록 계획고 및 구배를 고려함 • 공동주택지 인근 등 사람의 동선이 많은 곳은 물고임 등에 따른 민원발생 우려가 있는 경우에는 일정시간 경과 후 자연배수 또는 전량 침투되는 기능을 갖추도록 함
보행자 및 자전거도로	[적용 가능기법] : 투수성 포장, 투수블록 [적용방안 및 고려사항] • 보행자도로 및 자전거도로에 적용하며, 차량 통행이 많지 않은 이면도로에도 적용이 가능 • 보행자 민원을 최소화하기 위하여 전면투수포장보다는 부분포장을 우선 고려 • 해당 기법은 공극막힘에 따른 투수능 유지가 곤란한 한계가 있기 때문에 일정기간 투수성능 유지를 담보할 수 있는 기술이어야 함
주차장	[적용 가능기법] : 투수성 포장, 투수블록 [적용방안 및 고려사항] • 주차장 부지는 투수성 포장 및 투수블록을 적용하되, 주차장 부지에 투수성 기법을 적용하기 곤란한 경우 주변에 침투도랑, 침투통 등을 설치 • 보행자 민원을 최소화하기 위하여 전면투수포장보다는 부분포장을 우선 고려
공원	[적용 가능기법] 저류지, 침투저류지, 식생수로, 식생여과대 [적용방안 및 고려사항] 공원 내 설치되는 시설의 경우 사람의 이용과 접촉이 빈번한 시설이므로 도로노면 유출수 등 주변의 오염도 높은 강우유출수가 유입되지 않도록 함

(3) 사후환경영향조사서 검토 시 이행 여부 점검방안

　① 사후환경영향조사의 개요

　　사업자가 해당 사업을 착공한 후에 그 사업이 주변 환경에 미치는 영향을 조사하는 것이다.

　② 사후환경영향조사 대상사업 및 조사기간(단지개발사업 등)

대상사업	조사기간
도시의 개발사업	사업 착공 시부터 사업 준공 후 3~5년까지(세부 대상사업에 따라 상이)
산업입지 및 산업단지의 조성사업	사업 착공 시부터 사업 준공 시까지 및 사업 준공 후 입주율이 70%에 도달한 다음 해부터 3년간(사업 준공 후 7년이 되는 해에도 입주율이 70%에 도달하지 않은 경우에는 7년이 되는 해에만 사후환경영향조사를 실시한다)
도로의 건설사업	사업 착공 시부터 사업 준공 후 3년까지
관광단지의 개발사업	사업 착공 시부터 사업 준공 후 3~5년까지(세부 대상사업에 따라 상이)
특정지역의 개발사업	사업 착공 시부터 사업 준공 시까지 또는 준공 후 3~5년까지(세부 대상사업에 따라 상이)

　③ 사후환경영향조사서 검토 시 저영향개발(LID)기법 유지관리 실태점검

　　㉠ 저영향개발(LID)기법에 대한 조사항목, 조사주기 등이 환경영향평가 협의내용과 일치하는지의 여부를 검토

　　㉡ 저영향개발(LID)기법의 유지관리상태가 환경영향평가서에 제시된 범위를 초과하지 않은지의 여부를 확인

　　㉢ 환경영향평가 협의내용과 일치하지 않거나 환경영향평가서에 제시된 범위를 현저히 초과하는 등 추가적인 대책이 필요하다고 인정되는 경우 필요한 조치를 취하도록 함(「환경영향평가법」 제36조(사후환경영향조사))

6. 생태면적률[생태면적률 적용지침(환경부)]

1) 생태면적률의 개요

　(1) 배경 및 목적

　　급속한 도시화, 인구증가 등으로 인해 콘크리트구조물이나 인공지반이 증가하여 도시지역의 자연 및 생태적 기능이 훼손되고 있어 도시의 오염저감, 열섬 등 기후변화에 적응하고 생물 다양성 증진 등 도시의 생태적 건전성 향상 및 쾌적한 생활환경 조성을 위해 생태면적률제도를 도입하였다.

기출예상문제

"생태면적률"이란 전체 개발면적 중 생태적 기능 및 자연순환기능이 있는 토양면적이 차지하는 비율을 의미한다. 그중 전략환경영향평가단계에서 개발 후 목표로 설정하는 생태면적률을 무엇이라 하는가?

① 현재상태 생태면적률
② 목표생태면적률
③ 계획생태면적률
④ 토지피복지도

답 ②

※ 환경부 공간정보서비스
　(http : //egis.me.go.kr)

기출예상문제

다음 조건의 생태면적률을 구하여라.

| 자연지반 녹지면적=100m², 인공화지역 공간유형별 면적=300m², 가중치=0.2, 전체 대상지면적=400m² |

① 20%　　② 30%
③ 40%　　④ 50%

답 ③

---

(2) 용어의 정의

　① "생태면적률"이란 전체 개발면적 중 생태적 기능 및 자연순환기능이 있는 토양면적이 차지하는 비율이다.

　　㉠ 현재상태 생태면적률 : 개발하기 전 토지피복유형을 기준으로 측정한 생태면적률

　　㉡ 목표생태면적률 : 전략환경영향평가단계에서 개발 후 목표로 설정하는 생태면적률

　　㉢ 계획생태면적률 : 환경영향평가단계에서 목표생태면적률을 근거로 토지이용 용도별로 설정하는 생태면적률

　② "자연지반녹지"란 개발 대상지에서 자연지반 또는 자연지반과 연속성을 가지는 절성토지반에 인공적으로 조성된 녹지로서 「도시공원 및 녹지에 관한 법률」에서 정하는 공원녹지를 포함한다.

　　• 자연지반녹지율 : 개발대상지에서 자연지반녹지가 차지하는 비율

　③ "토지피복지도"란 인공위성이 촬영한 영상을 이용하여 숲, 습지, 포장면과 같은 지표면의 물리적 상황을 분류하여 표시한 지도이다.

2) 생태면적률 산정 및 달성목표

(1) 생태면적률 산정방법

　① 개발 대상지를 자연지반녹지와 인공화 지역으로 구분한다.

　② 인공화 지역을 "공간유형의 구분 및 가중치"에서 구분된 공간유형으로 구분한다.

　③ 인공화 지역의 공간유형별 면적에 정해진 가중치를 곱하여 공간유형별 생태면적을 산출한다.

　　※ "공간유형의 구분 및 가중치" 참조(416p).

　④ 자연지반녹지와 인공화 지역의 생태면적 합을 전체 대상지 면적으로 나누어 생태면적률을 산출한다.

$$생태면적률 = \frac{자연지반녹지\ 면적 + \Sigma(인공화\ 지역의\ 공간유형별\ 면적 \times 가중치)}{전체\ 대상지\ 면적} \times 100(\%)$$

(2) 생태면적률 달성목표

　개발사업 유형별 생태면적률 달성목표는 다음 표와 같으며 사업계획 수립, 계획·목표생태면적률의 설정, 영향평가 협의 시의 지표로 활용된다.

> **생태면적률 적용기준**

개발사업의 유형	권장달성목표	세부내용
1. 도시의 개발	30	구도심개발사업
	40	구도심 외의 개발사업
2. 산업입지 및 산업단지의 조성	20	–
3. 관광단지의 개발	60	–
4. 특정지역의 개발	20~80	개발사업의 유형별 기준 적용
5. 체육시설의 설치	80	일반 체육시설(실외)
	50	경륜·경정시설(실내)
6. 폐기물 및 분뇨처리시설의 설치	50	매립시설
	40	소각시설 및 분뇨처리시설

※ 구도심개발사업은 「도시개발법」 및 「도시 및 주거환경정비법」에 의하여 추진되는 사업으로 도시재정비 등 구도심에서의 개발사업에 적용

3) 적용 대상 및 절차

(1) 적용 대상

① 「환경영향평가법」 제9조 제1항의 전략환경평가 대상계획으로서 다음에 해당되는 계획

같은 법 시행령 제7조 제2항 별표2, 2. 개발기본계획 중 가. 도시의 개발, 나. 산업입지·산업단지 조성, 카. 관광단지의 개발, 파. 특정지역의 개발, 하. 체육시설의 설치, 거. 폐기물·분뇨·가축분뇨 처리시설의 설치

② 「환경영향평가법」 제22조 제1항의 환경영향평가 대상사업으로서 다음에 해당되는 사업

같은 법 시행령 제31조 제2항 별표3, 대상사업 중 1. 도시의 개발사업, 2. 산업입지 및 산업단지의 조성사업, 3. 관광단지의 개발사업, 13. 특정지역의 개발사업, 14. 체육시설의 설치사업, 거. 폐기물 처리시설·분뇨 처리시설 및 가축분뇨 처리시설의 설치

※ 세부 대상계획 및 대상사업은 「환경영향평가법」 시행령 별표2(전략환경영향평가 대상계획) 및 별표3(환경영향평가 대상사업)에 따름

(2) 적용 절차

① 협의단계별 절차

개발 대상지 → 전략환경영향평가 → 환경영향평가

현재상태 생태면적률   목표생태면적률   계획생태면적률

② 전략환경영향평가 대상계획

   ㉠ 관계행정기관 및 사업시행자는 개발대상지의 토지피복유형을 기준으로 현재 상태의 생태면적률을 산정하고 용도지역별 목표생태면적률을 설정하여 제시

   ㉡ 협의기관은 관계행정기관 및 사업시행자가 제시한 현재상태 생태면적률을 바탕으로 사업계획, 환경특성 및 달성목표치를 고려하여 목표생태면적률을 협의하여 설정하고 협의의견으로 제시

   ㉢ 승인기관은 목표생태면적률을 사업계획에 반영하여 승인

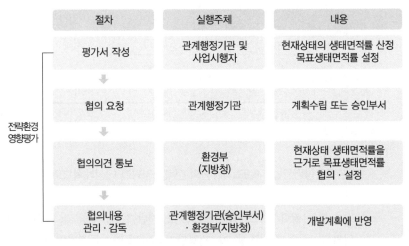

절차	실행주체	내용
평가서 작성	관계행정기관 및 사업시행자	현재상태의 생태면적률 산정 목표생태면적률 설정
협의 요청	관계행정기관	계획수립 또는 승인부서
협의의견 통보	환경부 (지방청)	현재상태 생태면적률을 근거로 목표생태면적률 협의·설정
협의내용 관리·감독	관계행정기관(승인부서) ·환경부(지방청)	개발계획에 반영

‖ 전략환경영향평가 협의절차 ‖

③ 환경영향평가 대상사업

   ㉠ 관계행정기관 및 사업시행자는 전략환경영향평가 협의 시 설정된 목표생태면적률을 바탕으로 계획생태면적률을 설정하여 제시

     • 계획생태면적률은 토지이용계획에 따른 용도지구 또는 블록별 생태면적률을 세분화하여 산정(작성서식 참조)

   ㉡ 협의기관은 관계행정기관 및 사업시행자가 제시한 목표생태면적률을 바탕으로 사업계획, 환경특성 및 달성목표치를 고려하여 계획생태면적률을 협의하여 설정하고 협의의견으로 제시

   ㉢ 승인기관은 계획생태면적률을 사업계획에 반영하여 승인

   ㉣ 관계행정기관 및 사업시행자는 생태면적률의 협의내용에 변경이 있을 경우 그 사유를 명시하여 협의기관의 의견을 들어 재설정하여야 함

※ 전략환경영향평가를 거치지 않고 환경영향평가를 받는 경우, 현재상태 생태면적률을 산정하고 계획생태면적률을 설정하여 제시

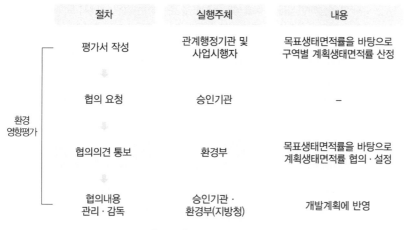

절차	실행주체	내용
평가서 작성	관계행정기관 및 사업시행자	목표생태면적률을 바탕으로 구역별 계획생태면적률 산정
협의 요청	승인기관	–
협의의견 통보	환경부	목표생태면적률을 바탕으로 계획생태면적률 협의·설정
협의내용 관리·감독	승인기관· 환경부(지방청)	개발계획에 반영

‖ 환경영향평가 협의절차 ‖

(3) 단계별 생태면적률 설정

① 현재상태의 생태면적률

사업대상지의 토지피복지도를 바탕으로 유형별 면적을 산출하고 가중치를 곱하여 현재상태의 생태면적률을 산정한다.

$$현재상태의\ 생태면적률 = \frac{\Sigma(토지피복유형별\ 면적 \times 가중치)}{전체\ 대상지\ 면적} \times 100(\%)$$

▶ 토지피복유형별 가중치

토지피복유형	가중치
• 산림(활엽·침엽·혼효림), 습지(내륙·연안습지), 나지(자연·기타 나지)	1.0
• 농업지역(논·밭·과수원), 초지(자연·인공초지)	0.8
• 농업지역(시설재배지·기타재배지)	0.6
• 시가화 건조지역(문화·체육·휴양지역)	0.3
• 시가화 건조지역(주거지역)	0.1
• 시가화 건조지역(공업·상업·교통·공공시설지역)	0.0

② 목표생태면적률

㉠ 현재상태의 생태면적률을 바탕으로 목표생태면적률을 설정하되 개발사업 유형별 달성목표를 고려하여 설정

㉡ 생물서식기반으로 가장 중요한 자연지반녹지는 현재 상황, 토지이용실태를 고려하여 최대한 확보하도록 계획

③ 계획생태면적률

㉠ 계획생태면적률은 목표생태면적률을 바탕으로 설정하되 계획생태면적률이 달성될 수 있도록 사업계획을 수립

㉡ 계획생태면적률 달성을 위해 자연지반을 최대한 확보하고 인공지반녹지 등 다양한 생태공간유형을 적용하여 계획에 반영

기출예상문제

토지피복유형	면적(m²)
산림	300
논·밭	200
주거지역	500

위 대상지의 현재상태 생태면적률을 산정하시오.

① 45%   ② 48%
③ 50%   ④ 51%

답 ④

해설

$$\frac{(300 \times 1) + (200 \times 0.8) + (500 \times 0.1)}{1,000} \times 100$$
$$= 51\%$$

※ 토지피복유형은 환경부 토지피복지도 중분류(22개)체계를 적용

기출예상문제

공간유형	면적
자연지반녹지	300
수공간(투수가능)	300
인공지반녹지(토심≥90cm)	200
잔디블록	320

위 대상지의 생태면적률은?

① 45%   ② 48%
③ 50%   ④ 52%

답 ③

$$\frac{(500\times1)+(300\times1)+(200\times0.7)+(320\times0.5)}{1,800}\times100$$

$$=50\%$$

※ 계획생태면적률은 목표생태면적률을 준수하는 범위 내에서 토지이용계획 및 자연지반 녹지율을 고려하여 구역별로 자율적(0~100%)으로 산정하되 자연지반 훼손을 최소화하도록 설정

(4) 생태면적률 산출도서 작성

① 관계행정기관 및 사업시행자는 환경영향평가과정에서 생태면적률 적용범위 및 목표설정협의를 원활히 하고, 협의 결과를 분명히 하기 위해 생태면적률 산정도 및 산정표를 작성하여 평가서에 포함한다.

② 생태면적률 산정은 토지이용계획 등을 고려하여 개별사업의 성격에 맞게 용도지구 또는 개발 구역별로 대상지를 구분하여 작성한다.

4) 공간유형의 구분 및 가중치

	공간유형		가중치	설명	사례
1	자연지반녹지	–	1.0	• 자연지반이 손상되지 않은 녹지 • 식물상과 동물상의 발생 잠재력 내재 온전한 토양 및 지하수 함양 기능	• 자연지반에 자생한 녹지 • 자연지반과 연속성을 가지는 절성 토지반에 조성된 녹지
2	수공간	투수기능	1.0	자연지반과 연속성을 가지며 지하수 함양 기능을 가지는 수공간	• 하천, 연못, 호수 등 자연상태의 수공간 및 공유수면 • 지하수 함양 기능을 가지는 인공 연못
3		차수 (투수 불가)	0.7	지하수 함양 기능이 없는 수공간	자연지반 또는 인공지반 위에 차수 처리된 수공간
4	인공지반녹지	90cm≤토심	0.7	토심이 90cm 이상인 인공지반 상부 녹지	지하주차장 등 지하구조물 상부에 조성된 녹지
5		40cm≤토심<90cm	0.6	토심이 40cm 이상이고 90cm 미만인 인공지반 상부 녹지	
6		10cm≤토심<40cm	0.5	토심이 10cm 이상이고 40cm 미만인 인공지반 상부 녹지	
7	옥상녹화	30cm≤토심	0.7	토심이 30cm 이상인 옥상녹화시스템이 적용된 공간	• 혼합형 옥상녹화시스템 • 중량형 옥상녹화시스템
8		20cm≤토심<30cm	0.6	토심이 20cm 이상이고 30cm 미만인 옥상녹화시스템이 적용된 공간	
9		10cm≤토심<20cm	0.5	토심이 10cm 이상이고 20cm 미만인 옥상녹화시스템이 적용된 공간	저관리경량형 옥상녹화시스템
10	벽면녹화	등반보조재, 벽면부착형, 자력등반형 등	0.4	벽면이나 옹벽(담장)의 녹화, 등반형의 경우 최대 10m 높이까지만 산정	• 벽면이나 옹벽녹화 공간 • 녹화벽면시스템을 적용한 공간

	공간유형		가중치	설명	사례
11	부분포장	부분포장	0.5	자연지반과 연속성을 가지며 공기와 물이 투과되는 포장면, 50% 이상 식재면적	• 잔디블록, 식생블록 등 • 녹지 위에 목판 또는 판석으로 표면 일부만 포장한 경우
12	전면투수포장	투수능력 1등급	0.4	투수계수 1mm/sec 이상	• 공기와 물이 투과되는 전면투수포장면, 식물생장 불가능
13		투수능력 2등급	0.3	투수계수 0.5mm/sec 이상	• 자연지반 위에 시공된 마사토, 자갈, 모래포장, 투수블록 등
14	틈새투수포장	틈새 10mm 이상 세골재 충진	0.2	포장재의 틈새를 통해 공기와 물이 투과되는 포장면	• 틈새를 시공한 바닥포장 • 사고석 틈새포장 등
15	저류·침투시설연계면	저류·침투시설 연계면	0.2	지하수 함양을 위한 우수침투시설 또는 저류시설과 연계된 포장면	• 침투, 저류시설과 연계된 옥상면 • 침투, 저류시설과 연계된 도로면
16	포장면	포장면	0.0	공기와 물이 투과되지 않는 포장, 식물생장이 없음	• 인터로킹블록, 콘크리트아스팔트 포장 • 불투수기반에 시공된 투수포장

1) 두 가지 이상의 공간유형을 복합적으로 시공한 경우 각각의 공간유형별 가중치를 곱하여 산정한 수치를 적용

　예 지하주차장 위에 토심 60cm의 인공지반녹지를 조성하고 그 위에 부분포장으로 시공한 경우의 가중치는 0.35(0.7×0.5)

2) 투수계수(mm/s)는 KS F 4419 기준을 따르며, 30초 동안의 유출수량을 메스실린더로 측정함

　※ 투수능력은 국가공인시험기관의 성적서만 인정(한국건설생활환경시험연구원 등)

3) 틈새투수포장 중 투수능력이 전면투수포장 등급별 기준을 만족하는 경우 해당 가중치 적용

5) 공간유형별 적용 판단기준6

(1) 자연지반녹지

① 자연지반[암반층을 제외한 지구 상층부의 토층(土層)] 중 녹지로 구성된 부분이다.

② 동식물의 서식처인 동시에, 자연의 순환체계를 유지하는 토대 역할을 한다.

③ 모든 공간유형의 상대적 가치 평가기준이다.

기출예상문제

공간유형에 따른 생태면적률의 가중치는 각각 다르다. 자연지반녹지의 생태면적률 가중치는?

① 1.0　　② 0.9
③ 0.8　　④ 0.7

답 ①

┃ **자연지반녹지〈가중치 1.0〉** ┃

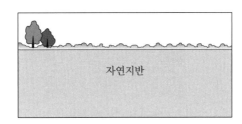

┃ **자연지반녹지〈가중치 1.0〉** ┃

④ 지하에 인공구조물이 조성되지 않은 자연 그대로의 상태를 유지하고 있어야 하고 동식물이 자생할 수 있는 자연토양으로 구성되어야 하며, 표층은 반드시 식생으로 피복되어 있어야 한다. 이때, 녹지의 용적과 질은 고려하지 아니한다.

⑤ 신축공간의 경우 공사로 인해 자연상태가 일시적으로 훼손되었다가, 녹지로 복원된 경우에도 자연지반녹지로 인정한다.

(2) 수공간

① 수공간(투수)

㉠ 자연지반 상부에 존재하거나 조성된 수공간으로, 바닥에 인위적인 차수시설을 하지 않아 사면과 저면부의 투수기능이 그대로 살아 있는 공간

㉡ 수면을 통한 증발산작용을 통해 도시 미기후 조절기능 및 자연상태의 지하수 생성기능 보유

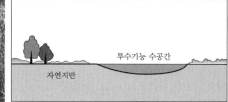

┃ 수공간(투수기능)〈가중치 1.0〉 ┃　　┃ 투수기능 수공간 단면도 ┃

㉢ 사면과 바닥으로 물이 투수되어 지하수를 생성할 수 있는 조건이 형성되어야 하며, 수공간 주위에 식물과 동물이 자생할 수 있는 여건을 갖추고 있어야 함

㉣ 자연호수, 연못, 하천, 습지 등이 이에 속하며, 인공지반 위에 조성될 경우에 그 면적의 50% 산정

② 수공간(차수)

㉠ 상시 수면을 유지하기 위해 바닥에 차수시설을 한 수공간

㉡ 지하수 생성기능을 가지지 못하는 차수 처리된 인공호수, 연못, 실개천, 인공습지 등

┃ 수공간(차수)〈가중치 0.7〉 ┃　　┃ 수공간(차수) 단면도 ┃

㉢ 수면의 증발산작용으로 도시의 미기후 조절에 커다란 역할을 담당하지만 지하수 생성에는 기여하지 못하는 관계로 투수기능을 가지는 수공간과 차별

㉣ 상시 수면의 유지가 가능하여야 하며, 인공지반 위에 설치될 경우 그 면적의 50% 산정

(3) 인공지반녹지

지하실, 지하주차장 등이 존재하는 옥외공간 지상부에 조성한 녹지공간으로, 옥상부에 조성된 녹지의 경우는 제외한다.

① 토심 90cm 이상

㉠ 인위적인 구조물 상부에 조성된 지상부 녹지로 토심이 90cm 이상인 경우

‖ 90cm≤토심〈가중치 0.7〉 ‖

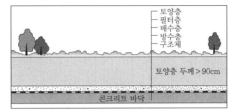

‖ 인공지반녹지 단면도 ‖

㉡ 하부에 이용되는 지하공간의 누수 발생 가능성에 대해 합리적인 대책 마련

㉢ 토양층과 함께 식재플랜에 적합한 배수층, 방수층, 방근층 시설 확보

② 토심 40cm 이상 90cm 미만

㉠ 인위적인 구조물 상부에 조성된 지상부 녹지로, 토심이 40cm 이상, 90cm 미만인 경우

㉡ 단위공간으로 분절되는 경우가 많아 토심 90cm 이상의 인공지반녹지에 비해 생태적 기능이 크게 저하

‖ 40cm≤토심<90cm〈가중치 0.6〉 ‖

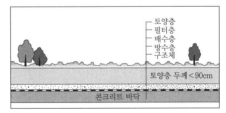

‖ 인공지반녹지 단면도 ‖

㉢ 인공지반녹지 90cm 이상에 준하는 구성요소로 조성되어야 하며, 가능하면 분절되지 않고 서로 연계될 수 있도록 조성

③ 토심 10cm 이상 40cm 미만 : 가중치 0.5

초본이 자랄 수 있는 최저토심으로, 인공토양의 경우 10cm 이상(자연토양은 15cm 이상)에 적용한다.

기출예상문제

공간유형에 따른 생태면적률의 가중치는 각각 다르다. 인위적인 구조물 상부에 조성된 지상부 녹지로, 토심이 90cm 이상인 곳의 생태면적률 가중치는?

① 1.0   ② 0.9
③ 0.8   ④ 0.7

답 ④

기출예상문제

공간유형에 따른 생태면적률의 가중치는 각각 다르다. 건물 옥상이나 지붕 위에 조성된 녹화공간의 토양층 두께가 30cm 이상인 곳의 생태면적률 가중치는?

① 1.0　　② 0.9
③ 0.8　　④ 0.7

답 ④

(4) 옥상녹화

건물 옥상이나 지붕 위에 조성된 녹화공간이다.

① 토심 30cm 이상

　㉠ 토양층의 두께가 30cm 이상인 관리중량형 또는 혼합형 옥상녹화시스템 설치공간

　㉡ 일반적으로 사람의 이용이 전제되어 적용되는 공간유형으로, 일반건물 또는 병원시설의 옥상부와 같은 곳에 휴식공간으로 계획되는 경우

　㉢ 이용이 전제된 옥상녹화공간의 경우 순수녹화공간만을 대상공간으로 산정하며, 보행로, 포장공간 등은 제외

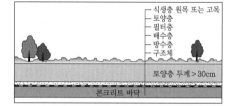

‖ 30cm≤토심〈가중치 0.7〉 ‖　　‖ 관리중량형 옥상녹화 시스템 단면도 ‖

　㉣ 관목 또는 아교목 식재가 이루어지게 되므로 지속적 관리를 위해 관수, 시비 및 시설물 관리가 전제되어야 함

　㉤ 중량형 또는 혼합형의 녹화시스템 설치에 따른 하중의 증가로 기존 건축물 옥상부를 활용하기 위한 대안이 아닌 신축건축물의 계획 시 적용하는 것이 적합

　㉥ 녹화시스템은 반드시 식생층, 토양층, 배수층, 방근층, 방수층 등 구성요소를 갖추고, 시스템 두께가 아닌 순수 육성토양층의 평균 토심을 30cm 이상 확보

② 토심 20cm 이상 30cm 미만

　㉠ 토심이 낮은 저관리경량형 옥상녹화시스템이 적용된 경우

　㉡ 적용 가능한 식생의 종류는 대부분 자생초화류, 세덤류 등의 뿌리가 깊지 않고, 높게 성장하지 않는 식생으로 한정

　㉢ 이용이 전제된 녹화공간의 경우 순수녹화공간만을 대상으로 생태기반지표를 산정

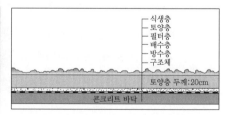

‖ 10cm≤토심<30cm〈가중치 0.6〉 ‖　　‖ 저관리경량형 옥상녹화 단면도 ‖

ⓔ 식생층, 토양층, 배수층, 방근층, 방수층 등 하부시스템을 갖추는 것이 바람직
ⓜ 시스템의 특성에 따라 하부시스템 기능을 복합시켜 조성 가능

③ 토심 10cm 이상 20cm 미만 : 가중치 0.5
초본이 자랄 수 있는 최저토심으로 인공토양의 경우 10cm 이상(자연토양은 15cm 이상)에 적용한다.

(5) 벽면녹화

① 건물의 벽면뿐 아니라 도로의 옹벽과 같은 공간에 녹화가 가능하도록 식물 서식 기반이 조성되어 있는 공간이다.
② 등반형 벽면녹화가 일반적이며, 플랜트설치형 또는 하수형의 경우도 벽면녹화 유형으로 인정한다.
③ 전면녹화방식의 건물외피형 벽면녹화도 유형으로 인정한다.
④ 전면피복이 용이한 덩굴식물이 적용된 경우 녹화유도시설이 설치된 공간을 벽면녹화면적으로 인정하되 최고 높이 10m까지만 산정한다.
⑤ 플랜트설치형의 경우 설치면 전체를 벽면녹화면적으로 인정한다.
⑥ 녹화용 식생소재로 이끼류나 세덤류를 적용한 경우 실제 녹화면 면적만을 인정한다.

기출예상문제

등반형 벽면녹화의 생태면적률 가중치는?

① 0.2   ② 0.3
③ 0.4   ④ 0.5

답 ③

‖ 벽면녹화〈가중치 0.4〉 ‖

등반형   하수형   플랜트설치형

‖ 벽면녹화 유형 ‖

⑦ 등반형 벽면녹화의 경우 등반식물을 식재할 수 있는 식재공간의 확보 및 등반보조재 시설의 확보가 필수적이다.
⑧ 개구부가 없는 벽면에 녹화하는 것을 원칙으로 한다.
⑨ 보조재만 설치된 녹화면적 대상지로 산정되는 높이는 10m까지로 제한한다.
⑩ 줄기가 10cm 이상으로 굵어지는 덩굴류는 구조적 안전성을 고려하여 벽면녹화 소재로 사용해서는 아니 된다.

(6) 부분포장

① 자연지반녹지 위에 보행공간의 확보를 위해 식물의 생장이 가능하도록 부분적인 포장을 한 유형이다.
② 자연지반 위에 식물의 생장이 가능한 포장공법을 적용한 유형이다.
③ 식물의 생장이 가능한 식생블록, 중공블록, 잔디블록 등이 있다.
④ 자연지반 위에 식물이 생장할 수 있는 면적이 1/2이 넘게 부분포장을 한 경우도 부분포장유형으로 산정한다.

‖ 부분포장〈가중치 0.5〉 ‖

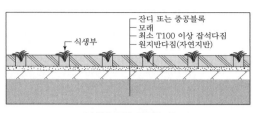

‖ 부분포장 단면도 ‖

⑤ 자연지반녹지 위에 바닥재를 사용하여 부분포장을 하는 경우 순포장면적이 전체 포장면적의 50%를 넘지 말아야 한다.

⑥ 자연지반 위에 식물의 생장이 가능한 포장공법을 적용한 경우에도 전면적으로 식생이 피복되거나 순포장면적이 50%를 넘지 말아야 한다.

⑦ 식생부는 외부의 마찰이나 하중발생 시 블록이 밀리지 않도록 최대한 밀실하게 설치하여 식생부의 축소를 방지하여야 하며, 식생부 설치 후 모래를 부분적으로 살포하고, 안정화될 때까지 모래 위의 통행관리가 필요하다.

기출예상문제

공간유형에 따른 생태면적률의 가중치는 각각 다르다. 잔디 블록포장지의 생태면적률 가중치는?

① 0.7 　　 ② 0.6
③ 0.5 　　 ④ 0.4

답 ③

(7) 전면투수포장

① 마사토, 모래, 자갈 등 자연골재를 물다짐하여 조성한 자연골재 투수포장이나 투수소재를 이용해 포장면 전체를 투수가 가능하게 조성한 공간이다.

② 포장면 전체를 통해 공기와 물이 투과되지만, 식물의 생장은 불가능한 공간유형이다.

③ 마사토포장면, 모래사장, 쇄석포장면, 투수아스콘, 투수콘크리트, 투수블록 등을 전면시공한 경우에 해당된다.

‖ 전면투수포장〈가중치0.3~0.4〉 ‖

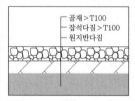

‖ 골재포장 단면도 ‖

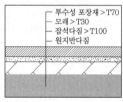

‖ 전면투수포장 단면도 ‖

④ 공간유형의 표준단면 구성인 원지반다짐 및 잡석다짐, 보조기층으로서의 모래층의 기준은 국토교통부 표준시방서에 따른다.

⑤ 포설은 전압을 고려하여 설계두께의 30%를 더한 두께로 고르게 하여야 한다.

⑥ 포설이 정확히 된 곳은 다짐을 실시하여 균일한 밀도를 가질 수 있도록 고르게 다지고, 다짐 후 표층의 두께 오차는 ±10%를 벗어나지 않아야 한다.

⑦ 30초 동안의 유출수량을 메스실린더로 측정한 투수계수(mm/s)에 따라 0.3(투수계수 0.5~1mm/sec 미만) 또는 0.4(투수계수 1mm/sec 이상)의 가중치를 부여하며 투수계수는 KS F 4419 기준을 따라 측정하여야 한다.

기출예상문제

공간유형에 따른 생태면적률의 가중치는 각각 다르다. 투수블록 포장지 중 투수계수 1mm/sec 이상인 곳의 생태면적률 가중치는?

① 0.7 　　 ② 0.6
③ 0.5 　　 ④ 0.4

답 ④

⑧ 포장면의 용도에 따라 전면포장의 두께는 보도는 60mm, 자전거 도로는 70mm, 주차장 또는 광장은 100mm 이상으로 시공되어야 하며, 투수성능에 있어 초기 포장면의 80% 이하로 저하되지 않도록 유지보수 및 관리가 되어야 한다.

(8) 틈새투수포장

① 포장소재의 투수 또는 불투수 여부에 상관없이 포장재의 틈새로 투수가 가능하게 포장한 경우이다.

② 틈새를 조성하기 위해 이형블록을 사용하거나 보조재를 사용하는 경우가 해당한다.

③ 시공과정에서 투수골재를 충진하여 틈새를 시공한 경우도 해당한다.

④ 틈새로 투수기능을 가지는 이형블록, 세골재로 틈새를 시공한 사고석포장 등이 있다.

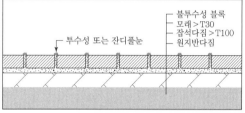

‖ **틈새투수포장〈가중치 0.2〉** ‖ ‖ **틈새투수포장 단면도** ‖

⑤ 공간유형의 표준단면 구성인 원지반다짐 및 잡석다짐, 보조기층으로서의 모래층의 기준은 국토교통부 표준시방서를 따른다.

⑥ 블록깔기용 모래의 입도는 2~8mm, 블록 줄눈채움용 모래의 입도는 3mm 이하로 한다.

⑦ 포장재 사이의 틈새는 10mm 이상으로 하고, 투수기능이 우수한 세골재로 충진한다.

(9) 저류 · 침투시설연계면

① 자연지반에 조성된 침투시설이나 저류시설에 드레인이 연결된 옥상이다.

② 집중호우 시 우수유출 지연효과를 얻기 위해 옥상부에 일시적으로 우수를 저류할 수 있도록 한 저류옥상도 이 공간유형으로 인정한다.

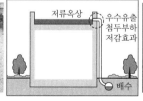
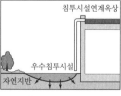

‖ **침투 및 저류시설연계면** ‖ ‖ **저류옥상 단면도** ‖ ‖ **침투시설연계옥상** ‖
　〈가중치 0.2〉 　　　　　　　　　　　　　　　　단면도

③ 저류시설과 연계된 옥상이나 저류옥상은 침투시설과 연계된 옥상에 비해 생태적 기능의 차이가 있지만, 도시홍수 예방 등을 위한 지역에 따른 차별적 가중치 설정이 가능하다.

④ 침투시설에 연계된 옥상공간의 경우 반드시 침투시설이 투수기능이 원활한 자연 지반 위에 조성되어야 한다. 이 경우 유출량을 충분히 침투시킬 수 있는 침투면적의 확보가 전제되어야 한다.

⑤ 저류옥상의 경우 누수로 인해 구조물에 피해가 없도록 반드시 적합한 방수층 조성이 필요하다.

기출예상문제

공간유형에 따른 생태면적률의 가중치는 각각 다르다. 콘크리트 또는 아스팔트 등 비투수성 재료로 마감된 포장면의 생태면적률 가중치는?

① 0.3   ② 0.2
③ 0.1   ④ 0.0

답 ④

(10) 포장면

① 콘크리트 또는 아스팔트 등의 비투수성 재료로 마감된 포장면이다.

② 투수성 재료로 포장되었지만, 하부구조가 불투수성 포장면으로 이루어진 공간유형이다.

③ 대지의 물순환기능을 전혀 가지지 못하며, 식생기반을 제공하지 못해 동식물의 서식처로서의 기능이 전혀 없다.

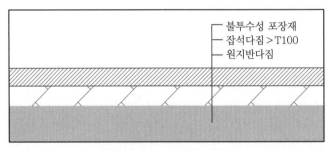

┃ **불투수성 포장 단면도** ┃

④ 콘크리트 또는 아스팔트 등의 불투수성 재료로 마감되어 대지의 물순환기능을 전혀 가지지 못하는 유형이다.

⑤ 식생기반을 제공하지 못해 동식물의 서식처로서의 기능 또한 미포함이다.

⑥ 인터로킹블록포장공법과 같이 투수성 포장으로 인식되기 쉬운 공간유형은 투수성 포장과 달리 집중호우 시 높은 우수유출계수를 가지며 하부가 불투수포장면으로 이루어져 있어 포장면 공간유형으로 적용된다.

⑦ 일반적인 포장면의 구성은 건축공사 및 토목공사 설계지침의 표준시방을 따른다.

01 계획은 사회의 보편적 가치를 토대로 한 집합적 의사결정 시스템으로 존재하는 동시에 현실의 문제를 해결하는 기술적 해결책의 역할을 하기도 한다. 이에 기초해 논의되는 토지이용계획의 역할로 틀린 것은? (2018)

① 난개발의 방지
② 사회의 지속가능성을 위한 토지의 보전기능
③ 세부 공간환경설계에 대한 지침 제시
④ 토지이용현황의 적합성 판단과 규제 수단 제시

02 생물지역계획의 실행방향에 있어 분절된 토지를 연계해 에너지 흐름과 동식물의 이동 흐름을 원활하게 하는 계획은? (2018)

① 건축계획적 기법
② 경관생태학적 방법
③ 경관미학적 계획
④ 도시설계적 기법

해설 경관생태학의 정의
하나의 경관 안에 있는 공간적·시간적 구성요소와 생물 및 지질학적 과정, 정보이동 사이의 상호관계를 연구하는 학문으로 구조적 측면과 기능적 측면이 양 축을 이룸

03 일반적으로 논의되는 토지이용계획의 역할로서 가장 거리가 먼 것은? (2018)

① 난개발의 방지 기능이다.
② 토지이용의 규제와 실행수단의 제시 기능이다.
③ 정주환경의 현재와 장래의 공간구성 기능이다.
④ 사회의 지속가능성을 위한 토지의 사유재산 보장기능이다.

04 토지이용계획의 역할과 거리가 먼 것은? (2018)

① 토지이용의 규제와 실행수단의 제시 기능
② 세부 공간환경설계에 대한 지침 제시의 역할
③ 사회의 지속가능성을 위한 토지의 보전기능
④ 토지의 개발이 소유자에 의해 자의적으로 이루어지게 하는 기능

05 환경친화적인 토지이용계획으로 옳지 않은 것은? (2018)

① 선진도시와 같이 도시 구조를 명확히 한 후 환경보전형 도시로 도모할 필요가 있다.
② 도시지역 전체의 토지이용에 대한 상세한 규제와 통제가 필요하다.
③ 도시의 분절화를 위해서는 도시 전체를 한꺼번에 계획해서 사업해 나가야 한다.
④ 도시 시가지를 분절화시켜 여러 가지 영향에 대해서 완화할 필요가 있다.

06 토지이용계획의 역할과 거리가 먼 것은? (2019)

① 토지이용의 규제와 실행수단의 제시 기능
② 세부 공간환경설계에 대한 지침 제시의 역할
③ 사회의 지속가능성을 위한 토지의 보전기능
④ 토지의 개발이 소유자에 의해 자의적으로 이루어지게 하는 기능

07 환경친화적인 토지이용계획으로 옳지 않은 것은? (2019)

① 선진도시와 같이 도시 구조를 명확히 한 후 환경보전형 도시로 도모할 필요가 있다.
② 도시지역 전체의 토지이용에 대한 상세한 규제와 통제가 필요하다.

정답 01 ④ 02 ② 03 ④ 04 ④ 05 ③ 06 ④ 07 ③

③ 도시의 분절화를 위해서는 도시 전체를 한꺼번에 계획해서 사업해 나가야 한다.

④ 도시 시가지를 분절화시켜 여러 가지 영향에 대해서 완화할 필요가 있다.

08 자연입지적 토지이용 유형에서 자연자원 유형이 아닌 것은? (2019)

① 역사 · 문화환경
② 해안환경
③ 하천 · 호수환경
④ 산림 · 계곡환경

09 환경친화적인 자연입지적 토지이용을 위한 세부적인 규제지침 유형의 설명으로 옳은 것은? (2019)

① 경관 : 돌출적이고 위압적인 인공경관으로 지역적인 특색을 부각시킨다.

② 환경 : 주변 하천 및 실개천에 수중보를 설치하여 시민들을 위한 친수공간을 극대화한다.

③ 입지규제 : 자연적 · 농업적 토지이용에서 도시적 토지이용으로의 토지전용을 가능하게 해야 한다.

④ 건축물 : 지역별 특징을 따라서 건축물의 형태, 재료, 색채 등 외관에 관한 별도의 기준을 마련해야 한다.

10 일반적으로 황폐지 또는 황폐산지는 황폐의 정도와 특성에 따라서 다양하게 구분하는데, 가장 초기단계를 무엇이라 하는가? (2019)

① 민둥산
② 척암임지
③ 황폐이행지
④ 초기황폐지

해설 1차 천이

㉠ 암반 절벽, 모래언덕, 새로 노출된 빙하쇄설물과 같이 이전에 군집이 살지 않았던 장소에서 시작한다.

㉡ 황무지 → 화본과 초본류 등의 선구식물이 안정화 → 관목 → 교목(소나무－참나무) 범람원 → 오리나무류와 사시나무류 등 다양한 종 점유 → 가문비나무와 솔송나무류 등의 천이 후기종으로 교체 → 주변 경관 삼림군집과 유사해짐

11 현존식생조사를 실시한 결과 밭 1km², 논 1km², 일본잎갈나무 조림지 1km², 20년 미만 상수리나무림 1km², 20년 이상 신갈나무림 1km²로 조사되었다. 환경영향평가 협의 결과 녹지자연도 7등급 이상은 보전하고 나머지는 개발 가능한 것으로 협의되었다. 이 대상지에서 개발 가능한 가용지 면적(km²)은? (2018)

① 2
② 3
③ 4
④ 5

해설 녹지자연도 사정기준

지역	등급	개요	해당식생형
수역	0	수역	• 수역(강, 호수, 저수지 등 수체가 존재하는 부분과 식생이 존재하지 않는 하중도와 하안을 포함)
개발지역	1	시가지, 조성지	• 식생이 존재하지 않는 지역
	2	농경지 (논, 밭)	• 논, 밭, 텃밭 등의 경작지 － 비교적 녹지가 많은 주택지(녹피율 60% 이상)
	3	농경지 (과수원)	• 과수원이나 유실수 재배지역 및 묘포장
	4	이차초원A (키낮은 초원)	• 2차적으로 형성된 초원지구(골프장, 공원묘지, 목장 등)
	5	이차초원B (키큰 초원)	• 2차적으로 형성된 키가 큰 초원식물(묵밭 등 훼손지역의 억새군락이나 기타 잡초군락 등)
반자연지역	6	조림지	• 인위적으로 조림된 후 지속적으로 관리되고 있는 식재림 － 인위적으로 조림된 수종이 약 70% 이상 우점하고 있는 식생과 아까시나무림이나 사방오리나무림과 같이 도입종이나 개량종에 의해 우점된 식물군락
	7	이차림(Ⅰ)	• 자연식생이 교란된 후 2차 천이의 진행에 의하여 회복단계에 들어섰거나 인간에 의한 교란이 심한 산림식생 － 군락의 계층구조가 불안정하고, 종조성의 대부분이 해당 지역의 잠재자연식생을 반영하지 못함 － 조림기원 식생이지만 방치되어 자연림과 구별이 어려울 정도로 회복된 경우 － 소나무군락, 상수리나무군락, 굴참나무군락, 졸참나무군락 등
	8	이차림(Ⅱ)	• 자연식생이 교란된 후 2차 천이에 의해 다시 자연식생에 가까울 정도로 거의 회복된 상태의 삼림식생

반자연 지역	8	이차림(Ⅱ)	−군락의 계층구조가 안정되어 있고, 종조성의 대부분이 해당 지역의 잠 재자연식생을 반영하고 있음 −난온대 상록활엽수림(동백나무군 락, 구실잣밤나무군락 등), 산지 계곡림(고로쇠나무군락, 층층나무 군락), 하반림(버드나무−신나무 군락, 오리나무군락, 비술나무군락 등), 너도밤나무군락, 신갈나무− 당단풍군락, 졸참나무군락, 서어나 무군락 등
자연 지역	9	자연림	• 식생천이의 종국적인 단계에 이른 극 상림 또는 그와 유사한 자연림 −8등급 식생 중 평균수령이 50년 이상인 산림 −아고산대 침엽수림(분비나무군락, 구상나무군락, 잣나무군락, 찝빵나 무군락 등)
	10	자연초원, 습지	• 삼림식생 이외의 자연식생이나 특이 식생 −고산황원, 아고산초원, 습원, 하천습 지, 염습지, 해안사구, 자연암벽 등

자료 : 환경부(2014.1) 전략환경영향평가 업무매뉴얼

CHAPTER 06 서식지복원계획

01 목표종 서식지복원계획

1. 목표종에 따라 서식지복원계획을 수립

1) 목표종 서식환경요소를 고려하여 서식환경계획

(1) 공간

목표종의 생활사를 고려하여 공간을 계획한다.

(2) 먹이

① 생물종의 먹이 선호도를 고려하여 풍부하고 다양한 먹이가 제공되도록 한다.
② 식생천이의 조절을 통해 다양한 식생이 성립되도록 하여 먹이원 유입과 수량이 풍족해지도록 한다.
③ 먹이자원을 충분히 얻을 수 있는 채식공간을 확보한다.
④ 종별 · 계절별 · 생애주기별로 상이한 먹이자원을 계획한다.

(3) 은신처(cover)

① 열악한 기후조건과 천적 또는 기타 위험으로부터 동물을 보호해 주는 안식처를 계획한다.
② 겨울은신처는 잎과 가지가 밀생되어 있는 다층식생구조를 계획한다.
③ 피난은신처는 인간의 수렵행위나 포식자로부터 도피할 때 손쉽게 숨을 수 있도록 계획한다.
④ 휴식은신처는 천적을 피할 수 있는 장소로, 여름에는 그늘을 제공하고 겨울에는 찬바람을 막아줄 수 있도록 일정 이상의 형태와 크기를 가져야 한다.
⑤ 수면은신처는 수면과 휴식을 위한 장소로서, 이동하면서 잠을 자는 경우와 어느 장소를 지정하여 잠을 자는 등 생물종의 생태적 특성을 고려하여 적합한 환경여건을 조사하여 반영한다.
⑥ 번식은신처는 새끼를 낳아 기를 수 있는 장소로, 출산 직후 어미가 이동하기 쉬운 완경사지 및 물을 구할 수 있는 장소, 관목과 교목의 다층구조를 이루고 있는 곳이 적합하다.
⑦ 체온유지은신처는 체온과 온도 차이가 최소가 되는 장소에서 신진대사율을 줄일 수 있도록 지형과 식생이 조화를 이루어 동물의 체온과 온도차가 적은 장소를 계획한다.

(4) 물

① 수환경은 환경적 특성과 동물의 생태를 고려하여 수심과 폭을 확보한다.

② 가장자리는 동물의 접근이 용이하여야 하며 다양한 수심이 형성되도록 한다.

③ 자연적인 수량 확보가 어려운 경우 인위적 수원 확보방안이 필요하며 오염되지 않은 물의 유입과 동식물의 서식이 가능하도록 계획한다.

④ 조류의 음용을 위한 수공간인 경우 개방수면을 70% 이상 확보하고 가장자리에 수변식생을 계획한다.

2. 분류군별 서식지 및 대체서식지 조성계획을 수립

1) 곤충류

(1) 입지조건

① 산림이나 숲 가장자리의 전이대지역 중 햇볕이 잘 드는 곳을 선정한다.

② 적당한 크기의 습지와 상당히 넓은 면적의 초지, 덤불이나 조그만 숲을 조성할 수 있는 공간을 확보한다.

③ 관목과 교목 식재가 가능해야 하며, 적당한 마운딩을 조성한다.

④ 가까운 곳에 다른 습지나 수변공간이 있는 크기 50m^2 이상의 습지를 확보한다.

(2) 환경복원계획

① 주변에 종 공급원 기능이 가능한 산림이나 대규모 녹지공간 등이 존재하고, 심각한 소음과 대기오염 같은 곤충류 서식을 저해하는 요인이 적은 곳이어야 한다.

② 잠자리의 비상거리는 1km 정도로, 주변에 숲이나 다른 습지가 존재하면 다양한 잠자리의 서식을 유도할 수 있다.

(3) 조성기법

① 전체 시스템으로는 크게 나비류를 위한 나비원과 잠자리 습지로 이루어지고, 딱정벌레류의 서식을 유도하는 식생, 다공질공간 등을 도입한 생물서식공간을 조성한다.

② 재래종 곤충류의 먹이식물이 번성한 지역의 토양을 활용하여 자연식생으로 회복을 유도하고, 일부 지역에 낙엽층이나 부식층, 모래나 자갈로 구성된 장소 등 다양한 공간을 조성한다.

③ 양지바른 지역에 먹이식물을 중심으로 식재된 넓은 초지를 조성하고, 주변 녹지공간이나 산림과 연결되는 지역에 나비와 딱정벌레의 식이식물, 수액식물, 산란장소 등의 기능을 하는 교목림을 조성한다.

④ 유충·성충 등 곤충류의 먹이식물, 수액식물 등을 조화롭게 식재하여 산란·우화·월동 등에 이용할 수 있도록 하고, 덤불, 자생수종 등을 도입한다.

⑤ 수질은 잠자리 유충의 경우 생육을 위한 생물화학적 산소요구량(BOD)은 10ppm 이하로 유지한다.

기출예상문제

곤충류의 서식지 조성 시 고려사항이 아닌 것은?

① 먹이식물
② 다공질공간
③ 개방수면
④ 비간섭거리

답 ④

⑥ 습지의 수심이 얕은 곳은 10~30cm에서 깊은 곳은 1m 정도의 완만한 경사로 조성하되 수초를 도입하여 잠자리의 산란장소를 제공한다.

⑦ 습지 모양은 변화가 있는 형태로 조성하되, 호안은 경사와 재료를 다양하게 하고, 수면적의 60% 이상은 개방수면으로 하여 잠자리와 같은 비상하는 곤충류를 유도한다.

⑧ 공급용수는 지하에서 용수가 솟아 나오는 장소가 습지 조성 최적지이나, 깨끗한 우수나 강물을 활용하되 갈수기를 대비한 보조수원(수돗물, 지하수)을 계획한다.

⑨ 인공적인 수원을 사용하는 경우에는 겨울철 용수공급이 차단될 수 있는 경우를 고려하여 계획을 수립한다.

⑩ 호와 주변은 습지 내부와 호안 주변으로 말뚝, 통나무 등을 배치하여 잠자리와 나비의 휴식장소를 제공하고, 상부에 평평한 바위(거석)를 배치하여 잠자리의 우화장소로 활용한다.

⑪ 돌무더기, 통나무, 고목, 나뭇가지 더미, 낙엽층 및 부엽토 쌓기 등으로 다공질공간을 조성한다.

▶ 곤충 서식지 조성사례 : 반딧불이 서식지

단계	구분	서식환경
알	산란장소	부화한 유충이 바로 물에 들어갈 수 있도록 생활장소 가까이의 부드러운 흙이나 이끼, 풀 위에 산란
유충	생활장소	• 작은 개울 　– 수로 폭은 3m 정도, 수심은 15~30cm 정도되는 유속이 느린 지역으로 다슬기, 달팽이 등 먹이가 풍부한 곳 　– 다양한 크기의 돌과 자갈, 모래, 점토 등으로 이루어진 하상 • 논 　– 농한기 논에 적당한 토양수분이 유지되고 농약 사용이 규제되는 곳 　– 자연적인 형태의 농수로 지역 • 휴경지 : 과거 논으로 경작되었던 휴경지로, 습지상태가 유지되는 곳 • 못 : 수심은 5~40cm 정도되며 물의 흐름이 느린 곳
번데기	용화장소	제방, 논둑, 논바닥 등의 습기 있는 흙, 풀뿌리 등에 번데기 방을 만듦
성충	교미장소	• 수로변의 풀, 수목의 잎에서 주로 이루어짐 • 주변 지역의 조명, 소음에 영향을 받지 않는 장소
	휴식 및 비상공간	• 성충의 비상거리는 100m 정도 개방된 공간이 확보되어야 함 • 볏잎 뒷면, 물가의 나뭇잎, 풀숲, 바위의 이끼 등에서 휴식함 • 수로를 중심으로 한쪽은 산림, 다른 한쪽은 논이나 습지형태의 토지 이용이 유리함

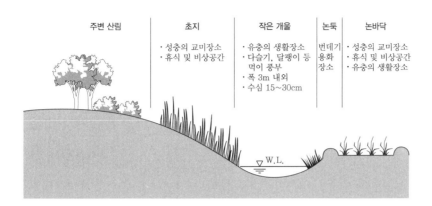

주변 산림	초지	작은 개울	논둑	논바닥
· 성충의 교미장소 · 휴식 및 비상공간	· 유충의 생활장소 · 다슬기, 달팽이 등 먹이 풍부 · 폭 3m 내외 · 수심 15~30cm		번데기 용화 장소	· 성충의 교미장소 · 휴식 및 비상공간 · 유충의 생활장소

2) 어류

(1) 어류의 생태적 특성

① 알

② **치어** : 어린 어류의 개체이다.

③ **성체** : 산란이 가능한 어른 개체이다.

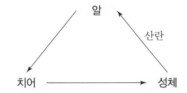

(2) 서식지 조성기법

▶ **사례(열목어)**

공간	물이 아주 맑으면 수온이 낮은 상류지역, 수림이 우거진 곳
은신처	• 산란 : 수온이 7~10℃ , 모래 자갈 하상 • 치어 : 유속이 완만한 곳의 가장자리 • 여름 : 수온이 낮은 깊은 수심 • 겨울 : 얼음 밑
먹이	작은 물고기, 곤충, 작은 동물

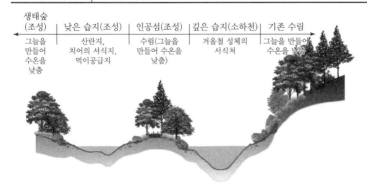

생태숲 (조성)	낮은 습지(조성)	인공섬(조성)	깊은 습지(소하천)	기존 수림
그늘을 만들어 수온을 낮춤	산란지, 치어의 서식지, 먹이공급지	수림(그늘을 만들어 수온을 낮춤)	겨울철 성체의 서식처	그늘을 만들어 수온을 낮춤

3) 양서 · 파충류
(1) 생태적 특성

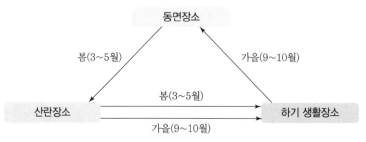

① 봄 : 번식을 위해 산란장소로 이동한다.

② 여름 : 먹이를 찾거나 은신하기 위하여 그늘진 곳이나 먹이가 풍부한 장소로 이동한다.

③ 가을 : 동면을 위해 적당한 동면장소로 이동한다.(종에 따라 춘면이나 하면하는 종도 있음)

▶ **한국산 양서류의 서식공간과 산란장소**

종명	서식장소	산란장소	동면장소
북방산개구리	계곡, 하천	논, 저습지, 하천	계곡 주변
한국산개구리	습원, 습지, 논 주변	논, 저습지	논둑, 습지
옴개구리	습지, 논 저수지	하천	하천, 개울
금개구리	논, 저습지	저습지, 수로	논둑, 수변
참개구리	물가, 논, 밭고랑	논, 저습지	논둑, 수변
두꺼비	산림	논, 저습지, 호수	야산임연부, 계곡 돌 틈
물두꺼비	계곡, 산림	계곡, 하천변	하천 돌 밑
청개구리	산림, 논, 습원	논, 저습지	논, 습지, 밭
수원청개구리	논, 습원	논, 저습지	논, 습지, 밭
맹꽁이	초지, 습원의 평지, 밭	저습지, 일시적 웅덩이	논, 습지, 밭, 고운 진흙
무당개구리	계곡, 웅덩이	계곡, 웅덩이	습지, 밭

(2) 서식지 조성기법

① 습지의 크기는 100m² 이상으로 조성한다.

② 습지의 모양은 불규칙한 형태가 바람직하고, 수심은 다양하게 조성하되 50~70cm가 적당하다. 단, 동면을 위하여 습지 바닥이 얼지 않을 정도의 깊이가 확보되어야 하고, 산란기 수심 10cm를 조성하여야 한다.

③ 공급수원은 우수나 강물이 좋다.

④ 양서류의 유생은 습지에서 주로 생활하고 성체로 성장하면 초지나 산림으로 이동

을 하여 활동하게 되므로 이를 위한 이동통로를 확보해야 한다. 이 통로는 인간의 이용행위로 인한 간섭이 최대한 일어나지 않도록 위해요소를 줄인다.

⑤ 대상지 인근 지역에서 자생하는 식물들을 도입하되, 수생식물이 전체 수면적의 10~20% 수준으로 유지되도록 계획한다.

⑥ 양서류의 이동거리 반경 내 다른 습지, 개울이 존재하도록 계획한다. 다음은 양서류의 서식환경기준이다.

▶ **양서류의 서식환경기준**

항목	기준	내용
서식기반	지형(경사도)	경사가 완만할수록 적합
	수문(유량)	유량이 풍부할수록 적합
	토양(배수 여부)	배수가 안 될수록 적합
서식적합성	습지조성 가능면적	조성 가능면적이 넓을수록 적합
	산림과의 거리	산림과 가까울수록 적합
	산림생태계 건강성	주변 산림의 층상구조가 다양할수록 적합
	수문의 pH	pH 7~8 적합
	기존 습지와의 연계성	인접 습지, 수원과 가까울수록 적합
교란요인	논, 습원	도로와 거리가 멀수록 적합
	초지, 습원의 평지, 밭	마을과 거리가 멀수록 적합
	계곡, 웅덩이	오염원과 거리가 멀수록 적합

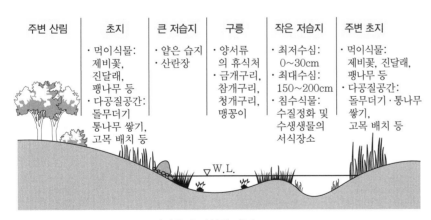

주변 산림	초지	큰 저습지	구릉	작은 저습지	주변 초지
	·먹이식물: 제비꽃, 진달래, 팽나무 등 ·다공질공간: 돌무더기 통나무 쌓기, 고목 배치 등	·얕은 습지 ·산란장	·양서류의 휴식처 ·금개구리, 참개구리, 청개구리, 맹꽁이	·최저수심: 0~30cm ·최대수심: 150~200cm ·침수식물: 수질정화 및 수생생물의 서식장소	·먹이식물: 제비꽃, 진달래, 팽나무 등 ·다공질공간: 돌무더기·통나무 쌓기, 고목 배치 등

▽W.L.

┃ **양서류의 서식처 단면** ┃

4) 조류

(1) 조류의 특징

① 조류와 인간의 거리

ㄱ 비간섭거리 : 조류가 사람의 모습을 알아차리면서도 달아나거나 경계의 자세를 취하는 일 없이 모이를 계속 먹거나 휴식을 계속할 수 있는 거리

ㄴ 경계거리 : 하고 있던 행동을 중지하고 사람 쪽을 바라보거나 경계음을 내거나 또는 꽁지와 깃을 흔드는 등의 행동을 취하는 거리

ㄷ 회피거리 : 사람이 접근하면 수십cm에서 수m를 걸어 다니거나 또는 가볍게 뛰기도 하면서 사람과의 일정한 거리를 유지하려고 하는 거리

ㄹ 도피거리 : 사람이 접근함에 따라 단숨에 장거리를 날아가면서 도피를 시작하는 거리

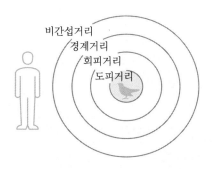

② 조류의 생태적 특성

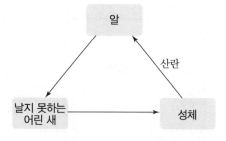

ㄱ 종다양성이 높은 지역으로 안정적 먹이사슬이 형성되어 있는 곳에 서식한다.

ㄴ 인간의 간섭에 매우 민감하고 넓은 서식지를 활용한다.

ㄷ 주행성 조류는 일출 후 수 시간 동안 활발하게 활동하고 야간에는 수면을 취하는 행동양식을 보인다.

ㄹ 야행성 조류는 낮에는 휴식이나 수면을 취하고 밤에 먹이활동을 실시한다.

ㅁ 소형 조류는 번식기에는 곤충이나 거미, 지렁이 등을, 월동기에는 식물의 열매를 주로 먹는다.

기출예상문제

조류가 사람의 모습을 알아차리면서도 달아나거나 경계의 자세를 취하는 일 없이 모이를 계속 먹거나 휴식을 계속할 수 있는 거리를 무엇이라고 하는가?

① 비간섭거리
② 경계거리
③ 회피거리
④ 도피거리

답 ①

③ 서식지에 따른 조류

> **조류의 서식환경에 따른 생물종**

구분	환경조건	해당 생물종
수위	깊은 곳	수면성 오리, 쇠물닭 등
	얕은 곳	섭금류, 덤불해오라기, 황로 등
습지의 저질	돌 틈, 바위	꼬망물떼새, 노랑할미새 등
	모래, 자갈땅	쇠제비갈매기, 흰물떼새 등
	점질토토양	큰뒷부리도요, 물떼새류
식생	정수식물 근락	개개비, 물닭, 청둥오리 등 pH 7~8 적합
	풀밭	덤불해오라기, 쇠오리, 흰뺨검둥오리 등
	관목	고방오리 등
	교목	황로, 왜가리, 검은댕기해오라기, 백로류 등
	고목	호반새
저습지 주변부	급경사지	물총새, 갈색제비 등
	완경사지	청호반새 등

기출예상문제

조류의 서식지 조성 시 고려사항이 아닌 것은?
① 비간섭거리
② 개방수면
③ 조류의 생활사
④ 생태면적률

답 ④

(2) 서식지 조성기법

> **조류 대체서식지 구성을 위한 핵심구성요소**

구성요소	설명
먹이	조류는 수서곤충, 어류, 양서류, 파충류, 수생식물을 주로 이용하며, 먹이자원이 풍부할수록 좋음
커버	잠자리, 피난, 은신, 휴식처 등을 충분히 제공하여야 하며, 다양한 기능을 복합적으로 제공하는 지역에 서식밀도가 높음
번식	둥지를 마련할 수 있는 공간이 제공되어야 하며, 둥지 재료 및 유조에 대한 육추활동을 지원할 수 있는 공간이 제공되어야 함

① 조류의 유인 및 서식환경 조성기법

　㉠ 수심 : 2m 이하 깊이, 다양한 수심

　㉡ 호안 : 가파른 제방 1.5~2m, 대부분의 조류는 완경사면 선호

　㉢ 조류가 공중에서 인식할 수 있는 서식환경 조성 필요

　　• 개개비류 번식 및 이동 : 갈대군락의 연속적 조성

　　• 쇠물닭 : 줄과 부들 군집 필요

　　• 붉은머리오목눈이 : 연속적인 관목과 덤불 조성

　　• 개방수면 : 수면적의 50% 내외로 개방수면 유지

       ⓔ 섬
- 길이와 폭의 비율＝5 : 1~10 : 1이 적절
- 습지와 횡방향으로 위치 → 물의 흐름 방해 예방
- 크기 : 전체 습지면적의 1~5%, 최소 4m² 이상
- 섬끼리 158m 이상 거리 확보, 호안 가장자리로부터 15m 이상 이격
- 윤곽 : 습지의 모양처럼 불규칙한 곡선을 이용
- 내부경사는 10% 내외로 조성

       ⓜ 모래톱, 자갈톱 : 물떼새류의 산란지, 조류 휴식지
- 습지 조성 시 모래톱, 자갈톱 도입
- 하천의 물흐름을 고려하여 자연스럽게 형성되도록 유도

       ⓗ 산림 : 다층구조 식재, 인공새집 가설

  ② **먹이식물 식재**
       ㉠ 식생은 야생동물, 특히 조류의 은신처나 피난처로 이용될 뿐만 아니라 먹이원으로 활용됨
       ㉡ 멧새류를 위하여 주변 녹지에 조류의 식성을 만족시킬 수 있는 다양한 종자식물을 선정
       ㉢ 물새류를 위한 습지는 은신처나 번식장소로서의 저습지가 2/3, 먹이를 획득하기 위한 넓은 수면은 1/3의 비를 갖추어야 하며, 물새류가 가장 선호하는 수생식물은 수심 30~60cm 위치에 서식함
       ㉣ 수심이 얕은 곳에는 수면성 오리류(천둥오리, 흰뺨검둥오리, 쇠오리 등)가 주로 서식. 수면성 오리류는 거의 초식성으로 천변에 먹이가 되는 수초를 식재하여 이들의 먹이와 함께 서식처를 조성해 주어야 함
       ㉤ 물떼새, 도요새, 할미새류는 얕은 물가의 모래나 자갈밭에서 번식하기 때문에 하천변에 자갈(크기 7~15mm)밭과 모래밭을 조성하면 이들의 번식을 유도할 수 있음. 또한, 하안식생을 유지하여 은신처로 작용할 수 있도록 하여야 함.
       ㉥ 박새, 멧새, 참새류는 교목과 관목을 적절하게 잘 혼용하여 이들의 서식공간을 조성해 주고 이들의 먹이가 되는 종자식물을 많이 식재하여야 함.

3. 보호종을 이주 및 이식하는 경우

1) 보호종 공급계획
  ① 서식지 외 보전기관 이용
  ② 자연적 유입방안 고려
       ㉠ 메타개체군
       ㉡ 환경포텐셜

▶ **환경포텐셜의 종류**

구분	내용
입지 포텐셜	토지, 기후, 수환경에 따른 생태계 성립의 잠재 가능성을 분석하여 잠재력을 고려한 종의 도입방법을 계획한다.
종공급 포텐셜	주변에서 종의 유입으로 발생하는 잠재 가능성으로, 종 공급원(source)과 수용처(sink) 간의 생물의 유전자 이동 및 종의 번식능력이 포텐셜의 가능성을 좌우한다. 따라서 거리 확보가 중요하므로 단절요소를 극복하기 위한 생태통로계획을 수립한다.
종간관계 포텐셜	생물 간 상호작용으로 성립되며 종 간 상리공생관계의 형성이 중요하므로 군집생태계에 대한 이해와 서식지생태계를 구축하기 위해 도입되는 목표종을 비롯한 종의 선정에 반영한다.
천이 포텐셜	입지, 종의 공급, 종 간 관계포텐셜 이 세 가지 유형의 포텐셜에 의해 결정되며 시간의 흐름에 따른 변화로 잠재가능성을 예측하여 계획에 반영한다.

기출예상문제

환경포텐셜 중 시간의 흐름에 따른 변화로 잠재가능성을 예측하는 것은?
① 입지포텐셜
② 종공급포텐셜
③ 종간관계포텐셜
④ 천이포텐셜

🖩 ④

2) 보호종의 도입방안계획

(1) 도입
멸종된 종을 그 종의 역사적인 서식범위 내에 다시 정착시키는 방법이다.

(2) 재도입
멸종된 종을 그 종의 역사적인 서식범위 내에 다시 정착하는 방법으로, 연착륙방사와 경착륙방사방법을 활용하고 있으며 재확립은 재도입이 성공적이었다는 의미로 현재까지는 지리산 반달가슴곰 복원사업, 소백산 여우 복원사업 등 종 도입사례를 고려한 대상지 내 종 도입계획을 수립한다.

(3) 이입
서식범위 내의 한 부분에서 다른 부분으로 인위적으로 이동시키는 방법으로, 강원도에서 포획한 산양을 월악산, 설악산 등지에 복원한 사례가 해당되며 같은 지역 내에 기존의 동종개체군의 개체를 보완·증대하는 재강화방식 등을 고려한 이입계획을 수립한다.

(4) 보전적(완화한) 도입
특정종의 분포지역은 아니나 서식지와 생태지리적 조건을 갖춘 지역 내에 그 종을 정착시키는 경우로 역사적 분포지역에 서식지가 전혀 남아 있지 않을 경우 활용되는 방식으로, 계획목적에 따라 적용한다.

3) 이식설계

(1) 이식설계
① 이식을 위한 나무의 크기는 현지조사를 통해 직접 측정하여 결정한다.
② 이식설계를 위한 수목규격은 근원직경을 적용하며, 근원직경에 대한 표시가 없을 경우에는 근원직경(R) − 흉고직경(B) 환산기준으로 $R = 1.2B$를 적용한다.

(2) 복사이식 설계

① 복사하고자 하는 수림대에서 모든 매목에 대한 전수조사를 통해서 식생의 수평·수직적 구조를 도면화한 이후에 이를 복원하고자 하는 지역에 적용해 주는 방법이다.

② 나무만을 그대로 채취하여 복사하는 것이 아니라 표토를 포함한 토양과 낙엽, 나뭇가지 등을 채취하여 이식한다.

③ 지형환경조건을 포함한 기반환경도 함께 조사하여 반영한다.

4. 서식지 연계계획을 수립

1) 종별 연계를 통한 복합서식지 구축

목표종의 서식지와 먹이사슬을 고려하여 생물종 간 상호작용 구조를 파악한다.

2) 서식지네트워크 구축계획

① 목표종이 요구하는 서식환경조건을 파악한다.

② 교란을 충분히 고려한다.

③ 확산과 이동을 위한 서식지 간 이동로를 확보한다.

④ 주연부를 반영한다.

5. 이주 또는 정착방안을 수립

1) 순응적 관리 및 침입종 관리계획을 수립

2) 모니터링계획 수립

3) 종 증진프로그램계획 수립

4) 외래 침입종의 관리계획 수립

① 침입종(invasive species)

고유종이 아닌 외부에서 들어와 다른 생물의 서식지를 점유하고 있는 종을 말한다.

② 외래종(exotic species)

고유종이 아닌 종으로 외국이나 국내의 다른 지역에서 들어와서 다른 생물의 서식지를 점유하고 있는 종을 말한다.

㉠ 도입종(introduced species)

특정한 목적을 위해 인위적으로 반입된 종을 말한다.

㉡ 귀화종(naturalized species)

원래 자생지가 아닌 곳에서 스스로 적응해 번식하는 종을 말한다.

③ 생태계교란생물

이미 유입된 국내 생태계 정착종 중 위해성평가 결과 국내 생태계 등에 미치는 위해가 큰 것으로 판단되어 환경부 장관이 지정·고시하는 생물종으로, 외국으로부터 인위적 또는 자연적으로 유입되어 생태계의 균형을 교란하거나 교란할 우려가 있는 생물 또는 특정지역에서 생태계 균형을 교란하거나 교란할 우려가 있는 생물, 유전자변형을 통해 생산된 유전자변형생물체 중 생태계 균형을 교란하거나 교란할 우려가 있는 생물을 말한다. 다음은 생태계교란생물 지정현황을 정리한 것이다.

㉠ 공통적용기준
- 포유류, 양서류·파충류, 어류, 갑각류, 곤충류 : 살아 있는 생물체와 그 알을 포함한다.
- 식물 : 살아 있는 생물체와 그 부속체(종자, 구근, 인경, 주아, 덩이줄기, 뿌리) 및 표본을 포함한다.
- 본 목록상의 약어 "spp."는 상위 분류군에 속하는 모든 종을 의미한다.

▶ 생태계교란생물(환경부고시 2021.8.31.)

구분	종명
포유류	• 뉴트리아 *Myocastor coypus*
양서류·파충류	• 황소개구리 *Rana catesbeiana* • 붉은귀거북속 전종 *Trachemys* spp. • 리버쿠터 *Pseudemys concinna* • 중국줄무늬목거북 *Mauremys sinensis* • 악어거북 *Macrochelys temminckii* • 플로리다붉은배거북 *Pseudemys nelsoni*
어류	• 파랑볼우럭(블루길) *Lepomis macrochirus* • 큰입배스 *Micropterus salmoides* • 브라운송어 *Salmo trutta*
갑각류	• 미국가재 *Procambarus clarkii*
곤충류	• 꽃매미 *Lycorma delicatula* • 붉은불개미 *Solenopsis invicta* • 등검은말벌 *Vespa velutina nigrithorax* • 갈색날개매미충 *Pochazia shantungensis* • 미국선녀벌레 *Metcalfa pruinosa* • 아르헨티나개미 *Linepithema humile* • 긴다리비틀개미 *Anoplolepis gracilipes* • 빗살무늬미주메뚜기 *Melanoplus differentialis*
식물	• 돼지풀 *Ambrosia artemisiaefolia* var. *elatior* • 단풍잎돼지풀 *Ambrosia trifida* • 서양등골나물 *Eupatorium rugosum* • 털물참새피 *Paspalum distichum* var. *indutum* • 물참새피 *Paspalum distichum* var. *distichum* • 도깨비가지 *Solanum carolinense*

기출예상문제

생태계교란 생물이 아닌 것은?
① 황소개구리
② 뉴트리아
③ 붉은귀거북 전종
④ 아프리카발톱개구리

답 ④

구분	종명
식물	• 애기수영 *Rumex acetosella* • 가시박 *Sicyos angulatus* • 서양금혼초 *Hypochoeris radicata* • 미국쑥부쟁이 *Aster pilosus* • 양미역취 *Solidago altissima* • 가시상추 *Lactuca scariola* • 갯줄풀 *Spartina alterniflora* • 영국갯끈풀 *Spartina anglica* • 환삼덩굴 *Humulus japonicus* • 마늘냉이 *Alliaria petiolata*

④ 생태계위해우려생물

위해성평가 결과 생태계 등에 유출될 경우 위해를 미칠 우려가 있어 관리가 필요하다고 판단되어 환경부장관이 지정·고시하는 것을 말한다.

• 공통적용기준

포유류, 어류, 양서류 : 살아 있는 생물체와 그 알을 포함한다.

▶ **생태계위해우려생물**

구분	종명
포유류	• 라쿤 *Procyon lotor*
어류	• 대서양연어 *Salmon salar* • 피라냐 *Pygocenrrus nattereri*
양서류	• 아프리카발톱개구리 *Xenopus laevis*

기출예상문제

숲복원계획 수립 시 고려사항이 아닌 것은?

① 잠재자연식생대
② 산림 내부 및 주연부 식생
③ 참조구 설정
④ 계획생태면적률

답 ④

02 숲복원계획

1. 다층구조

1) 잠재자연식생대 고려

① 주변 식생 및 메토종자 등 유전자원을 검토한다.
② 천이에 따른 변화를 예측한다.
③ 우점종을 고려한다.
④ 지역별 식생목표와 복원세부계획을 수립한다.

2) 산림 내부 및 주연부 식생계획 수립

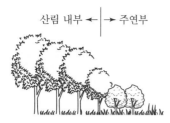

┃ 산림 내부 및 주연부 개념도 ┃

① 산림 내부 : 식물종의 유지나 밀도 조절을 위한 관리계획을 수립한다.
② 주연부 : 상층 · 중층 · 하층의 성상별 식물종 관리와 보식을 검토한다.

3) 생태적 식생복원계획을 수립

① 생태적 목표를 설정한 경우 어린 유목을 식재하여 바람직한 방향으로 천이가 될 수 있도록 생태적 방법으로 직속적인 관리를 고려하여 계획한다.
② 생태권역에 따라 자연림에 가까운 다층구조를 도입하되, 숲 중심부, 망토군락(어깨 군락), 소매군락 등 숲의 내부와 외부의 전이지역(주연부)의 특성을 고려하여 계획한다.
③ 생태적 식재기법으로는 다층구조 식재, 복사이식, 군집(모델) 식재, 자연재생(natural regeneration)기법, 관리된 전이(managed succession)기법 등을 고려하여 계획한다.

4) 참조구 설정을 통한 식생복원목표 수립

① 참조구는 대상지 자연환경과 유사한 지역으로, 특히 위도, 해발고가 비슷한 지역에 20×20m 방형구나 폭 4m의 대상형 표준지를 만들어 조사한 후 도출된 결과를 검토한다.
② 현 대상지의 토양조건 등을 고려하여 지피, 관목, 중층, 교목 등 층위별 모식도를 작성한다.
③ 모식도는 20×20m, 10×10m 등을 모듈화하여 형상별로 작성한다.

5) 수직 · 수평적 다층구조

① 식생복원의 단층구조와 다층구조를 단면으로 표현하고 식물종의 생육환경을 고려한 종 조성계획을 수립한다.

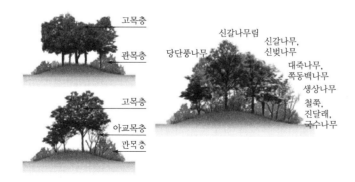

┃ 단층구조와 다층구조의 종 조성 개념 ┃

기출예상문제

숲복원 시 식물종의 선정 고려
사항으로 틀린 것은?

① 자생종 사용을 원칙으로 한다.
② 식물의 생태적 특성을 충분히
   이해하고 선정해야 한다.
③ 가능하면 탄소 흡수능력이 높은
   종을 선정한다.
④ 외래종은 무조건 배제한다.

답 ④

2. 기존 수목 활용

1) 기존 수목의 현황 파악
① 기존 수목의 수종
② 생물서식과 관련된 활용성
③ 생육상태
④ 수형 및 수령

2) 기존 수목 활용계획
① 보호수목과 제거수목 구분
② 존치 또는 이식수목 구분
③ 반출수목 등

3. 식물종을 선정

① 지역고유생태계의 보전, 생물학적 침입의 제어 등을 위하여 자생종 사용을 원칙으로 한다.
② 복원할 지역의 생태적 환경, 즉 환경조건을 충분히 고려한다.
③ 수생식물, 습생식물, 육상식물 등 식물의 수환경 적응도에 따른 생태적 특성을 충분히 이해하고 선정해야 한다.
④ 식물상 및 식생 도입목적에 적합한 종을 선정한다.
⑤ 기후변화 대응방안을 고려하여 탄소의 흡수능력이 높은 식물종을 도입한다.
⑥ 훼손지 및 척박한 지역에서는 질소고정식물을 함께 식재하는 것을 고려한다.
⑦ 부득이하게 대상지 외에서 도입하는 경우 유전적 교란을 억제하기 위한 대안이 필요하다.
⑧ 외래종은 억제하되 장기적으로 외래종 도입에 따른 생태적 문제를 검토하여 보완대책을 마련한 후 도입 가능성을 검토한다.

4. 식물종 조달방법

1) 시장유통이 가능한 식물종
시장거래

2) 시중에 거래되지 않는 종
(1) 양묘장 조성
① 실생묘나 삽목묘를 생산한다.
② 식물종의 줄기나 종자를 채집한 후 인근 지역에서 생산하여 다시 복원지에 이식한다.

(2) 기타 방법

▶ 기타 식물종의 조달방법

구분	조달방법
표토채취	매토종자를 포함한 표토를 채취하여 녹화할 장소에 뿌리는 방법으로, 주로 습지, 2차림 등의 복원에 이용
매트이식	매토종자나 근경을 포함한 표토를 매트모양으로 벗기고 녹화할 장소에 붙이는 방법으로, 원래의 장소와 아주 비슷한 식생을 복원할 수 있고 주로 초원의 복원에 이용
종자파종	대량의 종자를 채취하여 녹화할 장소에 파종 또는 내뿜는 방법으로, 주로 비탈면 녹화에 이용
묘목재배	목본종자를 채취하여 대량으로 묘목을 육성해 이를 녹화장소에 이식하는 방법으로, 주로 공장 외주부, 도로 식수대 등 대상의 녹지대 조성에 이용
근주이식	수목을 근원 가까이에서 벌채하여 그 근주를 이식하는 방법으로, 맹아성이 있는 수목을 이식할 때 주로 이용
소스이식	종자가 붙은 식물개체를 녹화할 장소에 이식하여 그곳으로부터 종자를 자연스럽게 파종하는 것으로, 주위에 그 종의 개체를 늘리는 방법임. 주로 군락 내에서 개체수가 적은 수종의 이식에 이용

기출예상문제

숲복원사업 시 시중에 거래되지 않는 종을 조달하는 방법에 대한 다음 설명에 해당하는 것은?

종자가 붙은 식물개체를 녹화할 장소에 이식하여 그곳으로부터 종자를 자연스럽게 파종하는 것으로, 주위에 그 종의 개체를 늘리는 방법이다. 주로 군락 내에서 개체수가 적은 수종의 이식에 이용된다.

① 표토채취　② 종자파종
③ 근주이식　④ 소스이식

답 ④

03 초지복원계획

1. 보호종 및 목표종을 고려

① 식물들 간에 타감작용이 있거나 경쟁이 심한 종을 한 장소에 도입하지 않도록 한다.
② 군집을 형성하기 위한 식재를 할 때 도입할 종은 다른 생물종의 서식이나 유인에 도움이 되는 식물을 선정한다.
③ 동물상의 목표종이 있을 경우에는 그 목표종 서식에 적합한 식물종을 선정한다.
④ 복원지역면적에 따른 군집의 크기를 고려하여 설정해야 한다.

2. 동물의 유인을 위한 식이 · 흡밀식생대

① 애벌레의 먹이가 될 수 있는 잎, 줄기를 제공하는 식물을 선정한다.
② 식엽하는 애벌레가 좋아하는 식물을 선정하여 식재계획에 반영한다.
③ 벌, 나비를 유인하는 흡밀식물의 개화시기를 고려하여 조성하고 곤충 관찰계획을 수립한다.

기출예상문제

생태복원사업의 초지복원 중 식물종의 선정방법으로 알맞지 않은 것은?

① 기후변화 대응방안을 고려하여 탄소의 흡수능력이 높은 식물종을 도입한다.
② 훼손지 및 척박한 지역에서는 질소고정식물을 함께 식재하는 것을 고려한다.
③ 외래종은 억제하되, 장기적으로 외래종 도입에 따른 생태적 문제를 검토하여 보완대책을 마련한 후 도입 가능성을 검토한다.
④ 경관 향상을 위하여 꽃이 화려한 종을 선택하고 곳곳에 요점식재를 한다.

답 ④

3. 표토의 이용

① 표토를 이용한 식생복원방법은 표토 내 매토종자에 의해 원활한 자연복원력을 가지고 있고, 주변 지역과 유사성을 지니고 있기 때문에 생태계교란을 방지할 수 있으며, 다양한 종 특성을 가지고 있어 풍부한 식생군락 조성이 가능하다.

② 대상자 혹은 대상지와 유사한 표준생태계의 표토를 채취하여 이용하여야 하고 채취한 장소의 식생조사를 실시한다.

③ 표토 내 매토종자를 이용하는 방법은 인위적인 종자 선별에 의한 식재가 아니기 때문에 종 조성 및 밀도의 예측이 곤란하며, 대상지의 입지조건 및 토양 특성에 영향을 받고 또한 표토 활용 시 보관방법과 기간에 의하여 본래의 자연회복 잠재력이 저하되는 경우도 있을 수 있으므로 표토의 활용방안과 채취시기, 보관기간 및 활용장소 등을 고려하여 계획한다.

④ 매토종자 및 표토의 채취시기에 따라 매토종자의 분포 및 밭이랑에 차이가 발생할 수 있으므로 표토를 사용할 경우 채취 전 식생조사 결과와 비교하여 상관관계를 분석하여 사용한다.

4. 식물종의 선정

① 지역고유생태계의 보전, 생물학적 침입의 제어 등을 위하여 자생종을 선정하고 주변 경관과 조화되는 다년생 향토 초본류 사용을 우선으로 한다.

② 복원할 지역의 생태적 기반환경, 즉 환경조건을 충분히 고려한다.

③ 식물상 및 식생 도입목적에 적합한 종을 선정한다.

④ 기후변화 대응방안을 고려하여 탄소의 흡수능력이 높은 식물종을 도입한다.

⑤ 훼손지 및 척박한 지역에서는 질소고정식물을 함께 식재하는 것을 고려한다.

⑥ 외래종은 억제하되 장기적으로 외래종 도입에 따른 생태적 문제를 검토하여 보완대책을 마련한 후 도입 가능성을 검토한다.

5. 종자파종

① 식생복원목표를 설정하고 이에 적합한 식물종자를 적용하여야 한다.

②「초지복원」은 초본식물로 피복을 조기에 형성하여 외부로부터의 종자침입을 방지하며, 시간이 문제가 되지 않는 경우와 부근에 종자 공급원이 존재하는 경우에 적용한다.

③ 비탈면녹화에 종자를 사용할 경우에는 초본형, 초본관목혼합형, 목본형 등의 복원목표를 설정하며, 구체적인 기준 설정 시「도로비탈면 녹화공사의 설계 및 시공지침」(국토해양부)을 참조한다.

④ 종자를 파종하는 방법에는 인력으로 파종하는 방법과 기계를 이용한 분사파종방법이 있으며, 혼합하는 종자의 종류에 따라서 단일 종을 파종하는 방법과 혼합 종을 파종하는 방법 중 선택한다.

⑤ 종자의 특성에 따라서 종자를 흙에 심는 방법과 종자 위에 다양한 재료를 멀칭하는 방법이 있으며, 용도에 맞게 선택한다.

04 습지복원계획

1. 수원 확보

1) 빗물
최근 들어 많이 사용하는 수원으로서 여름철에 집중호우가 발생하는 우리나라의 강우 패턴에는 부적합하다는 의견도 많으나, 빗물저류조와 같은 우수를 저장할 수 있는 시설을 확보함으로써 극복해 가고 있다. 또 수면적 100m², 수심 20cm 이하의 소규모 습지를 만드는 곳에서는 빗물만을 활용해도 충분히 서식처의 효과를 볼 수 있다.

2) 하천수나 계곡수
천변이나 계곡 주변에 습지를 조성할 때 활용되는 것으로, 하천이나 계곡에서 별도의 수로를 확보하여 습지 내로 공급하는 시스템을 갖추도록 한다.

3) 용출수
용출수가 나는 지역은 그 자체가 습지가 된다. 용출되는 물의 양에 따라서 습지나 수로의 규모 · 길이를 결정한다.

4) 지표수
유입과정에서 습지에 필요한 영양물질을 가져온다는 장점과 함께 오염물질도 가져온다는 단점을 모두 가지고 있다. 따라서 지표수의 사용은 주변의 토지이용을 고려하여 신중하게 해야 한다. 특히, 도시지역에서는 불투수성 포장면적이 많아서 오염물질이 유입되거 습지나 하천 등의 오염원이 될 수 있다. 또 주변의 토지 이용이 공원과 같은 투수성 공간이라도 공원관리를 위한 비료 및 농약 등의 사용으로 오염원이 강우 시 함께 습지로 유입되어 부영양화를 촉진시킬 수 있는 위험요소를 가지고 있으므로 이를 고려해야 한다. 이러한 경우에는 지표수의 수질을 측정하여 생물의 서식에 적합한지를 측정한 후에 도입 여부를 결정한다.

5) 지하수
지나치게 수온이 낮지 않은지 혹은 빈영양상태인지를 검토해야 한다. 일반적으로 지하수는 지표수와는 반대로 오염원에 의해 오염되지 않았다는 특징도 있지만, 생물종이 서식하는 데 필요한 영양분이 부족할 수 있다는 단점을 갖고 있다. 또한 지하수는 지표수보다 온도가 낮아서 여름철에 수온을 낮게 해주는 장점을 가지고 있다. 일반적으로 높은 수온은 수생생물의 성장을 제한하는 요소로 작용한다. 물론 지나치게 낮은 수온은 생물서식을 어렵게 한다.

외국에서는 가능하면 지표수를 사용하도록 권고하고 있는데, 이것은 영양물질을 습지 내로 유입한다는 점을 강조한 것이며, 지하수의 고갈을 방지하기 위한 목적도 있다. 그러나 도시지역이나 주변이 오염된 지역에서 복원을 할 때에 지표수를 사용할 경우, 주변에 쌓여 있는 오염물질이 유입될 확률이 높으므로 신중하게 고려하여 계획해야 한다.

6) 상수

습지에 직접 유입시키기보다는 물에 포함된 여러 약품이 정화된 후 공급될 수 있도록 하는 것이 바람직하다. 또한 수도료의 지급에 따른 유지 · 관리비의 상승도 계획 시 고려해야 한다.

7) 하수의 재처리수 혹은 고도처리 후 발생된 물

일반적으로 택지개발사업 지역에서 사용되고 있다. 생물서식공간이나 천수공간에 활용하기 위해서는 적정 수준 이상의 수질을 확보해야 하며, 정화된 하수를 생물서식공간까지 이송해야 하는 경제적 부담이 있다. 또한 고도처리된 물이라도 악취가 발생할 우려가 있으며, 생물서식에 제한적일 수 있음을 계획 시 고려해야 한다.

2. 식생설계와 완충식생대

1) 식생설계

① 도입하는 식물은 자연경관과 조화되고, 척박한 환경에 잘 적응할 수 있어야 하며, 적용대상지의 식생복원목표에 적합한 식물이어야 한다.

② 수환경 적용도가 높은 식물로서 지역 내에 자생하는 식물이어야 하며, 정착되기까지의 기간이 짧은 식물이어야 한다.

③ 식생은 해당 지역의 식생조사를 거쳐 선정된 대상지 내 식물개체를 활용하거나 종자를 채취하여 번식, 재배한 식물이어야 한다.

④ 외래종은 적용하지 않으며, 생태계복원을 위해 부득이하게 외래종의 도입이 필요한 경우 자생식물 등 생태계와의 조화를 고려하여 교란이 없는 종을 선정한다.

⑤ 자생수목 및 자생초화류와 지역의 향토적 특성을 나타내는 자연재료를 사용하며, 번식이 용이하고 유묘의 대량생산이 가능하며, 미적효과가 높고 생태적 특성에 대한 교육적 가치가 높은 식물을 우선 선정한다.

⑥ 온도의 변화와 과습 및 건조에 잘 견딜 수 있는 식물이어야 한다.

⑦ 수위의 변동에 따른 노출과 침수에 대해 동시에 견딜 수 있는 식물이어야 한다.

⑧ 관상가치가 높고 수질정화 및 야생동물의 은신처 역할을 할 수 있는 습지식물을 선정한다. 다음은 생활형에 따른 습지식생 구분도와 습지식물의 생활특성을 정리한 것이다.

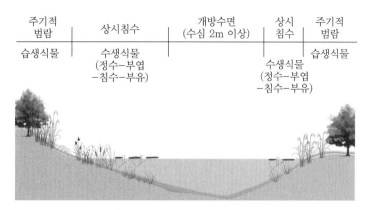

┃ 생활형에 따른 습지식생 구분도 ┃

▶ 습지식물의 생활특성

구분		특징
수생식물	정수식물	갈대, 줄, 애기부들, 꼬마부들, 부들, 고랭이류, 택사류, 매자기, 미나리, 보풀, 흑삼릉, 석창포, 물옥잠, 창포, 골풀, 물질경이 등
	부엽식물	노랑어리연꽃, 어리연꽃, 수련, 가래, 네가래 등
	침수식물	말즘, 붕어마름, 새우말, 나사말 등
	부유식물	자라풀, 개구리밥, 좀개구리밥 등
습생식물		• 초화류 : 물억새, 달뿌리풀, 털부처꽃, 물봉선, 고마리, 꽃창포, 노랑꽃창포, 붓꽃, 금불초, 동의나물, 수크렁 등 • 관목류 : 갯버들, 키버들 등 • 교목류 : 버드나무, 수양버들, 오리나무, 신나무 등

기출예상문제

부엽식물이 아닌 것은?
① 노랑어리연꽃
② 수련
③ 마름
④ 붕어마름

🗒 ④

2) 다양한 먹이제공

① 목표종과 먹이사슬을 형성하는 동물의 식이 특성을 감안하여 교목, 관목, 초본류를 선정하며 산란장소, 목표종이 활동 시 요구되는 식생요소를 파악하여 수종을 선정하고 서식처 주변으로 배식한다. 또한 침수정도에 따라 식물을 선정하여 다층구조를 이루도록 식재한다.

② 습지식생은 기반환경에 적합한 다양한 자생초본류 및 목본류를 도입하고 다층구조 군락을 형성하여 지속적으로 생육하도록 함으로써, 천이과정을 통해 안정화될 수 있도록 설계한다.

01 반딧불이 서식을 유도하는 자연형 하천 복원은 어떤 수생생물종의 서식을 필요로 하는가? (2018)

① 왕잠자리   ② 소금쟁이
③ 깔다구   ④ 다슬기

해설
다슬기는 반딧불이의 먹이생물이다.

02 서식처 적합성(habitat suitability) 분석을 가장 적절하게 설명한 것은? (2018)

① 희귀종이나 복원의 목표종을 최우선적으로 고려할 경우 무관한 다른 환경요인들을 배제시키는 기법
② 생태조사 결과를 토대로 보전할 것인지, 복원할 것인지를 결정하는 기법
③ 제안된 개발사업이 생태계 혹은 생태계의 구성요소에 미치는 잠재적 영향을 파악하고, 계량화하여 평가하는 기법
④ 생물종별로 요구되는 서식처조건을 지수화하고, 그 지수를 토대로 가장 적합한 생물종 서식처를 도출하는 기법

03 자연형 하천 복구를 통해 애반딧불이의 서식을 유도할 때 그 유충의 먹이원으로 필요한 수생물종은? (2019)

① 다슬기   ② 깔따구
③ 소금쟁이   ④ 왕잠자리

해설
다슬기는 반딧불이의 먹이생물이다.

04 미티게이션에서 식물종을 보호, 보전하는 방법으로서 귀중종을 이식할 때 발생하는 문제점으로 가장 거리가 먼 것은? (2018)

① 생활사, 생활환경에 대한 정보 부족
② 이식지 선정, 서식환경 정비 정보 부족
③ 귀중종과 일반종의 동시 이식
④ 부족한 경험에도 불구하고 이식실패가 허용되지 않음

05 식물군락의 순1차생산력은 생태계의 형태에 따라 매우 다양하다. 우리나라와 일본의 순1차생산력의 범위(t/ha/년)는? (2018)

① 1~5   ② 10~15
③ 20~25   ④ 25~30

06 인공갯벌의 조성목적이라고 볼 수 없는 것은? (2018)
① 연안개발 적합지로 공간의 활용
② 상실된 갯벌을 대체할 수 있는 갯벌의 조성
③ 연안환경 인프라로서 새로운 갯벌의 창출
④ 상실 위험이 있는 기존 갯벌의 보호 및 기능 유지

07 숲에 임도와 등산로가 많아지면 생태계의 종 다양성 측면에서 바람직하지 못하다. 그 이유로 가장 적합한 것은? (2018)

① 내부종이 늘어나고 가장자리 종인 덩굴식물이 줄어든다.
② 내부종이 줄어들고 가장자리 종인 덩굴식물이 줄어든다.
③ 내부종이 늘어나고 가장자리 종인 덩굴식물이 늘어난다.
④ 내부종이 줄어들고 가장자리 종인 덩굴식물이 늘어난다.

해설
숲에 임도와 등산로가 생기게 되면 숲은 단절 및 파편화되어 내부종이 줄어들고 가장자리 종인 덩굴식물이 늘어난다.

정답   01 ④   02 ④   03 ①   04 ③   05 ②   06 ①   07 ④

08 숲에 임도와 등산로가 많아지면 생태계의 종 다양성 측면에서 바람직하지 못하다. 그 이유로 가장 적합한 것은?

(2019)

① 내부종이 늘어나고 가장자리 종인 덩굴식물이 줄어든다.
② 내부종이 줄어들고 가장자리 종인 덩굴식물이 줄어든다.
③ 내부종이 늘어나고 가장자리 종인 덩굴식물이 늘어난다.
④ 내부종이 줄어들고 가장자리 종인 덩굴식물이 늘어난다.

09 내륙형 습지 중 소택형 습지에 대한 설명으로 옳지 않은 것은?

(2018)

① 면적 8ha 이하, 저수위 시 유역의 가장 깊은 곳이 2m 이하이며, 염분농도가 0.5% 이하인 습지
② 지형학적으로 침하되었거나 댐이 건설된 강수로에 위치한 습지
③ 왕성한 파도의 작용 혹은 하상의 바위로 된 해안선의 특징이 빈약한 습지
④ 교목, 관목, 수생식물, 이끼류, 지의류에 의해 우점되는 습지와 염도가 0.5% 이하인 조수영향지역에서 나타나는 모든 습지

해설 람사르습지의 유형 분류

구분	대분류	중분류	소분류	세분류	코드	종류
해안 습지	해양형			영구 저수심 해안	A	간조 시 6m 이하 해안(해엽 및 만 포함)
		조하대	수초대	해안 수초대	B	갈조류장, 잘피밭, 열대 해안습지
			암초	산호초	C	
		조간대	암반대	암석 해안	D	연안바위섬, 해안 절벽
			미고결대	모래 및 자갈 해안	E	사주, 사취, 모래섬, 사구 및 습한 사구습지
	하구형	조하대		하구 수역	F	하구수역, 삼각주
		조간대	미고결대	조간대 갯벌	G	펄갯벌, 모래갯벌, 혼성갯벌
			정수식물	조간대 초본 소택지	H	염습지, 염초지
			교목우점	조간대 삼림 습지	I	맹그로브 소택지
	호소형/소택형	영구적/계절적		가수/염수 석호	J	바다와 연결된 수로가 있는 석호
해안 습지	카르스트형			연안 암수 석호	K	담수 삼각주, 석호
				해안 카르스트 및 지하수계	Zk (a)	
내륙 습지	하천형		영구적	내륙 삼각주	L	
				영구 하천	M	폭포 포함
			간헐적	간헐 하천	N	
	호수형 (8ha 이상, 수심 2m 이상)		영구적	영구 담수호	O	담수 호수
			계절적/간헐적	간헐 담수호	P	
			영구적	영구 염호	Q	염수, 기수, 알칼리성 호수
			계절적/간헐적	간헐 염호	R	
	소택형 (8ha 이하, 수심 2m 이하)		영구적	초본우점	영구 염수/기수 늪	Sp	염수, 기수, 알칼리성 늪
					영구 담수 늪	Tp	연못, 정수식물군락 우점, 무기질 토양 습지
			계절적/간헐적	초본우점	간헐 염수/기수 늪	Ss	염수, 기수, 알칼리성 늪
					간헐 담수 늪	Ts	진흙구덩이, 사초늪, 무기질토양 습지
			영구적/계절적/간헐적	관목우점	비삼림 이탄 습지	U	관목 또는 개수 고층습원
			영구적		암수 관목 우점 습지	W	관목 우점 소택지 또는 늪
				교목우점	삼림 이탄 습지	Xp	이탄 소택지 숲
					담수 교목 우점 습지	Xf	담수 소택지 숲
			계절적/간헐적	초본우점	고산지	Va	고산초지
							(일시적 고산 융빙수 습지 포함)
					툰드라 습지	Vt	툰드라 웅덩이
							(일시적 툰드라 융빙수 습지 포함)
					생물 습지	Y	담수 샘, 오아시스

내륙습지	지열형		지열습지	Zg	
	카르스트형	내륙 카르스트 및 지하수계		Zk (b)	돌리네, 우발레 등
인공습지	내수면어업		양어장	1	어류, 새우 양식
	농경지		농업용 저수지	2	일반적으로 8ha 이하
			관개지	3	논, 관개수로
			계절성 침수 경작지	4	
	염전		소금 산출지	5	염전
	도시 및 공단		저수지, 댐, 간척호	6	
			채굴장	7	자갈·벽돌·점토·토사 채취장
			수질 정화 습지	8	하수처리장, 침전지, 산화지
			운하 및 수로	9	운하 및 배수로, 도랑

10 생태적으로 바람직한 대체습지 조성 시 고려해야 할 것이 아닌 것은? (2018)

① 면적이 동일해야 한다.
② 동일 유역권 내에 있어야 한다.
③ 기능이 동일해야 한다.
④ 가급적 가까운 거리(on-site)에 있어야 한다.

11 인공갯벌의 조성목적이라고 볼 수 없는 것은? (2019)

① 연안개발 적합지로 공간의 활용
② 상실된 갯벌을 대체할 수 있는 갯벌의 조성
③ 연안환경 인프라로서 새로운 갯벌의 창출
④ 상실 위험이 있는 기존 갯벌의 보호 및 기능 유지

12 해안사구에 대한 설명으로 틀린 것은? (2019)

① 해안 고유식물과 동물의 서식지 기능을 한다.
② 해안사구는 육지와 바다 사이의 퇴적물의 양을 조절한다.
③ 해안사구 형성에 영향을 주는 요인으로 모래 공급량, 풍속 및 풍향이 있다.
④ 해안사구는 1차 사구와 2차 사구로 구분하고, 바다 쪽 사구를 2차 사구라고 한다.

해설 해안사구

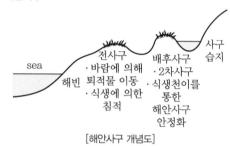

[해안사구 개념도]

13 대체습지의 접근방법 중 미티게이션 뱅킹(mitigation banking)의 특징에 대한 설명으로 옳지 않은 것은? (2020)

① 작은 파편화된 습지를 하나의 통합된 습지로 관리할 수 있다.
② 다른 유형의 보상습지의 조성은 훼손될 습지와 동일한 면적이어야 한다.
③ 규제 부서의 허가를 위한 검토와 모니터링 결과에 대한 노력 비용을 절감시킬 수 있다.
④ 개발사업이 이루어지기 이전에 훼손될 습지에 대한 영향을 고려하여 미리 습지를 만들고, 향후에 개발사업이 진행될 때 미리 만들어진 습지만큼을 훼손할 수 있도록 하는 정책을 말한다.

14 조성되는 위치에 따른 대체습지의 구분에 대한 설명으로 틀린 것은?
(2018)

① on-site방식은 개발사업의 범위 내에 대체습지를 조성하는 방법이다.

② on-site방식은 접근지역에 습지를 조성 시 유출수나 지하수의 수질저하를 가져오지 않는다는 장점이 있다.

③ off-site방식은 유역관리에 있어서 구체적인 계획과 조성이 이루어질 수 있다는 장점이 있다.

④ off-site방식은 개발사업의 범위에서 벗어나지만 통상적으로 유역범위 밖에 조성하도록 하고 있다.

해설

㉠ on-site : 동일지역

㉡ off-site : 원래 습지가 있던 지역과 다른 지역

㉢ out of kind : 훼손되는 습지와 새롭게 대체시킬 습지의 유형이 서로 다른 경우

㉣ in kind : 훼손되는 습지와 새롭게 대체시킬 습지의 유형이 서로 같은 경우

15 자연형 하천 조성을 위한 공간계획을 하려고 할 때 틀린 것은?
(2018)

① 식생이 훼손되지 않는 범위 내에서 기존의 동선을 최대한 활용한다.

② 이용정도에 따라 보존구역, 친수구역, 전이구역으로 공간을 구획한다.

③ 시설물은 대상구역 내 다양성과 변화감이 조율될 수 있도록 선정한다.

④ 하천식생은 묘목을 제외한 모든 수목은 사전에 뿌리돌림을 실시하도록 한다.

해설

하천구역에서 시설물 설치는 조화를 이룰 수 있어야 한다.

16 도로, 댐, 수중보, 하구언 등으로 인하여 야생생물의 서식지가 단편화되거나 훼손 또는 파괴되는 것을 방지하고 야생생물의 이동을 돕기 위하여 설치하는 인공구조물, 식생 등의 생태적 공간을 가리키는 것은?
(2018)

① 대체자연　　　　　② 생태통로

③ 자연유보지역　　　④ 완충지역

17 황폐한 산간계곡의 유역면적이 10ha인 곳에서 강우강도가 100mm/hr일 때, 최대유량(m³/s)은? (단, 유역의 유출계수 = 0.8)
(2018)

① 0.1　　　　　② 0.2

③ 2.2　　　　　④ 4.4

해설

최대홍수량 = (유거계수 × 유역면적(ha) × 강우강도(mm))/360

　　　　　= (0.8 × 10 × 100)/360

　　　　　= 2.22

18 야생동물 이동통로의 형태 중 훼손 횡단부위가 넓고, 절토지역 또는 장애물 등으로 동물을 위한 통로설치가 어려운 지역에 만들어지는 통로는?
(2018)

① culvert

② shelterbelt

③ box

④ overbridge

해설

① culvert : 지하배수로

② shelterbelt : 방풍림

③ box : 도로 하부에 설치

④ overbridge : 도로 상부에 건설

19 야생동물의 이동을 위한 생태통로의 기능으로 가장 거리가 먼 것은?
(2018)

① 천적 및 대형 교란으로부터 피난처 역할

② 단편화된 생태계의 연결로 생태계의 연속성 유지

③ 야생동물의 이동로 제공

④ 종의 개체수 감소

20 야생동물 이동통로는 생태적 네트워크가 필수적으로 갖추어져 있어야 한다. 이와 같은 지역에 해당되지 않는 것은?

(2018)

① 주요 서식처 유형의 보전을 확보하기 위한 핵심지역(core area)
② 개별적 종의 핵심지역 간 확산 및 이주를 위한 회랑 또는 디딤돌
③ 서식처의 다양성을 제한하고 최대크기로의 네트워크 확산을 위한 자연지역
④ 오염 또는 배수 등 외부로부터의 잠재적 위험으로부터 네트워크를 보호하기 위한 완충지역

21 주야로 차량통행이 많은 산림 계곡부를 지나는 도로상에 야생동물 이동통로를 조성하는 경우, 이동통로 유형의 적합성에 대한 설명이 맞는 것은?

(2018)

① 육교형이 터널형보다 더 적합하다.
② 터널형이 육교형보다 더 적합하다.
③ 육교형이나 터널형 모두 비슷하다.
④ 육교형이나 터널형 모두 부적합하다.

해설 생태통로 설치 및 관리지침

㉠ 용어 정의
- 생태계 단절 : 하나의 생태계가 여러 개의 작고 고립된 생태계로 분할되는 현상
- 로드킬 : 길에서 동물이 운송수단에 의해 치어 죽는 현상으로서 도로에 의해 고립된 동물개체군이 감소해 가는 대표적인 과정
- 생태통로 : 단절된 생태계의 연결 및 야생동물의 이동을 위한 인공구조물
- 유도울타리 : 야생동물이 도로로 침입하여 발생하는 로드킬을 방지하거나 생태통로까지 안전하게 유도하기 위해 설치하는 구조물
- 수로 탈출시설 : 소형동물(소형 포유류, 양서류, 파충류)이 도로의 측구 및 배수로 또는 농수로에 빠질 경우에 대비해 경사로 등을 설치하여 탈출을 도와주는 시설
- 암거수로 보완시설 : 암거수로에 턱이나 선반 등을 설치한 시설
- 도로횡단 보완시설 : 나무 위 동물이 도로를 횡단할 수 있도록 도로 변에 기둥을 세우거나 가로대 등을 설치한 시설물

㉡ 구조물 유형

분류	대상 동물	설치목적 및 시설규모 · 종류		형태
생태통로	육교형	포유류	〈포유동물의 이동〉 • 너비 – 일반지역 : 7m 이상 – 주요 생태축 : 30m 이상	
		기타유형	〈경관적 연결〉 • 경관 및 지역적 생태계 연결 • 너비 : 보통 100m 이상	
			〈개착식 터널의 보완〉 • 개착식 터널의 상부 보완을 통한 생태통로 기능 부여 • 너비 : 보통 100m 이상	
	터널형	양서 · 파충류	• 포유동물 이동 • 개방도 0.7 이상(개방도=통로 단면적/통로 길이)	
			〈양서류, 파충류용 터널〉 • 왕복 2차선 : 폭 50cm 이상 • 왕복 4차선 이상 : 폭 1m 이상 • 통로 내 햇빛 투과형과 비투과형	햇빛투과 비투과
유도울타리	울타리	포유류	• 포유류 로드킬 예방과 생태통로로로 유도 • 높이 : 1.2~1.5m	
		양서 · 파충류	• 양서 · 파충류 로드킬 예방과 생태통로로로 유도 • 높이 : 40cm 이상 • 망 크기 : 1×1cm 이내	
		조류	조류의 비행고도를 높여 로드킬 방지를 위한 도로변 수림대, 울타리 및 기둥 등	

22 생태통로에 대한 설명 중 옳은 것은? (2018)
① 최초의 생태통로는 독일에서 시작되었다.
② 생태통로의 역할은 사람들의 이동에만 활용되어야 한다.
③ 생태통로는 야생동물의 서식처를 연결하며 자연적으로 형성되었다.
④ 초기에 건설된 생태통로는 대체로 작고, 폭이 좁은 관계로 대부분 비효율적인 것으로 평가되었다.

23 댐이 환경에 미치는 영향으로 거리가 먼 것은? (2018)
① 어류 등의 이동 저해
② 소하천의 감소, 수질의 변화
③ 식생 및 동물 서식지역의 감소와 분리
④ 하류하천의 하상 재료 변화 및 하상의 상승

해설
하류하천은 세굴에 의하여 하상이 하강한다.

24 생태통로에 대한 설명 중 옳은 것은? (2019)
① 최초의 생태통로는 독일에서 시작되었다.
② 생태통로의 역할은 사람들의 이동에만 활용되어야 한다.
③ 생태통로는 야생동물의 서식처를 연결하며 자연적으로 형성되었다.
④ 초기에 건설된 생태통로는 대체로 작고, 폭이 좁은 관계로 대부분 비효율적인 것으로 평가되었다.

25 도로비탈면의 구조에 포함되지 않는 것은? (2019)
① 소단
② 절개비탈면
③ 성토비탈면
④ 자연비탈면

26 댐이 환경에 미치는 영향으로 거리가 먼 것은? (2019)
① 어류 등의 이동 저해
② 소하천의 감소, 수질의 변화
③ 식생 및 동물 서식지역의 감소와 분리
④ 하류하천의 하상 재료 변화 및 하상의 상승

27 야생동물 생태통로 조성 시 각 종별 이동 촉진을 위한 방법으로 가장 적합한 것은? (2020)
① 곤충류의 경우 1~2km 정도의 넓은 서식처 조성
② 양서·파충류의 경우 서식 및 이동을 위한 수변환경을 조성
③ 조류의 경우 다층구조가 형성된 1~2m 정도의 좁은 녹지축 조성
④ 포유류의 경우 이동통로의 신속성을 위해 단층구조 형성과 돌담, 바위 등의 지장물을 제거

28 생태통로의 부정적 효과가 아닌 것은? (2020)
① 포식기회의 증대
② 동물의 안전한 이동
③ 동물의 접촉감염 등에 의한 질병의 전염
④ 본래 일어나지 않을 유전적 교류의 조장

29 횡단부위가 넓고, 절토지역 또는 장애물 등에 의해 동물을 위한 통로조성이 어려운 곳에 설치하는 생태통로는? (2020)
① 선형 통로
② 지하형 통로
③ 육교형 통로
④ 터널형 통로

30 생태통로의 설치에 관한 설명으로 옳은 것은? (2020)
① 해안 구조물에서 빈번하게 설치
② 서식지 면적의 확대가 가능한 곳에 설치
③ 서식지 사이의 연결성을 높이기 위해 설치
④ 생물다양성을 높이고 번식률을 낮추기 위해 설치

31 다음 중 하천의 주요기능으로 가장 거리가 먼 것은? (2020)
① 이수기능
② 위락기능
③ 치수기능
④ 환경기능

해설 하천의 주요기능
이수, 치수, 환경기능

정답 22 ④ 23 ④ 24 ④ 25 ④ 26 ④ 27 ② 28 ② 29 ③ 30 ③ 31 ②

CHAPTER 07 생태시설물계획

01 보전시설계획

1) 자연보전시설의 예

목적	설치가능 시설
자연보전	생태연못, 습지, 야생화동산, 잠자리원·나비원 등 인공서식처, 식물원, 동물원, 반딧불이원 등 인공증식장, 온실, 횃대, 부도, 보호펜스, 생태어도, 생울타리, 야생동물이동통로, 인공둥지 등

| 생태연못 | 암석원 | 나뭇더미 | 돌무더기 |

┃ **자연보전시설의 사례 사진** ┃

2) 보전시설의 유형 및 목적

유형	목적	구분	내용
보전형	복원보전	자연보전	생태연못, 습지, 야생화 동산, 잠자리·나비 등 인공서식처, 식물원, 동물원, 반딧불이원 등 인공증식장, 온실, 횃대, 부도, 보호펜스, 생태어도, 산울타리, 야생동물이동통로, 인공둥지 등

3) 자연보전시설의 UNESCO MAB 공간배치

구분	시설명	UNESCO MAB			비고(적용기준)
		핵심	완충	협력	
자연 보전 시설	생물 서식지 관련 시설 인공습지, 소택지 조성 등	●			인공습지 조성 가이드라인 (환경부)
	부도(인공식물섬)	●	●	●	자연환경보전·이용시설 업무 편람(환경부)
	야생동물이동통로	●	●	●	생태통로 설치 및 관리 지 침(환경부)
	어도(하천의 종적 네트워크 향상)	●	●	●	자연환경보전·이용시설 업무 편람(환경부)
	서식·재배지, 암석원, 돌무더기, 나뭇더미		●	●	대체서식지 조성·관리 환 경영향평가지침(환경부)
	실개천, 생태수로, 정 화수로		●	●	인공습지 조성 가이드라인 (환경부)
	인공둥지, 포유류 서 식지 등	●	●	●	대체서식지 조성·관리 환 경영향평가지침(환경부)
	횃대 등	●	●	●	
	생물 인공증식 관련 시설 인공증식장(비오톱)		●	●	자연환경보전·이용시설 업무편람(환경부)
	양식장		●	●	
	양묘장		●	●	
	식물원(온실)		●	●	
	동물원		●	●	
	보호 관련 시설 보호펜스	●	●	●	
	보호안내판	●	●	●	

02 관찰시설계획

1) 관찰시설의 예

구분	설치가능 시설
순수관찰	관찰센터, 탐조대, 자연관찰로, 생태탐방데크, 관찰원, 전망대, 관찰오두막, 관찰벽, 생태관광코스 등

생태탐방데크   전망대   관찰벽   관찰안내판

‖ **관찰시설의 사례 사진** ‖

2) 순수관찰시설의 유형 및 목적

유형	목적	구분	내용
절충형	복원보전 이용	순수관찰	관찰센터, 탐조대, 자연관찰로, 생태탐방데크, 관찰원, 전망대, 관찰오두막, 관찰벽, 생태관광코스 등

3) 순수관찰시설의 UNESCO MAB 공간배치

구분	시설명	UNESCO MAB			비고(적용기준)
		핵심	완충	협력	
순수 관찰 시설	관찰센터		●	●	자연환경보전 · 이용시설 업무 편람(환경부)
	관찰오두막		●	●	자연환경보전 · 이용시설 업무 편람(환경부)
	관찰로(자연지반, 데크탐방로, 연결목교 등)	●	●	●	자연환경보전 · 이용시설 업무 편람(환경부)
	관찰벽(탐조대)		●	●	자연환경보전 · 이용시설 업무 편람(환경부)
	관찰내용안내판		●	●	–
	관찰로 방향안내판		●	●	자연환경보전 · 이용시설 업무 편람(환경부)

03 체험시설계획

1) 체험시설의 예

구분	설치가능 시설
체험 · 학습	생태교육센터, 생태학습원, 자연교육장, 야생조수 관찰원, 생태학교, 자연환경보전 보호교육장, 자연환경보전 교육관, 토양 · 미생물 자연관찰학습장 등

자연교육장	외나무 걷기	경사놀이터	숲소리 듣기

‖ 체험시설의 사례 사진 ‖

2) 체험시설의 유형 및 목적

유형	목적	구분	내용
절충형	복원보전 이용	체험 · 학습	생태교육센터, 생태학습원, 자연교육장, 야생조수 관찰원, 생태학교, 자연환경보전 보호교육장, 자연환경보전 교육관, 토양 · 미생물 자연관찰학습장 등

3) 체험시설의 UNESCO MAB 공간배치

구분	시설명	UNESCO MAB			비고(적용기준)
		핵심	완충	협력	
체험 학습 시설	생태교육센터		●	●	자연환경보전 · 이용시설 업무 편람(환경부)
	생태학습장(원)		●	●	자연환경보전 · 이용시설 업무 편람(환경부)
	자연교육장		●	●	자연환경보전 · 이용시설 업무 편람(환경부)
	생태학교		●	●	자연환경보전 · 이용시설 업무 편람(환경부)
	생태놀이터(놀이시설)			●	생태놀이터 조성 가이드라인 (환경부)

04 전시·연구시설계획

1) 전시 · 연구시설의 예

목적	설치가능 시설
전시 · 연구	전시관, 촉각전시관(장애인 배려), 박물관, 자연사박물관, 박제품 · 밀렵도구 전시시설, 연구소, 회의실 등

생태전시관   생태해설판   센서카메라

‖ **전시 · 연구시설의 사례 사진** ‖

2) 전시 · 연구시설의 유형 및 목적

유형	목적	구분	내용
절충형	복원보전 이용	전시 · 연구	전시관, 촉각전시관(장애인 배려), 박물관, 자연사박물관, 박제품 · 밀렵도구 전시시설, 연구소, 회의실 등

3) 전시 · 연구시설의 UNESCO MAB 공간배치

구분	시설명	UNESCO MAB 핵심	UNESCO MAB 완충	UNESCO MAB 협력	비고(적용기준)
전시 연구 시설	전시관, 촉각전시관			●	자연환경보전 · 이용시설 업무 편람(환경부)
	생태해설판		●	●	습지보전 · 이용시설 설치 가이드라인(환경부)
	자동관측장비	●	●	●	습지보전 · 이용시설 설치 가이드라인(환경부)
	자동수위계	●	●	●	습지보전 · 이용시설 설치 가이드라인(환경부)
	센서카메라	●	●	●	습지보전 · 이용시설 설치 가이드라인(환경부)
	모니터링장비	●	●	●	−

05 편의시설계획

1) 편의시설의 예

목적	설치가능 시설
이용 · 편의	방문객센터, 유모차 및 휠체어 전용보도, 휴게소, 어린이놀이터, 퍼걸러, 식당, 커피숍, 선물숍, 예술 · 공예 갤러리 등

| 초정 | 돌망태의자 | 자전거보관대 | 그루터기 의자 |

┃ 편의시설의 사례 사진 ┃

2) 편의시설의 유형 및 목적

유형	목적	구분	내용
이용형	이용	이용 · 편의	방문객센터, 유모차 및 휠체어 전용보도, 휴게소, 어린이놀이터, 퍼걸러, 식당, 커피숍, 선물숍, 예술 · 공예 갤러리 등

3) 편의시설의 UNESCO MAB 공간배치

구분	시설명	UNESCO MAB			비고(적용기준)
		핵심	완충	협력	
이용 편의 시설	방문객센터			●	자연환경보전 · 이용시설 업무 편람(환경부)
	화장실, 관리사무소, 초소			●	
	주차장			●	
	판매시설(매점, 기념품)			●	
	캠핑공간			●	
	숙박시설			●	
	휴게시설(퍼걸러, 벤치 등)			●	

06 관리시설계획

1) 관리시설의 예

목적	설치가능 시설
관리	하수 · 우수 처리시설, 쓰레기 처리시설, 진입차단시설(펜스, 생울타리 등) CCTV, 보안등, 스피커, 방화시설, 구급함, 인명구조시설, 차도포장

차량진입 차단시설　　　울타리형 펜스　　　정낭　　　쇄석, 목재경계

‖ 관리시설의 사례 사진 ‖

2) 관리시설의 UNESCO MAB 공간배치

구분		시설명	UNESCO MAB			비고(적용기준)
			핵심	완충	협력	
관리 시설	환경 기반 시설	하수 처리시설			●	자연환경보전 · 이용시설 업무 편람 (환경부)
		우수 처리시설			●	
		쓰레기 처리시설			●	
	보안 안전 시설	진입차단시설(펜스, 산울타리 등)	●	●	●	―
		CCTV	●	●	●	
		보안등, 스피커		●	●	
		방화시설, 구급함, 인명구조시설	●	●	●	
	포장	차도포장			●	

01 생태건축계획에서 기본적으로 고려되어야 할 내용으로 맞지 않는 것은? (2018)
① 기후에 적합한 건축
② 에너지 손실 방지 및 보존을 고려
③ 물질순환체제 고려
④ 토지자원 외 절약

02 생태건축계획의 요소와 가장 거리가 먼 것은? (2018)
① 중앙난방계획
② 기후에 적합한 계획
③ 적절한 건축재료 선정
④ 에너지 손실 방지 및 보존 고려

CHAPTER 08 생태복원사업의 타당성 검토

01 대상지 정보 검토

1. 생태복원사업 대상지의 선정

구분		내용	예시
일반적인 접근방법	사실적 접근방법	• 각종 원인으로 자연생태계가 훼손된 지역 • 자연재해나 인위적 개발 등에 의해 훼손된 지역 • 직접적 피해를 입은 곳을 선정하는 것으로 손쉽게 선택이 가능한 방법	동해안 산불지역
	역사적 접근방법	• 과거 중요한 서식처나 생물종이 서식한 지역 • 과거의 정보(지형도, 토양도, 인공위성 영상 등) 및 지역주민이나 토지소유자 등을 통해 확인된 지역	청계천 복원사업
	기능적 접근방법	• 생물 서식공간의 기능을 최대화할 수 있는 지역 • 전문가에 의한 대상 지역 평가 필요 • 상대적으로 시간과 인력 소모가 많음	생물다양성 증진을 목적으로 하는 옥상소생태계 조성사업
	복합적 접근방법	• 사실적 접근방법, 역사적 접근방법, 기능적 접근방법을 혼용하는 접근방식	소백산 여우복원사업
특정사업을 위한 접근방법		• 정부기관, 지방자치단체에서 시행하고 있는 각종 생태복원사업을 위한 대상지 선정 방법 • 특정목적을 가진 사업의 요구사항을 충족하는 지역	생태계보전협력금 반환사업

2. 대상지 정보 검토

1) 대상지의 훼손상태, 역사적 현황, 생태적 기능 등을 검토
  ① 생물지리적 입지를 파악한다.
  ② 지역토지 소유현황을 조사한다.
  ③ 지역 훼손지현황을 조사한다.

2) 대상지 선정
  ① 사업 후보지군을 선정한다.
  ② 사업 후보지군의 기초현황을 조사한다.
  ③ 사업 후보지군을 비교 · 평가하여 최종 사업 대상지를 선정한다.

3) 대상지의 현황조사, 분석, 진단, 평가를 시행한다.

3. 사업 대상지의 토지이용 및 소유현황 등을 고려하여 사업범위를 설정

1) 대상지 구역의 경계 검토

2) 구역계를 결정하고 도면화

3) 대상지의 편입토지조서 작성

> **사업 대상지의 편입토지조서 작성의 예**

주소	지목	공부상 면적(m²)	편입 면적(m²)	소유자	비고
전라○○ ○○군 ○○읍 ○○리 426-1	임	721	573	군유지	
전라○○ ○○군 ○○읍 ○○리 427	전	982	982	군유지	
전라○○ ○○군 ○○읍 ○○리 428	전	975	975	군유지	
전라○○ ○○군 ○○읍 ○○리 429	답	1,534	1,534	군유지	
전라○○ ○○군 ○○읍 ○○리 430	전	1,283	1,283	군유지	
전라○○ ○○군 ○○읍 ○○리 434-1	답	1,456	1,456	군유지	
전라○○ ○○군 ○○읍 ○○리 435	답	955	955	군유지	
전라○○ ○○군 ○○읍 ○○리 436-2	전	63	63	군유지	
전라○○ ○○군 ○○읍 ○○리 490	전	704	704	군유지	
전라○○ ○○군 ○○읍 ○○리 493	전	906	559	군유지	부분편입
전라○○ ○○군 ○○읍 ○○리 495	전	635	329	군유지	부분편입
전라○○ ○○군 ○○읍 ○○리 496	대	93	93	군유지	부분편입
전라○○ ○○군 ○○읍 ○○리 497	답	883	61	군유지	부분편입
전라○○ ○○군 ○○읍 ○○리 882	도	2,025	381	군유지	부분편입

4. 유사사례를 참고하여 사업 시행으로 인한 생태계영향, 생태서비스 제공효과를 전망하고 분석

1) 유사한 사례를 조사 및 정리
2) 사례를 통해 계획의 시사점 도출
3) 사업 시행으로 발생하는 생태계영향을 예측하고 생태계서비스 등 사업의 기대효과를 전망

5. 대상지 주변 지역민들의 의견을 반영하기 위하여 공청회, 설명회 등을 개최

1) **공청회 개최**

① 공청회 개최 14일 전까지 공고한다.
② 주재자, 토론자, 발표자를 위촉하고 공청회에 필요한 제반사항을 준비한다.
③ 전문가 의견이나 지역주민의 의견을 충분히 수렴하고 타당한 의견을 반영한다.

2) **설명회 개최**

① 설명회 개최 14일 전까지 공고한다.
② 사회자, 발표자를 위촉하고 설명회에 필요한 제반사항을 준비한다.
③ 지역민의 의견을 수렴하고 타당한 의견을 반영한다.

▶ **공청회와 설명회 비교**

구분		공청회	설명회
개최목적		전문가, 지역주민 등 이해당사자 의견 수렴	지역주민 등 이해당사자 의견 수렴
회의 진행	진행자	공청회 주재자	설명회 사회자
	발표	발표자의 사업/계획 내용 설명, 토론자(의견진술자) 의견 발표	발표자의 사업/계획 내용 설명
	토론	의견 발표 후 토론자(의견진술자) 상호 간 질의 · 답변	발표 후 발표자와 방청인과의 질의 · 답변
	방청인	방청인 의견 제시 기회 부여	방청인의 의견 제시 기회 부여
결과조치		타당한 의견 계획 반영, 공청회 개최 결과 공지	타당한 의견 계획 반영, 설명회 개최 결과 공지

⬢ 02 관련 법규 검토

1. 우리나라의 법체계

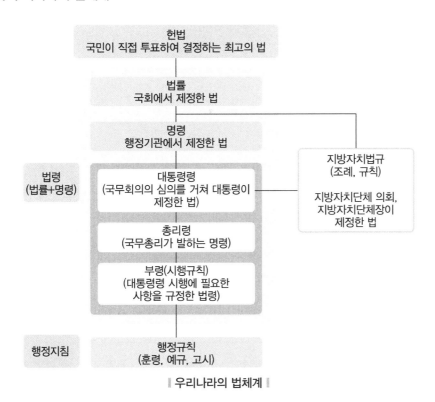

‖ 우리나라의 법체계 ‖

2. 우리나라 환경 관련 법률체계

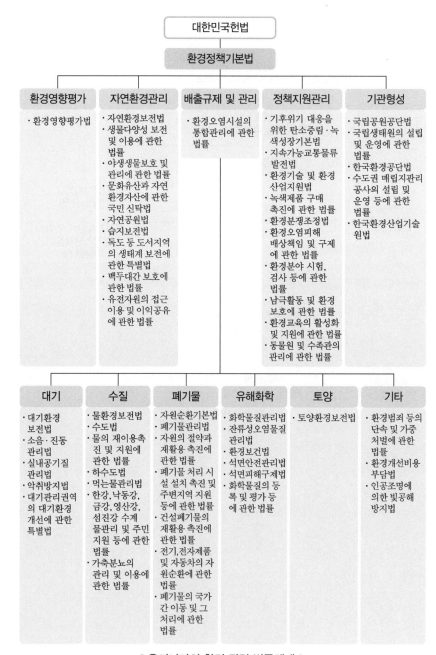

대한민국헌법

환경정책기본법

환경영향평가
· 환경영향평가법

자연환경관리
· 자연환경보전법
· 생물다양성 보전 및 이용에 관한 법률
· 야생생물보호 및 관리에 관한 법률
· 문화유산과 자연환경자산에 관한 국민 신탁법
· 자연공원법
· 습지보전법
· 독도 등 도서지역의 생태계 보전에 관한 특별법
· 백두대간 보호에 관한 법률
· 유전자원의 접근 이용 및 이익공유에 관한 법률

배출규제 및 관리
· 환경오염시설의 통합관리에 관한 법률

정책지원관리
· 기후위기 대응을 위한 탄소중립·녹색성장기본법
· 지속가능교통물류발전법
· 환경기술 및 환경산업지원법
· 녹색제품 구매 촉진에 관한 법률
· 환경분쟁조정법
· 환경오염피해 배상책임 및 구제에 관한 법률
· 환경분야 시험, 검사 등에 관한 법률
· 남극활동 및 환경보호에 관한 법률
· 환경교육의 활성화 및 지원에 관한 법률
· 동물원 및 수족관의 관리에 관한 법률

기관형성
· 국립공원공단법
· 국립생태원의 설립 및 운영에 관한 법률
· 한국환경공단법
· 수도권 매립지관리 공사의 설립 및 운영 등에 관한 법률
· 한국환경산업기술원법

대기
· 대기환경보전법
· 소음·진동관리법
· 실내공기질관리법
· 악취방지법
· 대기관리권역의 대기환경개선에 관한 특별법

수질
· 물환경보전법
· 수도법
· 물의 재이용촉진 및 지원에 관한 법률
· 하수도법
· 먹는물관리법
· 한강, 낙동강, 금강, 영산강, 섬진강 수계 물관리 및 주민지원 등에 관한 법률
· 가축분뇨의 관리 및 이용에 관한 법률

폐기물
· 자원순환기본법
· 폐기물관리법
· 자원의 절약과 재활용촉진에 관한 법률
· 폐기물 처리 시설 설치 촉진 및 주변지역 지원 등에 관한 법률
· 건설폐기물의 재활용 촉진에 관한 법률
· 전기,전자제품 및 자동차의 자원순환에 관한 법률
· 폐기물의 국가 간 이동 및 그 처리에 관한 법률

유해화학
· 화학물질관리법
· 잔류성오염물질 관리법
· 환경보건법
· 석면안전관리법
· 석면피해구제법
· 화학물질의 등록 및 평가 등에 관한 법률

토양
· 토양환경보전법

기타
· 환경범죄 등의 단속 및 가중처벌에 관한 법률
· 환경개선비용 부담법
· 인공조명에 의한 빛공해 방지법

❚ 우리나라의 환경 관련 법률체계 ❚

3. 법률 검토방법

1) 토지이용현황 관련 법규 검토
① 토지이용규제정보서비스(luris.molit.go.kr)를 이용한다.
② 개별법에 따라 지정된 사업 대상지의 현황을 조사한다.
    ㉠ 국토의 계획 및 이용에 관한 법률   ㉡ 농지법
    ㉢ 산지관리법   ㉣ 문화재보호법
    ㉤ 하천법 등

2) 관련 계획 검토
① 환경 관련 상위계획 검토
② 국토 관련 상위계획 검토
③ 사업 대상지 주변 사업계획 검토

3) 생태복원사업의 행정절차를 파악하기 위하여 인허가사항을 검토
① 개발행위허가 절차
    ㉠ 「국토의 계획 및 이용에 관한 법률」에 의하여 용도지역만을 지정하고 있는 경우 개발행위허가 절차에 대해 검토
    ㉡ 개발행위허가 규모 이상일 경우 다른 개별법에 따라 사업을 추진

② 도시 · 군계획시설로 결정되어 있는 경우
    ㉠ 「국토의 계획 및 이용에 관한 법률」이 추진 근거 법률임
    ㉡ 다만, 도시공원은 「도시공원 및 녹지 등에 관한 법률」도 함께 추진 근거 법률이 되어, 해당 인 · 허가는 '도시 · 군관리계획시설사업 실시계획인가'와 '공원 조성계획의 결정(변경)'임

4) 사업추진에 필요한 행정절차의 검토
① 해당 인허가에 선행하여 이행해야 하는 주요 행정절차의 검토
    ㉠ 「환경영향평가법」: 전략환경영향평가/환경영향평가/소규모환경영향평가 대상 여부
    ㉡ 「자연재해대책법」: 사전재해영향성검토 협의 대상 여부(행정계획, 개발사업)
    ㉢ 「농지법」: 농지전용허가 · 협의 · 신고
    ㉣ 「산지관리법」: 산지전용허가 · 신고
    ㉤ 「초지법」: 초지전용허가 · 협의 · 신고
    ㉥ 「하천법」: 하천점용허가 및 하천공사 시행 허가
    ㉦ 「소하천법」: 소하천점용허가 및 소하천공사 시행 허가
    ㉧ 「매장문화재 보호 및 조사에 관한 법률」: 문화재지표조사 대상 여부
    ㉨ 사업 대상지가 문화재현상변경 허가 대상구역(역사 · 문화 · 환경 보존지역) 내에 위치할 경우, 「문화재보호법」에 따른 문화새현상변경허가
    ㉩ 사업 대상지가 개발제한구역 내에 위치할 경우, 「개발제한구역의 지정 및 관리에 관한 특별조치법」에 따른 개발제한구역관리계획 변경

ㅋ 「농어촌정비법」 농업시설의 사용허가(목적 외 사용승인)

ㅌ 기타 법률에 따른 인가, 허가, 승인, 협의

03 세부 타당성 검토

1. 경제적 타당성 검토

1) 개념

생태복원사업으로 향상되는 환경가치를 추정하거나 생태계서비스 가치평가방법을 활용하여 환경생태적 경제성을 검토한다.

2) 기법

(1) 편익/비용비율(Benefit Cost Ratio : B/C ratio)

편익/비용비율이란 장래에 발생할 비용과 편익을 현재가치로 환산하여 편익의 현재가치를 비용의 현재가치로 나눈 것이다(한국개발연구원, 2008). 일반적으로 총편익과 총비용의 할인된 금액의 비율 즉 편익/비용비율≧1.0이면 사업의 경제성이 있다고 판단한다.

$$\text{편익/비용비율}(B/C) = \frac{\displaystyle\sum_{t=0}^{n} \frac{B_t}{(1+r)^t}}{\displaystyle\sum_{t=0}^{n} \frac{C_t}{(1+r)^t}}$$

여기서, B_t : t시점의 편익
C_t : t시점의 비용
r : 할인율
n : 분석기간

(2) 순현재가치(Net Present Value : NPV)

순현재가치는 현재가치로 환산된 장래의 연차별 순편익의 합계에서 초기투자비용 및 현재가치로 환산한 장래의 연차별 비용의 합계를 뺀 값을 의미한다(한국개발연구원, 2008). 순현재가치(NPV)≧0이면 사업의 경제성이 있다고 판단한다.

$$\text{순현재가치}(NPV) = \sum_{t=0}^{n} \frac{B_t - C_t}{(1+r)^t}$$

여기서, B_t : t시점의 편익
C_t : t시점의 비용
r : 할인율
n : 분석기간

기출예상문제

생태복원사업으로 향상되는 환경 가치를 추정하거나 생태계서비스 가치평가 방법을 활용하여 환경 생태적 경제성을 검토할 수 있다. 다음중 경제적 타당성 검토 기법 중 장래에 발생할 비용과 편익을 현재가치로 환산하여 편익의 현재가치를 비용의 현재가치로 나눈 분석 방법은?

① 편익/비용 비율
② 순현재가치
③ 내부수익률
④ 환경수용력

답 ①

(3) 내부수익률(Internal Rate of Return : IRR)

내부수익률은 편익과 비용의 합계가 같게 되는 수준의 현재가치 할인율을 의미한다(한국개발연구원, 2008). 즉, 어떤 사업의 순현재가치의 값을 '0'으로 하는 특정한 값의 할인율을 의미한다. 이 방법에 따라 사업시행 여부를 평가하는 기준은 내부수익률과 사업성분석에 적용한 할인율을 비교하여 내부수익률이 적용 할인율보다 높은 경우 사업시행의 경제성이 있다고 판단하며 그렇지 않을 경우, 사업성이 없는 것으로 판단한다.

$$내부수익률(IRR) = \sum_{t=0}^{n} \frac{B_t}{(1+IRR)^t} - \sum_{t=0}^{n} \frac{C_t}{(1+IRR)^t} = 0$$

여기서, B_t : t시점의 편익

C_t : t시점의 비용

n : 분석기간

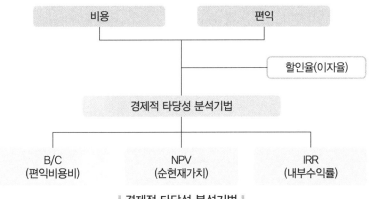

┃ 경제적 타당성 분석기법 ┃

2. 정책적 타당성 검토

① 의사결정과정에서 관련 정책 및 계획과 모순되지 않는지를 검토하는 것이다.

② 생태복원사업의 상위계획과의 부합성, 관련 법규에 대한 적법성, 지역주민의 이용 수요에 대한 부합성 등을 검토한다.

3. 기술적 타당성 검토

훼손된 자연환경 생태계의 구조와 기능을 원래의 자연환경 및 생태계의 구조와 기능으로 되돌릴 수 있도록 도와주는 다양한 생태공학기술 및 공법의 특징, 경제성, 장단점 등을 비교·검토하여 현실적으로 실현 가능한 적절한 기술적 대안을 선별하는 과정이다.

4. 타당성 검토방법

1) 경제적 타당성 검토

① 편익(benefit) 즉 환경 및 생태계서비스의 경제적 가치를 추정한다.

② 생태복원사업의 추진·시행에 필요한 비용을 추정한다.

기출예상문제

생태복원사업의 세부 타당성 검토 시 고려사항이 아닌 것은?

① 경제적 타당성 검토
② 정책적 타당성 검토
③ 기술적 타당성 검토
④ 역사적 타당성 검토

답 ④

기출예상문제

생태복원사업의 경제적 타당성 검토방법이 아닌 것은?

① 편익/비용비율
② 순현재가치
③ 내부수익률
④ ROE분석

답 ④

③ 생태복원사업의 경제성을 분석한다.

▶ **경제성 분석기법의 비교**

분석기법	판단	장점	단점
편익/ 비용 비율	$B/C \geqq 1$	• 이해 용이 • 사업규모 고려 가능 • 비용 · 편익 발생기간의 고려	• 편익과 비용의 명확한 구분 곤란 • 상호배타적 대안 선택의 오류 발생 가능 • 사회적 할인율의 파악 필요
내부 수익률	$IRR \geqq r$	• 사업의 수익성 측정 가능 • 타 대안과 비교 용이 • 평가과정과 결과 이해가 용이	• 사업의 절대적 규모를 고려하지 않음 • 몇 개의 내부수익률이 동시에 도출될 가능성 내재
순현재 가치	$NPV \geqq 0$	• 대안 선택 시 명확한 기준 제시 • 장래 발생 편익의 현재가치 제시 • 한계 순현재가치 고려 • 타 분석에 이용 가능	• 사회적 할인율의 파악 필요 • 이해의 어려움 • 대안 우선순위 결정 시 오류 발생 가능

2) 정책적 타당성을 검토한다.

▶ **정책적 타당성 검토항목**

구분	세부평가항목
지역균형발전	• 지역낙후도 • 지역경제 파급효과 • 추가평가항목(선택적)
정책의 일관성 및 추진의지	• 관련 계획 및 정책방향과의 일치성 • 사업 추진 의지 및 선호도 • 사업의 준비정도 • 추가평가항목(선택적)
사업 추진상의 위험요인	• 재원조달가능성 • 환경성(필요시) • 추가평가항목(선택적)
사업 특수 평가항목	• 추가평가항목(선택적)

3) **기술적 타당성을 검토한다.**
① 목표달성과 사업 기본전략을 토대로 각각의 부문별 계획에서 환경기술과 생태공학 기술을 활용하여 해결할 수 있는 과제가 무엇인지를 파악한다.
② 각각 부문별 계획의 해결과제 중 환경기술과 생태공학기술을 적용할 수 있는 요소를 도출한다.
③ 환경기술 요소와 생태공학기술 요소를 실현할 수 있는 잠재력이 높은 기술 또는 공

법을 목록화한다.

④ 선별한 다수의 환경 및 생태공학기술, 기법, 공법을 다각적 측면에서 비교·검토한다.

4) 환경 및 생태공학기술, 기법, 공법을 비교·검토한 결과를 바탕으로 최적의 방안을 선정한다.

04 사업집행계획 수립

1. 엔지니어링사업 대가의 산출

1) 실비 정액 가산방식

실비정액가산방식 = 직접인건비 + 직접경비 + 제경비 + 기술료 + 부가가치세

(1) 직접인건비

① 엔지니어링기술자의 인건비이다.

② 투입된 인원수에 엔지니어링기술자의 기술등급별 노임단가를 곱하여 계산한다.

(2) 직접경비

여비, 특수자료비, 제출도서의 인쇄 및 청사진비, 측량비, 토질 및 재료비 등 시험비 또는 조사비, 모형제작비, 다른 전문기술자에 대한 자문비 또는 위탁비와 현장운영경비 등을 포함하며, 그 실제소요비용을 말한다.

(3) 제경비

직접비(직접인건비, 직접경비)에 포함되지 아니하고 엔지니어링사업자의 행정운영을 위한 간접경비이며 직접인건비의 110~120%로 계산한다.

(4) 기술료

엔지니어링사업자가 개발·보유한 기술의 사용 및 기술축적을 위한 대가로서 조사연구비, 기술개발비, 기술훈련비 및 이윤 등을 포함하며 직접인건비에 제경비를 합한 금액의 20~40%로 계산한다.

2) 공사비요율에 의한 방식

공사비요율에 의한 방식 = 공사비 × 해당 공사비요율 + 직접경비 + 부가가치세

(1) 요율의 적용

① 건설, 통신, 산업플랜트 부문의 요율표를 활용한다.

② 기본설계·실시설계 및 공사감리의 업무단위별로 구분하여 적용한다.

(2) 공사비가 중간에 있을 때의 요율

공사비가 요율표의 각 단위 중간에 있을 때의 요율은 직선보간법에 의하여 산정한다.

$$y = y_1 - \frac{(x - x_2)(y_1 - y_2)}{(x_1 - x_2)}$$

여기서, x : 당해 금액, x_1 : 큰 금액

x_2 : 작은 금액, y : 당해 공사비요율

y_1 : 큰 금액, y_2 : 작은 금액

엔지니어링사업 대가의 산출

엔지니어링사업 대가 즉 생태복원사업의 계획용역비와 설계용역비를 산출하는 기준 및 방법은 「엔지니어링산업진흥법」 제31조 제2항에 따라 「엔지니어링사업대가의 기준」(2017.5.15 산업통상자원부 고시 제2017-67호)에서 구체적으로 정하고 있다. 따라서 이를 적용하여 생태복원사업의 계획용역비와 설계용역비를 산출한다.

---

2. 생태복원사업의 대략의 사업예산을 작성한다.

1) 생태복원사업의 총 사업비

▶ **생태복원사업의 총 사업비 항목**

항목	세부항목	내용
A. 용지보상비	A-1. 부지매입비	토지 확보 비용
	A-2. 보상비	지장물 보상비
B. 생태복원 공사비	B-1. 복원공사비	복원공사에 직접 소요되는 재료비, 노임, 운반비 등 기타 제경비
	B-2. 철거공사비	지장물 철거비, 폐기물 처리비
	B-3. 부가가치세	–
C. 부대경비	C-1. 설계비	• 기본계획 용역에 소요되는 비용 • 기본 및 실시설계에 소요되는 비용
	C-2. 감리비	공사 및 책임감리 용역에 소요되는 비용 (사업규모에 따라 적용 여부 검토)
	C-3. 측량 및 조사비	• 각종 측량, 조사, 시험, 검사 등에 소요되는 비용 • 인·허가 및 행정절차에 소요되는 비용
	C-4. 시설부대비	조달청 계약수수료, 공사와 직접 관련있는 공고비, 공공요금, 수용비, 여비, 공사감독관 체재비 등
	C-5. 각종 부담금	농지보전부담금, 대체산림자원조성비 등
	C-6. 부가가치세	–

항목	세부항목	내용
D. 소계	A+B+C	사업 진행과정에서 예상 못한 상황을 대비하는 비용(사전 예방 조치적 성격)
E. 예비비	D×10%	−
F. 총 사업비	D+E	−

2) 생태복원사업의 운영비

▶ **생태복원사업의 운영비 항목**

항목	세부항목	내용
A. 사후 모니터링비	A-1. 모니터링비	복원공사 완료 후, 생태기반환경, 생물서식환경, 주민만족도조사에 소요되는 비용
	A-2. 부가가치세	−
B. 유지관리비	B-1. 관리비	복원대상지 유지, 보수, 관리에 소요되는 비용
	B-2. 프로그램운영비	복원대상지에서 환경교육, 생태학습 등 이용프로그램 운영에 소요되는 비용
	B-3. 부가가치세	−
C. 운영비	A+B	−

3. 선정된 대상지 특성 및 사업추진계획에 따라 사업관계자 참여계획을 수립한다.

1) 추진체계 구축

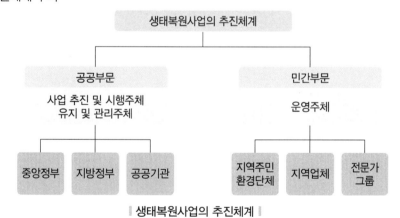

‖ **생태복원사업의 추진체계** ‖

※ 거버넌스(governance) :
공동의 목표를 달성하기 위
하여 모든 이해 당사자들이
책임감을 가지고 투명하게
의사결정을 수행할 수 있게
하는 것

2) 환경거버넌스(environmental governance) 및 파트너십(partnership) 즉 생태복원협의
체를 구성

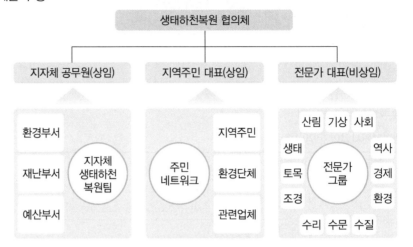

‖ 일반적인 생태하천복원협의체의 구성 예시 ‖

3) 생태복원협의체 구성원의 역할을 분담

▶ **생태복원사업협의체 구성원의 역할 분담**

구분		역할
공공부문	중앙정부	• 법 및 제도 근거 마련 • 정책적 지원 • 예산 지원 • 협의체 활동관리 및 평가 • 사업 추진 및 시행 주체
	지방정부	• 생태복원사업의 행정적 지원 • 지역주민 및 환경시민단체의 활동 지원 • 의견 조정자 역할 • 사업 추진 및 시행 주체
민간부문	주민	• 협의체 활동 참여 • 지역환경보전 및 유지·감시활동 • 참여 수준 향상 및 활성화
	기업	• 지역사회 재정적, 기술적 지원 • 복원사업을 위한 시설물 및 기술 지원(복원사업자)
	환경시민단체	• 협의체 위상 확보 • 지역환경보전 및 유지·감시활동 • 지역주민의 참여 활성화 노력
	전문가그룹	• 기술정보 지원 • 사업방향 자문

4) 생태복원사업의 추진단계별로 생태복원협의체 구성원의 참여계획을 수립

➤ **생태복원사업 추진단계별 구성원의 참여 분야**

구분		공공부문	민간부문
사업 착수 단계	사업기본계획 수립	• 사업기획 • 사업예산 확보	• 지역사회 의견 수렴 • 의견 제시 • 기술 자문 및 정책 제안 • 사업 협조 및 지원
복원단계	기본 및 실시설계	• 사업부지 선정 및 토지매입 • 용역 발주 및 관리 • 인 · 허가 및 행정절차 지원 • 홍보	
	복원공사	• 복원공사 발주 및 관리 · 감독	
유지 · 관리단계	사후모니터링	• 용역 발주 및 관리 • 민간부문 예산 지원	• 모니터링 실시 및 참여 • 재능 기부
	관리	• 관리 시행	• 지역사회 의견 수렴 • 의견 제시 • 기술 자문 및 정책 제안 • 자원봉사
	운영	• 이용프로그램 운영 지원 • 홍보	• 이용프로그램 운영 및 참여 • 기술 자문 및 정책 제안 • 홍보

PART 03

생태복원 설계 · 시공

CHAPTER 01 생태복원 현장관리

01 사업관계자 협의

1. 생태복원사업 절차

구분	단계	구분	시행주체	주요내용
1차 연도	1단계	수요조사 및 대상사업 선정	환경부	• 신청자 : 반환사업 신청내역서 제출 • 지자체 : 검토 결과서 제출 • 환경부 : 취합 및 대상사업 선정
	2단계	반환사업 승인 신청 및 승인	납부자 또는 대행자(신청), 환경부(승인)	• 신청자 : 대상사업에 대하여 반환사업 승인 신청 ※ 납부자는 납부내역, 대행자는 대행 동의서 첨부 • 환경부 : 서류 검토 후 승인 통보
	3단계	관련 인 · 허가 및 행정절차	해당 지자체 및 납부자 또는 대행자	• 지자체 : 인 · 허가 등 행정절차 검토 및 협조 • 납부자 또는 대행자 : 관련 인 · 허가 검토 및 시행, 생태자문단 운영(설계 자문)
	4단계	착공	납부자 또는 대행자(공사시행), 환경청(관리 · 감독)	• 납부자 또는 대행자 : 공사 시행 및 생태자문단 운영(시공 자문) • 환경처 : 진행과정 등에 대한 관리 · 감독
	5단계	준공 완료 및 준공검사	납부자 또는 대행자(준공), 환경청(검사)	• 납부자 또는 대행자 : 준공완료 및 준공검사 요청, 준공서류 작성 • 환경청 : 준공검사 및 정산/결과 보고(환경부)
	6단계	반환금 신청 및 산정 · 지급	납부자 또는 대행자(신청), 환경부(산정 · 지급)	• 납부자 또는 대행자 : 준공완료된 사업에 대한 반환금 신청 • 환경부 : 반환금 산정 및 지급
1차 연도 이후	7단계	유지 · 관리 및 사후모니터링	지자체(유지 · 관리), 납부자 또는 대행자(모니터링)	• 납부자 또는 대행자 : 2년 이상 모니터링 실시 및 결과 보고서 작성 · 제출 • 지자체 : 유지 · 관리 및 유지 · 관리 예산 확보

02 공정관리

1. 개요

① 공사의 품질 및 공사에 대하여 계약조건을 만족하면서 능률적이고 경제적인 시공을 계획하고 관리하는 것이 요구된다. 또 공정관리에는 착공에서 준공까지 시간적 관리는 물론, 공정과 공종을 종합적으로 검토하고 노동력, 기계설비, 자재 등의 자원을 효과적으로 활용하는 방법과 수단이 강구되어야 한다.

② 공기와 품질을 확보하고 수급인은 최소 비용으로 양질의 목적물을 완성하기 위하여 공정관리를 통해 공사를 추진하여야 한다.

③ 시공관리의 3대 목표는 공정관리, 품질관리, 원가관리이며, 공정, 품질, 원가 상호 간에는 밀접한 연관성이 있다.

2. 내용

1) 공정계획절차

① 부분작업의 시공순서 결정

② 공정에 적정한 시공기간 산정

③ 총 공사 기간범위에서 시공순서 및 기간 조율

④ 각 공정을 타당한 시간 범위에서 진행

⑤ 공사기간 내 공사종료

2) 경제적 공정계획

① 가설공사비, 현장관리비 등의 합리적 산정

② 기계설비와 소모재료, 공구 등의 적정한 사용

③ 기계와 인력의 손실이 발생하지 않도록 계획

④ 일정 및 기술 · 인력 가동을 위한 효율적인 운용계획 수립

3) 최적공기의 결정

① **최적공기** : 직접비(노무비, 재료비, 가설비, 기계운전비 등), 간접비(관리비, 감가상각비 등)를 합한 총 공사비가 최소로 되는 최적공기

② **표준공기** : 표준비용(각 공종의 직접비가 최소로 투입되는 공법으로 시공하면 전체 공사의 총 직접비가 최소가 되는 비용)에 요하는 공기, 즉 공사의 직접비를 최소로 하는 최장공기

4) 공정상의 기대시간

① 공정표 작성에서 경험이 없는 건설공사의 작업소요시간을 산정할 때는 3개의 추정치(낙관, 정상, 비관)를 확률계산하여 공정상의 기대시간(D)을 산출한다.

② 기대시간 : $D = (a + 4m + b)/6$ (a : 낙관시간, m : 정상시간, b : 비관시간)

1) 횡선식 공정표(막대그래프공정표, Bar Chart, Gantt Chart)

① 비교적 작성이 쉽고 공사내용의 개략적인 파악이 용이하여 단순공사나 시급한 공사에 많이 사용한다.

공종	공사비 구성(%)	공 기	누적 공정률(%)
1	0.33		
2	1.04		100
3	6.63		
4	15.16		90
5	16.69		
6	1.05		80
7	2.35		
8	0.46		70
9	0.18		
10	0.67		60
11	0.16		
12	6.62		50
13	0.62		
14	5.86		40
15	0.73		
16	0.84		30
17	2.59		
18	2.00		20
19	2.62		
20	1.49		10
21	16.45		
22	10.67		0
23	2.41		
	100.00		

(공기 횡축: 6 7 8 9 10 11 12 1 2 3 4 5 6 7 8 9 10 11 12 1 2 3 4 5 6)

‖ 횡선식 공정표(막대그래프공정표, Bar Chart, Gantt Chart)의 예시 ‖

② 일반적 작성순서

㉠ 부분공사(가설공사, 토공사, 콘크리트공사 등)를 공사진행순서에 따라 종으로 나열한다.

㉡ 공기를 횡축에 나타낸다.

㉢ 부분공사의 소요공기를 계산한다.

㉣ 각 부분공사의 소요공기를 적용하여 전체 공사일정과 연계시킨 공정표를 작성한다.

2) 기성고 공정곡선

① 예정공정과 실시공정을 대비시켜 진도관리를 위해 사용한다.

② 일반적 작성순서

㉠ 횡선식 공정표 작성

㉡ 단순화된 직선으로 부분공종에 대한 공사기간을 횡축에, 공사비(또는 총 공사비에 대한 %)를 종축에 작성한다.

㉢ 횡축은 월별로 구분하고 각 월에 대한 부분공사의 공사비(또는 총 공사비에 대한 %)를 가산하여 총 공사비를 누계한 예정공정곡선을 작성한다.

3) 네트워크 공정표(network chart)

① PERT(Program Evaluation and Review Technique)와 CPM(Critical Path Method)으로 구분된다.

② 횡선식 공정표는 작업기간을 막대길이로 표시하여 총괄적인 작업을 표시하는 데 비해 PERT/CPM은 일정계획을 네트워크로 표시한다.

▶ PERT(Program Evaluation and Review Technique)와 CPM(Critical Path Method) 비교

구분	PERT	CPM
개발	미 해군 개발(1958), Polaris 잠수함의 탄도미사일 개발에 응용	Dupont社에서(1957) 플랜트보전에 사용
주목적	공사기간 단축	공사비용 절감
활용	신규사업, 비반복사업, 대형 프로젝트	반복사업, 경업이 있는 사업
요소작업 시간 추정	3점 추정 $t_e = \dfrac{t_o + 4t_m + t_p}{6}$ 신규사업을 대상으로 하기 때문에 3점 추정시간을 취하여 확률 계산	1점 추정 $t_e = t_m$ t_e : 소요시간, t_o : 낙관시간 t_m : 정상시간, t_p : 비관시간 경험이 있는 사업을 대상으로 하기 때문에 정상 시간치로 소요 시간 추정
일정계산	결합점(node) 중심으로 계산 • 최조시간(最早時間) : ET, TE 　(earliest edpected time earliest time) • 최지시간(最遲時間) : LT, TL 　(latest allowable latest time)	작업(activity) 중심의 일정 계산 • 최조개시시간 : 　EST(Earliest Starting Time) • 최지개시시간 : 　LST(Latest Starting Time) • 최조완료시간 : 　EFT(Earlist Finish Time) • 최지완료시간 : 　LFT(Latest Finish Time) 작업 중심의 여유(float)시간 • 총여유 : TF(Total Float) • 자유여유 : FF(Free Float) • 간섭여유 : IF(Interfering Float) • 독립여유 : INDF(INDependent Float)
주공정	$TL - TE = 0$(굵은 선)	$TF - FF = 0$(굵은 선)
일정계획	• 일정 계산이 복잡 • 결합점 중심의 이완도 산출	• 일정 계산이 자세하고 작업 간 조정 가능 • 작업재개에 대한 이완도 산출

▶ PERT(Program Evaluation and Review Technique)와 CPM(Critical Path Method) 비교

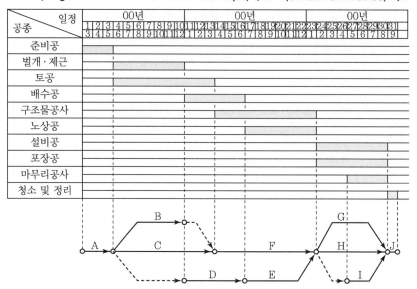

4) 네트워크공정표 작성의 주안점

① 경제속도로 공사기간의 준수

② 기계, 자재, 노무의 유효한 배분계획 및 합리적 운영

③ 공사비(노무비, 재료비)가 최소가 되도록 운영

④ 경비의 절감

▶ 네트워크공정표 작성방식

구분	횡선식 공정표	PERT/CPM형태
형태	그림(원본 확인)	그림(원본 확인)
작업 선후 관계	작업 선후 관계 불명확	작업 선후 관계 명확
중점관리	공기에 영향을 주는 작업 발견이 어려움	공기관리 중점작업을 최장경로에 의해 발견
탄력성	일정 변화에 손쉽게 대처하기 어려우나 공정별, 전체 공사시기 등이 일목요연	한계 경로 및 여유공정을 파악하여 일정 변경 가능
예측 가능	공정표 작성이 용이하나 문제점의 사전 예측 곤란	공사일정 및 자원 배당에 의해 문제점의 사전 예측 가능
통제 가능	통제 기능이 미약	최장경로와 여유공정에 의해 공사 통제 가능
최적안	최적안 선택 기능이 없음	비용과 관련된 최적안 선택이 가능
용도	간단한 공사, 시급한 공사, 개략공정표	복잡한 공사, 대형공사, 중요한 공사

5) 네트워크의 종류

(1) 애로네트워크(arrow network, arrow diagramming method)

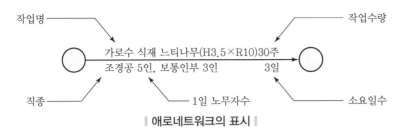

‖ **애로네트워크의 표시** ‖

(2) 프리시던스네트워크(precedence network, precedence diagramming method)

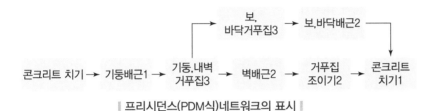

‖ **프리시던스(PDM식)네트워크의 표시** ‖

4. 상세공정계획의 수립

1) 주요공정단계별 착수시점, 완료시점

단위공정별 공사의 착수시점과 완료시점이 명기되어 있어야 한다.

2) 주요공정단계별 선·후·동시시행 등의 연관관계

관계되는 선행 또는 후속공정과의 연관성을 면밀히 파악하여야 하며 인력 및 장비의
순차적인 진행이 이루어질 수 있도록 검토되어야 한다.

3) 주공정선(critical path)과 보조공정과의 진행 관계

주공정을 수행하기 위한 보조공정 및 작업은 주공정이 이루어기 이전에 반드시 시공되
어야 하므로 주공정을 위한 보조공정이 이루어지지 않을 경우 주공정의 진행이 곤란하
게 된다. 따라서 공정 간 관계에 대한 명확한 공정계획이 수립되어야 원활하게 주공정
을 진행할 수 있다.

5. 부진공정 만회대책

1) 부진공정의 해결방안 모색

공정의 부진은 여러 요인에 의하여 복합적으로 발생한다. 따라서 정확한 요인을 규명
하여 해결방안을 모색하여야 한다.

공정부진의 요인으로는 자재·인력·장비 수급의 문제, 선행공종의 공정 부진, 악천
후, 설계변경 지연, 현장여건 변경, 민원 및 기타 예상치 못한 변수의 발생 등 여러 가

지가 있을 수 있으며, 공기 및 공사비 확보 등이 적기에 이루어지지 않을 경우에는 부진공정이 발생할 수밖에 없으므로 이에 대한 적절한 만회대책이 필요하다.

2) 부진공정 만회대책의 수립

공정의 부진요인에 대한 규명과 다음과 같은 조치를 선택하여 만회대책을 수립한다.

(1) 작업방법의 변경사항

현재의 작업방법에 문제가 있다고 판단될 경우에는 변경을 시행하여 부진공정을 만회하여야 한다.

① 작업절차 또는 공법의 변경
② 장비 및 인력 투입의 변경

(2) 작업장 증가 및 추가

동시에 여러 곳에서 같은 공종을 동시에 시행할 수 있도록 하여 부진공정을 만회하여야 한다. 이러한 경우 감독자의 업무가 분산되므로 작업 결과물의 품질에 더 집중하여야 한다.

① 각 작업장별 작업방법
② 추가 작업장의 신설 상세계획

(3) 돌관작업

장비와 인원을 집중적으로 투입하여 한달음에 해내는 공사로, 작업시간 외 야간작업 또는 추가작업시간을 확보하여 부진공정을 만회하여야 한다. 야간작업의 경우는 공사 결과물의 품질뿐만 아니라 안전관리점검을 충분히 하여야 한다.

① 작업시간 대비 인력 투입계획
② 안전 및 환경보전대책

기출예상문제

부진공정 만회대책으로 작업시간 외 야간작업 또는 추가작업시간을 확보하여 장비와 인원을 집중적으로 투입하여 한달음에 해내는 공사를 무엇이라 하는가?

① 돌관작업
② 애로네트워크
③ 프리시던스네트워크
④ PERT

답 ①

03 예산관리

1. 공사비 산정과정

설계도서의 검토 →	해당 공사의 설계도면과 시방서를 검토하여 누락되거나 잘못 설계된 부분이 있는지 확인
공사현장조사 →	설계도서에 명시되지 않은 사항을 사전조사를 통하여 자료를 수집하고 견적에 반영
수량 산출 →	설계도면 및 시방서에 의해 재료소요량 및 필요노무량 산출
단위공종 품셈 산정 →	품셈에 의해 단위공종을 결정
단가 결정 →	재료단가, 노무단가, 복합단가로 구성하며 재료 및 노무, 중기 임대료 등 객관성 있는 기준 가격 결정
일위대가표 작성 →	단가와 품셈에 의해 단위공종의 일위대가표 작성
순공사비(공사원가) 산정 →	각 공종별 수량에 일위대가표의 단가를 곱하여 해당 공종의 세목별 공사비 산출
총 공사비 산정 →	공사규모와 여건에 맞는 제작비율을 산정하여 총 공사비를 산출하고 공사비내역서 작성

04 품질관리

1. 품질관리

생태복원공사의 품질관리는 일반 건설공사의 품질관리 기준 [건설기술진흥법과 시행령 및 시행규칙과 공사 시방서]과 달리 복원목표에 부합한 품질관리와 「건설기술진흥법」에서의 품질관리로 나누어 볼 수 있다.(복원목표 설정을 통한 품질관리는 제외함)

1) 품질관리계획서의 감독사항

발주자는 공사계약문서에 품질관리계획서의 내용, 제출시기 및 수량 등에 대한 다음의 사항을 정하여야 한다.

① 품질관리계획서 및 품질관리절차서, 지침서 등 품질 관련 문서의 제출시기 및 수량
② 품질관리계획서 등 품질 관련 문서의 검토, 승인시기
③ 하도급자의 품질관리계획 이행에 관한 시공자의 책임사항
④ 공사감독자 또는 건설사업관리기술자가 실시하는 품질관리계획 이행상태 확인의 시기 및 방법
⑤ 품질관리계획 이행의 부적합사항의 처리 및 기록

2. 시공 시 품질관리

설계도서, 시방서, 공정계획 등을 검토하여 품질관리가 소홀해지기 쉽거나 하자 발생 빈도가 높아 시공 후 시정이 어렵고 많은 노력과 경비가 소요되는 공종 또는 부위를 중점 품질관리 대상으로 선정하여 다른 공종에 비하여 우선적으로 품질관리상태를 입회, 확인하여야 한다. 또한 중점품질관리 공종 선정 시 고려해야 할 사항은 다음과 같다.

① 공정계획에 의한 월별, 공종별 시험종목 및 시험횟수
② 품질관리자 및 공정에 따른 인원충원 계획
③ 품질관리 담당 건설사업관리기술자의 인원수 및 직접 입회, 확인이 가능한 적정 시험횟수
④ 공종의 특성상 품질관리상태를 육안 등으로 간접 확인할 수 있는지 여부
⑤ 작업조건의 양호, 불량 상태
⑥ 타 현장의 시공사례에서 하자 발생 빈도가 높은 공종인지 여부
⑦ 품질관리 불량부위의 시정이 용이한지 여부
⑧ 시공 후 지중에 매몰되어 추후품질 확인이 어렵고 재시공이 곤란한지 여부
⑨ 품질불량 시 인근 부위 또는 타 공종에 미치는 영향의 경중 정도
⑩ 시공이 광활한 지역에서 이루어져 접근이 용이한지 여부

3. 공종별 품질관리방안 수립

① 중점품질관리 공종의 선정
② 중점품질관리 공종별로 시공 중 및 시공 후 발생 예상 문제점
③ 각 문제점에 대한 대책방안 및 시공지침
④ 중점품질관리 대상구조물, 시공부위, 하자 발생 가능성이 큰 지역 또는 부위 선정
⑤ 중점품질관리 대상의 세부관리항목 선정
⑥ 중점품질관리 공종의 품질 확인 지침
⑦ 중점품질관리 대장을 작성, 기록, 관리하고 확인하는 절차

05 안전관리

1. 안전계획 수립

1) 공사 개요
공사 전반에 대한 개략을 파악하기 위한 위치도, 공사 개요, 전체 공정표 및 설계도서(해당 공사를 인가·허가 또는 승인한 행정기관 등에 이미 제출된 경우는 제외한다)를 말한다.

2) 안전관리 조직
공사관리 조직 및 임무에 관한 사항으로 시설물의 시공안전 및 공사장 주변 안전에 대한 점검·확인 등을 위한 관리조직을 말한다.

3) 공정별 안전점검계획
자체 안전점검, 정기안전점검의 시기·내용, 안전점검공정표 등 실시계획 등에 관한 사항을 수행한다.

4) 공사장 주변 안전관리대책
공사 중 지하매설물의 방호, 인접 시설물의 보호 등 공사장 및 공사현장 주변에 대한 안전관리에 관한 사항 및 하천, 습지의 경우 수심과 유속 등의 안전에 문제가 있을 수 있는 사항을 점검하고 대책을 수립한다.

5) 안전관리비 집행계획
안전관리비의 계상액, 산정명세, 사용계획 등에 관한 사항을 살피고 계획을 수립한다.

6) 안전교육계획
안전교육계획표, 교육의 종류, 내용 및 교육관리에 관한 계획을 수립한다.

7) 비상시 긴급조치계획
공사현장에서의 비상사태에 대비한 비상연락망, 비상동원조직, 경보체제, 응급조치 및 복구 등에 관한 사항을 계획한다.

기출예상문제

안전관리비에 대하여 잘못 설명한 것은?
① 정기안전점검에 따른 안전점검비용
② 주변 시설물 및 환경에 대한 피해방지 대책비용
③ 공사장 주변 통행안전관리 대책비용
④ 여비, 특수자료비, 제출도서의 인쇄비용

답 ④

2. 안전관리비
공사진행 시 안전관리에 필요한 비용으로 복원공사설계에 반영되어 시공자에게 지급한다.

① 안전관리계획의 작성 및 검토
② 정기안전점검에 따른 안전점검비용
  ㉠ 안전시공을 위한 임시시설 및 가설공법의 안전성
  ㉡ 공사목적물의 품질, 시공상태 등의 적정성
  ㉢ 인접 건축물 또는 구조물의 안전성 등 복원공사 주변 안전조치의 적정성

③ 주변 시설물 및 환경에 대한 피해방지 대책비용

③ 주변 시설물 및 환경에 대한 피해방지 대책비용
④ 공사장 주변의 통행안전관리 대책비용
⑤ 안전관리비의 산출 기준
ㄱ「산업안전보건법」에 의해 산업재해를 예방하고 쾌적한 작업환경 조성을 위해 공사원가에 포함된 금액
ㄴ 근로자의 안전과 건강, 산업재해 예방시책에 따라 공사수행 시 적합한 비용 사용

3. 공종별 안전위협요소

다양한 장비의 사용	건설기계 확인/점검 미흡에 의한 협착사고
· 양중 및 이동, 굴착 등 장비의 다양성 · 양중 및 이동자재의 비규격화 (대형/비정형 자연재료)	· 건설기계 확인/점검 미흡에 의한 협착사고 · 양중용 줄걸이 불량으로 인한 낙하/진도 사고 · 신호수 작업기준 미준수 및 부주의에 의한 협착사고

공종 및 재료 특성	
· 소규모 다수익 공종으로 구성 · 수목, 자연석등 자연재료를 대상 · 현장 내 수형정리 등 자연재료의 가공 및 절단 작업 다수	· 사다리 미사용(B/H 버킷 탑승), 불량 사다리 사용으로 인한 추락 사고 · 다양한 공종에서 다수의 미인증 공도구 사용(절단 등)에 의한 각종 골절 사고

근로자의 고령화	
· 식재공사 전문작업자의 노령화 · 초화류공사 시 대량의 작업자 투입 · 혹서기/혹한기 준공일정 준수를 위해 식재공사진행	· 고혈압 등 항시 안전 Risk 내재 · 혹서기/혹한기작업에 따른 인사사고 · 준공일정 준수를 위한 일시의 대량 인력 투입에 의한 인사사고

┃ 생태복원 공사 특성상 안전사고 주 발생 원인 분석 ┃

① 공종별 위험성 평가표를 작성한다.
② 공정별 안전기준을 설정하여 관리한다.
③ 작업 전 안전위험요소를 제거하고, 안전사고 예방활동을 한다.
④ 작업 전 안전기준에 맞는 작업계획을 수립하고 진행한다.

▶ 식재공종의 위험성 평가표

작업순서	A	B	C	위험성			주요위험요인	비고
				H	M	L		
수목 반입	0	0	1		★		신호자/유도지 미배치에 의한 협착	
수목 하역	0	0	3	★			크레인 협착/전도, 수목낙하	
수목 전지	0	0	1		★		사다리 위 추락, 사다리 전도	
수목 식재	0	0	2	★			슬링바 체결 미흡 낙하/장비 전도	
관수 작업	0	0	0			★	수목 전도	
지주목 설치	0	0	1		★		사다리 위 추락/장비 전도	
병충해 방제작업	0	0	1		★		고소작업차 미사용/장비 전도	

기출예상문제

생태복원공사 특성상 안전사고의 주발생원인이 아닌 것은?
① 다양한 장비의 사용
② 현장 내 수형정리 등 자연재료의 가공 및 절단작업 다수
③ 혹서기, 혹한기 준공일정 준수를 위해 식재공사 진행
④ 낙하물방지망 미설치에 의한 안전사고

답 ④

〈수목식재작업 시 안전기준의 예시〉

1. 운반 및 하역작업
   ① 수목 하역작업 전 하역 취지를 사전에 정한다.
   ② 수목 반입 전 하중 확인 후(하중 표시) 수목의 중량에 적합한 양중장비를 선정한다.
   ③ 차량 이동구간에 유도자를 배치하여 차량 유도 및 근로자를 통제한다.
   ④ 작업 전 양중로프의 적합성 및 훼손 여부를 점검한다.
   ⑤ 양중작업 주변 인원을 통제한다.
   ⑥ 수목의 낙하를 방지하기 위해 견고하게 결속한다.
   ⑦ 수목 반입 시 수목의 하중을 수목에 표시해야 한다.

2. 건설기계작업(굴삭기)
   ① 작업 전 차량계 건설기계작업계획서를 작성 · 제출하고 장비작업구역을 해당 작업 구역 근로자에게 주지시킨다.
   ② 장비작업 전 브레이크장치, 후진경보등, 후방감지기 등의 안전장치 설치 및 이상 유무를 확인한다.
   ③ 버킷 탈락의 위험이 없도록 커플러안전판을 설치한다.
   ④ 장비작업 반경 내에 작업자가 접근하지 못하도록 작업반경 내 접근방지표시를 한다. (기타 사항은 굴삭기작업 안전지침을 따른다.)
   ⑤ 굴삭기작업 안전지침 중 자재양중 및 근거리운반 기준
      • 상기 지침에 근거한 건설기계작업계획서 작성을 원칙으로 하나 자재의 양중 시 장비양중능력, 자재중량을 확인 후 안전관리자와 협의 후 작업을 시행할 수 있다.
      • 또한 자재 이동의 최소화를 위한 가설계획(야적장 등)을 수립한다.

3. 지주목 설치 및 가지치기작업
   ① 지주목 설치작업은 고소작업자(스카이)의 장비 사용을 원칙으로 한다.
   ② 장비 사용이 불가할 시 아래의 기준을 준수한다.
      • 사다리작업 시 2인 1조 작업 실시
      • 생명줄과 조립을 이용하여 승 · 하강 시 추락 예방
      • 보조로프(14mm) 2개를 사용하여 사다리와 나무의 주간과 고정 실시
      • 사다리는 작업발판과 난간이 있는 작업발판사다리 사용을 원칙으로 하나, 불가피할 경우 사다리 사용사례를 참고하여 안전관리자와 협의 후 시행한다.

01 생태복원과 관련된 공사에서 순공사원가 계산에 포함되는 3가지 비목은 무엇인가? (2020)

① 재료비, 노무비, 이윤

② 재료비, 노무비, 경비

③ 재료비, 일반관리비, 이윤

④ 재료비, 일반관리비, 경비

CHAPTER 02 생태복원 도서 작성

01 기본계획서 작성방법

1) 사업의 개요
① 사업배경 및 목적
② 사업범위
③ 사업비
④ 주요사업내용
⑤ 기대효과

2) 대상지역현황
① 대상지 훼손현황
② 생태기반환경 및 생활환경의 조사·분석
③ 생태축과의 관계
④ 자연환경가치평가
⑤ 해당 지역 토지연혁 및 이용상태 등
⑥ 대상지 토지소유자현황(지적별로 구분하여 표로 작성)

3) 기본구상
① 사업의 기본방향
② 목표종 설정 및 요구조건
③ 공간 및 시설계획
④ 활용프로그램
⑤ 기본구상도

4) 기본계획
① 토지이용(공간구분) 및 동선계획
② 환경개선(복원)계획
③ 식재계획
④ 시설물계획
⑤ 유입·배수계획

⑥ 기본계획도(master plan)

5) 유지관리 및 모니터링계획
① 유지관리 주체, 모니터링항목 및 방법, 결과 활용 등
② 사업완료 후 사후모니터링에 대한 주민참여 강화 및 일자리 창출 활성화방안 등

6) 인·허가절차 검토
① 용도지역별 현황
② 사업추진에 따른 인·허가사항 및 관련 법규
③ 인·허가 기관 및 소요비용

7) 생태계교란 및 추가 훼손 가능성
사업추진으로 인한 생태계 교란과 주변 지역의 추가 생태계훼손 가능성 및 저감방안

02 설계도면 작성

1) 도면작성방법
① 도면 목차
② 종합계획도
③ 총괄수량표
④ 현황도
　㉠ 현황측량도　　　　　　　　㉡ 현황수목배치도
　㉢ 기타
⑤ 토공도
　㉠ 절성토계획도　　　　　　　　㉡ 부지정지계획도
⑥ 수리·수문계획도
　㉠ 유입·배수계획도　　　　　　㉡ 수환경계획도(습지밀계류)
⑦ 식재계획도
　㉠ 수목이식계획도　　　　　　　㉡ 수목식재계획도(교목, 관목, 초본)
⑧ 시설물·포장계획도
　㉠ 생태시설물계획도　　　　　　㉡ 포장시설물계획도
⑨ 상세도
　㉠ 습지상세도(종류별)　　　　　㉡ 식재상세도(종류별)
　㉢ 시설물상세도(종류별)　　　　㉣ 포장상세도(종류별)
　㉤ 기타 상세도(종류별)

03 예산서 작성

① 설계설명서   ② 예정공정표
③ 원가계산서   ④ 총괄내역서
⑤ 내역서   ⑥ 일위대가표
⑦ 자재총괄표   ⑧ 수량산출서
⑨ 단가산출서   ⑩ 자재단가
⑪ 노임단가

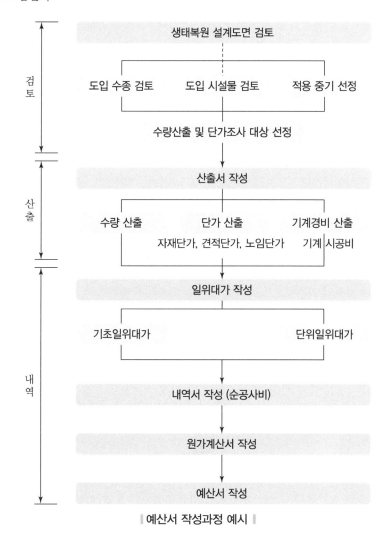

┃ 예산서 작성과정 예시 ┃

04 시방서 작성

1. 표준시방서

표준시방서는 시설물의 안전 및 공사시행의 적정성과 품질 확보 등을 위하여 시설물별로 정한 표준적인 시공기준으로서 발주자 또는 설계 등 용역업자가 공사시방서를 작성하는 경우에 활용하기 위한 시공기준이다.

2. 전문시방서

표준시방서를 기본으로 모든 공종을 대상으로 하여 특정한 공사의 시공 또는 공사시방서의 작성에 활용하기 위한 종합적인 시공기준을 말한다. 대표적으로 건설공사 전문시방서(한국토지공사), 댐 및 상수도공사 전문시방서, 철도공사 전문시방서, 항만어항공사 전문시방서 등이 있다.

3. 공사시방서

공사시방서는 건설공사의 계약도서에 포함되는 시공의 기준이 되는 시방서로서 표준 시방서 및 전문시방서를 기본으로 작성하되, 공사의 특수성, 지역여건, 공사방법 등을 고려하여 설계도면에 구체적으로 표시할 수 없는 내용과 공사수행을 위한 시공방법, 자재의 성능, 규격 및 공법, 품질시험 및 검사 등 품질관리, 안전관리계획 등에 관한 사항을 기술한 시방서를 말한다. 예를 들어, 특정 지자체가 건축주일 때 그 지자체에 전문시방서가 있다하더라도 그것을 기준으로 해당 건축물에 적합한 시방서를 새로 만들어야 한다. 이때 전문시방서는 품질이나 시공의 기준이고, 공사시방서는 실행기준이 된다.

4. 특기시방서

공사시방서를 작성하지 않았을 때 또는 공사시방서가 있다하더라도 시공상세에 따른 별도의 규정을 정하기 위해 작성한 시방서로 공종이 복잡하거나, 특수한 공법(특허) 등의 사유로 표준시방서로는 시공수행이 어려울 때, 해당 전문업체의 도움을 받아 작성하도록 한다.

5. 성능시방서

설계도 없이 공사를 계약하는 경우 또는 설계를 포함하여 공사를 계약하는 경우, 발주처나 시설물 주의를 원하는 성능 기준을 정한 시방서를 말한다.

05 공사서류 작성

1. 착공

① 착공신고서(발주자의 별도 서식)
② 건설기술자 배치계획서
③ 건설기술자 경력증명서 및 자격증 사본
④ 도급내역서
⑤ 착공 전 현장조사사진
⑥ 공동계약 이행계획서 또는 공동수급 운영협정서
⑦ 기타 정보공개동의서, 청렴서약서 등 발주자요청사항 등

2. 준공

① 준공검사원
② 준공총괄내역서
③ 준공내역서
④ 예비준공검사 지적사항 조치결과
⑤ 준공부분에 대한 설계도면 및 설계변경한 부분의 설계도면
⑥ 품질시험검사 성과총괄표
⑦ 주요 자재 검사 및 수술부
⑧ 지급 자제 정산내역서
⑨ 매물부위 검사기록서류 및 시공 당시의 사진
⑩ 하수금인 목록(상호, 소재지, 대표자, 전화번호, 공사범위, 공사기간 등)
⑪ 운전 및 유지관리지침서
⑫ 공사기록부
⑬ 안전관리비 사용내역서
⑭ 기타 감독자가 필요하다고 인정하는 확인서류

3. 유지관리

▶ 유지관리 주요조사항목 및 내용

조사항목	조사내용
수환경관리	• 습지의 물순환형 체계 유지 • 수질관리 및 안정적인 수위 유지 • 상수나 지하수를 이용할 경우 평균수위를 정하여 관리기준으로 삼고, 항상 일정한 수위를 유지하는 것보다는 홍수기에는 평균수위 이상을 유지하고 가뭄기에는 최하수위를 유지 • 부영양화현상관리 : 영양염류를 제어하거나 조류의 성장을 제어하여 관리
식생관리	• 수변식생관리 : 지나치게 밀생한 수변식생과 개방수면을 필요로 하는 곤충을 위해 갈대 등 생육이 왕성한 식물은 적절한 풀베기를 실시 • 야생초지관리 : 잔디와 야생초류 혼재지역은 야생초류의 개화시기를 고려하여 풀베기 등을 시행 • 외래식물관리 : 미국자리공, 망초류, 환삼덩굴 등을 빠른 성장 및 확산력을 바탕으로 식재된 자생종을 피압시킬 가능성이 있으므로 다양한 방법으로 적절히 관리
동식물관리	• 곤충류 : 개방수면을 적절하게 유지하기 위해 수초의 지나친 성장을 억제하고 다양한 식생이 지속적으로 유지될 수 있도록 관리 • 어류 : 수질관리와 수온관리 • 양서류관리 : 습지공간이 보전되도록 하며 수질에 급격한 변화가 일어나지 않도록 관리 • 조류 : 습지 내에 서식하는 조류가 선호하는 둥지가 형성되지 않은 경우 인위적으로 새집 등을 달아주고, 다양한 식생구조를 유지할 수 있도록 관리
이용자관리	• 이용자의 안전성 확보 : 수심 1m 이상의 친수공간에 접근방지시설 설치 및 접근통제 조치 강구 • 완충지역의 관리 : 이용공간과 서식공간의 상충성을 완화시키는 공간으로 적절한 완충지역을 설정하여 관리(토양침식, 식물 답압, 오염 등) • 환경교육을 통한 이용자 관리
외래종관리	• 외래종에 대응을 위한 유지·관리 방침 수립 • 생태계교란을 일으키는 외래종은 구체적 상황을 파악하여 인위적으로 제거
시설물관리	• 복원을 위해 도입된 시설물의 주기적인 점검 • 특히 복원지역의 식생환경은 주기적으로 변화할 수 있으므로, 도입 시 설치하였던 식물표지판 등은 주기적으로 확인·교체

기출예상문제

생태복원사업 유지관리 시 동식물관리방법으로 적절하지 않은 것은?

① 곤충류 : 다양한 식생이 지속적으로 유지될 수 있도록 관리
② 어류 : 수질 및 수온관리
③ 양서류 : 습지공간관리 및 수질관리
④ 조류 : 외래식물관리

🔖 ④

4. 사후모니터링

① 모니터링주제는 납부자 또는 대행자로 복원사업 완료 후 최소 2년 이상 실시한다.

② 1차 연도는 연 2회 이상 심층모니터링을 수행하고 2차 연도 이후에는 목표종의 생육활동시기에 따라 연 2회 이상 수행한다.

③ 사후모니터링은 모니터링계획서와 아래의 조사항목 및 내용을 원칙으로 실시한다.

➤ 사후모니터링 조사항목 및 내용

조사항목	조사내용
생태기반환경	지형, 수리·수문(수질 포함), 토양 등
생물종	• 대상지 목표종을 중심으로 조사하되, 식생은 기본적으로 조사 • 동물상은 모든 분류군에 대한 조사를 원칙으로 하나, 대상지현황에 따라 중점동물분류군 선정 가능
서식처	서식처유형, 안정성, 훼손 여부 등을 조사
복원 및 이용시설물	• 복원시설물의 안전성과 관리 및 활용상태 등을 조사 • 이용시설물은 이용에 의한 훼손이나 활용빈도 등을 조사

※ 위 조사항목을 토대로 복원목표 및 대상지 특성을 고려하여 조사항목 및 내용을 구성

기출예상문제

생태복원공사 사후모니터링방법으로 잘못된 것은?

① 모니터링은 복원사업 완료 후 최소 2년 이상 실시한다.

② 복원사업 완료 후 1차 연도는 연 2회 이상 심층모니터링을 수행하고 2차 연도 이후에는 목표종의 생육활동시기에 따라 연 2회 이상 수행한다.

③ 사후모니터링은 생태기반환경, 생물종, 서식처, 복원 및 이용시설물 등의 조사항목을 원칙으로 실시한다.

④ 모니터링 주체는 토지소유자로 사업 후 모니터링 결과에 따라 피드백하여야 한다.

답 ④

CHAPTER 03 생태기반환경 복원 설계시공

01 현장준비

1. 측량 및 경계 설정

1) 지상측량

기준점은 시공에 앞서 이동될 우려가 없는 곳에 설치하여 충분히 보호하며, 또한 인조점을 두어 검측복원이 용이하도록 하여야 한다.

2) 경계측량

인접지 및 도로와의 경계는 감독관, 인접지소유자, 기타 관계기관의 입회하에 측량하고, 측량 결과에 따라 경계말뚝을 견고히 설치하여 준공 시까지 보호 · 관리하여야 한다.

3) 현황측량

사업대상지와 인접대지 또는 도로와의 경계부분 등의 고저가 표시되어야 하며, 대지 내에 있는 지상구조물, 수목, 상하수도, 통신 및 전력케이블, 가스라인 등의 위치, 규격 등을 표시한다.

2. 현장 기본조건 파악

1) 현장의 지형을 포함한 생태기반환경을 조사 · 분석한다.
지형 및 토지피복, 토양환경, 수환경, 대기환경, 경관 등

2) 현장의 기존 식물을 포함한 생태환경을 조사 · 분석한다.
식물상 및 식생, 동물상

3) 현장의 기존 시설을 조사한다.
(1) 기존 시설을 파악하여 도면에 반영한다.
　　① 주변 구조물 · 건물
　　② 진입도로현황
　　③ 인접 도로의 교통규제상황
　　④ 지하매설물 및 장애물
　　⑤ 부지경계선 및 지반의 고저차
　　⑥ 문화재의 유무

⑦ 기타 필요한 사항

(2) 조사한 시설물의 설계도서에 맞게 존치, 제거, 활용 여부를 결정한다.

3. 우선보호대상 파악

1) 사전조사내용을 검토하고 우선보호대상을 파악한다.
① 생물종 : 주요 생물종, 법정보호종 예 멸종위기야생생물 1·2종, 천연기념물 등
② 기반환경 및 시설물 : 법정문화재

2) 우선보호대상 표식을 한다.
우선보호대상이 발견된 경우, 현장관계자 누구나 쉽게 확인할 수 있도록 표식을 명확하게 설치한다.

3) 우선보호대상에 따른 보호조치를 시행한다.
(1) 멸종위기야생동물
멸종위기야생동물이 발견되었을 경우에는 시공을 중지하고, 관할 관청에 신고하여 법적 절차에 따라 조치를 시행한다.
① 사업으로 피해가 발생한 경우(보호종 훼손)
지체 없이 통보(특별한 사정이 있을 경우 24시간 이내)
② 피해 발생 우려가 있는 경우(보호종 발견)
관할 관청에 3일 이내 통보

법정보호종 발견
(시공관계자, 작업인부)

선조치 후보고 ▼▼▲▲ 임시보호대책 강구 ← 발견 즉시 조치

사업자

보고 ▼▼▲▲ 임시보호대책 강구 ← 24시간~3일 이내 보호대책 강구

승인기관 및 협의기관

‖ 법정보호종 출현 시 조치계획 및 절차 ‖

(2) 문화재
① 「매장문화재 보호 및 조사에 관한 법률」에 따라 사전조사를 통해 문화재 지표조사 대상인 사업은 법적 절차에 따라 조치한다.
② 문화재 현상변경허가
대상지가 문화재 현상변경 허가대상구역(역사·문화·환경 보존지역) 내에 위치할 경우, 「문화재보호법」에 의한 문화재 현상변경허가를 취득한다.
③ 문화재지표조사
문화재 현상변경허가조건에 따라 사업시행자는 해당 사업지역에 문화재가 매장·분포되어 있는지를 확인하기 위하여 사전에 실시한다.

기출예상문제

생태복원공사 중 멸종위기야생동물이 발견되었을 경우 조치방법으로 잘못된 것은?
① 시공을 중지하고, 관할 관청에 신고하여 법적 절차에 따라 조치를 시행한다.
② 법적 보호종이 훼손된 경우 지체없이 통보하고 특별한 사정이 있을 경우 24시간 이내에 통보하여야 한다.
③ 법적 보호종에 피해 발생 우려가 있는 경우 관할 관청에 3일 이내에 통보하여야 한다.
④ 법적 보호종이 발견된 경우 선보고 후 조치하여야 한다.
답 ④

기출예상문제

「매장문화재 보호 및 조사에 관한 법률」에 따라 문화재 시굴조사 시 유적이 발굴되었을 경우 행하는 절차는?

① 문화재지표조사
② 문화재시굴조사
③ 문화재발굴조사
④ 문화재사전조사

답 ③

④ 문화재시굴조사

지표조사 시 매장문화재가 존재하는 경우 문화재시굴조사를 실시한다.

⑤ 문화재발굴조사

시굴조사 시 유적이 발굴되면 정밀발굴조사를 실시한다.

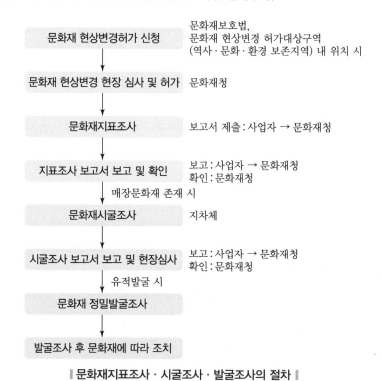

┃ 문화재지표조사 · 시굴조사 · 발굴조사의 절차 ┃

4. 현장 주변 위해요소를 파악

1) 대상지 및 현장 주변 위해요소를 파악한다.

(1) 기존 시설물을 파악한다.

주변 구조물 · 건물, 진입도로현황, 인접 도로의 교통 규제상황, 지하매설물 및 장애물, 부지경계선 및 지반의 고저차, 문화재의 유무 등

(2) 생활환경 위해요소를 파악한다.

기존 시설물을 파악하고 시설 특성에 따라 위해우려가 있는 요소를 파악하여 정밀 조사를 실시한다.

① 대기환경 위해요소

PM-10, NO_2, O_2, 온실가스, 악취, 기타 중금속 등

② 수환경

점 · 비점오염원, 지하수위 강하

③ 토양환경

연약지반, 절 · 성토 비탈면, 유류, 중금속 등

④ 생활환경

소음 · 진동, 폐기물 등

2) 현장여건 및 환경조사 · 분석 결과를 토대로 피해방지대책을 수립한다.

(1) 기존 시설물의 피해방지대책을 수립한다.

① 주변 구조물 · 건물 등에 대한 피해저감대책

② 지하매설물, 인근 도로, 교통시설물의 손괴대책

③ 지장물(支障物) 철거 및 원상복구대책

④ 통행지장대책

⑤ 주변 지반 침하대책

(2) 생활환경 피해방지대책을 수립한다.

① 소음, 진동, 분진, 비산먼지 방지대책

② 수질오염 방지대책

③ 지하수 보호대책

④ 우기 중 배수대책

⑤ 폐기물 처리대책

02 현장보호시설 설치

1. 환경보호시설 범위

환경보호시설은 현장을 효율적으로 관리 및 운영하기 위해 임시로 설치하는 가설시설물, 가설공급설비와 환경피해가 최소화되도록 자연환경 및 생활환경보전과 환경오염방지를 위한 환경관리시설을 말한다.

2. 가설시설물 및 가설공급설비

1) 가설시설물

① 가설방호책

② 방화 및 도난방지

③ 가선울타리

④ 가설방음벽

⑤ 공사표지판

⑥ 가설도로

⑦ 주차장

⑧ 현장사무소

⑨ 재료보관창고

⑩ 기타 가설건물

2) 가설공급설비

① 가설전기

② 가설조명

③ 가설냉난방

④ 가설환기

⑤ 가설전화 및 통신

⑥ 가설상수

⑦ 가설하수

⑧ 가설현장배수

3. 환경관리계획 및 환경관리시설

1) 환경관리계획

(1) 대기질

① 현장 주변의 쾌적한 대기환경을 조성하기 위해 「환경정책기본법」의 관련 규정에 의한 환경기준을 유지하도록 하여야 한다.

② 일정한 배출구 없이 대기 중에 비산먼지를 발생시키는 공사를 수행하는 경우에는 그 발생을 억제하기 위한 시설을 설치하거나 필요한 조치를 하여야 한다.

③ 사업수행 시 발생되는 폐기물을 소각하고자 할 때에는 「폐기물관리법」에서 정하는 적합한 소각시설에서 소각하여야 한다.

(2) 수질

① 현장 주변의 하천, 호소, 해역 등 공공수역 및 공공하수도의 수질오염물질 배출로 인한 오염을 방지하기 위하여 「물환경보전법」에서 정하는 배출허용기준을 준수하여 「환경정책기본법」에 의한 수질환경기준을 유지하도록 하여야 한다. 또한 환경영향평가 대상사업으로 환경부와 별도로 협의된 배출허용기준이 있는 경우 이를 준수하여야 한다.

② 현장에서 수질오염물질이 발생하지 않도록 필요한 조치를 하여야 하며, 불가피하게 수질오염물질이 발생하는 경우 현장의 지역적 특성과 공종별 특성에 맞는 적절한 수질오염방지시설을 설치 · 운영하여야 한다.

③ 사업수행 시 토사 등 환경오염을 유발하는 물질이 유출되어 상수원 또는 하천 · 호소 · 해역 등을 오염시키지 않고, 하수도 운영에 지장이 없도록 투자유출 저감시설 등 수질오염방지시설을 설치 · 운영하여야 한다.

기출예상문제

생태복원사업에서 환경관리계획으로 잘못된 것은?

① 현장 주변의 쾌적한 대기환경을 조성하기 위해 환경정책기본법의 관련 규정에 의한 환경기준을 유지하도록 하여야 한다.

② 현장에서 수질오염물질이 발생하지 않도록 필요한 조치를 하여야 하며, 불가피하게 수질오염물질이 발생하는 경우 현장의 지역적 특성과 공종별 특성에 맞는 적절한 수질오염 방지시설을 설치 · 운영하여야 한다.

③ 공사차량 운행으로 인한 소음의 영향을 저감하기 위해서 차량의 운행속도를 제한하거나 소음방지시설을 설치하여 주변 생활환경지역의 영향을 최소화하여야 한다.

④ 현장에서 배출되는 폐기물은 감독자와 협의하여 소각 및 파쇄하도록 한다.

답 ④

(3) 소음·진동

① 「소음·진동관리법」에서 정하는 생활소음·진동관리기준을 준수하여 현장에 투입되는 현장비에 의한 소음·진동의 영향을 최소화하여야 한다.

② 현장 내에 소음·진동 배출시설을 설치하고자 할 때에는 「소음·진동관리법」에 따라 설치하고 운영하여야 한다.

③ 공사차량 운행으로 인한 소음의 영향을 저감하기 위해서 차량의 운행속도를 제한하거나 소음방지시설을 설치하여 주변 생활환경지역의 영향을 최소화하여야 한다.

(4) 폐기물

① 현장에서 배출되는 폐기물을 「폐기물관리법」의 관계 규정에 적합하게 분리수거, 수집·운반·보관 및 처리하여야 한다.

② 현장에서 배출되는 폐기물을 처리하기 위하여 소각시설, 파쇄시설 등을 설치할 경우 「폐기물관리법」에 의해 적정한 시설을 설치·운영하여야 한다.

③ 현장에서 배출되는 폐기물 중 재활용이 가능한 폐기물이 「폐기물관리법」, 「건설폐기물의 재활용 촉진에 관한 법률」 등에 의해 처리되도록 발주자 및 감독자와 협의하고 처리하여야 한다.

(5) 토양보전

① 사업수행 시 현장에서 발생하는 토양오염 유발시설에 대해 「토양환경보전법」에 따라 조치를 하여야 한다.

② 토공작업 시 필요시 표토 등 비옥도가 높은 토양을 일정장소에 수집, 보관, 관리하여 식재토양으로 재활용하여야 한다.

③ 우기에 비탈면 토사가 유출되지 않도록 보호조치를 취하여야 하며, 토사의 채취, 운반은 가능한 우기를 피하여야 한다.

(6) 생태계보전

① 사업수행함에 있어서 자연생태계를 고려한 환경친화적 건설공사가 될 수 있도록 노력하여야 한다.

② 사업시행에 따른 식생의 훼손을 최소화하기 위하여 공사용 가도로, 가시설물 설치 시에 주변 환경여건을 고려하여 시공하여야 하며 이식이 가능한 수목은 이식지역을 선정하여 최대한 활용하도록 한다.

③ 건설지역에 따라 동식물의 서식지, 이동로의 단절 등이 최소화되도록 공사를 시행하여야 한다.

④ 설계에 보전하도록 지정된 교목, 관목, 덩굴식물, 잔디나 다른 경관구조물은 발주자 또는 공사감독자의 승인을 받은 임시울타리 등으로 둘러 구분하여야 한다. 사업자는 승인받은 작업지역 경계 바깥의 시공 중에 손상되거나 파괴된 경관구조물을 복구해야 한다.

기출예상문제

생태복원사업 시공 시 환경관리계획이 잘못된 것은?

① 사업자는 비탈면 발생지역의 안전을 도모하고 산사태를 방지하여야 한다.

② 사업시행에 따른 식생의 훼손 최소화를 위하여 이식가능 수목을 최대한 활용한다.

③ 사업자는 승인 받은 경계 바깥의 시공은 피해야 한다.

④ 현장에서 배출되는 폐기물은 모두 재활용해야 한다.

답 ④

⑤ 건설활동은 지표수 및 지하수의 오염을 피하기 위해 감독, 관리, 통제하에 이루어져야 한다. 독성 또는 유해화학물질은 토양 또는 식물에 살포해서는 안 된다.

(7) 기타 환경관리

① 사업자는 비탈면 발생지역의 안전을 도모하고 산사태를 방지하여야 하며, 연약 지반 등에서 발생하는 지반침하 및 배출수에 의한 피해가 발생하지 않도록 하여야 한다.

② 사업자는 현장 주변의 주거지역 등 공사 중 각종 환경오염의 피해대상지역 상태를 사전에 파악하고, 생활환경보전에 만전을 기하여야 한다.

③ 사업자는 현장 주변의 공사 시 발생할 수 있는 문화재의 훼손을 사전에 방지하기 위해 관련 법령에 의해 조치를 취하여야 한다.

④ 사업자는 「환경영향평가법」에 의한 협의 결과를 이행하여야 한다.

2) 환경관리시설

① 비산먼지 방지시설 : 방진덮개(방진망, 방진막, 방진벽 등), 세륜시설

② 토사유출 저감시설 : 침사지, 오탁방지막 등

③ 가설사무실 오수 처리시설 : 단독 또는 공동

④ 소음·진동 방지시설 : 저소음공법

⑤ 현장비 소음 저감시설 : 가설방음벽

4. 사업시행으로 인해 예상되는 환경영향 및 저감방안

▶ 생태계 영향 예측 및 저감대책

구분	영향 예측항목	저감대책
육상식물상	식물상 변화, 식생변화, 훼손 수목량 산정	• 주요 종과 개체에 대한 대책 • 식생 훼손의 저감과 복원 • 공사 및 운영 시 저감대책 • 훼손 수목 처리방안
육상동물상	포유류, 조류, 양서류, 파충류, 육상곤충류	• 사업시행으로 인한 영향 파악 • 주요 종, 서식환경에 대한 저감 대책
육수생물상	어류, 저서성 대형 무척추동물, 플랑크톤, 부착생물	
생태계	• 광역생태계의 변화 • 녹지자연도, 식생보전등급, 생태계자연도의 변화 • 주요 서식지와 이동로에 대한 영향	• 수생태계 훼손의 저감과 복원 • 서식지와 생태네트워크의 보전

03 지형복원

1. 설계도면 및 측량 결과에 따라 현장에 적합한 지형 조성계획 수립

① 지형 조성계획고 결정
② 토공량 산정
③ 토공량 균형계획 방안 검토
④ 배수계획 수립

2. 지형 조성

1) 준비작업을 수행한다.

2) 절토 및 성토를 수행한다.
① 성토와 더불어 성토층에 물을 가하면 다짐효과를 더욱 높일 수 있으나 식재지역을 성토할 경우 지나친 다짐은 식물 생육에 부적합하므로 자연상태의 토양과 같은 정도로 성토를 하여야 한다.
② 절성토과정에서 대상지가 지나치게 습하거나 악취가 나며 지반이 불안정한 토양이 발견되면 문제점을 해결하고 흙을 치환하여야 한다.

3) 터파기를 수행한다.
① 터파기작업을 시행하기 전에 기 매설된 지장물을 조사하여 사고가 발생하지 않도록 철거 등의 조치를 강구하여야 한다.
② 구조물의 축조나 관로의 매설에 지장이 없도록 소정의 깊이와 폭으로 굴착한 다음 바닥을 고르고 감독자의 감사를 받아야 한다.

4) 되메우기를 수행한다.
되메우기 및 다짐을 할 때 구조물에 손상을 주지 않도록 주의하고, 되메우기한 뒤에 침하가 예상되는 경우에는 적당히 덧쌓기를 하여야 한다.

5) 잔토 처리(운반)를 수행한다.
산재된 소규모 개별 시설물의 잔토 처리는 조성되는 대지의 형상에 큰 영향을 미치지 않는 범위에서 현장 내에 소운반하여 고르게 깔고, 잔토의 발생량이 현장 내에 깔고 고르기 곤란할 정도로 많이 발생한 경우에는 흙쌓기용으로 유용하거나 외부로 반출하여야 한다.

6) 마운딩을 조성한다.
① 마운딩 조성에 사용하는 토양은 표토를 원칙으로 하여 표토가 없는 경우에는 양질의 토사를 활용할 수 있다.
② 마운딩 조성 시에는 부등침하가 발생하지 않도록 설계서에서 정한 소정의 다짐을 실시한다.

기출예상문제

생태복원 공사마운딩 조성방법으로 잘못된 것은?
① 마운딩 조성에 사용하는 토양은 표토를 원칙으로 하여 표토가 없는 경우에는 양질의 토사를 활용할 수 있다.
② 마운딩의 기울기는 공사시방서 및 설계도면에 명시된 바에 따르되 명시되지 않은 경우 마운딩의 기울기는 5~30°의 범위에서 자연구릉지 형태로 조성한다.
③ 마운딩은 빗물의 흐름이 정체되지 않고 배수계통으로 출수되도록 시공하며, 강우 시 토사가 유출되지 않도록 유의한다.
④ 외부 반입토를 사용하고 현장에서 발생한 토사는 사토 처리한다.

🗐 ④

③ 마운딩형태는 공사시방서 또는 설계도면에 따라 최대한 자연스럽게 조성한다.

④ 마운딩의 기울기는 공사시방서 및 설계도면에 명시된 바에 따르되 명시되지 않은 경우 마운딩의 기울기는 5~30°의 범위에서 자연 구릉지 형태로 조성한다.

⑤ 마운딩은 빗물의 흐름이 정체되지 않고 배수계통으로 출수되도록 시공하며, 강우 시 토사가 유출되지 않도록 유의한다.

⑥ 외부 반입토를 사용하여 마운딩을 조성할 때에는 사전에 감독자의 승인을 받는다.

7) 배수시설을 설치한다.

(1) 현장여건을 파악한다.

① 대상지여건을 검토하여 시공상세도와 부합되는 시공이 되도록 한다.

② 식재지의 표면수가 녹지 내 배수시설 또는 포장면 내 배수시설로 원활히 배수될 수 있도록 식재지 면정리와 연계하여 검토하여야 한다.

③ 포장면은 배수가 용이하도록 일정한 종단기울기를 유지하고, 빗물이 계획된 집수시설로 흘러 들어가도록 한다.

④ 집수시설의 높이는 주변부의 녹지 및 포장마감 등과 자연스러운 기울기로 연결되어야 한다.

⑤ 시공측량에 의한 배수시설 설치위치를 확인한다.

(2) 터파기 및 되메우기를 실시한다.

① 배수관 및 구조물 설치작업에 지장이 없도록 터파기 및 되메우기를 시행하며, 토질에 따라 터파기비탈면의 안정성이 유지되도록 하여야 한다.

② 맹암거, 집수정(자갈) 등의 심토층 배수시설은 설계도서의 규격에 따라 터파기를 실시하며, 작업완료 시까지 터파기비탈면이 안정되도록 관리하여야 한다.

③ 배수시설의 터파기는 배수관망에 따라 동시에 터파기하여 배수시설의 구배, 배수구조물 관 인입 및 유출부 계획고를 확인하여야 한다.

④ 관 부설 깊이는 원칙적으로 동결선 이하로 하여야 한다.

⑤ 기성품 축구의 터파기는 제품의 형상에 따라 최소한의 터파기를 시행하며 원지반의 훼손이 최소화될 수 있도록 시행하여야 하고, 되메우기 시 인접한 원지반과 일체가 되도록 철저히 다짐하여야 한다.

⑥ 관로 되메우기 시 관이 손상되거나 변형이 발생되지 않도록 배수관 상단까지 모래나 부드러운 토사로 채워 충분히 다짐을 시행하고, 나머지 부분은 되메우기를 하여야 하며, 되메우기 완료 후 침하 발생으로 후속공종에 영향을 주지 않도록 충분히 다져야 한다.

(3) 배수구조물을 설치한다.

① 설계도서에 명시되어 있는 구조와 재질로 제작된 것을 사용하여야 한다.

② 배수구조물의 설치는 공사시방서 및 설계도서에 준하여 설치한다.

③ 빗물받이 및 맨홀의 몸체에서 뚜껑이 놓이는 부분은 평활하게 처리하고 배수관의 접속부위는 누수가 없도록 시공하여야 한다.

④ 심토층 집수정에 유입되는 물은 유출구보다 최소 0.15m 높게 설치한다.

⑤ 심토층 배수관거는 설계도면과 같이 설치하여야 하며 간격은 과거의 깊이와 토양의 성질에 따라 조정하는데, 현장여건에 따라 감독자의 승인을 받아 변경할 수 있다.

(4) 배수관을 설치한다.

① 배수관의 설치는 공사시방서 및 설계도면에 따라 실시한다.

② 배수관의 기초는 하중을 균등하게 분포시킬 수 있어야 하고, 기초에 콘크리트를 사용하지 않을 때는 잘 고르고 양질의 부드러운 모래나 흙을 깔고 잘 다져야 한다.

③ 관은 하류 측 또는 낮은 쪽에서부터 설치하며, 관에 소켓이 있을 때는 소켓이 관의 상류 쪽 또는 높은 곳으로 향하도록 설치한다. 관의 이음부는 관 종류에 따라 적합한 방법으로 시공하며 이음부의 관 내부는 매끄럽게 마감한다.

④ 배수관의 깊이는 동결심도 밑으로 설치하여야 하며 지하수위를 고려한다.

(5) 토양분리포 및 부직포를 설치한다.

① 유공관 표면 혹은 유공관 주위의 여과골재와 외부의 일반 토양과 분리시키거나 배수층으로 설치한 골재 또는 배수판 상부의 토양층과 분리시키기 위하여 사용하며 연결부위는 최소 0.2m 이상이 겹치도록 한다.

② 토양분리포는 물에 변형되거나 썩지 않는 재질로 만들어진 투수성 부직포를 사용한다.

(6) 다발관을 설치한다.

① 설계도면에 표시된 폭과 깊이 및 기울기대로 토출구부분으로부터 굴착한다.

② 바닥은 다발관을 충분히 지지할 수 있도록 평탄하게 고르고 다진다.

③ 다발관은 철선 #8 또는 비닐끈으로 0.7m 간격으로 결속하여 이물질의 유입과 파손에 주의한다.

④ 관 부설은 설계도면에 표시된 기울기에 맞도록 하여 토출구부분에서부터 설치한다.

⑤ 다발관의 접합은 연결소켓(재질 : PVC, THP)을 본당(4.5m) 1개씩 사용한다.

⑥ 연결소켓은 L=0.3m로 양쪽에서 다발관이 각각 0.15m 유입되도록 한다.

⑦ 터파기된 바닥에 원활한 투수와 관의 막힘을 방지하기 위하여 설계도면에 따라 부직포를 바닥에서부터 깔아 준다.

⑧ 부직포 위에 채움재를 약 0.05~0.1m 정도 고르게 펴서 다진 후 다발관을 설치하고 연결부위부터 채움재를 덮어 다발과의 움직임을 방지한다.

⑨ 채움재는 설계도면에 명시된 골재(ϕ20~30mm의 자갈, 쇄석, 잡석)로 충분히 충진하여 채운다.

⑩ 골재를 채운 후에는 주변 토양과 동일한 재료로 주변 지역과 동일한 밀도로 인력 또는 장비로 다짐을 한다.

(7) 자갈배수층을 설치한다.

① 인공지반 위나 일반 토사 위에 자갈배수층을 설치할 때는 $\phi 20\sim30mm$의 자갈을 사용한다.

② 일반 토사 위에 배수층을 설치할 때는 상하로 토양분리포를 설치하고 배수층을 설계도면과 같이 설치한다.

(8) 측정 후 완료한다.

① 관 매설공사는 되메우기와 공사의 뒷정리가 끝난 상태에서 접합부위의 누수 여부를 확인하고, 담당원의 승인을 받았을 때를 기준으로 한다.

② 측구는 인접 시설과의 접합과 배수 기능에 이상이 없음을 담당원이 승인하였을 때를 기준으로 한다.

③ 빗물받이공사는 연결되는 관과의 접합과 배수기능에 이상이 없으며, 빗물받이덮개의 높이가 적당하다고 담당원에 의해 인정된 때를 기준으로 한다.

④ 모든 관의 매설과 각종 시험이 완료되어 감독원의 승인을 받고 공사의 뒷정리가 완전히 마무리된 상태를 공사의 완료로 한다.

04 토양환경복원

1. 토양 분석

1) 대상지의 토양시료를 채취한다.

① 설계도면을 검토하여 주요 지점의 토양시료를 채취한다.

② 토양시료는 다양한 환경의 표본을 채취하며 대상지의 규모와 목적에 따라 계절과 조사횟수를 다르게 실시할 수 있다.

2) 채취한 토양을 분석 · 의뢰한다.

① 채취한 토양시료를 국가 또는 공공기관이 인정하는 시험기관에 의뢰한다.

② 분석항목은 대상지 내외의 환경 특성에 따라 선택하여 적용하며, 설계도서를 참고하고, 현장조사 및 실내조사를 병행한다.

③ 일반적으로 표토와 물리성, 화학성을 분석하며, 필요시 토양 소동물, 토양미생물 등의 정밀조사를 실시한다. 토양의 물리적 특성은 유효수분, 공극률, 포화투수 계수, 토양경도이다. 또한 토양의 화학적 특성은 토양산도, 전기전도도, 부식함량, 양이온치환용량, 전질소량, 유효태 인산함유량, 치환성 칼슘 · 칼륨 · 마그네슘 함유량, 염분농도 및 유기물함량 등이다.

3) 토양 분석 결과를 해석하여 활용한다.

분석 결과는 토양의 물리적 특성 평가항목과 평가기준에 의거하여 해석하고, 활용은 평가기준을 적용한다.

① 식물의 생육환경이 열악한 매립지나 인공 지반 위에 조성되는 식재 기반이나 답압의 피해가 우려되는 곳의 토양은 '중급' 이상의 토양평가등급을 적용한다.

② 식물의 건전한 생육을 필요로 하는 곳에서는 '상급'의 토양평가등급을 적용한다.

③ 앞의 ①, ② 이외의 경우에는 수급인과 감독자가 협의하여 토양의 적용등급을 설정한다.

④ 적용되는 등급의 평가기준에 미달되는 토양평가항목은 해당 평가기준에 적합하도록 개량하거나 적합한 토양으로 치환하여 사용한다.

▶ **토양의 물리적 특성 평가항목과 평가기준(조경설계기준 2019, 국토부)**

항목	평가등급			
	상급	중급	하급	불량
입도분석(토성)	양토(L) 사질양토(SL)	사질식 양토(SCL) 미사질양토(SiL)	양질사토(IS) 식양토(CL) 사질식토(SC) 미사질식양토(SiCL) 마사토(SILT)	사토(S) 식토(C) 미사식토(SiC)
투수성(m/s)	10^{-3} 이상	$10^{-3} \sim 10^{-4}$	$10^{-4} \sim 10^{-5}$	10^{-5} 미만
공극률(%)	60.0 이상	$60.0 \sim 50.0$	$50.0 \sim 40.0$	40.0 이하
유효수분량(%)	12.0 이상	$12.0 \sim 8.0$	$8.0 \sim 4.0$	4.0 미만
토양경도(mm)	21 미만	$21 \sim 24$	$24 \sim 27$	27 이상

기출예상문제

토양의 물리적 특성 평가항목과 평가기준(조경설계 기준, 2019 국토부), 토양경도항목의 상급 기준은?

① 21mm 미만
② 21~24mm
③ 24~27mm
④ 27mm 이상

답 ①

기출예상문제

생태복원사업에서 토양환경복원을 위향 토양 분석 결과를 해석하고 활용할 수 있다. 「토양의 물리적 특성 평가항목과 평가기준(조경설계기준 2019), 국토부」 중 상급(평가등급)의 내용으로 잘못된 것은?

① 유효수분량(%) : 12.0 이상
② 투수성 (m/s) : 10^{-3} 이상
③ 공극률(%) : 60.0 이상
④ 토양경도(mm) : 21 이상

답 ④

기출예상문제

생태복원사업에서 토양환경복원을 위향 토양 분석 결과를 해석하고 활용할 수 있다. 「토양의 물리적 특성 평가항목과 평가기준(조경설계기준 2019), 국토부」 중 상급(평가등급)의 토성은?

① 사질양토(SL)
② 사질식 양토(SCL)
③ 양질사토(IS)
④ 식토(C)

답 ①

기출예상문제

토양의 화학적 특성 평가항목과
평가기준(조경설계기준 2019,
국토부) 중 토양산도(pH)항목
의 상급기준은?

① 6.0~6.5
② 5.5~6.0
③ 7.0~8.0
④ 6.5~7.0

답 ①

기출예상문제

생태복원사업에서 토양환경복
원을 위향 토양 분석 결과를 해
석하고 활용할 수 있다. 「토양
의 화학적 특성 평가항목과 평
가기준(조경설계기준 2019),
국토부」중 상급(평가등급)의
내용으로 잘못된 것은?

① 토양산도(pH) : 6.0~6.5
② 염기치환용량(CEC, cmol_c/kg)
  : 20.0 이상
③ 염분농도(%) : 0.05 미만
④ 유기물함량(OM) : 5.0 미만

답 ④

▶ **토양의 화학적 특성 평가항목과 평가기준(조경설계기준 2019, 국토부)**

평가항목		평가등급			
항목	단위	상급	중급	하급	불량
토양산도(pH)		6.0~6.5	5.5~6.0 6.5~7.0	4.5~5.5 7.0~8.0	4.5 미만 8.0 이상
전기전도도(EC)	ds/m	0.2 미만	0.2~1.0	1.0~1.5	1.5 이상
염기치환용량 (CEC)	cmol_c/kg	20.0 이상	20.0~6.0	6.0 미만	–
염분농도	%	0.05 미만	0.05~0.2	0.2~0.5	0.5 이상
유기물함량 (OM)	%	5.0 이상	5.0~3.0	3.0 미만	–

2. 토양환경 조성

분석된 결과를 해석하여 복원목적에 맞게 토양환경을 조성한다.

1) 물리성 개량

보수력, 보비력이 우수한 토양개량제를 사용하여 토양입단화를 향상시킨다.

2) 화학성 개량

유기물이 함유된 토양개량제를 사용하여 양분 공급 및 다량의 미량요소를 공급한다.

3. 외부 토양 반입

1) 지형 조성계획서를 검토한다.

지형 조성계획서를 검토하여 외부에서 반입될 토양의 반입량, 반입시기, 수급지역 등을 파악한다.

2) 토양 반입 전에 토양검사를 실시한다.

① 토양 반입 전에 토양검사가 필요하다고 판단되는 경우에는 토양검사를 실시한다.
② 토양 반입 시에 매토종자에 의해 식생이 교란되지 않도록 주의가 필요하며 이를 위해 심토 반입을 고려할 수 있다.
③ 토양검사 후, 식물 생육에 적합한지 여부를 판단하여 감독자가 협의하여 토양의 적용등급을 설정하여 대상지에 적용한다.

4. 표토재활용 계획 수립

1) 준비작업을 한다.

① 표토 채집은 분포현황을 사전에 조사하여 위치도, 현황사진, 채집예정일, 예상물량, 채집방법 등을 기록한 보고서를 감독자에게 제출하여 승인받아야 한다.

② 채집 대상표토는 토양산도(pH)가 복원대상지에 적합한 수준이 되는 것으로 한다.

2) 표토를 채집한다.

① 강우로 인하여 표토가 습윤상태인 경우 채집작업을 피하여야 하며, 재작업은 감독자와 협의한 후 시행한다.

② 먼지가 날 정도의 이상조건일 경우에는 감독자와 작업시행 여부에 대하여 협의한다.

③ 지하수위가 높은 평탄지에서는 가능한 한 채집을 피한다.

④ 표토의 채집두께는 사용 기계의 작업능력 및 안전을 고려하여 정한다.

⑤ 토사 유출에 따른 재해방재상 문제가 없는 구역이어야 한다.

3) 표토를 보관한다.

① 가적치기간 중 표토의 성질변화, 바람에 의한 비산, 적치표토의 빗물에 의한 유출, 양분의 유실 등에 유의하여 식물로 피복하거나 비닐 등으로 덮어 주어야 한다.

② 가적치장소는 배수가 양호하고 평탄하며 바람의 영향이 적은 장소를 선택한다.

③ 적절한 장소의 선정이 곤란한 경우에는 방재자 배수처리대책을 강구한 후 가적치한다.

④ 가적치의 최적 두께는 1.5m를 기준으로 하며 최대 3.0m를 초과하지 않는다.

4) 표토를 운반한다.

① 운반거리를 최소로 하고 운반량은 최대로 한다.

② 토양이 중기 사용에 의하여 식재에 부적합한 토양으로 변화되지 않도록 채취, 운반, 적치 등의 적절한 작업순서를 정한다.

③ 동일한 토양이라도 습윤상태에 따라 악화 정도가 다르므로 악화되기 쉬운 표토의 운반은 건조기에 시행한다.

5) 표토를 재활용한다.

① 수목식재 시 식재수목의 종류에 따라 적정한 두께로 펴 준다.

② 생태복원 녹화공사에서는 공사시방서에서 정하는 바에 따라 다른 토양재료와 적절한 양으로 혼합하여 사용한다.

③ 하층토와 복원표토와의 조화를 위하여 최소한 깊이 0.2m 이상의 지반을 경운한 후 그 위에 표토를 포설한다.

④ 표토의 다짐은 수목의 생육에 지장이 없는 정도로 시행한다.

05 수환경복원

1. 수환경 조성 특성의 이해

1) 대상지 여건과 사업계획서, 설계도면을 비교·검토한다.

수환경을 조성하기 위해서 대상지 여건과 사업계획서, 설계도면을 비교·검토하고 수환경의 특성을 감안하여 적용공법의 타당성과 현장상황의 적합 여부를 파악한다.

(1) 수환경의 조성목적을 파악한다.

사업계획서를 검토하여 수환경의 조성목적을 파악하고, 설계도면이 사업목적에 부합하게 작성되었는지 검토한다.

(2) 수환경의 구성요소를 파악한다.

① **수환경 구조** : 침전지, 얕은 습지, 깊은 습지, 저류부, 하중도 등
② **지형** : 규모 및 형태, 경사, 호안재료
③ **토양환경** : 식생기반, 방수
④ **수리·수문** : 수원 확보, 유입·유출, 수심과 수위변동, 유속
⑤ **식물상 및 식생, 개방수면 확보 등**

기출예상문제

습지 조성지로 적정하지 않은 곳은?
① 수위 유지를 위한 물을 충분히 얻을 수 있는 곳
② 지하수위가 높아 급배수가 용이한 곳
③ 주변 생물종 유입이 용이한 곳
④ 보행동선과 맞닿아 있어 사람의 접근이 용이한 곳

目 ④

2) 대상지 여건과 설계도서를 비교, 검토하여 적합성을 검토한다.

(1) 수환경의 입지 적정성을 검토한다.

① 유입수가 생물의 서식에 적합한 수질인지 검토하고, 수환경 수위 유지에 필요한 물을 충분히 얻을 수 있는 곳으로 선정한다.
② 급배수 등 습지 유지에 필요한 관리를 용이하게 하기 위해서는 지하수위를 측정하고, 가급적 높은 곳으로 선정한다.
③ 주변 생물서식처로부터 생물종의 유입이 용이한 지역과 야생동물들의 접근이 용이한 곳을 선정한다.
④ 자동차나 자전거, 보행 등의 동선으로부터 이격거리를 확보하여 분리한다.
⑤ 공사과정에서 야생동물에 미치는 영향이 적거나 최소화할 수 있는 곳을 선정한다.
⑥ 습지의 관찰자나 관리자의 안전성이 확보될 수 있는 곳을 선정한다.
⑦ 수생식물은 적당한 태양광선의 공급이 필요하므로, 대상지역이 건물이나 기존 수목 등에 의해서 지나치게 그늘지지 않은 곳을 선정한다.
⑧ 목적에 따른 위치 선정 시 다음의 사항을 고려한다.
　㉠ 종의 복원이나 법정보호종을 보호하기 위해 조성되는 수환경에서는 조성 후 소음 및 유해생물의 침입 등 외부 환경으로부터 보호할 수 있는 지역인지 여부와 추후 수원 확보 여부 및 수리권에 대한 조사를 선행한다.
　㉡ 환경생태학습장으로 활용할 목적으로 조성되는 수환경은 도심지의 일반 시민들이 쉽게 접근할 수 있도록 한다.

(2) 수환경의 구조를 검토한다.

① 침전지

수환경으로 유입되는 물의 운동에너지를 소산시키고, 유량 조절, 물과 함께 유입되는 토사 제거 기능을 수행한다.

② 깊은 습지, 얕은 습지

식생 성장, 오염물질 처리, 건전한 수생태계환경의 조성에 필요한 구성요소이다.

③ 저류부

출구에 조성되는 저류부는 습지에서 한 지점으로 물을 모으는 기능과 유출구의 폐쇄 및 퇴적물의 재부상 방지, 습지 유출수의 수온을 조절하는 기능을 수행한다.

④ 하중도

습지 내부에 중도를 설치하면 습지 내부에서 균일한 유량 배분을 유도하고, 생물의 안전한 서식처 기능을 수행한다.

기출예상문제

습지에 조성하는 중도의 역할과 관계없는 것은?
① 생물서식지
② 균일한 유량 배분
③ 조류 은신처
④ 유입 토사 제거

답 ④

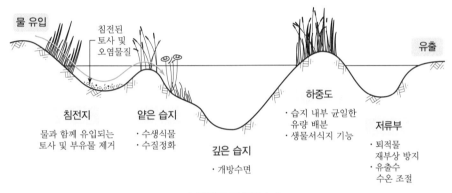

▮ 수환경의 구성요소 ▮

(3) 수환경규모를 검토한다.

① 사업계획서를 검토하여 수환경의 조성목적과 확보할 수 있는 수원의 양을 파악하여 설계도서의 규모가 적정한지 파악한다.

② 최소한 200m² 이상은 확보해야 하며, 특정 종의 서식을 위한 습지일 경우에는 해당 생물종의 행동권을 고려해 그 크기를 결정하는 것이 바람직하다.

③ 민감한 서식지를 보호하는 경우에는 하나의 큰 습지보다는 여러 개의 습지로 분리하는 것이 유리하므로 설계도면과 주변 현황을 검토하여 결정한다.

④ 오염물질 정화를 위한 습지는 주변 환경으로부터 유입될 수 있는 오염물질에 관한 정보 등 다양한 자료를 확보한 후 분석하여 결정한다.

⑤ 하천수나 비교적 넓은 유역의 유출수를 대상으로 하는 등 처리해야 할 물량이 많은 경우 체류시간을 짧게 하여 높은 수리부하율로 운영하는 것이 유리하다. 체류시간은 48시간이 효과적이며, 갈수기에는 유량공급이 제한되어 3~5일 이상으로 연장한다.

(4) 수환경의 형태 및 구조를 검토한다.

① 습지의 형태를 결정할 때 물의 흐름방향을 고려해 유입수가 습지 전체에 균등하게 흐르도록 계획한다.

㉠ 습지의 형태 및 세부형태 결정

㉡ 적용식물에 따른 종류 결정 예 정수, 부유, 부엽, 침수

㉢ 수리학적 조건 결정 예 수심, 체류시간, 종횡비

㉣ 최종습지형태 결정

② 습지의 형상은 불규칙하게 조성하고 길이 대 너비의 비는 2 : 1~4 : 1 정도를 확보한다. 유입구와 유출구 사이의 거리는 최대한 길게 하며 단회로(short circuiting : 흐름의 지름길)의 발생을 최소화한다.

③ 길이 대 너비의 비는 수심이 얕은 지역, 중도(island), 침투둑 또는 돌망태(berm, gabion)를 이용하여 크게 할 수 있는데 이러한 구조는 유입되는 물을 습지 앞과 뒷면으로 구부러지게 하여 수리학적 효율을 향상시키는 데 목적이 있다.

④ 지나치게 길이 대 너비의 비가 크거나 의도적으로 이를 증가시키기 위해 습지를 여러 개의 셀(cell)로 분할할 경우에는 마찰에너지 손실이 커져 흐름이 원활하지 않아 침수의 원인이 될 수 있고 전체적인 공사비 증가의 원인이 될 수도 있다.

(5) 수환경의 경사 및 호안재료를 검토한다.

습지 바닥면은 지면보다 낮으므로 일정한 높이의 비탈면이 만들어지는데, 이 비탈면은 물리적으로는 토압과 수압에 견딜 수 있어야 하고, 생태적으로는 수중생태계와 육상생태계의 전이지대 기능을 하며, 토양침식에 의한 토사 유출이 발생하지 않도록 한다.

① 조성비용을 절감하고 주위 경관과 어울리게 하기 위해서는 굴착작업이 최소한의 수준에서 기울어질 수 있는 지역을 부지로 선정해야 한다. 수환경을 조성하고자 하는 지역에서 유입 하천의 하상경사는 15% 이하이어야 한다.

② 1 : 20 이하의 완경사제방에서는 주변 식생이 넓게 확장하지만, 1 : 3 이상의 급경사제방에서는 식생 발달이 지연된다. 보통 습지도 1 : 7~1 : 20의 경사가 생물다양성에 유리하며, 특정생물종을 목표종으로 하였을 경우에는 절벽에 가까운 호안구조가 적합하다.

③ 수환경 주변의 경사가 급한 비탈면은 일조량을 감소시켜 식물의 성장에 장애가 될 수 있고, 식물의 수확이나 유지 · 관리 시 안전문제를 일으킬 수 있다.

④ 습지의 완만한 경사에는 버드나무 가지법이나 섶나무 가지법 등의 버드나무류를 이용하여 그늘을 조성해 주어 수온 상승을 막을 수 있고, 물고기 서식처로서의 기능도 가능하다.

⑤ 호안의 재료는 수초나 관목 덤불림, 습생 교목림 이외에도 모래, 자갈, 작은 바위 등 다양한 재료를 이용하는 것이 좋다. 각각의 재료는 선호하는 생물종을 다양하게 하여 종의 다양성 증진에 도움을 주며, 호안변으로 식물군락을 조성하면, 식물에 의한 오염물질의 흡수·분해기능을 추가적으로 확보할 수 있다.

(6) 토양환경을 검토한다.

① 토양기질을 파악한다.

토양은 식물의 성장에 문제가 없도록 수분을 충분히 보유할 수 있거나 어느 정도 침투가 일어날 수 있는 성질인지 파악한다. 또한, 수질오염물질의 정화, 지하수 보호 등과 연관되므로 사업시행 시 중요하게 고려한다. 침투력에 따른 토양구조의 기준은 다음과 같다.

▶ 침투력에 따른 토양 분류

구분(침투력)	기준	토양구조
매우 낮음	0.25cm/h 이하	점토질성분이 매우 많이 함유된 토양 구조
낮음	0.25~1.25cm/h 이하	대부분의 토양구조가 이 분류에 해당함. 높은 점토질의 토양구조
보통	1.25~2.5cm/h 이하	양토나 실트(silt)질의 토양구조
높음	2.5cm/h 이하	두꺼운 사질이거나 잘 배합된 실트·양토의 토양구조

㉠ 혼합물과 돌이 없고 5cm보다 큰 나무찌꺼기 같은 잔재물이 없어야 한다.

㉡ 식물 성장에 저해를 주는 다른 물질이 혼합되거나 들어가면 안 되며, 식재토양에는 유해한 잡초가 없어야 한다.

㉢ 유기물과 진흙의 함량이 적은 토양을 사용한다.

㉣ 완전방수의 경우 물 용적의 10% 이상, 충분한 양을 확보해야 하고, 흙으로 마감할 경우 식물의 생육토심 확보와 아래층의 방수층 보호를 위해 15cm 이상을 피복한다. 습지의 식재토양에 적합한 물리·화학적 조건은 다음과 같다.

기출예상문제

습지의 식재토양의 물리·화학적 조건으로 적절하지 않은 것은?

① 토심 : 0.2m 이상
② 토성 : 마사토
③ pH : 5.6~6.8
④ 유기물 : 1.4~2.9%

답 ②

> **습지의 식재토양의 물리 · 화학적 조건**

구분	내용
토심	최소 0.2m 이상 확보
토성	사양토
pH	5.6~6.8
EC	0.4~0.96dS/m
TN	1,000~1,600mg/kg
유효인산	11~60mg/kg
유기물	1.4~2.9%

기출예상문제

생태복원사업에서 수리 · 수문 검토 시 잘못된 것은?

① 수환경이 위치할 지역에 보호를 요하는 대수층(인구 주민의 식수원)이 있으면 차수막을 설치하거나 수환경으로부터 지하수위가 최소한 0.6~1.2m 이상 이격되도록 한다.

② 습지에서 다양한 수심은 수생식물의 성장한계선을 고려하고 개방수면을 확보하기 위해 최대수심 1.0m 이내로 조성한다.

③ 일반적으로 얕은 습지는 대기로부터의 산소 재포기와 식물에 의한 용존산소(DO) 공급이 용이하여 질산화가 발생하며, 깊은 습지는 용존산소의 저하로 탈질산화 반응이 발생하므로 수환경 조성 시 질산화와 탈질산화를 통한 질소 제거를 위하여 다양한 수심의 습지를 조성한다.

④ 유입부와 유출부는 빠른 유속으로 침식되기 쉬우므로 모르타르나 콘크리트 또는 석축, 돌망태 등으로 보강하며 토공 조성은 피한다.

답 ②

② **객토 및 방수 처리를 검토한다.**

토양이 식물의 성장에 문제가 있다고 파악한 경우, 객토작업에 관한 검토가 필요하며, 지하수위가 높지 않은 지역에서 투수성이 너무 큰 토양은 정상적인 습지 유지에 어려움을 주므로 방수 처리를 검토한다.

(7) **수리 · 수문을 검토한다.**

① **수리 · 수문**

㉠ 수환경과 지하수위까지의 이격거리에 관한 규정은 따로 없으나, 불투수층의 존재는 조성된 수환경 고유의 상태를 유지하는 데 도움이 된다.

㉡ 수환경이 위치할 지역에 보호를 요하는 대수층(인근 주민의 식수원)이 있으면 차수막을 설치하거나 수환경으로부터 지하수위가 최소한 0.6~1.2m 이상 이격되도록 한다.

㉢ 침수 · 범람의 위험이 적은 지역을 선정해야 하나 불가피하게 천변에 설치할 경우에는 하천의 과거 수위 자료를 바탕으로 침수확률 및 빈도를 분석해서 침수시간 및 예상되는 피해 등을 사전에 분석한다.

② **수심**

㉠ 습지에서의 다양한 수심은 수생식물의 성장한계선을 고려하고 개방수면을 확보하기 위해 최대수심 2.0m 이상 지역을 조성한다.

㉡ 주기적으로 침수가 반복되는 구간은 0~0.3m로 조성하여, 다양한 수심에 적응 가능한 습지식물을 조성한다.

㉢ 0.3~1.0m 구간에는 정수식물, 부유식물 등 다양한 식물군의 조성이 가능하다.

㉣ 깊은 곳의 수심은 1.0~2.0m로 하며, 이 지역에는 침수식물과 부유식물을 도입한다.

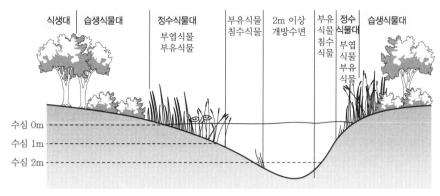

식생대	습생식물대	정수식물대	부유식물	2m 이상	부유	정수	습생식물대
		부엽식물 부유식물	침수식물	개방수면	식물 침수 식물	식물대 부엽 식물 부유 식물	

수심 0m
수심 1m
수심 2m

▎**수심에 따른 식물 분포** ▎

ⓜ 일반적으로 얕은 습지는 대기로부터의 산소 재포기(용해)와 식물에 의한 용존
산소(Dissolved Oxygen : DO) 공급이 용이하여 질산화가 발생하며, 깊은 습
지는 용존산소의 저하로 탈질산화 반응이 발생하므로 수환경 조성 시 질산화
와 탈질산화를 통한 질소 제거를 위하여 다양한 수심의 습지를 조성한다.

③ **유입구 및 유출구**

유입구 및 유출구는 안정된 수위를 유지하면서 생태용수를 지속적으로 유입 및 유
출을 할 수 있도록 해야 하므로 신중한 설계가 필요하다.

㉠ 습지 내 유입 하천과 방류 하천의 수위와 상관없이 습지 내로 적정 수량을 공급하기
위해서는 유입구와 습지, 유출구와 방류 하천과는 충분한 수두차를 확보한다.

㉡ 유입구는 비상 여수로를 갖추고 있는 홍수 제어 목적의 습지를 제외하고는 호우
시 습지시설을 보호하기 위하여 유입부에 우회수로(바이패스로)를 설치한다.

㉢ 유입부와 유출부는 토사(sediment)의 퇴적 등으로 막힐 수 있으므로 청소 등
유지·관리의 용이성을 위하여 개수로(개수로, open channel)형태로 조성한다.

㉣ 유입부와 유출부는 빠른 유속으로 침식되기 쉬우므로 모르타르나 콘크리트 또
는 석축, 돌망태 등으로 보강하며 토공 조성은 피한다.

㉤ 스크린은 단면적을 늘릴 수 있도록 설치한다.

(8) 기타 여건을 검토한다.

① 수환경으로 인한 주변 구조물 침하 등 제반문제 발생 여부를 검토한다.

② 자재의 생산 및 수급상황을 확인하고 제품이 단종된 경우에는 대체시설을 검토
한다.

③ 대형목 식재부위의 생육공간(토심, 면적 등)이 적정한지 현장을 확인한다.

④ 민원 발생이 예상되는 사항에 대하여는 사전검토한다.

기출예상문제

자연환경복원사업에서 수환경 조성 시 고려사항이 아닌 것은?

① 부정형이면서 다양한 굴곡이 나타나도록 형태를 잡는다.
② 진흙방수보다는 방수시트를 이용해야 한다.
③ 비가 오거나 바닥에 물이 많이 있을 때는 작업을 해서는 안 된다.
④ 호안의 경사는 완만하게 조성하되 조성목적에 따라 급경사도 일부 조성한다.

🔽 ②

2. 수환경의 조성

1) 수환경의 형태를 잡는다.
① 부정형이면서 다양한 굴곡이 나타나도록 형태를 잡는다.
② 물의 유입구와 유출구, 계획수심과 호안경사 및 형상을 고려한다.
③ 호안의 경사는 완만하게 조성하되, 조성목적에 따라 급경사도 일부 조성한다.

2) 터파기를 한다.
① 가급적 비가 적은 시기를 선택한다.
② 지반의 침하가 우려되는 곳에서는 보강용 부직포를 방수층 아래에 포설하여 방수층에서 부등침하가 일어나지 않도록 한다.
③ 방수층을 조성할 바닥 및 경사면을 설계도서에 따라 면 고르기작업을 실시하고, 돌출물 및 자갈 등의 이물질을 제거한다.

3) 바닥을 처리한다.
(1) 방수층을 조성한다.
진흙이나 논흙을 최우선으로 선택하고, 진흙방수의 적용이 어려울 경우 진흙과 벤토나이트(bentonite), 부직포를 혼용하며, 방수시트는 인공지반과 같은 불가피한 지역을 제외하고 가급적 지양한다.

① 비가 오거나 바닥에 물이 많이 있을 때에는 작업을 해서는 안 되며, 물이 고여 있을 때에는 펌프로 배수작업을 한 후 건조한 상태에서 설치한다.
② 진흙 또는 논흙방수
　㉠ 입자가 미세하고 점성이 강한 것을 일정한 두께로 포설해야 한다.
　㉡ 방수용으로 쓰이는 진흙은 다짐시험을 하여 최대건조밀도의 90% 이상을 얻을 수 있는 함수상태에서 시공한다.
　㉢ 바닥면과 호안의 연결부분은 누수를 막기 위해 진흙을 겹쳐 축조한다.
③ 진흙＋벤토나이트 매트방수법
　②의 진흙방수법과 벤토나이트 제품의 방수법을 준용하여 시행한다.

(2) 식생기반을 조성한다.
양토를 이용하여 식생기반을 조성하고, 표토를 집토하여 보관하였다가 활용할 수 있으며 수생식물의 생육과 수질정화 등을 고려하여 친환경적인 토양 보조재료를 필요에 따라 사용할 수 있다. 수질오염이 우려될 경우에는 자갈, 모래 등을 일부 도입한다. 토양기질은 습지 조성 초기에는 토양의 흡착작용과 식물의 생육 때문에 인의 제거효율이 높게 나타날 수 있으나 시간이 경과되면서 평형상태가 된다.

기출예상문제

자연환경복원사업에서 수환경 유입부와 유출부 조성 시 고려사항이 아닌 것은?

① 유입로의 길이를 되도록 길게 하고, 유량을 고려하여 유입로의 단면과 재질 및 경사를 결정한다.
② 지표수를 이용하는 수환경에서는 유입로상에 수위 유지를 위한 보호물탱크를 설치하여 두는 것이 바람직하다.
③ 유출로는 집중호우 시 수환경 일대에서 유출되는 유량을 고려하여 출수로의 단면과 재질 및 경사를 결정한다.
④ 수질은 pH 8.0 이상으로 알칼리성을 유지할 수 있도록 조성한다.

🔽 ④

4) 유입부와 유출부를 조성한다.
① 유입로는 길이를 되도록 길게 하고, 유량을 고려하여 유입로의 단면과 재질 및 경사를 결정한다.

② 유입로의 조성에 사용되는 재료는 표면이 거칠고 다공성인 재료를 사용하고, 단차를 많이 두어 물이 공기에 많이 접촉하도록 한다.

③ 겨울철에 토양의 표면이 동결되는 곳은 동파되지 않는 재료를 사용하여 유입로를 조성한다.

④ 지표수를 이용하는 수환경에서는 유입로상에 수위 유지를 위한 보조물탱크를 설치하여 두는 것이 바람직하다.

⑤ 유출로는 집중호우 시 수환경 일대에서 유출되는 유량을 고려하여 출수로의 단면과 재질 및 경사를 결정한다.

⑥ 유출로는 유입로의 조성요령과 동일하게 조성하는 것이 유출되는 물의 수질정화에 도움된다.

⑦ 수질은 pH 6.0~8.5 사이로 중성을 유지할 수 있도록 조성한다.

5) 호안을 조성한다.

① 호안부는 경계부, 경사, 바닥의 형태 및 깊이, 재료 등을 다양하게 조성한다.

② 성토에 의하여 조성되는 호안부는 물속에서 연약해지기 쉬우므로 진흙성분이 많을 경우에는 경사를 완만히 하여 식물군락이 정착한 후 침수되도록 한다. 경사를 완만히 하기 어려운 경우에는 모래나 자갈이 많이 포함된 토양을 사용하거나, 통나무 등으로 호안(護岸) 처리를 한다.

③ 통나무 등으로 호안 처리를 할 경우에는 방부 처리를 하지 않고 썩기 쉬운 재질을 사용하나, 호안공법의 목적을 달성할 때까지 일정기간 동안 내구성을 유지할 수 있도록 한다.

④ 호안부의 경사는 1 : 10보다 완만하게 조성하되 조성목적에 따라 경사를 다양하게 조성한다.

⑤ 비점오염원이 습지 내로 직접적으로 유입되지 않도록 하고 물로 인한 축조면 약화를 방지하기 위해서는 지반다짐 및 구조체 보완작업을 해야 한다.

⑥ 자연석 쌓기를 할 때는 구조적 안전성 확보 이외의 경우에는 지나치게 큰 자연석을 이용하지 않도록 한다.

01 생태복원을 위해 다져진 토량 18,000m³를 성토할 때 운반토량(m³)은 얼마인가? (단, 토량변화율 L은 1.25, C는 0.9이다.) (2018)

① 20,000　　　　② 20,250
③ 22,500　　　　④ 25,000

해설

㉠ L=흐트러진 상태의 체적(m³) / 자연상태의 체적(m³)
㉡ C=다져진 상태의 체적(m³) / 자연상태의 체적(m³)
㉢ 자연상태의 체적=20,000m³
㉣ 흐트러진 상태의 체적=20,000×1.25=25,000m³

02 양단면적이 각각 60m², 50m²이고, 두 단면 간의 길이가 20m일 때의 평균단면적법에 의한 토사량(m³)은 얼마인가? (2018)

① 750　　　　② 900
③ 1,100　　　　④ 1,500

해설

{(60+50)/2}×20=1,100m³

03 생태기반을 위한 경사면 식재층 조성을 위한 방법에 대한 설명으로 가장 거리가 먼 것은? (2018)

① 0~3%의 경사지는 표면배수에 문제가 있으며, 식재할 때 큰 규모의 식재군을 형성해 주거나 마운딩 처리
② 3~8%의 경사지는 완만한 구릉지로 정지작업량이 증가하기 때문에 식재지로는 부적당
③ 8~15%의 경사지는 구릉지이거나 암반노출지로 토양층이 깊게 발달되지 않아서 관상수목의 집중 식재가 불가능
④ 15~25%의 경사지는 일반적인 식재기술로는 식재가 거의 불가능

해설

3~8% 경사는 식재지로 적합하다.

04 생태복원을 위해 다져진 토량 18,000m³를 성토할 때 운반토량(m³)은 얼마인가? (단, 토량변화율 L은 1.25, C는 0.9이다.) (2019)

① 20,000　　　　② 20,250
③ 22,500　　　　④ 25,000

해설

㉠ L=흐트러진 상태의 체적(m³) / 자연상태의 체적(m³)
㉡ C=다져진 상태의 체적(m³) / 자연상태의 체적(m³)
㉢ 자연상태의 체적=20,000m³
㉣ 흐트러진 상태의 체적=20,000×1.25=25,000m³

05 양단면적이 각각 60m², 50m²이고, 두 단면 간의 길이가 20m일 때의 평균단면적법에 의한 토사량(m³)은 얼마인가? (2019)

① 750　　　　② 900
③ 1,100　　　　④ 1,500

해설

{(60+50)/2}×20=1,100m³

06 폐도로 복원을 위한 지형 복원방법 중 옳지 않은 것은? (2020)

① 주변 생태계와 자연스럽게 연결되도록 한다.
② 훼손되기 이전의 원 지형에 대한 자료를 분석한다.
③ 복원할 식생과의 관련성을 고려하여 지형을 조작한다.
④ 도로 개발 시 도입한 인공 포장체 위에 복토하여 지형을 조작한다.

해설

인공 포장체를 철거하는 것이 바람직하다.

정답　01 ④　02 ③　03 ②　04 ④　05 ③　06 ④

07 축척 1/5,000인 지도상에 표시된 상하 등고선의 수직거리가 100m, 그 구간의 측정된 수평거리가 10cm인 부분의 경사도(%)는? (2020)

① 10 　　　　　　② 20
③ 30 　　　　　　④ 40

해설

$1:5,000=100:x$, $x=500$m

경사도 $=100$m/500m$\times100=20\%$

08 일반적으로 인산이 토양 중에 과다하게 있을 경우 식물에 결핍되기 쉬운 성분은? (2018)

① 철 　　　　　　② 마그네슘
③ 아연 　　　　　④ 칼륨

09 인간에 의해서 교란되지 않은 자연림과 초원의 토양 단면 중 유기물층에 대한 설명으로 가장 적당한 것은? (2018)

① 유기물층의 바로 아래에는 집적층이 있다.
② 유기물층은 유기물의 분해 정도에 따라 L층(낙엽층), F층(분해층), H층(부식층)으로 구분된다.
③ 유기물층은 점토, 철, 알루미늄 등의 물질이 집적되는 곳이다.
④ 토양화 진전이 없고, 암석의 풍화가 적은 파쇄 물질의 층이다.

해설

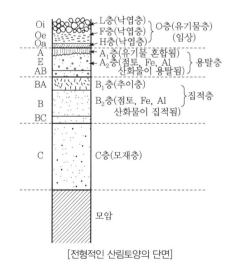

[전형적인 산림토양의 단면]

10 식재기반에 요구되는 조건이 아닌 것은? (2018)

① 식물의 뿌리가 충분히 뻗을 수 있는 넓이가 있어야 한다.
② 식물의 뿌리가 충분히 생장할 수 있는 토층이 있어야 한다.
③ 물이 하부로 빨리 빠져나가지 않도록 하층과의 경계에 불투수층이 있어야 한다.
④ 어느 정도의 양분을 포함하고 있어야 한다.

해설

하부에 불투수층이 있으면 배수가 불량하여 수목의 생육이 불량해진다.

11 유효수분량에 대한 설명 중 틀린 것은? (2018)

① 유효수분량은 식물이 이용할 수 있는 토양 속의 수분량을 가리키는 것이다.
② 일반적으로 pF 1.8(포장용수량)과 pF 5.0(영구위조점)의 수분량의 차를 이효성 유효수분이라고 한다.
③ 일반적으로 이효성 유효수분량의 수치를 L/m³ 단위로 표시하여 토양의 보수력을 평가한다.
④ 유효수분량은 일반적으로 80L/m³ 이상이 바람직하다.

해설

일반적으로 포장용수량의 수분장력은 pF 2.5, 위조점의 수분장력은 pF 4.2이다.

12 침식방지제 중 화학적 자재에 해당하는 것은? (2018)

① 양생제류
② 시트류
③ 망상류
④ 화이버류

13 목본식물 중 질소고정식물이 아닌 것은? (2018)

① 자귀나무
② 오리나무
③ 소귀나무
④ 때죽나무

14 토양수분의 유형 중 식물이 주로 사용하는 수분은?

(2018)

① 화합수   ② 흡습수
③ 모관수   ④ 중력수

해설

㉠ 중력수 : 토양 대공극에 있는 물은 토양에 보유되는 힘이 약하여 중력에 의하여 쉽게 흘러내리게 되는데 이와 같은 물을 중력수라 한다.
㉡ 모세관수 : 토양의 작은 공극 또는 모세관의 모관력에 의하여 보유되는 물이다.
㉢ 흡습수 : 건조한 토양을 공기 중에 두면 공기 중의 습도와 평형을 이룰 때까지 수분을 흡수한다. 흡수된 수분은 토양입자 주변에 몇 개의 물분자층으로 흡착되어 존재하며 이를 흡습수라 한다.

15 토양의 불량요인에 따른 보완대책에 대한 설명 중 틀린 것은?

(2018)

① 토성 불량 : 객토 및 개량재 혼합 실시
② pH의 부적합 : 객토, 중화, 개량재 혼합 등
③ 배수 불량 : 배수, 경운, 개량재 혼합, 개량재 층상 부설 등
④ 통기·투수 불량 : 개량제, 유효토심을 두껍게 하고, 멀칭을 실시

해설

통기·투수 불량일 때는 통기와 투수가 가능한 시설 등을 설치하거나 통기성을 높일 수 있는 재료를 섞는 것이 일반적이다.

16 토양수분의 유형 중 식물이 주로 사용하는 수분은?

(2019)

① 화합수   ② 흡습수
③ 모관수   ④ 중력수

17 토양의 불량요인에 따른 보완대책에 대한 설명 중 틀린 것은?

(2019)

① 토성불량 : 객토 및 개량재 혼합 실시
② pH의 부적합 : 객토, 중화, 개량재 혼합 등
③ 배수불량 : 배수, 경운, 개량재 혼합, 개량재 층상 부설 등
④ 통기·투수불량 : 개량제, 유효토심을 두껍게 하고, 멀칭을 실시

18 대지 면적이 $100m^2$이며, 건축물 면적은 $50m^2$, 자연지반녹지가 $30m^2$, 부분포장 면적이 $20m^2$인 경우 생면적률(%)은? (단, 자연지반녹지의 가중치는 1.0, 부분포장면의 가중치는 0.5로 한다.)

(2019)

① 20   ② 30
③ 40   ④ 50

해설

$$생태면적률 = \frac{\text{자연지반녹지 면적} + \sum(\text{인공화 지역 공간유형별 면적} \times \text{가중치})}{\text{전체 대상지 면적}} \times 100(\%)$$
$$= \frac{30 + (20 \times 0.5)}{100 \times 100} = 40\%$$

19 식재기반 토양의 분석에 대한 설명으로 옳지 않은 것은?

(2020)

① 전기전도도는 토양에 포함된 염류농도의 지표로 농도장해의 유무판정에 쓰인다.
② 전기전도도는 심토에서는 낮은 수치가 보통이고, 측정치가 1.0mS/cm 이하가 되면 농도장해를 일으킬 위험성이 높다.
③ 토양 내 전질소란 토양 속의 유기질 질소와 무기질 질소의 총량으로서 전질소정량법 또는 CN코다로 측정된다.
④ 전(全)탄소량을 튜링(Tyurin)법 또는 CN코다 등으로 측정하여 계수 1.724를 곱한 수치를 부식함량이라고 한다.

20 황산암모늄, 황산칼륨, 염화칼륨 등의 비료 성분이 가져올 수 있는 토양환경의 변화는?

(2018)

① 토양 부영양화   ② 토양 산성화
③ 토양 건조화   ④ 토양 사막화

21 비료의 성분 중 칼륨(K)의 특징으로 옳은 것은? (2020)

① 식물 세포핵의 구성요소로 되어 있고, 이것이 부족하면 뿌리의 발육이 나빠지며 지상부의 생장도 나빠지게 된다.
② 식물섬유의 주성분으로 줄기와 잎의 생육에 큰 효과가 있으며, 이것의 양이 부족할 경우 지엽의 생육이 빈약해지고, 잎의 색깔이 담황색을 나타나게 된다.

🔒**정답**   14 ③   15 ④   16 ③   17 ④   18 ③   19 ②   20 ②   21 ③

③ 탄수화물의 합성과 동화생산물의 이동에 관여하여 동화작용을 촉진하고, 줄기와 잎을 강하게 하며, 병충해에 대한 저항성을 크게 한다.

④ 식물의 직접적인 영양소로서 중요할 뿐만 아니라 산성의 중화, 토양구조의 개선, 토양유기물의 분해와 비효의 증진 등과 같은 간접적인 효과도 크다.

22 물에 의한 토양침식의 형태 및 유형 중 빗물침식과 관계가 가장 먼 것은? (2018)

① 복류수침식   ② 빗방울침식
③ 면상침식   ④ 누구침식

해설
㉠ 빗물침식 : 비로 내린 물이 지표면을 흐르면서 토양입자를 분산시키고 운반·이동하는 침식형태로서 우수침식 또는 지표면침식이라고 한다.
㉡ 빗물침식 종류 : 빗방울침식, 면상침식, 누구침식, 구곡침식, 야계침식

23 도시 우수처리시스템에 대한 설명으로 옳은 것은? (2020)

① 우수처리단계는 사전처리 – 이용 – 저류 – 침투 – 배수이다.
② 저류단계에서는 사전정수처리를 위하여 저류옥상을 사용한다.
③ 이용단계의 과정은 오염물질이 지하수로 유입되는 것을 막는 과정이다.
④ 침투단계에서 정수 및 저류 기능을 위하여 침투구덩이와 침투조를 사용한다.

24 최대 침투능이 100mm/hr인 지역에 강우강도 90mm/hr로 비가 왔을 때, 지표유출량이 30mm/hr이었다면 투수능 (mm/hr)은? (2020)

① 10   ② 30
③ 60   ④ 70

해설
침투능은 토양수분조건 중 침투가 최대로 발생하는 비율이다.
따라서, 투수능은 $90-30$으로 $60mm/hr$

25 다음 보기와 같은 조건에서 관거 출구에서의 첨두유출량 (m^3/s)은 약 얼마인가? (단, 합리식을 이용한다.) (2020)

- 유역면적 : 2.5ha
- 유출계수 : 0.4
- 유입시간 : 5min
- 관거길이 : 180m/s
- 강우강도 : $\dfrac{7,500}{(52+T)}$ mm/h(단, T＝유달시간(min))

① 0.30   ② 0.35
③ 0.40   ④ 0.45

해설
합리식 $Q=0.002778 \times C \times I \times A$
    Q : 첨두유량(m^3/s), C : 유출계수
    I : 강우강도, A : 배수유역면적
$Q=0.002778 \times 0.4 \times \left(\dfrac{7,500}{52+5}\right) \times 2.5 = 0.365$

26 사업시행으로 인한 영향예측 시 집중적으로 검토되어야 할 사항으로 가장 거리가 먼 것은? (2018)

① 자연생태계의 단절 여부
② 종다양성의 변화 정도
③ 일반적인 저감대책의 수립
④ 경관의 변화 정도

27 물이 깨끗하고 적은 개체수의 수서생물이 살고 있는 호수에 인근지역의 가축분뇨와 생활하수 등이 유입되면서 호수 생태계가 변화하기 시작하였다. 이때 호수 영양상태의 경과된 변화는? (2019)

① 부영양화 → 소택지
② 소택지 → 빈영양화
③ 빈영양화 → 부영양화
④ 부영양화 → 빈영양화

해설 부영양화

영양소가 많은 상태(영양소가 풍부한 활엽수림과 농경지가 부영양호를 감싸고 있는 경우)에서 다량의 인과 질소 유입 → 조류와 기타 수생식물의 대폭적 성장 촉진 → 광합성 산물이 증가하여 영양소와 유기화합물의 재순환 증가 → 식물생장을 더욱 촉진 → 식물플랑크톤은 따뜻한 상층부의 물에 밀집하여 짙은 초록색 물이 된다. → 조류와 유입되는 유기물 잔해, 퇴적물, 유근식물의 잔해가 바다로 떨어지며, 바다의 세균은 죽은 유기물을 먹는다. → 세균의 활동은 바닥 퇴적물과 깊은 물의 호기성 생물이 살 수 없을 정도로 산소를 고갈시킨다. → 생물들의 생물량과 수는 높게 유지되지만, 저서종의 수는 감소한다. → 극단적인 경우 산소 고갈이 무척추동물과 어류 개체군을 집단폐사시킬 수 있다.

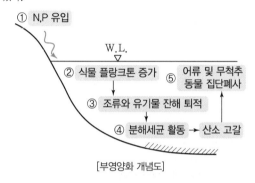

[부영양화 개념도]

28 부분순환호(meromictic lake)에 대한 설명으로 가장 거리가 먼 것은? (2019)

① 하층은 무산소상태이다.
② 상하층이 동질적인 환경이다.
③ 하층이 상층보다 밀도가 높다.
④ 상하층의 물이 섞이지 않아 층형성이 계속 유지된다.

해설 호수의 물리적 특징

㉠ 연안대(친수역) : 빛이 바닥까지 닿아 유근식물의 생장을 촉진함
㉡ 준조광대(호수 중앙부) : 연안대를 넘어서서 나타나는 개방수면이며, 이 구역은 빛이 침투할 수 있는 깊이까지 확장되어 있다.
㉢ 심연대 : 빛이 실질적으로 침투하는 깊이를 넘어서는 구역, 에너지를 준조광대에서 떨어지는 유기물에 의존한다.
㉣ 저서대 : 연안대와 심연대 모두 분해가 가장 많이 일어나는 저서대 또는 바닥층이라는 수직으로 세 번째 층이 있다.

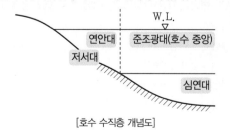

[호수 수직층 개념도]

29 수질의 부영양화 현상과 가장 거리가 먼 것은? (2019)

① 생물농축
② 적조현상
③ 용존산소의 고갈
④ N, P의 과량 유입

해설 생물농축(biological concentration)

유기오염물을 비롯한 중금속 등이 물이나 먹이를 통하여 생물체내로 유입된 후 분해되지 않고 잔류되는 현상을 말한다. 이러한 유해물질들이 먹이사슬을 통해 전달되면서 농도가 점점 높아진다.

30 산림쇠퇴의 특징으로 가장 거리가 먼 것은? (2019)

① 생체량의 순생산량은 증가한다.
② 성숙, 노화 개체들에서 선택적으로 발생하여 확산된다.
③ 악천후, 영양결핍, 토양 내 독성물질, 대기오염 등이 원인이다.
④ 광범위한 지역의 식생이 동시에 고사하는 결과를 초래할 수 있다.

해설 산림쇠퇴(forest decline)

산림생태계에서 다양한 요인의 상호작용의 결과로 생기는 숲 및 나무가 죽어서 없어지는 것을 말한다. 쇠퇴는 일반적으로 온대지방에서 나타나며, 수분환경이나 온도환경의 이상 또는 산성비(acid rain), 산성무(酸性霧), 대기오염물질 등의 환경스트레스가 유발요인이 되어, 그 후 병충해 등에 의해서 점진적으로 일어난다. 유럽에서는 독일가문비나무, 유럽소나무, 유럽너도밤나무 등에서 북미에서는 미국가문비나무, 설탕단풍, 참나무류 등 여러 수목에서 나타난다. 우리나라에서도 높은 산에서 주목의 고사, 신갈나무의 가지가 죽는 현상을 이와 결부시키는 경향이 있으나 아직은 산림쇠퇴의 징조로 볼 수는 없다.

31 밀도가 높은 수림대의 특성으로 옳은 것은? (2019)

① 광선은 비교적 잘 투과되지만 잔디 등 하층의 식생은 곤란하다.
② 독립수나 몇 개의 수목군이 산재하는 수림으로서 수관이 불연속적이다.
③ 수목구성은 낙엽수가 대부분이며, 상록수는 종(從)의 관계가 되는 것이 보통이다.
④ 고목층과 아고목층의 수관이 중복되어 있고, 거의 완전하게 하늘을 덮기 때문에 극히 폐쇄적인 수림이다.

🔒정답 28 ② 29 ① 30 ① 31 ④

32 호수의 층상구조 설명으로 옳지 않은 것은? (2019)

① 표수층은 산소와 영양분이 풍부한 층이다.
② 수온약층은 온도와 산소가 급격히 변하는 층이다.
③ 심수층은 산소는 부족하나 영양분이 풍부한 층이다.
④ 호수는 일반적으로 표수층, 수온약층, 심수층으로 나눌 수 있다.

[해설] 호수의 물리적 특징

㉠ 연안대(친수역) : 빛이 바닥까지 닿아 유근식물의 생장을 촉진함
㉡ 준조광대(호수 중앙부) : 연안대를 넘어서서 나타나는 개방수면이며, 이 구역은 빛이 침투할 수 있는 깊이까지 확장되어 있다.
㉢ 심연대 : 빛이 실질적으로 침투하는 깊이를 넘어서는 구역, 에너지를 준조광대에서 떨어지는 유기물에 의존한다.
㉣ 저서대 : 연안대와 심연대 모두 분해가 가장 많이 일어나는 저서대 또는 바닥층이라는 수직으로 세 번째 층이 있다.

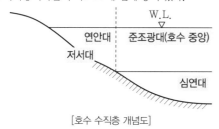

[호수 수직층 개념도]

33 적조발생의 원인으로 틀린 것은? (2019)

① 질소, 인과 같은 영양물질이 유입될 때
② 바닷물의 염분농도가 높아졌을 때
③ 바닷물 온도가 섭씨 25℃ 이상일 때
④ 철, 코발트 등 미량금속류가 첨가되었을 때

[해설]

민물에 부영양화현상이 일어나면 녹조현상이, 해안에 부영양화현상이 일어나면 적조현상이 발생한다.

34 염분이 높은 해안습지에 서식하기 위한 염생식물의 대응 기작에 대한 설명으로 틀린 것은? (2019)

① 염분을 흡수하여 체내에서 분해하여 영양물질로 이용하는 기작
② 염분 자체의 흡수 억제 기작 및 액포를 사용하여 염분을 저장하는 기작
③ 뿌리에 흡수된 염분이 잎까지 이동되었다가 다시 뿌리를 통하여 토양으로 이동되는 기작

④ 표피의 염선(salt gland)에 염분을 축적하였다가 세포가 파괴되면서 체외로 배출하는 기작

35 해양의 유형별 경관생태에 대한 설명 중 틀린 것은? (2019)

① 갯벌의 유형에는 모래갯벌, 펄갯벌, 혼합갯벌 등이 있다.
② 암반해안은 해파에 의한 침식해안으로 파도의 침식작용의 결과로 형성된다.
③ 해안 사구는 육지와 바다 사이의 퇴적물양을 조절하여 해안을 보호하는 기능을 가지고 있다.
④ 사빈은 해류, 하안류에 의하여 운반된 모래가 파랑에 의하여 밀려 올려지고 탁월풍의 작용을 받아 모래가 낮은 구릉 모양으로 쌓인 지형을 말한다.

[해설] 사빈(砂濱, sand beach)

모래가 많이 퇴적된 해안지형을 말한다. 일반적으로 해수욕장으로 이용되고 있다. 대량의 모래를 운반하는 하천이 흘러들거나 고화(固化)되지 않은 제3기층이나 제4기층이 노출되어 있는 해안에는 사빈이 두껍게 발달한다. 한편, 하천으로부터 모래를 공급받아 형성되는 사빈은 퇴적물이 유역분지의 지질과 하천의 특성을 잘 반영한다.

36 수생태계에 미치는 영향 중 부영양화의 직접적인 원인이 아닌 것은? (2020)

① 생활하수   ② 집중호우
③ 가축분뇨   ④ 농경지 유출수

37 다음 보기 중 하구역 환경의 특성에 속하는 것을 모두 고른 것은? (2020)

가. 하천의 담수와 해수가 혼합되는 수역으로, 조류 및 어류를 포함한 많은 생물의 서식지이며 상업적으로 가치있는 어류의 산란·양육지이다.
나. 매우 생산성이 높은 환경의 하나이며, 육상기인 퇴적물 및 오염물질을 처리하는 자연정화지의 역할을 하기도 한다.
다. 자연재해의 방지나 공간이용의 측면에서 홍수 피해를 저감하고, 해일과 같은 자연재해로부터 육상생물 및 국민재산을 보호하는 기능을 갖는다.
라. 만입(灣入)된 지역은 항구의 최적지로 해상운송 및 산업을 활성화시킬 수 있다는 점에서 사회·경제적으로 매우 중요한 역할을 한다.

① 가, 다　　　　　　② 가, 라
③ 가, 나, 다　　　　④ 가, 나, 다, 라

해설 하구(estuary)

하구는 강과 바다가 만나는 지역이다. 바다로부터 조석, 파랑, 해수가 유입되며, 동시에 강에서 담수와 퇴적물의 유입이 있다. 강과 바다의 유입으로 인해 수층과 퇴적물 속에 영양염이 높아 생산성이 높은 환경이다.

38 다음 중 모래갯벌(sand flat)에 대한 설명으로 옳지 않은 것은? (2020)

① 다른 말로 사질갯벌이라고도 하며, 바닥이 주로 모래질로 형성되어 있다.
② 저질의 모래 알갱이의 평균크기가 0.2~0.7mm 정도이고, 이질(泥質) 함량비가 대체로 4%를 넘지 않는다.
③ 약간의 펄이 섞인 우리나라 서해안의 모래갯벌에는 갑각류나 조개류보다는 퇴적물식을 하는 갯지렁이류가 우점한다.
④ 해수의 흐름이 빠른 수로 주변이나 바람이 강한 지역의 해변에 나타나는데, 해안경사가 급하고 갯벌의 폭이 좁아 보통 1km 정도이다.

해설

갯지렁이는 펄갯벌에 서식한다.

39 다음 중 빈영양 호수에 비해 부영양 호수에서 나타나는 현상의 설명으로 옳지 않은 것은? (2020)

① 동물 생산량이 높다.
② 심수층의 산소는 풍부하다.
③ 조류(algae)가 고밀도로 성장한다.
④ 수심이 얕고 투명도 깊이 또한 얕다.

해설

부영양 호수에서 심수층의 산소는 고갈될 수 있다.

CHAPTER 04 서식지복원 설계시공

01 목표종 서식지복원 설계 시공

1. 설계도서와 현장상황의 적합성 검토

① 대상지 내 생물종과 목표종의 생활사 특성을 파악한다.
② 대상지 내 생물종과 목표종의 서식지 특성과 현장상황의 적합성을 검토한다.

▶ **서식지의 핵심구성요소**

생물분류군	서식지의 핵심구성요소
포유류	먹이자원, 공간(행동권, 세력권 등), 커버자원(동면지, 보금자리 등)
조류	먹이자원, 공간(번식지, 월동지 등), 커버자원(잠자리, 휴식처 등)
양서 · 파충류	집단산란지, 활동지, 동면지, 이동경로
어류	번식장소, 먹이자원, 회유성 어류의 이동경로

2. 목표종과 보호종의 생활사 특성을 반영하여 서식지 복원시기를 설정한다.

대상지 내 서식하고 있는 중요 생물종의 생태적 특성을 고려하여 번식 · 산란시기를 파악하여 가급적 이 시기를 피하여 복원을 시행한다.

3. 주변 생태계에 미치는 영향을 최소화하기 위한 복원공법을 선정한다.

1) 주변 생태계에 미치는 영향 최소화

(1) 시공범위나 장소를 최소화하여 범위를 설정한다.
① 주변 생태계에 미치는 영향을 최소화하기 위해서 주변 생태계에 불필요한 접근을 피하고 시공범위나 장소를 최소화하여 범위를 설정한다.
② 기존의 서식지를 활용하는 경우가 많으므로 기존 서식지 내에서 계속 유지할 것들은 훼손하지 않도록 주의한다.

(2) 시공 중 피난처를 확보한다.
① 대상종의 서식조건을 만족하고, 기존에 생육서식하고 있는 생물종에 영향을 미치지 않도록 시공 중 피난처를 확보한다.
② 확실한 이동 가능 경로와 환경이 확보되어 있는지를 확인한다.

기출예상문제

생태복원사업 시 생물종 서식지 복원과정 중 주요고려사항이 아닌 것은?
① 설계도서와 현장상황의 적합성 검토
② 목표종과 보호종의 생활사 특성을 반영하여 사업시기 결정
③ 주변생태계에 미치는 영향을 최소화하는 복원공법 선정
④ 시공범위나 장소를 최대화하여 범위를 설정

답 ④

2) 설계도서를 검토하여 서식지복원공법을 선정한다.

(1) 목표종의 분류군별 복원공법을 선정한다.
① 포유류 서식지복원
② 조류 서식지복원
③ 양서 · 파충류 서식지복원
④ 곤충류 서식지복원
⑤ 어류 서식지복원

(2) 생태계 유형별 복원공법을 선정한다.
① 숲 서식지복원
② 초지 서식지복원
③ 습지 서식지복원
④ 복합 서식지복원
⑤ 기타 서식지복원

4. 관련 법령에 따라 관계 기관의 승인을 득한 후 보호종 이식 또는 이주 시행

1) 보호종 이식 또는 이주 관련 법령을 파악하고 의견을 수렴한다.
(1) 야생생물보호 및 관리에 관한 법률
제14조(멸종위기야생생물의 포획 · 채취 등의 금지), 시행규칙 제13조(멸종위기야생생물의 포획 · 채취 등 허가 신청)

(2) 법정보호종 외 중요종의 이식 또는 이주
법정보호종이 아니더라도 사업의 목적상 보호가 필요한 생물이 존재할 경우, 관계 기관과 공사감독자와 협의하여 이식 또는 이주를 시행할 수 있다. 단, 「야생생물보호 및 관리에 관한 법률」에 따른 허가절차는 생략할 수 있다.

(3) 지역 의견 수렴
지역 내에 보호종을 보호 또는 관리하고 있는 협의체가 있는 경우 의견을 수렴한다.

2) 대상지 내 보호종의 서식실태를 파악한다.
서식개체수와 서식지현황을 파악하고 위협요인을 분석하여 대책을 마련한다.

3) 이주 예정지역을 조사한 후 서식 적합성을 판단하여 대체서식지를 선정한다.
① 가급적 사업부지 내(on-site)에 위치를 선정하고 불가피할 경우, 대상지 서식지와 동일한 유역(watershed)이나 행정구역 범위 내(off-site)에 선정한다.
② 목표종에 대한 정밀조사 및 서식지평가 결과를 바탕으로 대체서식지 후보지역을 선정한다.

③ 향후 개발계획이나 토지이용 등 주변여건(개발압력)을 감안하여 안정적인 곳을 선정한다.

④ 대체서식지 조성 후보지에 대한 대안별 장단점을 비교검토한 후 적정한 위치를 결정한다.

기출예상문제

생태복원사업 중 보호종의 이식 또는 이주를 시행하여야 하는 경우 고려사항이 아닌 것은?

① 가급적 사업부지 내(on-site)에 위치를 선정한다.

② 목표종에 대한 정밀조사 및 서식지평가 결과를 바탕으로 대체서식지 후보지역을 선정한다.

③ 향후 개발계획이나 토지이용 등 주변여건(개발압력)을 감안하여 안정적인 곳을 선정한다.

④ 사업부지(on-site)의 이주예정지를 선정할 경우 대상지역에서 가급적 먼 거리를 선택한다.

🖅 ④

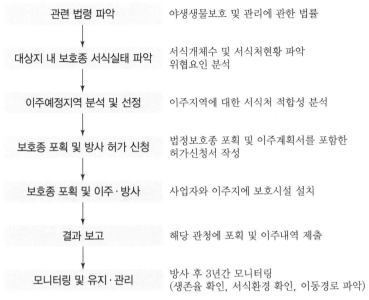

관련 법령 파악	야생생물보호 및 관리에 관한 법률
대상지 내 보호종 서식실태 파악	서식개체수 및 서식처현황 파악 위협요인 분석
이주예정지역 분석 및 선정	이주지역에 대한 서식처 적합성 분석
보호종 포획 및 방사 허가 신청	법정보호종 포획 및 이주계획서를 포함한 허가신청서 작성
보호종 포획 및 이주·방사	사업자와 이주지에 보호시설 설치
결과 보고	해당 관청에 포획 및 이주내역 제출
모니터링 및 유지·관리	방사 후 3년간 모니터링 (생존율 확인, 서식환경 확인, 이동경로 파악)

‖ **보호종 이주절차** ‖

4) 관할기관에 허가 신청을 한다.

(1) 이주지역을 선정한다.

① 이주지역에 대한 서식지 적합성을 분석하여 이주지역을 선정한다.

② 현재 서식지에서의 보호종 서식실태를 파악한다.

(2) 보호종 포획 및 방사 허가 신청을 한다.

「야생생물보호 및 관리에 관한 법률」에 의하여 "멸종위기종 포획 및 이주계획서"를 작성하여 해당 유역(또는 지방)환경청장에게 허가 신청을 한다.

5) 동물보호종 이주를 시행한다.

(1) 보호종을 포획한다.

① 보호종의 서식실태를 분석하여 주요 예상 이동경로 및 활동지점에 트랩을 설치한 후 보호종을 포획한다.

② 해당 종의 생태적 특성을 고려한 은신처, 산란처, 먹이터 등을 포함하여 대상사업자와 이주할 서식지구간을 설정하고 보호펜스를 설치하여 외부의 침입을 방지하도록 조치한다.

(2) 이주지역에 방사한다.

① 확인한 개체는 현장에서 사진으로 기록한다.

② 지점을 표시한 후 보관용기에 보관 후 이송한다.

③ 연구실에서 개체별 표식을 한 후 이주지역에 방사한다.

④ 공사 전 및 공사 시 보호종 잔류 여부를 모니터링하고 잔류 확인 시 추가 포획을 실시한다.

⑤ 보호종 포획신고내역을 해당 관청에 제출한다(허가기간 종료 후 5일 이내).

6) 식물보호종을 이식한다.

(1) 이식지 기반을 조성한다.

① 불량표토 제거, 식생토 및 원지반토 치환 등 토양환경을 조성한다.

② 보호종 생육환경에 적합한 수환경을 조성한다.

(2) 식물보호종을 채취한다.

① 식물보호종 생육특성을 고려하여 잡풀 제거 범위를 설정한 후, 잡풀을 제거한다.

② 인력 및 장비를 이용하여 토양을 포함한 식물체를 채취한다.

(3) 토양을 운반한다.

① 장비를 이용하여 적재하고 비닐천막 등으로 토양을 덮는다.

② 건조해지기 전에 신속하게 운반한다.

(4) 대체서식지로 이식한다.

① 이송된 토양을 대체서식지에 하차한다.

② 하차한 토양을 기반환경으로 조성한다.

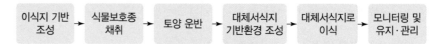

‖ 식물보호종의 이식절차 ‖

7) 이주지역에 대한 모니터링과 유지·관리를 시행한다.

(1) 이주지역(대체서식지)에 대하여 이주종의 생태적 특성에 따라 지속적인 모니터링을 실시한다.

① 이주종의 생태적 특성을 고려하여 해당 시기에 집중모니터링을 포함한 수시모니터링을 한다.

② 이주종의 개체수, 생육상태, 대체서식지현황을 모니터링한다.

③ 조사수행에 따른 다양한 사진과 관련 자료를 확보한다.

(2) 모니터링 결과에 따라 유지·관리방안을 제시한다.

① 안내판을 통해 대체서식지 조성지역임을 알려 훼손행위를 제한한다.

② 쓰레기 불법투기, 불법출입 등을 제한하는 관리를 실시한다.

③ 대체서식지 기능을 유지하기 위해서 주변 환경과 생태적 단절이 되지 않도록 주변 서식지와 연결통로를 확보한다.

02 숲복원 설계시공

1. 설계도서와 현상상황 검토

1) 설계도서를 검토한다.

① 생태천이를 고려하며, 조성계획 수립 시 입지여건, 지형적 특성, 기존 식생의 활용 등을 숙지한다.

② 조성목표에 따라 목표수종, 속성수종, 보호수종, 시비수종, 경계부수종 등으로 구분하고, 수종구성과 군식의 성격을 이해한다.

③ 숲을 조성할 때 식물 생육을 위한 최소유효표토층의 깊이는 60cm 이상을 확보하였는지 검토한다.

④ 현지 내 보전을 위한 방안으로 자생종의 훼손을 지양하고 원상태의 유지·보완 여부를 이해한다.

2) 현장상황과 설계도서와의 일치 여부를 검토한다.

① 현장조사를 통해 사업대상지와 주변 식생현황을 파악한다.

② 현장상황과 설계도서상 계획 일치 여부를 파악한다.

2. 숲복원에 필요한 식물종의 수급 가능 여부를 검토

1) 숲복원에 필요한 식물종을 파악한다.

2) 숲복원에 도입되는 식물종의 수급 가능 여부를 검토한다.

① 설계내역서에 반영된 식물종의 조달방법을 고려하여 수급방법을 결정한다.

② 숲복원 사업기간은 단년보다는 장기간일 경우가 많으므로 복원사업 적용시점 1~2년 전에 미리 수급계획을 수립하여야 한다.

③ 종자를 채취하여 묘목을 육성하거나 묘목을 구입하여 성목으로 육성하여 활용할 경우 묘목재배로 적합한 수종을 선정하고 종자 채취, 묘목 구매, 양묘장 위치, 양묘장 조성 후 유지·관리에 대한 계획을 수립한다.

④ 바로 수급을 하여 숲복원에 적용해야 할 수종은 시장공급이 가능한 종류인지 파악하고 수급이 어려운 수종은 공사감독자와 협의하여 기능이 유사한 다른 수종으로 대체를 검토한다.

⑤ 내역단가와 공급단가를 비교하여 실행단가를 산출한다.

기출예상문제

생태복원사업 중 숲복원 시 식물종의 수급 가능성이 중요하다. 숲복원에 도입되는 식물종의 수급 가능 여부 검토방법으로 잘못된 것은?

① 숲복원사업 기간은 단년보다는 장기간일 경우가 많으므로 복원사업 적용시점 1~2년 전에 미리 수급계획을 수립하여야 한다.

② 종자를 채취하여 묘목을 육성하거나 묘목을 구입하여 성목으로 육성하여 활용할 경우, 묘목재배로 적합한 수종을 선정하고 종자 채취, 묘목 구매, 양묘장 위치, 양묘장 조성 후 유지·관리에 대한 계획을 수립한다.

③ 바로 수급을 하여 숲복원에 적용해야 할 수종은 시장공급이 가능한 종류인지 파악하고 수급이 어려운 수종은 공사감독자와 협의하여 기능이 유사한 다른 수종으로 대체를 검토한다.

④ 현장 내 가식 후 이식을 원칙으로 하고, 부득이할 경우 반입 당일 식재하도록 한다.

답 ④

3) 숲복원 식물재료의 수급계획을 작성한다.

사업대상지 내 서식하는 생물종과 목표종을 고려하여 수립한 숲복원공정계획에 따라 식물재료 수급 및 현장 반입계획을 작성한다. 당년에 구입하여 바로 활용할 식물재료와 재배, 육성을 하고 성장시기에 따라 1~2년 후에 적용할 재료 등을 구분하여 반입계획을 수립한다.

4) 숲복원의 식물재료를 수급한다.

① 식물재료 반입 전에 식재공간이 확보되는지 반드시 확인하고 타 공종으로 인해 공간이 확보되지 못하는 경우 수급일정을 조정하여야 한다.

② 당일 식재함을 원칙으로 하나, 부득이하게 당일 식재하지 못하는 경우 현장 내 가식장을 확보한다.

3. 복원을 위한 인력, 장비, 자재의 반입계획 등 시공계획서 작성

1) 인력 투입계획을 작성한다.

식물종 반입시기에 따라 인력 투입계획을 작성한다.

2) 장비 투입계획을 작성한다.

식물종 반입시기에 따라 장비 투입계획을 작성한다.

3) 자재 반입계획을 작성한다.

식물종 반입시기에 따라 식재를 위한 부자재 투입계획을 작성한다.

4. 숲복원을 위하여 식물의 특성을 고려하여 식재

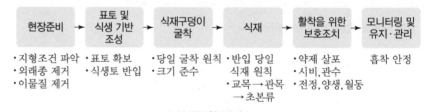

‖ 식생복원 절차 ‖

1) 지형조건을 파악한다.

경사도 5~15%의 완경사지가 가장 적합하며 30% 이상의 경우 토심과 토질을 고려하여 수종을 선정하거나 경사지 식생공법을 적용한다.

2) 표토 및 식생 기반을 조성한다.

(1) 유기물층을 30cm 이상 확보하며, 뿌리의 충분한 신장을 위해서는 60cm 이상의 유효토심을 확보한다.

(2) 통기성과 투수성이 양호하고 양분과 수분이 적당한 토양을 확보하며, 다져진 토양

의 경우 경운작업을 통해 토양조건을 개량토록 한다.

3) 식재를 한다.

(1) 식재구덩이를 굴착한다(표준시방서 KCS 34 40 10 : 2016 : 일반식재기반 식재).

　① 식재구덩이는 식재 당일에 굴착하고 부득이한 경우 식재 전에 굴착할 수 있으며 공사감독자와 협의하여 안전대책을 수립한다.

　② 식재구덩이의 위치는 설계도서의 위치대로 하고 현장여건을 고려하여 공사감독자와 협의하여 위치를 다소 조정할 수 있다.

　③ 식재구덩이 크기는 너비를 뿌리분 크기의 1.5배 이상으로 하고 깊이는 분의 높이와 구덩이 바닥에 깔게 되는 흙, 퇴비 등을 고려하여 적절한 깊이를 확보한다.

　④ 기계, 인력 병행 굴착 시에는 기존 공작물 및 매설물에 손상을 주지 않도록 주의하여 시공하되 손상을 주었을 경우 원상복구조치를 하여야 한다.

(2) 식재를 한다.

　① 단순림보다는 혼효림으로 조성하며 주요 수종을 2~5개 종으로 식재한다.

　② 다층식재를 하여 다양한 수림대의 층위를 형성함으로써 선호하는 생물종을 다양하게 도입하고 숲의 건강성, 경관성을 향상시키며 토양 내 유기탄소 저장량을 높이도록 한다.

　③ 가장자리는 일부 면적을 완충지역으로 확보하여 식생 정착을 보조하고, 숲의 성장을 촉진할 수 있는 관목류를 식재한다.

　④ 초기의 식재거리는 목표연도와 식생의 크기에 따라 결정한다.

　　㉠ 목표연도에 따른 기준 : 조성목표에 따라 완성형, 반완성형, 장래완성형 등으로 구분하여, 그에 따라 식재수종 및 규격, 밀도를 결정한다. 완성형은 식재 직후 충분한 수림을 제공해 줄 수 있도록 완성에 가까운 상태로 식재한다. 반완성형은 5년 정도 경과 후 거의 완성형에 가까운 형태로 조성한다. 장래완성형은 10~20년 정도 경과 후 완성을 목표로 한다.

　　㉡ 식재패턴에 따른 기준 : 식재방법은 복원목표에 따라 규칙형, 임의형, 임의군집형 등으로 구분한다. 규칙형은 조기 성장을 유도하여 전면적으로 고르게 식생피복도를 높이고자 할 때 일정 간격으로 규칙적으로 식재한다. 임의형에서는 자연의 상황과 유사하도록 임의로 배치한다. 임의군집형에서는 임의로 군집식재방법을 적용하여 자연적인 모습으로 다양한 식물종이 생육할 수 있도록 한다.

　　㉢ UNESCO MAB에 따른 기준 : UNESCO MAB공간구분에 따른 식재 기준은 다음과 같다.

기출예상문제

생태복원사업 중 숲복원 시 식재방법으로 알맞지 않은 것은?

① 식재구덩이 크기는 너비를 뿌리분 크기의 1.5배 이상으로 하고 깊이는 분의 높이와 구덩이 바닥에 깔게 되는 흙, 퇴비 등을 고려하여 적절한 깊이를 확보한다.

② 굴취, 운반, 식재는 같은 날에 완료해야 하며, 부득이한 경우에는 공사감독자의 승인을 받아 가식 또는 보양조치 후 식재한다.

③ 수목의 뿌리분을 식재구덩이에 넣어 방향을 정하고 원지반의 높이와 분의 높이가 일치하도록 조절하여 나무를 앉힌다.

④ 흙다짐은 흙이 습하여 뿌리가 쉽게 썩는 수종에 한하여 시행하며, 관수 후 고인 물이 완전히 흡수된 후 각목 등으로 다지고 뿌리분화 흙이 밀착되도록 치밀하게 시행한다.

답 ④

구분	식재 일반	규격 및 밀도
핵심지역	• 생물다양성의 보전과 간섭을 최소화하기 위한 식재가 되도록 함 • 반완성형으로 식재의 규격 및 밀도 결정	• 장래완성형의 복층림으로 교목층과 종목층의 수관이 서로 겹쳐 폐쇄적인 수림을 구성할 수 있도록 함(밀도 20~40주/100m²) • 복원지역의 목본류는 종자파종 및 묘목식재 가능
완충지역	• 핵심지역을 둘러싸고 있어 서식지의 보호와 보전을 위한 식재가 되도록 함 • 최소생태적 활동이 이루어지는 교육 및 생태관광을 위한 공간으로, 중요한 지역의 경관식재 가능 • 핵심지역과 전이지역의 생태적 연결성 확보 • 완성형과 반완성형으로 식재의 규격 및 밀도 결정	• 교목 위주의 복층림으로 교목류 하부에 관목이 부분적으로 점유하는 수림을 구성할 수 있도록 함(밀도 10~20주/100m²) • 완충지역의 상층목규격은 중경목 이상으로 식재
협력지역	• 핵심 및 완충지역의 식생을 보호하는 가장자리 숲이 되도록 함 • 적극적인 생태적 활동이 이루어지는 공간으로 이용목적에 따라 조기 녹화 및 경관식재 가능 • 완성형으로 식재의 규격 및 밀도 결정	• 교목 위주의 단층림으로 규격은 중경목 이상 설계(밀도 10주/100m²) • 망토(어깨)군락지는 소·중경목 위주의 복층림으로 설계

⑤ 굴취, 운반, 식재는 같은 날에 완료해야 한다. 부득이한 경우에는 공사감독자의 승인을 받아 가식 또는 보양조치 후 식재한다.

⑥ 보습, 보온 및 부패방지 등을 위한 활착보조재는 제품별 용법에 따라 식재구덩이에 넣거나 뿌리부분에 접착시켜 식재한다.

⑦ 밑거름은 완숙된 유기질비료를 식재구덩이 바닥에 넣어 수목을 앉히며, 흙을 채울 때에도 유기질비료를 혼합하여 넣는다. 시비량은 설계도면 및 공사시방서에 따른다.

⑧ 식재는 다음 순서에 따른다(표준시방서 KCS 34 40 10 : 2016 ; 일반식재 기반 식재).

　㉠ 식재는 뿌리를 다듬고 주간을 정돈하여 식재구덩이 중심에 수직으로 식재한다.

　㉡ 식재 시에는 뿌리분을 감은 거적과 고무밴드, 비닐끈 등 분해되지 않는 결속재료는 제거하여야 하나 이를 제거함으로써 뿌리분 등에 심각한 손상이 예상되는 경우에는 공사감독자와 협의하여 존치시킬 수 있다.

　㉢ 식재 시 수목이 묻히는 근원부위는 굴취 전에 묻혔던 부위에 일치시키고 식재

방향은 원래의 생육방향과 동일하게 식재해야 한다. 다만 기능 등을 고려하여 조정하여 식재할 수 있다.

ⓔ 식재 시 식재구덩이 내 불순물을 제거하고, 양질의 토사를 넣고 바닥을 고른다.

ⓜ 수목의 뿌리분을 식재구덩이에 넣어 방향을 정하고 원지반의 높이와 분의 높이가 일치하도록 조절하여 나무를 앉힌다. 잘게 부순 양질의 토사를 뿌리분 높이의 1/2 정도 넣은 후 수형을 살펴 수목의 방향을 재조정하고, 다시 흙을 깊이의 3/4 정도까지 추가해 넣은 후 잘 정돈시킨다.

ⓗ 수목앉히기가 끝나면 물을 식재구덩이에 붓고 각목이나 삽으로 저어 흙이 뿌리분에 완전히 밀착되고 흙속의 기포가 제거되도록 한다.

ⓢ 물조임이 끝나면 고인물이 완전히 흡수된 후에 흙을 추가하여 구덩이를 채우고 물받이를 낸 다음 식재구덩이의 주변을 정리한다.

ⓞ 흙다짐은 흙이 습하여 뿌리가 쉽게 썩는 수종에 한하여 시행하며, 관수 없이 흙을 계속 넣어가며 각목 등으로 다지고 뿌리분과 흙이 밀착되도록 하기 위해서 치밀하게 시행하여야 한다. 흙다짐 대상수종은 시방서에 따른다.

ⓩ 배수, 지하수위 등의 식재조건이 열악한 경우에는 공사감독자와 협의하여 맹암거 등의 필요한 조치를 취한다.

ⓦ 우기에 수일간 물이 고여 수목 생육에 지장을 초래하는 장소는 상황에 따라 신속히 배수 처리하여 토양의 통기성을 유지해 주어야 하며 필요한 경우 암거배수시설을 설치한다.

ⓚ 설계도서에 따른 지주목을 세우고 수목과 지주목을 결속하는 부위에는 수간에 완충재를 대어 수목의 손상을 방지한다.

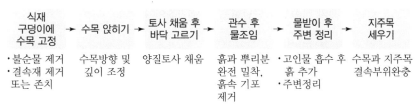

| 식재의 절차 |

5. 설계서를 반영하여 계획된 장소에 종자를 파종한다.

1) 시공계획서를 토대로 한 시험시공을 수행한다.

(1) 시험시공의 수행

① 각 토질과 본 지침에 의거하여 시험시공을 수행한다.

② 시험시공 시 지침 및 시방서에 제시된 종자 및 재료의 정량을 사용한다.

③ 시험시공은 가급적 자연상태의 동일한 환경조건하에서 수행이 되도록 한다.

④ 공사감독자가 입회한 자리에서 종자 및 재료혼합을 실시하도록 한다.

(2) 시험시공 검측

① 시공면적은 시공이 완료된 후 현지측량을 실시하여 설계도서와 비교 · 검토 및 확인한다.

② 시험시공 직후 식생 기반재 샘플을 채취하여 식생 기반재의 토양산도, 전기전도도, 염기치환용량, 전질소량, 염분농도, 유기물함량 등 토양 이화학성 등을 분석하도록 하며, 그 결과가 기준치 이내이어야 한다.

(3) 생육 정도를 판정한다.

① 생육 판정 기준

ㄱ 고정조사구를 설치한다. : 식물조사방법은 주로 방형구법(quadrat method)과 벨트트렌섹트법(belt transect)을 이용하여 조사한다. 방형구법을 사용할 경우에는 시공면에 1m×1m의 임의조사구를 3개소 이상 설치한다. 고정조사구는 시공면을 대표할 수 있는 지점으로서 랜덤하게 분포하도록 한다. 식생조사 후에는 방형구 설치흔적을 제거하고 방형구 설치위치는 사진을 찍어 보고서에 수록한다.

ㄴ 측정항목 : 생육조사는 고정조사구 내에 출연하는 모든 수종 및 초종에 대해서 발아율, 발아본수, 생육높이, 식생피복도, 우점종, 식생생육량 등을 야장에 의거하여 주기적으로 측정한다. 또한 생육 특성 외에 시공면의 탈락 및 붕락상태 등을 함께 조사한다.

ㄷ 측정시기 : 종자파종에 의해 복원하는 경우에는 시험시공은 3~5월에 하고, 그해 가을에 최종판정하는 것이 바람직하며, 여름철(6~8월), 가을철(9~11월) 시공 시에는 이듬해 가을에 최종 판정하는 것이 녹화식물의 생육과 식생 기반재의 지속성을 판단하는 데 효과적이다.

② 생육 판정방법

ㄱ 식생피복률 : 방형구($1m^2$) 내에서 피복도 측정용 격자틀(20cm×20cm)을 이용하여 3회 이상 측정 후 산술 평균하여 전체 피복도로 환산하거나 현장에서 육안으로 실측 또는 사진 촬영 후 실내에서 피복률을 계산한다.

ㄴ 목본성립본수 : 목본성립본수의 판정은 방형구(1m×1m)를 설치하여 목본의 성립본수를 10회 이상 측정 후 평균한다. 단, 목본의 생육수고가 1~6m인 경우 방형구는 2m×2m($4m^2$)의 크기를 적용하고, 초본층의 생육높이(초장)가 0.3~1m인 경우에는 방형구는 0.5m×0.5m~1m×1m($0.25~1m^2$)를 적용하는 것을 원칙으로 한다. 조사방형구의 크기가 다를 경우 $1m^2$로 환산하여 성립본수로 기록한다.

ㄷ 출현종수 : 출현종수의 판정은 방형구($1m^2$) 내에서 측정용 격자틀(100cm×100cm)을 이용하여 출연한 목본 및 초종을 모두 조사한다.

ⓔ 식생 생육량 : 식생 생육량의 판정은 방형구(1m²) 내에 출연한 목본 및 초본류 중 우점종의 샘플을 채취하여 생육량을 조사한다. 단, 외래 도입 초종은 대상에서 제외한다.

ⓜ 수고 및 초장 : 수고 및 초장의 판정은 방형구(1m²) 내에 출연한 수종 및 초종의 지면으로부터의 높이를 측정한다.

ⓗ 병충해 : 시험시공 후 생육판정시기까지 수시로 파종식물의 병충해 발생 유무를 동정한다.

ⓢ 최종생육 판정시기 : 시공시기에 따라 식물의 생육 특성이 다르기 때문에, 춘기, 하기, 추기 및 동기의 시공에 큰 차이가 발생한다. 춘기시공일 경우에는 시공 6개월(180일) 후에 최종판정하며, 시공시기가 다를 경우에는 실습감독자와 협의하여 판정시기를 다음 연도에 실시하거나 조절할 수 있다.

③ 기타 항목 판정방법

토양산도측정, 토양습도측정, 토양경도측정, 타락 및 붕괴지점점검, 녹화 지속성 및 천이 여부 평가 등을 실시한다.

▶ **토양경도별 식물 생육상태**

토양경도(mm)	식물 생육상태	평가
18mm 이하	식물의 생육은 양호하지만 비탈면이 무너질 위험성이 있는지 확인이 요구된다(고압으로 뿌리는 녹화공법을 적용하는 경우 식생 기반재의 침식방지효과에 대한 확인이 필요하고, 침식방지효과가 인정된 경우에는 식물의 근계생장에 적합한 것으로 판정할 수 있다).	식물에 의해 녹화가 되었을 때 평가한다.(본 항목은 녹화공사 후 6개월 이내에만 적용하고, 녹화공사 후 6개월이 경과되고, 녹화식물의 생육이 이루어진 다음에는 본 항목은 적용하지 않는다. 녹화공사가 원만하게 이루어지면 6개월 후 토양경도 18mm 이하는 식물의 근계생장에 적당하다).
18~23mm	식물의 근계생장에 적당하다.	–
23~27mm	식물의 생육은 양호하지만 생육활성이 그다지 좋지 않다.	–
27~30mm	흙이 너무 단단해서 식물의 생육이 곤란하다.	–
30mm 이상	식물의 근계의 침입이 곤란하다.	–

2) 비탈면 안식각, 토질 특성에 적합한 식재를 한다.

(1) 사전준비를 한다.

① 현장여건을 고려하여 대상비탈면에 대한 조사계획 수립 여부를 확인한다.

기출예상문제

토양경도별 식물 생육상태가 바르지 않은 것은?

① 18mm 이하 : 식물 생육은 양호하나 비탈면은 무너질 우려가 있음

② 18~23mm : 식물의 근계생장에 적당

③ 23~27mm : 식물의 생육은 양호하지만 생육활성이 그다지 좋지 않음

④ 27~30mm : 식물의 생육이 양호하지만 교목의 활착이 어려움

📖 ④

② 토질조사 보고서나 주변 비탈면에 대한 안전성 분석자료, 지질도, 강우량 및 제반 시험 등에 대한 자료를 수집하고 분석을 실시한다.

③ 조사단계에서는 현장여건 및 경제성을 고려하여 현장조사, 실내 및 현장시험으로 구분하여 실시한다.

④ 현장조사는 조사목적에 따라 시추조사, 지표지질조사 등을 참고하여 실시한다.

⑤ 도로비탈면 녹화공사의 설계 및 시공지침에 따라 현지여건에 맞게 시험시공을 통해 선정한 공법을 시공한다.

(2) 종자를 혼합한다.

① 종자는 식생녹화의 목표를 달성하기 위하여 단일종의 파종보다는 가급적 혼합하여 파종하는 것이 좋다.

② 초본류만을 사용하는 경우에 근계층이 얕고, 근층이 단일화되어 비탈면이 박리되기 쉬우므로 영속성이 높은 목본류를 혼파하는 것이 비탈면 보호 측면에서 유리하다. 하지만 키가 너무 큰 나무가 쌓기비탈면의 상단부 혹은 깎기비탈면의 하단부에 자라지 않도록 주의하여 복원한다.

③ 혼파하는 경우 목본류의 초기 성장이 늦으므로 초본류에 피압되지 않도록 초본종자의 양을 감소할 필요가 있지만 혼합량은 지표면피복량을 저하시키지 않을 정도로 적절한 한계를 정해야 한다.

④ 종자는 복원목표를 기준으로 하여 초본위주형, 초본관목혼합형, 목본군락형, 자연경관복원형 등으로 구분하여 배합한다.

(3) 종자를 파종한다.

① 파종할 대상지를 경운하여 표토를 부드럽게 하고 풀, 잡초, 불순물을 제거한 후 파종상을 조성한다.

② 경운할 때 깊이는 15~30cm 정도로 한다.

③ 점성토 또는 배수가 불량한 토질은 사질토로 객토한다.

④ 파종량은 m²당 설계서 기준에 따라 적용하고, 비탈면의 토질과 기울기, 향, 토양산도 등의 입지조건과 시공시기, 식생 기반재 뿜어붙이기의 두께 등을 고려하여 파종량을 할증할 수 있다. 품질확보를 위하여 비탈면의 기울기가 50° 이상이거나 암반일 때 10~30% 이상, 남서향일 때에도 10% 이상 할증을 검토하여 시공할 수 있다. 부적기 시공일 때는 초본류는 10~30% 이상(7, 8월은 20%, 10, 11월은 30%), 목본류는 30~50% 이상(7, 8월은 40%, 9~11월은 50%)을 할증하여 시공함으로써 품질을 확보할 수 있다(표준시방서 KCS 34 70 30 : 2016 ; 비탈면녹화 및 복원).

⑤ 파종 2개월 이내에 골고루 발아가 되지 않거나 일부만 발아되었을 때에는 재파종한다. 단, 10월 이후 시공할 때에는 다음해 월 초순 이전에 재파종 여부를 결정한다(표준시방서 KCS 34 70 30 : 2016 ; 비탈면녹화 및 복원).

⑥ 시공 후 검측은 파종면을 대상으로 1m²의 방형구를 무작위로 3회 반복 이상 조성하고 종자의 발아율, 피복도, 고사율 등을 조사하여 평가하는 것을 원칙으로 하되 식생피복도는 기본적으로 80% 이상이 되어야 한다.

⑦ 종자품질보증서 확인은 발아시험 및 공인된 시험기관에 의해 검사를 받아야 하며, 시험시공에 따른 품질관리를 철저히 하여야 한다.

⑧ 종자뿜어붙이기를 실시한 후 그 위에 볏짚으로 짠 거적을 비탈면 전체에 균일하게 덮을 때는 볏짚거적이 바람에 날리지 않도록 고정핀으로 고정하고 그 수량은 설계도서에 의거 적용한다. 볏짚거적을 시공할 때에는 비탈면의 위에서 아래로 길게 세로로 깔면서 양단이 서로 중첩되게 시공한다(표준시방서 KCS 34 70 30 : 2016 ; 비탈면녹화 및 복원).

⑨ 파종 후 분산된 생육 기반재 및 각종 부자재 등이 비탈면에 남아 있지 않도록 깨끗이 청소하고 자재 등 기타 쓰레기는 반출하여야 한다. 각종 포장재 등은 잘 수거하여 재활용할 수 있도록 한다(표준시방서 KCS 34 70 30 : 2016 ; 비탈면녹화 및 복원).

(4) 기타 비탈면녹화공법은 다음과 같다.

① 식생매트공법

식생 기반재 뿜어붙이기 지역에 네트와 토양, 식생이 혼재되어, 재배한 식생 매트 또는 식생 완성형 매트를 경관 조성을 목적으로 부분적으로 적용할 수 있다.

② 식생네트공법

볏짚거적덮기지역 또는 리핑암, 풍화암지역에 시공이 편리하게 제작된 네트＋종자＋생육보조재, 혹은 네트＋종자＋기반재의 조합에 의한 식생네트공법을 적용할 수 있다. 「도로비탈면녹화공사의 설계 및 시공지침」에서 정하는 일반 공법에 준하는 기능과 성능이 입증되어야 한다.

③ 고유종 포트모 식재＋식생 기반재 뿜어붙이기

자연경관복원형 혹은 목본군락형의 복원목표를 확실하게 달성하기 위한 방법으로 백두대간 등 별도관리지역에 적용할 수 있다.

④ 표층토 활용공법

자연경관복원형 혹은 목본군락형의 복원목표를 달성하기 위해 지역의 산림표토를 수거하였다가 식생 기반재의 재료로 활용하여 뿜어붙이기하는 방법으로, 별도관리지역에 적용할 수 있다.

⑤ 식물발생재 활용 식생 기반재 뿜어붙이기

식물발생재를 현장에서 파쇄하여 식생 기반재에 혼합하여 사용하는 경우이며, 식물발생재는 파종종자의 생육에 지장이 없는 범위에서 사용이 가능하다. 식물발생재활용 기반재 뿜어붙이기는 복본의 성립이 용이한 장점이 있다.

⑥ 친환경소재를 활용한 공법

현장여건에 따라 철망을 설치하는 지역에 친환경소재(장섬유, 천연섬유망)를 활용한 공법을 적용할 수 있다.

6. 숲의 안정적 활착을 위해 관수, 시비, 전정, 양생, 월동작업 등의 방법을 시행한다.

1) 약제를 살포한다(표준시방서 KCS 34 40 10 : 2016 ; 일반식재 기반 식재).

① 부적기에 식재한 수목은 뿌리 절단부위에 발근촉진제를 처리하여야 하며, 식재 후에도 일정한 간격을 두고 영양제, 증산억제제를 살포·주입하여 보호한다.

② 식재수목에서 병충해가 발견되는 경우 즉시 약제를 뿌려 구제하고 확산을 방지한다.

2) 시비 및 관수를 한다(표준시방서 KCS 34 40 10 : 2016 ; 일반식재 기반 식재).

① 시비량은 설계도면 및 공사시방서에 따른다.

② 식재 후에는 물받이가 손상되지 않도록 주의하여 관수한다.

③ 여름의 관수는 정오 전후의 직사일광이 강한 시간대는 가능한 한 피한다. 또 겨울에는 따뜻한 날에 관수하며 혹한기는 피하도록 한다.

3) 전정을 한다.

(1) 전정의 종류

① 약전정 : 수관 내의 통풍이나 일조상태의 불량에 대비하여 밀생된 부분을 솎아내거나 도장지 등을 잘라내어 활착에 도움이 되도록 한다.

② 강전정 : 굵은 가지 솎아내기, 장애지 베어내기 등으로 생육을 돕는다.

(2) 전정의 시기

① 수목의 정상적인 생육 장애요인 제거 및 병충해방재를 위해 6~8월 사이에 하계전정을 실시하며 도장지, 포복지, 맹아지, 평행지 등을 제거한다.

② 굵은 가지전정은 수목의 휴면기간인 12~3월 사이에 동계전정을 실시하며 허약지, 병든 가지, 교차지, 내향지, 하지 등을 잘라낸다.

▶ **전정시기 및 작업내용**

전정시기	내용	비고
춘기전정(4~5월)	•상록수 적기, 화목의 꽃이 진 후 전정 •생장 억제, 눈따기, 적심 등	정기 1회
하기전정(6~8월)	•생육 조정, 수형정비, 솎음전정 •도장지 제거, 가지 길이 줄이기 등	정기 1회
추기전정(9~10월)	•상록수–고사지전정, 수형정비 •낙엽수–동기전정과 동일	정기 1회
동기전정(11~3월)	•낙엽수 적기, 침엽수 수형 만들기 •일반 전정, 솎음전정, 가지 길이 줄이기 등	필요한 경우

4) 양생을 한다(표준시방서 KCS 34 40 10 : 2016 ; 일반식재 기반 식재).

   수간감기가 필요한 수목에 대해서는 주간 및 주지의 일부를 새끼 또는 거적 등으로 탈락하지 않도록 감싸주고 식물의 보호양생에 증산억제제를 사용할 경우에는 종류 및 방법에 대하여 공사감독자와 협의한다.

5) 월동작업을 시행한다.

   (1) 줄기 싸주기

   이식수목 중 밀식상태에서 자랐거나 지하고가 높은 나무는 수분 증산을 억제하고 직사광선으로부터 수피를 보호하며 병충해의 침입을 방지하기 위한 조치로서 마포, 유지, 새끼 등을 이용하여 분지된 곳 이하의 줄기를 싸주며 그해의 여름을 경과시킨다.

   (2) 뿌리 덮개

   수분 증발을 억제하고 잡초 번식 방지를 위하여 뿌리 주위에 풀을 깎아 뿌리부분을 덮어주거나 짚, 목쇄편, 왕겨 등을 덮어 준다.

   (3) 방풍

   바람이 심한 지역에 식재할 경우 수분이 증발하지 않도록 방풍 조치나 줄기 및 가지를 줄기감기요령에 의하여 처리함으로써 바람을 막아 준다.

   (4) 방한

   동해가 우려되는 수목은 기온이 5℃ 이하로 하강하면 짚싸주기, 토양동결로 인한 뿌리동해방지를 위한 뿌리덮개 설치, 관목류의 동해방지를 위한 방한덮개 설치 등 여러 조치를 시행한다.

6) 생태적 숲관리

   숲복원에 있어서 식생 조성 직후에는 개별 식물의 활착이 중요하지만, 안정화되는 과정에서는 숲 군락 전체를 대상으로 천이를 고려한 생태적 숲관리를 실시한다. 숲복원 목표에 따라 숲이 조성되는 형태, 밀도, 우점도 등을 고려하여 전반적인 사항을 모니터링하여 유지관리에 반영한다.

기출예상문제

수목원 월동작업과 관계가 적은 것은?
① 줄기 싸주기
② 뿌리 덮개
③ 방풍
④ 방한
⑤ 전정

답 ⑤

03 초지복원 설계

1. 식재시기 검토

1) 설계도서를 검토한다.

   사업자는 설계도면, 사업예산서, 사업계획서를 검토하여 사업대상지의 생태복원목적에 부합한 초지복원내용을 이해한다.

2) 현장상황과 설계도서와의 일치 여부를 검토한다.

  ① 현장조사를 통해 사업대상지와 주변 식생현황을 파악한다.

  ② 현장상황과 설계도서상 계획 일치 여부를 파악한다.

3) 초지복원에 필요한 식물종을 파악한다.

4) 초지복원에 도입되는 식물종의 수급 가능 여부를 검토한다.

  ① 설계내역서에 반영된 식물종 또는 종자가 시장공급이 가능한 종류인지 파악하고 수급이 어려운 수종은 공사감독자와 협의하여 별도의 수급대책을 수립하거나 기능이 유사한 다른 수종으로 대체를 검토한다.

  ② 내역단가와 공급단가를 비교하여 실행단가를 산출한다.

5) 초지복원 식물재료의 수급계획을 작성한다.

  ① 사업대상지 내 서식하는 생물종과 목표종을 고려하여 수립한 초지복원공정계획에 따라 식물재료 수급 및 현장반입계획을 작성한다.

6) 초지복원 식물재료를 수급한다.

  ① 식물재료 반입 전에 식재공간이 확보되는지 반드시 확인하고 타 공종으로 인해 공간이 확보되지 못하는 경우 수급일정을 조정하여야 한다.

  ② 당일 식재함을 원칙으로 하나, 부득이하게 당일 식재하지 못하는 경우 현장 내 가식장을 확보한다.

2. 복원을 위한 인력, 장비, 자재 반입계획 등 시공계획서 작성

1) 인력 투입계획을 작성한다.

식물종 반입시기에 따라 인력 투입계획을 작성한다.

2) 장비 투입계획을 작성한다.

식물종 반입시기에 따라 장비 투입계획을 작성한다.

3) 자재 반입계획을 작성한다.

식물종 반입시기에 따라 식재를 위한 부자재 투입계획을 작성한다.

3. 초지복원을 위하여 식물의 특성을 고려한 식재방법을 적용

1) 복원대상 초지별 특성을 파악한다.

  (1) 건초지의 복원

    토양의 성분이 점질을 띠지 않고 사질이거나 침수일수가 연간 60일 미만인 환경으로서 내건성이 있는 초본류로 조성된다.

(2) 습초지의 복원

호습성 초본류를 위주로 한 초지형태로서 대개 습한상태를 지속적으로 유지할 수 없을 경우가 빈번히 발생되므로 내건성과 내습성이 동시에 우수한 식생을 선정한다. 기수역의 경우 염분 정도에 따라 염생식물이 발달할 수 있도록 한다.

(3) 수생식물군락

수변이나 물속에 나타나는 식생형태이므로 수심이나 수위변동에 민감하며 수심 2m 내외에 생육이 가능하고 유속이 빠른 것보다는 느린 곳에 서식하는 것이 유리하다.

2) 지형조건을 파악한다.

경사도 5~15%의 완경사지가 가장 적합하며 30% 이상의 경우 토심과 토질을 고려하여 수종을 선정하거나 경사지 식생공법을 적용한다.

3) 표토 및 기반환경을 조성한다.

① 대상지의 환경조건, 토양환경에 적합하고 번식이 용이한 초종을 선정하며 초지의 생산성을 감안하여 양분이 풍부한 토양을 사용한다.

② 어느 정도의 지형변화를 통해 초지의 단조로움을 완화하고 다양한 생물의 서식지가 되도록 한다.

③ 초본류는 10~30cm 정도 토심에도 근계가 발달할 수 있으며 생육과 번식이 가능하지만 향후 관목류와 교목류가 이입되는 천이를 고려하여 충분한 토심을 확보한다.

④ 지반을 정지하고 쓰레기, 낙엽, 잡초 등을 제거한 후 적정량을 관수하여 기반을 조성한다.

⑤ 객토는 양질의 토사를 사용해야 하나 초본류의 종류와 상태에 따라 부식토, 부엽토, 이탄토 등의 유기질토양을 첨가할 수 있다.

4) 초지를 복원한다.

(1) 초본류를 식재한다.

식재하기 전 생육에 해로운 불순물을 제거한 후 바닥을 부드럽게 파서 고른다. 뿌리가 상하지 않도록 주의하면서 근원부위를 잡고 약간 들어 올리는 듯 하면서 용토가 뿌리 사이에 빈틈없이 채워지도록 심고 관수한다.

(2) 종자를 파종한다.

파종은 재료별 파종방법에 따라 복원대상지 전면에 걸쳐 균일하게 파종하며, 파종 시기는 기후조건을 고려하여 파종 직후 강우에 의해 종자가 유출되지 않고 지나치게 건조하지 않도록 양생 · 관리하여 발아를 촉진시킨다.

4. 초지의 활착을 위해 활착제 살포, 관수, 시비 등의 방법을 시행

1) 활착을 위한 기본 조치사항

활착을 위한 기본 조치사항은 약제살포, 시비 및 관수, 월동작업 등이 있다.

2) 멀칭(토양피복제)

(1) 재료

잡초나 곰팡이, 기타 유해한 것이 없는 짚이나 거적, 분쇄목, 왕겨, 우드칩 등을 사용한다.

(2) 방법

식물의 뿌리 위에 멀칭재료를 포설하여 식물뿌리를 보호하고 땅의 온도를 유지하여 흙의 건조, 병충해, 잡초 발생 등을 막을 수 있다.

04 습지복원 설계시공

1. 설계도서와 현장상황의 검토

1) 설계도서를 검토한다.

사업자는 설계도면, 사업예산서, 사업계획서를 검토하여 사업대상지의 생태복원목적에 부합한 습지복원내용을 이해한다.

2) 현장상황과 설계도서와의 일치 여부를 검토한다.

(1) 현장조사를 통해 사업대상지와 주변 식생현황을 파악한다.

사업대상지의 식생조사를 통해 설계도서에 반영된 식생이 훼손된 현존 식생을 반영하고 있는지 식생도입으로 인해 교란우려가 있는지 검토한다.

(2) 현장상황과 설계도서상 계획 일치 여부를 파악한다.

습지복원 의도대로 작성한 설계를 실제 현장에서 그대로 나타내기 어려운 상황에 부딪힐 가능성이 있는데, 이러한 경우에는 습지의 특성을 최대한 반영하여 시공하되 필요한 경우 전문가의 의견을 수렴하여 생태적 복원의 목표를 벗어나지 않도록 주의한다. 또한 시공 시 환경적 영향을 최소화하도록 공기와 공사기간을 설정하고 시설물 설치 시 주의해야 한다.

2. 설계에 반영된 습지식물 수급

1) 습지복원에 필요한 식물종 및 특징을 파악한다.

① 종자 : 초기 비용은 저렴하나 높은 피도 형성 시까지 다소 시간이 걸린다. 종자구입 비용 및 씨뿌리는 비용이 저렴하지만 발아율과 성장속도의 변동성이 크다.

② 유식물(어린식물) : 종자파종법보다 이식 생존율이 높고 단기간에 높은 피도를 형성한다.

③ 지하경 이식 : 비용이 많이 소요되나 지하부 저장물질로 인해 유식물 이식보다 빨리 정착한다.

④ 화분에 식재한 유식물(어린식물) : 뿌리가 잘 발달된 상태로 이식되므로 경쟁에 이기고 빨리 자라지만 비용이 많이 소요된다.

2) 습지복원에 도입되는 식물종의 수급 가능 여부를 검토한다.

① 설계내역서에 반영된 식물종이 공급이 가능한 종류인지 파악하고 수급이 어려운 수종은 공사감독자와 협의하여 기능이 유사한 다른 수종으로 대체를 검토한다.

② 내역단가와 공급단가를 비교하여 실행단가를 산출한다.

3) 습지복원 식물재료의 수급계획을 작성한다.

① 사업대상지 내 서식하는 생물종과 목표종을 고려하여 수립한 습지복원공정계획에 따라 식물재료 수급 및 현장 반입계획을 작성한다.

4) 습지복원 식물재료를 수급한다.

검토단계에서 접촉한 자재공급자로부터 식물재료를 수급하여 현장에 반입하고 다음 사항을 고려한다.

① 식물재료 반입 전에 식재공간이 확보되는지 반드시 확인하고 타 공종으로 인해 공간이 확보되지 못하는 경우 수급일정을 조정하여야 한다.

② 당일 식재함을 원칙으로 하나, 부득이하게 당일 식재하지 못하는 경우 현장 내 가식장을 확보한다.

5) 습지복원재료를 수급한다.

식물재료 이외 습지서식환경을 조성하기 위해 필요한 생분해성 재료, 목재, 석재, 모래, 자갈 등의 재료를 식물재료 수급계획에 맞춰 조달한다.

3. 인력, 장비, 자재의 반입계획 등 시공계획서를 작성

1) 생물생활사를 고려한 식재시기를 결정한다.

① 생물은 수환경의 다양한 환경조건에 적응하여 생활하고 있지만 각각 생활사 중에 산란과 번식활동과 같은 서식 · 생육상 중요한 시기를 가지고 있다. 이 때문에 이러한 시기에 공사를 진행하면 생물에 대한 영향이 크고 개체수가 감소하여 개체수의 복원에 장기간을 요하게 되는 결과를 초래하게 된다. 특히, 호우기에는 공사를 진행하기 어려우므로 이 시기에는 설치한 구조물이나 일시적으로 교란된 부분이 훼손되거나 쓸려가지 않도록 유지 · 관리에 각별히 주의하여야 한다.

② 우선적으로 현장자연환경에 대한 중요생물목록을 작성하고 현장의 물리적인 환경조건과 대응관계, 각 생물의 서식 · 생육에 중요한 환경과 시기를 파악하여 자연환경에 영향이 큰 시기에는 공사를 피하거나 공종과 장소에 따라 공정을 계획하여 그 영향을 최소화하여야 하고 부득이하게 시행하여야 할 경우, 관계 기관으로부터의

허가 및 발주처로부터 승인을 얻어야만 한다.

③ 일반적으로 서식·생육에 중요한 시기는 다음과 같다. 생물의 서식·생육에 중요한 시기에 공사를 피할 수 없을 경우라도 대상구간 전체를 한 번에 공사하는 것은 피하고 반면에 단계적인 시공은 서식하는 동물의 대피장소가 확보되어 어느 정도의 영향을 저감할 수 있다.

▶ **생물의 서식·생육에 중요한 시기**

생물명	내용	생물명	내용	생물명	내용
식물	개화기, 결실기	수생곤충	산란기, 우화기	양서류	산란기, 이동기
어류	산란기, 역상기, 치어의 성육기	육상곤충	산란기, 우화기	파충류	산란기
조류	번식기, 이동기, 월동기	갑각류	번식기(산란, 포란)	–	–
포유류	번식기	조개류	번식기(산란, 포란)	–	–

기출예상문제

생태복원사업 진행 시 수생식물의 도입을 위하여 파악하여야 하는 기반환경이 아닌 것은?

① 수심 　 ② 수위변동
③ 유속 　 ④ 하천차수

답 ④

2) 시공계획서를 작성한다.

(1) 인력 투입계획을 작성한다.

식물종 반입시기에 따라 인력 투입계획을 작성한다.

(2) 장비 투입계획을 작성한다.

식물종 반입시기에 따라 장비 투입계획을 작성한다.

(3) 자재 반입계획을 작성한다.

식물종 반입시기에 따라 식재를 위한 부자재 투입계획을 작성한다.

4. 습지식물의 종류별 특징을 파악하여 식재시기를 결정하고 식재

1) 수환경 기반여건을 파악한다(환경부, 2014a).

① **수환경구조** : 침전지, 얕은 습지, 깊은 습지, 저류부, 하중도 등

② **지형** : 습지 규모 및 형태, 경사, 호안재료

③ **토양** : 모래, 미사, 점토혼합물이 포함된 양토, 방수상태

④ **토양수분** : 토양표면이 침수되지 않고 포화된 상태 유지

⑤ **수리·수문** : 수원 확보, 유입·유출, 수심과 수위변동, 유속

2) 식생을 도입한다(환경부, 2014a).

(1) 생물서식공간의 제공

습지에 서식하는 생물의 서식지 제공 등의 기능을 고려하여 다양한 식생 도입, 식생 구조 형성, 먹이원 제공, 은신처 제공, 개방수면 확보 등을 반영한다.

(2) 식생정화대 조성

수환경오염을 방지하기 위하여 식생정화대를 조성하고 정화효과가 탁월한 수생식물을 선정하여야 한다.

(3) 식물 간격 및 밀도

① 이입종의 침입과 초기의 안정적인 정착을 고려하여 일정 비율로 한다.

② 설계상에 계획된 식재 이전에 습지의 일정구간을 구획하여 시험식재하여 수생식물의 초기 정착도, 수질정화능력 등을 검토하여 식재밀도를 조정할 수 있다.

③ 습지의 통수 이후에도 수질오염농도 및 수리수문학적 요소 등을 감안하여 식재밀도를 조정한다.

(4) 순차적 시공

습지 전체를 한꺼번에 식재하지 않고, 계절과 기후조건을 고려하여 침전지, 얕은 습지, 깊은 습지, 저류부 등 각 구간별로 나누어 기간을 두고 식재할 수 있다. 또한 현장 상황에 따라 습지 기반 조성 후 일정기간이 경과하여 습지의 수위가 잘 유지되고 기반이 안정화될 때까지 기다렸다가 식재하는 것을 고려한다.

(5) 현지 유량의 계절적 특성이나 생태적 특성을 고려하고 호안 등과의 관계를 고려하여 식재한다.

5. 습지환경 조성

1) 군락 조성

① 갈대군락, 줄군락, 버드나무군락 : 습지 또는 습지 주변에 서식하는 양서류, 조류 등이 은신할 수 있는 군락 조성

② 습초지 군락, 관목덤불 : 조류, 양서류의 번식 및 이동을 위해 조성하여 서식지 연결성 확보

2) 먹이원 식물 도입

먹이가 되는 수초와 다양한 종자식물을 식재한다.

3) 확산방지조치

번식력이 왕성한 갈대, 부들 식재 시 뿌리부에 나무말뚝 등의 확산방지조치를 하거나 포트를 식재한다.

4) 개방수면 확보

설계에 반영된 개방수면을 확보하고 일부 목본을 식재하거나 버드나무가지법 또는 섶나무가지법 등을 도입하여 그늘을 형성하여 수온 상승방지 및 서식지 기능을 한다.

기출예상문제

생태복원사업 중 습지에 식물 식재 시 고려할 사항이 아닌 것은?

① 습지에 서식하는 생물의 서식지 제공 등의 기능을 고려하여 다양한 식생 도입, 식생 구조 형성, 먹이원 제공, 은신처 제공, 개방수면 확보 등을 하여야 한다.

② 수환경오염을 방지하기 위하여 식생정화대를 조성하고 정화효과가 탁월한 수생식물을 선정하여야 한다.

③ 식물 간격 및 밀도는 이입종의 침입과 초기의 안정적인 정착을 고려하여 일정비율로 한다.

④ 현지 유량의 계절적 특성이나 생태적 특성을 고려하여 습지 전체를 한꺼번에 식재한다.

目 ④

기출예상문제

생태복원사업 습지 내에 있는 하중도의 생태적 기능으로 알맞지 않은 것은?

① 생물종의 피난처
② 생물종의 은신처
③ 생물종의 휴식처
④ 습지 개방수면의 증가

답 ④

5) 유형에 따른 기능은 다음과 같다.

① 관목덤불림, 습생교목림 : 서식처, 은신처

② 자연석, 호박돌 : 구조적 안정성, 크고 작은 자연석 배석(거석 : 우화장소, 휴식)

③ 식생롤 : 식생 기반 안정성 확보

④ 통나무, 말뚝 횃대 : 비생성 곤충 휴식, 방부처리하지 않음

⑤ 모래톱, 자갈톱 : 모래나 자갈을 선호하는 생물을 위한 산란, 휴식처 제공, 물의 흐름을 고려하여 위치 선정

⑥ 하중도(인공섬) : 습지 중간에 조성하여 피난, 은신, 휴식 등의 서식지를 제공하고, 전체 습지면적의 1~5% 면적, 습지 가장자리로부터 15m 이상 이격, 불규칙한 곡선, 섬 내부 경사의 10% 내외로 조성

6. 습지식생의 활착을 위해 활착제 살포, 관수, 시비 등의 방법을 시행

수생식물의 활착상태를 주기적으로 점검하고, 필요한 경우 보완조치를 실시한다.

1) 수중식물의 유지·관리

① 반안정상태를 이루고 있는 정수식물군락을 보존하고, 야생곤충류의 서식에 유리한 식생구조를 형성하여 하천변 저습지에 나타나는 주요 식생 분포역별로 식재기준을 마련한 후 관리한다.

② 수질 및 주변 환경개선 등을 고려하여 효율적인 관리를 위해 생태적 천이에 교란을 주지 않는 범위 내에서 최소한의 관리를 한다.

③ 외래 초본류는 자생식물에 비해서 침식 안정성, 야생동물서식지 및 먹이제공의 측면에서 불리하므로 주기적인 제초작업 등 관리가 필요하다.

④ 외래종 및 위해종은 자생식물, 적응식물의 성장을 방해하며 생태서식환경을 파괴하므로 분기별로 점검하여 발견 시 즉시 제거한다.

⑤ 환삼덩굴은 토양수분이 높으면 호습성 식생과의 경쟁에 도태되는 특성을 이용하여, 식재한 식물이 신속히 성장하여 지표면을 덮어 환삼덩굴의 성장에 부적합한 환경을 조성한다.

⑥ 초본식물 식재지역은 침수기간이 길거나 홍수 후에 토사가 퇴적되면 질병, 병충해 및 초본과의 경쟁에서 도태되기 쉬우므로, 필요한 경우 토사를 제거하고, 지변을 정지한 후에 재파종 혹은 식재를 시행한다.

⑦ 비점오염원의 유입 차단 및 수질정화효과를 극대화하기 위해서 초본은 연 1회(늦가을) 제초를 해 주고, 제거된 초본은 습지부지 밖으로 유출하여야 한다.

2) 수변식물의 유지·관리

① 휴식공간에 식재된 수목, 수생식물은 계절변화에 따른 적정한 관리, 장기간에 걸친 생육과정 또는 천이 등을 고려하여야 한다.

② 수질 및 주변 환경개선 등을 고려하여 효율적인 관리를 위해 생태적 천이에 교란을 주지 않는 범위 내에서 최소한의 관리를 해 준다.

③ 가능한 경우 정수식물인 갈대, 택사, 노란꽃창포 등을 호안에 식재하여 복원된 하천의 수질정화에 기여할 수 있도록 한다.

④ 식재한 지역은 토사를 퇴적시키므로 장기적으로 육역화가 진행될 가능성이 있으며, 육역화로 인한 수중생태계점검(서식지, 종다양성 등)이 필요하며 3~5년에 1회 이상 전정 및 준설 등의 관리가 필요하다.

⑤ 외래종 및 위해종은 자생식물, 적응식물의 성장을 방해하며 생태서식환경을 파괴하므로 분기별로 점검하여 발견 시 즉시 제거한다.

⑥ 잡초 침입을 예방하기 위해서는 식재공사 시 토양 속의 잡초의 종자 및 뿌리를 제거하고, 잡초류의 생육에 부적합한 환경을 조성하여야 한다.

⑦ 시간이 경과하면 자생식물이 유입되어 수변식생의 환경편익 및 생태계서식지 조성 기능을 증대시키게 된다.

⑧ 식생의 활착기간은 홍수피해에 특히 민감하기 때문에 세심하게 관찰하여 고사 및 유실 등 하자 발생 시 즉시 재식재 및 보식을 시행하여야 한다.

⑨ 초본식물 식재지역은 침수기간이 길거나 홍수 후에 토사가 퇴적되면 질병, 병충해 및 초본과의 경쟁에서 도태되기 쉬우므로, 필요한 경우 토사를 제거하고, 지면을 정지한 후에 재파종 혹은 식재를 시행한다.

⑩ 강턱과 홍수터에 식재한 교목이 과도하게 성장하면 홍수소통에 지장을 초래하기 때문에 주기적으로 벌채하거나 간벌하여야 한다.

⑪ 수생식물군락 조성 후 1~2년간의 식생활착기간 중에는 경쟁식물을 제거하거나 성장을 억제하는 관리가 필요하다.

⑫ 습지식물이 지나치게 번성하였을 경우에는 부수식물이 차지하는 면적이 수면적의 1/3 이하가 되도록 식물 하단부(뿌리 부근)에 차단막을 설치하거나 수시로 제거해 준다.

⑬ 우점종이 출현하여 식물종이 단순화될 우려가 있을 때에는 우점종의 수를 줄여 주고, 우점종 확산을 방지할 대책을 세운다.

⑭ 인공습지의 목표종에 따른 개방수면의 면적비율은 공사시방서 또는 공사감독자의 협의에 의해 정한다.

⑮ 모기 등 위생에 문제가 되는 생물종이 급증할 때에는 적절한 관리대책을 마련한다.

⑯ 수중생물종을 위하여 항상 적절한 수질과 수온을 유지하도록 한다.

05 기타 서식지복원 설계시공

1. 산림 및 비탈면

1) 산림 및 비탈면복원을 위하여 설계도서와 현장상황의 적합성을 검토한다.
　① 설계도서를 검토한다.
　② 현장상황과 설계도서와의 일치 여부를 검토한다.

2) 산림 및 비탈면복원에 필요한 재료의 수급 가능 여부를 검토하여 재료를 수급한다.
　① 복원에 필요한 재료를 파악한다.
　② 복원에 도입되는 재료의 수급 가능 여부를 검토한다.
　③ 복원재료 수급계획을 작성한다.
　④ 복원재료를 수급한다.

3) 산림 및 비탈면복원을 위한 장비, 인력, 자재의 반입계획 등 시공계획서를 작성한다.
　① 인력 투입계획을 작성한다.
　② 장비 투입계획을 작성한다.
　③ 자재 반입계획을 작성한다.

4) 산림 및 비탈면복원공법을 적용하고 복원을 시행한다.
산림 및 비탈면복원 시에는 훼손상태 및 유형 파악이 중요하며 복원 우선순위 판단기준 예시는 다음과 같다.

▶ **산림복원의 우선순위**

순번	우선순위 기준	내용
1	산사태 등 잠재적인 위험이 예상되는 지역(근거자료 필요)	채굴 및 채광 혹은 벌목 등으로 인해 지형과 토양이 불안정하여 자연재해의 위험이 예측되는 지역
2	백두대간 생태축에 포함되었거나 극상림을 나타내는 지역(훼손되었을 경우)	산림생태축의 기능과 연결성을 회복시키거나 강화할 수 있는 지역이거나 식생천이가 발달된 지역
3	군사시설 철거지 및 산림 재해지역	기존 존치시설의 이전으로 나대지화되었거나 각종 산림재해로 인해 산림식생이 훼손된 지역
4	복원사업으로 인한 훼손 가능성이 낮은 지역	복원사업수행에 있어서 발생하는 필연적인 훼손량이 적거나 그 영향이 미비한 지역

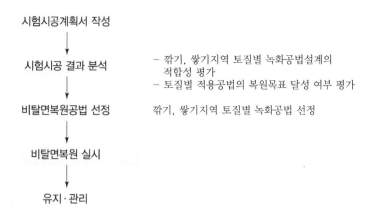

시험시공계획서 작성
↓
시험시공 결과 분석   – 깎기, 쌓기지역 토질별 녹화공법설계의 적합성 평가
     – 토질별 적용공법의 복원목표 달성 여부 평가
↓
비탈면복원공법 선정   깎기, 쌓기지역 토질별 녹화공법 선정
↓
비탈면복원 실시
↓
유지·관리

2. 생태하천

1) 생태하천복원을 위하여 설계도서와 현장상황의 적합성을 검토한다.

   ① 설계도서를 검토한다.

   ② 현장상황과 설계도서와의 일치 여부를 검토한다.

2) 생태하천복원에 필요한 재료의 수급 가능 여부를 검토하여 재료를 수급한다.

3) 생태하천복원을 위한 장비, 인력, 자재의 반입계획 등 시공계획서를 작성한다.

4) 생태하천복원공법을 적용하고 복원을 시행한다.

생태하천복원 시에는 훼손상태 및 유형 파악이 중요하며 복원 우선순위 판단기준 예시는 다음과 같다.

▶ **생태하천 복원의 우선순위**

순번	우선순위 기준	내용
1	유역단위의 복원이 가능한 하천	분수령을 기점으로 본류에 영향을 미칠 수 있는 유역에 대한 통합적인 복원사업이 가능한 하천
2	자연하천의 형태를 나타내는 하천(훼손되었을 경우)	사행성 하천, 자연식생제방, 하천 내 둔치 및 홍수터 등 자연하천의 구조를 보유하고 있는 하천
3	하천자연도 및 건강성 평가에 따른 등급이 낮은 하천	하천자연도 평가(1~5등급), 건강성 평가(A~D등급)를 기준으로 등급이 낮은 하천

3. 보호지역의 습지복원

1) 습지보호지역의 복원을 위하여 설계도서와 현장상황의 적합성을 검토한다.

   ① 설계도서를 검토한다.

   ② 현장상황과 설계도서와의 일치 여부를 검토한다.

기출예상문제

생태하천 중 복원의 우선순위 항목이 아닌 것은?

① 유역단위의 복원이 가능한 하천
② 자연하천의 형태를 나타내는 하천이 훼손되었을 경우
③ 하천자연도 및 건강성 평가에 따른 등급이 낮은 하천
④ 4대강 사업이 진행된 하천

답 ④

기출예상문제

보호지역의 습지 중 복원우선 순위에 해당되지 않는 곳은?

① 주요구성요소인 습지수문, 습윤토양, 습지식생에 대한 훼손이 발생한 습지
② 유출구와 유입구가 안정적이어서 복원의 효과가 높은 습지
③ 개방수면의 축소, 육지식물의 확장 등 육지화의 징후가 나타나고 있는 습지
④ 습지의 가치 및 기능평가에 따른 생태적 가치가 높은 습지

답 ④

2) 습지보호지역의 복원에 필요한 재료의 수급 가능 여부를 검토하여 재료를 수급한다.

3) 습지보호지역의 복원을 위한 장비, 인력, 자재의 반입계획 등 시공계획서를 작성한다.

4) 습지보호지역의 복원공법을 적용하고 복원을 시행한다.
   ① 습지보호지역의 복원 시에는 훼손상태 및 유형 파악이 중요하며 복원우선순위 판단 기준 예시는 다음과 같다.

▶ **습지생태계복원의 우선순위**

순번	우선순위 기준	내용
1	습지 구성요소의 직접적인 훼손이 발생한 지역	주요구성요소인 습지수문, 습윤토양, 습지식생에 대한 훼손이 발생한 습지
2	수리 · 수문의 안정성이 유지될 수 있는 지역	유출구와 유입구가 안정적이어서 복원의 효과가 높은 습지
3	정수식물의 지나친 확장이나 토사 유입으로 육지화가 의심되는 습지	개방수면의 축소, 육지식물의 확장 등 육지화의 징후가 나타나고 있는 습지
4	습지의 가치 및 기능평가에 따른 잠재적 위험도가 높은 지역	객관적인 평가의 등급을 기준으로 훼손 위험이 예상되는 습지

4. 호소복원

1) 호소복원을 위하여 설계도서와 현장상황의 적합성을 검토한다.
   ① 설계도서를 검토한다.
   ② 현장상황과 설계도서와의 일치 여부를 검토한다.

2) 호소복원에 필요한 재료의 수급 가능 여부를 검토하여 재료를 수급한다.

3) 호소복원을 위한 장비, 인력, 자재의 반입계획 등 시공계획서를 작성한다.

4) 호소복원공법을 적용하고 복원을 시행한다.
   ① 부영양화되어 수질이 악화된 호소복원 시 다음과 같은 복원기술을 적용할 수 있으며 일반적으로 추천하는 것은 불가능하다. 호소생태환경, 부영양화 정도, 경제성 등을 고려해서 적정기술을 적용한다.

➤ 호소 부영양화 복원기술

복원기술		특징	원리
물리적 복원 기술	폐수 유로변경	다른 수용가능한 수서생태계로 대량의 유출수를 보낼 수 있을 때만 가능	
	표층퇴적물 제거	부영양화가 심한 호수나 독성물질로 오염된 항구 같은 지역의 복원 시 이용, 신중한 접근, 소규모 적용	퇴적물이 인과 질소를 적게 함유한다는 것과 퇴적물로부터 수층으로 이들 영양염의 용출률 변화
	대형 수생식물 제거	하천에 널리 적용되나 대형 수생식물이 부영양화로 인해 확산된 경우 어디서든 적용	수확된 식물이 함유하고 있는 인과 질소 제거
	불활성 물질을 이용한 퇴적물 피복	표층 퇴적물 제거방법에 대한 하나의 대체방안. 퇴적물과 물 사이에의 영양염이나 독성물질의 상호교환 방지	표층퇴적물의 제거와 같은 효과를 갖지만 대부분 수심이 깊은 호수에 경제적
수문학적 복원 기술	호소 저층수 펌핑	저층수를 펌핑해 이온교환, 표층수의 부영양화 원인 감소에 효과적. 장기간에 걸쳐 이용되어 뚜렷한 효과. 성층이 존재하는 기간만 유효	물을 유출시키기 때문에 저층수의 농도가 표층수의 농도로 치환되고 양의 영양염이 제거됨
	물의 강제순환과 폭기	수온약층을 파괴시키기 위해 물을 강제순환	퇴적물로부터 수층으로 인과 질소가 용출되는 정도가 변화
	수문학적 조절	홍수방지를 위해 광범위하게 적용. 호수와 습지생태계 변화 우려	외부변수인 수리학적 체류시간이 변함
화학적 복원 기술	인의 응집	모든 응집체가 침전되어 퇴적물 속의 인으로 동화된다는 보장이 없고, 다음 단계에서 퇴적물로부터 인이 다시 용출될 수 있는 우려	수층에서 인을 응집시켜 침전시키므로 인이 수층에서 퇴적층으로 제거됨
	수산화칼슘을 이용한 중화	호소의 산성화를 중화하기 위한 수산화칼슘의 보편적 이용	호소수의 pH 변화 의미
	살조제	구리의 일반적인 독성 때문에 거의 사용되지 않음	식물성 플랑크톤의 사망률 증가
생물학적 복원 기술	비료관리	남조류의 대량 번식을 방지하기 위해 N : P가 7 이상으로 유지되어야 함	예방차원의 습지 조성으로 영양염 유입의 감소
	영양염 제거 장소로서의 습지나 저류지	처리습지 조성(자연습지에 폐수 유입, 지표흐름형, 지하흐름형)	

복원기술		특징	원리
생물학적 복원 기술	호안식생녹화	소규모 호수에 비용효과적인 방법	호수를 그늘지게 하여 광합성 작용 변화
	먹이연쇄 조절	시스템의 안정성을 변화시키지 않고 비교적 높은 생물다양성 유지	인의 농도가 대략 $50 \sim 150\mu g/L$ 인 경우 좋은 효과를 갖는 비용적절한 방법

5. 폐광산 및 채석장의 복원

1) 폐광산 및 채석장의 복원을 위하여 설계도서와 현장상황의 적합성을 검토한다.
   ① 설계도서를 검토한다.
   ② 현장상황과 설계도서와의 일치 여부를 검토한다.

2) 폐광산 및 채석장복원에 필요한 재료의 수급 가능 여부를 검토하여 재료를 수급한다.

3) 폐광산 및 채석장복원을 위한 장비, 인력, 자재의 반입계획 등 시공계획서를 작성한다.

4) 폐광산 및 채석장의 복원공법을 적용하고 복원을 시행한다.
   (1) 지형복원
      ① 가급적 개발 이전의 산림 지형과 유사하게 복원하도록 목표를 세운다.

   (2) 식생기반
      ① 표토층 : 자연산림에서 표토층은 유기물이 풍부하고 토양생물의 활동이 활발한 층으로, 수목식재를 목표로 하는 면적에는 약 30cm의 표토층을 형성한다.
      ② 하부토양층 : 식물뿌리의 지지기반이 되는 층으로, 표토층 하부에 약 70~100cm 정도의 두께로 조성한다.
      ③ 기반층 : 하부토양층 밑에 있는 층으로, 자연적으로는 연암이나 경암으로 형성되어 있는 지역이며 안정화 위주로 조성한다.

   (3) 식생복원
      ① 식생은 주변의 자연산림과 유사한 상태로 재현하는 것을 원칙으로 하며 식물종은 지역자생종을 기준으로 선발한다.
      ② 식생복원은 단계별로 진행하며, 초기의 지피피복단계에서 성장기, 성숙기의 단계를 거치도록 한다.
      ③ 식생의 도입은 천이관계를 고려하여 식재와 파종의 방법을 적용한다.
      ④ 식생복원 시 대상지역의 고유 유전자원을 활용하기 위하여 주요종을 확보하여 증식하며, 이를 식생복원에 활용하도록 한다.
      ⑤ 기후변화를 고려하여 종다양성이 높은 다층구조의 숲을 복원한다.

6. 생태통로의 복원

1) 생태통로의 복원을 위하여 설계도서와 현장상황의 적합성을 검토한다.
   ① 설계도서를 검토한다.
   ② 현장상황과 설계도서와의 일치 여부를 검토한다.

2) 생태통로복원에 필요한 재료의 수급 가능 여부를 검토하여 재료를 수급한다.

3) 생태통로복원을 위한 장비, 인력, 자재의 반입계획 등 시공계획서를 작성한다.

4) 생태통로 복원공법을 적용하고 복원을 시행한다.
   (1) 자연환경에 대한 영향을 경감하는 공법 사용
      ① 시공으로 인한 훼손 및 영향을 경감하기 위해 훼손면적이 적은 공법의 적용 및 훼손면적의 최소화에 대해서 검토하여야 한다.
      ② 야생동물을 대상으로 한 구조물을 시공할 때는 반드시 대상동물의 생태를 숙지한 전문가의 조언을 받아야 한다.
      ③ 또한 수목의 벌채 등은 최소한으로 억제하며, 주변 수목을 훼손하지 않도록 작업현장을 최소화하도록 한다.
      ④ 공사구역 이내의 표토나 식물을 보전하기 위해 공사용 차량의 이동경로를 설정하는 등 필요 이상으로 숲 내부 및 습지 등에 출입하지 않도록 한다.

   (2) 공사시기에 대한 배려
      ① 번식이나 동면 등 시기에 따라 동물의 행동이 변화하는 탓에 공사의 영향을 받을 수 있어 목표종의 생활사를 고려해 공사를 실시하여야 한다.
      ② 중장비의 운영에 따른 소음이나 진동이 서식이나 번식에 영향을 줄 가능성이 우려되므로 저공해 및 저소음장비를 사용해 환경영향을 최소화하여야 한다.
      ③ 공사 중에는 불필요한 소음이나 조명 및 답압으로 인해 야생동식물에 영향을 주지 않도록 작업원에 교육을 실시하여야 한다.

   (3) 시공 중 모니터링
      ① 시공 중에는 생태통로의 내용을 충분히 반영한 공사계획을 작성해 계획에 근거한 시공이 실시되는지 여부를 확인하면서 공사를 진행하여야 한다.
      ② 사전에 환경보전조치를 검토했더라도 자연환경에 대한 영향은 불확실성이 따르므로 예측하지 못한 사태에 대응할 수 있도록 공사시간 중에도 필요에 따라 모니터링을 실시해 영향이 예측된 경우에는 공법 등의 변경이나 개선 등으로 탄력적으로 대응하여야 한다.

7. 인공지반의 복원

1) 인공지반의 복원을 위하여 설계도서와 현장상황의 적합성을 검토한다.
① 설계도서를 검토한다.
② 현장상황과 설계도서와의 일치 여부를 검토한다.

2) 인공지반복원에 필요한 재료의 수급 가능 여부를 검토하여 재료를 수급한다.

3) 인공지반복원을 위한 장비, 인력, 자재의 반입계획 등 시공계획서를 작성한다.

4) 인공지반 복원공법을 적용하고 복원을 시행한다.

(1) 벽면녹화 생물서식공간의 확보
① 식물소재

▶ **벽면 식물소재의 조건**

복원기술	특징
목적의 부합성	식물의 특성을 고려하여 녹화의 목적에 부합되는 식물 선정
관리성	목본으로서 지속적인 녹화가 가능하며 생육 왕성, 피복이 빠른 식물, 병충해 및 건조에 강한 식물
시장성 및 경제성	묘목 또는 종자의 대량 구입 가능, 비용저렴 등의 여부 확인
경관성	주변 환경과 조화됨
환경내성	• 내음성 : 햇빛이 없는 그늘에서 생육하는 능력 • 내건성 : 건조한 환경에서 생육하는 능력 • 내한성 : 추운 지역에서 생육하는 능력
생육성	생육속도 및 확산 능력

② 식재 시 유의사항은 다음과 같다.
    ㉠ 식재한 식물의 뿌리 부근에 수피, 자갈 또는 멀칭 자재 등을 활용하여 건조방지, 지온 상승방지, 잡초 발생을 억제
    ㉡ 식재 시 토양상태 및 식물종류에 따라 식재간격이 달라짐
    ㉢ 하나의 종류만 식재하면 병충해가 생기기 쉬우므로 여러 종류를 혼합하여 식재할 수 있음

③ 벽면녹화의 유지 및 관리
    ㉠ 전정 및 제초 : 식재 후 수년이 경과하여 지엽이 중복되어 번성하게 되면 지엽 내부에 무름이 발생하여 생리장해, 병충해 발생의 원인이 되므로 적절히 전정할 필요가 있음
    ㉡ 시비 : 잎이 소형화되거나 잎의 색이 짙어지며 중기의 신장량이 현저히 저하되는 등 비료 부족 증상을 나타날 때에는 시비가 필요함. 넓은 입면을 녹화할 경

우에는 충분한 양분공급이 필요

ⓒ 관수 : 엽면의 기부 또는 상부에 식재공간을 만들기 때문에 식재공간이 제한적일 수밖에 없고, 자연지반의 토양과 비교해서 건조하기 쉬움. 갈수기가 계속되는 경우 적절한 관수를 실시

(2) 인공지반의 생물다양성 증진을 위한 조성기법

① 물의 도입

옥상 생물서식공간에 습지를 조성함으로써 창출될 수 있는 서식지는 수생 및 습지식물, 수서곤충, 어류, 양서류의 서식처와 조류의 휴식처이다. 물은 별도의 급수 및 배수시스템으로 조성하여 도입할 수도 있으며 우수나 중수를 활용할 수도 있다.

② 식물 도입

옥상의 특수한 환경에 적응할 수 있는 내건성을 지니면서 척박한 토양에서도 잘 서식하는 자생수종을 중심으로 도입한다. 가능한 한 키가 작고, 조밀한 피복이 가능하며, 친근성 뿌리, 내건성 및 내광성, 내습성, 내한성 등이 강한 것이 적합하다. 옥상 공간을 생물서식공간으로 조성하고자 할 때 식재 시 유의사항은 다음과 같다.

ⓐ 식재의 구성과 배치는 녹화의 목적에 맞추는 동시에 유지관리를 생각하여 주변 경관도 고려한다.

ⓑ 토지의 기상조건에 적합한 수목 중에서 적재하중 조건과 식재기반의 두께, 수목의 생장도 등을 고려해서 나무의 종류 및 형상을 선정한다.

ⓒ 열매나 가지의 낙하로 인한 위험이 있을 경우에는 건축물의 끝 부분에서 떨어져 식재한다.

ⓓ 토양이 날리는 것을 방지하거나 건조를 방지하기 위해서 관목이나 그라운드 커버플랜트 등의 식물로 지표를 덮거나 표층을 멀칭한다.

③ 동물 서식지 조성

식물을 기반으로 하여 살아가는 곤충류도 많지만, 곤충들이 서식하는 곳은 썩은 나무 등으로 다공성이 풍부한 곳이다. 이를 위해 나뭇가지 다발을 쌓거나 고목 놓기, 다공성 돌쌓기 등을 설치한다. 조류의 서식처는 관목덤불숲, 유실수 군락, 인공새집 등으로 조성하고 새들을 녹지나 습지로 유인할 수 있도록 해야 한다. 비행 중인 조류가 먹이나 물이 풍부한 생물서식공간을 인식하여 초기에 유인효과를 거두어야 이후에 조류들이 휴식처나 서식처로서 이용할 수 있다.

④ 옥상 생물서식공간의 유지 및 관리방안

ⓐ 지속적으로 하중이나 누수 등과 관련된 수조적인 측면을 점검한다. 건축물의 안전성이 확보된 가운데에서 도입된 식물이나 서식하는 동물을 관리한다.

ⓛ 하중이나 누수, 건조화 등의 징후는 수목의 생장생태와 밀접한 관련이 있으므로 도입된 수목이 지나치게 성장할 경우에는 하중에 부담을 주지 않도록 전정을 실시하고 토양이 건조해질 경우에는 관수를 실시한다.

ⓒ 습지가 도입된 경우 수생동물들이 서식에 지장을 받지 않도록 수질, 수온, 동결 등에 대해 충분한 모니터링과 함께 대응방안을 마련한다. 수질의 경우 주기적으로 물을 급배수시켜서 물순환이 이루어지게 하고, 수온과 동결에 대한 관리는 그늘의 제공이나 별도의 덮개시설을 이용하여 수온의 급변화를 완화시킨다.

01 수관저류는 수관 표면이 포화되는 데 필요한 최소의 강우량이다. 수관저류 능력에 가장 큰 영향을 미치는 요인으로만 짝지어진 것은? (2018)

① 엽면적지수, 강우강도, 수종
② 엽면적지수, 강우량, 수종
③ 낙엽지량, 엽면적지수, 강우강도
④ 낙엽지량, 강우량, 수종

해설
강수는 지상의 식생에 의해서, 특히 숲에서는 임목의 수관에 의하여 상당량이 차단되어 지상에 도달하지 못한다. 즉 강수의 일부는 식물의 잎과 가지에 부착되며, 그곳으로부터 증발되어 결국 땅 위에 도달하지 못하는데, 이것을 수관차단우량이라 한다.
숲의 강우차단율, 수관차단율은 수종, 수령, 수관모양, 임분밀도 등에 따라서 차이가 있으며, 또한 강우계절, 강우강도, 강우시간 등에 따라서도 다르게 된다.
(*출처 : 우보명, 훼손지환경녹화공학)

02 곤충의 서식지를 조성하는 원칙에 대한 설명으로 부적합한 것은? (2018)

① 잠자리유충의 생육을 위해서는 BOD(생물화학적 산소요구량)가 10ppm 이하의 수질이 유지되어야 한다.
② 수환경의 조성 시 연못의 형태는 원형을 이루어야 생태적으로 안정되고 생물의 다양성에도 기여할 수 있다.
③ 모래나 자갈로 구성된 장소를 일부분에 마련하면 그곳에 적합한 곤충들의 생육에 도움이 된다.
④ 연못의 수심은 30cm 이상이면 가능하고 완만한 경사를 이루는 것이 수생물의 생육에 도움이 되어 곤충의 서식처를 제공할 수 있다.

해설
연못의 형태는 비정형적이고 굴곡이 많은 형태로 조성한다.

03 조류와 인간의 거리 중에서 사람이 접근하면 수십 cm에서 수 m를 걸어 다니면서 사람과의 일정한 거리를 유지하려고 하는 거리는? (2018)

① 경계거리　　　② 회피거리
③ 도피거리　　　④ 비간섭거리

해설 조류와 인간의 거리

① 경계거리 : 하고 있던 행동을 중지하고 사람 쪽을 바라보거나 경계음을 내거나 또는 꽁지와 깃을 흔드는 등의 행동을 취하는 거리
② 회피거리 : 사람이 접근하면 수십 cm에서 수 m를 걸어 다니거나 또는 가볍게 뛰기도 하면서 사람과의 일정한 거리를 유지하려고 하는 거리
③ 도피거리 : 사람이 접근함에 따라 단숨에 장거리를 날아가면서 도피를 시작하는 거리
④ 비간섭거리 : 조류가 사람의 모습을 알아차리면서도 달아나거나 경계의 자세를 취하는 일 없이 모이를 계속 먹거나 휴식을 계속할 수 있는 거리

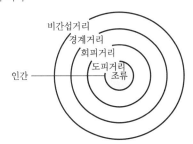

04 곤충의 서식지를 조성하는 원칙에 대한 설명으로 부적합한 것은? (2019)

① 잠자리유충의 생육을 위해서는 BOD(생물화학적 산소요구량)가 10ppm 이하의 수질이 유지되어야 한다.
② 수환경의 조성 시 연못의 형태는 원형을 이루어야 생태적으로 안정되고 생물의 다양성에도 기여할 수 있다.
③ 모래나 자갈로 구성된 장소를 일부분에 마련하면 그곳에 적합한 곤충들의 생육에 도움이 된다.
④ 연못의 수심은 30cm 이상이면 가능하고 완만한 경사를 이루는 것이 수생물의 생육에 도움이 되어 곤충의 서식처를 제공할 수 있다.

05 조류와 인간의 거리 중에서 사람이 접근하면 수십 cm에서 수 m를 걸어 다니면서 사람과의 일정한 거리를 유지하려고 하는 거리는? (2019)

① 경계거리
② 회피거리
③ 도피거리
④ 비간섭거리

해설 조류와 인간의 거리

① 경계거리 : 하고 있던 행동을 중지하고 사람 쪽을 바라보거나 경계음을 내거나 또는 꽁지와 깃을 흔드는 등의 행동을 취하는 거리

② 회피거리 : 사람이 접근하면 수십 cm에서 수 m를 걸어 다니거나 또는 가볍게 뛰기도 하면서 사람과의 일정한 거리를 유지하려고 하는 거리

③ 도피거리 : 사람이 접근함에 따라 단숨에 장거리를 날아가면서 도피를 시작하는 거리

④ 비간섭거리 : 조류가 사람의 모습을 알아차리면서도 달아나거나 경계의 자세를 취하는 일 없이 모이를 계속 먹거나 휴식을 계속할 수 있는 거리

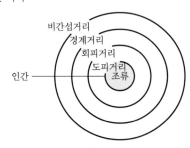

06 수서곤충의 유충이 생활하기에 적합한 수심으로 옳은 것은? (2020)

① 10cm 이상
② 20cm 이상
③ 35cm 이상
④ 50cm 이상

해설

㉠ 수서곤충 : 애벌레 시절이나 일생의 전부를 민물에서 사는 곤충을 뜻한다.

㉡ 반수서곤충 : 일생의 부분을 물속에 사는 곤충(잠자리, 하루살이, 날도래, 뱀잠자리, 강도래, 반딧불이, 물삿갓벌레)

㉢ 진수서곤충 : 평생 물에 사는 곤충(물방개, 물땅땅이, 물맴이, 물장군, 소금쟁이 등)

07 곤충 서식처의 조성 원칙 및 고려사항 중 식생과 관련된 설명으로 옳지 않은 것은? (2020)

① 연못, 호안에는 가급적 건생식물과 단층림을 조성
② 도입하는 식물들은 주변의 자생지로부터 이식
③ 관목과 교목들을 적절히 성토된 지역에 식재하고 다공질 공간과 관목으로 구성된 덤불도 식재
④ 나비 유충의 먹이식물과 성충의 흡밀식물 및 먹이식물, 나비와 일부 딱정벌레의 수액식물 등을 적절히 조화시켜 식재

해설

연못, 호안은 습윤한 지역으로 습지식물을 식재하고, 연못의 호안에 햇빛이 잘 들 수 있도록 가급적 교목을 식재하지 않아야 한다.

08 반개방적 수림의 특성이 아닌 것은? (2018)

① 일정부분 강도 있는 벌채를 시행함
② 되도록 자연림에 가까운 수림을 유지, 형성하는 것을 목적으로 함
③ 조릿대나 억새류 등의 지피식물은 잘 자라고, 오랜 세월이 경과하면 풍부한 임상을 기대할 수 있음
④ 수목구성은 낙엽수가 대부분이며, 상록수는 종(從)의 관계가 되는 것이 보통임

해설

반개방된 수림에서 햇빛이 지면까지 투과되면 새로운 지피식물 등이 자라는 것을 볼 수 있다.

09 산림생태계의 산불피해지역에서 그루터기 움싹재생(stump sprouting)을 하지 않는 수종은? (2018)

① 소나무
② 신갈나무
③ 물푸레나무
④ 참싸리

해설

움싹재생은 나무의 밑동이나 뿌리에서 돋아난 움싹(맹아)으로 후계림이 조성되는 방법으로 새로운 묘목을 심지 않아도 되는 경우이다.

10 생태계의 원서식지 면적이 감소되어 원시성을 유지하기 어려울 때의 복구 조치에 해당하지 않는 것은? (2019)

① 비포장화

② 가드레일 설치

③ 공사위치 변경 또는 우회

④ 기존 서식지의 면적 확대

해설

생태계를 복구하는 조치에 가드레일을 설치하는 적은 부적절하다.

11 산림식물군집 구조의 특성 중 환경림의 조성관리와 가장 거리가 먼 것은? (2020)

① 평면구조의 변화 ② 수종조성의 다양화

③ 개체구조의 다양화 ④ 수직구조의 계층화

해설

환경림은 일반적으로 환경보전기능 등이 높은 산림을 말한다.

12 산림식생 복원을 위한 질소고정식물들로만 바르게 짝지어진 것은? (2020)

① 소나무, 싸리나무, 떡갈나무

② 소나무, 물오리나무, 서어나무

③ 아까시나무, 작살나무, 떡갈나무

④ 아까시나무, 자귀나무, 사방오리나무

해설

질소고정이란 공기 중의 질소기체를 암모니아를 비롯한 질소화합물로 전환하는 과정을 말한다. 질소고정식물은 뿌리에 뿌리혹을 만드는 뿌리혹박테리아와 공생하는 식물로, 주로 콩과식물이다.

13 생태환경 복원·녹화의 목적을 달성하기 위하여 식물군락이 갖는 환경 개선력을 살린 기술의 활용 방향으로 올바른 것은? (2018)

① 식물군락의 재생은 자연 그 자체의 힘으로는 회복이 어려우므로, 인위적으로 자연진행에 도움을 주어 회복력을 갖도록 유도한다.

② 식물의 침입이나 정착이 용이하지 않은 장소는 최소한의 복원·녹화를 추진할 필요가 없다.

③ 군락을 재생할 때, 자연에 가까운 형상을 조성하기 위하여 극상군락의 식생 및 신기술을 적용하여 조성하여야 한다.

④ 식물천이 촉진을 도모한다는 관점으로 자연흐름을 존중하여야 한다.

14 식물군락이 갖는 환경 개선력을 살린 기술을 기본으로 하여 생태환경 복원·녹화의 목적을 달성하기 위한 추진 방향과 가장 거리가 먼 것은? (2020)

① 자연회복을 도와주도록 하여야 한다.

② 자연의 군락을 재생·창조하여야 한다.

③ 자연에 가까운 방법으로 군락을 재생하여야 한다.

④ 식물을 식재하여 천이가 이루어지게 하여야 한다.

15 다음의 특성을 가진 잔디는? (2019)

> 주로 대전 이남에서 자생하고 있으며, 일본에서는 중잔디, 고려잔디, 혹은 조선잔디라 한다. 잎 너비는 1~4mm, 초장은 4~12cm 정도로 매우 고운 잔디로 경기도 이남지역에서 월동 가능하다. 주로 서울 이남지역에서 정원, 경기장, 골프장, 공원용 등으로 적당하다.

① Zoysia sinica(갯잔디)

② Zoysia japonica(들잔디)

③ Zoysia mottrella(금잔디)

④ Zoysia tenuifolia(비로드잔디)

16 면적 300m²인 하천 호안에 규격이 30×30cm인 갈대 뗏장(sod)을 입히는 데 필요한 매수는? (2018)

① 약 333매 ② 약 3,030매

③ 약 3,334매 ④ 약 3,950매

해설

$(0.3m \times 0.3m = 0.09m^2)$

300m²에 0.09m²의 갈대뗏장을 입히려면

$(300/0.09 = 3,333.3)$

3,334매가 필요하다.

17 담수역에 있어서 관수저항이 강한 식물(생존기간 85일간 이하)에 해당하는 것은? (2018)

① 잔디, 골풀, 갈대, 회양목
② Kentucky bluegrass, 줄, 줄사철나무
③ tall fescue, orchard grass, 돈나무
④ perennial ryegrass, 영산홍, 송악

18 연안대에 서식하는 식물의 종류를 잘못 설명한 것은? (2018)

① 부유(floating)식물 – 물속의 도양에 뿌리를 내리며, 잎이 물 위에 떠있는 식물
② 부엽(floating leaved)식물 – 물속의 토양에 뿌리를 내리며, 잎이 물 위에 떠있는 식물
③ 정수(emergent)식물 – 물속의 토양에 뿌리를 내리며, 몸체는 물에 잠겨 있고, 잎은 물 위로 성장하는 식물
④ 침수(submerged)식물 – 물속의 토양에 뿌리를 내리며, 몸체가 모두 물에 잠겨 있는 수초

해설
부유성 식물은 토양에 뿌리를 내리지 않는다.

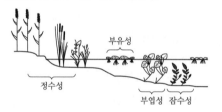

19 수질정화를 위한 습지의 조성은 3단계 시스템으로 가는 것이 바람직하다. 오염물질의 유입 이후 3단계 시스템을 잘 나타낸 것은? (2018)

① 생물다양성 향상 습지 → 침전습지 → 오염물질 정화 습지
② 침전습지 → 생물다양성 향상 습지 → 오염물질 정화 습지
③ 오염물질 정화 습지 → 침전습지 → 생물다양성 향상 습지
④ 침전습지 → 오염물질 정화 습지 → 생물다양성 향상 습지

20 호소 내 수생식물의 구성종으로 적합하지 않은 것은? (2018)

① 침수식물 : 검정말, 붕어마름
② 정수식물 : 부들, 골풀
③ 소택관목식물 : 버드나무, 굴참나무
④ 부유식물 : 개구리밥, 생이가래

해설
굴참나무는 산림에 생육하는 교목이다.

21 연안대에 서식하는 식물의 종류를 잘못 설명한 것은? (2019)

① 부유(floating)식물 – 물속의 토양에 뿌리를 내리며, 잎이 물 위에 떠있는 식물
② 부엽(floating leaved)식물 – 물속의 토양에 뿌리를 내리며, 잎이 물 위에 떠있는 식물
③ 정수(emergent)식물 – 물속의 토양에 뿌리를 내리며, 몸체는 물에 잠겨 있고, 잎은 물 위로 성장하는 식물
④ 침수(submerged)식물 – 물속의 토양에 뿌리를 내리며, 몸체가 모두 물에 잠겨 있는 수초

해설
부유성 식물은 토양에 뿌리를 내리지 않는다.

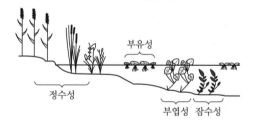

22 수질정화를 위한 습지의 조성은 3단계 시스템으로 가는 것이 바람직하다. 오염물질의 유입 이후 3단계 시스템을 잘 나타낸 것은? (2019)

① 생물다양성 향상 습지 → 침전습지 → 오염물질 정화 습지
② 침전습지 → 생물다양성 향상 습지 → 오염물질 정화 습지
③ 오염물질 정화 습지 → 침전습지 → 생물다양성 향상 습지
④ 침전습지 → 오염물질 정화 습지 → 생물다양성 향상 습지

23 수질정화식물과 가장 거리가 먼 것은? (2019)

① 부들, 갈대
② 택사, 돌피
③ 부레옥잠, 부들
④ 개구리밥, 창포

24 다음 습지식물 중 침수식물은? (2020)

① 마름
② 부들
③ 개구리밥
④ 이삭물수세미

해설 수생식물의 종류

㉠ 정수식물 : 갈대, 줄, 애기부들, 부들, 고랭이류, 택사류, 매자기, 미나리, 벗풀, 흑삼릉, 석창포, 물옥잠, 창포 등
㉡ 부엽식물 : 노랑어리연꽃, 어리연꽃, 수련, 가래, 네가래, 마름 등
㉢ 침수식물 : 말즘, 붕어마름, 새우말, 나사말, 이삭물수세미 등
㉣ 부유식물 : 자라풀, 개구리밥, 좀개구리밥 등

25 수질정화습지의 조성을 위한 고려사항으로 옳지 않은 것은? (2020)

① 수질정화를 극대화할 수 있는 충분한 습지가 확보되어야 한다.
② 수질정화가 왕성하게 일어나는 저습지대의 식생은 주로 부수식물로 구성되어야 한다.
③ 간단한 취수시설로서 하천·호소의 물을 도입하는 데 지리적으로 유리한 곳이어야 한다.
④ 조성 후에는 식생관리가 필요하며, 정화기능을 극대화시키기 위하여 1년에 1회 이상 절취하는 작업을 해 주면 좋다.

해설 부수식물

잎은 수면에 뜨고 뿌리는 물속에서 영양을 섭취하는 식물(=부유식물)로, 저습지대의 식생은 정수식물의 식생이 바람직하다.

26 습지 복원 시 고려되어야 할 요소와 가장 거리가 먼 것은? (2020)

① 기능(function)
② 구성(composition)
③ 균질성(homogeneity)
④ 역동성과 회복력(dynamics and resilience)

해설

균질성보다는 다양성을 중시한다.

27 농장에서 식물종자를 파종하여 뗏장으로 키운 후 현지로 운반하여 포설만 하면 시공이 완료되는 공법은? (2018)

① 식생매트공법
② 식생자루공법
③ 식생구멍심기공법
④ 식생기반재 뿜어붙이기공법

28 파종중량(W)의 산출식으로 옳은 것은? (단, G : 발생기대본수(본/m²), S : 평균입수(입/g), P : 순량률(%), B : 발아율(%)) (2018)

① $G / S \times P \times B$
② $S / G \times P \times B$
③ $S \times P \times B / G$
④ $G \times P \times B / S$

29 비탈(면)식생재녹화공법 중 식물의 자연침입을 촉진하는 식생공법을 총칭하는 것은? (2018)

① 지오웹공법
② 식생유도공법
③ 식생대녹화공법
④ 식생반녹화공법

30 훼손지 비탈면에 사용되는 식물 중 형태적으로 근계(根系) 신장이 좋은 식물이 아닌 것은? (2018)

① 억새
② 비수리
③ 까치수영
④ 크리핑레드훼스큐

31 다음의 특성을 가진 잔디는? (2018)

> 주로 대전 이남에서 자생하고 있으며, 일본에서는 중잔디, 고려잔디, 혹은 조선잔디라 한다. 잎 너비는 1~4mm, 초장은 4~12cm 정도로 매우 고운 잔디로 경기도 이남지역에서 월동 가능하다. 주로 서울 이남지역에서 정원, 경기장, 골프장, 공원용 등으로 적당하다.

① Zoysia sinica(갯잔디)
② Zoysia japonica(들잔디)
③ Zoysia mottrella(금잔디)
④ Zoysia tenuifolia(비로드잔디)

32 식생에 의한 비탈면 보호공법으로 가장 거리가 먼 것은?

(2018)

① 잔디파종공법　　　　　② 식생혈공법
③ 콘크리트붙임공법　　　④ 식생매트공법

33 비탈(면)식생재녹화공법 중 식물의 자연침입을 촉진하는 식생공법을 총칭하는 것은?

(2019)

① 지오웹공법　　　　　　② 식생유도공법
③ 식생대녹화공법　　　　④ 식생반녹화공법

34 생태기반을 위한 경사면 식재층 조성을 위한 방법에 대한 설명으로 가장 거리가 먼 것은?

(2019)

① 0~3%의 경사지는 표면배수에 문제가 있으며, 식재할 때 큰 규모의 식재군을 형성해 주거나 마운딩 처리
② 3~8%의 경사지는 완만한 구릉지로 정지작업량이 증가하기 때문에 식재지로는 부적당
③ 8~15%의 경사지는 구릉지이거나 암반노출지로 토양층이 깊게 발달되지 않아서 관상수목의 집중 식재가 불가능
④ 15~25%의 경사지는 일반적인 식재기술로는 식재가 거의 불가능

해설
3~8% 경사지는 식재지로 적당하다.

35 훼손지 비탈면에 사용되는 식물 중 형태적으로 근계(根系) 신장이 좋은 식물이 아닌 것은?

(2019)

① 억새　　　　　　　　　② 비수리
③ 까치수영　　　　　　　④ 크리핑레드훼스큐

36 식생에 의한 비탈면 보호공법으로 가장 거리가 먼 것은?

(2019)

① 잔디파종공법　　　　　② 식생혈공법
③ 콘크리트붙임공법　　　④ 식생매트공법

37 어떤 목본류를 훼손지에 3g/m²로 파종하였다. 이때 이 종자의 발아율 40%, 순도 90%, 보정율 0.5이고 평균립수 100립/g이라면 발생기대본수(본/m²)는 약 얼마인가?

(2019)

① 27　　　　　　　　　② 54
③ 108　　　　　　　　④ 216

해설
(G : 발생기대본수(본/m²),　S : 평균입수(입/g),　P : 순량률(%),
B : 발아율(%))
$G/S \times P \times B = W$(파종량)
$G = S \times P \times B \times W \times$보정률
$\quad = 3 \times 100 \times 0.9 \times 0.4 \times 0.5 = 54$

38 비탈다듬기공사에서 단면적 A_1, A_2는 각각 2.1m², 0.7m²이며, A_1과 A_2의 거리가 6m일 때 토사량(m³)은? (단, 평균단면적법을 이용한다.)

(2019)

① 2.4　　　　　　　　　② 8.4
③ 8.8　　　　　　　　④ 16.8

해설
$\{(2.1 + 0.7)/2\} \times 6 = 8.4$

39 비탈면녹화를 위한 식생군락의 조성 시 고려해야 할 내용으로 가장 거리가 먼 것은?

(2019)

① 주변 식생과 동화
② 식생의 안정 및 천이
③ 비탈면 주변의 생태계를 고려
④ 급속 녹화를 위한 단순식생의 군락 조성

해설
단순식생보다는 다양한 식생을 권장한다.

40 훼손지 비탈녹화공법에 대한 설명으로 옳은 것은?

(2020)

① 볏짚거적덮기 – 종자, 비료, 흙을 볏짚에 부착시켜 비탈면에 덮어 놓은 후 핀으로 고정시키는 공법
② 녹화용 식생자루공법 – 종자와 띠를 부착한 비료대를 비탈면에 수평상으로 일정하게 깔고, 흙으로 덮는 공법
③ 종자부착네트피복공법 – 코이어네트를 원료로 만든 매트에 식생 기반을 충진시켜 비탈면침식방지를 하는 공법
④ 개량시드스프레이(seed spray)공법 – 토사, 경질토사, 리핑풍화암 등에 얇은 층의 식생기반재를 부착시켜 식생의 활착을 도와주는 공법

해설
㉠ 식생매트덮기녹화 : 종자와 비료 등을 풀로 부착시킨 매트로서 비탈면을 전면적으로 피복하는 공법
㉡ 식생자루녹화 : 종자, 비료, 흙 등을 혼합해서 망대(자루)에 채운 식생자루를 비탈에 판 수평구 속에 넣어 붙이는 공법
㉢ 종자부착네트피복 : 물에 녹는 식생용지에 종자와 비료를 부착시키고 한 면에 볏짚거적이나 비닐망으로 피복시킨 롤형태의 피복재를 비탈에 고정시키고 고운 흙을 얇게 덮어 주는 공법

41 식물군락을 녹화용 식물의 종자파종으로 조성하고자 할 때 파종량을 구하는 식으로 옳은 것은? (단, 보기의 항목을 이용하여 식을 구하시오.)

(2020)

W : 종자 파종량(g/m²)
A : 발생기대본수(본/m²)
B : 사용종자의 발아율
C : 사용종자의 순도
D : 사용종자의 1g당 단위립수(립수/g)
E : 식생기반재 뿜어붙이기 두께에 따른 공법별 보정계수
F : 비탈입지조건에 따른 공업별 보정계수
G : 시공시기의 보정류

① $W = \dfrac{A \times B \times C}{D \times E \times F \times G}$

② $W = \dfrac{(A \times E \times F \times G)}{(B \times C \times D)}$

③ $W = \dfrac{(A \times B \times G)}{(C \times D \times E \times F)}$

④ $W = \dfrac{A}{(B \times C \times D \times E \times F \times G)}$

42 비탈면녹화에 적합한 식물의 특성으로 옳지 않은 것은?

(2020)

① 일년생 식물
② 지하부가 잘 발달하는 식물
③ 발아가 빠르고 생육이 왕성하며 강건한 식물
④ 건조에 강하고 척박지에서도 잘 자라는 식물

43 하천의 보전 및 복원 방향에 대한 설명으로 틀린 것은?

(2018)

① 호안을 고정시키는 개수공사가 되어 치수의 안정성을 확보해야 한다.
② 하천의 구조와 기능을 고려한 종적 및 횡적구조가 복원되어야 한다.
③ 서식처를 연결하는 생태공학적인 복원이 되어야 한다.
④ 자연친화적인 공법으로 하천이 복원되어야 한다.

해설 개수공사
홍수의 범람을 방지하기 위해 제방을 쌓거나 유로 유지를 위한 공작물을 만드는 것

44 소하천에서 어류의 자유로운 계류 통행을 위해서 피해야 하는 것은?

(2018)

① 잡초가 많다.
② 바닥에 크고 작은 돌이 있다.
③ 계류에 낙차를 크게 둔다.
④ 나무로 그늘지게 한다.

45 버드나무류 꺾꽂이 재료를 이용한 자연형 하천 복원공사에 대한 설명 중 맞는 것은?

(2018)

① 꺾꽂이용 주가지의 직경은 1cm 미만인 것을 선발한다.
② 가지의 증산을 방지하기 위해 잎을 모두 제거한다.
③ 채취 후 12시간 이내에 꺾꽂이가 가능하도록 해야 한다.
④ 시공은 생장이 정지한 11~12월 중순경에 한다.

46 어떤 하천의 수로(유심선)거리가 3km이며, 계곡거리가 1.3km일 경우 만곡도지수(sinuosity index)와 하천의 종류가 맞게 짝지어진 것은? (2018)

① 0.43, 직류하천
② 0.43, 사행하천
③ 2.31, 직류하천
④ 2.31, 사행하천

47 해안 사방 망심기의 망 구획 크기로 가장 적합한 것은? (2018)

① 50×50cm
② 100×100cm
③ 150×150cm
④ 200×200cm

48 어떤 하천의 수로(유심선)거리가 3km이며, 계곡거리가 1.3km일 경우 만곡도지수(sinuosity index)와 하천의 종류가 맞게 짝지어진 것은? (2019)

① 0.43, 직류하천
② 0.43, 사행하천
③ 2.31, 직류하천
④ 2.31, 사행하천

49 채석지 등과 같은 사면의 복원 및 녹화를 위한 잔벽처리로 바람직하지 않은 것은? (2018)

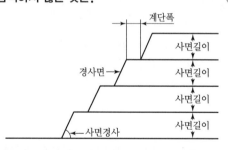

① 사면경사는 60°를 넘지 않도록 한다.
② 사면길이는 10m 이상으로 한다.
③ 계단폭은 2m 이상으로 한다.
④ 채석장은 채석이 종료된 직후에 복구녹화공사가 곧바로 착공되어야 한다.

해설
채석장은 계단 간 비탈면 길이를 10m 이하로 유지하여야 한다.

50 생태통로의 기능 중 순기능에 해당하는 것은? (2018)

① 장벽기능
② 복원기능
③ 흐름 또는 이동기능
④ 침몰기능

해설
생태통로는 야생동물의 이동을 가능하게 하고 물질과 에너지의 흐름을 유도한다.

51 야생동물 이동통로 설계 시 중요하게 고려하지 않아도 되는 항목은? (2018)

① 야생동물 이동능력
② 조성비용의 타당성
③ 인간에 의한 간섭 여부
④ 연결되어야 할 보호지역 사이의 거리

52 야생동물 이동통로의 기능에 대한 설명으로 틀린 것은? (2018)

① 천적 및 대형 교란으로부터 피난처 역할
② 교육적, 위락적 및 심미적 가치 제고
③ 단편화된 생태계의 파편 유지
④ 야생동물의 이동 및 서식처로 이용

해설
이동통로는 단편화된 생태계를 연결한다.

53 야생동물 이동통로 설계 시 중요하게 고려할 사항으로 가장 거리가 먼 것은? (2018)

① 야생동물 이동능력
② 주변의 기후, 기상
③ 이동통로에서 인간에 의한 간섭 여부
④ 연결되어야 할 보호지역 사이의 거리

54 야생동물의 이동 목적에 대한 설명으로 틀린 것은?

(2018)

① 종족의 번식을 위해
② 개체군의 분산을 위해
③ 부모의 궤적을 따르기 위해
④ 부적합한 환경으로부터 벗어나기 위해

55 도로 아래에 이미 설치된 수로박스와 수로관 등의 암거 수로를 이용하여 생태통로를 만들 때 어떤 보완시설의 설치가 필요한가?

(2018)

① 기둥
② 비포장통로
③ 울타리 설치
④ 선반이나 턱 구조물

해설
선반이나 턱 구조물은 수로에서 양서파충류들이 탈출할 수 있는 구조물이다.

56 생태통로 조성 시 야생동물의 유인 및 이동을 촉진시키기 위한 방법으로 틀린 것은?

(2018)

① 조류의 유인을 위해 식이식물을 식재한다.
② 포유류의 이동을 위해 단층구조의 수림대를 조성한다.
③ 양서류의 이동을 위해 측구 등에 의한 이동용 보조통로를 설치한다.
④ 곤충의 유인 및 이동을 위해 먹이식물이나 밀원식물을 적극 도입한다.

해설
생태통로는 다층림을 조성하여야 한다.

57 야생동물의 이동 목적에 대한 설명으로 틀린 것은?

(2019)

① 종족의 번식을 위해
② 개체군의 분산을 위해
③ 부모의 궤적을 따르기 위해
④ 부적합한 환경으로부터 벗어나기 위해

58 도로 아래에 이미 설치된 수로박스와 수로관 등의 암거 수로를 이용하여 생태통로를 만들 때 어떤 보완시설의 설치가 필요한가?

(2019)

① 기둥
② 비포장통로
③ 울타리 설치
④ 선반이나 턱 구조물

해설
양서파충류의 탈출로인 선반이나 턱 구조물을 설치하여야 한다.

59 생태통로 조성 시 야생동물의 유인 및 이동을 촉진시키기 위한 방법으로 틀린 것은?

(2019)

① 조류의 유인을 위해 식이식물을 식재한다.
② 포유류의 이동을 위해 단층구조의 수림대를 조성한다.
③ 양서류의 이동을 위해 측구 등에 의한 이동용 보조통로를 설치한다.
④ 곤충의 유인 및 이동을 위해 먹이식물이나 밀원식물을 적극 도입한다.

해설
생태통로는 다층림을 조성하여야 한다.

60 도로가 개설되면서 산림생태계가 단절된 구간에 육교형 생태통로를 설치할 때 고려되어야 할 사항과 가장 거리가 먼 것은?

(2019)

① 통로의 가장자리를 따라서 선반을 설치한다.
② 중앙보다 양끝을 넓게 하여 자연스러운 접근을 유도한다.
③ 필요시 통로 내부에 양서류를 위한 계류 혹은 습지를 설치한다.
④ 통로 양측에 벽면을 설치하여 주변으로부터 빛, 소음, 천적 등으로부터의 영향을 차단한다.

해설
통로의 가장자리를 따라서 선반을 설치하는 경우는 수로박스 등이 연결된 터널형 생태통로이다.

61 옥상녹화의 효과 및 장점 중 생태학적 장점으로서 가장 큰 것은?

(2018)

① 대기정화 기능, 냉난방비 절감
② 도시 열섬효과 감소

③ 단열효과, 옥상파손 방지
④ 녹음 제공, 부동산 가치 상승

62 옥상녹화의 생태적 효과와 가장 거리가 먼 것은?

(2018)

① 녹시율의 증대
② 도시 미관 증진
③ 도시 열섬 완화
④ 소생물 서식공간 증대

해설

녹시율은 특정지점에서 녹지공간이 차지하는 비율로, 실제 사람의 눈으로 파악되는 녹지의 양을 측정할 때 사용하는 지표이며 일반적으로 사진 면적에서 나타나나는 녹지의 면적률을 사용한다.

63 녹화식물의 종류를 흡착형 식물과 감기형 식물로 나눌 때 흡착형 식물로만 이루어진 것은?

(2019)

① 칡, 멀꿀, 으름덩굴
② 개머루, 으아리, 인동
③ 담쟁이덩굴, 송악, 모람
④ 마삭줄, 줄사철나무, 노박덩굴

해설

㉠ 흡착형 식물 : 담쟁이덩굴, 송악류, 마삭줄, 왕모람, 능소화, 줄사철나무
㉡ 감기형 : 미국담쟁이, 등나무, 노박덩굴, 인동덩굴, 으름덩굴, 멀꿀, 머루, 다래

64 토양개량재인 피트모스에 대한 설명으로 틀린 것은?

(2019)

① 일반적으로 pH 7~8 정도의 알칼리성을 나타내므로 산성 토양의 치환에 적합하다.
② 섬유가 서로 얽혀서 대공극을 형성하는 것과 함께 섬유자체가 다공질이고 친수성이 있다는 특징이 있다.
③ 보수성, 보비력이 약한 사질토 또는 통기성, 투수성이 불량한 점성토에서의 사용이 효과적이다.
④ 양이온 교환용량(CEC)이 130mg/100g 정도로 퇴비에 비해 높아서 보비력의 향상에 효과적이다.

해설

피트모스는 수태종류가 퇴적되어 만들어진 유기물질로, 보수력, 보온성, 통기성 등이 좋아 토양을 부드럽고 탄력 있게 개량한다.
피트모스는 산성이다.

65 수목의 근계(뿌리)에 대한 설명으로 옳지 않은 것은?

(2020)

① 근계는 암반의 균열을 크게 하는 물리적인 역할을 수행한다.
② 근계는 토양을 산화시키는 등의 화학적 작용과는 관계가 없다.
③ 수목을 지지하고 있는 뿌리는 유관속에 형성층이 있어서 분열하면서 비대하여 간다.
④ 수목의 근계는 지상부를 지지하고 토양으로부터 수분과 영양염류를 식물체 내로 흡수하는 역할을 하는 기관이다.

66 유효토심에 대한 설명으로 옳지 않은 것은?

(2020)

① 교목의 유효토심은 관목의 유효토심보다 두텁고 넓다.
② 유효토심에서는 뿌리가 호흡하며, 생육할 수 있도록 적당한 공기와 수분이 필요하다.
③ 얕은 부분은 수분, 공기, 양분을 보유할 수 있는 부드러운 성질의 토층이 요구된다.
④ 근계 가운데 수분이나 양분을 흡수하는 세근의 생육범위는 유효토심의 깊은 부분이다.

해설 식물의 생존 최소토심, 생육 최적토심

(단위 : cm)

구분	지피	소관목	대관목	친근성 교목	심근성 교목
생존 최소토심	15	30	45	60	90
생육 최적토심	30	45	60	90	150

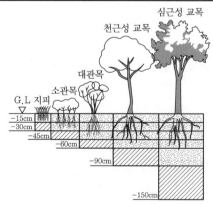

67 다음 중 옥상녹화 조성의 효과와 가장 거리가 먼 것은?

(2020)

① 녹음효과   ② 건강증진
③ 환경교육의 장   ④ 동식물의 서식지 제공

68 옥상녹화에 대한 설명으로 옳지 않은 것은? (2020)

① 건조 비오톱을 창출할 수 있다.
② 열악한 옥상환경조건에 잘 견디는 식물을 이용한다.
③ 인간의 이용을 위해 휴식적, 미적, 감상적 측면에 역점을 둔다.
④ 인위적 관리를 최소로 하여 자연상태에 맡겨 두는 녹화방법이다.

69 녹화용 자생식물 중 그 특성(꽃, 형태, 관상 및 생태 등)이 바르게 연결된 것은?

(2018)

① 구상나무 – 4월 갈색 개화 – 낙엽침엽성 – 열매의 관상가치
② 쪽동백나무 – 5월 붉은색 개화
③ 층층나무 – 5월 붉은색 개화 – 낙엽활엽성 – 어릴 때 생장속도 느림
④ 노각나무 – 6월 흰색 개화 – 낙엽활엽성 – 꽃과 줄기의 관상가치

해설

㉠ 구상나무 – 6월 노랑, 분홍, 자주 – 상록침엽 – 관상용
㉡ 쪽동백나무 – 6월 흰색 – 낙엽활엽 – 관상용
㉢ 층층나무 – 6월 흰색 – 낙엽활엽 – 관상용

70 인위적 사구의 육성방법이 아닌 것은? (2018)

① 사구 보강   ② 대체습지 육성
③ 해변 육성   ④ 수면 밑 해안 육성

해설 사구

바람으로 운반된 모래가 쌓여서 만들어진 언덕

71 매립지 복원공법 중 산흙 식재지반 조성 시 하부층이 사질토인 경우에 적용하는 기법으로 가장 거리가 먼 것은?

(2018)

① 사주법
② 성토법
③ 치환객토법
④ 비사방지용 산흙피복법

해설

진흙이 퇴적한 곳에서는 미세입자의 단립구조 때문에 투수성이 불량하고, 식물의 생육저해 성분이 유실되지 않아 토양이 진전되지 않는다.

72 매립지 복원공법 중 산흙 식재지반 조성 시 하부층이 사질토인 경우에 적용하는 기법으로 가장 거리가 먼 것은?

(2019)

① 사주법
② 성토법
③ 치환객토법
④ 비사방지용 산흙피복법

해설

• 성토법 : 양질토를 마운딩하여 수목 생육 토심을 충분히 확보하는 방법

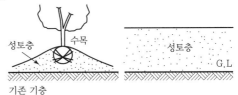

• 객토치환법

73 매립지 복원기술과 가장 거리가 먼 것은? (2019)

① 성토법
② 사주법
③ biosolids를 이용한 공법
④ 비사방지용 산흙피복법

74 훼손지 유형 중 연암 및 풍화암반에 적용할 녹화공법으로 적절하지 않은 것은? (2020)

① 식구공법   ② 주입객토공법
③ 지오웹공법   ④ 구질객토공법

해설〉

① 식구공법 : 식생구멍녹화공법 – 일정간격으로 구멍을 파고 종자, 비료, 흙을 섞은 종비토를 구멍에 충전하는 공법
② 주입객토공법 : 토양과 식생기재 등으로 제조한 죽 모양 혼합물을 펌프로써 압송하여, 연속적 자루 모양으로 암괴의 틈에 주입하는 식생공법
③ 지오웹공법 : 합성재 제품인 지오웹을 이용하여 비탈면 안정 및 녹화공사를 실시한다. 주로 성토사면의 안정 및 녹화공법으로 적당하지만, 일종의 플라스틱 제품이므로 환경영향을 고려해야 한다.
④ 구절객토공법 : 경질기반에 대하여 구를 수평 골 모양으로 파고, 구 안에 새 흙을 채워서 생육기반의 개선을 도모하는 녹화기초공법

CHAPTER 05 생태시설물 설계시공

01 보전시설 설계시공

1. 시설물의 설치과정

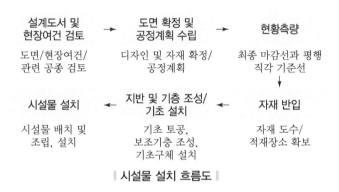

‖ 시설물 설치 흐름도 ‖

2. 설계도서와 현장상황을 검토

1) 설계도서와 대상지조건을 조사한다.

   (1) 위치를 파악한다.

      ① 자연조건 : 지형, 지질, 야생생물, 기상 등

      ② 이용자의 동선, 이용자의 편의성

      ③ 다른 시설과의 상호 위치 관계

      ④ 시설의 환경영향

      ⑤ 주변의 경관, 주변으로부터의 조망

      ⑥ 시설의 안전성, 설비조건, 관리운영방법 등

   (2) 규모를 파악한다.

      ① 시설의 수용력, 이용자 수, 시설의 필요용량, 정비용량

      ② 다른 시설이나 주변 환경과의 조화, 시설의 환경영향

      ③ 사업비, 사업계획상의 정비 수준

      ④ 관계 법규에 의한 시설규모의 제한(자연공원법, 건축기준법 등)

      ⑤ 이용자의 편의성, 쾌적성

      ⑥ 관리운영방법

(3) 시설의 특성을 파악한다.

　① 기능상의 효율성, 시설규모와의 관련성

　② 시설의 환경정비, 환경공생기능

　③ 지역 특유의 재료, 디자인

　④ 이용자의 편의성, 쾌적성

　⑤ 사업비, 사업계획상의 정비 수준

　⑥ 관련 법규에 의한 시설규모의 제한(자연공원법, 건축기준법)

　⑦ 형태, 구조, 재료 등의 안정성, 관리운영방법

2) 보전시설 배치의 적합성을 검토한다.

(1) 생물서식지 관련 시설

UNESCO MAB의 용도구획상 핵심지역을 중심으로 설치되는 시설이므로 복원 대상지 주변의 생물서식처로부터 생물종의 이입(移入)이 용이하고 소형 포유류나 조류의 접근이 용이한 곳인지를 검토한다. 또한 인위적 간섭을 최소화할 수 있도록 진출입 및 관찰 동선과의 완충공간이 충분히 확보되었는지 검토한다.

(2) 생물인공증식 관련 시설

전문가와 인공증식 대상이 되는 생물종의 생활사를 충분히 협의하여 설치위치, 규모, 서식환경 등이 적합한지 검토한다.

(3) 보호 관련 시설

복원 대상지 내에 조성된 생물서식지와 복원 후 주변 서식처로부터 이입하여 서식하는 생물종을 인위적 간섭에서 보호하고, 핵심지역 주변의 공간을 이용하는 방문자들의 안전을 확보하는 시설이므로 적절한 위치에 배치계획이 되었는지를 검토한다.

3) 자재를 검토한다.

(1) 석재를 검토한다.

가능한 한 대상사업지에서 발생하는 석재를 재활용하고, 다른 지역으로부터 재료를 들여오는 것을 최소화하거나 지양하는 것이 바람직하다.

(2) 목재를 검토한다.

약품을 사용한 방부목재는 최소한으로 사용하며, 목질재료가 부패하면 교환한다는 것을 전제로 하여야 한다. 목재는 불에 구워 탄화 처리하여 내구성을 높일 수 있다.

(3) 부대재료를 검토한다.

끈이나 매트 등을 사용하는 경우에는 폴리에스테르계의 재료가 아닌 것을 사용한다. 천연소재로 제작된 끈이나 거적 등은 설치 후 시간이 경과함에 따라 분해되지만, 폴리에스테르계로 제작된 것은 분해되지 않기 때문에, 수목의 비대성장에 따라 그대로 남아 있는 폴리에스테르계 재료는 수피에 상처를 내고 그 부위가 썩게 되는 원인이

된다. 사면보호를 위해서 식생매트 등을 설치한 경우, 천연소재는 분해되고 폴리에
스테르계 끈실 등은 그대로 남게 되며 먹이를 잡기 위해 날아온 작은 새들의 다리가
이 끈실에 걸리거나 묶이는 경우가 있기 때문에 재료의 선택에 주의하여야 한다.

3. 시공계획과 공정표 작성 및 자재 구입과 검수

1) 시설 설치를 위한 시공계획과 공정표를 작성한다.

사업에 투입되는 자재, 인력, 장비 등의 공정계획을 수립한 후 공정표를 작성한다. 계
획공정에 의거하여 인력, 자재, 장비 동원계획을 수립·시행하고, 공정률에 따라 사업
이 진행될 수 있도록 세심한 주의가 필요하다.

2) 시설 자재를 구입하고 검수한다.

(1) 상세도면을 검토한다.

상세도면을 검토하고, 수량산출서에 의한 각 재료별 필요수량과 내역서의 수량을 확
인하여 필요자재수량을 산출한다. 현장에서 제작이 가능한지 여부를 검토하고 자재
수급 계획에 따라 자재를 반입한다.

(2) 자재를 구입하고 검수한다.

자재총괄집계는 생태복원 설치자가 현장에 필요한 자재량을 한눈에 파악하여 쉽게
구매하고 검토할 수 있도록 하기 위하여, 설계자가 스프레드시트소프트웨어를 활용
하여 작성하는데, 이를 표로 작성한 것을 자재총괄집계표라 한다. 이를 검토하여 현
장에 투입될 총자재량을 확인한다. 또한 복원사업에 투입될 자재는 그 지역 개체군을
보유하고 있는 업체에서 구입하는 것을 원칙으로 하고 있기 때문에 설계과정에서 자
재의 견적서를 제출한 곳이 지역 개체군을 보유하고 있으면 문제가 없으나, 설치자가
다른 지역으로부터 자재를 구입해야 하는 경우에는 그 재료를 구할 수 없는 부득이한
경우에만 지역 외부의 자재를 도입하도록 한다.

4. 정해진 장소에 설치

1) 준비작업을 한다.

① 시설의 기능 및 목적에 따라 다양한 지형을 조성하고, 배수시설 설치 시에는 집수
방식보다 토양 내 투수 및 녹지재분산에 의한 방법을 우선적으로 선정하며, 시설
도입 시에는 가급적 자연재료를 활용한다.

② 불법투기한 쓰레기가 있는 경우 주변 환경에 미치는 영향을 감안하여 처리하고,
사업시행과정 중 발생한 쓰레기 및 폐기물이 공사 완료 후 남겨지지 않도록 처리
한다.

③ 표토는 재사용을 원칙으로 하고, 재활용 시 보관에 주의하여 활용한다.

2) 현황을 측량한다.
  ① 설계도서와 현장여건을 검토하여 확정된 장소에 현황측량을 실시한다.
  ② 마감 시의 물 구배를 고려하여 기준측량을 실시한다.

3) 보전시설물을 설치한다.
  (1) 인력 설치를 해야 할 공종을 검토한다.
    ① 사업대상지 내에서의 기계 사용에 대해서는 다양한 이해당사자의 의견을 수렴하여 결정한다. 기계 사용은 쉽게 '과다한 조성'이라는 상태가 되기 때문에 최소화하는 것이 바람직하다. 특히 풀베기, 토공(土工), 벌채 등에서는 더욱 주의하여야 하며, 인력 설치는 지역주민, 학생, 자원봉사자의 참여를 유도한다는 점에서 생태복원기법에서 많이 도입되고 있다.
    ② 현황조사, 식재, 불법행위 감시, 사후모니터링 시행에 있어 지역 실정을 잘 알고 있는 주민참여를 통한 설치가 매우 중요하다. 특히 포트묘(pot 苗)는 다루기가 용이하고 식재도 쉬운 편이어서 일반인들도 참여할 수 있다. 지역주민의 참여, 인력에 의한 시행, 모니터링, 피드백이라는 인력 설치와 조사가 일체화된 방법이 가장 적합한 생태학적 설치방법이다.

  (2) 울타리를 조성한다.
    ① 울타리 설치 시 재료 반입, 설치, 잔토의 야적, 반출 등은 울타리의 뒤쪽에서 시행한다.
    ② 산울타리·잔가지로 엮은 울타리 등의 재료는 벌채목이나 벌채목의 가지 등을 사용한다.
    ③ 울타리 주변의 수목을 벌채하여 사용하지 않도록 주의해야 하고, 발판을 사용하는 등 설치작업 중 표토를 밟아 표토가 딱딱해지지 않도록 주의한다.
    ④ 울타리를 햇빛이 잘 드는 장소에 설치할 경우, 덩굴식물이 번성하게 되어 곤충류를 유인할 수 있는 효과를 기대할 수 있다.
    ⑤ 경계나 구획의 표시를 할 경우 벌채목의 수간을 이용하여 자연형으로 조성하고, 풀베기의 높이와 시기 등이 변할 때는 각재나 철근 등으로 표시하는 것도 가능하지만 통나무를 놓아둠으로써 견고하고 자연스러운 경계를 표시할 수 있으며, 이용자의 시선 유도, 간단한 토사유출방지 효과도 얻을 수 있다.

  (3) 다공질공간을 조성한다.
    생물의 정착을 유도하기 위해 은신처, 산란장소 등으로 활용될 수 있는 다공질공간을 조성한다.
    ① 서식처를 조성하기 위해 풀베기를 한 후, 부산물인 잔가지 등을 이 장소에 모아 세워 두어, 곤충이나 거미의 도피장소나 월동장소로 이용되도록 한다.
    ② 묶어서 눕혀 놓으면 2~3년 후에는 분해가 된다. 그러나 장소를 선택하지 않고 놓아 두는 경우 봄이 되면 식생이 풍부한 장소가 되기 때문에 이 점에 주의한다.

③ 돌더미를 조성하는 경우 축대를 쌓는 것과 같이 빈틈없이 촘촘히 쌓는 것보다 뱀이나 도마뱀이 이용할 수 있도록 어느 정도의 공극을 주며 쌓도록 하고, 돌망틀을 이용할 경우에는 채움석의 크기를 크게 하여 공극을 충분히 확보한다.

④ 석재의 표면에 이끼나 양치식물이 있어 생물이 기어오르기 쉬운 재료와 조속한 식생복원에 도움을 주는 콘크리트소재의 녹화블록이나 화산암으로 제작한 제품 등을 혼합하여 사용하도록 한다.

⑤ 알맞은 재료의 입수가 곤란하면 재활용 측면에서 사업대상지에 폐기된 콘크리트 조각이나 U형 측구를 사용하고, 새 콘크리트구조물의 신설은 억제하도록 한다.

02 관찰시설의 설계

① 설계도서와 현장상황을 검토한다.
  ㉠ 설계도서와 대상지조건을 조사한다.
  ㉡ 관찰시설 배치의 적합성을 검토한다.
    • 도피 · 비간섭거리의 권역과 인간의 명료지각권역을 충분히 고려하여 서식생물종의 인위적 간섭을 최소화하는 범위 내에서 이용자가 관찰대상종을 자세히 관찰할 수 있는 지역에 배치되었는지 검토한다.
    • 관찰오두막이나 관찰벽은 관찰대상종의 도피거리 이내로 최대한 접근이 가능하도록 시각적 · 물리적 차폐 등이 충분히 적용되었는지에 대한 사항과 함께 관찰목적 및 대상, 태양의 방향, 주요 동선으로부터 관찰시설까지의 동선 등 이용의 편의성도 함께 고려되어 배치되었는지 검토한다.
    • 관찰에 대한 정보안내판 및 동선방향안내판 등이 인지도와 식별성이 확보되는 위치에 배치되었는지 검토한다.
② 시공계획과 공정표 작성 및 자재를 구입 · 검수한다.
③ 정해진 장소에 설치한다.

03 그 외(체험 · 전시 · 편의 · 관리시설 등)

① 설계도서와 현장상황을 검토한다.
② 시공계획과 공정표 작성 및 자재를 구입 · 검수한다.
③ 정해진 장소에 설치한다.

01 생태복원용 돌 재료에 대한 설명으로 맞는 것은?

(2018)

① 조약돌은 가공하지 않은 자연석으로서 지름 10~20cm 정도의 계란형 돌이다.

② 호박돌은 하천에서 채집되어 지름 50~70cm로 가공한 호박형 돌이다.

③ 야면석은 표면을 가공한 천연석으로서 운반이 가능한 비교적 큰 석괴이다.

④ 견치석은 전면, 접촉면, 후면들을 구형에 가깝게 규격화한 돌이다.

02 다음의 골재에 관한 설명 중 옳은 것은? (2018)

① 천연 경량골재에는 팽창성 혈암, 팽창성 점토, 플라이애시 등을 주원료로 한다.

② 잔 골재의 절건비중은 2.7 미만이다.

③ 골재의 표면 및 내부에 있는 물의 전체 질량과 절건상태의 골재 질량에 대한 백분율을 골재의 표면수율이라 한다.

④ 굵은 골재의 최대치수는 질량으로 90% 이상을 통과시키는 체 중에서 최소 치수의 체 눈을 체의 호칭치수로 나타낸 굵은 골재의 치수이다.

03 생태공학적 측면에서 녹색방음벽에 대한 설명으로 틀린 것은?

(2018)

① 버드나무 등을 활용하여 방음벽을 녹화한다.

② 태양전지판 등을 설치하여 자연에너지를 설치할 수 있는 발전시설을 겸하는 방음벽을 말한다.

③ 식물이 서식 가능한 화분으로 녹화한 방음벽이다.

④ 녹색투시형 담장이나 기존방음벽에 녹색으로 도색한 방음벽을 말한다.

04 콘크리트관을 이용하여 측구를 설치할 때 우수가 충만하여 흐를 경우의 유량(m³/s)은? (단, 평균유속 = 2m/s, 콘크리트관의 규격 = 0.4×0.6m) (2018)

① 2.16
② 1.24
③ 0.96
④ 0.48

해설

$2 \times (0.4 \times 0.6) = 0.48$

05 자연형 하천 복원에 활용하는 야자섬유 재료의 규격 및 설치기준으로서 틀린 것은? (2018)

① 야자섬유 두루마리의 규격은 길이 4m×지름 0.3m 크기의 실린더형을 표준으로 한다.

② 야자섬유망의 규격은 폭 1m×길이 10m를 표준으로 한다.

③ 야자섬유로프는 100% 야자섬유의 불순물을 제거한 후 두께 5~6mm로 꼬아 만든다.

④ 야자섬유망은 사면에 철근 착지핀을 1개/m² 이상 박아 견고히 설치한다.

06 녹화공사용 시공자재로서의 목재의 성질을 잘못 설명한 것은?

(2018)

① 가공의 횟수가 적어 부패의 위험성이 적다.

② 리기다소나무, 밤나무, 참나무류 등은 기초말뚝으로도 사용된다.

③ 통나무는 거친 질감을 갖고 있지만, 원목이라는 점에서 자연스러움의 표현이 가능하다.

④ 침엽수의 간벌재는 입도개설 시에 절·성토비탈면의 비탈 침식 방지 공사용으로 사용할 수 있다.

해설

목재는 부패의 위험성이 적지 않다.

07 녹화공사용 시공자재로서의 목재의 성질을 잘못 설명한 것은? (2019)

① 가공의 횟수가 적어 부패의 위험성이 적다.

② 리기다소나무, 밤나무, 참나무류 등은 기초말뚝으로도 사용된다.

③ 통나무는 거친 질감을 갖고 있지만, 원목이라는 점에서 자연스러움의 표현이 가능하다.

④ 침엽수의 간벌재는 입도개설 시에 절·성토비탈면의 비탈침식 방지 공사용으로 사용할 수 있다.

08 채석장에서 돌을 뜰 때 앞면, 길이(뒷길이), 뒷면, 접촉면, 허리치기의 치수를 특별한 규격에 맞도록 지정하여 만든 쌓기용 석재는? (2020)

① 마름돌　　　　　② 견치돌

③ 사고석　　　　　④ 각석 및 판석

PART 4

생태복원 사후관리 · 평가

CHAPTER 01 모니터링계획

01 모니터링 목적

1. 개념

생태복원사업 후 생태기반환경과 생물종현황에 대한 주기적인 관찰을 통해 지속가능하고 순응적인 관리방안을 마련하여 사업의 목표를 달성하기 위한 과학적이고 체계적인 수단이 될 수 있다.

2. 목적

① 모니터링의 목표종 서식 여부, 복원지식생의 안착 여부, 지형의 물리적 안전성 및 서식지 세부공간 이용성 등에 대한 관찰을 통해 복원효과 평가자료를 구축한다.
② 서식동물종의 종별 개체수, 행태적 특성, 정상적인 생활주기 중심의 모니터링을 통해 생물종 DB 및 향후 복원사업을 위한 피드백(feedback) 자료를 축적한다.
③ 이상의 모니터링을 통하여 시사점을 도출한 후, 생물종 서식지복원공간에 대한 지속가능한 유지 · 관리방안을 제시한다.

3. 원칙

① 실효성 확보를 위한 장기간에 걸친 지속적인 모니터링을 시행한다.
② 반복된 기록의 연속성 및 조사구의 위치 표식, 조사지관리를 위한 고정시설이 필요하다.
③ 정기적으로 확인 · 관리되는 모니터링 대상지 및 위치 설정이 필요하다.
④ 향후 자료의 가치와 활용성 확대를 위하여 다양한 범위에서의 모니터링 내용을 기록한다.
⑤ 체계적이고 간략한 현황을 서술 · 기록한다.
⑥ 자료수집방법의 개선과 목적의 평가를 위한 정기적인 분석 및 보고서를 준비한다.
⑦ 주민과 단체 등 참여형 거버넌스를 활용하여 사후모니터링을 계획 및 실행한다.

4. 시기 및 내용

1) 시기 : 사업 중(전 · 중 · 후), 사업 후(사업완료 후 2년간 실시)

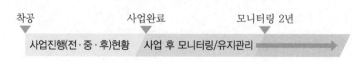

> **분류군별 조사시기**

구분		시기	비고
식물상 및 식생		가급적 계절별로 실시하는 것을 원칙으로 함	연 2회 이상
동물상	포유류	포유류의 활동이 활발한 2~10월 말까지 실시	–
	조류	• 연 2회 이상 실시, 각기 다른 계절에 수행하는 것이 원칙 • 텃새, 여름철새, 겨울철새, 통과 철새들이 많이 관찰되는 3계절 이상의 조사기간 설정	연 2회 이상
	양서 · 파충류	• 현지조사는 2~10월 내 실시 • 춘기 양서류의 산란이 시작되는 시기부터 대부분의 양서, 파충류가 동면에 들어가는 시기까지 조사시행 • 조사대상 분류군의 생태를 반영하여 조사기간을 설정	연 2회
	육상곤충	곤충의 활동이 이루어지는 4~10월 내 실시	연 2회
	어류	• 현지조사는 2~10월 내 실시 • 겨울을 제외하고 산란철인 봄과 하천이 안정화를 이루는 가을에 실시	연 2회
	저서성 무척추 동물	• 현지조사는 3~10월 내 실시 • 겨울 및 여름을 제외하고 서식환경의 변화가 적은 봄, 가을에 실시 • 강우 시 조사 중단, 약 2주(14일) 정도 경과 후 실시	연 2회

기출예상문제

환경부에서 주관하는 대표적인 생복원사업인 '생태계보전부담금반환사업'의 모니터링 항목 및 방법이 아닌 것은?

① 생태기반환경
② 생물종
③ 복원 및 이용시설물
④ 토지가격 상승률

답 ④

2) 내용

> **환경부 생태계보전부담금반환사업의 모니터링항목 및 방법**

조사항목	조사내용
생태기반환경	지형, 수리 · 수문(수질 포함), 토양 등
생물종	• 대상지 목표종을 중심으로 조사하되, 식생은 기본적으로 조사 • 동물상은 모든 분류군에 대한 조사를 원칙으로 하나, 대상지현황에 따라 중점동물, 분류동물 분류군 선정 가능
서식처	서식처 유형, 안정성, 훼손 여부 등을 조사
복원 및 이용시설물	• 복원을 위해 도입된 시설물의 주기적인 점검 • 특히, 복원지역의 식생환경은 주기적으로 변화할 수 있으므로, 도입 시 설치하였던 식물표지판 등은 주기적으로 확인 교체

① 모니터링주체는 납부자 또는 대행자로, 복원사업 완료 후 최소 2년 이상 실시한다.
② 1차 연도는 연 2회 이상 심층모니터링을 수행하고 2차 연도 이후에는 목표종의 생육활동시기에 따라 연 2회 이상 수행한다.
③ 사후모니터링은 모니터링계획서와 조사항목 및 내용을 원칙으로 실시한다.

대상지 사업계획 검토

1. 사업목표 및 전략

일반적으로 대상지의 사업목표는 복원사업의 여러 유형, 즉 복원(restoration), 복구 (rehabilitation), 개선(mediation), 창출(creation) 등과 같은 목적을 가지게 된다. 현재 생태복원의 개념에 충실하며 목적을 가지고 있는 생태계보전부담금반환사업의 유형은 다음과 같이 분류된다.

- 훼손되었거나 사라진 생태계(서식처)복원사업
- 멸종 위기에 처해 있는 생물종이나 적극적 보전이 필요한 생물종의 서식처 복원사업
- 생태계와 생물종을 지지하는 생태적 기반환경복원사업
- 원래의 기능을 상실한 곳으로, 자연으로 되돌릴 수 있는 지역(圓 저수지, 염전, 도로, 폐철도, 폐교, 공장, 군부대, 폐교 등)의 복원사업

※ • 복원 : 훼손되기 이전의 상태로 되돌리는 것
• 대체 : 현재의 상태를 개 선하기 위하여 다른 상태 로 원래의 생태계 대체
• 복구 : 원래보다는 못하 지만 원래의 자연상태와 유사하게 되돌림

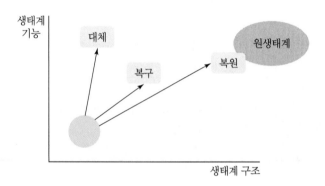

2. 목표종

1) 목표종 생육 특성 이해

목표종을 검토하기 위해서는 먼저 사업계획서상의 목표종의 선정과정 혹은 목표종 서식지 기준, 선정된 목표종을 검토 후 목표종별 생육 특성과 서식지현황 등을 검토 한다. 목표종 및 법정보호종(멸종위기야생생물 Ⅰ · Ⅱ급, 천연기념물), 지역고유종, 특이종, 집단서식종 등 보전이 필요하다고 인정되는 종은 생육 특성에 따른 모니터링 시기, 경로, 방법 등을 보다 정밀하게 고려한다.

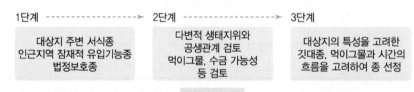

► **정량적 사업목표항목의 예시**

구분	목표(항목)	내용
생물종 다양성	목표종 개체수	사업대상지에 서식이 확인되는 목표종의 개체수
	동식물 종수	사업대상지에 서식이 확인되는 동물, 식물의 종수
교란 정도	생태계 교란생물 종수	사업대상지에 서식이 확인되는 생태계교란생물의 종수

기출예상문제

생태복원사업에서 복원목표를 정량적으로 평가할 수 있는 항목이 아닌 것은?

① 목표종 개체수
② 동식물 종수
③ 생태계교란생물 종수
④ 심미적 만족도 증가

답 ④

03 모니터링목표 수립

1. 기본방향과 기본원칙 수립

사업진행 전·중·후 현황   사업 후 모니터링

⬇

생태기반환경 및   생태복원목적의   사업으로 인한 효과 검증
생물상 변화 파악   달성 여부 파악

⬇

대상지의 특성을 고려한 유지·관리 방향 도출

2. 목표 수립

1) 고려사항

① 생태복원사업의 목표 달성 및 효과를 확인하고 평가한다.
② 모니터링 결과를 바탕으로 유지·관리방안을 도출한다.
③ 환경변화에 지속적인 대응방안을 구축하여 사업의 지속가능성을 확보한다.
④ 유사사업의 기초자료로 활용가능하도록 모니터링 결과의 데이터를 DB화한다.

2) 목표 수립

생태복원목표 달성   →   사후관리방안 도출   →   DB 구축
여부 평가   (사업의 지속가능성   (타 사업 참고자료)
(평가지표로 활용)   확보)

∥ 모니터링 목표 수립 ∥

04 모니터링방법

1. 범위 및 항목 설정

1) 공간적 범위

모니터링의 공간적 범위는 대상지의 외부 환경요인에 의해 발생되는 교란요인을 파악하고 복원사업의 변화 및 개선방안 도출을 위해서 설정한다. 모니터링 대상분류군의 분포 정도와 서식 · 생육환경을 파악할 수 있도록 대상지와 주변지역을 포함하고, 공간 구역별 또는 서식처별로 대상지의 사업목표와 특성을 고려하여 범위를 설정한다.

2) 내용적 범위

모니터링의 내용적 범위는 어떠한 사항을 모니터링할 것인지 항목을 선정하는 것을 의미한다. 대상지 사업계획과 준공도서를 검토하여 사업의 목표, 공간별 계획, 복원 전후 대상지 생태기반환경 변화를 파악하고, 지형 및 토양, 수리 · 수문 등의 생태기반환경과 식물상 및 식생동물상, 목표종 등 생물상을 조사하며 대상지 내 설치한 생태시설물의 상태와 이용자 만족도를 조사한다. 또한 모니터링 결과를 분석 · 평가하여 사업완료후 유지 · 관리방안을 제시하는 것까지 모니터링의 내용적 범위에 해당된다.
또한 모니터링 항목별로 필요에 따라 필요조사와 선택조사로 구분하여 모니터링 시 모니터링의 내용적 범위를 조정한다.

3) 시간적 범위

현재 모니터링을 의무화하는 생태계보전부담금반환사업 등의 경우 원칙적으로 사업완료 후 2년간 실시하고 있으나 복원목표 달성 여부를 파악하기 위해서는 장기적이고 주기적인 모니터링이 바람직하다.

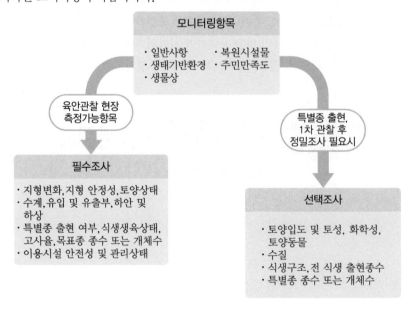

2. 항목 및 방법

1) 생태기반환경

▶ **생태기반환경의 모니터링항목 및 방법**

구분		모니터링항목	모니터링방법
기상환경		• 강수량 • 풍향, 풍속 • 온도, 습도	• 강수량측정계 사용 • 디지털풍속풍향계 • 디지털온습도계 • 현장측정여건에 따라 날씨누리 홈페이지를 활용하여 관련 데이터 수집
지형 및 토양 환경	지형	토양침식, 유실	토양침식 및 유실상태 파악(비탈면 포함)
	토양 물리성	토성 등	육안 측정/현장 측정기기 활용/샘플 채취 후 전문기관에 의뢰
	토양 화학성	pH 등	현장 측정기기 활용/샘플 채취 후 전문기관에 의뢰
수환경	수리·수문	• 수계 • 유입, 유출부 • 수위, 수량 • 오안, 하안, 하상	• 대상지 내와 주변의 수계 유지상태 파악 • 유입 및 유출구와 평균수심 파악(육안 및 눈금자 활용) • 유량계, 수위계 등으로 수위 및 수량측정 • 호안 유지 여부, 수계 하안 및 하상 유지 여부 파악
	수질	SS, BCD, COD	샘플 채취 후 전문기관에 의뢰

2) 동물상

▶ 동물상 모니터링항목 및 방법

구분	모니터링항목	모니터링방법
포유류	출현 여부	• 대상지의 다양한 물리적 환경 즉, 산림, 습지, 경작지 등을 고려하여 도보로 이동 • 성체 목측 및 청음 또는 배설물, 족흔, 굴 흔적, 먹이 흔적 등의 관찰 실시
조류		선조사법(line census)을 이용하여 이동로를 따라 목견되는 개체와 울음소리(청음)를 통해 조사 실시
양서·파충류		직접확인방법 : 양서류, 장지뱀(도마뱀)류, 뱀류, 거북류 등으로 구분하여 조사 　- 양서류 : 뜰채를 사용하여 습지에서 채집하고 습지 주변 돌 밑에서 은신하고 있는 개체 파악 　- 장지뱀(도마뱀)류는 도로변과 초지 위, 옆의 돌을 들추어 확인 　- 뱀류, 거북류 등은 습지 및 주변 하천 조사
어류		• 육안으로 판별하여 서식 여부를 확인하는 간이조사법 및 족대(반두)를 이용하거나 삼각망(망 길이 50cm, 망목 10×10cm)을 설치하여 채집 • 채집된 어종은 사진촬영, 체장(몸길이), 채집지점 등 사진 설명을 기재하며 관련 도감의 검색표를 참고하여 동정하고 목록 정리
곤충		• 임의채집법, 채어잡기, 쓸어잡기, 함정채집, 말레이즈트랩 등 • 임의채집법 　- 관찰채집, 목격법, 돌 들기 채집법 등 도구를 이용하거나 손으로 직접 채집하는 방식
무척추동물		• 무척추동물 　- 서식환경의 변화가 적은 봄과 여름에 현장조사 　- 뜰채, 채집망 등을 이용하여 채집 • 현지에서 직접 동정하여 기재함을 원칙으로 하나 확인이 어려운 종은 사진촬영 후 실내 동정
목표종	출현 여부/ 종수 또는 개체수	해당 분류군에 따른 조사방법 참고
생태계 교란생물		환경부 지정 생태계교란생물 목록을 참고하여 조사

3) 식물상 및 식생

> **식물상 및 식생모니터링의 항목 및 방법**

구분	모니터링항목	모니터링방법
공통사항		• 도보로 이동하면서 관찰된 식물 기록 • 육안 확인, 사진 촬영도면 비교 및 mapping, 채취 및 채집, 관련 참고자료를 통한 확인 · 조사 • 조사 중 동정이 미흡한 식물은 사진촬영 후 관련 문헌과 참고자료를 통하여 실내 동정
식물상 (기존 지역, 복원지역)	출현종수	• 기존 지역과 복원지역으로 구분하고 출현종수를 파악하여 작성함(사업계획서, 준공내역서 참고) – 출현종수 작성예시 표 참조 • 이입식물종 목록을 바탕으로 귀화식물의 종수를 파악하여 귀화식물 비율 산출(필요시) • 목표종 출현 여부 파악
특별종 (멸종위기종, 교란생물 등)	출현 여부	• 특별종 출현 여부 파악 • 멸종위기종, 생태계교란종은 집중적 관리가 필요하므로 존재 유무를 파악하고 목록 작성
교목/관목/ 초화류	생육 이상 여부 (병충해 등)	• 초본 및 수목의 싹, 맹아(움), 꽃, 잎의 상태 등 성장상태, 활착 정도
	고사율	• 고사 여부 판정 기준에 따라 고사목을 판단하고 리스트를 작성하여 고사율을 기록함 • 생육 이상 여부 및 고사율 표시는 출현 종수 작성내역에 추가로 작성할 수 있음

출현종수 작성예시 표:

구분	성상	품명	규격	단위	준공수량	출현종(0차년도)	생육상태 양호	불량	고사
기존지역	상록교목			주					
	낙엽교목			주					
	상록관목			주					
	낙엽관목			주					
	초본			본					
복원지역	상록교목			주					
	낙엽교목			주					
	상록관목			주					
	낙엽관목			주					
	초본			본					

4) 생태시설물

▶ 생태시설물의 모니터링항목 및 방법

구분	모니터링항목	모니터링방법
보전시설	이동통로	훼손 여부, 생물이동 흔적, 퇴적물, 물고임 등 파악
	다공질공간	생물 이용, 위치 적합성, 형태의 유지 등 파악
관찰시설	탐방로	• 안전 유지, 이용강도, 내구성(부패, 칠벗겨짐 등), 이용자 동선확인 • 토사유입, 식생침입 • 포장인 경우-침하 여부, 크랙, 배수, 토사유입, 파손 등
	탐방시실	위치 적합성, 내구성 등 파악
체험시설	학습장, 학습안내판	• 이용강도, 관리강도, 내구성 • 위치 적합성, 주변 정리현황 등 파악
	생태놀이시설 모래밭	• 놀이시설별 안전성, 훼손 여부, 접합부 안전성, 조임쇠 이탈 여부 등 • 모래 유실 정도 파악, 이물질 혼입 여부 등
편의시설	휴게시설, 편익시설	훼손 여부, 접합부 안전성, 형태 유지, 위치 적합성 등
기타	울타리	훼손 여부, 안전 유지, 생물이동 방해 여부 등
	전시·연구시설, 관리시설	건축물 별도관리

05 모니터링 예산

① 예산 기준 설정
② 항목별 비용 산정

▶ 모니터링 비용의 산출내역

| 구분 | 공종명 | 규격 | 단위 | 모니터링(2회/년) | | | 비고 |
				수량	단가	금액(원)	
인건비 계			식				
인건비	1. 모니터링계획 수립		인				
	2. 모니터링시행		식				
	사업계획검토		인				
	지형 및 토양환경		인				
	수환경		인				
	식물상 및 식생		인				
	동물상(목표종 포함)		인				
	복원시설물		인				
	주민만족도조사		인				
	3. 종합평가		인				
	4. 보고서 작성		인				
자문비 계			인				
자문비	현장자문	특급기술자	회	1			
	기술자문	특급기술자	회	1			
경비 계			식				
경비	출장비	인건비의 20% 이내	식				
	내지인쇄	A4, 80P 내외	page				
	표지	아트지(A4)	page				
	제본	A4 무사무선철	부				
총원가							
공과잡비		총원가의 5% 이내	식				
합계							
부가세		10%					
총계							

01 생태계 복원의 성공여부를 확인하기 위한 과정인 모니터링에 대한 설명으로 옳지 않은 것은? (2020)

① 모니터링은 복원 목적에 따라 달라지나 모니터링항목은 동일하게 적용하는 것이 일반적이다.

② 모니터링은 지표종을 활용하기도 하며 이때에는 환경변화에 매우 민감한 종을 대상으로 한다.

③ 생물의 모니터링은 활동 및 생활사가 계절에 따라 달라지므로 계절에 따른 조사가 중요하다.

④ 모니터링은 기초조사, 선택된 항목의 주기적인 모니터링, 그리고 복원 주체와 학문 연구기관과의 유기적인 협조관계가 포함되어야 한다.

CHAPTER 02 복원 후 관리계획

01 모니터링 결과분석 및 평가

1. 분석

▶ 모니터링 종합분석내용

구분		종합분석내용
일반	위치 및 규모 조성 현황 시기 사업 목표	• 대상지 사업계획서 및 준공도서 검토 • 사전조사 결과, 사업목표 및 전략, 대상지 공간계획 파악 • 목표종 이해 및 생활사 분석 • 복원 전후 대상지의 생태기반환경 변화 파악
생태 기반 환경	대기환경지형 및 토양환경 수환경 서식지	• 대상지 및 주변 지역의 생태기반환경 여건 • 안정성, 훼손 여부 등 조사
생물상	식물상 및 식생	• 식물상 • 식생
	동물상	• 포유류 • 조류 • 양서 · 파충류 • 육상곤충 • 어류 • 저서성 대형무척추동물
복원시설물		안전성과 관리 및 활용상태 등
		이용시설물의 이용에 의한 훼손이나 활용빈도 등
주민만족도		이용자들이나 방문자들의 대상지 이용 만족에 대한 정량적 수치 도출
종합분석 및 평가		• 종합분석 : 항목별 결과 종합정리 • 평가 : 목표 달성 지표별 결과 산출
유지 · 관리방향		• 대상지 방향성 : 사업목표 달성을 위한 대상지 현재 수준 제시 • 유지 · 관리방안 : 모니터링항목별 주요 유지 · 관리방안 제시

2. 평가

1) 필수평가항목과 선택평가항목으로 구분

기출예상문제

생태복원사업의 모니터링평가를 위한 필수항목이 아닌 것은?

① 생물종다양성
② 자연성(교란정도)
③ 이용만족도
④ 편리성

답 ④

▶ **모니터링 필수평가항목**

구분	평가항목	내용
생물종다양성	멸종위기종 종수 변화	사업대상지에 서식이 확인되는 멸종위기종의 종수
자연성 (교란 정도)	생태계교란생물 종수 변화	사업대상지에 서식이 확인되는 생태계교란생물의 종수
생태기반환경	탄소저감량 (또는 탄소저장량)	사업대상지 내 수림대 조성에 따른 탄소저감량 (탄소저장량)
이용만족도	주민만족도 결과	주민만족도 설문조사표를 활용하여 전체 응답자의 점수를 산술평균하여 만족도(점)를 평가항목으로 함

▶ **모니터링 선택평가항목**

구분	평가항목	내용
생태기반 환경	수질	사업대상지 내 주요 수계의 수질
	유량	사업대상지 내 주요 수계의 유량, 저수량
생물종 다양성	동식물 종수 변화	사업대상지에 서식이 확인되는 동물, 식물의 종수(경관 향상을 목적으로 인위적으로 식재 및 관리되고 있는 지역의 식물상은 제외)
자연성 (교란 정도)	귀화율(%)	이입된 식물종 목록을 바탕으로 귀화식물의 종과 수를 파악하여 귀화식물 비율 산출
		$$귀화식물\ 비율 = \frac{귀화식물\ 종수}{이입식물\ 종수} \times 100$$
생태환경	녹지율(%)	사업대상지 중 복원된 녹지 비율 변화 산출(경작지는 녹지에 포함하지 않으며, 복원된 녹지는 생물서식을 목적으로 조성된 초지부터 적용함)
		$$녹지면적\ 비율 = \frac{복원된\ 녹지\ 면적}{전체\ 사업지\ 면적} \times 100$$

2) 정량적, 정성적 평가방법을 구분하여 적용한다.

➤ **모니터링 평가 결과**

구분	평가 결과	비고
정량적 평가방법	• 사업대상지의 사전조사 결과와 모니터링 결과의 비교를 통해 사업 전 대비 복원 정도 및 평가항목별 시간적 변화 양상을 파악해 상태의 개선 여부를 확인할 수 있음 • 정량적 평가방법은 사업 전 조사값과 사업 후 모니터링 결과값의 차이를 평가하는 방법에 따름	$\dfrac{\text{사업 후 모니터링 결과값} - \text{사업 전 조사값}}{\text{사업 전 조사값}} \times 100$
정성적 평가방법	• 지역의 특성을 잘 이해할 수 있는 거버넌스체계 및 전문가 집단 등의 평가주체를 통함 • 정량적으로 도출하지 못한 문제점, 개선사항, 만족도 등의 의견을 도출하는 방법	

02 복원 후 관리목표 설정

1. 대상지의 생태적 변화를 파악한다.

① 정량적, 정성적 방법으로 비교한다.
② 복원사업의 목표 달성 여부를 파악한다.
③ 향후 관리방향을 수립한다.

2. 대상지의 관리목표 설정

1) 모니터링 결과를 기초로 후속관리방안 도출

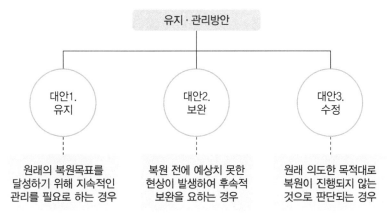

‖ 모니터링 결과를 활용한 유지 · 관리방안 ‖

2) 지속적인 모니터링 및 평가를 반영하는 사후관리방향 프로세스 수립

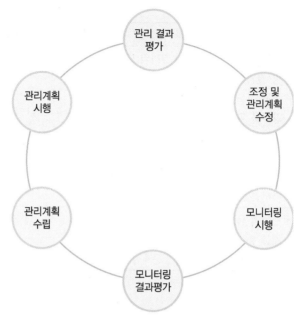

▌사후관리방향 프로세스 ▌

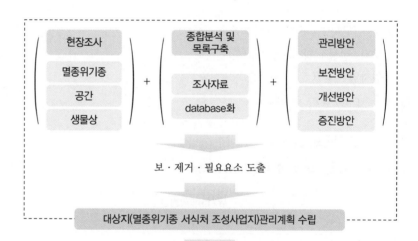

유사 생태복원사업 시 참고자료로 활용

▌대상지 관리방향 수립을 위한 종합분석 프로세스 ▌

03 세부관리계획 수립

1. 중점관리지역 설정

공간별로 주요 생물종 또는 목표종이 서식하거나 출현이 예상되는 구간을 중점관리지역으로 선정한다.

> **공간별 관리지역의 구분**

구분	내용	비고	지역
핵심지역	서식지 복원지역	• 목표종의 서식처 조성 가능이 높고 보전가치가 높거나 보존이 필요한 지역 • 생물다양성의 보전과 간섭을 최소화한 지역 • 생태계 모니터링과 파괴적이지 않은 조사 · 연구 등이 가능한 지역	중점 관리지역
완충지역	환경교육, 생태관광	• 핵심을 둘러싸고 있거나 이에 인접한 지역으로 외부 영향을 완충 • 환경교육, 레크리에이션, 생태관광 등 건전한 생태적 활동지역 • 방해요소가 발생될 수 있는 동선과 근접한 지역	일반 관리지역
협력지역	생태학습 및 체험 · 홍보	• 지역의 자원을 관리 · 이용하기 위해 이해당사자들이 함께 활용하는 지역 • 생태학습 및 체험 등이 이루어지는 친환경공간 • 생태교육과 복원에 대한 인식 증진을 기대할 수 있는 홍보공간	

2. 유지 · 관리 주기 설정

항목을 고려하여 정기적, 비정기적으로 구분한다.

> **유지 · 관리 주기 및 방법**

단계	방법
정기적 유지 · 관리	• 토양환경, 수환경 등의 기반환경 안정성, 서식지관리, 교란식물종 제거, 시설물재료 교체 등 점검 • 시설물을 육안으로 확인, 협잡물 제거, 식생관리 등은 수시로 점검
비정기적 유지 · 관리	• 장마, 홍수, 가뭄, 태풍 등이 발생한 경우 시설물의 훼손상태 확인 등 전반적인 점검 – 침식 또는 퇴적으로 인한 치수상의 문제 및 시설물 파괴 또는 훼손, 보식 및 재파종 등 관리

3. 유지 · 관리항목별 계획 수립

➤ 항목별 유지 · 관리계획서 작성사례

점검항목		점검내용	점검주기	
			정기	비정기
생태 기반 환경	토양 환경	침식 및 유실	●	
		비탈면 표면 안정성	●	
		답압상태, 배수상태	●	
		토양오염		●
	수환경	물순환 : 설비점검, 유입구 및 유출구, 수심, 수위변동	●	●
		하상 및 하안 : 유실 여부	●	
		부영양화(녹조, 오염 등)	●	
생물상	식물상 및 식생	교목, 관목, 초화류 생육상태	●	
		병충해 발생		●
		수변식생 밀도 조절 및 식물 고사체 제거		●
		대상지 내 교란종 점검 및 제거	●	
	서식지	곤충류 및 소동물 : 습지 내 개방수면, 나무더미, 돌무더기 등 점검	●	
		어류 : 수질, 수온 관리	●	
		양서류 : 수질관리, 주변 은신처 확보 여부	●	
		조류 : 인공새집, 다층식재구조	●	
복원 시설물	시설물	서식환경시설 : 훼손 여부, 퇴적물, 물고임, 형태 유지 등	●	
		관찰시설 : 안전 유지, 내구성 등	●	
		학습 및 체험시설 : 이용강도, 관리강도, 내구성 등	●	
		생태놀이시설 : 안전성, 훼손 여부, 접합부 안전성, 조임쇠, 모래밭 이물질 혼입 여부 등	●	
		휴게 및 편익시설 : 훼손 여부, 접합부 안전성, 조임쇠, 목재부 갈라짐 및 부패, 철재부 부식 등	●	
		포장 : 침하, 토사유입, 크랙, 배수, 파손 등	●	
		울타리 : 훼손 여부, 안전성 유지 등	●	

4. 주민참여계획 수립

① 주민참여 원칙과 방향을 수립한다.

주민참여 활성화 조건 개선   +   주민 자치 의식 및 역량 강화

+   +

행정 태도 및 인식 개선   +   주민참여 제도적 보장

↓

지역사회의 질적 발전

② 대상지 관리를 위한 관계자 협의체를 구성한다.

③ 지역주민의 특성을 파악하고 분야별 주민참여계획을 수립한다.

④ 주민참여계획 시행 후 지속적인 참여를 유도한다.

단원별 기출문제

01 생태통로의 사후관리 단계에서 필요한 고려사항이 아닌 것은? (2018)

① 서식지의 안정성 보장   ② 외부간섭 차단
③ 통로기능과 효율성 평가 ④ 개선정도 제공

02 식생의 생태학적 관리방식은 목표로 하는 자연과 그 복원에 중요한 정보를 준다. 천이의 순응을 이용한 관리방식에 해당하지 않는 것은? (2020)

① 가벼운 교란이 발생한 지역에 적합한 방식이다.
② 천이에 따라 발생하는 생물군집과 생태계 스스로의 변화를 존중한다.
③ 목표로 하는 생물군집의 생식, 생육을 위한 조건을 인위적으로 지원한다.
④ 자연의 변화를 자연 천이와 재생에 맡기고 그 이상의 특별한 간섭은 행하지 않는다.

03 하천 및 호수환경의 친환경적인 관리지침에 대한 제안으로 부적합한 것은? (2018)

① 하안선, 호안선 관련 개발금지구역의 설정
② 주요 조망점으로부터 시각회랑 확보
③ 건축물 허가기준의 완화
④ 환경오염 규제기준의 강화

04 습지를 현명하게 이용할 수 있는 방법은? (2018)

① 습지 기능과 가치를 보전하기 위해 개발사업에 의한 훼손을 최소화
② 농지로 전환하여 농작물의 수확량 증가
③ 매립하여 경제적인 효과를 극대화
④ 놀이기구 등을 도입하여 수변 레크리에이션 공간을 창출

05 야생조류를 보호하기 위한 자연보호지구(National Nature Reserves)에 관한 설명으로 틀린 것은? (2019)

① 자원의 보전 및 관리를 목적으로 한다.
② 조사, 연구, 실험, 교육 등을 위한 공간을 제공한다.
③ 지속적으로 자연환경의 변화를 모니터링할 수 있는 장소가 되어야 한다.
④ 야생동물을 보호하기 위해서는 실용적 관점보다 이론적 관점에 치중해야 한다.

정답 01 ② 02 ③ 03 ③ 04 ① 05 ④

CHAPTER 03 생태계관리평가

01 생태계관리평가 일반

1. 생태계관리

생태계보전 또는 복원한 대상지를 대상으로 생태계의 구조와 기능이 지속가능하도록 생태기반환경의 변화 분석, 생물다양성의 변화 분석, 이용자 분석을 실시하고 이를 종합 · 평가하여 향후 관리방향을 설정하는 것을 말한다.

2. 평가

1) 정의

이희승(1982)의 『국어대사전』에 의하면 평가(評價)란 "물품의 가격을 평정함 또는 선악미추 등의 가치를 논정함"이라고 정의하였다.

① 평가(evaluation) : 일련의 표준에 의해 관리되는 기준을 이용하여 대상의 장점, 가치, 중요도를 체계적으로 결정하는 것

② 사정(assessment) : 측정활동을 통하여 특정목적을 달성하기 위하여 근거자료를 수집하는 과정에 중점을 두는 활동

③ 평가의 정의 : 사정(assessment)과 평가(evaluation)를 아우르는 광의의 개념으로 보고 양적 · 질적 측정과 체계적인 가치판단을 하는 것

2) 평가의 의의

어느 조직이 어떠한 계획을 수립하고(planning) 이를 실시하며(implementation) 그 후 그것의 결과를 평가하고(evaluation) 또 그 평가 결과에 따라 후속 조치를 취하는 (feedback) 일련의 논리적 과정 중에서 평가는 중요한 부분이다. 사업 실시 이후 얻어진 효과를 원래의 의도, 목표와 대비시켜 검토하는 데 관심을 갖는다.

3) 목적

① 사업과 관련된 의사결정과정에 필요한 정보를 제공하기 위해서이다.

② 사업 결과에 대한 책무성(accountability)의 요구를 충족시키기 위해서이다.

③ 기존 이론의 타당성을 검증하거나 새로운 이론을 개발하기 위해 이루어진다.

3. 평가유형

1) 평가자의 소속에 따른 분류

① **자체평가**(self-evaluation) : 사업의 집행을 담당하고 있는 사람들 자신이 수행하는 평가

② **내부평가**(inside evaluation) : 사업의 집행자 자신은 아니지만 시행에 책임을 지고 있는 기관의 직원이 수행하는 평가

③ **외부평가**(outside evaluation) : 외부인이 수행하는 평가

2) 평가의 시기에 따른 분류

① **형성평가**(formative evaluation) : 사업관리자나 사업실시자와 같은 사업과 직접적으로 관련 있는 사람들이 보다 나은 사업계획을 구성하고 이미 확정·실시되고 있는 사업을 개선하기 위한 목적에서 내부적으로 사업계획의 개발과정이나 그것의 개선과정에서 수행하는 평가

② **총괄평가**(summative evaluation) : 사업의 종료 후에 실시되는 것으로 주로 외부 고객의 요구를 충족시키기 위하여 수행하는 평가

3) 목적에 따른 분류

① **노력평가**(evaluation of effort) : 수행한 활동은 무엇이며 그러한 활동은 얼마나 잘 수행되었는가의 질문에 답을 제공하기 위해서 수행하는 평가

② **성과(혹은 효과)평가**(evaluation of performance of effects) : 노력의 결과를 측정하는 것으로, 어떤 변화가 야기되었는지, 그러한 변화는 의도한 것이었는지 등에 대한 질문에 답을 제공하기 위해서 수행하는 평가

③ **성과의 충분성 평가**(evaluation of adequacy of performance) : 사업의 성과가 전체 문제를 해결한 정도를 측정하기 위해서 수행하는 평가

④ **능률성 평가**(evaluation of efficiency) : 노력과 성공의 비율을 측정하는 것으로, 성과평가 결과 긍정적일 경우에 수행하는 평가

⑤ **과정평가**(evaluation of process) : 어떤 사업이 어떻게, 왜, 어떠한 성과를 보여 주고 있는지를 분석하는 것으로, 사업의 성패원인을 찾아내기 위해서 수행하는 평가

4) 사업이행단계에 따른 분류

① **투입**(input) : 사업에 소요된 예산, 인력 등 유무형의 소요재원 양의 평가이다. 평가의 예는 투입된 예산, 시설, 인력, 프로그램이다.

② **활동**(activity) : 사업에서 노력 또는 수행실적을 측정하는 평가로서 평가대상은 공사기간, 운영 및 관리프로그램 수 및 기간 등이다.

③ **산출**(output) : 사업수행 결과로 나타난 1차적 결과물을 평가하는 것으로서 평가대상은 조성된 서식지의 유형별 면적 등이다.

④ **성과**(outcome) : 사업수행 이후에 나타난 직간접적 2차적 결과를 평가하는 것으로서 평가대상은 사업종료 일정 기간 후 출현한 생물종수, 주민 만족도, 경제적 효과 등이다.

5) 효과유형에 따른 분류

① 발생시점 : 단기효과, 장기효과

② 영향범위 : 직접효과, 간접효과

③ 의도 여부 : 의도했던 효과, 의도하지 않은 효과

④ 관찰가능성 : 객관적 효과, 주관적 효과

4. 평가방법

1) 효과평가(evaluation of effects or impacts)의 방법

생태계보전 및 생태복원사업의 사후평가는 주로 사업계획의 실시 결과로 얻어진 산출과 성과에 대한 평가가 주를 이루며 이를 효과평가라고 한다. 효과평가는 다시 사업이 원래 의도했던 직접적 목표의 달성 정도를 측정하는 '효과성평가' 그리고 사업이 끼친 바람직함 여부를 결정하고 영향에 대한 평가로서 '영향평가'로 구분할 수 있다. 효과성평가와 영향평가의 내용과 방법을 살펴보면 다음과 같다.

(1) 효과성평가(evaluation of effectiveness)

사업이 원래 의도했던 직접적 목표의 달성 정도를 측정하는 것으로서 주로 단기적이며 직접적으로 의도했던 객관적, 주관적 효과의 산출이 평가의 주요관심대상이 된다. 효과성평가는 명확한 사업목표가 전제조건이다. 구체적으로 다루어지는 문제는 다음과 같다.

• 의도했던 효과는 나타났는가?

• 나타난 효과는 평가대상이 되고 있는 특정사업에 기인한 것인가? 아니면 다른 요인 들이 그러한 효과를 산출하는 데 복합적으로 작용하였는가?

• 나타난 효과의 크기는 어느 정도인가?

• 통계적으로 유의미한 변화인가?

효과성평가의 방법으로써는 첫째, 실적 대 계획의 비교, 둘째, 사업 실시 전후의 비교, 셋째, 추세차와 실제치의 비교, 넷째, 사업이 실시되지 않은 지역과의 비교, 다섯째, 통제된 실험 등의 방법이 있다(김명수 · 공병천, 2013).

① 실적 대 계획의 비교

사업에 귀속되는 순목표 달성과 사업을 통해 달성하고자 계획됐던 목표 달성 사이의 비율로 측정하는 방법이다.

사업의 효과 = (A2 − C2)/(P − C2)

여기서, A2 : 사업 실시 후에 측정된 효과성평가 척도의 값

C2 : 사업이 없음을 가정할 때의 효과성평가 척도의 예측값

P : 사업이 있음을 가정할 때의 효과성평가 척도의 계획목표값

② 사업 실시 전후의 비교

하나의 사업대상의 상태를 두 시점, 즉 사업 실시 직전과 실시 후 적당한 시간이

기출예상문제

생태계관리평가방법 중 사업이 원래 의도했던 직접적 목표의 달성 정도를 측정하는 것으로서 주로 단기적이며 직접적으로 의도했던 객관적, 주관적 효과의 산출이 평가의 주요관심대상이 되는 평가방법은?

① 효과성평가(evaluation of effectiveness)

② 능률성평가(evaluation of efficiency)

③ 집행평가(implementation evaluation)

④ 영향평가(evaluation of overa−ll impact)

답 ①

경과한 시점에서 측정하여 비교하는 방법이다.

사업의 효과＝A2－A1

여기서, A1 : 사업 실시 직전에 측정된 A라는 효과성평가 척도의 값

A2 : 사업 실시 후에 측정된 A라는 효과성평가 척도의 값

③ 추세치와 실제치의 비교

사업 실시 후의 평가 척도에 관한 자료와 과거 수 개의 자료에 기초한 추세치를 상호 비교하여 사업이 초래한 변화를 계산한다.

사업효과＝A2－C2

여기서, C2 : 사업이 도입되지 않았을 경우 각 효과성평가 척도의 예상되는 값(추세치)

A2 : 사업이 도입되어 평가시점에서 측정된 평가 척도의 값(실세치)

④ **사업이 실시되지 않은 지역과의 비교**

사업이 실시되는 지역에 있어서의 평가 척도의 값과 사업이 실시되지 않은 유사한 지역에서의 값을 비교한다.

사업의 효과＝(A2－A1)－(B2－B1)≒A2－B2(만약 A1≒B1인 경우)

여기서, A1 : 사업 실시 직전에 측정된 A지역에서의 효과성평가 척도의 값

A2 : 사업 실시 후에 측정된 A지역에서의 효과성평가 척도의 값

B1 : 사업 실시 직전에 측정된 B지역에서의 효과성평가 척도의 값

B2 : 사업 실시 후에 측정된 B지역에서의 효과성평가 척도의 값

⑤ **실험**

사업 실시 이전에 측정된 실험집단과 통제집단의 평가 척도의 값이 유사하다고 가정하고 사업 실시 이후 실험집단이 통제집단보다 평가 척도상에서 훨씬 더 많은 향상을 나타냈다면 그것은 평가대상사업에 기인한 것으로 판단한다.

사업의 효과＝(A2－A1)－(B2－B1)

여기서, A1 : 사업 실시 직전에 측정된 A지역에서의 효과성평가 척도의 값

A2 : 사업 실시 후에 측정된 A지역에서의 효과성평가 척도의 값

B1 : 사업 실시 직전에 측정된 B지역에서의 효과성평가 척도의 값

B2 : 사업 실시 후에 측정된 B지역에서의 효과성평가 척도의 값

(2) **영향평가**(evaluation of overall impacts)

사업이 야기한 영향의 바람직함 여부를 결정하는 것이 관심의 대상이 된다. 구체적으로 다루어지는 문제는 다음과 같다.

• 평가대상사업은 성공적이라고 볼 수 있는가?

• 평가대상사업이 야기한 직간접적 효과는 무엇이며 그 효과는 바람직한가?

• 장단기적 효과는 무엇이며 장단기적 효과가 서로 같거나 다른가?

이 문제를 다루는 평가방법으로는 전문가에 의한 평가와 여론조사 등이 있다. 전문가에 의한 평가는 총체적인 순효과가 실질적으로 유의한지를 전문가에게 묻는 방법으로 전문가들로 하여금 총체적 순효과가 가치 있는 것이며 만족스러운 것인지를 결정토록 하는 것이다. 한편 여론조사는 평가대상이 되는 사업에 대해 조사대상자들이 느끼는 감정이나 만족도를 묻는 조사방법이다. 조사대상자들이 사업의 공과에 대해 총체적으로 판단한 결과를 제시하도록 요구하는 방법이다.

2) 능률성평가(evaluation of effeciency)의 방법

능률성평가는 효과평가 결과에 의해 사업이 성공적으로 판단되는 경우 운영면에서 어느 정도 능률적인가 하는 문제를 검토하는 것이다. 여기에는 내적 능률성평가와 외적 능률성평가가 있다.

내적 능률성이란 투입을 산출로 전환시키는 집행과정에서 운영상의 능률성을 의미하는 것으로 '산출÷투입'으로 나타나는 비율을 의미한다. 총산출÷총투입 > 1이거나 순산출, 즉 총산출－총비용 > 0이면 사업이 능률적이라고 판단한다.

3) 집행평가(implementation evaluation)의 방법

집행평가는 사업의 집행과정을 평가하는 것으로서 집행평가의 방법에는 정확성평가, 사업구성요소의 상대적 효과성평가 등이 있다.

(1) 정확성평가

현재 평가대상이 되고 있는 사업이 원래 구상되었던 것으로 정확하게 그리고 충실히 집행된 것인지의 여부를 다룬다. 평가과정평가(process evaluation), 노력평가(effort evaluation)라고도 한다. 이를 위해 관찰법, 문서조사법, 조사연구법 등이 사용된다. 관찰법은 사업실시과정을 직접 관찰함으로써 필요한 자료를 수집하는 방법이다. 문서조사법은 사업실시를 위해서 수행한 모든 내용의 기록을 검토하는 방법이다. 조사연구법은 사업실시 담당집단에 대해 질문지 또는 면접조사를 실시하는 방법이다.

(2) 사업구성요소의 상대적 효과성평가

사업은 다양한 사업활동으로 구성되어 있고 실시자, 실시장소, 실시기술 등 여러 요소로부터 영향을 받게 된다. 이 평가에는 그러한 여러 가지 요소 중에서 어느 것이 다른 것에 비해 상대적으로 효과 달성에 더 많은 기여를 하고 있는지를 밝히고자 하는 것이다.

02 생태기반환경 변화분석

▶ 생태기반환경의 변화평가 예시

항목	구분	단위	시행 전 사업지 실측값 (A1)	시행 후 사업지 시행 후 실측값 (A2)	시행 후 대조구 미시행 실측값 (B2)	효과평가 전후 비교 (A2-A1)	효과평가 지역 비교 (A2-B2)
미기후	일평균기온	℃	25	24	25	-1	-1
미기후	일평균습도	%	30	32	30	2	2
미기후	일조율		0.8	0.8	0.8	0	0
기후변화 기여도	CO_2 저장량	kg	98,000	120,000	92,000	22,000	28,000
기후변화 기여도	CO_2 흡수량	kg/년	6,970	9,000	6,700	2,030	2,300
지형	표고	m	50	51	50	1	1
지형	경사	%	14	11	13	-3	-2
토양	토성		식양토	식양토	식양토	식양토	식양토
토양	유효수분량	m^2/m^2	0.08	0.11	0.07	0.03	0.04
토양	공극률	m^2/m^2	0.4	0.6	0.3	0.2	0.3
토양	투수성	cm/s	10^{-5}	10^{-3}	10^{-5}	$10^{-3}\sim10^{-5}$	$10^{-3}\sim10^{-5}$
토양	토양경도	mm	23	19	24	-4	-5
토양	토양산도(pH)	-	5.5	6.0	5.2	0.5	0.8
토양	전기전도도(E.C.)	dS/m	1.0	0.2	1.0	-0.8	-0.8
토양	염기치환용량 (C.E.C)	cmol/kg	5	21	6	16	15
토양	전질소량(T-N)	%	0.06	0.15	0.05	0.09	0.10
토양	유효태 인산함유량 (Avail.P205)	mg/kg	70	300	80	230	220
토양	유기물함량(O.M.)	%	1	6	2	5	4
수질	수온	℃	17	14	16	-3	-2
수질	pH		6.5	6.7	6.4	0.2	0.3
수질	용존산소(DO)	mg/L	3	7	4	4	3
수질	생물화학적 산소 요구량(BOD)	mg/L	5	2	5	3	3
수질	부유물질(SS)	mg/L	22	15	20	-7	-5
수질	총 인(T-P)	mg/L					
수질	총 질소(T-N)	mg/L					
수질	수심	m	0.2	0.5	0.15	0.3	0.35
수질	수위변동	m	1.2	0.9	1.25	-0.3	-0.35
수질	유속	m/s	1	1	1	0	0
기타환경	빛공해(조도)	Lx	14	7	14	-7	-7
기타환경	서식지 소음	dB(A)	70	60	70	-10	-10

03 생물다양성 변화분석

1. 동물

▶ 동물상의 변화평가 예시

구분 항목	단위	시행 전 사업지 실측값 (A1)	시행 후 사업지 시행 후 실측값(A2)	시행 후 대조구 미시행 실측값(B2)	변화평가 전후 비교 (A2−A1)	변화평가 지역 비교 (A2−B2)
출현종수	개	74	80	73	6	7
법적 보호종수	개	5	5	3	0	2
목표종1 개체수	개	0	5	1	5	4
목표종2 개체수	개	4	30	3	26	27
목표종3 개체수	개	0	7	0	7	7
법적 보호종1 개체수	개	1	0	0	−1	0
법적 보호종2 개체수	개	1	3	0	2	3
법적 보호종3 개체수	개	1	2	1	1	1
법적 보호종4 개체수	개	1	1	1	0	0
법적 보호종5 개체수	개	1	5	1	4	4
종다양도(H')[1]	−	1.426	1.956		0.53	
균등도(E')[2]	−	1.877	2.721		0.844	
종풍부도(R')[3]	−	1.826	2.278		0.452	
우점도(DI)[4]	−	0.788	0.464		−0.324	

1) 종다양도지수는 Margalef(1958)의 정보이론에 의하여 도출된 Shannon−Wiever function(H')
   (Pielou, 1969)을 이용하였다.
2) 균등도지수는 Pielou(1975)의 식을 사용하였다.
3) 종풍부도지수는 Margalef(1958)지수를 사용하였다.
4) 우점도지수는 McNaughton's dominance index(DI)를 이용하여 산출하였다(McNaughton, 1967).

2. 식물

▶ 식물상의 변화평가 예시

항목		단위	시행 전 사업지 실측값 (A1)	시행 후 사업지 시행 후 실측값(A2)	시행 후 대조구 미시행 실측값(B2)	변화평가 전후 비교 (A2−A1)	변화평가 지역 비교 (A2−B2)
식물	출현종수	개	−	111	154	−	−43
	귀화 식물종수	개	−	42	32	−	10
	귀화율	%	−	37.5	20.6	−	16.9
	도시화율	%	−	14.6	11.1	−	3.5

3. 서식지(생태계)

▶ 서식지(생태계)의 변화평가 예시

항목	구분	단위	시행 전 사업지 실측값 (A1)	시행 후 사업지 시행 후 실측값 (A2)	시행 후 대조구 미시행 실측값 (B2)	효과평가 전후 비교 (A2-A1)	효과평가 지역 비교 (A2-B2)
서식지 (생태계)	비오톱등급	등급	3	2	3	-1	-1
	하천자연도	등급	4	3	4	-1	-1
	수생태건강성	등급	3	2	3	-1	-1
	생태 · 자연도	등급	2	2	2	0	0

04 이용자 만족도분석

1. 이용자 만족도

1) 필요성

① 생태계보전 및 생태복원사업은 특정 개인이나 집단의 이익을 위한 사업이 아니라 불특정 다수의 이용자가 가지는 보편적 가치로서 자연환경보전을 수행하는 공공서비스의 성격을 가지기 때문에 주로 공공의 재정이 투입되는 공공행정사업으로 이루어진다.

② 생태계보전 및 생태복원사업이 주민의 요구에 대응하는 서비스를 제공하고 이에 대한 지속적인 주민의 신뢰를 얻기 위해서는 국민을 만족시키는 국민중심의 행정을 해야만 한다.

③ 이용자 만족도 평가제도는 공공서비스에 대한 수혜자인 이용자 만족의 정도를 파악하고 평가함으로써 행정의 생산성을 향상시키고 궁극적으로는 행정서비스에 대한 이용자의 만족도를 증대시키는 데 그 필요성이 있다.

2) 목적

이용자 만족도는 생태계보전 및 생태복원사업이 적정하게 이루어지고 있는지를 공급자가 아닌 수요자인 불특정 다수 이용자의 만족이라는 기준에 입각하여 평가하고 이를 생태계보전 및 생태복원사업에 환류시킴으로써 사업으로 인한 이용자 만족도라는 생산성을 높이고 결과적으로는 정책에 대한 지지를 제고시키는 데 그 목적이 있다.

3) 이용자 만족도 평가방법

중요도-만족도분석(ISA ; importance-satisfaction analysis) : 이용자 만족도 평가와 함께 이용자의 개선 요구조치도 함께 도출하는 방법 중 가장 단순하고 많이 활용

① 중요도-만족도분석

　　㉠ 중요도-만족도분석방법은 하나의 대상물(상품이나 서비스)에 대한 이용자의 만족도-중요도를 동시에 측정하는 방법으로서 중요도평가는 대상지에서 꼭 필요한 자원이나 가치의 중요도를 평가하는 것이며 만족도평가는 실제 대상물을 이용하고 난 후 느낀 감정의 정도를 평가하여 중요도와 만족도를 동시에 비교·분석하는 평가 기법이다.

　　㉡ 이는 고객이 선택한 기여도에 따라 중요도를 분석함으로써 어떻게 매력적인 서비스를 제공해 줄 수 있을 것인지와 차후 관리자가 자원 할당 결정 시 적절한 지침을 제공해 줄 수 있다.

　　㉢ 분석절차는 설정된 설문항목을 이용자에게 배포하여 5점 척도 혹은 7점 척도방식으로 설문한 후 중요도는 수직축에, 만족도는 수평축으로 하여 각각의 속성에 대한 평균값을 구하고 이를 중심으로 하여 4분면의 격자상에 표기하는 분석방법이다.

　　㉣ 중요도-만족도분석은 각 속성의 중요도와 만족도를 평가하여 동시에 비교 및 분석이 가능한 평가방법으로 다음과 같이 4가지 기준으로 평가한다.

　　　• 지속적 유지(keep up the good work)

　　　　1사분면은 이용자가 중요하다고 판단하고 그에 대한 실제 만족도도 높은 특징을 가지고 있다. 이는 현재의 서비스에 대해 상당수가 만족하고 있는 상태를 의미하기 때문에 서비스 제공자들은 이러한 상태를 지속시키는 것이 필요하다. 특히 이용자가 중요하게 생각하는 부분이므로 현 상태를 유지시키는 노력의 지속이 필요하다.

　　　• 우선시정 필요(concentrate management here)

　　　　2사분면은 이용자가 아주 중요하다고 생각하는 반면 그에 대한 만족도는 낮은 특징을 가지고 있다. 만족도가 낮은 특징을 매우 중요하게 생각하여 이에 대한 우선시정 노력을 기울이는 것이 필요하다.

　　　• 낮은 우선순위(low priority for managers)

　　　　3사분면은 중요도와 실제 만족도 모두 낮게 평가되어 있다. 이 경우는 개선이 필요하긴 하지만 이용자가 특별히 중요하다고 보지 않기 때문에 관리의 적절한 조절이 필요하다.

　　　• 과잉노력 지양(possible overkill)

　　　　4사분면은 실제 만족도가 높은 반면 중요도가 낮게 평가되는 특징을 가진다. 이용자들이 이러한 특징을 중요하다고 판단하지 않으므로 과잉노력을 지양하고 현 상태를 유지하는 것이 필요하다.

	높음	II 우선 시정 필요 (concentrate management here)	I 지속적 유지 (keep up the good work)
중요도			
	낮음	III 낮은 우선순위 (low priority for managers)	IV 과잉 노력 지양 (possible overkill)
		낮음　　만족도　　높음	

‖ 중요도-만족도분석 ‖

05 설문조사

설문지는 응답자가 직접 질문에 대답을 기입하도록 일련의 질문들을 체계적으로 담은 작은 책자 또는 서류이다. 설문조사는 인쇄한 설문지를 배포하고 표본으로 선발한 응답자로 하여금 자신이 직접 대답을 기록하도록 하는 방법이다.

1. 설문조사 유형

1) 집단조사법
응답자들을 한자리에 모아 놓고 각자 설문지에 기입하도록 하는 방법이다.

2) 전자메일질문법
전자메일로 설문지를 배포하고 응답자가 각기 대답한 것을 다시 전자메일로 회송하는 방법이다.

3) 우편질문법
우편으로 설문지를 배포하고 응답자가 각기 대답한 것을 다시 우편으로 회송하는 방법이다.

2. 표본조사

1) 장단점
표본조사는 조사대상 중 일부를 대상으로 조사하는 방법이기 때문에 장단점을 가진다.
(1) 단점으로는 조사자, 조사도구 등이 응답자와 상호 작용하여 진실한 응답, 타당한 자료수집을 보장하기 어렵게 한다는 반작용효과와, 개인에게 질문이나 응답을 얻어야 하는 작업에는 응답자가 조사에 참여할 용의 또는 동기가 우선 있어야만 한다는 것, 응답자뿐 아니라 조사자 스스로가 상당한 지식과 기법에 대한 이해가 필요하다는 것, 인적자원, 시간, 그리고 경비를 상당히 요하는 작업이라는 것이다.

(2) 장점으로는 규모가 큰 인구집단에 대한 자료를 획득할 수 있는 가장 적합한 방법이고 가장 일반화 가능성이 높은 방법이며 많은 변수를 취급할 수가 있다. 또한 태도, 의견, 믿음, 동기, 가치의식과 같은 자료를 얻는 데에 매우 유용하며 양적자료를 측정하여 정확성을 높이는 데 유리하고 비용 효율성이 가장 높다는 것이다.

2) 응답률

(1) 표본조사가 여러 모로 유용하고 편리하지만 연구자가 추출한 표본의 대표성이 문제가 되기 때문에 얼마나 많은 사람들이 과연 조사에 응해 주는가 하는 것도 중요하다.

(2) 응답률을 높이기 위해서는 조사대상자를 잘 찾아내서 실제 접촉할 수 있어야 하며 자격 부적격자가 아니어야 하고 협조를 얻을 수 있어야 하며 중도에 응답을 중단하지 않아야 한다. 이런 다섯 가지 조건을 충족한 비율이 응답률이 된다.

3) 표본추출 시 유의사항

(1) 전대상의 규정

전대상은 이론적이고 가설적인 연구대상의 집합이다. 그러므로 그것의 이론적인 의의를 처음부터 명확히 규정하고 그에 대하여 일반화한다는 생각이 뚜렷해야 한다.

(2) 표집의 틀

표본조사에서는 모집단의 표집을 위한 틀을 입수 또는 작성하게 되는데 표본이란 결국 그것을 추출해 내는 데 사용한 표집의 틀보다 더 정확할 수가 없다고 할 정도로 중요하다. 표집 틀이 현실적으로 모집단의 성격을 규정하는 것이다.

(3) 표본 크기

① 표본의 대표성을 기준으로 볼 때 많을수록 안정감이 있다고 하겠으나 표본 크기가 늘면 그만큼 비용이 더 들기 때문에 적정 크기를 찾아야 한다.

② 표본 크기는 분석할 변수의 종류와 수, 그리고 각 변수를 분석할 때 몇 개의 범주로 나누어 분석할지에 따라서도 달라질 수 있다.

③ 표본 크기는 결정요인인 모집단의 크기, 모집단의 변산도, 이질성정도 등에 따라 달라질 수 있다.

3. 설문지 작성 시 유의사항

1) 언어 사용

(1) 쉽게 알아들을 수 있는 말을 써야 한다.

(2) 모든 응답자에게 같은 의미를 전달하는 용어를 선택한다.

(3) 오해나 오인을 일으킬 소지가 큰 용어를 피한다.

(4) 모호한 언어는 피한다.

2) 응답의 형식

응답의 형식에는 열린 질문과 닫힌 질문이 있다.

(1) 열린 질문

한 마디로 응답자가 거의 아무런 제약 없이 자유롭게 대답할 수 있도록 질문만 던지는 형식이고 닫힌 질문이란 대답할 내용을 미리 범주화한 선택안을 줌으로써 그에 따라서만 대답하도록 만든 것이다.

(2) 닫힌 질문

대답하기 쉽고 부호화해서 분석하기 편리하며 응답자에게 부담이 덜한 장점이 있어 주로 사용되지만 여러 가지 문제도 있기 때문에 필요에 따라 섞어서 사용한다.

3) 문항배열

질문의 순서는 연구자 소개, 준비용 질문, 주제를 다루는 질문들, 개인신상에 대한 질문, 마무리 질문 순으로 배열하되 주제 내에서는 자연스러운 흐름 또는 논리적 질서에 따라야 하며 민감한 것은 뒤로 미루고 개방형 질문은 되도록 수를 줄인다.

4) 사전검사

사전검사(pretesting)란 조사도구인 설문지를 완성하여 인쇄에 넘기기 전에 실지로 일정한 수의 사람들을 대상으로 그 설문지를 적용하고 시험해 보는 활동을 말한다. 사전검사에서는 언어구사나 배열순서, 형식, 내용 같은 것들이 적절한지를 확인한다. 그래서 불필요하거나 부적합한 문항은 빼고 형식이나 말의 잘못된 부분은 고치고 부족한 내용은 추가하는 등 수정작업을 하게 된다. 사전검사는 전체 연구의 질을 좌우하는 매우 중요한 절차이므로 반드시 거쳐야만 한다.

06 기초통계

1. 측정

측정(measurement)은 일정한 규준에 따라 대상 혹은 사상에 수치를 부여하는 과정을 일컫는다. 이를 위해서는 우선 속성을 규정할 필요가 있다. 측정에는 두 가지 작업이 따른다.

첫째로 주어진 대상이 어떤 속성이나 특성을 지니는지의 여부에 따라 분류 또는 범주화해야 한다. 둘째로, 어떻게 분류한 다음 그 특성의 존재 여부에 따라 분류한 범주 혹은 집합에 속하는 성원들의 머릿수를 세어야 한다.

1) 명명적 측정과 명목 척도

기본적으로 분류작업을 가리키는 측정이 명명적 측정이고 이를 수행하는 척도를 명목 척도라 한다.

2) 서열적 측정과 척도

더 크다, 더 좋다 등 비교를 하고 순위를 매길 수 있는 변수의 종류가 많다. 대상의 순위를 고려하여 매기는 수치를 순위값 또는 순위점수라 한다. 이처럼 순위값 또는 순위점수를 매기는 과정을 서열적 측정이라 한다. 서열적 측정에서는 산술적 계산은 의미가 없다.

3) 등간적 측정과 척도

어떤 대상의 속성을 크거나 같거나 작은 관계로 순위를 매길 수 있을 뿐 아니라 각 대상 사이의 정확한 거리를 알고 또 그 거리가 일정하다는 가정이 성립하면 등간적 측정을 한다고 본다. 이때 하나가 다른 것보다 크다, 작다는 것뿐만 아니라 그 둘 사이가 얼마만한 단위로 차이가 나는지를 알게 해 준다. 등간적 측정에 사용된 수치는 더하기와 빼기의 의미가 있다.

4) 비율적 측정과 척도

예를 들어 IQ 측정에서 A의 점수가 120, B의 점수가 60이라고 할 경우, A의 점수가 B의 점수의 2배가 된다는 말이 아니다. 또 IQ 점수가 0이라고 해서 그의 지능이 없는 것은 아니다. 단지 IQ시험지에 정답이 하나도 없다는 말이다. 이에 반해 A의 월급이 200만원이고 B의 월급이 100만원인 경우, A의 월급은 B의 두 배이고 월급이 0이라고 하면 월급이 없다는 말도 성립한다. 등간척도의 성격을 다 지니면서 거기에다 실재적인 의미가 있는 절대 0 또는 자연적인 0을 갖추면 그런 척도는 비율척도라고 하고 이 척도로 측정하는 것을 비율적 측정이라 한다. 비율적 측정에서는 더하기와 빼기는 물론이고 곱셈과 나눗셈도 의미 있게 할 수 있다.

2. 자료의 타당성과 신뢰성

1) 타당성

특정값이 그 목적과 취지에 부합하는 정도를 말하며 연구자가 어떤 문제에 대한 조사를 실시하였을 때 그 자료가 얼마나 정확하게 측정되었는가를 판단하는 기준이다.

2) 신뢰도

연구자가 실시한 조사를 다시 반복한다고 가정하였을 때 그 결과가 원래 조사값과 얼마나 일치하는지를 나타내는 척도이다.

3) 자료의 신뢰도를 높이는 방안

① 명확한 개념을 규정
② 수준 높은 측정
③ 다중지표를 사용한 변수측정
④ 반복조사

3. 자료분석

여기서 자료분석이란 주로 양적 자료의 통계적 분석을 말한다. 이를 위해 다음과 같은 작업을 수행한다.

1) 탐색
가장 원초적인 작업은 모든 변수의 빈도분포를 파악하는 일이다. 이를 위해 단순빈도 분포표를 만들어야 한다.

2) 기술
지정된 변수들의 값이 어떻게 분포되는지를 추적하는 분석을 해야 한다. 여기서는 어디까지나 대상의 특성을 기술하는 선에서 끝난다.

3) 설명과 가설 검증
둘 이상의 변수들 간의 관계에 대한 인과적 설명이나 가설검증을 시도한다. 이런 목적을 추구하기 위해서는 적어도 2개의 변수분석이나 다변수분석을 할 필요가 있다.

4. 기술통계

1) 자료의 조직에 의한 단일변수 비교방법

(1) 빈도분포
개별 분석단위의 개별 점수, 값 형식으로 된 원자료를 빈도분포로 조직한다.

(2) 분포의 성격을 속히 알아내는 방법
백분비의 분포가 가장 흔히 쓰이는 방법이고 편리하다. 백분비분포에서 누적분포를 계산하면 이로부터 백분위수를 얻을 수 있다. 백분위수는 주어진 점수가 전체 백분위 분포에서 차지하는 상대적 순위를 알 수 있게 하며 일정한 백분위 순위상의 점수를 알아내게 한다.

(3) 범주 간 비교를 위한 단일변수 기술 : 주로 명령 또는 서열 척도에서
① 비(rate)＝A/B
② 율(rate)＝시간차원의 비 A/B

　단, 여기서 A : 정 기간에 일어난 사상수, B : 일정 기간에 일어날 수 있는 총수
③ 비율(proportion)＝총수에 대한 각 급간, 범주의 빈도＝ni/N
④ 백분비(percentage)(%)＝100×ni/N(즉, 비율×100)
⑤ 최빈치＝상대적 비교에서 빈도가 가장 큰 범주의 빈도값

(4) 그림표 작성
① 막대그림표(bar chart) : 비등간 척도의 범주 간 비교
② 기둥그림표(histogram) : 등간, 연속 척도의 상대비교
③ 절선그림표(polygon) : 등간, 연속 척도

④ 분포곡선(curve) : 등간, 연속 척도

⑤ 기타 도표 : 통계지도, 산포도 등

2) 단일변수 분포의 성격을 요약해 주는 통계치들

(1) 분포의 형태

① 대칭(symmetry) 여부 : 분포의 반쪽이 다른 반쪽과 똑같이 겹치는 모양

② 편도(skewness) : 분포가 한쪽으로 기울어진 경우

③ 첨도(kurtosis) : 분포가 한 지점을 중심으로 밀집하여 뾰족한지 평퍼짐한지의 정도

④ 최빈치의 수 : 집중경향치의 하나이면서도 실은 상대적 크기의 한 지표도 됨

(2) 집중경향치

① 최빈치(mode) : 빈도가 가장 큰 값, 점수 또는 범주

② 중위수(median) : 한 분포의 점수를 상하 절반씩으로 나눈 값

③ 산술평균(arithmetic mean) : 점수의 총화를 사례수로 나눈 값

④ 기하평균(geometric mean) : 모든 점수의 곱의 N곱 근

⑤ 조화평균(harmonic mean) : 점수의 평균역수의 역수 $= N/\Sigma(1/Xi)$

(3) 분산

① 범위(range) : 최대치 − 최소치이다.

② 4분편차(interquartile range) : 3/4위수−1/4위수이다.

③ 백분위수 간 범위(interpercentile range) : 백분위수 사이의 거리이다.

④ 평균차(average absolute deviation) : 모든 점수의 산술평균으로부터 거리의 절대치 평균이다.

⑤ 표준편차(standard deviation) : 편차의 제곱의 평균의 제곱근, 이때 편차의 제곱의 평균치는 분산치(variance)라 한다.

⑥ 분산지수(index of dispersion) : 명목 척도에 적당하고, 서열 척도에도 적용가능한 분산도수치이다.

⑦ 표준점수(standard score) : 편차를 이용하여 각 사례가 얻는 점수의 상대적 위치를 표준화한다. 표준편차 단위당 평균과의 차이를 뜻한다.

3) 2개 변수 간의 통계적 기술

두 개의 변수 또는 셋 이상의 변수가 서로 의미 있는 모습으로 연관을 띠게 되면 이를 통계에서는 상관관계(association)라 한다. 여기서는 2개 변수의 상관관계를 중심으로 살펴본다. 검토해야 할 사항은 다음과 같이 4가지이다.

(1) 상관관계 유무 : 두 변수 간의 관계가 있는지 없는지를 판단하는 것이다.

(2) 상관관계의 정도 : 상관관계가 있다면 그 강도가 어느 정도인지를 알아보는 것이다.

(3) 상관관계의 방향 : 두 변수의 관계가 같은 방향이면 정의 관계, 반대이면 부의 관계로 보는 것을 말한다.

(4) 상관관계의 성격 : 백분비의 크기가 일정한 유형을 띠는지를 알아보는 것이다.

4) 신뢰도 검증

(1) 신뢰도 측정방법(내적 일관성 신뢰도 추정방법)

신뢰도를 측정할 수 있는 방법 중 내적 일관성 추정방법이 가장 자주 사용되는 방법이다. 이 방법은 하나의 측정도구 내 문항들 서로 간에 밀접한 연관성이 있는지, 즉 내적으로 일관성이 있는지의 내적으로 일관성 유무를 파악함으로써 측정문항의 신뢰도를 추정하는 것이다. 이 방법은 주로 크론바흐 알파(Cronbach α)란 통계량을 사용하며 도출한 통계량이 0.70 이상(일부 문헌에서는 0.60 이상일 때)이면 측정문항들 간에 내적 일관성이 있는 것으로 간주한다. 만일 특정문항이 다른 문항들과 연관성이 매우 낮을 경우엔, 내적 일관성을 높이기 위해 특정분항을 제거할 수도 있다.

(2) t-검정

Martilla and James(1977)가 지적하였듯이 중요도-만족도를 모두 설문에 의존할 경우 조사된 중요도와 만족도 간에 유의미한 차이가 있는지를 확인하기 위해 평균치 차이 검정(paired t-test)에 의한 두 평균값 간의 차이에 대한 유의성 분석이 반드시 필요하다.

t-검정은 두 집단 간 평균 차이에 대한 통계적 유의성을 검증하는 방법이다. t-검정은 두 집단의 자료 존재 유무나 두 집단의 통일성에 따라 크게 세 가지 t-검정기법, 즉 일표본, 독립표본, 대응표본 t-검정으로 구분할 수 있다. 중요도-만족도분석에서는 같은 집단을 대상으로 중요도와 만족도를 측정하는 것이기 때문에 대응표본 t-검정을 사용한다.

07 관리방향 설정

1. 생태기반환경, 생물다양성 변화평가를 통해 관리방향을 결정한다.

1) 효과의 유무, 규모, 의미를 분석한다.

첫째, 의도했던 효과는 나타났는가?

둘째, 나타난 효과는 평가대상이 되고 있는 특정사업에 기인한 것인가?

셋째, 나타난 효과의 크기는 어느 정도인가?

넷째, 통계적으로 유의미한 변화인가?

2) 효과의 성공과 실패의 원인을 검토하고 향후 시사점을 제시한다.

(1) 성공과 실패를 판별한다.

계획, 과거, 대조지역 등 비교대상과의 비교를 통해 효과의 변화가 큰 항목을 찾고 그 결과가 실패인지 성공인지 여부를 판단한다.

(2) 성공과 실패의 원인을 검토한다.

3큰 실패와 성공의 원인을 판별할 수 있다면 원인이 무엇이고 내적 원인인지 외적 원인인지를 판별한다.

(3) 교훈을 정리한다.

큰 성공 또는 실패로부터 얻은 향후 생태계보전 및 생태복원사업과 관련된 시사점을 정리한다.

3) 향상된 관리방안을 도출한다.

(1) 평가대상사업지 관리방안을 도출한다.

평가대상 생태복원사업관리에서 현재 이루어지고 있는 적응관리를 개선해야 할 이슈와 개선방안을 도출하고 정리한다.

(2) 향후 관리 이슈를 도출한다.

향후 생태계보전 및 생태복원사업관리에서 다루어져야 할 적응관리의 이슈를 도출하고 정리한다.

(3) 보고서를 작성하여 제출한다.

이상의 내용을 미래에 이루어질 생태계보전 및 생태복원사업 계획, 시행, 관리, 평가에 도움이 되도록 보고서로 작성하여 보존하고 공개한다.

2. 중요도-만족도분석 결과를 이용한 관리방향 설정

① 1사분면에 위치한 요소들은 관리방향을 지속적 유지(keep up the good work)로 한다.

② 2사분면에 위치한 요소들은 관리방향을 우선 시정 필요(concentrate management here)로 한다.

③ 3사분면에 위치한 요소들은 관리방향을 낮은 우선순위(low priority for managers)로 한다.

④ 4사분면에 위치한 요소들은 관리방향을 과잉노력 지양(possible overkill)으로 한다.

3. 적응관리(순응적 관리)를 실시한다.

1) 이해관계자를 참여시킨다.

이해관계자들은 의사결정에 대한 서로 다른 관점, 선호, 가치를 보여 준다. 시작단계에서 최소한 어느 정도의 이해관계자가 개입하는 것, 그리고 사업과정을 통해 그 개입을 지속하는 것이 중요하다. 어떤 행동을 왜 하는지에 대해 이해관계자들 사이에 불일치가 있음에도 불구하고 의사결정을 촉진하는 공동의 기반을 발견하는 것은 매우 중요한 도전이다. 중요한 이해관계자를 개입시키지 못한 상태에서 자원문제, 목적과 관리대안을 어떻게 규명할지에 대해 불일치가 있다면 이것은 공동의 장애물이다.

기출예상문제

생태복원사업 후 이용자-만족도분석결과를 이용한 관리방향 설정으로 잘못된 것은?

① 1사분면에 위치한 요소들은 관리방향을 지속적 유지(keep up the good work)로 한다.
② 2사분면에 위치한 요소들은 관리방향을 우선 시정필요(oncentrate management here)로 한다.
③ 3사분면에 위치한 요소들은 관리방향을 낮은 우선순위(low priority for mana-gers)로 한다.
④ 4사분면에 위치한 요소들은 관리방향을 과잉노력(poss-ible over)으로 한다.

답 ④

기출예상문제

생태복원 사업 후 순응적 관리
방법으로 잘못된 것은?
① 관리 대안을 마련한다.
② 관리목표를 설정한다.
③ 평가 결과를 통해 학습하고
   그 결과를 환류시킨다.
④ 의견불일치가 있는 이해관계
   자는 배제한다.

目 ④

2) 관리목표를 설정한다.

적응관리의 성공적인 이행은 사업목적의 선명한 선언에 좌우된다. 목적은 서로 다른 관리의 잠재적 효과와 비교될 수 있는 기준을 나타내며 목적은 관리전략의 효과성을 평가하는 수단으로 사용된다.

3) 관리대안을 마련한다.

적응관리는 각 의사결정 시점에서 행동을 선택할 일련의 잠재적 대안들을 선명하게 규명할 것을 필요로 한다. 어떤 행동들은 자원에 직접 영향을 줄지도 모른다. 다른 것들은 간접적인 영향을 가질 수도 있다. 학습과 의사결정 모두는 다른 행동에 따른 결과의 차이를 인식하는 능력에 좌우되는데 그 능력은 반대로 최선의 행동을 선택하기 위해서 서로 다른 행동을 비교하고 대비하는 능력을 제시한다.

4) 예측모형을 설정한다.

모형은 적은 관리에서 자원에 대한 우리 이해의 표현으로서 생태적 간섭의 추진기관으로서 그리고 편익, 비용, 그리고 대안적 관리전략의 지표로서 중요한 역할을 한다. 중요하게도 자원시스템에 대한 불확실성을 표현할 수 있다. 변동하는 환경조건과 관리행동들에 자원이 반응할 때 모형은 시간이 경과함에 따라 자원의 변화를 특징짓는 데에 사용된다.

5) 모니터링자료를 설정한다.

모니터링은 관리효과성의 학습과 평가 모두에 필요한 정보를 제공한다. 적응관리에서 모니터링의 가치는 의사결정에 기여함으로부터 물려받은 것이다. 모니터링을 유용하게 하기 위해서 어떤 생태적 속성을 선택하고 어떻게(빈도, 범위, 강도 등) 모니터링할지는 최초로 모니터링을 하게 만든 관리상황은 물론이고 인력과 자금의 실제 한계와 밀접하게 연계되어야 한다.

6) 관리의사 결정을 수행한다.

적응적 의사결정의 실제 과정은 현재 수준의 이해와 의사결정의 미래 결과에 참여하는 각 시점에서 의사결정을 수반한다. 각 의사결정 시점에서의 의사결정은 관리목적, 자원상태, 그리고 잠재행동의 결과에 대한 지식을 고려한다. 의사결정은 관리행동이라는 수단에 의해 이행된다. 주어진 조건 내에서 제안된 관리대안 중에서 비교·선택하는 관리의사결정을 수행한다.

7) 사후모니터링을 실시한다.

모니터링은 자원상태를 평가하고 의사결정을 뒷받침하며 의사결정이 이루어지고 나서 평가와 학습을 용이하게 하는 정보를 제공한다. 모니터링은 계속되는 행동이며 시작단계에서 개발된 방법에 따라 수행된다.

8) 평가를 실시한다.

모니터링에 의해 생산된 자료들은 관리효과성을 평가하기 위해 자원상태를 이해하고 관리효과에 대한 불확실성을 감소시키기 위해 다른 정보들과 함께 사용된다. 학습은 실제 반응과 자료기반 평가모형으로부터 생성된 예측을 비교함으로써 촉진된다. 모니터링자료는 관리의 효과성을 평가하고 관리목적 달성에서의 성공을 측정하기 위해 바람직한 결과와 비교될 수도 있다.

9) 평가 결과를 통해 학습하고 그 결과를 환류시킨다.

모니터링으로부터 얻은 이해와 평가는 미래의 관리행동을 선택하는 데 도움을 줄 수 있다. 하나의 사업과정에서 반복적인 의사결정, 모니터링, 평가로 이어지는 순환은 점진적으로 자원동태와 학습기반 수정관리전략에 대한 보다 나은 이해로 이끈다.

10) 조직 학습사항을 정리한다.

사업목적, 관리대안, 그리고 시작단계의 다른 요소들을 재고(reconsideration)하고 주기적으로 의사결정, 모니터링, 평가, 환경의 기술적 순환을 끊는 것이 유용하다. 이 재고는 기술적 학습의 순환을 충족시키지만 같지는 않은 조직학습순환을 구성한다. 이 둘을 조합한 두 개의 순환을 '이중순환학습'이라 칭한다.

CHAPTER 04 관련법규

01 환경정책기본법

1. 총칙

1) 목적

이 법은 환경보전에 관한 국민의 권리 · 의무와 국가의 책무를 명확히 하고 환경정책의 기본사항을 정하여 환경오염과 환경훼손을 예방하고 환경을 적정하고 지속가능하게 관리 · 보전함으로써 모든 국민이 건강하고 쾌적한 삶을 누릴 수 있도록 함을 목적으로 한다.

2) 정의

① "환경"이란 자연환경과 생활환경을 말한다.
② "자연환경"이란 지하 · 지표(해양을 포함한다) 및 지상의 모든 생물과 이들을 둘러싸고 있는 비생물적인 것을 포함한 자연의 상태(생태계 및 자연경관을 포함한다)를 말한다.
③ "생활환경"이란 대기, 물, 토양, 폐기물, 소음 · 진동, 악취, 일조(日照), 인공조명 등 사람의 일상생활과 관계되는 환경을 말한다.
④ "환경오염"이란 사업활동 및 그 밖의 사람의 활동에 의하여 발생하는 대기오염, 수질오염, 토양오염, 해양오염, 방사능오염, 소음 · 진동, 악취, 일조방해, 인공조명에 의한 빛공해 등으로서 사람의 건강이나 환경에 피해를 주는 상태를 말한다.
⑤ "환경훼손"이란 야생동식물의 남획(濫獲) 및 그 서식지의 파괴, 생태계 질서의 교란, 자연경관의 훼손, 표토(表土)의 유실 등으로 자연환경의 본래적 기능에 중대한 손상을 주는 상태를 말한다.
⑥ "환경보전"이란 환경오염 및 환경훼손으로부터 환경을 보호하고 오염되거나 훼손된 환경을 개선함과 동시에 쾌적한 환경상태를 유지 · 조성하기 위한 행위를 말한다.
⑦ "환경용량"이란 일정한 지역에서 환경오염 또는 환경훼손에 대하여 환경이 스스로 수용, 정화 및 복원하여 환경의 질을 유지할 수 있는 한계를 말한다.
⑧ "환경기준"이란 국민의 건강을 보호하고 쾌적한 환경을 조성하기 위하여 국가가 달성하고 유지하는 것이 바람직한 환경상의 조건 또는 질적인 수준을 말한다.

3) 기본원칙

① 오염원인자 책임원칙
② 사전예방의 원칙
③ 환경과 경제의 통합적 고려

기출예상문제

환경정책기본법에서 "국민의 건강을 보호하고 쾌적한 환경을 조성하기 위하여 국가가 달성하고 유지하는 것이 바람직한 환경상의 조건 또는 질적인 수준을 말한다"를 정의하는 것은?
① 환경   ② 환경보전
③ 환경용량   ④ 환경기준
答 ④

④ 자원 등의 절약 및 순환적 사용원칙

⑤ 수익자부담원칙 : 국가 및 지방자치단체 이외의 자가 환경보전을 위한 사업으로 현저한 이익을 얻는 경우 이익을 얻는 자에게 그 이익의 범위에서 해당 환경보전을 위한 사업비용의 전부 또는 일부를 부담하게 할 수 있다.

2. 환경계획의 수립

1) 국가환경종합계획의 수립

20년마다

2) 국가환경종합계획의 내용

국가환경종합계획에는 다음 각 호의 사항이 포함되어야 한다.

1. 인구 · 산업 · 경제 · 토지 및 해양의 이용 등 환경변화 여건에 관한 사항
2. 환경오염원 · 환경오염도 및 오염물질 배출량의 예측과 환경오염 및 환경훼손으로 인한 환경의 질(質)의 변화 전망
3. 환경의 현황 및 전망
4. 환경정의 실현을 위한 목표 설정과 이의 달성을 위한 대책
5. 환경보전목표의 설정과 이의 달성을 위한 다음 각 목의 사항에 관한 단계별 대책 및 사업계획
   가. 생물다양성 · 생태계 · 생태축(생물다양성을 증진시키고 생태계 기능의 연속성을 위하여 생태적으로 중요한 지역 또는 생태적 기능의 유지가 필요한 지역을 연결하는 생태적 서식공간을 말한다) · 경관 등 자연환경의 보전에 관한 사항〈개정 2021. 1. 5.〉
   나. 토양환경 및 지하수 수질의 보전에 관한 사항
   다. 해양환경의 보전에 관한 사항
   라. 국토환경의 보전에 관한 사항
   마. 대기환경의 보전에 관한 사항
   바. 물환경의 보전에 관한 사항〈개정 2021. 1. 5.〉
   사. 수자원의 효율적인 이용 및 관리에 관한 사항〈신설 2021. 1. 5.〉
   아. 상하수도의 보급에 관한 사항
   자. 폐기물의 관리 및 재활용에 관한 사항
   차. 화학물질의 관리에 관한 사항
   카. 방사능오염물질의 관리에 관한 사항
   타. 기후변화에 관한 사항
   파. 그 밖에 환경의 관리에 관한 사항
6. 사업의 시행에 드는 비용의 산정 및 재원조달방법
7. 직전 종합계획에 대한 평가
8. 제1호부터 제6호까지의 사항에 부대되는 사항
   [시행일 : 2021. 7. 6.]

기출예상문제

우리가 살고 있는 국토를 친환
경적이고 계획적으로 보전, 개
발 및 이용하기 위하여 환경적
가치를 평가하여 전국을 5개 등
급으로 나누고 등급에 따라 색
을 달리하여 지형도에 표시한
지도는?

① 국토환경성평가
② 토지적성평가등급
③ 생태자연도
④ 녹지자연도

답 ①

3) 환경친화적 계획기법 등의 작성 · 보급

환경부장관은 국토환경을 효율적으로 보전하고 국토를 환경친화적으로 이용하기 위해
국토에 대한 환경적 가치를 평가하여 등급으로 표시한 환경성평가지도를 작성 · 보급
할 수 있다.

국토환경성평가지도

1. 정의

우리가 살고 있는 국토를 친환경적이고 계획적으로 보전, 개발 및 이용하기 위하여 환경적
가치(환경성)를 평가하여 전국을 5개 등급(환경적 가치가 높은 경우 1등급으로 분류)으로 나
누고, 등급에 따라 색을 달리하여 지형도에 표시한 지도이다.

2. 국토환경성평가와 토지적성평가 비교

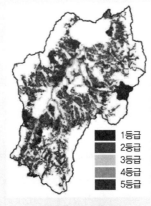

| 국토환경성평가 |

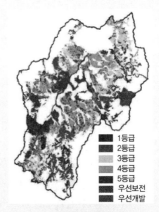

| 토지적성평가 |

▶ **국토환경성평가와 토지적성평가의 등급결과(안) 비교**

국토환경성평가			토지적성평가		
등급	면적(km²)	비율(%)	등급	면적(km²)	비율(%)
1등급	6.41	11.19%	우선보전	4.87	8.51%
2등급	8.79	15.35%	1등급	1.36	2.37%
3등급	6.15	10.74%	2등급	5.55	9.70%
4등급	7.44	13.00%	3등급	8.87	15.48%
5등급	28.48	49.72%	4등급	15.34	26.78%
			5등급	4.75	8.30%
			우선개발	16.53	28.86%
계	57.28	100.00%	계	57.28	100.00%

3. 국토환경성평가지도의 발전방안

① 기존평가항목 조정
② 신규평가항목 추가
③ 1 : 5,000 축척 국토환경성평가지도 구축
④ 토지적성평가와 연계

목차		적용 여부
기존 평가 항목	녹지자연도 사용	• 녹지자연도는 식생이 빈약한 시가화 지역 및 습지 등에 대한 평가가 이루어지지 않았으며, 녹지자연도 구축 이후에 갱신이 이루어지지 않음 • 국토환경성평가에서는 참조도면으로 사용
	소밀도 사용	• 소밀도는 다른 임상가치를 나타내는 영급, 경급 등의 지표들과 상충되는 부분이 발생하고 있어 국토환경성평가 지도에서 환경성을 나타내는 지표로 활용하기 어려움 • 국토환경성평가의 등급산정 보류
	기개발지 추출	• 기개발지 추출방식은 국토계획법상의 주거 · 상업 · 공업 지역 및 택지개발예정지구 등을 포함하고 있으나, 이는 국토의 현황을 반영하는 국토환경성평가지도와 기본개념 에 차이가 있음 • 국토환경성평가의 활용 보류
	경사도 적용	• 도로로부터의 거리를 통해 허약성을 평가하는 방식에서 도로 주변지역의 경사도를 적용하여 개발가능성 측면에 서 현실성을 높임 • 국토환경성평가지도의 등급 산정 가능
신규 평가 항목	LiDAR를 이용한 산림천이 분석 및 적용	• 전국단위의 LiDAR 측량의 어려움 및 등급화의 가치판단 기준 필요 • 국토환경성평가지도에 적용 보류
	Landsat ETM을 이용한 산림천이 분석 및 적용	• 전국단위의 동일한 시기의 위성영상 획득이 용이하지 않으며, 이를 통한 정규식생지수 산출이 어려움 • 국토환경성평가지도에 적용 보류
	녹지보전축 적용방안 및 현황	• 백두대간의 보전지역과 완충지역에 대한 녹지보전축은 법제적 항목(백두대간보호에 관한 법률, 2005년 1월 시행)으로서 국토환경성평가지도 법제적 항목으로 적용
	불투수층 적용 및 물환경 분야	• 불투수층에 대한 자료는 토지피복지도 등과 같이 국토환경성평가지도의 기존 항목과 중복되므로 적용 보류 • 불투수층 적용에 대한 다른 기법 적용 고려
	상대고도 적용	• 상대고도 추출은 국지적 지역에서의 추출이 가능하며 전국단위의 지형에는 어려움 • 상대고도 적용은 국토환경성평가의 참조자료로 활용
	하구역 공간적 관리 범위	• 하구역에 대한 경계설정은 국토환경성평가지도의 기존 시가화 지역 등의 항목과 상충되므로 적용 보류 • 하구역 공간관리에 대한 다른 기법 적용 고려
	식생구조 측면에서의 SAR 적용방안	• 동일한 시기의 전국단위의 SAR영상 획득이 어려우며, 영상의 해상도 특성상 임상의 개별적인 분류가 어려움 • 식생천이를 측정하기 위한 다른 기법의 적용 고려 • 국토환경성평가지도에 적용 보류
	패치크기, 연결성, 가장자리	• 패치크기, 연결성, 가장자리는 국토환경성평가지도에 전국 단위로 등급화하기 위한 객관적인 가치판단의 기준 필요 • 국토환경성평가의 참조도면으로 사용

3. 환경영향평가법

1) 총칙

(1) 목적

이 법은 환경에 영향을 미치는 계획 또는 사업을 수립 · 시행할 때에 해당 계획과 사업이 환경에 미치는 영향을 미리 예측 · 평가하고 환경보전방안 등을 마련하도록 하여 친환경적이고 지속가능한 발전과 건강하고 쾌적한 국민생활을 도모함을 목적으로 한다.

(2) 정의

① "전략환경영향평가"란 환경에 영향을 미치는 상위계획을 수립할 때에 환경보전계획과의 부합 여부 확인 및 대안의 설정 · 분석 등을 통하여 환경적 측면에서 해당 계획의 적정성 및 입지의 타당성 등을 검토하여 국토의 지속가능한 발전을 도모하는 것을 말한다.

② "환경영향평가"란 환경에 영향을 미치는 실시계획 · 시행계획 등의 허가 · 인가 · 승인 · 면허 또는 결정 등(이하 "승인등"이라 한다)을 할 때에 해당 사업이 환경에 미치는 영향을 미리 조사 · 예측 · 평가하여 해로운 환경영향을 피하거나 제거 또는 는 감소시킬 수 있는 방안을 마련하는 것을 말한다.

③ "소규모 환경영향평가"란 환경보전이 필요한 지역이나 난개발(亂開發)이 우려되어 계획적 개발이 필요한 지역에서 개발사업을 시행할 때에 입지의 타당성과 환경에 미치는 영향을 미리 조사 · 예측 · 평가하여 환경보전방안을 마련하는 것을 말한다.

④ "환경영향평가등"이란 전략환경영향평가, 환경영향평가 및 소규모 환경영향평가를 말한다.

⑤ "협의기준"이란 사업의 시행으로 영향을 받게 되는 지역에서 다음 각 목의 어느 하나에 해당하는 기준으로는 「환경정책기본법」 제12조에 따른 환경기준을 유지하기 어렵거나 환경의 악화를 방지할 수 없다고 인정하여 사업자 또는 승인기관의 장이 해당 사업에 적용하기로 환경부장관과 협의한 기준을 말한다.
  가. 「가축분뇨의 관리 및 이용에 관한 법률」 제13조에 따른 방류수수질기준
  나. 「대기환경보전법」 제16조에 따른 배출허용기준
  다. 「물환경보전법」 제12조 제3항에 따른 방류수 수질기준
  라. 「물환경보전법」 제32조에 따른 배출허용기준
  마. 「폐기물관리법」 제31조 제1항에 따른 폐기물처리시설의 관리기준
  바. 「하수도법」 제7조에 따른 방류수수질기준
  사. 그 밖에 관계 법률에서 환경보전을 위하여 정하고 있는 오염물질의 배출기준

⑥ "환경영향평가사"란 환경현황조사, 환경영향예측 · 분석, 환경보전방안의 설정 및 대안평가 등을 통하여 환경영향평가서 등의 작성 등에 관한 업무를 수행하는 사람으로서 제63조 제1항에 따른 자격을 취득한 사람을 말한다.

(3) 환경영향평가등의 기본원칙

① 환경영향평가등은 보전과 개발이 조화와 균형을 이루는 지속가능한 발전이다.

② 환경보전방안 및 그 대안은 과학적으로 조사 · 예측된 결과를 근거로 하여 경제적 · 기술적으로 실행할 수 있는 범위에서 마련되어야 한다.

③ 환경영향평가등의 대상이 되는 계획 또는 사업에 대하여 충분한 정보 제공 등을 함으로써 주민 등이 원활하게 참여할 수 있도록 노력하여야 한다.

④ 환경영향평가등의 결과는 지역주민 및 의사결정권자가 이해할 수 있도록 간결하고 평이하게 작성되어야 한다.

⑤ 환경영향평가등은 계획 또는 사업이 특정지역 또는 시기에 집중될 경우에는 이에 대한 누적적 영향을 고려하여 실시되어야 한다.

(4) 환경보전목표의 설정

① 환경기준

② 생태 · 자연도(生態 · 自然圖)

③ 지역별 오염총량기준

④ 그 밖에 관계 법률에서 환경보전을 위하여 설정한 기준

(5) 환경영향평가등의 분야 및 평가항목

환경영향평가등의 분야별 세부평가항목

1. 전략환경영향평가

　가. 정책계획

　　　1) 환경보전계획과의 부합성

　　　　가) 국가환경정책

　　　　나) 국제환경 동향 · 협약 · 규범

　　　2) 계획의 연계성 · 일관성

　　　　가) 상위계획 및 관련 계획과의 연계성

　　　　나) 계획목표와 내용과의 일관성

　　　3) 계획의 적정성 · 지속성

　　　　가) 공간계획의 적정성

　　　　나) 수요 · 공급 규모의 적정성

　　　　다) 환경용량의 지속성

　나. 개발기본계획

　　　1) 계획의 적정성

　　　　가) 상위계획 및 관련 계획과의 연계성

　　　　나) 대안 설정 · 분석의 적정성

　　　2) 입지의 타당성

　　　　가) 자연환경의 보전

　　　　　(1) 생물다양성 · 서식지 보전

기출예상문제

「환경영향평가법」에서 명시하는 환경영향평가등의 기본원칙이 아닌 것은?

① 보전과 개발이 조화와 균형을 이루는 지속가능한 발전이다.

② 환경보전방안 및 그 대안은 과학적으로 조사 · 예측된 결과를 근거로 하여 경제적 · 기술적으로 실행할 수 있는 범위에서 마련되어야 한다.

③ 환경영향평가 등의 결과는 지역주민 및 의사결정권자가 이해할 수 있도록 간결하고 평이하게 작성되어야 한다.

④ 환경영향평가등은 계획 또는 사업이 특정지역 또는 시기에 집중될 경우에는 이에 대한 개별 영향을 고려하여 실시하여야 한다.

답 ④

기출예상문제

개발기본계획의 전략환경영향평가 분야 및 평가항목이 아닌 것은?

① 계획의 적정성

② 입지의 타당성

③ 생활환경의 안정성

④ 환경보전계획과의 부합성

답 ④

기출예상문제

환경영향평가의 대기환경 분야 중 세부평가항목이 아닌 것은?

① 기상　　② 온실가스

③ 악취　　④ 오존

답 ④

2) 지역개황

3) 자연생태환경

4) 생활환경

5) 사회 · 경제환경

나. 환경에 미치는 영향 예측 · 평가 및 환경보전방안

1) 자연생태환경(동식물상 등)

2) 대기질, 악취

3) 수질(지표, 지하), 해양환경

4) 토지이용, 토양, 지형 · 지질

5) 친환경적 자원순환, 소음 · 진동

6) 경관

7) 전파장해, 일조장해

8) 인구, 주거, 산업

(6) 환경영향평가협의회

① 승인기관 장 및 승인등을 받지 아니하여도 되는 사업자는 다음 각 호의 사항을 심의하기 위하여 환경영향평가협의회를 구성 · 운영하여야 한다.

1. 평가 항목 · 범위 등의 결정에 관한 사항

2. 환경영향평가 협의내용의 조정에 관한 사항

3. 약식절차에 의한 환경영향평가 실시 여부에 관한 사항

4. 의견 수렴내용과 협의내용의 조정에 관한 사항

5. 그 밖에 원활한 환경영향평가등을 위하여 필요한 사항으로서 대통령령으로 정하는 사항

② 제1항에 따른 환경영향평가협의회(이하 "환경영향평가협의회"라 한다)는 환경영향평가 분야에 관한 학식과 경험이 풍부한 자로 구성하되, 주민대표, 시민단체 등 민간전문가가 포함되도록 하여야 한다. 다만, 「환경보건법」 제13조에 따라 건강영향평가를 실시하여야 하는 경우에는 본문에 따른 민간전문가 외에 건강영향평가 분야 전문가가 포함되도록 하여야 한다. 〈개정 2015.1.20.〉

2) 전략환경영향평가

(1) 전략환경영향평가의 대상

① 전략환경영향평가의 대상

㉠ 다음 각 호의 어느 하나에 해당하는 계획을 수립하려는 행정기관의 장은 전략환경영향평가를 실시하여야 한다.

1. 도시의 개발에 관한 계획

2. 산업입지 및 산업단지의 조성에 관한 계획

3. 에너지개발에 관한 계획

4. 항만의 건설에 관한 계획

기출예상문제

소규모환경영향평가 중 환경에 미치는 영향의 예측 · 평가 및 환경보전방안 분야의 세부 항목이 아닌 것은?

① 자연생태환경

② 대기질, 악취

③ 경관

④ 환경보전계획과의 부합성

답 ④

5. 도로의 건설에 관한 계획

6. 수자원의 개발에 관한 계획

7. 철도(도시철도를 포함한다)의 건설에 관한 계획

8. 공항의 건설에 관한 계획

9. 하천의 이용 및 개발에 관한 계획

10. 개간 및 공유수면의 매립에 관한 계획

11. 관광단지의 개발에 관한 계획

12. 산지의 개발에 관한 계획

13. 특정지역의 개발에 관한 계획

14. 체육시설의 설치에 관한 계획

15. 폐기물 처리시설의 설치에 관한 계획

16. 국방 · 군사시설의 설치에 관한 계획

17. 토석 · 모래 · 자갈 · 광물 등의 채취에 관한 계획

18. 환경에 영향을 미치는 시설로서 대통령령으로 정하는 시설의 설치에 관한 계획

ⓒ 제1항에 따른 전략환경영향평가 대상계획(이하 "전략환경영향평가 대상계획"이라 한다)은 그 계획의 성격 등을 고려하여 다음 각 호와 같이 구분한다.

1. 정책계획 : 국토의 전 지역이나 일부 지역을 대상으로 개발 및 보전 등에 관한 기본방향이나 지침 등을 일반적으로 제시하는 계획

2. 개발기본계획 : 국토의 일부 지역을 대상으로 하는 계획으로서 다음 각 목의 어느 하나에 해당하는 계획

가. 구체적인 개발구역의 지정에 관한 계획

나. 개별 법령에서 실시계획 등을 수립하기 전에 수립하도록 하는 계획으로서 실시계획 등의 기준이 되는 계획

② 평가항목 · 범위 등의 결정

㉠ 전략환경영향평가 대상계획을 수립하려는 행정기관의 장은 전략환경영향평가를 실시하기 전에 평가준비서를 작성하여 환경영향평가협의회의 심의를 거쳐 다음 각 호의 사항(이하 "전략환경영향평가항목등"이라 한다)을 결정하여야 한다.

1. 전략환경영향평가 대상지역

2. 토지이용구상안

3. 대안

4. 평가항목 · 범위 · 방법 등

㉡ 전략환경영향평가 대상계획을 수립하려는 행정기관의 장은 전략환경영향평가항목등을 결정할 때에는 다음 각 호의 사항을 고려하여야 한다.

1. 해당 계획의 성격

2. 상위계획 등 관련 계획과의 부합성

3. 해당 지역 및 주변 지역의 입지여건, 토지이용현황 및 환경 특성

4. 계절적 특성 변화(환경적 · 생태적으로 가치가 큰 지역)

5. 그 밖에 환경기준 유지 등과 관련된 사항

(2) 전략환경영향평가서 초안에 대한 의견 수렴 등

① 전략환경영향평가서 초안의 작성

㉠ 개발기본계획을 수립하는 행정기관의 장은 결정된 전략환경영향평가항목 등에 맞추어 전략환경영향평가서 초안을 작성한 후 주민 등의 의견을 수렴하여야 한다.

㉡ 개발기본계획을 수립하는 행정기관의 장은 전략환경영향평가서 초안을 다음 각 호의 자에게 제출하여 의견을 들어야 한다.

1. 환경부장관

2. 승인기관의 장

3. 그 밖에 대통령령으로 정하는 관계 행정기관의 장

② 주민 등의 의견 수렴

㉠ 개발기본계획을 수립하려는 행정기관의 장은 개발기본계획에 대한 전략환경영향평가서 초안을 공고 · 공람하고 설명회를 개최하여 해당 평가 대상지역 주민의 의견을 들어야 한다. 다만, 대통령령으로 정하는 범위의 주민이 공청회의 개최를 요구하면 공청회를 개최하여야 한다.

㉡ 개발기본계획을 수립하려는 행정기관의 장은 개발기본계획이 생태계의 보전 가치가 큰 지역으로서 대통령령으로 정하는 지역을 포함하는 경우에는 관계 전문가 등 평가 대상지역의 주민이 아닌 자의 의견도 들어야 한다.

관계전문가 의견이 필요한 지역

1. 자연환경보전지역(국계법)

2. 자연공원(자연공원법)

3. 습지보호지역 습지주변관리지역(습지보전법)

4. 특별대책지역(환경정책기본법)

---

(3) 전략환경영향평가서의 협의, 재협의, 변경협의 등

① 전략환경영향평가서의 작성 및 협의 요청 : 전략환경영향평가 대상계획을 수립하려는 행정기관의 장은 해당 계획을 확정하기 전에 전략환경영향평가서를 작성하여 환경부장관에게 협의를 요청하여야 한다.

② 전략환경영향평가서의 검토 : 환경부장관은 주민의견 수렴절차 등의 이행 여부 및 내용 등을 검토하여야 한다.

기출예상문제

전략환경영향평가서의 초안에 대한 의견 수렴 시 관계전문가의 의견이 필요한 지역이 아닌 것은?

① 자연환경보전지역

② 자연공원

③ 습지보호지역 습지주변관리지역

④ 녹지지역

답 ④

기출예상문제

전략환경영향평가의 재협의 대상이 아닌 것은?
① 규모 30% 이상 증가
② 원형보전 제외지의 10% 이상 토지이용계획 변경 시
③ 도시지역 6만㎡ 이상 도시군관리계획 시
④ 미리 협의기관장 의견을 듣도록 정한 사항 변경 시

답 ④

③ **협의내용의 이행** : 통보받은 협의내용을 해당 계획에 반영하기 위하여 필요한 조치 후 그 조치결과 또는 조치계획을 환경부장관에게 통보하여야 한다.

④ **재협의** : 개발기본계획을 수립하는 행정기관의 장은 협의한 개발기본계획을 변경하는 경우로서 다음 각 호의 어느 하나에 해당하는 경우에는 전략환경영향평가를 다시 하여야 한다.

> **재협의 대상**
> 1. 규모 30% 이상 증가(누적 포함)
> 2. 원형보전 제외지 10% 이상 토지이용계획 변경 시, 변경면적이 1만㎡ 이상인 경우
> 3. 도시군관리계획의 경우(도시지역 6만㎡ 이상, 그 외 지역 1만㎡ 이상)

⑤ **변경협의** : 주관 행정기관의 장은 협의한 개발기본계획에 대하여 대통령령으로 정하는 사항을 변경하려는 경우에는 미리 환경부장관과 변경내용에 대하여 협의를 하여야 한다.

> **변경협의 대상**
> 1. 규모 5~30% 이상 증가
> 2. 최소 전략환경영향평가 대상규모 이상 증가 & 재협의 대상 아닌 경우
> 3. 최소 전략환경영향평가 대상규모 내 증가 & 규모 30% 이상 증가
> 4. 도시군관리계획의 경우 규모 30% 이상 증가 & 도시지역 6만㎡ 이하, 그 외 1만㎡ 이하
> 5. 원형보전지, 제오지 개발 시 10% 미만 토지이용계획 변경
> 6. 미리 협의기관장 의견을 듣도록 정한 사항 변경 시

(4) 전략환경영향평가서 절차도

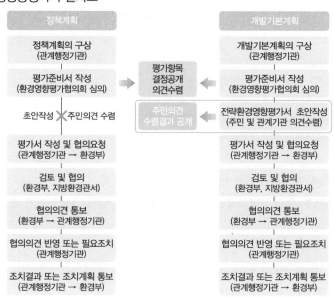

3) 환경영향평가
  (1) 환경영향평가의 대상
    ① 환경영향평가의 대상
      1. 도시의 개발사업
      2. 산업입지 및 산업단지의 조성사업
      3. 에너지 개발사업
      4. 항만의 건설사업
      5. 도로의 건설사업
      6. 수자원의 개발사업
      7. 철도(도시철도를 포함한다)의 건설사업
      8. 공항의 건설사업
      9. 하천의 이용 및 개발사업
      10. 개간 및 공유수면의 매립사업
      11. 관광단지의 개발사업
      12. 산지의 개발사업
      13. 특정지역의 개발사업
      14. 체육시설의 설치사업
      15. 폐기물 처리시설의 설치사업
      16. 국방·군사시설의 설치사업
      17. 토석·모래·자갈·광물 등의 채취사업
      18. 환경에 영향을 미치는 시설로서 대통령령으로 정하는 시설의 설치사업

  (2) 환경영향평가서 초안에 대한 의견 수렴 등
    ① 평가항목·범위 등의 결정
      ㉠ 사업자는 환경영향평가를 실시하기 전에 평가준비서를 작성하여 대통령령으
        로 정하는 기간 내에 환경영향평가협의회의 심의를 거쳐 다음 각 호의 사항(이
        하에서 "환경영향평가항목등"이라 한다)을 결정하여야 한다.
        1. 환경영향평가 대상지역
        2. 환경보전방안의 대안
        3. 평가항목·범위·방법 등
      ㉡ 환경영향평가항목등을 결정할 때에는 다음 각 호의 사항을 고려하여야 한다.
        1. 결정한 전략환경영향평가항목 등(개발기본계획을 수립한 환경영향평가 대
          상사업만 해당한다)
        2. 해당 지역 및 주변 지역의 입지여건
        3. 토지이용상황
        4. 사업의 성격
        5. 환경 특성

6. 계절적 특성 변화(환경적 · 생태적으로 가치가 큰 지역)

② 주민 등의 의견 수렴

사업자는 결정된 환경영향평가항목 등에 따라 환경영향평가서 초안을 작성하여 주민 등의 의견을 수렴하여야 한다.

(3) 환경영향평가서의 협의, 재협의, 변경협의 등

① 환경영향평가서의 작성 및 협의 요청 등 : 승인기관장 등은 환경영향평가 대상사업에 대한 승인 등을 하거나 환경영향평가 대상사업을 확정하기 전에 환경부장관에게 협의를 요청하여야 한다.

② 협의내용의 반영 등 : 사업자나 승인기관의 장은 협의내용을 통보받았을 때에는 그 내용을 해당 사업계획 등에 반영하기 위하여 필요한 조치를 하여야 한다.

③ 조정 요청 등 : 사업자나 승인기관의 장은 통보받은 협의내용에 대하여 이의가 있으면 환경부장관에게 협의내용을 조정하여 줄 것을 요청할 수 있다.

④ 재협의

기출예상문제

환경영향평가 재협의 대상이 아닌 것은?
① 사업계획 등을 확정 후 5년 동안 착공하지 아니한 경우
② 대상사업 규모 30% 이상 증가한 경우
③ 최소 환경영향평가 대상 규모 이상 증가되는 경우
④ 미리 협의기관 장 의견을 듣도록 정한 사항 변경 시

답 ④

재협의 대상
1. 사업계획 등을 승인 확정 후 5년 동안 착공하지 아니한 경우
2. 대상사업의 면적 길이 등을 규모 이상 증가
   ① 규모 30% 이상 증가(누적 포함)
   ② 최소환경영향평가 대상의 규모 이상 증가되는 경우
3. 원형보전지, 제외지 개발 또는 위치 변경 규모가 해당 사업의 최소환경영향평가 대상규모의 30% 이상인 경우(누적 포함)
4. 대통령령으로 정하는 사유
   ① 환경영향평가서의 재협의를 하지 아니한 사업자가 그 부지에서 자연환경을 훼손 또는 오염물질 배출을 발생시키는 행위를 하려는 경우
   ② 공사가 7년 이상 중지된 후 재개되는 경우

⑤ 변경협의

변경협의 대상
1. 협의기준을 변경하는 경우
2. 사업 시설규모가 다음의 어느 하나에 해당하는 경우
   ① 규모 10% 이상 증가(누적 포함)
   ② 사업규모 증가가 소규모환경영향평가 대상사업에 해당 시
3. 원형보전지, 제외지의 5% 이상 토지이용계획 변경 또는 변경면적이 1만m² 이상인 경우(누적 포함)
4. 부지면적의 15% 이상 토지이용계획 변경 시(누적 포함)
5. 미리 협의기관 장의 의견을 듣도록 정한 사항의 변경 시
6. 배출오염물질이 30% 이상 증가(누적 포함)되거나 새로운 오염물질이 배출되는 경우

⑥ 사전공사의 금지 : 사업자는 협의·재협의 또는 변경협의의 절차가 끝나기 전에 환경영향평가 대상사업의 공사를 하여서는 아니 된다.

(4) 협의내용의 이행 및 관리 등

① 협의내용의 이행 등

㉠ 사업자는 사업계획 등을 시행할 때에 사업계획 등에 반영된 협의내용을 이행하여야 한다.

㉡ 사업자는 협의내용을 적은 관리대장에 그 이행상황을 기록하여 공사현장에 갖추어 두어야 한다.

㉢ 사업자는 협의내용이 적정하게 이행되는지를 관리하기 위하여 협의내용 관리책임자(이하 "관리책임자"라 한다)를 지정하여 환경부령으로 정하는 바에 따라 다음 각 호의 자에게 통보하여야 한다.

1. 환경부장관

2. 승인기관의 장(승인 등을 받아야 하는 환경영향평가 대상사업만 해당한다.)

② 사후환경영향조사

㉠ 사업자는 해당 사업을 착공한 후에 그 사업이 주변 환경에 미치는 영향을 조사(이하 "사후환경영향조사"라 한다)하고, 그 결과를 다음 각 호의 자에게 통보하여야 한다.

1. 환경부장관

2. 승인기관의 장(승인 등을 받아야 하는 환경영향평가 대상사업만 해당한다.)

㉡ 사업자는 사후환경영향조사 결과 주변 환경의 피해를 방지하기 위하여 조치가 필요한 경우에는 지체 없이 통보하고 필요한 조치를 하여야 한다.

㉢ 환경부장관은 사후환경영향조사의 결과 및 통보받은 사후환경영향조사의 결과 및 조치의 내용 등을 검토하여야 한다.

③ 조치명령 등

㉠ 승인기관의 장은 승인 등을 받아야 하는 사업자가 협의내용을 이행하지 아니하였을 때에는 그 이행에 필요한 조치를 명하여야 한다.

㉡ 승인기관의 장은 승인 등을 받아야 하는 사업자가 ㉠에 따른 조치명령을 이행하지 아니하여 해당 사업이 환경에 중대한 영향을 미친다고 판단하는 경우에는 그 사업의 전부 또는 일부에 대한 공사중지명령을 하여야 한다.

④ 재평가

㉠ 환경부장관은 해당 사업을 착공한 후에 환경영향평가협의 당시 예측하지 못한 사정이 발생하여 주변 환경에 중대한 영향을 미치는 경우로서 조치나 조치명령으로는 환경보전방안을 마련하기 곤란한 경우에는 승인기관장 등과의 협의를 거쳐 한국환경정책·평가연구원의 장 또는 관계 전문기관 등의 장에게 재평가를 하도록 요청할 수 있다.

기출예상문제

환경부장관은 해당 사업을 착공한 후 환경영향평가협의 당시 예측하지 못한 사정이 발생하여 주변 환경에 중대한 영향을 미치는 경우로서 조치나 조치명령으로는 환경보전방안을 마련하기 곤란한 경우에는 승인기관장 등과의 협의를 거쳐 재평가를 하도록 요청할 수 있다. 다음 중 재평가를 요청할 수 있는 기관은?

① 한국환경정책·평가연구원
② 대학 관련학과
③ 국토연구원
④ 산림연구원

답 ①

(5) 시 · 도의 조례에 따른 환경영향평가

　① 시 · 도의 조례에 따른 환경영향평가

　　㉠ 특별시, 광역시, 특별자치도 또는 인구 50만 이상 시 · 도

　　㉡ 대상사업 50% 이상 100% 이하 사업

(6) 환경영향평가 절차도

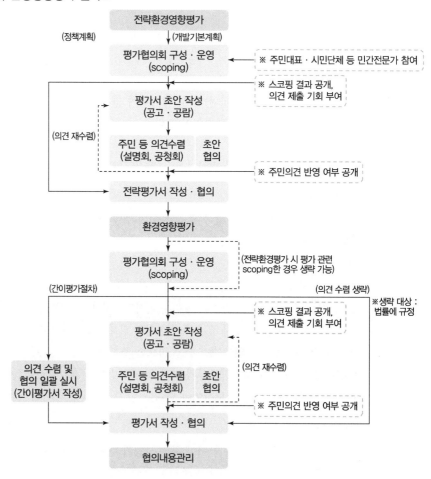

4) 소규모환경영향평가

(1) 소규모환경영향평가의 대상

　① 보전필요지역, 난개발 우려지역의 개발

　② 환경영향평가 대상사업의 종류 및 범위에 해당하지 아니하는 개발사업으로서 대통령령으로 정하는 개발사업

구분	소규모환경영향평가 대상사업의 종류 및 규모
1. 국계법	가. 관리지역 　　1) 보전관리지역 : 5,000m² 이상 　　2) 생산관리지역 : 7,500m² 이상 　　3) 계획관리지역 : 10,000m² 이상 나. 농림지역 : 7,500m² 이상 다. 자연환경보전지역 : 5,000m² 이상
2. GB 지정 및 관리에 관한 특별조치법 적용지역	면적 5,000m² 이상
3. 자연환경보전법, 야생생물보호 및 관리에 관한 법률	가. 자연환경보전법 　　1) 생태경관 핵심보전구역 : 5,000m² 이상 　　2) 생태경관 완충보전구역 : 7,500m² 이상 　　3) 생태경관 전이보전구역 : 10,000m² 이상 나. 자연유보지역 : 5,000m² 이상 다. 야생생물보호구역 : 5,000m² 이상
4. 산지관리법	가. 공익용 산지 경우 : 10,000m² 이상 나. 공익용 산지 외 : 30,000m² 이상
5. 자연공원법	가. 공원자연보존지구 : 5,000m² 이상 나. 공원자연환경지구, 공원문화유산지구 : 7,500m² 이상
6. 습지보전법	가. 습지보호지역 : 5,000m² 이상 나. 습지주변관리지역, 습지개선지역 : 7,500m² 이상
7. 수도법, 하천법 소하천정비법 지하수법	가. 수도법 　　1) 광역상수도 호소경계면 상류 1km 이내 　　2) 수변구역 : 7,500m² 이상(공동주택 : 5,000m² 이상) 나. 하천법 : 하천구역 10,000m² 이상 다. 소하천정비법 : 소하천구역 7,500m² 이상 라. 지하수법 : 지하수보전구역 5,000m² 이상
8. 초지법	초지조성허가신청 : 30,000m² 이상
9. 그 밖의 개발사업	1~8호 최소소규모환경영향평가 대상 면적의 60% 이상 개발사업 중 환경오염, 자연환경훼손 등으로 지역균형발전과 생활환경이 파괴될 우려가 있는 사업으로서 시·군·구 조례로 정하는 사업과 관계 행정기관장이 미리 소규모환경영향평가가 필요하다고 인정한 사업

기출예상문제

「자연환경보전법」상 생태경관 완충보전구역에서 소규모환경영향평가 대상사업의 규모는?

① 5,000m² 이상
② 7,500m² 이상
③ 10,000m² 이상
④ 12,000m² 이상

답 ②

기출예상문제

국계법(「국토의 계획 및 이용에 관한 법률」)에서 정하는 소규모환경영향평가 대상사업으로 잘못된 것은?

① 보전관리지역 : 5,000m² 이상
② 계획관리지역 : 10,000m² 이상
③ 생산관리지역 : 7,500m² 이상
④ 자연환경보전지역 : 7,500m² 이상

답 ④

기출예상문제

「습지보전법」상 습지 주변관리지역, 습지개선지역에서 소규모 환경영향평가 대상사업의 규모는?

① 5,000m² 이상
② 7,500m² 이상
③ 10,000m² 이상
④ 12,000m² 이상

답 ②

(2) 소규모환경영향평가서의 작성 및 협의 요청 등

사업자는 소규모환경영향평가 대상사업에 대한 승인 등을 받기 전에 소규모환경영향평가서를 작성하여 승인기관의 장에게 제출하여야 한다.

(3) 협의내용의 반영 등

사업자나 승인기관의 장은 협의내용을 통보받았을 때에는 이를 해당 사업계획에 반영하기 위하여 필요한 조치를 하여야 한다.

(4) 사전공사의 금지 등

사업자는 협의절차가 끝나기 전에 소규모환경영향평가 대상사업에 관한 공사를 착공하여서는 아니 된다.

(5) 협의내용 이행의 관리 · 감독

사업자는 개발사업을 시행할 때에 그 사업계획에 반영된 협의내용을 이행하여야 한다.

(6) 소규모환경영향평가 절차도

5) 환경영향평가등에 관한 특례

(1) 개발기본계획과 사업계획의 통합 수립 등에 따른 특례

개발기본계획과 환경영향평가 대상사업에 대한 계획을 통합하여 수립하는 경우에는 전략환경영향평가와 환경영향평가를 통합하여 검토하되, 전략환경영향평가 또는 환경영향평가 중 하나만을 실시할 수 있다.

(2) 환경영향평가의 협의절차 등에 관한 특례

사업자는 환경영향평가 대상사업 중 환경에 미치는 영향이 적은 사업으로서 대통령령으로 정하는 사업에 대하여는 대통령령으로 정하는 환경영향평가서(이하 "약식평가서"라 한다)를 작성하여 의견 수렴과 협의 요청을 함께 할 수 있다.

4. 자연환경보전법

1) 총칙

(1) 목적

자연환경을 인위적 훼손으로부터 보호하고, 생태계와 자연경관을 보전하는 등 자연환경을 체계적으로 보전·관리함으로써 자연환경의 지속가능한 이용을 도모하고, 국민이 쾌적한 자연환경에서 여유있고 건강한 생활을 할 수 있도록 함을 목적으로 한다.

(2) 정의

① "자연환경"이라 함은 지하·지표(해양을 제외한다) 및 지상의 모든 생물과 이들을 둘러싸고 있는 비생물적인 것을 포함한 자연의 상태(생태계 및 자연경관을 포함한다)를 말한다.

② "자연환경보전"이라 함은 자연환경을 체계적으로 보존·보호 또는 복원하고 생물다양성을 높이기 위하여 자연을 조성하고 관리하는 것을 말한다.

③ "자연환경의 지속가능한 이용"이라 함은 현재와 장래의 세대가 동등한 기회를 가지고 자연환경을 이용하거나 혜택을 누릴 수 있도록 하는 것을 말한다.

④ "자연생태"라 함은 자연의 상태에서 이루어진 지리적 또는 지질적 환경과 그 조건 아래에서 생물이 생활하고 있는 일체의 현상을 말한다.

⑤ "생태계"란 식물·동물 및 미생물군집(群集)들과 무생물환경이 기능적인 단위로 상호작용하는 역동적인 복합체를 말한다.

⑥ "소(小)생태계"라 함은 생물다양성을 높이고 야생동식물의 서식지 간의 이동가능성 등 생태계의 연속성을 높이거나 특정한 생물종의 서식조건을 개선하기 위하여 조성하는 생물서식공간을 말한다.

⑦ "생물다양성"이라 함은 육상생태계 및 수생생태계(해양생태계를 제외한다)와 이들의 복합생태계를 포함하는 모든 원천에서 발생한 생물체의 다양성을 말하며, 종내(種內)·종간(種間) 및 생태계의 다양성을 포함한다.

⑧ "생태축"이라 함은 생물다양성을 증진시키고 생태계 기능의 연속성을 위하여 생태적으로 중요한 지역 또는 생태적 기능의 유지가 필요한 지역을 연결하는 생태적 서식공간을 말한다.

⑨ "생태통로"란 도로·댐·수중보(水中洑)·하굿둑 등으로 인하여 야생동식물의 서식지가 단절되거나 훼손 또는 파괴되는 것을 방지하고 야생동식물의 이동 등 생태계의 연속성 유지를 위하여 설치하는 인공구조물·식생 등의 생태적 공간을 말한다. 〈개정 2017. 11. 28.〉

⑩ "자연경관"이라 함은 자연환경적 측면에서 시각적·심미적인 가치를 가지는 지역·지형 및 이에 부속된 자연요소 또는 사물이 복합적으로 어우러진 자연의 경치를 말한다.

기출예상문제

「자연환경보전법」 제2조에서 '현재와 장래의 세대가 동등한 기회를 가지고 자연환경을 이용하거나 혜택을 누릴 수 있도록 하는 것을 말한다'로 정의하는 용어는?

① 자연환경보전
② 자연환경지속가능한 이용
③ 자연생태
④ 자연경관

답 ②

기출예상문제

「자연환경보전법」 제2조에서 '육상생태계 및 수생태계와 이들 복합생태계를 포함하는 모든 원천에서 발생한 생물체의 다양성을 말하며, 종내·종간 및 생태계의 다양성을 포함한다'로 정의하는 용어는?

① 자연생태
② 생태계
③ 소생태계
④ 생물다양성

답 ④

기출예상문제

「자연환경보전법」에 정의된 자연환경복원사업이 아닌 것은?
① 생태 · 경관보전지역에서의 자연생태 · 자연경관과 생물다양성의 보전 · 관리를 위한 사업
② 도시지역 생태계의 연속성 유지 또는 생태계 기능의 향상을 위한 사업
③ 단절된 생태계의 연속성 유지 또는 생태계 기능의 향상을 위한 사업
④ 「습지보전법」 제3조 제3항의 습지보호지역등(내륙습지)에서의 훼손된 습지를 복원하는 사업
⑤ 훼손된 자연환경 및 생태계를 복원하기 위한 사업으로서 환경부장관령으로 정하는 사업

🔲 ⑤

⑪ "대체자연"이라 함은 기존의 자연환경과 유사한 기능을 수행하거나 보완적 기능을 수행하도록 하기 위하여 조성하는 것을 말한다.

⑫ "생태 · 경관보전지역"이라 함은 생물다양성이 풍부하여 생태적으로 중요하거나 자연경관이 수려하여 특별히 보전할 가치가 큰 지역으로서 제12조 및 제13조 제3항의 규정에 의하여 환경부장관이 지정 · 고시하는 지역을 말한다.

⑬ "자연유보지역"이라 함은 사람의 접근이 사실상 불가능하여 생태계의 훼손이 방지되고 있는 지역 중 군사상의 목적으로 이용되는 외에는 특별한 용도로 사용되지 아니하는 무인도로서 대통령령이 정하는 지역과 관할권이 대한민국에 속하는 날부터 2년간의 비무장지대를 말한다.

⑭ "생태 · 자연도"라 함은 산 · 하천 · 내륙습지 · 호소(湖沼) · 농지 · 도시 등에 대하여 자연환경을 생태적 가치, 자연성, 경관적 가치 등에 따라 등급화하여 규정에 의하여 작성된 지도를 말한다.

⑮ "자연자산"이라 함은 인간의 생활이나 경제활동에 이용될 수 있는 유형 · 무형의 가치를 가진 자연상태의 생물과 비생물적인 것의 총체를 말한다.

⑯ "생물자원"이란 사람을 위하여 가치가 있거나 실제적 또는 잠재적 용도가 있는 유전자원, 생물체, 생물체의 부분, 개체군 또는 생물의 구성요소를 말한다.

⑰ "생태마을"이라 함은 생태적 기능과 수려한 자연경관을 보유하고 이를 지속가능하게 보전 · 이용할 수 있는 역량을 가진 마을로서 환경부장관 또는 지방자치단체의 장이 규정에 의하여 지정한 마을을 말한다.

⑱ "생태관광"이란 생태계가 특히 우수하거나 자연경관이 수려한 지역에서 자연자산의 보전 및 현명한 이용을 통하여 환경의 중요성을 체험할 수 있는 자연친화적인 관광을 말한다.

⑲ "자연환경복원사업"이란 훼손된 자연환경의 구조와 기능을 회복시키는 사업으로서 다음에 해당하는 사업을 말한다. 다만, 다른 관계 중앙행정기관의 장이 소관 법률에 따라 시행하는 사업은 제외한다. 〈신설 2021. 1. 5.〉

가. 생태 · 경관보전지역에서의 자연생태 · 자연경관과 생물다양성의 보전 · 관리를 위한 사업

나. 도시지역 생태계의 연속성 유지 또는 생태계 기능의 향상을 위한 사업

다. 단절된 생태계의 연결 및 야생동물의 이동을 위하여 생태통로 등을 설치하는 사업

라. 「습지보전법」 제3조 제3항의 습지보호지역등(내륙습지로 한정한다)에서의 훼손된 습지를 복원하는 사업

마. 그 밖에 훼손된 자연환경 및 생태계를 복원하기 위한 사업으로서 대통령령으로 정하는 사업

[시행일 : 2022. 1. 6.]

(3) 자연환경보전의 기본원칙

자연환경은 다음의 기본원칙에 따라 보전되어야 한다.〈개정 2020.5.26., 2021.1.5.〉

1. 자연환경은 모든 국민의 자산으로서 공익에 적합하게 보전되고 현재와 장래의 세대를 위하여 지속가능하게 이용되어야 한다.

2. 자연환경보전은 국토의 이용과 조화·균형을 이루어야 한다.

3. 자연생태와 자연경관은 인간활동과 자연의 기능 및 생태적 순환이 촉진되도록 보전·관리되어야 한다.

4. 모든 국민이 자연환경보전에 참여하고 자연환경을 건전하게 이용할 수 있는 기회가 증진되어야 한다.

5. 자연환경을 이용하거나 개발하는 때에는 생태적 균형이 파괴되거나 그 가치가 낮아지지 아니하도록 하여야 한다. 다만, 자연생태와 자연경관이 파괴·훼손되거나 침해되는 때에는 최대한 복원·복구되도록 노력하여야 한다.

6. 자연환경보전에 따르는 부담은 공평하게 분담되어야 하며, 자연환경으로부터 얻어지는 혜택은 지역주민과 이해관계인이 우선하여 누릴 수 있도록 하여야 한다.

7. 자연환경보전과 자연환경의 지속가능한 이용을 위한 국제협력은 증진되어야 한다.

8. 자연환경을 복원할 때에는 환경변화에 대한 적응 및 생태계의 연계성을 고려하고, 축적된 과학적 지식과 정보를 적극적으로 활용하여야 하며, 국가·지방자치단체·지역주민·시민단체·전문가 등 모든 이해관계자의 참여와 협력을 바탕으로 하여야 한다.〈신설 2021. 1. 5.〉

[시행일 : 2022. 1. 6.]

(4) 자연환경보전 기본계획의 수립

① 환경부장관이 10년마다 수립한다.

② 내용

　　㉠ 자연환경의 현황 및 전망에 관한 사항

　　㉡ 자연환경보전에 관한 기본방향 및 보전목표 설정에 관한 사항

　　㉢ 자연환경보전을 위한 주요 추진과제에 관한 사항

　　㉣ 지방자치단체별로 추진할 주요 자연보전시책에 관한 사항

　　㉤ 자연경관의 보전·관리에 관한 사항

　　㉥ 생태축의 구축·추진에 관한 사항

　　㉦ 생태통로 설치, 훼손지복원 등 생태계복원을 위한 주요 사업에 관한 사항

　　㉧ 규정에 의한 자연환경종합지리정보시스템의 구축·운영에 관한 사항

　　㉨ 사업시행에 소요되는 경비의 산정 및 재원조달방안에 관한 사항

　　㉩ 그 밖에 자연환경보전에 관하여 대통령령이 정하는 사항

기출예상문제

환경부장관은 생태 · 경관보전지역을 지정할 수 있다. 다음 중 가능하지 않은 지역은?

① 자연상태가 원시성을 유지하고 있거나 생물다양성이 풍부하여 보전 및 학술적 연구가치가 큰 지역
② 지형 또는 지질이 특이하여 학술적 연구 또는 자연경관의 유지를 위하여 보전이 필요한 지역
③ 다양한 생태계를 대표할 수 있는 지역 또는 생태계의 표본지역
④ 훼손된 자연환경의 구조와 기능을 회복시키는 자연환경복원 사업지역

답 ④

2) 생태경관보전지역의 관리 등

(1) 생태경관보전지역의 지정

① 환경부장관은 다음 어느 하나에 해당하는 지역으로서 자연생태 · 자연경관을 특별히 보전할 필요가 있는 지역을 생태 · 경관보전지역으로 지정할 수 있다.

    ㉠ 자연상태가 원시성을 유지하고 있거나 생물다양성이 풍부하여 보전 및 학술적 연구가치가 큰 지역

    ㉡ 지형 또는 지질이 특이하여 학술적 연구 또는 자연경관의 유지를 위하여 보전이 필요한 지역

    ㉢ 다양한 생태계를 대표할 수 있는 지역 또는 생태계의 표본지역

    ㉣ 그 밖에 하천 · 산간계곡 등 자연경관이 수려하여 특별히 보전할 필요가 있는 지역으로서 대통령령이 정하는 지역

② 환경부장관은 생태 · 경관보전지역의 지속가능한 보전 · 관리를 위하여 생태적 특성, 자연경관 및 지형여건 등을 고려하여 다음과 같이 구분하여 지정 · 관리할 수 있다.

    ㉠ 생태 · 경관핵심보전구역(이하 "핵심구역"이라 한다) : 생태계의 구조와 기능의 훼손방지를 위하여 특별한 보호가 필요하거나 자연경관이 수려하여 특별히 보호하고자 하는 지역

    ㉡ 생태 · 경관완충보전구역(이하 "완충구역"이라 한다) : 핵심구역의 연접지역으로서 핵심구역의 보호를 위하여 필요한 지역

    ㉢ 생태 · 경관전이(轉移)보전구역(이하 "전이구역"이라 한다) : 핵심구역 또는 완충구역에 둘러싸인 취락지역으로서 지속가능한 보전과 이용을 위하여 필요한 지역

③ 환경부장관은 생태 · 경관보전지역이 군사목적 또는 천재 · 지변 그 밖의 사유로 인하여 ①에 따른 생태 · 경관보전지역으로서의 가치를 상실하거나 보전할 필요가 없게 된 경우에는 그 지역을 해제 · 변경할 수 있다.〈개정 2020. 5. 26.〉

(2) 자연경관영향의 협의

① 관계행정기관의 장 및 지방자치단체의 장은 다음의 어느 하나에 해당하는 개발사업 등으로서 전략환경영향평가 대상계획, 환경영향평가 대상사업, 소규모환경영향평가 대상사업에 해당하는 개발사업 등에 대한 인 · 허가 등을 하고자 하는 때에는 자연경관에 미치는 영향 및 보전방안 등을 환경부장관 또는 지방환경관서의 장과 협의하여야 한다.

    가. 「자연공원법」 제2조 제1호의 규정에 의한 자연공원

    나. 「습지보전법」 제8조의 규정에 의하여 지정된 습지보호지역

다. 생태 · 경관보전지역

라. 가.나.다. 외의 개발사업 등으로서 자연경관에 미치는 영향이 크다고 판단되어 대통령령이 정하는 개발사업 등

개발사업 등에 대한 자연경관 심의지침

1) 자연경관영향 심의대상

구분	자연경관영향 심의대상
보호지역 주변 (자연공원, 습지보호지역, 생태경관보전지역)	• 전략환경영향 평가대상 개발기본계획 • 환경영향평가 협의대상 개발사업 • 소규모환경영향 평가대상 개발사업
보호지역 주변 외 지역	환경영향평가 및 소규모환경영향평가 협의대상 개발사업 중 대통령령이 정하는 개발사업

2) 지방자치단체의 자연경관영향 검토대상

구분	자연경관영향 협의대상
보호지역 주변 (자연공원, 습지보호지역, 생태경관보전지역)	환경영향평가 및 소규모환경영향평가 협의대상이 아닌 개발사업
보호지역 주변 외 지역	환경영향평가 및 소규모환경영향평가 협의대상이 아닌 개발사업 중 지자체의 조례로 정하는 사업

※ 관계 법률에 의해 지방도시계획위원회 심의 또는 지방건축위원회 심의를 거친 경우에는 제외

3) 자연경관 심의대상이 되는 보호지역 경계로부터의 거리

구분		경계로부터의 거리
자연공원	최고봉 1,200m 이상	2,000m
	최고봉 700m 이상	1,500m
	최고봉 700m 미만 또는 해상형	1,000m
습지보호지역		300m
생태 · 경관보전지역	최고봉 700m 이상	1,000m
	최고봉 700m 미만 및 해상형	500m

※ 1. 습지보호지역 및 생태 · 경관보전지역이 중복되는 경우에는 습지보호지역 거리기준을 우선 적용
2. 보호지역이 도시지역 또는 계획관리지역에 위치한 경우에는 거리기준을 300m로 함

기출예상문제

「자연환경보전법」에 의하면 전략환경영향평가 · 환경영향평가 · 소규모환경영향평가 대상사업에 해당하는 개발사업 등에 대한 인 · 허가 등을 하고자 하는 때에는 자연경관영향협의를 하도록 되어 있다. 다음 중 그 대상지역이 아닌 곳은?

① 자연공원
② 습지보호지역
③ 생태 · 경관보전지역
④ 철새보호지역

답 ④

기출예상문제

「자연환경보전법」상 생태자연도 1등급 권역에 해당하는 지역이 아닌 것은?

① 멸종위기야생생물의 주된 서식지 · 도래지 및 주요 생태축 또는 주요 생태통로지역
② 생태계가 특히 우수하거나 경관이 특히 수려한 지역
③ 생물의 지리적 분포한계에 위치하는 생태계지역, 주요 식생의 유형을 대표하는 지역
④ 생물다양성이 특히 풍부하고 보전가치가 큰 생물자원이 존재 · 분포하는 지역
⑤ 다른 법률의 규정에 의하여 보전되는 지역 중 역사적 · 문화적 · 경관적 가치가 있는 지역이거나 도시의 녹지보전 등을 위하여 관리되고 있는 지역으로서 대통령령이 정하는 지역

📖 ⑤

3) 생물다양성의 보전

(1) 자연환경조사

① 환경부장관은 5년마다 전국의 자연환경을 조사하여야 한다.

② 환경부장관은 생태 · 자연도에서 1등급 권역으로 분류된 지역과 자연상태의 변화를 특별히 파악할 필요가 있다고 인정되는 지역에 대하여 2년마다 자연환경을 조사할 수 있다.

(2) 생태 · 자연도의 작성 · 활용

① 환경부장관은 토지이용 및 개발계획의 수립이나 시행에 활용할 수 있도록 하기 위하여 자연환경 조사결과를 기초로 하여 전국의 자연환경을 다음의 구분에 따라 생태 · 자연도를 작성히여야 한다.

   ㉠ 1등급 권역 : 다음에 해당하는 지역

      가. 멸종위기야생생물의 주된 서식지 · 도래지 및 주요 생태축 또는 주요 생태통로지역

      나. 생태계가 특히 우수하거나 경관이 특히 수려한 지역

      다. 생물의 지리적 분포한계에 위치하는 생태계지역, 주요 식생의 유형을 대표하는 지역

      라. 생물다양성이 특히 풍부하고 보전가치가 큰 생물자원이 존재 · 분포하는 지역

      마. 그 밖에 가목 내지 라목에 준하는 생태적 가치가 있는 지역으로서 대통령령이 정하는 기준에 해당하는 지역

   ㉡ 2등급 권역 : 1등급에 준하는 지역으로서 장차 보전의 가치가 있는 지역 또는 1등급 권역의 외부지역으로서 1등급 권역의 보호를 위하여 필요한 지역

   ㉢ 3등급 권역 : 1등급 권역, 2등급 권역 및 별도관리지역으로 분류된 지역 외의 지역으로서 개발 또는 이용의 대상이 되는 지역

   ㉣ 별도관리지역 : 다른 법률의 규정에 의하여 보전되는 지역 중 역사적 · 문화적 · 경관적 가치가 있는 지역이거나 도시의 녹지보전 등을 위하여 관리되고 있는 지역으로서 대통령령이 정하는 지역

(3) 도시생태현황지도의 작성 · 활용〈본조신설 2017. 11. 28.〉

① 특별시장 · 광역시장 · 특별자치시장 · 특별자치도지사 또는 시장(「지방자치법」 제2조 제1항 제2호에 따른 시의 장을 말한다. 이하에서 같다)은 환경부장관이 작성한 생태 · 자연도를 기초로 관할 도시지역의 상세한 생태 · 자연도(이하 "도시생태현황지도"라 한다)를 작성하고, 도시환경의 변화를 반영하여 5년마다 다시 작성하여야 한다. 이 경우 도시생태현황지도는 5천분의 1 이상의 지도에 표시하여야 한다.

② 특별시장·광역시장·특별자치시장·특별자치도지사 또는 시장(이하 "도시생태현황지도 작성 지방자치단체의 장"이라 한다)은 도시생태현황지도를 작성하기 위하여 관계 행정기관의 장에게 필요한 자료의 제공을 요청할 수 있다.

③ ②에 따른 요청을 받은 관계 행정기관의 장은 특별한 사유가 없으면 이에 따라야 한다.

④ 도시생태현황지도 작성 지방자치단체의 장은 도시생태현황지도를 환경부장관에게 제출하여야 한다.

⑤ 환경부장관 또는 도지사는 도시생태현황지도 작성 지방자치단체의 장에게 그 작성에 필요한 비용의 일부를 지원할 수 있다.

⑥ ①부터 ⑤까지에서 규정한 사항 외에 도시생태현황지도의 작성·활용에 필요한 사항은 환경부령으로 정한다.

도시생태현황지도의 작성방법에 관한 지침

① 목적 : 이 지침은 「자연환경보전법」 제34조의2 및 동법 시행규칙 제17조에 따라 도시생태현황지도(비오톱지도)의 효율적이고 실효성 있는 작성과 운영을 위한 방법 및 기준을 정하는 데 그 목적이 있다.

② 의의 : 도시생태현황지도는 특별시·광역시·특별자치시·특별자치도 및 시·군의 자연 및 환경생태적 특성과 가치를 반영한 정밀공간생태정보지도로서 각 지역의 자연환경보전 및 복원, 생태적 네트워크의 형성뿐만 아니라 생태적인 토지이용 및 환경관리를 통해 환경친화적이고 지속가능한 도시관리의 기초자료로 활용할 수 있다.

③ 정의 : 이 지침에서 사용하는 용어의 정의는 다음과 같다.

　1. "비오톱"이라 함은 인간의 토지이용에 직간접적인 영향을 받아 특징지어진 지표면의 공간적 경계로서 생물군집이 서식하고 있거나 서식할 수 있는 잠재력을 가지고 있는 공간단위를 말한다.

　2. "주제도"라 함은 각 비오톱(공간)의 유형화와 평가를 위해 생태적·구조적 정보를 분석하고 다양한 도시생태계 정보의 표현과 도시생태현황지도의 효과적인 활용을 위해 조사 및 작성되는 지도를 말하며, 비오톱유형화에 사용되는 토지이용현황도, 토지피복현황도, 지형주제도, 식생도, 동식물상주제도를 "기본주제도"라 한다.

　3. "비오톱유형"이라 함은 기본주제도를 통해 분석된 비오톱공간의 구조적·생태적 특성을 체계적으로 분류한 것을 말하며 이를 지도화한 것을 "비오톱유형도"라 한다.

　4. "비오톱평가"라 함은 비오톱유형화를 통해 구분된 개별공간을 다양한 평가항목을 적용하여 그 가치를 등급화하는 과정을 말하며 등급을 지도화한 것을 "비오톱평가도"라 한다.

　5. "도시생태현황지도"라 함은 각 비오톱의 생태적 특성을 나타내는 "기본주제도"와 비오톱유형화와 비오톱평가과정을 거쳐 각 비오톱(공간)의 생태적 특성과 등급화된 평가가치를 표현한 "비오톱유형도" 및 "비오톱평가도" 등을 말한다.

　6. "대표비오톱"이란 도시생태현황지도 작성과정에서 도출된 도시 전체의 비오톱유형별 대표성을 갖는 비오톱을 말한다.

기출예상문제

각 비오톱의 생태적 특성을 나타내는 '기본주제도'와 비오톱유형화와 비오톱 평가과정을 거쳐 각 비오톱의 생태적 특성과 등급화된 평가가치를 표현한 '비오톱유형도' 및 '비오톱평가도' 등을 무엇이라 하는가?

① 도시생태현황지도
② 토지피복지도
③ 주제도
④ 국토환경성평가지도

답 ①

7. "우수비오톱"이란 도시생태현황지도평가를 통해 우수등급으로 평가된 유형 중에서 희소성, 생물다양성 등 생태적 가치가 특히 우수한 비오톱을 말한다.

8. "도시지역"이라 함은 「국토의 계획 및 이용에 관한 법률」 제6조에 따라 구분된 지역을 말한다.

9. "토지피복지도"라 함은 「토지피복지도 작성지침(환경부훈령 제1,317호)」에 따라 작성된 지도를 말한다.

10. "감독관"이라 함은 도시생태현황지도의 원활한 작성을 위하여 작성주체가 구성한 검토위원회의 구성원 또는 작성주체가 지정한 관련분야의 전문가를 말한다.

④ 근거 및 적용범위 : 이 지침은 「자연환경보전법」 제34조의2 및 동법 시행규칙 제17조에 의하여 도시생태현황지도를 작성 및 운영하는 데 적용한다.

⑤ 작성주체 : 도시생태현황지도는 특별시장 · 광역시장 · 특별자치시장 · 특별자치도지사 또는 시장(「지방자치법」 제2조 제1항 제2호에 따른 시의 장을 말한다. 이하 같다)이 작성하며, 필요한 경우에는 군수가 시 · 도지사와 협의하여 작성할 수 있다.

⑥ 작성대상 : 도시생태현황지도의 공간적 작성범위는 관할구역 행정경계 내부 전 지역을 대상으로 한다.

기출예상문제

'도시생태현황지도'의 작성주체는?

① 「지방자치법」 제2조 제1항 제2호에 따른 시의 장
② 환경부장관
③ 국토부장관
④ 국립생태원

답 ①

4) 자연자산의 관리

(1) 자연휴식지의 지정 · 관리

① 지방자치단체의 장은 공원 · 관광단지 · 자연휴양림 아닌 지역 중에서 생태적 · 경관적 가치 등이 높고 자연탐방 · 생태교육 등을 위하여 활용하기에 적합한 장소를 자연휴식지로 지정할 수 있다.

② 이용자로부터 이용료를 징수할 수 있다.

(2) 생태관광의 육성

① 환경부장관은 생태관광을 육성하기 위하여 문화체육관광부장관과 협의하여 환경적으로 보전가치가 있고 생태계 보호의 중요성을 체험 · 교육할 수 있는 지역을 지정할 수 있다.

② 환경부장관은 예산의 범위에서 생태관광지역의 관리 · 운영에 필요한 비용의 전부 또는 일부를 보조할 수 있다.

③ 생태관광에 필요한 교육, 생태관광자원의 조사 · 발굴 및 국민의 건전한 이용을 위한 시설의 설치 · 관리를 위한 계획을 수립 · 시행할 수 있다.

생태관광 활성화를 위한 정책방향 소책자(2014)

1) 생태관광이란

① 보전 : 생태관광은 생물문화의 다양성 제고와 보전을 위한 효과적인 경제적 유인을 제공해 자연 · 문화유산의 보호를 돕는다.

② 공동체 : 생태관광은 지역역량과 고용기회를 확대하고 지속가능한 발전을 위해 빈곤에 대처할 수 있도록 지역공동체를 강화하는 유용한 수단이다.

③ 해설 : 생태관광은 해설을 통해 개인의 경험과 환경인식을 풍요롭게 하고, 자연, 지역 사회 그리고 문화의 소중함에 대한 이해를 높인다.

‖ 생태관광 개념도 ‖

2) 생태관광 활성화를 위한 전략

비전		자연 속에서 행복한 삶을 찾는 생태관광 활성화
전략	우수생태자원 발굴과 브랜드화	1. 국립공원 명품마을을 생태관광 거점으로 육성 2. 생태관광 대표지역을 체계적으로 육성 3. 야생화 등 특색 있는 생태자원을 관광 상품화
	다채로운 프로그램 개발·보급	1. 미래세대를 위한 생태관광 프로그램 개발 2. 사회기여형 생태관광 프로그램 개발 3. 생태-문화 요소를 결합한 프로그램 개발
	인프라 확충	1. 체류형 생태관광을 위한 거점시설 확충 2. 자연친화적 탐방 지원시설 확충 3. 생태관광 3.0 정보포털 구축 및 운영
	교육 및 홍보 강화	1. 생태관광 교육·훈련과정 개발·운영 2. 다양한 매체를 활용한 생태관광 인식 증진 3. 국민참여형 생태관광 홍보
	추진체계 확립	1. 생태관광 정책협의회 운영 2. 생태관광 정책자문단 및 포럼 운영 3. 생태관광 주민협의체 활성화

* 생태관광의 만족도를 좌우할 정도로 중요한 생태해설의 질을 높이기 위해 자연환경해설사 제도를 도입('12~)하였고, 환경부지정 양성기관에서 2013년까지 482명의 자연환경해설사가 배출되었다.
* 자연환경해설사의 역할은 생태·경관보전지역, 습지보호지역 및 자연공원 등의 방문객에게 자연환경에 대한 해설·홍보·교육·생태탐방안내 등을 전문적으로 수행

(3) 생태마을 지정 등

① 환경부장관 또는 지방자치단체의 장은 다음 각 호의 어느 하나에 해당하는 마을을 생태마을로 지정할 수 있다.

1. 생태·경관보전지역 안의 마을

2. 생태·경관보전지역 밖의 지역으로서 생태적 기능과 수려한 자연경관을 보유하고 있는 마을. 다만, 「산림기본법」 제28조의 규정에 의하여 지정된 산촌진흥지역의 마을을 제외한다.

시·도지사 또는 시장·군수·구청장은 도시지역 중 생태계의 연속성 유지 또는 생태적 기능의 향상을 위하여 특별히 복원이 필요하다고 인정되는 지역에 대하여 도시생태복원사업을 할 수 있다. 해당 지역이 아닌 것은?

① 도시생태축이 단절·훼손되어 연결·복원이 필요한 지역
② 도시 내 자연환경이 훼손되어 시급히 복위이 필요한 지역
③ 건축물의 건축, 토지의 포장(鋪裝) 등 도시의 인공적인 조성으로 도시 내 생태면적의 확보가 필요한 지역
④ 「국토의 계획 및 이용에 관한 법률」에 의한 도시공원지역

🖩 ④

(4) 도시생태복원사업〈본조신설 2017. 11. 28.〉

① 시·도지사 또는 시장·군수·구청장은 도시지역 중 다음 각 호의 어느 하나에 해당하는 지역으로서 생태계의 연속성 유지 또는 생태적 기능의 향상을 위하여 특별히 복원이 필요하다고 인정되는 지역에 대하여 도시생태복원사업을 할 수 있다. 이 경우 도시생태복원사업 지역이 둘 이상의 지방자치단체에 걸치는 경우에는 그 지역을 관할하는 지방자치단체의 장이 공동으로 도시생태복원사업을 할 수 있다.

1. 도시생태축이 단절·훼손되어 연결·복원이 필요한 지역
2. 도시 내 자연환경이 훼손되어 시급히 복원이 필요한 지역
3. 건축물의 건축, 토지의 포장(鋪裝) 등 도시의 인공적인 조성으로 도시 내 생태면적(생태적 기능 또는 자연순환기능이 있는 토양면적을 말한다)의 확보가 필요한 지역
4. 그 밖에 환경부령으로 정하는 지역

② 시·도지사는 ①에 따라 도시생태복원사업을 하는 경우 관할 시장·군수·구청장의 의견을 들어야 한다.

③ 시·도지사 또는 시장·군수·구청장은 ①에 따라 도시생태복원사업을 하는 경우에는 다음의 내용을 포함한 도시생태복원사업계획을 수립하여야 한다.

1. 도시생태복원사업의 명칭·위치 및 면적
2. 도시생태복원사업의 목적
3. 도시생태복원사업의 내용 및 기간
4. 도시생태복원사업의 효과
5. 도시생태복원사업의 재원조달계획
6. 도시생태복원사업의 유지관리계획

④ 정부 또는 시·도지사는 다음의 구분에 따라 ①에 따른 도시생태복원사업에 대하여 예산의 범위에서 사업비의 일부를 지원할 수 있다.

1. 시·도지사가 도시생태복원사업을 하는 경우 : 정부
2. 시장·군수·구청장이 도시생태복원사업을 하는 경우 : 정부, 시·도지사

⑤ ①부터 ④까지에서 규정한 사항 외에 도시생태복원사업에 필요한 사항은 환경부령으로 정한다.

(5) 생태통로의 설치 등

① 국가 또는 지방자치단체는 개발사업 등을 시행하거나 인·허가 등을 함에 있어서 야생생물의 이동 및 생태적 연속성이 단절되지 아니하도록 생태통로 설치 등의 필요한 조치를 하거나 하게 하여야 한다.

② 국가 또는 지방자치단체는 야생생물의 이동 및 생태적 연속성이 단절된 지역을 조사·연구하여 생태통로가 필요한 지역에 대하여 생태통로 설치계획을 수립·시행하여야 한다. 이 경우 생태통로가 필요한 지역에 위치한 도로 및 철도 등의 관리주체에게 생태통로 설치를 요청할 수 있으며 요청을 받은 자는 특별한 사유가 없

으면 생태통로를 설치하여야 한다.

③ ① 또는 ②에 따라 생태통로를 설치하려는 자는 다음의 조사를 실시하여야 한다.

1. 야생생물 서식종 현황

2. 개발사업 등의 시행으로 서식지가 단절될 우려가 있는 야생생물종 현황

3. 차량사고 등 사고 발생 우려가 높은 야생생물종 현황

4. 그 밖에 「백두대간 보호에 관한 법률」 제2조 제1호에 따른 백두대간 등 주요 생태축과의 연결성에 관한 조사

5) 자연환경복원사업〈신설 2021.1.5., 시행일 : 2022.1.6.〉

(1) 자연환경복원사업의 시행 등

① 환경부장관은 다음에 해당하는 조사 또는 관찰의 결과를 토대로 훼손된 지역의 생태적 가치, 복원 필요성 등의 기준에 따라 그 우선순위를 평가하여 자연환경복원이 필요한 대상지역의 후보목록(이하 "후보목록"이라 한다)을 작성하여야 한다.

1. 제30조에 따른 자연환경조사

2. 제31조에 따른 정밀·보완조사 및 관찰

3. 제36조 제2항에 따른 기후변화 관련 생태계 조사

4. 「습지보전법」 제4조에 따른 습지조사

5. 그 밖에 대통령령으로 정하는 자연환경에 대한 조사

② 환경부장관은 후보목록에 포함된 지역을 대상으로 자연환경복원사업을 시행할 수 있다. 이 경우 환경부장관은 다른 사업과의 중복성 여부 등에 대하여 관계 행정기관의 장과 미리 협의하여야 한다.

③ 환경부장관은 다음의 어느 하나에 해당하는 자(이하 "자연환경복원사업 시행자"라 한다)에게 후보목록에 포함된 지역을 대상으로 자연환경복원사업의 시행에 필요한 조치를 할 것을 권고할 수 있고, 그 권고의 이행에 필요한 비용을 예산의 범위에서 지원할 수 있다.

1. 해당 지역을 관할하는 시·도지사 또는 시장·군수·구청장

2. 관계 법령에 따라 해당 지역에 관한 관리권한을 가진 행정기관의 장

3. 관계 법령 또는 자치법규에 따라 해당 지역에 관한 관리권한을 가지고 있거나 위임 또는 위탁받은 공공단체나 기관 또는 사인(私人)

④ ①에 따른 우선순위평가의 기준 및 후보목록의 작성에 필요한 사항은 대통령령으로 정한다.

(2) 자연환경복원사업계획의 수립 등

① 환경부장관 및 제45조의3 제3항의 권고에 따라 자연환경복원사업의 시행에 필요한 조치를 이행하려는 자연환경복원사업 시행자는 자연환경복원사업의 시행에 관한 계획(이하 "자연환경복원사업계획"이라 한다)을 수립하여야 한다.

② 자연환경복원사업계획에는 다음의 내용이 포함되어야 한다.

1. 사업의 필요성과 복원목표

기출예상문제

「자연환경보전법」 제45조의3 (자연환경복원사업의 시행 등)에 따르면 자연환경복원이 필요한 대상지역의 후보목록을 작성하여야 한다. 우선순위평가 시 고려사항이 아닌 것은?

① 자연환경조사
② 정밀·보완조사 및 관찰
③ 기후변화 관련 생태계조사
④ 습지조사
⑤ 주요 사용공법 및 전문가 활용계획

답 ⑤

기출예상문제

「자연환경보전법」에서 명시하는 자연환경복원사업 시행자가 자연환경복원사업계획에 포함하여야 하는 내용이 아닌 것은?

① 사업의 필요성과 복원목표
② 사업대상지역의 위치 및 현황분석
③ 주요 사용공법 및 전문가 활용계획
④ 기후변화 관련 생태계조사

답 ④

2. 사업대상지역의 위치 및 현황분석, 사업기간, 총사업비

3. 주요 사용공법 및 전문가 활용계획

4. 사업에 대한 점검 · 평가 및 유지관리계획

5. 그 밖에 자연환경복원사업의 시행에 필요한 사항

③ 자연환경복원사업 시행자는 자연환경복원사업계획을 수립한 경우 환경부장관의 승인을 받아야 한다. 승인받은 사항 중 환경부령으로 정하는 중요한 사항을 변경하려는 경우에도 또한 같다.

④ 환경부장관은 자연환경복원사업계획을 검토할 때에 필요하면 관계 전문가의 의견을 듣거나 자연환경복원사업 시행자에게 관련 자료의 제출을 요청할 수 있다.

⑤ 환경부장관은 ③에 따라 자연환경복원사업계획의 승인 또는 변경승인을 한 경우에는 그 내용을 관보에 고시하여야 한다.

⑥ 환경부장관 및 자연환경복원사업 시행자는 자연환경복원사업계획에 따라 자연환경복원사업을 시행하여야 하며, 환경부장관은 자연환경복원사업 시행자가 ③의 승인을 받은 자연환경복원사업계획에 따라 자연환경복원사업을 시행하지 아니한 경우 제45조의3 제3항에 따라 지원한 비용의 전부 또는 일부를 환수할 수 있다.

⑦ ①에 따른 자연환경복원사업계획의 수립 및 ③에 따른 환경부장관의 승인 · 변경승인, ⑥에 따른 비용의 환수 등에 필요한 사항은 환경부령으로 정한다.

(3) 자연환경복원사업 추진실적의 보고 · 평가

① 자연환경복원사업 시행자는 자연환경복원사업계획에 따른 자연환경복원사업의 추진실적을 환경부장관에게 정기적으로 보고하여야 한다.

② 환경부장관은 ①에 따라 보고받은 추진실적을 평가하여 그 결과에 따라 자연환경복원사업에 드는 비용을 차등하여 지원할 수 있다.

③ 환경부장관은 ②에 따른 평가를 효율적으로 시행하는 데 필요한 조사 · 분석 등을 관계 전문기관에 의뢰할 수 있다.

④ ①에 따른 추진실적의 보고, ②에 따른 추진실적의 평가기준 · 방법 · 절차 및 비용의 차등 지원에 필요한 사항은 대통령령으로 정한다.

(4) 자연환경복원사업의 유지 · 관리

① 환경부장관 및 자연환경복원사업 시행자는 자연환경복원사업을 완료한 후 복원 목표의 달성정도를 지속적으로 점검하고 그 결과를 반영하여 복원된 자연환경을 유지 · 관리하여야 한다.

② ①에도 불구하고 환경부장관은 대통령령으로 정하는 자연환경복원사업에 대하여 정기적으로 점검한 결과 필요하다고 인정하는 때에는 자연환경복원사업 시행자에 대하여 그 결과를 반영하여 복원된 자연환경을 유지 · 관리하도록 권고할 수 있다.

③ 환경부장관은 ②에 따른 권고에 필요한 점검 및 그 결과의 분석 등을 관계 전문기관에 의뢰할 수 있다.

④ ① 및 ②에 따른 점검의 내용·방법·절차 및 권고 등 복원된 자연환경의 유지·관리에 필요한 사항은 대통령령으로 정한다.

6) 생태계보전부담금

(1) 생태계보전부담금

① 환경부장관은 생태적 가치가 낮은 지역으로 개발을 유도하고 자연환경 또는 생태계의 훼손을 최소화할 수 있도록 자연환경 또는 생태계에 미치는 영향이 현저하거나 생물다양성의 감소를 초래하는 사업을 하는 사업자에 대하여 생태계보전부담금을 부과·징수한다.〈개정 2020. 5. 26., 2021. 1. 5.〉

② ①에 따른 생태계보전부담금의 부과대상이 되는 사업은 다음과 같다. 다만, 제50조 제1항 본문에 따른 자연환경보전사업 및 「해양생태계의 보전 및 관리에 관한 법률」 제49조 제2항에 따른 해양생태계보전협력금의 부과대상이 되는 사업은 제외한다.〈개정 2021. 1. 5.〉

1. 「환경영향평가법」 제9조에 따른 전략환경영향평가 대상계획 중 개발면적이 3만 제곱미터 이상인 개발사업으로서 대통령령으로 정하는 사업

2. 「환경영향평가법」 제22조 및 제42조에 따른 환경영향평가대상사업

3. 「광업법」 제3조 제2호에 따른 광업 중 대통령령으로 정하는 규모 이상의 노천탐사·채굴사업

4. 「환경영향평가법」 제43조에 따른 소규모환경영향평가 대상개발사업으로 개발면적이 3만 제곱미터 이상인 사업

5. 그 밖에 생태계에 미치는 영향이 현저하거나 자연자산을 이용하는 사업 중 대통령령으로 정하는 사업

③ ①에 따른 생태계보전부담금은 생태계의 훼손면적에 단위면적당 부과금액과 지역계수를 곱하여 산정·부과한다. 다만, 생태계의 보전·복원목적의 사업 또는 국방목적의 사업으로서 대통령령으로 정하는 사업에 대하여는 생태계보전부담금을 감면할 수 있다.〈개정 2021. 1. 5.〉

④ ①에 따른 생태계보전부담금 및 제48조 제1항에 따른 가산금은 「환경정책기본법」에 따른 환경개선특별회계의 세입으로 한다.〈개정 2020. 5. 26., 2021. 1. 5.〉

⑤ 환경부장관은 제61조 제1항에 따라 시·도지사에게 생태계보전부담금 또는 가산금의 징수에 관한 권한을 위임한 경우에는 징수된 생태계보전부담금 및 가산금 중 대통령령으로 정하는 금액을 해당사업지역을 관할하는 시·도지사에게 교부할 수 있다. 이 경우 시·도지사는 대통령령으로 정하는 바에 따라 교부금의 일부를 생태계보전부담금의 부과·징수비용으로 사용할 수 있다.〈개정 2020. 5. 26., 2021. 1. 5.〉

기출예상문제

「자연환경보전법」 제46조(생태계보전부담금)에 따른 생태계보전부담금 부과대상이 아닌 것은?

① 「해양생태계의 보전 및 관리에 관한 법률」에 따른 해양생태계보전협력금 부과대상사업

② 「환경영향평가법」 제9조에 따른 전략환경영향평가 대상계획 중 개발면적이 3만 제곱미터 이상인 개발사업으로서 대통령령으로 정하는 사업

③ 「환경영향평가법」 제22조 및 제42조에 따른 환경영향평가 대상사업

④ 「환경영향평가법」 제43조에 따른 소규모환경영향평가 대상개발사업으로, 개발면적이 3만 제곱미터 이상인 사업

답 ①

기출예상문제

「자연환경보전법」 시행령 제38조(생태계보전부담금의 부과·징수)에 따른 단위면적당 부과금액은?

① 200원   ② 250원
③ 300원   ④ 350원

답 ③

⑥ ①에 따른 생태계보전부담금의 징수절차 · 감면기준 · 단위면적당 부과금액, 지역계수 및 납부방법, 그 밖에 필요한 사항은 대통령령으로 정한다. 이 경우 단위면적당 부과금액은 훼손된 생태계의 가치를 기준으로 하고, 지역계수는 제34조 제1항에 따른 생태 · 자연도의 권역 · 지역 및 「국토의 계획 및 이용에 관한 법률」에 따른 토지의 용도를 기준으로 한다.〈개정 2021. 1. 5.〉

[시행일 : 2022. 1. 6.]

(2) 사업 인 · 허가 등의 통보

① 제46조 제2항에 따른 생태계보전부담금의 부과대상이 되는 사업의 인 · 허가 등을 한 행정기관의 장은 그날부터 20일 이내에 사업자, 사업내용, 사업의 규모 그 밖에 대통령령으로 성하는 인 · 허가 등의 내용을 환경부장관에게 봉보하여야 한다.〈개정 2020. 5. 26., 2021. 1. 5.〉

② 환경부장관은 ①에 따른 통보를 받은 날부터 1개월 이내에 생태계보전부담금의 부과금액 · 납부기한 등에 관한 사항을 사업자에게 통지하여야 한다.〈개정 2020. 5. 26., 2021. 1. 5.〉

③ ① 및 ②에 따른 통보의 내용 · 방법 그 밖에 필요한 사항은 환경부령으로 정한다.〈개정 2020. 5. 26.〉

[시행일 : 2022. 1. 6.]

(3) 생태계보전부담금의 강제징수

① 환경부장관은 제46조에 따라 생태계보전부담금을 납부하여야 하는 사람이 납부기한 이내에 이를 납부하지 아니한 경우에는 30일 이상의 기간을 정하여 이를 독촉하여야 한다. 이 경우 체납된 생태계보전부담금에 대하여는 100분의 3에 상당하는 가산금을 부과한다.〈개정 2020. 5. 26.〉

② ①에 따른 독촉을 받은 사람이 기한 이내에 생태계보전부담금과 가산금을 납부하지 아니한 경우에는 국세체납처분의 예에 따라 이를 징수할 수 있다.〈개정 2020. 5. 26., 2021. 1. 5.〉

[시행일 : 2022. 1. 6.]

(4) 생태계보전부담금의 용도 등

① 생태계보전부담금 및 제46조 제5항에 따라 교부된 금액은 다음의 용도에 사용하여야 한다. 다만, 「광업법」 제3조 제2호에 따른 광업으로서 산림 및 산지를 대상으로 하는 사업에서 조성된 생태계보전부담금은 이를 산림 및 산지 훼손지의 생태계복원사업을 위하여 사용하여야 한다.〈개정 2020. 5. 26., 2021. 1. 5.〉

1. 생태계 · 생물종의 보전 · 복원사업

1의2. 자연환경복원사업

2. 삭제〈2021. 1. 5.〉

3. 삭제〈2021. 1. 5.〉

기출예상문제

「자연환경보전법」제49조(생태계보전부담금의 용도 등)에 명시된 생태계보전부담금의 사용용도가 아닌 것은?

① 생태계 · 생물종의 보전 · 복원사업
② 자연환경복원사업
③ 자연환경보전 · 이용시설의 설치 · 운영
④ 도시공원조성사업

답 ④

4. 제18조에 따른 생태계보전을 위한 토지 등의 확보

5. 제19조에 따른 생태·경관보전지역 등의 토지 등의 매수

6. 삭제〈2021. 1. 5.〉

7. 삭제〈2021. 1. 5.〉

8. 삭제〈2021. 1. 5.〉

9. 제38조에 따른 자연환경보전·이용시설의 설치·운영

9의2. 제43조의2에 따른 도시생태복원사업

10. 삭제〈2021. 1. 5.〉

11. 제45조에 따른 생태통로 설치사업

12. 제50조제1항 본문에 따라 생태계보전부담금을 돌려받은 사업의 조사·유지·관리

13. 유네스코가 선정한 생물권보전지역의 보전 및 관리

14. 그 밖에 자연환경보전 등을 위하여 필요한 사업으로서 대통령령으로 정하는 사업

② 환경부장관은 제46조 제5항에 따라 시·도지사에게 교부된 금액이 ①에서 정한 용도 외에 다른 용도로 사용된 경우 그 금액만큼 환수하거나 감액하여 교부할 수 있다. 다만, 제46조 제5항 후단에 따라 생태계보전부담금의 부과·징수비용으로 사용된 경우는 제외한다.〈신설 2021. 1. 5.〉

[시행일 : 2022. 1. 6.]

(5) 생태계보전부담금의 반환·지원

① 환경부장관은 생태계보전부담금을 납부한 자 또는 생태계보전부담금을 납부한 자로부터 자연환경보전사업의 시행 및 생태계보전부담금의 반환에 관한 동의를 받은 자(이하 "자연환경보전사업 대행자"라 한다)가 환경부장관의 승인을 받아 대체자연의 조성, 생태계의 복원 등 대통령령으로 정하는 자연환경보전사업을 시행하는 경우에는 납부한 생태계보전부담금 중 대통령령으로 정하는 금액을 돌려줄 수 있다. 다만, 산림 또는 산지에서 시행하는 제46조 제2항 제3호에 따른 사업으로 인하여 부과된 생태계보전부담금에 대하여는 반환금 또는 반환예정금액의 범위에서 다른 법률에 따라 시행하는 산림 또는 산지를 대상으로 하는 훼손지복원사업에 지원할 수 있다.〈개정 2020. 5. 26., 2021. 1. 5.〉

② ①에 따른 환경부장관의 승인, 생태계보전부담금을 납부한 자의 동의, 자연환경보전사업 대행자의 자격과 범위, 생태계보전부담금의 반환·지원에 관하여 필요한 사항은 대통령령으로 정한다.〈개정 2020. 5. 26., 2021. 1. 5.〉

[시행일 : 2022. 1. 6.]

기출예상문제

「자연환경보전법」시행령 제46조(자연환경보전사업의 범위 및 생태계보전부담금의 반환 등)에 해당하지 않는 것은?

① 소생태계 조성사업
② 생태통로 조성사업
③ 대체자연 조성사업
④ 자연환경보전·이용시설의 설치사업
⑤ 도시공원 조성사업

답 ⑤

③ 생태계보전부담금의 반환사업 개념도

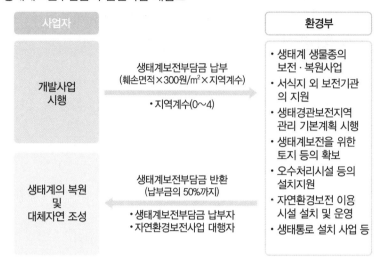

기출예상문제

「생물다양성보전 및 이용에 관한 법률」에 따른 "국내에 유입될 경우 생태계에 위해를 미칠 우려가 있는 생물로서 환경부장관이 지정·고시하는 것을 말한다." 로 정의되는 것은?

① 유입주의생물
② 생태계교란생물
③ 외래생물
④ 생태계위해우려생물

답 ①

5. 생물다양성보전 및 이용에 관한 법률(약칭 : 생물다양성법)

1) 총칙

(1) 목적

이 법은 생물다양성의 종합적·체계적인 보전과 생물자원의 지속가능한 이용을 도모하고 「생물다양성협약」의 이행에 관한 사항을 정함으로써 국민생활을 향상시키고 국제협력을 증진함을 목적으로 한다.

(2) 정의

1. "생물다양성"이란 육상생태계 및 수생생태계와 이들의 복합생태계를 포함하는 모든 원천에서 발생한 생물체의 다양성을 말하며, 종내(種內)·종간(種間) 및 생태계의 다양성을 포함한다.

2. "생태계"란 식물·동물 및 미생물군집(群集)들과 무생물환경이 기능적인 단위로 상호작용하는 역동적인 복합체를 말한다.

3. "생물자원"이란 사람을 위하여 가치가 있거나 실제적 또는 잠재적 용도가 있는 유전자원, 생물체, 생물체의 부분, 개체군 또는 생물의 구성요소를 말한다.

4. "유전자원"이란 유전(遺傳)의 기능적 단위를 포함하는 식물·동물·미생물 또는 그 밖에 유전적 기원이 되는 유전물질 중 실질적 또는 잠재적 가치를 지닌 물질을 말한다.

5. "지속가능한 이용"이란 현재 세대와 미래 세대가 동등한 기회를 가지고 생물자원을 이용하여 그 혜택을 누릴 수 있도록 생물다양성의 감소를 유발하지 아니하는 방식과 속도로 생물다양성의 구성요소를 이용하는 것을 말한다.

6. "전통지식"이란 생물다양성의 보전 및 생물자원의 지속가능한 이용에 적합한 전통적 생활양식을 유지하여 온 개인 또는 지역사회의 지식, 기술 및 관행(慣行) 등을 말한다.

6의2. "유입주의생물"이란 국내에 유입(流入)될 경우 생태계에 위해(危害)를 미칠 우려가 있는 생물로서 환경부장관이 지정ㆍ고시하는 것을 말한다.〈신설 2018. 10. 16.〉

7. "외래생물"이란 외국으로부터 인위적 또는 자연적으로 유입되어 그 본래의 원산지 또는 서식지를 벗어나 존재하게 된 생물을 말한다.

8. "생태계교란생물"이란 다음의 어느 하나에 해당하는 생물로서 제21조의2 제1항에 따른 위해성평가 결과 생태계 등에 미치는 위해가 큰 것으로 판단되어 환경부장관이 지정ㆍ고시하는 것을 말한다.〈개정 2018. 10. 16.〉

　가. 유입주의생물 및 외래생물 중 생태계의 균형을 교란하거나 교란할 우려가 있는 생물

　나. 유입주의생물이나 외래생물에 해당하지 아니하는 생물 중 특정지역에서 생태계의 균형을 교란하거나 교란할 우려가 있는 생물

　다. 삭제

8의2. "생태계위해우려생물"이란 다음의 어느 하나에 해당하는 생물로서 제21조의2 제1항에 따른 위해성평가 결과 생태계 등에 유출될 경우 위해를 미칠 우려가 있어 관리가 필요하다고 판단되어 환경부장관이 지정ㆍ고시하는 것을 말한다.

　가. 「야생생물보호 및 관리에 관한 법률」 제2조 제2호에 따른 멸종위기야생생물 등 특정생물의 생존이나 「자연환경보전법」 제12조 제1항에 따른 생태ㆍ경관보전지역 등 특정지역의 생태계에 부정적 영향을 주거나 줄 우려가 있는 생물

　나. 제8호의 어느 하나에 해당하는 생물 중 산업용으로 사용 중인 생물로서 다른 생물 등으로 대체가 곤란한 생물

9. "외국인"이란 다음의 어느 하나에 해당하는 자를 말한다.

　가. 대한민국 국적을 가지지 아니한 사람

　나. 외국의 법률에 따라 설립된 법인(외국에 본점 또는 주된 사무소를 가진 법인으로서 대한민국의 법률에 따라 설립된 법인을 포함한다)

10. "생태계서비스"란 인간이 생태계로부터 얻는 다음의 어느 하나에 해당하는 혜택을 말한다.〈신설 2019. 12. 10.〉

　가. 식량, 수자원, 목재 등 유형적 생산물을 제공하는 공급서비스

　나. 대기 정화, 탄소 흡수, 기후 조절, 재해 방지 등의 환경조절서비스

　다. 생태관광, 아름답고 쾌적한 경관, 휴양 등의 문화서비스

　라. 토양 형성, 서식지 제공, 물질순환 등 자연을 유지하는 지지서비스

(3) 기본원칙

생물다양성보전 및 생물자원의 지속가능한 이용을 위하여 다음의 기본원칙이 준수되어야 한다.〈개정 2019. 12. 10.〉

1. 생물다양성은 모든 국민의 자산으로서 현재 세대와 미래 세대를 위하여 보전되어야 한다.

2. 생물자원은 지속가능한 이용을 위하여 체계적으로 보호되고 관리되어야 한다.

기출예상문제

「생물다양성보전 및 이용에 관한 법률」에 따라 5년마다 국가생물다양성전략을 수립하여야 한다. 그 내용에 포함되지 않는 것은?

① 생물다양성 구성요소의 지속가능한 이용
② 생물다양성에 대한 위협의 대처
③ 생물다양성에 영향을 주는 유입주의생물 및 외래생물의 관리
④ 생태계교란생물 지정 및 관리

답 ④

3. 국토의 개발과 이용은 생물다양성의 보전 및 생물자원의 지속가능한 이용과 조화를 이루어야 한다.

4. 산·하천·호소(湖沼)·연안·해양으로 이어지는 생태계의 연계성과 균형은 체계적으로 보전되어야 한다.

5. 생태계서비스는 생태계의 보전과 국민의 삶의 질 향상을 위하여 체계적으로 제공되고 증진되어야 한다.

6. 생물다양성보전 및 생물자원의 지속가능한 이용에 대한 국제협력은 증진되어야 한다.

2) 국가생물다양성전략

(1) 국가생물다양성전략의 수립

① 정부는 국가의 생물다양성보전과 그 구성요소의 지속가능한 이용을 위한 전략(이하 "국가생물다양성전략"이라 한다)을 5년마다 수립하여야 한다.

② 국가생물다양성전략에는 다음의 사항이 포함되어야 한다. 〈개정 2018. 10. 16., 2019. 12. 10.〉

1. 생물다양성의 현황·목표 및 기본방향

2. 생물다양성 및 그 구성요소의 보호 및 관리

3. 생물다양성 구성요소의 지속가능한 이용

4. 생물다양성에 대한 위협의 대처

5. 생물다양성에 영향을 주는 유입주의생물 및 외래생물의 관리

6. 생물다양성 및 생태계서비스 관련 연구·기술개발, 교육·홍보 및 국제협력

7. 생태계서비스의 체계적인 제공 및 증진

8. 그 밖에 생물다양성의 보전 및 이용에 필요한 사항

③ 관계 중앙행정기관의 장은 국가생물다양성전략의 원활한 수립을 위하여 ②의 사항에 대하여 소관 분야별로 추진전략을 수립하여 환경부장관에게 통보하여야 한다.

④ 국가생물다양성전략은 환경부장관이 ③에 따른 소관별 추진전략을 총괄하여 작성하고, 국무회의의 심의를 거쳐 확정된다. 이 경우 환경부장관은 국가생물다양성전략의 원활한 수립을 위하여 필요하다고 인정하면 국무회의 심의 전에 관계 전문가의 의견 청취 및 관계 중앙행정기관의 장과의 협의를 할 수 있다.

⑤ 환경부장관은 ④에 따라 확정된 국가생물다양성전략을 공고하여야 한다.

⑥ 국가생물다양성전략을 변경하려는 경우에는 ③부터 ⑤까지의 규정을 준용한다. 다만, 대통령령으로 정하는 경미한 사항을 변경하는 경우에는 그러하지 아니하다.

⑦ 그 밖에 국가생물다양성전략의 수립 등에 필요한 사항은 대통령령으로 정한다.

3) 생물다양성 및 생물자원의 보전

(1) 생물다양성의 조사

(2) 국가생물종목록의 구축

(3) 생물자원의 국외반출

① 환경부장관은 생물다양성의 보전을 위하여 보호할 가치가 높은 생물자원으로서 대통령령으로 정하는 기준에 해당하는 생물자원을 관계 중앙행정기관의 장과 협의하여 국외반출승인대상 생물자원으로 지정·고시할 수 있다.

② 누구든지 ①에 따라 지정·고시된 생물자원(이하 "반출승인대상 생물자원"이라 한다)을 국외로 반출하려면 환경부령으로 정하는 바에 따라 환경부장관의 승인을 받아야 한다. 다만, 「농업생명자원의 보존·관리 및 이용에 관한 법률」 제18조 제1항 또는 「해양수산생명자원의 확보·관리 및 이용 등에 관한 법률」 제22조 제1항에 따른 국외반출승인을 받은 경우에는 그러하지 아니하다. 〈개정 2016. 12. 27.〉

③ 환경부장관은 반출승인대상 생물자원이 다음의 어느 하나에 해당하는 경우에는 국외반출을 승인하지 아니할 수 있다.

  1. 극히 제한적으로 서식하는 경우

  2. 국외로 반출될 경우 국가 이익에 큰 손해를 입힐 것으로 우려되는 경우

  3. 경제적 가치가 높은 형태적·유전적 특징을 가지는 경우

  4. 국외에 반출될 경우 그 종의 생존에 위협을 줄 우려가 있는 경우

(4) 생물다양성 감소 등에 대한 긴급조치

① 환경부장관, 관계 중앙행정기관의 장 및 특별시장·광역시장·특별자치시장·도지사·특별자치도지사는 다음의 어느 하나에 해당하는 경우에는 긴급복구, 구조·치료, 공사중지 등 생물다양성의 급격한 감소를 피하거나 최소화할 수 있는 조치를 할 수 있다. 다만, 관계 중앙행정기관의 장은 해당 조치 내역을 환경부장관에게 지체 없이 통보하여야 하며, 특별시장·광역시장·특별자치시장·도지사·특별자치도지사(이하 "시·도지사"라 한다)는 시행한 조치에 대하여 환경부장관의 승인을 받아야 한다. 〈개정 2018. 10. 16.〉

  1. 자연재해 등 국가적 또는 지역적 생물다양성에 심각한 영향을 미치는 사태가 발생한 경우

  2. 생물다양성이 심각하게 감소하거나 소실(消失)될 위험에 처한 경우

  3. 개발사업 등의 시행으로 인하여 야생생물의 번식지나 서식지가 대규모로 훼손될 위험에 처한 경우

② 환경부장관, 관계 중앙행정기관의 장 및 시·도지사는 ①에 따른 조치에 따라 직접적인 경제적 손실을 입은 자에게 그 손실에 상당하는 비용을 보상할 수 있다.

③ ① 및 ②에 따른 조치의 세부내용 및 방법 등 그 밖에 필요한 사항은 대통령령으로 정한다.

(5) 생태계보전 및 복원 지원 등

① 국가와 지방자치단체는 생태계의 균형이 파괴되지 아니하도록 생태계의 보전, 훼손된 생태계의 복원 또는 생태계서비스의 회복을 위하여 필요한 시책을 수립하여

기출예상문제

「생물다양성 보전 및 이용에 관한 법률」에 따라 환경부장관은 반출승인대상 생물자원을 국외반출 승인을 하지 아니할 수 있다. 그 대상이 아닌 것은?

① 극히 제한적으로 서식하는 경우

② 국외로 반출될 경우 국가 이익에 큰 손해를 입힐 것으로 우려되는 경우

③ 경제적 가치가 높은 형태적·유전적 특징을 가지는 경우

④ 국외로 반출될 경우 반출지역에 피해를 줄 우려가 있는 경우

    답 ④

야 한다.〈개정 2019. 12. 10.〉

② 국가와 지방자치단체는 생태계의 보전 및 복원에 참여하는 주민·단체 등에 대하여 지원할 수 있다.

(6) 생태계서비스지불제계약

① 정부는 다음의 지역이 보유한 생태계서비스의 체계적인 보전 및 증진을 위하여 토지의 소유자·점유자 또는 관리인과 자연경관 및 자연자산의 유지·관리, 경작방식의 변경, 화학물질의 사용 감소, 습지의 조성, 그 밖에 토지의 관리방법 등을 내용으로 하는 계약(이하 "생태계서비스지불제계약"이라 한다)을 체결하거나 지방자치단체의 장에게 생태계서비스지불제계약의 체결을 권고할 수 있다.〈개정 2019. 12. 10.〉

1. 생태·경관보전지역

2. 습지보호지역

3. 자연공원

4. 야생생물특별보호구역

5. 야생생물보호구역

6. 멸종위기야생생물보호 및 생물다양성 증진이 필요한 지역(멸종위기야생생물의 보호를 위하여 필요한 지역, 생물다양성의 증진 또는 생태계서비스의 회복이 필요한 지역, 생물다양성이 독특하거나 우수한 지역)

7. 그 밖에 대통령령으로 정하는 지역

② 정부 또는 지방자치단체의 장이 생태계서비스지불제계약을 체결하는 경우에는 대통령령으로 정하는 기준에 따라 그 계약의 이행 상대자에게 정당한 보상을 하여야 한다.〈개정 2019. 12. 10.〉

③ 생태계서비스지불제계약을 체결한 당사자가 그 계약내용을 이행하지 아니하거나 계약을 해지하려는 경우에는 상대방에게 3개월 이전에 이를 통보하여야 한다.〈개정 2019. 12. 10.〉

④ 정부는 국민신탁법인 또는 대통령령으로 정하는 민간기구가 생태계서비스지불제계약을 체결하는 경우에는 그 이행에 필요한 지원을 할 수 있다.〈신설 2019. 12. 10.〉

⑤ 생태계서비스지불제계약의 체결 등 그 밖에 필요한 사항은 대통령령으로 정한다.〈개정 2019. 12. 10.〉

4) 국가생물다양성센터 등

① 국가생물다양성센터의 운영 등

② 국가생물다양성 정보공유체계 구축·운영 등

③ 생물자원에 대한 이익 공유

④ 전통지식의 보호 등

기출예상문제

「생물다양성 보전 및 이용에 관한 법률」에서 생태계서비스의 체계적인 보전 및 증진을 위하여 "생태계서비스지불제계약"을 명시하고 있다. 다음 중 해당지역이 아닌 곳은?

① 생태·경관보전지역
② 습지보호지역
③ 자연공원
④ 야생동물보호구역
⑤ 도시공원

답 ⑤

5) 유입주의생물 등의 관리
　① 위해성평가
　② 유입주의생물의 수입 · 반입 승인 등
　③ 유입주의생물의 관리
　④ 생태계교란생물 등의 지정해제 등
　⑤ 생태계교란생물의 관리
　⑥ 생태계위해우려생물의 관리
　⑦ 생태계교란생물 등의 방출 등 금지
　⑧ 생태계교란생물 지정에 따른 사육 · 재배의 유예
　⑨ 승인 · 허가의 취소 등

유입주의생물

1. 용어 설명
　1) 외래생물 : 외국에서 인위적 또는 자연적으로 유입되어 원산지 또는 본래 서식지를 벗어나 서식하게 된 생물
　2) 유입주의생물 : 국내에 유입될 경우 생태계에 위해를 미칠 우려가 있는 생물
　3) 생태계교란생물
　　① 유입주의생물 및 외래생물 중 생태계균형을 교란하거나 교란할 우려가 있는 생물
　　② 유입주의생물이나 외래생물에 해당하지 않는 생물 중 특정지역에서 생태계균형을 교란하거나 교란할 우려가 있는 생물
　4) 생태계위해우려생물
　　① 「야생생물보호 및 관리에 관한 법률」 제2조 제2호에 따른 멸종위기야생생물 중 특정생물의 생존이나 「자연환경보전법」 제12조 제1항에 따른 생태 · 경관보전지역 등 특정지역의 생태계에 부정적 영향을 주거나 줄 우려가 있는 생물
　　② 유입주의생물 및 외래생물 중 산업용으로 쓰는 생물로서 다른 생물 등으로 대체가 곤란한 생물

2. 유입주의생물 지정기준
　1) 기존 위해우려종 및 국제적으로 위해성이 공인된 생물종
　　① 국제자연보전연맹(IUCN) 세계 100대 최악의 침입외래종 등 국제기구에서 위해하다고 인정하는 생물종
　　② 인접국(중국, 일본) 및 주요 교역국(미국, EU 국가 등)의 법정관리 대상 위해생물종 (타 국가 수입 · 반입 금지종 우선 검토)
　2) 사회적 또는 생태적 피해를 야기한 사례가 있는 생물종
　　인체질병 및 산업피해 등 사회적 피해를 유발하거나 토착종 포식 · 교잡 등으로 생태계에 위해를 끼칠 사례가 있는 생물종
　3) 기존 생태계교란생물과 유전적 · 생태적 특성이 유사한 생물종
　　① 생태계교란생물 지정의 풍선효과로 인해 수요가 증가할 것으로 예상되는 유사 생물종
　　② 특성이 유사한 근연종이 다수일 경우 해당 속(Genus)
　4) 본 서식지여건이 국내환경과 유사해 정착 가능성이 높은 생물종
　　번식성이 강해 확산 우려가 높은 생물종

기출예상문제

국내에 유입될 경우 생태계에 위해를 미칠 우려가 있는 생물(유입주의생물)의 지정기준이 아닌 것은?
① 기존 위해우려종 및 국제적으로 위해성이 공인된 생물종
② 사회적 또는 생태적 피해를 야기한 사례가 있는 생물종
③ 기존 생태계교란생물과 유전적 · 생태적 특성이 유사한 생물종
④ 산업용으로 쓰는 생물로서 다른 생물 등으로 대체가 곤란한 생물

답 ④

▶ 유입주의생물 지정현황〈2020년 4월 13일 기준〉

분류군	학명	분류군	학명
포유류	태평양쥐	어류	작은입배스
	북미들쥐		중국쏘가리
	태국다람쥐		모기송사리
	작은몽구스		북방민물꼬치고기
	멕시코회색다람쥐		줄가물치
	큰겨울잠쥐		유럽둥근망둑
	유럽비버		유라시아민물농어
	흰꼬리사슴		북아프리카동자개
	줄무늬멧돼지		붉은파쿠
	북미사막토끼		피라냐
	아시아작은몽구스		엘리게이터가
	동부회색다람쥐		남미붉은꼬리동자개
	북방족제비		호주민물대구
	아홉띠아르마딜로		아메리카청어
	아메리카밍크		회색청어
	네발가락고슴도치		보핀
	그리벳원숭이		파이크농어
	붉은방둥이아구티		큰입북미잉어
	흡혈박쥐		검은북미잉어
	뜰겨울잠쥐		큰입술잉어
	프랑켓견장과일박쥐		초록블루길
	망치머리박쥐		긴귀블루길
	무플론		얼룩무늬배스
	재규어푸마		유럽미꾸리
	붉은배청서		청잉어
조류	검은목갈색찌르레기		중국미꾸라지
	집참새		발기
	일본꿩		대서양칠성장어
	붉은수염직박구리		넓적머리동자개
	목점박이비둘기		대서양연어
	집양진이		웰스메기
	집까마귀		북미갈색동자개

분류군	학명	분류군	학명
어류	북미검정동자개	어류	유럽흰연어
	북미흰농어		마라이나흰연어
	흰배스		페일리드흰연어
	러드		동부모스퀴토피쉬
	붉은다비라납지리		푸른채널동자개
	아스피우스황어		벌레무늬플래코
	비와매치		오리노코플래코
	일본긴줄몰개		로우치
	비와강준치		거울잉어
	검정입북미잉어		톡소스톰황어
	검정민물꼬치고기		미다스키클리드
	작은머리큰가시고기		유럽담수티올카
	비와산천어		이탈리아기름종개
	클라크송어		롱테일드워프망둑
	긴코서커		유럽머쉬룸망둑
	비와종개		몽키망둑
	러시아납지리		카스피큰머리망둑
	기벨리오붕어		카스피모래망둑
	유럽몰개		아르헨티나실버사이드
	유럽야레		마블독가시치
	일본참중고기	연체동물	초록담치
	황점블루길	절지동물	마블가재
	파나우가물치	양서류	쿠바청개구리
	볼가민물꼬치농어		아프리카발톱개구리
	볼가민물꼬치농어		웃는개구리
	일본퉁가리		유럽연못개구리
	나일농어		동일본두꺼비
	줄농어		서일본두꺼비
	러프민물농어		히로시마늪개구리
	금빛황어		사키시마늪개구리
	블릭		일본산개구리
	다뉴브블릭		다루마개구리
	벤데이스흰연어		서유럽황갈색두꺼비

분류군	학명	분류군	학명
양서류	모리타니두꺼비	파충류	검은머리고양이눈뱀
	사탕수수두꺼비		호피무늬뱀
	유럽식용개구리		콜롬비아무지개보아
	발칸개구리		호주란셀섬도마뱀
	대평원두꺼비		무지개도마뱀
	붉은점박이두꺼비		보석거북(중국줄무늬거북)과 남생이 교잡종
	미국장수도룡뇽		일본돌거북(일본남생이)과 남생이 교잡종
	아시아검은안경두꺼비	곤충	노랑미친개미
	돼지개구리	거미	시드니깔대기거미
	강개구리		파라과이과부거미
	북방표범개구리		갈라파고스과부거미
	아시아녹색개구리		플로리다붉은점과부거미
	인도황소개구리		검은발과부거미
	동아시아황소개구리		아르헨붉은줄과부거미
	염소울음청개구리		남미과부거미
	호주남부갈색청개구리		검은배과부거미
	호주남부종개구리		아르헨티나흰줄과부거미
파충류	호주갈색나무뱀		붉은불짜과부거미
	가짜지도거북		검붉은과부거미
	유럽살모사		갈색과부거미
	노랑늪거북		붉은등줄과부거미
	북미지도거북		붉은배과부거미
	카스피민물거북		가시과부거미
	아프리카헬멧거북		아프리카검은과부거미
	아르메니아도마뱀		남아프리카검은과부거미
	동인도갈색도마뱀		뉴질랜드과부거미
	인도차이나숲도마뱀		검은띠과부거미
	동양정원도마뱀		검은과부거미
	갈색점박이살모사		마다가스카르검은과부거미
	녹색고양이눈뱀		아르헨티나불짜과부거미
	붉은목유혈목이		마다가스카르갈색과부거미
	개이빨고양이눈뱀		흰배과부거미

분류군	학명	분류군	학명
거미	아르헨붉은점과부거미	식물	미국물수세미
	콩팥과부거미		좀생이가래
	이스라엘과부거미		잔디잎소귀나물
	남아프리카갈색과부거미		퍼진수레국화
	칠레과부거미		초원기장풀
	붉은점과부거미		페르시아호밀풀
	얼룩과부거미		버펄로참새피
	북미흰줄과부거미		유럽자라풀
식물	개줄덩굴		총검자라풀
	큰지느러미엉겅퀴		닻부레옥잠
	가는꽃지느러미엉겅퀴		화살잎물옥잠
	양지등골나물		야생염소풀
	덩굴등골나물		넓은잎강아지풀
	갯솜방망이		야생오이
	미국갯금불초		아프리카구기자
	미국가시풀		파나마참새피
	버마갈대		흰꽃장대냉이
	아프리카기장		둥근열매다닥냉이
	들묵새아재비		검은창끝겨이삭
	중국닭의덩굴		좁은꽃갯줄풀
	서양어수리		분홍수레국화
	서양물피막이		기는뻐꾹채
	아프리카밀나물		호생꽃물수세미
	점개구리밥		악취시계꽃
	캐나다말		아메리카갯줄풀
	아프리카나도솔새		노랑꽃호주아카시아
	유럽미나리		사막가시골담초
	강변등골나물		남아프리카민들레
	솜엉겅퀴		남아프리카덩굴비짜루
	흑갓		마다가스카르브들레아
	가시땅비름		남아프리카송엽국
	왕메뚜기콩		미국가시풀
	덩굴가지		산비장이아재비

분류군	학명	분류군	학명
식물	아메리카해변미역취	식물	고양이발톱덩굴
	지중해골담초		유럽푸른지치
	프랑스골담초		긴꽃초원기장풀
	유럽향기풀		유럽가솔송
	야생보리		갈래잎붉은서나물
	남미구슬박하		꼬마포인세티아
	성긴남미구슬박하		
	밤메꽃		
	미국독돼지풀		
	멕시코산호유동		
	처진줄기란타나		
	아프리카기장		
	불꽃소귀나무		
	호주돈나무		
	큰꽃용가시나무		
	남아프리카덩굴금방망이		
	미국덩굴옻나무		
	귀잎아카시아		
	타이완아카시아		
	가시바늘아카시아		
	호주아카시아		
	사막개밀		
	민거치자금우		
	꼬마채진목		
	다섯가시댑싸리		
	여우꼬리귀리		
	지중해엉겅퀴		
	국화아재비나무		
	안데스대왕갈대		
	흰털열매골담초		

▶ 생태계교란생물〈2021년 8월 31일 기준〉

구분	종명	
포유류	*Myocastor coypus*	뉴트리아
양서류 · 파충류	*Rana catesbeiana*	황소개구리
	Trachemys spp.	붉은귀거북속 전종
	Pseudemys concinna	리버쿠터
	Mauremys sinensis	중국줄무늬목거북
	Macrochelys temminckii	악어거북
	Pseudemys nelsoni	플로리다붉은배거북
어류	*Lepomis macrochirus*	파랑볼우럭(블루길)
	Micropterus salmoides	큰입배스
	Salmo trutta	브라운송어
갑각류	*Procambarus clarkii*	미국가재
곤충류	*Lycorma delicatula*	꽃매미
	Solenopsis invicta	붉은불개미
	Vespa velutina nigrithorax	등검은말벌
	Pochazia shantungensis	갈색날개매미충
	Metcalfa pruinosa	미국선녀벌레
	Linepithema humile	아르헨티나개미
	Anoplolepis gracilipes	긴다리비틀개미
	Melanoplus differentialis	빗살무늬미주메뚜기
식물	*Ambrosia artemisiaefolia* var. *elatior*	돼지풀
	Ambrosia trifida	단풍잎돼지풀
	Eupatorium rugosum	서양등골나물
	Paspalum distichum var. *indutum*	털물참새피
	Paspalum distichum var. *distichum*	물참새피
	Solanum carolinense	도깨비가지
	Rumex acetosella	애기수영
	Sicyos angulatus	가시박
	Hypochoeris radicata	서양금혼초
	Aster pilosus	미국쑥부쟁이
	Solidago altissima	양미역취
	Lactuca scariola	가시상추
	Spartina alterniflora	갯줄풀
	Spartina anglica	영국갯끈풀
	Humulus japonicus	환삼덩굴
	Alliaria petiolata	마늘냉이

기출예상문제

다음 중 생태계교란생물로 지정된 종이 아닌 것은?
① 플로리다붉은배거북
② 브라운송어
③ 미국가재
④ 칡덩굴

답 ④

기출예상문제

다음 중 생태계위해우려생물이
아닌 것은?

① 라쿤
② 대서양연어
③ 아프리카발톱개구리
④ 검매미

답 ④

▶ 생태계교란생물⟨2021년 8월 31일 기준⟩

구분	종명	
포유류	*Procyon lotor*	라쿤
어류	*Salmon salar*	대서양연어
	Pygocenrrus nattereri	피라냐
양서류	*Xenopus laevis*	아프리카발톱개구리

6. 야생생물보호 및 관리에 관한 법률(약칭 : 야생생물법)

1) 총칙

(1) 목적

야생생물과 그 서식환경을 체계적으로 보호·관리함으로써 야생생물의 멸종을 예방하고, 생물의 다양성을 증진시켜 생태계의 균형을 유지함과 아울러 사람과 야생생물이 공존하는 건전한 자연환경을 확보함을 목적으로 한다.

(2) 정의

1. "야생생물"이란 산·들 또는 강 등 자연상태에서 서식하거나 자생(自生)하는 동물, 식물, 균류·지의류(地衣類), 원생생물 및 원핵생물의 종(種)을 말한다.

2. "멸종위기야생생물"이란 다음의 어느 하나에 해당하는 생물의 종으로서 관계 중앙행정기관의 장과 협의하여 환경부령으로 정하는 종을 말한다.

   가. 멸종위기야생생물 Ⅰ급 : 자연적 또는 인위적 위협요인으로 개체수가 크게 줄어들어 멸종위기에 처한 야생생물로서 대통령령으로 정하는 기준에 해당하는 종

   나. 멸종위기야생생물 Ⅱ급 : 자연적 또는 인위적 위협요인으로 개체수가 크게 줄어들고 있어 현재의 위협요인이 제거되거나 완화되지 아니할 경우 가까운 장래에 멸종위기에 처할 우려가 있는 야생생물

3. "국제적 멸종위기종"이란 「멸종위기에 처한 야생동식물종의 국제거래에 관한 협약」(이하 "멸종위기종국제거래협약"이라 한다)에 따라 국제거래가 규제되는 다음의 어느 하나에 해당하는 생물로서 환경부장관이 고시하는 종을 말한다.

   가. 멸종위기에 처한 종 중 국제거래로 영향을 받거나 받을 수 있는 종으로서 멸종위기종국제거래협약의 부속서 Ⅰ에서 정한 것

   나. 현재 멸종위기에 처하여 있지는 아니하나 국제거래를 엄격하게 규제하지 아니할 경우 멸종위기에 처할 수 있는 종과 멸종위기에 처한 종의 거래를 효과적으로 통제하기 위하여 규제를 하여야 하는 그 밖의 종으로서 멸종위기종국제거래협약의 부속서 Ⅱ에서 정한 것

   다. 멸종위기종국제거래협약의 당사국이 이용을 제한할 목적으로 자기 나라의 관할권에서 규제를 받아야 하는 것으로 확인하고 국제거래 규제를 위하여 다른 당사국의 협력이 필요하다고 판단한 종으로서 멸종위기종국제거래협약의 부속서 Ⅲ에서 정한 것

4. "유해야생동물"이란 사람의 생명이나 재산에 피해를 주는 야생동물로서 환경부령으로 정하는 종을 말한다.

5. "인공증식"이란 야생생물을 일정한 장소 또는 시설에서 사육·양식 또는 증식하는 것을 말한다.

6. "생물자원"이란 「생물다양성보전 및 이용에 관한 법률」 제2조 제3호에 따른 생물자원을 말한다.

7. "야생동물질병"이란 야생동물이 병원체에 감염되거나 그 밖의 원인으로 이상이 발생한 상태로서 환경부령으로 정하는 질병을 말한다.

8. "질병진단"이란 죽은 야생동물 또는 질병에 걸린 것으로 확인되거나 걸릴 우려가 있는 야생동물에 대하여 부검, 임상검사, 혈청검사, 그 밖의 실험 등을 통하여 야생동물 질병의 감염 여부를 확인하는 것을 말한다.

2) 야생생물의 보호

(1) 서식지 외 보전기관의 지정

▶ 서식지 외 보전기관 지정현황(2018년 1월 31일 기준)

지정 번호	명칭	지정 동식물	지정일자	지정내역	관리기관
1	서울대공원	동물 22종	'00. 4. 12	반달가슴곰, 늑대, 여우, 표범, 호랑이, 삵, 수달, 두루미, 재두루미, 황새, 스라소니, 담비, 노랑부리저어새, 혹고니, 흰꼬리수리, 독수리, 큰고니, 금개구리, 남생이, 맹꽁이, 산양, 저어새	서울시
2	한라수목원	식물 26종	'00. 5. 25	개가시나무, 나도풍란, 만년콩, 삼백초, 순채, 죽백란, 죽절초, 지네발란, 파초일엽, 풍란, 한란, 황근, 탐라란, 석곡, 콩짜개란, 차걸이란, 전주물꼬리풀, 금자란, 한라솜다리, 암매, 제주고사리삼, 대흥란, 솔잎란, 자주땅귀개, 으름난초, 무주나무	제주도
3	(재)한택식물원	식물 19종	'01. 10. 12	가시오갈피나무, 개병풍, 노랑만병초, 대청부채, 독미나리, 미선나무, 백부자, 순채, 산작약, 연잎꿩의다리, 가시연꽃, 단양쑥부쟁이, 층층둥굴레, 홍월굴, 틸복주머니란, 날개하늘나리, 솔붓꽃, 제비붓꽃, 각시수련	이택주
4	(사)한국황새 복원연구센터	조류 2종	'01. 11. 1	황새, 검은머리갈매기	한국교원 대학교
5	내수면양식 연구센터	어류 3종	'01. 11. 1	꼬치동자개, 감돌고기, 모래주사	국립수산 과학원
6	여미지식물원	식물 10종	'03. 3. 10	한란, 암매, 솔잎란, 대흥란, 죽백란, 삼백초, 죽절초, 개가시나무, 만년콩, 황근	부국개발 (주)
7	삼성에버랜드 동물원	동물 5종	'03. 7. 1	호랑이, 산양, 두루미, 큰바다사자, 재두루미	삼성에버랜드 (주)
8	기청산식물원	식물 10종	'04. 3. 22	섬개야광나무, 섬시호, 섬현삼, 연잎꿩의다리, 매화마름, 갯봄맞이꽃, 큰바늘꽃, 솔붓꽃, 애기송이풀, 한라송이풀	이삼우

지정 번호	명칭	지정 동식물	지정일자	지정내역	관리기관
9	한국자생식물원	식물 16종	'04. 5. 3	노랑만병초, 산작약, 홍월귤, 가시오갈피나무, 순채, 연 잎꿩의다리, 각시수련, 복주머니란, 날개하늘나리, 넓 은잎제비꽃, 닻꽃, 백부자, 제비동자꽃, 제비붓꽃, 큰바 늘꽃, 한라송이풀	김창열
10	(사)홀로세생태보 존연구소	곤충 3종	'05. 9. 28	애기뿔소똥구리, 붉은점모시나비, 물장군	이강운
11	(사)한국산양·사 향노루종보존회	포유류 2종	'06. 9. 21	산양, 사향노루	정창수
12	(재)천리포수목원	식물 4종	'06. 9. 21	가시연꽃, 노랑붓꽃, 매화마름, 미선나무	이보식
13	(사)곤충자연생태 연구센터	곤충 4종	'07. 3. 8	붉은점모시나비, 물장군, 장수하늘소, 상제나비	이대암
14	함평자연생태공원	식물 4종	'08. 11. 18	나도풍란, 풍란, 한란, 지네발란	함평군
15	평강식물원	식물 6종	'09. 8. 25	가시오갈피나무, 개병풍, 노랑만병초, 단양쑥부쟁이, 독미나리, 조름나물	이환용
16	신구대학식물원	식물 11종	'10. 2. 25	가시연꽃, 섬시호, 매화마름, 독미나리, 백부자, 개병풍, 나도승마, 단양쑥부쟁이, 날개하늘나리, 대청부채, 층층 둥굴레	이숭겸 총장
17	우포따오기 복원센터	동물 1종	'10. 6. 16	따오기	창녕군
18	경북대조류생태 환경연구소	동물 3종	'10. 7. 9	두루미, 재두루미, 큰고니	박희천
19	고운식물원	식물 5종	'10. 9. 15	광릉요강꽃, 노랑붓꽃, 독미나리, 층층둥글레, 진노랑 상사화	이주호
20	강원도자연환경 연구공원	식물 7종	'10. 9. 15	왕제비꽃, 층층둥글레, 기생꽃, 복주머니란, 제비동자 꽃, 솔붓꽃, 가시오갈피나무	강원도
21	한국도로공사 수목원	식물 8종	'11. 9. 9	노랑붓꽃, 진노랑상사화, 대청부채, 지네발란, 독미나 리, 석곡, 초령목, 해오라비난초	한국도로공사
22	(재)제주테크노 파크	동물 3종	'11. 12. 29	두점박이사슴벌레, 물장군, 애기뿔소똥구리	(재)제주 테크노파크
23	순천향대학교 멸종위기어류 복원센터	동물 7종	'13. 2. 26	미호종개, 얼룩새코미꾸리, 흰수마자, 여울마자, 꾸구 리 돌상어, 부안종개	순천향대학교
24	청주랜드	동물 10종	'14. 2. 10	표범, 늑대, 붉은여우, 반달가슴곰, 스라소니, 두루미, 재두루미, 흑고니, 삵, 독수리	청주시
25	한국수달연구센터	동물 1종	'17. 2. 7	수달	화천군
26	국립낙동강생물 자원관	식물 5종	'18. 1. 30	섬개현삼, 분홍장구채, 대청부채, 큰바늘꽃, 고란초	국립낙동강 생물자원관

(2) 멸종위기야생생물의 지정 주기

환경부장관은 야생생물의 보호와 멸종 방지를 위하여 5년마다 멸종위기야생생물을 다시 정하여야 한다. 다만, 특별히 필요하다고 인정할 때에는 수시로 다시 정할 수 있다.

멸종위기야생생물

1. 포유류

1) 멸종위기야생생물 Ⅰ급

번호	종명
1	늑대 *Canis lupus coreanus*
2	대륙사슴 *Cervus nippon hortulorum*
3	반달가슴곰 *Ursus thibetanus ussuricus*
4	붉은박쥐 *Myotis rufoniger*
5	사향노루 *Moschus moschiferus*
6	산양 *Naemorhedus caudatus*
7	수달 *Lutra lutra*
8	스라소니 *Lynx lynx*
9	여우 *Vulpes vulpes peculiosa*
10	작은관코박쥐 *Murina ussuriensis*
11	표범 *Panthera pardus orientalis*
12	호랑이 *Panthera tigris altaica*

2) 멸종위기야생생물 Ⅱ급

번호	종명
1	담비 *Martes flavigula*
2	무산쇠족제비 *Mustela nivalis*
3	물개 *Callorhinus ursinus*
4	물범 *Phoca largha*
5	삵 *Prionailurus bengalensis*
6	큰바다사자 *Eumetopias jubatus*
7	토끼박쥐 *Plecotus auritus*
8	하늘다람쥐 *Pteromys volans aluco*

2. 조류

1) 멸종위기야생생물 Ⅰ급

번호	종명
1	검독수리 *Aquila chrysaetos*
2	넓적부리도요 *Eurynorhynchus pygmeus*
3	노랑부리백로 *Egretta eulophotes*
4	두루미 *Grus japonensis*
5	매 *Falco peregrinus*
6	먹황새 *Ciconia nigra*

번호	종명
7	저어새 *Platalea minor*
8	참수리 *Haliaeetus pelagicus*
9	청다리도요사촌 *Tringa guttifer*
10	크낙새 *Dryocopus javensis*
11	호사비오리 *Mergus squamatus*
12	흑고니 *Cygnus olor*
13	황새 *Ciconia boyciana*
14	흰꼬리수리 *Haliaeetus albicilla*

2) 멸종위기야생생물 II급

번호	종명
1	개리 *Anser cygnoides*
2	검은머리갈매기 *Larus saundersi*
3	검은머리물떼새 *Haematopus ostralegus*
4	검은머리촉새 *Emberiza aureola*
5	검은목두루미 *Grus grus*
6	고니 *Cygnus columbianus*
7	고대갈매기 *Larus relictus*
8	긴꼬리딱새 *Terpsiphone atrocaudata*
9	긴점박이올빼미 *Strix uralensis*
10	까막딱다구리 *Dryocopus martius*
11	노랑부리저어새 *Platalea leucorodia*
12	느시 *Otis tarda*
13	독수리 *Aegypius monachus*
14	따오기 *Nipponia nippon*
15	뜸부기 *Gallicrex cinerea*
16	무당새 *Emberiza sulphurata*
17	물수리 *Pandion haliaetus*
18	벌매 *Pernis ptilorhynchus*
19	붉은배새매 *Accipiter soloensis*
20	붉은어깨도요 *Calidris tenuirostris*
21	붉은해오라기 *Gorsachius goisagi*
22	뿔쇠오리 *Synthliboramphus wumizusume*
23	뿔종다리 *Galerida cristata*
24	새매 *Accipiter nisus*
25	새호리기 *Falco subbuteo*
26	섬개개비 *Locustella pleskei*
27	솔개 *Milvus migrans*
28	쇠검은머리쑥새 *Emberiza yessoensis*
29	수리부엉이 *Bubo bubo*
30	알락개구리매 *Circus melanoleucos*
31	알락꼬리마도요 *Numenius madagascariensis*

번호	종명
32	양비둘기 *Columba rupestris*
33	올빼미 *Strix aluco*
34	재두루미 *Grus vipio*
35	잿빛개구리매 *Circus cyaneus*
36	조롱이 *Accipiter gularis*
37	참매 *Accipiter gentilis*
38	큰고니 *Cygnus cygnus*
39	큰기러기 *Anser fabalis*
40	큰덤불해오라기 *Ixobrychus eurhythmus*
41	큰말똥가리 *Buteo hemilasius*
42	팔색조 *Pitta nympha*
43	항라머리검독수리 *Aquila clanga*
44	흑기러기 *Branta bernicla*
45	흑두루미 *Grus monacha*
46	흑비둘기 *Columba janthina*
47	흰목물떼새 *Charadrius placidus*
48	흰이마기러기 *Anser erythropus*
49	흰죽지수리 *Aquila heliaca*

3. 양서류 · 파충류

1) 멸종위기야생생물 Ⅰ급

번호	종명
1	비바리뱀 *Sibynophis chinensis*
2	수원청개구리 *Hyla suweonensis*

2) 멸종위기야생생물 Ⅱ급

번호	종명
1	고리도롱뇽 *Hynobius yangi*
2	구렁이 *Elaphe schrenckii*
3	금개구리 *Pelophylax chosenicus*
4	남생이 *Mauremys reevesii*
5	맹꽁이 *Kaloula borealis*
6	표범장지뱀 *Eremias argus*

4. 어류

1) 멸종위기야생생물 Ⅰ급

번호	종명
1	감돌고기 *Pseudopungtungia nigra*
2	꼬치동자개 *Pseudobagrus brevicorpus*
3	남방동사리 *Odontobutis obscura*

기출예상문제

다음 중 「야생생물보호 및 관리에 관한 법률」에 따른 멸종위기 야생생물이 아닌 것은?

① 비바리뱀
② 수원청개구리
③ 구렁이
④ 맹꽁이
⑤ 이끼도롱뇽

답 ⑤

기출예상문제

다음 중 곤충류의 멸종위기야
생생물 Ⅰ급이 아닌 것은?

① 붉은점모시나비
② 비단벌레
③ 상제나비
④ 꼬마잠자리

답 ④

번호	종명
4	모래주사 *Microphysogobio koreensis*
5	미호종개 *Cobitis choii*
6	얼룩새코미꾸리 *Koreocobitis naktongensis*
7	여울마자 *Microphysogobio rapidus*
8	임실납자루 *Acheilognathus somjinensis*
9	좀수수치 *Kichulchoia brevifasciata*
10	퉁사리 *Liobagrus obesus*
11	흰수마자 *Gobiobotia nakdongensis*

2) 멸종위기야생생물 Ⅱ급

번호	종명
1	가는돌고기 *Pseudopungtungia tenuicorpa*
2	가시고기 *Pungitius sinensis*
3	꺽저기 *Coreoperca kawamebari*
4	꾸구리 *Gobiobotia macrocephala*
5	다묵장어 *Lethenteron reissneri*
6	돌상어 *Gobiobotia brevibarba*
7	묵납자루 *Acheilognathus signifer*
8	백조어 *Culter brevicauda*
9	버들가지 *Rhynchocypris semotilus*
10	부안종개 *Iksookimia pumila*
11	연준모치 *Phoxinus phoxinus*
12	열목어 *Brachymystax lenok tsinlingensis*
13	칠성장어 *Lethenteron japonicus*
14	큰줄납자루 *Acheilognathus majusculus*
15	한강납줄개 *Rhodeus pseudosericeus*
16	한둑중개 *Cottus hangiongensis*

5. 곤충류
1) 멸종위기야생생물 Ⅰ급

번호	종명
1	붉은점모시나비 *Parnassius bremeri*
2	비단벌레 *Chrysochroa coreana*
3	산굴뚝나비 *Hipparchia autonoe*
4	상제나비 *Aporia crataegi*
5	수염풍뎅이 *Polyphylla laticollis manchurica*
6	장수하늘소 *Callipogon relictus*

2) 멸종위기야생생물 Ⅱ급

번호	종명
1	깊은산부전나비 *Protantigius superans*
2	꼬마잠자리 *Nannophya pygmaea*
3	노란잔산잠자리 *Macromia daimoji*
4	닻무늬길앞잡이 *Cicindela anchoralis*
5	대모잠자리 *Libellula angelina*
6	두점박이사슴벌레 *Prosopocoilus astacoides blanchardi*
7	뚱보주름메뚜기 *Haplotropis brunneriana*
8	멋조롱박딱정벌레 *Damaster mirabilissimus mirabilissimus*
9	물방개 *Cybister chinensis*
10	물장군 *Lethocerus deyrolli*
11	소똥구리 *Gymnopleurus mopsus*
12	쌍꼬리부전나비 *Cigaritis takanonis*
13	애기뿔소똥구리 *Copris tripartitus*
14	여름어리표범나비 *Mellicta ambigua*
15	왕은점표범나비 *Argynnis nerippe*
16	은줄팔랑나비 *Leptalina unicolor*
17	참호박뒤영벌 *Bombus koreanus*
18	창언조롱박딱정벌레 *Damaster changeonleei*
19	큰자색호랑꽃무지 *Osmoderma opicum*
20	큰홍띠점박이푸른부전나비 *Sinia divina*

6. 무척추동물

1) 멸종위기야생생물 Ⅰ급

번호	종명
1	귀이빨대칭이 *Cristaria plicata*
2	나팔고둥 *Charonia lampas sauliae*
3	남방방게 *Pseudohelice subquadrata*
4	두드럭조개 *Lamprotula coreana*

2) 멸종위기야생생물 Ⅱ급

번호	종명
1	갯게 *Chasmagnathus convexus*
2	거제외줄달팽이 *Satsuma myomphala*
3	검붉은수지맨드라미 *Dendronephthya suensoni*
4	금빛나팔돌산호 *Tubastraea coccinea*
5	기수갈고둥 *Clithon retropictus*
6	깃산호 *Plumarella spinosa*
7	대추귀고둥 *Ellobium chinense*
8	둔한진총산호 *Euplexaura crassa*
9	망상맵시산호 *Echinogorgia reticulata*

기출예상문제

다음 중 무척추동물의 멸종위기야생생물 Ⅰ급이 아닌 것은?
① 귀이빨대칭이
② 나팔고둥
③ 두드럭조개
④ 갯게

답 ④

다음 중 육상식물의 멸종위기
야생생물 Ⅰ급이 아닌 것은?

① 광릉요강꽃
② 나도풍란
③ 한란
④ 가시연

답 ④

번호	종명
10	물거미 *Argyroneta aquatica*
11	밤수지맨드라미 *Dendronephthya castanea*
12	별혹산호 *Verrucella stellata*
13	붉은발말똥게 *Sesarmops intermedius*
14	선침거미불가사리 *Ophiacantha linea*
15	연수지맨드라미 *Dendronephthya mollis*
16	염주알다슬기 *Koreanomelania nodifila*
17	울릉도달팽이 *Karaftohelix adamsi*
18	유착나무돌산호 *Dendrophyllia cribrosa*
19	의염통성게 *Nacospatangus alta*
20	자색수지맨드라미 *Dendronephthya putteri*
21	잔가지나무돌산호 *Dendrophyllia ijimai*
22	착생깃산호 *Plumarella adhaerens*
23	참달팽이 *Koreanohadra koreana*
24	측맵시산호 *Echinogorgia complexa*
25	칼세오리옆새우 *Gammarus zeongogensis*
26	해송 *Myriopathes japonica*
27	흰발농게 *Uca lactea*
28	흰수지맨드라미 *Dendronephthya alba*

7. 육상식물
1) 멸종위기야생생물 Ⅰ급

번호	종명
1	광릉요강꽃 *Cypripedium japonicum*
2	금자란 *Gastrochilus fuscopunctatus*
3	나도풍란 *Sedirea japonica*
4	만년콩 *Euchresta japonica*
5	비자란 *Thrixspermum japonicum*
6	암매 *Diapensia lapponica var. obovata*
7	죽백란 *Cymbidium lancifolium*
8	털복주머니란 *Cypripedium guttatum*
9	풍란 *Neofinetia falcata*
10	한라솜다리 *Leontopodium hallaisanense*
11	한란 *Cymbidium kanran*

2) 멸종위기야생생물 Ⅱ급

번호	종명
1	가는동자꽃 *Lychnis kiusiana*
2	가시연 *Euryale ferox*
3	가시오갈피나무 *Eleutherococcus senticosus*
4	각시수련 *Nymphaea tetragona var. minima*
5	개가시나무 *Quercus gilva*

번호	종명
6	개병풍 *Astilboides tabularis*
7	갯봄맞이꽃 *Glaux maritima var. obtusifolia*
8	검은별고사리 *Cyclosorus interruptus*
9	구름병아리난초 *Gymnadenia cucullata*
10	기생꽃 *Trientalis europaea ssp. arctica*
11	끈끈이귀개 *Drosera peltata var. nipponica*
12	나도승마 *Kirengeshoma koreana*
13	날개하늘나리 *Lilium dauricum*
14	넓은잎제비꽃 *Viola mirabilis*
15	노랑만병초 *Rhododendron aureum*
16	노랑붓꽃 *Iris koreana*
17	단양쑥부쟁이 *Aster altaicus var. uchiyamae*
18	참닻꽃 *Halenia corniculata*
19	대성쓴풀 *Anagallidium dichotomum*
20	대청부채 *Iris dichotoma*
21	대흥란 *Cymbidium macrorhizon*
22	독미나리 *Cicuta virosa*
23	두잎약난초 *Cremastra unguiculata*
24	매화마름 *Ranunculus trichophyllus var. kadzusensis*
25	무주나무 *Lasianthus japonicus*
26	물고사리 *Ceratopteris thalictroides*
27	방울난초 *Habenaria flagellifera*
28	백부자 *Aconitum coreanum*
29	백양더부살이 *Orobanche filicicola*
30	백운란 *Vexillabium yakusimensis var. nakaianum*
31	복주머니란 *Cypripedium macranthos*
32	분홍장구채 *Silene capitata*
33	산분꽃나무 *Viburnum burejaeticum*
34	산작약 *Paeonia obovata*
35	삼백초 *Saururus chinensis*
36	새깃아재비 *Woodwardia japonica*
37	서울개발나물 *Pterygopleurum neurophyllum*
38	석곡 *Dendrobium moniliforme*
39	선제비꽃 *Viola raddeana*
40	섬개야광나무 *Cotoneaster wilsonii*
41	섬개현삼 *Scrophularia takesimensis*
42	섬시호 *Bupleurum latissimum*
43	세뿔투구꽃 *Aconitum austrokoreense*
44	손바닥난초 *Gymnadenia conopsea*
45	솔붓꽃 *Iris ruthenica var. nana*
46	솔잎난 *Psilotum nudum*
47	순채 *Brasenia schreberi*
48	신안새우난초 *Calanthe aristulifera*
49	애기송이풀 *Pedicularis ishidoyana*

번호	종명
50	연잎꿩의다리 *Thalictrum coreanum*
51	왕제비꽃 *Viola websteri*
52	으름난초 *Cyrtosia septentrionalis*
53	자주땅귀개 *Utricularia yakusimensis*
54	전주물꼬리풀 *Dysophylla yatabeana*
55	정향풀 *Amsonia elliptica*
56	제비동자꽃 *Lychnis wilfordii*
57	제비붓꽃 *Iris laevigata*
58	제주고사리삼 *Mankyua chejuense*
59	조름나물 *Menyanthes trifoliata*
60	죽절초 *Sarcandra glabra*
61	지네발란 *Cleisostoma scolopendrifolium*
62	진노랑상사화 *Lycoris chinensis var. sinuolata*
63	차걸이란 *Oberonia japonica*
64	참물부추 *Isoetes coreana*
65	초령목 *Michelia compressa*
66	칠보치마 *Metanarthecium luteo-viride*
67	콩짜개란 *Bulbophyllum drymoglossum*
68	큰바늘꽃 *Epilobium hirsutum*
69	탐라란 *Gastrochilus japonicus*
70	파초일엽 *Asplenium antiquum*
71	피뿌리풀 *Stellera chamaejasme*
72	한라송이풀 *Pedicularis hallaisanensis*
73	한라옥잠난초 *Liparis auriculata*
74	해오라비난초 *Habenaria radiata*
75	흑난초 *Bulbophyllum inconspicuum*
76	홍월귤 *Arctous alpinus var. japonicus*
77	황근 *Hibiscus hamabo*

8. 해조류
멸종위기야생생물 II급

번호	종명
1	그물공말 *Dictyosphaeria cavernosa*
2	삼나무말 *Coccophora langsdorfii*

9. 고등균류
멸종위기야생생물 II급

종명
화경버섯 *Lampteromyces japonicus*

(3) 국제적 멸종위기종의 국제거래 등의 규제
    ① 국제적 멸종위기종 및 그 가공품을 수출·수입·반출 또는 반입하려는 자는 다음의 허가기준에 따라 환경부장관의 허가를 받아야 한다.
        1. 멸종위기종국제거래협약의 부속서(Ⅰ·Ⅱ·Ⅲ)에 포함되어 있는 종에 따른 거래의 규제에 적합할 것
        2. 생물의 수출·수입·반출 또는 반입이 그 종의 생존에 위협을 주지 아니할 것
        3. 그 밖에 대통령령으로 정하는 멸종위기종국제거래협약 부속서별 세부허가조건을 충족할 것

7. 자연공원법

1) 총칙

(1) 목적

이 법은 자연공원의 지정·보전 및 관리에 관한 사항을 규정함으로써 자연생태계와 자연 및 문화경관 등을 보전하고 지속 가능한 이용을 도모함을 목적으로 한다.

(2) 정의

1. "자연공원"이란 국립공원·도립공원·군립공원(郡立公園) 및 지질공원을 말한다.
2. "국립공원"이란 우리나라의 자연생태계나 자연 및 문화경관(이하 "경관"이라 한다)을 대표할 만한 지역으로서 제4조 및 제4조의2에 따라 지정된 공원을 말한다.
3. "도립공원"이란 특별시·광역시·특별자치시·도 및 특별자치도(이하 "시·도"라 한다)의 자연생태계나 경관을 대표할 만한 지역으로서 제4조 및 제4조의3에 따라 지정된 공원을 말한다.
4. "군립공원"이란 시·군 및 자치구(이하 "군"이라 한다)의 자연생태계나 경관을 대표할 만한 지역으로서 제4조 및 제4조의4에 따라 지정된 공원을 말한다.
4의2. "지질공원"이란 지구과학적으로 중요하고 경관이 우수한 지역으로서 이를 보전하고 교육·관광사업 등에 활용하기 위하여 제36조의3에 따라 환경부장관이 인증한 공원을 말한다.
5. "공원구역"이란 자연공원으로 지정된 구역을 말한다.
6. "공원기본계획"이란 자연공원을 보전·이용·관리하기 위하여 장기적인 발전방향을 제시하는 종합계획으로서 공원계획과 공원별 보전·관리계획의 지침이 되는 계획을 말한다.
7. "공원계획"이란 자연공원을 보전·관리하고 알맞게 이용하도록 하기 위한 용도지구의 결정, 공원시설의 설치, 건축물의 철거·이전, 그 밖의 행위 제한 및 토지 이용 등에 관한 계획을 말한다.
8. "공원별 보전·관리계획"이란 동식물 보호, 훼손지복원, 탐방객 안전관리 및 환경오염 예방 등 공원계획 외의 자연공원을 보전·관리하기 위한 계획을 말한다.
9. "공원사업"이란 공원계획과 공원별 보전·관리계획에 따라 시행하는 사업을 말한다.

기출예상문제

「자연공원법」에서 정하는 자연공원이 아닌 것은?
① 도립공원
② 군립공원
③ 지질공원
④ 도시공원

답 ④

10. "공원시설"이란 자연공원을 보전·관리 또는 이용하기 위하여 공원계획과 공원별 보전·관리계획에 따라 자연공원에 설치하는 시설(공원계획에 따라 자연공원 밖에 설치하는 진입도로 또는 주차시설을 포함한다)로서 대통령령으로 정하는 시설을 말한다.

2) 공원기본계획 및 공원계획

(1) 공원기본계획의 수립 등 : 10년마다

(2) 공원별 보전·관리계획의 수립 등

(3) 전통사찰의 의견수렴

(4) 용도지구

① 공원관리청은 자연공원을 효과적으로 보전하고 이용할 수 있도록 하기 위하여 다음의 용도지구를 공원계획으로 결정한다.

1. 공원자연보존지구 : 다음의 어느 하나에 해당하는 곳으로서 특별히 보호할 필요가 있는 지역
   가. 생물다양성이 특히 풍부한 곳
   나. 자연생태계가 원시성을 지닌 곳
   다. 특별히 보호할 가치가 높은 야생동식물이 살고 있는 곳
   라. 경관이 특히 아름다운 곳

2. 공원자연환경지구 : 공원자연보존지구의 완충공간(緩衝空間)으로 보전할 필요가 있는 지역

3. 공원마을지구 : 마을이 형성된 지역으로서 주민생활을 유지하는 데에 필요한 지역

4. 공원문화유산지구 : 「문화재보호법」 제2조 제2항에 따른 지정문화재를 보유한 사찰(寺刹)과 「전통사찰의 보존 및 지원에 관한 법률」 제2조 제1호에 따른 전통사찰의 경내지 중 문화재의 보전에 필요하거나 불사(佛事)에 필요한 시설을 설치하고자 하는 지역

3) 지질공원의 인증·운영

(1) 지질공원의 인증

① 시·도지사는 지구과학적으로 중요하고 경관이 우수한 지역에 대하여 환경부장관에게 지질공원 인증을 신청할 수 있다.

1. 특별한 지구과학적 중요성, 희귀한 자연적 특성 및 우수한 경관적 가치 지역일 것

2. 지질과 관련된 고고학적·생태적·문화적 요인이 우수하여 보전의 가치가 높을 것

기출예상문제

「자연공원법」에서 자연공원을 효과적으로 보전하고 이용할 수 있도록 용도지구를 공원계획으로 결정한다. 다음 중 용도지구에 속하지 않는 곳은?

① 공원자연보존지구
② 공원자연환경지구
③ 공원문화유산지구
④ 공원사찰보호지구

답 ④

3. 지질유산의 보호와 활용을 통하여 지역경제발전을 도모할 수 있을 것

4. 그 밖에 대통령령으로 정하는 기준에 적합할 것

> **지질공원해설사**
>
> 환경부장관은 국민을 대상으로 지질공원에 대한 지식을 체계적으로 전달하고 지질공원해설 · 홍보 · 교육 · 탐방안내 등을 전문적으로 수행할 수 있는 지질공원해설사를 선발하여 활용할 수 있다.

> **자연환경해설사**
>
> 자연환경해설사는 생태 · 경관보전지역, 「습지보전법」에 따른 습지보호지역 및 「자연공원법」에 따른 자연공원 등을 이용하는 사람에게 자연환경보전의 인식증진 등을 위하여 자연환경해설 · 홍보 · 교육 · 생태탐방안내 등을 전문적으로 수행한다.

8. 습지보전법

1) 총칙

(1) 목적

이 법은 습지의 효율적 보전 · 관리에 필요한 사항을 정하여 습지와 습지의 생물다양성을 보전하고, 습지에 관한 국제협약의 취지를 반영함으로써 국제협력의 증진에 이바지함을 목적으로 한다.

(2) 정의

1. "습지"란 담수(淡水 : 민물), 기수(汽水 : 바닷물과 민물이 섞여 염분이 적은 물) 또는 염수(鹽水 : 바닷물)가 영구적 또는 일시적으로 그 표면을 덮고 있는 지역으로서 내륙습지 및 연안습지를 말한다.

2. "내륙습지"란 육지 또는 섬에 있는 호수, 못, 늪, 하천 또는 하구(河口) 등의 지역을 말한다.〈개정 2021. 1. 5.〉

3. "연안습지"란 만조(滿潮) 때 수위선(水位線)과 지면의 경계선으로부터 간조(干潮) 때 수위선과 지면의 경계선까지의 지역을 말한다.

4. "습지의 훼손"이란 배수(排水), 매립 또는 준설 등의 방법으로 습지 원래의 형질을 변경하거나 습지에 시설이나 구조물을 설치하는 등의 방법으로 습지를 보전목적 외의 용도로 사용하는 것을 말한다.

[시행일 : 2021. 7. 6.]

> **람사르습지의 정의**
>
> 습지란 자연 또는 인공이든, 영구적 또는 일시적이든, 정수 또는 유수이든, 담수, 기수 혹은 염수이든, 간조 시 수심 6m를 넘지 않는 곳을 포함하는 늪, 습원, 이탄지, 물이 있는 지역

기출예상문제

「습지보전법」 제2조에 따른 정의가 잘못된 것은?

① 내륙습지란 육지 또는 섬에 있는 호수, 못, 늪, 하천 또는 하구 등의 지역을 말한다.

② 연안습지란 만조 때 수위선과 지면의 경계선으로부터 간조 때 수위선과 지면의 경계선까지의 지역을 말한다.

③ 습지의 훼손이란 배수, 매립 또는 준설 등의 방법으로 습지 원래의 형질을 변경하거나 습지에 시설이나 구조물을 설치하는 등의 방법으로 습지를 보전 목적 외의 용도로 사용하는 것을 말한다.

④ 습지란 자연 또는 인공이든, 영구적 또는 일시적이든, 정수 또는 유수이든, 담수, 기수 혹은 염수이든, 간조 시 수심 6m를 넘지 않는 곳을 포함하는 늪, 습원, 이탄지, 물이 있는지역을 말한다.

目 ④

(3) 습지보전 기본계획의 수립

① 환경부장관과 해양수산부장관은 제4조에 따른 습지조사(이하 "습지조사"라 한다)의 결과를 토대로 5년마다 습지보전 기초계획(이하 "기초계획"이라 한다)을 각각 수립하여야 하며, 환경부장관은 해양수산부장관과 협의하여 기초계획을 토대로 습지보전 기본계획(이하 "기본계획"이라 한다)을 수립하여야 한다. 이 경우 다른 법률에 따라 수립된 습지보전에 관련된 계획을 최대한 존중하여야 한다.

② 기본계획에는 다음의 사항이 포함되어야 한다.

1. 습지보전에 관한 시책 방향
2. 습지조사에 관한 사항
3. 습지의 분포 및 면적과 생물다양성의 현황에 관한 사항
4. 습지와 관련된 다른 국가기본계획과의 조정에 관한 사항
5. 습지보전을 위한 국제협력에 관한 사항
6. 그 밖에 습지보전에 필요한 사항으로서 대통령령으로 정하는 사항

기출예상문제

우리나라에 지정된 람사르습지 중 이탄습지인 곳은?

① 대암산 용늪
② 우포늪
③ 두웅습지
④ 문경 돌리네습지

답 ①

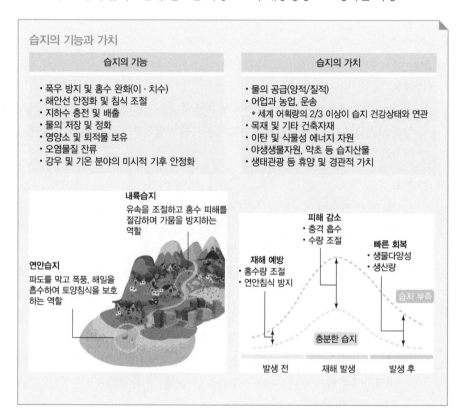

‖ 갯벌 ‖	‖ 강과 범람원 ‖	‖ 이탄습지 ‖
• 내염성 있는 관목 및 교목 군락	• 강과 하천의 퇴적작용으로 범람원 형성	• 식물의 잔해가 오랜 기간 쌓여 형성
• 열대 및 아열대지역의 얕은 연안에 분포, 해안침식 방지	• 내륙과 연결되어 거대한 저수지 역할	• 최대 30cm 깊이로 지구상 육지 면적의 총 3% 차지
• 1km 맹그로브습지는 해일 50cm 감소	• 폭우와 홍수 발생 시 여분의 물을 저장하거나 분산시켜 하류역 피해 감소	• 기후변화 조절 · 완화에 중요 역할
• 습지 1ha당 연간 15,161달러 자연재해 방지 / 복구비용 절약 효과	• 도시의 많은 강이 직강화되어 홍수 조절 능력 상실	• 전 세계 산림이 흡수하는 탄소의 약 2배 저장

9. 백두대간보호에 관한 법률(약칭 : 백두대간법)

1) 총칙

(1) 목적

이 법은 백두대간의 보호에 필요한 사항을 규정하여 무분별한 개발행위로 인한 훼손을 방지함으로써 국토를 건전하게 보전하고 쾌적한 자연환경을 조성함을 목적으로 한다.

(2) 정의

1. "백두대간"이란 백두산에서 시작하여 금강산, 설악산, 태백산, 소백산을 거쳐 지리산으로 이어지는 큰 산줄기를 말한다.

1의2. "정맥"이란 백두대간에서 분기하여 주요하천의 분수계(分水界)를 이루는 대통령령으로 정하는 산줄기를 말한다.⟨신설 2020. 5. 26.⟩

2. "백두대간보호지역"이란 백두대간 중 특별히 보호할 필요가 있다고 인정되어 제6조에 따라 산림청장이 지정 · 고시하는 지역을 말한다.

(3) 백두대간보호 · 관리의 기본원칙⟨본조신설 2020. 5. 26.⟩

국가와 지방자치단체는 백두대간보호 · 관리를 위하여 다음의 기본원칙에 따라야 한다.

1. 백두대간은 모든 국민의 자산으로 현재와 미래세대를 위하여 지속가능하게 보전 · 관리되어야 한다.

2. 백두대간은 자연의 기능 및 생태계순환이 유지 · 증진되고 인간의 이용으로 인한 영향과 자연재해가 최소화되도록 보전 · 관리되어야 한다.

3. 불가피하게 백두대간을 이용하여 훼손이 발생한 경우 최대한 복구 · 복원되도록 노력하여야 한다.

4. 백두대간은 정맥 등 다른 산줄기와의 연결성이 유지·증진될 수 있게 보전·관리되어야 한다.

5. 백두대간의 지속가능성 유지를 위하여 지역주민과 지역공동체는 보호되어야 한다.

(4) 백두대간보호 기본계획의 수립

① 산림청장은 기본계획을 환경부장관과 협의하여 10년마다 수립하여야 한다.

② 기본계획에는 다음의 사항이 포함되어야 한다.

1. 백두대간의 현황 및 여건 변화 전망에 관한 사항
2. 백두대간의 보호에 관한 기본방향
3. 백두대간의 자연환경 및 산림자원 등의 조사와 보호를 위한 사업에 관한 사항
4. 백두대간보호지역의 지정, 지정해제 또는 구역변경에 관한 사항
5. 백두대간의 생태계 및 훼손지복원·복구에 관한 사항
6. 백두대간보호지역의 토지와 입목, 건축물 등 그 토지 물건의 매수에 관한 사항
7. 백두대간보호지역에 거주하는 주민 또는 백두대간보호지역에 토지를 소유하고 있는 자에 대한 지원에 관한 사항
8. 백두대간의 보호와 관련된 남북협력에 관한 사항
9. 그 밖에 백두대간의 보호를 위하여 필요하다고 인정되는 사항

백두대간

1) 백두대간의 의미

백두대간은 우리 민족 고유의 지리인식체계이며 백두산에서 시작되어 금강산, 설악산을 거쳐 지리산에 이르는 한반도의 중심산줄기로서, 총길이는 약 1,400km에 이른다. 지질구조에 기반한 산맥체계와는 달리 지표 분수계를 중심으로 산의 흐름을 파악하고 인간의 생활권 형성에 미친 영향을 고려한 인간과 자연이 조화를 이루는 산지인식체계이다.

2) 백두대간의 가치

미래유산으로 존속
↑
갈등해소·가치증진

백두대간관리

자연생태적 가치		문화적 가치
·생태계 핵심축 ·생물종다양성 보고	보전·이용의 갈등	·민족정기의 상징 ·문화유산의 터전 ·여가·휴양공간
인문지리적 가치		산업적 가치
·한반도 지리적 일체감 ·생활/문화권역 형성		·산림자원 비축기지 ·농/관업, 휴양관광자원

3) 백두대간과 산맥체계

구분	백두대간	산맥체계
그림	백두산 정백정간 청북정맥 낭림산 백 두류산 청남정맥 두 해서정맥 금강산 설악산 대 오대산 한남정맥 한남금북정맥 태백산 계룡산 낙동정맥 금강정맥 간 금남호남정맥 금정산 지리산 금정산 낙남정맥 무등산	마천령산맥 강남산맥 적유령산맥 함경산맥 묘향산맥 언진산맥 멸악산맥 마식령산맥 광주산맥 축기령산맥 태백산맥 차령산맥 노령산맥 소백산맥 ■ 한국 방향 ▦ 라오둥 방향 ▨ 중국 방향
성격	• 산과 강에 기초하여 산줄기를 형성 • 산줄기는 산에서 산으로만 이어짐 • 실제 지형과 일치하는 자연스러운 선	• 지하지질구조선에 근거하여 땅 위의 산을 분류 • 산맥선이 중간에 강에 의해 끊어짐 • 실제 지형과 불일치하는 가공된 지질선
장점	• 경관상 잘 보이는 무단절의 분수령을 중심으로 하천, 산줄기 등의 파악이 쉬움 • 따라서 산지이용계획과 실천에 편리함 • 풍수지리적 한국지형과 산계(山系)의 이해에 편리	• 국제관행에 부합 • 산맥형성의 원인과 관련성이 높음

10. 기후위기 대응을 위한 탄소중립 · 녹색성장 기본법(약칭 : 탄소중립기본법)

1) 총칙

(1) 목적

이 법은 기후위기의 심각한 영향을 예방하기 위하여 온실가스 감축 및 기후위기 적응 대책을 강화하고 탄소중립사회로의 이행과정에서 발생할 수 있는 경제적 · 환경적 · 사회적 불평등을 해소하며 녹색기술과 녹색산업의 육성 · 촉진 · 활성화를 통하여 경제와 환경의 조화로운 발전을 도모함으로써, 현재 세대와 미래 세대의 삶의 질을 높이고 생태계와 기후체계를 보호하며 국제사회의 지속가능발전에 이바지하는 것을 목적으로 한다.

(2) 정의

1. "기후변화"란 사람의 활동으로 인하여 온실가스의 농도가 변함으로써 상당기간 관찰되어 온 자연적인 기후변동에 추가적으로 일어나는 기후체계의 변화를 말한다.

2. "기후위기"란 기후변화가 극단적인 날씨뿐만 아니라 물 부족, 식량 부족, 해양 산성화, 해수면 상승, 생태계붕괴 등 인류문명에 회복할 수 없는 위험을 초래하여 획기적인 온실가스 감축이 필요한 상태를 말한다.

3. "탄소중립"이란 대기 중에 배출·방출 또는 누출되는 온실가스의 양에서 온실가스 흡수의 양을 상쇄한 순배출량이 영(零)이 되는 상태를 말한다.

4. "탄소중립사회"란 화석연료에 대한 의존도를 낮추거나 없애고 기후위기 적응 및 정의로운 전환을 위한 재정·기술·제도 등의 기반을 구축함으로써 탄소중립을 원활히 달성하고 그 과정에서 발생하는 피해와 부작용을 예방 및 최소화할 수 있도록 하는 사회를 말한다.

5. "온실가스"란 적외선복사열을 흡수하거나 재방출하여 온실효과를 유발하는 대기 중의 가스 상태의 물질로서 이산화탄소(CO_2), 메탄(CH_4), 아산화질소(N_2O), 수소불화탄소(HFCs), 과불화탄소(PFCs), 육불화황(SF_6) 및 그 밖에 대통령령으로 정하는 물질을 말한다.

6. "온실가스 배출"이란 사람의 활동에 수반하여 발생하는 온실가스를 대기 중에 배출·방출 또는 누출시키는 직접배출과 다른 사람으로부터 공급된 전기 또는 열(연료 또는 전기를 열원으로 하는 것만 해당한다)을 사용함으로써 온실가스가 배출되도록 하는 간접배출을 말한다.

7. "온실가스 감축"이란 기후변화를 완화 또는 지연시키기 위하여 온실가스 배출량을 줄이거나 흡수하는 모든 활동을 말한다.

8. "온실가스 흡수"란 토지이용, 토지이용의 변화 및 임업활동 등에 의하여 대기로부터 온실가스가 제거되는 것을 말한다.

9. "신·재생에너지"란 「신에너지 및 재생에너지 개발·이용·보급 촉진법」 제2조 제1호 및 제2호에 따른 신에너지 및 재생에너지를 말한다.

10. "에너지전환"이란 에너지의 생산, 전달, 소비에 이르는 시스템 전반을 기후위기 대응(온실가스 감축, 기후위기 적응 및 관련 기반의 구축 등 기후위기에 대응하기 위한 일련의 활동을 말한다. 이하 같다)과 환경성·안전성·에너지안보·지속가능성을 추구하도록 전환하는 것을 말한다.

11. "기후위기 적응"이란 기후위기에 대한 취약성을 줄이고 기후위기로 인한 건강피해와 자연재해에 대한 적응역량과 회복력을 높이는 등 현재 나타나고 있거나 미래에 나타날 것으로 예상되는 기후위기의 파급효과와 영향을 최소화하거나 유익한 기회로 촉진하는 모든 활동을 말한다.

12. "기후정의"란 기후변화를 야기하는 온실가스 배출에 대한 사회계층별 책임이 다름을 인정하고 기후위기를 극복하는 과정에서 모든 이해관계자들이 의사결정과

정에 동등하고 실질적으로 참여하며 기후변화의 책임에 따라 탄소중립사회로의 이행부담과 녹색성장의 이익을 공정하게 나누어 사회적·경제적 및 세대 간의 평등을 보장하는 것을 말한다.

13. "정의로운 전환"이란 탄소중립 사회로 이행하는 과정에서 직간접적 피해를 입을 수 있는 지역이나 산업의 노동자, 농민, 중소상공인 등을 보호하여 이행과정에서 발생하는 부담을 사회적으로 분담하고 취약계층의 피해를 최소화하는 정책방향을 말한다.

14. "녹색성장"이란 에너지와 자원을 절약하고 효율적으로 사용하여 기후변화와 환경훼손을 줄이고 청정에너지와 녹색기술의 연구개발을 통하여 새로운 성장동력을 확보하며 새로운 일자리를 창출해 나가는 등 경제와 환경이 조화를 이루는 성장을 말한다.

15. "녹색경제"란 화석에너지의 사용을 단계적으로 축소하고 녹색기술과 녹색산업을 육성함으로써 국가경쟁력을 강화하고 지속가능발전을 추구하는 경제를 말한다.

16. "녹색기술"이란 기후변화 대응기술(「기후변화대응 기술개발 촉진법」 제2조제6호에 따른 기후변화대응 기술을 말한다), 에너지이용 효율화기술, 청정생산기술, 신·재생에너지기술, 자원순환(「자원순환기본법」 제2조제1호에 따른 자원순환을 말한다. 이하 같다) 및 친환경기술(관련 융합기술을 포함한다) 등 사회·경제 활동의 전 과정에 걸쳐 화석에너지의 사용을 대체하고 에너지와 자원을 효율적으로 사용하여 탄소중립을 이루고 녹색성장을 촉진하기 위한 기술을 말한다.

17. "녹색산업"이란 온실가스를 배출하는 화석에너지의 사용을 대체하고 에너지와 자원 사용의 효율을 높이며, 환경을 개선할 수 있는 재화의 생산과 서비스의 제공 등을 통하여 탄소중립을 이루고 녹색성장을 촉진하기 위한 모든 산업을 말한다.

2) 국가비전 및 온실가스 감축목표 등

(1) 국가비전 및 국가전략

① 정부는 2050년까지 탄소중립을 목표로 하여 탄소중립사회로 이행하고 환경과 경제의 조화로운 발전을 도모하는 것을 국가비전으로 한다.

② 정부는 ①에 따른 국가비전(이하 "국가비전"이라 한다)을 달성하기 위하여 다음의 사항을 포함하는 국가탄소중립녹색성장전략(이하 "국가전략"이라 한다)을 수립하여야 한다.

1. 국가비전 등 정책목표에 관한 사항
2. 국가비전의 달성을 위한 부문별 전략 및 중점추진과제
3. 환경·에너지·국토·해양 등 관련 정책과의 연계에 관한 사항
4. 그 밖에 재원조달, 조세·금융, 인력양성, 교육·홍보 등 탄소중립사회로의 이행을 위하여 필요하다고 인정되는 사항

③ 정부는 국가전략을 수립·변경하려는 경우 공청회 개최 등을 통하여 관계 전문가 및 지방자치단체, 이해관계자 등의 의견을 듣고 이를 반영하도록 노력하여야 한다.

④ 국가전략을 수립하거나 변경하는 경우에는 제15조제1항에 따른 2050 탄소중립
녹색성장위원회(이하 "위원회"라 한다)의 심의를 거친 후 국무회의의 심의를 거쳐
야 한다. 다만, 대통령령으로 정하는 경미한 사항을 변경하는 경우에는 위원회 및
국무회의의 심의를 생략할 수 있다.

⑤ 정부는 기술적 여건과 전망, 사회적 여건 등을 고려하여 국가전략을 5년마다 재검
토하고, 필요한 경우 이를 변경하여야 한다.

⑥ ②부터 ⑤까지의 규정에 따른 국가전략의 내용 및 수립 · 변경절차 등에 관하여
필요한 사항은 대통령령으로 정한다.

(2) 중장기국가온실가스 감축목표 등

① 정부는 국가온실가스 배출량을 2030년까지 2018년의 국가온실가스 배출량 대비
35% 이상의 범위에서 대통령령으로 정하는 비율만큼 감축하는 것을 중장기국가
온실가스 감축목표(이하 "중장기감축목표"라 한다)로 한다.

② 정부는 중장기감축목표를 달성하기 위하여 산업, 건물, 수송, 발전, 폐기물 등 부
문별 온실가스 감축목표(이하 "부문별감축목표"라 한다)를 설정하여야 한다.

③ 정부는 중장기감축목표와 부문별감축목표의 달성을 위하여 국가 전체와 각 부문에
대한 연도별 온실가스 감축목표(이하 "연도별감축목표"라 한다)를 설정하여야 한다.

④ 정부는 「파리협정」(이하 "협정"이라 한다) 등 국내외 여건을 고려하여 중장기감축
목표, 부문별감축목표 및 연도별감축목표(이하 "중장기감축목표등"이라 한다)를
5년마다 재검토하고 필요할 경우 협정 제4조의 진전의 원칙에 따라 이를 변경하
거나 새로 설정하여야 한다. 다만, 사회적 · 기술적 여건의 변화 등에 따라 필요한
경우에는 5년이 경과하기 이전에 변경하거나 새로 설정할 수 있다.

⑤ 정부는 중장기감축목표등을 설정 또는 변경할 때에는 다음의 사항을 고려하여야
한다.
1. 국가중장기온실가스 배출 · 흡수 전망
2. 국가비전 및 국가전략
3. 중장기감축목표등의 달성가능성
4. 부문별 온실가스 배출 및 감축 기여도
5. 국가 에너지정책에 미치는 영향
6. 국내 산업, 특히 화석연료 의존도가 높은 업종 및 지역에 미치는 영향
7. 국가 재정에 미치는 영향
8. 온실가스 감축 등 관련 기술 전망
9. 국제사회의 기후위기 대응 동향

⑥ 정부는 중장기감축목표등을 설정 · 변경하는 경우에는 공청회 개최 등을 통하여
관계 전문가나 이해관계자 등의 의견을 듣고 이를 반영하도록 노력하여야 한다.

⑦ ①부터 ⑥까지의 규정에 따른 중장기감축목표등의 설정 · 변경 등에 관하여 필요
한 사항은 대통령령으로 정한다.

3) 국가탄소중립 녹색성장 기본계획의 수립 등

(1) 국가탄소중립 녹색성장 기본계획의 수립 · 시행

① 정부는 제3조의 기본원칙에 따라 국가비전 및 중장기감축목표등의 달성을 위하여 20년을 계획기간으로 하는 국가탄소중립 녹색성장 기본계획(이하 "국가기본계획"이라 한다)을 5년마다 수립·시행하여야 한다.

② 국가기본계획에는 다음의 사항이 포함되어야 한다.

   1. 국가비전과 온실가스 감축목표에 관한 사항

   2. 국내외 기후변화 경향 및 미래 전망과 대기 중의 온실가스 농도변화

   3. 온실가스 배출·흡수 현황 및 전망

   4. 중장기감축목표등의 달성을 위한 부문별·연도별 대책

   5. 기후변화의 감시·예측·영향·취약성평가 및 재난방지 등 적응대책에 관한 사항

   6. 정의로운 전환에 관한 사항

   7. 녹색기술·녹색산업 육성, 녹색금융 활성화 등 녹색성장 시책에 관한 사항

   8. 기후위기 대응과 관련된 국제협상 및 국제협력에 관한 사항

   9. 기후위기 대응을 위한 국가와 지방자치단체의 협력에 관한 사항

   10. 탄소중립사회로의 이행과 녹색성장의 추진을 위한 재원의 규모와 조달방안

   11. 그 밖에 탄소중립사회로의 이행과 녹색성장의 추진을 위하여 필요한 사항으로서 대통령령으로 정하는 사항

③ 국가기본계획을 수립하거나 변경하는 경우에는 위원회의 심의를 거친 후 국무회의의 심의를 거쳐야 한다. 다만, 대통령령으로 정하는 경미한 사항을 변경하는 경우에는 위원회 및 국무회의의 심의를 생략할 수 있다.

④ 환경부장관은 국가기본계획의 수립·시행 등에 관한 업무를 지원하며, 관계 중앙행정기관의 장은 환경부장관이 요청하는 자료를 제공하는 등 최대한 협조하여야 한다.

⑤ ①부터 ③까지의 규정에 따른 국가기본계획의 수립 및 변경의 방법·절차 등에 필요한 사항은 대통령령으로 정한다.

4) 2050 탄소중립 녹색성장위원회 등

(1) 2050 탄소중립 녹색성장위원회의 설치

① 정부의 탄소중립사회로의 이행과 녹색성장의 추진을 위한 주요 정책 및 계획과 그 시행에 관한 사항을 심의·의결하기 위하여 대통령 소속으로 2050 탄소중립 녹색성장위원회를 둔다.

② 위원회는 위원장 2명을 포함한 50명 이상 100명 이내의 위원으로 구성한다.

③ 위원장은 국무총리와 제4항 제2호의 위원 중에서 대통령이 지명하는 사람이 된다.

④ 위원회의 위원은 다음에 해당하는 사람으로 한다.

   1. 기획재정부장관, 과학기술정보통신부장관, 산업통상자원부장관, 환경부장

관, 국토교통부장관, 국무조정실장 및 그 밖에 대통령령으로 정하는 공무원

2. 기후과학, 온실가스 감축, 기후위기 예방 및 적응, 에너지·자원, 녹색기술·녹색산업, 정의로운 전환 등의 분야에 관한 학식과 경험이 풍부한 사람 중에서 대통령이 위촉하는 사람

⑤ 제4항 제2호에 따라 위원을 위촉할 때에는 청년, 여성, 노동자, 농어민, 중소상공인, 시민사회단체 등 다양한 사회계층으로부터 후보를 추천받거나 의견을 들은 후 각 사회계층의 대표성이 반영될 수 있도록 하여야 한다.

⑥ 위원회의 사무를 처리하게 하기 위하여 간사위원 1명을 두며, 간사위원은 국무조정실장이 된다.

⑦ 위원장이 부득이한 사유로 직무를 수행할 수 없는 때에는 국무총리인 위원장이 미리 정한 위원이 위원장의 직무를 대행한다.

⑧ 제4항 제2호의 위원의 임기는 2년으로 하며 한 차례에 한정하여 연임할 수 있다.

⑨ ①부터 ⑧까지의 규정에 따른 위원회의 구성과 운영 등에 관하여 필요한 사항은 대통령령으로 정한다.

5) 온실가스 감축시책
  (1) 기후환경영향평가
    ① 관계 행정기관의 장 또는 「환경영향평가법」에 따른 환경영향평가 대상사업의 사업계획을 수립하거나 시행하는 사업자는 같은 법 제9조·제22조에 따른 전략환경영향평가 또는 환경영향평가의 대상이 되는 계획 및 개발사업 중 온실가스를 다량으로 배출하는 사업 등 대통령령으로 정하는 계획 및 개발사업에 대하여는 전략환경영향평가 또는 환경영향평가를 실시할 때, 소관 정책 또는 개발사업이 기후변화에 미치는 영향이나 기후변화로 인하여 받게 되는 영향에 대한 분석·평가(이하 "기후변화영향평가"라 한다)를 포함하여 실시하여야 한다.

    ② ①에 따라 기후변화영향평가를 실시한 계획 및 개발사업에 대하여 관계 행정기관의 장 또는 사업자가 환경부장관에게 「환경영향평가법」 제16조·제27조에 따른 전략환경영향평가서 또는 환경영향평가서의 협의를 요청할 때에는 기후변화영향평가의 검토에 대한 협의를 같이 요청하여야 한다.

    ③ 제2항에 따른 협의를 요청받은 환경부장관은 기후변화영향평가의 결과를 검토하여야 하며, 필요한 정보를 수집하거나 사업자에게 요구하는 등의 조치를 할 수 있다.

    ④ ①에 따른 기후변화영향평가의 방법, 제3항에 따른 검토의 방법 등에 관하여 필요한 사항은 대통령령으로 정한다.

  (2) 온실가스감축인지 예산제도
    국가와 지방자치단체는 관계 법률에서 정하는 바에 따라 예산과 기금이 기후변화에 미치는 영향을 분석하고 이를 국가와 지방자치단체의 재정 운용에 반영하는 온실가스감축인지 예산제도를 실시하여야 한다.

(3) 온실가스배출권거래제

① 정부는 국가비전 및 중장기감축목표등을 효율적으로 달성하기 위하여 온실가스 배출허용총량을 설정하고 시장기능을 활용하여 온실가스배출권을 거래하는 제도(이하 "배출권거래제"라 한다)를 운영한다.

② 배출권거래제의 실시를 위한 배출허용량의 할당방법, 등록·관리방법 및 거래소의 설치·운영 등에 관하여는 「온실가스 배출권의 할당 및 거래에 관한 법률」에 따른다.

(4) 공공부문 온실가스 목표관리

(5) 관리업체의 온실가스 목표관리

(6) 관리업체의 권리와 의무의 승계

(7) 탄소중립 도시의 지정 등

(8) 지역 에너지전환의 지원

(9) 녹색교통의 활성화

(10) 탄소흡수원 등의 확충

(11) 탄소포집·이용·저장기술의 육성

(12) 국제감축사업의 추진

(13) 온실가스 종합정보관리체계의 구축

6) 기후위기 적응시책

① 기후위기의 감시·예측

② 국가 기후위기 적응대책의 수립·시행

③ 기후위기적응대책 등의 추진상황 점검

④ 지방 기후위기 적응대책의 수립·시행

⑤ 공공기관의 기후위기 적응대책

⑥ 지역 기후위기 대응사업의 시행

⑦ 기후위기 대응을 위한 물관리

⑧ 녹색국토의 관리

⑨ 농림수산의 전환촉진 등

⑩ 국가 기후위기 적응센터 지정 및 평가 등

11. 물환경보전법

1) 총칙

(1) 목적

이 법은 수질오염으로 인한 국민건강 및 환경상의 위해를 예방하고 하천·호수 등 공공수역의 물환경을 적정하게 관리·보전함으로써 국민이 그 혜택을 널리 향유할 수 있도록 함과 동시에 미래의 세대에게 물려줄 수 있도록 함을 목적으로 한다.

(2) 정의

1. "물환경"이란 사람의 생활과 생물의 생육에 관계되는 물의 질(이하 "수질"이라 한다.) 및 공공수역의 모든 생물과 이들을 둘러싸고 있는 비생물적인 것을 포함한 수생태계를 총칭하여 말한다.

2. "점오염원"이란 폐수배출시설, 하수발생시설, 축사 등으로서 관거·수로 등을 통하여 일정한 지점으로 수질오염물질을 배출하는 배출원을 말한다.

3. "비점오염원"이란 도시, 도로, 농지, 산지, 공사장 등으로서 불특정장소에서 불특정하게 수질오염물질을 배출하는 배출원을 말한다.

4. "기타수질오염원"이란 점오염원 및 비점오염원으로 관리되지 아니하는 수질오염물질을 배출하는 시설 또는 장소로서 환경부령으로 정하는 것을 말한다.

5. "폐수"란 물에 액체성 또는 고체성의 수질오염물질이 섞여 있어 그대로는 사용할 수 없는 물을 말한다.

6. "강우유출수"란 비점오염원의 수질오염물질이 섞여 유출되는 빗물 또는 눈 녹은 물 등을 말한다.

7. "불투수면"이란 빗물 또는 눈 녹은 물 등이 지하로 스며들 수 없게 하는 아스팔트·콘크리트 등으로 포장된 도로, 주차장, 보도 등을 말한다.

8. "수질오염물질"이란 수질오염의 요인이 되는 물질로서 환경부령으로 정하는 것을 말한다.

9. "특정수질유해물질"이란 사람의 건강, 재산이나 동식물의 생육에 직접 또는 간접으로 위해를 줄 우려가 있는 수질오염물질로서 환경부령으로 정하는 것을 말한다.

10. "공공수역"이란 하천, 호소, 항만, 연안해역, 그 밖에 공공용으로 사용되는 수역과 이에 접속하여 공공용으로 사용되는 환경부령으로 정하는 수로를 말한다.

11. "폐수배출시설"이란 수질오염물질을 배출하는 시설물, 기계, 기구, 그 밖의 물체로서 환경부령으로 정하는 것을 말한다.

12. "폐수무방류배출시설"이란 폐수배출시설에서 발생하는 폐수를 해당 사업장에서 수질오염방지시설을 이용하여 처리하거나 동일 폐수배출시설에 재이용하는 등 공공수역으로 배출하지 아니하는 폐수배출시설을 말한다.

13. "수질오염방지시설"이란 점오염원, 비점오염원 및 기타수질오염원으로부터 배출되는 수질오염물질을 제거하거나 감소하게 하는 시설로서 환경부령으로 정하는 것을 말한다.

14. "비점오염저감시설"이란 수질오염방지시설 중 비점오염원으로부터 배출되는 수질오염물질을 제거하거나 감소하게 하는 시설로서 환경부령으로 정하는 것을 말한다.

15. "호소"란 법에 따른 지역으로서 만수위(댐의 경우에는 계획홍수위)구역 안의 물과 토지를 말한다.

16. "수면관리자"란 다른 법령에 따라 호소를 관리하는 자를 말한다. 이 경우 동일한 호소를 관리하는 자가 둘 이상인 경우에는 「하천법」에 따른 하천관리청 외의 자가 수면관리자가 된다.

17. "수생태건강성"이란 수생태계를 구성하고 있는 요소 중 환경부령으로 정하는 물리적 · 화학적 · 생물적 요소들이 훼손되지 아니하고 각각 온전한 기능을 발휘할 수 있는 상태를 말한다.

18. "상수원호소"란 상수원보호구역 및 「환경정책기본법」에 따라 지정된 수질보전을 위한 특별대책지역 밖에 있는 호소 중 호소의 내부 또는 외부에 「수도법」에 따른 취수시설을 설치하여 그 호소의 물을 먹는 물로 사용하는 호소로서 환경부장관이 정하여 고시한 것을 말한다.

12. 지속가능발전기본법

1) 총칙

(1) 목적(제1조)

이 법은 경제 · 사회 · 환경의 균형과 조화를 통하여 지속가능한 경제 성장, 포용적 사회 및 기후 · 환경위기극복을 추구함으로써 현재세대는 물론 미래세대가 보다 나은 삶을 누릴 수 있도록 하고 국가와 지방 나아가 인류사회의 지속가능발전을 실현하는 것을 목적으로 한다.

(2) 정의(제2조)

1. "지속가능성"이란 현재 세대의 필요를 충족시키기 위하여 미래 세대가 사용할 경제 · 사회 · 환경 등의 자원을 낭비하거나 여건을 저하(低下)시키지 아니하고 서로 조화와 균형을 이루는 것을 말한다.

2. "지속가능발전"이란 지속가능한 경제성장과 포용적 사회, 깨끗하고 안정적인 환경이 지속가능성에 기초하여 조화와 균형을 이루는 발전을 말한다.

3. "지속가능한 경제성장"이란 지속가능한 생산 · 소비구조 및 사회기반시설을 갖추고, 산업이 성장하며 양질의 일자리가 증진되는 등 경제성장의 산물이 모든 구성원에게 조화롭게 분배되는 것을 말한다.

4. "포용적 사회"란 모든 구성원이 존엄과 평등 그리고 건강한 환경 속에서 자신의 잠재력을 실현할 수 있도록 경제 · 사회 · 문화적으로 공정하며 취약계층에 대한 사회안전망이 보장된 사회를 말한다.

5. "지속가능 발전목표"란 2015년 국제연합(UN : United Nations)총회에서 채택한 지속가능발전을 달성하기 위한 17개의 목표를 말한다.

6. "국가지속가능 발전목표"란 제17조에 따른 지속가능발전국가위원회에서 지속가능발전목표와 국내 경제적 · 사회적 · 환경적 여건 및 지역적 균형에 대한 고려 등을 반영하여 제7조에 따른 지속가능발전 국가기본전략으로 수립하는 국가목표를 말한다.

(3) 기본원칙(제3조)

1. 지속가능발전목표 등 지속가능발전에 관한 국제적 규범 또는 합의사항을 준수 · 이행하고 지속가능발전목표를 실현하기 위하여 노력한다.
2. 각종 정책과 계획은 경제 · 사회 · 환경의 조화로운 발전에 미치는 영향을 종합적으로 고려하여 수립한다.
3. 혁신적 성장을 통하여 새로운 기술지식을 생산하고 양질의 일자리를 창출할 수 있도록 경제체제를 구축하며 지속가능한 경제 성장을 촉진한다.
4. 경제발전과 환경보전과정에서 발생할 수 있는 사회적 불평등을 해소하고 세대 간 형평성을 추구하는 포용적 사회제도를 구축하여 지속가능발전과정에서 누구도 뒤처지거나 소외되지 아니하도록 하여야 한다.
5. 생태학적 기반을 보호할 수 있도록 토지이용과 생산시스템을 개발 · 정비하고 에너지와 자원이용의 효율성을 높여 자원순환과 환경보전을 촉진한다.
6. 각종 지속가능발전정책의 수립 · 시행과정에 이해당사자와 전문가 그리고 국민의 참여를 보장한다.
7. 국내의 경제발전을 위하여 타 국가의 환경과 사회정의를 저해하지 아니하며, 전 지구적 차원의 지속가능 발전목표를 실현하기 위하여 국제적 협력을 강화한다.

(4) 지속가능발전 국가기본전략(제7조)

정부는 20년을 단위로 지속가능발전 국가기본전략을 수립하고 이행하여야 한다.

1. 양질의 일자리와 경제발전에 관한 사항
2. 지속가능한 사회기반시설 개발 및 산업경쟁력 강화에 관한 사항
3. 지속가능한 생산 · 소비 및 도시 · 주거에 관한 사항
4. 빈곤퇴치 · 건강 · 행복 및 포용적 교육에 관한 사항
5. 불평등 해소와 양성평등 및 세대 간 형평성에 관한 사항
6. 기후위기 대응과 청정에너지에 관한 사항
7. 생태계보전과 국토 · 물관리에 관한 사항
8. 지속가능한 농수산 · 해양 및 산림에 관한 사항
9. 국제협력 및 인권 · 정의 · 평화에 관한 사항
10. 그 밖에 대통령령으로 정하는 사항

02 토지이용 등에 관한 법령

1. 국토기본법

1) 제1장 총칙

  (1) 목적(제1조)

  이 법은 국토에 관한 계획 및 정책의 수립·시행에 관한 기본적인 사항을 정함으로써 국토의 건전한 발전과 국민의 복리향상에 이바지함을 목적으로 한다.

  (2) 국토의 기본이념(제2조)

  국토는 모든 국민의 삶의 터전이며 후세에 물려줄 민족의 자산이므로, 국토에 관한 계획 및 정책은 개발과 환경의 조화를 바탕으로 국토를 균형 있게 발전시키고 국가의 경쟁력을 높이며 국민의 삶의 질을 개선함으로써 국토의 지속가능한 발전을 도모할 수 있도록 수립·집행하여야 한다. [전문개정 2011. 5. 30.]

  (3) 국토의 균형 있는 발전(내용 생략)

  (4) 경쟁력 있는 국토여건의 조성(내용 생략)

  (5) 국민의 삶의 질 향상을 위한 국토여건 조성(내용 생략)

  (6) 환경친화적 국토관리(제5조)

  ① 국가와 지방자치단체는 국토에 관한 계획 또는 사업을 수립·집행할 때에는 「환경정책기본법」에 따른 환경계획의 내용을 고려하여 자연환경과 생활환경에 미치는 영향을 사전에 검토함으로써 환경에 미치는 부정적인 영향을 최소화하고 환경정의가 실현될 수 있도록 하여야 한다. 〈개정 2016. 12. 2., 2019. 8. 20., 2021. 1. 5.〉

  ② 국가와 지방자치단체는 국토의 무질서한 개발을 방지하고 국민생활에 필요한 토지를 원활하게 공급하기 위하여 토지이용에 관한 종합적인 계획을 수립하고 이에 따라 국토공간을 체계적으로 관리하여야 한다.

  ③ 국가와 지방자치단체는 산, 하천, 호수, 늪, 연안, 해양으로 이어지는 자연생태계를 통합적으로 관리·보전하고 훼손된 자연생태계를 복원하기 위한 종합적인 시책을 추진함으로써 인간이 자연과 더불어 살 수 있는 쾌적한 국토환경을 조성하여야 한다.

  ④ 국토교통부장관은 ①에 따른 국토에 관한 계획과 「환경정책기본법」에 따른 환경계획의 연계를 위하여 필요한 경우에는 적용범위, 연계방법 및 절차 등을 환경부장관과 공동으로 정할 수 있다. 〈신설 2016. 12. 2., 2021. 1. 5.〉

  [전문개정 2011. 5. 30.]

  [시행일 : 2021. 7. 6.]

  (7) 지속가능한 국토관리의 평가지표 및 기준(내용 생략)

2) 제2장 국토계획의 수립 등

(1) 국토계획의 위상과 다른 계획과의 관계

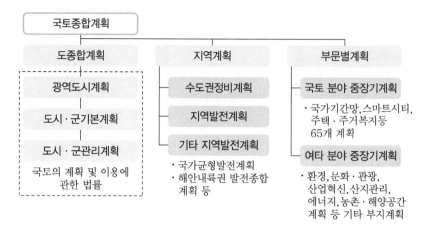

(2) 범위

① **시간적 범위** : 2020년~2040년

② **공간적 범위** : 대한민국의 주권이 실질적으로 미치는 국토 전역을 대상으로 하며, 필요시 한반도와 이를 둘러싸고 있는 동아시아 전역으로 확대

③ **내용적 범위** : 「국토기본법」 제10조에 대한 기본적·장기적 정책방향을 포함

ㄱ 국토의 현황 및 여건변화 전망에 관한 사항

ㄴ 국토발전의 기본이념 및 바람직한 국토 미래상의 정립에 관한 사항

ㄷ 교통, 물류, 공간정보 등에 관한 신기술의 개발과 활용을 통한 국토의 효율적인 발전방향과 혁신 기반 조성에 관한 사항

ㄹ 국토의 공간구조의 정비 및 지역별 기능 분담 방향에 관한 사항

ㅁ 국토의 균형발전을 위한 시책 및 지역산업 육성에 관한 사항

ㅂ 국가경쟁력 향상 및 국민생활의 기반이 되는 국토기간시설의 확충에 관한 사항

ㅅ 토지, 수자원, 산림자원, 해양수산자원 등 국토자원의 효율적 이용 및 관리에 관한 사항

ㅇ 주택, 상하수도 등 생활여건의 조성 및 삶의 질 개선에 관한 사항

ㅈ 수해, 풍해, 그 밖의 재해의 방제에 관한 사항

ㅊ 지하공간의 합리적 이용 및 관리에 관한 사항

ㅋ 지속가능한 국토발전을 위한 국토환경의 보전 및 개선에 관한 사항

(3) 계획의 비전과 목표

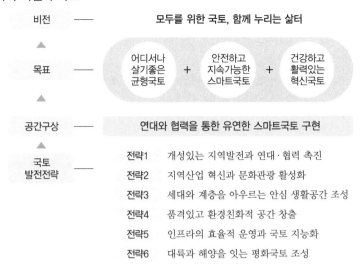

비전	—	**모두를 위한 국토, 함께 누리는 삶터**
목표	—	어디서나 살기좋은 균형국토 + 안전하고 지속가능한 스마트국토 + 건강하고 활력있는 혁신국토
공간구상	—	**연대와 협력을 통한 유연한 스마트국토 구현**

국토
발전전략 —

전략1 개성있는 지역발전과 연대·협력 촉진
전략2 지역산업 혁신과 문화관광 활성화
전략3 세대와 계층을 아우르는 안심 생활공간 조성
전략4 품격있고 환경친화적 공간 창출
전략5 인프라의 효율적 운영과 국토 지능화
전략6 대륙과 해양을 잇는 평화국토 조성

2. 국토계획평가에 관한 업무처리지침

1) 별표 1 : 국토계획평가의 세부평가기준 선정 고려사항

평가기준	세부평가기준 선정 고려사항

균형적 국토발전	• 평가대상 국토계획이 대상권역 또는 국토 차원의 균형발전에 기여하도록 하기 위해 검토해야 할 사항을 선정
	  – 균형발전의 공간단위는 수도권과 비수도권, 도시와 농산어촌, 대도시와 중소도시, 거점도시와 주변도시, 도시지역과 비(非)도시지역, 계획구역과 비(非)계획구역, 인프라 설치지역과 비(非)설치지역 등 평가대상계획의 특성에 따라 다양하게 설정 가능
	  – 검토할 주요 사항은 지역의 포용성 및 공공성, 저발전지역의 인구 및 일자리 증대, 접근성 제고, 주거복지 및 생활환경 개선, 발전지역과 주변지역 간의 연계발전전략, 시설이나 사업 선정 시 균형발전 고려 등이며, 계획 특성에 따라 적절하게 선정
	• 평가대상 국토계획이 국토계획 대상지역 또는 부문의 경쟁력을 높이기 위해 검토해야 할 항목을 선정
	  – 주요 검토사항으로서 지역특화산업 육성, 주력산업의 기반 정비, 지역자원의 융복합을 통한 고부가가치 창출 등을 고려 가능

국토의 경쟁력 강화	• 평가대상 국토계획과 관련된 국토기간시설이 장래 수요예측 및 예산, 환경 등의 여건 속에서 계획의 목표 및 전략에 부합할 수 있게 검토해야 할 사항을 선정
	  – 검토할 주요사항은 교통물류의 원활환 기능 수행을 위한 인프라의 효율적 관리, 접근성 제고, 교통물류비용 절감, 수자원의 효율적 관리, 국토정보화 제고, 이용자의 안전 및 편의 향상, 시설물의 통합관리체계 구축 등을 포괄
	  – 도시·군기본계획의 경우, 공간구조의 적정성, 성장관리방안 마련, 토지이용계획(개발예정용지)의 적절성 기준을 반드시 포함

	• 평가대상 계획 특성상 기존 국토기간시설을 효율적으로 활용하는지를 검토 항목으로 고려 가능 – 평가대상 국토계획과 밀접한 자원의 효율적 활용 및 보전 등과 관련해 검토해야 할 항목을 선정 – 국토자원으로는 토지자원, 수자원, 생태자원, 산림자원, 수산자원, 식량자원, 광물자원, 해양자원 등이 있으며, 대상계획의 특성에 맞춰 선택 가능
친환경적 국토관리	• 본 평가기준의 세부평가기준은 크게 기후변화 대응을 위한 탄소저감 측면과 친환경적 국토이용을 위한 환경성 검토로 구분하여 설정 – 기후변화 대응을 위한 탄소저감 측면의 검토항목은 부문별 온실가스 감축, 탄소 흡수원 증대, 신재생에너지 확대, 재해에 대한 예방 및 대응체계 구축 등 국토계획의 내용 및 특성에 맞춰 선정 – 환경성 검토는 필수세부평가기준이며, 지침 〈별표 2〉에 제시된 항목에 대해 국토계획의 대상지역, 내용과 특성 등을 종합검토하여 중점고려사항을 선택
계획의 적정성	• 평가대상 국토계획이 국토종합계획 등 상위 및 유관계획과의 목표 및 전략, 관련 계획내용에 부합하는지 여부를 검토 – 상위 및 유관계획과의 정합성은 평가대상 계획의 범위 및 특성에 따라 국토 및 지역계획, 교통, 물류, 산업, 관광, 환경, 해양 등 관련 계획을 대상으로 검토 – 국토종합계획 및 유관계획과의 정합성은 필수세부평가기준으로 선택 • 계획의 실현 가능성 여부를 검토하며, 검토의 내용적 범위는 해당 검토계획의 목표 및 전략의 적정성, 계획인구의 달성가능성, 계획실행에 필요한 재원의 규모 적정성 및 조달방안, 수립 및 집행 관련 거버넌스체계 구축, 실적모니터링체계 구축 등을 포괄 – 도시 · 군기본계획의 경우, 계획인구의 달성가능성을 반드시 포함

2) 별표 2 : 환경성 검토 세부평가기준의 평가범위

평가범위	주요내용	비고
환경 관련 기초조사 및 현황 검토	• 국토계획 대상지역의 환경 관련 지역 · 지구 지정현황과 주요 보호대상 동식물 및 환경 관련 시설물의 현황 파악 및 고려 여부 – 생태경관보전지역, 습지보호지역, 야생생물특별보호구역, 상수원보호구역, 백두대간보호구역, 자연공원 등 각종 보호지역을 포함하고 있는지에 대한 현황 파악 및 고려 여부 – 생태자연도 1등급, 녹지자연도 8등급 이상 지역, 하천, 호소(湖沼) 등 생태적 보전가치가 높은 지역을 포함하고 있는지에 대한 현황 파악 및 고려 여부 – 멸종위기야생 동식물, 주요 철새도래지 등 각종 보	해당 사항은 국토계획 평가협의회 개최 시 관련 자료를 제시하여 평가범위를 사전 확정하여야 함

	호 야생동식물의 서식공간 보호구역을 포함하고 있는지에 대한 현황 파악 및 고려 여부 – 생태적으로 보전가치가 높은 조간대, 사구, 하구언, 갯벌 및 습지 등을 포함하고 있는지에 대한 현황 파악 및 고려 여부 – 각종 수환경 관련 보호지역(상수원보호구역, 특별대책지역, 수변구역 등)을 포함하고 있는지에 대한 현황 파악 및 고려 여부 – 주요 경관자원 및 환경관련 시설 현황 파악 및 고려 여부	
환경보전 계획 및 정책과의 부합성	• 국가환경계획 및 시책 중 대상국토계획과 관련된 사항의 부합 여부를 고려하여 수립하였는지 여부 – 환경관련법상 법적 기준의 초과여부 또는 적정 기준으로 관리하기 위한 시책의 제시 여부 – 국가환경종합계획, 환경비전21, 생물다양성국가전략, 자연환경보전 기본계획, 환경보전중기계획, 물관리종합대책, 기후변화협약대응 종합대책 등과의 부합 여부 • 대상 국토계획과 관련된 국제적 환경 관련 협약, 조약, 규범과의 부합 여부 등을 고려하여 수립하였는지 여부 – 몬트리올의정서, 기후변화협약, 생물다양성협약, 람사르협약, 철새보호협정 등	해당 사항은 국토계획 평가협의회 개최 시 관련 자료를 제시하 여 평가범위를 사전 확정하여야 함
환경 보전을 위한 계획의 적정성	• 계획의 목표 및 전략, 성과지표 등에 대한 환경적 측면 고려 및 대책 제시 여부 – 계획의 목표 및 추진전략에 환경적 측면 고려 및 반영 여부 – 국토의 생태적 건전성, 환경과 개발의 조화 등을 위한 방안의 고려 여부 – 환경훼손 방지 및 보전과 복원 등을 위한 대책 고려 여부 • 국토의 환경친화적 관리 차원에서 개발구상 등이 적절히 계획되었는지 여부 및 관련 근거 제시 – 토지이용계획이나 공간개발전략 수립, 기반시설 구상 등 각종 개발계획 시 자연환경훼손 저감 등 환경요소를 고려한 계획내용 수립 여부 및 관련 근거 제시 – 계획의 수요·규모·수단 등 예측 시 환경용량 및 환경지표 등 환경적 요소를 고려하여 타당하게 검토, 분석되었는지 여부 및 관련 근거 제시 – 생태·녹지축(백두대간, 하천 등) 및 각종 보호지역, 경관 등을 충분히 고려하여 계획되었는지 여부 및 관련 근거 제시	–

「국토계획 및 환경보전계획의
통합관리에 관한 공동훈령」(국
토부)의 기본이념과 다른 것은?

① 국토계획 및 환경보전계획 수
립 시 중·장기적 국토여건,
환경변화 등을 고려하여 지
속가능한 국토·환경 비전
과 경제, 사회, 환경적 측면
에서 추진전략, 목표를 공유
하고 제시하여야 한다.
② 대상계획 수립을 위한 전 과
정에서 긴밀한 협력을 위하
여 진행상황과 자료를 공유
한다.
③ 국토교통부장관 및 환경부장
관은 국토계획과 환경보전계
획의 통합관리를 통한 지속가
능한 국토환경 유지를 위하여
상호 노력해야 한다.
④ 온실가스를 감축하기 위해 첨
단기술 및 융합기술을 적극
개발하고 활용한다.

답 ④

3. 국토계획 및 환경보전계획의 통합관리에 관한 공동훈령(국토부)

1) 제1장 총칙

(1) 목적(제1조)

이 훈령은 「국토기본법」 제5조 제4항 및 「환경정책기본법」 제4조 제4항에 따라 국토계획과 환경보전계획의 통합관리를 위하여 그 적용범위, 연계방법 및 절차 등에 관하여 필요한 사항을 정함을 목적으로 한다.

(2) 기본이념(제2조)

이 훈령에 따른 적용 대상계획의 통합관리는 다음의 기본이념을 따른다.

1. 국토계획 및 환경보전계획 수립 시 중·장기적 국토여건, 환경변화 등을 고려하여 지속가능한 국토·환경 비전과 경제, 사회, 환경적 측면에서 추진전략, 목표를 공유하고 제시하여야 한다.
2. 대상계획 수립을 위한 전 과정에서 긴밀한 협력을 위하여 진행상황과 자료를 공유한다.
3. 국토교통부장관 및 환경부장관은 국토계획과 환경보전계획의 통합관리를 통한 지속가능한 국토환경 유지를 위하여 상호 노력해야 한다.

(3) 정의(내용 생략)
(4) 적용범위(내용 생략)
(5) 다른 훈령과의 관계(내용 생략)

2) 제2장 국가계획의 통합관리

(1) 국가계획의 시기적 일치(내용 생략)
(2) 국가계획수립협의회(내용 생략)
(3) 국가계획의 통합관리사항(제8조)

국토교통부장관과 환경부장관은 국토종합계획 및 국가환경종합계획 수립 시 양 계획 간 통합관리를 위해 다음의 사항을 반영하여 계획을 수립하여야 한다.

1. 자연생태계의 관리·보전 및 훼손된 자연생태계복원
2. 체계적인 국토공간관리 및 생태적 연계
3. 에너지 절약형 공간구조 개편 및 신·재생에너지의 사용 확대
4. 깨끗한 물 확보와 물 부족에 대비한 대응
5. 대기질 개선을 위한 대기오염물질 감축
6. 기후변화에 대응하는 온실가스 감축
7. 폐기물 배출량 감축 및 자원순환율 제고
8. 그 밖에 지속가능한 발전을 위한 국토환경의 보전 및 개선에 관한 사항

4. 국토의 계획 및 이용에 관한 법률

1) 제1장 총칙

(1) 목적(제1조)

이 법은 국토의 이용·개발과 보전을 위한 계획의 수립 및 집행 등에 필요한 사항을 정하여 공공복리를 증진시키고 국민의 삶의 질을 향상시키는 것을 목적으로 한다.

(1) 정의(제2조)

이 법에서 사용하는 용어의 뜻은 다음과 같다. 〈개정 2011. 4. 14., 2012. 12. 18., 2015. 1. 6., 2017. 4. 18., 2017. 12. 26., 2021. 1. 12.〉

1. "광역도시계획"이란 제10조에 따라 지정된 광역계획권의 장기발전방향을 제시하는 계획을 말한다.

2. "도시·군계획"이란 특별시·광역시·특별자치시·특별자치도·시 또는 군(광역시의 관할구역에 있는 군은 제외한다. 이하 같다)의 관할구역에 대하여 수립하는 공간구조와 발전방향에 대한 계획으로서 도시·군기본계획과 도시·군관리계획으로 구분한다.

3. "도시·군기본계획"이란 특별시·광역시·특별자치시·특별자치도·시 또는 군의 관할구역에 대하여 기본적인 공간구조와 장기발전방향을 제시하는 종합계획으로서 도시·군관리계획 수립의 지침이 되는 계획을 말한다.

4. "도시·군관리계획"이란 특별시·광역시·특별자치시·특별자치도·시 또는 군의 개발·정비 및 보전을 위하여 수립하는 토지 이용, 교통, 환경, 경관, 안전, 산업, 정보통신, 보건, 복지, 안보, 문화 등에 관한 다음의 계획을 말한다.

   가. 용도지역·용도지구의 지정 또는 변경에 관한 계획

   나. 개발제한구역, 도시자연공원구역, 시가화조정구역(市街化調整區域), 수산자원보호구역의 지정 또는 변경에 관한 계획

   다. 기반시설의 설치·정비 또는 개량에 관한 계획

   라. 도시개발사업이나 정비사업에 관한 계획

   마. 지구단위계획구역의 지정 또는 변경에 관한 계획과 지구단위계획

   바. 입지규제최소구역의 지정 또는 변경에 관한 계획과 입지규제최소구역계획

5. "지구단위계획"이란 도시·군계획 수립 대상지역의 일부에 대하여 토지 이용을 합리화하고 그 기능을 증진시키며 미관을 개선하고 양호한 환경을 확보하며, 그 지역을 체계적·계획적으로 관리하기 위하여 수립하는 도시·군관리계획을 말한다.

5의2. "입지규제최소구역계획"이란 입지규제최소구역에서의 토지의 이용 및 건축물의 용도·건폐율·용적률·높이 등의 제한에 관한 사항 등 입지규제최소구역의 관리에 필요한 사항을 정하기 위하여 수립하는 도시·군관리계획을 말한다.

5의3. "성장관리계획"이란 성장관리계획구역에서의 난개발을 방지하고 계획적인 개발을 유도하기 위하여 수립하는 계획을 말한다.

6. "기반시설"이란 다음의 시설로서 대통령령으로 정하는 시설을 말한다.

　가. 도로·철도·항만·공항·주차장 등 교통시설

　나. 광장·공원·녹지 등 공간시설

　다. 유통업무설비, 수도·전기·가스공급설비, 방송·통신시설, 공동구 등 유통·공급시설

　라. 학교·공공청사·문화시설 및 공공필요성이 인정되는 체육시설 등 공공·문화체육시설

　마. 하천·유수지(遊水池)·방화설비 등 방재시설

　바. 장사시설 등 보건위생시설

　사. 하수도, 폐기물 처리 및 재활용시설, 빗물저장 및 이용시설 등 환경기초시설

7. "도시·군계획시설"이란 기반시설 중 도시·군관리계획으로 결정된 시설을 말한다.

8. "광역시설"이란 기반시설 중 광역적인 정비체계가 필요한 다음의 시설로서 대통령령으로 정하는 시설을 말한다.

　가. 둘 이상의 특별시·광역시·특별자치시·특별자치도·시 또는 군의 관할 구역에 걸쳐 있는 시설

　나. 둘 이상의 특별시·광역시·특별자치시·특별자치도·시 또는 군이 공동으로 이용하는 시설

9. "공동구"란 전기·가스·수도 등의 공급설비, 통신시설, 하수도시설 등 지하매설물을 공동수용함으로써 미관의 개선, 도로구조의 보전 및 교통의 원활한 소통을 위하여 지하에 설치하는 시설물을 말한다.

10. "도시·군계획시설사업"이란 도시·군계획시설을 설치·정비 또는 개량하는 사업을 말한다.

11. "도시·군계획사업"이란 도시·군관리계획을 시행하기 위한 다음의 사업을 말한다.

　가. 도시·군계획시설사업

　나. 「도시개발법」에 따른 도시개발사업

　다. 「도시 및 주거환경정비법」에 따른 정비사업

12. "도시·군계획사업시행자"란 이 법 또는 다른 법률에 따라 도시·군계획사업을 하는 자를 말한다.

13. "공공시설"이란 도로·공원·철도·수도, 그 밖에 대통령령으로 정하는 공공용시설을 말한다.

14. "국가계획"이란 중앙행정기관이 법률에 따라 수립하거나 국가의 정책적인 목적을 이루기 위하여 수립하는 계획 중 제19조 제1항 제1호부터 제9호까지에 규정된 사항이나 도시·군관리계획으로 결정하여야 할 사항이 포함된 계획을 말한다.

15. "용도지역"이란 토지의 이용 및 건축물의 용도, 건폐율(「건축법」 제55조의 건폐율을 말한다. 이하 같다), 용적률(「건축법」 제56조의 용적률을 말한다. 이하 같

다), 높이 등을 제한함으로써 토지를 경제적 · 효율적으로 이용하고 공공복리의 증진을 도모하기 위하여 서로 중복되지 아니하게 도시 · 군관리계획으로 결정하는 지역을 말한다.

16. "용도지구"란 토지의 이용 및 건축물의 용도 · 건폐율 · 용적률 · 높이 등에 대한 용도지역의 제한을 강화하거나 완화하여 적용함으로써 용도지역의 기능을 증진시키고 경관 · 안전 등을 도모하기 위하여 도시 · 군관리계획으로 결정하는 지역을 말한다.

17. "용도구역"이란 토지의 이용 및 건축물의 용도 · 건폐율 · 용적률 · 높이 등에 대한 용도지역 및 용도지구의 제한을 강화하거나 완화하여 따로 정함으로써 시가지의 무질서한 확산방지, 계획적이고 단계적인 토지이용의 도모, 토지이용의 종합적 조정 · 관리 등을 위하여 도시 · 군관리계획으로 결정하는 지역을 말한다.

18. "개발밀도관리구역"이란 개발로 인하여 기반시설이 부족할 것으로 예상되나 기반시설을 설치하기 곤란한 지역을 대상으로 건폐율이나 용적률을 강화하여 적용하기 위하여 제66조에 따라 지정하는 구역을 말한다.

19. "기반시설부담구역"이란 개발밀도관리구역 외의 지역으로서 개발로 인하여 도로, 공원, 녹지 등 대통령령으로 정하는 기반시설의 설치가 필요한 지역을 대상으로 기반시설을 설치하거나 그에 필요한 용지를 확보하게 하기 위하여 제67조에 따라 지정 · 고시하는 구역을 말한다.

20. "기반시설설치비용"이란 단독주택 및 숙박시설 등 대통령령으로 정하는 시설의 신 · 증축 행위로 인하여 유발되는 기반시설을 설치하거나 그에 필요한 용지를 확보하기 위하여 제69조에 따라 부과 · 징수하는 금액을 말한다.

2) 제2장 광역도시계획(내용 생략)

3) 제3장 도시 · 군기본계획(내용 생략)

4) 제4장 도시 · 군관리계획

(1) 도시 · 군관리계획의 결정권자(제29조)

① 도시 · 군관리계획은 시 · 도지사가 직접 또는 시장 · 군수의 신청에 따라 결정한다. 다만, 「지방자치법」 제198조에 따른 서울특별시와 광역시 및 특별자치시를 제외한 인구 50만 이상의 대도시(이하 "대도시"라 한다)의 경우에는 해당 시장(이하 "대도시 시장"이라 한다)이 직접 결정하고, 다음의 도시 · 군관리계획은 시장 또는 군수가 직접 결정한다. 〈개정 2009. 12. 29., 2011. 4. 14., 2013. 7. 16., 2017. 4. 18., 2021. 1. 12.〉

　1. 시장 또는 군수가 입안한 지구단위계획구역의 지정 · 변경과 지구단위계획의 수립 · 변경에 관한 도시 · 군관리계획

　2. 제52조 제1항 제1호의2에 따라 지구단위계획으로 대체하는 용도지구 폐지에

관한 도시 · 군관리계획[해당 시장(대도시 시장은 제외한다) 또는 군수가 도지사와 미리 협의한 경우에 한정한다]

② ①에도 불구하고 다음의 도시 · 군관리계획은 국토교통부장관이 결정한다. 다만, 제4호의 도시 · 군관리계획은 해양수산부장관이 결정한다. 〈개정 2011. 4. 14., 2013. 3. 23., 2013. 7. 16., 2015. 1. 6.〉

1. 제24조 제5항에 따라 국토교통부장관이 입안한 도시 · 군관리계획
2. 제38조에 따른 개발제한구역의 지정 및 변경에 관한 도시 · 군관리계획
3. 제39조 제1항 단서에 따른 시가화조정구역의 지정 및 변경에 관한 도시 · 군관리계획
4. 제40조에 따른 수산자원보호구역의 지정 및 변경에 관한 도시 · 군관리계획
5. 삭제 〈2019. 8. 20.〉

[전문개정 2009. 2. 6.]

[제목개정 2011. 4. 14.]

[시행일 : 2022. 1. 13.]

5) 제5장 개발행위허가

(1) 개발행위에 따른 공공시설 등의 귀속(제65조)

① 개발행위허가(다른 법률에 따라 개발행위허가가 의제되는 협의를 거친 인가 · 허가 · 승인 등을 포함한다. 이하 이 조에서 같다)를 받은 자가 행정청인 경우 개발행위허가를 받은 자가 새로 공공시설을 설치하거나 기존의 공공시설에 대체되는 공공시설을 설치한 경우에는 「국유재산법」과 「공유재산 및 물품관리법」에도 불구하고 새로 설치된 공공시설은 그 시설을 관리할 관리청에 무상으로 귀속되고, 종래의 공공시설은 개발행위허가를 받은 자에게 무상으로 귀속된다. 〈개정 2013. 7. 16.〉

② 개발행위허가를 받은 자가 행정청이 아닌 경우 개발행위허가를 받은 자가 새로 설치한 공공시설은 그 시설을 관리할 관리청에 무상으로 귀속되고, 개발행위로 용도가 폐지되는 공공시설은 「국유재산법」과 「공유재산 및 물품관리법」에도 불구하고 새로 설치한 공공시설의 설치비용에 상당하는 범위에서 개발행위허가를 받은 자에게 무상으로 양도할 수 있다.

③ 특별시장 · 광역시장 · 특별자치시장 · 특별자치도지사 · 시장 또는 군수는 ①과 ②에 따른 공공시설의 귀속에 관한 사항이 포함된 개발행위허가를 하려면 미리 해당 공공시설이 속한 관리청의 의견을 들어야 한다. 다만, 관리청이 지정되지 아니한 경우에는 관리청이 지정된 후 준공되기 전에 관리청의 의견을 들어야 하며, 관리청이 불분명한 경우에는 도로 등에 대하여는 국토교통부장관을, 하천에 대하여는 환경부장관을 관리청으로 보고, 그 외의 재산에 대하여는 기획재정부장관을 관리청으로 본다. 〈개정 2020. 12. 31.〉 이하생략

[전문개정 2009. 2. 6.]

[시행일 : 2022. 1. 1.]

■ 국토의 계획 및 이용에 관한 법률 시행령 [별표 1의2] 〈개정 2017. 12. 29.〉

개발행위허가기준(제56조 관련)

1. 분야별 검토사항

검토분야	허가기준

가. 공통분야	(1) 조수류·수목 등의 집단서식지가 아니고, 우량농지 등에 해당하지 아니하여 보전의 필요가 없을 것
	(2) 역사적·문화적·향토적 가치, 국방상 목적 등에 따른 원형보전의 필요가 없을 것
	(3) 토지의 형질변경 또는 토석채취의 경우에는 다음의 사항 중 필요한 사항에 대하여 도시·군계획조례(특별시·광역시·특별자치시·특별자치도·시 또는 군의 도시·군계획조례를 말한다. 이하 이 표에서 같다)로 정하는 기준에 적합할 것
	  (가) 국토교통부령으로 정하는 방법에 따라 산정한 해당 토지의 경사도 및 임상(林相)
	  (나) 삭제 〈2016. 6. 30.〉
	  (다) 표고, 인근 도로의 높이, 배수(排水) 등 그 밖에 필요한 사항
	(4) (3)에도 불구하고 다음의 어느 하나에 해당하는 경우에는 위해 방지, 환경오염 방지, 경관 조성, 조경 등에 관한 조치가 포함된 개발행위내용에 대하여 해당 도시계획위원회(제55조 제3항 제3호의2 각 목 외의 부분 후단 및 제57조 제4항에 따라 중앙도시계획위원회 또는 시·도도시계획위원회의 심의를 거치는 경우에는 중앙도시계획위원회 또는 시·도도시계획위원회를 말한다)의 심의를 거쳐 도시·군계획조례로 정하는 기준을 완화하여 적용할 수 있다.
	  (가) 골프장, 스키장, 기존 사찰, 풍력을 이용한 발전시설 등 개발행위의 특성상 도시·군계획조례로 정하는 기준을 그대로 적용하는 것이 불합리하다고 인정되는 경우
	  (나) 지형여건 또는 사업수행상 도시·군계획조례로 정하는 기준을 그대로 적용하는 것이 불합리하다고 인정되는 경우

나. 도시·군관리계획	(1) 용도지역별 개발행위의 규모 및 건축제한 기준에 적합할 것 (2) 개발행위허가제한지역에 해당하지 아니할 것
다. 도시·군계획사업	(1) 도시·군계획사업부지에 해당하지 아니할 것(제61조의 규정에 의하여 허용되는 개발행위를 제외한다) (2) 개발시기와 가설시설의 설치 등이 도시·군계획사업에 지장을 초래하지 아니할 것
라. 주변지역과의 관계	(1) 개발행위로 건축 또는 설치하는 건축물 또는 공작물이 주변의 자연경관 및 미관을 훼손하지 아니하고, 그 높이·형태 및 색채가 주변건축물과 조화를 이루어야 하며, 도시·군계획으로 경관계획이 수립되어 있는 경우에는 그에 적합할 것

	(2) 개발행위로 인하여 당해 지역 및 그 주변지역에 대기오염 · 수질오염 · 토질오염 · 소음 · 진동 · 분진 등에 의한 환경오염 · 생태계파괴 · 위해 발생 등이 발생할 우려가 없을 것. 다만, 환경오염 · 생태계파괴 · 위해 발생 등의 방지가 가능하여 환경오염의 방지, 위해의 방지, 조경, 녹지 의 조성, 완충지대의 설치 등을 허가의 조건으로 붙이는 경우에는 그러 하지 아니하다. (3) 개발행위로 인하여 녹지축이 절단되지 아니하고, 개발행위로 배수가 변 경되어 하천 · 호소 · 습지로의 유수를 막지 아니할 것
마. 기반기실	(1) 주변의 교통소통에 지장을 초래하지 아니할 것 (2) 대지와 도로의 관계는 「건축법」에 적합할 것 (3) 도시 · 군계획조례로 정하는 건축물의 용도 · 규모(대지의 규모를 포함 한다) · 층수 또는 주택호수 등에 따른 도로의 너비 또는 교통소통에 관 한 기준에 적합할 것
바. 그 밖의 사항	(1) 공유수면매립의 경우 매립목적이 도시 · 군계획에 적합할 것 (2) 토지의 분할 및 물건을 쌓아놓는 행위에 입목의 벌채가 수반되지 아니할 것

2. 개발행위별 검토사항

검토분야	허가기준
가. 건축물의 건축 또는 공작물의 설치	(1) 「건축법」의 적용을 받는 건축물의 건축 또는 공작물의 설치에 해당하는 경우 그 건축 또는 설치의 기준에 관하여는 「건축법」의 규정과 법 및 이 영이 정하는 바에 의하고, 그 건축 또는 설치의 절차에 관하여는 「건축법」 의 규정에 의할 것. 이 경우 건축물의 건축 또는 공작물의 설치를 목적으 로 하는 토지의 형질변경, 토지분할 또는 토석의 채취에 관한 개발행위허 가는 「건축법」에 의한 건축 또는 설치의 절차와 동시에 할 수 있다. (2) 도로 · 수도 및 하수도가 설치되지 아니한 지역에 대하여는 건축물의 건 축(건축을 목적으로 하는 토지의 형질변경을 포함한다)을 허가하지 아 니할 것. 다만, 무질서한 개발을 초래하지 아니하는 범위 안에서 도시 · 군계획조례가 정하는 경우에는 그러하지 아니하다. (3) 특정 건축물 또는 공작물에 대한 이격거리, 높이, 배치 등에 대한 구체적 인 사항은 도시 · 군계획조례로 정할 수 있다. 다만, 특정 건축물 또는 공 작물에 대한 이격거리, 높이, 배치 등에 대하여 다른 법령에서 달리 정하 는 경우에는 그 법령에서 정하는 바에 따른다.
나. 토지의 형질 변경	(1) 토지의 지반이 연약한 때에는 그 두께 · 넓이 · 지하수위 등의 조사와 지반 의 지지력 · 내려앉음 · 솟아오름에 관한 시험을 실시하여 흙바꾸기 · 다 지기 · 배수 등의 방법으로 이를 개량할 것 (2) 토지의 형질변경에 수반되는 성토 및 절토에 의한 비탈면 또는 절개면에 대하여는 옹벽 또는 석축의 설치 등 도시 · 군계획조례가 정하는 안전조 치를 할 것

다. 토석채취	지하자원의 개발을 위한 토석의 채취허가는 시가화대상이 아닌 지역으로서 인근에 피해가 없는 경우에 한하도록 하되, 구체적인 사항은 도시·군계획조례가 정하는 기준에 적합할 것. 다만, 국민경제상 중요한 광물자원의 개발을 위한 경우로서 인근의 토지이용에 대한 피해가 최소한에 그치도록 하는 때에는 그러하지 아니하다.

라. 토지분할	(1) 녹지지역·관리지역·농림지역 및 자연환경보전지역 안에서 관계 법령에 따른 허가·인가 등을 받지 아니하고 토지를 분할하는 경우에는 다음의 요건을 모두 갖출 것
	  (가) 「건축법」 제57조 제1항에 따른 분할제한면적(이하 이 칸에서 "분할제한면적"이라 한다) 이상으로서 도시·군계획조례가 정하는 면적 이상으로 분할할 것
	  (나) 「소득세법」 시행령 제168조의3 제1항 각 호의 어느 하나에 해당하는 지역 중 토지에 대한 투기가 성행하거나 성행할 우려가 있다고 판단되는 지역으로서 국토교통부장관이 지정·고시하는 지역 안에서의 토지분할이 아닐 것. 다만, 다음의 어느 하나에 해당되는 토지의 경우는 예외로 한다.
	    1) 다른 토지와의 합병을 위하여 분할하는 토지
	    2) 2006년 3월 8일 전에 토지소유권이 공유로 된 토지를 공유지분에 따라 분할하는 토지
	    3) 그 밖에 토지의 분할이 불가피한 경우로서 국토교통부령으로 정하는 경우에 해당되는 토지
	  (다) 토지분할의 목적이 건축물의 건축 또는 공작물의 설치, 토지의 형질변경인 경우 그 개발행위가 관계법령에 따라 제한되지 아니할 것
	  (라) 이 법 또는 다른 법령에 따른 인가·허가 등을 받지 않거나 기반시설이 갖추어지지 않아 토지의 개발이 불가능한 토지의 분할에 관한 사항은 해당 특별시·광역시·특별자치시·특별자치도·시 또는 군의 도시·군계획조례로 정한 기준에 적합할 것
	(2) 분할제한면적 미만으로 분할하는 경우에는 다음의 어느 하나에 해당할 것
	  (가) 녹지지역·관리지역·농림지역 및 자연환경보전지역 안에서의 기존 묘지의 분할
	  (나) 사설도로를 개설하기 위한 분할(「사도법」에 의한 사도개설허가를 받아 분할하는 경우를 제외한다)
	  (다) 사설도로로 사용되고 있는 토지 중 도로로서의 용도가 폐지되는 부분을 인접토지와 합병하기 위하여 하는 분할
	  (라) 〈삭제〉
	  (마) 토지이용상 불합리한 토지경계선을 시정하여 당해 토지의 효용을 증진시키기 위하여 분할 후 인접토지와 합필하고자 하는 경우에는 다음의 1에 해당할 것. 이 경우 허가신청인은 분할 후 합필되는 토지의 소유권 또는 공유지분을 보유하고 있거나 그 토지를 매수하기

	위한 매매계약을 체결하여야 한다.
	1) 분할 후 남는 토지의 면적 및 분할된 토지와 인접토지가 합필된 후의 면적이 분할제한면적에 미달되지 아니할 것
	2) 분할전후의 토지면적에 증감이 없을 것
	3) 분할하고자 하는 기존토지의 면적이 분할제한면적에 미달되고, 분할된 토지 중 하나를 제외한 나머지 분할된 토지와 인접토지를 합필한 후의 면적이 분할제한면적에 미달되지 아니할 것
	(3) 너비 5m 이하로 분할하는 경우로서 토지의 합리적인 이용에 지장이 없을 것
마. 물건을 쌓아놓는 행위	당해 행위로 인하여 위해발생, 주변환경오염 및 경관훼손 등의 우려가 없고, 당해 물건을 쉽게 옮길 수 있는 경우로서 도시·군계획조례가 정하는 기준에 적합할 것

3. 용도지역별 검토사항

검토 분야	허가기준
가. 시가화용도	1) 토지의 이용 및 건축물의 용도·건폐율·용적률·높이 등에 대한 용도지역의 제한에 따라 개발행위허가의 기준을 적용하는 주거지역·상업지역 및 공업지역일 것 2) 개발을 유도하는 지역으로서 기반시설의 적정성, 개발이 환경이 미치는 영향, 경관보호·조성 및 미관훼손의 최소화를 고려할 것
나. 유보용도	1) 법 제59조에 다른 도시계획위원회의 심의를 통하여 개발행위허가의 기준을 강화 또는 완화하여 적용할 수 있는 계획관리지역·생산관리지역 및 녹지지역 중 자연녹지지역일 것 2) 지역 특성에 따라 개발 수요에 탄력적으로 적용할 지역으로서 입지타당성, 기반시설의 적정성, 개발이 환경이 미치는 영향, 경관보호·조성 및 미관훼손의 최소화를 고려할 것
다. 보전용도	1) 법 제59조에 다른 도시계획위원회의 심의를 통하여 개발행위허가의 기준을 강화하여 적용할 수 있는 보전관리지역·농림지역·자연환경보전지역 및 녹지지역 중 생산녹지지역 및 보전녹지지역일 것 2) 개발보다 보전이 필요한 지역으로서 입지타당성, 기반시설의 적정성, 개발이 환경이 미치는 영향, 경관보호·조성 및 미관훼손의 최소화를 고려할 것

6) 제6장 용도지역·용도지구 및 용도구역에서의 행위제한

용도지역			건폐율(이하)	용적률(이하)
도시지역	주거지역	제1종전용주거지역	70%	500%
		제2종전용주거지역		
		제1종일반주거지역		
		제2종일반주거지역		
		제3종일반주거지역		
		준주거지역		
	상업지역	중심상업지역	90%	1,500%
		일반상업지역		
		근린상업지역		
		유통상업지역		
	공업지역	전용공업지역	70%	400%
		일반공업지역		
		준공업지역		
	녹지지역	보전녹지	20%	100%
		생산녹지		
		자연녹지		
관리지역		보전관리지역	20%	80%
		생산관리지역	20%	80%
		계획관리지역	40%	100%
농림지역			20%	80%
자연환경보전지역			20%	80%

제7장 도시·군계획시설사업의 시행(내용 생략)

제8장 비용(내용 생략)

제9장 도시계획위원회(내용 생략)

기출예상문제

「국토의 계획 및 이용에 관한 법률」에 따른 도시지역에 속하는 것은?
① 녹지지역
② 관리지역
③ 농림지역
④ 자연환경보전지역

답 ①

01 국토기본법

01 국토기본법상 "국토계획"에 포함되지 않는 계획은?

(2018)

① 국토종합계획
② 도서종합계획
③ 부문별 계획
④ 시·군종합계획

해설

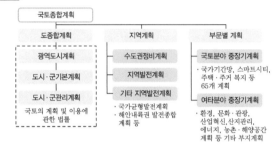

02 다음은 국토기본법령상 국토조사에 관한 사항이다. 밑줄 친 "대통령령으로 정하는 사항"에 해당하지 않는 것은?

(2018)

> 국토교통부장관은 국토에 관한 계획 또는 정책의 수립, 공간정보의 제작, 연차보고서의 작성 등을 위하여 필요할 때에는 "대통령령으로 정하는 사항"에 대하여 조사할 수 있다.

① 지형·지물 등 지리정보에 관한 사항
② 농림·해양·수산에 관한 사항
③ 국제협력·대내 홍보에 관한 사항
④ 방재 및 안전에 관한 사항

해설 국토기본법 시행령

제10조(국토조사의 실시)

① 법 제25조제1항에서 "대통령령으로 정하는 사항"이란 다음 각 호의 사항을 말한다. 〈개정 2008. 2. 29., 2012. 5. 30., 2013. 3. 23., 2020. 9. 22.〉

1. 지형·지물 등 지리정보에 관한 사항
2. 농림·해양·수산에 관한 사항
3. 방재 및 안전에 관한 사항

4. 정주지(定住地 : 도시 등 사람이 거주하고 있는 일정한 지역) 온실가스 통계에 관한 사항
5. 그 밖에 국토교통부장관이 필요하다고 인정하는 사항

03 국토기본법상 구분된 국토계획에 해당하지 않는 것은?

(2018)

① 지역계획
② 부문별 계획
③ 통합계획
④ 도종합계획

해설

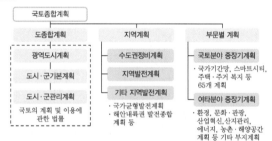

04 국토기본법상 국토계획에 해당하지 않는 것은? (2018)

① 국토종합계획
② 도종합계획
③ 지역계획
④ 지구단위계획

해설

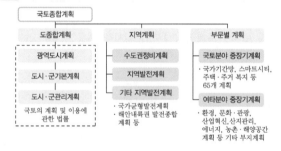

정답 01 ② 02 ③ 03 ③ 04 ④

05 국토기본법상 특정 지역을 대상으로 특별한 정책목적을 달성하기 위하여 수립하는 계획으로 옳은 것은? (2018)

① 국토종합계획
② 부분별 계획
③ 시 · 군종합계획
④ 지역계획

해설

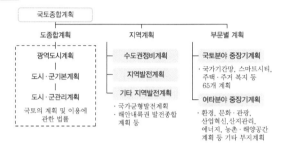

06 국토기본법령상 국토교통부장관이 국토에 관한 계획 또는 정책수립 등을 위해 행하는 국토조사사항 중 "대통령령으로 정하는 사항"에 해당하지 않는 것은? (단, 그 밖에 국토해양부장관이 필요하다고 인정하는 사항 등은 제외) (2019)

① 자연생태에 관한 사항
② 방재 및 안전에 관한 사항
③ 농림 · 해양 · 수산에 관한 사항
④ 지형 · 지물 등 지리정보에 관한 사항

해설 국토기본법 시행령

제10조(국토조사의 실시)
① 법 제25조제1항에서 "대통령령으로 정하는 사항"이란 다음 각 호의 사항을 말한다. 〈개정 2008. 2. 29., 2012. 5. 30., 2013. 3. 23., 2020. 9. 22.〉
1. 지형 · 지물 등 지리정보에 관한 사항
2. 농림 · 해양 · 수산에 관한 사항
3. 방재 및 안전에 관한 사항
4. 정주지(定住地 : 도시 등 사람이 거주하고 있는 일정한 지역) 온실가스 통계에 관한 사항
5. 그 밖에 국토교통부장관이 필요하다고 인정하는 사항

07 국토기본법령상 국토정책위원회와 분과위원회에 두는 전문위원의 수와 임기로 옳은 것은? (2020)

① 전문위원의 수는 3명 이내로 하며, 임기는 2년으로 한다.
② 전문위원의 수는 3명 이내로 하며, 임기는 3년으로 한다.
③ 전문위원의 수는 10명 이내로 하며, 임기는 2년으로 한다.
④ 전문위원의 수는 10명 이내로 하며, 임기는 3년으로 한다.

해설 국토기본법 시행령 제14조(전문위원의 자격 등)
① 법 제28조제3항에 따라 위원회에 두는 전문위원의 수는 3명 이내로 한다.
② 제1항에 따른 전문위원의 임기는 3년으로 한다.
③ 제1항에 따른 전문위원의 자격 및 업무 등에 관한 사항은 위원회의 의결을 거쳐 위원장이 정한다.
[본조신설 2012. 5. 30.]

08 다음은 국토기본법령상 국토계획평가의 절차이다. ( ) 안에 알맞은 것은? (2020)

> 국토교통부장관은 국토계획평가 요청서를 제출받은 날부터 (㉠) 이내에 국토계획평가를 실시하고 그 결과에 대하여 법에 따른 국토정책위원회에 심의를 요청하여야 한다. 다만, 부득이한 사유가 있는 경우에는 그 기간을 (㉡)의 범위에서 연장할 수 있다.

① ㉠ 15일, ㉡ 10일
② ㉠ 15일, ㉡ 15일
③ ㉠ 30일, ㉡ 10일
④ ㉠ 30일, ㉡ 15일

해설 국토기본법 시행령 제8조의4(국토계획평가의 절차)
① 국토교통부장관은 국토계획평가 요청서를 제출받은 날부터 30일 이내에 국토계획평가를 실시하고 그 결과에 대하여 법 제26조제1항에 따른 국토정책위원회에 심의를 요청하여야 한다. 다만, 부득이한 사유가 있는 경우에는 그 기간을 10일의 범위에서 연장할 수 있다. 〈개정 2013. 3. 23.〉

09 국토의 난개발을 방지하고 개발과 보전의 조화를 유도하기 위하여 토지의 토양, 입지, 활용가능성 등에 따라 토지의 보전 및 이용가능성에 대한 등급을 분류하여 토지용도 구분의 기초를 제공하는 제도는? (2018)

① 토지적성평가
② 토지환경성평가
③ 토지이용계획
④ 용도지역지구제

해설 토지적성평가
토지의 토양, 입지, 활용가능성 등 토지의 적성에 대한 평가로서 도시기본계획 및 도시관리계획을 수립할 때 수행하여야 하는 기초조사 중 하나이다.

정답 05 ④ 06 ① 07 ② 08 ③ 09 ①

10 국토의 계획 및 이용에 관한 법률상 개발행위 허가신청 시 첨부하여야 할 계획서의 내용과 거리가 먼 것은? (2018)

① 경관, 조경에 관한 계획
② 개발이익 환원에 관한 계획
③ 위해 방지, 환경오염 방지 계획
④ 기반시설의 설치나 그에 필요한 용지의 확보 계획

해설 국토의 계획 및 이용에 관한 법률 제57조(개발행위 허가의 절차)
① 개발행위를 하려는 자는 그 개발행위에 따른 기반시설의 설치나 그에 필요한 용지의 확보, 위해(危害) 방지, 환경오염 방지, 경관, 조경 등에 관한 계획서를 첨부한 신청서를 개발행위 허가권자에게 제출하여야 한다. 이 경우 개발밀도관리구역 안에서는 기반시설의 설치나 그에 필요한 용지의 확보에 관한 계획서를 제출하지 아니한다. 다만, 제56조제1항제1호의 행위 중 「건축법」의 적용을 받는 건축물의 건축 또는 공작물의 설치를 하려는 자는 「건축법」에서 정하는 절차에 따라 신청서류를 제출하여야 한다. 〈개정 2011. 4. 14.〉

11 국토의 계획 및 이용에 관한 법률상 토지의 이용실태 및 특성, 장래의 토지 이용방향 등을 고려한 용도지역 구분에 관한 설명으로 옳지 않은 것은? (2018)

① 관리지역 : 도시지역의 인구와 산업을 수용하기 위하여 도시지역에 준하여 체계적으로 관리하거나 농림업의 진흥, 자연환경 또는 산림의 보전을 위하여 농림지역 또는 자연환경보전지역에 준하여 관리할 필요가 있는 지역
② 농림지역 : 도시지역에 속하지 아니하는 「농지법」에 따른 농업진흥지역 또는 「산지관리법」에 따른 보전산지 등으로서 농림업을 진흥시키고 산림을 보전하기 위하여 필요한 지역
③ 산업단지개발지역 : 인구와 산업이 밀집되어 있거나 밀집이 예상되어 그 지역에 대하여 체계적인 개발 · 정비 · 관리 · 보전 등이 필요한 지역
④ 자연환경보전지역 : 자연환경 · 수자원 · 해안 · 생태계 · 상수원 및 문화재의 보전과 수산자원의 보호 · 육성 등을 위하여 필요한 지역

해설

용도지역			건폐율(이하)	용적률(이하)
도시지역	주거지역	제1종전용주거지역	70%	500%
		제2종전용주거지역		
		제1종일반주거지역		
		제2종일반주거지역		
		제3종일반주거지역		
		준주거지역		
	상업지역	중심상업지역	90%	1,500%
		일반상업지역		
		근린상업지역		
		유통상업지역		
	공업지역	전용공업지역	70%	400%
		일반공업지역		
		준공업지역		
	녹지지역	보전녹지	20%	100%
		생산녹지		
		자연녹지		
관리지역		보전관리지역	20%	80%
		생산관리지역	20%	80%
		계획관리지역	40%	100%
농림지역			20%	80%
자연환경보전지역			20%	80%

12 다음 용도지구에 대한 설명 중 틀린 것은? (2018)

① 토지이용을 고도화하고 경관을 보호하기 위하여 건축물 높이의 최저한도를 정할 필요가 있는 지구를 최저고도지구라 한다.
② 학교시설 · 고용시설 · 항만 또는 공항의 보호, 업무기능의 효율화, 항공기의 안전운항 등을 위하여 지정하는 것은 개발진흥지구이다.
③ 문화재와 문화적으로 보존가치가 큰 건축물 등의 미관을 유지 · 관리하기 위하여 필요한 것은 역사문화미관지구이다.
④ 녹지지역 · 관리지역 · 농림지역 또는 자연환경보전지역 안의 취락을 정비하기 위하여 필요한 지구는 자연취락지구이다.

해설 국토의 계획 및 이용에 관한 법률 제37조(용도지구의 지정)
① 국토교통부장관, 시 · 도지사 또는 대도시 시장은 다음 각 호의 어느 하나에 해당하는 용도지구의 지정 또는 변경을 도시 · 군관리계획으로 결정한다. 〈개정 2011. 4. 14., 2013. 3. 23., 2017. 4. 18.〉

정답 10 ② 11 ③ 12 ②

1. 경관지구 : 경관의 보전 · 관리 및 형성을 위하여 필요한 지구
2. 고도지구 : 쾌적한 환경 조성 및 토지의 효율적 이용을 위하여 건축물 높이의 최고한도를 규제할 필요가 있는 지구
3. 방화지구 : 화재의 위험을 예방하기 위하여 필요한 지구
4. 방재지구 : 풍수해, 산사태, 지반의 붕괴, 그 밖의 재해를 예방하기 위하여 필요한 지구
5. 보호지구 : 문화재, 중요 시설물(항만, 공항 등 대통령령으로 정하는 시설물을 말한다) 및 문화적 · 생태적으로 보존가치가 큰 지역의 보호와 보존을 위하여 필요한 지구
6. 취락지구 : 녹지지역 · 관리지역 · 농림지역 · 자연환경보전지역 · 개발제한구역 또는 도시자연공원구역의 취락을 정비하기 위한 지구
7. 개발진흥지구 : 주거기능 · 상업기능 · 공업기능 · 유통물류기능 · 관광기능 · 휴양기능 등을 집중적으로 개발 · 정비할 필요가 있는 지구
8. 특정용도제한지구 : 주거 및 교육 환경 보호나 청소년 보호 등의 목적으로 오염물질 배출시설, 청소년 유해시설 등 특정시설의 입지를 제한할 필요가 있는 지구
9. 복합용도지구 : 지역의 토지이용 상황, 개발 수요 및 주변 여건 등을 고려하여 효율적이고 복합적인 토지이용을 도모하기 위하여 특정시설의 입지를 완화할 필요가 있는 지구
10. 그 밖에 대통령령으로 정하는 지구

13 다음은 국토의 계획 및 이용에 관한 법률상 용어의 뜻이다. ( ) 안에 가장 적합한 것은?

(2018)

( )(이)란 토지의 이용 및 건축물의 용도, 건폐율, 용적률, 높이 등을 제한함으로써 토지를 경제적 · 효율적으로 이용하고 공공복리의 증진을 도모하기 위하여 서로 중복되지 아니하게 도시 · 군관리계획으로 결정하는 지역을 말한다.

① 용도지역
② 용도지구
③ 용도구역
④ 개발밀도관리구역

해설 국토의 계획 및 이용에 관한 법률 제2조(정의)

"용도지역"이란 토지의 이용 및 건축물의 용도, 건폐율(「건축법」 제55조의 건폐율을 말한다. 이하 같다), 용적률(「건축법」 제56조의 용적률을 말한다. 이하 같다), 높이 등을 제한함으로써 토지를 경제적 · 효율적으로 이용하고 공공복리의 증진을 도모하기 위하여 서로 중복되지 아니하게 도시 · 군관리계획으로 결정하는 지역을 말한다.

14 도시관리계획의 경관지구를 세분한 것이 아닌 것은?

(2018)

① 자연경관지구
② 수변경관지구
③ 해안경관지구
④ 시가지경관지구

해설 경관지구

㉠ 자연경관지구 : 산지 · 구릉지 등 자연경관을 보호하거나 유지하기 위하여 필요한 지구
㉡ 시가지경관지구 : 지역 내 주거지, 중심지 등 시가지의 경관을 보호 또는 유지하거나 형성하기 위하여 필요한 지구
㉢ 특화경관지구 : 지역 내 주요 수계의 수변 또는 문화적 보존가치가 큰 건축물 주변의 경관 등 특별한 경관을 보호 또는 유지하거나 형성하기 위하여 필요한 지구

15 다음은 국토의 계획 및 이용에 관한 법률상 용어의 뜻이다. ( ) 안에 알맞은 것은?

(2018)

( )란 전기 · 가스 · 수도 등의 공급설비, 통신시설, 하수도시설 등 지하매설물을 공동수용함으로써 미관의 개선, 도로구조의 보전 및 교통의 원활한 소통을 위하여 지하에 설치하는 시설물을 말한다.

① 공동구
② 공용구
③ 공동수용구
④ 수용구

해설 공동구

전기 · 가스 · 수도 등의 공급설비, 통신시설, 하수도시설 등 지하매설물을 공동수용함으로써 미관의 개선, 도로구조의 보전 및 교통의 원활한 소통을 위하여 지하에 설치하는 시설물을 말한다.

16 국토의 계획 및 이용에 관한 법률 시행령상 기반시설 중 세분화한 도로에 해당하지 않는 것은?

(2018)

① 지하도로
② 보차혼용도로
③ 자전거전용도로
④ 보행자전용도로

해설 도로

㉠ 일반도로
㉡ 자동차전용도로
㉢ 보행자전용도로
㉣ 보행자우선도로
㉤ 자전거전용도로
㉥ 고가도로
㉦ 지하도로

17 국토의 계획 및 이용에 관한 법률에 따른 용도지역 안에서 건폐율과 용적률의 최대한도에 대한 조합으로 옳은 것은? (단, 지역 − 건폐율 − 용적률 순이다.) (2018)

① 주거지역 − 60% 이하 − 500% 이하
② 상업지역 − 80% 이하 − 1,500% 이하
③ 공업지역 − 70% 이하 − 400% 이하
④ 녹지지역 − 20% 이하 − 80% 이하

해설

용도지역			건폐율(이하)	용적률(이하)
도시지역	주거지역	제1종전용주거지역	70%	500%
		제2종전용주거지역		
		제1종일반주거지역		
		제2종일반주거지역		
		제3종일반주거지역		
		준주거지역		
	상업지역	중심상업지역	90%	1,500%
		일반상업지역		
		근린상업지역		
		유통상업지역		
	공업지역	전용공업지역	70%	400%
		일반공업지역		
		준공업지역		
	녹지지역	보전녹지	20%	100%
		생산녹지		
		자연녹지		
관리지역		보전관리지역	20%	80%
		생산관리지역	20%	80%
		계획관리지역	40%	100%
농림지역			20%	80%
자연환경보전지역			20%	80%

18 국토의 계획 및 이용에 관한 법률 시행령상 기반시설의 분류 중 "방재시설"에 해당하는 것은? (2018)

① 공동구 · 시장
② 유류저장 및 송유설비
③ 하수도
④ 유수지

해설 방재시설

하천, 유수지, 저수지, 방화설비, 방풍설비, 방수설비, 사방설비, 방조설비

19 국토의 계획 및 이용에 관한 법률상 국토의 용도구분에 해당되지 않는 지역은? (2018)

① 도시지역
② 준도시지역
③ 관리지역
④ 자연환경보전지역

20 국토의 계획 및 이용에 관한 법률상 특별시 · 광역시의 도시 · 군기본계획의 확정에 대한 설명 중 틀린 것은? (2019)

① 특별시장, 광역시장은 도시 · 군기본계획을 수립 또는 변경하고자 하는 때에는 별도의 지방도시계획위원회의 심의를 거치지 않고 관계 행정기관의 장과 협의한다.
② 특별시장은 도시 · 군기본계획을 수립하거나 변경한 경우에는 관계 행정기관의 장에게 관계 서류를 송부하여야 한다.
③ 협의 요청을 받은 관계 행정기관의 장은 특별한 사유가 없으면 그 요청을 받은 날로부터 30일 이내에 특별시장 · 광역시장에게 의견을 제시하여야 한다.
④ 특별시장은 도시 · 군기본계획을 수립, 변경한 경우에는 대통령령으로 정하는 바에 따라 그 계획을 공고하고 일반인이 열람할 수 있도록 하여야 한다.

해설 국토의 계획 및 이용에 관한 법률

제22조(특별시 · 광역시 · 특별자치시 · 특별자치도의 도시 · 군기본계획의 확정)
① 특별시장 · 광역시장 · 특별자치시장 또는 특별자치도지사는 도시 · 군기본계획을 수립하거나 변경하려면 관계 행정기관의 장(국토교통부장관을 포함한다. 이하 이 조 및 제22조의2에서 같다)과 협의한 후 지방도시계획위원회의 심의를 거쳐야 한다. 〈개정 2011. 4. 14., 2013. 3. 23.〉
② 제1항에 따라 협의 요청을 받은 관계 행정기관의 장은 특별한 사유가 없으면 그 요청을 받은 날부터 30일 이내에 특별시장 · 광역시장 · 특별자치시장 또는 특별자치도지사에게 의견을 제시하여야 한다. 〈개정 2011. 4. 14.〉
③ 특별시장 · 광역시장 · 특별자치시장 또는 특별자치도지사는 도시 · 군기본계획을 수립하거나 변경한 경우에는 관계 행정기관의 장에게 관계 서류를 송부하여야 하며, 대통령령으로 정하는 바에 따라 그 계획을 공고하고 일반인이 열람할 수 있도록 하여야 한다. 〈개정 2011. 4. 14.〉
[전문개정 2009. 2. 6.]
[제목개정 2011. 4. 14.]

21 국토의 계획 및 이용에 관한 법률상 용도지역에서 건폐율의 최대한도 기준으로 옳지 않은 것은? (2019)

① 녹지지역 : 20퍼센트 이하
② 농림지역 : 40퍼센트 이하
③ 생산관리지역 : 20퍼센트 이하
④ 계획관리지역 : 40퍼센트 이하

해설

용도지역			건폐율(이하)	용적률(이하)
도시지역	주거지역	제1종전용주거지역	70%	500%
		제2종전용주거지역		
		제1종일반주거지역		
		제2종일반주거지역		
		제3종일반주거지역		
		준주거지역		
	상업지역	중심상업지역	90%	1,500%
		일반상업지역		
		근린상업지역		
		유통상업지역		
	공업지역	전용공업지역	70%	400%
		일반공업지역		
		준공업지역		
	녹지지역	보전녹지	20%	100%
		생산녹지		
		자연녹지		
관리지역		보전관리지역	20%	80%
		생산관리지역	20%	80%
		계획관리지역	40%	100%
농림지역			20%	80%
자연환경보전지역			20%	80%

22 국토의 계획 및 이용에 관한 법률 시행령상 용어에 대한 정의이다. ( ) 안에 들어갈 세분한 용도지구로서 가장 적합한 것은? (2019)

> – (㉠)는 문화재 · 전통사찰 등 역사 · 문화적으로 보존가치가 큰 시설 및 지역의 보호와 보존을 위하여 필요한 지구
> – (㉡)는 항만, 공항, 공용시설, 교정시설 등의 보호와 기능의 유지 및 증진 등을 위하여 필요한 지구

① ㉠ 문화자원보호지구, ㉡ 안보시설물보호지구
② ㉠ 문화자원보호지구, ㉡ 중요시설물보호지구
③ ㉠ 역사문화환경보호지구, ㉡ 안보시설물보호지구
④ ㉠ 역사문화환경보호지구, ㉡ 중요시설물보호지구

해설 국토의 계획 및 이용에 관한 법률 시행령(제31조)

5. 보호지구
  가. 역사문화환경보호지구 : 문화재 · 전통사찰 등 역사 · 문화적으로 보존가치가 큰 시설 및 지역의 보호와 보존을 위하여 필요한 지구
  나. 중요시설물보호지구 : 중요시설물(제1항에 따른 시설물을 말한다. 이하 같다)의 보호와 기능의 유지 및 증진 등을 위하여 필요한 지구
  다. 생태계보호지구 : 야생동식물서식처 등 생태적으로 보존가치가 큰 지역의 보호와 보존을 위하여 필요한 지구

23 국토의 계획 및 이용에 관한 법률에 관한 설명 중 옳지 않은 것은? (2019)

① 도시 · 군기본계획의 내용이 광역도시계획의 내용과 다를 때에는 광역도시계획의 내용이 우선한다.
② 도시 · 군기본계획은 광역도시계획에 부합되어야 하나 도시 · 군관리계획은 반드시 광역도시계획에 부합하여야 하는 것은 아니다.
③ 도시 · 군기본계획이란 특별시 · 광역시 · 특별자치시 · 특별자치도 · 시 또는 군의 관할구역에 대하여 기본적인 공간구조와 장기발전방향을 제시하는 종합계획으로서 도시 · 군관리계획 수립의 지침이 되는 계획이다.
④ 도시 · 군계획은 특별시 · 광역시 · 특별자치시 · 특별자치도 · 시 또는 군의 관할구역에서 수립되는 다른 법률에 따른 초지의 이용 · 개발 및 보전에 관한 계획의 기본이 된다.

24 국토의 계획 및 이용에 관한 법률상 각 용도지역별 용적률의 최대한도 기준으로 옳은 것은? (2019)

① 농림지역 : 80퍼센트 이하
② 자연환경보전지역 : 100퍼센트 이하
③ 도시지역 중 녹지지역 : 500퍼센트 이하
④ 관리지역 중 생산관리지역 : 100퍼센트 이하

정답 21 ② 22 ④ 23 ② 24 ①

용도지역			건폐율(이하)	용적률(이하)
도시지역	주거지역	제1종전용주거지역	70%	500%
		제2종전용주거지역		
		제1종일반주거지역		
		제2종일반주거지역		
		제3종일반주거지역		
		준주거지역		
	상업지역	중심상업지역	90%	1,500%
		일반상업지역		
		근린상업지역		
		유통상업지역		
	공업지역	전용공업지역	70%	400%
		일반공업지역		
		준공업지역		
	녹지지역	보전녹지	20%	100%
		생산녹지		
		자연녹지		
관리지역		보전관리지역	20%	80%
		생산관리지역	20%	80%
		계획관리지역	40%	100%
농림지역			20%	80%
자연환경보전지역			20%	80%

25 국토의 계획 및 이용에 관한 법률상 용도지구에 관한 설명 중 틀린 것을 모두 열거한 것은?

(2019)

> ㉠ 경관지구 : 경관의 보전·관리 및 형성을 위하여 필요한 지구
> ㉡ 고도지구 : 쾌적한 환경 조성 및 토지의 효율적 이용을 위하여 건축물 높이의 최고한도를 규제할 필요가 있는 지구
> ㉢ 방재지구 : 풍수해, 산사태, 지반의 붕괴, 그 밖의 재해를 예방하기 위하여 필요한 지구
> ㉣ 보호지구 : 문화재, 중요 시설물 및 문화적·생태적으로 보존가치가 큰 지역의 보호와 보존을 위하여 필요한 지구

① ㉠, ㉡
② ㉠, ㉢
③ ㉡, ㉢
④ ㉢, ㉣

해설 국토의 계획 및 이용에 관한 법률 제37조(용도지구의 지정)

① 국토교통부장관, 시·도지사 또는 대도시 시장은 다음 각 호의 어느 하나에 해당하는 용도지구의 지정 또는 변경을 도시·군관리계획으로 결정한다. 〈개정 2011. 4. 14., 2013. 3. 23., 2017. 4. 18.〉
  1. 경관지구 : 경관의 보전·관리 및 형성을 위하여 필요한 지구
  2. 고도지구 : 쾌적한 환경 조성 및 토지의 효율적 이용을 위하여 건축물 높이의 최고한도를 규제할 필요가 있는 지구
  3. 방화지구 : 화재의 위험을 예방하기 위하여 필요한 지구
  4. 방재지구 : 풍수해, 산사태, 지반의 붕괴, 그 밖의 재해를 예방

하기 위하여 필요한 지구
  5. 보호지구 : 문화재, 중요 시설물(항만, 공항 등 대통령령으로 정하는 시설물을 말한다) 및 문화적·생태적으로 보존가치가 큰 지역의 보호와 보존을 위하여 필요한 지구
  6. 취락지구 : 녹지지역·관리지역·농림지역·자연환경보전지역·개발제한구역 또는 도시자연공원구역의 취락을 정비하기 위한 지구
  7. 개발진흥지구 : 주거기능·상업기능·공업기능·유통물류기능·관광기능·휴양기능 등을 집중적으로 개발·정비할 필요가 있는 지구
  8. 특정용도제한지구 : 주거 및 교육 환경 보호나 청소년 보호 등의 목적으로 오염물질 배출시설, 청소년 유해시설 등 특정시설의 입지를 제한할 필요가 있는 지구
  9. 복합용도지구 : 지역의 토지이용 상황, 개발 수요 및 주변 여건 등을 고려하여 효율적이고 복합적인 토지이용을 도모하기 위하여 특정시설의 입지를 완화할 필요가 있는 지구
  10. 그 밖에 대통령령으로 정하는 지구

26 도시지역의 녹지지역 세분화에 해당하지 않는 지역은?

(2019)

① 전용녹지지역
② 보전녹지지역
③ 생산녹지지역
④ 자연녹지지역

해설

용도지역			건폐율(이하)	용적률(이하)
도시지역	주거지역	제1종전용주거지역	70%	500%
		제2종전용주거지역		
		제1종일반주거지역		
		제2종일반주거지역		
		제3종일반주거지역		
		준주거지역		
	상업지역	중심상업지역	90%	1,500%
		일반상업지역		
		근린상업지역		
		유통상업지역		
	공업지역	전용공업지역	70%	400%
		일반공업지역		
		준공업지역		
	녹지지역	보전녹지	20%	100%
		생산녹지		
		자연녹지		
관리지역		보전관리지역	20%	80%
		생산관리지역	20%	80%
		계획관리지역	40%	100%
농림지역			20%	80%
자연환경보전지역			20%	80%

27 도시지역과 그 주변 지역의 무질서한 시가화를 방지하고 계획적 · 단계적인 개발을 도모하기 위하여 대통령령이 정하는 일정기간동안 시가화를 유보할 필요가 있다고 인정하여 지정하는 구역은? (2019)

① 시가화관리구역
② 시가화조정구역
③ 시가화유보구역
④ 시가화예정구역

해설 국토의 계획 및 이용에 관한 법률 제39조(시가화조정구역의 지정)

① 시 · 도지사는 직접 또는 관계 행정기관의 장의 요청을 받아 도시지역과 그 주변지역의 무질서한 시가화를 방지하고 계획적 · 단계적인 개발을 도모하기 위하여 대통령령으로 정하는 기간 동안 시가화를 유보할 필요가 있다고 인정되면 시가화조정구역의 지정 또는 변경을 도시 · 군관리계획으로 결정할 수 있다. 다만, 국가계획과 연계하여 시가화조정구역의 지정 또는 변경이 필요한 경우에는 국토교통부장관이 직접 시가화조정구역의 지정 또는 변경을 도시 · 군관리계획으로 결정할 수 있다. 〈개정 2011. 4. 14., 2013. 3. 23., 2013. 7. 16.〉

② 시가화조정구역의 지정에 관한 도시 · 군관리계획의 결정은 제1항에 따른 시가화 유보기간이 끝난 날의 다음날부터 그 효력을 잃는다. 이 경우 국토교통부장관 또는 시 · 도지사는 대통령령으로 정하는 바에 따라 그 사실을 고시하여야 한다. 〈개정 2011. 4. 14., 2013. 3. 23., 2013. 7. 16.〉
[전문개정 2009. 2. 6.]

28 다음은 국토의 계획 및 이용에 관한 법률에 따른 벌칙기준이다. ( ) 안에 알맞은 것은? (2019)

> 기반시설설치비용을 면탈 · 경감할 목적 또는 면탈 · 경감하게 할 목적으로 거짓 계약을 체결하거나 거짓 자료를 제출한 자는 (㉠) 또는 면탈 · 경감하였거나 면탈 · 경감하고자 한 기반시설설치비용의 (㉡)에 상당하는 벌금에 처한다.

① ㉠ 1년 이하의 징역, ㉡ 3배 이하
② ㉠ 1년 이하의 징역, ㉡ 10배 이하
③ ㉠ 3년 이하의 징역, ㉡ 3배 이하
④ ㉠ 3년 이하의 징역, ㉡ 10배 이하

해설 국토의 계획 및 이용에 관한 법률 제140조의2(벌칙)

기반시설설치비용을 면탈 · 경감할 목적 또는 면탈 · 경감하게 할 목적으로 거짓 계약을 체결하거나 거짓 자료를 제출한 자는 3년 이하의 징역 또는 면탈 · 경감하였거나 면탈 · 경감하고자 한 기반시설설치비용의 3배 이하에 상당하는 벌금에 처한다.
[본조신설 2008. 3. 28.]

29 국토의 계획 및 이용에 관한 법령상 보호지구를 세분한 것에 해당되지 않는 것은? (2019)

① 생태계보호지구
② 항만시설보호지구
③ 중요시설물보호지구
④ 역사문화환경보호지구

해설 국토의 계획 및 이용에 관한 법률 시행령 제31조

5. 보호지구
　가. 역사문화환경보호지구 : 문화재 · 전통사찰 등 역사 · 문화적으로 보존가치가 큰 시설 및 지역의 보호와 보존을 위하여 필요한 지구
　나. 중요시설물보호지구 : 중요시설물(제1항에 따른 시설물을 말한다. 이하 같다)의 보호와 기능의 유지 및 증진 등을 위하여 필요한 지구
　다. 생태계보호지구 : 야생동식물서식처 등 생태적으로 보존가치가 큰 지역의 보호와 보존을 위하여 필요한 지구

30 다음은 국토의 계획 및 이용에 관한 법률 시행령에서 용도지역 중 주거지역의 세분사항이다. ( ) 안에 알맞은 것은? (2019)

> 중층주택을 중심으로 편리한 주거환경을 조성하기 위하여 필요한 지역을 (㉠)이라고 하고, 공동주택 중심의 양호한 주거환경을 보호하기 위하여 필요한 지역을 (㉡)으로 세분한다.

① ㉠ 제2종전용주거지역, ㉡ 제3종일반주거지역
② ㉠ 제3종일반주거지역, ㉡ 제2종전용주거지역
③ ㉠ 제3종전용주거지역, ㉡ 제2종일반주거지역
④ ㉠ 제2종일반주거지역, ㉡ 제2종전용주거지역

해설 국토의 계획 및 이용에 관한 법률 시행령 제30조(용도지역의 세분)

1. 주거지역
　가. 전용주거지역 : 양호한 주거환경을 보호하기 위하여 필요한 지역
　　(1) 제1종전용주거지역 : 단독주택 중심의 양호한 주거환경을 보호하기 위하여 필요한 지역
　　(2) 제2종전용주거지역 : 공동주택 중심의 양호한 주거환경을 보호하기 위하여 필요한 지역

31 국토의 계획 및 이용에 관한 법률상 용도지역 중 관리지역에 해당하지 않는 것은? (2020)

① 계획관리지역
② 개발관리지역
③ 생산관리지역
④ 보전관리지역

해설

용도지역			건폐율(이하)	용적률(이하)
도시지역	주거지역	제1종전용주거지역	70%	500%
		제2종전용주거지역		
		제1종일반주거지역		
		제2종일반주거지역		
		제3종일빈주거지역		
		준주거지역		
	상업지역	중심상업지역	90%	1,500%
		일반상업지역		
		근린상업지역		
		유통상업지역		
	공업지역	전용공업지역	70%	400%
		일반공업지역		
		준공업지역		
	녹지지역	보전녹지	20%	100%
		생산녹지		
		자연녹지		
관리지역		보전관리지역	20%	80%
		생산관리지역	20%	80%
		계획관리지역	40%	100%
농림지역			20%	80%
자연환경보전지역			20%	80%

32 국토의 계획 및 이용에 관한 법률상 도시지역 내 준주거지역에서 100m²의 땅을 가지고 있는 사람이 필로티가 없는 건축물을 신축한다면 법상의 한도 내에서 가능한 건축물은?

(2020)

① 바닥면적 60m²의 9층 건축물
② 바닥면적 60m²의 10층 건축물
③ 바닥면적 70m²의 7층 건축물
④ 바닥면적 70m²의 10층 건축물

해설
㉠ 건폐율＝건축면적/대지면적＝70/100×100＝70%
㉡ 용적률＝건축물총면적/대지면적＝490/100×100＝490%

33 국토의 계획 및 이용에 관한 법령상 도시·군관리계획 결정으로 용도지구를 세분할 때 경관지구에 해당하지 않는 것은?

(2020)

① 자연경관지구
② 일반경관지구
③ 특화경관지구
④ 시가지경관지구

해설 경관지구
㉠ 자연경관지구 : 산지·구릉지 등 자연경관을 보호하거나 유지하기 위하여 필요한 지구
㉡ 시가지경관지구 : 지역 내 주거지, 중심지 등 시가지의 경관을 보호 또는 유지하거나 형성하기 위하여 필요한 지구
㉢ 특화경관지구 : 지역 내 주요 수계의 수변 또는 문화적 보존가치가 큰 건축물 주변의 경관 등 특별한 경관을 보호 또는 유지하거나 형성하기 위하여 필요한 지구

34 국토의 계획 및 이용에 관한 법률상 도시·군관리계획의 입안을 위한 기초조사 등에 대한 내용으로 옳지 않은 것은?

(2020)

① 도시·군관리계획 입안을 위한 기초조사의 내용에 환경성 검토를 포함하여야 한다.
② 기초조사의 내용에 토지의 토양, 입지, 활용가능성 등 토지적성평가를 포함하여야 한다.
③ 지구단위계획구역 안의 나대지면적이 구역면적의 2퍼센트에 미달하는 경우 기초조사를 실시하지 않을 수 있다.
④ 지구단위계획을 입안하는 구역이 도심지에 위치하는 경우 규정에 따른 기초조사, 토지의 적성에 대한 평가를 반드시 실시하여야 한다.

해설 국토의 계획 및 이용에 관한 법률 제20조(도시·군기본계획 수립을 위한 기초조사 및 공청회)
① 도시·군기본계획을 수립하거나 변경하는 경우에는 제13조와 제14조를 준용한다. 이 경우 "국토교통부장관, 시·도지사, 시장 또는 군수"는 "특별시장·광역시장·특별자치시장·특별자치도지사·시장 또는 군수"로, "광역도시계획"은 "도시·군기본계획"으로 본다. 〈개정 2011. 4. 14., 2013. 3. 23., 2015. 1. 6.〉
② 시·도지사, 시장 또는 군수는 제1항에 따른 기초조사의 내용에 국토교통부장관이 정하는 바에 따라 실시하는 토지의 토양, 입지, 활용가능성 등 토지의 적성에 대한 평가(이하 "토지적성평가"라 한다)와 재해 취약성에 관한 분석(이하 "재해취약성분석"이라 한다)을 포함하여야 한다. 〈신설 2015. 1. 6.〉
③ 도시·군기본계획 입안일부터 5년 이내에 토지적성평가를 실시한 경우 등 대통령령으로 정하는 경우에는 제2항에 따른 토지적성평가 또는 재해취약성분석을 하지 아니할 수 있다.

🔒정답 32 ③   33 ②   34 ④

〈신설 2015. 1. 6.〉
[전문개정 2009. 2. 6.]
[제목개정 2011. 4. 14.]

35 다음은 국토의 계획 및 이용에 관한 법률상 용어의 뜻이다. ( ) 안에 알맞은 것은? (2020)

> ( )란 전기·가스·수도 등의 공급설비, 통신시설, 하수도시설 등 지하매설물을 공동수용함으로써 미관의 개선, 도로구조의 보전 및 교통의 원활한 소통을 위하여 지하에 설치하는 시설물을 말한다.

① 공동구
② 공용구
③ 수용구
④ 공동수용구

해설 국토의 계획 및 이용에 관한 법률(제2조)

9. "공동구"란 전기·가스·수도 등의 공급설비, 통신시설, 하수도시설 등 지하매설물을 공동수용함으로써 미관의 개선, 도로구조의 보전 및 교통의 원활한 소통을 위하여 지하에 설치하는 시설물을 말한다.

36 국토의 계획 및 이용에 관한 법률상 지구단위계획에 포함되지 않는 내용은? (2020)

① 환경관리계획 또는 경관계획
② 토지의 용도별 수요 및 공급에 관한 사항
③ 건축물의 배치·형태·색체 또는 건축선에 관한 계획
④ 용도지역이나 용도지구를 대통령령으로 정하는 범위에서 세분하거나 변경하는 사항

해설 제52조(지구단위계획의 내용)

① 지구단위계획구역의 지정목적을 이루기 위하여 지구단위계획에는 다음 각 호의 사항 중 제2호와 제4호의 사항을 포함한 둘 이상의 사항이 포함되어야 한다. 다만, 제1호의2를 내용으로 하는 지구단위계획의 경우에는 그러하지 아니하다. 〈개정 2011. 4. 14., 2021. 1. 12.〉

1. 용도지역이나 용도지구를 대통령령으로 정하는 범위에서 세분하거나 변경하는 사항
1의2. 기존의 용도지구를 폐지하고 그 용도지구에서의 건축물이나 그 밖의 시설의 용도·종류 및 규모 등의 제한을 대체하는 사항
2. 대통령령으로 정하는 기반시설의 배치와 규모
3. 도로로 둘러싸인 일단의 지역 또는 계획적인 개발·정비를 위하여 구획된 일단의 토지의 규모와 조성계획

4. 건축물의 용도제한, 건축물의 건폐율 또는 용적률, 건축물 높이의 최고한도 또는 최저한도
5. 건축물의 배치·형태·색채 또는 건축선에 관한 계획
6. 환경관리계획 또는 경관계획
7. 보행안전 등을 고려한 교통처리계획
8. 그 밖에 토지 이용의 합리화, 도시나 농·산·어촌의 기능 증진 등에 필요한 사항으로서 대통령령으로 정하는 사항

37 국토의 계획 및 이용에 관한 법률상 도시지역 내 공업지역의 건폐율과 용적률의 최대한도기준으로 옳게 나열한 것은? (2020)

① 건폐율 60% 이하 – 용적률 400% 이하
② 건폐율 70% 이하 – 용적률 400% 이하
③ 건폐율 80% 이하 – 용적률 500% 이하
④ 건폐율 90% 이하 – 용적률 500% 이하

해설

용도지역			건폐율(이하)	용적률(이하)
도시지역	주거지역	제1종전용주거지역	70%	500%
		제2종전용주거지역		
		제1종일반주거지역		
		제2종일반주거지역		
		제3종일반주거지역		
		준주거지역		
	상업지역	중심상업지역	90%	1,500%
		일반상업지역		
		근린상업지역		
		유통상업지역		
	공업지역	전용공업지역	70%	400%
		일반공업지역		
		준공업지역		
	녹지지역	보전녹지	20%	100%
		생산녹지		
		자연녹지		
관리지역		보전관리지역	20%	80%
		생산관리지역	20%	80%
		계획관리지역	40%	100%
농림지역			20%	80%
자연환경보전지역			20%	80%

🔒정답 35 ① 36 ② 37 ②

38 국토의 계획 및 이용에 관한 법률상 용어의 정의가 옳지 않은 것은? (2020)

① 공동구 : 지하매설물을 공동수용함으로써 미관의 개선, 도로구조의 보전 및 교통의 원활한 소통을 위하여 지하에 설치하는 시설물

② 용도구역 : 개발로 인하여 기반시설이 부족할 것으로 예상되나 기반시설의 설치가 곤란한 지역을 대상으로 건폐율이나 용적률을 강화하여 적용하기 위하여 지정하는 구역

③ 용도지구 : 토지의 이용 및 건축물의 용도·건폐율·용적률·높이 등에 대한 용도지역의 제한을 강화하거나 완화하여 적용함으로써 용도지역의 기능을 증진시키고 경관·안전 등을 도모하기 위하여 도시·군관리계획으로 결정하는 지역

④ 기반시설부담구역 : 개발밀도관리구역 외의 지역으로서 개발로 인하여 기반시설의 설치가 필요한 지역을 대상으로 기반시설을 설치하거나 그에 필요한 용지를 확보하게 하기 위하여 관련 규정에 의해 지정·고시하는 구역

해설 국토의 계획 및 이용에 관한 법률(제2조)

17. "용도구역"이란 토지의 이용 및 건축물의 용도·건폐율·용적률·높이 등에 대한 용도지역 및 용도지구의 제한을 강화하거나 완화하여 따로 정함으로써 시가지의 무질서한 확산방지, 계획적이고 단계적인 토지이용의 도모, 토지이용의 종합적 조정·관리 등을 위하여 도시·군관리계획으로 결정하는 지역을 말한다.

39 국토의 계획 및 이용에 관한 법률상 중앙 및 지방도시계획위원회의 심의를 거치지 않고 1회에 한하여 2년 이내의 기간 동안 개발행위허가의 제한을 연장할 수 있는 지역은? (2020)

① 지구단위계획구역으로 지정된 지역

② 녹지지역으로 수목이 집단적으로 자라고 있는 지역

③ 계획관리지역으로 조수류 등이 집단적으로 서식하고 있는 지역

④ 개발행위로 인하여 주변의 환경, 경관, 미관 등이 오염되거나 손상될 우려가 있는 지역

해설 제63조(개발행위허가의 제한)

① 국토교통부장관, 시·도지사, 시장 또는 군수는 다음 각 호의 어느 하나에 해당되는 지역으로서 도시·군관리계획상 특히 필요하다고 인정되는 지역에 대해서는 대통령령으로 정하는 바에 따라 중앙도시계획위원회나 지방도시계획위원회의 심의를 거쳐 한 차례만

3년 이내의 기간 동안 개발행위허가를 제한할 수 있다. 다만, 제3호부터 제5호까지에 해당하는 지역에 대해서는 중앙도시계획위원회나 지방도시계획위원회의 심의를 거치지 아니하고 한 차례만 2년 이내의 기간 동안 개발행위허가의 제한을 연장할 수 있다. 〈개정 2011. 4. 14., 2013. 3. 23., 2013. 7. 16.〉

1. 녹지지역이나 계획관리지역으로서 수목이 집단적으로 자라고 있거나 조수류 등이 집단적으로 서식하고 있는 지역 또는 우량 농지 등으로 보전할 필요가 있는 지역

2. 개발행위로 인하여 주변의 환경·경관·미관·문화재 등이 크게 오염되거나 손상될 우려가 있는 지역

3. 도시·군기본계획이나 도시·군관리계획을 수립하고 있는 지역으로서 그 도시·군기본계획이나 도시·군관리계획이 결정될 경우 용도지역·용도지구 또는 용도구역의 변경이 예상되고 그에 따라 개발행위허가의 기준이 크게 달라질 것으로 예상되는 지역

4. 지구단위계획구역으로 지정된 지역

5. 기반시설부담구역으로 지정된 지역

40 국토의 계획 및 이용에 관한 법령상 용도지구 중 보호지구를 세분화한 것에 해당하지 않는 것은? (2020)

① 생태계보호지구 ② 주거시설보호지구
③ 중요시설물보호지구 ④ 역사문화환경보호지구

해설 국토의 계획 및 이용에 관한 법률 시행령(제31조)

5. 보호지구

가. 역사문화환경보호지구 : 문화재·전통사찰 등 역사·문화적으로 보존가치가 큰 시설 및 지역의 보호와 보존을 위하여 필요한 지구

나. 중요시설물보호지구 : 중요시설물(제1항에 따른 시설물을 말한다. 이하 같다)의 보호와 기능의 유지 및 증진 등을 위하여 필요한 지구

다. 생태계보호지구 : 야생동식물서식처 등 생태적으로 보존가치가 큰 지역의 보호와 보존을 위하여 필요한 지구

41 국토의 계획 및 이용에 관한 법령상 기반시설 중 광장에 해당하지 않는 것은? (2020)

① 교통광장 ② 일반광장
③ 특수광장 ④ 건축물부설광장

해설 광장

㉠ 교통광장 ㉡ 일반광장
㉢ 경관광장 ㉣ 지하광장
㉤ 건축물부설광장

42 다음은 환경정책기본법령상 수질 및 수생태계 상태별 생물학적 특성 이해표이다. 이에 가장 적합한 생물등급은?

(2018)

생물지표종		서식지 및 생물특성
저서생물	어류	
물달팽이, 턱거머리, 물벌레, 밀잠자리	피라미, 끄리, 모래무지, 참붕어, 등이 서식	유속은 약간 느린 편이고, 바닥은 주로 잔자갈과 모래로 구성, 부착 조류가 녹색을 띠며 많음

① 매우 좋음~좋음
② 좋음~보통
③ 보통~약간 나쁨
④ 약간 나쁨~매우 나쁨

해설 수질 및 수생태계 상태별 생물학적 특성 이해표

생물등급	생물지표종		서식지 및 생물 특성
	저서생물	어류	
매우 좋음 ~ 좋음	옆새우, 가재, 뿔하루살이, 민하루살이, 강도래, 물날도래, 광택날도래, 띠무늬우묵날도래, 바수염날도래	산천어, 금강모치, 열목어, 버들치 등 서식	– 물이 매우 맑으며, 유속은 빠른 편임 – 바닥이 주로 바위와 자갈로 구성 – 부착조류(藻類)가 매우 적음
좋음 ~ 보통	다슬기, 넓적거머리, 강하루살이, 동양하루살이, 등줄하루살이, 등딱지하루살이, 물삿갓벌레, 큰줄날도래	쉬리, 갈겨니, 은어, 쏘가리 등 서식	– 물이 맑으며, 유속은 약간 빠르거나 보통임 – 바닥이 주로 자갈과 모래로 구성 – 부착조류가 약간 있음
보통 ~ 약간 나쁨	물달팽이, 턱거머리, 물벌레, 밀잠자리	피라미, 끄리, 모래무지, 참붕어 등 서식	– 물이 약간 혼탁하며, 유속은 약간 느린 편임 – 바닥은 주로 잔자갈과 모래로 구성 – 부착조류가 녹색을 띠며 많음
약간 나쁨 ~ 매우 나쁨	왼돌이물달팽이, 실지렁이, 붉은깔따구, 나방파리, 꽃등에	붕어, 잉어, 미꾸라지, 메기 등 서식	– 물이 매우 혼탁하며, 유속은 느린 편임 – 바닥은 주로 모래와 실트로 구성되며, 대체로 검은색을 띰 – 부착조류가 갈색 혹은 회색을 띠며 매우 많음

43 환경정책기본법령상 도로변지역의 낮(06 : 00~22 : 00) 시간의 소음환경기준으로 옳은 것은? (단, 적용대상지역은 공업지역 중 준공업지역, 단위는 Leq dB(A))

(2018)

① 60
② 65
③ 70
④ 75

해설 소음(단위 : Leq dB(A))

지역 구분	적용 대상지역	기준	
		낮 (06 : 00~22 : 00)	밤 (22 : 00~06 : 00)
일반 지역	"가" 지역	50	40
	"나" 지역	55	45
	"다" 지역	65	55
	"라" 지역	70	65
도로변 지역	"가" 및 "나" 지역	65	55
	"다" 지역	70	60
	"라" 지역	75	70

44 환경정책기본법령상 각 위원회에 관한 설명으로 옳지 않은 것은?

(2018)

① 중앙환경정책위원회의 위원은 환경부장관이 위촉하거나 임명한다.
② 중앙정책위원회의 회의는 위원장이 필요하다고 인정할 때에 위원장이 소집하되, 회의는 위원장과 위원장이 회의마다 지명하는 3명 이상의 위원으로 구성하며, 위원장이 그 의장이 된다.
③ 중권역환경관리위원회는 위원장 1명을 포함한 30명 이내의 위원으로 구성하고, 중권역위원회의 위원장은 유역환경청장 또는 지방환경청장이 된다.
④ 중앙정책위원회의 원활한 운영을 위하여 환경정책ㆍ자연환경ㆍ기후대기ㆍ물 등 환경관리 부문별로 분과위원회를 두며, 분과위원회는 분과위원장 1명을 포함한 25명 이내의 위원으로 구성한다.

해설

⑤ 제1항에 따른 중앙환경정책위원회의 구성ㆍ운영에 관하여 그 밖에 필요한 사항은 대통령령으로 정하며, 제2항에 따른 시ㆍ도환경정책위원회 및 시ㆍ군ㆍ구환경정책위원회의 구성 및 운영 등 필요한 사항은 해당 시ㆍ도 및 시ㆍ군ㆍ구의 조례로 정한다.

정답 42 ③   43 ③   44 ②

45 환경정책기본법령상 환경부장관이 환경현황조사를 의뢰하거나 환경정보망의 구축·운영을 위탁할 수 있는 전문기관으로 거리가 먼 것은? (단, 그 밖에 환경부장관이 지정하여 고시하는 기관 및 단체는 제외한다.) (2018)

① 국립환경과학원
② 한국환경기술진흥공사
③ 한국환경산업기술원
④ 한국수자원공사

해설 환경정책기본법 시행령(제12조)
② 환경부장관이 법 제24조제4항에 따라 환경현황 조사를 의뢰하거나 환경정보망의 구축·운영을 위탁할 수 있는 전문기관은 다음 각 호와 같다. 〈개정 2016. 11. 29.〉
　1. 국립환경과학원
　2. 「보건환경연구원법」에 따른 시·도의 보건환경연구원
　3. 「정부출연연구기관 등의 설립·운영 및 육성에 관한 법률」 또는 「과학기술분야 정부출연연구기관 등의 설립·운영 및 육성에 관한 법률」에 따른 정부출연연구기관
　4. 「한국환경공단법」에 따른 한국환경공단
　5. 「한국수자원공사법」에 따른 한국수자원공사
　6. 「특정연구기관 육성법」에 따른 특정연구기관
　7. 「한국환경산업기술원법」에 따른 한국환경산업기술원
　8. 그 밖에 환경부장관이 지정·고시하는 기관 및 단체

46 환경정책기본법 조항에서 언급하고 있는 사항과 거리가 먼 것은? (2018)

① 방사성 물질에 의한 환경오염의 방지를 위하여 적절한 조치를 취할 것
② 과학기술의 발달로 인하여 생태계 또는 인간의 건강에 미치는 해로운 영향을 예방하기 위하여 필요하다고 인정하는 경우 그 영향에 대한 분석이나 위해성 평가 등 적절한 조치를 마련할 것
③ 전자파의 위해성 관리 및 치료를 위해 관련기관의 신속한 공조를 유지할 것
④ 환경오염으로 인한 국민의 건강상의 피해를 규명하고 환경오염으로 인한 질환에 대한 대책을 마련할 것

47 환경정책기본법상 국가환경종합계획에 포함되어야 하는 사항과 가장 거리가 먼 것은? (2018)

① 인구·산업·경제·토지 및 해양의 이용 등 환경변화여건에 관한 사항
② 환경의 현황 및 전망

③ 방사능오염물질의 관리에 관한 단계적 대책 및 사업계획
④ 자연환경 훼손지의 복원·복구 및 책임소재 파악

해설 제15조(국가환경종합계획의 내용)
국가환경종합계획에는 다음 각 호의 사항이 포함되어야 한다. 〈개정 2016. 12. 27., 2019. 1. 15., 2021. 1. 5.〉
1. 인구·산업·경제·토지 및 해양의 이용 등 환경변화 여건에 관한 사항
2. 환경오염원·환경오염도 및 오염물질 배출량의 예측과 환경오염 및 환경훼손으로 인한 환경의 질(質)의 변화 전망
3. 환경의 현황 및 전망
4. 환경정의 실현을 위한 목표 설정과 이의 달성을 위한 대책
5. 환경보전 목표의 설정과 이의 달성을 위한 다음 각 목의 사항에 관한 단계별 대책 및 사업계획
　가. 생물다양성·생태계·생태축(생물다양성을 증진시키고 생태계 기능의 연속성을 위하여 생태적으로 중요한 지역 또는 생태적 기능의 유지가 필요한 지역을 연결하는 생태적 서식공간을 말한다)·경관 등 자연환경의 보전에 관한 사항
　나. 토양환경 및 지하수 수질의 보전에 관한 사항
　다. 해양환경의 보전에 관한 사항
　라. 국토환경의 보전에 관한 사항
　마. 대기환경의 보전에 관한 사항
　바. 물환경의 보전에 관한 사항
　사. 수자원의 효율적인 이용 및 관리에 관한 사항
　아. 상하수도의 보급에 관한 사항
　자. 폐기물의 관리 및 재활용에 관한 사항
　차. 화학물질의 관리에 관한 사항
　카. 방사능오염물질의 관리에 관한 사항
　타. 기후변화에 관한 사항
　파. 그 밖에 환경의 관리에 관한 사항
6. 사업의 시행에 드는 비용의 산정 및 재원 조달 방법
7. 직전 종합계획에 대한 평가
8. 제1호부터 제6호까지의 사항에 부대되는 사항

48 환경부장관이 국가차원의 환경보전을 위해 수립하는 '국가환경종합계획'의 수립주기는? (2018)

① 5년
② 10년
③ 20년
④ 30년

49 환경정책기본법상 보기가 설명하고 있는 원칙은?

(2019)

> 자기의 행위 또는 사업활동으로 환경오염 또는 환경훼손의 원인을 야기한 자는 그 오염·훼손의 방지와 오염·훼손된 환경을 회복·복원할 책임을 지며, 환경오염 또는 환경훼손으로 인한 피해의 구제에 소요되는 비용을 부담함을 원칙으로 한다.

① 자연복원 책임원칙
② 원상회복 책임원칙
③ 생태복원 책임원칙
④ 오염원인자 책임원칙

해설 제7조(오염원인자 책임원칙)

자기의 행위 또는 사업활동으로 환경오염 또는 환경훼손의 원인을 발생시킨 자는 그 오염·훼손을 방지하고 오염·훼손된 환경을 회복·복원할 책임을 지며, 환경오염 또는 환경훼손으로 인한 피해의 구제에 드는 비용을 부담함을 원칙으로 한다.

50 환경정책기본법상 국가 및 지방자치단체가 환경기준의 유지를 위해 환경에 관계되는 법령을 제정 또는 개정하거나 행정계획의 수립 또는 사업 집행 시 고려해야 할 사항으로 가장 거리가 먼 것은?

(2019)

① 환경오염지역의 원상회복
② 환경 악화의 예방 및 그 요인의 제거
③ 인구·산업·경제·토지 및 해양의 이용 등 환경변화 여건에 관한 사항
④ 새로운 과학기술의 사용으로 인한 환경오염 및 환경훼손의 예방

해설 제13조(환경기준의 유지)

국가 및 지방자치단체는 환경에 관계되는 법령을 제정 또는 개정하거나 행정계획의 수립 또는 사업의 집행을 할 때에는 제12조에 따른 환경기준이 적절히 유지되도록 다음 사항을 고려하여야 한다.
1. 환경 악화의 예방 및 그 요인의 제거
2. 환경오염지역의 원상회복
3. 새로운 과학기술의 사용으로 인한 환경오염 및 환경훼손의 예방
4. 환경오염방지를 위한 재원(財源)의 적정 배분

51 환경정책기본법상 다음 보기의 ( ) 안의 적합한 용어로 옳은 것은?

(2020)

> 환경부장관은 환경오염·환경훼손 또는 자연생태계의 변화가 현저하거나 현저하게 될 우려가 있는 지역과 환경기준을 자주 초과하는 지역을 관계 중앙행정기관의 장 및 시·도지사와 협의하여 환경보전을 위한 (   )으로 지정·고시할 수 있다.

① 특별대책지역
② 특별환경지역
③ 특별재난지역
④ 특별관심지역

해설 제38조(특별종합대책의 수립)

① 환경부장관은 환경오염·환경훼손 또는 자연생태계의 변화가 현저하거나 현저하게 될 우려가 있는 지역과 환경기준을 자주 초과하는 지역을 관계 중앙행정기관의 장 및 시·도지사와 협의하여 환경보전을 위한 특별대책지역으로 지정·고시하고, 해당 지역의 환경보전을 위한 특별종합대책을 수립하여 관할 시·도지사에게 이를 시행하게 할 수 있다.
② 환경부장관은 제1항에 따른 특별대책지역의 환경개선을 위하여 특히 필요한 경우에는 대통령령으로 정하는 바에 따라 그 지역에서 토지 이용과 시설 설치를 제한할 수 있다.

52 환경정책기본법령상 환경부장관이 특별대책지역 내의 환경개선을 위해 토지 이용과 시설 설치를 제한할 수 있는 경우와 가장 거리가 먼 것은?

(2020)

① 식생의 발육을 일정기간 제한할 필요가 있는 경우
② 수역이 특정유해물질에 의하여 심하게 오염된 경우
③ 자연생태계가 심하게 파괴될 우려가 있다고 인정되는 경우
④ 환경기준을 초과하여 생물의 생육에 중대한 위해를 가져올 우려가 있다고 인정되는 경우

해설 제13조(특별대책지역 내의 토지 이용 등의 제한)

① 환경부장관은 법 제38조제2항에 따라 다음 각 호의 어느 하나에 해당하는 경우에는 특별대책지역 내의 토지 이용과 시설 설치를 제한할 수 있다.
   1. 법 제12조제1항 또는 제3항에 따른 환경기준을 초과하여 주민의 건강·재산이나 생물의 생육에 중대한 위해(危害)를 가져올 우려가 있다고 인정되는 경우
   2. 자연생태계가 심하게 파괴될 우려가 있다고 인정되는 경우
   3. 토양이나 수역(水域)이 특정유해물질에 의하여 심하게 오염된 경우
② 환경부장관은 제1항 각 호의 어느 하나에 해당하는 사유로 특별대책지역 내의 토지 이용과 시설 설치를 제한하려는 경우에는 그 제한의 대상·내용·기간·방법 등을 정하여 고시하여야 한다. 이를 변경하려는 경우에도 또한 같다.

53 환경정책기본법상 정부가 매년 환경보전시책의 추진상황에 관한 보고서를 국회에 제출할 때 포함되는 주요사항이 아닌 것은? (단, 그 밖에 환경보전에 관한 주요사항은 제외한다.) (2020)

① 국내외 환경 동향
② 무기 수출입 동향
③ 환경오염 · 환경훼손현황
④ 환경보존시책의 추진상황

54 환경정책기본법령상 수질 및 수생태계 상태별 생물학적 특성 중 생물지표종(저서생물)의 생물등급이 다른 하나는? (2020)

① 가재 　　　　　 ② 옆새우
③ 꽃등에 　　　　 ④ 민하루살이

해설 수질 및 수생태계 상태별 생물학적 특성 이해표

생물등급	생물지표종		서식지 및 생물 특성
	저서생물	어류	
매우 좋음 ~ 좋음	옆새우, 가재, 뿔하루살이, 민하루살이, 강도래, 물날도래, 광택날도래, 띠무늬우묵날도래, 바수염날도래	산천어, 금강모치, 열목어, 버들치 등 서식	– 물이 매우 맑으며, 유속은 빠른 편임 – 바닥이 주로 바위와 자갈로 구성 – 부착조류(藻類)가 매우 적음
좋음 ~ 보통	다슬기, 넓적거머리, 강하루살이, 동양하루살이, 등줄하루살이, 등딱지하루살이, 물삿갓벌레, 큰줄날도래	쉬리, 갈겨니, 은어, 쏘가리 등 서식	– 물이 맑으며, 유속은 약간 빠르거나 보통임 – 바닥은 주로 자갈과 모래로 구성 – 부착조류가 약간 있음
보통 ~ 약간 나쁨	물달팽이, 턱거머리, 물벌레, 밀잠자리	피라미, 끄리, 모래무지, 참붕어 등 서식	– 물이 약간 혼탁하며, 유속은 약간 느린 편임 – 바닥은 주로 잔자갈과 모래로 구성 – 부착조류가 녹색을 띠며 많음
약간 나쁨 ~ 매우 나쁨	왼돌이물달팽이, 실지렁이, 붉은깔따구, 나방파리, 꽃등에	붕어, 잉어, 미꾸라지, 메기 등 서식	– 물이 매우 혼탁하며, 유속은 느린 편임 – 바닥은 주로 모래와 실트로 구성되며, 대체로 검은색을 띰 – 부착조류가 갈색 혹은 회색을 띠며 매우 많음

55 다음 중 환경정책기본법상 환경친화적인 계획기법 등을 작성할 경우 포함되어야 할 사항 중 틀린 것은? (단, 그 밖에 행정계획 및 개발사업이 지속가능하게 계획되어 수립 · 시행될 수 있게 하기 위하여 필요한 사항은 제외한다.) (2020)

① 환경친화성 지표에 관한 사항
② 환경친화적 계획기준 및 기법에 관한 사항
③ 국가환경기준 및 외국의 환경기준에 관한 사항
④ 환경친화적인 토지의 이용 · 관리기준에 관한 사항

해설 제11조(환경친화적 계획기법 등의 작성방법 및 내용)

법 제23조제1항에 따른 환경친화적 계획기법 등(이하 "환경친화적 계획기법 등"이라 한다)은 행정계획 및 개발사업의 유형과 입지별 특성 등을 고려하여 해당 행정계획 및 개발사업에 관한 법령을 주관하는 중앙행정기관의 장이 작성하되, 다음 각 호의 사항이 포함되어야 한다. 이 경우 법령을 주관하는 중앙행정기관의 장은 미리 환경부장관과 협의하여야 하며, 환경부장관과 공동으로 환경친화적 계획기법 등에 관한 사항을 고시할 수 있다.
1. 환경친화성 지표에 관한 사항
2. 환경친화적 계획기준 및 기법에 관한 사항
3. 환경친화적인 토지의 이용 · 관리기준에 관한 사항
4. 그 밖에 행정계획 및 개발사업이 지속가능하게 계획되어 수립 · 시행될 수 있게 하기 위하여 필요한 사항

04 　자연환경보전법

56 자연환경보전법령상 생태계보전부담금의 부과지역계수가 틀린 것은? (2018)

① 생산관리지역 : 2.5 　　 ② 보전관리지역 : 3
③ 녹지지역 : 2 　　　　 ④ 자연환경보전지역 : 4

해설 제38조(생태계보전부담금의 부과 · 징수)

① 법 제46조제1항에 따른 생태계보전부담금(이하 "생태계보전부담금"이라 한다)을 부과하는 경우 같은 조 제3항 본문에 따른 생태계보전부담금의 단위면적당 부과금액은 제곱미터당 300원으로 한다. 〈개정 2014. 12. 9., 2018. 5. 21., 2022. 1. 6.〉
② 법 제46조제3항 본문에 따른 지역계수는 별표 2의4와 같다. 〈개정 2022. 1. 6.〉
③ 환경부장관은 생태계보전부담금을 부과하려는 경우에는 1개월간의 납부기간을 정하여 납부개시 5일 전까지 서면으로 통지해야 한다. 〈개정 2007. 11. 15., 2022. 1. 6.〉
④ 환경부장관은 생태계보전부담금의 부과금액이 1천만원을 초과하여 납부의무자가 다음 각 호의 어느 하나에 해당하는 사유로 생태계보전부담금을 일시에 납부하기 어렵다고 인정되는 경우에는

정답 53 ② 　54 ③ 　55 ③ 　56 ②

3년 이내의 기간을 정하여 분할납부하게 할 수 있다. 다만, 그 분할 납부 기간은 사업기간을 초과할 수 없다. 〈개정 2007. 11. 15., 2022. 1. 6.〉

1. 재해 또는 도난 등으로 재산에 뚜렷한 손실을 입은 경우
2. 사업여건이 악화되어 사업이 중대한 위기에 처한 경우
3. 납부의무자 또는 그 동거가족의 질병이나 중상해로 자금사정에 뚜렷한 어려움이 발생한 경우
4. 제1호부터 제3호까지의 규정에 준하는 사정이 있는 경우

⑤ 제4항의 규정에 따른 분할납부의 횟수·납부기한 및 절차 등에 관하여 필요한 사항은 환경부령으로 정한다.

[제목개정 2022. 1. 6.]

■ 자연환경보전법 시행령 [별표 2의4] 〈신설 2022. 1. 6.〉
생태계보전부담금의 지역계수(제38조 관련)

1. 「국토의 계획 및 이용에 관한 법률」 제36조제1항에 따른 용도지역별 지역계수
   가. 주거지역·상업지역·공업지역 및 계획관리지역
      1) 「공간정보의 구축 및 관리 등에 관한 법률」 제67조에 따른 지목이 전·답·임야·염전·하천·유지·공원에 해당하는 경우 : 1
      2) 1) 외의 지목인 경우 : 0
   나. 녹지지역 : 2
   다. 생산관리지역 : 2.5
   라. 농림지역 : 3
   마. 보전관리지역 : 3.5
   바. 자연환경보전지역 : 4

2. 법 제34조제1항에 따른 생태·자연도의 권역·지역별 지역계수
   가. 법 제34조제1항제1호의 1등급 권역 : 4
   나. 법 제34조제1항제2호의 2등급 권역 : 3
   다. 법 제34조제1항제3호의 3등급 권역 : 2
   라. 법 제34조제1항제4호의 별도관리지역 : 5

비고
1. 법 제46조제3항 전단에 따른 지역계수는 제1호에 따른 용도지역별 지역계수와 제2호에 따른 생태·자연도의 권역·지역별 지역계수의 합을 2로 나눈 값으로 한다.
2. 제1호에 따른 용도지역별 지역계수를 정할 때 토지의 용도는 법 제46조 제2항 각 호의 사업의 인가·허가 또는 승인 등 처분 시 토지의 용도(부과대상사업의 시행을 위하여 토지의 용도를 변경하는 경우에는 변경 전의 용도를 말한다)에 따른다.

57 자연환경보전법규상 위임업무 보고사항 중 "생태마을의 지정 및 해제 실적"보고 횟수의 기준으로 각각 옳은 것은?

(2018)

① 지정 : 연 4회, 해제 : 연 2회
② 지정 : 연 4회, 해제 : 수시
③ 지정 : 연 1회, 해제 : 연 2회
④ 지정 : 연 1회, 해제 : 수시

58 자연환경보전지역의 산림에서 5천제곱미터의 채굴사업 훼손 면적이 발생했을 경우 납부해야 할 생태계보전부담금은?

(2018)

① 6백만 원
② 1천5백만 원
③ 2천5백만 원
④ 3천만 원

해설
생태계훼손면적×단위면적당 부과금액×지역계수
＝5,000×300원×4＝6,000,0000원

59 자연경관관리계획의 목표와 거리가 먼 것은?

(2018)

① 자연의 생태적 안전성 확보
② 자연 순응적 개발
③ 건축물 상호 간의 스카이라인 조절
④ 자연 보전적인 개발 유도를 통한 생태적 지속성 유지

60 자연환경보전법상 자연환경보전기본계획에 포함되어야 할 사항으로 가장 적합한 것은? (단, 그 밖에 자연환경보전에 관하여 대통령령이 정하는 사항은 제외한다.)

(2018)

① 야생동·식물의 서식실태조사에 관한 사항
② 생태계교란야생동·식물의 관리에 관한 사항
③ 생태축의 구축·추진에 관한 사항
④ 수렵의 관리에 관한 사항

해설 제9조(자연환경보전기본계획의 내용)
자연환경보전기본계획에는 다음의 내용이 포함되어야 한다. 〈개정 2020. 5. 26., 2021. 4. 13.〉
1. 자연환경·생태계서비스(「생물다양성 보전 및 이용에 관한 법률」 제2조제10호에 따른 생태계서비스를 말한다)의 현황, 전망 및 유지·증진에 관한 사항
2. 자연환경보전에 관한 기본방향 및 보전목표설정에 관한 사항
3. 자연환경보전을 위한 주요 추진과제 및 사업에 관한 사항
4. 지방자치단체별로 추진할 주요 자연보전시책에 관한 사항
5. 자연경관의 보전·관리에 관한 사항
6. 생태축의 구축·추진에 관한 사항
7. 생태통로 설치, 훼손지 복원 등 생태계 복원을 위한 주요사업에 관한 사항

정답 57 ④ 58 ① 59 ③ 60 ③

8. 제11조에 따른 자연환경종합지리정보시스템의 구축·운영에 관한 사항
9. 사업시행에 소요되는 경비의 산정 및 재원조달 방안에 관한 사항
10. 그 밖에 자연환경보전에 관하여 대통령령으로 정하는 사항

61 자연환경보전법규상 위임업무의 보고 횟수기준으로 옳지 않은 것은?
(2018)

	업무내용	보고횟수
㉠	생태마을의 해제 실적	연 1회
㉡	생태·경관보전지역 등의 토지매수 실적	연 1회
㉢	생태·경관보전지역 안에서의 행위 중지·원상회복 또는 대체자연의 조성 등의 명령 실적	수시
㉣	생태계보전부담금의 부과·징수실적 및 체납처분현황	연 2회

① ㉠
② ㉡
③ ㉢
④ ㉣

62 자연환경보전법상 생물다양성 보전을 위한 자연환경조사에 관한 내용으로 옳은 것은?
(2018)

① 환경부장관은 관계 중앙행정기관의 장과 협조하여 10년마다 전국의 자연환경을 조사하여야 한다.
② 환경부장관은 관계 중앙행정기관의 장과 협조하여 매 5년마다 생태·자연도에서 1등급 권역으로 분류된 지역의 자연환경을 조사하여야 한다.
③ 환경부장관 등이 자연환경조사를 위하여 조사원으로 하여금 타인의 토지에 출입하고자 하는 경우, 그 조사원은 출입할 날의 3일 전까지 그 토지의 소유자·점유자 또는 관리인에게 그 뜻을 통지하여야 한다.
④ 규정에 의한 조사 및 관찰에 필요한 사항은 국무총리령으로 정한다.

해설 제30조(자연환경조사)
① 환경부장관은 관계중앙행정기관의 장과 협조하여 5년마다 전국의 자연환경을 조사하여야 한다. 〈개정 2013. 3. 22.〉
② 환경부장관은 관계중앙행정기관의 장과 협조하여 생태·자연도에서 1등급 권역으로 분류된 지역과 자연상태의 변화를 특별히 파악할 필요가 있다고 인정되는 지역에 대하여 2년마다 자연환경을 조사할 수 있다. 〈개정 2013. 3. 22.〉

③ 지방자치단체의 장은 해당 지방자치단체의 조례로 정하는 바에 따라 관할구역의 자연환경을 조사할 수 있다. 〈개정 2020. 5. 26.〉
④ 지방자치단체의 장은 제3항에 따라 자연환경을 조사하는 경우에는 조사계획 및 조사결과를 환경부장관에게 보고하여야 한다. 〈개정 2020. 5. 26.〉
⑤ 제1항 및 제2항에 따른 조사의 내용·방법 그 밖에 필요한 사항은 대통령령으로 정한다. 〈개정 2020. 5. 26.〉

63 자연환경보전법규상 생태통로의 설치기준으로 옳지 않은 것은?
(2018)

① 생태통로의 길이가 길수록 폭은 좁게 설치한다.
② 주변의 소음·불빛·오염물질 등 인위적 영향을 최소화하기 위하여 생태통로 양쪽에 차단벽을 설치하되, 목재와 같이 불빛의 반사가 적고 주변환경에 친화적인 소재를 사용한다.
③ 배수구 일부 지점에 경사가 완만한 탈출구를 설치하여 작은 동물의 이동이 용이하도록 하고, 미끄럽지 아니한 재질을 사용한다.
④ 생태통로 중 수계에 설치된 박스형 암거는 물을 싫어하는 동물도 이동할 수 있도록 양쪽에 선반형 또는 계단형의 구조물을 설치하며, 작은 배수로나 도랑을 설치한다.

해설
「생태통로 지침」에 따르면 생태통로의 길이가 길수록 폭을 넓게 하여야 한다.

64 자연환경보전법상 환경부장관이 수립해야 하는 '자연환경보전을 위한 기본방침'에 포함되어야 할 사항과 거리가 먼 것은?
(2018)

① 중요하게 보전하여야 할 생태계의 선정, 멸종위기에 처하여 있거나 생태적으로 중요한 생물종 및 생물자원의 보호
② 생태·경관보전지역의 관리 및 해당 지역주민의 삶의 질 향상
③ 산·하천·내륙습지·농지·섬 등에 있어서 생태적 건전성의 향상 및 생태통로·소생태계·대체자연의 조성 등을 통한 생물다양성의 보전
④ 자연환경개발에 관한 교육과 국가 주도 개발활동의 활성화

자연환경은 다음의 기본원칙에 따라 보전되어야 한다. 〈개정 2020. 5. 26., 2021. 1. 5.〉

1. 자연환경은 모든 국민의 자산으로서 공익에 적합하게 보전되고 현재와 장래의 세대를 위하여 지속가능하게 이용되어야 한다.
2. 자연환경보전은 국토의 이용과 조화·균형을 이루어야 한다.
3. 자연생태와 자연경관은 인간활동과 자연의 기능 및 생태적 순환이 촉진되도록 보전·관리되어야 한다.
4. 모든 국민이 자연환경보전에 참여하고 자연환경을 건전하게 이용할 수 있는 기회가 증진되어야 한다.
5. 자연환경을 이용하거나 개발하는 때에는 생태적 균형이 파괴되거나 그 가치가 낮아지지 아니하도록 하여야 한다. 다만, 자연생태와 자연경관이 파괴·훼손되거나 침해되는 때에는 최대한 복원·복구되도록 노력하여야 한다.
6. 자연환경보전에 따르는 부담은 공평하게 분담되어야 하며, 자연환경으로부터 얻어지는 혜택은 지역주민과 이해관계인이 우선하여 누릴 수 있도록 하여야 한다.
7. 자연환경보전과 자연환경의 지속가능한 이용을 위한 국제협력은 증진되어야 한다.
8. 자연환경을 복원할 때에는 환경 변화에 대한 적응 및 생태계의 연계성을 고려하고, 축적된 과학적 지식과 정보를 적극적으로 활용하여야 하며, 국가·지방자치단체·지역주민·시민단체·전문가 등 모든 이해관계자의 참여와 협력을 바탕으로 하여야 한다.

65 자연환경조사에 관한 설명의 A, B에 적합한 조사주기를 순서대로 작성한 것은? (2019)

> – 환경부장관은 관계중앙행정기관의 장과 협조하여 (A)년마다 전국의 자연환경을 조사하여야 한다.
> – 환경부장관은 관계중앙행정기관의 장과 협조하여 생태·자연도에서 1등급 권역으로 분류된 지역과 자연상태의 변화를 특별히 파악할 필요가 있다고 인정되는 지역에 대하여 (B)년마다 자연환경을 조사할 수 있다.

① 5년, 1년　　　　② 5년, 2년
③ 10년, 1년　　　④ 10년, 2년

66 자연환경보전법상 생태·자연도를 작성하기 위한 지역 구분에서 1등급 권역에 해당되는 사항이 아닌 것은? (2019)

① 생태계가 특히 우수하거나 경관이 특히 수려한 지역
② 생물다양성이 특히 풍부하고 보전가치가 큰 생물자원이 존재·분포하고 있는 지역

③ 멸종위기 야생생물의 주된 서식지·도래지 및 주요 생태축 또는 주요 생태통로가 되는 지역
④ 역사적·문화적·경관적 가치가 있는 지역이거나 도시의 녹지보전 등을 위하여 관리되고 있는 지역

① 환경부장관은 토지이용 및 개발계획의 수립이나 시행에 활용할 수 있도록 하기 위하여 제30조 및 제31조에 따른 조사결과를 기초로 하여 전국의 자연환경을 다음의 구분에 따라 생태·자연도를 작성하여야 한다. 〈개정 2011. 7. 28., 2020. 5. 26.〉

1. 1등급 권역 : 다음에 해당하는 지역
　가. 「야생생물 보호 및 관리에 관한 법률」 제2조제2호에 따른 멸종위기 야생생물(이하 "멸종위기야생생물"이라 한다)의 주된 서식지·도래지 및 주요 생태축 또는 주요 생태통로가 되는 지역
　나. 생태계가 특히 우수하거나 경관이 특히 수려한 지역
　다. 생물의 지리적 분포한계에 위치하는 생태계 지역 또는 주요 식생의 유형을 대표하는 지역
　라. 생물다양성이 특히 풍부하고 보전가치가 큰 생물자원이 존재·분포하고 있는 지역
　마. 그 밖에 가목부터 라목까지의 지역에 준하는 생태적 가치가 있는 지역으로서 대통령령으로 정하는 기준에 해당하는 지역

제24조(생태·자연도 1등급 권역에 포함되는 지역)
법 제34조제1항제1호 마목에서 "대통령령이 정하는 기준에 해당하는 지역"이라 함은 다음 각 호의 어느 하나에 해당하는 지역을 말한다. 〈개정 2007. 4. 4.〉
1. 자연원시림이나 이에 가까운 산림 또는 고산초원
2. 자연상태나 이에 가까운 하천·호소 또는 강 하구

67 자연환경보전법상 용어의 정의 중 틀린 것은? (2019)

① "자연생태"라 함은 자연의 상태에서 이루어진 지리적 또는 지질적 환경과 그 조건 아래에서 생물이 생활하고 있는 일체의 현상을 말한다.
② "생태계"란 식물·동물 및 미생물 군집(群集)들과 무생물 환경이 기능적인 단위로 상호작용하는 역동적인 복합체를 말한다.
③ "소(小)생태계"라 함은 생물다양성을 증진시키고 생태계 기능의 연속성을 위하여 생태적으로 중요한 지역 또는 생태적 기능의 유지가 필요한 지역을 연결하는 생태적 서식 공간을 말한다.

④ "생물다양성"이라 함은 육상생태계 및 수생생태계(해양생태계를 제외한다)와 이들의 복합생태계를 포함하는 모든 원천에서 발생한 생물체의 다양성을 말하며, 종내(種內) · 종간(種間) 및 생태계의 다양성을 포함한다.

해설
4. "자연생태"라 함은 자연의 상태에서 이루어진 지리적 또는 지질적 환경과 그 조건 아래에서 생물이 생활하고 있는 모든 현상을 말한다.
5. "생태계"란 식물 · 동물 및 미생물 군집(群集)들과 무생물 환경이 기능적인 단위로 상호작용하는 역동적인 복합체를 말한다.
6. "소(小)생태계"라 함은 생물다양성을 높이고 야생동식물의 서식지 간의 이동가능성 등 생태계의 연속성을 높이거나 특정한 생물종의 서식조건을 개선하기 위하여 조성하는 생물서식공간을 말한다.
7. "생물다양성"이라 함은 육상생태계 및 수생생태계(해양생태계는 제외한다)와 이들의 복합생태계를 포함하는 모든 원천에서 발생한 생물체의 다양성을 말하며, 종내(種內) · 종간(種間) 및 생태계의 다양성을 포함한다.

68 자연환경보전법 시행령상 자연경관영향의 협의대상이 되는 경계로부터의 거리에 대한 설명으로 옳은 것은? (단, 일반기준임)
(2019)
① 습지보호지역 : 500m
② 자연공원(최고봉 700m 미만 또는 해상형) : 700m
③ 생태 · 경관보전지역(최고봉 700m 이상) : 1,000m
④ 자연공원(최고봉 1,200m 이상) : 1,500m

해설 자연경관영향의 협의대상이 되는 거리(제20조제1항 관련)
1. 일반기준

구분		경계로부터의 거리
자연공원	최고봉 1,200m 이상	2,000m
	최고봉 700m 이상	1,500m
	최고봉 700m 미만 또는 해상형	1,000m
습지보호지역		300m
생태 · 경관 보전지역	최고봉 700m 이상	1,000m
	최고봉 700m 이하 또는 해상형	500m

비고
생태 · 경관보전지역이 습지보호지역과 중복되는 경우에는 습지보호지역의 거리기준을 우선 적용한다.

2. 도시지역 및 관리지역(계획관리지역에 한한다)의 거리기준
제1호의 일반기준에 불구하고 법 제28조제1항제1호의 규정에 따른 자연공원, 습지보호지역 및 생태 · 경관보전지역이 「국토의 계획 및 이용에 관한 법률」 제36조제1항의 규정에 따른 도시지역 및 관리지역(계획관리지역에 한한다)에 위치한 경우에는 경계로부터의 거리를 300미터로 한다.

69 다음은 자연환경보전법상 사용되는 용어의 정의이다. ( ) 안에 알맞은 것은?
(2019)

( )라 함은 생물다양성을 높이고 야생동물 · 식물의 서식지 간의 이동가능성 등 생태계의 연속성을 높이거나 특정한 생물종의 서식조건을 개선하기 위하여 조성하는 생물서식공간

① 자연생태계
② 복원생태계
③ 창조생태계
④ 소(小)생태계

해설
6. "소(小)생태계"라 함은 생물다양성을 높이고 야생동식물의 서식지 간의 이동가능성 등 생태계의 연속성을 높이거나 특정한 생물종의 서식조건을 개선하기 위하여 조성하는 생물서식공간을 말한다.

70 자연환경보전법상 생태 · 경관보전지역에서 허용 가능한 행위는?
(2019)
① 토석의 채취
② 토지의 형질 변경
③ 하천 · 호소 등의 구조 변경
④ 기존 거주민의 영농행위

해설 제16조의2(생태 · 경관보전지역의 출입제한)
① 환경부장관은 다음 각 호의 어느 하나에 해당하는 경우에는 생태 · 경관보전지역의 전부 또는 일부에 대한 출입을 일정 기간 제한하거나 금지할 수 있다.
　1. 자연생태계와 자연경관 등 생태 · 경관보전지역의 보호를 위하여 특별히 필요하다고 인정되는 경우
　2. 자연적 또는 인위적인 요인으로 훼손된 자연환경의 회복을 위한 경우
　3. 생태 · 경관보전지역을 출입하는 자의 안전을 위한 경우
② 제1항에도 불구하고 다음 각 호의 어느 하나에 해당하는 사람은 생태 · 경관보전지역을 출입할 수 있다. 〈개정 2020. 5. 26.〉
　1. 일상적 농림수산업의 영위 등 생활영위를 위하여 출입하는 해당 지역주민
　2. 생태 · 경관보전지역을 보전하기 위한 사업을 하기 위하여 출입하는 사람
　3. 군사목적을 위하여 출입하는 사람
　4. 「자연재해대책법」 제2조제2호에 따른 자연재해의 예방 · 응급대책 및 복구 등을 위한 활동 및 구호 등에 필요한 조치를 위하여 출입하는 사람
　5. 「국유림의 경영 및 관리에 관한 법률」에 따른 국유림 경영 · 관리 목적으로 출입하는 사람
　6. 「산림자원의 조성 및 관리에 관한 법률」에 따른 산림경영계획 및 산림보호와 「산림보호법」에 따른 산림유전자원보호구역의 보전 · 관리를 위하여 출입하는 사람

7. 그 밖에 생태ㆍ경관보전지역의 보전 또는 관리에 지장이 없는 행위로서 대통령령으로 정하는 행위를 하기 위하여 출입하는 사람

② 자연유보지역의 행위제한 및 중지명령 등에 관하여는 제15조제1항ㆍ제2항ㆍ제5항, 제16조 및 제17조의 규정을 준용한다. 다만, 비무장지대 안에서 남ㆍ북한 간의 합의에 따라 실시하는 평화적 이용사업과 통일부장관이 환경부장관과 협의하여 실시하는 통일정책관련사업에 대하여는 그러하지 아니하다. 〈개정 2020. 5. 26.〉

71 자연환경보전법규상 생태통로의 설치기준으로 틀린 것은?

(2019)

① 생태통로의 길이가 길수록 폭을 좁게 설치하여 생태통로를 이용하는 동물들이 순식간에 빠른 속력으로 이동하는 것을 방지한다.

② 생태통로를 이용하는 동물들이 통로에 접근할 때 불안감을 느끼지 아니하도록 생태통로 입구와 출구에는 원칙적으로 현지에 자생하는 종을 식수하며, 토양 역시 가능한 한 공사 중 발생한 절토를 사용한다.

③ 동물이 많이 횡단하는 지점에 동물들이 많이 출현하는 곳임을 알려 속도를 줄이거나 주의하도록 그 지역의 대표적인 동물 모습이 담겨 있는 동물출현표지판을 설치한다.

④ 생태통로 중 수계의 설치된 박스형 암거는 물을 싫어하는 동물도 이동할 수 있도록 양쪽에 선반형 또는 계단형의 구조물을 설치하며, 작은 배수로나 도랑을 설치한다.

> **해설**
> 「생태통로 지침」에 따르면 생태통로 길이가 길수록 폭을 넓게 설치하도록 되어 있다.

72 자연환경보전법상 다음 보기가 설명하는 용어로 옳은 것은?

(2020)

> 사람의 접근이 사실상 불가능하여 생태계의 훼손이 방지되고 있는 지역 중 군사상의 목적으로 이용되는 외에는 특별한 용도로 사용되지 아니하는 무인도로서 대통령령이 정하는 지역과 관할권이 대한민국에 속하는 날부터 2년간의 비무장지대

① 자연유보지역
② 생물권보전지역
③ 생태ㆍ경관보전지역
④ 시ㆍ도 생태ㆍ경관보전지역

> **해설** 제22조(자연유보지역)
> ① 환경부장관은 자연유보지역에 대하여 관계중앙행정기관의 장 및 관할 시ㆍ도지사와 협의하여 생태계의 보전과 자연환경의 지속가능한 이용을 위한 종합계획 또는 방침을 수립하여야 한다.

73 자연환경보전법규상 시ㆍ도지사의 위임업무에 대한 환경부장관 보고사항 중 생태ㆍ경관보전지역 안에서의 행위중지ㆍ원상회복 또는 대체자연의 조성 등의 명령 실적 보고 횟수 기준으로 옳은 것은?

(2020)

① 수시
② 연 1회
③ 연 2회
④ 연 4회

74 자연환경보전법령상 자연환경보전지역에 대한 생태계보전부담금의 산정ㆍ부과 시 사용되는 지역계수로 옳은 것은?

(2020)

① 2
② 3
③ 4
④ 5

75 자연환경보전법상 다음 보기가 정의하는 용어로 옳은 것은?

(2020)

> 생물다양성을 높이고 야생동ㆍ식물의 서식지 간의 이동가능성 등 생태계의 연속성을 높이거나 특정한 생물종의 서식조건을 개선하기 위하여 조성하는 생물서식공간을 말한다.

① 생태축
② 소생태계
③ 소생물권
④ 생태연결통로

> **해설**
> 6. "소(小)생태계"라 함은 생물다양성을 높이고 야생동식물의 서식지 간의 이동가능성 등 생태계의 연속성을 높이거나 특정한 생물종의 서식조건을 개선하기 위하여 조성하는 생물서식공간을 말한다.

76 자연환경보전법상 사용되는 용어와 그 정의의 연결이 옳지 않은 것은? (2020)

① 자연환경 – 지하·지표(해양을 제외한다) 및 지상의 모든 생물과 이들을 둘러싸고 있는 비생물적인 것을 포함한 자연의 상태(생태계 및 자연경관을 포함한다)를 말한다.

② 자연환경의 지속가능한 이용 – 자연환경을 체계적으로 보존·보호 또는 복원하고 생물다양성을 높이기 위하여 자연을 조성하고 관리하는 것을 말한다.

③ 자연생태 – 자연의 상태에서 이루어진 지리적 또는 지질적 환경과 그 조건 아래에서 생물이 생활하고 있는 모든 현상을 말한다.

④ 생물다양성 – 육상생태계 및 수상생태계(해양생태계를 제외한다)와 이들의 복합생태계를 포함하는 모든 원천에서 발생한 생물체의 다양성을 말하며, 종내·종간 및 생태계의 다양성을 포함한다.

해설 제2조(정의)

이 법에서 사용하는 용어의 정의는 다음과 같다. 〈개정 2006. 10. 4., 2012. 2. 1., 2013. 3. 22., 2017. 11. 28., 2020. 5. 26., 2021. 1. 5., 2022. 6. 10.〉

1. "자연환경"이라 함은 지하·지표(해양을 제외한다) 및 지상의 모든 생물과 이들을 둘러싸고 있는 비생물적인 것을 포함한 자연의 상태(생태계 및 자연경관을 포함한다)를 말한다.

2. "자연환경보전"이라 함은 자연환경을 체계적으로 보존·보호 또는 복원하고 생물다양성을 높이기 위하여 자연을 조성하고 관리하는 것을 말한다.

3. "자연환경의 지속가능한 이용"이라 함은 현재와 장래의 세대가 동등한 기회를 가지고 자연환경을 이용하거나 혜택을 누릴 수 있도록 하는 것을 말한다.

4. "자연생태"라 함은 자연의 상태에서 이루어진 지리적 또는 지질적 환경과 그 조건 아래에서 생물이 생활하고 있는 모든 현상을 말한다.

5. "생태계"란 식물·동물 및 미생물 군집(群集)들과 무생물 환경이 기능적인 단위로 상호작용하는 역동적인 복합체를 말한다.

6. "소(小)생태계"라 함은 생물다양성을 높이고 야생동식물의 서식지 간의 이동가능성 등 생태계의 연속성을 높이거나 특정한 생물종의 서식조건을 개선하기 위하여 조성하는 생물서식공간을 말한다.

7. "생물다양성"이라 함은 육상생태계 및 수생생태계(해양생태계는 제외한다)와 이들의 복합생태계를 포함하는 모든 원천에서 발생한 생물체의 다양성을 말하며, 종내(種內)·종간(種間) 및 생태계의 다양성을 포함한다.

77 자연환경보전법상 생태·자연도의 작성·활용기준 중 ( ) 안에 알맞은 것은? (2020)

> 생태·자연도는 (㉠) 이상의 지도에 (㉡)으로 표시하여야 한다.

① ㉠ 2만5천분의 1, ㉡ 점선
② ㉠ 2만5천분의 1, ㉡ 실선
③ ㉠ 5만분의 1, ㉡ 점선
④ ㉠ 5만분의 1, ㉡ 실선

해설

④ 생태·자연도는 2만5천분의 1 이상의 지도에 실선으로 표시하여야 한다. 그 밖에 생태·자연도의 작성기준 및 작성방법 등 작성에 필요한 사항과 제1항에 따른 생태·자연도의 활용대상 및 활용방법에 관하여 필요한 사항은 대통령령으로 정한다. 〈개정 2020. 5. 26.〉

78 다음 중 자연환경보전법상 다음 보기가 설명하는 지역으로 옳은 것은? (2020)

> 생물다양성이 풍부하여 생태적으로 중요하거나 자연경관이 수려하여 특별히 보전할 가치가 큰 지역으로서 규정에 의하여 환경부장관이 지정·고시하는 지역

① 자연유보지역
② 자연경관보호지역
③ 생태·경관보전지역
④ 생태계변화관찰지역

해설 제12조(생태·경관보전지역)

① 환경부장관은 다음 각 호의 어느 하나에 해당하는 지역으로서 자연생태·자연경관을 특별히 보전할 필요가 있는 지역을 생태·경관보전지역으로 지정할 수 있다. 〈개정 2020. 5. 26.〉

  1. 자연상태가 원시성을 유지하고 있거나 생물다양성이 풍부하여 보전 및 학술적 연구가치가 큰 지역
  2. 지형 또는 지질이 특이하여 학술적 연구 또는 자연경관의 유지를 위하여 보전이 필요한 지역
  3. 다양한 생태계를 대표할 수 있는 지역 또는 생태계의 표본지역
  4. 그 밖에 하천·산간계곡 등 자연경관이 수려하여 특별히 보전할 필요가 있는 지역으로서 대통령령으로 정하는 지역

② 환경부장관은 생태·경관보전지역의 지속가능한 보전·관리를 위하여 생태적 특성, 자연경관 및 지형여건 등을 고려하여 생태·경관보전지역을 다음과 같이 구분하여 지정·관리할 수 있다.

  1. 생태·경관핵심보전구역(이하 "핵심구역"이라 한다) : 생태계의 구조와 기능의 훼손방지를 위하여 특별한 보호가 필요하거나 자연경관이 수려하여 특별히 보호하고자 하는 지역
  2. 생태·경관완충보전구역(이하 "완충구역"이라 한다) : 핵심구역의 연접지역으로서 핵심구역의 보호를 위하여 필요한 지역

3. 생태 · 경관전이(轉移)보전구역(이하 "전이구역"이라 한다) : 핵심구역 또는 완충구역에 둘러싸인 취락지역으로서 지속가능한 보전과 이용을 위하여 필요한 지역

③ 환경부장관은 생태 · 경관보전지역이 군사목적 또는 천재 · 지변 그 밖의 사유로 인하여 제1항에 따른 생태 · 경관보전지역으로서의 가치를 상실하거나 보전할 필요가 없게 된 경우에는 그 지역을 해제 · 변경할 수 있다. 〈개정 2020. 5. 26.〉

05 야생생물 보호 및 관리에 관한 법률

79 야생동물 보호 및 관리에 관한 법률 시행규칙상 멸종위기야생생물 I급(조류)이 아닌 것은? (2018)

① 참수리(*Haliaeetus pelagicus*)

② 호사비오리(*Mergus squamatus*)

③ 검독수리(*Aquila Chrysaetos*)

④ 검은목두루미(*Grus grus*)

해설

3. 조류

　가. 멸종위기야생생물 I급

번호	종명
1	검독수리(*Aquila chrysaetos*)
2	넓적부리도요(*Eurynorhynchus pygmeus*)
3	노랑부리백로(*Egretta eulophotes*)
4	두루미(*Grus japonensis*)
5	매(*Falco peregrinus*)
6	먹황새(*Ciconia nigra*)
7	저어새(*Platalea minor*)
8	참수리(*Haliaeetus pelagicus*)
9	청다리도요사촌(*Tringa guttifer*)
10	크낙새(*Dryocopus javensis*)
11	호사비오리(*Mergus squamatus*)
12	혹고니(*Cygnus olor*)
13	황새(*Ciconia boyciana*)
14	흰꼬리수리(*Haliaeetus albicilla*)

80 야생생물 보호 및 관리에 관한 법률상 수렵면허의 취소 또는 정지처분을 받은 자는 언제까지 수렵면허증을 시장 · 군수 · 구청장에게 반납하여야 하는가? (2018)

① 취소 또는 정지처분을 받은 당일 날

② 취소 또는 정지처분을 받은 날부터 1일 이내

③ 취소 또는 정지처분을 받은 날부터 3일 이내

④ 취소 또는 정지처분을 받은 날부터 7일 이내

해설 제15조(멸종위기 야생생물의 포획 · 채취 등의 허가취소)

① 환경부장관은 제14조제1항 단서에 따라 멸종위기 야생생물의 포획 · 채취 등의 허가를 받은 자가 다음 각 호의 어느 하나에 해당하는 경우에는 그 허가를 취소할 수 있다. 다만, 제1호에 해당하는 경우에는 그 허가를 취소하여야 한다.

　1. 거짓이나 그 밖의 부정한 방법으로 허가를 받은 경우

　2. 멸종위기 야생생물의 포획 · 채취 등을 할 때 허가조건을 위반한 경우

　3. 멸종위기 야생생물을 제14조제1항제1호 또는 제2호에 따라 허가받은 목적이나 용도 외로 사용하는 경우

② 제1항에 따라 허가가 취소된 자는 취소된 날부터 7일 이내에 허가증을 환경부장관에게 반납하여야 한다.

[전문개정 2011. 7. 28.]

81 야생동물 보호 및 관리에 관한 법률 시행규칙상 수렵면허 취소 또는 정지 등과 관련한 행정처분의 개별기준 중 수렵 중에 고의 또는 과실로 다른 사람의 재산에 피해를 준 경우 위반 차수별 행정처분기준으로 옳은 것은? (2018)

① 1차 : 면허정지 3개월, 2차 : 면허정지 6개월, 3차 : 면허취소

② 1차 : 경고, 2차 : 면허정지 1개월, 3차 : 면허정지 3개월

③ 1차 : 경고, 2차 : 면허정지 3개월, 3차 : 면허취소

④ 1차 : 면허정지 1개월, 2차 : 면허정지 3개월, 3차 : 면허정지 6개월

해설

위반사항	근거법령	행정처분기준		
		1차 위반	2차 위반	3차 위반
3) 수렵 중 고의 또는 과실로 다른 사람의 생명 · 신체 또는 재산에 피해를 준 경우	법 제49조 제1항 제3호			
가) 생명 · 신체에 피해를 준 경우		면허 취소		
나) 재산에 피해를 준 경우		면허 정지 3개월	면허 정지 6개월	면허 취소

82 자연적 또는 인위적 위협요인으로 개체수가 현저하게 감소되고 있어 위협요인이 제거되거나 완화되지 아니할 경우 가까운 장래에 멸종위기에 처할 우려가 있는 야생동·식물로서 관계 중앙행정기관의 장과 협의하여 환경부령이 정하는 종은?

(2018)

① 멸종위기야생동·식물 Ⅰ급
② 멸종위기야생동·식물 Ⅱ급
③ 멸종위기야생동·식물 Ⅲ급
④ 국제적 멸종위기종

해설 제2조(정의)

이 법에서 사용하는 용어의 뜻은 다음과 같다. 〈개정 2012. 2. 1., 2014. 3. 24., 2021. 5. 18.〉

1. "야생생물"이란 산·들 또는 강 등 자연상태에서 서식하거나 자생(自生)하는 동물, 식물, 균류·지의류(地衣類), 원생생물 및 원핵생물의 종(種)을 말한다.
2. "멸종위기 야생생물"이란 다음 각 목의 어느 하나에 해당하는 생물의 종으로서 관계 중앙행정기관의 장과 협의하여 환경부령으로 정하는 종을 말한다.
   가. 멸종위기 야생생물 Ⅰ급 : 자연적 또는 인위적 위협요인으로 개체수가 크게 줄어들어 멸종위기에 처한 야생생물로서 대통령령으로 정하는 기준에 해당하는 종
   나. 멸종위기 야생생물 Ⅱ급 : 자연적 또는 인위적 위협요인으로 개체수가 크게 줄어들고 있어 현재의 위협요인이 제거되거나 완화되지 아니할 경우 가까운 장래에 멸종위기에 처할 우려가 있는 야생생물로서 대통령령으로 정하는 기준에 해당하는 종

83 야생생물 보호 및 관리에 관한 법률 시행규칙상 멸종위기야생생물 Ⅰ급(조류)에 해당하지 않는 것은? (2018)

① 흰꼬리수리(*Haliaeetus albicilla*)
② 황새(*Ciconia boyciana*)
③ 검은머리갈매기(*Larus saundersi*)
④ 매(*Falco peregrinus*)

해설

3. 조류
   가. 멸종위기야생생물 Ⅰ급

번호	종명
1	검독수리(*Aquila chrysaetos*)
2	넓적부리도요(*Eurynorhynchus pygmeus*)
3	노랑부리백로(*Egretta eulophotes*)
4	두루미(*Grus japonensis*)
5	매(*Falco peregrinus*)
6	먹황새(*Ciconia nigra*)
7	저어새(*Platalea minor*)
8	참수리(*Haliaeetus pelagicus*)
9	청다리도요사촌(*Tringa guttifer*)
10	크낙새(*Dryocopus javensis*)
11	호사비오리(*Mergus squamatus*)
12	혹고니(*Cygnus olor*)
13	황새(*Ciconia boyciana*)
14	흰꼬리수리(*Haliaeetus albicilla*)

84 야생생물 보호 및 관리에 관한 법률 시행규칙상 지정된 멸종위기야생생물 Ⅱ급에 해당되는 생물은? (2018)

① 수달(*Lutra lutra*)
② 두루미(*Grus japonensis*)
③ 수원청개구리(*Hyla suweonensis*)
④ 노랑부리저어새(*Platalea leucorodia*)

해설

나. 멸종위기야생생물 Ⅱ급

번호	종명
1	개리(*Anser cygnoides*)
2	검은머리갈매기(*Larus saundersi*)
3	검은머리물떼새(*Haematopus ostralegus*)
4	검은머리촉새(*Emberiza aureola*)
5	검은목두루미(*Grus grus*)
6	고니(*Cygnus columbianus*)
7	고대갈매기(*Larus relictus*)
8	긴꼬리딱새(*Terpsiphone atrocaudata*)
9	긴점박이올빼미(*Strix uralensis*)
10	까막딱다구리(*Dryocopus martius*)
11	노랑부리저어새(*Platalea leucorodia*)

85 야생생물 보호 및 관리에 관한 법률 시행규칙상 살처분한 야생동물 사체의 소각 및 매몰기준 중 매몰장소의 위치와 거리가 먼 것은? (2018)

① 하천, 수원지, 도로와 30m 이상 떨어진 곳
② 매몰지 굴착과정에서 지하수가 나타나지 않는 곳(매몰지는 지하수위에서 1m 이상 높은 곳에 있어야 한다)
③ 음용 지하수 관정(管井)과 50m 이상 떨어진 곳
④ 주민이 집단적으로 거주하는 지역에 인접하지 않은 곳으로 사람이나 동물의 접근을 제한할 수 있는 곳

해설
3) 매몰장소의 위치는 다음과 같다.
  가) 하천, 수원지, 도로와 30m 이상 떨어진 곳
  나) 매몰지 굴착(땅파기)과정에서 지하수가 나타나지 않는 곳(매몰지는 지하수위에서 1m 이상 높은 곳에 있어야 한다)
  다) 음용 지하수 관정(管井)과 75m 이상 떨어진 곳
  라) 주민이 집단적으로 거주하는 지역에 인접하지 않은 곳으로 사람이나 동물의 접근을 제한할 수 있는 곳
  마) 유실, 붕괴 등의 우려가 없는 평탄한 곳
  바) 침수의 우려가 없는 곳
  사) 다음의 어느 하나에 해당하지 않는 곳
    (1) 「수도법」 제7조에 따른 상수원보호구역
    (2) 「한강수계 상수원수질개선 및 주민지원 등에 관한 법률」 제4조제1항, 「낙동강수계 물관리 및 주민지원 등에 관한 법률」 제4조제1항, 「금강수계 물관리 및 주민지원 등에 관한 법률」 제4조제1항 및 「영산강·섬진강수계 물관리 및 주민지원 등에 관한 법률」 제4조제1항에 따른 수변구역
    (3) 「먹는물관리법」 제8조의3에 따른 샘물보전구역 및 같은 법 제11조에 따른 염지하수 관리구역
    (4) 「지하수법」 제12조에 따른 지하수보전구역
    (5) 그 밖에 (1)부터 (4)까지의 규정에 따른 구역에 준하는 지역으로서 수질환경보전이 필요한 지역

86 야생생물 보호 및 관리에 관한 법률 시행규칙상 멸종위기야생생물 Ⅰ급의 곤충류에 해당되지 않는 것은? (2018)

① 산굴뚝나비(*Hipparchia autonoe*)
② 상제나비(*Aporia crataegi*)
③ 수염풍뎅이(*Polyphylla laticollis manchurica*)
④ 애기뿔소똥구리(*Copris tripartitus*)

해설
6. 곤충류
  가. 멸종위기야생생물 Ⅰ급

번호	종명
1	붉은점모시나비(*Parnassius bremeri*)
2	비단벌레(*Chrysochroa coreana*)
3	산굴뚝나비(*Hipparchia autonoe*)
4	상제나비(*Aporia crataegi*)
5	수염풍뎅이(*Polyphylla laticollis manchurica*)
6	장수하늘소(*Callipogon relictus*)

87 야생생물 보호 및 관리에 관한 법률 시행령상 "야생생물 보호 기본계획"에 포함되어야 할 사항과 가장 거리가 먼 것은? (단, 야생생물 보호 세부계획과 비교) (2018)

① 야생생물의 현황 및 전망, 조사·연구에 관한 사항
② 관할구역의 주민에 대한 야생생물 보호 관련 교육 및 홍보에 관한 사항
③ 국제적 멸종위기종의 보호 및 철새 보호 등 국제협력에 관한 사항
④ 수렵의 관리에 관한 사항

해설 제2조(야생생물 보호 기본계획)
법 제5조제1항에 따른 야생생물 보호 기본계획(이하 "기본계획"이라 한다)에는 다음 각 호의 사항이 포함되어야 한다. 〈개정 2015. 3. 24., 2019. 9. 10.〉
1. 야생생물의 현황 및 전망, 조사·연구에 관한 사항
2. 법 제6조에 따른 야생생물 등의 서식실태조사에 관한 사항
3. 야생동물의 질병연구 및 질병관리대책에 관한 사항
4. 멸종위기 야생생물 등에 대한 보호의 기본방향 및 보호목표의 설정에 관한 사항
5. 멸종위기 야생생물 등의 보호에 관한 주요 추진과제 및 시책에 관한 사항
6. 멸종위기 야생생물의 보전·복원 및 증식에 관한 사항
7. 멸종위기 야생생물 등 보호사업의 시행에 필요한 경비의 산정 및 재원(財源) 조달방안에 관한 사항
8. 국제적 멸종위기종의 보호 및 철새 보호 등 국제협력에 관한 사항
9. 야생동물의 불법 포획의 방지 및 구조·치료와 유해야생동물의 지정·관리 등 야생동물의 보호·관리에 관한 사항
10. 생태계교란 야생생물의 관리에 관한 사항
11. 법 제27조에 따른 야생생물 특별보호구역(이하 "특별보호구역"이라 한다)의 지정 및 관리에 관한 사항

12. 수렵의 관리에 관한 사항
13. 특별시·광역시·특별자치시·도 및 특별자치도(이하 "시·도"라 한다)에서 추진할 주요 보호시책에 관한 사항
14. 그 밖에 환경부장관이 멸종위기 야생생물 등의 보호를 위하여 필요하다고 인정하는 사항
[전문개정 2012. 7. 31.]

88 야생생물 보호 및 관리에 관한 법률상 멸종위기 야생생물 Ⅱ급을 포획·채취·훼손하거나 고사시킨 자에 대한 벌칙 기준으로 옳은 것은? (2019)

① 7천만 원 이하의 벌금
② 3년 이하의 징역 또는 300만 원 이상 3천만 원 이하의 벌금
③ 5년 이하의 징역 또는 500만 원 이상 5천만 원 이하의 벌금
④ 2년 이하의 징역 또는 2,000만 원 이하의 벌금

해설 제68조(벌칙)
① 다음 각 호의 어느 하나에 해당하는 자는 3년 이하의 징역 또는 300만원 이상 3천만원 이하의 벌금에 처한다. 〈개정 2013. 7. 16., 2014. 3. 24., 2017. 12. 12., 2021. 5. 18.〉
 1. 제8조제1항을 위반하여 야생동물을 죽음에 이르게 하는 학대행위를 한 자
 2. 제14조제1항을 위반하여 멸종위기 야생생물 Ⅱ급을 포획·채취·훼손하거나 죽인 자
 3. 제14조제1항을 위반하여 멸종위기 야생생물 Ⅰ급을 가공·유통·보관·수출·수입·반출 또는 반입한 자
 4. 제14조제2항을 위반하여 멸종위기 야생생물의 포획·채취 등을 위하여 폭발물, 덫, 창애, 올무, 함정, 전류 및 그물을 설치 또는 사용하거나 유독물, 농약 및 이와 유사한 물질을 살포 또는 주입한 자
 5. 제16조제1항을 위반하여 허가 없이 국제적 멸종위기종 및 그 가공품을 수출·수입·반출 또는 반입한 자
 5의2. 제16조제7항 단서를 위반하여 인공증식 허가를 받지 아니하고 국제적 멸종위기종을 증식한 자
 6. 제28조제1항을 위반하여 특별보호구역에서 훼손행위를 한 자
 7. 제16조의2제1항에 따른 사육시설의 등록을 하지 아니하거나 거짓으로 등록을 한 자
② 상습적으로 제1항제1호, 제2호, 제4호 또는 제5호의2의 죄를 지은 사람은 5년 이하의 징역에 처한다. 이 경우 5천만 원 이하의 벌금을 병과할 수 있다. 〈개정 2014. 3. 24., 2017. 12. 12., 2022. 6. 10.〉
[전문개정 2011. 7. 28.]

89 야생생물 보호 및 관리에 관한 법률 시행규칙상 수렵면허시험에 관한 사항으로 옳지 않은 것은? (2019)

① 시·도지사는 매년 1회 이상 수렵면허시험을 실시하여야 한다.
② "수렵에 관한 법령 및 수렵의 절차"는 수렵면허 시험대상이 되는 환경부령으로 정하는 사항에 포함된다.
③ "안전사고의 예방 및 응급조치에 관한 사항"은 수렵면허 시험대상이 되는 환경부령으로 정하는 사항에 포함된다.
④ 시·도지사는 수렵면허시험의 필기시험일 30일 전에 수렵면허시험 실시공고서에 따라 수렵면허시험의 공고를 하여야 한다.

해설 제55조(수렵면허시험의 공고 등)
① 영 제32조제1항에 따른 응시원서는 별지 제51호서식의 수렵면허시험 응시원서에 따른다.
② 시·도지사는 영 제32조제2항에 따라 수렵면허시험의 필기시험일 30일 전에 별지 제52호서식의 수렵면허시험 실시 공고서에 따라 수렵면허시험의 공고를 하여야 한다.
③ 제2항에 따른 공고는 시·도 또는 시·군·구의 인터넷 홈페이지와 게시판·일간신문 또는 방송으로 하여야 한다. 〈개정 2015. 3. 25.〉
④ 시·도지사는 매년 2회 이상 수렵면허시험을 실시하여야 한다.
[전문개정 2012. 7. 27.]

90 야생생물보호 및 관리에 관한 법률상 수렵장에서도 수렵이 제한되는 시간 및 장소로 옳지 않은 것은? (2019)

① 시가지, 인가 부근
② 도로로부터 100m 이내의 장소
③ 운행 중인 차량, 선박 및 항공기
④ 해가 뜬 후부터 해가 지기 전까지

해설 제55조(수렵 제한)
수렵장에서도 다음 각 호의 어느 하나에 해당하는 장소 또는 시간에는 수렵을 하여서는 아니 된다. 〈개정 2014. 1. 14., 2015. 2. 3.〉
1. 시가지, 인가(人家) 부근 또는 그 밖에 여러 사람이 다니거나 모이는 장소로서 환경부령으로 정하는 장소
2. 해가 진 후부터 해뜨기 전까지
3. 운행 중인 차량, 선박 및 항공기
4. 「도로법」 제2조제1호에 따른 도로로부터 100미터 이내의 장소. 다만, 도로 쪽을 향하여 수렵을 하는 경우에는 도로로부터 600미터 이내의 장소를 포함한다.
5. 「문화재보호법」 제2조에 따른 문화재가 있는 장소 및 같은 법 제27조에 따라 지정된 보호구역으로부터 1킬로미터 이내의 장소

6. 울타리가 설치되어 있거나 농작물이 있는 다른 사람의 토지. 다만, 점유자의 승인을 받은 경우는 제외한다.

7. 그 밖에 인명, 가축, 문화재, 건축물, 차량, 철도차량, 선박 또는 항공기에 피해를 줄 우려가 있어 환경부령으로 정하는 장소 및 시간 [전문개정 2011. 7. 28.]

91 야생생물 보호 및 관리에 관한 법률상 멸종위기 야생생물 Ⅰ급(포유류)에 해당하는 것은? (2019)

① 물범(*Phoca largha*)
② 스라소리(*Lynx lynx*)
③ 담비(*Martes flavigula*)
④ 큰바다사자(*Eumetopias jubatus*)

해설

2. 포유류
  가. 멸종위기야생생물 Ⅰ급

번호	종명
1	늑대(*Canis lupus coreanus*)
2	대륙사슴(*Cervus nippon hortulorum*)
3	반달가슴곰(*Ursus thibetanus ussuricus*)
4	붉은박쥐(*Myotis rufoniger*)
5	사향노루(*Moschus moschiferus*)
6	산양(*Naemorhedus caudatus*)
7	수달(*Lutra lutra*)
8	스라소니(*Lynx lynx*)
9	여우(*Vulpes vulpes peculiosa*)
10	작은관코박쥐(*Murina ussuriensis*)
11	표범(*Panthera pardus orientalis*)
12	호랑이(*Panthera tigris altaica*)

92 야생생물보호 및 관리에 관한 법률 시행령상 생물자원의 분류·보전 등에 관한 관련 전문가에 해당하는 사람으로 거리가 먼 것은? (2019)

① 「국가기술자격법」에 의한 생물분류기사
② 「국가기술자격법」에 의한 자연환경기사
③ 생물자원 관련 분야의 석사학위 이상 소지자로서 해당 분야에서 1년 이상 종사한 사람
④ 생물자원 관련 분야의 학사학위 이상 소지자로서 해당 분야에서 3년 이상 종사한 사람

93 야생생물 보호 및 관리에 관한 법률상 환경부장관은 야생생물의 보호와 멸종 방지를 위하여 몇 년마다 멸종위기 야생생물을 정하는가? (단, 특별히 필요하다고 인정할 때에는 제외) (2019)

① 1년
② 2년
③ 3년
④ 5년

94 야생동물 보호 및 관리에 관한 법률상 특별보호구역에서의 행위제한에 해당하지 않는 것은? (단, 다른 법이 정하는 기준 및 멸종위기 야생식물의 보호를 위하여 불가피한 경우는 제외한다.) (2020)

① 토석의 채취
② 토지의 형질변경
③ 기존에 하던 영농행위를 지속하기 위하여 필요한 행위
④ 하천, 호소 등의 구조를 변경하거나 수위 또는 수량에 변동을 가져오는 행위

해설 제28조(특별보호구역에서의 행위제한)

① 누구든지 특별보호구역에서는 다음 각 호의 어느 하나에 해당하는 훼손행위를 하여서는 아니 된다. 다만, 「문화재보호법」 제2조에 따른 문화재(보호구역을 포함한다)에 대하여는 그 법에서 정하는 바에 따른다.
  1. 건축물 또는 그 밖의 공작물의 신축·증축(기존 건축 연면적을 2배 이상 증축하는 경우만 해당한다) 및 토지의 형질변경
  2. 하천, 호소 등의 구조를 변경하거나 수위 또는 수량에 변동을 가져오는 행위
  3. 토석의 채취
  4. 그 밖에 야생생물 보호에 유해하다고 인정되는 훼손행위로서 대통령령으로 정하는 행위

② 다음 각 호의 어느 하나에 해당하는 경우에는 제1항을 적용하지 아니한다. 〈개정 2020. 5. 26.〉
  1. 군사 목적을 위하여 필요한 경우
  2. 천재지변 또는 이에 준하는 대통령령으로 정하는 재해가 발생하여 긴급한 조치가 필요한 경우
  3. 특별보호구역에서 기존에 하던 영농행위를 지속하기 위하여 필요한 행위 등 대통령령으로 정하는 행위를 하는 경우
  4. 그 밖에 환경부장관이 야생생물의 보호에 지장이 없다고 인정하여 고시하는 행위를 하는 경우

95 야생생물 보호 및 관리에 관한 법규상 양서류·파충류의 멸종위기야생생물 Ⅰ급에 해당하는 것은? (2020)

① 맹꽁이(*Kaloula borealis*)
② 표범장지뱀(*Eremias argus*)
③ 금개구리(*Pelophylax chosenicus*)
④ 수원청개구리(*Hyla suweonensis*)

해설

4. 양서류·파충류
　가. 멸종위기야생생물 Ⅰ급

번호	종명
1	비바리뱀(*Sibynophis chinensis*)
2	수원청개구리(*Hyla suweonensis*)

96 야생생물 보호 및 관리에 관한 법률상 수렵면허에 대한 사항으로 옳지 않은 것은? (2020)

① 제1종 수렵면허는 총기를 사용하는 수렵과 관련한 면허이다.
② 제2종 수렵면허는 수렵도구를 사용하지 않는 수렵활동과 관련한 면허이다.
③ 수렵면허는 그 주소지를 관할하는 시장·군수·구청장으로부터 받는다.
④ 수렵면허를 받은 자는 환경부령이 정하는 바에 따라 5년마다 수렵면허를 갱신하여야 한다.

해설 제44조(수렵면허)

① 수렵장에서 수렵동물을 수렵하려는 사람은 대통령령으로 정하는 바에 따라 그 주소지를 관할하는 시장·군수·구청장으로부터 수렵면허를 받아야 한다.
② 수렵면허의 종류는 다음 각 호와 같다.
　1. 제1종 수렵면허 : 총기를 사용하는 수렵
　2. 제2종 수렵면허 : 총기 외의 수렵도구를 사용하는 수렵
③ 제1항에 따라 수렵면허를 받은 사람은 환경부령으로 정하는 바에 따라 5년마다 수렵면허를 갱신하여야 한다.
④ 제1항에 따라 수렵면허를 받거나 제3항에 따라 수렵면허를 갱신하려는 사람 또는 제48조제3항에 따라 수렵면허를 재발급받으려는 사람은 환경부령으로 정하는 바에 따라 수수료를 내야 한다.
[전문개정 2011. 7. 28.]

97 야생동물 보호 및 관리에 관한 법규상 유해야생동물과 가장 거리가 먼 것은? (2020)

① 분묘를 훼손하는 멧돼지
② 전주 등 전력시설에 피해를 주는 까치
③ 장기간에 걸쳐 무리를 지어 농작물 또는 과수에 피해를 주는 참새, 어치 등
④ 비행장 주변에 출현하여 항공기 또는 특수건조물에 피해를 주는 조수류(멸종위기 야생동물 포함)

해설 유해야생동물

㉠ 장기간에 걸쳐 무리를 지어 농작물 또는 과수에 피해를 주는 참새, 까치, 어치, 직박구리, 까마귀, 갈까마귀, 떼까마귀
㉡ 일부 지역에 서식밀도가 너무 높아 농·림·수산업에 피해를 주는 꿩, 멧비둘기, 고라니, 멧돼지, 청설모, 두더지, 쥐류 및 오리류(오리류 중 원앙이, 원앙사촌, 황오리, 알락쇠오리, 호사비오리, 뿔쇠오리, 붉은가슴흰죽지는 제외한다)
㉢ 비행장 주변에 출현하여 항공기 또는 특수건조물에 피해를 주거나, 군 작전에 지장을 주는 조수류(멸종위기 야생동물은 제외한다)
㉣ 인가 주변에 출현하여 인명·가축에 위해를 주거나 위해 발생의 우려가 있는 멧돼지 및 맹수류(멸종위기 야생동물은 제외한다)
㉤ 분묘를 훼손하는 멧돼지
㉥ 전주 등 전력시설에 피해를 주는 까치
㉦ 일부 지역에 서식밀도가 너무 높아 분변(糞便) 및 털 날림 등으로 문화재 훼손이나 건물 부식 등의 재산상 피해를 주거나 생활에 피해를 주는 집비둘기

98 야생생물 보호 및 관리에 관한 법규상 시장·군수·구청장은 박제업자에게 야생동물의 보호·번식을 위하여 박제품의 신고 등 필요한 명령을 할 수 있는데, 박제업자가 이에 따른 신고 등 필요한 명령을 위반한 경우 각 위반차수별 (개별)행정처분기준으로 가장 적합한 것은? (2020)

① 1차 : 경고, 2차 : 경고,
　3차 : 영업정지 3개월, 4차 : 등록취소
② 1차 : 경고, 2차 : 영업정지 1개월,
　3차 : 영업정지 3개월, 4차 : 등록취소
③ 1차 : 영업정지 1개월, 2차 : 영업정지 3개월,
　3차 : 영업정지 6개월, 4차 : 사업장 이전
④ 1차 : 영업정지 1개월, 2차 : 영업정지 3개월,
　3차 : 영업정지 6개월, 4차 : 등록취소

위반사항	근거 법령	행정처분기준			
		1차 위반	2차 위반	3차 위반	4차 위반
타. 박제업자가 법 제40조 제1항부터 제3항까지의 규정을 위반한 경우	법 제40조 제5항				
1) 법 제40조제1항을 위반하여 변경등록 을 하지 않은 경우		경고	영업 정지 1개월	영업 정지 3개월	등록 취소
2) 법 제40조제2항을 위반하여 장부를 갖 추어 두지 않은 경우		경고	영업 정지 1개월	영업 정지 3개월	등록 취소
3) 법 제40조제3항에 따른 신고 등 필요한 명령을 위반한 경우		경고	영업 정지 1개월	영업 정지 3개월	등록 취소

07 습지보전법

99 다음은 습지보전법령상 포상금 관련기준이다. ( ) 안에 가장 적합한 것은? (2018)

> 습지보호지역에서 위반한 행위의 신고 또는 고발을 받은 관계행
> 정관청 또는 수사기관은 그 사건의 개요를 환경부장관·해양수
> 산부장관 또는 시·도지사에게 통지하여야 한다. 통지를 받은 환
> 경부장관 등은 그 사건에 관한 확정판결이 있은 날로부터 (㉠)
> 에 예산의 범위 안에서 포상금을 지급할 수 있고, 그 포상금은 당
> 해 사건으로 인하여 선고된 벌금액(징역형의 선고를 받은 경우
> 에는 해당 적용 벌칙의 벌금 상한액을 말한다)의 (㉡)로 한다.

① ㉠ 3월 이내, ㉡ 100분의 30 이내
② ㉠ 3월 이내, ㉡ 100분의 10 이내
③ ㉠ 2월 이내, ㉡ 100분의 30 이내
④ ㉠ 2월 이내, ㉡ 100분의 10 이내

해설 제15조(포상금)

① 법 제19조의 규정에 의하여 법 제13조제1항 또는 제2항의 규정에
위반한 행위의 신고 또는 고발을 받은 관계행정관청 또는 수사기관
은 그 사건의 개요를 환경부장관·해양수산부장관 또는 시·도지
사에게 통지하여야 한다. 〈개정 2005. 9. 30., 2008. 2. 29.,
2013. 3. 23.〉

② 제1항의 규정에 의한 통지를 받은 환경부장관·해양수산부장관
또는 시·도지사는 그 사건에 관한 확정판결이 있은 날부터 2월 이
내에 예산의 범위 안에서 포상금을 지급할 수 있다. 〈개정 2005.
9. 30., 2008. 2. 29., 2013. 3. 23.〉

③ 제2항의 규정에 의한 포상금은 당해 사건으로 인하여 선고된 벌금
액(징역형의 선고를 받은 경우에는 해당 적용벌칙의 벌금 상한액
을 말한다)의 100분의 10 이내로 한다.

100 습지보전법상 환경부장관과 해양수산부 장관은 습지조사의 결과를 토대로 몇 년마다 습지보전기초계획을 각각 수립하여야 하는가? (2018)

① 3년   ② 5년
③ 10년   ④ 20년

해설 제5조(습지보전기본계획의 수립)

① 환경부장관과 해양수산부장관은 제4조에 따른 습지조사(이하 "습
지조사"라 한다)의 결과를 토대로 5년마다 습지보전기초계획(이
하 "기초계획"이라 한다)을 각각 수립하여야 하며, 환경부장관은
해양수산부장관과 협의하여 기초계획을 토대로 습지보전기본계
획(이하 "기본계획"이라 한다)을 수립하여야 한다. 이 경우 다른
법률에 따라 수립된 습지보전에 관련된 계획을 최대한 존중하여야
한다.

101 습지보전법상 습지보호지역으로 지정·고시된 습지를 공유수면 관리 및 매립에 관한 법률에 따른 면허 없이 매립한 자에 대한 벌칙기준으로 옳은 것은? (2018)

① 5년 이하의 징역 또는 5천만 원 이하의 벌금
② 3년 이하의 징역 또는 3천만 원 이하의 벌금
③ 2년 이하의 징역 또는 2천만 원 이하의 벌금
④ 1천만 원 이하의 벌금

해설 제23조(벌칙)

습지보호지역으로 지정·고시된 습지를 「공유수면 관리 및 매립에 관
한 법률」에 따른 면허 없이 매립한 사람은 3년 이하의 징역 또는 3천만
원 이하의 벌금에 처한다. 〈개정 2016. 1. 27.〉
[전문개정 2014. 3. 24.]

102 습지보전법상 용어의 정의 중 (   ) 안에 알맞은 것은?

(2018)

> (   )란 만조(滿潮) 때 수위선(水位線)과 지면의 경계선으로부터 간조(干潮) 때 수위선과 지면의 경계선까지의 지역을 말한다.

① 내륙습지   ② 만조습지

③ 간조습지   ④ 연안습지

해설 제2조(정의)

이 법에서 사용하는 용어의 뜻은 다음과 같다. 〈개정 2021. 1. 5.〉

1. "습지"란 담수(淡水 : 민물), 기수(汽水 : 바닷물과 민물이 섞여 염분이 적은 물) 또는 염수(鹽水 : 바닷물)가 영구적 또는 일시적으로 ㄱ 표면을 덮고 있는 지역으로서 내륙습지 및 연안습지를 말한다.
2. "내륙습지"란 육지 또는 섬에 있는 호수, 못, 늪, 하천 또는 하구(河口) 등의 지역을 말한다.
3. "연안습지"란 만조(滿潮) 때 수위선(水位線)과 지면의 경계선으로부터 간조(干潮) 때 수위선과 지면의 경계선까지의 지역을 말한다.
4. "습지의 훼손"이란 배수(排水), 매립 또는 준설 등의 방법으로 습지 원래의 형질을 변경하거나 습지에 시설이나 구조물을 설치하는 등의 방법으로 습지를 보전 목적 외의 용도로 사용하는 것을 말한다.

[전문개정 2014. 3. 24.]

103 습지보전법상 용어의 정의로 옳지 않은 것은? (2018)

① "습지"란 담수 · 기수 또는 염수가 영구적 또는 일시적으로 그 표면을 덮고 있는 지역으로서 내륙습지 및 연안습지를 말한다.
② "내륙습지"란 육지 또는 섬에 있는 호수, 못, 늪 또는 하구(河口) 등의 지역을 말한다.
③ "연안습지"란 만조 시에 수위선과 지면이 접하는 경계선 지역을 말한다.
④ "습지의 훼손"이 란 배수(排水), 매립 또는 준설 등의 방법으로 습지 원래의 형질을 변경하거나 습지에 시설이나 구조물을 설치하는 등의 방법으로 습지를 보전 목적 외의 용도로 사용하는 것을 말한다.

104 습지보전법규상 습지보호지역 중 4분의 1 이상에 해당하는 면적의 습지를 불가피하게 훼손하게 되는 경우 당해 습지보호지역 중 존치해야 하는 비율은? (2018)

① 지정 당시의 습지보호지역 면적의 2분의 1 이상
② 지정 당시의 습지보호지역 면적의 3분의 1 이상
③ 지정 당시의 습지보호지역 면적의 4분의 1 이상
④ 지정 당시의 습지보호지역 면적의 10분의 1 이상

해설 제17조(훼손된 습지의 관리)

① 정부는 제16조에 따라 국가 · 지방자치단체 또는 사업자가 습지보호지역 또는 습지개선지역 중 대통령령으로 정하는 비율 이상에 해당하는 면적의 습지를 훼손하게 되는 경우에는 그 습지보호지역 또는 습지개선지역 중 공동부령으로 정하는 비율에 해당하는 면적의 습지가 보존되도록 하여야 한다.
② 정부는 제1항에 따라 보존된 습지의 생태계 변화 상황을 공동부령으로 정하는 기간 동안 관찰한 후 그 결과를 훼손지역 주변의 생태계 보전에 활용할 수 있도록 하여야 한다.

[전문개정 2014. 3. 24.]

시행령 제14조(습지존치를 위한 사업규모)

법 제17조제1항에서 "대통령령이 정하는 비율"이라 함은 4분의 1을 말한다.

시행규칙 제10조(존치하여야 하는 습지의 면적 등)

① 법 제17조제1항에서 "공동부령이 정하는 비율"이라 함은 지정 당시의 습지보호지역 또는 습지개선지역 면적의 2분의 1 이상을 말한다. 〈개정 2003. 7. 29.〉
② 법 제17조제2항에서 "공동부령이 정하는 기간"이라 함은 5년을 말한다.

105 다음 중 습지보전법의 목적으로 가장 거리가 먼 것은?

(2018)

① 습지의 효율적 보전 · 관리에 필요한 사항을 정한다.
② 습지오염에 따른 국민건강의 위해를 예방하고, 습지개발을 통하여 국민으로 하여금 그 혜택을 널리 향유할 수 있도록 한다.
③ 습지에 관한 국제협약의 취지를 반영함으로써 국제협력의 증진에 이바지한다.
④ 습지와 습지의 생물다양성의 보전을 도모한다.

해설 제1조(목적)

이 법은 습지의 효율적 보전 · 관리에 필요한 사항을 정하여 습지와 습지의 생물다양성을 보전하고, 습지에 관한 국제협약의 취지를 반영함으로써 국제협력의 증진에 이바지함을 목적으로 한다.

[전문개정 2014. 3. 24.]

106 습지보전법령상 명예습지생태안내인의 위촉기간은?

(2019)

① 1년   ② 2년
③ 3년   ④ 5년

107 습지보전법 제정의 목적으로 옳지 않은 것은? (2019)

① 습지와 그 생물다양성의 보전을 도모함
② 습지의 조사를 위한 분류방법 등을 규정함
③ 습지의 효율적 보전·관리에 필요한 사항을 규정함
④ 습지에 관한 국제협약의 취지를 반영함으로써 국제협력의
   증진에 이바지함

해설 제1조(목적)

이 법은 습지의 효율적 보전·관리에 필요한 사항을 정하여 습지와 습지의 생물다양성을 보전하고, 습지에 관한 국제협약의 취지를 반영함으로써 국제협력의 증진에 이바지함을 목적으로 한다.
[전문개정 2014. 3. 24.]

108 습지보전법상 규정에 의한 승인을 받지 아니하고 습지 주변 관리지역에서 간척사업, 공유수면매립사업 또는 위해행위를 한 자에 대한 벌칙기준으로 옳은 것은? (2019)

① 1년 이하의 징역 또는 5백만 원 이하의 벌금에 처한다.
② 2년 이하의 징역 또는 2천만 원 이하의 벌금에 처한다.
③ 3년 이하의 징역 또는 5천만 원 이하의 벌금에 처한다.
④ 5년 이하의 징역 또는 7천만 원 이하의 벌금에 처한다.

해설 제24조(벌칙)

문제의 답은 잘못되었다.
2014년 2년 이하의 징역이 3년 이하로 개정되었으며, 2016년 2천만 원 이하의 벌금이 3천만 원으로 개정되었다. 따라서 현재는 3년 이하의 징역 및 3천만 원 이하의 벌금에 처한다.

제23조(벌칙)
습지보호지역으로 지정·고시된 습지를「공유수면 관리 및 매립에 관한 법률」에 따른 면허 없이 매립한 사람은 3년 이하의 징역 또는 3천만 원 이하의 벌금에 처한다.〈개정 2016. 1. 27.〉
[전문개정 2014. 3. 24.]

109 습지보전법상 다음 ( ) 안에 알맞은 용어는? (2019)

( )란 만조 때 수위선과 지면의 경계선으로부터 간조 때 수위선과 지면의 경계선까지의 지역을 말한다.

① 경계습지   ② 연안습지
③ 조석습지   ④ 하천습지

110 습지보전법상 습지의 보전 및 관리를 위해 환경부장관, 해양수산부장관 또는 시·도지사가 지정·고시할 수 있는 지역으로 옳지 않은 것은? (2020)

① 습지보호지역   ② 습지개선지역
③ 습지복원지역   ④ 습지주변관리지역

해설 제8조(습지지역의 지정 등)

① 환경부장관, 해양수산부장관 또는 시·도지사는 습지 중 다음 각 호의 어느 하나에 해당하는 지역으로서 특별히 보전할 가치가 있는 지역을 습지보호지역으로 지정하고, 그 주변지역을 습지주변관리지역으로 지정할 수 있다.
   1. 자연상태가 원시성을 유지하고 있거나 생물다양성이 풍부한 지역
   2. 희귀하거나 멸종위기에 처한 야생동식물이 서식하거나 나타나는 지역
   3. 특이한 경관적, 지형적 또는 지질학적 가치를 지닌 지역
② 환경부장관, 해양수산부장관 또는 시·도지사는 습지 중 다음 각 호의 어느 하나에 해당하는 지역을 습지개선지역으로 지정할 수 있다.
   1. 습지보호지역 중 습지가 심하게 훼손되었거나 훼손이 심화될 우려가 있는 지역
   2. 습지생태계의 보전상태가 불량한 지역 중 인위적인 관리 등을 통하여 개선할 가치가 있는 지역

111 습지보전법상 "연안습지" 용어의 정의로 옳은 것은?

(2020)

① 습지수면으로부터 수심 10m까지의 지역을 말한다.
② 광합성이 가능한 수심(조류의 번식에 한한다.)까지의 지역을 말한다.
③ 만조 때 수위선과 지면의 경계선으로부터 간조 때 수위선과 지면의 경계선까지의 지역을 말한다.
④ 지하수위가 높고 다습한 곳으로서 간조 시에 수위선과 지면이 접하는 경계면 내에서 광합성이 가능한 수심지역까지를 말한다.

112 습지보전법상 습지보전을 위해 설치할 수 있는 시설과 가장 거리가 먼 것은? (2020)

① 습지를 연구하기 위한 시설
② 습지를 준설 및 복원하기 위한 시설
③ 습지오염을 방지하기 위한 시설
④ 습지상태를 관찰하기 위한 시설

해설 제12조(습지보전 · 이용시설)
① 환경부장관, 해양수산부장관, 관계 중앙행정기관의 장 또는 지방자치단체의 장은 제13조제1항에도 불구하고 습지의 보전 · 이용을 위하여 다음 각 호의 시설(이하 "습지보전 · 이용시설"이라 한다)을 설치 · 운영할 수 있다.
1. 습지를 보호하기 위한 시설
2. 습지를 연구하기 위한 시설
3. 나무로 만든 다리, 교육 · 홍보 시설 및 안내 · 관리 시설 등으로서 습지보전에 지장을 주지 아니하는 시설
4. 그 밖에 습지보전을 위한 시설로서 대통령령으로 정하는 시설
시행령 제9조(습지보전 · 이용시설)
법 제12조제1항제4호에서 "기타 습지보전을 위한 시설로서 대통령령이 정하는 시설"이라 함은 다음 각 호의 어느 하나에 해당하는 시설을 말한다. 〈개정 2007. 7. 24.〉
1. 습지오염을 방지하기 위한 시설
2. 습지생태를 관찰하기 위한 시설

06 자연공원법

113 자연공원법상 용어의 뜻 중 "자연공원"에 속하지 않는 것은? (2018)

① 국립공원
② 도립공원
③ 시립공원
④ 지질공원

해설 제2조(정의)
이 법에서 사용하는 용어의 뜻은 다음과 같다. 〈개정 2011. 7. 28., 2016. 5. 29.〉
1. "자연공원"이란 국립공원 · 도립공원 · 군립공원(郡立公園) 및 지질공원을 말한다.

114 자연공원법상 자연공원의 형상을 해치거나 공원시설을 훼손한 자에 대한 벌칙기준은? (2018)

① 1년 이하의 징역 또는 1천만 원 이하의 벌금
② 2년 이하의 징역 또는 2천만 원 이하의 벌금

③ 3년 이하의 징역 또는 3천만 원 이하의 벌금
④ 5년 이하의 징역 또는 5천만 원 이하의 벌금

해설 제82조(벌칙)
다음 각 호의 어느 하나에 해당하는 자는 3년 이하의 징역 또는 3천만 원 이하의 벌금에 처한다.
1. 제20조를 위반하여 공원관리청의 허가를 받지 아니하고 공원사업을 시행한 자
2. 제23조제1항제1호부터 제7호까지의 규정을 위반하여 공원관리청의 허가를 받지 아니하고 허가대상 행위를 한 자
3. 제27조제1항제1호를 위반하여 자연공원의 형상을 해치거나 공원시설을 훼손한 자
[전문개정 2008. 12. 31.]

115 자연공원법에서 사용하는 용어의 뜻 중 "지구 과학적으로 중요하고 경관이 우수한 지역으로서 이를 보전하고 교육 · 관광사업 등에 활용하기 위하여 환경부장관이 인증한 공원을 말한다."에 해당하는 것은? (2018)

① 지구과학공원
② 지구문화공원
③ 과학보전공원
④ 지질공원

해설 제2조(정의)
4의4. "지질공원"이란 지구과학적으로 중요하고 경관이 우수한 지역으로서 이를 보전하고 교육 · 관광사업 등에 활용하기 위하여 제36조의3에 따라 환경부장관이 인증한 공원을 말한다.

116 자연공원법상 공원관리청이 설치한 공원시설 사용에 대한 사용료를 내지 아니하고 공원시설을 이용한 자에 대한 과태료 부과기준으로 옳은 것은? (2018)

① 500만 원 이하의 과태료를 부과한다.
② 100만 원 이하의 과태료를 부과한다.
③ 50만 원 이하의 과태료를 부과한다.
④ 10만 원 이하의 과태료를 부과한다.

해설 제86조(과태료)
④ 제37조제1항에 따른 입장료 또는 사용료를 내지 아니하고 자연공원에 입장하거나 공원시설을 이용한 자에게는 10만원 이하의 과태료를 부과한다. 〈신설 2016. 12. 27.〉

정답 112 ② 113 ③ 114 ③ 115 ④ 116 ④

117 자연공원법령상 자연공원의 지정기준과 거리가 먼 것은?

(2018)

① 자연생태계의 보전상태가 양호할 것
② 훼손 또는 오염이 적으며 경관이 수려할 것
③ 문화재 또는 역사적 유물이 있으며, 자연경관과 조화되어 보전의 가치가 있을 것
④ 산업개발로 경관이 파괴될 우려가 있는 곳

해설

구분	기준
자연생태계	자연생태계의 보전상태가 양호하거나 멸종위기야생동식물 · 천연기념물 · 보호야생동물 등이 서식할 것
자연경관	자연경관의 보전상태가 양호하여 훼손 또는 오염이 적으며 경관이 수려할 것
문화경관	문화재 또는 역사적 유물이 있으며, 자연경관과 조화되어 보전의 가치가 있을 것
지형보존	각종 산업개발로 경관이 파괴될 우려가 없을 것
위치 및 이용편의	국토의 보전 · 이용 · 관리 측면에서 균형적인 자연공원의 배치가 될 수 있을 것

118 다음은 자연공원법상 용어의 뜻이다. ( ) 안에 적합한 것은?

(2019)

( )이란 지구과학적으로 중요하고 경관이 우수한 지역으로서 이를 보전하고 교육 · 관광사업 등에 활용하기 위하여 환경부장관이 인증한 공원을 말한다.

① 지질공원   ② 역사공원
③ 테마공원   ④ 자연휴양림공원

119 자연공원법상 공원자연보존지구 지정에 해당하는 곳과 가장 거리가 먼 것은?

(2019)

① 생물다양성이 특히 풍부한 곳
② 자연생태계가 원시성을 지니고 있는 곳
③ 특별히 보호할 가치가 높은 야생동식물이 살고 있는 곳
④ 마을이 형성된 지역으로서 주민생활을 유지하는 데에 필요한 지역

해설 제18조(용도지구)

① 공원관리청은 자연공원을 효과적으로 보전하고 이용할 수 있도록 하기 위하여 다음 각 호의 용도지구를 공원계획으로 결정한다. 〈개정 2011. 4. 5., 2016. 5. 29., 2019. 11. 26.〉

1. 공원자연보존지구 : 다음 각 목의 어느 하나에 해당하는 곳으로서 특별히 보호할 필요가 있는 지역
   가. 생물다양성이 특히 풍부한 곳
   나. 자연생태계가 원시성을 지니고 있는 곳
   다. 특별히 보호할 가치가 높은 야생동식물이 살고 있는 곳
   라. 경관이 특히 아름다운 곳
2. 공원자연환경지구 : 공원자연보존지구의 완충공간(緩衝空間)으로 보전할 필요가 있는 지역
3. 공원마을지구 : 마을이 형성된 지역으로서 주민생활을 유지하는 데에 필요한 지역

120 자연공원법상 용도지구 중 공원자연보호지구에 해당하지 않는 곳은?

(2019)

① 경관이 특히 아름다운 곳
② 생물다양성이 특히 풍부한 곳
③ 자연생태계가 원시성을 지니고 있는 곳
④ 마을이 형성된 지역으로서 주민생활을 유지하는 데에 필요한 곳

121 다음은 자연공원법규상 공원점용료 등의 징수를 위한 점용료 또는 사용료 요율기준이다. ( ) 안에 알맞은 것은?

(2020)

건축물 기타 공작물의 신축 · 증축 · 이축이나 물건의 야적 및 계류의 경우 기준요율은 인근 토지 임대료 추정액의 ( )이다.

① 100분의 20 이상   ② 100분의 30 이상
③ 100분의 40 이상   ④ 100분의 50 이상

해설 자연공원법 시행규칙 [별표 3] 〈개정 2019. 12. 20.〉
점용료 또는 사용료 요율기준(제26조관련)

점용 또는 사용의 종류	기준요율
1. 건축물 기타 공작물의 신축 · 증축 · 이축이나 물건 쌓기 및 계류	인근 토지 임대료 추정액의 100분의 50 이상
2. 토지의 개간	수확예상액의 100분의 25 이상
3. 법 제20조의 규정에 의한 허가를 받아 공원시설을 관리하는 경우	법 제37조제3항의 규정에 의한 예상징수금액의 100분의 10 이상

122 자연공원법상 공원구역에서 공원사업 외에 공원관리청의 허가를 받아야 하는 경우와 가장 거리가 먼 것은? (단, 대통령령으로 정하는 경미한 행위는 제외한다.) (2020)

① 자갈을 채취하는 행위
② 물건을 쌓아 두거나 묶어 두는 행위
③ 100명의 사람이 단체로 등산하는 행위
④ 나무를 베거나 야생식물을 채취하는 행위

해설 제20조(공원관리청이 아닌 자의 공원사업의 시행 및 공원시설의 관리)
① 공원관리청이 아닌 자는 공원사업을 하거나 공원관리청이 설치한 공원시설을 관리하려는 경우에는 공원관리청의 허가를 받아야 한다.

123 자연공원법규상 공원관리청이 규정에 의해 징수하는 점용료 등의 기준요율에 관한 사항 중 ( ) 안에 알맞은 것은? (단, 다른 법령에 특별히 정한 기준은 제외한다.) (2020)

> 점용 또는 사용의 종류가 건축물 기타 공작물의 신축·증축·이축이나 물건 쌓기 및 계류인 경우 기준요율은 (㉠) 이상으로 하며, 토지의 개간인 경우 (㉡) 이상으로 한다.

① ㉠ 인근 토지 임대료 추정액의 100분의 25
　 ㉡ 수확예상액의 100분의 10
② ㉠ 인근 토지 임대료 추정액의 100분의 25
　 ㉡ 수확예상액의 100분의 25
③ ㉠ 인근 토지 임대료 추정액의 100분의 50
　 ㉡ 수확예상액의 100분의 10
④ ㉠ 인근 토지 임대료 추정액의 100분의 50
　 ㉡ 수확예상액의 100분의 25

해설 자연공원법 시행규칙 [별표 3] 〈개정 2019. 12. 20.〉
점용료 또는 사용료 요율기준(제26조 관련)

점용 또는 사용의 종류	기준요율
1. 건축물 기타 공작물의 신축·증축·이축이나 물건 쌓기 및 계류	인근 토지 임대료 추정액의 100분의 50 이상
2. 토지의 개간	수확예상액의 100분의 25 이상
3. 법 제20조의 규정에 의한 허가를 받아 공원시설을 관리하는 경우	법 제37조제3항의 규정에 의한 예상징수금액의 100분의 10 이상

05 생물다양성 보전 및 이용에 관한 법률

124 다음은 생물다양성 보전 및 이용에 관한 법률 시행령상 국가생물다양성전략 시행계획의 수립·시행에 관한 사항이다. ( ) 안에 알맞은 것은? (2018)

> 관계 중앙행정기관의 장은 소관 분야의 국가생물다양성전략 시행계획을 수립·시행하고, 전년도 시행계획의 추진실적과 해당 연도의 시행계획을 (㉠) 환경부장관에게 제출하여야 한다. 환경부장관은 그에 따라 제출된 전년도 시행계획의 추진실적과 해당 연도 시행계획을 종합·검토하여 그 결과를 (㉡) 관계 중앙행정기관의 장에게 통보하여야 한다.

① ㉠ 매년 12월 31일까지, ㉡ 매년 1월 31일까지
② ㉠ 매년 12월 31일까지, ㉡ 매년 2월 28일까지
③ ㉠ 매년 1월 31일까지, ㉡ 매년 2월 28일까지
④ ㉠ 매년 1월 31일까지, ㉡ 매년 3월 31일까지

해설 제6조(국가생물다양성전략 시행계획의 수립·시행)
① 관계 중앙행정기관의 장은 법 제8조제1항에 따른 소관 분야의 국가생물다양성전략 시행계획(이하 "시행계획"이라 한다)을 수립·시행하고, 같은 조 제2항에 따라 전년도 시행계획의 추진실적과 해당 연도의 시행계획을 매년 1월 31일까지 환경부장관에게 제출하여야 한다.
② 환경부장관은 제1항에 따라 제출된 전년도 시행계획의 추진실적과 해당 연도 시행계획을 종합·검토하여 그 결과를 매년 3월 31일까지 관계 중앙행정기관의 장에게 통보하여야 한다.
③ 환경부장관은 제2항에 따른 추진실적을 종합·검토하기 위하여 확인이 필요한 사항이 있을 때에는 관계 중앙행정기관의 장에게 필요한 자료의 제출을 요청할 수 있다. 이 경우 관계 중앙행정기관의 장은 특별한 사유가 없으면 요청받은 자료를 제출하여야 한다.

125 생물다양성 보전 및 이용에 관한 법률상 용어의 뜻으로 옳지 않은 것은? (2018)

① "생물다양성"이란 육상생태계 및 수생생태계와 이들의 복합생태계를 포함하는 모든 원천에서 발생한 생물체의 다양성을 말하며, 종내·종간 및 생태계의 다양성을 포함한다.
② "생물자원"이란 사람을 위하여 가치가 있거나 실제적 또는 잠재적 용도가 있는 유전자원, 생물체, 생물체의 부분, 개체군 또는 생물의 구성요소를 말한다.

③ "유전자원"이란 유전(遺傳)의 기능적 단위를 포함하는 기원이 되는 유전물질 중 실질적 또는 잠재적 가치를 지닌 물질을 말한다.

④ "생태계 교란생물"이란 외국으로부터 인위적 또는 자연적으로 유입되어 그 본래의 원산지 또는 서식지를 벗어나 존재하게 된 생물을 말한다.

제2조(정의)

1. "생물다양성"이란 육상생태계 및 수생생태계와 이들의 복합생태계를 포함하는 모든 원천에서 발생한 생물체의 다양성을 말하며, 종내(種內)·종간(種間) 및 생태계의 다양성을 포함한다.

2. "생태계"란 식물·동물 및 미생물 군집(群集)들과 무생물 환경이 기능적인 단위로 상호작용하는 역동적인 복합체를 말한다.

3. "생물자원"이란 사람을 위하여 가치가 있거나 실제적 또는 잠재적 용도가 있는 유전자원, 생물체, 생물체의 부분, 개체군 또는 생물의 구성요소를 말한다.

4. "유전자원"이란 유전(遺傳)의 기능적 단위를 포함하는 식물·동물·미생물 또는 그 밖에 유전적 기원이 되는 유전물질 중 실질적 또는 잠재적 가치를 지닌 물질을 말한다.

5. "지속가능한 이용"이란 현재 세대와 미래 세대가 동등한 기회를 가지고 생물자원을 이용하여 그 혜택을 누릴 수 있도록 생물다양성의 감소를 유발하지 아니하는 방식과 속도로 생물다양성의 구성요소를 이용하는 것을 말한다.

6. "전통지식"이란 생물다양성의 보전 및 생물자원의 지속가능한 이용에 적합한 전통적 생활양식을 유지하여 온 개인 또는 지역사회의 지식, 기술 및 관행(慣行) 등을 말한다.

6의2. "유입주의 생물"이란 국내에 유입(流入)될 경우 생태계에 위해(危害)를 미칠 우려가 있는 생물로서 환경부장관이 지정·고시하는 것을 말한다.

7. "외래생물"이란 외국으로부터 인위적 또는 자연적으로 유입되어 그 본래의 원산지 또는 서식지를 벗어나 존재하게 된 생물을 말한다.

8. "생태계교란 생물"이란 다음 각 목의 어느 하나에 해당하는 생물로서 제21조의2제1항에 따른 위해성평가 결과 생태계 등에 미치는 위해가 큰 것으로 판단되어 환경부장관이 지정·고시하는 것을 말한다.

126 생물다양성 보전 및 이용에 관한 법률상 외래생물 및 생태계교란생물 관리 등에 규정된 사항으로 거리가 먼 것은? (2018)

① 환경부장관은 외래생물 관리를 위한 기본계획을 5년마다 수립하여야 한다.

② 시·도지사는 외래생물관리계획에 따라 외래생물 관리를 위한 시행계획을 3년마다 수립·시행하여야 한다.

③ 외래생물관리계획에는 외래생물 관리를 위한 인력 수급 및 육성 계획이 포함되어야 한다.

④ 환경부장관은 위해우려종을 수입·반입 승인할 때 생태계 위해성 결과와 해당 위해우려종이 생태계 등에 미치는 피해의 정도를 고려하여 승인여부를 결정하여야 한다.

제7조(국가생물다양성전략의 수립)

① 정부는 국가의 생물다양성 보전과 그 구성요소의 지속가능한 이용을 위한 전략(이하 "국가생물다양성전략"이라 한다)을 5년마다 수립하여야 한다.

② 국가생물다양성전략에는 다음 각 호의 사항이 포함되어야 한다. 〈개정 2018. 10. 16., 2019. 12. 10.〉

1. 생물다양성의 현황·목표 및 기본방향
2. 생물다양성 및 그 구성요소의 보호 및 관리
3. 생물다양성 구성요소의 지속가능한 이용
4. 생물다양성에 대한 위협의 대처
5. 생물다양성에 영향을 주는 유입주의 생물 및 외래생물의 관리
6. 생물다양성 및 생태계서비스 관련 연구·기술개발, 교육·홍보 및 국제협력
7. 생태계서비스의 체계적인 제공 및 증진
8. 그 밖에 생물다양성의 보전 및 이용에 필요한 사항

법 제22조(유입주의 생물의 수입·반입 승인 등)

① 유입주의 생물을 수입 또는 반입하려는 자는 환경부령으로 정하는 바에 따라 환경부장관의 승인을 받아야 한다.

② 환경부장관은 제1항에 따른 승인 신청을 받은 경우에는 해당 생물에 대하여 제21조의2제1항에 따른 위해성평가를 하여야 한다.

③ 환경부장관은 제2항에 따라 위해성평가를 하는 경우 제21조의2제2항의 결과를 반영하여 수입 또는 반입 신청에 대한 승인 여부를 결정하여야 한다.

④ 제1항부터 제3항까지에서 규정한 사항 외에 유입주의 생물의 수입 또는 반입 승인의 신청절차 등에 관하여 필요한 사항은 환경부령으로 정한다.

[전문개정 2018. 10. 16.]

127 생물다양성 보전 및 이용에 관한 법률상 생물다양성 및 생물자원의 보전에 관한 사항으로 옳지 않은 것은? (2018)

① 환경부장관은 국내에 서식하는 생물종의 학명(學名), 국내 분포현황 등을 포함하는 국가생물종목록을 구축하여야 한다.

② 국가생물종목록의 구축 대상·항목 및 방법 등에 관한 사항은 환경부령으로 정한다.

③ 환경부장관은 생물다양성의 보전을 위하여 보호할 가치가 높은 생물자원으로서 대통령령으로 정하는 기준에 해당하는 생물자원을 관계 중앙행정기관의 장과 협의하여 국외

반출승인 대상 생물자원으로 지정 · 고시할 수 있다.

④ 환경부장관은 반출승인 대상 생물자원의 국외반출 승인을 받은 자가 거짓이나 그 밖의 부정한 방법으로 승인을 받은 경우에는 그 승인을 취소하여야 한다.

해설 제10조(국가생물종목록의 구축)

① 환경부장관은 국내에 서식하는 생물종의 학명(學名), 국내 분포현황 등을 포함하는 국가생물종목록을 구축하여야 한다.

② 환경부장관은 관계 중앙행정기관의 장에게 제1항에 따른 국가생물종목록의 구축에 필요한 자료의 제출을 요청할 수 있다. 이 경우 관계 중앙행정기관의 장은 특별한 사유가 없으면 요청받은 자료를 제출하여야 한다.

③ 제1항에 따른 국가생물종목록의 구축 대상 · 항목 및 방법 등에 관한 사항은 대통령령으로 정한다.

128 생물다양성 보전 및 이용에 관한 법률 시행령상 환경부장관은 국내에 서식하는 모든 생물종에 대하여 국가생물종목록을 구축하도록 되어 있는데, 이 국가생물종목록 구축에 필요한 자료와 가장 거리가 먼 것은? (2019)

① 종별 생태적 · 분류학적 특징

② 조사자, 조사시간 및 조사방법

③ 생물종의 영명(英名) 및 근연종명

④ 종별 주요 서식지 및 국내 분포현황

해설 제7조(국가생물종목록의 구축 대상 · 항목 및 방법 등)

① 환경부장관은 법 제10조제1항에 따라 국내에 서식하는 모든 생물종에 대하여 국가생물종목록을 구축하여야 한다.

② 환경부장관은 제1항에 따라 구축한 국가생물종목록을 공고하여야 한다.

③ 법 제10조제2항에 따른 국가생물종목록의 구축에 필요한 자료는 다음 각 호와 같다.

　1. 생물종의 국명(國名) 및 학명

　2. 종별 생태적 · 분류학적 특징

　3. 종별 주요 서식지 및 국내 분포현황

　4. 조사자, 조사기간 및 조사방법

　5. 그 밖에 「야생생물 보호 및 관리에 관한 법률」 제2조제2호 및 제3호에 따른 멸종위기 야생생물, 국제적 멸종위기종에 해당된다는 정보 등 종별 특이 정보

④ 법 제10조제2항에 따라 자료 제출을 요청받은 관계 중앙행정기관의 장은 특별한 사유가 없으면 요청받은 날부터 30일 이내에 해당 자료를 제출하여야 한다.

⑤ 환경부장관은 국가생물종목록의 구축과 관련된 지침을 마련하는 경우에는 관계 중앙행정기관의 장과 협의하여야 한다.

129 생물다양성 보전 및 이용에 관한 법률상 국가생물다양성센터의 운영업무로 옳지 않은 것은? (2019)

① 생물자원의 목록 구축

② 외래생물종의 국내 유통 및 현황 관리

③ 생물자원 관련 기관과의 협력체계 구축

④ 생물자원의 기탁, 등록, 평가, 분양 등 활용에 관한 현황 관리

해설 제17조(국가생물다양성센터의 운영 등)

① 관계 중앙행정기관의 장은 소관 분야의 생물다양성 및 생물자원에 대한 다음 각 호의 업무를 수행하는 생물다양성센터를 운영할 수 있다.

　1. 생물다양성 및 생물자원에 대한 정보의 수집 · 관리

　2. 생물자원의 기탁, 등록, 평가, 분양 등 활용에 관한 현황 관리

　3. 생물자원의 목록 구축

　4. 외래생물종의 수출입 현황 관리

　5. 생물자원의 수출입 및 반출 · 반입 현황 관리

　6. 생물자원 관련 기관과의 협력체계 구축

　7. 그 밖에 생물다양성 보전 등을 위하여 필요한 사항으로 대통령령으로 정하는 것

130 생물다양성 보전 및 이용에 관한 법령상 생물다양성관리계약에 따라 실비보상하는 경우가 아닌 것은? (2019)

① 습지 등을 조성하는 경우

② 휴경 등으로 수확이 불가능 하게 된 경우

③ 경작방식의 변경 등으로 수확량이 감소하게 된 경우

④ 장마, 냉해 등 자연재해에 의한 농작물 수확량 감소하게 된 경우

해설 생물다양성 보전 및 이용에 관한 법률 시행령 [별표 1] 〈신설 2020. 6. 2.〉

생태계서비스지불제계약에 따른 정당한 보상의 기준(제10조제1항 관련)

생태계서비스지불제계약을 이행하기 위하여 생태계서비스의 체계적인 보전 및 증진 활동을 한 경우 정당한 보상은 다음 각 호의 구분에 따른 금액을 기준으로 한다.

1. 법 제2조제10호나목에 따른 환경조절서비스의 보전 및 증진 활동 : 다음 각 목의 활동에 필요한 금액

　가. 식생 군락 조성 · 관리 등 온실가스의 저감

　나. 하천 정화 및 식생대의 조성 · 관리 등 수질의 개선

　다. 저류지의 조성 · 관리 등 자연재해의 저감

2. 법 제2조제10호다목에 따른 문화서비스의 보전 및 증진 활동 : 다음 각 목의 활동에 필요한 금액

　가. 경관숲 · 산책로의 조성 · 관리 및 식물식재 등 자연경관의 유지 · 개선

나. 자연경관의 주요 조망점 · 조망축의 조성 · 관리

다. 자연자산의 유지 · 관리

3. 법 제2조제10호라목에 따른 지지서비스의 보전 및 증진 활동 : 다음 각 목의 구분에 따른 금액

가. 휴경(休耕)하여 농작물을 수확할 수 없게 된 경우 : 농작물을 수확할 수 없게 된 면적에 단위면적당 손실액을 곱하여 산정한 금액

나. 친환경적으로 경작방식 또는 재배작물을 변경한 경우 : 수확량이 감소된 면적에 단위면적당 손실액을 곱하여 산정한 금액과 경작방식 또는 재배작물의 변경에 필요한 금액

다. 야생동물의 먹이 제공 등을 위하여 농작물을 수확하지 않는 경우 : 농작물을 수확하지 않는 면적에 단위면적당 손실액을 곱하여 산정한 금액

라. 습지 및 생태웅덩이 등을 조성 · 관리하는 경우 : 습지 및 생태웅덩이 등의 조성으로 인한 손실액과 그 조성 · 관리에 필요한 금액

마. 야생생물 서식지를 조성 · 관리하는 경우 : 야생생물 서식지의 조성 · 관리에 필요한 금액

4. 그 밖에 환경부장관, 관계 중앙행정기관의 장 및 지방자치단체의 장이 인정하는 생태계서비스의 보전 및 증진 활동 : 해당 활동으로 인한 손실액 및 해당 활동에 필요한 금액

131 생물다양성 보전 및 이용에 관한 법률상 외국으로부터 인위적 또는 자연적으로 유입되어 그 본래의 원산지 또는 서식지를 벗어나 존재하게 된 생물로 정의되는 용어는? (2020)

① 외래생물　　　　　② 유해야생생물

③ 생태계교란생물　　④ 귀화 · 유전자변형생물

해설

7. "외래생물"이란 외국으로부터 인위적 또는 자연적으로 유입되어 그 본래의 원산지 또는 서식지를 벗어나 존재하게 된 생물을 말한다.

132 생물다양성보전 및 이용에 관한 법률상 생태계서비스지불계약을 체결한 당사자가 그 계약내용을 이행하지 아니하거나 계약을 해지하고자 하는 경우에 상대방에게 언제까지 이를 통보하여야 하는가? (2020)

① 1개월 이전　　　　② 3개월 이전

③ 6개월 이전　　　　④ 12개월 이전

해설

③ 생태계서비스지불제계약을 체결한 당사자가 그 계약 내용을 이행하지 아니하거나 계약을 해지하려는 경우에는 상대방에게 3개월 이전에 이를 통보하여야 한다. 〈개정 2019. 12. 10.〉

133 생물다양성 보전 및 이용에 관한 법률상 생태계교란생물이 아닌 것은? (2020)

① 떡붕어　　　　　② 황소개구리

③ 단풍잎돼지풀　　④ 서양등골나물

해설

2. 생태계교란생물

구분	종명
포유류	뉴트리아 Myocastor coypus
양서류 · 파충류	가. 황소개구리 Lithobates catesbeiana 나. 붉은귀거북속 전종 Trachemys spp. 다. 리버쿠터 Pseudemys concinna 라. 중국줄무늬목거북 Mauremys sinensis 마. 악어거북 Macrochelys temminckii 바. 플로리다붉은배거북 Pseudemys nelsoni 사. 늑대거북 Chelydra serpentina
어류	가. 파랑볼우럭(블루길) Lepomis macrochirus 나. 배스 Micropterus salmoides 다. 브라운송어 Salmo trutta
갑각류	미국가재 Procambarus clarkii
곤충류	가. 꽃매미 Lycorma delicatula 나. 붉은불개미 Solenopsis invicta 다. 등검은말벌 Vespa velutina nigrithorax 라. 갈색날개매미충 Pochazia shantungensis 마. 미국선녀벌레 Metcalfa pruinosa 바. 아르헨티나개미 Linepithema humile 사. 긴다리비틀개미 Anoplolepis gracilipes 아. 빗살무늬미주메뚜기 Melanoplus differentialis
식물	가. 돼지풀 Ambrosia artemisiaefolia var. elatior 나. 단풍잎돼지풀 Ambrosia trifida 다. 서양등골나물 Eupatorium rugosum 라. 털물참새피 Paspalum distichum var. indutum 마. 물참새피 Paspalum distichum var. distichum 바. 도깨비가지 Solanum carolinense 사. 애기수영 Rumex acetosella 아. 가시박 Sicyos angulatus 자. 서양금혼초 Hypochoeris radicata 차. 미국쑥부쟁이 Aster pilosus 카. 양미역취 Solidago altissima 타. 가시상추 Lactuca scariola 파. 갯줄풀 Spartina alterniflora 하. 영국갯끈풀 Spartina anglica 거. 환삼덩굴 Humulus japonicus 너. 마늘냉이 Alliaria petiolata 더. 돼지풀아재비 Parthenium hysterophorus

134 생물다양성 보전 및 이용에 관한 법률상 환경부장관이 반출승인 대상 생물자원에 대하여 국외반출을 승인하지 않을 수 있는 경우로 틀린 것은? (2020)

① 극히 제한적으로 서식하는 경우
② 경제적 가치가 낮은 형태적 · 유전적 특징을 가지는 경우
③ 국외에 반출될 경우 그 종의 생존에 위협을 줄 우려가 있는 경우
④ 국외로 반출될 경우 국가 이익에 큰 손해를 입힐 것으로 우려되는 경우

해설
③ 환경부장관은 반출승인대상 생물자원이 다음 각 호의 어느 하나에 해당하는 경우에는 국외반출을 승인하지 아니할 수 있다.
  1. 극히 제한적으로 서식하는 경우
  2. 국외로 반출될 경우 국가 이익에 큰 손해를 입힐 것으로 우려되는 경우
  3. 경제적 가치가 높은 형태적 · 유전적 특징을 가지는 경우
  4. 국외에 반출될 경우 그 종의 생존에 위협을 줄 우려가 있는 경우

---

09   독도 등 도서지역의 생태계 보전에 관한 특별법

135 독도 등 도서지역의 생태계 보전에 관한 특별법상 환경부장관이 특정도서의 자연생태계 보전을 위하여 토지 등을 매수하는 경우 토지매수가격은 어느 법에 의해 산정하는가? (2018)

① 공유토지 분할에 관한 특례법
② 공익사업을 위한 토지 등의 취득 및 보상에 관한 법률
③ 국토의 계획 및 이용에 관한 법률
④ 지가공시 및 토지 등의 평가에 관한 법률

해설 제12조의2(토지 등의 매수)
① 환경부장관은 특정도서의 자연생태계 등을 보전하기 위하여 필요하다고 인정하는 경우에는 토지, 건축물 또는 그 밖의 물건(이하 "토지 등"이라 한다)의 소유자와 협의하여 토지 등을 매수할 수 있다.
② 환경부장관이 제1항에 따라 토지 등을 매수하는 경우의 매수가격은「공익사업을 위한 토지 등의 취득 및 보상에 관한 법률」에 따라 산정(算定)한 가격에 따른다.
③ 제1항에 따른 토지 등의 매수절차와 그 밖에 필요한 사항은 대통령령으로 정한다.
[전문개정 2011. 7. 28.]

---

136 독도 등 도서지역의 생태계 보전에 관한 특별법 시행규칙상 환경부장관이 이 법에 따라 특정도서를 지정하거나 해제 · 변경한 경우에는 지정일 또는 해제 · 변경일부터 얼마 이내(기준)에 관보에 이를 고시하여야 하는가? (2018)

① 5일
② 10일
③ 15일
④ 30일

해설 제2조(특정도서 지정 등의 고시)
① 환경부장관은「독도 등 도서지역의 생태계 보전에 관한 특별법」(이하 "법"이라 한다) 제4조제2항에 따라 특정도서를 지정하거나 해제 · 변경한 경우에는 지정일 또는 해제 · 변경일부터 30일 이내에 관보에 이를 고시하여야 한다. 〈개정 2007. 11. 16.〉
② 제1항의 규정에 의한 고시에는 다음 각호의 내용이 포함되어야 한다.
  1. 지정 · 해제 또는 변경의 사유
  2. 지정번호
  3. 관련자료의 열람에 관한 사항

---

137 독도 등 도서지역의 생태계 보전에 관한 특별법상 특정도서에서 입목 · 대나무의 벌채 또는 훼손한 자에 대한 벌칙기준으로 옳은 것은? (단, 군사 · 항해 · 조난구호행위 등 필요하다고 인정하는 행위 등은 제외) (2018)

① 6개월 이하의 징역 또는 5백만 원 이하의 벌금
② 1년 이하의 징역 또는 1천만 원 이하의 벌금
③ 3년 이하의 징역 또는 3천만 원 이하의 벌금
④ 5년 이하의 징역 또는 5천만 원 이하의 벌금

해설 제14조(벌칙)
제8조제1항제1호부터 제11호까지 및 제13호의 어느 하나에 해당하는 행위(제8조제2항에 해당하는 행위는 제외한다)를 한 자는 5년 이하의 징역 또는 5천만원 이하의 벌금에 처한다. 〈개정 2014. 3. 18.〉
[전문개정 2011. 7. 28.]
제8조(행위제한) ① 누구든지 특정도서에서 다음 각 호의 어느 하나에 해당하는 행위를 하거나 이를 허가하여서는 아니 된다. 〈개정 2011. 7. 28., 2012. 2. 1.〉
1. 건축물 또는 공작물(工作物)의 신축 · 증축
2. 개간(開墾), 매립, 준설(浚渫) 또는 간척
3. 택지의 조성, 토지의 형질변경, 토지의 분할
4. 공유수면(公有水面)의 매립
5. 입목 · 대나무의 벌채(伐採) 또는 훼손
6. 흙 · 모래 · 자갈 · 돌의 채취(採取), 광물의 채굴(採掘) 또는 지하수의 개발
7. 가축의 방목, 야생동물의 포획 · 살생 또는 그 알의 채취 또는 야생식물의 채취

---

8. 도로의 신설

9. 특정도서에 서식하거나 도래하는 야생동식물 또는 특정도서에 존재하는 자연적 생성물을 그 섬 밖으로 반출(搬出)하는 행위

10. 특정도서로 「생물다양성 보전 및 이용에 관한 법률」 제2조제8호에 따른 생태계교란 생물을 반입(搬入)하는 행위

11. 폐기물을 매립하거나 버리는 행위

12. 인화물질을 이용하여 음식물을 조리하거나 야영을 하는 행위

13. 지질, 지형 또는 자연적 생성물의 형상을 훼손하는 행위 또는 그 밖에 이와 유사한 행위

138 독도 등 도서지역의 생태계 보전에 관한 특별법 시행령상 특정도서 안에서 천재지변으로 인한 재해방재를 위해 건축물 증축 등 필요한 행위를 한 자는 행위종류 후 며칠 이내에 행위의 목적 또는 사유 등을 기재한 제한행위를 환경부장관에게 신고 또는 통보하여야 하는가? (2019)

① 10일 이내 ② 30일 이내
③ 60일 이내 ④ 90일 이내

해설 제8조(행위제한)

② 제1항에도 불구하고 다음 각 호의 어느 하나에 해당하는 경우에는 제1항을 적용하지 아니한다.
   1. 군사 · 항해 · 조난구호(遭難救護) 행위
   2. 천재지변 등 재해의 발생 방지 및 대응을 위하여 필요한 행위
   3. 국가가 시행하는 해양자원개발 행위
   4. 「도서개발 촉진법」 제6조제3항의 사업계획에 따른 개발 행위
   5. 「문화재보호법」에 따라 문화재청장 또는 시 · 도지사가 필요하다고 인정하는 행위
시행령 제5조(제한행위의 신고 등) 법 제8조제2항 각 호의 어느 하나에 해당하는 행위를 한 자는 행위가 끝난 날부터 30일 이내에 다음 각호의 사항을 기재하여 환경부장관에게 신고 또는 통보하여야 한다. 〈개정 2018. 7. 3.〉

139 독도 등 도서지역의 생태계 보전에 관한 특별법상 특정도서 지정대상으로 가장 거리가 먼 것은? (단, 광역시장, 도지사 또는 특별자치도서지사가 추천하는 도서는 제외) (2019)

① 해안, 연안, 용암동굴 등 자연경관이 뛰어난 도서
② 문화재보호법 규정에 의거 무형 문화재적 보전가치가 높은 도서
③ 야생동물의 서식지 또는 도래지로서 보전할 가지가 있다고 인정되는 도서
④ 수자원(水資源), 화석, 희귀 동식물, 멸종위기 동식물, 그 밖에 우리나라 고유 생물종의 보존을 위하여 필요한 도서

해설 제4조(특정도서의 지정 등)

① 환경부장관은 다음 각 호의 어느 하나에 해당하는 도서를 특정도서로 지정할 수 있다.
   1. 화산, 기생화산(寄生火山), 계곡, 하천, 호소, 폭포, 해안, 연안, 용암동굴 등 자연경관이 뛰어난 도서
   2. 수자원(水資源), 화석, 희귀 동식물, 멸종위기 동식물, 그 밖에 우리나라 고유 생물종의 보존을 위하여 필요한 도서
   3. 야생동물의 서식지 또는 도래지로서 보전할 가치가 있다고 인정되는 도서
   4. 자연림(自然林) 지역으로서 생태학적으로 중요한 도서
   5. 지형 또는 지질이 특이하여 학술적 연구 또는 보전이 필요한 도서
   6. 그 밖에 자연생태계 등의 보전을 위하여 광역시장, 도지사 또는 특별자치도지사(이하 "시 · 도지사"라 한다)가 추천하는 도서와 환경부장관이 필요하다고 인정하는 도서

140 독도 등 도서지역의 생태계 보전에 관한 특별법상 환경부장관은 특정도서보전 기본계획을 몇 년마다 수립하는가? (2020)

① 1년 ② 5년
③ 10년 ④ 15년

해설 제5조(특정도서보전 기본계획)

① 환경부장관은 특정도서의 자연생태계 등을 보전하기 위하여 10년마다 특정도서보전 기본계획(이하 "기본계획"이라 한다)을 수립하고 관계 중앙행정기관의 장과 협의한 후 이를 확정한다.

② 제1항에 따른 기본계획에는 다음 각 호의 사항이 포함되어야 한다.
   1. 자연생태계 등의 보전에 관한 기본방향
   2. 자연생태계 등의 보전에 관한 사항
   3. 그 밖에 대통령령으로 정하는 사항

③ 제1항에 따른 기본계획의 수립방법, 절차 및 그 밖에 필요한 사항은 대통령령으로 정한다.
[전문개정 2011. 7. 28.]

141 독도 등 도서지역의 생태계 보전에 관한 특별법상 특정도서에서 인화물질을 이용하여 음식물을 조리하거나 야영을 한 자에 대한 과태료 부과기준은? (2020)

① 100만 원 이하의 과태료를 부과한다.
② 300만 원 이하의 과태료를 부과한다.
③ 500만 원 이하의 과태료를 부과한다.
④ 1,000만 원 이하의 과태료를 부과한다.

제16조(과태료)

① 다음 각 호의 어느 하나에 해당하는 자에게는 300만 원 이하의 과태료를 부과한다.
1. 제7조제4항을 위반하여 조사행위를 거부, 방해 또는 기피한 자
2. 제8조제1항제12호를 위반하여 특정도서에서 인화물질을 이용하여 음식물을 조리하거나 야영을 한 자
3. 제8조제3항을 위반하여 신고하거나 통보하지 아니한 자
4. 제10조에 따른 출입 제한 또는 금지를 위반하여 특정도서에 출입한 자
5. 제11조에 따른 명령을 따르지 아니한 자
② 제1항에 따른 과태료는 대통령령으로 정하는 바에 따라 환경부장관이 부과·징수한다.
[전문개정 2011. 7. 28.]

142 독도 등 도서지역의 생태계 보전에 관한 특별법규상 특정도서에서의 행위허가 신청서 작성 시 첨부서류목록으로 옳지 않은 것은? (2020)

① 당해 지역의 주민 의견을 수렴한 동의서
② 당해 지역의 토지 또는 해역이용계획 등을 기재한 서류
③ 행위 대상지역의 범위 및 면적을 표시한 축척 2만 5천분의 1 이상의 도면
④ 당해 행위로 인하여 자연환경에 미치는 영향예측 및 방지대책을 기재한 서류

제5조(특정도서에서의 행위허가 신청)

법 제9조제1항에 따라 행위허가를 받으려는 자는 별지 제3호서식의 허가신청서에 다음 각 호의 서류를 첨부하여 지방환경관서의 장에게 제출하여야 한다. 〈개정 2002. 8. 17., 2004. 6. 30., 2007. 11. 16.〉
1. 당해 지역의 토지 또는 해역이용계획 등을 기재한 서류
2. 당해 행위로 인하여 자연환경에 미치는 영향예측 및 방지대책을 기재한 서류
3. 행위 대상지역의 범위 및 면적을 표시한 축척 2만5천분의 1 이상의 도면

10 백두대간 보호에 관한 법률

143 백두대간 보호에 관한 법률상 산림청장은 백두대간의 효율적 보호를 위해 마련된 원칙과 기준에 따라 기본계획을 몇 년마다 수립하여야 하는가? (2018)

① 3년   ② 5년
③ 10년   ④ 20년

제4조(백두대간보호 기본계획의 수립)

① 환경부장관은 산림청장과 협의하여 백두대간보호 기본계획(이하 "기본계획"이라 한다)의 수립에 관한 원칙과 기준을 정한다. 다만, 사회적·경제적·지역적 여건의 변화로 원칙과 기준의 변경이 불가피하다고 인정하는 경우에는 산림청장과 협의하여 변경할 수 있다.
② 산림청장은 백두대간을 효율적으로 보호하기 위하여 제1항에 따라 마련된 원칙과 기준에 따라 기본계획을 환경부장관과 협의하여 10년마다 수립하여야 한다.

144 백두대간 보호에 관한 법률 시행령상 보호지역 중 완충구역에서의 허용행위에 관한 기준이다. (   ) 안에 알맞은 것은? (2018)

> 완충구역 안에서 대통령령이 정하는 규모 이하의 농림어업인의 주택 및 종교시설의 증축 또는 개축은 허용하는데 여기서 "대통령령으로 정하는 규모 이하"는
> 1. 증축의 경우 : 종전 것을 포함하여 종전 규모(연면적을 기준으로 한다)의 (   )
> 2. 개축의 경우 : 종전 것을 포함하여 종전 규모(연면적을 기준으로 한다)의 (   )

① ㉠ 100분의 150, ㉡ 100분의 100
② ㉠ 100분의 100, ㉡ 100분의 150
③ ㉠ 100분의 130, ㉡ 100분의 100
④ ㉠ 100분의 100, ㉡ 100분의 130

제9조(완충구역에서의 허용행위)

① 삭제 〈2005. 11. 30.〉
② 법 제7조제2항제2호에서 "대통령령으로 정하는 산림공익시설"이란 산림욕장, 숲속수련장 및 생태숲 등을 위한 시설을 말한다. 〈개정 2009. 6. 16., 2014. 9. 11.〉
③ 법 제7조제2항제3호에서 "대통령령으로 정하는 시설"이란 다음 각 호의 어느 하나에 해당하는 시설을 말한다. 〈개정 2005. 11. 30., 2009. 6. 16., 2014. 9. 11.〉
1. 국가 또는 지방자치단체가 설치하는 임도(林道)
2. 「임업 및 산촌 진흥촉진에 관한 법률 시행령」제2조에 따른 임업인이 설치하는 다음 시설로서 해당 시설의 부지면적이 3천제곱미터 미만인 시설
   가. 산림작업의 관리를 위한 주거용을 제외한 산림경영관리사(山林經營管理舍)
   나. 임산물을 건조 또는 보관하기 위한 시설
   다. 비료·농약 및 기계 등 임업용 기자재를 보관하기 위한 시설
3. 「임업 및 산촌 진흥촉진에 관한 법률 시행령」제8조제1항에 따른 임산물소득원의 지원대상품목을 생산·가공하거나 유통하기 위한 시설로서 해당 시설의 부지면적이 3천제곱미터 미만인 시설

④ 법 제7조제2항제4호에서 "대통령령으로 정하는 시설"이란 「국가과학기술자문회의법」에 따른 국가과학기술자문회의에서 심의한 연구개발사업 중 우주항공기술개발과 관련한 시설을 말한다. 〈개정 2005. 11. 30., 2013. 3. 23., 2014. 9. 11., 2018. 4. 17.〉

⑤ 법 제7조제2항제5호에서 "대통령령으로 정하는 규모 이하"란 다음 각 호의 구분에 따른 규모 이하를 말한다. 〈개정 2014. 9. 11.〉
　1. 증축의 경우 : 종전 것을 포함하여 종전 규모(연면적을 기준으로 한다)의 100분의 130
　2. 개축의 경우 : 종전 것을 포함하여 종전 규모(연면적을 기준으로 한다)의 100분의 100

145 백두대간 보호에 관한 법률상 다음의 행위를 한 자에 대한 각각의 벌칙기준으로 옳은 것은? (2018)

> ㉠ 완충구역에서 허용되지 아니하는 행위를 한 자
> ㉡ 핵심구역에서 허용되지 아니하는 행위를 한 자

① ㉠ 7년 이하의 징역 또는 7천만 원 이하의 벌금, ㉡ 5년 이하의 징역 또는 5천만 원 이하의 벌금

② ㉠ 5년 이하의 징역 또는 5천만 원 이하의 벌금, ㉡ 7년 이하의 징역 또는 7천만 원 이하의 벌금

③ ㉠ 5년 이하의 징역 또는 5천만 원 이하의 벌금, ㉡ 3년 이하의 징역 또는 3천만 원 이하의 벌금

④ ㉠ 3년 이하의 징역 또는 3천만 원 이하의 벌금, ㉡ 5년 이하의 징역 또는 5천만 원 이하의 벌금

해설 제17조(벌칙)
① 제7조제1항을 위반하여 핵심구역에서 허용되지 아니하는 행위를 한 자는 7년 이하의 징역 또는 7천만 원 이하의 벌금에 처한다. 〈개정 2017. 4. 18.〉
② 제7조제2항을 위반하여 완충구역에서 허용되지 아니하는 행위를 한 자는 5년 이하의 징역 또는 5천만 원 이하의 벌금에 처한다. 〈개정 2017. 4. 18.〉
[전문개정 2011. 4. 6.]
[제15조에서 이동 〈2020. 5. 26.〉]

146 백두대간 보호에 관한 법률상 백두대간보호 지역 중 핵심구역에서 할 수 있는 행위가 아닌 것은? (2019)

① 교육, 연구 및 기술개발과 관련된 시설 중 대통령령으로 정하는 시설의 설치
② 도로ㆍ철도ㆍ하천 등 반드시 필요한 공용ㆍ공공용 시설로서 대통령령으로 정하는 시설의 설치
③ 농가주택, 농림축산시설 등 지역주민의 생활과 관계되는 시설로서 대통령령으로 정하는 시설의 설치

④ 광산의 시설기준, 개발면적의 제한, 훼손지의 복구 등 대통령령으로 정하는 일정 조건하에서의 광산개발

해설 제7조(보호지역에서의 행위 제한)
① 누구든지 보호지역 중 핵심구역에서는 다음 각 호의 어느 하나에 해당하는 경우를 제외하고는 건축물의 건축, 인공구조물이나 그 밖의 시설물의 설치, 토지의 형질변경, 토석(土石)의 채취 또는 이와 유사한 행위를 하여서는 아니 된다. 〈개정 2014. 3. 11., 2017. 4. 18., 2020. 5. 26.〉
　1. 국방ㆍ군사시설의 설치
　1의2. 「6ㆍ25 전사자유해의 발굴 등에 관한 법률」 제9조에 따른 전사자유해의 조사ㆍ발굴
　2. 도로ㆍ철도ㆍ하천 등 반드시 필요한 공용ㆍ공공용 시설로서 대통령령으로 정하는 시설의 설치
　3. 생태통로, 자연환경 보전ㆍ이용 시설, 생태 복원시설 등 자연환경 보전을 위한 시설의 설치
　4. 산림보호, 산림자원의 보전 및 증식, 임업 시험연구를 위한 시설로서 대통령령으로 정하는 시설의 설치
　4의2. 등산로 또는 탐방로의 설치ㆍ정비
　5. 문화재 및 전통사찰의 복원ㆍ보수ㆍ이전 및 그 보존관리를 위한 시설과 문화재 및 전통사찰과 관련된 비석, 기념탑, 그 밖에 이와 유사한 시설의 설치
　6. 「신에너지 및 재생에너지 개발ㆍ이용ㆍ보급 촉진법」에 따른 신ㆍ재생에너지의 이용ㆍ보급을 위한 시설의 설치
　7. 광산의 시설기준, 개발면적의 제한, 훼손지의 복구 등 대통령령으로 정하는 일정 조건하에서의 광산 개발
　8. 농가주택, 농림축산시설 등 지역주민의 생활과 관계되는 시설로서 대통령령으로 정하는 시설의 설치
　8의2. 「전파법」 제2조제1항제6호에 따른 무선국 중 기지국의 설치. 다만, 산불ㆍ조난 신고 등의 무선통신을 위하여 해당 지역에 기지국의 설치가 부득이한 경우로 한정한다.
　9. 제1호, 제2호부터 제4호까지, 제4호의2, 제5호부터 제8호까지 및 제8호의2의 시설을 유지ㆍ관리하는 데 필요한 전기시설, 상하수도시설 등 대통령령으로 정하는 부대시설의 설치
　10. 제1호, 제2호부터 제4호까지, 제4호의2, 제5호부터 제8호까지 및 제9호의 시설(제8호의2의 시설을 유지ㆍ관리하는 데 필요한 부대시설은 제외한다)을 설치하기 위한 진입로, 현장사무소, 작업장 등 대통령령으로 정하는 임시시설의 설치

147 백두대간의 무분별한 개발행위로 인한 훼손을 방지함으로써 국토를 건전하게 보호하고, 쾌적한 자연환경을 조성하기 위하여 백두대간 보호지역을 지정·구분한 것은? (2019)

① 핵심구역, 전이구역
② 핵심구역, 완충구역
③ 완충구역, 전이구역
④ 핵심구역, 완충구역, 전이구역

해설▶ 제6조(백두대간 보호지역의 지정)
① 환경부장관은 산림청장과 협의하여 백두대간 보호지역(이하 "보호지역"이라 한다)의 지정에 관한 원칙과 기준을 정한다. 다만, 사회적·경제적·지역적 여건의 변화로 원칙과 기준의 변경이 불가피하다고 인정하는 경우에는 산림청장과 협의하여 변경할 수 있다.
② 산림청장은 백두대간 중 생태계, 자연경관 또는 산림 등에 대하여 특별한 보호가 필요하다고 인정하는 지역을 제1항 본문에 따른 원칙과 기준에 따라 환경부장관과 협의하여 보호지역으로 지정할 수 있다. 이 경우 보호지역은 다음 각 호와 같다.
  1. 핵심구역 : 백두대간의 능선을 중심으로 특별히 보호하려는 지역
  2. 완충구역 : 핵심구역과 맞닿은 지역으로서 핵심구역 보호를 위하여 필요한 지역

148 백두대간 보호에 관한 법률상 백두대간 보호지역을 지정·고시하는 행정기관장은? (2019)

① 산림청장　　　　② 환경부장관
③ 국토교통부장관　④ 국립공원공단 이사장

149 백두대간 보호에 관한 법률상 백두대간 보호 기본계획은 몇 년마다 수립하는가? (2019)

① 3년　　　　② 5년
③ 10년　　　④ 15년

150 백두대간 보호에 관한 법률상 다음 보기가 설명하는 지역은? (2020)

> – 백두대간 중 생태계, 자연경관 또는 산림 등에 대하여 특별한 보호가 필요하다고 인정하는 지역
> – 백두대간의 능선을 중심으로 특별히 보호하려는 지역

① 중권역　　　② 대권역
③ 완충구역　　④ 핵심구역

151 백두대간 보호에 관한 법률상 백두대간 보호 기본계획의 수립에 관한 내용으로 옳지 않은 것은? (2020)

① 환경부장관은 산림청장과 협의하여 백두대간 보호 기본계획의 수립에 관한 원칙과 기준을 정한다.
② 산림청장은 기본계획을 수립하였을 때에는 관계 중앙행정기관의 장 및 도지사에게 통보하여야 한다.
③ 산림청장은 백두대간을 효율적으로 보호하기 위하여 기본계획을 환경부장관과 협의하여 5년마다 수립하여야 한다.
④ 산림청은 기본계획을 수립하거나 변경할 때에는 미리 관계 중앙행정기관의 장 및 기본계획과 관련이 있는 도지사와 협의하여야 한다.

해설▶ 제4조(백두대간 보호 기본계획의 수립)
① 환경부장관은 산림청장과 협의하여 백두대간 보호 기본계획(이하 "기본계획"이라 한다)의 수립에 관한 원칙과 기준을 정한다. 다만, 사회적·경제적·지역적 여건의 변화로 원칙과 기준의 변경이 불가피하다고 인정하는 경우에는 산림청장과 협의하여 변경할 수 있다.
② 산림청장은 백두대간을 효율적으로 보호하기 위하여 제1항에 따라 마련된 원칙과 기준에 따라 기본계획을 환경부장관과 협의하여 10년마다 수립하여야 한다.
③ 산림청장은 기본계획을 수립하거나 변경할 때에는 미리 관계 중앙행정기관의 장 및 기본계획과 관련이 있는 도지사와 협의하여야 한다.
④ 기본계획에는 다음 각 호의 사항이 포함되어야 한다.
  1. 백두대간의 현황 및 여건 변화 전망에 관한 사항
  2. 백두대간의 보호에 관한 기본 방향
  3. 백두대간의 자연환경 및 산림자원 등의 조사와 보호를 위한 사업에 관한 사항
  4. 백두대간 보호지역의 지정, 지정해제 또는 구역변경에 관한 사항
  5. 백두대간의 생태계 및 훼손지 복원·복구에 관한 사항
  6. 백두대간 보호지역의 토지와 입목(立木), 건축물 등 그 토지에 정착된 물건(이하 "토지 등"이라 한다)의 매수에 관한 사항
  7. 백두대간 보호지역에 거주하는 주민 또는 백두대간 보호지역에 토지를 소유하고 있는 자에 대한 지원에 관한 사항
  8. 백두대간의 보호와 관련된 남북협력에 관한 사항
  9. 그 밖에 백두대간의 보호를 위하여 필요하다고 인정되는 사항

152 백두대간 보호에 관한 법률상 규정을 위반하여 핵심구역에서 허용되지 않는 행위를 한 자에 대한 벌칙기준으로 옳은 것은? (2020)

① 1년 이하의 징역 또는 1천만 원 이하의 벌금
② 3년 이하의 징역 또는 3천만 원 이하의 벌금
③ 5년 이하의 징역 또는 5천만 원 이하의 벌금
④ 7년 이하의 징역 또는 7천만 원 이하의 벌금

153 백두대간 보호에 관한 법률상 지정·관리되는 백두대간 보호지역의 구분으로 옳은 것은? (2020)

① 핵심구역
② 핵심구역, 전이구역
③ 핵심구역, 완충구역
④ 핵심구역, 완충구역, 전이구역

154 백두대간 보호에 관한 법률상 산림청장은 백두대간 보호 기본계획을 몇 년마다 수립하여야 하는가? (2020)

① 1년   ② 3년
③ 5년   ④ 10년

11   환경영향평가법

155 사전환경성 검토에 대한 설명으로 틀린 것은? (2018)

① 각종 개발계획이나 개발사업을 수립·시행함에 있어 타당성 조사 등 계획 초기 단계에서 입지의 타당성, 주변환경과의 조화 등 환경에 미치는 영향을 고려토록 하는 것이다.
② 계획을 수립·확정하거나 사업을 인가·허가·승인·지정하는 관계 행정기관의 장은 환경부장관 또는 지방환경관서의 장(협의기관의 장)과 미리 협의하여야 한다.
③ 입지의 타당성, 토지이용계획의 적정성 등을 미리 스크린함으로써 환경영향평가를 보완할 수 있다.
④ 보존용도지역에서의 개발사업은 규모에 관계없이 사전환경성검토를 받아야 한다.

해설

2011년 환경정책법이 개정되면서 '사전환경성검토'는 '전략환경영향평가 및 소규모환경영향평가'로 구분되었다.
따라서 현재의 "전략환경영향평가"는 각종 개발계획이나 개발사업 등 환경에 미치는 상위계획을 수립하는 단계에서 환경보전계획과의 부합 여부 확인 및 대안 설정·분석 등을 통해 환경적 측면에서 해당 계획의 적정성과 입지의 타당성 등을 검토한다.
"소규모환경영향평가"는 환경보전이 필요한 지역이나 난개발이 우려되어 계획적 개발이 필요한 지역에 대해 개발사업을 시행할 때 입지의 타당성, 환경에 미치는 영향을 미리 조사·예측·평가하여 환경보전 방안을 마련하는 것을 말한다.
위 문제는 2012년에 폐지된 "사전환경성검토"에 대하여 질문하고 있으므로, 앞으로는 출제되기 힘든 문제이다.

156 환경영향평가를 위하여 시행하는 영향예측에 필요한 판단기준으로 부적합한 것은? (2018)

① 경관의 변화 정도
② 자연 생태계의 단절 여부
③ 종다양성의 변화 정도
④ 조경 수목의 형태별 특성

157 환경영향평가 기법에서 중점평가 인자선정기법과 관계가 없는 것은? (2019)

① 네트워크법   ② 격자분석법
③ 지도중첩법   ④ 체크리스트법

158 다음 보기가 설명하는 용어로 옳은 것은? (2020)

> 환경에 영향을 미치는 계획을 수립할 때에 환경보전계획과의 부합 여부 확인 및 대안의 설정·분석 등을 통하여 환경적 측면에서 해당 계획의 적정성 및 입지의 타당성 등을 검토하여 국토의 지속가능한 발전을 도모하는 것

① 환경영향평가   ② 전략환경영향평가
③ 소규모 환경영향평가   ④ 소규모 전략환경영향평가

해설

1. "전략환경영향평가"란 환경에 영향을 미치는 계획을 수립할 때에 환경보전계획과의 부합 여부 확인 및 대안의 설정·분석 등을 통하여 환경적 측면에서 해당 계획의 적정성 및 입지의 타당성 등을 검토하여 국토의 지속가능한 발전을 도모하는 것을 말한다.

159 사전환경성검토는 현황조사, 영향예측, 저감대책으로 구성된다. 다음 중 현황조사 내용에 포함되지 않는 것은?

(2020)

① 개발사업의 유형
② 환경 관련 보전지역의 지정현황
③ 생물서식공간의 파괴, 훼손, 축소의 정도
④ 개발대상지역 내 동·식물상, 주요종(법적 보호종, 희귀종 등) 분포현황

해설

사전환경성 검토는 2012년 행정계획은 전략환경영향평가로, 개발사업은 소규모환경영향평가로 변경되었다.

160 사전환경성 검토 시 입지의 적절성을 판단하기 위한 현황 파악 지표가 아닌 것은?

(2018)

① 주요 생물 서식공간의 분포현황
② 환경 관련 보전지역의 지정현황
③ 개발사업의 유형
④ 개발 대상지역의 지가

해설

사전환경성 검토는 2012년 행정계획은 전략환경영향평가로, 개발사업은 소규모환경영향평가로 변경되었다.

PART 5

과년도 기출(복원)문제

01 환경생태학개론

01 E.P. Odum의 결합법칙에 해당하는 것은?

① 열역학 제1법칙+열역학 제2법칙
② 독립의 법칙+분배의 법칙
③ 최소량의 법칙+내성의 법칙
④ 우열의 법칙+일정성분비의 법칙

02 두 생물 간에 상리공생(Mutualism)관계에 해당하는 것은?

① 관속식물과 뿌리에 붙어 있는 균근균
② 호두나무와 일반 잡초
③ 인삼 또는 가지과 작물의 연작
④ 복숭아 과수원의 고사목 식재지에 보식한 복숭아 묘목

해설 상리공생

㉠ 개념
직접적, 간접적 상리공생관계는 이제 막 인정하고 이해하기 시작한 방식으로, 개체군 동태에 영향을 미칠 수 있는 개념이다. 종 간 관계에서 한 종은 부정적 영향을 받는 편리공생과 대조적으로 상리공생은 관계되는 두 종 모두 이익이 되는 관계를 말한다.

㉡ 상리공생의 종류
- 절대적 상리공생 : 상리적 상호작용이 없으면 생존하거나 번식할 수 없다.
- 조건적 상리공생 : 상리적 상호작용이 없어도 생존하거나 번식이 가능하다.
- 공생적 상리공생 : 같이 살기(산호초, 지의류)
- 비공생적 상리공생 : 따로 살기(꽃피는 식물의 수분과 종자분산 – 여러 식물, 수분매개자, 종자분산자)

㉢ 상리공생의 사례
- 질소고정세균과 콩과식물 : 콩과식물 뿌리에서 삼출액과 효소를 방출하여 질소고정세균을 유인 – 뿌리혹 형성 – 뿌리세포 내 세균은 가스상태 질소를 암모니아로 환원 – 세균은 숙주식물로부터 탄소와 그 밖의 자원을 얻는다.
- 식물 뿌리와 균근 : 균류는 식물이 토양으로부터 물과 양분을 흡수하는 것을 돕고 그 대신 식물은 균류에게 에너지의 근원인 탄소를 공급한다.

- 다년생 호밀풀과 키큰김 털의 독성효과 : 호밀풀은 식물조직 내에 사는 내부착생 공생균류로 감염 – 균류는 초본 조직에서 풀에 쓴맛을 내게 하는 알칼로이드화합물을 생산함 – 알칼로이드는 초식포유류와 곤충에게 유독함 – 균류는 식물 생장과 종자 생산 촉진
- 아카시아의 부푼가시 안에 사는 중미의 개미종 : 식물은 개미에게 은신처와 먹이 제공 → 개미는 초식동물로부터 식물 보호 → 아주 작은 교란에도 개미는 불쾌한 냄새를 내뿜음, 공격자가 쫓겨날 때까지 공격
- 산호초 군락에서 청소새우, 청소어류와 많은 어종 간의 청소 상리공생 : 청소어류와 청소새우는 숙주어류에서 외부기생자와 병들고 죽은 조직을 청소하여 먹이를 얻고 해로운 물질을 제거하여 숙주어류를 이롭게 한다.
- 수분매개자 : 곤충, 조류, 박쥐 – 식물은 색, 향기, 냄새로 동물을 유인하여 이들을 꽃가루로 덮고 당이 풍부한 꽃꿀, 단백질이 풍부한 꽃가루, 지질이 풍부한 오일 등 좋은 먹이원으로 보상한다.

03 '개체군 내에는 최적의 생장과 생존을 보장하는 밀도가 있다. 관소 및 과밀은 제한요인으로 작용한다.'가 설명하고 있는 원리는?

① Allee의 원리
② Gause의 원리
③ 적자생존의 원리
④ 항상성의 원리

해설 알리효과

㉠ 개체군밀도가 낮은 상황에서의 번식 또는 생존의 감소 기작
㉡ 많은 종들은 개체들이 포식자로부터 자신들을 방어하거나 먹이를 발견할 수 있도록 떼나 패를 짓고 산다. 일단 개체군이 너무 작아 효과적인 떼나 패를 유지할 수 없으면 포식이나 굶주림으로 사망률이 증가하여 개체군이 감소할 수 있다.

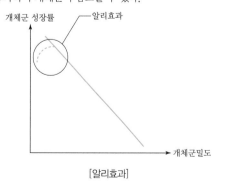

[알리효과]

04 생물다양성 유지를 위한 보호지구 설정을 위해 흔히 이용하는 도서생물지리모형의 내용과 가장 거리가 먼 것은?

① 보호지구는 여러 개로 분산시킨다.
② 보호지구는 넓게 조성한다.
③ 보호지구는 최대한 서로 가깝게 붙도록 조성한다.
④ 보호지구의 형태는 원형이 유리하며, 지구 간에 생태통로를 조성한다.

해설 도서생물지리설

본토에서 섬까지의 거리와 섬의 크기 모두 종풍부도의 평형에 영향을 준다는 이론이다.
㉠ 거리 : 섬과 본토 간의 거리가 멀수록 많은 이입종들이 성공적으로 도착할 확률이 낮다. 그 결과는 평형종수의 감소이다.
㉡ 크기 : 넓은 지역은 일반적으로 자원과 서식지가 더 다양하기 때문에 면적에 따라 변하는 절멸률은 큰 섬에서 더 낮다. 큰 섬은 더 많은 종들의 요구를 수용할 수 있을 뿐만 아니라 더 많은 각 종의 개체들을 부양할 수도 있다. 큰 섬은 작은 섬에 비해 절멸률이 낮아 평형종수가 더 많다.

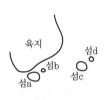
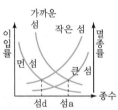

(a) 육지와 가까운 섬 a, b
육지와 먼 섬 c, d
크기가 큰 섬 a, c
크기가 작은 섬 b, d

(b) 이입률은 거리와 관계가 있고 멸종률은 섬의 크기와 관계가 있다. 따라서 크기가 크고 거리가 가까운 섬 a의 종수가 가장 많고, 크기가 작고 거리가 먼 섬 d의 종수가 가장 적다.

[도서생물지리설 개념도]

05 지구자전, 해류의 흐름, 지형 등의 요인으로 저층의 수괴가 상층으로 유입되어 형성되며 생산력이 높은 어장이 발생하는 특징을 가지고 있는 것은?

① 저탁류(Turbidity Current)
② 원심력(Centrifugal Force)
③ 용승류(Upwelling)
④ 적도해류(Equatorial Current)

06 식물에서는 종자의 전파양식이나 무성번식에 의해 일어나며 동물은 사회적 행동에 의해 서로 비슷한 종끼리 유대관계를 형성하기 때문에 나타나는 개체군의 공간분포양식은?

① 규칙분포(Uniform Distribution)
② 집중분포(Clumped Distribution)
③ 기회분포(Random Distribution)
④ 공간분포(Space Distribution)

해설 개체군의 분포방식

㉠ 임의분포 : 각 개체의 위치가 다른 개체들의 위치와 독립적
㉡ 균일분포 : 개체군의 개체들 사이 최소거리를 유지시키는 작용을 하는 경쟁. 같은 개체 간의 부정적인 상호작용에서 기인(한 지역 독점 이용 동물개체군, 수분과 영양염류 등 경쟁이 심한 식물개체군)
㉢ 군생분포 : 가장 흔한 공간적 분포(물고기떼, 새떼, 인간)

07 생태적 지위(Ecological Niche)에 대한 설명으로 틀린 것은?

① 한 종이 생물군집 내에서 어떠한 위치에 있는지를 나타내는 개념이다.
② 전혀 다른 식물이 동일한 생태계지위를 가지는 경우는 없다.
③ 생물이 점유하는 물리적인 공간에서의 지위를 서식장소 지위라고 한다.
④ 온도, 먹이의 종류 등 환경요인의 조합에서 나타나는 지위를 다차원적 지위라 한다.

해설 생태적 지위

㉠ 기본니치 : 다른 종의 간섭 없이 생존, 생식할 수 있는 모든 범위의 조건과 자원을 이용
㉡ 실현니치 : 다른 종과의 상호작용으로 한 종이 실제 이용하는 기본니치의 일부

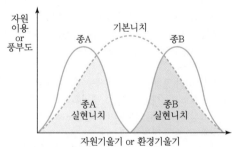

[기본니치, 실현니치 개념도]

㉢ 니치중복 : 둘 이상의 생물이 먹이 또는 서식지의 동일한 자원을 동시에 이용하는 것
㉣ 니치분화 : 이용자원의 범위 또는 환경내성범위의 분화

정답 04 ① 05 ③ 06 ② 07 ②

ⓗ 다차원니치 : 실제로 한 종의 니치는 많은 유형의 자원(먹이, 섭식
   장소, 커버, 공간 등)을 포함
ⓗ 둘 이상의 종들이 정확히 동일한 요구들의 조합을 갖는 경우는 드
   물다. 종들은 니치의 한 차원에서는 중복될 수 있으나 다른 차원에
   서는 그렇지 않다.

08 생태적 천이에 나타나는 특성으로 옳지 않은 것은?

① 성숙단계로 갈수록 순군집생산량이 낮다.
② 성숙단계로 갈수록 생물체의 크기가 크다.
③ 성숙단계로 갈수록 생활사이클이 길고 복잡하다.
④ 성숙단계로 갈수록 생태적 지위의 특수화가 넓다.

09 생태계의 발전과정에 대하여 서술한 것으로 잘못된
것은?

① 생태계의 발전과정을 생태적천이(Ecological Succession)
   라고 한다.
② 생태계는 일정한 생장단계를 거쳐 성숙 또는 안정되며 최
   후의 단계를 극상(Climax)이라 한다.
③ 초기 천이단계에서는 생산량보다 호흡량이 많으며 따라서
   순생산량도 적다.
④ 성숙한 단계에서는 생산량과 호흡량이 거의 같아지므로
   순생산량은 적어진다.

해설
초기 천이단계는 천이 후기에 비하여 순생산량이 많다.

10 1980년대 들어서 일반의 관심을 끌게 된 것으로, 트리
클로로에틸렌, 사염화탄소, 벤젠 등의 매립에 의해 발생한
오염은?

① 호수오염   ② 해저오염
③ 지하수오염   ④ 대기오염

11 영양구조 및 기능을 함께 볼 수 있는 것으로 생태적 피라
미드의 모형을 이용하는데, 다음 중 개체의 크기에 따라 역피
라미드의 구조 등 변수가 많기 때문에 바람직하지 않은 생태
적 피라미드는?

① 개체수피라미드(Pyramid of Numbers)
② 생체량피라미드(Biomass Pyramid)
③ 에너지피라미드(Pyramid of Energy)
④ 생산력피라미드(Pyramid of Productivity)

해설
ㄱ 개체수피라미드
   각 단계의 생물 개체수를 피라미드로 도식화한 것이다. 수생태계
   의 개체수피라미드는 역피라미드의 형태로 나타낼 수 있다.

[피라미드구조]   [역피라미드구조]

ㄴ 생체량피라미드
   생체량은 특정 공간 내에 존재하는 생물체의 중량을 말하며, 개체
   수피라미드를 변형한 것으로 개체수를 생체량으로 나타낸 것이다.
ㄷ 에너지피라미드
   한 영양단계에서 생물량으로 저장된 에너지의 10%만이 그 다음 높
   은 영양단계의 생물량으로 저장된다. 따라서 에너지피라미드는 역
   피라미드구조가 되지 않는다.

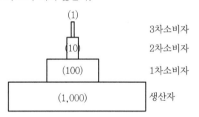

12 산성비를 잘못 설명한 것은?

① 산성비의 원인은 황산이온, 질산이온, 염소이온 등이다.
② pH 6.0보다 높은 pH를 나타내는 강우를 말한다.
③ 공장이나 자동차에서 방출되는 황산화물이나 질소산화물
   이 빗물에 섞여 지상으로 낙하해 온 것이다.
④ 흙속의 미네랄과 영양염을 녹여 내어 용출하기 때문에 비
   옥한 토양이 황폐화된다.

해설
산성비란 pH 5.6 미만인 강우를 말한다.

13 생태계에서 무기물과 에너지의 흐름에 관한 설명으로 옳은 것은?

① 무기물과 에너지는 모두 순환한다.
② 무기물과 에너지는 모두 소모된다.
③ 무기물은 순환하지만 에너지는 소모된다.
④ 에너지는 순환하지만 무기물은 소모된다.

해설

㉠ 무기물 : 탄소(C)를 포함하지 않는 물질
㉡ 유기물 : 탄소(C)를 포함하고 있는 물질
㉢ 열역학 제1법칙 : 에너지는 형태를 바꾸거나 이동하지만 총에너지는 획득되거나 손실되지 않는다.
㉣ 열역학 제2법칙 : 에너지가 전달되거나 변형될 때 에너지 일부는 더 이상 전달될 수 없는 형태(Entropy, 무질서도)로 변한다.

14 호수에서 수온구배에 따른 성층을 나타내는 용어가 아닌 것은?

① 중수층(Metalimnion)
② 표수층(Epilimnion)
③ 저수층(Bottom)
④ 심수층(Hypolimnion)

해설

㉠ 표수층 : 따뜻하고 밀도가 낮은 표층수
㉡ 수온약층 : 온도가 급격히 변하는 구역
㉢ 심수층 : 차고 밀도가 높은 심층수

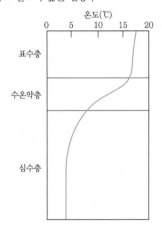

15 몬트리올의정서는 어떤 물질의 사용을 금지하기 위한 것인가?

① 이산화탄소
② 메탄
③ 질소산화물
④ 프레온가스

해설

몬트리올의정서는 염화불화탄소 또는 프레온가스(CFCs), 할론(Halon) 등 지구대기권 오존층을 파괴하는 물질에 대한 사용금지 및 규제를 통해 오존층 파괴로부터 초래되는 인체 및 동식물에 대한 피해를 최소하기 위한 목적으로 1987년 9월 채택되어 1989년 1월 발효되었다.

16 개체군의 크기를 측정하는 방법 중 개체수 밀도를 측정하는 방법이 아닌 것은?

① 선차단법
② 측구법
③ 대상법
④ 표비교법

해설

① 접선법(선차단법) : 줄을 긋고 접선하는 식생을 조사, 초지나 지피식물 조사 시에 많이 사용되는 방법
② 측구법(방형구법) : 일정 면적 방형구를 설정하여 그 안의 식물종과 개체수 조사, 보편적으로 사용되는 방법
③ 대상법(띠대상법) : 두 줄 사이의 폭을 일정히 하여 그 안에 나타나는 식생을 조사, 주로 하천변 식생조사에 사용되는 방법

17 질소순환과정을 바르게 설명한 것은?

① 낙엽 등에 존재하는 유기태질소는 질산화작용에 의하여 NH_4^+ 형태의 무기태질소를 만든다.
② NH_4^+가 토양미생물에 의하여 NO_3^-로 산화되는 과정을 암모늄화작용이라고 한다.
③ 수목의 뿌리는 이온형태로 된 유기태질소의 형태로 흡수한다.
④ 질산태질소(NO_3^-)는 산소공급이 부족하여 혐기성 상태가 되면, 질소가스로 환원되어 대기권으로 되돌아 간다.

18 경쟁종의 공존에 대한 설명으로 틀린 것은?

① 종내경쟁이 종간경쟁보다 더 치열한 곳에서는 두 종이 공존한다.
② 두 개체군 사이에 생태적 지위는 중복될 수 없다.
③ 공존은 이용하는 자원의 차이에서 비롯된다.
④ 경쟁배타의 원리에 의해 공존한다.

19 생물다양성협약의 내용으로 거리가 먼 것은?

① 유전자원 및 자연서식지 보호를 위한 전략
② 생물다양성 보전과 서식지 개발을 위한 정책
③ 생물자원의 접근 및 이익공유에 관한 사항
④ 생태계 내에서 생물종 다양성의 역할과 보존에 관한 기술 개발

해설

생물다양성협약의 내용에 서식지 개발을 위한 정책내용은 포함되지 않는다.

20 총단위공간당의 개체수로 정의되는 것은?

① 조밀도　　　　　　② 고유밀도
③ 생태밀도　　　　　④ 분산밀도

해설 조밀도(Crude Density)

밀도와 같은 의미로 사용되는 말로, 기본적으로는 단위면적당 존재하는 질량을 나타낸다. 생명과학에서는 단위면적당 존재하는 한 종의 생물들의 개체수를 말하는 경우가 많으며, 단위면적에 존재하는 생물들의 수를 이용하여 그 지역의 생활환경을 예측하거나 그 생물들이 살아가기 좋은 생활환경을 예측할 수 있다. 일반적으로 생물들은 한 공간당 존재하는 이 밀도를 다른 종의 생물들이나 환경과의 조화를 통해 일정하게 유지시킨다. (*출처 : https : //www.scienceall.com)

---

02 환경계획학

21 지속가능발전과 관련하여 국토 및 지역차원에서의 환경계획 수립 시 고려해야 하는 사항이 아닌 것은?

① 인간의 활동은 환경적 고려사항에 의해서 궁극적으로 제한받아야 한다.
② 환경에 대한 우리의 부주의의 대가를 차세대가 치르도록 해서는 안 된다.
③ 재생이나 순환가능한 물질을 사용하고 폐기물을 최소화함으로써 자원을 보전한다.
④ 프로그램 및 정책에 대한 이행 및 관리책임을 가장 낮은 수준의 민간에서 맡도록 해야 한다.

22 지방의제21(Local Agenda 21)의 설명 중 옳지 않은 것은?

① 1992년 브라질의 리우에서 개최된 유엔환경계획(UNEP)에서는 21세기 지구환경보전을 위한 행동강령으로서 의제21을 채택하였다.
② 의제21의 28장에서는 지구환경보전을 위한 지방정부의 역할을 강조하면서 각국의 지방정부가 지역주민과 협의하여 지방의제21을 추진하도록 권고하였다.
③ 1997년 4월에는 우리나라 환경부에서 지방의제21 작성지침을 보급하고 순회 설명회를 개최하면서 지방의제21의 추진이 전국적으로 확산되었다.
④ 1999년 9월 제1회 지방의제21 전국대회(제주) 이후 수차례의 토론과 협의를 거쳐 2000년 6월 지방의제21 전국협의회가 창립되었다.

해설

1992년 브라질 리우에서 개최된 것은 "환경과 개발에 관한 유엔회의(UNCED)"이다. UNEP는 국제연합(UN) 조직 내 '환경 전담 국제정부 간 기구'로 환경문제에 관한 국제협력을 도모하는 것을 목적으로 1973년 설립되었다.

23 일반적으로 논의되는 토지이용계획의 역할로서 가장 거리가 먼 것은?

① 난개발의 방지 기능이다.
② 토지이용의 규제와 실행수단의 제시 기능이다.
③ 정주환경의 현재와 장래의 공간구성 기능이다.
④ 사회의 지속가능성을 위한 토지의 사유재산 보장기능이다.

해설

'토지이용계획'이란 계획구역 내의 토지를 어떻게 이용할 것인가를 결정하는 계획을 말하며, 도시공간 속에서 이루어지는 제반활동들의 양적 수요를 예측하고 그것을 합리적으로 배치하기 위한 계획작업을 말하며 토지의 사유재산 보장과는 거리가 멀다.

24 식생군락을 측정한 결과, 빈도(F)가 20, 밀도(D)가 10이었을 때 수도(Abundance)값은?

① 10　　　　　　② 25
③ 50　　　　　　④ 200

⊙ 수도(Abundance N) : 조사대상 면적에 나타나는 어떤 종의 개체수
⊙ 밀도(Density) : 단위면적당 어떤 종의 개체수
⊙ 빈도(Frequency) : 표본단위 총수에 대한 해당 종이 출현한 표본단위 수의 비율

$$수도 = \frac{밀도}{빈도} \times 100$$
$$= \frac{10}{20} \times 100 = 50$$

25 일정 토지의 자연성을 나타내는 지표로서, 식생과 토지의 이용현황에 따라 녹지공간의 상태를 등급화한 것은?

① 생태자연도
② 녹지자연도
③ 국토환경성평가도
④ 수관밀도

해설

① 생태자연도 : 산, 하천, 내륙습지, 호소, 농지, 도시 등에 대하여 자연환경을 생태적 가치, 자연성, 경관적 가치 등에 따라 등급화하여 작성된 지도
② 녹지자연도 : 토지의 자연성을 나타내는 지표로, 식생과 토지의 이용현황에 따라 녹지공간상태를 0~10등급으로 구분
③ 국토환경성평가도 : 국토를 친환경적·계획적으로 보전하고 이용하기 위하여 환경적 가치를 종합적으로 평가하여 환경적 중요도에 따라 5개 등급으로 구분하고 색채를 달리 표시하여 알기 쉽게 작성한 지도
④ 수관밀도 : 임목의 수관과 수관이 서로 접하는 임관의 폐쇄 정도

26 생태건축계획의 요소와 가장 거리가 먼 것은?

① 중앙난방계획
② 기후에 적합한 계획
③ 적절한 건축재료 선정
④ 에너지 손실 방지 및 보존 고려

해설

생태건축이란 자연환경과 조화되고 에너지 효율을 높인 친환경적인 건축을 의미한다.
중앙난방은 난방방식 중 하나이며 조건에 따라 에너지 효율이 높을 수도 낮을 수도 있다.

27 녹지네트워크(Green Network)의 설명으로 가장 거리가 먼 것은?

① 자연의 천이와 인간과의 관계 형성을 지양한다.
② 공원 및 식생현황 등의 녹지 서식처를 유기적으로 연결한다.
③ 생태네트워크와 유사하나, 네트워크를 위한 연결대상이 주로 식생, 공원, 녹지, 산림으로 제한된다.
④ 녹지공간은 도시생태계의 건전성을 증진하기 위한 생태네트워크의 핵심이다.

해설

녹지네트워크(Green Network)는 자연의 천이와 인간관계 형성을 지향한다.

28 도시열섬의 해결책으로 적당하지 않은 것은?

① 지붕과 도로에 밝은 색을 사용하는 등 포장재료를 열반사율이 높은 것으로 교체한다.
② 수목식재를 통한 도시의 기온을 낮추고 대기 중의 이산화탄소를 줄이도록 한다.
③ 비용이 적게 들고 내구성이 강한 아스팔트포장을 권장한다.
④ 수목식재를 통해 나무는 땅속의 지하수를 흡수하고 나뭇잎의 증산작용을 통해 직접적으로 주변공기를 시원하게 한다.

해설

아스팔트는 열을 흡수하여 도시열섬을 증대시킨다.

29 환경피해에 대한 다툼과 환경시설의 설치 또는 관리와 관련된 다툼인 환경분쟁을 조정하는 방법이 아닌 것은?

① 협상
② 조정
③ 재정
④ 알선

해설

환경분쟁의 조정을 신청하려는 자는 관할 위원회에 알선, 조정, 재정 또는 중재 신청서를 제출하여야 한다.

30 생태공원 조성의 기본이념이 아닌 것은?

① 지속 가능성
② 생태적 건전성
③ 생물적 단일성
④ 인위적 에너지 투입 최소화

해설

대부분의 생태공원은 생물다양성 증대를 목표로 삼는다.

31 자연생태 복원에 관한 설명으로 옳지 않은 것은?

① 국토의 보전을 기본 입장으로 하고 있다.
② 재해의 원인이 되는 비탈면 침식의 방지, 토사유출의 방지, 수질정화, 수자원 보전을 포함하고 있다.
③ 자연생태복원이 어려운 장소를 확실하게 복원하기 위해 식물이 발아 · 생육하기 적합한 생육환경을 조성하는 것이다.
④ 식재종은 훼손지역에 새로운 식물사회를 조성하는 방향으로 선정되어야 한다.

해설

자연생태복원 시 가능하면 식재종은 그 지역의 식물상을 고려하여 고유종을 선정하도록 하고 있다.

32 OECD에서 채택한 환경지표 구조는 압력(Pressure) – 상태(Status) – 대응(Response) 구조였다. 다음 환경문제를 해석하는 환경지표 중 PSR구조가 아닌 것은?

① 기후변화 : 압력(온실가스 배출) – 상태(농도) – 대응(CFC 회수)
② 부영양화 : 압력(질소, 인 배출) – 상태(농도) – 대응(처리 관련 투자)
③ 도시환경질 : 압력(VOCs, NOx, SOx 배출) – 상태(농도) – 대응(운송정책)
④ 생물다양성 : 압력(개발사업) – 상태(생물종수) – 대응(보호지역 지정)

해설 우리나라 환경지표 체계개발

구분	입력지표	상태지표	대응지표
1. 발생환경문제 부문 • 기후변화	• 온실가스 배출량 • CO_2, NH_4, N_2O	• 지구평균기온 • 온실가스 대기 농도	• 에너지 원단위 • 에너지 환경세

33 생태네트워크의 특징이 아닌 것은?

① 생물다양성의 시점이다.
② 광역네트워크의 시점이다.
③ 환경복원 · 창조의 시점이다.
④ 토지경제성의 시점이다.

해설

생태네트워크는 도심에서 생태환경의 연결성을 확대하여 생물종다양성을 증진하기 위한 개념으로 토지경제성과는 거리가 멀다.

34 생태환경 복원 · 녹화의 목적을 달성하기 위하여 식물군락이 갖는 환경 개선력을 살린 기술의 활용 방향으로 올바른 것은?

① 식물군락의 재생은 자연 그 자체의 힘으로는 회복이 어려우므로, 인위적으로 자연진행에 도움을 주어 회복력을 갖도록 유도한다.
② 식물의 침입이나 정착이 용이하지 않은 장소는 최소한의 복원 · 녹화를 추진할 필요가 없다.
③ 군락을 재생할 때, 자연에 가까운 형상을 조성하기 위하여 극상군락의 식생 및 신기술을 적용하여 조성하여야 한다.
④ 식물천이 촉진을 도모한다는 관점으로 자연흐름을 존중하여야 한다.

35 현대적 환경관 중 자원개발을 통한 경제성장을 추구, 인간의 효용증진을 위한 양적성장을 추구하는 환경관에 해당하는 경우는?

① 낙관론자
② 조화론자
③ 환경보호론자
④ 절대환경론자

36 자정능력의 한계를 초과하는 과다한 오염물질이 유입되면 환경은 자정작용을 상실하여 훼손되기 이전의 본래 상태로 돌아가기 어렵게 되는데 이와 같은 환경의 특성은?

① 상호관련성
② 광역성
③ 시차성
④ 비가역성

환경문제의 특성

㉠ 복잡성 : 다요인, 다변수, 시차
㉡ 감축불가능성 : 단순화 불가능, 환원주의 부정
㉢ 시공간적 가변성 : 동적인 생태계
㉣ 불확실성 : 상호침투성, 우발성, 동태성(개별 or 결합)
㉤ 집합적 특성 : 많은 행위자−공유재의 비극, 공공재 과소 공급
㉥ 자발적 특성 : 자기조절, 적응성

37 참여형 환경계획에 대한 설명으로 옳은 것은?

① 시민참여는 시대·국가는 달라도 참여형태는 동일하다.
② 시민참여는 1920년대 활발히 논의되어 1980년 이후 참여형 민주주의 발전, 시민의식의 성숙과 더불어 보급된 개념이다.
③ 시민참여는 환경계획에 직·간접으로 이해관계가 있는 시민들만이 참여하는 방법이다.
④ 환경정책 수립이나 계획과정이 정부 주도의 하향식, 밀실구조에서 탈피하여 이해당사자가 공동이익을 추구함으로써 환경의 질을 높이기 위한 과정이다.

38 옴부즈만(Ombudsman)제도에 관한 설명으로 틀린 것은?

① 1809년 독일에서 최초로 창설되었다.
② 조선시대의 신문고제도 및 암행어사제도와 유사한 제도이다.
③ 다른 기관에서 처리해야 할 성격의 민원에 대해서 친절히 안내하는 기능을 한다.
④ 행정기관의 위법−부당한 처분 등을 시정하고 국민에게 공개하는 등의 민주적인 통제기능을 한다.

옴부즈맨제도(Ombudsman System)

스웨덴 등 북유럽에서 1808년 이후 발전된 행정통제 제도로, 민원조사관인 옴부즈맨의 활동에 의해 행정부를 통제하는 제도를 말한다. 옴부즈맨은 잘못된 행정에 대해 관련 공무원의 설명을 요구하고, 필요한 사항을 조사해 민원인에게 결과를 알려 주며, 언론을 통해 공표하는 등의 활동을 한다. 입법부와 행정부로부터 독립되어 있는 옴부즈맨은 독립적 조사권, 시찰권, 소추권 등을 가지나, 소추권은 대부분의 나라에서 인정하지 않는 것이 보통이다. 옴부즈맨제도의 유형은 옴부즈맨을 누가 선출해 임명하는가에 따라, 국회에서 선출하는 북구형의 의회 옴부즈맨과 행정수반이 임명하는 행정부형 옴부즈맨으로 구분된다.

39 비정부기구로 생물다양성과 환경위협에 관심을 가지며 기후변화 방지, 원시림 보존, 해양보존, 유전공학연구의 제한, 핵확산 금지 등을 위해 활동하는 국제민간협력기구의 명칭은?

① 그린피스(Greenpeace)
② 세계자연보호기금(WWF)
③ 세계자연보전연맹(IUCN)
④ 지구의 친구(Friends of the Earth)

㉠ 그린피스(Greenpeace) : 탈원전, 플라스틱 제로, 생물다양성, 기후 참정권, 북극 보호, 해양 보호 등의 활동을 하는 국제민간협력기구
㉡ 세계자연보호기금(WWF) : 과학 기반 온실가스 배출 감축을 통한 기업의 비전 및 수립 정책 유도, 에너지 사용 감소 및 재생에너지 사용 확대, 기후에 따른 금융체계 수립을 목표로 하는 국제민간협력기구
㉢ 세계자연보전연맹(IUCN) : 전 세계 자원 및 자연보호를 위한 국제기구
㉣ 지구의 벗(Friends of the Earth) : 지구온난화 방지, 삼림보존, 오존층의 보호, 생물다양성 보존 등의 활동을 하는 국제민간협력기구
㉤ 세계 3대 민간환경단체 : Greenpeace, WWF, Friends of the Earth

40 환경부장관이 국가차원의 환경보전을 위해 수립하는 '국가환경종합계획'의 수립주기는?

① 5년   ② 10년
③ 20년   ④ 30년

---

03 생태복원공학

41 야생동물의 이동을 위한 생태통로의 기능으로 가장 거리가 먼 것은?

① 천적 및 대형 교란으로부터 피난처 역할
② 단편화된 생태계의 연결로 생태계의 연속성 유지
③ 야생동물의 이동로 제공
④ 종의 개체수 감소

생태통로

생태통로는 생물종 개체수의 증가를 유도한다.

42 반딧불이 서식을 유도하는 자연형 하천 복원은 어떤 수생생물종의 서식을 필요로 하는가?

① 왕잠자리
② 소금쟁이
③ 깔다구
④ 다슬기

반딧불이의 먹이인 다슬기가 있어야 반딧불이의 서식이 가능하다.

43 서식처 적합성(Habitat Suitability) 분석을 가장 적절하게 설명한 것은?

① 희귀종이나 복원의 목표종을 최우선적으로 고려할 경우 무관한 다른 환경요인들을 배제시키는 기법
② 생태조사 결과를 토대로 보전할 것인지, 복원할 것인지를 결정하는 기법
③ 제안된 개발사업이 생태계 혹은 생태계의 구성요소에 미치는 잠재적 영향을 파악하고, 계량화하여 평가하는 기법
④ 생물종별로 요구되는 서식처조건을 지수화하고, 그 지수를 토대로 가장 적합한 생물종 서식처를 도출하는 기법

서식처 적합성지수(HSI)는 서식지의 질을 대변하는 환경요소들을 정량화하여 대상지의 서식환경을 객관적으로 평가하고 서식 가능한 지역을 예측할 수 있다.

44 콘크리트관을 이용하여 측구를 설치할 때 우수가 충만하여 흐를 경우의 유량(m³/s)은?(단, 평균유속 = 2m/s, 콘크리트관의 규격 = 0.4×0.6m)

① 2.16   ② 1.24
③ 0.96   ④ 0.48

㉠ 유량 : 수로에 흐르는 물의 부피
㉡ 유량＝유적(관의 단면적)×유속
　　　＝(0.4×0.6)×2＝0.48

45 야생동물 이동통로는 생태적 네트워크가 필수적으로 갖추어져 있어야 한다. 이와 같은 지역에 해당되지 않는 것은?

① 주요 서식처 유형의 보전을 확보하기 위한 핵심지역(core area)
② 개별적 종의 핵심지역 간 확산 및 이주를 위한 회랑 또는 디딤돌
③ 서식처의 다양성을 제한하고 최대크기로의 네트워크 확산을 위한 자연지역
④ 오염 또는 배수 등 외부로부터의 잠재적 위험으로부터 네트워크를 보호하기 위한 완충지역

생태네트워크의 구성
㉠ 핵심지역(Core) : 주요 종의 이동이나 번식과 관련된 지역 및 생태적으로 중요한 서식처로 구성
㉡ 완충지역(Buffer) : 핵심지역과 코리더를 보호하기 위해 외부의 위협요인으로부터의 충격을 어느 정도 감소시켜 줄 수 있는 지역
㉢ 코리더(Corridor)
　• 면형(Area)
　• 선형(Line)
　• 징검다리형(Stepping Stone)
㉣ 복원지

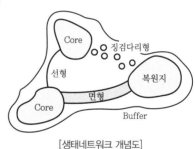

[생태네트워크 개념도]

46 미티게이션에서 식물종을 보호, 보전하는 방법으로서 귀중종을 이식할 때 발생하는 문제점으로 가장 거리가 먼 것은?

① 생활사, 생활환경에 대한 정보 부족
② 이식지 선정, 서식환경 정비 정보 부족
③ 귀중종과 일반종의 동시 이식
④ 부족한 경험에도 불구하고 이식실패가 허용되지 않음

47 토양표본을 칭량병에 넣고 덮개를 덮은 채 신선토양의 무게(S_f)를 달고, 105℃에서 무게가 변하지 않을 때까지 건조시킨 후 토양의 무게(S_d)를 달았다. 그 결과 신선토양의 무게(S_f)는 278g, 말린 토양의 무게(S_d)는 194g이었다. 이 토양의 함수량(%)은? (단, 측정한 무게는 칭량병의 무게를 제외한 토양만의 무게이다.)

① 27.5 　　　　　② 29.3
③ 35.2 　　　　　④ 43.3

해설 채토건조법

현장에서 채토한 토양의 무게를 측정하고 항온기에서 105~110℃로 건조시킨 후 또다시 무게를 측정하여 함수량을 구하는 방법

함수량 = (278 − 194)/194 × 100

48 자연형 하천 복원에 활용하는 야자섬유 재료의 규격 및 설치기준으로서 틀린 것은?

① 야자섬유 두루마리의 규격은 길이 4m × 지름 0.3m 크기의 실린더형을 표준으로 한다.
② 야자섬유망의 규격은 폭 1m × 길이 10m를 표준으로 한다.
③ 야자섬유로프는 100% 야자섬유의 불순물을 제거한 후 두께 5~6mm로 꼬아 만든다.
④ 야자섬유망은 사면에 철근 착지핀을 $1개/m^2$ 이상 박아 견고히 설치한다.

49 환경포텐셜에 관한 설명 중 옳은 것은?

① 입지포텐셜은 기후, 지형, 토양 등의 토지적인 조건이 어떤 생태계의 성립에 적당한가를 나타내는 것이다.
② 종의 공급포텐셜은 먹고 먹히는 포식의 관계나 자원을 둘러싼 경쟁관계 등 생물 간의 상호작용을 나타내는 것이다.
③ 천이의 포텐셜은 생태계에서 종자나 개체가 다른 곳으로부터 공급의 가능성을 나타내는 것이다.
④ 종간관계의 포텐셜은 시간의 변화가 어떤 과정과 어떤 속도로 진행되며 최종적으로 어떤 모습을 나타내는가를 보여 주는 가능성을 나타내는 것이다.

해설 환경포텐셜

특정 장소에서의 종의 서식이나 생태계 성립의 잠재적 가능성
㉠ 입지포텐셜 : 기후, 지형, 토양, 수환경 등 입지의 기반환경을 나타내는 포텐셜
㉡ 종의 공급포텐셜 : 식물 종자나 동물 개체 등 주변으로부터 종의 유입가능성을 나타내는 포텐셜로 Source(종공급원), Sink(종수용처), 종의 이동력 등이 중요
㉢ 종간관계 포텐셜 : 생물종 간 상호관계를 나타내는 포텐셜로 생태계 먹이그물을 고려하여야 하는 포텐셜
㉣ 천이포텐셜 : 천이는 시간에 따른 군집의 변화양상을 나타내는 것으로, 천이의 방향, 속도 등을 고려하여야 함

50 대기에 포함된 함량은 0.03%에 지나지 않으며, 물속 생명체의 운동 및 호흡에 영향을 미치는 환경요인은?

① 이산화탄소 　　　　　② 산소
③ 질소 　　　　　④ 일광

51 생태계의 복원원칙에 대한 설명으로 옳은 것은?

① 도입되는 식생은 생명력이 강한 외래수종을 우선적으로 사용한다.
② 각 입지별로 통일된 생태계로 조성할 수 있도록 복원계획을 수립한다.
③ 적용하는 복원효과를 잘 검증할 수 있는 우선순위 지역을 선정하여 복원계획을 시행한다.
④ 개별적인 생물 구성요소의 회복에 중점을 두도록 한다.

52 식물과 곤충과의 관련성을 고려한 분류체계에서 식물의 잎을 섭식하는 곤충은?

① 화분매개충 　　　　　② 흡즙곤충
③ 식엽곤충 　　　　　④ 위생곤충

해설 화분매개곤충

꽃가루를 실어 나르며 식물의 결실에 도움을 주는 곤충류로, 화분매개곤충은 전 세계 농경지의 80~85%의 수정을 담당한다.

53 목본식물 중 질소고정식물이 아닌 것은?

① 자귀나무
② 오리나무
③ 소귀나무
④ 때죽나무

🔒정답 47 ④　48 ②　49 ①　50 ①　51 ③　52 ③　53 ④

㉠ 자귀나무 : 콩과식물로 질소고정식물이다.
㉡ 오리나무 : 방사선균의 일종인 프랑키아균에 의해 뿌리혹을 형성하는 질소고정식물이다.

54 식물군락의 순1차생산력은 생태계의 형태에 따라 매우 다양하다. 우리나라와 일본의 순1차생산력의 범위(t/ha/년)는?

① 1~5
② 10~15
③ 20~25
④ 25~30

55 산림생태계의 산불피해지역에서 그루터기 움싹재생(Stump Sprouting)을 하지 않는 수종은?

① 소나무
② 신갈나무
③ 물푸레나무
④ 참싸리

해설

움싹재생은 나무의 밑동이나 뿌리에서 돋아난 움싹(맹아)으로 후계림이 조성되는 방법으로, 새로운 묘목을 심지 않아도 되는 경우이다.

56 생태적으로 바람직한 대체습지 조성 시 고려해야 할 것이 아닌 것은?

① 면적이 동일해야 한다.
② 동일 유역권 내에 있어야 한다.
③ 기능이 동일해야 한다.
④ 가급적 가까운 거리(On-site)에 있어야 한다.

57 자연환경 복원을 위한 생태계의 복원과정에서 ( )에 적합한 것은?

| 대상지역의 여건 분석 → 부지현황 조사 및 평가 → ( ) → 복원계획의 작성 → 시행, 관리, 모니터링의 실시 |

① 적용기술 선정
② 공청회 개최
③ 예산 확인
④ 복원목적의 설정

58 담수역에 있어서 관수저항이 강한 식물(생존기간 85일간 이하)에 해당하는 것은?

① 잔디, 골풀, 갈대, 회양목
② Kentucky Bluegrass, 줄, 줄사철나무
③ Tall Fescue, Orchard Grass, 돈나무
④ Perennial Ryegrass, 영산홍, 송악

59 주야로 차량통행이 많은 산림 계곡부를 지나는 도로상에 야생동물 이동통로를 조성하는 경우, 이동통로 유형의 적합성에 대한 설명이 맞는 것은?

① 육교형이 터널형보다 더 적합하다.
② 터널형이 육교형보다 더 적합하다.
③ 육교형이나 터널형 모두 비슷하다.
④ 육교형이나 터널형 모두 부적합하다.

해설 생태통로 설치 및 관리지침

㉠ 용어 정의
- 생태계 단절 : 하나의 생태계가 여러 개의 작고 고립된 생태계로 분할되는 현상
- 로드킬 : 길에서 동물이 운송수단에 의해 치어 죽는 현상으로서 도로에 의해 고립된 동물개체군이 감소해 가는 대표적인 과정
- 생태통로 : 단절된 생태계의 연결 및 야생동물의 이동을 위한 인공구조물
- 유도울타리 : 야생동물이 도로로 침입하여 발생하는 로드킬을 방지하거나 생태통로까지 안전하게 유도하기 위해 설치하는 구조물
- 수로 탈출시설 : 소형동물(소형 포유류, 양서류, 파충류)이 도로의 측구 및 배수로 또는 농수로에 빠질 경우에 대비해 경사로 등을 설치하여 탈출을 도와주는 시설
- 암거수로 보완시설 : 암거수로에 턱이나 선반 등을 설치한 시설
- 도로횡단 보완시설 : 나무 위 동물이 도로를 횡단할 수 있도록 도로 변에 기둥을 세우거나 가로대 등을 설치한 시설물

ⓛ 구조물 유형

분류	대상 동물	설치목적 및 시설규모 · 종류		형태
생태통로	육교형	포유류	기타유형	〈포유동물의 이동〉 • 너비 　－일반지역 : 7m 이상 　－주요 생태축 : 30m 이상	
				〈경관적 연결〉 • 경관 및 지역적 생태계 연결 • 너비 : 보통 100m 이상	
				〈개착식 터널의 보완〉 • 개착식 터널의 상부 보완을 통한 생태통로 기능 부여 • 너비 : 보통 100m 이상	
	터널형	양서 · 파충류		• 포유동물 이동 • 개방도 0.7 이상(개방도=통로 단면적/통로 길이)	
			햇빛투과	〈양서류, 파충류용 터널〉 • 왕복 2차선 : 폭 50cm 이상 • 왕복 4차선 이상 : 폭 1m 이상 • 통로 내 햇빛 투과형과 비투과형	
			비투과		
유도울타리	울타리	포유류		• 포유류 로드킬 예방과 생태통로로 유도 • 높이 : 1.2~1.5m	
		양서 · 파충류		• 양서 · 파충류 로드킬 예방과 생태통로로 유도 • 높이 : 40cm 이상 • 망 크기 : 1×1cm 이내	
		조류		조류의 비행고도를 높여 로드킬 방지를 위한 도로변 수림대, 울타리 및 기둥 등	

60 파종중량(W)의 산출식으로 옳은 것은?(단, G : 발생기 대본수(본/m²), S : 평균입수(입/g), P : 순량률(%), B : 발아율(%))

① $G/S \times P \times B$
② $S/G \times P \times B$
③ $S \times P \times B/G$
④ $G \times P \times B/S$

04 　경관생태학

61 인위적인 자연적 방해작용으로 군집의 속성이 보다 단순하고 획일화되는 천이는?

① 퇴행적 천이
② 건성천이
③ 중성천이
④ 진행적 천이

해설 코넬과 슬라티어 세 가지 모델 제시

ⓐ 촉진모델 : 천이초기종이 환경을 변화시켜 천이후기종의 침입, 생장, 성숙에 유리한 조건을 만든다.
ⓑ 억제모델 : 종간경쟁이 심한 경우에 해당된다. 어떤 종도 다른 종보다 모든 면에서 우세하지 않다. 처음 도착한 종은 모든 다른 종으로부터 자기를 방어한다. 생존하고 번식하는 한, 최초 종은 자리를 유지한다. 그러나 단명한 종은 장수하는 종에게 자리를 내주면서 점진적으로 종 구성이 바뀐다.
ⓒ 내성모델 : 후기단계 종은 그들보다 앞선 종이나 늦은 종에 상관없이 새로 노출된 장소에 침입하여 정착하고 성장할 수 있다. 이들이 자원 수준이 낮은 것을 견딜 수 있기 때문이다.

62 비오톱(Biotope)의 의미로 가장 적당한 것은?

① 다양한 생물종이 함께 어울려 하나의 생물사회를 이루고 있는 공간으로서 다양한 생태계를 포함하는 지역이다.
② 유기적으로 결합된 생물군 즉, 생물사회의 서식공간으로 최소한의 면적을 가지며 주변공간과 명확히 구별할 수 있도록 균질한 상태의 곳으로 볼 수 있다.
③ 농경지, 산림, 호수, 하천 등의 다양한 생태계가 서로 인접한 지역으로서 이들 생태계 사이의 기능적인 관계가 잘 연계된 곳이다.
④ 어떤 생물이라도 그 종족을 유지하기 위한 유전자 풀(Pool)의 다양성이 유지될 수 있는 습지공간을 말한다.

인간의 토지이용에 직간접적인 영향을 받아 특징지어진 지표면의 공간적 경계로서 생물군집이 서식하고 있거나 서식할 수 있는 잠재력을 가지고 있는 공간단위를 말한다.
(*출처 : 도시생태현황지도의 작성방법에 관한 지침)

63 원격탐사자료(Satellite Remote Sensing Data)의 유리한 특징만을 모아 놓은 것은?

① 광역성, 동시성, 단발성
② 동시성, 주기성, 표현성
③ 주기성, 개방성, 표현성
④ 동시성, 광역성, 주기성

해설

㉠ GIS분석 중의 하나로 이미지분석으로 특화된 분야이다.
㉡ 인공위성 항공사진이미지를 판독하고 분석하는 기술이 Remote Sensing으로 지도 제작에 유용하게 사용된다.
㉢ 따라서, 광역적 범위를 주기적으로 동시에 분석할 수 있다.

64 환경영향평가를 위하여 시행하는 영향예측에 필요한 판단기준으로 부적합한 것은?

① 경관의 변화 정도
② 자연 생태계의 단절 여부
③ 종다양성의 변화 정도
④ 조경 수목의 형태별 특성

65 야생동물 복원에서 야생동물종의 움직임에 대한 고려는 매우 중요하다. 다음 설명에 해당하는 움직임은?

> 먹이를 얻기 위해 하루(또는 일주일, 한달) 정도의 기간 내에 상당히 한정되고 알려진 공간에서 움직이는 것

① 이동(Dispersal)
② 이주(Migration)
③ 돌발적 이동(Eruption Movement)
④ 행동권 이동(Jome Range Movement)

해설 세력권제

㉠ 행동권
  • 생활사에서 정상적으로 섭렵하는 지역이다.

• 행동권의 크기는 몸 크기에 영향을 받는다.
㉡ 세력권
  • 동물이나 동물의 한 무리의 행동권 내 독점적인 방어지역이다.
  • 노래, 울음, 과시, 화학적 냄새, 싸움 등으로 방어한다.
  • 개체권 일부가 번식에서 배제되는 일종의 시합경쟁이다.
  • 비번식 개체들은 세력권 유지자가 사라지면 내지할 수 있는 잠재적 번식자들의 부유개체로 작용한다.

[세력권과 행동권의 개념도]

66 도시경관생태의 특징은 도시기후가 교외나 그 주변지역과 비교하여 다른 성질을 나타낸다는 것인데, 이러한 현상 중 가장 뚜렷한 것이 도심을 중심으로 기온이 상승하는 현상이다. 이러한 도시의 비정상적인 기온 분포는?

① 미기후
② 온실효과
③ 이질효과
④ 열섬효과

해설

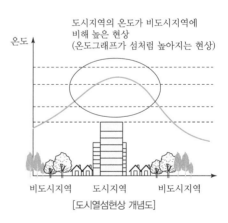

[도시열섬현상 개념도]

67 비오톱 지도화방법 중 유형분류는 전체적으로 수행하고, 조사 및 평가는 동일 유형(군) 내 대표성이 있는 유형을 선택하여 추진하는 것은?

① 선택적 지도화
② 배타적 지도화
③ 대표적 지도화
④ 포괄적 지도화

해설▶ 비오톱 지도화의 방법

비오톱 지도화 유형	내용	특성
선택적 지도화	• 보호할 가치가 높은 특별지역에 한해서 조사하는 방법 • 속성 비오톱 지도화 방법	• 단기적으로 신속하고 저렴한 비용으로 지도 제작 가능함 • 국토 단위의 대규모 비오톱 제작에 유리 • 세부적인 정보를 제공하지 못함
포괄적 지도화	• 전체 조사 지역에 대한 자세한 비오톱의 생물학적, 생태학적 특성을 조사하는 방법 • 모든 토지이용 유형의 도면화	• 내용의 정밀도가 높음 • 도시 및 지역 단위의 생태계 보전 등을 위한 자료로 활용 가능함 • 많은 인력과 시간, 비용이 소요됨 • 서울시, 부산시 비오톱 지도
대표적 지도화	• 대표성이 있는 비오톱유형을 조사하여 이를 동일하거나 유사한 비오톱유형에 적용하는 방법 • 선택적 지도화와 포괄적 지도화 방법의 절충형	• 도시 차원의 생태계보전 자료로 활용 • 비오톱에 대한 많은 자료가 구축된 상태에서 적용이 용이함 • 시간과 비용이 절감됨

(*출처 : 이동근 · 김명수 · 구본학 외(2004), 『경관생태학』, 보문당, p.178.의 내용을 일부 보완함.)

68 특정 목적을 가지고 실세계로부터 공간자료를 저장하고 추출하며 이를 변환하여 보여 주거나 분석하는 강력한 도구는?

① 원격탐사
② 범지구측위시스템(GPS)
③ 항공사진판독
④ 지리정보시스템

해설▶

GIS는 위성기반탐색시스템(GPS)을 이용하여 적어도 24개 이상의 인공위성 자료를 이용하기 때문에 지표면의 구조물이나 수면 반사 등의 에러를 잡아 정확한 위치를 찾아낼 수 있다.

따라서 컴퓨터상에 디지털지도를 만들 때 여러 방법을 이용한 데이터를 이용하여 정확한 X, Y, Z값과 인공위성 카메라센서에 탑재된 다양한 이미지를 함께 지도화할 수 있다.

69 GIS로 파악이 가능한 자연환경정보의 내용으로 볼 수 없는 것은?

① 토지 피복
② 지표면의 온도
③ 식물군락유형 구분
④ 대기오염물질의 종류

해설▶

GIS는 컴퓨터상에 디지털지도를 만들 때 여러 방법을 이용한 데이터를 이용하여 정확한 X, Y, Z값과 인공위성 카메라센서에 탑재된 다양한 이미지를 함께 지도화할 수 있다.

70 비오톱 지도화에는 선택적 지도화, 포괄적 지도화, 대표적 지도화로 구분되어 사용된다. 포괄적 지도화의 설명에 해당하는 것은?

① 보호할 가치가 높은 특별지역에 한해서 조사하는 방법
② 도시 및 지역단위의 생태계 보전 등을 위한 자료로 활용 가능
③ 대표성이 있는 비오톱을 조사하여 유사한 비오톱 유형에 적용하는 방법
④ 비오톱에 대한 많은 자료가 구축된 상태에서 적용이 용이

해설▶ 비오톱 지도화의 방법

비오톱 지도화 유형	내용	특성
선택적 지도화	• 보호할 가치가 높은 특별지역에 한해서 조사하는 방법 • 속성 비오톱 지도화 방법	• 단기적으로 신속하고 저렴한 비용으로 지도 제작 가능함 • 국토 단위의 대규모 비오톱 제작에 유리 • 세부적인 정보를 제공하지 못함
포괄적 지도화	• 전체 조사 지역에 대한 자세한 비오톱의 생물학적, 생태학적 특성을 조사하는 방법 • 모든 토지이용 유형의 도면화	• 내용의 정밀도가 높음 • 도시 및 지역 단위의 생태계 보전 등을 위한 자료로 활용 가능함 • 많은 인력과 시간, 비용이 소요됨 • 서울시, 부산시 비오톱 지도
대표적 지도화	• 대표성이 있는 비오톱유형을 조사하여 이를 동일하거나 유사한 비오톱유형에 적용하는 방법 • 선택적 지도화와 포괄적 지도화 방법의 절충형	• 도시 차원의 생태계보전 자료로 활용 • 비오톱에 대한 많은 자료가 구축된 상태에서 적용이 용이함 • 시간과 비용이 절감됨

(*출처 : 이동근 · 김명수 · 구본학 외(2004), 『경관생태학』, 보문당, p.178.의 내용을 일부 보완함.)

71 인간과 물이 만나는 수변공간의 특성에 해당되지 않는 것은?

① 사람의 오감을 통해 전달되는 풍요로움과 편안함을 주는 정서적 효과
② 수면상에 있는 물건을 실제보다 가깝게 보이게 하는 효과
③ 도시공간을 일체적이고 안정된 분위기로 만드는 효과
④ 도시의 소음을 정화시켜 주는 효과

72 메타개체군 개념을 적용한 종 또는 개체군의 복원방법이 아닌 것은?

① 포획번식   ② 방사
③ 돌발적 이동   ④ 이주

해설 메타개체군

㉠ 정의 : 넓은 면적이나 지역 내에서 상호작용하는 국지개체군들의 집합이다.
㉡ 메타개체군의 4가지 조건
• 적절한 서식지는 국지번식개체군에 의하여 채워질 수 있는 불연속적인 조각으로 나타난다.
• 가장 큰 개체군이라도 상당한 소멸위험이 있다.
• 국지 소멸 후에 개·정착이 방해될 정도로 서식지 조각들이 너무 격리되어서는 안 된다.
• 국지개체군들의 동태는 동시적이 아니다.
㉢ 메타개체군은 더 작은 위성개체군들로 이동하는 이출자의 주 공급원으로 작용하는 하나의 보다 큰 핵심개체군을 가지고 있다. 이런 조건에서 핵심개체군의 국지적 소멸확률은 극히 낮다.

73 경관생태학에서 경관을 구성하는 요소가 아닌 것은?

① 조각(Patch)   ② 바탕(Matrix)
③ 통로(Corridor)   ④ 비오톱(Biotope)

해설 경관요소

Matrix, Patch, Corridor

74 종 – 면적 관계식(S = cAz)에 대한 설명으로 맞는 것은?

① A는 종다양성을 나타낸다.
② 면적과 종수의 관계그래프는 직선으로 나타난다.
③ 다양한 군집안에서 채집된 표본수와 종의 수를 이용하였다.
④ c값은 연구지의 특성에 따라 다르다.

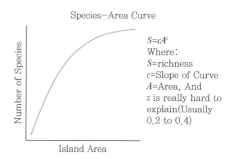

해설

Species−Area Curve

$S = cA^z$
Where:
S = richness
c = Slope of Curve
A = Area, And
z is really hard to explain (Usually 0.2 to 0.4)

Number of Species

Island Area

75 생태학적 원리를 자연관리에 응용하는 생태기술의 기반으로 틀린 것은?

① 자연자원의 흐름경로   ② 물질의 이동형태
③ 유전구조   ④ 물질의 이동원리

76 우리나라의 광역적 그린네트워크를 형성할 때, 생태적 거점핵심지역(Main Core Area)으로 작용하기 어려운 곳은?

① 자연공원   ② 생태·경관보전지역
③ 천연보호구역   ④ 도시근린공원

77 경관조각의 생성요인에 따른 분류가 아닌 것은?

① 회복조각   ② 도입조각
③ 환경조각   ④ 재생조각

해설

경관조각의 종류는 생성원인에 따라 다섯 가지로 나눈다.
㉠ 잔류조각(Remnant Patch) : 교란이 주위를 둘러싸고 일어나 원래의 서식지가 작아진 경우이다.
㉡ 재생조각(Regenerated Patch) : 잔류조각과 유사하지만 교란된 지역의 일부가 회복되면서 주변과 차별성을 가지는 경우이다.
㉢ 도입조각(Introduced Patch) : 바탕 안에 새로 도입된 종이 우점하거나 흔히 인간이 숲을 베어 내고 농경지 개발이나 식재활동을 하거나 골프장 또는 주택지를 조성하는 경우이다.
㉣ 환경조각(Environmental Patch) : 암석, 토양형태와 같이 주위를 둘러싸고 있는 지역과 물리적 자원이 다른 조각에 의해서 생긴다.
㉤ 교란조각(Disturbance Patch) : 벌목, 폭풍이나 화재와 같이 경관바탕에서 국지적으로 일어난 교란에 의해서 생긴다.
(*출처 : 이도원, 경관생태학)

78 인위적 사구의 육성방법이 아닌 것은?

① 사구 보강
② 대체습지 육성
③ 해변 육성
④ 수면 밑 해안 육성

> **해설** 사구
>
> 바람으로 운반된 모래가 쌓여서 만들어진 언덕

79 MAB(Man And Biosphere)의 이론에 근거한 지역구분을 올바르게 나열한 것은?

① 보존지역 – 유보지역 – 잠재적 개발지역
② 핵심지역 – 완충지역 – 전이지역
③ 핵심지역 – 완충지역 – 유보지역
④ 전이지역 – 유보지역 – 보존지역

> **해설** 생물권보전지역의 공간모형

구분	내용
핵심구역 (Core Area)	생물다양성의 보전과 최소한으로 교란된 생태계의 모니터링, 파괴적이지 않은 조사연구와 영향을 적게 주는 이용(예 : 교육) 등을 할 수 있는 엄격히 보호되는 하나 또는 여러 개의 장소
완충구역 (Buffer Area)	핵심지역을 둘러싸고 있거나 그것에 인접해 있으면서 환경교육, 레크리에이션, 생태관광, 기초연구 및 응용연구 등의 건전한 생태적 활동에 적합한 협력활동을 위해 허용되는 곳
협력구역 (Transition Area)	다양한 농업활동과 주거지, 다른 용도로 이용되며 지역의 자원을 함께 관리하고 지속가능한 방식으로 개발하기 위해 지역사회, 관리 당국, 학자, 비정부단체(NGOs), 문화단체, 경제적 이해집단과 기존 이해당사자들이 함께 일하는 곳

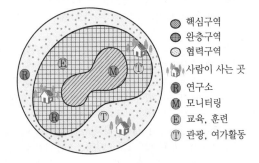

- ▨ 핵심구역
- ◉ 완충구역
- ◯ 협력구역
- 🏠 사람이 사는 곳
- Ⓡ 연구소
- Ⓜ 모니터링
- Ⓔ 교육, 훈련
- Ⓣ 관광, 여가활동

80 도시생태계가 갖는 독특한 특성이 아닌 것은?

① 태양에너지 이외에 화석과 원자력에너지를 도입하여야 하는 종속영양계이다.
② 외부로부터 다량의 물질과 에너지를 도입하여 생산품과 폐기물을 생산하는 인공생태계이다.
③ 도시개발에 의한 단절로 인하여 생물다양성의 저하가 초래되어 생태계 구성요소가 적은 편이다.
④ 모든 구성원 사이의 자연스러운 상호관계가 일어난다.

> **해설**
>
> 도시는 생태적 구성요소 간의 상호관계가 단절되는 경우가 발생한다.

05 자연환경관계법규

81 국토기본법상 국토계획에 해당하지 않는 것은?

① 국토종합계획
② 도종합계획
③ 지역계획
④ 지구단위계획

> **해설**
>
> "지구단위계획"은 도시 · 군계획 수립 대상지역의 일부에 대하여 토지이용을 합리화하고 그 기능을 증진시키며 미관을 개선하고 양호한 환경을 확보하며, 그 지역을 체계적 · 계획적으로 관리하기 위하여 수립하는 도시 · 군관리계획을 말한다. 따라서 「국토의 계획 및 이용에 관한 법률」에 해당하는 내용이다.
>
> 제6조(국토계획의 정의 및 구분)
> ① 이 법에서 "국토계획"이란 국토를 이용 · 개발 및 보전할 때 미래의 경제적 · 사회적 변동에 대응하여 국토가 지향하여야 할 발전 방향을 설정하고 이를 달성하기 위한 계획을 말한다.
> ② 국토계획은 다음 각 호의 구분에 따라 국토종합계획, 초광역권계획, 도종합계획, 시 · 군 종합계획, 지역계획 및 부문별계획으로 구분한다. 〈개정 2011. 4. 14., 2021. 8. 10., 2022. 2. 3.〉
> 　1. 국토종합계획 : 국토 전역을 대상으로 하여 국토의 장기적인 발전 방향을 제시하는 종합계획
> 　1의2. 초광역권계획 : 지역의 경제 및 생활권역의 발전에 필요한 연계 · 협력사업 추진을 위하여 2개 이상의 지방자치단체가 상호 협의하여 설정하거나 「지방자치법」 제199조의 특별지방자치단체가 설정한 권역으로, 특별시 · 광역시 · 특별자치시 및 도 · 특별자치도의 행정구역을 넘어서는 권역(이하 "초광역권"이라 한다)을 대상으로 하여 해당 지역의 장기적인 발전 방향을 제시하는 계획
> 　2. 도종합계획 : 도 또는 특별자치도의 관할구역을 대상으로 하여 해당 지역의 장기적인 발전 방향을 제시하는 종합계획

3. 시·군종합계획 : 특별시·광역시·특별자치시·시 또는 군(광역시의 군은 제외한다)의 관할구역을 대상으로 하여 해당 지역의 기본적인 공간구조와 장기 발전 방향을 제시하고, 토지이용, 교통, 환경, 안전, 산업, 정보통신, 보건, 후생, 문화 등에 관하여 수립하는 계획으로서 「국토의 계획 및 이용에 관한 법률」에 따라 수립되는 도시·군계획

4. 지역계획 : 특정 지역을 대상으로 특별한 정책목적을 달성하기 위하여 수립하는 계획

5. 부문별 계획 : 국토 전역을 대상으로 하여 특정 부문에 대한 장기적인 발전 방향을 제시하는 계획

[전문개정 2011. 5. 30.]

---

82 환경정책기본법령상 국토의 계획 및 이용에 관한 법률에 따른 주거지역 중 전용주거지역의 밤(22:00 ~ 06:00)시간대 소음환경기준은?(단, 일반지역이며, 단위는 Leq dB(A))

① 40 ② 45
③ 50 ④ 55

해설

「국토의 계획 및 이용에 관한 법률 시행령」 제30조의 제1호 가목에 따른 전용주거지역은 "가"지역에 해당한다. 따라서 밤시간 소음환경기준은 40Leq dB(A)이다.

(단위 : Leq dB(A))

지역 구분	적용 대상지역	기준	
		낮 (06 : 00~22 : 00)	밤 (22 : 00~06 : 00)
일반 지역	"가"지역	50	40
	"나"지역	55	45
	"다"지역	65	55
	"라"지역	70	65
도로변 지역	"가" 및 "나"지역	65	55
	"다"지역	70	60
	"라"지역	75	70

비고
1. 지역구분별 적용 대상지역의 구분은 다음과 같다.
  가. "가"지역
    1) 「국토의 계획 및 이용에 관한 법률」 제36조제1항제1호라목에 따른 녹지지역
    2) 「국토의 계획 및 이용에 관한 법률」 제36조제1항제2호가목에 따른 보전관리지역
    3) 「국토의 계획 및 이용에 관한 법률」 제36조제1항제3호 및 제4호에 따른 농림지역 및 자연환경보전지역
    4) 「국토의 계획 및 이용에 관한 법률 시행령」 제30조제1호가목에 따른 전용주거지역

5) 「의료법」 제3조제2항제3호마목에 따른 종합병원의 부지경계로부터 50미터 이내의 지역
    6) 「초·중등교육법」 제2조 및 「고등교육법」 제2조에 따른 학교의 부지경계로부터 50미터 이내의 지역
    7) 「도서관법」 제2조제4호에 따른 공공도서관의 부지경계로부터 50미터 이내의 지역
  나. "나"지역
    1) 「국토의 계획 및 이용에 관한 법률」 제36조제1항제2호나목에 따른 생산관리지역
    2) 「국토의 계획 및 이용에 관한 법률 시행령」 제30조제1호나목 및 다목에 따른 일반주거지역 및 준주거지역
  다. "다"지역
    1) 「국토의 계획 및 이용에 관한 법률」 제36조제1항제1호나목에 따른 상업지역 및 같은 항 제2호다목에 따른 계획관리지역
    2) 「국토의 계획 및 이용에 관한 법률 시행령」 제30조제3호다목에 따른 준공업지역
  라. "라"지역
    1) 「국토의 계획 및 이용에 관한 법률 시행령」 제30조제3호가목 및 나목에 따른 전용공업지역 및 일반공업지역
    2) "도로"란 자동차(2륜자동차는 제외한다)가 한 줄로 안전하고 원활하게 주행하는 데에 필요한 일정 폭의 차선이 2개 이상 있는 도로를 말한다.
    3) 이 소음환경기준은 항공기소음, 철도소음 및 건설작업소음에는 적용하지 않는다.

---

83 환경정책기본법령상 아황산가스(SO_2)의 대기환경기준으로 옳은 것은?(단, 1시간 평균치)

① 0.02ppm 이하 ② 0.06ppm 이하
③ 0.10ppm 이하 ④ 0.15ppm 이하

해설

아황산가스(SO_2)의 대기환경기준(1시간 평균치)은 아래와 같이 0.15ppm이다.

항목	기준
아황산가스 (SO_2)	• 연간 평균치 : 0.02ppm 이하 • 24시간 평균치 : 0.05ppm 이하 • 1시간 평균치 : 0.15ppm 이하
일산화탄소 (CO)	• 8시간 평균치 : 9ppm 이하 • 1시간 평균치 : 25ppm 이하
이산화질소 (NO_2)	• 연간 평균치 : 0.03ppm 이하 • 24시간 평균치 : 0.06ppm 이하 • 1시간 평균치 : 0.10ppm 이하

항목	기준
미세먼지 (PM-10)	• 연간 평균치 : 50$\mu g/m^3$ 이하 • 24시간 평균치 : 100$\mu g/m^3$ 이하
초미세먼지 (PM-2.5)	• 연간 평균치 : 15$\mu g/m^3$ 이하 • 24시간 평균치 : 35$\mu g/m^3$ 이하
오존 (O_3)	• 8시간 평균치 : 0.06ppm 이하 • 1시간 평균치 : 0.1ppm 이하
납 (Pb)	연간 평균치 : 0.5$\mu g/m^3$ 이하
벤젠	연간 평균치 : 5$\mu g/m^3$ 이하

84 습지보전법상 용어의 정의로 옳지 않은 것은?

① "습지"란 담수·기수 또는 염수가 영구적 또는 일시적으로 그 표면을 덮고 있는 지역으로서 내륙습지 및 연안습지를 말한다.

② "내륙습지"란 육지 또는 섬에 있는 호수, 못, 늪 또는 하구(河口) 등의 지역을 말한다.

③ "연안습지"란 만조 시에 수위선과 지면이 접하는 경계선 지역을 말한다.

④ "습지의 훼손"이 란 배수(排水), 매립 또는 준설 등의 방법으로 습지 원래의 형질을 변경하거나 습지에 시설이나 구조물을 설치하는 등의 방법으로 습지를 보전 목적 외의 용도로 사용하는 것을 말한다.

해설

「습지보전법」 제2조 정의에 따라 "연안습지"란 만조(滿潮) 때 수위선(水位線)과 지면의 경계선으로부터 간조(干潮) 때 수위선과 지면의 경계선까지의 지역을 말한다.

제2조(정의) 이 법에서 사용하는 용어의 뜻은 다음과 같다.〈개정 2021. 1. 5.〉

1. "습지"란 담수(淡水 : 민물), 기수(汽水 : 바닷물과 민물이 섞여 염분이 적은 물) 또는 염수(鹽水 : 바닷물)가 영구적 또는 일시적으로 그 표면을 덮고 있는 지역으로서 내륙습지 및 연안습지를 말한다.

2. "내륙습지"란 육지 또는 섬에 있는 호수, 못, 늪, 하천 또는 하구(河口) 등의 지역을 말한다.

3. "연안습지"란 만조(滿潮) 때 수위선(水位線)과 지면의 경계선으로부터 간조(干潮) 때 수위선과 지면의 경계선까지의 지역을 말한다.

4. "습지의 훼손"이란 배수(排水), 매립 또는 준설 등의 방법으로 습지 원래의 형질을 변경하거나 습지에 시설이나 구조물을 설치하는 등의 방법으로 습지를 보전 목적 외의 용도로 사용하는 것을 말한다.

[전문개정 2014. 3. 24.]

85 습지보전법규상 습지보호지역 중 4분의 1 이상에 해당하는 면적의 습지를 불가피하게 훼손하게 되는 경우 당해 습지보호지역 중 존치해야 하는 비율은?

① 지정 당시의 습지보호지역 면적의 2분의 1 이상

② 지정 당시의 습지보호지역 면적의 3분의 1 이상

③ 지정 당시의 습지보호지역 면적의 4분의 1 이상

④ 지정 당시의 습지보호지역 면적의 10분의 1 이상

해설

습지보호지역 또는 습지개선지역 중 1/4에 해당하는 면적의 습지를 훼손하게 되는 경우에는 지정 당시 습지보호지역 또는 습지개선지역 면적의 1/2 이상의 면적을 보존되도록 하여야 한다.

습지보전법[법률 제 178844호, 2021.1.2. 일부개정]

제17조(훼손된 습지의 관리)

① 정부는 제16조에 따라 국가·지방자치단체 또는 사업자가 습지보호지역 또는 습지개선지역 중 대통령령으로 정하는 비율 이상에 해당하는 면적의 습지를 훼손하게 되는 경우에는 그 습지 보호지역 또는 습지개선지역 중 공동부령으로 정하는 비율에 해당하는 면적의 습지가 보존되도록 하여야 한다.

② 정부는 제1항에 따라 보존된 습지의 생태계 변화 상황을 공동부령으로 정하는 기간 동안 관찰한 후 그 결과를 훼손지역 주변의 생태계 보전에 활용할 수 있도록 하여야 한다.

[전문개정 2014.3.24.]

습지보전법 시행령[대통령령 제31873호, 2021.7.6. 일부개정]

제14조(습지존치를 위한 사업규모)

법 제17조제1항에 "대통령령이 정하는 비율"이라 함은 4분의 1을 말한다.

습지보전법 시행규칙[시행 2021.7.6.] [환경부령 제926호, 2021.7.5., 일부개정]

제10조(존치하여야 하는 습지의 면적 등)

① 법 제17조제1항에서 "공동부령이 정하는 비율"이라 함은 지정 당시의 습지보호지역 또는 습지개선지역 면적의 2분의 1 이상을 말한다.〈개정 2003.7.29.〉

② 법 제17조제2항에서 "공동부령이 정하는 기간"이라 함은 5년을 말한다.

86 환경정책기본법령상 하천의 수질 및 수생태계 환경기준으로 옳지 않은 것은?(단, 사람의 건강보호 기준)

구분	항목	기준값(mg/L)
㉠	카드뮴	0.005 이하
㉡	비소	0.05 이하
㉢	사염화탄소	0.01 이하
㉣	음이온계면활성제	0.5 이하

① ㉠	② ㉡
③ ㉢	④ ㉣

해설

사염화탄소의 기준값은 0.004(mg/L) 이하이다.

가. 하천
  1) 사람의 건강보호 기준

항목	기준값(mg/L)
카드뮴(Cd)	0.005 이하
비소(As)	0.05 이하
시안(CN)	검출되어서는 안 됨 (검출한계 : 0.01)
수은(Hg)	검출되어서는 안 됨 (검출한계 : 0.001)
유기인	검출되어서는 안 됨 (검출한계 : 0.0005)
폴리클로리네이티드비페닐(PCB)	검출되어서는 안 됨 (검출한계 : 0.0005)
납(Pb)	0.05 이하
6가 크롬(Cr^{6+})	0.05 이하
음이온 계면활성제(ABS)	0.5 이하
사염화탄소	0.004 이하
1,2-디클로로에탄	0.03 이하
테트라클로로에틸렌(PCE)	0.04 이하
디클로로메탄	0.02 이하
벤젠	0.01 이하
클로로포름	0.08 이하
디에틸헥실프탈레이트(DEHP)	0.008 이하
안티몬	0.02 이하
1,4-다이옥세인	0.05 이하
포름알데히드	0.5 이하
헥사클로로벤젠	0.00004 이하

87 자연환경보전법상 생물다양성 보전을 위한 자연환경조사에 관한 내용으로 옳은 것은?

① 환경부장관은 관계중앙행정기관의 장과 협조하여 10년마다 전국의 자연환경을 조사하여야 한다.
② 환경부장관은 관계중앙행정기관의 장과 협조하여 매 5년마다 생태·자연도에서 1등급 권역으로 분류된 지역의 자연환경을 조사하여야 한다.
③ 환경부장관 등이 자연환경 조사를 위하여 조사원으로 하여금 타인의 토지에 출입하고자 하는 경우, 그 조사원은 출

입할 날의 3일 전까지 그 토지의 소유자·점유자 또는 관리인에게 그 뜻을 통지하여야 한다.
④ 규정에 의한 조사 및 관찰에 필요한 사항은 국무총리령으로 정한다.

해설

전국자연환경조사는 5년마다 하여야 하며, 생태자연도1등급 권역은 2년마다 자연환경조사를 하여야 한다. 또한, 조사내용·방법 그 밖에 필요한 사항은 대통령령으로 정한다.

제30조(자연환경조사)
① 환경부장관은 관계중앙행정기관의 장과 협조하여 5년마다 전국의 자연환경을 조사하여야 한다.〈개정 2013. 3. 22.〉
② 환경부장관은 관계중앙행정기관의 장과 협조하여 생태·자연도에서 1등급 권역으로 분류된 지역과 자연상태의 변화를 특별히 파악할 필요가 있다고 인정되는 지역에 대하여 2년마다 자연환경을 조사할 수 있다.〈개정 2013. 3. 22.〉
③ 지방자치단체의 장은 해당 지방자치단체의 조례로 정하는 바에 따라 관할구역의 자연환경을 조사할 수 있다.〈개정 2020. 5. 26.〉
④ 지방자치단체의 장은 제3항에 따라 자연환경을 조사하는 경우에는 조사계획 및 조사결과를 환경부장관에게 보고하여야 한다.〈개정 2020. 5. 26.〉
⑤ 제1항 및 제2항에 따른 조사의 내용·방법 그 밖에 필요한 사항은 대통령령으로 정한다.〈개정 2020. 5. 26.〉

제33조(타인토지에의 출입 등)
① 환경부장관 또는 지방자치단체의 장은 제30조의 자연환경조사 또는 제31조에 따른 정밀·보완조사를 위하여 필요한 경우에는 소속 공무원 또는 조사원으로 하여금 타인의 토지에 출입하여 조사하거나 그 토지의 나무·흙·돌 그 밖의 장애물을 변경 또는 제거하게 할 수 있다.〈개정 2020. 5. 26.〉
② 제1항에 따라 타인의 토지에 출입하고자 하는 사람은 출입할 날의 3일 전까지 그 토지의 소유자·점유자 또는 관리인에게 그 뜻을 통지하여야 한다.〈개정 2020. 5. 26.〉
③ 제1항에 따라 장애물을 변경 또는 제거하고자 하는 사람은 그 소유자·점유자 또는 관리인의 동의를 얻어야 한다. 다만, 장애물의 소유자·점유자 또는 관리인이 현장에 없거나 주소를 알 수 없는 경우에는 해당 지역을 관할하는 읍·면·동의 게시판에 게시하거나 일간신문에 공고하여야 한다. 이 경우 14일이 지난 때에는 동의를 얻은 것으로 본다.〈개정 2020. 5. 26.〉
④ 토지의 소유자·점유자 또는 관리인은 정당한 사유없이 제1항에 따른 조사행위를 거부·방해 또는 기피하지 못한다.〈개정 2020. 5. 26.〉
⑤ 제1항에 따라 타인의 토지에 출입하고자 하는 사람은 환경부령으로 정하는 바에 따라 그 권한을 표시하는 증표를 지니고 이를 관계인에게 내보여야 한다.〈개정 2020. 5. 26.〉

88 야생생물 보호 및 관리에 관한 법률 시행규칙상 살처분한 야생동물 사체의 소각 및 매몰기준 중 매몰 장소의 위치와 거리가 먼 것은?

① 하천, 수원지, 도로와 30m 이상 떨어진 곳
② 매몰지 굴착과정에서 지하수가 나타나지 않는 곳(매몰지는 지하수위에서 1m 이상 높은 곳에 있어야 한다)
③ 음용 지하수 관정(管井)과 50m 이상 떨어진 곳
④ 주민이 집단적으로 거주하는 지역에 인접하지 않은 곳으로 사람이나 동물의 접근을 제한할 수 있는 곳

해설

음용 지하수 관정과 75m 이상 떨어진 곳으로 한다.

소각 및 매몰기준(제44조의9 관련)

1. 소각기준
   가. 소각시설을 갖춘 장소에서 그 장치의 사용법에 따라 야생동물의 사체를 소각하여야 한다.
   나. 사체를 태운 후 남은 뼈와 재는 「폐기물관리법」에 따라 처리하여야 한다.

2. 매몰기준
   가. 매몰장소의 선택
      1) 매몰 대상 야생동물 등이 발생한 해당 장소에 매몰하는 것을 원칙으로 한다. 다만, 해당 부지 등이 매몰 장소로 적합하지 않거나, 사유지 또는 매몰 장소로 활용할 수 없는 경우 등에 해당할 때에는 국·공유지 등을 활용할 수 있다.
      2) 다음의 사항을 고려하여 매몰지의 크기 및 적정 깊이를 결정하여야 한다.
         가) 매몰 수량
         나) 지하수위·하천·주거지 등 주변 환경
         다) 매몰에 사용하는 액비 저장조, 간이 섬유강화플라스틱(FRP, Fiber Reinforced Plastics) 등의 종류·크기
      3) 매몰 장소의 위치는 다음과 같다.
         가) 하천, 수원지, 도로와 30m 이상 떨어진 곳
         나) 매몰지 굴착(땅파기)과정에서 지하수가 나타나지 않는 곳(매몰지는 지하수위에서 1m 이상 높은 곳에 있어야 한다)
         다) 음용 지하수 관정(管井)과 75m 이상 떨어진 곳
         라) 주민이 집단적으로 거주하는 지역에 인접하지 않은 곳으로 사람이나 동물의 접근을 제한할 수 있는 곳
         마) 유실, 붕괴 등의 우려가 없는 평탄한 곳
         바) 침수의 우려가 없는 곳
         사) 다음의 어느 하나에 해당하지 않는 곳
            (1) 「수도법」 제7조에 따른 상수원보호구역
            (2) 「한강수계 상수원수질개선 및 주민지원 등에 관한 법률」 제4조제1항, 「낙동강수계 물관리 및 주민지원 등에 관한 법률」 제4조제1항, 「금강수계 물관리 및 주민지원 등에 관한 법률」 제4조제1항 및 「영산강·섬진강수계 물관리 및 주민지원 등에 관한 법률」 제4

조제1항에 따른 수변구역
            (3) 「먹는물관리법」 제8조의3에 따른 샘물보전구역 및 같은 법 제11조에 따른 염지하수 관리구역
            (4) 「지하수법」 제12조에 따른 지하수보전구역
            (5) 그 밖에 (1)부터 (4)까지의 규정에 따른 구역에 준하는 지역으로서 수질환경보전이 필요한 지역
   나. 야생동물 사체의 매몰 방법
      1) 야생동물의 매몰은 살처분 등으로 야생동물이 죽은 것으로 확인된 후 실시하여야 하고, 사체의 매몰은 다음 방법에 따른다.
         가) 매몰 구덩이는 사체를 넣은 후 해당 사체의 상부부터 지표까지의 간격이 1m 이상 되도록 파야 한다.
         나) 구덩이의 바닥과 벽면에는 비닐을 덮는다.
         다) 구덩이의 바닥에는 비닐 위에 적당량의 흙을 투입한 후 생석회를 사체 1,000kg당 85kg 비율로 뿌린다.
         라) 사체를 투입하고 토양으로 완전히 덮은 후 최종적으로 생석회를 뿌린다.
         마) 매몰지 주변에 배수로 및 저류조를 설치하되 배수로는 저류조와 연결되도록 하고, 우천 시 빗물이 배수로에 유입되지 아니하도록 둔덕을 쌓는다.
         바) 매몰 후 경고표지판을 설치하여야 하며, 표지판에는 매몰된 사체의 병명 및 축종, 매몰 연월일 및 발굴 금지기간, 책임관리자 및 그 밖에 필요한 사항을 적어야 한다.
      2) 환경부장관 또는 시·도지사는 구제역, 고병원성조류인플루엔자 등의 발생으로 사체를 대규모로 매몰해야 하는 경우로서 1)의 방법으로는 야생동물 질병의 확산 등을 방지하기에 미흡하다고 판단하는 경우에는 다음 사항을 추가로 조치하게 하거나 조치할 수 있다.
         가) 매몰 구덩이의 바닥과 측면에는 점토(粘土)광물과 흙을 섞은 혼합토(혼합비율 15 : 85)로 충분하게 도포(바닥 30cm 이상, 측면 10cm 이상)한 후 두께 0.2mm 이상인 이중비닐 등 불침투성 재료를 사용여야 하며, 이중비닐을 사용한 경우에는 이중비닐 훼손방지를 위하여 부직포, 비닐커버 등을 추가로 덮어야 한다. 다만, 고밀도폴리에틸렌(HDPE) 등 고강도 방수재질을 사용한 경우에는 혼합토 도포, 부직포, 비닐커버 등을 추가로 설치하는 것을 생략할 수 있다.
         나) 매몰 구덩이의 경사진 바닥면 하단에 침출수 배출관[유공관(有孔管)으로서 상부에는 개폐장치가 설치된 것을 말한다]을 설치하여, 집수된 침출수를 뽑아낼 수 있도록 한다.
         다) 저류조의 용량은 0.5m³ 이상으로 하되, 경사 아래쪽 중에서 적절한 장소를 선택하여 만들고, 수시로 소독제 등으로 소독을 실시하며, 정기적으로 수거하여 처리한다.
         라) 매몰지 외부로 침출수가 유출되는지를 확인하기 위하여 매몰지 내부와 매몰지 경계에서 외부와의 이격 거리 5m 이내인 곳(지하수 흐름의 하류방향인 곳을 말한다)에 깊이 10m 내외의 관측정을 각각 설치하며, 관측정의 수질 측정, 결과해석, 보고 및 통보 등에 관한 사항은 환경부

장관이 정한다. 다만, 매몰지 내부에 설치하는 관측정은 나)의 침출수 배출관을 활용할 수 있다.

다. 야생동물 사체 등의 운반

  1) 사체 등은 핏물 등이 흘러내리지 아니하고 외부에서 보이지 아니하는 구조로 된 운반차량을 사용하여 소각·매몰 등의 목적시까지 운반하여야 한다.

  2) 사체 등의 소각·매몰 등을 위한 목적지 출발 전과 목적지에 도착하여 사체 등을 하차한 후 동 운반차량 전체를 고압분무 세척 소독기 등으로 소독하여야 한다.

89 백두대간 보호에 관한 법률상 다음의 행위를 한 자에 대한 각각의 벌칙기준으로 옳은 것은?

> ㉠ 완충구역에서 허용되지 않는 행위를 한 자
> ㉡ 핵심구역에서 허용되지 않는 행위를 한 자

① ㉠ 7년 이하의 징역 또는 7천만 원 이하의 벌금, ㉡ 5년 이하의 징역 또는 5천만 원 이하의 벌금

② ㉠ 5년 이하의 징역 또는 5천만 원 이하의 벌금, ㉡ 7년 이하의 징역 또는 7천만 원 이하의 벌금

③ ㉠ 5년 이하의 징역 또는 5천만 원 이하의 벌금, ㉡ 3년 이하의 징역 또는 3천만 원 이하의 벌금

④ ㉠ 3년 이하의 징역 또는 3천만 원 이하의 벌금, ㉡ 5년 이하의 징역 또는 5천만 원 이하의 벌금

해설

핵심구역이 생태적으로 가장 중요한 지역이며, 핵심지역을 보호하기 위하여 그 주변을 완충지역으로 정하고 있다. 따라서 핵심구역의 벌칙이 더 강하다.

제17조(벌칙)

① 제7조제1항을 위반하여 핵심구역에서 허용되지 아니하는 행위를 한 자는 7년 이하의 징역 또는 7천만 원 이하의 벌금에 처한다.〈개정 2017. 4. 18.〉

② 제7조제2항을 위반하여 완충구역에서 허용되지 아니하는 행위를 한 자는 5년 이하의 징역 또는 5천만 원 이하의 벌금에 처한다.〈개정 2017. 4. 18.〉

[전문개정 2011. 4. 6.]

[제15조에서 이동 〈2020. 5. 26.〉]

90 독도 등 도서지역의 생태계 보전에 관한 특별법상 특정 도서에서 입목·대나무의 벌채 또는 훼손한 자에 대한 벌칙기준으로 옳은 것은? (단, 군사·항해·조난구호행위 등 필요하다고 인정하는 행위 등은 제외)

① 6개월 이하의 징역 또는 5백만 원 이하의 벌금

② 1년 이하의 징역 또는 1천만 원 이하의 벌금

③ 3년 이하의 징역 또는 3천만 원 이하의 벌금

④ 5년 이하의 징역 또는 5천만 원 이하의 벌금

해설

입목·대나무의 벌채 또는 훼손행위는 독도 등 도서지역에서 행위를 제한하고 있다. 이를 어길 시에는 5년 이하의 징역 또는 5천만 원 이하의 벌금에 처한다.

제8조(행위제한)

① 누구든지 특정도서에서 다음 각 호의 어느 하나에 해당하는 행위를 하거나 이를 허가하여서는 아니 된다.〈개정 2011. 7. 28., 2012. 2. 1.〉

  1. 건축물 또는 공작물(工作物)의 신축·증축

  2. 개간(開墾), 매립, 준설(浚渫) 또는 간척

  3. 택지의 조성, 토지의 형질변경, 토지의 분할

  4. 공유수면(公有水面)의 매립

  5. 입목·대나무의 벌채(伐採) 또는 훼손

  6. 흙·모래·자갈·돌의 채취(採取), 광물의 채굴(採掘) 또는 지하수의 개발

  7. 가축의 방목, 야생동물의 포획·살생 또는 그 알의 채취 또는 야생식물의 채취

  8. 도로의 신설

  9. 특정도서에 서식하거나 도래하는 야생동식물 또는 특정도서에 존재하는 자연적 생성물을 그 섬 밖으로 반출(搬出)하는 행위

  10. 특정도서로「생물다양성 보전 및 이용에 관한 법률」 제2조 제8호에 따른 생태계교란 생물을 반입(搬入)하는 행위

  11. 폐기물을 매립하거나 버리는 행위

제14조(벌칙)

제8조 제1항 제1호부터 제11호까지 및 제13호의 어느 하나에 해당하는 행위(제8조 제2항에 해당하는 행위는 제외한다)를 한 자는 5년 이하의 징역 또는 5천만 원 이하의 벌금에 처한다.

91 자연공원법령상 자연공원의 지정기준과 거리가 먼 것은?

① 자연생태계의 보전상태가 양호할 것

② 훼손 또는 오염이 적으며 경관이 수려할 것

③ 문화재 또는 역사적 유물이 있으며, 자연경관과 조화되어 보전의 가치가 있을 것

④ 산업개발로 경관이 파괴될 우려가 있는 곳

해설

자연공원은 '국립공원, 도립공원, 군립공원, 시립공원, 구립공원, 지질공원'을 말하며 이를 지정하는 기준은 '자연생태계, 자연경관, 문화경관, 지형보존, 위치 및 이용편의' 등으로 정한다.

정답 89 ② 90 ④ 91 ④

자연공원법 시행령[별표 1]
자연공원의 지정기준(제3조 관련)

구분	기준
자연생태계	자연생태계의 보전상태가 양호하거나 멸종위기야생동식물, 천연기념물, 보호야생동식물 등이 서식할 것
자연경관	자연경관의 보전상태가 양호하여 훼손 또는 오염이 적으며 경관이 수려할 것
문화경관	문화재 또는 역사적 유물이 있으며, 자연경관과 조화되어 보전의 가치가 있을 것
지형보존	각종 산업개발로 경관이 파괴될 우려가 없을 것
위치 및 이용편의	국토의 보전·이용·관리 측면에서 균형적인 자연공원의 배치가 될 수 있을 것

6. 곤충류
   가. 멸종위기야생생물 I급

번호	종명
1	붉은점모시나비 *Parnassius bremeri*
2	비단벌레 *Chrysochroa coreana*
3	산굴뚝나비 *Hipparchia autonoe*
4	상제나비 *Aporia crataegi*
5	수염풍뎅이 *Polyphylla laticollis manchurica*
6	장수하늘소 *Callipogon relictus*

92 다음 중 습지보전법의 목적으로 가장 거리가 먼 것은?

① 습지의 효율적 보전·관리에 필요한 사항을 정한다.
② 습지오염에 따른 국민건강의 위해를 예방하고, 습지개발을 통하여 국민으로 하여금 그 혜택을 널리 향유할 수 있도록 한다.
③ 습지에 관한 국제협약의 취지를 반영함으로써 국제협력의 증진에 이바지한다.
④ 습지와 습지의 생물다양성의 보전을 도모한다.

해설
「습지보전법」의 목적은 아래와 같다.
제1조(목적)
이 법은 습지의 효율적 보전·관리에 필요한 사항을 정하여 습지와 습지의 생물다양성을 보전하고, 습지에 관한 국제협약의 취지를 반영함으로써 국제협력의 증진에 이바지함을 목적으로 한다.
[전문개정 2014. 3. 24.]

93 야생생물 보호 및 관리에 관한 법률 시행규칙상 멸종위기야생생물 I급의 곤충류에 해당되지 않는 것은?

① 산굴뚝나비(*Hipparchia autonoe*)
② 상제나비(*Aporia crataegi*)
③ 수염풍뎅이(*Polyphylla laticollis manchurica*)
④ 애기뿔소똥구리(*Copris tripartitus*)

해설
애기뿔소똥구리는 멸종위기야생생물 Ⅱ급에 해당한다.

94 자연환경보전법규상 생태통로의 설치기준으로 옳지 않은 것은?

① 생태통로의 길이가 길수록 폭을 좁게 설치한다.
② 주변의 소음·불빛·오염물질 등 인위적 영향을 최소화하기 위하여 생태통로 양쪽에 차단벽을 설치하되, 목재와 같이 불빛의 반사가 적고 주변환경에 친화적인 소재를 사용한다.
③ 배수구 일부 지점에 경사가 완만한 탈출구를 설치하여 작은 동물의 이동이 용이하도록 하고, 미끄럽지 아니한 재질을 사용한다.
④ 생태통로 중 수계에 설치된 박스형 암거는 물을 싫어하는 동물도 이동할 수 있도록 양쪽에 선반형 또는 계단형의 구조물을 설치하며, 작은 배수로나 도랑을 설치한다.

해설
생태통로의 길이가 길수록 폭을 넓게 하여야 동물종의 이동이 원활하게 이루어질 수 있다.
■ 자연환경보전법 시행규칙[별표 2] 〈개정 2019. 12. 20.〉
생태통로의 설치기준(제28조제2항 관련)
1. 설치지점은 현지조사를 실시하여 설치대상지역 중 야생동물의 이동이 빈번한 지역을 선정하되, 야생동물의 이동특성을 고려하여 설치지점을 적절하게 배분한다.
2. 생태통로를 이용하는 동물들이 통로에 접근할 때 불안감을 느끼지 아니하도록 생태통로 입구와 출구에는 원칙적으로 현지에 자생하는 종을 식수하며, 토양 역시 가능한 한 공사 중 발생한 절토(땅깎기 공사로 발생한 흙)를 사용한다.
3. 생태통로 입구는 지형·지물이나 경관과 조화되게 설치하여 동물의 이동에 지장이 없도록 상부에 식생을 조성한다. 바닥은 자연상태와 유사하게 유지하도록 흙이나 자갈·낙엽 등을 덮는다.
4. 생태통로의 길이가 길수록 폭을 넓게 설치한다.
5. 장차 아교목층 및 교목층의 성장가능성을 고려하여 충분히 피복될 수 있도록 부엽토를 포함한 복토를 충분히 한다.

6. 생태통로 내부에는 다양한 수직적 구조를 가진 아교목·관목·초목 등으로 조성한다.
7. 이동 중 안전을 위하여 생태통로 내부에는 작은 동물이 쉽게 숨거나 그 내부에서 이동하기에 유리하도록 돌무더기나 고사목·그루터기·장작더미 등의 다양한 서식환경과 피난처를 설치한다.
8. 주변의 소음·불빛·오염물질 등 인위적 영향을 최소화하기 위하여 생태통로 양쪽에 차단벽을 설치하되, 목재와 같이 불빛의 반사가 적고 주변환경에 친화적인 소재를 사용한다.
9. 동물이 많이 횡단하는 지점에 동물들이 많이 출현하는 곳임을 알려 속도를 줄이거나 주의하도록 그 지역의 대표적인 동물 모습이 담겨 있는 동물출현표지판을 설치한다.
10. 생태통로 중 수계에 설치된 박스형 암거는 물을 싫어하는 동물도 이동할 수 있도록 양쪽에 선반형 또는 계단형의 구조물을 설치하며, 작은 배수로나 도랑을 설치한다.
11. 배수구 일부 지점에 경사가 완만한 탈출구를 설치하여 작은 동물의 이동이 용이하도록 하고, 미끄럽지 아니한 재질을 사용한다.
12. 야생동물을 생태통로로 유도하여 도로로 침입하는 것을 방지하기 위하여 충분한 길이의 울타리를 도로 양쪽에 설치한다.

② 자연환경보전기본방침에는 다음의 사항이 포함되어야 한다. 〈개정 2006. 10. 4., 2020. 5. 26., 2022. 6. 10.〉
   1. 자연환경의 체계적 보전·관리, 자연환경의 지속가능한 이용
   2. 중요하게 보전하여야 할 생태계의 선정, 멸종위기에 처하여 있거나 생태적으로 중요한 생물종 및 생물자원의 보호
   3. 자연환경 훼손지의 복원·복구
   4. 생태·경관보전지역의 관리 및 해당 지역주민의 삶의 질 향상
   5. 산·하천·내륙습지·농지·섬 등에 있어서 생태적 건전성의 향상 및 생태통로·소생태계·대체자연의 조성 등을 통한 생물다양성의 보전
   6. 생태축의 보전 및 훼손된 생태축의 복원
   7. 자연환경에 관한 국민교육과 민간활동의 활성화
   8. 자연환경보전에 관한 국제협력
   9. 그 밖에 자연환경보전에 관하여 대통령령으로 정하는 사항
③ 환경부장관은 자연환경보전기본방침을 수립한 때에는 이를 관계 중앙행정기관의 장 및 시·도지사에게 통보하여야 한다.
④ 관계중앙행정기관의 장 및 시·도지사는 자연환경보전기본방침에 따른 추진방침 또는 실천계획(시·도지사의 경우 실천계획에 한정한다)을 수립하고 이를 환경부장관에게 통보하여야 한다. 〈개정 2020. 5. 26.〉

95 자연환경보전법상 환경부장관이 수립해야 하는 '자연환경보전을 위한 기본방침'에 포함되어야 할 사항과 거리가 먼 것은?

① 중요하게 보전하여야 할 생태계의 선정, 멸종위기에 처하여 있거나 생태적으로 중요한 생물종 및 생물자원의 보호
② 생태·경관보전지역의 관리 및 해당 지역주민의 삶의 질 향상
③ 산·하천·내륙습지·농지·섬 등에 있어서 생태적 건전성의 향상 및 생태통로·소생태계·대체자연의 조성 등을 통한 생물다양성의 보전
④ 자연환경개발에 관한 교육과 국가 주도 개발활동의 활성화

해설

자연환경개발에 관한 교육과 국가 주도 개발활동의 활성화는 '자연환경보전을 위한 기본방침'과 관련이 없다.

제6조(자연환경보전기본방침)
① 환경부장관은 제1조에 따른 목적 및 제3조에 따른 자연환경보전의 기본원칙을 실현하기 위하여 관계중앙행정기관의 장 및 특별시장·광역시장·특별자치시장·도지사·특별자치도지사(이하 "시·도지사"라 한다)의 의견을 듣고「환경정책기본법」제58조에 따른 환경정책위원회(이하 "중앙환경정책위원회"라 한다) 및 국무회의의 심의를 거쳐 자연환경보전을 위한 기본방침(이하 "자연환경보전기본방침"이라 한다)을 수립하여야 한다. 〈개정 2010. 2. 4., 2011. 7. 21., 2017. 11. 28.〉

96 야생생물 보호 및 관리에 관한 법률 시행령상 "야생생물 보호 기본계획"에 포함되어야 할 사항과 가장 거리가 먼 것은? (단, 야생생물 보호 세부계획과 비교)

① 야생생물의 현황 및 전망, 조사·연구에 관한 사항
② 관할구역의 주민에 대한 야생생물 보호 관련 교육 및 홍보에 관한 사항
③ 국제적 멸종위기종의 보호 및 철새 보호 등 국제협력에 관한 사항
④ 수렵의 관리에 관한 사항

해설

관할구역의 주민에 대한 야생생물 보호 관련 교육 및 홍보에 관한 사항은 "야생생물 보호 기본계획"에 포함되어 있지 않다.

야생생물 보호 및 관리에 관한 법률 시행령[대통령령 제32528호, 2022.3.8., 타법개정]
제2조(야생생물 보호 기본계획)
법 제5조제1항에 따른 야생생물 보호 기본계획(이하 "기본계획"이라 한다)에는 다음 각 호의 사항이 포함되어야 한다.
1. 야생생물의 현황 및 전망, 조사·연구에 관한 사항
2. 법 제6조에 따른 야생생물 등의 서식실태조사에 관한 사항
3. 야생동물의 질병연구 및 질병관리대책에 관한 사항
4. 멸종위기야생생물 등에 대한 보호의 기본방향 및 보호목표의 설정에 관한 사항

5. 멸종위기야생생물 등의 보호에 관한 주요 추진과제 및 시책에 관한 사항
6. 멸종위기야생생물의 보전 · 복원 및 증식에 관한 사항
7. 멸종위기야생생물 등 보호사업의 시행에 필요한 경비의 산정 및 재원(財源) 조달방안에 관한 사항
8. 국제적 멸종위기종의 보호 및 철새 보호 등 국제협력에 관한 사항
9. 야생동물의 불법 포획의 방지 및 구조 · 치료와 유해야생동물의 지정 · 관리 등 야생동물의 보호 · 관리에 관한 사항
10. 생태계교란 야생생물의 관리에 관한 사항
11. 법 제27조에 따른 야생생물 특별보호구역(이하 "특별보호구역"이라 한다)의 지정 및 관리에 관한 사항
12. 수렵의 관리에 관한 사항
13. 특별시 · 광역시 · 특별자치시 · 도 및 특별자치도(이하 "시 · 도"라 한다)에서 추진할 주요 보호시책에 관한 사항
14. 그 밖에 환경부장관이 멸종위기야생생물 등의 보호를 위하여 필요하다고 인정하는 사항
[전문개정 2012. 7. 31.]

97 국토의 계획 및 이용에 관한 법률 시행령상 기반시설의 분류 중 "방재시설"에 해당하는 것은?

① 공동구 · 시장
② 유류저장 및 송유설비
③ 하수도
④ 유수지

해설

「국토의 계획 및 이용에 관한 법률 시행령」상 방재시설은 하천, 유수지, 저수지, 방화설비, 방풍설비, 방수설비, 사방설비, 방조설비이다.
국토의 계획 및 이용에 관한 법률 시행령[대통령령 제32447호, 2022. 2. 17., 타법개정]

제2조(기반시설)
① 「국토의 계획 및 이용에 관한 법률」(이하 "법"이라 한다) 제2조제6호 각 목 외의 부분에서 "대통령령으로 정하는 시설"이란 다음 각 호의 시설(당해 시설 그 자체의 기능발휘와 이용을 위하여 필요한 부대시설 및 편익시설을 포함한다)을 말한다. 〈개정 2005. 9. 8., 2008. 5. 26., 2009. 11. 2., 2013. 6. 11., 2016. 2. 11., 2018. 11. 13., 2019. 12. 31.〉
  1. 교통시설 : 도로 · 철도 · 항만 · 공항 · 주차장 · 자동차정류장 · 궤도 · 차량 검사 및 면허시설
  2. 공간시설 : 광장 · 공원 · 녹지 · 유원지 · 공공공지
  3. 유통 · 공급시설 : 유통업무설비, 수도 · 전기 · 가스 · 열공급설비, 방송 · 통신시설, 공동구 · 시장, 유류저장 및 송유설비
  4. 공공 · 문화체육시설 : 학교 · 공공청사 · 문화시설 · 공공필요성이 인정되는 체육시설 · 연구시설 · 사회복지시설 · 공공직업훈련시설 · 청소년수련시설
  5. 방재시설 : 하천 · 유수지 · 저수지 · 방화설비 · 방풍설비 · 방수설비 · 사방설비 · 방조설비
  6. 보건위생시설 : 장사시설 · 도축장 · 종합의료시설

  7. 환경기초시설 : 하수도 · 폐기물처리 및 재활용시설 · 빗물저장 및 이용시설 · 수질오염방지시설 · 폐차장
② 제1항에 따른 기반시설 중 도로 · 자동차정류장 및 광장은 다음 각 호와 같이 세분할 수 있다. 〈개정 2008. 1. 8., 2010. 4. 29., 2016. 5. 17., 2021. 7. 6.〉

98 국토의 계획 및 이용에 관한 법률상 국토의 용도구분에 해당되지 않는 지역은?

① 도시지역
② 준도시지역
③ 관리지역
④ 자연환경보전지역

해설

용도지역은 도시지역(주거지역, 상업지역, 공업지역, 녹지지역), 관리지역(보전관리지역, 생산관리지역, 계획관리지역), 농림지역, 자연환경보전지역으로 구분된다.

제36조(용도지역의 지정)
① 국토교통부장관, 시 · 도지사 또는 대도시 시장은 다음 각 호의 어느 하나에 해당하는 용도지역의 지정 또는 변경을 도시 · 군관리계획으로 결정한다. 〈개정 2011. 4. 14., 2013. 3. 23.〉
  1. 도시지역 : 다음 각 목의 어느 하나로 구분하여 지정한다.
    가. 주거지역 : 거주의 안녕과 건전한 생활환경의 보호를 위하여 필요한 지역
    나. 상업지역 : 상업이나 그 밖의 업무의 편익을 증진하기 위하여 필요한 지역
    다. 공업지역 : 공업의 편익을 증진하기 위하여 필요한 지역
    라. 녹지지역 : 자연환경 · 농지 및 산림의 보호, 보건위생, 보안과 도시의 무질서한 확산을 방지하기 위하여 녹지의 보전이 필요한 지역
  2. 관리지역 : 다음 각 목의 어느 하나로 구분하여 지정한다.
    가. 보전관리지역 : 자연환경 보호, 산림 보호, 수질오염 방지, 녹지공간 확보 및 생태계 보전 등을 위하여 보전이 필요하나, 주변 용도지역과의 관계 등을 고려할 때 자연환경보전지역으로 지정하여 관리하기가 곤란한 지역
    나. 생산관리지역 : 농업 · 임업 · 어업 생산 등을 위하여 관리가 필요하나, 주변 용도지역과의 관계 등을 고려할 때 농림지역으로 지정하여 관리하기가 곤란한 지역
    다. 계획관리지역 : 도시지역으로의 편입이 예상되는 지역이나 자연환경을 고려하여 제한적인 이용 · 개발을 하려는 지역으로서 계획적 · 체계적인 관리가 필요한 지역
  3. 농림지역
  4. 자연환경보전지역
② 국토교통부장관, 시 · 도지사 또는 대도시 시장은 대통령령으로 정하는 바에 따라 제1항 각 호 및 같은 항 각 호 각 목의 용도지역을 도시 · 군관리계획결정으로 다시 세분하여 지정하거나 변경할 수 있다. 〈개정 2011. 4. 14., 2013. 3. 23.〉
[전문개정 2009. 2. 6.]

🔒정답 97 ④ 98 ②

99 국토기본법상 특정 지역을 대상으로 특별한 정책목적을 달성하기 위하여 수립하는 계획으로 옳은 것은?

① 국토종합계획 ② 부분별 계획
③ 시·군종합계획 ④ 지역계획

해설

「국토기본법」상 국토계획은 국토종합계획, 초광역권계획, 도종합계획, 시·군종합계획, 지역계획 및 부문별 계획으로 구분하고 그중 특별한 정책목적을 달성하기 위하여 수립하는 계획은 '지역계획'이다.

제6조(국토계획의 정의 및 구분)

① 이 법에서 "국토계획"이란 국토를 이용·개발 및 보전할 때 미래의 경제적·사회적 변동에 대응하여 국토가 지향하여야 할 발전 방향을 설정하고 이를 달성하기 위한 계획을 말한다.

② 국토계획은 다음 각 호의 구분에 따라 국토종합계획, 초광역권계획, 도종합계획, 시·군 종합계획, 지역계획 및 부문별계획으로 구분한다.〈개정 2011. 4. 14., 2021. 8. 10., 2022. 2. 3.〉

　1. 국토종합계획 : 국토 전역을 대상으로 하여 국토의 장기적인 발전 방향을 제시하는 종합계획

　1의2. 초광역권계획 : 지역의 경제 및 생활권역의 발전에 필요한 연계·협력사업 추진을 위하여 2개 이상의 지방자치단체가 상호 협의하여 설정하거나 「지방자치법」 제199조의 특별지방자치단체가 설정한 권역으로, 특별시·광역시·특별자치시 및 도·특별자치도의 행정구역을 넘어서는 권역(이하 "초광역권"이라 한다)을 대상으로 하여 해당 지역의 장기적인 발전 방향을 제시하는 계획

　2. 도종합계획 : 도 또는 특별자치도의 관할구역을 대상으로 하여 해당 지역의 장기적인 발전 방향을 제시하는 종합계획

　3. 시·군종합계획 : 특별시·광역시·특별자치시·시 또는 군(광역시의 군은 제외한다)의 관할구역을 대상으로 하여 해당 지역의 기본적인 공간구조와 장기 발전 방향을 제시하고, 토지이용, 교통, 환경, 안전, 산업, 정보통신, 보건, 후생, 문화 등에 관하여 수립하는 계획으로서 「국토의 계획 및 이용에 관한 법률」에 따라 수립되는 도시·군계획

　4. 지역계획 : 특정 지역을 대상으로 특별한 정책목적을 달성하기 위하여 수립하는 계획

　5. 부문별계획 : 국토 전역을 대상으로 하여 특정 부문에 대한 장기적인 발전 방향을 제시하는 계획

[전문개정 2011. 5. 30.]

100 생물다양성 보전 및 이용에 관한 법률상 생물다양성 및 생물자원의 보전에 관한 사항으로 옳지 않은 것은?

① 환경부장관은 국내에 서식하는 생물종의 학명(學名), 국내 분포현황 등을 포함하는 국가생물종목록을 구축하여야 한다.

② 국가생물종목록의 구축 대상·항목 및 방법 등에 관한 사항은 환경부령으로 정한다.

③ 환경부장관은 생물다양성의 보전을 위하여 보호할 가치가 높은 생물자원으로서 대통령령으로 정하는 기준에 해당하는 생물자원을 관계 중앙행정기관의 장과 협의하여 국외반출승인 대상 생물자원으로 지정·고시할 수 있다.

④ 환경부장관은 반출승인 대상 생물자원의 국외반출 승인을 받은 자가 거짓이나 그 밖의 부정한 방법으로 승인을 받은 경우에는 그 승인을 취소하여야 한다.

해설

국가생물종목록의 구축 대상·항목 및 방법 등에 관한 사항은 대통령령으로 정한다.

제3장 생물다양성 및 생물자원의 보전

제9조(생물다양성조사 등)

① 정부는 생물다양성의 보전과 생물자원의 지속가능한 이용을 위하여 생물다양성현황과 자연자산(「자연환경보전법」 제2조제15호에 따른 자연자산을 말한다. 이하 같다)을 조사하고 생태계서비스를 평가할 수 있다.〈개정 2019. 12. 10.〉

② 정부는 한반도와 그 부속도서의 생물다양성을 보전하기 위하여 군사분계선 이북지역의 주민과 공동으로 생물다양성 관련 연구나 생물종 및 자연자산에 대한 조사를 실시하고, 생태계서비스를 평가하는 등 한반도와 그 부속도서의 생태계와 고유 생물종을 보호하기 위한 정책을 추진할 수 있다.〈개정 2019. 12. 10.〉

제10조(국가생물종목록의 구축)

① 환경부장관은 국내에 서식하는 생물종의 학명(學名), 국내 분포현황 등을 포함하는 국가생물종목록을 구축하여야 한다.

② 환경부장관은 관계 중앙행정기관의 장에게 제1항에 따른 국가생물종목록의 구축에 필요한 자료의 제출을 요청할 수 있다. 이 경우 관계 중앙행정기관의 장은 특별한 사유가 없으면 요청받은 자료를 제출하여야 한다.

③ 제1항에 따른 국가생물종목록의 구축 대상·항목 및 방법 등에 관한 사항은 대통령령으로 정한다.

제11조(생물자원의 국외반출)

① 환경부장관은 생물다양성의 보전을 위하여 보호할 가치가 높은 생물자원으로서 대통령령으로 정하는 기준에 해당하는 생물자원을 관계 중앙행정기관의 장과 협의하여 국외반출승인대상 생물자원으로 지정·고시할 수 있다.

② 누구든지 제1항에 따라 지정·고시된 생물자원(이하 "반출승인대상 생물자원"이라 한다)을 국외로 반출하려면 환경부령으로 정하는 바에 따라 환경부장관의 승인을 받아야 한다. 다만, 「농업생명자원의 보존·관리 및 이용에 관한 법률」 제18조제1항 또는 「해양수산생명자원의 확보·관리 및 이용 등에 관한 법률」 제22조제1항에 따른 국외반출승인을 받은 경우에는 그러하지 아니하다.〈개정 2016. 12. 27.〉

③ 환경부장관은 반출승인대상 생물자원이 다음 각 호의 어느 하나에 해당하는 경우에는 국외반출을 승인하지 아니할 수 있다.
  1. 극히 제한적으로 서식하는 경우
  2. 국외로 반출될 경우 국가 이익에 큰 손해를 입힐 것으로 우려되는 경우
  3. 경제적 가치가 높은 형태적 · 유전적 특징을 가지는 경우
  4. 국외에 반출될 경우 그 종의 생존에 위협을 줄 우려가 있는 경우

제12조(생물자원의 국외반출 승인취소 능)
① 환경부장관은 제11조제2항에 따라 반출승인대상 생물자원의 국외반출 승인을 받은 자가 다음 각 호의 어느 하나에 해당하는 경우에는 환경부령으로 정하는 바에 따라 그 승인을 취소할 수 있다. 다만, 제1호에 해당하는 경우에는 그 승인을 취소하여야 한다.
  1. 거짓이나 그 밖의 부정한 방법으로 승인을 받은 경우
  2. 생물자원을 승인받은 용도 외로 사용한 경우
② 환경부장관은 제1항에 따라 승인이 취소된 반출승인대상 생물자원이 이미 반출된 경우에는 그 승인이 취소된 자에게 해당 생물자원의 환수를 명령하는 등 필요한 조치를 할 수 있다.
③ 환경부장관은 제2항에 따라 생물자원의 환수 명령 등을 받은 자가 그 명령 등을 이행하지 아니할 때에는 「행정대집행법」에서 정하는 바에 따라 대집행할 수 있다.

01 환경생태학개론

01 생물개체군 성장곡선에 대한 설명으로 틀린 것은?

① J자형, S자형 성장곡선이 나타난다.

② J자형 성장곡선은 외부 환경요인에 의해 조절된다.

③ S자형 성장곡선은 불안정한 하등생물상에서 보여 진다.

④ 수용한계(수용능력 K)는 생물적 요인과 비생물적 요인에 의해 영향을 받아 시간에 따라 급격히 변화할 수 있다.

해설

㉠ J형

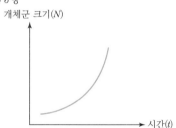

㉡ S형(로지스트형)

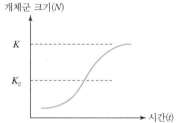

02 천이(Succession)는 시간에 따라 어떤 지역에 있는 종들의 방향적이고 계속적인 변화를 의미한다. 수십 년이나 수백 년이 지난 다음에 종조성에서의 중요한 변화가 발생하지 않는 안정된 군집은?

① 극상군집   ② 수관교체

③ 사구천이   ④ 개척군집

해설 클레멘츠의 단극상설

천이과정이란 궁극적 또는 극상단계를 향한 군집의 단계적이고 점진적인 발달을 나타낸다.

03 개체군의 공간분포에 관한 설명으로 틀린 것은?

① 자연에서 흔히 있는 분포형은 집중분포이다.

② 새의 세력권제는 새를 불규칙적으로 분포하게 한다.

③ 규칙분포는 바둑판처럼 심은 과수원 나무의 분포에서 볼 수 있다.

④ 개체군의 집중분포는 습도, 먹이, 그늘과 같은 환경요인 때문이다.

해설 개체군 분포방식

㉠ 임의분포 : 각 개체의 위치가 다른 개체들의 위치와 독립적

㉡ 균일분포 : 개체군의 개체들 사이 최소거리를 유지시키는 작용을 하는 경쟁, 같은 개체 간의 부정적인 상호작용에서 기인(한 지역 독점 이용 동물개체군, 수분과 영양염류 등 경쟁이 심한 식물개체군)

㉢ 군생분포 : 가장 흔한 공간적 분포(물고기떼, 새떼, 인간)

04 개체군 생태학에서 사망률(Mortality)에 대한 설명으로 가장 적절한 것은?

① 단위공간당 개체군의 크기를 말한다.

② 단위시간당 죽음에 의해서 개체들이 사라지는 숫자를 말한다.

③ 단위시간당 생식활동에 의해서 새로운 개체들이 더해지는 숫자를 말한다.

④ 개체들이 공간에 분포되는 방법으로서 임의분포, 균일분포, 집중분포 등으로 구분한다.

해설 개체군의 생존곡선

㉠ Ⅰ유형 : 생존율이 일생 동안 높다가 마지막에 사망률이 높아진다.

㉡ Ⅱ유형 : 생존율이 연령에 따라 변하지 않는다.

㉢ Ⅲ유형 : 초기사망률이 높다.

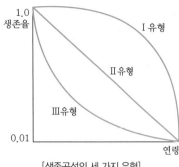

[생존곡선의 세 가지 유형]

05 질소를 고정할 수 있는 생물이 아닌 것은?

① Nostoc과 같은 남조류
② Nitrobacter와 같은 질산화 세균
③ Rhodospirillum과 같은 광영양혐기세균
④ Desulfovibrio와 같은 편성 혐기성세균

06 인의 순환에 대한 설명으로 틀린 것은?

① 척추동물의 뼈를 구성하는 성분이다.
② 호소의 퇴적물에 축적되는 경향이 있다.
③ 해양에서 육지로 회수되는 인에는 기체상 인화합물이 가장 많다.
④ 토양 속의 인은 불용성으로 흔히 식물생장의 제한요인으로 작용한다.

해설 인 순환

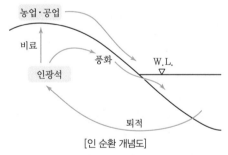

[인 순환 개념도]

㉠ 인 순환은 육지에서 바다까지 부분적으로 물 순환을 따른다. 따라서 생태계에서 유실된 인은 생지화학적 순환에 의해 되돌아오지 않기 때문에, 교란되지 않은 자연조건에서 인은 항상 공급이 부족하다.
㉡ 육상생태계에 존재하는 거의 모든 인은 인산칼슘광석에서 풍화된 것이다.

07 중금속에 오염된 어느 늪지에 다음의 생물이 살고 있다. 생물농축이 일어날 경우 생체 내 중금속 농도가 가장 높은 생물은?

① 배스　　　　　　② 피라미
③ 하루살이　　　　④ 식물성 조류

해설
먹이피라미드의 상위포식자일수록 중금속 농도가 높다.

08 지구온난화를 유발하는 이산화탄소의 양을 감축하여 온실가스에 대한 대비책 마련을 위해 채택된 것으로 기후변화협약과 관련된 것은?

① 교토의정서
② 워싱턴의정서
③ 제네바의정서
④ 몬트리올의정서

해설 교토의정서(1997, COP 3)
㉠ 기후변화협약의 구체적 이행방안
㉡ 온난화 방지를 위한 온실가스배출량 제한, 6대 온실가스 규정
㉢ 선진국 38개국 가입, 2008~2012년까지 1990년대 온실가스배출량의 5.2% 감축 목표
㉣ 3대 메커니즘으로 온실가스 감축의 탄력적 운용
　[배출권거래제도(ET : Emission Trade)]
　• 할당량을 기초로 감축의무국들의 배출권 거래 허용
　　－청정개발제도(CDM : Clear Development Mechanism)
　• 선진국이 개도국에 투자
　• 감축 실적을 선진국 실적으로 인정
　• 개도국은 기술과 재원을 유치
　　－공동이행제도(JI : Joint Implementation)
　• 선진국 간 공동으로 배출감축사업 이행

6대 온실가스					
• CO_2	• CH_4	• N_2O	• PFCs	HFCs	SF_6

09 생태계의 구조에 대한 설명으로 틀린 것은?

① 생태계는 크게 비생물적 구성요소와 생물적 구성요소로 나눌 수 있다.
② 거대소비자는 다른 생물이나 유기물을 섭취하는 동물 등의 종속영양생물을 말한다.
③ 생산자는 간단한 무기물로부터 먹이를 만들 수 있는 녹색식물과 물질순환에 관여하는 무기물 등을 말한다.

🔒정답 05 ② 06 ③ 07 ① 08 ① 09 ③

④ 분해자는 미세소비자로서, 사체를 분해시키거나 다른 생물로부터 유기물을 취하여 에너지를 얻는 세균, 곰팡이 등의 종속영양생물 등을 들 수 있다.

해설 생태계의 구성요소

㉠ 생물적 요소
생산자, 소비자, 분해자
㉡ 비생물적 요소
유기물, 기후, 온도 등 물리적 요인

10 식물과 곤충 간의 관련성으로 고려한 분류체계에서 화분매개충이 아닌 것은?

① 나비   ② 매미
③ 꿀벌   ④ 꽃등에

해설 화분매개곤충

꽃가루를 실어 나르며 식물의 결실에 도움을 주는 곤충류인 화분매개곤충은 전 세계 농경지의 80~85%의 수정을 담당한다.

11 한 종이 점유지역이 아닌 곳으로 분포범위를 넓히는 영역확장(Range Expansion)의 경우가 아닌 것은?

① 그 종이 양육과 훈련행동을 하는 경우
② 그 종의 산포를 저해하던 요인이 제거 된 경우
③ 이전에는 부적당하던 지역이 적당한 지역으로 변화된 경우
④ 종이 진화되어 부적당지역이 적당지역으로 이용할 수 있게 된 경우

12 지구 온난화의 생태학적 영향에 대한 설명으로 틀린 것은?

① 지구 온난화로 인해 해수면이 낮아질 것이다.
② 생물학자들은 지구 온난화가 서식지를 이동할 수 없는 식물에서 특히 커다란 영향을 미치게 될 것으로 믿고 있다.
③ 지구 온난화로 인해 잡초,곤충, 다양한 환경에서 살아가는 질병매개 생물체는 개체수가 크게 증가하게 된다.
④ 지구 온난화는 여러 지역에서 강우패턴을 변화시켜 더욱 빈번하게 가뭄이 일어나게 한다.

해설

지구 온난화는 해수면을 상승시킨다.

13 호수의 층상구조 설명으로 옳지 않은 것은?

① 표수층은 산소와 영양분이 풍부한 층이다.
② 수온약층은 온도와 산소가 급격히 변하는 층이다.
③ 심수층은 산소는 부족하나 영양분이 풍부한 층이다.
④ 호수는 일반적으로 표수층, 수온약층, 심수층으로 나눌 수 있다.

해설 호수의 물리적 특징

㉠ 연안대(친수역) : 빛이 바닥까지 닿아 유근식물의 생장을 촉진함
㉡ 준조광대(호수 중앙부) : 연안대를 넘어서서 나타나는 개방수면이며, 이 구역은 빛이 침투할 수 있는 깊이까지 확장되어 있다.
㉢ 심연대 : 빛이 실질적으로 침투하는 깊이를 넘어서는 구역, 에너지를 준조광대에서 떨어지는 유기물에 의존한다.
㉣ 저서대 : 연안대와 심연대 모두 분해가 가장 많이 일어나는 저서대 또는 바닥층이라는 수직으로 세 번째 층이 있다.

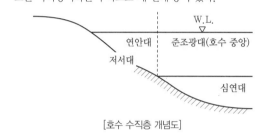

[호수 수직층 개념도]

14 다음 보기가 설명하는 것은?

> 화학적으로 분해 가능한 유기물을 산화시키기 위해 필요한 산소의 양

① DO
② SS
③ COD
④ BOD

해설

① DO : 용존산소
② SS : 부유물질
③ COD : 화학적산소요구량
④ BOD : 생물학적산소요구량

15 부영양화 현상에 관한 설명 중 틀린 것은?

① 부영양화 현상이 있으면 용존산소량이 풍부해진다.
② 부영양화된 호수는 식물성 플랑크톤이 대량 발생되기 쉽다.
③ 부영양화 현상은 물이 정체되기 쉬운 호수에서 잘 발생한다.
④ 부영양화된 호수는 식물성 조류에 의하여 물의 투명도가 저하된다.

해설 부영양화

영양소가 많은 상태(영양소가 풍부한 활엽수림과 농경지가 부영양호를 감싸고 있는 경우)에서 다량의 인과 질소 유입 → 조류와 기타 수생식물의 대폭적 성장 촉진 → 광합성 산물이 증가하여 영양소와 유기화합물의 재순환 증가 → 식물생장을 더욱 촉진 → 식물플랑크톤은 따뜻한 상층부의 물에 밀집하여 짙은 초록색 물이 된다. → 조류와 유입되는 유기물 잔해, 퇴적물, 유근식물의 잔해가 바닥으로 떨어지며, 바다의 세균은 죽은 유기물을 먹는다. → 세균의 활동은 바닥 퇴적물과 깊은 물의 호기성 생물이 살 수 없을 정도로 산소를 고갈시킨다. → 생물들의 생물량과 수는 높게 유지되지만, 저서종의 수는 감소한다. → 극단적인 경우 산소 고갈이 무척추동물과 어류 개체군을 집단폐사시킬 수 있다.

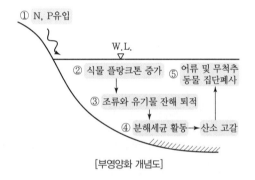

[부영양화 개념도]

16 군집의 구조적 측면에서 같은 표징종을 포함하는 식물의 군집은?

① 군락
② 우점종
③ 부수종
④ 지표종

17 "지구 생물다양성 전략"의 목적을 달성하기 위해서 국제적으로 권장되고 있는 내용과 가장 거리가 먼 것은?

① 생물다양성협상을 이행한다.
② 국제적 실행기구를 만든다.
③ 생물다양성의 중요성을 국가계획 수립 시 고려한다.
④ 지구자원에 대한 전략적이고 활발한 개발을 보장한다.

18 적조발생의 원인으로 틀린 것은?

① 질소, 인과 같은 영양물질이 유입될 때
② 바닷물의 염분농도가 높아졌을 때
③ 바닷물 온도가 섭씨 25℃ 이상일 때
④ 철, 코발트 등 미량금속류가 첨가되었을 때

해설

민물에 부영양화현상이 일어나면 녹조현상이, 해안에 부영양화현상이 일어나면 적조현상이 발생한다.

19 한 종개체군과 다른 종개체군 사이에서 두 개체군이 모두 이익을 얻으며 서로 상호작용을 하지 않으면 생존하지 못하는 관계는?

① 상리공생
② 상조공생
③ 편리공생
④ 내부공생

해설 상리공생

㉠ 개념
　직접적, 간접적 상리공생관계는 이제 막 인정하고 이해하기 시작한 방식으로, 개체군 동태에 영향을 미칠 수 있는 개념이다. 종 간 관계에서 한 종은 부정적 영향을 받는 편리공생과 대조적으로 상리공생은 관계되는 두 종 모두에게 이익이 되는 관계를 말한다.

㉡ 상리공생의 종류
　• 절대적 상리공생 : 상리적 상호작용이 없으면 생존하거나 번식할 수 없다.
　• 조건적 상리공생 : 상리적 상호작용이 없어도 생존하거나 번식이 가능하다.
　• 공생적 상리공생 : 같이 살기(산호초, 지의류)
　• 비공생적 상리공생 : 따로 살기(꽃피는 식물의 수분과 종자분산 −여러 식물, 수분매개자, 종자분산자)

20 종개체군 사이의 상호작용 중 서로 피해를 주는 관계로 옳은 것은?

① 중립
② 경쟁
③ 공생
④ 공존

해설 종 간 경쟁

㉠ 두 종 이상의 개체군들에 불리한 영향을 주는 관계
㉡ 종 간 경쟁형태
　• 소비 : 한 종의 개체들이 공통자원을 소비하여 다른 종 개체들의 섭취를 방해
　• 선취 : 한 개체가 선점하여 다른 생물의 정착을 방해
　• 과다생장 : 한 생물체가 다른 생물체보다 훨씬 더 성장하여 어떤

필수자원에 접근하는 것을 방해
- 화학적 상호작용 : 개체가 화학적 생장저해제나 독성물질을 방출하여 다른 종을 저해하거나 죽일 때
- 세력권제 : 세력권으로 방어하는 특정공간에 다른 종이 접근하지 못하도록 하는 행동적 배타
- 우연한 만남 : 세력권과 무관한 개체들의 접촉이 부정적 효과를 초래하는 것

02 환경계획학

21 생태공원 조성 이론의 설명으로 틀린 것은?

① 지속가능성은 인간의 활동을 중심으로 공간을 창출하여 삶의 질을 높인다.
② 생물다양성은 유전자, 종, 소생물권 등의 다양성을 의미하며 생물학적 다양성과 생태적 안정성은 비례한다.
③ 생태적 건전성은 생태계 내 자체 생산성을 유지함으로써 건전성이 확보되며, 지속적으로 생물자원 이용이 가능하다.
④ 최소의 에너지 투입은 자연순환계를 형성하여 에너지, 자원, 인력을 절감하고 경제성 효율을 극대화할 수 있도록 계획하여 인위적인 에너지 투입을 최소화하도록 한다.

해설

지속가능성을 높이려면 인간활동으로 발생하는 교란을 최소화할 필요가 있다.

22 일정 토지의 자연성을 나타내는 지표로서, 식생과 토지의 이용현황에 따라 녹지공간의 상태를 등급화한 녹지자연도의 등급 기준으로 틀린 것은?

① 3등급 – 과수원 – 경작지나 과수원, 묘포지 등과 같이 비교적 녹지식생의 분량이 우세한 지구
② 4등급 – 2차 초원 – 갈대, 조릿대군락 등과 같이 비교적 식생의 키가 높은 2차 초원지구
③ 6등급 – 조림지 – 각종 활엽수 또는 침엽수의 식생지구
④ 7등급 – 2차림 – 1차적으로 2차림으로 불리는 대생식생 지구

해설 녹지자연도 사정 기준

지역	등급	개요	해당식생형
수역	0	수역	• 수역(강, 호수, 저수지 등 수체가 존재하는 부분과 식생이 존재하지 않는 하중도와 하안을 포함)
개발지역	1	시가지, 조성지	• 식생이 존재하지 않는 지역
	2	농경지 (논, 밭)	• 논, 밭, 텃밭 등의 경작지 －비교적 녹지가 많은 주택지(녹피율 60% 이상)
	3	농경지 (과수원)	• 과수원이나 유실수 재배지역 및 묘포장
	4	이차 초원A (키낮은 초원)	• 2차적으로 형성된 초원지구(골프장, 공원묘지, 목장 등)
	5	이차 초원B (키큰 초원)	• 2차적으로 형성된 키가 큰 초원식물(묵밭 등 훼손지역의 억새군락이나 기타 잡초군락 등)
반자연지역	6	조림지	• 인위적으로 조림된 후 지속적으로 관리되고 있는 식재림 －인위적으로 조림된 수종이 약 70% 이상 우점하고 있는 식생과 아까시나무림이나 사방오리나무림과 같이 도입종이나 개량종에 의해 우점된 식물군락
	7	이차림(I)	• 자연식생이 교란된 후 2차 천이의 진행에 의하여 회복단계에 들어섰거나 인간에 의한 교란이 심한 산림식생 －군락의 계층구조가 불안정하고, 종조성의 대부분이 해당 지역의 잠재자연식생을 반영하지 못함 －조림기원 식생이지만 방치되어 자연림과 구별이 어려울 정도로 회복된 경우 －소나무군락, 상수리나무군락, 굴참나무군락, 졸참나무군락 등
	8	이차림(II)	• 자연식생이 교란된 후 2차 천이에 의해 다시 자연식생에 가까울 정도로 거의 회복된 상태의 삼림식생 －군락의 계층구조가 안정되어 있고, 종조성의 대부분이 해당 지역의 잠재자연식생을 반영하고 있음 －난온대 상록활엽수림(동백나무군락, 구실잣밤나무군락 등), 산지 계곡림(고로쇠나무군락, 층층나무군락), 하반림(버드나무 – 신나무군락, 오리나무군락, 비술나무군락 등), 너도밤나무군락, 신갈나무 – 당단풍군락, 졸참나무군락, 서어나무군락 등

자연지역	9 자연림	• 식생천이의 종국적인 단계에 이른 극상림 또는 그와 유사한 자연림 －8등급 식생 중 평균수령이 50년 이상인 산림 －아고산대 침엽수림(분비나무군락, 구상나무군락, 잣나무군락, 찝빵나무군락 등)
	10 자연초원, 습지	• 산림식생 이외의 자연시생이나 특이식생 －고산황원, 아고산초원, 습원, 하천습지, 염습지, 해안사구, 자연암벽 등

자료 : 환경부(2014.1) 전략환경영향평가 업무매뉴얼

23 생태계의 생물다양성과 관련이 없는 것은?

① 유전적 다양성
② 종 다양성
③ 생태계 다양성
④ 작물의 다양성

24 도시지역의 녹지지역 세분화에 해당하지 않는 지역은?

① 전용녹지지역
② 보전녹지지역
③ 생산녹지지역
④ 자연녹지지역

해설

용도지역			건폐율(이하)	용적률(이하)
도시지역	주거지역	제1종전용주거지역	70%	500%
		제2종전용주거지역		
		제1종일반주거지역		
		제2종일반주거지역		
		제3종일반주거지역		
		준주거지역		
	상업지역	중심상업지역	90%	1,500%
		일반상업지역		
		근린상업지역		
		유통상업지역		
	공업지역	전용공업지역	70%	400%
		일반공업지역		
		준공업지역		
	녹지지역	보전녹지	20%	100%
		생산녹지		
		자연녹지		
관리지역		보전관리지역	20%	80%
		생산관리지역	20%	80%
		계획관리지역	40%	100%
농림지역			20%	80%
자연환경보전지역			20%	80%

25 도시 및 지역차원의 환경계획으로 생태네트워크의 개념이 아닌 것은?

① 공간계획이나 물리적 계획을 위한 모델링 도구이다.
② 기본적으로 개별적인 서식처와 생물종을 목표로 한다.
③ 지역적 맥락에서 보전가치가 있는 서식처와 생물종의 보전을 목적으로 한다.
④ 전체적인 맥락이나 구조 측면에서 어떻게 생물종과 서식처를 보전할 것인가에 중점을 둔다.

해설

전체적인 서식처와 생물종을 목표로 한다.

26 기후변화협약의 내용이 아닌 것은?

① 몬트리올의정서에서 규제 대상물질을 규정하고 있다.
② 규제 대상물질은 탄산, 메탄가스, 프레온가스 등이 대표적인 예이다.
③ 협약의 목적은 이산화탄소를 비롯한 온실가스의 방출을 제한하여 지구온난화를 방지하고자 하는 것이다.
④ 협약내용은 기본원칙, 온실가스 규제문제, 재정지원 및 기술이전문제, 특수상황에 처한 국가에 대한 고려로 구성되어 있다.

해설 기후변화협약(1992)

㉠ UNFCCC(UN Framework Convention on Climate Change)
㉡ 1987년 IPCC(Intergovernmental Panel on Climate Change) 결성
㉢ 온실가스 규제, 재정지원, 기술이전문제 등 특수상황에 처한 국가 고려
㉣ CO_2 등 온실가스 방출제한 목적
㉤ IPCC 조사 결과, 국제연합기본협약 채택의 필요에서 출발

27 생태적 복원의 유형에 대한 설명으로 틀린 것은?

① 복구(Rehabilitation) : 완벽한 복원으로 단순한 구조의 생태계 창출
② 복원(Restoration) : 교란 이전의 상태로 정확하게 돌아가기 위한 시도
③ 복원(Restoration) : 시간과 많은 비용이 소요되기 때문에 쉽지 않음
④ 대체(Replacement) : 현재 상태를 개선하기 위하여 다른 생태계로 원래의 생태계를 대체하는 것

🔒정답 23 ④ 24 ① 25 ② 26 ① 27 ①

생태복원의 종류

㉠ 복원 : 훼손되기 이전의 상태로 되돌리는 것
㉡ 대체 : 현재의 상태를 개선하기 위하여 다른 생태계로 원래의 생태계 대체
㉢ 복구 : 원래보다는 못하지만 원래의 자연상태와 유사하게 되돌림

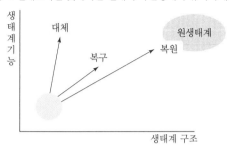

28 도시지역과 그 주변 지역의 무질서한 시가화를 방지하고 계획적 · 단계적인 개발을 도모하기 위하여 대통령령이 정하는 일정기간 동안 시가화를 유보할 필요가 있다고 인정하여 지정하는 구역은?

① 시가화관리구역　　② 시가화조정구역
③ 시가화유보구역　　④ 시가화예정구역

해설 국토의 계획 및 이용에 관한 법률 제39조(시가화조정구역의 지정)

① 시 · 도지사는 직접 또는 관계 행정기관의 장의 요청을 받아 도시지역과 그 주변지역의 무질서한 시가화를 방지하고 계획적 · 단계적인 개발을 도모하기 위하여 대통령령으로 정하는 기간 동안 시가화를 유보할 필요가 있다고 인정되면 시가화조정구역의 지정 또는 변경을 도시 · 군관리계획으로 결정할 수 있다. 다만, 국가계획과 연계하여 시가화조정구역의 지정 또는 변경이 필요한 경우에는 국토교통부장관이 직접 시가화조정구역의 지정 또는 변경을 도시 · 군관리계획으로 결정할 수 있다. 〈개정 2011. 4. 14., 2013. 3. 23., 2013. 7. 16.〉
② 시가화조정구역의 지정에 관한 도시 · 군관리계획의 결정은 제1항에 따른 시가화 유보기간이 끝난 날의 다음날부터 그 효력을 잃는다. 이 경우 국토교통부장관 또는 시 · 도지사는 대통령령으로 정하는 바에 따라 그 사실을 고시하여야 한다. 〈개정 2011. 4. 14., 2013. 3. 23., 2013. 7. 16.〉
[전문개정 2009. 2. 6.]

29 사회기반형성 차원에서의 환경계획의 내용과 거리가 먼 것은?

① 소음방지　　② 에너지계획
③ 환경교육 및 환경감시　　④ 시민참여의 제도적 장치

30 자연입지적 토지이용 유형에서 자연자원 유형이 아닌 것은?

① 역사 · 문화환경　　② 해안환경
③ 하천 · 호수환경　　④ 산림 · 계곡환경

31 생태네트워크를 구성하는 원리 중 형태에 따른 분류가 아닌 것은?

① 점(Point)형　　② 선(Line)형
③ 면(Area)형　　④ 징검다리(Stepping Stone)형

32 환경계획을 위해 요구되는 생태학적 지식으로 볼 수 없는 것은?

① 자연계를 설명하는 이론으로서의 순수생태학적 지식
② 훼손된 환경의 복원과 새로운 환경건설에 관련된 지식
③ 토지이용계획 수립에 필요한 지역의 개발계획에 관련된 정보
④ 인간의 환경에 있어서 급속히 파괴되는 자연조건과 불균형에 대처하기 위한 지식

33 백두대간의 무분별한 개발행위로 인한 훼손을 방지함으로써 국토를 건전하게 보호하고, 쾌적한 자연환경을 조성하기 위하여 백두대간 보호지역을 지정 · 구분한 것은?

① 핵심구역, 전이구역
② 핵심구역, 완충구역
③ 완충구역, 전이구역
④ 핵심구역, 완충구역, 전이구역

해설 제6조(백두대간보호지역의 지정)

① 환경부장관은 산림청장과 협의하여 백두대간보호지역(이하 "보호지역"이라 한다)의 지정에 관한 원칙과 기준을 정한다. 다만, 사회적 · 경제적 · 지역적 여건의 변화로 원칙과 기준의 변경이 불가피하다고 인정하는 경우에는 산림청장과 협의하여 변경할 수 있다.
② 산림청장은 백두대간 중 생태계, 자연경관 또는 산림 등에 대하여 특별한 보호가 필요하다고 인정하는 지역을 제1항 본문에 따른 원칙과 기준에 따라 환경부장관과 협의하여 보호지역으로 지정할 수 있다. 이 경우 보호지역은 다음 각 호와 같다.
1. 핵심구역 : 백두대간의 능선을 중심으로 특별히 보호하려는 지역
2. 완충구역 : 핵심구역과 맞닿은 지역으로서 핵심구역 보호를 위하여 필요한 지역

정답　28 ②　29 ①　30 ①　31 ④　32 ③　33 ②

34 한반도의 생태축에 속하지 않는 것은?

① 백두대간 생태축
② 남해안 도서보전축
③ 남북접경지역 생태보전축
④ 수도권 개발제한구역 환상녹지축

해설 한반도의 생태축

35 자연환경보전기본계획의 내용으로 적절하지 않은 것은?

① 자연경관의 보전·관리에 관한 사항
② 지방자치단체별로 추진할 주요 자연보전시책에 관한 사항
③ 사업시행에 소요되는 경비의 산정 및 재원조달 방안에 관한 사항
④ 행정계획과 개발사업에 대한 환경친화적 계획 기법 개발에 관한 사항

해설 자연환경보전기본계획 수립

㉠ 환경부장관, 10년마다 수립
㉡ 내용
  • 자연환경의 현황 및 전망에 관한 사항
  • 자연환경보전에 관한 기본방향 및 보전목표 설정에 관한 사항
  • 자연환경보전을 위한 주요 추진과제에 관한 사항
  • 지방자치단체별로 추진할 주요 자연보전시책에 관한 사항
  • 자연경관의 보전·관리에 관한 사항
  • 생태축의 구축·추진에 관한 사항
  • 생태통로 설치, 훼손지 복원 등 생태계 복원을 위한 주요 사업에 관한 사항
  • 규정에 의한 자연환경종합지리정보시스템의 구축·운영에 관

한 사항
  • 사업시행에 소요되는 경비의 산정 및 재원조달 방안에 관한 사항
  • 그 밖에 자연환경보전에 관하여 대통령령이 정하는 사항

36 환경의 특성에 대한 설명으로 틀린 것은?

① 자연자원은 풍부할수록 회복탄력성이 높지만, 파괴될수록 복원력이 떨어진다.
② 환경문제는 어느 한 지역, 한 국가만의 문제가 아니라, 범지구적, 국제간의 문제이다.
③ 환경문제는 문제발생 시기와 이로 인한 영향이 현실적으로 나타나는 시점 사이에 차이가 존재하지 않는다.
④ 환경문제는 상호 작용하는 여러 변수들에 의해 발생하므로 상호 간에 인과관계가 성립되어 문제해결을 어렵게 한다.

해설 환경문제의 특성

㉠ 복잡성 : 다요인, 다변수, 시차
㉡ 감축불가능성 : 단순화 불가능, 환원주의 부정
㉢ 시공간적 가변성 : 동적인 생태계
㉣ 불확실성 : 상호침투성, 우발성, 동태성(개별 or 결합)
㉤ 집합적 특성 : 많은 행위자—공유재의 비극, 공공재 과소 공급
㉥ 자발적 특성 : 자기조절, 적응성

37 환경용량 개념에 대한 생태학적 측면과 관계없는 것은?

① 지역의 수용용량
② 생태계 자정능력
③ 지역의 경제적 개발수용력
④ 자연자원의 지속가능한 생산

38 환경친화적인 자연입지적 토지이용을 위한 세부적인 규제지침 유형의 설명으로 옳은 것은?

① 경관 : 돌출적이고 위압적인 인공경관으로 지역적인 특색을 부각시킨다.
② 환경 : 주변 하천 및 실개천에 수중보를 설치하여 시민들을 위한 친수공간을 극대화한다.
③ 입지규제 : 자연적·농업적 토지이용에서 도시적 토지이용으로의 토지전용을 가능하게 해야 한다.
④ 건축물 : 지역별 특징을 따라서 건축물의 형태, 재료, 색채 등 외관에 관한 별도의 기준을 마련해야 한다.

🔒정답 34 ④ 35 ④ 36 ③ 37 ③ 38 ④

39 환경친화적 단지조성계획의 기본목표에 대한 설명으로 틀린 것은?

① 기존의 식생·자연지형·수로 등의 변경을 최대화함으로써 환경부하를 줄일 수 있도록 유도하고 녹지공간을 체계화한다.
② 수자원 순환의 유지 및 쓰레기의 재활용 건축재료의 이용 등 자연환경의 순환체계를 보존하여 자연계의 물질순환이 활성화될 수 있도록 유도한다.
③ 자연생태계가 유지될 수 있도록 일정 규모의 소생물권을 조성하여 훼손되어 가고 있는 소생물권을 유지·복원할 수 있도록 계획한다.
④ 에너지 소비를 줄일 수 있는 재료의 사용 및 자연에너지를 최대한 줄일 수 있는 계획을 함으로써 환경오염물질의 배출을 줄일 수 있도록 유도한다.

> **해설**
> 기존의 식생, 자연지형, 수로 등의 변경은 최소화하여야 한다.

40 생태도시의 설계지표 설정 시 고려해야 할 사항이 아닌 것은?

① 정보수집이 용이해야 한다.
② 단기간에 걸친 경향을 보여 주어야 한다.
③ 개별적, 종합적으로 의미가 있어야 한다.
④ 정책, 서비스, 생활양식 등의 변화를 유발해야 한다.

---

03 생태복원공학

---

41 어떤 목본류를 훼손지에 3g/m²로 파종하였다. 이때 이 종자의 발아율 40%, 순도 90%, 보정율 0.5이고 평균립수 100립/g이라면 발생기대본수(본/m²)는 약 얼마인가?

① 27
② 54
③ 108
④ 216

> **해설**
> (G : 발생기대본수(본/m²), S : 평균립수(입/g), P : 순량률(%), B : 발아율(%))
> G/S×P×B=W(파종량)
> G=S×P×B×W×보정률
>   =3×100×0.9×0.4×0.5=54

42 생태계의 원서식지 면적이 감소되어 원시성을 유지하기 어려울 때의 복구 조치에 해당하지 않는 것은?

① 비포장화
② 가드레일 설치
③ 공사위치 변경 또는 우회
④ 기존 서식지의 면적 확대

> **해설**
> 생태계를 복구하는 조치에 가드레일을 설치하는 적은 부적절하다.

43 토양환경분석을 위해 일반적으로 사용하는 정밀토양도의 축척은?

① 1/10,000
② 1/25,000
③ 1/50,000
④ 1/70,000

44 고체상태 또는 액체상태의 대기오염물질이 식물체의 표면에 부착되는 현상을 무엇이라 하는가?

① 흡수
② 확산
③ 희석
④ 흡착

45 식재용토 토성의 측정, 처리 및 적용기준에서 볼 때 수분함량은 건토증의 몇 %가 존재하는 것이 가장 적정한가?

① 10~20%
② 20~40%
③ 40~80%
④ 80% 이상

46 자연형 하천 복구를 통해 애반딧불이의 서식을 유도할 때 그 유충의 먹이원으로 필요한 수생물종은?

① 다슬기
② 깔따구
③ 소금쟁이
④ 왕잠자리

> **해설**
> 다슬기는 반딧불이의 먹이생물이다.

47 생물다양성의 보존에 대한 설명으로 틀린 것은?

① 생물다양성은 종 내, 종 간, 생태계의 다양성을 포함 한다.
② 생물다양성은 생물종은 물론 유전자, 서식처의 다양성을 포함한다.
③ 생물다양성은 자연환경 복원의 가장 중심적인 과제이다.
④ 생물다양성은 서식처 복원보다는 생물종의 복원에 더욱 관심을 가져야 한다.

해설

생물종 복원을 위해서는 서식처의 복원이 선행되어야 한다.

48 생태복원을 위한 공간구획 및 동선계획단계의 내용과 가장 거리가 먼 것은?

① 동선은 최대한으로 조성하는 것이 바람직하다.
② 공간구획은 핵심지역, 완충지역, 전이 지역으로 구분한다.
③ 목표종이 서식해야 하는 지역은 핵심지역으로 설정한다.
④ 자연적인 공간과 인공적인 공간은 격리형 혹은 융합형으로 조정한다.

해설

인간의 동선은 최소화하는 것이 권장된다.

49 생태복원의 측면에서 도시림에 대한 설명 중 가장 적합하지 않은 것은?

① 가로수, 주거지의 나무, 공원수, 그린벨트의 식생 등을 포함한다.
② 큰 나무 밑의 작은 나무와 풀을 제거하여 경관적인 측면을 고려한 관리가 되어야 한다.
③ 조성 목적과 기능 발휘의 측면에서 생활환경형, 경관형, 휴양형, 생태계보전형, 교육형, 방재형 등으로 구분한다.
④ 최근에는 지구온난화와 생물다양성 등의 지구환경문제와 관련하여 환경보존의 기능과 생태적 기능이 강조된다.

해설

생태복원 시 다층림의 조성을 권장한다.

50 자생적 독립영양 천이유형에서 종 다양성의 천이과정으로 가장 적합한 것은?

① 지속적으로 증가한다.
② 처음에는 감소하나 개체의 수가 증가함에 따라 성숙된 단계에서는 증가한다.
③ 처음에는 감소하나 개체의 수가 증가함에 따라 성숙된 단계에서는 안정된다.
④ 처음에는 증가하나 개체의 크기가 증가함에 따라 성숙된 단계에서는 안정되거나 감소한다.

해설 천이과정의 종다양도 변화

종다양도는 초본단계 후까지 증가하고 관목단계에서 감소한다. 그 후 숲이 어릴 때 종다양도는 다시 증가하지만 숲이 나이가 많아지면서 감소한다.

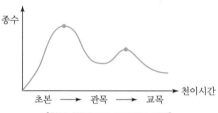

[천이시간에 따른 종다양도 변화]

• 휴스턴 : 천이과정 중 천이초기종을 대치할 경쟁종의 개체군 성장률을 느리게 함으로써 공존기간이 연장되어 종다양도가 높게 유지된다(자원 가용성이 낮거나 중간의 수준에서 다양도가 최대에 이를 것이라 예측).

51 수질정화식물과 가장 거리가 먼 것은?

① 부들, 갈대
② 택사, 돌피
③ 부레옥잠, 부들
④ 개구리밥, 창포

52 녹화식물의 종류를 흡착형 식물과 감기형 식물로 나눌 때 흡착형 식물로만 이루어진 것은?

① 칡, 멀꿀, 으름덩굴
② 개머루, 으아리, 인동
③ 담쟁이덩굴, 송악, 모람
④ 마삭줄, 줄사철나무, 노박덩굴

해설

㉠ 흡착형 식물 : 담쟁이덩굴, 송악류, 마삭줄, 왕모람, 능소화, 줄사철나무
㉡ 감기형 : 미국담쟁이, 등나무, 노박덩굴, 인동덩굴, 으름덩굴, 멀꿀, 머루, 다래

🔒정답 47 ④ 48 ① 49 ② 50 ④ 51 ② 52 ③

53 비탈다듬기공사에서 단면적 A_1, A_2는 각각 $2.1m^2$, $0.7m^2$이며, A_1과 A_2의 거리가 6m일 때 토사량(m^3)은?(단, 평균단면적법을 이용한다.)

① 2.4 ② 8.4
③ 8.8 ④ 16.8

해설

$\{(2.1+0.7)/2\} \times 6 = 8.4$

54 비탈면녹화를 위한 식생군락의 조성 시 고려해야 할 내용으로 가장 거리가 먼 것은?

① 주변 식생과 동화
② 식생의 안정 및 천이
③ 비탈면 주변의 생태계를 고려
④ 급속 녹화를 위한 단순식생의 군락 조성

해설

단순식생보다는 다양한 식생을 권장한다.

55 식생기반재(토양) 분석의 기초이론 중 물리성을 평가하는 항목이 아닌 것은?

① 토성 ② 토양 온도
③ 토양의 밀도 ④ 토양의 염기치환용량

해설 토양 물리성

토성, 경도, 온도, 수분 삼상 등 물리적 성질

56 일반적으로 황폐지 또는 황폐산지는 황폐의 정도와 특성에 따라서 다양하게 구분하는데, 가장 초기단계를 무엇이라 하는가?

① 민둥산 ② 척악임지
③ 황폐이행지 ④ 초기황폐지

해설 1차 천이

㉠ 암반 절벽, 모래언덕, 새로 노출된 빙하쇄설물과 같이 이전에 군집이 살지 않았던 장소에서 시작한다.
㉡ 황무지 → 화본과 초본류 등의 선구식물이 안정화 → 관목 → 교목(소나무–참나무) 범람원 → 오리나무류와 사시나무류 등 다양한 종 점유 → 가문비나무와 솔송나무류 등의 천이 후기종으로 교체 → 주변 경관 삼림군집과 유사해짐

57 토양개량재인 피트모스에 대한 설명으로 틀린 것은?

① 일반적으로 pH 7~8 정도의 알칼리성을 나타내므로 산성 토양의 치환에 적합하다.
② 섬유가 서로 얽혀서 대공극을 형성하는 것과 함께 섬유자체가 다공질이고 친수성이 있다는 특징이 있다.
③ 보수성, 보비력이 약한 사질토 또는 통기성, 투수성이 불량한 점성토에서의 사용이 효과적이다.
④ 양이온 교환용량(CEC)이 130mg/100g 정도로 퇴비에 비해 높아서 보비력의 향상에 효과적이다.

해설

피트모스는 토양을 부드럽고 탄력성 있게 하며 토양의 고결을 막기 위해 사용한다. 피트모스는 보수성이 좋기 때문에 모래땅에 혼입하면 효과적이다. 토양이 점토질인 곳에서는 답압에 의해 통기성의 악화를 조장하기 때문에 피트모스는 그리 좋지 않다.

58 대지 면적이 $100m^2$이며, 건축물 면적은 $50m^2$, 자연지반녹지가 $30m^2$, 부분포장 면적이 $20m^2$인 경우 생면적률(%)은?(단, 자연지반녹지의 가중치는 1.0, 부분포장면의 가중치는 0.5로 한다.)

① 20 ② 30
③ 40 ④ 50

해설

$$생태면적률 = \frac{자연지반녹지 면적 + \sum(인공화 지역 공간유형별 면적 \times 가중치)}{전체 대상지 면적} \times 100(\%)$$

$$= \frac{30 + (20 \times 0.5)}{100 \times 100} = 40\%$$

59 도로가 개설되면서 산림생태계가 단절된 구간에 육교형 생태통로를 설치할 때 고려되어야 할 사항과 가장 거리가 먼 것은?

① 통로의 가장자리를 따라서 선반을 설치한다.
② 중앙보다 양끝을 넓게 하여 자연스러운 접근을 유도한다.
③ 필요시 통로 내부에 양서류를 위한 계류 혹은 습지를 설치한다.
④ 통로 양측에 벽면을 설치하여 주변으로부터 빛, 소음, 천적 등으로부터의 영향을 차단한다.

통로의 가장자리를 따라서 선반을 설치하는 경우는 수로박스 등이 연결된 터널형 생태통로이다.

60 매립지 복원기술과 가장 거리가 먼 것은?

① 성토법
② 사주법
③ Biosolids를 이용한 공법
④ 비사방지용 산흙피복법

04 경관생태학

61 종 또는 개체군의 복원에 대한 보기의 설명에서 각각의 ( )에 들어갈 용어를 순서대로 나열한 것은?

> 종 또는 개체군의 복원을 위한 프로그램을 적용하기 위해서는 (㉠)의 개념이 적용될 수 있다. 이를 통한 종 또는 개체군의 복원방법에는 크게 3가지가 있는데, (㉡)이/가 대표적인 방법이다.

① ㉠ 메타개체군, ㉡ 이주(Translocation)
② ㉠ SLOSS, ㉡ 방사(Reintroduction)
③ ㉠ 비오톱(Biotope), ㉡ 포획번식(Captive Breeding)
④ ㉠ 포획번식(Captive Breeding), ㉡ 방사(Reintroduction)

62 코리더의 기능으로 틀린 것은?

① 공급원
② 서식처
③ 여과장치
④ 오염 발생원

해설 이동통로의 역할

㉠ 통로
㉡ 필터 : 크기가 다른 이동통로의 틈은 특정생물은 건너가도록 하나 다른 종은 제한함
㉢ 서식지 제공
㉣ 종 공급처
㉤ 종 수용처

63 지역생태학에서 지역(Region)에 대한 설명으로 틀린 것은?

① 다양한 지형, 자연교란 및 인간활동들이 풍부한 다양성을 가진 생태학적 조건들을 제공한다.
② 교통, 통신 및 문화에 의해 서로 연결되어 있는 인간활동과 관심 역시 인간활동의 범위를 제한한다.
③ 국지생태계의 집합이 몇 km² 넓이의 공간에 걸쳐 같은 형태로 반복되어 나타나는 토지모자이크이다.
④ 광범위한 지리학적 공간으로서 공통적으로 나타나는 대기후 및 공통적인 인간활동과 관심이 포함된다.

64 경관의 구조, 기능, 변화의 원리와 관계가 없는 것은?

① 경관 안정성의 원리
② 에너지 흐름의 원리
③ 천이의 불균일성 원리
④ 생물적 다양성의 원리

해설

㉠ 생태계가 건강하면 경관 안정성이 높아질 수 있다.
㉡ 경관요소들의 상호작용은 에너지의 흐름이다.
㉢ 초기의 경관생태학이 경관의 유형화라는 명목으로 구조파악에 많은 시간을 보냈다면, 토지이용과 환경 및 자원관리, 생물다양성 보존에서 유용성을 높이는 경관의 기능적 측면을 이해하려는 노력이 필요하다.

65 환경영향평가 기법에서 중점평가 인자선정기법과 관계가 없는 것은?

① 네트워크법
② 격자분석법
③ 지도중첩법
④ 체크리스트법

66 지리정보체계(GIS)를 활용하여 분석 가능한 경관생태 항목들 중 틀린 것은?

① 논농사지역의 잡초분포 파악
② 산림군락지 내 병해충의 종류 및 원인 파악
③ 토양도 작성을 통한 토양 형성과정의 이해
④ 배수구역 내의 물수지평형과 하천 오염원 계산

해설

GIS는 공간분석, 이미지분석, 데이터베이스 구축 및 관리, 개발을 할 수 있다.

67 고도 832km에서 지구의 폭 117km를 일시에 관측하며, 26일마다 동일 위치로 돌아오는 태양동기 준회귀궤도를 가지고 있는 위성으로서 HRV/XS의 해상력이 약 20m²인 위성은?

① SPOT ② MOS−1
③ Landsat TM ④ Landsat MSS

68 도시 비오톱의 기능 및 역할과 가장 거리가 먼 것은?

① 생물종 서식의 중심지 역할을 수행한다.
② 기후, 토양, 수질 보전의 기능을 가지고 있다.
③ 건축물의 스카이라인 조절 기능을 가지고 있다.
④ 도시민들에게 휴양 및 자연체험의 장을 제공해 준다.

해설
비오톱은 생물서식지로 건축물의 스카이라인을 조절하기 어렵다.

69 다음의 비오톱 타입 중 훼손 후 재생에 가장 오랜 시간이 소요되는 것은?

① 빈영양단경초지 ② 빈영양수역의 식물
③ 부영양수역의 식생 ④ 동굴에만 서식하는 생물종

해설
특정서식지에만 서식 가능한 종은 특정서식지가 훼손되면 멸종위험이 따르고, 그에 따른 복원 및 재생이 어렵다.

70 도로비탈면의 구조에 포함되지 않는 것은?

① 소단 ② 절개비탈면
③ 성토비탈면 ④ 자연비탈면

71 최근 농촌경관 변화의 경향과 관계가 없는 것은?

① 고립된 마을의 증가
② 농지전환을 통한 토지모자이크의 변화
③ 농촌마을 숲 관리 및 연료목 사용 증가
④ 농촌 노동인구의 감소로 인한 휴경지 증가

해설
농촌마을 숲 관리 및 연료목 사용 증가는 개화기 이전의 모습이다.

72 경관 요소 간의 연결성을 확대하는 방법으로 가장 거리가 먼 것은?

① 코리더의 설치
② 징검다리식 녹지 보전
③ 기존 녹지의 면적 확대
④ 동물이동로 주변에 포장도로 증설

해설
동물이동로 주변에 포장도로 증설은 연결성을 차단하는 행위이다.

73 경관조각(Patch) 모양을 결정짓는 요인 중 가장 거리가 먼 것은?

① 생물다양성
② 역동적인 교란
③ 침식과 퇴적, 빙하 등의 지형학적 요소
④ 인공적인 조각에서 많이 볼 수 있는 철도, 도로 등과 같은 그물형태

해설
생물다양성 등은 Patch에 나타나지 않는다.

74 해안사구에 대한 설명으로 틀린 것은?

① 해안 고유식물과 동물의 서식지 기능을 한다.
② 해안사구는 육지와 바다 사이의 퇴적물의 양을 조절한다.
③ 해안사구 형성에 영향을 주는 요인으로 모래 공급량, 풍속 및 풍향이 있다.
④ 해안사구는 1차 사구와 2차 사구로 구분하고, 바다 쪽 사구를 2차 사구라고 한다.

해설 ▶ 해안사구

[해안사구 개념도]

75 UNESCO MAB의 생물권보전지역에 의한 기준에서 다음 설명에 해당되는 지역은?

> 희귀종, 고유종, 멸종위기종이 다수 분포하고 있으며 생물다양성이 높고 학술적 연구 가치가 큰 지역으로서 전문가에 의한 모니터링 정도의 행위만 허용된다.

① 핵심지역(Core Area)
② 완충지역(Buffer Zone)
③ 전이지역(Transition Area
④ 보전지역(Conservaion Area)

76 염분이 높은 해안습지에 서식하기 위한 염생식물의 대응기작에 대한 설명으로 틀린 것은?

① 염분을 흡수하여 체내에서 분해하여 영양물질로 이용하는 기작
② 염분 자체의 흡수 억제 기작 및 액포를 사용하여 염분을 저장하는 기작
③ 뿌리에 흡수된 염분이 잎까지 이동되었다가 다시 뿌리를 통하여 토양으로 이동되는 기작
④ 표피의 염선(Salt Gland)에 염분을 축적하였다가 세포가 파괴되면서 체외로 배출하는 기작

77 개체군 크기를 늘리고 최소존속개체군 이상이 되도록 하는 보전생물학적인 방법으로 적당하지 않은 것은?

① 서식처의 확대
② 생태통로의 설치
③ 멸종위기 동식물의 수집
④ 패치연결 징검다리 녹지의 조성

78 원격탐사(RS)기법의 특징에 대한 설명으로 틀린 것은?

① 컴퓨터를 이용하여 손쉽게 분석할 수 있다.
② 광범위한 지역의 공간정보를 획득하기에 용이하다.
③ 정밀한 땅속 지하암반의 형태를 쉽게 추출할 수 있다.
④ 시각적 정보를 지도의 형태로 제공함으로써 누구나 이해하기 용이하다.

해설▶
원격탐사는 GIS분석 중의 하나로 이미지분석으로 특화된 분야이다.

79 도시경관생태의 보전과 관리를 위한 생태적인 도시계획을 위한 적절한 지침이 아닌 것은?

① 도심에 적응하는 생물상을 고려한다.
② 토지 이용에 대한 밀도를 다양하게 한다.
③ 생물다양성을 높이기 위해 특정 외래수종을 도입한다.
④ 도시 내의 큰 숲을 가능하면 보전하여 보호구역을 만든다.

해설▶
외래수종의 도입은 생물다양성을 높일 수는 있으나 생태계교란의 원인이 될 수 있으므로 자생종의 도입을 권장한다.

80 해양의 유형별 경관생태에 대한 설명 중 틀린 것은?

① 갯벌의 유형에는 모래갯벌, 펄갯벌, 혼합갯벌 등이 있다.
② 암반해안은 해파에 의한 침식해안으로 파도의 침식작용의 결과로 형성된다.
③ 해안 사구는 육지와 바다 사이의 퇴적물양을 조절하여 해안을 보호하는 기능을 가지고 있다.
④ 사빈은 해류, 하안류에 의하여 운반된 모래가 파랑에 의하여 밀려 올려지고 탁월풍의 작용을 받아 모래가 낮은 구릉 모양으로 쌓인 지형을 말한다.

해설▶ 사빈(砂濱, Sand Beach)
모래가 많이 퇴적된 해안지형을 말한다. 일반적으로 해수욕장으로 이용되고 있다. 대량의 모래를 운반하는 하천이 흘러들거나 고화(固化)되지 않은 제3기층이나 제4기층이 노출되어 있는 해안에는 사빈이 두껍게 발달한다. 한편, 하천으로부터 모래를 공급받아 형성되는 사빈은 퇴적물이 유역분지의 지질과 하천의 특성을 잘 반영한다.

04 자연환경관계법규

81 백두대간 보호에 관한 법률상 백두대간 보호지역을 지정·고시하는 행정기관장은?

① 산림청장
② 환경부장관
③ 국토교통부장관
④ 국립공원공단 이사장

해설

산림청장은 백두대간 중 생태계, 자연경관 또는 산림 등에 대하여 특별한 보호가 필요하다고 인정하는 지역을 원칙과 기준에 따라 환경부장관과 협의하여 보호지역으로 지정할 수 있다. 또한, 산림청장은 보호지역을 지정하였을 때에는 대통령령으로 정하는 바에 따라 관보에 고시하고 관계 중앙행정기관의 장과 도지사에게 통보하여야 한다.

제6조(백두대간보호지역의 지정)
① 환경부장관은 산림청장과 협의하여 백두대간보호지역(이하 "보호지역"이라 한다)의 지정에 관한 원칙과 기준을 정한다. 다만, 사회적·경제적·지역적 여건의 변화로 원칙과 기준의 변경이 불가피하다고 인정하는 경우에는 산림청장과 협의하여 변경할 수 있다.
② 산림청장은백두대간 중 생태계, 자연경관 또는 산림 등에 대하여 특별한 보호가 필요하다고 인정하는 지역을 제1항 본문에 따른 원칙과 기준에 따라 환경부장관과 협의하여 보호지역으로 지정할 수 있다. 이 경우 보호지역은 다음 각 호와 같다.
　　1. 핵심구역 : 백두대간의 능선을 중심으로 특별히 보호하려는 지역
　　2. 완충구역 : 핵심구역과 맞닿은 지역으로서 핵심구역 보호를 위하여 필요한 지역
③ 보호지역의 지정 절차에 관하여는 제4조제3항·제5항 및 제6항을 준용하되, 필요한 경우 해당 지역주민의 의견을 들을 수 있다.
④ 산림청장은 제2항에 따라 보호지역을 지정하였을 때에는 대통령령으로 정하는 바에 따라 관보에 고시하고 관계 중앙행정기관의 장과 도지사에게 통보하여야 한다.
⑤ 관계 도지사 또는 시장·군수는 보호지역의 지정과 관련되는 서류를 일반인이 열람할 수 있게 하여야 한다.
[전문개정 2011. 4. 6.]

82 습지보전법상 규정에 의한 승인을 받지 아니하고 습지 주변 관리지역에서 간척사업, 공유수면매립사업 또는 위해행위를 한 자에 대한 벌칙기준으로 옳은 것은?

① 1년 이하의 징역 또는 5백만 원 이하의 벌금에 처한다.
② 2년 이하의 징역 또는 2천만 원 이하의 벌금에 처한다.
③ 3년 이하의 징역 또는 5천만 원 이하의 벌금에 처한다.
④ 5년 이하의 징역 또는 7천만 원 이하의 벌금에 처한다.

해설

문제의 답은 잘못되었다.
2014년 2년 이하의 징역이 3년 이하로 개정되었으며, 2016년 2천만 원 이하의 벌금이 3천만 원으로 개정되었다. 따라서 현재는 3년 이하의 징역 및 3천만 원 이하의 벌금에 처한다.

제23조(벌칙)
습지보호지역으로 지정·고시된 습지를 「공유수면 관리 및 매립에 관한 법률」에 따른 면허 없이 매립한 사람은 3년 이하의 징역 또는 3천만

원 이하의 벌금에 처한다. 〈개정 2016. 1. 27.〉
[전문개정 2014. 3. 24.]

83 백두대간 보호에 관한 법률상 백두대간 보호 기본계획은 몇 년마다 수립하는가?

① 3년
② 5년
③ 10년
④ 15년

해설

「백두대간 보호에 관한 법률」상 백두대간 보호 기본계획은 10년마다 수립하여야 한다.

제4조(백두대간 보호 기본계획의 수립)
① 환경부장관은 산림청장과 협의하여 백두대간 보호 기본계획(이하 "기본계획"이라 한다)의 수립에 관한 원칙과 기준을 정한다. 다만, 사회적·경제적·지역적 여건의 변화로 원칙과 기준의 변경이 불가피하다고 인정하는 경우에는 산림청장과 협의하여 변경할 수 있다.
② 산림청장은 백두대간을 효율적으로 보호하기 위하여 제1항에 따라 마련된 원칙과 기준에 따라 기본계획을 환경부장관과 협의하여 10년마다 수립하여야 한다.
③ 산림청장은 기본계획을 수립하거나 변경할 때에는 미리 관계 중앙행정기관의 장 및 기본계획과 관련이 있는 도지사와 협의하여야 한다.
④ 기본계획에는 다음 각 호의 사항이 포함되어야 한다.
　　1. 백두대간의 현황 및 여건 변화 전망에 관한 사항
　　2. 백두대간의 보호에 관한 기본 방향
　　3. 백두대간의 자연환경 및 산림자원 등의 조사와 보호를 위한 사업에 관한 사항
　　4. 백두대간보호지역의 지정, 지정해제 또는 구역변경에 관한 사항
　　5. 백두대간의 생태계 및 훼손지 복원·복구에 관한 사항
　　6. 백두대간보호지역의 토지와 입목(立木), 건축물 등 그 토지에 정착된 물건(이하 "토지등"이라 한다)의 매수에 관한 사항
　　7. 백두대간보호지역에 거주하는 주민 또는 백두대간보호지역에 토지를 소유하고 있는 자에 대한 지원에 관한 사항
　　8. 백두대간의 보호와 관련된 남북협력에 관한 사항
　　9. 그 밖에 백두대간의 보호를 위하여 필요하다고 인정되는 사항
⑤ 산림청장은 관계 중앙행정기관의 장 또는 지방자치단체의 장에게 기본계획의 수립 및 시행에 필요한 자료의 제출 또는 협조를 요청할 수 있다. 이 경우 관계 중앙행정기관의 장과 지방자치단체의 장은 특별한 사유가 없으면 요청에 따라야 한다.
⑥ 산림청장은 기본계획을 수립하였을 때에는 관계 중앙행정기관의 장 및 도지사에게 통보하여야 한다. 기본계획을 변경하였을 때에도 또한 같다.
[전문개정 2011. 4. 6.]

84 독도 등 도서지역의 생태계 보전에 관한 특별법상 특정도서 지정대상으로 가장 거리가 먼 것은?(단, 광역시장, 도지사 또는 특별자치도지사가 추천하는 도서는 제외)

① 해안, 연안, 용암동굴 등 자연경관이 뛰어난 도서
② 문화재보호법 규정에 의거 무형 문화재적 보존가치가 높은 도서
③ 야생동물의 서식지 또는 도래지로서 보전할 가치가 있다고 인정되는 도서
④ 수자원(水資源), 화석, 희귀 동식물, 멸종위기 동식물, 그 밖에 우리나라 고유 생물종의 보존을 위하여 필요한 도서

해설

「문화재보호법」 규정과 관련된 사항은 명시되어 있지 않음

제4조(특정도서의 지정 등)
① 환경부장관은 다음 각 호의 어느 하나에 해당하는 도서를 특정도서로 지정할 수 있다.
 1. 화산, 기생화산(寄生火山), 계곡, 하천, 호소, 폭포, 해안, 연안, 용암동굴 등 자연경관이 뛰어난 도서
 2. 수자원(水資源), 화석, 희귀 동식물, 멸종위기 동식물, 그 밖에 우리나라 고유 생물종의 보존을 위하여 필요한 도서
 3. 야생동물의 서식지 또는 도래지로서 보전할 가치가 있다고 인정되는 도서
 4. 자연림(自然林) 지역으로서 생태학적으로 중요한 도서
 5. 지형 또는 지질이 특이하여 학술적 연구 또는 보전이 필요한 도서
 6. 그 밖에 자연생태계 등의 보전을 위하여 광역시장, 도지사 또는 특별자치도지사(이하 '시·도지사'라 한다)가 추천하는 도서와 환경부장관이 필요하다고 인정하는 도서
② 환경부장관은 특정도서를 지정하려면 관계 중앙행정기관의 장과 협의하고 관할 시·도지사의 의견을 들어야 한다. 특정도서의 지정을 해제하거나 변경할 때에도 또한 같다.
③ 환경부장관은 특정도서를 지정하거나 해제·변경한 경우에는 환경부령으로 정하는 바에 따라 그 도서의 명칭, 구역, 면적, 지정연월일 및 그 밖에 필요한 사항을 정하여 지체 없이 고시하여야 한다.
④ 다음 각 호의 어느 하나에 해당하는 경우가 아니면 특정도서의 지정을 해제하거나 축소·변경할 수 없다.〈개정 2020. 5. 26.〉
 1. 군사목적 또는 공익을 위하여 불가피한 경우나 천재지변 또는 그 밖의 사유로 특정도서로 존치(存置)할 수 없게 된 경우
 2. 지정 목적에 현저히 맞지 아니하여 존치시킬 필요가 없다고 인정되는 경우
[전문개정 2011. 7. 28.]

85 다음은 자연환경보전법상 사용되는 용어의 정의이다. ( )안에 알맞은 것은?

( )라 함은 생물다양성을 높이고 야생동물 식물의 서식지간의 이동가능성 등 생태계의 연속성을 높이거나 특정한 생물종의 서식조건을 개선하기 위하여 조성하는 생물서식공간

① 자연생태계　　　　　② 복원생태계
③ 창조생태계　　　　　④ 소(小)생태계

해설

"소생태계"라 함은 생물다양성을 높이고 야생동식물의 서식지 간의 이동가능성 등 생태계의 연속성을 높이거나 특정한 생물종의 서식조건을 개선하기 위하여 조성하는 생물서식공간을 말한다.

제2조(정의)
이 법에서 사용하는 용어의 정의는 다음과 같다.〈개정 2006. 10. 4., 2012. 2. 1., 2013. 3. 22., 2017. 11. 28., 2020. 5. 26., 2021. 1. 5., 2022. 6. 10.〉
1. "자연환경"이라 함은 지하·지표(해양을 제외한다) 및 지상의 모든 생물과 이들을 둘러싸고 있는 비생물적인 것을 포함한 자연의 상태(생태계 및 자연경관을 포함한다)를 말한다.
2. "자연환경보전"이라 함은 자연환경을 체계적으로 보존·보호 또는 복원하고 생물다양성을 높이기 위하여 자연을 조성하고 관리하는 것을 말한다.
3. "자연환경의 지속가능한 이용"이라 함은 현재와 장래의 세대가 동등한 기회를 가지고 자연환경을 이용하거나 혜택을 누릴 수 있도록 하는 것을 말한다.
4. "자연생태"라 함은 자연의 상태에서 이루어진 지리적 또는 지질적 환경과 그 조건 아래에서 생물이 생활하고 있는 모든 현상을 말한다.
5. "생태계"란 식물·동물 및 미생물 군집(群集)들과 무생물 환경이 기능적인 단위로 상호작용하는 역동적인 복합체를 말한다.
6. "소(小)생태계"라 함은 생물다양성을 높이고 야생동·식물의 서식지 간의 이동가능성 등 생태계의 연속성을 높이거나 특정한 생물종의 서식조건을 개선하기 위하여 조성하는 생물서식공간을 말한다.
7. "생물다양성"이라 함은 육상생태계 및 수생생태계(해양생태계는 제외한다)와 이들의 복합생태계를 포함하는 모든 원천에서 발생한 생물체의 다양성을 말하며, 종내(種內)·종간(種間) 및 생태계의 다양성을 포함한다.
8. "생태축"이라 함은 전국 또는 지역 단위에서 생물다양성을 증진시키고 생태계 기능의 연속성을 위하여 생태적으로 중요한 지역 또는 생태적 기능의 유지가 필요한 지역을 연결하는 생태적 서식공간을 말한다.
9. "생태통로"란 도로·댐·수중보(水中洑)·하굿둑 등으로 인하여 야생동·식물의 서식지가 단절되거나 훼손 또는 파괴되는 것을 방지하고 야생동·식물의 이동 등 생태계의 연속성 유지를 위하여 설치하는 인공 구조물·식생 등의 생태적 공간을 말한다.
10. "자연경관"이라 함은 자연환경적 측면에서 시각적·심미적인 가치를 가지는 지역·지형 및 이에 부속된 자연요소 또는 사물이 복

합적으로 어우러진 자연의 경치를 말한다.

11. "대체자연"이라 함은 기존의 자연환경과 유사한 기능을 수행하거나 보완적 기능을 수행하도록 하기 위하여 조성하는 것을 말한다.

12. "생태·경관보전지역"이라 함은 생물다양성이 풍부하여 생태적으로 중요하거나 자연경관이 수려하여 특별히 보전할 가치가 큰 지역으로서 제12조 및 제13조제3항에 따라 환경부장관이 지정·고시하는 지역을 말한다.

13. "자연유보지역"이라 함은 사람의 접근이 사실상 불가능하여 생태계의 훼손이 방지되고 있는 지역 중 군사목적을 위하여 이용되는 외에는 특별한 용도로 사용되지 아니하는 무인도로서 대통령령으로 정하는 지역과 관할권이 대한민국에 속하는 날부터 2년간의 비무장지대를 말한다.

14. "생태·자연도"라 함은 산·하천·내륙습지·호소(湖沼)·농지·도시 등에 대하여 자연환경을 생태적 가치, 자연성, 경관적 가치 등에 따라 등급화하여 제34조에 따라 작성된 지도를 말한다.

15. "자연자산"이라 함은 인간의 생활이나 경제활동에 이용될 수 있는 유형·무형의 가치를 가진 자연상태의 생물과 비생물적인 것의 총체를 말한다.

16. "생물자원"이란 「생물다양성 보전 및 이용에 관한 법률」 제2조제3호에 따른 생물자원을 말한다.

17. "생태마을"이라 함은 생태적 기능과 수려한 자연경관을 보유하고 이를 지속가능하게 보전·이용할 수 있는 역량을 가진 마을로서 환경부장관 또는 지방자치단체의 장이 제42조에 따라 지정한 마을을 말한다.

18. "생태관광"이란 생태계가 특히 우수하거나 자연경관이 수려한 지역에서 자연자산의 보전 및 현명한 이용을 통하여 환경의 중요성을 체험할 수 있는 자연친화적인 관광을 말한다.

19. "자연환경복원사업"이란 훼손된 자연환경의 구조와 기능을 회복시키는 사업으로서 다음 각 호에 해당하는 사업을 말한다. 다만, 다른 관계 중앙행정기관의 장이 소관 법률에 따라 시행하는 사업은 제외한다.
　가. 생태·경관보전지역에서의 자연생태·자연경관과 생물다양성 보전·관리를 위한 사업
　나. 도시지역 생태계의 연속성 유지 또는 생태계 기능의 향상을 위한 사업
　다. 단절된 생태계의 연결 및 야생동물의 이동을 위하여 생태통로 등을 설치하는 사업
　라. 「습지보전법」 제3조제3항의 습지보호지역 등(내륙습지로 한정한다)에서의 훼손된 습지를 복원하는 사업
　마. 그 밖에 훼손된 자연환경 및 생태계를 복원하기 위한 사업으로서 대통령령으로 정하는 사업

86 다음은 국토의 계획 및 이용에 관한 법률에 따른 벌칙기준이다. ( ) 안에 알맞은 것은?

> 기반시설 설치비용을 면탈·경감할 목적 또는 면탈·경감하게 할 목적으로 거짓계약을 체결하거나 거짓 자료를 제출한 자는 (㉠) 또는 면탈·경감하였거나 면탈·경감하고자 한 기반시설 설치비용의 (㉡)에 상당하는 벌금에 처한다.

① ㉠ 1년 이하의 징역, ㉡ 3배 이하
② ㉠ 1년 이하의 징역, ㉡ 10배 이하
③ ㉠ 3년 이하의 징역, ㉡ 3배 이하
④ ㉠ 3년 이하의 징역, ㉡ 10배 이하

해설

본 벌칙은 2008년 신설되었다.
제140조의2(벌칙)
기반시설설치비용을 면탈·경감할 목적 또는 면탈·경감하게 할 목적으로 거짓 계약을 체결하거나 거짓 자료를 제출한 자는 3년 이하의 징역 또는 면탈·경감하였거나 면탈·경감하고자 한 기반시설설치비용의 3배 이하에 상당하는 벌금에 처한다.
[본조신설 2008. 3. 28.]

87 습지보전법상 다음 ( ) 안에 알맞은 용어는?

> ( )란 만조 때 수위선과 지면의 경계선으로부터 간조 때 수위선과 지면의 경계선까지의 지역을 말한다.

① 경계습지　　　　　② 연안습지
③ 조석습지　　　　　④ 하천습지

해설

「습지보전법」 중 연안습지의 내용이다.
제2조(정의)
이 법에서 사용하는 용어의 뜻은 다음과 같다.〈개정 2021. 1. 5.〉
1. "습지"란 담수(淡水 : 민물), 기수(汽水 : 바닷물과 민물이 섞여 염분이 적은 물) 또는 염수(鹽水 : 바닷물)가 영구적 또는 일시적으로 그 표면을 덮고 있는 지역으로서 내륙습지 및 연안습지를 말한다.
2. "내륙습지"란 육지 또는 섬에 있는 호수, 못, 늪, 하천 또는 하구(河口) 등의 지역을 말한다.
3. "연안습지"란 만조(滿潮) 때 수위선(水位線)과 지면의 경계선으로부터 간조(干潮) 때 수위선과 지면의 경계선까지의 지역을 말한다.
4. "습지의 훼손"이란 배수(排水), 매립 또는 준설 등의 방법으로 습지 원래의 형질을 변경하거나 습지에 시설이나 구조물을 설치하는 등의 방법으로 습지를 보전 목적 외의 용도로 사용하는 것을 말한다.
[전문개정 2014. 3. 24.]

88 자연환경보전법상 생태·경관 보전 지역에서 허용 가능한 행위는?

① 토석의 채취
② 토지의 형질 변경
③ 하천·호소 등의 구조 변경
④ 기존 거주민의 영농행위

해설

생태·경관보전지역 안에 거주하는 주민의 생활양식의 유지 또는 생활향상을 위하여 필요하거나 생태·경관보전지역 지정 당시에 실시하던 영농행위를 지속하기 위하여 필요한 행위 등 대통령령으로 정하는 행위를 하는 경우는 행위제한 되지 않는다.

제15조(생태·경관보전지역에서의 행위제한 등)
① 누구든지 생태·경관보전지역 안에서는 다음 각 호의 어느 하나에 해당하는 자연생태 또는 자연경관의 훼손행위를 하여서는 아니된다. 다만, 생태·경관보전지역 안에 「자연공원법」에 따라 지정된 공원구역 또는 「문화재보호법」에 따른 문화재(보호구역을 포함한다)가 포함된 경우에는 「자연공원법」 또는 「문화재보호법」에서 정하는 바에 따른다. 〈개정 2020. 5. 26.〉
  1. 핵심구역 안에서 야생동식물을 포획·채취·이식(移植)·훼손하거나 고사(枯死)시키는 행위 또는 포획하거나 고사시키기 위하여 화약류·덫·올무·그물·함정 등을 설치하거나 유독물·농약 등을 살포·주입(注入)하는 행위
  2. 건축물 그 밖의 공작물(이하 "건축물등"이라 한다)의 신축·증축(생태·경관보전지역 지정 당시의 건축연면적의 2배 이상 증축하는 경우에 한정한다) 및 토지의 형질변경
  3. 하천·호소 등의 구조를 변경하거나 수위 또는 수량에 증감을 가져오는 행위
  4. 토석의 채취
  5. 그 밖에 자연환경보전에 유해하다고 인정되는 행위로서 대통령령으로 정하는 행위
② 다음 각 호의 어느 하나에 해당하는 경우에는 제1항의 규정을 적용하지 아니한다. 〈개정 2005. 8. 4., 2009. 6. 9., 2017. 11. 28., 2020. 5. 26.〉
  1. 군사목적을 위하여 필요한 경우
  2. 천재·지변 또는 이에 준하는 대통령령으로 정하는 재해가 발생하여 긴급한 조치가 필요한 경우
  3. 생태·경관보전지역 안에 거주하는 주민의 생활양식의 유지 또는 생활향상을 위하여 필요하거나 생태·경관보전지역 지정 당시에 실시하던 영농행위를 지속하기 위하여 필요한 행위 등 대통령령으로 정하는 행위를 하는 경우
  4. 환경부장관이 해당 지역의 보전에 지장이 없다고 인정하여 환경부령으로 정하는 바에 따라 허가하는 경우
  5. 「농어촌정비법」 제2조에 따른 농업생산기반정비사업으로서 제14조에 따른 생태·경관보전지역관리기본계획에 포함된 사항을 시행하는 경우

  6. 「산림자원의 조성 및 관리에 관한 법률」에 따른 산림경영계획 및 산림보호와 「산림보호법」에 따른 산림유전자원보호구역의 보전을 위하여 시행하는 사업으로서 나무를 베어 내거나 토지의 형질변경을 수반하지 아니하는 경우
  7. 관계 행정기관의 장이 인가·허가 또는 승인 등(이하 "인·허가 등"이라 한다)을 하거나 다른 법률에 따라 관계 행정기관의 장이 직접 실시하는 경우. 이 경우 관계 행정기관의 장은 미리 환경부장관과 협의하여야 한다.
  8. 환경부장관이 생태·경관보전지역을 보호·관리하기 위하여 대통령령으로 정하는 행위 및 필요한 시설을 설치하는 경우
③ 제1항에도 불구하고 완충구역 안에서는 다음의 행위를 할 수 있다. 〈개정 2005. 8. 4., 2009. 6. 9., 2014. 6. 3., 2020. 5. 26., 2021. 1. 5.〉
  1. 「공간정보의 구축 및 관리 등에 관한 법률」에 따른 지목이 대지(생태·경관보전지역 지정 이전의 지목이 대지인 경우에 한정한다)인 토지에서 주거·생계 등을 위한 건축물등으로서 대통령령으로 정하는 건축물등의 설치
  2. 생태탐방·생태학습 등을 위하여 대통령령으로 정하는 시설의 설치
  3. 「산림자원의 조성 및 관리에 관한 법률」에 따른 산림경영계획과 산림보호 및 「산림보호법」에 따른 산림유전자원보호구역 등의 보전·관리를 위하여 시행하는 산림사업
  4. 하천유량 및 지하수 관측시설, 배수로의 설치 또는 이와 유사한 농·임·수산업에 부수되는 건축물등의 설치
  5. 「장사 등에 관한 법률」 제14조제1항제1호에 따른 개인묘지의 설치
④ 제1항에도 불구하고 전이구역 안에서는 다음의 행위를 할 수 있다. 〈개정 2020. 5. 26.〉
  1. 제3항 각 호의 행위
  2. 전이구역 안에 거주하는 주민의 생활양식의 유지 또는 생활향상 등을 위한 대통령령으로 정하는 건축물등의 설치
  3. 생태·경관보전지역을 방문하는 사람을 위한 대통령령으로 정하는 음식·숙박·판매시설의 설치
  4. 도로, 상·하수도 시설 등 지역주민 및 탐방객의 생활편의 등을 위하여 대통령령으로 정하는 공공용시설 및 생활편의시설의 설치
⑤ 환경부장관은 취약한 자연생태·자연경관의 보전을 위하여 특히 필요한 경우에는 대통령령으로 정하는 개발사업을 제한하거나 제2항제3호에도 불구하고 영농행위를 제한할 수 있다. 〈개정 2020. 5. 26.〉

정답 88 ④

89 환경정책기본법상 보기가 설명하고 있는 원칙은?

> 자기의 행위 또는 사업활동으로 인하여 환경오염 또는 환경훼손의 원인을 야기한 자는 그 오염·훼손의 방지와 오염·훼손된 환경을 회복·복원할 책임을 지며, 환경오염 또는 환경훼손으로 인한 피해의 구제에 소용되는 비용을 부담함을 원칙으로 한다.

① 자연복원 책임원칙　　　② 원상회복 책임원칙
③ 생태복원 책임원칙　　　④ 오염원인자 책임원칙

해설

오염원인자 책임원칙 외에 수익자 부담원칙(국가 및 지방자치단체는 국가 또는 지방자치단체 이외의 자가 환경보전을 위한 사업으로 현저한 이익을 얻는 경우 이익을 얻는 자에게 그 이익의 범위에서 해당 환경보전을 위한 사업 비용의 전부 또는 일부를 부담하게 할 수 있다)을 2021년 신설하였다.

제7조(오염원인자 책임원칙)
자기의 행위 또는 사업활동으로 환경오염 또는 환경훼손의 원인을 발생시킨 자는 그 오염·훼손을 방지하고 오염·훼손된 환경을 회복·복원할 책임을 지며, 환경오염 또는 환경훼손으로 인한 피해의 구제에 드는 비용을 부담함을 원칙으로 한다.

제7조의2(수익자 부담원칙)
국가 및 지방자치단체는 국가 또는 지방자치단체 이외의 자가 환경보전을 위한 사업으로 현저한 이익을 얻는 경우 이익을 얻는 자에게 그 이익의 범위에서 해당 환경보전을 위한 사업 비용의 전부 또는 일부를 부담하게 할 수 있다.
[본조신설 2021. 1. 5.]

90 국토의 계획 및 이용에 관한 법령상 보호지구를 세분한 것에 해당되지 않는 것은?

① 생태계보호지구　　　② 항만시설보호지구
③ 중요시설물보호지구　④ 역사문화환경보호지구

해설

「국토의 계획 및 이용에 관한 법률 시행령」 제31조에 따라 보호지구는 '역사문화환경보호지구', '중요시설물보호지구', '생태계보호지구'로 구분된다.

국토의 계획 및 이용에 관한 법률
[법률 제18310호, 2021. 7. 20., 타법개정]
제37조(용도지구의 지정)
① 국토교통부장관, 시·도지사 또는 대도시 시장은 다음 각 호의 어느 하나에 해당하는 용도지구의 지정 또는 변경을 도시·군관리계획으로 결정한다. 〈개정 2011. 4. 14., 2013. 3. 23., 2017. 4. 18.〉
  1. 경관지구 : 경관의 보전·관리 및 형성을 위하여 필요한 지구
  2. 고도지구 : 쾌적한 환경 조성 및 토지의 효율적 이용을 위하여 건축물 높이의 최고한도를 규제할 필요가 있는 지구
  3. 방화지구 : 화재의 위험을 예방하기 위하여 필요한 지구
  4. 방재지구 : 풍수해, 산사태, 지반의 붕괴, 그 밖의 재해를 예방하기 위하여 필요한 지구
  5. 보호지구 : 문화재, 중요 시설물(항만, 공항 등 대통령령으로 정하는 시설물을 말한다) 및 문화적·생태적으로 보존가치가 큰 지역의 보호와 보존을 위하여 필요한 지구
  6. 취락지구 : 녹지지역·관리지역·농림지역·자연환경보전지역·개발제한구역 또는 도시자연공원구역의 취락을 정비하기 위한 지구
  7. 개발진흥지구 : 주거기능·상업기능·공업기능·유통물류기능·관광기능·휴양기능 등을 집중적으로 개발·정비할 필요가 있는 지구
  8. 특정용도제한지구 : 주거 및 교육 환경 보호나 청소년 보호 등의 목적으로 오물물질 배출시설, 청소년 유해시설 등 특정시설의 입지를 제한할 필요가 있는 지구
  9. 복합용도지구 : 지역의 토지이용 상황, 개발 수요 및 주변 여건 등을 고려하여 효율적이고 복합적인 토지이용을 도모하기 위하여 특정시설의 입지를 완화할 필요가 있는 지구
  10. 그 밖에 대통령령으로 정하는 지구
② 국토교통부장관, 시·도지사 또는 대도시 시장은 필요하다고 인정되면 대통령령으로 정하는 바에 따라 제1항 각 호의 용도지구를 도시·군관리계획결정으로 다시 세분하여 지정하거나 변경할 수 있다. 〈개정 2011. 4. 14., 2013. 3. 23.〉
③ 시·도지사 또는 대도시 시장은 지역여건상 필요하면 대통령령으로 정하는 기준에 따라 그 시·도 또는 대도시의 조례로 용도지구의 명칭 및 지정목적, 건축이나 그 밖의 행위의 금지 및 제한에 관한 사항 등을 정하여 제1항 각 호의 용도지구 외의 용도지구의 지정 또는 변경을 도시·군관리계획으로 결정할 수 있다. 〈개정 2011. 4. 14.〉
④ 시·도지사 또는 대도시 시장은 연안침식이 진행 중이거나 우려되는 지역 등 대통령령으로 정하는 지역에 대해서는 제1항제5호의 방재지구의 지정 또는 변경을 도시·군관리계획으로 결정하여야 한다. 이 경우 도시·군관리계획의 내용에는 해당 방재지구의 재해저감대책을 포함하여야 한다. 〈신설 2013. 7. 16.〉
⑤ 시·도지사 또는 대도시 시장은 대통령령으로 정하는 주거지역·공업지역·관리지역에 복합용도지구를 지정할 수 있으며, 그 지정 기준 및 방법 등에 필요한 사항은 대통령령으로 정한다. 〈신설 2017. 4. 18.〉
[전문개정 2009. 2. 6.]

국토의 계획 및 이용에 관한 법률 시행령
[대통령령 제32447호, 2022. 2. 17., 타법개정]
제31조(용도지구의 지정)
① 법 제37조제1항제5호에서 "항만, 공항 등 대통령령으로 정하는 시설물"이란 항만, 공항, 공용시설(공공업무시설, 공공필요성이 인정되는 문화시설·집회시설·운동시설 및 그 밖에 이와 유사한 시설로서 도시·군계획조례로 정하는 시설을 말한다), 교정시설·군사시설을 말한다. 〈신설 2017. 12. 29.〉

② 국토교통부장관, 시·도지사 또는 대도시 시장은 법 제37조제2항에 따라 도시·군관리계획결정으로 경관지구·방재지구·보호지구·취락지구 및 개발진흥지구를 다음 각 호와 같이 세분하여 지정할 수 있다. 〈개정 2005. 1. 15., 2005. 9. 8., 2008. 2. 29., 2009. 8. 5., 2012. 4. 10., 2013. 3. 23., 2014. 1. 14., 2017. 12. 29.〉

1. 경관지구
   가. 자연경관지구 : 산지·구릉지 등 자연경관을 보호하거나 유지하기 위하여 필요한 지구
   나. 시가지경관지구 : 지역 내 주거지, 중심지 등 시가지의 경관을 보호 또는 유지하거나 형성하기 위하여 필요한 지구
   다. 특화경관지구 : 지역 내 주요 수계의 수변 또는 문화적 보존가치가 큰 건축물 주변의 경관 등 특별한 경관을 보호 또는 유지하거나 형성하기 위하여 필요한 지구
2. 삭제 〈2017. 12. 29.〉
3. 삭제 〈2017. 12. 29.〉
4. 방재지구
   가. 시가지방재지구 : 건축물·인구가 밀집되어 있는 지역으로서 시설 개선 등을 통하여 재해 예방이 필요한 지구
   나. 자연방재지구 : 토지의 이용도가 낮은 해안변, 하천변, 급경사지 주변 등의 지역으로서 건축 제한 등을 통하여 재해 예방이 필요한 지구
5. 보호지구
   가. 역사문화환경보호지구 : 문화재·전통사찰 등 역사·문화적으로 보존가치가 큰 시설 및 지역의 보호와 보존을 위하여 필요한 지구
   나. 중요시설물보호지구 : 중요시설물(제1항에 따른 시설물을 말한다. 이하 같다)의 보호와 기능의 유지 및 증진 등을 위하여 필요한 지구
   다. 생태계보호지구 : 야생동식물서식처 등 생태적으로 보존가치가 큰 지역의 보호와 보존을 위하여 필요한 지구

91 생물다양성 보전 및 이용에 관한 법령상 생물다양성관리계약에 따라 실비보상하는 경우가 아닌 것은?

① 습지 등을 조성하는 경우
② 휴경 등으로 수확이 불가능 하게 된 경우
③ 경작방식의 변경 등으로 수확량이 감소하게 된 경우
④ 장마, 냉해 등 자연재해에 의한 농작물 수확량 감소하게 된 경우

해설
'생물다양성관리계약'은 2020년 '생태계서비스지불제계약'으로 그 명칭이 변경되었으며 관련 보상 기준은 「생물다양성 보전 및 이용에 관한 법률 시행령 별표1」에 명시되어 있으며, 자연재해에 의한 농작물 수확량 감소에 대한 보상은 명시되어 있지 않다.

제16조(생태계서비스지불제계약)
① 정부는 다음 각 호의 지역이 보유한 생태계서비스의 체계적인 보전 및 증진을 위하여 토지의 소유자·점유자 또는 관리인과 자연경관(「자연환경보전법」 제2조제10호에 따른 자연경관을 말한다) 및 자연자산의 유지·관리, 경작방식의 변경, 화학물질의 사용 감소, 습지의 조성, 그 밖에 토지의 관리방법 등을 내용으로 하는 계약(이하 "생태계서비스지불제계약"이라 한다)을 체결하거나 지방자치단체의 장에게 생태계서비스지불제계약의 체결을 권고할 수 있다. 〈개정 2019. 12. 10.〉
   1. 「자연환경보전법」 제2조제12호에 따른 생태·경관보전지역
   2. 「습지보전법」 제8조에 따른 습지보호지역
   3. 「자연공원법」 제2조제1호에 따른 자연공원
   4. 「야생생물 보호 및 관리에 관한 법률」 제27조에 따른 야생생물 특별보호구역
   5. 「야생생물 보호 및 관리에 관한 법률」 제33조에 따른 야생생물 보호구역
   6. 멸종위기 야생생물 보호 및 생물다양성의 증진이 필요한 다음 각 목의 지역
      가. 멸종위기 야생생물의 보호를 위하여 필요한 지역
      나. 생물다양성의 증진 또는 생태계서비스의 회복이 필요한 지역
      다. 생물다양성이 독특하거나 우수한 지역
   7. 그 밖에 대통령령으로 정하는 지역
② 정부 또는 지방자치단체의 장이 생태계서비스지불제계약을 체결하는 경우에는 대통령령으로 정하는 기준에 따라 그 계약의 이행 상대자에게 정당한 보상을 하여야 한다. 〈개정 2019. 12. 10.〉
③ 생태계서비스지불제계약을 체결한 당사자가 그 계약 내용을 이행하지 아니하거나 계약을 해지하려는 경우에는 상대방에게 3개월 이전에 이를 통보하여야 한다. 〈개정 2019. 12. 10.〉
④ 정부는 「문화유산과 자연환경자산에 관한 국민신탁법」에 따른 국민신탁법인 또는 대통령령으로 정하는 민간기구가 생태계서비스지불제계약을 체결하는 경우에는 그 이행에 필요한 지원을 할 수 있다. 〈신설 2019. 12. 10.〉
⑤ 생태계서비스지불제계약의 체결 등 그 밖에 필요한 사항은 대통령령으로 정한다. 〈개정 2019. 12. 10.〉
[제목개정 2019. 12. 10.]

생태계서비스지불제계약에 따른 정당한 보상의 기준 「시행령 별표1」 (제10조제1항 관련)
생태계서비스지불제계약을 이행하기 위하여 생태계서비스의 체계적인 보전 및 증진 활동을 한 경우 정당한 보상은 다음 각 호의 구분에 따른 금액을 기준으로 한다.
1. 법 제2조제10호나목에 따른 환경조절서비스의 보전 및 증진 활동: 다음 각 목의 활동에 필요한 금액
   가. 식생 군락 조성·관리 등 온실가스의 저감
   나. 하천 정화 및 식생대의 조성·관리 등 수질의 개선
   다. 저류지의 조성·관리 등 자연재해의 저감
2. 법 제2조제10호다목에 따른 문화서비스의 보전 및 증진 활동: 다음 각 목의 활동에 필요한 금액

🔒정답 91 ④

가. 경관숲·산책로의 조성·관리 및 식물식재 등 자연경관의 유지·개선

나. 자연경관의 주요 조망점·조망축의 조성·관리

다. 자연자산의 유지·관리

3. 법 제2조제10호라목에 따른 지지서비스의 보전 및 증진 활동 : 다음 각 목의 구분에 따른 금액

가. 휴경(休耕)하여 농작물을 수확할 수 없게 된 경우 : 농작물을 수확할 수 없게 된 면적에 단위면적당 손실액을 곱하여 산정한 금액

나. 친환경적으로 경작방식 또는 재배작물을 변경한 경우 : 수확량이 감소된 면적에 단위면적당 손실액을 곱하여 산정한 금액과 경작방식 또는 재배작물의 변경에 필요한 금액

다. 야생동물의 먹이 제공 등을 위하여 농작물을 수확하지 않는 경우 : 농작물을 수확하지 않는 면적에 단위면적당 손실액을 곱하여 산정한 금액

라. 습지 및 생태웅덩이 등을 조성·관리하는 경우 : 습지 및 생태웅덩이 등의 조성으로 인한 손실액과 그 조성·관리에 필요한 금액

마. 야생생물 서식지를 조성·관리하는 경우 : 야생생물 서식지의 조성·관리에 필요한 금액

4. 그 밖에 환경부장관, 관계 중앙행정기관의 장 및 지방자치단체의 장이 인정하는 생태계서비스의 보전 및 증진 활동 : 해당 활동으로 인한 손실액 및 해당 활동에 필요한 금액

92 자연환경보전법규상 생태통로의 설치기준으로 틀린 것은?

① 생태통로의 길이가 길수록 폭을 좁게 설치하여 생태통로를 이용하는 동물들이 순식간에 빠른 속력으로 이동하는 것을 방지한다.

② 생태통로를 이용하는 동물들이 통로에 접근할 때 불안감을 느끼지 아니하도록 생태통로 입구와 출구에는 원칙적으로 현지에 자생하는 종을 식수하며, 토양 역시 가능한 한 공사 중 발생한 절토를 사용한다.

③ 동물이 많이 횡단하는 지점에 동물들이 많이 출현하는 곳임을 알려 속도를 줄이거나 주의하도록 그 지역의 대표적인 동물 모습이 담겨 있는 동물출현표지판을 설치한다.

④ 생태통로 중 수계의 설치된 박스형 암거는 물을 싫어하는 동물도 이동할 수 있도록 양쪽에 선반형 또는 계단형의 구조물을 설치하며, 작은 배수로나 도랑을 설치한다.

해설

생태통로의 길이가 길수록 폭을 넓게 하여야 동물종의 이동이 원활히 이루어질 수 있다.

자연환경보전법 시행규칙[별표 2] 〈개정 2019. 12. 20.〉
생태통로의 설치기준(제28조제2항 관련)

1. 설치지점은 현지조사를 실시하여 설치대상지역 중 야생동물의 이동이 빈번한 지역을 선정하되, 야생동물의 이동특성을 고려하여 설치지점을 적절하게 배분한다.

2. 생태통로를 이용하는 동물들이 통로에 접근할 때 불안감을 느끼지 아니하도록 생태통로 입구와 출구에는 원칙적으로 현지에 자생하는 종을 식수하며, 토양 역시 가능한 한 공사 중 발생한 절토(땅깎기 공사로 발생한 흙)를 사용한다.

3. 생태통로 입구는 지형·지물이나 경관과 조화되게 설치하여 동물의 이동에 지장이 없도록 상부에 식생을 조성한다. 바닥은 자연상태와 유사하게 유지하도록 흙이나 자갈·낙엽 등을 덮는다.

4. 생태통로의 길이가 길수록 폭을 넓게 설치한다.

5. 장차 아교목층 및 교목층의 성장가능성을 고려하여 충분히 피복될 수 있도록 부엽토를 포함한 복토를 충분히 한다.

6. 생태통로 내부에는 다양한 수직적 구조를 가진 아교목·관목·초목 등으로 조성한다.

7. 이동 중 안전을 위하여 생태통로 내부에는 작은 동물이 쉽게 숨거나 그 내부에서 이동하기에 유리하도록 돌무더기나 고사목·그루터기·장작더미 등의 다양한 서식환경과 피난처를 설치한다.

8. 주변의 소음·불빛·오염물질 등 인위적 영향을 최소화하기 위하여 생태통로 양쪽에 차단벽을 설치하되, 목재와 같이 불빛의 반사가 적고 주변환경에 친화적인 소재를 사용한다.

9. 동물이 많이 횡단하는 지점에 동물들이 많이 출현하는 곳임을 알려 속도를 줄이거나 주의하도록 그 지역의 대표적인 동물 모습이 담겨 있는 동물출현표지판을 설치한다.

10. 생태통로 중 수계에 설치된 박스형 암거는 물을 싫어하는 동물도 이동할 수 있도록 양쪽에 선반형 또는 계단형의 구조물을 설치하며, 작은 배수로나 도랑을 설치한다.

11. 배수구 일부 지점에 경사가 완만한 탈출구를 설치하여 작은 동물의 이동이 용이하도록 하고, 미끄럽지 아니한 재질을 사용한다.

12. 야생동물을 생태통로로 유도하여 도로에 침입하는 것을 방지하기 위하여 충분한 길이의 울타리를 도로 양쪽에 설치한다.

93 환경정책기본법령상 다음 오염물질의 대기환경기준으로 옳지 않은 것은?

① 오존 : 1시간 평균치 0.1ppm 이하

② 일산화탄소 : 1시간 평균치 0.15ppm 이하

③ 아황산가스 : 24시간 평균치 0.05ppm 이하

④ 이산화질소 : 24시간 평균치 0.06ppm 이하

해설

일산화탄소의 1시간 평균치 기준은 25ppm 이하이다.

항목	기준
아황산가스 (SO_2)	• 연간 평균치 : 0.02ppm 이하 • 24시간 평균치 : 0.05ppm 이하 • 1시간 평균치 : 0.15ppm 이하
일산화탄소 (CO)	• 8시간 평균치 : 9ppm 이하 • 1시간 평균치 : 25ppm 이하
이산화질소 (NO_2)	• 연간 평균치 : 0.03ppm 이하 • 24시간 평균치 : 0.06ppm 이하 • 1시간 평균치 : 0.10ppm 이하
미세먼지 (PM-10)	• 연간 평균치 : $50\mu g/m^3$ 이하 • 24시간 평균치 : $100\mu g/m^3$ 이하
초미세먼지 (PM-2.5)	• 연간 평균치 : $15\mu g/m^3$ 이하 • 24시간 평균치 : $35\mu g/m^3$ 이하
오존 (O_3)	• 8시간 평균치 : 0.06ppm 이하 • 1시간 평균치 : 0.1ppm 이하
납 (Pb)	연간 평균치 : $0.5\mu g/m^3$ 이하
벤젠	연간 평균치 : $5\mu g/m^3$ 이하

94 국토기본법령상 국토교통부장관이 국토에 관한 계획 또는 정책수립 등을 위해 행하는 국토조사사항 중 "대통령령으로 정하는 사항"에 해당하지 않는 것은? (단, 그 밖에 국토해양부장관이 필요하다고 인정하는 사항 등은 제외)

① 자연생태에 관한 사항
② 방재 및 안전에 관한 사항
③ 농림 · 해양 · 수산에 관한 사항
④ 지형 · 지물 등 지리정보에 관한 사항

해설

대통령령으로 정하는 사항은 같은 법 시행령 제10조 제1항에 명시되어 있으며 자연생태에 관한 사항은 명시되지 않았다.

국토기본법
[법률 제18829호, 2022. 2. 3., 일부개정]
제25조(국토 조사)
① 국토교통부장관은 국토에 관한 계획 또는 정책의 수립, 「국가공간정보 기본법」 제32조제2항에 따른 공간정보의 제작, 연차보고서의 작성 등을 위하여 필요할 때에는 미리 인구, 경제, 사회, 문화, 교통, 환경, 토지이용, 그 밖에 대통령령으로 정하는 사항에 대하여 조사할 수 있다. 〈개정 2013. 3. 23., 2014. 6. 3.〉
② 국토교통부장관은 중앙행정기관의 장 또는 지방자치단체의 장에게 국토 조사에 필요한 자료의 제출을 요청하거나 제1항의 국토 조사 사항 중 일부를 직접 조사하도록 요청할 수 있다. 이 경우 요청을

받은 중앙행정기관의 장 또는 지방자치단체의 장은 특별한 사유가 없으면 요청에 따라야 한다. 〈개정 2013. 3. 23., 2020. 4. 7.〉
③ 국토교통부장관은 효율적인 국토 조사를 위하여 필요하면 제1항에 따른 조사를 전문기관에 의뢰할 수 있다. 〈개정 2013. 3. 23.〉
④ 중앙행정기관의 장 및 지방자치단체의 장은 국토계획을 수립하기 위한 기초조사 등을 실시할 때 국토 조사 결과를 활용할 수 있다. 〈신설 2020. 4. 7.〉
⑤ 제1항에 따른 국토 조사의 종류와 방법 등에 필요한 사항은 대통령령으로 정한다. 〈개정 2020. 4. 7.〉
[전문개정 2011. 5. 30.]

국토기본법 시행령
[대통령령 제32845호, 2022. 8. 2., 일부개정]
제10조(국토 조사의 실시)
① 법 제25조제1항에서 "대통령령으로 정하는 사항"이란 다음 각 호의 사항을 말한다. 〈개정 2008. 2. 29., 2012. 5. 30., 2013. 3. 23., 2020. 9. 22.〉
　　1. 지형 · 지물 등 지리정보에 관한 사항
　　2. 농림 · 해양 · 수산에 관한 사항
　　3. 방재 및 안전에 관한 사항
　　4. 정주지(定住地 : 도시 등 사람이 거주하고 있는 일정한 지역) 온실가스 통계에 관한 사항
　　5. 그 밖에 국토교통부장관이 필요하다고 인정하는 사항
② 국토 조사는 다음 각 호의 구분에 따라 실시하며, 국토교통부장관은 국토 조사를 효율적으로 실시하기 위하여 국토 조사 항목 및 조사주체 등 필요한 사항에 대하여 관계 중앙행정기관의 장 및 시 · 도지사와 사전협의를 거쳐 국토조사계획을 수립할 수 있다. 〈개정 2008. 2. 29., 2013. 3. 23., 2017. 2. 7.〉
　　1. 정기조사 : 국토에 관한 계획 및 정책의 수립, 집행, 성과진단 및 평가, 국토현황의 시계열적 · 부문별 변화상 측정 및 비교 등에 활용하기 위하여 매년 실시하는 조사
　　2. 수시조사 : 국토교통부장관이 필요하다고 인정하는 경우 특정 지역 또는 부문 등을 대상으로 실시하는 조사
③ 국토 조사는 행정구역 또는 일정한 격자(格子) 형태의 구역 단위로 할 수 있다. 〈신설 2017. 2. 7.〉
④ 제2항에 규정한 사항 외에 국토 조사의 실시에 필요한 사항은 국토교통부장관이 정한다. 〈개정 2008. 2. 29., 2013. 3. 23., 2017. 2. 7.〉

95 환경정책기본법상 국가 및 지방자치단체가 환경기준의 유지를 위해 환경에 관계되는 법령을 제정 또는 개정하거나 행정계획의 수립 또는 사업 집행 시 고려해야 할 사항으로 가장 거리가 먼 것은?

① 환경오염지역의 원상회복
② 환경 악화의 예방 및 그 요인의 제거

③ 인구 · 산업 · 경제 · 토지 및 해양의 이용 등 환경변화 여건에 관한 사항

④ 새로운 과학기술의 사용으로 인한 환경오염 및 환경훼손의 예방

해설

「환경정책기본법」 제13조에 '환경 악화의 예방 및 그 요인의 제거, 환경오염지역의 원상회복, 새로운 과학기술의 사용으로 인한 환경오염 및 환경훼손의 예방, 환경오염방지를 위한 재원의 적정 배분 등을 고려하도록 명시되어 있다.

환경정책기본법
[법률 제18469호, 2021. 9. 24., 타법개정]
제13조(환경기준의 유지)
국가 및 지방자치단체는 환경에 관계되는 법령을 제정 또는 개정하거나 행정계획의 수립 또는 사업의 집행을 할 때에는 제12조에 따른 환경기준이 적절히 유지되도록 다음 사항을 고려하여야 한다.
1. 환경 악화의 예방 및 그 요인의 제거
2. 환경오염지역의 원상회복
3. 새로운 과학기술의 사용으로 인한 환경오염 및 환경훼손의 예방
4. 환경오염방지를 위한 재원(財源)의 적정 배분

96 야생생물 보호 및 관리에 관한 법률상 멸종위기야생생물 I급(포유류)에 해당하는 것은?

① 물범(Phoca largha)
② 스라소니(Lynx lynx)
③ 담비(Martes flavigula)
④ 큰바다사자(Eumetopias jubatus)

해설

물범, 담비, 큰바다사자는 모두 멸종위기야생생물 Ⅱ급에 해당한다.

2. 포유류
가. 멸종위기야생생물 I급

번호	종명
1	늑대 Canis lupus coreanus
2	대륙사슴 Cervus nippon hortulorum
3	반달가슴곰 Ursus thibetanus ussuricus
4	붉은박쥐 Myotis rufoniger
5	사향노루 Moschus moschiferus
6	산양 Naemorhedus caudatus
7	수달 Lutra lutra
8	스라소니 Lynx lynx
9	여우 Vulpes vulpes peculiosa
10	작은관코박쥐 Murina ussuriensis
11	표범 Panthera pardus orientalis
12	호랑이 Panthera tigris altaica

나. 멸종위기야생생물 Ⅱ급

번호	종명
1	담비 Martes flavigula
2	무산쇠족제비 Mustela nivalis
3	물개 Callorhinus ursinus
4	물범 Phoca largha
5	삵 Prionailurus bengalensis
6	큰바다사자 Eumetopias jubatus
7	토끼박쥐 Plecotus auritus
8	하늘다람쥐 Pteromys volans aluco

97 야생생물보호 및 관리에 관한 법률 시행령상 생물자원의 분류 · 보전 등에 관한 관련 전문가에 해당하는 사람으로 거리가 먼 것은?

① 「국가기술자격법」에 의한 생물분류기사
② 「국가기술자격법」에 의한 자연환경기사
③ 생물자원 관련 분야의 석사학위 이상 소지자로서 해당 분야에서 1년 이상 종사한 사람
④ 생물자원 관련 분야의 학사학위 이상 소지자로서 해당 분야에서 3년 이상 종사한 사람

98 다음은 국토의 계획 및 이용에 관한 법률 시행령에서 용도지역 중 주거지역의 세분사항이다. (   ) 안에 알맞은 것은?

중층주택을 중심으로 편리한 주거환경을 조성하기 위하여 필요한 지역을 (㉠)이라고 하고, 공동주택 중심의 양호한 주거환경을 보호하기 위하여 필요한 지역을 (㉡)으로 세분한다.

① ㉠ 제2종전용주거지역, ㉡ 제3종일반주거지역
② ㉠ 제3종일반주거지역, ㉡ 제2종전용주거지역
③ ㉠ 제3종전용주거지역, ㉡ 제2종일반주거지역
④ ㉠ 제2종일반주거지역, ㉡ 제2종전용주거지역

해설

「국토의 계획 및 이용에 관한 시행령」에 따라 주거지역은 전용주거지역(제1종, 제2종), 일반주거지역(제1종, 제2종, 제3종), 준주거지역으로 구분된다. 그중 중층주택을 중심으로 편리한 주거환경을 조성하기 위하여 필요한 지역을 '제2종일반주거지역'이라 하며, 공동주택 중심의 양호한 주거환경을 보호하기 위하여 필요한 지역을 '제2종전용주거지역'이라 한다.

국토의 계획 및 이용에 관한 법률 시행령
[대통령령 제32447호, 2022. 2. 17., 타법개정]
제30조(용도지역의 세분)

① 국토교통부장관, 시·도지사 또는 대도시의 시장(이하 "대도시 시장"이라 한다)은 법 제36조제2항에 따라 도시·군관리계획결정으로 주거지역·상업지역·공업지역 및 녹지지역을 다음 각 호와 같이 세분하여 지정할 수 있다. 〈개정 2008. 2. 29., 2009. 8. 5., 2012. 4. 10., 2013. 3. 23., 2014. 1. 14., 2019. 8. 6.〉

1. 주거지역
   가. 전용주거지역 : 양호한 주거환경을 보호하기 위하여 필요한 지역
      (1) 제1종전용주거지역 : 단독주택 중심의 양호한 주거환경을 보호하기 위하여 필요한 지역
      (2) 제2종전용주거지역 : 공동주택 중심의 양호한 주거환경을 보호하기 위하여 필요한 지역
   나. 일반주거지역 : 편리한 주거환경을 조성하기 위하여 필요한 지역
      (1) 제1종일반주거지역 : 저층주택을 중심으로 편리한 주거환경을 조성하기 위하여 필요한 지역
      (2) 제2종일반주거지역 : 중층주택을 중심으로 편리한 주거환경을 조성하기 위하여 필요한 지역
      (3) 제3종일반주거지역 : 중고층주택을 중심으로 편리한 주거환경을 조성하기 위하여 필요한 지역
   다. 준주거지역 : 주거기능을 위주로 이를 지원하는 일부 상업기능 및 업무기능을 보완하기 위하여 필요한 지역

2. 상업지역
   가. 중심상업지역 : 도심·부도심의 상업기능 및 업무기능의 확충을 위하여 필요한 지역
   나. 일반상업지역 : 일반적인 상업기능 및 업무기능을 담당하게 하기 위하여 필요한 지역
   다. 근린상업지역 : 근린지역에서의 일용품 및 서비스의 공급을 위하여 필요한 지역
   라. 유통상업지역 : 도시 내 및 지역 간 유통기능의 증진을 위하여 필요한 지역

3. 공업지역
   가. 전용공업지역 : 주로 중화학공업, 공해성 공업 등을 수용하기 위하여 필요한 지역
   나. 일반공업지역 : 환경을 저해하지 아니하는 공업의 배치를 위하여 필요한 지역
   다. 준공업지역 : 경공업 그 밖의 공업을 수용하되, 주거기능·상업기능 및 업무기능의 보완이 필요한 지역

4. 녹지지역
   가. 보전녹지지역 : 도시의 자연환경·경관·산림 및 녹지공간을 보전할 필요가 있는 지역
   나. 생산녹지지역 : 주로 농업적 생산을 위하여 개발을 유보할 필요가 있는 지역

   다. 자연녹지지역 : 도시의 녹지공간의 확보, 도시확산의 방지, 장래 도시용지의 공급 등을 위하여 보전할 필요가 있는 지역으로서 불가피한 경우에 한하여 제한적인 개발이 허용되는 지역

② 시·도지사 또는 대도시 시장은 해당 시·도 또는 대도시의 도시·군계획조례로 정하는 바에 따라 도시·군관리계획결정으로 제1항에 따라 세분된 주거지역·상업지역·공업지역·녹지지역을 추가적으로 세분하여 지정할 수 있다. 〈신설 2019. 8. 6.〉

---

99 야생생물 보호 및 관리에 관한 법률상 환경부장관은 야생생물의 보호와 멸종 방지를 위하여 몇 년마다 멸종위기야생생물을 정하는가? (단, 특별히 필요하다고 인정할 때에는 제외)

① 1년 　　　　　② 2년
③ 3년 　　　　　④ 5년

해설

멸종위기야생생물은 5년마다 다시 정하여야 한다.
제13조의2(멸종위기 야생생물의 지정 주기)

① 환경부장관은 야생생물의 보호와 멸종 방지를 위하여 5년마다 멸종위기야생생물을 다시 정하여야 한다. 다만, 특별히 필요하다고 인정할 때에는 수시로 다시 정할 수 있다.

② 환경부장관은 제1항에 따른 사항을 효율적으로 하기 위하여 관계 전문가의 의견을 들을 수 있다.

[본조신설 2014. 3. 24.]

---

100 자연공원법상 용도지구 중 공원자연보호지구에 해당하지 않는 곳은?

① 경관이 특히 아름다운 곳
② 생물다양성이 특히 풍부한 곳
③ 자연생태계가 원시성을 지니고 있는 곳
④ 마을이 형성된 지역으로서 주민생활을 유지하는 데에 필요한 곳

해설

2011년 「자연공원법」 일부개정에 따라 "자연공원의 보전과 관리를 강화하고 지정문화재를 보유한 사찰과 전통사찰의 발전에 기여하기 위하여 공원자연보존지구, 공원자연환경지구, 공원자연마을지구, 공원밀집마을지구 및 공원집단시설지구 등의 5개 용도지구로 구분되던 자연공원구역을 공원자연보존지구, 공원자연환경지구, 공원마을지구 및 공원문화유산지구의 4개 용도지구로 개편하였다. 따라서 위 문제에서 언급하는 공원자연보호지구는 「자연공원법」에서 구분하는 용도지구에 속하지 않으나, 문제의 취지는 "공원자연보존지구"에 대

하여 묻고 있는 것으로 추측된다.

자연공원법
[법률 제18909호, 2022. 6. 10., 일부개정]
제18조(용도지구)
① 공원관리청은 자연공원을 효과적으로 보전하고 이용할 수 있도록 하기 위하여 다음 각 호의 용도지구를 공원계획으로 결정한다. 〈개정 2011. 4. 5., 2016. 5. 29., 2019. 11. 26.〉
　1. 공원자연보존지구 : 다음 각 목의 어느 하나에 해당하는 곳으로서 특별히 보호할 필요가 있는 지역
　　가. 생물다양성이 특히 풍부한 곳
　　나. 자연생태계가 원시성을 지니고 있는 곳
　　다. 특별히 보호할 가치가 높은 야생 동식물이 살고 있는 곳
　　라. 경관이 특히 아름다운 곳
　2. 공원자연환경지구 : 공원자연보존지구의 완충공간(緩衝空間)으로 보전할 필요가 있는 지역
　3. 공원마을지구 : 마을이 형성된 지역으로서 주민생활을 유지하는 데에 필요한 지역
　4. 삭제 〈2011. 4. 5.〉
　5. 삭제 〈2011. 4. 5.〉
　6. 공원문화유산지구 : 「문화재보호법」 제2조제3항에 따른 지정문화재를 보유한 사찰(寺刹)과 전통사찰보존지 중 문화재의 보전에 필요하거나 불사(佛事)에 필요한 시설을 설치하고자 하는 지역

01 환경생태학개론

01 섬생물지리이론에 관한 설명으로 옳지 않은 것은?

① 하나의 섬에서 종의 수와 조성은 역동적이다.

② 경관계획과 자연보전지구 지정에 유용한 이론이다.

③ 섬이 클수록, 육지와 멀리 떨어질수록 종 수는 적다.

④ 어떤 섬에서 생물종수는 이주와 사멸의 균형에 의해 결정된다.

해설 도서생물지리설

본토에서 섬까지의 거리와 섬의 크기 모두 종풍부도의 평형에 영향을 준다는 이론이다.

㉠ 거리 : 섬과 본토 간의 거리가 멀수록 많은 이입종들이 성공적으로 도착할 확률이 낮다. 그 결과는 평형종수의 감소이다.

㉡ 크기 : 넓은 지역은 일반적으로 자원과 서식지가 더 다양하기 때문에 면적에 따라 변하는 절멸률은 큰 섬에서 더 낮다. 큰 섬은 더 많은 종들의 요구를 수용할 수 있을 뿐만 아니라 더 많은 각 종의 개체들을 부양할 수도 있다. 큰 섬은 작은 섬에 비해 절멸률이 낮아 평형종수가 더 많다.

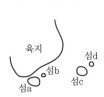

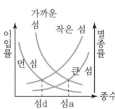

(a) 육지와 가까운 섬 a, b　(b) 이입률은 거리와 관계가 있고 멸종률은
　　육지와 먼 섬 c, d　　　　섬의 크기와 관계가 있다. 따라서 크기
　　크기가 큰 섬 a, c　　　　가 크고 거리가 가까운 섬 a의 종수가 가
　　크기가 작은 섬 b, d　　　장 많고, 크기가 작고 거리가 먼 섬 d의
　　　　　　　　　　　　　　　종수가 가장 적다.

[도서생물지리설 개념도]

02 생물학적 오염(Biological Pollution)의 예로 옳은 것은?

① 질병에 감염된 생명체를 자연계로 방사한다.

② 생물의 사체에 의해 부영양화가 발생한다.

③ 어획량을 늘리기 위해 팔당호에 베스를 방사했다.

④ 먹이사슬에 의해 수은이나 납 같은 중금속이 자연계 내 생물들의 체내에 축적된다.

해설 생물학적 오염

생명 고유종의 서식지에 외래종과 비고유종이 유입되어 생태계의 평형을 무너뜨리는 현상

03 생태적 피라미드(Ecological Pyramid) 중 군집의 기능적 성질의 가장 좋은 전체도(全體圖)를 나타내며, 피라미드가 항상 정점이 위를 향한 똑바른 형태로서 생태학적으로 가장 큰 의의를 가진 것은?

① 개체수피라미드　　　　② 에너지피라미드

③ 개체군피라미드　　　　④ 생체량피라미드

04 벌채, 산불 등으로 파괴된 산림과 같이 인위적인 교란에 의하여 파괴된 장소나 휴경지에서 시작되는 천이로 옳은 것은?

① 1차 천이　　　　　　② 2차 천이

③ 건성천이　　　　　　④ 습성천이

해설 천이유형

㉠ 1차 천이 : 전에 군집이 없었던 장소에서 일어난다(암반, 조간대환경의 콘크리트 벽돌과 같이 새로 노출된 표면).

㉡ 2차 천이 : 이미 생물에 의해 점유되었던 공간이 교란된 후에 일어난다.

05 질소고정 박테리아는 질소의 순환과정에 깊이 관여하고 있다. 다음 중 질소고정 박테리아로 널리 알려져 있는 것은?

① *Rhizobium*　　　　② *Nitrobacter*

③ *Nitrosomonas*　　　④ *Micrococcus*

해설 질소고정(Nitrogen Fixation)

생물이 대기 중에 존재하는 질소를 흡수하여 생물체가 이용할 수 있는 상태의 질소화합물로 바꾸는 작용이다. 공기 중에 존재하는 질소를 환원하여 암모니아로 만드는 대사과정을 말한다. 시아노박테리아인

정답 01 ③　02 ③　03 ②　04 ②　05 ①

Rhizobium과 다른 질소고정미생물에 의해 수행되는 과정이다. 또한 대기 중 유리질소가 질소고정박테리아, 광합성박테리아, 녹조류에 의해 암모니아, 질산염 같은 화합물로 변화되는 과정을 말하기도 한다.

06 생물이 필요로 하는 원소가 생물권 내에서 환경 → 생물 → 환경으로 일정한 경로를 거쳐 순환되는 과정을 무엇이라고 하는가?

① 천이
② 온실효과
③ 먹이연쇄순환
④ 생물지구화학적 순환

07 다음의 설명에 해당되는 것은?

> 유기체와 환경 사이를 왔다갔다 하는 화학원소들의 순환 경로

① 물질순환
② 에너지순환
③ 생물종순환
④ 생물지화학적 순환

08 생태계의 구성요소에서 생산자에 해당하지 않는 것은?

① 산림식물
② 초원식물
③ 식물플랑크톤
④ 유기영양미생물

09 다음 중 담수에서 생태학적으로 중요한 환경요인이 아닌 것은?

① 빛
② 온도
③ 산소
④ 염분농도

해설
염분농도는 해수 및 기수역에서 중요한 환경요인이다.

10 국제자연보존연맹(IUCN)의 평가기준에서 보호대책이 없으면 가까운 장래에 멸종할 것으로 생각되는 것은?

① 절멸종
② 위기종
③ 취약종
④ 희귀종

해설

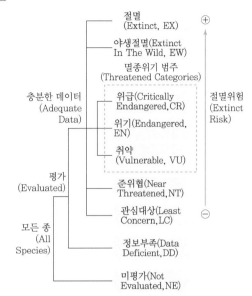

ⓐ 절멸(EX, Extinct) : 개체가 하나도 남아 있지 않음
ⓑ 야생절멸(EW, Extinct in the Wild) : 보호시설에서만 생존하고 있거나 원래의 서식지역이 아닌 곳에서만 인위적으로 유입되어 생존하고 있음
ⓒ 절멸 위급(CR, Critically Endangered) : 야생에서 절멸할 가능성이 대단히 높음
ⓓ 절멸 위기(EN, Endangered) : 야생에서 절멸할 가능성이 높음
ⓔ 취약(VU, Vulnerable) : 야생에서 절멸 위기에 처할 가능성이 높음
ⓕ 준위협(NT, Near Threatened) : 가까운 장래에 야생에서 멸종 우려 위기에 처할 가능성이 높음
ⓖ 관심대상(LC, Least Concern) : 위험이 낮고 위험 범주에 도달하지 않음
ⓗ 정보부족(DD, Data Deficient) : 멸종위험에 관한 평가자료 부족
ⓘ 미평가(NE, Not Evaluated) : 아직 평가작업을 거치지 않음

11 다음 보기가 설명하는 것은?

> 야생동물 행동반경이 모든 것이나 또는 부분을 말하는 것으로서 다른 동물들의 침입에 대해서 방어하는 기능을 가지는 것

① 세력권
② 산란처
③ 은신처
④ 생태적 지위

㉠ 행동권
- 생활사에서 정상적으로 섭렵하는 지역이다.
- 행동권의 크기는 몸 크기에 영향을 받는다.

㉡ 세력권
- 동물이나 동물의 한 무리의 행동권 내 독점적인 방어지역
- 노래, 울음, 과시, 화학적 냄새, 싸움
- 개체권 일부가 번식에서 배제되는 일종의 시합경쟁
- 비번식개체들은 세력권 유지자가 사라지면 대치할 수 있는 잠재적 번식자들의 부유개체로 작용

[세력권과 행동권의 개념도]

12 멸종위기에 처한 야생동식물을 보호하기 위한 국제협약은?

① CITES협약
② 람사르협약
③ 생물종다양성협약
④ CISG협약

해설 CITES(1973)

㉠ IUCN, 1963년 결의안 채택
- Convention on International Trade in Endangered Species of Wild Fauna and Flora
㉡ 1973년 워싱턴국제회의에서 채택 – '워싱턴협약'이라고도 함
㉢ 세계적으로 야생동식물의 불법거래나 과도한 국제거래규제로 멸종으로부터 야생동물을 보호하려는 노력의 일환
㉣ 가장 성공적인 야생동식물보호협약
㉤ 주요 내용
- 부속서에 포함된 멸종위기종의 국가 간 수출입 인허가 제도
- 국제규제 및 국제거래 규정
- 멸종위기 야생생물의 서식 · 번식에 관한 대책 수립 의무화
㉥ 한계점
- 비가입국의 가입 강요 곤란
- 협약국이라도 종자원 보전 유보 가능, 실효성 감소

13 어떤 식물이 충분한 빛이 쪼이는 곳에서 생육할 때보다 그늘에서 생육하는 경우에 토양 속의 아연 요구량이 적게 필요하다고 가정한다면, 이 내용에 적합한 법칙으로 옳은 것은?

① Allen의 법칙
② Bergmann의 법칙
③ Liebig의 최소량 법칙
④ Gause의 경쟁배타 법칙

해설 리비히의 최소량의 법칙(Liebig's law of minimum)

생물체의 생장은 필요로 하는 성분 중 최소량으로 공급되는 양분(제한요인)에 의존한다.

생물이 어떤 장소에 분포하고 번영하기 위해서는 생장과 번식에 필요한 여러 가지 필수물질을 얻어야 하는데 종(種)이나 장소에 따라 필수물질의 종류가 다르다. 이 필수 물질 중 가장 적게 공급되는 요소에 의해 생물이 지배된다는 사실은 1840년 리비히(Justus Liebig)에 의해 밝혀졌다. 예컨대 작물의 수확이 다량으로 필요한 환경에서는 일반적으로 풍부한 이산화탄소나 물과 같은 양분이 아닌, 매우 미량만 필요하나 토양 중에는 극소량인 붕소와 같은 원소에 의해 생물의 생장이 제한된다. 리비히의 연구 이후 많은 연구자들은 무기질 외에 시간적 요소 등 다른 여러 가지 요인을 이 법칙에 포함하여 그 개념을 확대하였다. 리비히의 법칙을 실제로 유용하게 사용하기 위해서는 두 개의 보조적 원리가 필요하다. 제1의 보조적 원리는 리비히의 법칙은 에너지와 물질의 유입 · 유출이 균형된 상태하에서만 엄밀히 적용된다는 것이다. 제2의 보조적 원리는 요인 간 상호작용으로 생물이 때로는 환경 속에서 부족한 물질 대신 화학적으로 매우 유사한 물질을 찾아 대용한다는 것이다.

14 생물종 간의 상호관계 중 한 종이 다른 종에 도움을 주지만 도움을 받는 종은 상대편에 아무런 작용도 하지 않는 관계를 의미하는 용어로 옳은 것은?

① 종간경쟁
② 편해공생
③ 편리공생
④ 상리공생

15 내성(Tolerance)범위에 대한 설명으로 가장 거리가 먼 것은?

① 모든 요인에 대하여 넓은 내성범위를 갖는 생물은 분포구역이 좁다.
② 일반적으로 각 생물의 발생 초기에는 각 요인에 대한 내성범위가 좁다.
③ 대부분의 생물이 자연계에서 최적 범위 내의 생태적 요인 하에서 살고 있는 것은 아니다.
④ 어떤 환경요인이 최적 범위에 있지 않을 때에는 다른 요인에 대해서도 내성이 약화된다.

해설 내성범위

생물이 생존할 수 있는 환경요인의 범위이다. 특정생물은 어떤 요인에 대하여 내성범위가 넓으나, 다른 요인에 대해서는 좁을 수도 있다.

🔒정답 12 ① 13 ③ 14 ③ 15 ①

16 다음 보기가 설명하는 용어로 옳은 것은?

> 서로 다른 개체군이 오랜 시간에 걸쳐서 상호작용하게 되면 한 종의 유전자풀이 다른 종의 유전자풀의 변화를 유도하게 된다.

① 적응
② 공진화
③ 생태적 지위
④ 제한요인

17 다음 중 빈영양 호수에 비해 부영양 호수에서 나타나는 현상의 설명으로 옳지 않은 것은?

① 동물 생산량이 높다.
② 심수층의 산소는 풍부하다.
③ 조류(Algae)가 고밀도로 성장한다.
④ 수심이 얕고 투명도 깊이 또한 얕다.

해설

부영양 호수에서 심수층의 산소는 고갈될 수 있다.

18 생물군집에서 생물종 간의 상호관계 중 상리공생(Mutualism)과 상조공생(Synergism)의 차이점을 옳게 설명한 것은?

① 상리공생은 상조공생보다 진화된 공생의 형태이다.
② 상리공생, 상조공생 모두 편해작용에 상반되는 현상이다.
③ 상조공생은 개체수가 증가할수록 높은 에너지 효율을 보인다.
④ 상리공생은 두 집단 간에 의무적 관계가 성립하는 반면, 상조공생은 반드시 필요한 의무적인 관계는 아니다.

해설

㉠ 상조공생

상조공생(Synergism)이란 두 미생물 집단 모두가 이익을 얻지만 두 집단의 공생이 필수적이지는 않다. 상조공생의 예로 협동영양(Syntrophism)이 있다. 이것은 필요로 하는 영양소를 둘 이상의 집단이 상호작용하여 공급하는 것이다. 예를 들어 Streptococcus faecalis와 E. coli는 모두 단독으로는 아르기닌을 푸트레신(Putrescine)으로 변화시킬 수 없다. 그런데 S. faecalis가 아르기닌을 오르니틴(Ornithine)으로 변화시킨 후에는 E. coli는 오르니틴으로부터 푸트레신을 생산할 수 있다.

㉡ 상리공생

상리공생(Mutualism)은 공생(Symbiosis)이라고도 하며 상조공생의 특수한 경우로, 두 집단 사이의 관계가 의무적인 경우이다. 두 집단이 상리공생관계이면 단독으로는 생존할 수 없었던 서식지에서 생존이 가능하다. 예를 들어 지의류에서 조류와 균류는

상리공생을 한다. 조류공생자(Phycobiont)인 시아노박테리아(Cyanobacteria)와 녹조류 등은 광합성을 하여 균류에 유기물을 제공한다. 자낭균류 등으로 구성된 균류공생자(Mycobiont)는 무기영양염류나 생장인자를 공급하고 조류공생자를 보호한다.

지의류는 건조나 온도변화 등에 대한 저항성이 크다. 그러나 대기오염으로 아황산가스(Sulfur Dioxide)의 농도가 증가하면 조류공생자의 엽록소가 파괴되어 사멸하게 된다. 이때 균류 단독으로는 그 서식지에서 생존할 수 없게 된다. 이러한 성질을 이용하여 지의류를 대기오염의 지표생물(Indicator Organism)로 사용할 수 있다.

(*출처 : https://blog.naver.com/puom9/120150209351)

19 환경요인에 대해서 특정생물종의 생존가능범위를 무엇이라고 하는가?

① 생물범위
② 내성범위
③ 서식범위
④ 비생물범위

20 도시림의 기능이나 효용에 관한 설명으로 가장 거리가 먼 것은?

① 방충적 효용
② 방음적 효용
③ 방화적 효용
④ 심리적 효용

---

02 환경계획학

21 국토의 계획 및 이용에 관한 법률상 지구단위계획에 포함되지 않는 내용은?

① 환경관리계획 또는 경관계획
② 토지의 용도별 수요 및 공급에 관한 사항
③ 건축물의 배치·형태·색체 또는 건축선에 관한 계획
④ 용도지역이나 용도지구를 대통령령으로 정하는 범위에서 세분하거나 변경하는 사항

해설 제52조(지구단위계획의 내용)

① 지구단위계획구역의 지정목적을 이루기 위하여 지구단위계획에는 다음 각 호의 사항 중 제2호와 제4호의 사항을 포함한 둘 이상의 사항이 포함되어야 한다. 다만, 제1호의2를 내용으로 하는 지구단위계획의 경우에는 그러하지 아니하다. 〈개정 2011. 4. 14., 2021. 1. 12.〉
  1. 용도지역이나 용도지구를 대통령령으로 정하는 범위에서 세분

하거나 변경하는 사항

1의2. 기존의 용도지구를 폐지하고 그 용도지구에서의 건축물이
나 그 밖의 시설의 용도·종류 및 규모 등의 제한을 대체하는
사항

2. 대통령령으로 정하는 기반시설의 배치와 규모
3. 도로로 둘러싸인 일단의 지역 또는 계획적인 개발·정비를 위
하여 구획된 일단의 토지의 규모와 조성계획
4. 건축물의 용도제한, 건축물의 건폐율 또는 용적률, 건축물 높이
의 최고한도 또는 최저한도
5. 건축물의 배치·형태·색채 또는 건축선에 관한 계획
6. 환경관리계획 또는 경관계획
7. 보행안전 등을 고려한 교통처리계획
8. 그 밖에 토지 이용의 합리화, 도시나 농·산·어촌의 기능 증진
등에 필요한 사항으로서 대통령령으로 정하는 사항

22 환경계획의 영역적 분류에 해당하지 않는 것은?

① 오염관리계획 ② 환경시설계획
③ 환경개발계획 ④ 환경자원관리계획

해설 내셔널트러스트운동(National Trust Movement)

시민들의 자발적인 헌금과 자산기부를 통해 보존가치가 있는 자연 및
문화자산을 확보한 후 이를 시민의 주도하에 영구히 보전하고 관리하
는 새로운 시민환경운동이다. 내셔널트러스트운동은 1895년 영국에
서 시작되었으며 무분별한 개발로부터 귀중한 자연자원이나 역사적
환경을 시민의 단결된 힘으로 지켜왔다. 시민들의 자발적인 기증이나
모금을 통해, 보존가치가 높은 자연 및 문화유산지역의 토지나 시설을
인수 또는 신탁받아 이를 영구보존하는 운동이다. 현재 영국토지의
1.5%, 해안지역의 17%나 소유하고 있으며, 회원이 250만 명, 연간
예산이 3천억 원 이상이다. 미국, 일본, 뉴질랜드 등 24개 선진국에도
도입된 세계적인 운동으로 자리잡아 가고 있다. 우리나라에서도 무등
산 공유화 운동, 태백산 변전소 땅 한 평 사기 운동 등 내셔널트러스트
성격의 시민운동들이 진행되고 있다(*출처 : www.ntrust.or.kr).

23 생태네트워크의 필요성에 관한 설명으로 옳지 않은 것은?

① 생물다양성을 증진하기 위해서이다.
② 생물서식공간을 각각의 독립적인 공간으로 조성하기 위해
서이다.
③ 불필요한 생물서식공간의 조성으로 인한 경제적 손실비용
을 최소화하기 위해서이다.
④ 무절제한 개발로 인한 훼손된 환경을 개발과 보전이 조화
를 이루면서 자연지역을 보전하기 위해서이다.

24 오늘날 야기되는 대표적인 환경문제가 아닌 것은?

① 대기오염 ② 자원고갈
③ 지구온난화 ④ 이산화탄소 감소

해설

환경문제는 이산화탄소의 증가와 밀접하게 관련되어 있다.

25 환경친화적 택지개발에 관한 설명으로 옳지 않은 것은?

① 지구환경의 보전
② 인간과 자연 상호에게 유익함 제공
③ 토지자원절약을 통한 효율성 제고
④ 단지 개발 시 자연보존문제를 동시적으로 고려

26 여러 가지 평가항목을 평가함에 있어 일정 특성의 크고 작음을 비교하여 크기의 순서에 따라 숫자를 부여한 척도는?

① 순서척(順序尺) ② 명목척(名目尺)
③ 등간척(等間尺) ④ 비례척(比例尺)

27 국토의 계획 및 이용에 관한 법률상 도시지역 내 공업지역의 건폐율과 용적률의 최대한도기준으로 옳게 나열한 것은?

① 건폐율 60% 이하 – 용적률 400% 이하
② 건폐율 70% 이하 – 용적률 400% 이하
③ 건폐율 80% 이하 – 용적률 500% 이하
④ 건폐율 90% 이하 – 용적률 500% 이하

해설

용도지역			건폐율(이하)	용적률(이하)
도시 지역	주거 지역	제1종전용주거지역	70%	500%
		제2종전용주거지역		
		제1종일반주거지역		
		제2종일반주거지역		
		제3종일반주거지역		
		준주거지역		
	상업 지역	중심상업지역	90%	1,500%
		일반상업지역		
		근린상업지역		
		유통상업지역		

용도지역			건폐율(이하)	용적률(이하)
도시지역	공업지역	전용공업지역	70%	400%
		일반공업지역		
		준공업지역		
	녹지지역	보전녹지	20%	100%
		생산녹지		
		자연녹지		
관리지역		보전관리지역	20%	80%
		생산관리지역	20%	80%
		계획관리지역	40%	100%
농림지역			20%	80%
자연환경보전지역			20%	80%

28 다음 중 하천의 주요기능으로 가장 거리가 먼 것은?

① 이수기능　　　　② 위락기능
③ 치수기능　　　　④ 환경기능

해설 하천의 주요기능
이수, 치수, 환경기능

29 다음 난개발과 지속가능개발의 특성에 관한 비교 중 평가기준의 내용이 옳지 않은 것은?

평가기준	난개발	지속가능개발
이론	갈등이론	협력이론
접근방법	통합적 접근	분야별 접근
환경정의	환경의무 이행의 획일화	환경의무 이행의 차등화
사회적 형평성	계층 간의 갈등	미래세대와 현세대 간의 형평성 추구

① 이론　　　　② 접근방법
③ 환경정의　　　　④ 사회적 형평성

해설
지속가능개발의 접근방법은 통합적이다.

30 도시지역 기온의 상승 결과로 나타나는 열섬(Heat Island) 현상의 원인으로 볼 수 없는 것은?

① 각종 산업시설, 자동차 등에 의한 대기오염
② 교통량 증가, 냉난방, 조명 등에 의한 인공열
③ 지표면의 인공포장으로 인한 녹지면적의 부족
④ 넓은 도로 또는 오픈스페이스에 의한 원활하지 못한 통풍

해설
넓은 도로와 오픈스페이스는 바람길을 형성한다.

31 환경가치추정은 여러 가지 방법에 의해 계산되고 있다. 예를 들어 공기 좋은 곳의 부동산 값이 공기가 나쁜 곳의 부동산 값에 비해서 비싸다면 그에 대한 환경가치를 추정할 수 있는 가장 적절한 방법은?

① 여행비용에 의한 추정
② 속성가격에 의한 추정
③ 경제시스템에 의한 추정
④ 부동산 공시지가에 의한 추정

32 다음 중 환경정책기본법상 환경친화적인 계획기법 등을 작성할 경우 포함되어야 할 사항 중 틀린 것은? (단, 그 밖에 행정계획 및 개발사업이 지속가능하게 계획되어 수립 · 시행될 수 있게 하기 위하여 필요한 사항은 제외한다.)

① 환경친화성 지표에 관한 사항
② 환경친화적 계획기준 및 기법에 관한 사항
③ 국가환경기준 및 외국의 환경기준에 관한 사항
④ 환경친화적인 토지의 이용 · 관리기준에 관한 사항

해설 제11조(환경친화적 계획기법 등의 작성방법 및 내용)
법 제23조제1항에 따른 환경친화적 계획기법 등(이하 "환경친화적 계획기법 등"이라 한다)은 행정계획 및 개발사업의 유형과 입지별 특성 등을 고려하여 해당 행정계획 및 개발사업에 관한 법령을 주관하는 중앙행정기관의 장이 작성하되, 다음 각 호의 사항이 포함되어야 한다. 이 경우 법령을 주관하는 중앙행정기관의 장은 미리 환경부장관과 협의하여야 하며, 환경부장관과 공동으로 환경친화적 계획기법 등에 관한 사항을 고시할 수 있다.
1. 환경친화성 지표에 관한 사항
2. 환경친화적 계획기준 및 기법에 관한 사항
3. 환경친화적인 토지의 이용 · 관리기준에 관한 사항
4. 그 밖에 행정계획 및 개발사업이 지속가능하게 계획되어 수립 · 시행될 수 있게 하기 위하여 필요한 사항

정답 28 ②　29 ②　30 ④　31 ②　32 ③

33 다음 중 생태네트워크의 구성요소가 아닌 것은?

① 핵심지역　　　　　② 완충지역
③ 경계지역　　　　　④ 생태적 코리더

해설 **생태네트워크의 구성**

㉠ 핵심지역(Core) : 주요 종의 이동이나 번식과 관련된 지역 및 생태적으로 중요한 서식처로 구성
㉡ 완충지역(Buffer) : 핵심지역과 코리더를 보호하기 위해 외부의 위협요인으로부터의 충격을 어느 정도 감소시켜 줄 수 있는 지역
㉢ 코리더(Corridor)
　· 면형(Area)
　· 선형(Line)
　· 징검다리형(Stepping Stone)
㉣ 복원지

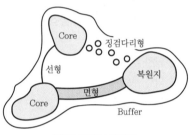

[생태네트워크 개념도]

34 생물공동체의 서식처, 어떤 일정한 생물집단 및 입체적으로 다른 것들과 구분될 수 있는 생물집단의 공간영역으로 정의될 수 있는 환경계획의 공간 차원은?

① 산림　　　　　② 비오톱
③ 생태공원　　　　　④ 지역사회

35 농업적으로 생산적인 생태계의 의도적인 설계와 유지관리를 위해 퍼머컬처(Perma – culture)가 가져야 하는 특성으로 옳지 않은 것은?

① 자연생태계의 다양성
② 자연생태계의 안정성
③ 자연생태계의 순환성
④ 자연생태계의 고립성

36 생물다양성보전 및 이용에 관한 법률상 생태계서비스지불계약을 체결한 당사자가 그 계약내용을 이행하지 아니하거나 계약을 해지하고자 하는 경우에 상대방에게 언제까지 이를 통보하여야 하는가?

① 1개월 이전　　　　　② 3개월 이전
③ 6개월 이전　　　　　④ 12개월 이전

해설

③ 생태계서비스지불제계약을 체결한 당사자가 그 계약 내용을 이행하지 아니하거나 계약을 해지하려는 경우에는 상대방에게 3개월 이전에 이를 통보하여야 한다. 〈개정 2019. 12. 10.〉

37 국토의 계획 및 이용에 관한 법률상 용어의 정의가 옳지 않은 것은?

① 공동구 : 지하매설물을 공동수용함으로써 미관의 개선, 도로구조의 보전 및 교통의 원활한 소통을 위하여 지하에 설치하는 시설물
② 용도구역 : 발로 인하여 기반시설이 부족할 것으로 예상되나 기반시설의 설치가 곤란한 지역을 대상으로 건폐율이나 용적률을 강화하여 적용하기 위하여 지정하는 구역
③ 용도지구 : 토지의 이용 및 건축물의 용도 · 건폐율 · 용적률 · 높이 등에 대한 용도지역의 제한을 강화하거나 완화하여 적용함으로써 용도지역의 기능을 증진시키고 경관 · 안전 등을 도모하기 위하여 도시 · 군관리계획으로 결정하는 지역
④ 기반시설부담구역 : 개발밀도관리구역 외의 지역으로서 개발로 인하여 기반시설의 설치가 필요한 지역을 대상으로 기반시설을 설치하거나 그에 필요한 용지를 확보하게 하기 위하여 관련 규정에 의해 지정 · 고시하는 구역

해설 **국토의 계획 및 이용에 관한 법률(제2조)**

17. "용도구역"이란 토지의 이용 및 건축물의 용도 · 건폐율 · 용적률 · 높이 등에 대한 용도지역 및 용도지구의 제한을 강화하거나 완화하여 따로 정함으로써 시가지의 무질서한 확산방지, 계획적이고 단계적인 토지이용의 도모, 토지이용의 종합적 조정 · 관리 등을 위하여 도시 · 군관리계획으로 결정하는 지역을 말한다.

38 생태적 복원의 유형 중 복원(Restoration)에 관한 설명으로 옳은 것은?

① 교란 이전의 상태로 정확하게 돌아가기 위한 시도이다.
② 구조에 있어 간단할 수 있지만 보다 생산적일 수 있다.
③ 현재의 상태를 개선하기 위해 다른 생태계로 대체하는 것이다.
④ 이전 생태계와 유사한 기능을 지니면서도 다양한 구조의 생태계를 창출할 수 있다.

해설 생태복원의 종류
㉠ 복원 : 훼손되기 이전의 상태로 되돌리는 것
㉡ 대체 : 현재의 상태를 개선하기 위하여 다른 생태계로 원래의 생태계 대체
㉢ 복구 : 원래보다는 못하지만 원래의 자연상태와 유사하게 되돌림

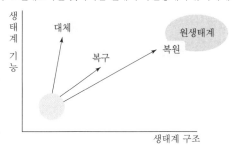

39 백두대간 보호에 관한 법률상 지정·관리되는 백두대간 보호지역의 구분으로 옳은 것은?

① 핵심구역
② 핵심구역, 전이구역
③ 핵심구역, 완충구역
④ 핵심구역, 완충구역, 전이구역

40 자연환경보전법상 다음 보기가 정의하는 용어로 옳은 것은?

> 식물다양성을 높이고 야생동·식물의 서식지 간의 이동가능성 등 생태계의 연속성을 높이거나 특정한 생물종의 서식조건을 개선하기 위하여 조성하는 생물서식공간을 말한다.

① 생태축
② 소생태계
③ 소생물권
④ 생태연결통로

해설
6. "소(小)생태계"라 함은 생물다양성을 높이고 야생동식물의 서식지 간의 이동가능성 등 생태계의 연속성을 높이거나 특정한 생물종의 서식조건을 개선하기 위하여 조성하는 생물서식공간을 말한다.

---

03 생태복원공학

41 생태복원의 각 단계를 설명한 것으로 옳지 않은 것은?

① 목적설정이란 생태계와 인공계의 관계를 조정할 때 구체적인 수준을 정하는 것이다.
② 시공은 목표종의 서식에 적합한 공간을 만드는 것으로 종의 생활사를 고려하여야 한다.
③ 조사 및 분석에서 생태계는 지역마다 그 특징이 유사하므로 대표적인 지역에 대한 조사만 수행해도 된다.
④ 계획은 생태계와 인공계의 관계를 공간적인 배치에 의해 조정함과 동시에 생태계의 질, 크기, 배치 등을 결정하는 것이다.

42 수질정화습지의 조성을 위한 고려사항으로 옳지 않은 것은?

① 수질정화를 극대화할 수 있는 충분한 습지가 확보되어야 한다.
② 수질정화가 왕성하게 일어나는 저습지대의 식생은 주로 부수식물로 구성되어야 한다.
③ 간단한 취수시설로서 하천·호소의 물을 도입하는 데 지리적으로 유리한 곳이어야 한다.
④ 조성 후에는 식생관리가 필요하며, 정화기능을 극대화시키기 위하여 1년에 1회 이상 절취하는 작업을 해 주면 좋다.

해설 부수식물
잎은 수면에 뜨고 뿌리는 물속에서 영양을 섭취하는 식물(＝부유식물)로, 저습지대의 식생은 정수식물의 식생이 바람직하다.

43 생태복원과 관련된 공사에서 순공사원가 계산에 포함되는 3가지 비목은 무엇인가?

① 재료비, 노무비, 이윤
② 재료비, 노무비, 경비
③ 재료비, 일반관리비, 이윤
④ 재료비, 일반관리비, 경비

44 다음 보기와 같은 조건에서 관거 출구에서의 첨두유출량(m³/s)은 약 얼마인가? (단, 합리식을 이용한다.)

> • 유역면적 : 2.5ha
> • 유역계수 : 0.4
> • 유입시간 : 5min
> • 관거길이 : 180m
> • 관거 내의 유속 : 1m/s
> • 강우강도 : $\dfrac{7,500}{(52+T)}$ mm/h [단, T =유달시간(min)]

① 0.30
② 0.35
③ 0.40
④ 0.45

해설

합리식 $Q = 0.002778 \times C \times I \times A$

Q : 첨두유량(m³/s), C : 유출계수
I : 강우강도, A : 배수유역면적

$Q = 0.002778 \times 0.4 \times \left(\dfrac{7,500}{52+5}\right) \times 2.5 = 0.365$

45 산림식생 복원을 위한 질소고정식물들로만 바르게 짝지어진 것은?

① 소나무, 싸리나무, 떡갈나무
② 소나무, 물오리나무, 서어나무
③ 아까시나무, 작살나무, 떡갈나무
④ 아까시나무, 자귀나무, 사방오리나무

해설

질소고정이란 공기 중의 질소기체를 암모니아를 비롯한 질소화합물로 전환하는 과정을 말한다. 질소고정식물은 뿌리에 뿌리혹을 만드는 뿌리혹박테리아와 공생하는 식물로, 주로 콩과식물이다.

46 생태네트워크의 시행방안에 대한 설명으로 옳지 않은 것은?

① 기존 수자원, 즉 호소, 하천, 실개천 등을 적극적으로 보전하고 최대한 계획에 활용한다.
② 공원 및 옥외공간의 녹화는 경관향상을 위한 녹화를 하며 평면구조의 생태적인 기법으로 녹화한다.
③ 녹지체계는 생태통로, 녹도, 보행자 전용도로 등 선형의 생물이동통로를 조성하여 그린네트워크를 형성한다.
④ 생물이 이동할 수 있도록 중앙의 핵심녹지를 중심으로 거점녹지(면녹지), 점녹지를 체계적으로 연결한다.

47 토양 화학성을 나타내는 지표에 대한 설명으로 옳지 않은 것은?

① 양이온교환용량은 보비력 혹은 완충능력의 지표가 된다.
② 산림토양의 양이온교환용량은 일반적으로 경작토양보다 낮다.
③ 토양입자의 표면은 음전하(−)로 되어 있고, 양이온을 흡착하고 있다.
④ 양이온교환용량이 큰 토양일수록 토양 pH 변동을 작게 하는 완충능력이 작다.

해설 양이온교환용량(CEC)

특정 pH에서 일정량의 토양에 전기적 인력에 의하여 다른 양이온과 교환이 가능한 형태로 흡착된 양이온의 총량이며 양이온치환용량이라고도 한다. 점토의 함량 및 이를 구성하는 광물의 종류와 유기물함량에 의해서 토양의 CEC가 결정된다.
CEC는 토양비옥도를 나타내는 하나의 지표이며 CEC가 높은 토양일수록 양분을 지니는 능력이 크고 비옥도가 높다.
(*출처 : https://terms.naver.com)

48 비료의 성분 중 칼륨(K)의 특징으로 옳은 것은?

① 식물 세포핵의 구성요소로 되어 있고, 이것이 부족하면 뿌리의 발육이 나빠지며 지상부의 생장도 나빠지게 된다.
② 식물섬유의 주성분으로 줄기와 잎의 생육에 큰 효과가 있으며, 이것의 양이 부족할 경우 지엽의 생육이 빈약해지고, 잎의 색깔이 담황색을 나타나게 된다.
③ 탄수화물의 합성과 동화생산물의 이동에 관여하여 동화작용을 촉진하고, 줄기와 잎을 강하게 하며, 병충해에 대한 저항성을 크게 한다.

④ 식물의 직접적인 영양소로서 중요할 뿐만 아니라 산성의 중화, 토양구조의 개선, 토양유기물의 분해와 비효의 증진 등과 같은 간접적인 효과도 크다.

49 점차 자연성을 잃어가고 황폐화되어 가는 도시지역에서 비오톱이 갖는 기능으로 볼 수 없는 것은?

① 어린이를 위한 공식적 놀이공간
② 도시의 환경변화 및 오염의 지표
③ 도시생물종의 은신처, 분산 및 이동통로
④ 도시민의 휴식 및 레크리에이션을 위한 공간

해설

생물서식지와 놀이공간은 구분하는 것이 일반적이다.

50 축척 1/5,000인 지도상에 표시된 상하 등고선의 수직거리가 100m, 그 구간의 측정된 수평거리가 10cm인 부분의 경사도(%)는?

① 10 　　　　　　② 20
③ 30 　　　　　　④ 40

해설

$1 : 5,000 = 100 : x$, $x = 500$m
경사도 $= 100\text{m}/500\text{m} \times 100 = 20\%$

51 습지 복원 시 고려되어야 할 요소와 가장 거리가 먼 것은?

① 기능(Function)
② 구성(Composition)
③ 균질성(Homogeneity)
④ 역동성과 회복력(Dynamics and Resilience)

해설

균질성보다는 다양성을 중시한다.

52 녹음만족도가 80%일 때 종다양도는? (단, $P = 0.18 + 0.46H'$, $r = 0.942$, $p < 0.05$ 이다.)

① 0.50 　　　　　② 0.55
③ 1.30 　　　　　④ 1.35

53 토양생성인자들에 대한 설명으로 옳지 않은 것은?

① 습윤지대에서는 토층분화가 쉽게 일어나고 산성토양이 발달되기 쉽다.
② 침엽수는 염기함량이 낮기 때문에 침엽수림하에서 생성된 토양은 활엽수림에 비하여 알칼리성으로 된다.
③ 식생의 종류에 따라 토양에 공급되는 유기물의 양이 다르며, 토양의 침식 방지에 기여하는 정도가 다르다.
④ 토양의 단면특성을 결정하는 기본적인 인자인 동시에 토양생성에 대한 기후인자의 특성을 촉진시키거나 지연시키는 역할을 하는 것을 모재인자라고 한다.

해설 토양의 형성과정

라테라이트화	열대와 아열대성 지역의 습한 환경에서 발생하며, 철산화물로 인해 붉은색 토양이 되고 심한 용탈로 산성을 띰 ▶ 덥고, 많은 비 → 바위와 광물의 빠른 풍화 → 심한 용탈 → 화합물과 영양소를 토양 단면 밖으로 이송
석회화	증발과 식물이 흡수하는 수분이 강수량보다 많을 때 발생 ▶ 지하수 내 탄산칼슘($CaCO_3$) 비율 상승 → 지표로부터의 물의 침투는 염류를 밑으로 이동시킴 → B층에 침전물 축적
염류화	• 건조한 기후 토양 표면 매우 가까이에 염류 침전 발생 • 사막, 해안지역, 관개가 이루어지는 농경지
포드졸화	침엽수 식생이 우점하는 중위도 지역의 한랭하고 습한 기후에서 발생 ▶ 침엽수 식생의 유기물은 강한 산성조건을 야기 → 산성 토양용액은 용탈과정을 촉진 → A층(표토)에서 양이온, 철 화합물, 알루미늄 화합물을 제거 → A층에 회백색을 띠는 모래로 이루어진 하부층을 만듦
글라이화	강수량이 많은 지역 또는 배수가 안 되는 저지대에서 발생 ▶ 늘 젖은 상태에서 분해자(박테리아와 곰팡이)에 의한 유기물 분해가 느려짐 → 토양 상층에 물질이 축적됨 → 토양의 철과 반응하는 유기산을 방출 → 토양은 검정에서 회청색을 띰

54 비오톱 보호 및 조성을 위한 원칙으로 옳지 않은 것은?

① 보전할 생물의 계속적 생존을 위하여 이에 상응하는 수질의 용수를 확보하도록 한다.
② 조성대상지 본래의 자연환경을 복원하고 보전하기 위하여 자연환경의 파악은 필수조건이다.
③ 비오톱 조성의 설계 시 이용되는 비생물적인 소재는 생태계 보호를 위해 외부에서 도입하도록 한다.
④ 설계도면에 따라 조성한 비오톱은 완성과정에 있으므로 완성상태가 되기 위한 계획이 설계에 포함되어야 한다.

55 대체습지의 접근방법 중 미티게이션 뱅킹(Mitigation Banking)의 특징에 대한 설명으로 옳지 않은 것은?

① 작은 파편화된 습지를 하나의 통합된 습지로 관리할 수 있다.
② 다른 유형의 보상습지의 조성은 훼손될 습지와 동일한 면적이어야 한다.
③ 규제 부서의 허가를 위한 검토와 모니터링 결과에 대한 노력 비용을 절감시킬 수 있다.
④ 개발사업이 이루어지기 이전에 훼손될 습지에 대한 영향을 고려하여 미리 습지를 만들고, 향후에 개발사업이 진행될 때 미리 만들어진 습지만큼을 훼손할 수 있도록 하는 정책을 말한다.

56 생태축의 역할 및 기능 중 생태적 기능에 해당하지 않는 것은?

① 생물 이동성 증진
② 도시 내 생태계의 균형 유지
③ 대기오염 및 소음 저감 기능
④ 생물의 다양성 유지 및 증대

57 횡단부위가 넓고, 절토지역 또는 장애물 등에 의해 동물을 위한 통로조성이 어려운 곳에 설치하는 생태통로는?

① 선형 통로
② 지하형 통로
③ 육교형 통로
④ 터널형 통로

58 서식지의 분절화에 대한 설명으로 옳지 않은 것은?

① 면적효과란 서식지의 면적이 클수록 종수나 개체수가 적어지는 것을 말한다.
② 장벽효과의 정도는 동물의 이동공간과 이동능력에 따라 달라진다.
③ 가장자리 효과란 안정된 내부환경을 좋아하는 종이 서식하기 어려워지는 현상을 말한다.
④ 거리효과란 서식지 상호 간의 거리가 작을수록 생물의 왕래가 용이하게 되는 것을 말한다.

해설 면적과 종수의 상관관계 기술

㉠ 일반적으로 숲 조작의 면적이 크면 서식하는 종의 수는 많아진다.
㉡ 패치 면적이 증가함에 따라 처음에는 종의 수도 급격히 증가하지만, 어느 수준(최소면적점, M)을 넘어서면 완만해지다 일정수준을 유지한다.

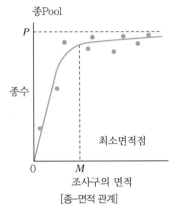

[종-면적 관계]

59 비탈면녹화에 적합한 식물의 특성으로 옳지 않은 것은?

① 일년생 식물
② 지하부가 잘 발달하는 식물
③ 발아가 빠르고 생육이 왕성하며 강건한 식물
④ 건조에 강하고 척박지에서도 잘 자라는 식물

60 생태계 복원의 성공여부를 확인하기 위한 과정인 모니터링에 대한 설명으로 옳지 않은 것은?

① 모니터링은 복원 목적에 따라 달라지나 모니터링항목은 동일하게 적용하는 것이 일반적이다.
② 모니터링은 지표종을 활용하기도 하며 이때에는 환경변화에 매우 민감한 종을 대상으로 한다.
③ 생물의 모니터링은 활동 및 생활사가 계절에 따라 달라지므로 계절에 따른 조사가 중요하다.
④ 모니터링은 기초조사, 선택된 항목의 주기적인 모니터링, 그리고 복원 주체와 학문 연구기관과의 유기적인 협조관계가 포함되어야 한다.

🔒정답 55 ② 56 ③ 57 ③ 58 ① 59 ① 60 ①

61 일반적으로 지형이 생태계의 패턴과 과정에 미치는 영향에 대한 설명 중 옳지 않은 것은?

① 지형은 산불, 바람 같은 자연교란의 빈도와 공간적 분포에 영향을 미친다.
② 지형은 경관 내의 많은 생물, 번식, 각종 물질 양의 흐름에 영향을 미친다.
③ 경관을 이루는 부분들은 산사태나 하천수로 변화에 영향을 받는 정도가 같다.
④ 지형에서 해발고도, 비탈면 방향, 모암, 경사도 등은 한 경관 내 여러 물질 분포의 양에 영향을 미친다.

해설▶
산사태나 하천수로 변화의 영향은 Patch 종류에 따라 다르다.

62 다음 중 옥상녹화 조성의 효과와 가장 거리가 먼 것은?

① 녹음효과 　　　　　② 건강증진
③ 환경교육의 장 　　　④ 동식물의 서식지 제공

63 비오톱의 개념은 시대에 따라서 조금씩 변화해 가는 추세에 있다. 다음 중 비오톱의 개념을 결정하는 특성이 아닌 것은?

① 서식환경의 질적 특성
② 서식환경의 입지적 특성
③ 생물서식지의 분포지로서 위치적 특성
④ 유사 학문적 관점에 착안하여 사용하는 특성

64 해양의 유형에 따른 경관생태에 대한 설명으로 옳은 것은?

① 암반해안은 해수면의 온도에 따라 대상분포를 나타낸다.
② 펄갯벌은 모래질이 20% 이하에 불과하며 갑각류나 조개류가 많이 서식한다.
③ 모래갯벌은 해수의 흐름이 빠른 수로주변이나 바람이 강한 지역의 해변에 나타나는데 보통 폭이 넓은 편이다.
④ 자갈해안은 갯벌해안이나 모래사장에 서식하는 생물에 비해 매우 한정된 종들이 낮은 밀도로 서식한다.

해설▶
㉠ 모래갯벌(Sand Flats) : 모래갯벌은 바닥이 주로 모래질로 되어 있다. 바닷물의 흐름이 빠른 해변에 주로 나타나며 해안의 경사가 급하고 갯벌의 폭이 좁은 것이 특징이다. 모래갯벌은 모래 알갱이의 평균 크기가 0.2~0.7mm 정도로 유기물의 함량은 적다. 모래갯벌에는 바지락, 동죽, 서해비단고둥, 갯고둥 등이 살고 있다.

㉡ 펄갯벌(Mud Flats) : 모래질이 차지하는 비율이 10% 이하에 불과하지만 펄 함량은 90% 이상에 달하는 갯벌이다. 펄갯벌은 바닥이 주로 개흙질로 되어 있으며 바닷물의 흐름이 완만한 내만이나 강하구의 가장자리에 형성된다.
펄갯벌은 경사가 완만하고 폭이 넓다. 또한 펄갯벌에는 물골이 많은 것이 특징이다. 펄갯벌은 펄 함량이 90% 이상으로 퇴적물과 산소를 갖고 있는 바닷물이 펄 속에 들어가기 어렵다. 그래서 이곳에 사는 생물들은 지표면에 구멍을 내거나 관을 만들어 바닷물이 침투되도록 한다. 펄갯벌에서는 모래갯벌에 비해 갯지렁이류, 게 종류가 많다.

㉢ 혼합갯벌(Mixed Flats) : 혼합갯벌은 모래-펄 갯벌이라 부르기도 한다. 모래와 펄이 각각 90%미만으로 섞여있는 갯벌을 말하며, 혼합갯벌에는 칠게, 동죽, 맛, 가시닻해삼 등이 살고 있다.

65 도시경관생태의 특성에 대한 설명으로 옳지 않은 것은?

① 도시의 특징 중 하나는 도시 열섬현상이다.
② 도시화로 인한 토지이용 변화에 의해 도시지역은 교외 지역에 비해 뚜렷한 기온의 차를 나타낸다.
③ 목본에서 성장하는 지의류와 선태류가 줄어드는 것은 대기오염 외에도 도시가 도시 외곽에 비해 습도가 낮기 때문이다.
④ 다양한 도시구조와 토지이용패턴에 의한 도시서식공간의 이질성은 특별한 생태적 지위를 창출하기 때문에 도시에서 생물종의 수가 극도로 제한된다.

해설▶
도시에서 서식가능한 종은 일반종이 대부분이다.

66 경관생태학의 개념에 대한 설명으로 옳지 않은 것은?

① 지역 내 공간요소들이 경관이다.
② 지역을 다루는 생태학을 지역생태학이라 한다.
③ 생태학은 경관과 지역의 상호작용을 연구하는 학문이다.
④ 경관생태학이란 인접한 생태계의 상호작용을 연구하는 학문이다.

🔒정답 61 ③ 　62 ② 　63 ④ 　64 ④ 　65 ④ 　66 ③

생태학은 생물과 환경과의 관계를 연구하는 학문이다.

67 다음 보기의 설명 중 이것에 해당하는 것은?

> 우리가 인간으로서 경관패턴이라고 인식하는 것은 실제 이것을 가리킬 때가 많다. 삼림 · 초원 · 사막 등이 그 예이다.

① 자연적 교란 양상
② 우점식생의 공간적 분포
③ 생물의 상호작용의 결과
④ 비생물적 환경의 변화 양상

해설
일반적으로 우점식생의 종류에 따라 경관패턴을 구분한다.

68 하천코리더(Riparian Corridor)의 상류와 하류에 대한 설명으로 가장 거리가 먼 것은?

① 상류의 수온은 높고 하류는 낮다.
② 상류는 급한 경사와 빠른 유속을 갖는다.
③ 상류에는 높은 용존산소를 요구하는 어류가 서식한다.
④ 하류로 갈수록 하천의 폭이 넓어지고 용존산소가 낮아진다.

해설 하천생태계의 특징

구분	상류	중류	하류
특징	• 작고, 직선으로 빠르게 흐르기도 하며, 폭포와 급류가 있을 수도 있다. • 하도폭 좁은 V자형 • 급류소 반복, 산림 통과 • 폭포형, 암반형, 계단형, 거석하천, 호박돌 하천	• 기울기가 덜 급해져서 유속이 느려지고, 하천은 굽이쳐 흐르기 시작하면서 침니, 모래, 뻘 등의 침전물 부하를 퇴적한다. • 홍수 때 침전물 부하가 하천 주변의 평지에 쌓이고, 물이 이들 위로 퍼져나가 범람원 퇴적물이 만들어진다. • 넓은 홍수터, 초본 우점, 넓은 범람원, 사행하천, 여울소 교차	• 강이 바다로 흘러드는곳에서 유속이갑자기 느려진다. • 강 어귀에 있는 부채모양의 지역에 침전물 부하를 퇴적시켜 삼각주를 형성한다. • 하상경사 완만, 유속 느림, 퇴적 영양물질 다량, 생물상 다량
차수	1~3차 하천	4~6차 하천	6차 하천보다 큰 하천

구분	상류	중류	하류
경사	1 : 50 이하	1 : 500 이하	1 : 500 이하
유속	하천수로의 형태와 경사, 바닥폭, 깊이와 요철, 강우강도 등은 유속에 영향을 준다.		
유속	• 유속이 50cm/sec 이상, 물살이 지름 5mm 이하인 모든 입자를 제거하면 돌바닥을 남긴다.	• 하천 기울기가 감소하고 폭, 깊이, 물의 양이 증가함에 따라, 침니와 부패 중인 유기물이 바닥에 쌓인다. • 여울과 소(웅덩이)가 나타난다.	
생태계	• 1차 생산력이 낮아 총 유기물 유입량의 90% 이상을 하천변 육상식생 부니질 유입에 의존 • 뜯어먹는 무리, 모아먹는 무리 우점, 냉수어종 작은 물고기가 대부분	• 조류와 유근 수생생물의 1차 생산 • 모아먹는 무리와 독립영양생산을 섭식하는 긁어먹는 무리 우점, 온수어종	• 에너지원의 근간 FPOM • 모아먹는 무리 우점, 식물플랑크톤과 동물플랑크톤 개체군 부양
식물상	• 계곡부 : 신나무, 물푸레나무, 선버들, 오리나무, 시무나무 • 수변 암반 틈 : 바위말발도리, 산철쪽, 돌단풍 • 하천변 : 갯버들, 키버들, 달뿌리풀, 참억새, 쑥, 쇠뜨기, 사초류	• 교목류 : 버드나무, 오리나무, 느릅나무, 팽나무, 소나무, 찔레꽃, 붉나무, 왕버들, 선버들 • 초본류 : 달뿌리풀, 명아자여뀌, 방동사니, 바랭이, 산철쭉, 물억새, 띠, 갈풀, 고마리	갈대, 줄, 매자기, 애기부들, 고마리, 미나리, 여뀌, 기타 정수식물, 부엽식물, 침수식물, 천일사초, 염생식물

69 산림의 생태천이에 대한 설명으로 옳지 않은 것은?

① 1차 천이는 습성천이, 건성천이, 중성천이 등으로 구분되며 자발적 천이의 성격을 가진다.
② 생태천이 후기에는 개체수를 늘리는 r전략보다는 개체수를 제한하는 K전략을 갖는다.
③ 일반적으로 산림의 극상과 다르게 특정한 환경조건에서는 양수 또는 중간내음성 수종에 의해 산림경관이 유지된다.
④ 생태천이가 진행 초기에는 광합성량/생체량의 비율이 낮지만 후기에는 안정화되면서 광합성량/생체량 비율이 높아진다.

정답 67 ② 68 ① 69 ④

생태천이 후기로 갈수록 광합성량/생체량 비율이 낮아진다.

70 비오톱의 지도화방법에 대한 설명으로 옳은 것은?

① 선택적 지도화는 보호할 가치가 높은 특별지역에 한해서 조사하는 방법이다.
② 대표적 지도화는 전체 조사지역에 대한 생태학적 특성을 조사하는 방법이다.
③ 포괄적 지도화는 대표성 있는 비오톱유형을 조사하여 유사 비오톱유형에 적용하는 방법이다.
④ 포괄적 – 대표적 지도화는 블록단위별로 특징이 있는 비오톱유형을 중심으로 조사하는 방법이다.

해설 비오톱 지도화의 방법

비오톱 지도화 유형	내용	특성
선택적 지도화	• 보호할 가치가 높은 특별지역에 한해서 조사하는 방법 • 속성 비오톱 지도화방법	• 단기적으로 신속하고 저렴한 비용으로 지도 제작 가능함 • 국토 단위의 대규모 비오톱 제작에 유리 • 세부적인 정보를 제공하지 못함
포괄적 지도화	• 전체 조사 지역에 대한 자세한 비오톱의 생물학적, 생태학적 특성을 조사하는 방법 • 모든 토지이용 유형의 도면화	• 내용의 정밀도가 높음 • 도시 및 지역 단위의 생태계 보전 등을 위한 자료로 활용 가능함 • 많은 인력과 시간, 비용이 소요됨 • 서울시, 부산시 비오톱 지도
대표적 지도화	• 대표성이 있는 비오톱유형을 조사하여 이를 동일하거나 유사한 비오톱유형에 적용하는 방법 • 선택적 지도화와 포괄적 지도화 방법의 절충형	• 도시 차원의 생태계보전 자료로 활용 • 비오톱에 대한 많은 자료가 구축된 상태에서 적용이 용이함 • 시간과 비용이 절감됨

(*출처 : 이동근 · 김명수 · 구본학 외(2004), 「경관생태학」, 보문당, p.178.의 내용을 일부 보완함.)

71 다음 보기가 설명하는 것은?

자연적인 상태에서의 1차나 2차 천이의 경우는 세월이 흐르면서 이주정착하는 종이 다양해지고 수직적 층화가 생기며 현존 생태량이 증가하면서 산림생태계가 안전된 구조를 보이게 된다.

① 천이계열　　② 진행적 천이
③ 퇴행적 천이　④ 생태적 수렴

72 원격탐사의 특징으로 옳지 않은 것은?

① 광역성
② 전자파 이용
③ 주기적 정보획득
④ 자료의 저장과 분석의 어려움

73 다음 중 알베도(Albedo)의 정의로 옳은 것은?

① 생태계를 통해 손실되는 에너지의 양
② 토양을 통해 유입되는 에너지의 총량
③ 생산성에서 소비되는 양을 제한 순에너지
④ 경관요소로 들어오는 태양에너지에 대해 반사되는 에너지의 비

해설 알베도(Albedo)

알베도는 라틴어로 백색도(Whiteness)를 의미한다. 이는 반사율 또는 광학적 밝기를 나타내며, 0에서 1 사이의 단위가 없는 값을 가진다. 0은 입사한 복사조도의 "완벽한 흡수"(예 Black Body)를 의미하며, 1은 입사한 복사조도의 "완벽한 반사"(예 White Body)를 의미한다. 표면알베도는 표면에 도달한 복사조도와 반사된 복사조도의 비율로 정의된다. 특정파장에서의 알베도를 의미하는 분광알베도와 함께 일반적으로 알베도는 일사의 전 파장(약 $0.3 \sim 3.0 \mu m$)에서의 복사조도의 비율을 의미한다. 이는 가시영역($0.4 \sim 0.7 \mu m$)을 포함하기 때문에 해양 및 숲과 같이 어두운 표면은 낮은 알베도를 나타내며 적설 및 구름과 같이 밝은 표면은 높은 알베도를 나타낸다. 그리고 알베도는 단일입사각(당시에 주어진 태양의 위치)에 대한 반사율(Reflectance)과 달리 모든 태양각에 대한 반사율을 의미한다. 따라서 알베도는 표면의 특성뿐만 아니라 지리적 위치, 시간에 따른 태양의 위치 변화, 대기의 조성에 따라 변동성을 갖는다. 일반적으로 태양각이 낮을 수록 입사하는 태양에너지가 작기 때문에 알베도는 증가하며 매끄러운 표면은 거친 표면보다 더 높은 알베도를 나타낸다.

74 환경부 생태자연도 조사지침에 따른 습지평가항목에 포함되지 않는 것은?

① 수질정화
② 국가적 대표성
③ 특정식물 서식지
④ 보호야생동물 번식지

해설 제6조(생태 · 자연도 평가항목 및 자료)

생태 · 자연도는 "식생, 멸종위기 야생생물, 습지, 지형"항목을 기준으로 평가하며 각 항목을 평가할 때에는 다음 각 호의 자료를 활용한다.
1. 식생 : 현존식생도 및 식생보전등급, 임상도 등 식생의 현황을 파악할 수 있는 자료
2. 멸종위기 야생생물 : 자연환경조사보고서(무인도서 및 습지조사보고서 포함), 겨울철 조류 동시센서스 보고서, 야생동물 실태조사보고서, 멸종위기 야생생물 전국분포조사보고서, 철새도래지, 국제협약보호지역 관련 자료 등 야생생물의 현황을 파악할 수 있는 자료
3. 습지 : 전국자연환경조사보고서, 겨울철 조류 동시센서스 보고서, 야생동물 실태조사 보고서, 습지조사보고서 등 습지의 생태적 상태를 파악할 수 있는 자료
4. 지형 : 전국자연환경조사보고서, 관련 조사연구보고서 등 지형보전등급을 파악할 수 있는 자료
(*출처 : 생태자연도 작성지침)

75 다음 중 도로 건설로 발생할 수 있는 문제점으로 옳지 않은 것은?

① 접근성 증대
② 녹지의 파편화
③ 비탈면 대형화
④ 서식처의 파편화

해설

접근성 증대는 문제점이라 볼 수 없다.

76 토지개발에 따른 경관변화의 형태와 관계가 먼 것은?

① 마멸
② 확대
③ 분할
④ 공화

해설

토지개발에 따라 숲은 마멸, 분화, 천공화되고 있다.

77 경관조각의 형태적 특성을 결정짓는 요소로 볼 수 없는 것은?

① 신장성
② 굴곡성
③ 내부면적
④ 개체군의 크기

해설

개체군의 크기는 경관조각의 형태적 특성을 결정하기보다 형태적 특성에 영향을 받는 요소이다.

78 파편화에 의한 멸종 가능성이 높은 종으로 옳지 않은 것은?

① 개체군의 크기가 큰 종
② 개체군의 밀도가 낮은 종
③ 넓은 행동권을 요구하는 종
④ 특이한 생태적 지위를 요구하는 종

해설

개체군 크기가 큰 종은 멸종 위험성이 낮다.

79 생태통로의 설치에 관한 설명으로 옳은 것은?

① 해안 구조물에서 빈번하게 설치
② 서식지 면적의 확대가 가능한 곳에 설치
③ 서식지 사이의 연결성을 높이기 위해 설치
④ 생물다양성을 높이고 번식률을 낮추기 위해 설치

80 다음 중 코리더(Corridor)의 기능이 아닌 것은?

① 여과 기능
② 서식처 기능
③ 종수요처 기능
④ 종의 유전자 공급 기능

해설 이동통로의 역할

㉠ 통로
㉡ 필터 : 크기가 다른 이동통로의 틈은 특정 생물은 건너가도록 하나 다른 종은 제한함
㉢ 서식지 제공
㉣ 종 공급처
㉤ 종 수용처

🔒정답 74 ① 75 ① 76 ② 77 ④ 78 ① 79 ③ 80 ④

81 백두대간 보호에 관한 법률상 산림청장은 백두대간 보호 기본계획을 몇 년마다 수립하여야 하는가?

① 1년
② 3년
③ 5년
④ 10년

해설

백두대간 보호에 관한 법률
[법률 제17318호, 2020. 5. 26., 일부개정]
제4조(백두대간보호 기본계획의 수립)
① 환경부장관은 산림청장과 협의하여 백두대간보호 기본계획(이하 "기본계획"이라 한다)의 수립에 관한 원칙과 기준을 정한다. 다만, 사회적·경제적·지역적 여건의 변화로 원칙과 기준의 변경이 불가피하다고 인정하는 경우에는 산림청장과 협의하여 변경할 수 있다.
② 산림청장은 백두대간을 효율적으로 보호하기 위하여 제1항에 따라 마련된 원칙과 기준에 따라 기본계획을 환경부장관과 협의하여 10년마다 수립하여야 한다.
③ 산림청장은 기본계획을 수립하거나 변경할 때에는 미리 관계 중앙행정기관의 장 및 기본계획과 관련이 있는 도지사와 협의하여야 한다.
④ 기본계획에는 다음 각 호의 사항이 포함되어야 한다.
1. 백두대간의 현황 및 여건 변화 전망에 관한 사항
2. 백두대간의 보호에 관한 기본 방향
3. 백두대간의 자연환경 및 산림자원 등의 조사와 보호를 위한 사업에 관한 사항
4. 백두대간보호지역의 지정, 지정해제 또는 구역변경에 관한 사항
5. 백두대간의 생태계 및 훼손지 복원·복구에 관한 사항
6. 백두대간보호지역의 토지와 입목(立木), 건축물 등 그 토지에 정착된 물건(이하 "토지등"이라 한다)의 매수에 관한 사항
7. 백두대간보호지역에 거주하는 주민 또는 백두대간보호지역에 토지를 소유하고 있는 자에 대한 지원에 관한 사항
8. 백두대간의 보호와 관련된 남북협력에 관한 사항
9. 그 밖에 백두대간의 보호를 위하여 필요하다고 인정되는 사항

82 독도 등 도서지역의 생태계보전에 관한 특별법규상 특정도서에서의 행위허가신청서 작성 시 첨부서류목록으로 옳지 않은 것은?

① 당해 지역의 주민 의견을 수렴한 동의서
② 당해 지역의 토지 또는 해역이용계획 등을 기재한 서류
③ 행위 대상지역의 범위 및 면적을 표시한 축척 2만 5천분의 1 이상의 도면
④ 당해 행위로 인하여 자연환경에 미치는 영향예측 및 방지대책을 기재한 서류

해설

독도 등 도서지역의 생태계보전에 관한 특별법 시행규칙
[환경부령 제463호, 2012. 7. 4., 타법개정]
제5조(특정도서에서의 행위허가신청)
법 제9조제1항에 따라 행위허가를 받으려는 자는 별지 제3호서식의 허가신청서에 다음 각 호의 서류를 첨부하여 지방환경관서의 장에게 제출하여야 한다.
1. 당해 지역의 토지 또는 해역이용계획 등을 기재한 서류
2. 당해 행위로 인하여 자연환경에 미치는 영향예측 및 방지대책을 기재한 서류
3. 행위 대상지역의 범위 및 면적을 표시한 축척 2만5천분의 1 이상의 도면

83 자연환경보전법상 사용되는 용어와 그 정의의 연결이 옳지 않은 것은?

① 자연환경 – 지하·지표(해양을 제외한다) 및 지상의 모든 생물과 이들을 둘러싸고 있는 비생물적인 것을 포함한 자연의 상태(생태계 및 자연경관을 포함한다)를 말한다.
② 자연환경의 지속가능한 이용 – 자연환경을 체계적으로 보존·보호 또는 복원하고 생물다양성을 높이기 위하여 자연을 조성하고 관리하는 것을 말한다.
③ 자연생태 – 자연의 상태에서 이루어진 지리적 또는 지질적 환경과 그 조건 아래에서 생물이 생활하고 있는 모든 현상을 말한다.
④ 생물다양성 – 육상생태계 및 수상생태계(해양생태계를 제외한다)와 이들의 복합생태계를 포함하는 모든 원천에서 발생한 생물체의 다양성을 말하며, 종내·종간 및 생태계의 다양성을 포함한다.

해설

「자연환경보전법」 제2조 정의에 따르면 "자연환경의 지속가능한 이용"이라 함은 현재와 장래의 세대가 동등한 기회를 가지고 자연환경을 이용하거나 혜택을 누릴 수 있도록 하는 것을 말한다.

자연환경보전법
[법률 제18910호, 2022. 6. 10., 일부개정]
제2조(정의)
이 법에서 사용하는 용어의 정의는 다음과 같다.
1. "자연환경"이라 함은 지하·지표(해양을 제외한다) 및 지상의 모든 생물과 이들을 둘러싸고 있는 비생물적인 것을 포함한 자연의 상태(생태계 및 자연경관을 포함한다)를 말한다.
2. "자연환경보전"이라 함은 자연환경을 체계적으로 보존·보호 또는 복원하고 생물다양성을 높이기 위하여 자연을 조성하고 관리하는 것을 말한다.

정답 81 ④ 82 ① 83 ②

3. "자연환경의 지속가능한 이용"이라 함은 현재와 장래의 세대가 동등한 기회를 가지고 자연환경을 이용하거나 혜택을 누릴 수 있도록 하는 것을 말한다.

4. "자연생태"라 함은 자연의 상태에서 이루어진 지리적 또는 지질적 환경과 그 조건 아래에서 생물이 생활하고 있는 모든 현상을 말한다.

5. "생태계"란 식물·동물 및 미생물 군집(群集)들과 무생물 환경이 기능적인 단위로 상호작용하는 역동적인 복합체를 말한다.

6. "소(小)생태계"라 함은 생물다양성을 높이고 야생동·식물의 서식지 간의 이동가능성 등 생태계의 연속성을 높이거나 특정한 생물종의 서식조건을 개선하기 위하여 조성하는 생물서식공간을 말한다.

7. "생물다양성"이라 함은 육상생태계 및 수생생태계(해양생태계는 제외한다)와 이들의 복합생태계를 포함하는 모든 원천에서 발생한 생물체의 다양성을 말하며, 종내(種內)·종간(種間) 및 생태계의 다양성을 포함한다.

8. "생태축"이라 함은 전국 또는 지역 단위에서 생물다양성을 증진시키고 생태계 기능의 연속성을 위하여 생태적으로 중요한 지역 또는 생태적 기능의 유지가 필요한 지역을 연결하는 생태적 서식공간을 말한다.

9. "생태통로"란 도로·댐·수중보(水中洑)·하굿둑 등으로 인하여 야생동·식물의 서식지가 단절되거나 훼손 또는 파괴되는 것을 방지하고 야생동식물의 이동 등 생태계의 연속성 유지를 위하여 설치하는 인공 구조물·식생 등의 생태적 공간을 말한다.

10. "자연경관"이라 함은 자연환경적 측면에서 시각적·심미적인 가치를 가지는 지역·지형 및 이에 부속된 자연요소 또는 사물이 복합적으로 어우러진 자연의 경치를 말한다.

11. "대체자연"이라 함은 기존의 자연환경과 유사한 기능을 수행하거나 보완적 기능을 수행하도록 하기 위하여 조성하는 것을 말한다.

12. "생태·경관보전지역"이라 함은 생물다양성이 풍부하여 생태적으로 중요하거나 자연경관이 수려하여 특별히 보전할 가치가 큰 지역으로서 제12조 및 제13조제3항에 따라 환경부장관이 지정·고시하는 지역을 말한다.

---

84 국토의 계획 및 이용에 관한 법률상 중앙 및 지방도시계획위원회의 심의를 거치지 않고 1회에 한하여 2년 이내의 기간 동안 개발행위허가의 제한을 연장할 수 있는 지역은?

① 지구단위계획구역으로 지정된 지역

② 녹지지역으로 수목이 집단적으로 자라고 있는 지역

③ 계획관리지역으로 조수류 등이 집단적으로 서식하고 있는 지역

④ 개발행위로 인하여 주변의 환경, 경관, 미관 등이 오염되거나 손상될 우려가 있는 지역

해설

「국토의 계획 및 이용에 관한 법률」 제63조(개발행위허가의 제한)에 따라 위 문제에서 보기 ②~④는 1회에 한하여 3년 이내의 기간 동안 개발행위허가를 제한할 수 있는 지역이다.

국토의 계획 및 이용에 관한 법률
[법률 제18310호, 2021. 7. 20., 타법개정]
제63조(개발행위허가의 제한)

① 국토교통부장관, 시·도지사, 시장 또는 군수는 다음 각 호의 어느 하나에 해당되는 지역으로서 도시·군관리계획상 특히 필요하다고 인정되는 지역에 대해서는 대통령령으로 정하는 바에 따라 중앙도시계획위원회나 지방도시계획위원회의 심의를 거쳐 한 차례만 3년 이내의 기간 동안 개발행위허가를 제한할 수 있다. 다만, 제3호부터 제5호까지에 해당하는 지역에 대해서는 중앙도시계획위원회나 지방도시계획위원회의 심의를 거치지 아니하고 한 차례만 2년 이내의 기간 동안 개발행위허가의 제한을 연장할 수 있다. 〈개정 2011. 4. 14., 2013. 3. 23., 2013. 7. 16.〉

1. 녹지지역이나 계획관리지역으로서 수목이 집단적으로 자라고 있거나 조수류 등이 집단적으로 서식하고 있는 지역 또는 우량 농지 등으로 보전할 필요가 있는 지역

2. 개발행위로 인하여 주변의 환경·경관·미관·문화재 등이 크게 오염되거나 손상될 우려가 있는 지역

3. 도시·군기본계획이나 도시·군관리계획을 수립하고 있는 지역으로서 그 도시·군기본계획이나 도시·군관리계획이 결정될 경우 용도지역·용도지구 또는 용도구역의 변경이 예상되고 그에 따라 개발행위허가의 기준이 크게 달라질 것으로 예상되는 지역

4. 지구단위계획구역으로 지정된 지역

5. 기반시설부담구역으로 지정된 지역

---

85 야생동물 보호 및 관리에 관한 법규상 유해야생동물과 가장 거리가 먼 것은?

① 분묘를 훼손하는 멧돼지

② 전주 등 전력시설에 피해를 주는 까치

③ 장기간에 걸쳐 무리를 지어 농작물 또는 과수에 피해를 주는 참새, 어치 등

④ 비행장 주변에 출현하여 항공기 또는 특수건조물에 피해를 주는 조수류(멸종위기 야생동물 포함)

해설

「야생생물 보호 및 관리에 관한 법률 시행규칙」 [별표 3]의 3에 따른 비행장 주변에 출현하여 항공기 또는 특수건조물에 피해를 주거나, 군작전에 지장을 주는 조수류(멸종위기 야생동물은 제외한다.)

야생생물 보호 및 관리에 관한 법률 시행규칙[별표 3] 〈개정 2015. 8. 4.〉
유해야생동물(제4조 관련)
1. 장기간에 걸쳐 무리를 지어 농작물 또는 과수에 피해를 주는 참새, 까치, 어치, 직박구리, 까마귀, 갈까마귀, 떼까마귀
2. 일부 지역에 서식밀도가 너무 높아 농·림·수산업에 피해를 주는 꿩, 멧비둘기, 고라니, 멧돼지, 청설모, 두더지, 쥐류 및 오리류(오리류 중 원앙이, 원앙사촌, 황오리, 알락쇠오리, 호사비오리, 뿔쇠오리, 붉은가슴흰죽지는 제외한다)
3. 비행장 주변에 출현하여 항공기 또는 특수건조물에 피해를 주거나, 군 작전에 지장을 주는 조수류(멸종위기 야생동물은 제외한다)
4. 인가 주변에 출현하여 인명·가축에 위해를 주거나 위해 발생의 우려가 있는 멧돼지 및 맹수류(멸종위기 야생동물은 제외한다)
5. 분묘를 훼손하는 멧돼지
6. 전주 등 전력시설에 피해를 주는 까치
7. 일부 지역에 서식밀도가 너무 높아 분변(糞便) 및 털 날림 등으로 문화재 훼손이나 건물 부식 등의 재산상 피해를 주거나 생활에 피해를 주는 집비둘기

86 환경정책기본법령상 아황산가스(SO_2)의 대기환경기준으로 옳은 것은? (단, 24시간 평균치이다.)

① 0.02ppm 이하   ② 0.03ppm 이하
③ 0.05ppm 이하   ④ 0.06ppm 이하

해설

아황산가스(SO_2)의 24시간 평균치는 0.05ppm 이하이다.
환경기준(제2조 관련)
1. 대기

항목	기준
아황산가스 (SO_2)	• 연간 평균치 : 0.02ppm 이하 • 24시간 평균치 : 0.05ppm 이하 • 1시간 평균치 : 0.15ppm 이하
일산화탄소 (CO)	• 8시간 평균치 : 9ppm 이하 • 1시간 평균치 : 25ppm 이하
이산화질소 (NO_2)	• 연간 평균치 : 0.03ppm 이하 • 24시간 평균치 : 0.06ppm 이하 • 1시간 평균치 : 0.10ppm 이하
미세먼지 (PM−10)	• 연간 평균치 : $50\mu g/m^3$ 이하 • 24시간 평균치 : $100\mu g/m^3$ 이하
초미세먼지 (PM−2.5)	• 연간 평균치 : $15\mu g/m^3$ 이하 • 24시간 평균치 : $35\mu g/m^3$ 이하
오존 (O_3)	• 8시간 평균치 : 0.06ppm 이하 • 1시간 평균치 : 0.1ppm 이하
납(Pb)	연간 평균치 : $0.5\mu g/m^3$ 이하
벤젠	연간 평균치 : $5\mu g/m^3$ 이하

87 생물다양성 보전 및 이용에 관한 법률상 생태계교란 생물이 아닌 것은?

① 떡붕어   ② 황소개구리
③ 단풍잎돼지풀   ④ 서양등골나물

해설

떡붕어는 생태계교란 생물에 속하지 않는다.

생태계교란 생물
1. 공통 적용기준
　가. 포유류, 양서류·파충류, 어류, 갑각류, 곤충류 : 살아 있는 생물체와 그 알을 포함한다.
　나. 식물 : 살아 있는 생물체와 그 부속체(종자, 구근, 인경, 주아, 덩이줄기, 뿌리) 및 표본을 포함한다.
　다. 본 목록상의 약어 "spp."는 상위 분류군에 속하는 모든 종을 의미한다.
2. 생태계교란 생물

구 분	종 명
포유류	뉴트리아 *Myocastor coypus*
양서류· 파충류	가. 황소개구리 *Rana catesbeiana* 나. 붉은귀거북속 전종 *Trachemys spp.* 다. 리버쿠터 *Pseudemys concinna* 라. 중국줄무늬목거북 *Mauremys sinensis* 마. 악어거북 *Macrochelys temminckii* 바. 플로리다붉은배거북 *Pseudemys nelsoni*
어류	가. 파랑볼우럭(블루길) *Lepomis macrochirus* 나. 큰입배스 *Micropterus salmoides* 다. 브라운송어 *Salmo trutta*
갑각류	미국가재 *Procambarus clarkii*
곤충류	가. 꽃매미 *Lycorma delicatula* 나. 붉은불개미 *Solenopsis invicta* 다. 등검은말벌 *Vespa velutina nigrithorax* 라. 갈색날개매미충 *Pochazia shantungensis* 마. 미국선녀벌레 *Metcalfa pruinosa* 바. 아르헨티나개미 *Linepithema humile* 사. 긴다리비틀개미 *Anoplolepis gracilipes* 아. 빗살무늬미주메뚜기 *Melanoplus differentialis*
식물	가. 돼지풀 *Ambrosia artemisiaefolia var. elatior* 나. 단풍잎돼지풀 *Ambrosia trifida* 다. 서양등골나물 *Eupatorium rugosum* 라. 털물참새피 *Paspalum distichum var. indutum* 마. 물참새피 *Paspalum distichum var. distichum* 바. 도깨비가지 *Solanum carolinense* 사. 애기수영 *Rumex acetosella* 아. 가시박 *Sicyos angulatus* 자. 서양금혼초 *Hypochoeris radicata* 차. 미국쑥부쟁이 *Aster pilosus* 카. 양미역취 *Solidago altissima* 타. 가시상추 *Lactuca scariola* 파. 갯줄풀 *Spartina alterniflora* 하. 영국갯끈풀 *Spartina anglica* 거. 환삼덩굴 *Humulus japonicus* 너. 마늘냉이 *Alliaria petiolata*

88 습지보전법상 "연안습지" 용어의 정의로 옳은 것은?

① 습지수면으로부터 수심 10m까지의 지역을 말한다.

② 광합성이 가능한 수심(조류의 번식에 한한다.)까지의 지역을 말한다.

③ 만조 때 수위선과 지면의 경계선으로부터 간조 때 수위선과 지면의 경계선까지의 지역을 말한다.

④ 지하수위가 높고 다습한 곳으로서 간조 시에 수위선과 지면이 접하는 경계면 내에서 광합성이 가능한 수심지역까지를 말한다.

해설

「습지보전법」 제2조 정의에 따라 "연안습지"란 만조 때 수위선과 지면의 경계선으로부터 간조 때 수위선과 지면의 경계선까지의 지역을 말한다.

습지보전법
[법률 제17844호, 2021. 1. 5., 일부개정]
제2조(정의)
이 법에서 사용하는 용어의 뜻은 다음과 같다.
1. "습지"란 담수(淡水 : 민물), 기수(汽水 : 바닷물과 민물이 섞여 염분이 적은 물) 또는 염수(鹽水 : 바닷물)가 영구적 또는 일시적으로 그 표면을 덮고 있는 지역으로서 내륙습지 및 연안습지를 말한다.
2. "내륙습지"란 육지 또는 섬에 있는 호수, 못, 늪, 하천 또는 하구(河口) 등의 지역을 말한다.
3. "연안습지"란 만조(滿潮) 때 수위선(水位線)과 지면의 경계선으로부터 간조(干潮) 때 수위선과 지면의 경계선까지의 지역을 말한다.
4. "습지의 훼손"이란 배수(排水), 매립 또는 준설 등의 방법으로 습지 원래의 형질을 변경하거나 습지에 시설이나 구조물을 설치하는 등의 방법으로 습지를 보전 목적 외의 용도로 사용하는 것을 말한다.
[전문개정 2014. 3. 24.]

89 국토의 계획 및 이용에 관한 법령상 용도지구 중 보호지구를 세분화한 것에 해당하지 않는 것은?

① 생태계보호지구
② 주거시설보호지구
③ 중요시설물보호지구
④ 역사문화환경보호지구

해설

「국토의 계획 및 이용에 관한 법률 시행령」 제31조(용도지구의 지정)에 따라 "보호지구"는 "역사문화환경보호지구, 중요시설물보호지구, 생태계보호지구"로 구분된다.

국토의 계획 및 이용에 관한 법률 시행령
[대통령령 제32447호, 2022. 2. 17., 타법개정]
1. 경관지구
   가. 자연경관지구 : 산지 · 구릉지 등 자연경관을 보호하거나 유지하기 위하여 필요한 지구
   나. 시가지경관지구 : 지역 내 주거지, 중심지 등 시가지의 경관을 보호 또는 유지하거나 형성하기 위하여 필요한 지구
   다. 특화경관지구 : 지역 내 주요 수계의 수변 또는 문화적 보존가치가 큰 건축물 주변의 경관 등 특별한 경관을 보호 또는 유지하거나 형성하기 위하여 필요한 지구
2. 삭제 〈2017. 12. 29.〉
3. 삭제 〈2017. 12. 29.〉
4. 방재지구
   가. 시가지방재지구 : 건축물 · 인구가 밀집되어 있는 지역으로서 시설 개선 등을 통하여 재해 예방이 필요한 지구
   나. 자연방재지구 : 토지의 이용도가 낮은 해안변, 하천변, 급경사지 주변 등의 지역으로서 건축 제한 등을 통하여 재해 예방이 필요한 지구
5. 보호지구
   가. 역사문화환경보호지구 : 문화재 · 전통사찰 등 역사 · 문화적으로 보존가치가 큰 시설 및 지역의 보호와 보존을 위하여 필요한 지구
   나. 중요시설물보호지구 : 중요시설물(제1항에 따른 시설물을 말한다. 이하 같다)의 보호와 기능의 유지 및 증진 등을 위하여 필요한 지구
   다. 생태계보호지구 : 야생동식물서식처 등 생태적으로 보존가치가 큰 지역의 보호와 보존을 위하여 필요한 지구
6. 삭제 〈2017. 12. 29.〉
7. 취락지구
   가. 자연취락지구 : 녹지지역 · 관리지역 · 농림지역 또는 자연환경보전지역 안의 취락을 정비하기 위하여 필요한 지구
   나. 집단취락지구 : 개발제한구역 안의 취락을 정비하기 위하여 필요한 지구
8. 개발진흥지구
   가. 주거개발진흥지구 : 주거기능을 중심으로 개발 · 정비할 필요가 있는 지구
   나. 산업 · 유통개발진흥지구 : 공업기능 및 유통 · 물류기능을 중심으로 개발 · 정비할 필요가 있는 지구
   다. 삭제 〈2012. 4. 10.〉
   라. 관광 · 휴양개발진흥지구 : 관광 · 휴양기능을 중심으로 개발 · 정비할 필요가 있는 지구
   마. 복합개발진흥지구 : 주거기능, 공업기능, 유통 · 물류기능 및 관광 · 휴양기능 중 2 이상의 기능을 중심으로 개발 · 정비할 필요가 있는 지구
   바. 특정개발진흥지구 : 주거기능, 공업기능, 유통 · 물류기능 및 관광 · 휴양기능 외의 기능을 중심으로 특정한 목적을 위하여 개발 · 정비할 필요가 있는 지구

정답 88 ③ 89 ②

90 국토의 계획 및 이용에 관한 법령상 기반시설 중 광장에 해당하지 않는 것은?

① 교통광장
② 일반광장
③ 특수광장
④ 건축물부설광장

해설

「국토의 계획 및 이용에 관한 법률 시행령」 제2조(기반시설)에 따라 "광장은 교통광장, 일반광장, 경관광장, 지하광장, 건축물부설광장"으로 구분된다.

국토의 계획 및 이용에 관한 법률 시행령
[대통령령 제32447호, 2022. 2. 17., 타법개정]
제2조(기반시설)

① 「국토의 계획 및 이용에 관한 법률」(이하 "법"이라 한다) 제2조제6호 각 목 외의 부분에서 "대통령령으로 정하는 시설"이란 다음 각 호의 시설(당해 시설 그 자체의 기능발휘와 이용을 위하여 필요한 부대시설 및 편익시설을 포함한다)을 말한다. 〈개정 2005. 9. 8., 2008. 5. 26., 2009. 11. 2., 2013. 6. 11., 2016. 2. 11., 2018. 11. 13., 2019. 12. 31.〉
  1. 교통시설 : 도로·철도·항만·공항·주차장·자동차정류장·궤도·차량 검사 및 면허시설
  2. 공간시설 : 광장·공원·녹지·유원지·공공공지
  3. 유통·공급시설 : 유통업무설비, 수도·전기·가스·열공급설비, 방송·통신시설, 공동구·시장, 유류저장 및 송유설비
  4. 공공·문화체육시설 : 학교·공공청사·문화시설·공공필요성이 인정되는 체육시설·연구시설·사회복지시설·공공직업훈련시설·청소년수련시설
  5. 방재시설 : 하천·유수지·저수지·방화설비·방풍설비·방수설비·사방설비·방조설비
  6. 보건위생시설 : 장사시설·도축장·종합의료시설
  7. 환경기초시설 : 하수도·폐기물처리 및 재활용시설·빗물저장 및 이용시설·수질오염방지시설·폐차장

② 제1항에 따른 기반시설 중 도로·자동차정류장 및 광장은 다음 각 호와 같이 세분할 수 있다. 〈개정 2008. 1. 8., 2010. 4. 29., 2016. 5. 17., 2021. 7. 6.〉
  1. 도로
    가. 일반도로
    나. 자동차전용도로
    다. 보행자전용도로
    라. 보행자우선도로
    마. 자전거전용도로
    바. 고가도로
    사. 지하도로
  2. 자동차정류장
    가. 여객자동차터미널
    나. 물류터미널
    다. 공영차고지
    라. 공동차고지
    마. 화물자동차 휴게소
    바. 복합환승센터
  3. 광장
    가. 교통광장
    나. 일반광장
    다. 경관광장
    라. 지하광장
    마. 건축물부설광장

91 자연공원법상 공원구역에서 공원사업 외에 공원관리청의 허가를 받아야 하는 경우와 가장 거리가 먼 것은? (단, 대통령령으로 정하는 경미한 행위는 제외한다.)

① 자갈을 채취하는 행위
② 물건을 쌓아 두거나 묶어 두는 행위
③ 100명의 사람이 단체로 등산하는 행위
④ 나무를 베거나 야생식물을 채취하는 행위

해설

「자연공원법」 제23조(행위허가)에 따라 여러 명이 단체로 등산하는 행위는 공원관리청의 허가가 필요없다.

자연공원법
[법률 제18909호, 2022. 6. 10., 일부개정]
제23조(행위허가)

① 공원구역에서 공원사업 외에 다음 각 호의 어느 하나에 해당하는 행위를 하려는 자는 대통령령으로 정하는 바에 따라 공원관리청의 허가를 받아야 한다. 다만, 대통령령으로 정하는 경미한 행위는 대통령령으로 정하는 바에 따라 공원관리청에 신고하고 하거나 허가 또는 신고 없이 할 수 있다.
  1. 건축물이나 그 밖의 공작물을 신축·증축·개축·재축 또는 이축하는 행위
  2. 광물을 채굴하거나 흙·돌·모래·자갈을 채취하는 행위
  3. 개간이나 그 밖의 토지의 형질 변경(지하 굴착 및 해저의 형질 변경을 포함한다)을 하는 행위
  4. 수면을 매립하거나 간척하는 행위
  5. 하천 또는 호소(湖沼)의 물높이나 수량(水量)을 늘거나 줄게 하는 행위
  6. 야생동물[해중동물(海中動物)을 포함한다. 이하 같다]을 잡는 행위
  7. 나무를 베거나 야생식물(해중식물을 포함한다. 이하 같다)을 채취하는 행위
  8. 가축을 놓아먹이는 행위

9. 물건을 쌓아 두거나 묶어 두는 행위

10. 경관을 해치거나 자연공원의 보전ㆍ관리에 지장을 줄 우려가 있는 건축물의 용도 변경과 그 밖의 행위로서 대통령령으로 정하는 행위

② 공원관리청은 다음 각 호의 기준에 맞는 경우에만 제1항에 따른 허가를 할 수 있다.

1. 제18조제2항에 따른 용도지구에서 허용되는 행위의 기준에 맞을 것

2. 공원사업의 시행에 지장을 주지 아니할 것

3. 보전이 필요한 자연 상태에 영향을 미치지 아니할 것

4. 일반인의 이용에 현저한 지장을 주지 아니할 것

③ 공원관리청은 제1항에 따른 허가를 하려는 경우에는 대통령령으로 정하는 바에 따라 관계 행정기관의 장과 협의하여야 한다. 이 경우 대통령령으로 정하는 규모 이상의 행위에 대하여는 추가로 해당 공원위원회의 심의를 거쳐야 한다.

[전문개정 2008. 12. 31.]

92 자연환경보전법상 생태ㆍ자연도의 작성ㆍ활용기준 중 (　　) 안에 알맞은 것은?

생태ㆍ자연도는 (㉠) 이상의 지도에 (㉡)으로 표시하여야 한다.

① ㉠ 2만5천분의 1, ㉡ 점선
② ㉠ 2만5천분의 1, ㉡ 실선
③ ㉠ 5만분의 1, ㉡ 점선
④ ㉠ 5만분의 1, ㉡ 실선

해설

「자연환경보전법」 제34조에 따라 생태ㆍ자연도는 2만5천분의 1 이상의 지도에 실선으로 표시하여야 한다.

자연환경보전법
[법률 제18910호, 2022. 6. 10., 일부개정]
제34조(생태ㆍ자연도의 작성ㆍ활용)

① 환경부장관은 토지이용 및 개발계획의 수립이나 시행에 활용할 수 있도록 하기 위하여 제30조 및 제31조에 따른 조사결과를 기초로 하여 전국의 자연환경을 다음의 구분에 따라 생태ㆍ자연도를 작성하여야 한다. 〈개정 2011. 7. 28., 2020. 5. 26.〉

1. 1등급 권역 : 다음에 해당하는 지역
가. 「야생생물 보호 및 관리에 관한 법률」 제2조제2호에 따른 멸종위기 야생생물(이하 "멸종위기야생생물"이라 한다)의 주된 서식지ㆍ도래지 및 주요 생태축 또는 주요 생태통로가 되는 지역
나. 생태계가 특히 우수하거나 경관이 특히 수려한 지역
다. 생물의 지리적 분포한계에 위치하는 생태계 지역 또는 주요 식생의 유형을 대표하는 지역

라. 생물다양성이 특히 풍부하고 보전가치가 큰 생물자원이 존재ㆍ분포하고 있는 지역
마. 그 밖에 가목부터 라목까지의 지역에 준하는 생태적 가치가 있는 지역으로서 대통령령으로 정하는 기준에 해당하는 지역

2. 2등급 권역 : 제1호 각 목에 준하는 지역으로서 장차 보전의 가치가 있는 지역 또는 1등급 권역의 외부지역으로서 1등급 권역의 보호를 위하여 필요한 지역

3. 3등급 권역 : 1등급 권역, 2등급 권역 및 별도관리지역으로 분류된 지역 외의 지역으로서 개발 또는 이용의 대상이 되는 지역

4. 별도관리지역 : 다른 법률에 따라 보전되는 지역 중 역사적ㆍ문화적ㆍ경관적 가치가 있는 지역이거나 도시의 녹지보전 등을 위하여 관리되고 있는 지역으로서 대통령령으로 정하는 지역

② 환경부장관은 생태ㆍ자연도를 효율적으로 활용하기 위하여 제1항제1호부터 제3호까지의 권역을 환경부령으로 정하는 바에 따라 세부등급을 정하여 작성할 수 있다. 〈개정 2020. 5. 26.〉

③ 환경부장관은 생태ㆍ자연도를 작성할 때 관계중앙행정기관의 장 또는 지방자치단체의 장에게 필요한 자료 또는 전문인력의 협조를 요청할 수 있다. 이 경우 군사목적을 위하여 불가피한 경우를 제외하고는 관계중앙행정기관의 장 및 지방자치단체의 장은 대통령령으로 정하는 바에 따라 자료의 요청에 협조하여야 한다. 〈개정 2020. 5. 26.〉

④ 생태ㆍ자연도는 2만5천분의 1 이상의 지도에 실선으로 표시하여야 한다. 그 밖에 생태ㆍ자연도의 작성기준 및 작성방법 등 작성에 필요한 사항과 제1항에 따른 생태ㆍ자연도의 활용대상 및 활용방법에 관하여 필요한 사항은 대통령령으로 정한다. 〈개정 2020. 5. 26.〉

⑤ 환경부장관은 생태ㆍ자연도를 작성하는 때에는 14일 이상 국민의 열람을 거쳐 작성하여야 하며, 작성된 생태ㆍ자연도는 관계중앙행정기관의 장 및 해당 지방자치단체의 장에게 이를 통보하고 고시하여야 한다.

⑥ 삭제 〈2017. 11. 28.〉

93 환경정책기본법령상 수질 및 수생태계 상태별 생물학적 특성 중 생물지표종(저서생물)의 생물등급이 다른 하나는?

① 가재
② 옆새우
③ 꽃등에
④ 민하루살이

해설

가재, 옆새우, 민하루살이 등은 "매우좋음~ 좋음" 등급이고 꽃등에는 "약간나쁨~매우나쁨" 등급이다.

수질 및 수생태계 상태별 생물학적 특성 이해표

생물 등급	생물 지표종		서식지 및 생물 특성
	저서생물 (底棲生物)	어류	
매우 좋음 ~ 좋음	옆새우, 가재, 뿔하루살이, 민하루살이, 강도래, 물날도래, 광택날도래, 띠무늬우묵날도래, 바수염날도래	산천어, 금강모치, 열목어, 버들치 등 서식	• 물이 매우 맑으며, 유속은 빠른 편임 • 바닥은 주로 바위와 자갈로 구성됨 • 부착 조류(藻類)가 매우 적음
좋음 ~ 보통	다슬기, 넓적거머리, 강하루살이, 동양하루살이, 등줄하루살이, 등딱지하루살이, 물삿갓벌레, 큰줄날도래	쉬리, 갈겨니, 은어, 쏘가리 등 서식	• 물이 맑으며, 유속은 약간 빠르거나 보통임 • 바닥은 주로 자갈과 모래로 구성됨 • 부착 조류가 약간 있음
보통 ~ 약간 나쁨	물달팽이, 턱거머리, 물벌레, 밀잠자리	피라미, 끄리, 모래무지, 참붕어 등 서식	• 물이 약간 혼탁하며, 유속은 약간 느린 편임 • 바닥은 주로 잔자갈과 모래로 구성됨 • 부착 조류가 녹색을 띠며 많음
약간 나쁨 ~ 매우 나쁨	왼돌이물달팽이, 실지렁이, 붉은깔따구, 나방파리, 꽃등에 등	붕어, 잉어, 미꾸라지, 메기 등 서식	• 물이 매우 혼탁하며, 유속은 느린 편임 • 바닥은 주로 모래와 실트로 구성되며, 대체로 검은색을 띰 • 부착 조류가 갈색 혹은 회색을 띠며 매우 많음

94 생물다양성 보전 및 이용에 관한 법률상 환경부장관이 반출승인 대상 생물자원에 대하여 국외반출을 승인하지 않을 수 있는 경우로 틀린 것은?

① 극히 제한적으로 서식하는 경우
② 경제적 가치가 낮은 형태적 · 유전적 특징을 가지는 경우
③ 국외에 반출될 경우 그 종의 생존에 위협을 줄 우려가 있는 경우
④ 국외로 반출될 경우 국가 이익에 큰 손해를 입힐 것으로 우려되는 경우

해설
「생물다양성 보전 및 이용에 관한 법률」 제11조에 따라 환경부장관이 국외반출을 승인하지 않을 수 있는 경우는 "1. 극히 제한적으로 서식하는 경우, 2. 국외로 반출될 경우 국가 이익에 큰 손해를 입힐 것으로 우려되는 경우, 3. 경제적 가치가 높은 형태적 · 유전적 특징을 가지는 경우"이다.

생물다양성 보전 및 이용에 관한 법률
[법률 제16806호, 2019. 12. 10., 일부개정]
제11조(생물자원의 국외반출)
① 환경부장관은 생물다양성의 보전을 위하여 보호할 가치가 높은 생물자원으로서 대통령령으로 정하는 기준에 해당하는 생물자원을 관계 중앙행정기관의 장과 협의하여 국외반출승인 대상 생물자원으로 지정 · 고시할 수 있다.
② 누구든지 제1항에 따라 지정 · 고시된 생물자원(이하 "반출승인 대상 생물자원"이라 한다)을 국외로 반출하려면 환경부령으로 정하는 바에 따라 환경부장관의 승인을 받아야 한다. 다만, 「농업생명자원의 보존 · 관리 및 이용에 관한 법률」 제18조제1항 또는 「해양수산생명자원의 확보 · 관리 및 이용 등에 관한 법률」 제22조제1항에 따른 국외반출승인을 받은 경우에는 그러하지 아니하다. 〈개정 2016. 12. 27.〉
③ 환경부장관은 반출승인 대상 생물자원이 다음 각 호의 어느 하나에 해당하는 경우에는 국외반출을 승인하지 아니할 수 있다.
  1. 극히 제한적으로 서식하는 경우
  2. 국외로 반출될 경우 국가 이익에 큰 손해를 입힐 것으로 우려되는 경우
  3. 경제적 가치가 높은 형태적 · 유전적 특징을 가지는 경우
  4. 국외에 반출될 경우 그 종의 생존에 위협을 줄 우려가 있는 경우

95 자연공원법규상 공원관리청이 규정에 의해 징수하는 점용료 등의 기준요율에 관한 사항 중 ( ) 안에 알맞은 것은? (단, 다른 법령에 특별히 정한 기준은 제외한다.)

점용 또는 사용의 종류가 건축물 기타 공작물의 신축 · 증축 · 이축이나 물건 쌓기 및 계류인 경우 기준요율은 (㉠) 이상으로 하며, 토지의 개간인 경우 (㉡) 이상으로 한다.

① ㉠ 인근 토지 임대료 추정액의 100분의 25
  ㉡ 수확예상액의 100분의 10
② ㉠ 인근 토지 임대료 추정액의 100분의 25
  ㉡ 수확예상액의 100분의 25
③ ㉠ 인근 토지 임대료 추정액의 100분의 50
  ㉡ 수확예상액의 100분의 10
④ ㉠ 인근 토지 임대료 추정액의 100분의 50
  ㉡ 수확예상액의 100분의 25

해설
「자연공원법 시행규칙」 별표3에 따라 "1. 건축물 기타 공작물의 신축 · 증축 · 이축이나 물건 쌓기 및 계류"는 인근 토지 임대료 추정액의 100분의 50 이상, "2. 토지의 개간"은 수확예상액의 100분의 25 이상의 점용료를 징수한다.

정답 94 ② 95 ④

자연공원법 시행규칙[별표 3] 〈개정 2019. 12. 20.〉
점용료 또는 사용료 요율기준(제26조 관련)

점용 또는 사용의 종류	기준요율
1. 건축물 기타 공작물의 신축 · 증축 · 이축이나 물건 쌓기 및 계류	인근 토지 임대료 추정액의 100분의 50 이상
2. 토지의 개간	수확예상액의 100분의 25 이상
3. 법 제20조의 규정에 의한 허가를 받아 공원시설을 관리하는 경우	법 제37조제3항의 규정에 의한 예상징수금액의 100분의 10 이상

96 야생생물 보호 및 관리에 관한 법규상 시장 · 군수 · 구청장은 박제업자에게 야생동물의 보호 · 번식을 위하여 박제품의 신고 등 필요한 명령을 할 수 있는데, 박제업자가 이에 따른 신고 등 필요한 명령을 위반한 경우 각 위반차수별 (개별)행정처분기준으로 가장 적합한 것은?

① 1차 : 경고, 2차 : 경고,
　3차 : 영업정지 3개월, 4차 : 등록취소
② 1차 : 경고, 2차 : 영업정지 1개월,
　3차 : 영업정지 3개월, 4차 : 등록취소
③ 1차 : 영업정지 1개월, 2차 : 영업정지 3개월,
　3차 : 영업정지 6개월, 4차 : 사업장 이전
④ 1차 : 영업정지 1개월, 2차 : 영업정지 3개월,
　3차 : 영업정지 6개월, 4차 : 등록취소

97 환경정책기본법령상 하천에서의 디클로로메탄의 수질 및 수생태계 기준(mg/L)으로 옳은 것은?(단, 사람의 건강보호 기준으로 한다.)

① 0.008 이하
② 0.01 이하
③ 0.02 이하
④ 0.05 이하

해설
디클로로메탄의 수질 및 수생태계 기준(mg/L)은 0.02mg/L 이하이다.

3. 수질 및 수생태계
　가. 하천
　　1) 사람의 건강보호 기준

항목	기준값(mg/L)
카드뮴(Cd)	0.005 이하
비소(As)	0.05 이하
시안(CN)	검출되어서는 안 됨 (검출한계 : 0.01)
수은(Hg)	검출되어서는 안 됨 (검출한계 : 0.001)
유기인	검출되어서는 안 됨 (검출한계 : 0.0005)
폴리클로리네이티드비페닐(PCB)	검출되어서는 안 됨 (검출한계 : 0.0005)
납(Pb)	0.05 이하
6가 크롬(Cr^{6+})	0.05 이하
음이온 계면활성제(ABS)	0.5 이하
사염화탄소	0.004 이하
1,2-디클로로에탄	0.03 이하
테트라클로로에틸렌(PCE)	0.04 이하
디클로로메탄	0.02 이하
벤젠	0.01 이하
클로로포름	0.08 이하
디에틸헥실프탈레이트(DEHP)	0.008 이하
안티몬	0.02 이하
1,4-다이옥세인	0.05 이하
포름알데히드	0.5 이하
헥사클로로벤젠	0.00004 이하

98 습지보전법상 습지보전을 위해 설치할 수 있는 시설과 가장 거리가 먼 것은?

① 습지를 연구하기 위한 시설
② 습지를 준설 및 복원하기 위한 시설
③ 습지오염을 방지하기 위한 시설
④ 습지상태를 관찰하기 위한 시설

해설
「습지보전법」 제12조 및 「습지보전법 시행령」 제9조에 따라 습지보전을 위해 설치할 수 있는 시설은 "습지를 보호하기 위한 시설", "습지를 연구하기 위한 시설", "나무로 만든 다리, 교육 · 홍보 시설 및 안내 · 관리 시설 등으로서 습지보전에 지장을 주지 아니하는 시설", "습지오염을 방지하기 위한 시설", "습지생태를 관찰하기 위한 시설" 등이 있다.

습지보전법
[법률 제17844호, 2021. 1. 5., 일부개정]
제12조(습지보전 · 이용시설)
① 환경부장관, 해양수산부장관, 관계 중앙행정기관의 장 또는 지방자치단체의 장은 제13조제1항에도 불구하고 습지의 보전 · 이용을 위하여 다음 각 호의 시설(이하 "습지보전 · 이용시설"이라 한다)을 설치 · 운영할 수 있다.
　1. 습지를 보호하기 위한 시설
　2. 습지를 연구하기 위한 시설
　3. 나무로 만든 다리, 교육 · 홍보 시설 및 안내 · 관리 시설 등으로서 습지보전에 지장을 주지 아니하는 시설
　4. 그 밖에 습지보전을 위한 시설로서 대통령령으로 정하는 시설
② 지방자치단체의 장은 환경부장관이나 해양수산부장관이 제8조에 따라 지정한 습지보호지역 등에 습지보전 · 이용시설을 설치 · 운영하려면 공동부령으로 정하는 바에 따라 미리 환경부장관이나 해양수산부장관의 승인을 받아야 한다. 다만, 다른 법령의 사업계획에 따라 제1항 각 호의 시설을 설치하는 경우에는 그러하지 아니하다.
③ 제1항 각 호의 시설의 설치 · 이용 및 운영 · 관리 등에 필요한 사항은 대통령령으로 정한다.
[전문개정 2014. 3. 24.]

습지보전법 시행령
[대통령령 제31873호, 2021. 7. 6., 일부개정]
제9조(습지보전 · 이용시설)
법 제12조제1항제4호에서 "기타 습지보전을 위한 시설로서 대통령령이 정하는 시설"이라 함은 다음 각 호의 어느 하나에 해당하는 시설을 말한다.
1. 습지오염을 방지하기 위한 시설
2. 습지생태를 관찰하기 위한 시설
제10조(습지보전 · 이용시설의 이용 등)
법 제12조제1항에 따른 습지보전 · 이용시설의 설치자는 당해 시설의 이용 및 운영 · 관리를 위하여 관리자를 두어야 한다.

99 다음은 국토기본법령상 국토계획평가의 절차이다. ( ) 안에 알맞은 것은?

국토교통부장관은 국토계획평가 요청서를 제출받는 날부터 (㉠) 이내에 국토계획평가를 실시하고 그 결과에 대하여 법에 따른 국토정책위원회에 심의를 요청하여야 한다. 다만, 부득이한 사유가 있는 경우에는 그 기간을 (㉡)의 범위에서 연장할 수 있다.

① ㉠ 15일, ㉡ 10일
② ㉠ 15일, ㉡ 15일
③ ㉠ 30일, ㉡ 10일
④ ㉠ 30일, ㉡ 15일

해설
「국토기본법 시행령」 제8조의4에 따라 국토교통부장관은 국토계획평가 요청서를 제출받은 날부터 30일 이내에 국토계획평가를 실시하고 그 결과에 대하여 법에 따른 국토정책위원회에 심의를 요청하여야 한다. 다만, 부득이한 사유가 있는 경우에는 그 기간을 10일의 범위에서 연장할 수 있다.

국토기본법 시행령
[대통령령 제32845호, 2022. 8. 2., 일부개정]
제8조의4(국토계획평가의 절차)
① 국토교통부장관은 국토계획평가 요청서를 제출받은 날부터 30일 이내에 국토계획평가를 실시하고 그 결과에 대하여 법 제26조제1항에 따른 국토정책위원회에 심의를 요청하여야 한다. 다만, 부득이한 사유가 있는 경우에는 그 기간을 10일의 범위에서 연장할 수 있다. 〈개정 2013. 3. 23.〉
② 국토계획평가 요청서를 제출받은 국토교통부장관은 지체 없이 환경친화적인 국토관리에 관한 사항에 대한 의견을 환경부장관에게 요청하여야 한다. 이 경우 환경부장관은 요청을 받은 날부터 14일 이내에 의견서를 제출하여야 한다. 〈개정 2013. 3. 23.〉
③ 국토교통부장관은 제출된 국토계획평가 요청서를 보완할 필요가 있다고 인정하는 경우에는 기간을 정하여 그 보완을 요청할 수 있다. 이 경우 국토계획 수립권자가 국토계획평가 요청서를 보완하는 기간은 제1항에서 정한 기간에 포함하지 아니한다. 〈개정 2013. 3. 23.〉
④ 제1항부터 제3항까지에서 규정한 사항 외에 국토계획평가에 필요한 사항은 국토교통부장관이 정하여 고시한다. 〈개정 2013. 3. 23.〉
⑤ 국토교통부장관은 국토계획평가를 효율적으로 실시하기 위하여 「정부출연연구기관 등의 설립 · 운영 및 육성에 관한 법률」에 따라 설립된 국토연구원에 현지조사, 국토계획평가 요청서 등의 검토 및 의견 제출을 요청할 수 있다. 이 경우 국토교통부장관은 현지조사, 국토계획평가 요청서 등의 검토 및 의견 제출에 드는 비용을 예산의 범위에서 지원할 수 있다. 〈개정 2013. 3. 23.〉
⑥ 국토교통부장관은 법 제19조의3제2항에 따른 국토계획평가의 결과에 관하여 법 제26조제1항에 따른 국토정책위원회의 심의를 거친 후 지체 없이 그 내용을 해당 국토계획 수립권자에게 통보하여야 한다. 〈개정 2013. 3. 23.〉
⑦ 국토계획 수립권자는 제6항에 따라 국토계획평가의 결과를 통보받은 경우에는 그 결과를 반영하여 조치를 하거나 조치계획을 수립해야 하며, 조치한 날 또는 조치계획을 확정한 날부터 30일 이내에 국토교통부장관에게 조치결과 또는 조치계획을 제출해야 한다. 〈신설 2018. 12. 24.〉
[본조신설 2012. 5. 30.]

정답 99 ③

100 다음 중 자연환경보전법상 다음 보기가 설명하는 지역으로 옳은 것은?

> 생물다양성이 풍부하여 생태적으로 중요하거나 자연경관이 수려하여 특별히 보전할 가치가 큰 지역으로서 규정에 의하여 환경부장관이 지정·고시하는 지역

① 자연유보지역　　　　　② 자연경관보호지역
③ 생태·경관보전지역　　④ 생태계변화관찰지역

해설

「자연환경보전법」 제2조에 따라 "자연유보지역"이라 함은 사람의 접근이 사실상 불가능하여 생태계의 훼손이 방지되고 있는 지역 중 군사 목적을 위하여 이용되는 외에는 특별한 용도로 사용되지 아니하는 무인도로서 대통령령으로 정하는 지역과 관할권이 대한민국에 속하는 날부터 2년간의 비무장지대를 말한다.

"자연경관보호지역"은 같은 법 제27조(자연경관의 보전)의 내용이 있지만 정의되지 않는 용어이다.

"생태계변화관찰지역"은 같은 법 제31조(정밀조사와 생태계의 변화 관찰 등)의 내용이 있지만 정의되지 않는 용어이다.

자연환경보전법
[법률 제18910호, 2022. 6. 10., 일부개정]
제2조(정의)
이 법에서 사용하는 용어의 정의는 다음과 같다.

1. "자연환경"이라 함은 지하·지표(해양을 제외한다) 및 지상의 모든 생물과 이들을 둘러싸고 있는 비생물적인 것을 포함한 자연의 상태(생태계 및 자연경관을 포함한다)를 말한다.
2. "자연환경보전"이라 함은 자연환경을 체계적으로 보존·보호 또는 복원하고 생물다양성을 높이기 위하여 자연을 조성하고 관리하는 것을 말한다.
3. "자연환경의 지속가능한 이용"이라 함은 현재와 장래의 세대가 동등한 기회를 가지고 자연환경을 이용하거나 혜택을 누릴 수 있도록 하는 것을 말한다.
4. "자연생태"라 함은 자연의 상태에서 이루어진 지리적 또는 지질적 환경과 그 조건 아래에서 생물이 생활하고 있는 모든 현상을 말한다.
5. "생태계"란 식물·동물 및 미생물 군집(群集)들과 무생물 환경이 기능적인 단위로 상호작용하는 역동적인 복합체를 말한다.
6. "소(小)생태계"라 함은 생물다양성을 높이고 야생동식물의 서식지 간의 이동가능성 등 생태계의 연속성을 높이거나 특정한 생물종의 서식조건을 개선하기 위하여 조성하는 생물서식공간을 말한다.
7. "생물다양성"이라 함은 육상생태계 및 수생생태계(해양생태계는 제외한다)와 이들의 복합생태계를 포함하는 모든 원천에서 발생한 생물체의 다양성을 말하며, 종내(種內)·종간(種間) 및 생태계의 다양성을 포함한다.
8. "생태축"이라 함은 전국 또는 지역 단위에서 생물다양성을 증진시키고 생태계 기능의 연속성을 위하여 생태적으로 중요한 지역 또는 생태적 기능의 유지가 필요한 지역을 연결하는 생태적 서식공간을 말한다.
9. "생태통로"란 도로·댐·수중보(水中洑)·하굿둑 등으로 인하여 야생동·식물의 서식지가 단절되거나 훼손 또는 파괴되는 것을 방지하고 야생동·식물의 이동 등 생태계의 연속성 유지를 위하여 설치하는 인공 구조물·식생 등의 생태적 공간을 말한다.
10. "자연경관"이라 함은 자연환경적 측면에서 시각적·심미적인 가치를 가지는 지역·지형 및 이에 부속된 자연요소 또는 사물이 복합적으로 어우러진 자연의 경치를 말한다.
11. "대체자연"이라 함은 기존의 자연환경과 유사한 기능을 수행하거나 보완적 기능을 수행하도록 하기 위하여 조성하는 것을 말한다.
12. "생태·경관보전지역"이라 함은 생물다양성이 풍부하여 생태적으로 중요하거나 자연경관이 수려하여 특별히 보전할 가치가 큰 지역으로서 제12조 및 제13조제3항에 따라 환경부장관이 지정·고시하는 지역을 말한다.

정답 100 ③

01 환경생태학개론

01 라운키에르(Raunkiaer) 생활형 구분에 따른 지중식물에 해당하지 않는 것은?

① 진달래   ② 튤립

③ 감자   ④ 갈대

해설

㉠ 라운키에르 생활형 : 식물의 겨울눈의 위치에 따라 관속식물을 지상식물, 지표식물, 반지중식물, 지중식물, 1년생 식물로 구분한 것
㉡ 지상식물 : 겨울눈이 토양 표면보다 2m 위에 있음
㉢ 지표식물 : 겨울눈이 토양 표면보다 25cm 내에 있음
㉣ 반지중식물 : 겨울눈이 지표면에 접함
㉤ 지중식물 : 겨울눈이 땅속에 있음
㉥ 1년생 식물 : 겨울눈이 종자 속에 있음

02 종에 대한 예측이 불가능하고, 급변하는 환경에서 서식하는 경향이 있는 종을 무엇이라고 하는가?

① 깃대종   ② 개척종

③ 핵심종   ④ 기회종

해설 생물종의 기능적 분류

구분	내용
우점종 (Dominant Species)	• 군집 또는 군락 내에서 중요도가 높은 종 • 밀도(단위면적당 개체수), 빈도(자주 나타나는 확률), 피도(단위면적당 피복면적)의 총체적 합으로 결정함 • 생태계 내의 생산성 및 영양염류 순환과 기타 과정들을 가장 많이 통제하는 종일 확률이 높음
생태적 지표종 (Ecological Indicator)	• 특정지역의 환경조건이나 상태를 측정하는 척도로 이용하는 생물종 • 특정생물종의 존재 여부를 통하여 그 지역의 환경조건을 알 수 있으며 특정환경의 상태를 잘 나타내는 생물종

구분	내용
핵심종(중추종) (Keystone Species)	• 우점도나 중요도와 상관없이 어떤 종류의 지배적 영향력을 발휘하고 있는 생물종 • 생물 군집에 있어서 생물 간 상호작용의 필요가 있고, 그 종이 사라지면 생태계가 변질된다고 생각되는 종 • 군집에서 중요한 역할을 수행하는 종
여별종	• 어떤 군집 내에서 유사한 생태적 서비스를 하는 종 • 생태적 서비스를 복구하는 예비군 • 생태계의 주요 안전장치
우산종 (Umbrella Species)	• 최상위 영양단계에 위치하는 대형 포유류나 맹금류로 넓은 서식면적을 필요로 하는 생물종 • 이 종을 보호하면 많은 다른 생물종이 생존할 수 있다고 생각되는 종
깃대종(상징종) (Flagship Species)	• 특정지역의 생태·지리·문화 특성을 반영하는 상징적인 중요 야생생물 • 생물종의 아름다움이나 매력 때문에 일반 사람들이 보호를 해야 한다고 인식하는 생물종 • 깃대(flagship)라는 단어는 해당 지역 생태계 회복의 개척자 이미지를 부여한 상징적인 표현 • 홍천의 열목어, 거제도의 고란초, 덕유산의 반딧불이, 태화강의 각시붕어, 광릉숲의 크낙새 등
희소종(희귀종) (Threatened Species)	• 서식지의 축소, 생물학적 침입, 남획 등으로 점멸의 우려가 있는 종 • 국제적 차원의 희소종, 국가적 차원의 희소종, 지역적 차원의 희소종 등으로 구분이 가능함
생태적 동등종 (Ecological Equivalents)	• 지리적으로 서로 다른 지역에서 생태적으로 유사하거나 동일한 지위를 점하는 생물종 • 분류학적으로는 서로 다르지만 기능적으로 유사한 생물종 • 호주의 캥거루와 아프리카 초원의 영양
침입종 (Invasive Species)	• 외부에서 들어와 다른 생물의 서식지를 점유하고 있는 종

*출처
• 김준호·서계홍·정연숙 외(2007). 「현대생태학(개정판)」. (주)교문사. p.174.
• 조동길(2011). 「생태복원계획·설계론」. 넥서스환경디자인연구원 출판부. p.477.
• 차윤정·전승훈(2009). 「숲 생태학 강의」. 지성사. p.160.
• Primack, R.B.([2012] 2014) 「보전생물학(A Primer of Conservation Biology(5ed.))」. 이상돈·강혜순·강호정 외(역). 월드사이언스. p.122. 229.의 내용을 정리하여 표로 작성함

🔒정답   01 ①   02 ④

03 해안군집의 유형에 속하지 않는 것은?

① 갯벌
② 하구
③ 암반해안
④ 건초지

04 생태계에서 외부의 변화에도 불구하고 생태계 전체에서의 변동을 억제하는 능력이나 평형상태를 유지하려는 능력을 무엇이라고 하는가?

① 항상성
② 천이
③ 포식
④ 경쟁

해설 항상성

변동하는 외부 환경에 대해서 비교적 일정한 내부 환경을 유지하는 것이다.

05 부영양화 상태인 호수의 특징으로 옳은 것은?

① 얕은 호수에서는 수초가 많이 자란다.
② 녹조류의 성장으로 용존산소가 늘어난다.
③ 질소, 인의 농도와는 무관한 현상이다.
④ 호수의 유기물이 줄어든다.

해설 부영양화

영양소가 많은 상태(영양소가 풍부한 활엽수림과 농경지가 부영양호를 감싸고 있는 경우)에서 다량의 인과 질소 유입 → 조류와 기타 수생식물의 대폭적 성장 촉진 → 광합성 산물이 증가하여 영양소와 유기화합물의 재순환 증가 → 식물생장을 더욱 촉진 → 식물플랑크톤은 따뜻한 상층부의 물에 밀집하여 짙은 초록색 물이 된다. → 조류와 유입되는 유기물 잔해, 퇴적물, 유근식물의 잔해가 바닥으로 떨어지며, 바닥의 세균은 죽은 유기물을 먹는다. → 세균의 활동은 바닥 퇴적물과 깊은 물의 호기성 생물이 살 수 없을 정도로 산소를 고갈시킨다. → 생물들의 생물량과 수는 높게 유지되지만, 저서종의 수는 감소한다. → 극단적인 경우 산소 고갈이 무척추동물과 어류 개체군을 집단폐사시킬 수 있다.

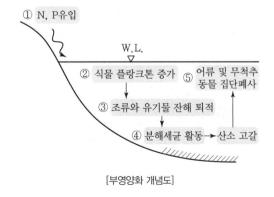

[부영양화 개념도]

06 물질의 순환 중 질소순환에 대한 설명으로 틀린 것은?

① 질소는 대기 중 다량으로 존재하며 실물체에 직접 이용된다.
② 질소고정생물은 대기 중의 분자상 질소를 암모니아로 전환시킨다.
③ 대부분의 식물은 암모니아나 질산염의 형태로 질소를 흡수한다.
④ 식물은 단백질과 기타 많은 화합물을 합성하는 데 질소를 사용한다.

해설 질소순환

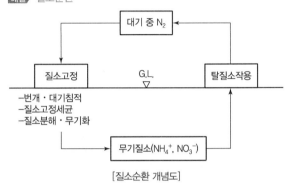

[질소순환 개념도]

식물은 질소를 암모늄(NH_4^+)과 질산염(NO_3^-) 형태로만 이용 가능하다.
1) 질소의 생태계 유입경로
　㉠ 대기침적 : 식물이 바로 흡수 가능한 형태로 공급됨
　　• 비, 눈, 안개방울 등의 습성 강하물
　　• 에어로졸과 입자 등의 건성 강하물
　㉡ 질소고정
　　• 고에너지 고정 : 우주선과 운석 궤적, 번개 등이 질소가 물의 산소와 수소에 결합하는 데 필요한 고에너지를 공급한다. 그 결과 생겨난 암모니아와 질산염은 빗물과 함께 지구 표면으로 운반된다.
　　• 생물학적 질소고정
　　　− 농생태계 : 식물과 상리공생관계로 살고 있는 공생균(콩과 식물과 관련된 뿌리혹세균)
　　　− 비농생태계 : 유영생활하는 호기성 세균, 시아노박테리아 (남조류)
2) 질소포화
　최근 수십 년 동안 인간활동(집약적 농업, 화석연료연소)에 의해 훨씬 많은 양의 질소산화물이 대기로 유입되었다. → 대기 중 질소산화물은 대기 중에 장기간 체류하지 않고 빠르게 다양한 화학반응을 거쳐 배출된 지역에 침적되는 경향이 있다. → 토양용액 중의 질소농도는 식물의 흡수속도와 식물조직의 농도에 영향을 준다. → 초기에는 질소 침적이 비료로 작용하여 순 1차생산력의 속도를 증가시킨다. → 그러나 질소에 비해 상대적으로 물과 다른 영양소가 부족해지면서 이들 생태계는 질소포화 상태로 다가간다. → 만일 질소공급이 계속 증가된다면, 토양과 식물대사의 복잡한 일련의 변화는 궁극적으로 삼림의 쇠퇴와 토양산성화를 초래할 것이다.

정답 03 ④ 04 ① 05 ① 06 ①

07 열역학 제2법칙에 대한 설명으로 틀린 것은?

① 엔트로피의 법칙이라고도 한다.
② 물질과 에너지는 하나의 방향으로만 변화한다.
③ 질서 있는 것에서 무질서한 것으로 변화한다.
④ 엔트로피가 증대한다는 것은 사용 가능한 에너지가 증가한다는 것을 뜻한다.

해설 열역학법칙

㉠ 에너지
• 잠재에너지 : 저장된 에너지, 즉 일을 할 수 있는 에너지이다.
• 운동에너지 : 운동을 하는 에너지, 운동에너지는 잠재에너지를 소비하여 일을 한다.
㉡ 열역학 제1법칙
• 에너지는 창조되거나 파괴될 수 없다.
• 발열 : 화학반응 결과로 인해 계가 에너지를 잃는 것이다.
• 흡열 : 화학반응이 진행되기 위해 에너지를 흡수하는 것이다.
㉢ 열역학 제2법칙(엔트로피 증가)
에너지가 전달되거나 변형될 때, 에너지 일부는 더 이상 전달될 수 없는 형태로 변한다.
㉣ 열역학 제2법칙의 한계
• 이론적으로 주변 환경과 에너지 및 물질을 교환하지 않는 닫힌 계에서 적용된다. 시간이 감에 따라 닫힌 계는 최대 엔트로피로 가는 경향이 있다. 궁극적으로 일할 수 있는 에너지가 없어진다.
• 살아있는 계는 태양복사의 형태로 계속적으로 에너지를 받고 있는 열린 계로서 엔트로피를 없애는 방법을 갖고 있다.

08 환경변화에 대한 생물체의 반응이 아닌 것은?

① 압박   ② 치사
③ 차폐   ④ 조절

09 자연생태계보전에 관한 대표적인 국제기관은?

① IUCN   ② UNESCO
③ OECD   ④ FAO

해설

㉠ IUCN : 세계자연보전연맹
㉡ UNESCO : 교육·과학·문화의 보급 및 교류를 통하여 국가 간 협력증진을 목적으로 설립된 국제연합전문기구
㉢ OECD : 경제협력개발기구
㉣ FAO : 개발도상국의 기근과 빈곤을 제거하기 위해 설립된 국제기구

10 생태계의 생물적 구성요소에 해당하지 않는 것은?

① 대기   ② 생산자
③ 분해자   ④ 거대소비자

해설 생태계의 구성요소

㉠ 생물적 요소
생산자, 소비자, 분해자
㉡ 비생물적 요소
유기물, 기후, 온도 등 물리적 요인

11 식물정화법의 처리원리 중 '식물에 의한 추출'에 의하여 중금속류를 처리할 수 있는 가장 대표적인 식물종은?

① 해바라기   ② 버드나무
③ 포플러나무   ④ 수생 서양 가새풀

12 기온 변화에 따른 대기권의 구분에 해당하지 않는 것은?

① 대류권   ② 성운권
③ 중간권   ④ 열권

해설 기온 변화에 따른 대기권의 구분

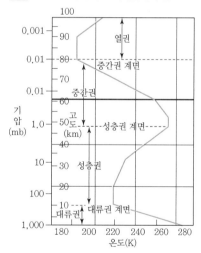

13 개체군 밀도와 관련하여 총 단위공간당의 개체수로 정의되는 것은?

① 조밀도   ② 고유밀도
③ 생태밀도   ④ 분산밀도

14 열대지방 해안의 맹그로브 숲에 대한 설명이 틀린 것은?

① 조간대의 갯벌해안에 잘 발달된다.

② 뿌리로부터 들어오는 염을 제한하지 못한다.

③ 관엽상록교목 혹은 관목인 염생식물이다.

④ 산소와 이산화탄소를 교환하는 기근이 발달한다.

15 생태계의 포식상호작용에서 피식자가 포식자로부터 피식되는 위험을 최소화하기 위한 장치로 볼 수 없는 것은?

① 의태   ② 방위

③ 위장   ④ 상리공생

해설 피식자 방어기작

㉠ 화학적 방어 : 페로몬, 냄새, 독물

㉡ 보호색 : 환경과 섞이는 색과 문양

　• 대상물 의태 : 나뭇가지 또는 잎 흉내

　• 안점표지 : 포식자 위협, 시선 또는 주위 전환

　• 과시채식 : 눈에 잘 띄는 색을 드러내서 포식자를 혼란케 함

　• 경계색 : 포식자에게 고통 또는 불쾌감을 상기시킴

　• 베이츠 의태 : 독성종들의 경계색을 닮거나 흉내내어 채색을 진화

　• 뮐러 의태 : 맛이 없거나 독이 있는 많은 종들의 유사한 색채, 문양 공유

　• 보호외장 : 위험 시 외장덮개나 껍데기 속으로 움츠림

㉢ 행동방어

　• 경계성 고음

　• 전환과시 : 포식자의 주의를 서식지나 새끼로부터 다른 곳으로 돌림

　• 무리생활

㉣ 포식자 포만 : 자손을 단기간에 생산, 일부만 잡아먹힘

16 두 생물 간에 상리공생관계에 해당하는 것은?

① 호두나무와 일반 잡초

② 인삼 또는 가지과 작물의 연작

③ 관속식물과 뿌리에 붙어 있는 균근균

④ 복숭아 과수원의 고사목 식재지에 보식한 복숭아 묘목

해설 상리공생

㉠ 개념

　직접적, 간접적 상리공생관계는 이제 막 인정하고 이해하기 시작한 방식으로, 개체군 동태에 영향을 미칠 수 있는 개념이다. 종 간 관계에서 한 종은 부정적 영향을 받는 편리공생과 대조적으로 상리공생은 관계되는 두 종 모두 이익이 되는 관계를 말한다.

㉡ 상리공생의 종류

　• 절대적 상리공생 : 상리적 상호작용이 없으면 생존하거나 번식할 수 없다.

　• 조건적 상리공생 : 상리적 상호작용이 없어도 생존하거나 번식이 가능하다.

　• 공생적 상리공생 : 같이 살기(산호초, 지의류)

　• 비공생적 상리공생 : 따로 살기(꽃피는 식물의 수분과 종자분산 − 여러 식물, 수분매개자, 종자분신자)

㉢ 상리공생의 사례

　• 질소고정세균과 콩과식물 : 콩과식물 뿌리에서 삼출액과 효소를 방출하여 질소고정세균을 유인 − 뿌리혹 형성 − 뿌리세포 내 세균은 가스상태 질소를 암모니아로 환원 − 세균은 숙주식물로부터 탄소와 그 밖의 자원을 얻는다.

　• 식물 뿌리와 균근 : 균류는 식물이 토양으로부터 물과 양분을 흡수하는 것을 돕고 그 대신 식물은 균류에게 에너지의 근원인 탄소를 공급한다.

　• 다년생 호밀풀과 키큰김 털의 독성효과 : 호밀풀은 식물조직 내에 사는 내부착생 공생균류로 감염 − 균류는 초본 조직에서 풀에 쓴맛을 내게 하는 알칼로이드화합물을 생산함 − 알칼로이드는 초식포유류와 곤충에게 유독함 − 균류는 식물 생장과 종자 생산 촉진

　• 아카시아의 부푼가시 안에 사는 중미의 개미종 : 식물은 개미에게 은신처와 먹이 제공 → 개미는 초식동물로부터 식물 보호 → 아주 작은 교란에도 개미는 불쾌한 냄새를 내뿜음, 공격자가 쫓겨날 때까지 공격

　• 산호초 군락에서 청소새우, 청소어류와 많은 어종 간의 청소 상리공생 : 청소어류와 청소새우는 숙주어류에서 외부기생자와 병들고 죽은 조직을 청소하여 먹이를 얻고 해로운 물질을 제거하여 숙주어류를 이롭게 한다.

　• 수분매개자 : 곤충, 조류, 박쥐 − 식물은 색, 향기, 냄새로 동물을 유인하여 이들을 꽃가루로 덮고 당이 풍부한 꽃꿀, 단백질이 풍부한 꽃가루, 지질이 풍부한 오일 등 좋은 먹이원으로 보상한다.

17 오존층 보호를 주요 목적으로 체결된 국제협약이 아닌 것은?

① 비엔나협약   ② 몬트리올의정서

③ 미나마타협약   ④ 런던회의

해설

㉠ 비엔나협약(1985) : 오존층 보호를 위한 비엔나협약

㉡ 몬트리올의정서(1987) : 오존층을 파괴시키는 물질에 대한 몬트리올 의정서

㉢ 런던 개정서(1990) : 몬트리올의정서 1차 개정

㉣ 코펜하겐 개정서(1992) : 몬트리올의정서 2차 개정 및 조정

㉤ 미나마타협약 : 국제수은협약

18 조간대 생물이 고온에 견디기 위해 주위로부터 흡수되는 열을 줄이거나 흡수된 열을 몸에서 방출하는 방법으로 거리가 먼 것은?

① 표면적을 최소화하여 열의 흡수를 적게 한다.
② 어두운 색의 패각을 가져 열의 흡수를 적게 한다.
③ 패각에 굴곡을 많이 가져 열을 방출한다.
④ 증발을 통해 열을 방출한다.

해설

어두운 색은 흰색에 비하여 열의 흡수율이 높다.

19 생태계의 천이를 크게 3종류로 구분할 때 환경조건과 자원을 변형시키는 자체의 생물학적 작용의 결과로 일련의 변화가 일어나는 경우에 해당하는 것은?

① 자생천이   ② 타생천이
③ 퇴화적 천이   ④ 종속영양적 천이

해설

① 자생천이 : 군집에 생물이 서식하고 활동한 직접적인 결과
② 타생천이 : 물리적 환경의 특징, 생물과 관계없는 환경변화
③ 퇴행천이 : 천이의 방향이 반대로 진행되는 천이

20 다음 생태계 구성요소 중 생산자에 해당하는 것은?

① 버섯   ② 녹조류
③ 벌   ④ 개미

해설 생산자

광합성을 하여 유기물을 만들어 내는 생물

02 환경계획학

21 지속가능한 발전과 관련하여 국토 및 지역차원에서의 환경계획 수립 시 고려해야 하는 사항이 아닌 것은?

① 인간의 활동은 환경적 고려사항에 의해서 궁극적으로 제한받아야 한다.
② 환경에 대한 우리의 부주의의 대가를 다음 세대가 치르도록 해서는 안 된다.
③ 재생이나 순환 가능한 물질을 사용하고 폐기물을 최소화함으로써 자원을 보존한다.

④ 프로그램과 정책의 이행 및 관리책임을 가장 낮은 수준의 민간에서 전담해야 한다.

해설

프로그램과 정책의 이행 및 관리는 정책 결정 및 관리자의 책임으로 가장 낮은 수준의 민간에서 전담할 수 없다.

22 국토환경성평가도 3등급 지역의 관리원칙에 해당하는 것은?

① 이미 개발이 진행되었거나 진행 중인 지역으로 개발을 허용하지만 보전의 필요성이 있으면 부분적으로 보전지역으로 지정하여 관리
② 개발을 허용하는 지역으로 체계적이고 종합적으로 환경을 충분히 배려하면서 개발을 수용
③ 보전지역으로서 개발을 불허하는 것을 원칙으로 하지만 예외적인 경우에 소규모의 개발을 부분 허용
④ 보전에 중점을 두는 지역이지만 개발의 행위, 규모, 내용 등을 환경성평가를 통하여 조건부 개발을 허용

해설 국토환경성평가지도

국토를 친환경적·계획적으로 보전하고 이용하기 위하여 환경적 가치를 종합적으로 평가하여 환경적 중요도에 따라 5개 등급으로 구분하고 색채를 달리 표시하여 알기 쉽게 작성한 지도

23 백두대간 보호에 관한 법률상 백두대간보호 지역 중 핵심구역에서 할 수 없는 행위는?

① 광산의 시설기준, 개발면적의 제한, 훼손지의 복구 등 대통령령으로 정하는 일정 조건하에서의 광산개발
② 도로, 철도, 하천 등 반드시 필요한 공용, 공공용 시설로서 대통령령으로 정하는 시설의 설치
③ 교육, 연구 및 기술개발과 관련된 시설 중 대통령령으로 정하는 시설의 설치
④ 농가주택, 농림축산시설 등 지역주민의 생활과 관계되는 시설로서 대통령령으로 정하는 시설의 설치

해설

백두대간 보호에 관한 법률
[법률 제17318호, 2020. 5. 26., 일부개정]
제7조(보호지역에서의 행위 제한)
① 누구든지 보호지역 중 핵심구역에서는 다음 각 호의 어느 하나에 해당하는 경우를 제외하고는 건축물의 건축, 인공구조물이나 그

밖의 시설물의 설치, 토지의 형질변경, 토석(土石)의 채취 또는 이와 유사한 행위를 하여서는 아니 된다. 〈개정 2014. 3. 11., 2017. 4. 18., 2020. 5. 26.〉

1. 국방 · 군사시설의 설치
1의2. 「6 · 25 전사자유해의 발굴 등에 관한 법률」 제9조에 따른 전사자유해의 조사 · 발굴
2. 도로 · 철도 · 하천 등 반드시 필요한 공용 · 공공용 시설로서 대통령령으로 정하는 시설의 설치
3. 생태통로, 자연환경 보전 · 이용 시설, 생태 복원시설 등 자연환경 보전을 위한 시설의 설치
4. 산림보호, 산림자원의 보전 및 증식, 임업 시험연구를 위한 시설로서 대통령령으로 정하는 시설의 설치
4의2. 등산로 또는 탐방로의 설치 · 정비
5. 문화재 및 전통사찰의 복원 · 보수 · 이전 및 그 보존관리를 위한 시설과 문화재 및 전통사찰과 관련된 비석, 기념탑, 그 밖에 이와 유사한 시설의 설치
6. 「신에너지 및 재생에너지 개발 · 이용 · 보급 촉진법」에 따른 신 · 재생에너지의 이용 · 보급을 위한 시설의 설치
7. 광산의 시설기준, 개발면적의 제한, 훼손지의 복구 등 대통령령으로 정하는 일정 조건하에서의 광산 개발
8. 농가주택, 농림축산시설 등 지역주민의 생활과 관계되는 시설로서 대통령령으로 정하는 시설의 설치
8의2. 「전파법」 제2조제1항제6호에 따른 무선국 중 기지국의 설치. 다만, 산불 · 조난 신고 등의 무선통신을 위하여 해당 지역에 기지국의 설치가 부득이한 경우로 한정한다.
9. 제1호, 제2호부터 제4호까지, 제4호의2, 제5호부터 제8호까지 및 제8호의2의 시설을 유지 · 관리하는 데 필요한 전기시설, 상하수도시설 등 대통령령으로 정하는 부대시설의 설치
10. 제1호, 제2호부터 제4호까지, 제4호의2, 제5호부터 제8호까지 및 제9호의 시설(제8호의2의 시설을 유지 · 관리하는 데 필요한 부대시설은 제외한다)을 설치하기 위한 진입로, 현장사무소, 작업장 등 대통령령으로 정하는 임시시설의 설치

24 지역환경 생태계획의 생태적 단위를 큰 것부터 작은 순서대로 옳게 나열한 것은?

① Landscape District → Ecoregion → Bioregion → Sub-bioregion → Place Unit
② Bioregion → Sub-bioregion → Ecoregion → Place Unit → Landscape District
③ Place Unit → Bioregion → Sub-bioregion → Ecoregion → Landscape District
④ Ecoregion → Bioregion → Sub-bioregion → Landscape District → Place Unit

25 환경부장관, 해양수산부장관 또는 시 · 도지사가 습지 중 아래의 어느 하나에 해당하는 지역에 대하여 지정할 수 있는 것은?

> • 습지보호지역 중 습지가 심하게 훼손되었거나 훼손이 심화될 우려가 있는 지역
> • 습지생태계의 보전상태가 불량한 지역 중 인위적인 관리 등을 통하여 개선할 가치가 있는 지역

① 습지개선지역
② 습지복원지역
③ 습지관리지역
④ 습지복구지역

해설

습지보전법
[법률 제17844호, 2021. 1. 5., 일부개정]
제8조(습지지역의 지정 등)
① 환경부장관, 해양수산부장관 또는 시 · 도지사는 습지 중 다음 각 호의 어느 하나에 해당하는 지역으로서 특별히 보전할 가치가 있는 지역을 습지보호지역으로 지정하고, 그 주변지역을 습지주변관리지역으로 지정할 수 있다.
  1. 자연상태가 원시성을 유지하고 있거나 생물다양성이 풍부한 지역
  2. 희귀하거나 멸종위기에 처한 야생 동식물이 서식하거나 나타나는 지역
  3. 특이한 경관적, 지형적 또는 지질학적 가치를 지닌 지역
② 환경부장관, 해양수산부장관 또는 시 · 도지사는 습지 중 다음 각 호의 어느 하나에 해당하는 지역을 습지개선지역으로 지정할 수 있다.
  1. 습지보호지역 중 습지가 심하게 훼손되었거나 훼손이 심화될 우려가 있는 지역
  2. 습지생태계의 보전상태가 불량한 지역 중 인위적인 관리 등을 통하여 개선할 가치가 있는 지역

26 국토공간계획과 관련한 국토기본법에 따른 지역계획의 구분에 해당하는 것은? (단, 그 밖에 다른 법률에 따라 수립하는 지역계획의 경우는 고려하지 않는다.)

① 수도권발전계획
② 광역권개발계획
③ 도시기본계획
④ 개발촉진지구계획

해설

국토기본법
[법률 제18829호, 2022. 2. 3., 일부개정]
제16조(지역계획의 수립)
① 중앙행정기관의 장 또는 지방자치단체의 장은 지역 특성에 맞는 정비나 개발을 위하여 필요하다고 인정하면 관계 중앙행정기관의 장과 협의하여 관계 법률에서 정하는 바에 따라 다음 각 호의 구분에 따른 지역계획을 수립할 수 있다. 〈개정 2014. 6. 3.〉

1. 수도권 발전계획 : 수도권에 과도하게 집중된 인구와 산업의 분산 및 적정배치를 유도하기 위하여 수립하는 계획
2. 지역개발계획 : 성장 잠재력을 보유한 낙후지역 또는 거점지역 등과 그 인근지역을 종합적·체계적으로 발전시키기 위하여 수립하는 계획
3. 삭제 〈2014. 6. 3.〉
4. 삭제 〈2014. 6. 3.〉
5. 그 밖에 다른 법률에 따라 수립하는 지역계획

② 중앙행정기관의 장 또는 지방자치단체의 장은 제1항에 따라 지역계획을 수립하거나 변경한 때에는 이를 지체 없이 국토교통부장관에게 알려야 한다. 〈개정 2013. 3. 23.〉

[전문개정 2011. 5. 30.]

27 생태네트워크 계획에 있어서 비오톱의 조성에 관한 일반 원칙이 아닌 것은?

① 가능한 넓은 것이 좋다.
② 같은 면적이면 하나인 상태보다 분할된 상태가 좋다.
③ 형태는 가능한 선형보다는 원형이 좋다.
④ 불연속적인 비오톱은 생태적 통로로 연결시키는 것이 좋다.

해설 다이아몬드 이론

1975년 다이아몬드에 의해 육상에서 자연환경보전구역 설정 시 적용
① 큰 조각이 작은 조각보다 유리함
② 하나의 큰 조각이 여러 개의 작은 조각보다 유리함
③ 조각들의 모양이 모여 있는 것이 일렬로 있는 것보다 유리함
④ 연결되어 있는 조각이 연결이 없는 조각보다 유리함
⑤ 거리가 가까운 조각들이 먼 조각보다 유리함
⑥ 원형 모양이 기다란 모양보다 유리함

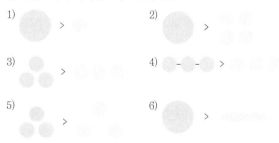

[다이아몬드 이론 개념도]

28 국토의 계획 및 이용에 관한 법률에서 정하고 있는 용도지역에 대한 설명으로 옳은 것은?

① 자연환경보전지역 – 자원환경, 수자원, 해안, 생태계, 상수원 및 문화재의 보전과 수산 자원의 보호·육성 등을 위하여 필요한 지역
② 보호지역 – 농림업을 진흥시키고 산림을 보전하기 위하여 필요한 지역
③ 도시지역 – 과거 준농림지역과 준도시지역을 합친 지역
④ 농림지역 – 도시지역의 밀집이 예상되어 향후 개발을 위해 체계적인 개발, 정비, 관리, 보전 등이 필요한 지역

해설

제2절 용도지역·용도지구·용도구역
제36조(용도지역의 지정)

① 국토교통부장관, 시·도지사 또는 대도시 시장은 다음 각 호의 어느 하나에 해당하는 용도지역의 지정 또는 변경을 도시·군관리계획으로 결정한다. 〈개정 2011. 4. 14., 2013. 3. 23.〉
1. 도시지역 : 다음 각 목의 어느 하나로 구분하여 지정한다.
   가. 주거지역 : 거주의 안녕과 건전한 생활환경의 보호를 위하여 필요한 지역
   나. 상업지역 : 상업이나 그 밖의 업무의 편익을 증진하기 위하여 필요한 지역
   다. 공업지역 : 공업의 편익을 증진하기 위하여 필요한 지역
   라. 녹지지역 : 자연환경·농지 및 산림의 보호, 보건위생, 보안과 도시의 무질서한 확산을 방지하기 위하여 녹지의 보전이 필요한 지역
2. 관리지역 : 다음 각 목의 어느 하나로 구분하여 지정한다.
   가. 보전관리지역 : 자연환경 보호, 산림 보호, 수질오염 방지, 녹지공간 확보 및 생태계 보전 등을 위하여 보전이 필요하나, 주변 용도지역과의 관계 등을 고려할 때 자연환경보전지역으로 지정하여 관리하기가 곤란한 지역
   나. 생산관리지역 : 농업·임업·어업 생산 등을 위하여 관리가 필요하나, 주변 용도지역과의 관계 등을 고려할 때 농림지역으로 지정하여 관리하기가 곤란한 지역
   다. 계획관리지역 : 도시지역으로의 편입이 예상되는 지역이나 자연환경을 고려하여 제한적인 이용·개발을 하려는 지역으로서 계획적·체계적인 관리가 필요한 지역
3. 농림지역
4. 자연환경보전지역

② 국토교통부장관, 시·도지사 또는 대도시 시장은 대통령으로 정하는 바에 따라 제1항 각 호 및 같은 항 각 호 각 목의 용도지역을 도시·군관리계획결정으로 다시 세분하여 지정하거나 변경할 수 있다. 〈개정 2011. 4. 14., 2013. 3. 23.〉

[전문개정 2009. 2. 6.]

29 토지적성평가와 국토환경성평가를 비교하여 설명한 내용이 틀린 것은?

	토지적성평가	국토환경성평가
㉠ 법적 근거	국토의 계획 및 이용에 관한 법률	환경정책기본법
㉡ 대상지역	전 국토	전 국토
㉢ 평가지표	표고 등 물리적 특성, 토지이용 특성, 공간적 입지성	생태계보전지역 등 법제적 지표와 자연성 정도 등 환경, 생태적 지표
㉣ 평가단위	토지필지 단위(미시적)	지역적 단위(거시적)

① ㉠　　　　　　　　② ㉡

③ ㉢　　　　　　　　④ ㉣

30 일반적인 환경문제의 발생 특성에 해당하지 않는 것은?

① 상호단절성　　　　② 광역성
③ 시차성　　　　　　④ 탄력성과 비가역성

31 환경친화적 택지개발계획 수립을 위한 기본원칙으로서 자연자원보전 및 복원부분에 관한 내용으로 틀린 것은?

① 물순환을 고려하여 보도 등은 불투수성 재료로 포장하여 우수담수를 위한 오픈공간을 조성한다.
② 건물옥상 및 인공지반을 이용하여 옥상녹화, 인공지반녹화, 벽면녹화 등으로 녹지면적을 최대한 확대한다.
③ 보전가치가 있는 지형, 지질의 존재 유무와 보전대책 및 임상이 양호한 임야지역의 보전대책을 마련한다.
④ 단지 내 단위 거점 소생물권인 연못, 채원, 자연학습원, 약초원, 유실수원 등을 균등하게 배치하고 이들의 그린네트워크를 구축한다.

32 아래의 설명에 해당하는 국제협력기구는?

> 1972년 유엔총회의 결의에 의해 설립된 기구로서 케냐의 나이보리에 본부를 두고 있으며 종합적인 국제환경 규제 · 환경법과 정책의 개발 등에서 매우 중요한 기능을 하고 있다. 1987년 몬트리올의정서 체결, 1989년 바젤협약 등을 주도하였다.

① 유엔개발계획　　　　② 지구위원회
③ 유엔환경계획　　　　④ 지속발전위원회

33 자연환경보전계획상 훼손지 복원의 추진방향에 대한 설명으로 거리가 가장 먼 것은?

① 자연회복을 도와주도록 하여야 한다.
② 자연의 군락을 재생, 창조하여야 한다.
③ 자연에 가까운 방법으로 군락을 재생하여야 한다.
④ 자연 훼손지를 극상군락으로 복원하여야 한다.

34 도심이 외곽지역보다 기온이 1~4℃ 더 높고 기온의 등온선을 표시하면 도심부를 중심으로 섬의 등고선과 비슷한 형태를 나타내는 현상은?

① 바람통로　　　　　② 열대야현상
③ 지구온난화　　　　④ 도시열섬현상

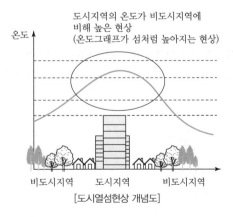

[도시열섬현상 개념도]

35 UNESCO에 의한 인간과 생물권계획에 의한 보호지역 중 생태계의 훼손이 원칙적으로 허용되지 않는 지역은?

① 핵심지역
② 완충지대
③ 전이지역
④ 생태보전지역

해설 생물권보전지역의 공간모형

구분	내용
핵심구역 (Core Area)	생물다양성의 보전과 최소한으로 교란된 생태계의 모니터링, 파괴적이지 않은 조사연구와 영향을 적게 주는 이용(예 : 교육) 등을 할 수 있는 엄격히 보호되는 하나 또는 여러 개의 장소
완충구역 (Buffer Area)	핵심지역을 둘러싸고 있거나 그것에 인접해 있으면서 환경교육, 레크리에이션, 생태관광, 기초연구 및 응용연구 등의 건전한 생태적 활동에 적합한 협력활동을 위해 허용되는 곳
협력구역 (Transition Area)	다양한 농업 활동과 주거지, 다른 용도로 이용되며 지역의 자원을 함께 관리하고 지속가능한 방식으로 개발하기 위해 지역사회, 관리 당국, 학자, 비정부단체(NGOs), 문화단체, 경제적 이해집단과 기존 이해당사자들이 함께 일하는 곳

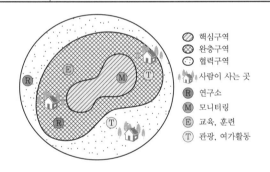

핑 핵심구역
핑 완충구역
핑 협력구역
핑 사람이 사는 곳
Ⓡ 연구소
Ⓜ 모니터링
Ⓔ 교육, 훈련
Ⓣ 관광, 여가활동

36 다음 중 생태 · 자연도 1등급 권역에 해당하는 것은?

① 멸종위기 야생생물 5종이 살고 있는 습지
② 외래 어류를 포함하여 어류 15종이 서식하는 자연호소
③ 멸종위기 야생생물 중 동물이 2종 이상 번식하거나 생육장으로 중요한 자연습지
④ 최근 5년간 철새가 1만 마리 이상 도래하면서 멸종위기 야생생물 조류가 평균 3종 이상 도래하는 습지

37 국토의 계획 및 이용에 관한 법령에 따른 도시지역의 용도지역 세분에 해당하지 않는 것은?

① 유통상업지역
② 준주거지역
③ 경공업지역
④ 보전녹지지역

38 환경문제의 발생 원인으로 거리가 가장 먼 것은?

① 농경지 훼손
② 기름 유출
③ 생물 서식지 파괴
④ 인구의 감소

39 생태발자국에 관한 설명으로 옳은 것은?

① 일반적으로 글로벌 헥타르 단위로 표시한다.
② 생태발자국의 주요 지표로 산소발자국이 있다.
③ 우리나라는 관리지역의 환경성 평가를 위해 생태발자국 개념을 도입하였다.
④ 생태발자국이 높을수록 생태용량이 증가한다.

해설 인간의 생태발자국

• 인간에 의한 환경압력
• 도시, 지역, 국가 차원에서 사람들이 소비하는 물질을 추출, 생산, 처리하는 데 필요한 자연생태계 총면적
• 선진국일수록 1인당 생태발자국이 큼

40 지속가능성의 단계 중 환경교육프로그램을 체계화하고, 지역발전을 위한 지방정부의 주도적 역할을 강조하는 단계에 해당하는 것은?

① 아주 약한 지속가능성
② 약한 지속가능성
③ 보통의 지속가능성
④ 강한 지속가능성

🔒정답 35 ① 36 ③ 37 ③ 38 ④ 39 ① 40 ④

41 하안 및 제방을 복원하는 방법에 관한 설명으로 옳지 않은 것은?

① 수변구역에 가축이나 사람이 들어가는 것을 제한하여 식생을 회복시키는 법은 가장 긴단하며 성공률이 높다. 그러나 생물의 다양성은 매우 더디게 증가한다.

② 홍수의 위험이 있거나 유속이 빠른 강의 하안에는 버드나무 말뚝을 설치하면 침식 등을 막을 수 있다. 이때 가능한 수종은 냇버들, 흰버드나무 등이다.

③ 하안의 자연형 복원을 위하여 강의 수로, 둑의 경사, 유지관리 등을 고려하여 하안을 처리하여야 홍수 등에 대비한 복원이 가능하다.

④ 하안에 버드나무를 식재하여 하안을 복원하였을 시에는 5 · 10 · 15년 주기로 정기적으로 버드나무를 교체하여 주는 것이 좋다.

42 황폐한 산간계곡의 유역면적이 10ha인 곳에서 강우강도가 100mm/hr일 때, 최대유량(m³/s)은? (단, 유역의 유출계수 = 0.8, 감수계수가 고려된 합리식을 사용한다.)

① 0.1 　　　　　 ② 0.2
③ 2.2 　　　　　 ④ 4.4

해설
최대홍수량 = (유거계수 × 유역면적(ha) × 강우강도(mm))/360
　　　　　 = (0.8 × 10 × 100)/360
　　　　　 = 2.22

43 생태네트워크 계획의 과정이 순서대로 옳게 나열된 것은?

① 분석 · 평가 → 조사 → 계획
② 분석 · 평가 → 계획 → 조사
③ 조사 → 분석 · 평가 → 계획
④ 조사 → 분석 → 계획 → 평가

44 수목의 뿌리에 담자균류가 침입하여 가는 뿌리 주위에 균사로 이루어진 두꺼운 층이 발달하고, 뿌리 밖으로 균사다발이 신장하는 것은?

① VA균근 　　　　　 ② 외생균근
③ 내생균근 　　　　　 ④ 내외생균근

45 생태이동통로의 형태 중 훼손 횡단부위가 넓고, 절토지역 또는 장애물 등으로 동물을 위한 통로설치가 어려운 지역에 만들어지는 통로는?

① Box
② Culvert
③ Shelterbelt
④ Overbridge

해설
Overbridge(육교형)

46 새롭게 서식처를 조성해 주는 방법들 중 미리 결정된 설계에 온전한 경관을 포함하는 것으로서 나무를 식재하고, 관목 숲을 형성하는 등의 방법으로 가장 적합한 것은?

① 자연적 형성 　　　　 ② 정치적 서식처
③ 서식처 구조 형성 　　 ④ 설계자로서의 서식처

47 자연환경복원을 위한 기초조사 및 분석항목 중 그 내용이 틀린 것은?

① 인문사회환경의 조사 및 분석 대상은 토지이용, 인간의 비간섭, 서식처이다.

② 역사적 기록의 조사 및 분석 대상은 고지도, 항공사진, 인공위성 영상이다.

③ 기반환경의 조사 및 분석 대상은 지형, 기후, 수리, 토양이다.

④ 생물종의 조사 및 분석 대상은 식생, 곤충, 어류, 포유류 등이다.

해설 인문환경
역사문화, 사회환경, 토지이용

정답 41 ① 42 ③ 43 ③ 44 ② 45 ④ 46 ④ 47 ①

48 훼손지 비탈면 녹화용 식물선택의 기본적 요건에 해당되지 않는 것은?

① 건조에 견디는 힘이 커야 한다 .
② 번식력과 생장력이 왕성해야 한다.
③ 다년생으로 동계에 보전효과가 높은 식물이어야 한다.
④ 근계의 발달이 지나치게 좋으면 비탈면의 붕괴를 가져오므로 초본류의 식물로만 선택한다.

해설

비탈면 녹화 시 목본식물 이용이 가능한 곳은 목본류 도입을 권장하고 있다.

49 식재기반공법 중 가로나 주차장 및 광장 등의 식수대 안에 식재할 때 사용되는 방법으로 현지 토양을 굴삭하여 객토로 바꿔 넣는 공법은?

① 경운공 　　　　② 객토치환공
③ 객토성토공 　　④ 경운객토성토공

해설

㉠ 경운 : 흙을 갈아 엎는 방법
㉡ 성토 : 토사를 반입하여 쌓는 방법
㉢ 객토 : 다른 곳의 토양을 가져다 넣는 것

50 곤충류의 서식처 조성기법 중 다공질 공간 제공기법으로 옳지 않은 것은?

① 고목 배치 　　　② 통나무 쌓기
③ 돌무더기 놓기 　④ 다공질콘크리트 쌓기

해설

생물종의 서식처 조성 시 자연재료를 이용하고 콘크리트는 되도록 사용하지 않도록 한다.

51 다음 보기가 설명하는 인간과 생물종 간의 거리로 옳은 것은?

> 조류가 인간의 모습을 알아차리면서도 달아나거나 경계의 자세를 취하지 않고 먹이을 계속 먹거나 휴식을 계속할 수 있는 거리

① 경계거리 　　　② 회피거리
③ 도피거리 　　　④ 비간섭거리

해설 조류와 인간의 거리

• 비간섭거리 : 조류가 사람의 모습을 알아차리면서도 달아나거나 경계의 자세를 취하는 일 없이 모이를 계속 먹거나 휴식을 계속할 수 있는 거리
• 경계거리 : 하고 있던 행동을 중지하고 사람 쪽을 바라보거나 경계음을 내거나 또는 꽁지와 깃을 흔드는 등의 행동을 취하는 거리
• 회피거리 : 사람이 접근하면 수십 cm에서 수 m를 걸어 다니거나 또는 가볍게 뛰기도 하면서 사람과의 일정한 거리를 유지하려고 하는 거리
• 도피거리 : 사람이 접근함에 따라 단숨에 장거리를 날아가면서 도피를 시작하는 거리

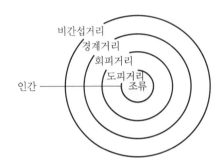

52 생태공학적 측면에서 녹색방음벽에 대한 설명으로 틀린 것은?

① 버드나무 등을 활용하여 방음벽을 녹화한다.
② 식물이 서식 가능한 화분으로 녹화한 방음벽이다.
③ 녹색투시형 담장이나 기존방음벽에 녹색으로 도색한 방음벽을 말한다.
④ 태양전지판 등을 설치하여 자연에너지를 설치할 수 있는 발전시설을 겸하는 방음벽을 말한다.

53 식물 생활사의 수명에 따른 분류와 해당 식물의 연결이 옳지 않은 것은?

① 2년생 식물 : 붓꽃
② 다년생 식물 : 참억새
③ 여름형 1년생 식물 : 벼
④ 겨울형 1년생 식눌 : 보리

해설

붓꽃 : 여러해살이

🔒정답　48 ④　49 ②　50 ④　51 ④　52 ③　53 ①

54 2,000m²의 면적에 발생기대본수 2,000(본/m²)을 파종하고자 할 때 파종량(kg)은? (단, 발아율 : 50%, 평균립수 : 2,000/g, 순량률 : 80%)

① 2.5

② 5

③ 2,500

④ 5,000

해설

W : 종자 파종량(g/m²)

A : 발생기대본수(본/m²)

B : 사용종자의 발아율

C : 사용종자의 순도

D : 사용종자의 1g당 단위립수(립수/g)

E : 식생기반재 뿜어붙이기 두께에 따른 공법별 보정계수

F : 비탈입지조건에 따른 공법별 보정계수

G : 시공시기의 보정류

$$W = \frac{(A \times E \times F \times G)}{(B \times C \times D)}$$

$$= \frac{2,000}{0.5 \times 0.8 \times 2,000} = 2.5$$

$$= 2.5 \times 2,000 = 5,000g = 5kg$$

55 생물다양성 증진을 위한 습지를 조성하고자 할 경우, 개방수면의 적정 비율은?

① 15

② 20

③ 50

④ 100

해설

생물다양성습지 개방수면의 적정 비율은 50%이다.

56 매립지 복원공법 중 하부층인 세립미사질토층에 파일을 박아 하단부 투수층까지 연결한 후 파일 파이프 안에 모래, 사질양토, 자갈 등을 넣어 배수를 원활히 하는 공법은?

① 사구법

② 사주법

③ 치환법

④ 객토법

57 비오톱의 하나인 생태연못의 조성에 관한 설명으로 옳지 않은 것은?

① 호안처리는 안정을 고려하여 콘크리트를 이용하여 균일한 호안으로 조성한다.

② 종다양성을 높이기 위해 관목숲, 다공질공간 등 다른 생물 서식공간과 연계되도록 한다.

③ 자연석 등 자연재료를 도입하며, 주변에 향토수종을 식재하여 자연스런 경관을 형성한다.

④ 기복이 심한 지형, 일조조건, 수심, 식생 등을 폭넓게 고려하여 안정적인 서식지를 조성한다.

해설

생태연못을 조성할 때 자연재료를 이용한 자연형 호안을 형성하는 것이 좋다.

58 다음 중 "생태적 복원"에 대한 개념을 가장 잘 설명한 것은?

① 생태계의 복구를 통해 원래의 생태적 환경을 유사하게 재연하는 과정

② 인간에 의해 손상된 고유생태계의 다양성과 역동성을 고치려는 과정

③ 원래의 생태적 조건과는 관계없이 보다 나은 생물서식공간을 창출하는 과정

④ 생태계를 지속적으로 유지하지 못했던 지역에 지속성이 높은 생태계를 새롭게 만들어내는 과정

59 식물종자에 의한 유전자 이동의 방법 중 동물에 의한 산포방법이 아닌 것은?

① 기계형 산포

② 부착형 산포

③ 피식형 산포

④ 저식형 산포

60 다음 중 연못을 포함한 습지의 가장자리에 생육하는 정수식물이 아닌 것은?

① 줄

② 갈대

③ 부들

④ 개구리밥

해설

개구리밥은 부유식물이다.

61 다음 중 경관생태학 발달에 최초의 공헌을 한 학문 분야는?

① 수학
② 물리학
③ 지리학
④ 동물분류학

62 생태적 동태를 고려한 생태계획의 유형을 지칭하는 것은?

① 경관계획
② 적응적 계획
③ 지구단위계획
④ 공원녹지계획

63 생성요인에 따른 경관조각의 특성에 관한 설명이 틀린 것은?

① 잔류조각은 교란이 주위를 둘러싸고 일어나 원래의 서식지가 작아진 경우에 나타난다.
② 재생조각은 교란된 지역의 일부가 회복되면서 주변과 차별성을 가지는 경우에 생긴다.
③ 도입조각은 암석, 토양 형태와 같이 주위를 둘러싸고 있는 지역과 물리적 자원이 다른 조각에 의해서 생긴다.
④ 교란조각은 벌목, 폭풍이나 화재와 같이 경관바탕에서 국지적으로 일어난 교란에 의해서 생긴다.

64 경계에 대한 설명이 틀린 것은?

① 인간의 간섭이 많은 지역에서는 상대적으로 곡선형 경계가 우세하다.
② 경계를 따라 또는 가로질러 야생동물이 이동한다.
③ 경계의 길이와 내부서식지 비율은 생물다양성에 매우 중요하다.
④ 경계부에서 일반적으로 생물다양성이 높고, 이러한 것을 주연부 효과라고 한다.

해설
인간의 간섭이 많은 곳은 직선형 경계가 우세하다.

65 산림생태계에서 생태천이로 인해 나타나는 산림군집의 기능적 · 구조적 변화에 대한 설명이 틀린 것은?

① 천이 후기단계로 갈수록 종다양성이 높고 생태적 안정성이 높아진다.
② 생태계의 기본 생육전략은 K전략에서 r전략으로 변화한다.
③ 생태천이 초기에는 광합성량과 생체량의 비(P/B)가 높다.
④ 생태천이 후기에는 호흡량이 높아져 순군집 생산량은 초기 단계보다 오히려 낮아진다.

해설 맥아더 · 윌슨 · 피앙카의 r − 선택, K − 선택

㉠ 서로 다른 환경에 적응한 종들의 크기, 번식력, 최초 번식연령, 총 번식횟수, 총 수명 같은 생활사 특징이 다를 것이라 예측한다.

구분	R − 전략가	K − 전략가
적응전략	• 불안정 서식지 • 비경쟁상황	• 안정한 서식지 • 경쟁상황
번식전략	• 번식연령이 빠르다. • 자손수가 많다. • 부모 돌봄 최소	• 번식연령이 늦다. • 자손수가 적다. • 부모 돌봄 최대
사례	점박이 도룡뇽	빨간 도룡뇽

㉡ r종과 K종의 개념은 분류적 또는 기능적으로 유사한 생물들을 비교하는 데 가장 유용하다.

66 사전환경성 검토 시 입지의 적절성을 판단하기 위한 현황 파악 지표가 아닌 것은?

① 주요 생물 서식공간의 분포현황
② 환경 관련 보전지역의 지정현황
③ 개발사업의 유형
④ 개발 대상지역의 지가

67 댐 건설로 인한 경관적 영향으로 거리가 가장 먼 것은?

① 유속 증가
② 식생 유실
③ 시각적 질의 변화
④ 대규모 절성토 비탈면 형성

해설
댐 건설은 유속을 감소시키는 경우가 대부분이다.

68 광산, 채석장의 유형에 따른 복구공법 수립 시 고려할 사항으로 거리가 가장 먼 것은?

① 복구목표
② 훼손지의 규모
③ 서식처의 파편화
④ 채광, 채석 종료 시 형상

69 야생동물 복원에서 야생동물종의 움직임에 대한 고려는 매우 중요하다. 다음 설명에 해당하는 움직임은?

> 먹이를 얻기 위해 하루(또는 일주일, 하달) 정도의 기간 내에 상당히 한정되고 알려진 공간에서 움직이는 것

① 이동
② 이주
③ 돌발적 이동
④ 행동권 이동

해설

① 행동권
- 생활사에서 정상적으로 섭렵하는 지역이다.
- 행동권의 크기는 몸 크기에 영향을 받는다.
② 세력권
- 동물이나 동물의 한 무리의 행동권 내 독점적인 방어지역
- 노래, 울음, 과시, 화학적 냄새, 싸움
- 개체군 일부가 번식에서 배제되는 일종의 시합경쟁
- 비번식개체들은 세력권 유지자가 사라지면 대치할 수 있는 잠재적 번식자들의 부유개체로 작용

[세력권과 행동권의 개념도]

70 지구관측위성 Landsat TM의 근적외선 영역(파장 : $0.76 \sim 0.90\mu$m)을 이용한 응용분야는?

① 식생유형, 활력도 생체량 측정, 수역, 토양수분 판별
② 물의 투과에 의한 연안역 조사, 토양과 식생의 판별, 산림유형 및 인공물 식별
③ 식생의 스트레스 분석, 열 추정
④ 광물과 암석의 분리

71 경관척도에서 서식지 보호를 위한 생물학적 원리로 틀린 것은?

① 가능한 가장자리를 많이 만들어 새로운 서식지를 제공함으로써 생식을 돕는다.
② 개발로 인한 패치의 파편화를 예방함으로써 손상되지 않은 패치들을 유지한다.
③ 종 보호를 위해 우선순위를 정하고, 종들의 분포도와 풍부도를 발생시키는 서식지를 보호한다.
④ 야생동물의 이동을 위한 통로를 정하고 보호함으로써 서식지들 간의 연결성을 유지한다.

72 다음 보기 중 산림경관의 시 · 공간적 척도 변이 진행과정을 가장 올바르게 나열한 것은?

① 유목성장－수목 대체－2차 천이－종 이동－종 소멸
② 유목성장－2차 천이－수목 대체－종 소멸
③ 유목성장－종 이동－수목 대체－2차 천이
④ 종 소멸－수목 대체－2차 천이－유목성장－종 이동

73 코리더의 기능에 대한 설명이 틀린 것은?

① 서식처로 기능하며 주연부 종과 일반종이 우세하다.
② 코리더를 통한 야생동물의 이동은 유전자의 이동을 도와 개체군의 근친교배에 의한 유전적 침체를 막아 준다.
③ 오염물질을 통과시키는 여과기능을 한다.
④ 이동통로로서 서식처 간 연결성을 높이며 야생동물의 행동권을 갈라놓는 장벽의 기능은 없다.

해설 이동통로의 역할

㉠ 통로
㉡ 필터 : 크기가 다른 이동통로의 틈은 특정생물은 건너가도록 하나 다른 종은 제한함
㉢ 서식지 제공
㉣ 종 공급처
㉤ 종 수용처

74 생태축을 구성하는 4가지 핵심요소를 모두 옳게 나열한 것은?

① 징검다리, 기후대, 식생, 완충녹지
② 핵심지역, 완충지역, 기후대, 생태통로
③ 완충지역, 징검다리녹지, 핵심지역, 가장자리
④ 핵심지역, 완충지역, 징검다리녹지, 생태통로

75 파편화와 관련하여 토착식생으로 이루어진 큰 조각의 특성에 대한 설명으로 틀린 것은?

① 내부종과 행동권이 작은 생물종에게만 서식처를 제공한다.
② 많은 생물의 번식처가 되어 주변 서식처에 생물종을 공급한다.
③ 낮은 차수의 하천들의 연결성을 확보한다.
④ 대수층과 호수의 수량과 수질 조절에 유익한 기능을 갖는다.

76 아래 설명과 같은 특징을 갖는 해양 식물군락은?

> • 해수에서 수중생활을 하면서 성장하며 꽃이 피고 수정이 일어나는 해양 현화식물이다.
> • 부착생물들에게 착생기반을 제공하며 어류의 산란과 유어의 보육, 생육장소 및 피난처를 형성하여 준다.

① 갈대 군락
② 거머리말(해초) 군락
③ 칠면초 군락
④ 해조류 군락

77 경관을 구성하는 지형·토질 등의 요소가 수직적으로 경관단위를 구성하고 또한 다른 경관단위는 자연적 조건과 인위적 조건의 영향을 받아 수평적으로 배치되는 것을 무엇이라 하는가?

① 경관모자이크
② 자연지역
③ 이질적인 공간
④ 결절지역

78 해류·하안류에 의하여 운반된 모래가 파랑에 의하여 밀려 올려지고 그곳에서 탁월풍의 작용을 받아 모래가 낮은 구릉 모양으로 쌓여서 형성된 지형은?

① 해안사빈　　　② 해안사구
③ 펄　　　　　　④ 파식대지

79 징검다리 또는 디딤돌 비오톱에 대한 설명으로 틀린 것은?

① 생물서식공간이 단절되어 분리된 공간에서 야기된 고립화의 영향을 저하시킨다.
② 지역의 고유한 개체군이 장기간에 걸쳐 생존하기에 충분한 생태공간이다.
③ 많은 종들에게 서식의 핵이 되는 지역 사이를 이동 가능하게 한다.
④ 낙차공과 방죽에 설치된 장해물 철거도 디딤돌 비오톱을 새롭게 마련하는 기능과 동일하다.

80 현재 사용 중인 주요 원격탐사 위성자료 중 정지궤도에 있으며 해상력이 가장 낮은 것은?

① SPOT HRV　　　② IKONOS
③ QuickBird　　　④ NOAA GOES

05　자연환경관계법규

81 자연공원법상 자연공원의 효과적인 보전과 이용을 위해 공원관리청이 공원계획으로 결정하는 용도지구의 구분에 해당하지 않는 것은?

① 공원마을지구　　　② 공원자연보존지구
③ 공원문화유산지구　④ 공원생태환경지구

해설

「자연공원법」에 따라 자연공원은 "공원자연보존지구", "공원자연환경지구", "공원마을지구", "공원문화유산지구"로 구분된다.

자연공원법
[법률 제18909호, 2022. 6. 10., 일부개정]
제18조(용도지구)
① 공원관리청은 자연공원을 효과적으로 보전하고 이용할 수 있도록

하기 위하여 다음 각 호의 용도지구를 공원계획으로 결정한다. 〈개정 2011. 4. 5., 2016. 5. 29., 2019. 11. 26.〉

1. 공원자연보존지구 : 다음 각 목의 어느 하나에 해당하는 곳으로서 특별히 보호할 필요가 있는 지역
   가. 생물다양성이 특히 풍부한 곳
   나. 자연생태계가 원시성을 지니고 있는 곳
   다. 특별히 보호할 가치가 높은 야생 동식물이 살고 있는 곳
   라. 경관이 특히 아름다운 곳
2. 공원자연환경지구 : 공원자연보존지구의 완충공간(緩衝空間)으로 보전할 필요가 있는 지역
3. 공원마을지구 : 마을이 형성된 지역으로서 주민생활을 유지하는 데에 필요한 지역
4. 삭제 〈2011. 4. 5.〉
5. 삭제 〈2011. 4. 5.〉
6. 공원문화유산지구 : 「문화재보호법」 제2조제3항에 따른 지정문화재를 보유한 사찰(寺刹)과 전통사찰보존지 중 문화재의 보전에 필요하거나 불사(佛事)에 필요한 시설을 설치하고자 하는 지역

82 농지법상 농업진흥구역에서 허용되지 않는 토지이용행위는?

① 농수산물의 가공 · 처리시설의 설치
② 어린이놀이터의 설치
③ 국방 · 군사시설의 설치
④ 대기오염배출시설의 설치

해설

농지법
[법률 제18401호, 2021. 8. 17., 일부개정]
제32조(용도구역에서의 행위 제한)
① 농업진흥구역에서는 농업 생산 또는 농지 개량과 직접적으로 관련된 행위로서 대통령령으로 정하는 행위 외의 토지이용행위를 할 수 없다. 다만, 다음 각 호의 토지이용행위는 그러하지 아니하다. 〈개정 2009. 5. 27., 2012. 1. 17., 2018. 12. 24., 2020. 2. 11.〉

1. 대통령령으로 정하는 농수산물(농산물 · 임산물 · 축산물 · 수산물을 말한다. 이하 같다)의 가공 · 처리 시설의 설치 및 농수산업(농업 · 임업 · 축산업 · 수산업을 말한다. 이하 같다) 관련 시험 · 연구 시설의 설치
2. 어린이놀이터, 마을회관, 그 밖에 대통령령으로 정하는 농업인의 공동생활에 필요한 편의 시설 및 이용 시설의 설치
3. 대통령령으로 정하는 농업인 주택, 어업인 주택, 농업용 시설, 축산업용 시설 또는 어업용 시설의 설치
4. 국방 · 군사 시설의 설치
5. 하천, 제방, 그 밖에 이에 준하는 국토 보존 시설의 설치
6. 문화재의 보수 · 복원 · 이전, 매장 문화재의 발굴, 비석이나 기

념탑, 그 밖에 이와 비슷한 공작물의 설치
7. 도로, 철도, 그 밖에 대통령령으로 정하는 공공시설의 설치
8. 지하자원 개발을 위한 탐사 또는 지하광물 채광(採鑛)과 광석의 선별 및 적치(積置)를 위한 장소로 사용하는 행위
9. 농어촌 소득원 개발 등 농어촌 발전에 필요한 시설로서 대통령령으로 정하는 시설의 설치

② 농업보호구역에서는 다음 각 호 외의 토지이용행위를 할 수 없다. 〈개정 2020. 2. 11.〉
1. 제1항에 따라 허용되는 토지이용행위
2. 농업인 소득 증대에 필요한 시설로서 대통령령으로 정하는 건축물 · 공작물, 그 밖의 시설의 설치
3. 농업인의 생활 여건을 개선하기 위하여 필요한 시설로서 대통령령으로 정하는 건축물 · 공작물, 그 밖의 시설의 설치

③ 농업진흥지역 지정 당시 관계 법령에 따라 인가 · 허가 또는 승인 등을 받거나 신고하고 설치한 기존의 건축물 · 공작물과 그 밖의 시설에 대하여는 제1항과 제2항의 행위 제한 규정을 적용하지 아니한다.

④ 농업진흥지역 지정 당시 관계 법령에 따라 다음 각 호의 행위에 대하여 인가 · 허가 · 승인 등을 받거나 신고하고 공사 또는 사업을 시행 중인 자(관계 법령에 따라 인가 · 허가 · 승인 등을 받거나 신고할 필요가 없는 경우에는 시행 중인 공사 또는 사업에 착수한 자를 말한다)는 그 공사 또는 사업에 대하여만 제1항과 제2항의 행위 제한 규정을 적용하지 아니한다.
1. 건축물의 건축
2. 공작물이나 그 밖의 시설의 설치
3. 토지의 형질변경
4. 그 밖에 제1호부터 제3호까지의 행위에 준하는 행위

83 자연환경보전법령상 생태 · 자연도를 작성할 때 구분하는 지역 중 별도관리지역에 해당하지 않는 것은?

① 수도법에 따른 상수원보호구역
② 산림보호법에 따른 산림보호구역
③ 문화재보호법에 따라 천연기념물로 지정된 구역
④ 자연환경보전법에 따른 시 · 도 · 생태 · 경관보전지역

해설

「자연환경보전법 시행령」 제25조에 따라 별도관리지역에 상수원보호구역은 포함되지 않는다.

자연환경보전법 시행령
[대통령령 제32697호, 2022. 6. 14., 타법개정]
제25조(별도관리지역)
법 제34조제1항제4호에서 "대통령령이 정하는 지역"이라 함은 다음 각 호의 어느 하나에 해당하는 지역을 말한다.
1. 「산림보호법」 제7조제1항에 따른 산림보호구역
2. 「자연공원법」 제2조제1호의 규정에 따른 자연공원

3. 「문화재보호법」 제25조에 따라 천연기념물로 지정된 구역(그 보호구역을 포함한다)
4. 「야생생물 보호 및 관리에 관한 법률」 제27조제1항에 따른 야생생물 특별보호구역 또는 같은 법 제33조제1항에 따른 야생생물 보호구역
5. 「국토의 계획 및 이용에 관한 법률」 제40조의 규정에 따른 수산자원보호구역(해양에 포함되는 지역은 제외한다)
6. 「습지보전법」 제8조제1항의 규정에 따른 습지보호지역(연안습지 보호지역을 제외한다)
7. 「백두대간보호에 관한 법률」 제6조의 규정에 따른 백두대간보호지역
8. 법 제12조의 규정에 따른 생태·경관보전지역
9. 법 제24조의 규정에 따른 시·도 생태·경관보전지역

84 산지관리법령상 산사태위험판정기준표에 사용되는 용어의 정의 및 적용기준과 관련하여 ㉠과 ㉡에 들어갈 내용이 모두 옳은 것은?

> • "혼효림"이란 해당 산지에 침엽수 또는 활엽수가 각각 (㉠)으로 생육하고 있는 산림을 말한다.
> • "치수림"이란 가슴높이지름 (㉡) 미만의 입목이 50% 이상 생육하고 있는 산림을 말한다.

① ㉠ 25% 초과 75% 미만, ㉡ 6cm
② ㉠ 25% 초과 75% 미만, ㉡ 10cm
③ ㉠ 50% 초과 75% 미만, ㉡ 6cm
④ ㉠ 50% 초과 75% 미만, ㉡ 10cm

해설
「산지관리법 시행규칙」 [별표 1의2]
"산사태위험지판정기준표"에 따라 "혼효림"이란 해당 산지에 침엽수 또는 활엽수가 각각 25% 초과 75% 미만으로 생육하고 있는 산림을 말한다. "치수림(稚樹林)"이란 가슴높이지름 6cm 미만의 입목이 50% 이상 생육하고 있는 산림을 말한다.

85 국토의 계획 및 이용에 관한 법령상 용어의 정의가 틀린 것은?

① "용도구역"이란 토지의 이용 및 건축물의 용도·건폐율·용적률·높이 등에 대한 용도지역 및 용도지구의 제한을 강화하거나 완화하여 따로 정함으로써 시가지의 무질서한 확산방지, 계획적이고 단계적인 토지이용의 도모, 토지이용의 종합적 조정, 관리 등을 위하여 도시·군관리계획으로 결정하는 지역을 말한다.

② "기반시설부담구역"이란 개발밀도관리구역 내의 지역으로서 개발로 인하여 도로, 공원, 녹지 등 대통령령으로 정하는 기반시설의 설치가 필요한 지역을 대상으로 기반시설을 설치하거나 그에 필요한 용지를 확보하게 하기 위하여 지정·고시하는 구역을 말한다.

③ "지구단위계획"이란 도시·군계획 수립 대상지역의 일부에 대하여 토지 이용을 합리화하고 그 기능을 증진시키며 미관을 개선하고 양호한 환경을 확보하며, 그 지역을 체계적으로 수립하는 도시·군관리계획을 말한다

④ "공동구"란 전기, 가스, 수도 등의 공급설비, 통신시설, 하수도시설 등 지하매설물을 공동수용함으로써 미관의 개선, 도로구조의 보전 및 교통의 원활한 소통을 위하여 지하에 설치하는 시설물을 말한다.

해설
「국토의 계획 및 이용에 관한 법률」 제2조에 따라 "기반시설부담구역"이란 개발밀도관리구역 외의 지역으로서 개발로 인하여 도로, 공원, 녹지 등 대통령령으로 정하는 기반시설의 설치가 필요한 지역을 대상으로 기반시설을 설치하거나 그에 필요한 용지를 확보하게 하기 위하여 제67조에 따라 지정·고시하는 구역을 말한다.

국토의 계획 및 이용에 관한 법률
[법률 제18310호, 2021. 7. 20., 타법개정]
제1장 총칙 〈개정 2009. 2. 6.〉

제1조(목적)
이 법은 국토의 이용·개발과 보전을 위한 계획의 수립 및 집행 등에 필요한 사항을 정하여 공공복리를 증진시키고 국민의 삶의 질을 향상시키는 것을 목적으로 한다.

제2조(정의) 이 법에서 사용하는 용어의 뜻은 다음과 같다.
17. "용도구역"이란 토지의 이용 및 건축물의 용도·건폐율·용적률·높이 등에 대한 용도지역 및 용도지구의 제한을 강화하거나 완화하여 따로 정함으로써 시가지의 무질서한 확산방지, 계획적이고 단계적인 토지이용의 도모, 토지이용의 종합적 조정·관리 등을 위하여 도시·군관리계획으로 결정하는 지역을 말한다.
19. "기반시설부담구역"이란 개발밀도관리구역 외의 지역으로서 개발로 인하여 도로, 공원, 녹지 등 대통령령으로 정하는 기반시설의 설치가 필요한 지역을 대상으로 기반시설을 설치하거나 그에 필요한 용지를 확보하게 하기 위하여 제67조에 따라 지정·고시하는 구역을 말한다.
5. "지구단위계획"이란 도시·군계획 수립 대상지역의 일부에 대하여 토지 이용을 합리화하고 그 기능을 증진시키며 미관을 개선하고 양호한 환경을 확보하며, 그 지역을 체계적·계획적으로 관리하기 위하여 수립하는 도시·군관리계획을 말한다.
9. "공동구"란 전기·가스·수도 등의 공급설비, 통신시설, 하수도시설 등 지하매설물을 공동수용함으로써 미관의 개선, 도로구조의 보전 및 교통의 원활한 소통을 위하여 지하에 설치하는 시설물을 말한다.

86 산지관리법에 따른 산지 구분에 해당하지 않는 것은?

① 생산용 산지　　　　② 공익용 산지
③ 임업용 산지　　　　④ 준보전산지

해설

「산지관리법」 제4조에 따라 산지를 "보전산지(임업용 산지, 공익용 산지), 준보전산지"로 구분하고 있다.

산지관리법
[법률 제18263호, 2021. 6. 15., 일부개정]
제4조(산지의 구분)
① 산지를 합리적으로 보전하고 이용하기 위하여 전국의 산지를 다음 각 호와 같이 구분한다. 〈개정 2011. 7. 28., 2016. 12. 2., 2018. 3. 20.〉
　1. 보전산지(保全山地)
　　가. 임업용 산지(林業用山地) : 산림자원의 조성과 임업경영 기반의 구축 등 임업생산 기능의 증진을 위하여 필요한 산지로서 다음의 산지를 대상으로 산림청장이 지정하는 산지
　　　1) 「산림자원의 조성 및 관리에 관한 법률」에 따른 채종림(採種林) 및 시험림의 산지
　　　2) 「국유림의 경영 및 관리에 관한 법률」에 따른 보전국유림의 산지
　　　3) 「임업 및 산촌 진흥촉진에 관한 법률」에 따른 임업진흥권역의 산지
　　　4) 그 밖에 임업생산 기능의 증진을 위하여 필요한 산지로서 대통령령으로 정하는 산지
　　나. 공익용 산지 : 임업생산과 함께 재해 방지, 수원 보호, 자연생태계 보전, 산지경관 보전, 국민보건휴양 증진 등의 공익 기능을 위하여 필요한 산지로서 다음의 산지를 대상으로 산림청장이 지정하는 산지
　　　1) 「산림문화 · 휴양에 관한 법률」에 따른 자연휴양림의 산지
　　　2) 사찰림(寺刹林)의 산지
　　　3) 제9조에 따른 산지전용 · 일시사용제한지역
　　　4) 「야생생물 보호 및 관리에 관한 법률」 제27조에 따른 야생생물 특별보호구역 및 같은 법 제33조에 따른 야생생물 보호구역의 산지
　　　5) 「자연공원법」에 따른 공원구역의 산지
　　　6) 「문화재보호법」에 따른 문화재보호구역의 산지
　　　7) 「수도법」에 따른 상수원보호구역의 산지
　　　8) 「개발제한구역의 지정 및 관리에 관한 특별조치법」에 따른 개발제한구역의 산지
　　　9) 「국토의 계획 및 이용에 관한 법률」에 따른 녹지지역 중 대통령령으로 정하는 녹지지역의 산지
　　　10) 「자연환경보전법」에 따른 생태 · 경관보전지역의 산지
　　　11) 「습지보전법」에 따른 습지보호지역의 산지
　　　12) 「독도 등 도서지역의 생태계보전에 관한 특별법」에 따른 특정도서의 산지
　　　13) 「백두대간 보호에 관한 법률」에 따른 백두대간보호지역의 산지
　　　14) 「산림보호법」에 따른 산림보호구역의 산지
　　　15) 그 밖에 공익 기능을 증진하기 위하여 필요한 산지로서 대통령령으로 정하는 산지
　2. 준보전산지 : 보전산지 외의 산지
② 산림청장은 제1항에 따른 산지의 구분에 따라 전국의 산지에 대하여 지형도면에 그 구분을 명시한 도면[이하 "산지구분도"(山地區分圖)라 한다]을 작성하여야 한다.
③ 산지구분도의 작성방법 및 절차 등에 관한 사항은 농림축산식품부령으로 정한다. 〈개정 2013. 3. 23.〉
[전문개정 2010. 5. 31.]

87 정부는 국가의 생물다양성 보전과 그 구성요소의 지속가능한 이용을 위한 전략을 몇 년마다 수립하여야 하는가?

① 1년　　　　　　　② 3년
③ 5년　　　　　　　④ 7년

해설

「생물다양성 보전 및 이용에 관한 법률」 제7조에 따라 정부는 국가의 생물다양성 보전과 그 구성요소의 지속 가능한 이용을 위한 전략(이하 "국가생물다양성전략"이라 한다.)을 5년마다 수립하여야 한다.

생물다양성 보전 및 이용에 관한 법률
[법률 제16806호, 2019. 12. 10., 일부개정]
제7조(국가생물다양성전략의 수립)
① 정부는 국가의 생물다양성 보전과 그 구성요소의 지속가능한 이용을 위한 전략(이하 "국가생물다양성전략"이라 한다)을 5년마다 수립하여야 한다.
② 국가생물다양성전략에는 다음 각 호의 사항이 포함되어야 한다. 〈개정 2018. 10. 16., 2019. 12. 10.〉
　1. 생물다양성의 현황 · 목표 및 기본방향
　2. 생물다양성 및 그 구성요소의 보호 및 관리
　3. 생물다양성 구성요소의 지속가능한 이용
　4. 생물다양성에 대한 위협의 대처
　5. 생물다양성에 영향을 주는 유입주의 생물 및 외래생물의 관리
　6. 생물다양성 및 생태계서비스 관련 연구 · 기술개발, 교육 · 홍보 및 국제협력
　7. 생태계서비스의 체계적인 제공 및 증진
　8. 그 밖에 생물다양성의 보전 및 이용에 필요한 사항
③ 관계 중앙행정기관의 장은 국가생물다양성전략의 원활한 수립을 위하여 제2항 각 호의 사항에 대하여 소관 분야별로 추진전략을 수립하여 환경부장관에게 통보하여야 한다.
④ 국가생물다양성전략은 환경부장관이 제3항에 따른 소관별 추진전략을 총괄하여 작성하고, 국무회의의 심의를 거쳐 확정된다. 이 경우 환경부장관은 국가생물다양성전략의 원활한 수립을 위하여 필

요하다고 인정하면 국무회의 심의 전에 관계 전문가의 의견 청취 및 관계 중앙행정기관의 장과의 협의를 할 수 있다.

⑤ 환경부장관은 제4항에 따라 확정된 국가생물다양성전략을 공고하여야 한다.

⑥ 국가생물다양성전략을 변경하려는 경우에는 제3항부터 제5항까지의 규정을 준용한다. 다만, 대통령령으로 정하는 경미한 사항을 변경하는 경우에는 그러하지 아니하다.

⑦ 그 밖에 국가생물다양성전략의 수립 등에 필요한 사항은 대통령령으로 정한다.

88 다음은 환경정책기본법령상 용어의 정의이다. ( ) 안에 들어갈 내용으로 옳은 것은?

> ( )이란 사업활동 및 그 밖의 사람의 활동에 의하여 발생하는 대기오염, 수질오염, 토양오염, 해양오염, 방사능오염, 소음, 진동, 악취, 일조 방해, 인공조명에 의한 빛공해 등으로서 사람의 건강이나 환경에 피해를 주는 상태를 말한다.

① 환경오염   ② 환경훼손
③ 환경용량   ④ 환경기준

해설

「환경정책기본법」 제2조에 따라 "환경오염"이란 사업활동 및 그 밖의 사람의 활동에 의하여 발생하는 대기오염, 수질오염, 토양오염, 해양오염, 방사능오염, 소음·진동, 악취, 일조방해, 인공조명에 의한 빛공해 등으로서 사람의 건강이나 환경에 피해를 주는 상태를 말한다.

환경정책기본법
[법률 제18469호, 2021. 9. 24., 타법개정]
제3조(정의)
이 법에서 사용하는 용어의 뜻은 다음과 같다.
1. "환경"이란 자연환경과 생활환경을 말한다.
2. "자연환경"이란 지하·지표(해양을 포함한다) 및 지상의 모든 생물과 이들을 둘러싸고 있는 비생물적인 것을 포함한 자연의 상태(생태계 및 자연경관을 포함한다)를 말한다.
3. "생활환경"이란 대기, 물, 토양, 폐기물, 소음·진동, 악취, 일조(日照), 인공조명, 화학물질 등 사람의 일상생활과 관계되는 환경을 말한다.
4. "환경오염"이란 사업활동 및 그 밖의 사람의 활동에 의하여 발생하는 대기오염, 수질오염, 토양오염, 해양오염, 방사능오염, 소음·진동, 악취, 일조 방해, 인공조명에 의한 빛공해 등으로서 사람의 건강이나 환경에 피해를 주는 상태를 말한다.
5. "환경훼손"이란 야생동식물의 남획(濫獲) 및 그 서식지의 파괴, 생태계질서의 교란, 자연경관의 훼손, 표토(表土)의 유실 등으로 자연환경의 본래적 기능에 중대한 손상을 주는 상태를 말한다.
6. "환경보전"이란 환경오염 및 환경훼손으로부터 환경을 보호하고 오염되거나 훼손된 환경을 개선함과 동시에 쾌적한 환경 상태를 유

지·조성하기 위한 행위를 말한다.
7. "환경용량"이란 일정한 지역에서 환경오염 또는 환경훼손에 대하여 환경이 스스로 수용, 정화 및 복원하여 환경의 질을 유지할 수 있는 한계를 말한다.
8. "환경기준"이란 국민의 건강을 보호하고 쾌적한 환경을 조성하기 위하여 국가가 달성하고 유지하는 것이 바람직한 환경상의 조건 또는 질적인 수준을 말한다.

89 독도 등 도서지역의 생태계 보전에 관한 특별법상 특정 도서에서의 행위제한 대상으로 옳은 것은?

① 군사·항해·조난구조행위
② 개간·매립·준설 또는 간척행위
③ 국가가 시행하는 해양자원개발행위
④ 천재지변 등 재해의 발생 방지 및 대응을 위하여 필요한 행위

해설

「독도 등 도서지역의 생태계 보전에 관한 특별법」 제8조제2항에 따라 "1. 군사·항해·조난구호행위, 2. 천재지변 등 재해의 발생 방지 및 대응을 위하여 필요한 행위, 3. 국가가 시행하는 해양자원개발행위"등은 행위제한되지 않는다.

독도 등 도서지역의 생태계 보전에 관한 특별법
[법률 제17326호, 2020. 5. 26., 타법개정]
제8조(행위제한)
① 누구든지 특정도서에서 다음 각 호의 어느 하나에 해당하는 행위를 하거나 이를 허가하여서는 아니 된다. 〈개정 2011. 7. 28., 2012. 2. 1.〉
1. 건축물 또는 공작물(工作物)의 신축·증축
2. 개간(開墾), 매립, 준설(浚渫) 또는 간척
3. 택지의 조성, 토지의 형질변경, 토지의 분할
4. 공유수면(公有水面)의 매립
5. 입목·대나무의 벌채(伐採) 또는 훼손
6. 흙·모래·자갈·돌의 채취(採取), 광물의 채굴(採掘) 또는 지하수의 개발
7. 가축의 방목, 야생동물의 포획·살생 또는 그 알의 채취 또는 야생식물의 채취
8. 도로의 신설
9. 특정도서에 서식하거나 도래하는 야생동식물 또는 특정도서에 존재하는 자연적 생성물을 그 섬 밖으로 반출(搬出)하는 행위
10. 특정도서로 「생물다양성 보전 및 이용에 관한 법률」 제2조제8호에 따른 생태계교란 생물을 반입(搬入)하는 행위
11. 폐기물을 매립하거나 버리는 행위
12. 인화물질을 이용하여 음식물을 조리하거나 야영을 하는 행위
13. 지질, 지형 또는 자연적 생성물의 형상을 훼손하는 행위 또는 그 밖에 이와 유사한 행위

② 제1항에도 불구하고 다음 각 호의 어느 하나에 해당하는 경우에는 제1항을 적용하지 아니한다.
　1. 군사 · 항해 · 조난구호(遭難救護) 행위
　2. 천재지변 등 재해의 발생 방지 및 대응을 위하여 필요한 행위
　3. 국가가 시행하는 해양자원개발 행위
　4. 「도서개발 촉진법」 제6조제3항의 사업계획에 따른 개발 행위
　5. 「문화재보호법」에 따라 문화재청장 또는 시 · 도지사가 필요하다고 인정하는 행위
③ 제2항에 따른 행위를 한 자는 그 행위의 내용과 결과를 대통령령으로 정하는 바에 따라 환경부장관에게 신고하거나 통보하여야 한다. 다만, 환경부장관의 허가를 받은 경우에는 그러하지 아니하다.
[전문개정 2011. 7. 28.]

90 야생동물 보호 및 관리에 관한 법령상 환경부장관이 멸종위기야생동물을 지정하는 주기 기준은?

① 1년　　　　　　　② 3년
③ 5년　　　　　　　④ 10년

해설

「야생생물 보호 및 관리에 관한 법률」 제13조의2에 따라 환경부장관은 멸종위기야생동물을 5년마다 다시 정하여야 한다.

야생생물 보호 및 관리에 관한 법률
[법률 제18908호, 2022. 6. 10., 일부개정]
제13조의2(멸종위기 야생생물의 지정 주기)
① 환경부장관은 야생생물의 보호와 멸종 방지를 위하여 5년마다 멸종위기 야생생물을 다시 정하여야 한다. 다만, 특별히 필요하다고 인정할 때에는 수시로 다시 정할 수 있다.
② 환경부장관은 제1항에 따른 사항을 효율적으로 하기 위하여 관계 전문가의 의견을 들을 수 있다.
[본조신설 2014. 3. 24.]

91 환경정책기본법령상 환경기준에 따른 대기의 항목별 기준이 틀린 것은?

① 일산화탄소 : 1시간 평균치 25ppm 이하
② 이산화질소 : 24시간 평균치 0.06ppm 이하
③ 오존 : 1시간 평균치 0.1ppm 이하
④ 벤젠 : 연간 평균치 0.5μm/m^3 이하

해설

「환경정책기본법 시행령」 별표1에 따른 벤젠의 연간평균치는 5μm/m^3 이하이다.

환경기준(제2조 관련)
1. 대기

항목	기준
아황산가스 (SO$_2$)	• 연간 평균치 : 0.02ppm 이하 • 24시간 평균치 : 0.05ppm 이하 • 1시간 평균치 : 0.15ppm 이하
일산화탄소 (CO)	• 8시간 평균치 : 9ppm 이하 • 1시간 평균치 : 25ppm 이하
이산화질소 (NO$_2$)	• 연간 평균치 : 0.03ppm 이하 • 24시간 평균치 : 0.06ppm 이하 • 1시간 평균치 : 0.10ppm 이하
미세먼지 (PM-10)	• 연간 평균치 : 50μg/m^3 이하 • 24시간 평균치 : 100μg/m^3 이하
초미세먼지 (PM-2.5)	• 연간 평균치 : 15μg/m^3 이하 • 24시간 평균치 : 35μg/m^3 이하
오존 (O$_3$)	• 8시간 평균치 : 0.06ppm 이하 • 1시간 평균치 : 0.1ppm 이하
납 (Pb)	연간 평균치 : 0.5μg/m^3 이하
벤젠	연간 평균치 : 5μg/m^3 이하

92 다음 중 국토기본법에 정의된 내용이 옳은 것만으로 나열된 것은?

> ㉠ 국토계획은 국토종합계획, 도종합계획, 시 · 군종합계획, 지역계획 및 부문별계획으로 구분한다.
> ㉡ 국토기본법에 따른 국토종합계획은 군사에 관한 계획을 포함하여 다른 법령에 따라 수립되는 국토에 관한 계획에 우선하며 그 기본이 된다.
> ㉢ 국토종합계획은 10년 단위로 수립한다.
> ㉣ 국토교통부장관은 국토종합계획안을 작성하였을 때에는 공청회를 열어 일반 국민과 관계전문가 등으로부터 의견을 들어야 한다.

① ㉠, ㉡　　　　　　② ㉡, ㉢
③ ㉢, ㉣　　　　　　④ ㉠, ㉣

93 자연환경보전법령상 생물다양성 보전을 위한 자연환경조사 관련 내용으로 옳은 것은?

① 환경부장관은 관계중앙행정기관의 장과 협조하여 10년마다 전국의 자연환경을 조사하여야 한다.

② 환경부장관은 관계중앙행정기관의 장과 협조하여 5년마다 생태·자연도에서 1등급 권역으로 분류된 지역의 자연환경을 조사하여야 한다.

③ 환경부장관 또는 지방자치단체의 장이 자연환경조사를 위하여 소속 공무원 또는 조사원으로 하여금 타인의 토지에 출입하고자 하는 경우, 소속 공무원 또는 조사원은 출입할 날의 3일 전까지 그 토지의 소유자, 점유자 또는 관리인에게 그 뜻을 통지하여야 한다.

④ 정밀조사와 생태계의 변화관찰 등과 관련하여 조사 및 관찰에 필요한 사항은 국무총리령으로 정한다.

해설

「자연환경보전법」 제30조에 따라 전국자연환경조사는 5년마다 하여야 한다. 또, 생태·자연도 1등급 권역으로 분류된 지역은 2년마다 자연환경을 조사할 수 있다.

「자연환경보전법」 제31조에 따라 정밀조사와 생태계의 변화관찰 등과 관련하여 조사 및 관찰에 필요한 사항은 환경부령으로 정한다.

자연환경보전법
[법률 제18910호, 2022. 6. 10., 일부개정]
제3장 생물다양성의 보전
제30조(자연환경조사)

① 환경부장관은 관계중앙행정기관의 장과 협조하여 5년마다 전국의 자연환경을 조사하여야 한다. 〈개정 2013. 3. 22.〉

② 환경부장관은 관계중앙행정기관의 장과 협조하여 생태·자연도에서 1등급 권역으로 분류된 지역과 자연상태의 변화를 특별히 파악할 필요가 있다고 인정되는 지역에 대하여 2년마다 자연환경을 조사할 수 있다. 〈개정 2013. 3. 22.〉

③ 지방자치단체의 장은 해당 지방자치단체의 조례로 정하는 바에 따라 관할구역의 자연환경을 조사할 수 있다. 〈개정 2020. 5. 26.〉

④ 지방자치단체의 장은 제3항에 따라 자연환경을 조사하는 경우에는 조사계획 및 조사결과를 환경부장관에게 보고하여야 한다. 〈개정 2020. 5. 26.〉

⑤ 제1항 및 제2항에 따른 조사의 내용·방법 그 밖에 필요한 사항은 대통령령으로 정한다. 〈개정 2020. 5. 26.〉

제33조(타인토지에의 출입 등)

① 환경부장관 또는 지방자치단체의 장은 제30조의 자연환경조사 또는 제31조에 따른 정밀·보완조사를 위하여 필요한 경우에는 소속 공무원 또는 조사원으로 하여금 타인의 토지에 출입하여 조사하거나 그 토지의 나무·흙·돌 그 밖의 장애물을 변경 또는 제거하게 할 수 있다. 〈개정 2020. 5. 26.〉

② 제1항에 따라 타인의 토지에 출입하고자 하는 사람은 출입할 날의 3일 전까지 그 토지의 소유자·점유자 또는 관리인에게 그 뜻을 통지하여야 한다. 〈개정 2020. 5. 26.〉

③ 제1항에 따라 장애물을 변경 또는 제거하고자 하는 사람은 그 소유자·점유자 또는 관리인의 동의를 얻어야 한다. 다만, 장애물의 소유자·점유자 또는 관리인이 현장에 없거나 주소를 알 수 없는 경우에는 해당 지역을 관할하는 읍·면·동의 게시판에 게시하거나 일간신문에 공고하여야 한다. 이 경우 14일이 지난 때에는 동의를 얻은 것으로 본다. 〈개정 2020. 5. 26.〉

④ 토지의 소유자·점유자 또는 관리인은 정당한 사유없이 제1항에 따른 조사행위를 거부·방해 또는 기피하지 못한다. 〈개정 2020. 5. 26.〉

⑤ 제1항에 따라 타인의 토지에 출입하고자 하는 사람은 환경부령으로 정하는 바에 따라 그 권한을 표시하는 증표를 지니고 이를 관계인에게 내보여야 한다. 〈개정 2020. 5. 26.〉

제31조(정밀조사와 생태계의 변화관찰 등)

① 환경부장관은 제30조에 따른 조사결과 새롭게 파악된 생태계로서 특별히 조사하여 관리할 필요가 있다고 판단되는 경우에는 그 생태계에 대한 정밀조사계획을 수립·시행하여야 한다. 〈개정 2020. 5. 26.〉

② 환경부장관은 제30조에 따라 조사를 실시한 지역 중에서 자연적 또는 인위적 요인으로 인한 생태계의 변화가 뚜렷하다고 인정되는 지역에 대하여는 보완조사를 실시할 수 있다. 〈개정 2020. 5. 26.〉

③ 환경부장관은 자연적 또는 인위적 요인으로 인한 생태계의 변화내용을 지속적으로 관찰하여야 한다.

④ 지방자치단체의 장은 해당 지방자치단체의 조례로 정하는 바에 따라 관할구역에 대한 제1항부터 제3항까지의 규정에 따른 조사 및 관찰을 실시할 수 있다. 〈개정 2020. 5. 26.〉

⑤ 제1항부터 제3항까지의 규정에 따른 조사 및 관찰에 필요한 사항은 환경부령으로 정한다. 〈개정 2020. 5. 26.〉

94 환경정책기본법령상 환경부장관이 환경현황조사를 의뢰하거나 환경정보망의 구축·운영을 위탁할 수 있는 전문기관에 해당하지 않는 것은?

① 한국개발공사
② 보건환경연구원
③ 국립환경과학원
④ 한국수자원공사

해설

「환경정책기본법 시행령」 제12조에 따라 환경부장관이 환경현황조사를 의뢰하거나 환경정보망의 구축·운영을 위탁할 수 있는 전문기관에 해당하는 것은 "국립환경과학원, 시·도의 보건환경연구원, 정부출연연구기관, 한국환경공단, 한국수자원공사, 특정연구기관, 한국환경산업기술원, 그 밖에 환경부장관이 지정·고시하는 기관 및 단체"이다.

정답 93 ③ 94 ①

환경정책기본법 시행령
[대통령령 제32557호, 2022. 3. 25., 타법개정]
제12조(환경정보망의 구축 · 운영 등)
① 법 제24조제2항에 따른 환경정보망의 구축 · 운영 대상이 되는 환경정보는 다음 각 호와 같다. 〈개정 2022. 3. 25.〉
1. 법 제22조제1항에 따른 조사 · 평가 결과
2. 법 제24조제4항에 따른 전문기관의 환경현황 조사 결과
3. 환경정책의 수립 및 집행에 필요한 환경정보
4. 자연환경 및 생태계의 현황을 표시한 지도 등 환경지리정보
5. 일반국민에게 유용한 환경정보
6. 「기후위기 대응을 위한 탄소중립 · 녹색성장 기본법」 제55조에 따른 녹색경영에 필요한 환경정보
7. 그 밖에 환경보전 및 환경관리를 위하여 필요한 환경정보
② 환경부장관이 법 제24조제4항에 따라 환경현황 조사를 의뢰하거나 환경정보망의 구축 · 운영을 위탁할 수 있는 전문기관은 다음 각 호와 같다. 〈개정 2016. 11. 29.〉
1. 국립환경과학원
2. 「보건환경연구원법」에 따른 시 · 도의 보건환경연구원
3. 「정부출연연구기관 등의 설립 · 운영 및 육성에 관한 법률」 또는 「과학기술분야 정부출연연구기관 등의 설립 · 운영 및 육성에 관한 법률」에 따른 정부출연연구기관
4. 「한국환경공단법」에 따른 한국환경공단
5. 「한국수자원공사법」에 따른 한국수자원공사
6. 「특정연구기관 육성법」에 따른 특정연구기관
7. 「한국환경산업기술원법」에 따른 한국환경산업기술원
8. 그 밖에 환경부장관이 지정 · 고시하는 기관 및 단체
③ 제1항 및 제2항에서 규정한 사항 외에 환경정보망의 구축 · 운영에 관한 세부사항 및 환경정보망에 의한 환경정보의 제공에 따른 수수료 등에 관하여 필요한 사항은 환경부장관이 정한다.

95 국토의 계획 및 이용에 관한 법령상 개발행위허가의 제한과 관련한 아래 내용에서 (   )에 들어갈 내용으로 옳은 것은?

> 국토교통부장관, 시 · 도지사, 시장 또는 군수는 다음 각 호의 어느 하나에 해당되는 지역으로서 도시 · 군관리계획상 특히 필요하다고 인정되는 지역에 대해서는 대통령령으로 정하는 바에 따라 중앙도시계획위원회나 지방도시계획위원회의 심의를 거쳐 한 차례만 (   ) 이내의 기간 동안 개발행위허가를 제한할 수 있다.

① 1년　　　　　　② 2년
③ 3년　　　　　　④ 4년

「국토의 계획 및 이용에 관한 법률」 제63조에 따라 도시 · 군관리계획상 특히 필요하다고 인정되는 지역에 대해서는 대통령령으로 정하는

바에 따라 중앙도시계획위원회나 지방도시계획위원회의 심의를 거쳐 한 차례만 3년 이내의 기간 동안 개발행위허가를 제한할 수 있다.

국토의 계획 및 이용에 관한 법률
[법률 제18310호, 2021. 7. 20., 타법개정]
제63조(개발행위허가의 제한)
① 국토교통부장관, 시 · 도지사, 시장 또는 군수는 다음 각 호의 어느 하나에 해당되는 지역으로서 도시 · 군관리계획상 특히 필요하다고 인정되는 지역에 대해서는 대통령령으로 정하는 바에 따라 중앙도시계획위원회나 지방도시계획위원회의 심의를 거쳐 한 차례만 3년 이내의 기간 동안 개발행위허가를 제한할 수 있다. 다만, 제3호부터 제5호까지에 해당하는 지역에 대해서는 중앙도시계획위원회나 지방도시계획위원회의 심의를 거치지 아니하고 한 차례만 2년 이내의 기간 동안 개발행위허가의 제한을 연장할 수 있다. 〈개정 2011. 4. 14., 2013. 3. 23., 2013. 7. 16.〉
1. 녹지지역이나 계획관리지역으로서 수목이 집단적으로 자라고 있거나 조수류 등이 집단적으로 서식하고 있는 지역 또는 우량 농지 등으로 보전할 필요가 있는 지역
2. 개발행위로 인하여 주변의 환경 · 경관 · 미관 · 문화재 등이 크게 오염되거나 손상될 우려가 있는 지역
3. 도시 · 군기본계획이나 도시 · 군관리계획을 수립하고 있는 지역으로서 그 도시 · 군기본계획이나 도시 · 군관리계획이 결정될 경우 용도지역 · 용도지구 또는 용도구역의 변경이 예상되고 그에 따라 개발행위허가의 기준이 크게 달라질 것으로 예상되는 지역
4. 지구단위계획구역으로 지정된 지역
5. 기반시설부담구역으로 지정된 지역
② 국토교통부장관, 시 · 도지사, 시장 또는 군수는 제1항에 따라 개발행위허가를 제한하려면 대통령령으로 정하는 바에 따라 제한지역 · 제한사유 · 제한대상행위 및 제한기간을 미리 고시하여야 한다. 〈개정 2013. 3. 23.〉
③ 개발행위허가를 제한하기 위하여 제2항에 따라 개발행위허가 제한지역 등을 고시한 국토교통부장관, 시 · 도지사, 시장 또는 군수는 해당 지역에서 개발행위를 제한할 사유가 없어진 경우에는 그 제한기간이 끝나기 전이라도 지체 없이 개발행위허가의 제한을 해제하여야 한다. 이 경우 국토교통부장관, 시 · 도지사, 시장 또는 군수는 대통령령으로 정하는 바에 따라 해제지역 및 해제시기를 고시하여야 한다. 〈신설 2013. 7. 16.〉
④ 국토교통부장관, 시 · 도지사, 시장 또는 군수가 개발행위허가를 제한하거나 개발행위허가 제한을 연장 또는 해제하는 경우 그 지역의 지형도면 고시, 지정의 효력, 주민 의견 청취 등에 관하여는 「토지이용규제 기본법」 제8조에 따른다. 〈신설 2019. 8. 20.〉
[전문개정 2009. 2. 6.]

96 야생생물 보호 및 관리에 관한 법령상 멸종위기 야생생물 Ⅱ급에 해당하는 것은?

① 표범
② 산양
③ 붉은박쥐
④ 하늘다람쥐

해설

「야생생물 보호 및 관리에 관한 법률」 시행규칙 별표1에 따라 표범, 산양, 붉은박쥐는 멸종위기야생생물 Ⅰ급에 속한다.

가. 멸종위기야생생물 Ⅰ급

번호	종명
1	늑대 Canis lupus coreanus
2	대륙사슴 Cervus nippon hortulorum
3	반달가슴곰 Ursus thibetanus ussuricus
4	붉은박쥐 Myotis rufoniger
5	사향노루 Moschus moschiferus
6	산양 Naemorhedus caudatus
7	수달 Lutra lutra
8	스라소니 Lynx lynx
9	여우 Vulpes vulpes peculiosa
10	작은관코박쥐 Murina ussuriensis
11	표범 Panthera pardus orientalis
12	호랑이 Panthera tigris altaica

나. 멸종위기야생생물 Ⅱ급

번호	종명
1	담비 Martes flavigula
2	무산쇠족제비 Mustela nivalis
3	물개 Callorhinus ursinus
4	물범 Phoca largha
5	삵 Prionailurus bengalensis
6	큰바다사자 Eumetopias jubatus
7	토끼박쥐 Plecotus auritus
8	하늘다람쥐 Pteromys volans aluco

97 국토의 계획 및 이용에 관한 법령상 도시 · 군관리계획 결정의 효력 발생에 관한 아래 설명에서 ( )에 들어갈 내용으로 옳은 것은?

> 도시 · 군관리계획 결정의 효력은 국토교통부 장관, 시 · 도지사, 시장 또는 군수가 직접 지형도면을 작성하거나 지형도면을 승인한 경우에는 ( )로부터 발생한다.

① 지형도면을 고시한 날
② 지형도면을 고시한 날로 7일 후
③ 지형도면을 고시한 날로 15일 후
④ 지형도면을 고시한 날로 30일 후

해설

「국토의 계획 및 이용에 관한 법률」 제31조에 따라 도시 · 군관리계획 결정의 효력은 지형도면을 고시한 날부터 발생한다.

국토의 계획 및 이용에 관한 법률
[법률 제18310호, 2021. 7. 20., 타법개정]
제31조(도시 · 군관리계획 결정의 효력)
① 도시 · 군관리계획 결정의 효력은 제32조제4항에 따라 지형도면을 고시한 날부터 발생한다. 〈개정 2013. 7. 16.〉
② 도시 · 군관리계획 결정 당시 이미 사업이나 공사에 착수한 자(이 법 또는 다른 법률에 따라 허가 · 인가 · 승인 등을 받아야 하는 경우에는 그 허가 · 인가 · 승인 등을 받아 사업이나 공사에 착수한 자를 말한다)는 그 도시 · 군관리계획 결정과 관계없이 그 사업이나 공사를 계속할 수 있다. 다만, 시가화조정구역이나 수산자원보호구역의 지정에 관한 도시 · 군관리계획 결정이 있는 경우에는 대통령령으로 정하는 바에 따라 특별시장 · 광역시장 · 특별자치시장 · 특별자치도지사 · 시장 또는 군수에게 신고하고 그 사업이나 공사를 계속할 수 있다. 〈개정 2011. 4. 14., 2020. 6. 9.〉
③ 제1항에서 규정한 사항 외에 도시 · 군관리계획 결정의 효력 발생 및 실효 등에 관하여는 「토지이용규제 기본법」 제8조제3항부터 제5항까지의 규정에 따른다. 〈신설 2013. 7. 16.〉
[전문개정 2009. 2. 6.]
[제목개정 2011. 4. 14.]

98 야생생물 보호 및 관리에 관한 법령상 살처분한 야생동물 사체의 소각 및 매몰기준 중 매몰 장소의 위치 기준이 틀린 것은?

① 한천, 수원지, 도로와 30m 이상 떨어진 곳
② 매몰지 굴착과정에서 지하수가 나타나지 않는 곳(매몰지는 지하수위에서 1m 이상 높은 곳에 있어야 한다.)
③ 음용 지하수 관정과 50m 이상 떨어진 곳
④ 주민이 집단적으로 거주하는 지역에 인접하지 않은 곳으로 사람이나 동물의 접근을 제한할 수 있는 곳

해설

「야생생물 보호 및 관리에 관한 법률 시행규칙」 별표8의4에 따라 살처분한 야생생물 사체의 소각 및 매몰기준 중 매몰 장소의 위치는 음용 지하수 관정과 75m 이상 떨어진 곳이어야 한다.

2. 매몰기준
가. 매몰 장소의 선택
　　1) 매몰 대상 야생동물 등이 발생한 해당 장소에 매몰하는 것을 원칙으로 한다. 다만, 해당 부지 등이 매몰 장소로 적합하지 않거나, 사유지 또는 매몰 장소로 활용할 수 없는 경우 등에 해당할 때에는 국 · 공유지 등을 활용할 수 있다.

2) 다음의 사항을 고려하여 매몰지의 크기 및 적정 깊이를 결정
하여야 한다.
  가) 매몰 수량
  나) 지하수위·하천·주거지 등 주변 환경
  다) 매몰에 사용하는 액비 저장조, 간이 섬유강화플라스틱
      (FRP, Fiber Reinforced Plastics) 등의 종류·크기
3) 매몰 장소의 위치는 다음과 같다.
  가) 하천, 수원지, 도로와 30m 이상 떨어진 곳
  나) 매몰지 굴착(땅파기)과정에서 지하수가 나타나지 않는
      곳(매몰지는 지하수위에서 1m 이상 높은 곳에 있어야
      한다)
  다) 음용 지하수 관정(管井)과 75m 이상 떨어진 곳
  라) 주민이 집단적으로 거주하는 지역에 인접하지 않은 곳으
      로 사람이나 동물의 접근을 제한할 수 있는 곳
  마) 유실, 붕괴 등의 우려가 없는 평탄한 곳
  바) 침수의 우려가 없는 곳
  사) 다음의 어느 하나에 해당하지 않는 곳
      (1)「수도법」제7조에 따른 상수원보호구역
      (2)「한강수계 상수원수질개선 및 주민지원 등에 관한
          법률」제4조제1항, 「낙동강수계 물관리 및 주민지
          원 등에 관한 법률」제4조제1항, 「금강수계 물관리
          및 주민지원 등에 관한 법률」제4조제1항 및 「영산
          강·섬진강수계 물관리 및 주민지원 등에 관한 법
          률」제4조제1항에 따른 수변구역
      (3)「먹는물관리법」제8조의3에 따른 샘물보전구역 및 같
          은 법 제11조에 따른 염지하수 관리구역
      (4)「지하수법」제12조에 따른 지하수보전구역
      (5)그 밖에 (1)부터 (4)까지의 규정에 따른 구역에 준하는
          지역으로서 수질환경보전이 필요한 지역

---

99 자연환경보전법령상 생태·경관보전지역 지정에 사용
하는 지형도에 관한 설명이다. ( )에 들어갈 내용으로 옳은
것은?

> 생태·경관보전지역 지정계획서에 첨부하는 대통령령이 정하
> 는 지형도라 함은 당해 생태·경관보전역의 구역별 범위 및 면
> 적을 표시한 ( ) 이상의 지형도로서 지적도가 함께 표시되거나
> 덧씌워진 것을 말한다.

① 축척 5천분의 1   ② 축척 2만 5천분의 1
③ 축척 5만분의 1   ④ 축척 10만분의 1

해설
「자연환경보전법 시행령」제8조에 따라 생태·경관보전지역 지정계
획서에 첨부하는 대통령령이 정하는 지형도라 함은 당해 생태·경관
보전지역의 구역별 범위 및 면적을 표시한 1/5,000 이상의 지형도로

서 지적도가 함께 표시되거나 덧씌워진 것을 말한다.
자연환경보전법 시행령
[대통령령 제32697호, 2022. 6. 14., 타법개정]
제8조(생태·경관보전지역의 지정에 사용하는 지형도)
법 제13조제1항 본문 및 법 제24조제1항 본문에서 "대통령령이 정하
는 지형도"라 함은 당해 생태·경관보전지역의 구역별 범위 및 면적을
표시한 축척 5천분의 1 이상의 지형도로서 지적도가 함께 표시되거나
덧씌워진 것을 말한다.

---

100 습지보전법규상 훼손된 습지의 관리에 관한 아래 설명
중 밑줄 친 부분에 해당하는 내용으로 옳은 것은?

> 정부는 국가·지방자치단체 또는 사업자가 습지보호지역 또는
> 습지개선지역 중 대통령령으로 정하는 비율 이상에 해당하는 면
> 적의 습지를 훼손하게 되는 경우에는 그 습지보호지역 또는 습
> 지개선지역 중 **공동부령으로 정하는 비율**에 해당하는 면적의 습
> 지가 보존되도록 하여야 한다.

① 지정 당시의 습지보호지역 또는 습지개선지역 면적의 2분
   의 1 이상
② 지정 당시의 습지보호지역 또는 습지개선지역 면적의 3분
   의 1 이상
③ 지정 당시의 습지보호지역 또는 습지개선지역 면적의 4분
   의 1 이상
④ 지정 당시의 습지보호지역 또는 습지개선지역 면적의 10
   분의 1 이상

해설
「습지보전법」에 따라 습지보호지역 또는 습지개선지역 중 1/4 이상
에 해당하는 면적의 습지를 훼손하게 되는 경우에는 그 습지보호지역
또는 습지개선지역 중 1/2 이상에 해당하는 면적의 습지가 보존되도
록 하여야 한다.
습지보전법
[법률 제17844호, 2021. 1. 5., 일부개정]
제17조(훼손된 습지의 관리)
① 정부는 제16조에 따라 국가·지방자치단체 또는 사업자가 습지보
   호지역 또는 습지개선지역 중 대통령령으로 정하는 비율 이상에 해
   당하는 면적의 습지를 훼손하게 되는 경우에는 그 습지보호지역 또
   는 습지개선지역 중 공동부령으로 정하는 비율에 해당하는 면적의
   습지가 보존되도록 하여야 한다.
② 정부는 제1항에 따라 보존된 습지의 생태계 변화 상황을 공동부령
   으로 정하는 기간 동안 관찰한 후 그 결과를 훼손지역 주변의 생태
   계 보전에 활용할 수 있도록 하여야 한다.
[전문개정 2014. 3. 24.]

습지보전법 시행령
[대통령령 제31873호, 2021. 7. 6., 일부개정]
제14조(습지존치를 위한 사업규모)
법 제17조제1항에서 "대통령령이 정하는 비율"이라 함은 4분의 1을
말한다.

습지보전법 시행규칙
[환경부령 제926호, 2021. 7. 5., 일부개정]
제10조(존치하여야 하는 습지의 면적 등)
① 법 제17조제1항에서 "공동부령이 정하는 비율"이라 함은 지정 당
   시의 습지보호지역 또는 습지개선지역 면적의 2분의 1 이상을 말
   한다. 〈개정 2003. 7. 29.〉
② 법 제17조제2항에서 "공동부령이 정하는 기간"이라 함은 5년을 말
   한다.

01 경관생태학 개념

01 생태계의 탄소순환에 관한 내용으로 옳지 않은 것은?

① 수중생태계로 유입된 탄소는 중탄산, 탄산 등의 형태로 존재할 수 있다.
② 먹이연쇄의 각 영양수준에서 탄소는 호흡의 결과로 대기 또는 물로 되돌아간다.
③ 탄소는 먹이망의 구조에 영향을 미치며, 먹이망 속의 에너지흐름에는 영향을 미치지 않는다.
④ 독립영양생물은 이산화탄소를 받아들여 그것을 탄수화물, 단백질, 지방, 기타 유기물로 환원시킨다.

해설

광합성을 통해 식물이 이산화탄소를 대기로부터 흡수하고 탄소화합물로 전환하여 식물종이 자라게 되고, 식물을 섭취하는 동물들이 이를 흡수하고 동식물이 죽게 되면 탄소화합물은 미생물에 의해 분해되어 대기 중으로 방출되거나 토양에 저장된다. 즉, 탄소는 먹이망 속의 에너지흐름에 영향을 미치고 있다.

02 비오톱을 구분하는 항목끼리 묶은 것이 아닌 것은?

① 식생, 비생물 자연환경 조건
② 주변 서식지와의 연결성, 주변효과
③ 인위적 영향, 서식지에서의 종 간 관계
④ 서식지 내 개체군의 크기, 외래종의 서식현황

해설

"비오톱"이라 함은 인간의 토지이용에 직간접적인 영향을 받아 특징지어진 지표면의 공간적 경계로서 생물군집이 서식하고 있거나 서식할 수 있는 잠재력을 가지고 있는 공간단위를 말한다.
아래는 「도시생태현황지도의 작성방법에 관한 지침」 중 비오톱 유형화 과정에 사용할 수 있는 분류지표 사례이다.

생물적 지표	무생물적 지표	인간행태적 지표	경관생태적 지표
• 현존식생 • 우점식생 • 식생의 생활형 • 식생의 발달기간	• 토양습도 • 토양물리적 조성 • 토양 영양상태 • 토양의 자연성 • 지질	• 토지이용강도 • 관리정도 • 정비재료와구조 • 토지피복 재질과 정도	• 면적 • 형태 • 핵심지역 • 가장자리 • 희귀성

생물적 지표	무생물적 지표	인간행태적 지표	경관생태적 지표
• 식생 수직구조 다양성 • 천이단계 • 식생의 자연성 • 식생의 흉고직경 • 층위 형성단계 • 야생조류 출현 • 보호 동식물의 출현	• 지형(경사, 향) • 생성원인 • 광량 • 지표면 온도 • 기후 • 수리/수문	• 역사성 • 불투수포장비율 • 현재 상황의 점유기간 • 자연훼손 기간과 종류	• 다양성 • 연결성

03 도시 비오톱 지도화의 방법이 아닌 것은?

① 선택적 지도화 방법　　② 포괄적 지도화 방법
③ 객관적 지도화 방법　　④ 대표적 지도화 방법

해설

비오톱 지도화 유형	내용	특성
선택적 지도화	• 보호할 가치가 높은 특별지역에 한해서 조사하는 방법 • 속성 비오톱지도화 방법	• 단기적으로 신속하고 저렴한 비용으로 지도 제작 가능함 • 국토단위의 대규모 비오톱 제작에 유리 • 세부적인 정보를 제공하지 못함
포괄적 지동화	• 전체 조사지역에 대한 자세한 비오톱의 생물학적, 생태학적 특성을 조사하는 방법 • 모든 토지이용 유형의 도면화	• 내용의 정밀도가 높음 • 도시 및 지역단위의 생태계 보전 등을 위한 자료로 활용 가능함 • 많은 인력과 시간, 비용이 소요됨
대표적 지도화	• 대표성이 있는 비오톱유형을 조사하여 이를 동일하거나 유사한 비오톱유형에 적용하는 방법 • 선택적 지도화와 포괄적 지도화 방법의 절충형	• 도시차원의 생태계 보전 자료로 활용 • 비오톱에 대한 많은 자료가 구축된 상태에서 적용이 용이함 • 시간과 비용이 절감됨

(*출처 : 이동근·김명수·구본학 외(2004), 『경관생태학』, 보문당, p.178.의 내용을 일부 보완함)

🔒정답　01 ③　02 ④　03 ③

04 수중 용존산소량에 관한 설명으로 옳지 않은 것은?

① 수온약층에서 급격히 증가한다.
② 심수층에서는 소량만 존재한다.
③ 공기와 직접 접하고 광합성이 활발한 표수층에서 가장 높다.
④ 물속에 용해되어 있는 산소량이며 단위는 주로 ppm으로 나타낸다.

해설 용존산소(DO : Dissolved Oxygen)
물속에 녹아 있는 분사상태의 산소를 말하며 일반적으로 공기 속의 산소에 의해 공급된다. 단위는 ppm을 쓴다.
표수층은 재포기와 광합성 작용으로 용존산소의 농도가 높다.
심수층은 재포기가 거의 없고 침적(퇴적)층에서 유기물 산화로 용존산소 농도가 매우 낮다.
수온약층은 표수층과 심수층 사이 수온이 급격히 변화하는 층으로 용존산소량은 표수층에 비하여 낮고 심수층에 비하여 높다.

05 경관생태학의 특징으로 옳지 않은 것은?

① 단일생태계 연구에 초점
② 대규모 지역에 대한 연구
③ 스케일을 중요시하는 연구
④ 경관요소 간의 상호작용 연구

해설
경관생태학은 경관의 구조를 연구하는 학문으로 단일경관(생태계)보다 복합경관(생태계)의 연구에 적합하다.

06 GIS 기능적 요소의 처리순서는?

| ㄱ. 자료 전처리 | ㄴ. 자료 획득 | ㄷ. 결과 출력 |
| ㄹ. 조정과 분석 | ㅁ. 자료 관리 | |

① ㄱ → ㅁ → ㄹ → ㄷ → ㄴ
② ㄴ → ㄱ → ㅁ → ㄹ → ㄷ
③ ㄹ → ㄴ → ㄱ → ㅁ → ㄷ
④ ㄹ → ㄷ → ㄴ → ㅁ → ㄱ

해설 GIS(Geographic Information System : 지리정보시스템)
각종 지리정보들을 컴퓨터에서 이용할 수 있도록 데이터화하여 그 데이터를 여러 방법으로 분석ㆍ가공하여 원하는 결과물을 얻을 수 있는 시스템이다.

07 기수(Brackish Water) 지역에 서식하는 규조류의 특징을 바르게 설명한 것은?

① 생물 크기가 대체로 크고 서식종의 종수가 많다.
② 생물 크기가 대체로 크고 서식종의 종수가 적다.
③ 생물 크기가 대체로 작고 서식종의 종수가 많다.
④ 생물 크기가 대체로 작고 서식종의 종수가 적다.

해설
강물과 바닷물이 만나는 곳으로, 민물과 해수가 섞여 소금의 농도가 민물보다 높고 해수보다 낮게 나타나는 곳이며 동해안 석호지역과 하구역 등이 대표적이다. 이곳은 계절이나 강수량 등에 따라 염분농도의 변화가 심하기 때문에 광범위한 염분농도에 적응할 수 있는 생물들이 분포한다. 따라서 그 종수는 담수나 해양생물종에 비하여 적게 나타난다.

08 단위면적당 총 건조중량을 피라미드로 표현한 것은?

① 개체수피라미드   ② 생체량피라미드
③ 에너지피라미드   ④ 생산력피라미드

해설
• 개체수피라미드 : 생산자−1차 소비자−2차 소비자−3차 소비자의 개체수를 피라미드로 표현한 것
• 생체량피라미드 : 생물량피라미드라고도 하며 생물체의 무게를 피라미드로 표현한 것
• 생산량피라미드 : 생산력피라미드라고도하며 생장량이나 동화량 등의 생산량을 피라미드로 표현한 것

09 다음 연령곡선그래프에서 인간의 생존곡선과 가장 가까운 것은?

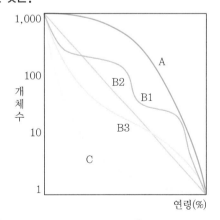

① A   ② B2
③ B3   ④ C

해설
생존곡선은 세 가지 유형이 일반적이다.

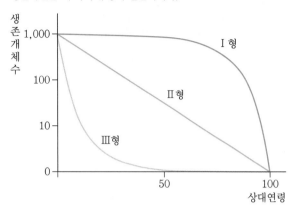

㉠ I형 : 일반적으로 생리적 수명을 다 사는 인간과 포유류 등에서 나타남
㉡ II형 : 생존율이 연령에 따라 변하지 않으며, 다년생식물 조류, 설치류, 파충류 등에서 나타남
㉢ III형 : 초기 사망률이 극히 높은 그래프이며 굴, 어류, 많은 무척추동물, 교목 등에서 나타남

10 개체군 간의 상호작용 중 편리공생관계인 것은?

① 집게와 말미잘
② 개미와 진딧물
③ 참나무류와 겨우살이
④ 콩과식물과 뿌리혹박테리아

해설
㉠ 편리공생 : 한 종이 다른 종에 별 영향을 주지 않으면서 이득을 얻는 두 종 간의 관계
㉡ 집게와 말미잘(상리공생) : 말미잘이 집게 위에 자리를 잡으면 이동이 자유롭고, 반면에 집게는 포식자들로부터 자신을 보호할 수 있다.
㉢ 개미와 진딧물(상리공생) : 진딧물은 식물의 즙을 빨아먹고 산다. 그리고 필요없는 달콤한 영양분을 배설하는데 이 배설물은 개미의 주요 식량이 된다. 그래서 개미들은 무당벌레와 같은 천적으로부터 진딧물을 보호한다.
㉣ 참나무류와 겨우살이(기생) : 겨우살이는 반기생이다. 이들은 광합성을 할 수는 있지만 숙주나무(참나무류)에 침입하여 물과 양분을 얻는다.
㉤ 콩과식물과 뿌리혹박테리아(상리공생) : 콩과식물은 뿌리혹박테리아의 도움을 받아 질소를 공급받는다. 콩과식물은 질소를 얻는 대신 뿌리혹박테리아에게 영양분을 공급한다.

11 조각의 모양을 측정할 때, 둘레와 면적의 비가 크기에 따라 변하는 점을 보완하는 변형지수 $\dfrac{(0.282 \times L)}{S^{\frac{1}{2}}}$ 에 대한 설명으로 옳은 것은? (단, L은 둘레, S는 면적이다.)

① 원에 대해서는 0이며, 불규칙한 모양에 대해서는 1에 가깝다.
② 원에 대해서는 0이며, 불규칙한 모양에 대해서는 무한대로 커진다.
③ 원에 대해서는 1이며, 불규칙한 모양에 대해서는 무한대로 커진다.
④ 원에 대해서는 무한대로 커지며, 불규칙한 모양에 대해서는 0에 가깝다.

12 파편화 초기에 큰 면적이 필요한 종이나 간섭에 민감한 종이 다른 서식처로 이동하거나 사라지는 것을 무엇이라고 하는가?

① 혼잡효과   ② 국지적 멸종
③ 초기배제효과   ④ 장벽과 격리화

13 밀도가 다른 두 수층의 경계면에 생기는 내부파(Internal Wave)의 영향이 아닌 것은?

① 용승류가 일어남
② 두 수층의 수직혼합을 일으킴
③ 저층의 영양염을 상층에 공급
④ 표층의 식물 플랑크톤 생산을 증가시킴

해설
• 성층현상(Stratification) : 호소에서 수심에 따라 온도가 변하며 이로 인해 생기는 물의 밀도차에 의해 여름과 겨울에 층이 형성되는 현상
• 전도현상(Turn Over) : 여름과 겨울에는 표면과 바닥부 간의 물이 순환하지 않으며, 아주 안정된 상태의 층을 이루고 있다가 봄과 가을에는 표면의 기온이 4℃가 되어 물의 밀도가 최대가 되면 물은 아래로 이동하고, 하부의 물은 위로 이동하는 전도현상이 일어난다(물은 4℃일 때 밀도가 가장 높다).

14 생물체에 있어 원상으로 다시 완전하게 돌아갈 수 있는 긴장을 탄성긴장이라 한다. 몸체의 탄성도(Elasticity, M)를 구하는 식은?

① M = 저항/긴장
② M = 긴장/저항
③ M = 스트레스/긴장
④ M = 긴장/스트레스

15 2개의 개체군이 서로의 성장과 생존에 이익을 주고 있으나 절대적인 의무관계가 아닌 것은?

① 상리공생(Mutualism)
② 편해공생(Amensalism)
③ 편리공생(Commensalism)
④ 원시협동(Protocooperation)

해설 원시협동

두 가지 다른 생물종이 상호작용하면 서로에게 이롭지만, 작용이 중단되면 서로 무관해지는 것

16 종 다양성과 이질성의 관계를 나타내는 그래프로 옳은 것은?

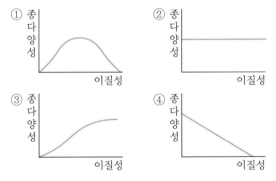

해설

종다양성은 생태계 이질성이 중간 정도일 때 가장 높다.

17 부영양화의 피해에 관한 설명으로 옳지 않은 것은?

① 악취 발생
② 수중생태계 파괴
③ 용존산소량 고갈에 따른 어패류 폐사
④ 조류(Algae)의 이상번식에 의한 투명도 증가

해설

다량의 인과 질소 유입 → 조류와 기타 수생식물의 대폭적 성장 촉진 → 광합성 산물이 증가하여 영양소와 유기화합물의 재순환 증가 → 식물생장을 더욱 촉진 → 식물플랑크톤은 따뜻한 상층부의 물에 밀집하여 짙은 초록색 물이 된다. → 조류와 유입되는 유기물 잔해, 퇴적물, 유근식물의 잔해가 바닥으로 떨어지며, 바닥의 세균은 죽은 유기물을 먹는다. → 세균의 활동은 바다 퇴적물과 깊은 물의 호기성 생물이 살 수 없을 정도로 산소를 고갈시킨다. → 생물들의 생물량과 수는 높게 유지되지만, 저서종의 수는 감소한다. → 극단적인 경우 산소 고갈이 무척추동물과 어류 개체군을 집단폐사시킬 수 있다.

18 토지 이용에 따른 경관특성 변화를 표현하는 요소가 아닌 것은?

① 연결성
② 둘레길이
③ 인공구조물
④ 조각의 크기

19 비오톱 유형 분류의 결정요인이 아닌 것은?

① 식생형태
② 대기의 질
③ 지형적 조건
④ 토지이용 패턴

해설

아래는 「도시생태현황지도의 작성방법에 관한 지침」 중 비오톱 유형화 과정에 사용할 수 있는 분류지표 사례이다.

생물적 지표	무생물적 지표	인간행태적 지표	경관생태적 지표
• 현존식생	• 토양습도	• 토지이용강도	• 면적
• 우점식생	• 토양물리적조성	• 관리정도	• 형태
• 식생의 생활형	• 토양 영양상태	• 정비재료와구조	• 핵심지역
• 식생의 발달기간	• 토양의 자연성	• 토지피복 재질과 정도	• 가장자리
• 식생 수직구조 다양성	• 지질	• 역사성	• 희귀성
• 천이단계	• 지형(경사, 향)	• 불투수포장비율	• 다양성
• 식생의 자연성	• 생성원인	• 현재 상황의 점 유기간	• 연결성
• 식생의 흉고직경	• 광량	• 자연훼손 기간과 종류	
• 층위 형성단계	• 지표면 온도		
• 야생조류 출현	• 기후		
• 보호 동식물의 출현	• 수리/수문		

20 하천 코리더의 기능으로 옳지 않은 것은?

① 수온의 조절
② 부영양화 증대
③ 수문학적 조절
④ 침전물과 영양물질의 여과

02 생태복원계획

21 생태계 복원 절차 중 가장 먼저 수행해야 하는 것은?

① 복원계획의 작성
② 복원목적의 설정
③ 대상 지역의 여건 분석
④ 시행, 관리, 모니터링의 실시

해설 생태계 복원사업 절차

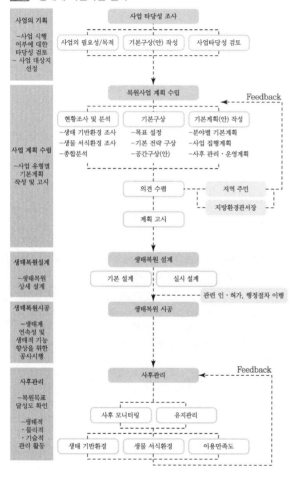

22 환경영향 저감대책 수립에 관한 내용으로 옳지 않은 것은?

① 둘레/면적이 최소인 패치는 에너지, 물질, 생명체 등의 자원을 보호하는 데 효과적이다.
② 둘레/면적이 최대인 패치는 외부와 에너지, 물질, 생명체의 상호작용을 증가시키는 데 효과적이다.

③ 패치가 작아질 것으로 예측될 경우 큰 패치를 선호하는 종의 서식여부를 반드시 확인해야 한다.
④ 패치가 작아질 경우 작은 패치를 선호하는 생물종이 증가하므로, 환경영향의 저감측면에서 유리하다.

해설

패치가 작아지는 것은 생물종에서 서식처의 규모가 작아지는 것과 마찬가지이므로 생물종이 감소하고 환경영향이 증가하는 경향이 있다.

23 도시생태공원 계획 시 고려할 사항으로 옳지 않은 것은?

① 기존의 수림지나 초지, 수변공간 등과 인접한 장소를 선정한다.
② 식재수종 선정 시 자생종보다 외래종을 우선 고려한다.
③ 구역의 보호와 육성을 위해 이용제한구역 등을 필요에 따라 마련한다.
④ 세부적인 환경을 고려하여 야생동물을 위한 환경을 조성한다.

해설

도시생태공원 계획 시 식재수종은 자생종을 우선 고려하여야 한다.

24 다음 설명과 같이 생태계에 대한 개발사업의 영향을 평가하는 것은?

행정계획이나 개발사업을 수립 · 시행할 때 계획수립 또는 타당성 조사 등 초기 단계부터 환경에 미치는 영향을 충분히 고려하도록 함으로써 환경 친화적인 개발을 도모하려는 제도

① 비오톱 평가
② 환경영향평가
③ 개발행위허가
④ 사전환경성 검토

해설

2012년 환경정책기본법이 개정되면서 '사전환경성검토'는 '전략환경영향평가 및 소규모환경영향평가'로 구분되어 환경영향평가법에 별도 규정되었다.
'전략환경영향평가'란 환경에 영향을 미치는 계획을 수립할 때 환경보전계획과의 부합 여부 확인 및 대안의 설정 · 분석 등을 통하여 환경적 측면에서 해당 계획의 적정성 및 입지의 타당성 등을 검토하여 국토의 지속가능한 발전을 도모하는 것을 말한다.
'소규모환경영향평가'란 환경보전이 필요한 지역이나 난개발이 우려되어 계획적 개발이 필요한 지역에서 개발사업을 시행할 때에 입지의 타당성과 환경에 미치는 영향을 미리 조사 · 예측 · 평가하여 해로운 환경영향을 피하거나 제거 또는 감소시킬 수 있는 방안을 마련하는 것을 말한다.

🔒정답 21 ③ 22 ④ 23 ② 24 ④

25 개별공간 차원의 환경계획으로 옳은 것은?

① 생태도시
② 생태공원
③ 지속가능도시
④ 생태네트워크 계획

26 어메니티 플랜의 기본방향이 아닌 것은?

① 지역이 보유하고 있는 유형 및 무형의 문화자원을 발굴하고, 보호·육성한다.
② 행정기관의 주도로 지침을 만들고 주민들은 이 지침에 일사분란하게 따르도록 한다.
③ 지역의 자연환경 및 인공환경의 상태를 청결하게 하여 지역을 깨끗하고 조용하게 유지한다.
④ 주민들이 환경을 만들어가고, 일상에서 많이 접하도록 하여 친근함을 느낄 수 있는 분위기를 조성한다.

해설

어메니티의 어원은 라틴어 Amoenita에서 비롯된 것으로 사전적 의미는 쾌적함, 즐거움, 유쾌함, 매력 등을 뜻하며 물리적 환경뿐만 아니라 문화적 환경이 제공하는 여유로움, 풍요, 개성, 분위기, 정서 등도 포함하는 개념이다. 지금까지 도시계획이 정형화된 물적 환경에 초점을 둔 반면 어메니티 플랜은 생활 그 자체가 쾌적한 상황이 되도록 주민들의 요구나 의식에 초점을 맞추며, 생활공간 전체를 어메니티한 환경으로 정비하고 창출하는 물적 계획과 프로그램적 계획을 작성하는 것이다. 어메니티 플랜은 각 지역이 가지고 있는 특성에 대한 각종 조사와 주민 논의를 수렴하여 이를 토대로 개성있는 지역만들기를 지향하는 것이다. 따라서 지역의 개요와 어메니티 자원의 현황에 대한 각종 객관적 자료와 주민의식조사 결과를 종합해 지역의 바람직한 장래상으로서 어메니티 상을 정립하고 쾌적한 환경조성의 기본 목표를 설정한다.

27 토지의 적성평가와 국토환경성평가에 관한 설명으로 옳지 않은 것은?

① 토지의 적성평가와 국토환경성평가 모두 전 국토를 대상으로 한다.
② 토지의 적성평가는 국토의 계획 및 이용에 관한 법률, 국토환경성평가는 환경정책기본법에 근거한다.
③ 평가단위로서는 토지의 적성평가는 토지의 필지단위(미시적)로, 국토환경성평가는 토지의 필지가 아닌 지역적 단위(거시적)로 한다.
④ 토지의 적성평가는 표고 등 물리적 특성, 토지이용특성, 공간적 입지성을 기준으로, 국토환경성평가는 생태계보전지역 등 법제적 지표, 자연성 정도 등 환경적 지표를 기준으로 한다.

해설

토지적성평가는 필지단위로 시행함을 원칙으로 한다. 다만, 산악형 도시 등 지역여건에 따라 필요한 경우에는 격자단위로 시행할 수 있다. 필지단위의 평가에서 하나의 필지 내에 둘 이상의 환경·물리적 특성 또는 토지이용이 존재하거나 하천, 도로와 같은 지형지물 등에 의해 필지가 명확히 구분되는 경우에는 동일한 환경·물리적 특성 및 토지이용상황을 지닌 부분으로 세분화하여 평가할 수 있다. 격자단위 평가 시 격자크기는 100m×100m 이하로 한다.

28 생태자연도등급 구분상 별도관리지역은?

① 생태계가 특히 우수하거나 경관이 특히 수려한 지역
② 다른 법률에 의하여 보전되는 지역 중 역사적·문화적·경관적 가치가 있는 지역
③ 생물의 지리적 분포한계에 위치하는 생태계 또는 주요 식생의 유형을 대표하는 지역
④ 멸종위기 야생생물의 주된 서식지·도래지 및 주요 생태축 또는 주요 생태통로가 되는 지역

해설

자연환경보전법 제34조(생태·자연도의 작성·활용)
1. 1등급 권역 : 다음에 해당하는 지역
   가. 「야생생물 보호 및 관리에 관한 법률」 제2조제2호에 따른 멸종위기 야생생물(이하 "멸종위기야생생물"이라 한다)의 주된 서식지·도래지 및 주요 생태축 또는 주요 생태통로가 되는 지역
   나. 생태계가 특히 우수하거나 경관이 특히 수려한 지역
   다. 생물의 지리적 분포한계에 위치하는 생태계 지역 또는 주요 식생의 유형을 대표하는 지역
   라. 생물다양성이 특히 풍부하고 보전가치가 큰 생물자원이 존재·분포하고 있는 지역
   마. 그 밖에 가목부터 라목까지의 지역에 준하는 생태적 가치가 있는 지역으로서 대통령령으로 정하는 기준에 해당하는 지역
2. 2등급 권역 : 제1호 각 목에 준하는 지역으로서 장차 보전의 가치가 있는 지역 또는 1등급 권역의 외부지역으로서 1등급 권역의 보호를 위하여 필요한 지역
3. 3등급 권역 : 1등급 권역, 2등급 권역 및 별도관리지역으로 분류된 지역 외의 지역으로서 개발 또는 이용의 대상이 되는 지역
4. 별도관리지역 : 다른 법률에 따라 보전되는 지역 중 역사적·문화적·경관적 가치가 있는 지역이거나 도시의 녹지보전 등을 위하여 관리되고 있는 지역으로서 대통령령으로 정하는 지역

정답 25 ② 26 ② 27 ① 28 ②

29 초지복원 시 사용하는 식물종자에 관한 내용으로 옳지 않은 것은?

① 재래식물은 외래식물에 반대되는 개념으로 어느 지역에 자생하는 식물로서 외래종과 귀화종을 제외한다.
② 오랜 기간 지방의 기후와 입지환경에 잘 적응해서 자연 상태로 널리 분포하고 있는 식물을 그 지역의 주구성종이라 한다.
③ 보전종은 주구성종의 성장을 도와 토양 및 주변 식물을 보전하기 위하여 혼파 또는 혼식하는 식물을 총칭하며, 보통 비료목초와 선구식물을 사용한다.
④ 도입식물이란 자연 혹은 인위적으로 이루어진 훼손지나 나지에 식생을 개선할 목적으로 파종, 식재 등 여러 가지 방법으로 들여온 식물을 말한다.

30 정수(挺水)식물에 속하는 식물종은?

① 매자기   ② 붕어마름
③ 부레옥잠   ④ 물수세미

해설
• 붕어마름 : 침수식물
• 부레옥잠 : 부유식물
• 물수세미 : 침수식물

31 비탈면 기울기에 따른 식물 생육 특성으로 옳지 않은 것은?

① 30° 이하 : 식물 생육이 양호하고, 피복이 완성되면 표면 침식이 거의 없다.
② 30~35° : 그대로 방치하는 경우 주변의 자연 침입으로 식물군락이 성립되는 한계 기울기이며, 식물의 생육은 왕성하다.
③ 35~40° : 식물의 생육은 양호한 편이지만, 키가 낮거나 중간 정도인 수목이 많다.
④ 45~60° : 생육이 현저하게 불량하고 수목의 키가 낮게 성장하며, 초본류의 쇠퇴가 빨리 일어난다.

32 부엽식물이 아닌 것은?

① 마름   ② 자라풀
③ 개구리밥   ④ 노랑어리연꽃

해설
개구리밥 : 부유식물

33 지리정보체계(GIS)의 기능적 요소가 아닌 것은?

① 결과 출력   ② 조정과 분석
③ 레이어 전환   ④ 자료의 전처리

34 자연환경 복원계획 수립 시의 원칙으로 옳지 않은 것은?

① 대상 지역의 생태적 특성을 존중하여 복원계획을 수립한다.
② 다른 지역과 차별화되는 자연적 특성을 우선적으로 고려한다.
③ 유지비용이 적으며 생태적으로 지속가능한 복원방안을 모색한다.
④ 도입되는 식생은 조기녹화가 가능한 식생을 위주로 선정한다.

해설
도입되는 식생은 조기녹화가 가능한 식생보다는 생태계 복원이 이루어질 수 있도록 자생종 위주로 선정하고 천이를 고려하여야 한다.

35 자연환경 보전대책 중 미티게이션에 대한 설명으로 옳은 것은?

① 회피란 중요한 생육 · 서식환경이 사라지게 될 경우 다른 장소에 기존 환경과 유사한 환경을 창출하는 방법이다.
② 대체란 중요한 생육 · 서식환경에 직접적인 영향을 피할 수 없는 경우 그 영향을 최소한으로 그치게 하는 방법이다.
③ 일반도로 계획에서는 기본적으로 회피, 저감의 방법을 이용하고, 그 방법으로 충분하게 대응할 수 없는 경우 대상의 방법을 검토한다.
④ 저감이란 중요한 생육 · 서식환경을 노선에서 떨어뜨려서 계획하거나, 터널이나 교량구조를 채용하는 등 직접적인 영향을 자연환경에 미치지 않게 하는 방법이다.

해설 미티게이션(Mitigation)
환경보전이 확대된 개념으로 자연환경을 개발할 때 주변 생태계에 끼치는 피해를 최대한 줄이려는 노력으로 저감, 회피, 대체를 포함하는 개념이다.

🔒정답 29 ② 30 ① 31 ④ 32 ③ 33 ③ 34 ④ 35 ③

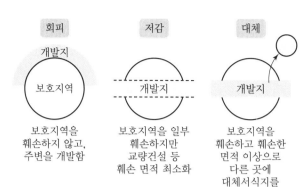

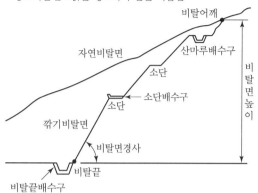

해설
• 노상 : 포장을 지지하는 포장 하부의 지반
• 소단 : 땅깎기나 흙쌓기 비탈면이 길 경우 비탈면의 중간에 설치하는 작은 계단
• 비탈어깨 : 비탈면의 상부
• 성토비탈면 : 흙을 성토하여 만든 비탈면

36 다음에서 설명하는 토지의 토양분류등급은?

• 농업지역으로 보전이 바람직한 토지
• 교통이 편리하고 인구가 집중되어 있는 지역으로 집약적 토지 이용이 이뤄지는 지역
• 도시근교에서는 과수, 채소 및 꽃 재배, 농촌지역에서는 답작이 중심이 되며, 전작지는 경제성 작물 재배 등 절대 농업지대

① 1급지   ② 2급지
③ 3급지   ④ 5급지

해설 국토환경성 평가지도

㉠ 정의 : 우리가 살고 있는 국토를 친환경적이고 계획적으로 보전, 개발 및 이용하기 위하여 환경적 가치(환경성)를 여러 가지로 평가하여 전국을 5개 등급(환경적 가치가 높은 경우 1등급으로 분류)으로 나누고, 등급에 따라 색을 달리하여 지형도에 표시한 지도이다.
㉡ 국토환경성 평가와 토지 적성 평가 비교

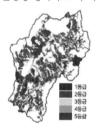 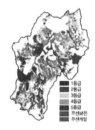

37 도로 비탈면의 구조에 포함되지 않는 것은?

① 노상
② 소단
③ 비탈어깨
④ 성토비탈면

38 자연환경 보전·이용시설 설치의 기본방향이 아닌 것은?

① 친자연성   ② 지속가능성
③ 안전성 확보   ④ 시설의 가변성

39 생태복원의 유형 중에서 대체에 대한 설명으로 옳지 않은 것은?

① 다른 생태계로 원래 생태계를 대신하는 것
② 훼손된 지역의 입지에 동일한 생태계를 만들어 주는 것
③ 구조에 있어서는 간단하고 보다 생산적일 수 있음
④ 초지를 농업적 목초지로 전환하여 높은 생산성을 보유하게 함

해설

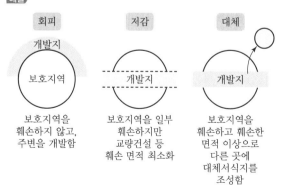

40 훼손된 생태계의 복원에 관한 설명으로 옳지 않은 것은?

① 녹지 복원 시 훼손지에 대한 침식 방지 및 식물의 조기 정착을 목적으로 짧은 시간 내에 도입초종에 의하여 녹화해야 한다.
② 생태계의 복원은 서식처 속 생물종의 복원과 생물종의 삶터로써 온전한 기능과 구조를 갖춘 서식처의 복원으로 구성된다.
③ 훼손된 서식처로 인해 멸종 위기에 처한 생물종을 포함한 일련의 목표종과 그 목표종이 서식 가능한 서식처를 복원하는 것이 일차적 목표이다.
④ 식생 복원 시 해당 토지영역 내에서 복원되는 구성종의 온전한 생애주기(Life Cycle)와 태양에너지의 이용패턴을 고려하여 계획해야 한다.

> **해설**
> 생태계의 복원 시 조기녹화보다는 생태계의 건강성 복원에 집중해야 한다. 따라서 자생종을 도입하고 천이를 고려하여야 한다.

---

03 생태복원설계 · 시공

41 빈칸에 들어갈 내용으로 옳은 것은?

> 생태적 빗물관리시스템은 집수 → 쇄석여과층 → 저류연못 → ( ) → 배수 → 2차 저류시설의 순서로 진행된다.

① 물넘이 　　　　　　② 저류조
③ 침투연못 　　　　　④ 잔디형 수로

42 수고가 7~12m 정도인 교목을 식재할 때, 자연토에 적합한 유효토심의 깊이는?

① 상층 20cm, 하층 20cm
② 상층 30cm, 하층 90cm
③ 상층 60cm, 하층 20cm
④ 상층 60cm, 하층 90cm

43 자연환경 보전 · 이용시설의 설계단계 고려사항에 관한 설명으로 옳지 않은 것은?

① 기반조성 설계 시 생물이 생육 · 서식할 수 있도록 충분히 고려한다.
② 관찰공간 설계 시에는 관찰 목적 및 대상, 태양의 방향, 주요 동선 및 관찰대상공간의 시각적 · 물리적 차폐 등을 충분히 고려한다.
③ 시설 설계에 있어 진입부와 데크의 완만한 경사 처리, 점자 안내판 등 사회적 약자의 편의를 최대한 반영한다.
④ 재료와 소재 선정 시 여러 지역의 목재 및 석재 등 자연재료의 혼용을 우선적으로 고려하여 이용자의 만족을 추구한다.

> **해설**
> 재료와 소재 선정 시 지역재료 이용을 우선으로 한다.

---

44 토양 유기물 함량을 높이는 방법으로 옳지 않은 것은?

① 식물의 유체(遺體)는 토양으로 되돌린다.
② 땅을 빈번히 갈아서 미생물에 의한 토양 분해를 촉진한다.
③ 유기물이 토양으로부터 유실되는 현상인 토양 침식을 막는다.
④ 토양 중 유기물의 함량을 높이려면 신선퇴비보다는 완숙퇴비가 더 효과적이다.

> **해설**
> 경운작업에 소요되는 에너지는 토양에 관계되는 작업 중 가장 큰 것이며 경운 후에는 침식되기 쉽다. 따라서 파종 부위만 경운하거나 경운 횟수를 줄이는 것이 좋다.

45 평균단면적법을 이용해 비탈다듬기공사에 사용할 토사량을 구할 때, 양 단의 단면적이 각각 $2.1m^2$, $0.7m^2$이고, 그 사이의 거리가 6m인 경우의 토사량(m^3)은?

① 2.4 　　　　　　　② 8.4
③ 8.8 　　　　　　　④ 16.8

> **해설**
> $$V = (A_1 + A_2) \times L/2$$
> $$= (2.1 + 0.7) \times 6/2 = 8.4m^3$$

---

46 표토에 관한 설명으로 옳지 않은 것은?

① 경운에 의해 이동되는 부위이다.
② 토양의 표면에 위치한 A층을 말한다.
③ 산림에서는 B층까지를 포함하여 말한다.
④ 양분과 수분의 저장처로 생산성과는 관련이 없다.

해설
표토는 양분과 수분의 저장처로 생산성과 밀접한 관련이 있다.

47 단면적이 12m²이고, 윤주가 8m인 수로의 평균깊이 (m)는?

① 1.5　　　　　　② 2
③ 2.5　　　　　　④ 3

해설
㉠ 윤주(윤변) : 배수로의 횡단면에서 물과 접촉하는 배수로 주변 길이
㉡ 경심(유수의 평균깊이, 동수반지름)=유적/윤변
㉢ 윤변=윤주 : 배수로의 횡단면에서 물과 접촉하는 배수로 주변 길이
∴ 12/8 = 1.5

48 자연생태복원공사 시행 시 시공관리 3대 목표가 아닌 것은?

① 공정관리　　　　② 노무관리
③ 원가관리　　　　④ 품질관리

49 방문객센터를 절충형으로 조성할 때의 고려사항에 관한 설명으로 옳지 않은 것은?

① 주변 자연·역사·문화관찰로와 연계되지 않도록 독립적으로 조성한다.
② 센터의 규모는 최소 약 400m², 평균 60m², 최대 800m²로 조성하는 것이 적정하다.
③ 공원 탐방객의 편의와 자연 및 역사에 대한 이해를 돕기 위해 주요 탐방거점 공간에 설치한다.
④ 관찰지점 안내, 이용상황, 당일 기상정보 등 실시간에 가까운 각종 정보를 제공해 이용자의 이용을 돕는다.

50 토양 중의 질소공급원으로 슬러지를 사용할 경우, 슬러지 사용량(kg/10ha)을 계산하는 식으로 옳은 것은? (단, A : 질소 시비량, a : 수분함유비율(%), b : 슬러지 건조물 중의 질소비(%), c : 질소유효율이다.)

① $\dfrac{a}{\dfrac{100-A}{100} \times \dfrac{b}{100} \times \dfrac{c}{100}}$

② $\dfrac{b}{\dfrac{100-A}{100} \times \dfrac{a}{100} \times \dfrac{c}{100}}$

③ $\dfrac{c}{\dfrac{A}{100} \times \dfrac{100-a}{100} \times \dfrac{b}{100}}$

④ $\dfrac{A}{\dfrac{100-a}{100} \times \dfrac{b}{100} \times \dfrac{c}{100}}$

51 생태·자연도 1등급 권역에 관한 설명으로 옳지 않은 것은?

① 생물다양성이 풍부하고 보전가치가 큰 생물자원이 분포하는 지역
② 생태계가 특히 우수하거나 경관이 수려한 지역
③ 생물의 지리적 분포한계에 위치하는 생태계 지역
④ 각 시·도에서 생태·경관보전지역으로 지정한 지역

해설
자연환경보전법 제34조(생태·자연도의 작성·활용)
1. 1등급 권역 : 다음에 해당하는 지역
　가. 「야생생물 보호 및 관리에 관한 법률」 제2조제2호에 따른 멸종위기 야생생물(이하 "멸종위기야생생물"이라 한다)의 주된 서식지·도래지 및 주요 생태축 또는 주요 생태통로가 되는 지역
　나. 생태계가 특히 우수하거나 경관이 특히 수려한 지역
　다. 생물의 지리적 분포한계에 위치하는 생태계 지역 또는 주요 식생의 유형을 대표하는 지역
　라. 생물다양성이 특히 풍부하고 보전가치가 큰 생물자원이 존재·분포하고 있는 지역
　마. 그 밖에 가목부터 라목까지의 지역에 준하는 생태적 가치가 있는 지역으로서 대통령령으로 정하는 기준에 해당하는 지역

52 도시생태계를 구성하는 생물종의 특징이 아닌 것은?

① 이입종의 정착
② 고차 소비자의 부재
③ 초식성 동물의 증가
④ 난지성종(따뜻한 곳에 사는 종)의 증가

53 안전사고의 발생원인 중 물적 원인이 아닌 것은?

① 복장 불량　　　　② 예산 부족
③ 급속한 시공　　　④ 협소한 작업장

54 다음에서 설명하는 배수로의 배치 유형은?

- 주관을 중앙에 경사지게 설치하고, 주관에 비스듬히 지관을 설치한다.
- 놀이터, 골프장 그린, 소규모 운동장 등과 같이 소규모 지역의 배수에 적합하다.

① 선형　　　　　② 어골형
③ 차단형　　　　④ 평행형

해설

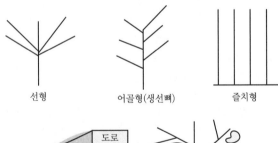

선형　　　어골형(생선뼈)　　　즐치형

차단법　　　　　자연법

[심토층 배수설치 종류]

55 식재할 수목을 가식할 때의 유의사항으로 옳지 않은 것은?

① 토양의 배수가 불량할 때에는 배수시설을 설치한다.
② 원활한 통풍을 위해 수목 간 식재 간격을 충분히 둔다.
③ 수목의 뿌리부분은 공기에 잘 노출되도록 배분하여 가식한다.

④ 가식할 장소에는 가식기간 중의 관리를 위한 작업통로를 설치한다.

해설
㉠ 가식장소는 사질양토로서 배수가 양호한 곳이어야 하며, 가급적 배수로를 설치한다.
㉡ 가식수목은 통풍불량으로 지근부 등이 손상되는 일이 없도록 충분한 식재간격을 유지한다.
㉢ 가식장은 관수 등 가식기간 등의 관리를 위한 작업통로를 설치한다.
㉣ 가식 후에는 충분히 관수하며, 뿌리분은 충분히 복토하여 준다.
㉤ 가식장의 수목은 버팀목을 설치하여 풍해에 의한 전도를 막아야 한다.
㉥ 가식기간을 고려하여 병충해 피해 및 생육상태를 관찰하여 수시적인 관리작업을 병행한다.

56 다음의 기준에 따라 수관층위별 식재밀도를 정하여 다층위 구조의 환경보전림을 조성할 때, 빈칸에 각각 들어갈 내용으로 옳은 것은?

- 수고 1m의 유묘(幼苗) : (A) 주/ha
- 수고 2~3m의 대묘(大苗) : (B) 주/ha

① A : 2,000, B : 800　　② A : 2,000, B : 8,000
③ A : 20,000, B : 800　④ A : 20,000, B : 8,000

57 호수나 연못에서 흔하게 관찰되는 부유식물로, 부영양화 물질을 제거하는 수질정화식물은?

① 부들　　　　　② 나사말
③ 개구리밥　　　④ 물질경이

해설
- 부들 : 정수식물
- 나사말 : 침수식물
- 물질경이 : 정수식물

58 비탈면 녹화에 이용되는 식물 중 콩과 식물이 아닌 것은?

① 붉나무　　　　② 비수리
③ 참싸리　　　　④ 자귀나무

해설
붉나무 : 옻나무과

59 생태관광지역 내에 탐방시설을 계획할 때 고려할 사항으로 옳지 않은 것은?

① 자연환경 보호를 위해 과도하지 않은 규모의 시설이 되도록 한다.
② 탐방로의 기·종점이나 휴게지점에서의 보행시간을 고려하여 휴게공간을 적절히 배치한다.
③ 생태관광지역 내 주요 생물상 서식지역을 포함하여 자연의 동·식물을 관찰할 수 있도록 한다.
④ 탐방시설 중 다리를 설치할 때는 안전성, 편리성과 동시에 자연환경의 손상을 최소화한다.

해설

주요 생물상의 서식지역은 접근로를 만들지 않고 보호한다.

60 서식처 복원 시 목표종과 함께 도입할 종을 연결한 것으로 옳지 않은 것은?

① 도롱뇽 – 수련
② 반딧불이 – 다슬기
③ 잠자리 – 애기부들
④ 피라미 – 초피나무

해설

초피나무는 주로 산림 가장자리에 서식하는 식물종이고, 피라미는 어류종으로 서식환경이 다르다.

---

04 생태복원 사후관리 · 평가

---

61 생물다양성 보전 및 이용에 관한 법규상 생태계교란생물이 아닌 것은?

① 뉴트리아(*Myocastor coypus*)
② 비바리뱀(*Sibynophis dhinensis*)
③ 황소개구리(*Lithobates catesbeianus*)
④ 파랑볼우럭(블루길)(*Lepomis macrochirus*)

해설

비바리뱀 : 멸종위기야생생물 1급

62 자연환경보전법상 생태 · 자연도의 등급 구분 중 별도관리지역에 대한 설명으로 옳은 것은?

① 생물의 지리적 분포한계에 위치하는 생태계 지역 또는 주요 식생의 유형을 대표하는 지역
② 장차 보전의 가치가 있는 지역 또는 1등급 권역의 외부지역으로서 1등급 권역의 보호를 위하여 필요한 지역
③ 「야생생물 보호 및 관리에 관한 법률」에 따른 멸종위기 야생생물의 주된 서식지 · 도래지 및 주요 생태축 또는 주요 생태통로가 되는 지역
④ 다른 법률의 규정에 의하여 보전되는 지역 중 역사적 · 문화적 · 경관적 가치가 있는 지역이거나 도시의 녹지보전 등을 위하여 관리되고 있는 지역으로서 대통령령으로 정하는 지역

해설

자연환경보전법 제34조(생태 · 자연도의 작성 · 활용)
4. 별도관리지역 : 다른 법률에 따라 보전되는 지역 중 역사적 · 문화적 · 경관적 가치가 있는 지역이거나 도시의 녹지보전 등을 위하여 관리되고 있는 지역으로서 대통령령으로 정하는 지역

63 국토의 계획 및 이용에 관한 법률상 특별시 · 광역시 · 특별자치시 · 특별자치도의 도시 · 군기본계획의 확정에 관한 설명 중 옳지 않은 것은?

① 특별시장 · 광역시장 · 특별자치시장 또는 특별자치도지사는 도시 · 군기본계획을 수립하거나 변경한 경우에는 관계 행정기관의 장에게 관계 서류를 송부하여야 한다.
② 협의 요청을 받은 관계 행정기관의 장은 특별한 사유가 없으면 그 요청을 받은 날로부터 30일 이내에 특별시장 · 광역시장 · 특별자치시장 또는 특별자치도지사에게 의견을 제시하여야 한다.
③ 특별시장 · 광역시장 · 특별자치시장 또는 특별자치도지사는 도시 · 군기본계획을 수립 · 변경한 경우에는 대통령령으로 정하는 바에 따라 그 계획을 공고하고 일반인이 열람할 수 있도록 하여야 한다.
④ 특별시장 · 광역시장 · 특별자치시장 또는 특별자치도지사는 도시 · 군기본계획을 수립 또는 변경하고자 하는 때에는 관계 행정기관의 장과 협의한다면 별도의 지방도시계획위원회의 심의를 생략할 수 있다.

국토의 계획 및 이용에 관한 법률

제22조(특별시 · 광역시 · 특별자치시 · 특별자치도의 도시 · 군기본계획의 확정) ① 특별시장 · 광역시장 · 특별자치시장 또는 특별자치도지사는 도시 · 군기본계획을 수립하거나 변경하려면 관계 행정기관의 장(국토교통부장관을 포함한다. 이하 이 조 및 제22조의2에서 같다)과 협의한 후 지방도시계획위원회의 심의를 거쳐야 한다. 〈개정 2011. 4. 14., 2013. 3. 23.〉

64 다음에서 설명하는 생태복원사업의 시공 후 관리방법은?

> 실험적 관리라고도 부르며, 생태복원 후 계속해서 변하는 생태계에 대한 불확실성을 감소시키기 위해 생태계 형성 과정에 대한 모니터링을 지속적으로 시행해 그 결과에 따라 관리방법을 최적화하는 방식으로, 인위적인 교란을 원천적으로 방지한다.

① 순응관리   ② 운영관리
③ 적용관리   ④ 하자관리

65 국토의 계획 및 이용에 관한 법률상 다음과 같은 사항을 내용으로 하여 수립하는 계획은?

> • 대통령령으로 정하는 기반시설의 배치와 규모
> • 건축물의 용도제한 · 건축물의 건폐율 또는 용적률 · 건축물 높이의 최고한도 또는 최저한도
> • 도로로 둘러싸인 일단의 지역 또는 계획적인 개발 · 정비를 위하여 구획된 일단의 토지의 규모와 조성계획
> • 건축물의 배치 · 형태 · 색채 또는 건축선에 관한 계획

① 개발기본계획   ② 광역도시계획
③ 성장관리계획   ④ 지구단위계획

66 자연환경보전법규상 환경부장관의 승인을 받아 생태계보전부담금의 반환을 받을 수 있는 사업으로 옳지 않은 것은? (단, 생태계보전부담금의 부과대상 사업의 일부로서 추진되는 사업이 아니다.)

① 소생태계 조성사업
② 생태통로 조성사업
③ 생태학습 전문학원 조성사업
④ 자연환경 보전 · 이용시설의 설치사업

자연환경보전법 시행령

제46조(자연환경보전사업의 범위 및 생태계보전부담금의 반환 등)
① 법 제50조제1항 본문에서 "대체자연의 조성, 생태계의 복원 등 대통령령으로 정하는 자연환경보전사업"이란 다음 각 호의 사업을 말한다. 다만, 법 제46조제2항에 따른 생태계보전부담금의 부과대상 사업의 일부로서 추진되는 사업은 제외한다. 〈개정 2022. 1. 6.〉
1. 법 제2조제6호에 따른 소생태계 조성사업
2. 법 제2조제9호에 따른 생태통로 조성사업
3. 법 제2조제11호에 따른 대체자연 조성사업
4. 법 제38조에 따른 자연환경보전 · 이용시설의 설치사업
5. 그 밖에 훼손된 생태계의 복원을 위한 사업

67 자연공원법규상 자연공원의 구분에 해당하지 않는 것은?

① 국립공원   ② 군립공원
③ 도립공원   ④ 도시자연공원

68 자연환경보전법규상 용어의 정의로 옳지 않은 것은?

① "자연유보지역"이라 함은 멸종위기 야생동 · 식물의 서식처로서 중요하거나 생물다양성이 풍부하여 특별히 보전할 가치가 큰 지역을 말한다.
② "소(小)생태계"라 함은 생물다양성을 높이고 야생동 · 식물의 서식지 간의 이동가능성 등 생태계의 연속성을 높이거나 특정한 생물종의 서식조건을 개선하기 위하여 조성하는 생물서식공간을 말한다.
③ "생물다양성"이라 함은 육상생태계 및 수생생태계(해양생태계를 제외한다)와 이들의 복합생태계를 포함하는 모든 원천에서 발생한 생물체의 다양성을 말하며, 종내 · 종간 및 생태계의 다양성을 포함한다.
④ "생태 · 자연도"라 함은 산 · 하천 · 내륙습지 · 호소(湖沼) · 농지 · 도시 등에 대하여 자연환경을 생태적 가치, 자연성, 경관적 가치 등에 따라 등급화하여 법규정에 의하여 작성된 지도를 말한다.

"자연유보지역"이라 함은 사람의 접근이 사실상 불가능하여 생태계의 훼손이 방지되고 있는 지역 중 군사목적을 위하여 이용되는 외에는 특별한 용도로 사용되지 아니하는 무인도로서 대통령령으로 정하는 지역과 관할권이 대한민국에 속하는 날부터 2년간의 비무장지대를 말한다.

69 도로 비탈면의 식생 복원효과가 아닌 것은?

① 표토의 침식 방지
② 사면붕괴 위험 증진
③ 유전적 격리의 해소
④ 서식권의 연속성 확보

70 야생생물 보호 및 관리에 관한 법규상 멸종위기야생생물 II급에 해당하는 것은?

① 만년콩
② 한라솜다리
③ 단양쑥부쟁이
④ 털복주머니란

해설

만년콩, 한라솜다리, 털복주머니란 : 멸종위기야생생물 I급

71 생태복원사업의 모니터링 계획 수립 과정을 순서대로 배열한 것은?

ㄱ. 모니터링 예산 수립	ㄴ. 모니터링 방법
ㄷ. 모니터링 목표 수립	ㄹ. 대상지 사업계획 검토

① ㄱ→ㄴ→ㄷ→ㄹ
② ㄱ→ㄷ→ㄹ→ㄴ
③ ㄹ→ㄱ→ㄷ→ㄴ
④ ㄹ→ㄷ→ㄴ→ㄱ

72 국토환경평가지도의 법제적 평가항목 중 자연환경부문에 해당하는 것은?

① 상수원보호구역
② 생태경관보전지역
③ 자연환경보전지역
④ 산림유전자원보호구역

해설

법제적 평가항목		
자연환경부문	물환경부문	토지이용부문
생태경관보전지역	수변구역	자연환경보전지역
시·도생태경관 보전지역	하천구역	녹지지역(보전녹지)
자연유보지역	홍수관리구역	녹지지역(생산녹지)
습지보호지역	소하천구역	녹지지역(자연녹지)
시도습지보호지역	상수원호소	경관지구
습지주변관리지역	지하수보전구역	보호지구(생태계보호지구)
습지개선지역	상수원보호구역	보호지구(문화재보호지구)
야생생물(특별) 보호구역	상수원 상류 공장설립제한·승인지역	개발제한구역

특정도서	폐수배출시설 설치제한지역	생활권공원 (어린이/근린/소공원)
공원자연보존지구	폐기물매립시설 설치제한지역	도시자연공원구역
공원자연환경지구	배출시설설치 제한지역	주제공원 (묘지/체육/역사/문화/ 수변)
공원마을지구	오염행위제한지역	완충녹지
공원문화유산지구		경관녹지/연결녹지
공원보호구역		
백두대간보호지역 (핵심)		

법제적 평가항목		환경·생태적 평가항목
농림부문	기타부문	
보전산지(임업용 산지)	환경보전해역	다양성
보전산지(공익용 산지)	특별관리해역	자연성
경관보호구역	절대보전지역	풍부도
수원함양보호구역 1~3종	상대보전지역	희귀성
재해방지보호구역	관리보전지역 (지하수자원보전)	허약성
산림유전자원 보호구역	관리보전지역 (생태계보전)	잠재적 가치(연구 중)
토석채취제한지역	관리보전지역 (경관보전)	군집구조의 안전성
농업진흥지역 (농업진흥구역)	천연보호구역	연계성
농업진흥지역 (농업보호구역)	천연기념물 지정지역	
	절대보전무인도서	
	준보전무인도서	
	이용가능무인도서	
	가축사육제한구역	

73 독도 등 도서지역의 생태계 보전에 관한 특별법규상 특정도서로 지정할 수 없는 것은?

① 자연생태계 등의 보전을 위하여 해양수산부장관이 추천하는 도서
② 지형 또는 지질이 특이하여 학술적 연구 또는 보전이 필요한 도서
③ 화산, 기생화산(寄生火山), 계곡, 하천, 호소, 폭포, 해안, 연안, 용암동굴 등 자연경관이 뛰어난 도서
④ 수자원(水資源), 화석, 희귀 동식물, 멸종위기 동식물, 그 밖에 우리나라 고유 생물종의 보존을 위하여 필요한 도서

독도 등 도서지역의 생태계 보전에 관한 특별법

제4조(특정도서의 지정 등) ① 환경부장관은 다음 각 호의 어느 하나에 해당하는 도서를 특정도서로 지정할 수 있다.

1. 화산, 기생화산(寄生火山), 계곡, 하천, 호소, 폭포, 해안, 연안, 용암동굴 등 자연경관이 뛰어난 도서
2. 수자원(水資源), 화석, 희귀 동식물, 멸종위기 동식물, 그 밖에 우리나라 고유 생물종의 보존을 위하여 필요한 도서
3. 야생동물의 서식지 또는 도래지로서 보전할 가치가 있다고 인정되는 도서
4. 자연림(自然林) 지역으로서 생태학적으로 중요한 도서
5. 지형 또는 지질이 특이하여 학술적 연구 또는 보전이 필요한 도서
6. 그 밖에 자연생태계 등의 보전을 위하여 광역시장, 도지사 또는 특별자치도지사(이하 "시·도지사"라 한다)가 추천하는 도서와 환경부장관이 필요하다고 인정하는 도서

74 생태복원사업의 유지관리항목 중 정기적 유지관리항목이 아닌 것은?

① 서식지 및 시설물 관리
② 교목·관목·초화류 생육상태 확인
③ 토양환경, 수환경 등의 안정성 확인
④ 장마, 홍수, 가뭄, 태풍 등이 발생한 경우 시설물의 훼손 상태

75 모니터링 계획 수립 시, 대상지 사업계획에 대한 전반적인 검토를 위한 사업목표와 전략에 관한 설명으로 옳지 않은 것은?

① 일반적으로 대상지의 사업목표는 복원사업의 다양한 유형인 복원, 복구, 개선, 창출 등과 같은 목적을 갖게 된다.
② 대상지의 마스터플랜(기본계획안)을 통해 대상지 내 분야별 계획을 파악한 후 전체와 공간별 계획을 파악한다.
③ 목적 달성을 위한 전략은 대상지의 생태기반환경을 복원하고, 생물종 서식을 유도하는 등 세부적으로 분야를 나누어 추진하여야 한다.
④ 대상지의 사업목표와 전략을 파악하여 사업유형과 기본방향을 이해하고, 목적을 달성할 수 있도록 단계별 또는 분야별 전략을 구상해야 한다.

76 자연환경보전법상 생태·경관보전지역의 구분에 속하지 않는 것은?

① 생태·경관관리보전지역 ② 생태·경관완충보전지역
③ 생태·경관전이보전지역 ④ 생태·경관핵심보전지역

자연환경보전법

제12조(생태·경관보전지역)

② 환경부장관은 생태·경관보전지역의 지속가능한 보전·관리를 위하여 생태적 특성, 자연경관 및 지형여건 등을 고려하여 생태·경관보전지역을 다음과 같이 구분하여 지정·관리할 수 있다.

1. 생태·경관핵심보전구역(이하 "핵심구역"이라 한다) : 생태계의 구조와 기능의 훼손방지를 위하여 특별한 보호가 필요하거나 자연경관이 수려하여 특별히 보호하고자 하는 지역
2. 생태·경관완충보전구역(이하 "완충구역"이라 한다) : 핵심구역의 연접지역으로서 핵심구역의 보호를 위하여 필요한 지역
3. 생태·경관전이(轉移)보전구역(이하 "전이구역"이라 한다) : 핵심구역 또는 완충구역에 둘러싸인 취락지역으로서 지속가능한 보전과 이용을 위하여 필요한 지역

77 도시지역에서 잠자리의 서식환경을 위하여 연못을 만들어 관리할 때의 유의사항으로 옳지 않은 것은?

① 배수량의 조절은 한 번에 물을 빼는 것을 피하고, 1/3 정도로 나누어 교체한다.
② 간이 잠자리 유치 수조 등에 물을 보급할 때에는 1/4~1/3 정도의 수돗물을 사용해도 된다.
③ 인공연못이나 간이 잠자리 유치 수조에서는 안정적인 물의 공급을 위해 물 교체 횟수를 최대한으로 늘린다.
④ 연못 바닥의 모랫벌, 낙엽 등은 유충의 거처나 먹이의 발생원이기 때문에 가능한 한 남기도록 한다.

78 국토의 계획 및 이용에 관한 법률상 용도지구의 지정에 관한 설명으로 옳지 않은 것은?

① 경관제한지구 : 풍수해, 산사태, 지반의 붕괴 그 밖의 재해를 예방하고 시설경관을 보호, 형성하기 위하여 필요한 지구
② 취락지구 : 녹지지역·관리지역·농림지역·자연환경보전지역·개발제한구역 또는 도시자연공원구역의 취락을 정비하기 위한 지구

③ 보호지구 : 문화재, 중요 시설물(항만, 공항 등 대통령령으로 정하는 시설물을 말한다) 및 문화적 · 생태적으로 보존가치가 큰 지역의 보호와 보존을 위하여 필요한 지구

④ 특정용도제한지구 : 주거 및 교육 환경 보호나 청소년 보호 등의 목적으로 오염물질 배출시설, 청소년 유해시설 등 특정시설의 입지를 제한할 필요가 있는 지구

해설

국토의 계획 및 이용에 관한 법률

제37조(용도지구의 지정) ① 국토교통부장관, 시 · 도지사 또는 대도시 시장은 다음 각 호의 어느 하나에 해당하는 용도지구의 지정 또는 변경을 도시 · 군관리계획으로 결정한다. 〈개정 2011. 4. 14., 2013. 3. 23., 2017. 4. 18.〉

1. 경관지구 : 경관의 보전 · 관리 및 형성을 위하여 필요한 지구
2. 고도지구 : 쾌적한 환경 조성 및 토지의 효율적 이용을 위하여 건축물 높이의 최고한도를 규제할 필요가 있는 지구
3. 방화지구 : 화재의 위험을 예방하기 위하여 필요한 지구
4. 방재지구 : 풍수해, 산사태, 지반의 붕괴, 그 밖의 재해를 예방하기 위하여 필요한 지구
5. 보호지구 : 문화재, 중요 시설물(항만, 공항 등 대통령령으로 정하는 시설물을 말한다) 및 문화적 · 생태적으로 보존가치가 큰 지역의 보호와 보존을 위하여 필요한 지구
6. 취락지구 : 녹지지역 · 관리지역 · 농림지역 · 자연환경보전지역 · 개발제한구역 또는 도시자연공원구역의 취락을 정비하기 위한 지구
7. 개발진흥지구 : 주거기능 · 상업기능 · 공업기능 · 유통물류기능 · 관광기능 · 휴양기능 등을 집중적으로 개발 · 정비할 필요가 있는 지구
8. 특정용도제한지구 : 주거 및 교육 환경 보호나 청소년 보호 등의 목적으로 오염물질 배출시설, 청소년 유해시설 등 특정시설의 입지를 제한할 필요가 있는 지구
9. 복합용도지구 : 지역의 토지이용 상황, 개발 수요 및 주변 여건 등을 고려하여 효율적이고 복합적인 토지이용을 도모하기 위하여 특정시설의 입지를 완화할 필요가 있는 지구
10. 그 밖에 대통령령으로 정하는 지구

79 수질개선 및 생태복원을 위한 생태하천 복원사업의 추진 방향으로 옳지 않은 것은?

① 수생태계 조사 · 평가를 바탕으로 하천특성에 맞는 복원 목표를 설정하여야 한다.
② 어류 등 생물의 서식기능을 높이기 위해 하천의 저수로를 고착화하기 위한 방안을 마련해야 한다.
③ 수질오염원인을 제거하고 풍부한 물 공급을 위해 하상여과, 식생수료 등 건전한 물순환 체계를 구축하여야 한다.

④ 하천 주변의 자연환경까지 연계한 횡적 네트워크와 발원지에서 하구까지 연계한 종적 네트워크를 연결하기 위한 방향으로 추진한다.

해설

하천저수로는 어류뿐 아니라 양서 · 파충류의 주요 산란처이자 은신처로 그 생태적 기능이 중요하므로 고착화시키지 않는 것이 바람직하다.

80 환경정책기본법규상 수질 및 수생태계 기준 중 하천에서 사람의 건강보호 기준으로 옳지 않은 것은? (단, 단위는 mg/L이다.)

① 납(Pb) : 0.02 이하
② 사염화탄소 : 0.004 이하
③ 음이온 계면활성제(ABS) : 0.5 이하
④ 테트라클로로에틸렌(PCE) : 0.04 이하

해설

환경정책기본법 시행령 별표1 환경기준
가. 하천
1) 사람의 건강보호 기준

항목	기준값(mg/L)
카드뮴(Cd)	0.005 이하
비소(As)	0.05 이하
시안(CN)	검출되어서는 안됨(검출한계 : 0.01)
수은(Hg)	검출되어서는 안됨(검출한계 : 0.001)
유기인	검출되어서는 안됨(검출한계 : 0.0005)
폴리클로리네이티드비페닐(PCB)	검출되어서는 안됨(검출한계 : 0.0005)
납(Pb)	0.05 이하
6가 크롬(Cr^{6+})	0.05 이하
음이온 계면활성제(ABS)	0.5 이하
사염화탄소	0.004 이하
1.2 – 디클로로에탄	0.03 이하
테트라클로로에틸렌(PCE)	0.04 이하
디클로로메탄	0.02 이하
벤젠	0.01 이하
클로로포름	0.08 이하
디에틸헥실프탈레이트(DEHP)	0.008 이하
안티몬	0.02 이하
1.4 – 다이옥세인	0.05 이하
포름알데히드	0.5 이하
헥사클로로벤젠	0.00004 이하

정답 79 ② 80 ①

본 기출(복원)문제는 수험자의 기억을 토대로 작성되었습니다. 또한, 수험자의 기억이 불확실할 경우에는 유사문제로 대체하였음을 알려드립니다.

01 경관생태학 개념

01 인순환에 대하여 옳지 않은 것은?

① 인은 육지와 바다 대기를 순환한다.
② 자연적인 과정에서 인의 주요공급원은 인산염 광물이다.
③ 호수 및 하천에 용해된 무기인산염은 지표수와 지하수를 통해 해양으로 이동될 수 있다.
④ 양으로 이동되는 인의 양은 지표면에서의 인산염 광물의 풍화정도에 의해 좌우된다.

해설
인은 대기로 순환하지 않는다.

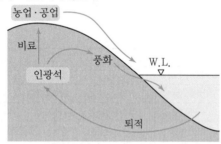

02 질소고정식물이 아닌 것은?

① 소귀나무
② 때죽나무
③ 자귀나무
④ 박태기

해설 질소고정식물
• 콩과식물
• 비콩과식물 : 오리나무류, 보리수나무류, 소귀나무, 갈매나무

03 다음에 들어갈 말은?

지구 대기의 80% 정도가 질소 가스라고 해도 질소는 식물이 흡수할 수 없는 형태(N_2)로 존재 한다. 일반적으로 식물은 (   )속의 (   )를 오직 두 가지 화학적 형태 암모늄과 질산염으로만 이용할 수 있다.

① 토양입자, 질소
② 토양입자, NH_4^+
③ NH_4^+, NO_3^-
④ 질소, NO_3^-

04 다음이 설명하는 내용은?

• 중력의 작용에 의하여 토양공극에서 쉽게 제거되는 물
• 자유수라고도 하며, 많은 물이 유입되어 토양이 포화상태로 되었을 때 존재할 수 있고, 대부분 표면장력이 매우 약하게 작용하는 대공극에 존재한다.
• 포화상태에서 일시적으로 토양에 존재하는 물이므로 식물이 일부 흡수 이용할 수 있지만 작물의 생육기간 동안 지속적으로 이용될 수 있는 물은 아니다.

① 중력수
② 흡습수
③ 모세관수
④ 포장용수

해설

구분	설명	특징
흡수수 (Hygroscopic Water)	대기로부터 토양에 흡착되는 물	• 이동하지 못함 • 식물이 흡수할 수 없음
모세관수 (Capillary Water)	토양공극 중 모세관 공극에 존재하는 물	• 식물이 흡수할 수 있음 • 토양의 모세관 공극률이 높을수록 많아짐
중력수 (Gravitational Water)	• 자유수(Free Water) • 중력의 작용에 의하여 토양공극에서 쉽게 제거되는 물	• 양질사토는 강수 후 1일 이내에 중력수 제거됨 • 식양토는 강수 후 4일 정도 후에 중력수 제거됨

05 다음이 설명하는 내용은?

> 대공극의 물이 빠져나가 뿌리의 호흡을 좋게 하면서도 소공극에 는 식물이 이용할 수 있는 충분한 양의 물이 아직 있는 상태이므 로 식물이 생육하기에 가장 좋은 수분 조건이다.

① 포장용수량   ② 포화
③ 위조점   ④ 수분퍼텐셜

해설 토양수분

• 포장용수량(Field Capacity) : 식물의 생육에 가장 적합
• 위조점(Wilting Point) : 식물이 물을 흡수하지 못함
• 유효수분(Plant-Available Water) : 토양저장 수분 중 식물이용 가능 수분

단위(%)

구분	포장 용수량	위조점 수분함량	유효 수분함량
사양토	11.3	3.4	7.9
양토	18.1	6.8	11.3
미사질 양토	19.8	7.9	11.9
식양토	21.5	10.2	11.3
식토	22.3	14.1	8.2

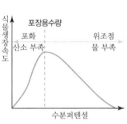

06 섬생물지리이론에 관한 설명으로 옳지 않은 것은?

① 하나의 섬에서 종의 수와 조성은 역동적이다.
② 경관계획과 자연보전지구 지정에 유용한 이론이다.
③ 섬이 클수록, 유지와 멀리 떨어질수록 종 수는 적다.
④ 어떤 섬에서 생물종수는 이주와 사멸의 균형에 의해 결정 된다.

해설 도서생물지리설

본토에서 섬까지의 거리와 섬의 크기 모두 종풍부도의 평형에 영향을 준다는 이론이다.
㉠ 거리 : 섬과 본토 간의 거리가 멀수록 많은 이입종들이 성공적으로 도착할 확률이 낮다. 그 결과는 평형종수의 감소이다.
㉡ 크기 : 넓은 지역은 일반적으로 자원과 서식지가 더 다양하기 때문 에 면적에 따라 변하는 절멸률은 큰 섬에서 더 낮다. 큰 섬은 더 많 은 종들의 요구를 수용할 수 있을 뿐만 아니라 더 많은 각 종의 개체 들을 부양할 수도 있다. 큰 섬은 작은 섬에 비해 절멸률이 낮아 평형 종수가 더 많다.

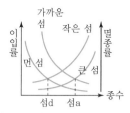

(a) 육지와 가까운 섬 a, b 육지와 먼 섬 c, d 크기가 큰 섬 a, c 크기가 작은 섬 b, d

(b) 이입률은 거리와 관계가 있고 멸종률은 섬의 크기와 관계가 있다. 따라서 크기 가 크고 거리가 가까운 섬 a의 종수가 가 장 많고, 크기가 작고 거리가 먼 섬 d의 종수가 가장 적다.

[도서생물지리설 개념도]

07 상록침엽수가 우점하는 침엽수림으로 주로 북반구에 걸 친 넓은 극지부근 지대 또는 저온으로 인해 생육기가 연간 수 개월에 불과한 산악지역에서 나타나는 기후대는?

① 아한대   ② 온대
③ 사바나   ④ 열대

해설

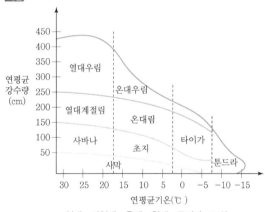

열대-아열대-온대-한대-극지방-고산

[휘태커 생물군계 개념도]

08 수백 m 깊이에 달하는 연중 얼어있는 지하부인 영구동토 층이 있는 지역은?

① 툰드라   ② 사바나
③ 쉐퍼렐   ④ 프레리

해설

① 툰드라 : 지하에 일년 내내 녹지 않는 영구동토층이 있고, 강수량이 적은 지역
② 사바나 : 열대기후 중 건기와 우기가 뚜렷한 지역에서 나타나는 열대 초원지대
③ 쉐퍼렐 : 북미에 나타나는 경엽성 관목군집
④ 프레리 : 온대 초원 지대

09 천이에 대한 설명 중 옳지 않은 것은?

① 천이초기단계에서 종다양도는 증가하지만 극상에 가까워지면 종다양도는 감소한다.
② 교란빈도가 중간인 경우, 종다양도는 높아질 수 있다.
③ P(군집생장)/R(군집호흡)은 극상에서 1보다 작다.
④ 코넬과 슬라티어는 촉진모델, 억제모델, 변화모델로 천이의 세 가지 모델을 제시하였다.

해설 코넬과 슬라티어의 세 가지 천이모델

• 촉진모델 : 천이초기종
• 억제모델 : 종간경쟁
• 내성모델 : 열악한 환경

10 중추종에 대한 설명으로 옳지 않은 것은?

① 군집 내 숫자가 가장 많은 종이다.
② 이들을 제거하면 군집구조가 변하기 시작하고, 종종 군집의 종다양도가 낮아진다.
③ 풍부도에 비하여 군집에 비비례적으로 큰 영향을 준다.
④ 포식자는 종종 군집 내에서 중추종으로 작용한다.

해설

• 우점종 : 특정군집에서 다른 종들보다 더 많은 비율을 차지하는 종
• 생태적 지표종 : 특정지역의 환경조건이나 상태를 측정하는 척도로 이용하는 생물종
• 핵심종(중추종) : 우점도나 중요도와 상관없이 어떤 종류에 지배적 영향력을 발휘하고 있는 종
• 우산종 : 이 종을 보호하면 많은 다른 생물종이 생존할 수 있다고 생각되는 종
• 깃대종(상징종) : 특정지역의 생태·지리·문화특성을 반영하는 상징적인 종
• 희소종(희귀종) : 야생상태에서 개체수가 특히 적은 종

11 토지모자이크 구성요소가 아닌 것은?

① 바탕
② 조각
③ 통로
④ 가장자리

해설 경관구조

• 바탕(Matrix) : 가장 넓은 면적을 차지하고 연결성이 가장 좋으며, 역동적 통제력을 가진 경관
• 조각(Patch) : 생태적, 시작적 특성이 주변과 다르게 나타나는 비선형적 경관
• 통로(Corridor) : 바탕에 놓여 있는 선형의 경관요소

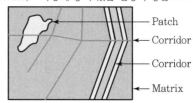

12 경관생태학에서 경관을 구성하는 요소가 아닌 것은?

① 조각
② 바탕
③ 통로
④ 비오톱

해설

11번 문제 해설 참조

13 경관구성요소가 아닌 것은?

① 바탕
② 조각
③ 통로
④ 가장자리

해설

11번 문제 해설 참조

14 경관조각의 생성요인에 따른 분류가 아닌 것은?

① 회복조각
② 도입조각
③ 환경조각
④ 재생조각

해설 조각의 종류

경관조각의 종류는 생성요인에 따라 다섯 가지로 나누어 볼 수 있다.

• 잔류조각 : 교란이 주위를 둘러싸고 일어나 원래의 서식지가 작아진 경우

- 재생조각 : 잔류조각과 유사하지만 교란된 지역의 일부가 회복되면서 주변과 차별성을 가지는 경우
- 도입조각 : 바탕 안에 새로 도입된 종이 우점하거나 흔히 인간이 숲을 베어내고 농경지 개발이나 색재활동을 하거나 골프장 또는 주택지를 조성하는 경우
- 환경조각 : 암석, 토양형태와 같이 주위를 둘러싸고 있는 지역과 물리적 자원이 다른 조각
- 교란조각 : 벌목, 폭풍이나 화재와 같이 경관바탕에서 국지적으로 일어난 교란에 의해서 생긴 조각

15 GIS에 대한 설명으로 잘못된 것은?

① GIS란 각종 지리정보들을 Database화하고 공간정보에 속성정보를 덧붙여서 만드는 기술을 의미한다.
② GIS의 구성요소는 Hardware, Software, Database, Human Power 등이다.
③ GIS 공간정보는 정성적 데이터와 정량적 데이터로 구성되며, 속성정보는 점·선·면으로 구성된다.
④ .pdf, .autocad, .svg 등은 Vector Data이다.

해설 GIS 데이터 구조

데이터	Raster Data	Vector Data
내용	• Cell이나 Grid Matrix로 표현 • 확대하면 깨짐	• 점, 선, 면 등을 이용해서 표현 • 확대해도 깨지지 않음
사례	.jpeg, .png, .gif	.pdg, .autocad, svg
장점	분석, 모델링 쉬움	• 복잡하고 정교한 작업 가능 • 고수준 분석 가능 • 상대적 용량 작음
단점	• 낮은 수준의 분석만 가능 • 낮은 해상도 • 상대적 데이터크기가 큼	• 상대적인 고수준 기술 요구 • 비용이 비쌈

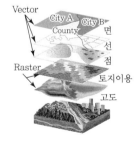

[GIS(Geographic Information System)]

16 원격탐사에 대하여 옳지 않은 것은?

① 원격탐사는 물체로부터 반사 또는 방출되는 전자기파를 이용하여 물체의 성부, 종류, 상태 등을 조사하는 기술이다.
② 1970년대 이전에는 비행기 등에서 찍은 아날로그 형태의 사진에 의해 이루어졌으나, 1970년대 이후에는 플랫폼(원격탐사용 센서를 탑재한 위성이나 비행기)에서 주기적으로 관측한 디지털 정보를 분석하는 방법을 취한다.
③ 인공위성을 이용한 원격탐사를 통해 지구온난화에 따른 삼림의 황폐화, 사막화 증가, 농사작황과 농작물에 번지는 병충해에 관한 정보, 해수면 온도변화 등 지구의 환경정보를 쉽게 얻을 수 있다.
④ IKONOS 위성은 지구관측을 위해 1972년 발사된 최초의 원격탐사위성으로 현재까지 활동 중이며 지구환경변화에 관한 많은 자료를 관측하고 구축한 자료를 이용하여 지구 환경 변화를 한눈에 확인할 수 있다.

해설 원격탐사 위성의 종류

LANDSAT(미국)	최초의 원격탐사위성
IKONOS(미국)	• 상업용 위성으로 세계 최초로 1m급 고해상도 제공 • 한반도지역 송신, 대축척 지도 제작 가능
Quick Bird(미국)	• 상업용 최고해상도인 60cm급 영상 제공 • 미국 본토 외 지역 수신 불가능
KOMPSAT(한국)	• 우리나라 최초 실용 원격탐사위성 • 지구관측, 해양관측, 과학실험 및 우주데이터 수집
RADARSA(캐나다)	레이더 센서 SAR 탑재
SPOT(프랑스)	LANDSAT 위성보다 해상도가 높음
IRS(인도)	민간 지구 관측 위성

17 A군집 16종, B군집 18종, 동일 종 5종일 때 유사도지수는?

① 0.125
② 0.156
③ 0.168
④ 0.172

해설 자카드 유사도 공식

$$\frac{|X \cap Y|}{|X| + |Y| - |X \cap Y|} = \frac{5}{(16+18)-5} = 0.172$$

18 자연림 60ha, 이차림 30ha, 이차초원 20ha, 과수원 40ha인 지역의 녹지자연도 3등급 비율은?

① 13.3%   ② 20.0%
③ 26.6%   ④ 40.0%

해설 녹지자연도 사정 기준

지역	등급	개요	해당식생형
수역	0	수역	수역(강, 호수, 저수지 등 수체가 존재하는 부분과 식생이 존재하지 않는 하중도와 하안을 포함)
개발지역	1	시가지, 조성지	식생이 존재하지 않는 지역
	2	농경지 (논, 밭)	논, 밭, 텃밭 등의 경작지 －비교적 녹지가 많은 주택지(녹피율 60% 이상)
	3	농경지 (과수원)	과수원이나 유실수 재배지역 및 묘포장
	4	이차 초원A (키낮은 초원)	2차적으로 형성된 초원지구(골프장, 공원묘지, 목장 등)
	5	이차 초원B (키큰 초원)	2차적으로 형성된 키가 큰 초원식물(묵밭 등 훼손지역의 억새군락이나 기타 잡초군락 등)
반자연지역	6	조림지	인위적으로 조림된 후 지속적으로 관리되고 있는 식재림 －인위적으로 조림된 수종이 약 70% 이상 우점하고 있는 식생과 아까시나무림이나 사방오리나무림과 같이 도입종이나 개량종에 의해 우점된 식물군락
	7	이차림 (Ⅰ)	자연식생이 교란된 후 2차 천이의 진행에 의하여 회복단계에 들어섰거나 인간에 의한 교란이 심한 산림식생 －군락의 계층구조가 불안정하고, 종조성의 대부분이 해당 지역의 잠재자연식생을 반영하지 못함 －조림기원 식생이지만 방치되어 자연림과 구별이 어려울 정도로 회복된 경우 －소나무군락, 상수리나무군락, 굴참나무군락, 졸참나무군락 등
	8	이차림 (Ⅱ)	자연식생이 교란된 후 2차 천이에 의해 다시 자연식생에 가까울 정도로 거의 회복된 상태의 삼림식생 －군락의 계층구조가 안정되어 있고, 종조성의 대부분이 해당 지역의 잠재자연식생을 반영하고 있음 －난온대 상록활엽수림(동백나무군락, 구실잣밤나무군락 등), 산지 계곡림(고로쇠나무군락, 층층나무군락), 하반림(버드나무－신나무군락, 오리나무군락, 비
자연지역			술나무군락 등), 너도밤나무군락, 신갈나무－당단풍군락, 졸참나무군락, 서어나무군락 등
	9	자연림	식생천이의 종국적인 단계에 이른 극상림 또는 그와 유사한 자연림 －8등급 식생 중 평균수령이 50년 이상인 산림 －아고산대 침엽수림(분비나무군락, 구상나무군락, 잣나무군락, 찝빵나무군락 등)
	10	자연초원, 습지	삼림식생 이외의 자연식생이나 특이식생 －고산황원, 아고산초원, 습원, 하천습지, 염습지, 해안사구, 자연암벽 등

자료 : 환경부(2014.1) 전략환경영향평가 업무매뉴얼

녹지자연도 3등급 : 과수원 40ha
(녹지자연도 3등급 면적/전체면적)×100
＝40/(60+30+20+40)×100＝26.6%

19 식생보전등급 평가항목이 아닌 것은?

① 분포희귀성
② 식생복원잠재성
③ 식재림 흉고직경
④ 지역의 고유성

해설 식생보전등급 평가 및 등급분류기준(환경부, 자연환경조사방법 및 등급분류기준 등에 관한 규정)

1. 평가항목 및 평가요령

평가항목	평가요령
분포희귀성 (Rarity)	• 평가대상이 되는 식물군락이 한반도 내에서 분포하는 패턴을 의미 • 분포면적이 국지적으로 좁으면 높게, 전국적으로 분포하면 낮게 평가
식생복원잠재성 (Potentiality)	• 평가대상이 되는 식물군락(식분)이 형성되는 데 소요되는 기간(잠재 자연식생의 형성기간)을 의미 • 오랜 시간이 요구되면 높게, 짧은 시간에 형성되는 식물군락은 낮게 평가. 다만, 식생 발달기원이 부영화, 식재 등에 의한 것이면 상대적으로 낮은 것으로 평가
구성식물종온전성 (Integrity)	• 평가대상이 되는 식물군락의 구성식물종(진단종군)이 해당 입지에 잠재적으로 형성되는 식물사회의 구성식물종인가에 대한 평가를 의미 • 이는 입지의 자연식생 구성종을 엄밀히 파악하는 것으로, 삼림의 경우 흔히 천이후기종(극상종)으로 구성되면 높게, 초기종의 구성비가 높으면 낮게 평가
식생구조온전성	• 평가대상이 되는 식물군락이 해당 입지에 전형적으로 발달하는 식생구조(층위구조)와 얼마나 원형에 가까운가를 가지고 판정

	• 삼림식생은 4층의 식생구조를 가지며, 각 층위는 고유의 식생고(height)와 식피율(coverage)을 가지고 있으므로 층위구조가 온전하면 보전생태학적으로 높게 평가
중요종서식	• 식물군락은 식물종의 구성으로 이루어지므로 식물종 자체에 대한 보전생태학적 가치를 평가 • 그 분포면적이 좁거나, 중요한 식물종(멸종위기야생식물 I · Ⅱ급 또는 식물구계학적 중요종)이 포함되면 더욱 높게 평가
식재림 흉고직경	식재림의 경우 가장 큰 개체, 보통 개체의 흉고직경(DBH)을 기록

20 벌채, 산불 등으로 파괴된 산림과 같이 인위적인 교란에 의하여 파괴된 장소나 휴경지에서 시작되는 천이로 옳은 것은?

① 1차 천이　　　　　② 2차 천이
③ 건성천이　　　　　④ 습성천이

해설 천이유형
㉠ 1차 천이 : 전에 군집이 없었던 장소에서 일어난다(암반, 조간대환경의 콘크리트 벽돌과 같이 새로 노출된 표면).
㉡ 2차 천이 : 이미 생물에 의해 점유되었던 공간이 교란된 후에 일어난다.

---

02 생태복원계획

21 환경친화적 댐 계획 시 유의사항이 아닌 것은?

① 댐의 건설은 자연생태계와의 조화로운 개발을 전제로 하며, 이의 실현을 위해 자연경관과 어울리는 시설디자인과 자연생태계와 조화를 고려한 시설 및 경관계획을 수립한다.
② 댐건설에 의한 자연훼손은 최소화하고, 부득이 훼손되는 곳에는 사업구역 내의 이용 가능한 자생수목을 최대한 이식하여 자생동식물의 서식지를 제공하고, 동물의 이동로를 설치하는 등의 생물종의 감소에 적극 대처한다.
③ 주변 생태계의 유지와 복원을 위한 대책을 마련하고 주변 자원의 특성과 대상지역의 제반 특수성을 고려하여 자연환경과 인공시설물의 색채, 형태 등이 조화를 이루도록 계획을 수립하고 경관을 조성한다.
④ 자연환경과 쉽게 접근하여 즐길 수 있는 친수생태공간을 조성하고, 이로 인한 2차적인 자연훼손 및 환경오염은 예방보다는 관리에 초점을 맞춘다.

22 오늘날 야기되는 대표적인 환경문제가 아닌 것은?

① 대기오염　　　　　② 자원고갈
③ 지구온난화　　　　④ 이산화탄소 감소

해설

환경문제는 이산화탄소의 증가와 밀접하게 관련되어 있다.

23 대체습지 조성 시 고려사항이 아닌 것은?

① 규모　　　　　　　② 훼손정도
③ 위치　　　　　　　④ 포장용수량

24 유네스코맵 공간구분이 아닌 것은?

① 핵심　　　　　　　② 완충
③ 보존　　　　　　　④ 전이

해설 생물권보전지역의 공간모형

구분	내용
핵심구역 (Core Area)	생물다양성의 보전과 최소한으로 교란된 생태계의 모니터링, 파괴적이지 않은 조사연구와 영향을 적게 주는 이용(예 : 교육) 등을 할 수 있는 엄격히 보호되는 하나 또는 여러 개의 장소
완충구역 (Buffer Area)	핵심지역을 둘러싸고 있거나 그것에 인접해 있으면서 환경교육, 레크리에이션, 생태관광, 기초연구 및 응용연구 등의 건전한 생태적 활동에 적합한 협력활동을 위해 허용되는 곳
협력구역 (Transition Area)	다양한 농업 활동과 주거지, 다른 용도로 이용되며 지역의 자원을 함께 관리하고 지속가능한 방식으로 개발하기 위해 지역사회, 관리 당국, 학자, 비정부단체(NGOs), 문화체, 경제적 이해집단과 기존 이해당사자들이 함께 일하는 곳

25 핵심, 완충, 전이 공간프로그램으로 적당하지 않은 것은?

① 핵심 – 연구 및 모니터링
② 핵심 – 생태관광
③ 완충 – 레크레이션
④ 전이 – 생태관광, 여가활동

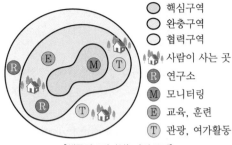

○ 핵심구역
○ 완충구역
○ 협력구역
🏠 사람이 사는 곳
Ⓡ 연구소
Ⓜ 모니터링
Ⓔ 교육, 훈련
Ⓣ 관광, 여가활동

[생물권보전지역(BR)의 공간]

26 생태시설물계획으로 옳지 않은 것은?

① 자연환경을 보전하거나 훼손을 방지하는 목적으로 설치한다.
② 동식물의 서식지를 제공하며, 안정적인 생태계를 유지할 수 있게 한다.
③ 다양한 야생동식물이 서식할 수 있는 공간을 제공한다.
④ 내구성이 뛰어난 인공소재를 이용하여 관리가 용이하도록 한다.

해설▶
생태시설물은 그 지역의 자연소재를 이용하는 것이 바람직하다.

27 생태시설물 시설 유형이 아닌 것은?

① 보전형   ② 절충형
③ 이용형   ④ 완충형

해설▶ 자연환경보전 · 이용시설의 유형

구분	내용	고려사항
보전형	• 주요 동식물의 보전 및 생물다양성 배려가 우선 • 생태적 보전가치가 높은 지역에 조성	• 특별히 보전이 필요한 지역 • 단, 보호지역의 핵심지역 등은 회피하거나 중요한 학술연구 등 그 필요성에 따라 극히 제한적 허용
절충형	• 다양한 목적의 시설 설치가 가능 • 이용자와 생태자원 모두에 고려	비교적 생태 · 경관적 가치가 우수하나 개발에 대한 압력이 강한 지역
이용형	• 환경기초시설 입지지역 및 훼손지역 • 적극적 · 활동적 프로그램 운영	자연환경의 가치는 높지 않으나 자연환경 보전 · 이용시설 조성의 목적 달성이 가능한 곳

28 생태네트워크에 대한 설명으로 알맞지 않은 것은?

① 핵심지역, 복원지역을 이동통로를 조성하여 연결하여 준다.
② 완충지역과 협력구역을 설정하고 생태적인 연결이 원활하도록 한다.
③ 핵심지역, 복원지역, 완충지역, 이동통로를 적절하게 계획한다.
④ 이동통로는 환경여건에 따라 점형, 선형, 면형으로 구분한다.

29 지역환경 생태계획의 생태적 단위를 큰 것부터 작은 순서대로 나열한 것은?

① Landscape District → Ecoregion → Bioregion → Sub-Bioregion → Place Unit
② Bioregion → Sub-Bioregion → Ecoregion → Place Unit → Landscape District
③ Place Unit → Bioregion → Sub-Bioregion → Ecoregion → Landscape District
④ Ecoregion → Bioregion → Sub-Bioregion → Landscape District → Place Unit

30 환경퍼텐셜의 설명으로 옳은 것은?

① 입지퍼텐셜 : 주변에서 종의 유입으로 발생하는 잠재가능성으로, 종공급원과 수용처 간의 생물의 유전자 이동 및 종의 번식능력이 퍼텐셜의 가능성을 좌우한다.
② 종공급퍼텐셜 : 생물 간 상화작용으로 성립되면 종 간 상리공생관계의 형성이 중요하므로 군집생태계에 대한 이해와 서식지생태계를 구축하기 위해 도입되는 목표종을 비롯한 종의 선정에 반영한다.
③ 종간관계퍼텐셜 : 토지, 기후, 수환경에 따른 생태계 성립의 잠재가능성을 분석하고 잠재력을 고려한 종의 도입방법을 계획한다.
④ 천이퍼텐셜 : 입지, 종의 공급, 종간관계퍼텐셜 세 가지 유형의 퍼텐셜에 의해 결정되면 시간의 흐름에 따른 변화로 잠재가능성을 예측하여 계획에 반영한다.

입지퍼텐셜	토지, 기후, 수환경에 따른 생태계 성립의 잠재가능성을 분석하여 잠재력을 고려한 종의 도입방법
종공급퍼텐셜	주변에서 종의 유입으로 발생하는 잠재 가능성으로, 종공급원(Source)과 수용처(Sink) 간의 생물의 유전자 이동 및 종의 번식능력이 퍼텐셜의 가능성을 좌우
종간관계퍼텐셜	생물 간 상호작용으로 성립되면 종 간 상리공생관계의 형성이 중요하므로 군집 생태계에 대한 이해와 서식지생태계를 구축하기 위해 도입되는 목표종을 비롯한 종의 선정
천이퍼텐셜	입지, 종의 공급, 종간관계퍼텐셜 이 세 가지 유형의 퍼텐셜에 의해 결정되며 시간의 흐름에 따른 변화로 잠재가능성을 예측하여 계획에 반영

31 도시생태계에 대하여 잘못 설명한 것은?

① 다양한 도시구조와 토지이용패턴에 의한 도시서식공간의 이질성은 특별한 생태적 지위를 창출하기 때문에 도시에서 생물종의 수가 제한될 수 없다.

② 도시생태계는 사회-경제-자연의 결합으로 성립되는 복합생태계이다.

③ 대도시들은 물질순환관계의 불균형으로 많은 문제점을 안고 있다.

④ 대도시에서는 자연시스템을 구성하고 있는 대기, 토양, 공기, 물, 녹지 등이 오염되어 자정능력을 상실하고 있다.

32 여러 가지 평가항목을 평가함에 있어 일정 특성의 크고 작음을 비교하여 크기의 순서에 따라 숫자를 부여한 척도는?

① 순서척(順序尺) ② 명목척(名目尺)
③ 등간척(等間尺) ④ 비례척(比例尺)

33 다음 중 하천의 주요기능으로 가장 거리가 먼 것은?

① 이수기능 ② 위락기능
③ 치수기능 ④ 환경기능

해설 하천의 주요기능
이수, 치수, 환경기능

34 도시지역 기온의 상승 결과로 나타나는 열섬(Heat Island) 현상의 원인으로 볼 수 없는 것은?

① 각종 산업시설, 자동차 등에 의한 대기오염

② 교통량 증가, 냉난방, 조명 등에 의한 인공열

③ 지표면의 인공포장으로 인한 녹지면적의 부족

④ 넓은 도로 또는 오픈스페이스에 의한 원활하지 못한 통풍

해설
넓은 도로와 오픈스페이스는 바람길을 형성한다.

35 다음 중 생태네트워크의 구성요소가 아닌 것은?

① 핵심지역 ② 완충지역
③ 경계지역 ④ 생태적 코리더

해설 생태네트워크의 구성
㉠ 핵심지역(Core) : 주요 종의 이동이나 번식과 관련된 지역 및 생태적으로 중요한 서식처로 구성
㉡ 완충지역(Buffer) : 핵심지역과 코리더를 보호하기 위해 외부의 위협요인으로부터의 충격을 어느 정도 감소시켜 줄 수 있는 지역
㉢ 코리더(Corridor)
• 면형(Area)
• 선형(Line)
• 징검다리형(Stepping Stone)
㉣ 복원지

[생태네트워크 개념도]

36 생태적 복원의 유형 중 복원(Restoration)에 관한 설명으로 옳은 것은?

① 교란 이전의 상태로 정확하게 돌아가기 위한 시도이다.

② 구조에 있어 간단할 수 있지만 보다 생산적일 수 있다.

③ 현재의 상태를 개선하기 위해 다른 생태계로 대체하는 것이다.

④ 이전 생태계와 유사한 기능을 지니면서도 다양한 구조의 생태계를 창출할 수 있다.

㉠ 복원 : 훼손되기 이전의 상태로 되돌리는 것
㉡ 대체 : 현재의 상태를 개선하기 위하여 다른 생태계로 원래의 생태계 대체
㉢ 복구 : 원래보다는 못하지만 원래의 자연상태와 유사하게 되돌림

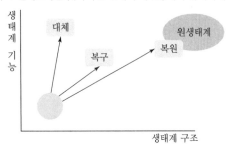

37 생태복원의 각 단계를 설명한 것으로 옳지 않은 것은?

① 목적설정이란 생태계와 인공계의 관계를 조정할 때 구체적인 수준을 정하는 것이다.
② 시공은 목표종의 서식에 적합한 공간을 만드는 것으로 종의 생활사를 고려하여야 한다.
③ 조사 및 분석에서 생태계는 지역마다 그 특징이 유사하므로 대표적인 지역에 대한 조사만 수행해도 된다.
④ 계획은 생태계와 인공계의 관계를 공간적인 배치에 의해 조정함과 동시에 생태계의 질, 크기, 배치 등을 결정하는 것이다.

38 산림식생 복원을 위한 질소고정식물들로만 바르게 짝지어진 것은?

① 소나무, 싸리나무, 떡갈나무
② 소나무, 물오리나무, 서어나무
③ 아까시나무, 작살나무, 떡갈나무
④ 아까시나무, 자귀나무, 사방오리나무

해설

질소고정식물은 콩과식물, 오리나무류, 보리수나무류, 소귀나무, 갈매나무 등이 있다.

39 토양 화학성을 나타내는 지표에 대한 설명으로 옳지 않은 것은?

① 양이온교환용량은 보비력 혹은 완충능력의 지표가 된다.
② 산림토양의 양이온교환용량은 일반적으로 경작토양보다 낮다.
③ 토양입자의 표면은 음전하(－)로 되어 있고, 양이온을 흡착하고 있다.
④ 양이온교환용량이 큰 토양일수록 토양 pH 변동을 작게 하는 완충능력이 작다.

해설 양이온교환용량(CEC)

특정 pH에서 일정량의 토양에 전기적 인력에 의하여 다른 양이온과 교환이 가능한 형태로 흡착된 양이온의 총량이며 양이온치환용량이라고도 한다. 점토의 함량 및 이를 구성하는 광물의 종류와 유기물함량에 의해서 토양의 CEC가 결정된다.
CEC는 토양비옥도를 나타내는 하나의 지표이며 CEC가 높은 토양일수록 양분을 지니는 능력이 크고 비옥도가 높다.
(*출처 : https://terms.naver.com)

40 점차 자연성을 잃어가고 황폐화되어 가는 도시지역에서 비오톱이 갖는 기능으로 볼 수 없는 것은?

① 어린이를 위한 공식적 놀이공간
② 도시의 환경변화 및 오염의 지표
③ 도시생물종의 은신처, 분산 및 이동통로
④ 도시민의 휴식 및 레크리에이션을 위한 공간

해설

생물서식지와 놀이공간은 구분하는 것이 일반적이다.

---

03   생태복원설계 · 시공

41 생물다양성이 적은 지역에서 식물을 패치형태로 식재하여 핵심종이 자리잡고 난 후에 점차 자연적 재생을 가속화하여 다양한 생물종이 서식할 수 있도록 함으로써 궁극적으로는 자연적 재생방법에 의해서 복원하는 것을 목적으로 하는 생태복원 기법은?

① 관리천이기법   ② 복사이식
③ 핵화기법   ④ 군집(모델)식재

① 관리천이기법 : 선구수종과 속성수, 보호목 등을 혼식하여 식재하며, 식재 후 관리를 통해 자연적 천이를 유도하는 것을 목적으로 한다.

② 복사이식 : 복사하고자 하는 수림대에서 모든 매목에 대한 전수조사를 통해서 식생의 수평·수직적 구조를 도면화한 이후에 이를 복원하고자 하는 지역에 적용해 주는 방법

③ 핵화기법 : 생물다양성이 적은 지역에서 식물을 패치형태로 식재하여 핵심종이 자리잡고 난 후에 점차 자연적 재생을 가속화하여 다양한 생물종이 서식할 수 있도록 함으로써 궁극적으로는 자연적 재생방법에 의해서 복원하는 것을 목적으로 함

④ 군집(모델)식재 : 군집식재 설계를 하기 위해 자연성이 우수한 지역을 대상으로 식생조사를 한 후 그 지역에 대한 상대우점도 등을 분석하여, 식재된 이후 시간에 따라 변화될 식생군락을 예상하여 새로운 군집도면을 만들어 식물군집구조, 적정 식물 선정, 개체수 및 흉고단면적, 수목 간 최단거리를 고려한 적정 밀도, 토양환경의 특성 등을 고려하여 복원하고자 하는 식생모델을 제시함

42 식충식물이 아닌 것은?

① 파리지옥

② 끈끈이주걱

③ 칠면초

④ 벌레잡이통풀

해설

칠면초는 갯벌에서 자라는 식물이다.

43 펄갯벌 설명 중 옳지 않은 것은?

① 펄갯벌은 물이 잘 빠지지 않는 특성상 산소를 포함한 신선한 바닷물이 안쪽까지 잘 순환된다.

② 펄갯벌은 펄의 비율이 90% 이상인 갯벌로, 해안의 경사가 완만하고 지형이 굴곡진 곳에 만들어진다.

③ 펄갯벌에는 모든 종류의 생물이 풍부하지만, 모래갯벌에 비하면 갑각류나 조개류보다 갯지렁이류가 더 많이 산다.

④ 육지와 가까운 갯가에는 갈대, 칠면초, 나문재 같은 염생식물들도 무리지어 자라, 동식물이 조화를 이룬 전형적인 갯벌의 모습이 만들어진다.

해설 환경퍼텐셜의 종류

구분	펄갯벌	모래갯벌	혼합갯벌
재료	펄	모래	펄과 모래, 작은 돌
위치	해안의 경사가 완만하고 지형이 굴곡진 곳	주로 강의 하구	육지 – 펄갯벌 – 혼합갯벌 – 펄갯벌 – 바다

	갯지렁이류, 낙지, 일부조개류, 칠게와 짱뚱어, 철새 등 갈대, 칠면초, 나문재 등 염생식물	조개류, 고동류, 달랑게, 엽낭게 많음	다양한 종의 생물 서식
생물			

44 양서파충류 서식지 조성방법으로 옳지 않은 것은?

① 대상지와 습지의 크기는 햇볕이 잘 드는 곳으로 물이 너무 차갑지 않고, 주변의 수목에 의해 그늘이 생기지 않도록 하고, 크기는 100m² 이상으로 조성한다.

② 습지의 모양은 불규칙한 형태가 바람직하고, 수심은 다양하게 조성하되 50~70cm가 적당하다.

③ 양서류의 이동거리를 고려하여 반경 내 다른 습지, 개울이 존재하도록 계획한다.

④ 올챙이류의 서식을 위해 수온이 차가워야 한다.

해설

양서류의 알과 올챙이 서식을 위해 수온이 너무 차갑지 않도록 조성해야 한다.

45 인공습지 조성방법으로 옳지 않은 것은?

① 물이 유입되는 입수구와 출수구의 구조를 명확히 하여 물이 들고 나는 것이 원활하도록 해야 하며 유입된 물이 머무르는 시간을 감안하여 습지의 구조를 조성하여야 한다.

② 개방수면을 일정 면적 이상 확보하고 수생식물이 자라는 영역과는 물리적인 구분을 통해 조절하고 습지가 육화되는 것을 억제하며 습지 기능을 지속적으로 유지한다.

③ 수환경을 유지하기 위해 방수기능이 있는 수밀성 토양을 30cm 내외로 깔거나 방수시트로 수분 흡수를 차단한다.

④ 습지의 수심은 외부환경과의 상호작용을 위해 1m 이상은 설계하지 않는 것이 바람직하다.

해설

습지의 수심은 목적에 맞게 설계하는 것이 중요하며 개방수면 확보를 위한 습지는 2m 이상을 유지하는 것이 바람직하다.

46 양단면적이 각각 60m², 50m²이고, 두 단면 간의 길이가 20m일 때 평균단면적법에 의한 토사량(m³)은 얼마인가?

① 750　　　　　　　② 900
③ 1,100　　　　　　④ 1,500

$$V = 1/2(A_1 + A_2) \times L$$

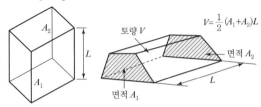

[양단면평균법에 의한 토량산정방법]

$$\therefore \frac{(60+50)}{2} \times 20 = 1,100\text{m}^3$$

47 탐조대 설치 시 유의사항이 아닌 것은?

① 이용자의 자연보호·관찰활동을 위한 시설로 조류의 경계심을 완화할 수 있는 거리나 은폐시설을 확보하여야 한다.
② 조류를 관찰하는 방향이 남동, 남서 방향이 되게 하여야 한다.
③ 하늘을 비행하는 조류의 특징을 고려하여 상부도 차폐될 수 있도록 수목을 이용하거나 지붕을 만들어 주어야 한다.
④ 탐조대 내부는 다양한 연령의 이용자를 위하여 다양한 높이의 관찰구를 조성하여야 한다.

• 관찰공간 설계 시에는 관찰 목적 및 대상, 태양의 방향, 주요 동선 및 관찰 대상공간의 시각적·물리적 차폐 등을 충분히 고려해야 한다.
• 탐조대 설치 시 태양을 마주보는 방향으로 설계할 경우 눈부심에 의해 관찰이 어려울 수 있으니 주의가 필요하다.

48 육교형 생태통로 조성 시 유의사항이 아닌 것은?

① 생태통로 내부는 도로에서 발생하는 소음 및 빛을 차단할 수 있도록 생태통로 가장자리는 벽 또는 수목을 이용하여 차폐하도록 한다.
② 개방도가 보이지 않도록 식재를 빽빽하게 하는 것이 좋다.
③ 생태통로 진입부는 주변 자연환경과 유사하게 조성하여 동물종의 진입을 자연스럽게 유도한다.
④ 생태통로 이용 목표종을 정하여 계획하고 시공 후 모니터링을 통하여 목표종의 생태통로 이용여부를 관리한다.

㉠ 생태통로 입·출구에는 유도 및 은폐가 가능한 식생을 조성하며, 통로 내부에는 다양한 수직적 구조를 가진 교목, 아교목, 관목, 초목 등의 식생을 조성한다.
㉡ 식생은 원칙적으로 현지에 자생하는 종을 이용하며, 토양 역시 가능한 공사 중 발생한 토양을 사용한다.
㉢ 목표종의 생태적 특성을 고려한 수목, 먹이식물, 다층식재를 통해 생물종의 다양성이 풍부하도록 조성하여야 한다.
㉣ 인접 주변의 식생과 연결하는 유도식재를 하여, 동물이 불안감 없이 접근하거나 숨을 수 있도록 한다.
㉤ 통로 내부에는 돌무더기, 고사목, 나무 그루터기, 통나무 등의 다양한 서식환경과 은식처를 조성하여 동물이 쉽게 숨거나 그 내부에서 이동하기 유리하도록 한다.
㉥ 통로 양쪽에는 유도울타리, 방음벽, 방음수림대 등을 조성하여 동물의 추락을 방지하고 차량의 소음과 불빛을 차단한다.
㉦ 절개면이 발생하는 지역에는 환경 친화적인 비탈면복원 및 안정화 방안을 이용하여 절개지 복원과 비탈면 녹화를 동시에 추진하여야 한다.
㉧ CCTV, 스틸카메라, 모래족적판 등 모니터링시설이 조성되는 주변은 모니터링시설의 사각지대를 방지하기 위해 초본 위주의 식생을 조성하여야 한다.
※ 야생동물의 이동을 위해 개방도를 확보해 주는 것이 필요하다.

49 정수식물이 아닌 것은?

① 개구리밥　　　　　② 갈대
③ 부들　　　　　　　④ 줄

구분		특징
수생식물	정수식물	갈대, 줄, 애기부들, 꼬마부들, 부들, 고랭이류, 택사류, 매자기, 미나리, 부풀, 흡삼룡, 석창포, 물옥잠, 창포, 골풀, 물질경이 등
	부엽식물	노랑어리연꽃, 어리연꽃, 수련, 가래, 네가래 등
	침수식물	말즘, 붕어마름, 새우말, 나사말 등
	부유식물	자라풀, 개구리밥, 좀개구리밥 등
습생식물		• 초화류 : 물억새, 달뿌리풀, 털부처꽃, 물봉선, 고마리, 꽃창포, 노랑꽃창포, 붓꽃, 금불초, 동의나물, 수크령 등 • 관목류 : 갯버들, 키버들 등 • 교목류 : 버드나무, 수양버들, 오리나무, 신나무 등

50 습생식물인 것은?

① 부처꽃   ② 갈대

③ 부들   ④ 줄

해설

49번 문제 해설 참고

51 다음에서 설명하는 종류의 석재는?

- 화산의 폭발 시 용암이 굳어서 생성된 화성암의 일종
- 색은 암회색, 흑자색으로 강도·경도·비중이 크며 내화성으로 석질이 극히 치밀함
- 절리가 있어 채석은 용이하나 대재를 얻기 힘든 결점이 있음
- 구조용 석재로 널리 쓰임

① 화강암   ② 현무암

③ 편마암   ④ 안산암

52 생태시설물 설계 시 계산하여야 하는 수용력이 아닌 것은?

① 생태적 수용력   ② 사회적 수용력

③ 물리적 수용력   ④ 기계적 수용력

해설 생태시설물 계획(수용능력 고려)

물리적 수용력	• 최대 시 이용자 수＝이용가능면적/1인당 이용면적 • 최대 일 이용자 수＝최대 시 이용자 수/회전율 • 연간 이용자 수＝최대 일 이용자 수/최대일률
사회적 수용력	• 연간 이용자 수＝인구×연간이용횟수×분담률 • 최대 일 이용자 수＝연간이용자수×최대일률 • 최대 시 이용자 수＝최대 일 이용자 수×회전율
생태적 수용력	• PCC • RCC • ECC

53 생태복원 공사 시 시공관리항목이 아닌 것은?

① 노무   ② 품질

③ 안전   ④ 예산

해설 시공관리항목 4가지

품질, 안전, 예산, 공정

54 피트모스에 대하여 옳지 않은 것은?

① 수분을 흡수하여 오래 유지하므로 수분보유력이 우수하다.

② 수분을 머금고 있지만 촘촘하지 않아서 흙에 섞으면 배수 및 통기성을 개선한다.

③ pH가 높은 알칼리성이기 때문에 알칼리성을 좋아하는 식물에 적합하다.

④ 단독으로 쓰기보다는 흙이나 다른 것에 섞어 사용하여 영양분 보충이 필요하다.

해설

피트모스는 수태종류가 퇴적되어 만들어진 유기물질로 보수력, 보온성, 통기성이 좋아 토양을 부드럽고 탄력 있게 개량한다. 또한, 피트모스는 산성이다.

55 보비력과 가장 관계있는 토양특성은?

① 경도   ② pH

③ 양이온교환용량   ④ 염분농도

해설

- 토양 보비력 : 토양이 작물이 쓸 수 있는 비료 성분을 함유하고 있는 정도
- CEC(양이온치환용량) : 토양이 양이온으로 된 양분을 저장할 수 있는 총 용량으로, 용량을 초과하는 양분은 저장되지 못하고 씻겨나가게 된다. 용량이 작으면 그만큼 비료의 효율이 떨어지게 되며, 용량이 크면 더 많은 비료 효율을 가진다.

56 다음 보기와 같은 조건에서 관거 출구에서의 첨두유출량(m³/s)은 약 얼마인가? (단, 합리식을 이용한다.)

- 유역면적 : 2.5ha
- 유역계수 : 0.4
- 유입시간 : 5min
- 관거길이 : 180m
- 관거 내의 유속 : 1m/s
- 강우강도 : $\dfrac{7{,}500}{(52+T)}$ mm/h [단, T＝유달시간(min)]

① 0.30   ② 0.35

③ 0.40   ④ 0.45

해설

합리식 $Q = 0.002778 \times C \times I \times A$

Q : 첨두유량(m³/s), C : 유출계수

I : 강우강도, A : 배수유역면적

$Q = 0.002778 \times 0.4 \times \left(\dfrac{7{,}500}{52+5}\right) \times 2.5 = 0.365$

정답 50 ①   51 ④   52 ④   53 ①   54 ③   55 ③   56 ②

57 축척 1/5,000인 지도상에 표시된 상하 등고선의 수직거리가 100m, 그 구간의 측정된 수평거리가 10cm인 부분의 경사도(%)는?

① 10
② 20
③ 30
④ 40

해설

$1 : 5,000 = 100 : x$, $x = 500$m

경사도 $= 100$m$/500$m$\times 100 = 20\%$

58 비탈면녹화에 적합한 식물의 특성으로 옳지 않은 것은?

① 일년생 식물
② 지하부가 잘 발달하는 식물
③ 발아가 빠르고 생육이 왕성하며 강건한 식물
④ 건조에 강하고 척박지에서도 잘 자라는 식물

59 습지 복원 시 고려되어야 할 요소와 가장 거리가 먼 것은?

① 기능(Function)
② 구성(Composition)
③ 균질성(Homogeneity)
④ 역동성과 회복력(Dynamics and Resilience)

해설

균질성보다는 다양성을 중시한다.

60 횡단부위가 넓고, 절토지역 또는 장애물 등에 의해 동물을 위한 통로조성이 어려운 곳에 설치하는 생태통로는?

① 선형 통로
② 지하형 통로
③ 육교형 통로
④ 터널형 통로

04 생태복원 사후관리 · 평가

61 생태기반조사 항목이 아닌 것은?

① 지형환경
② 토양환경
③ 수환경
④ 토지이용

해설 생태기반환경의 모니터링항목 및 방법

구분		모니터링항목	모니터링방법
기상환경		• 강수량 • 풍향, 풍속 • 온도, 습도	• 강수량측정계 사용 • 디지털풍속풍향계 • 디지털온습도계 • 현장측정여건에 따라 날씨누리 홈페이지를 활용하여 관련 데이터 수집
지형 및 토양 환경	지형	토양침식, 유실	토양침식 및 유실상태 파악(비탈면 포함)
	토양 물리성	토성 등	육안 측정/현장 측정기기 활용/샘플 채취 후 전문기관에 의뢰
	토양 화학성	pH 등	현장 측정기기 활용/샘플 채취 후 전문기관에 의뢰
수환경	수리 · 수문	• 수계 • 유입, 유출부 • 수위, 수량 • 오안, 하안, 하상	• 대상지 내와 주변의 수계 유지상태 파악 • 유입 및 유출구와 평균수심 파악(육안 및 눈금자 활용) • 유량계, 수위계 등으로 수위 및 수량측정 • 호안 유지 여부, 수계 하안 및 하상 유지 여부 파악
	수질	SS, BCD, COD	샘플 채취 후 전문기관에 의뢰

62 생태복원사업 모니터링 기본원칙이 아닌 것은?

① 장기간 지속적
② 공간별 변동지점
③ 내용의 기록
④ 정기적인 분석 및 보고서

해설 모니터링 기본원칙

• 실효성 확보를 위한 장기간에 걸친 지속적인 모니터링을 시행한다.
• 반복된 기록의 연속성 및 조사구의 위치 표식, 조사지관리를 위한 고정시설이 필요하다.
• 정기적으로 확인 · 관리되는 모니터링 대상지 및 위치 설정이 필요하다.
• 향후 자료의 가치와 활용성 확대를 위하여 다양한 범위에서의 모니터링 내용을 기록한다.

정답 57 ② 58 ① 59 ③ 60 ③ 61 ④ 62 ②

- 체계적이고 간략한 현황을 서술·기록한다.
- 자료수집방법의 개선과 목적의 평가를 위한 정기적인 분석 및 보고서를 준비한다.
- 주민과 단체 등 참여형 거버넌스를 활용하여 사후모니터링을 계획 및 실행한다.

63 생물상 조사시기로 옳은 것은?

① 포유류 : 2~10월
② 양서류 : 5~11월
③ 곤충류 : 3~11월
④ 어류 : 5~10월

해설 분류군별 조사시기

구분		시기	비고
식물상 및 식생		가급적 계절별로 실시하는 것을 원칙으로 함	연 2회 이상
동물상	포유류	포유류의 활동이 활발한 2~10월 말까지 실시	–
	조류	• 각기 다른 계절에 수행하는 것이 원칙 • 텃새, 여름철새, 겨울철새, 통과 철새들이 많이 관찰되는 3계절 이상의 조사기간 설정	연 2회 이상
	양서·파충류	• 현지조사는 2~10월 내 실시 • 춘기 양서류의 산란이 시작되는 시기부터 대부분의 양서, 파충류가 동면에 들어가는 시기까지 조사 시행 • 조사대상 분류군의 생태를 반영하여 조사기간을 설정	연 2회
	육상곤충	곤충의 활동이 이루어지는 4~10월 내 실시	연 2회
	어류	• 현지조사는 2~10월 내 실시 • 겨울을 제외하고 산란철인 봄과 하천이 안정화를 이루는 가을에 실시	연 2회
	저서성 무척추동물	• 현지조사는 3~10월 내 실시 • 겨울 및 여름을 제외하고 서식환경의 변화가 적은 봄, 가을에 실시 • 강우 시 조사 중단, 약 2주(14일) 정도 경과 후 실시	연 2회

64 기초통계를 위한 측정방법 중 등간적 측정과 척도에 해당하는 것은?

① 1점, 2점, 3점, 4점, 5점
② 남자, 여자
③ 낮음, 보통, 높음
④ 몸무게(kg)

해설

㉠ 명명적 측정과 명목 척도
기본적으로 분류작업을 가리키는 측정이 명명적 측정이고 이를 수행하는 척도를 명목척도라 한다.

㉡ 서열적 측정과 척도
더 크다, 더 좋다 등 비교를 하고 순위를 매길 수 있는 변수의 종류가 많다. 대상의 순위를 고려하여 매기는 수치를 순위값 또는 순위점수라 한다. 이처럼 순위값 또는 순위점수를 매기는 과정을 서열적 측정이라 한다. 서열적 측정에서는 산술적 계산은 의미가 없다.

㉢ 등간적 측정과 척도
어떤 대상의 속성을 크거나 같거나 작은 관계로 순위를 매길 수 있을 뿐 아니라 각 대상 사이의 정확한 거리를 알고 또 그 거리가 일정하다는 가정이 성립하면 등간적 측정을 한다고 본다. 이때 하나가 다른 것보다 크다, 작다는 것뿐만 아니라 그 둘 사이가 얼마만한 단위로 차이가 나는지를 알게 해 준다. 등간적 측정에 사용된 수치는 더하기와 빼기의 의미가 있다.

㉣ 비율적 측정과 척도
예를 들어 IQ 측정에서 A의 점수가 120, B의 점수가 60이라고 할 경우, A의 점수가 B의 점수의 2배가 된다는 말이 아니다. 또 IQ 점수가 0이라고 해서 그의 지능이 없는 것은 아니다. 단지 IQ시험지에 정답이 하나도 없다는 말이다. 이에 반해 A의 월급이 200만원이고 B의 월급이 100만 원인 경우, A의 월급은 B의 두 배이고 월급이 0이라고 하면 월급이 없다는 말도 성립한다. 등간척도의 성격을 다 지니면서 거기에다 실재적인 의미가 있는 절대 0 또는 자연적인 0을 갖추면 그런 척도는 비율척도라고 하고 이 척도로 측정하는 것을 비율적 측정이라 한다. 비율적 측정에서는 더하기와 빼기는 물론이고 곱셈과 나눗셈도 의미 있게 할 수 있다.

65 습지조사방법 중 다음에 해당하는 방법은?

- 1983년 미국에서 고안되었으며 체계와 형식을 갖춘 통합적 습지 기능평가의 시초
- 습지의 물리적, 화학적, 생물학적 특성을 주된 평가 대상으로 함
- 습지의 효율성, 잠재성, 사회문화적 중요성, 생물서식처로서의 적합성 등에 주목함
- 다양한 유형의 개별문항에 답을 하는 형태로 비전문가들도 접근 가능함

① WET
② EMAP
③ HGM
④ RAM

🔒정답 63 ① 64 ① 65 ①

구분	평가방법	평가항목	수준
WET (Wetland Evaluation Technique)	습지의 효율성, 기회(잠재성), 사회문화적 중요성, 생물서식처 적합성에 대한 문항에 답을 하는 형식	습지의 물리적 · 화학적 · 생물학적 특성을 평가	개별 습지
EMAP (Environmental Monitoring Assessment Program – Wetmands)	Preference Wetland를 지정하고 비교 · 분석	서식처의 특성, 수문학적 특성, 습지의 수질 특성 등을 평가	지역적, 국가적 수준
HGM	WET + EMAP	습지의 수문학적, 지형학적, 식생항목을 평가	지역적, 국가적 수준
RAM (Rapid Assessment Method)	1회 답사로 평가	손쉽게 습지 기능평가 수행이 가능하여 활발하게 활용됨	
WET – Health	습지 내 교란수준을주된 조사항목으로 봄	습지의 수문학적, 지형학적, 식생항목을 평가	

66 환경정책기본법에 따른 환경기본계획 기간은?

① 20년　　　　　② 15년
③ 10년　　　　　④ 5년

67 환경정책기본법상 용어의 설명이 잘못된 것은?

① 자연환경이란 식물 · 동물 및 미생물군집들과 무생물환경이 기능적인 단위로 상호작용하는 역동적인 복합체를 말한다.
② 환경보전이란 환경오염 및 환경훼손으로부터 환경을 보호하고 오염되거나 훼손된 환경을 개선함과 동시에 쾌적한 환경상태를 유지 · 조성하기 위한 행위를 말한다.
③ 환경용량이란 일정한 지역에서 환경오염 또는 환경훼손에 대하여 환경이 스스로 수용, 정화 및 복원하여 환경의 질을 유지할 수 있는 한계를 말한다.
④ 환경기준이란 국민의 건강을 보호하고 쾌적한 환경을 조성하기 위하여 국가가 달성하고 유지하는 것이 바람직한 환경상의 조건 또는 질적인 수준을 말한다.

1. "환경"이란 자연환경과 생활환경을 말한다.
2. "자연환경"이란 지하 · 지표(해양을 포함한다) 및 지상의 모든 생물과 이들을 둘러싸고 있는 비생물적인 것을 포함한 자연의 상태(생태계 및 자연경관을 포함한다)를 말한다.
3. "생활환경"이란 대기, 물, 토양, 폐기물, 소음 · 진동, 악취, 일조(日照), 인공조명, 화학물질 등 사람의 일상생활과 관계되는 환경을 말한다.
4. "환경오염"이란 사업활동 및 그 밖의 사람의 활동에 의하여 발생하는 대기오염, 수질오염, 토양오염, 해양오염, 방사능오염, 소음 · 진동, 악취, 일조 방해, 인공조명에 의한 빛공해 등으로서 사람의 건강이나 환경에 피해를 주는 상태를 말한다.
5. "환경훼손"이란 야생동식물의 남획(濫獲) 및 그 서식지의 파괴, 생태계질서의 교란, 자연경관의 훼손, 표토(表土)의 유실 등으로 자연환경의 본래적 기능에 중대한 손상을 주는 상태를 말한다.
6. "환경보전"이란 환경오염 및 환경훼손으로부터 환경을 보호하고 오염되거나 훼손된 환경을 개선함과 동시에 쾌적한 환경 상태를 유지 · 조성하기 위한 행위를 말한다.
7. "환경용량"이란 일정한 지역에서 환경오염 또는 환경훼손에 대하여 환경이 스스로 수용, 정화 및 복원하여 환경의 질을 유지할 수 있는 한계를 말한다.
8. "환경기준"이란 국민의 건강을 보호하고 쾌적한 환경을 조성하기 위하여 국가가 달성하고 유지하는 것이 바람직한 환경상의 조건 또는 질적인 수준을 말한다.

68 자연환경보전법상 용어의 설명이 맞는 것은?

① 생태축이라 함은 생물다양성을 증진시키고 생태계 기능의 연속성을 위하여 생태적으로 중요한 지역 또는 생태적 기능의 유지가 필요한 지역을 연결하는 생태적 서식공간을 말한다.
② 생태통로란 자연환경을 체계적으로 보존 · 보호 또는 복원하고 생물다양성을 높이기 위하여 자연을 조성하고 관리하는 것을 말한다.
③ 자연경관이라 함은 지하 · 지표 및 지상의 모든 생물과 이들을 둘러싸고 있는 비생물적인 것을 포함한 자연의 상태를 말한다.
④ 대체자연이라 함은 자연환경적 측면에서 시각적 · 심미적인 가치를 가지는 지역 · 지형 및 이에 부속된 자연요소 또는 사물이 복합적으로 어우러진 자연의 경치를 말한다.

해설 환자연환경보전법 제2조 정의

1. "자연환경"이라 함은 지하 · 지표(해양을 제외한다) 및 지상의 모든 생물과 이들을 둘러싸고 있는 비생물적인 것을 포함한 자연의 상태(생태계 및 자연경관을 포함한다)를 말한다.
2. "자연환경보전"이라 함은 자연환경을 체계적으로 보존 · 보호 또는 복원하고 생물다양성을 높이기 위하여 자연을 조성하고 관리하는 것을 말한다.
3. "자연환경의 지속가능한 이용"이라 함은 현재와 장래의 세대가 동등한 기회를 가지고 자연환경을 이용하거나 혜택을 누릴 수 있도록 하는 것을 말한다.
4. "자연생태"라 함은 자연의 상태에서 이루어진 지리적 또는 지질적 환경과 그 조건 아래에서 생물이 생활하고 있는 모든 현상을 말한다.
5. "생태계"란 식물 · 동물 및 미생물 군집(群集)들과 무생물 환경이 기능적인 단위로 상호작용하는 역동적인 복합체를 말한다.
6. "소(小)생태계"라 함은 생물다양성을 높이고 야생동 · 식물의 서식지간의 이동가능성 등 생태계의 연속성을 높이거나 특정한 생물종의 서식조건을 개선하기 위하여 조성하는 생물서식공간을 말한다.
7. "생물다양성"이라 함은 육상생태계 및 수생생태계(해양생태계는 제외한다)와 이들의 복합생태계를 포함하는 모든 원천에서 발생한 생물체의 다양성을 말하며, 종내(種內) · 종간(種間) 및 생태계의 다양성을 포함한다.
8. "생태축"이라 함은 전국 또는 지역 단위에서 생물다양성을 증진시키고 생태계 기능의 연속성을 위하여 생태적으로 중요한 지역 또는 생태적 기능의 유지가 필요한 지역을 연결하는 생태적 서식공간을 말한다.
9. "생태통로"란 도로 · 댐 · 수중보(水中洑) · 하굿둑 등으로 인하여 야생동 · 식물의 서식지가 단절되거나 훼손 또는 파괴되는 것을 방지하고 야생동 · 식물의 이동 등 생태계의 연속성 유지를 위하여 설치하는 인공 구조물 · 식생 등의 생태적 공간을 말한다.
10. "자연경관"이라 함은 자연환경적 측면에서 시각적 · 심미적인 가치를 가지는 지역 · 지형 및 이에 부속된 자연요소 또는 사물이 복합적으로 어우러진 자연의 경치를 말한다.
11. "대체자연"이라 함은 기존의 자연환경과 유사한 기능을 수행하거나 보완적 기능을 수행하도록 하기 위하여 조성하는 것을 말한다.
12. "생태 · 경관보전지역"이라 함은 생물다양성이 풍부하여 생태적으로 중요하거나 자연경관이 수려하여 특별히 보전할 가치가 큰 지역으로서 제12조 및 제13조제3항에 따라 환경부장관이 지정 · 고시하는 지역을 말한다.
13. "자연유보지역"이라 함은 사람의 접근이 사실상 불가능하여 생태계의 훼손이 방지되고 있는 지역 중 군사목적을 위하여 이용되는 외에는 특별한 용도로 사용되지 아니하는 무인도로서 대통령령으로 정하는 지역과 관할권이 대한민국에 속하는 날부터 2년간의 비무장지대를 말한다.
14. "생태 · 자연도"라 함은 산 · 하천 · 내륙습지 · 호소(湖沼) · 농지 · 도시 등에 대하여 자연환경을 생태적 가치, 자연성, 경관적 가치 등에 따라 등급화하여 제34조에 따라 작성된 지도를 말한다.
15. "자연자산"이라 함은 인간의 생활이나 경제활동에 이용될 수 있는 유형 · 무형의 가치를 가진 자연상태의 생물과 비생물적인 것의 총체를 말한다.
16. "생물자원"이란 「생물다양성 보전 및 이용에 관한 법률」 제2조제3호에 따른 생물자원을 말한다.
17. "생태마을"이라 함은 생태적 기능과 수려한 자연경관을 보유하고 이를 지속가능하게 보전 · 이용할 수 있는 역량을 가진 마을로서 환경부장관 또는 지방자치단체의 장이 제42조에 따라 지정한 마을을 말한다.
18. "생태관광"이란 생태계가 특히 우수하거나 자연경관이 수려한 지역에서 자연자산의 보전 및 현명한 이용을 통하여 환경의 중요성을 체험할 수 있는 자연친화적인 관광을 말한다.
19. "자연환경복원사업"이란 훼손된 자연환경의 구조와 기능을 회복시키는 사업으로서 다음 각 호에 해당하는 사업을 말한다. 다만, 다른 관계 중앙행정기관의 장이 소관 법률에 따라 시행하는 사업은 제외한다.
   가. 생태 · 경관보전지역에서의 자연생태 · 자연경관과 생물다양성 보전 · 관리를 위한 사업
   나. 도시지역 생태계의 연속성 유지 또는 생태계 기능의 향상을 위한 사업
   다. 단절된 생태계의 연결 및 야생동물의 이동을 위하여 생태통로 등을 설치하는 사업
   라. 「습지보전법」 제3조제3항의 습지보호지역 등(내륙습지로 한정한다)에서의 훼손된 습지를 복원하는 사업
   마. 그 밖에 훼손된 자연환경 및 생태계를 복원하기 위한 사업으로서 대통령령으로 정하는 사업

69 산지관리법상 산지전용에 해당하는 것은?

① 조림, 숲가꾸기, 입목의 벌채 · 굴취
② 토석 등 임산물의 채취
③ 임산물의 재배
④ 산지의 형질변경

해설 환산지관리법 제2조 정의

2. "산지전용(山地轉用)"이란 산지를 다음 각 목의 어느 하나에 해당하는 용도 외로 사용하거나 이를 위하여 산지의 형질을 변경하는 것을 말한다.
   가. 조림(造林), 숲 가꾸기, 입목의 벌채 · 굴취
   나. 토석 등 임산물의 채취
   다. 대통령령으로 정하는 임산물의 재배[성토(흙쌓기) 또는 절토(땅깎기) 등을 통하여 지표면으로부터 높이 또는 깊이 50센티미터 이상 형질변경을 수반하는 경우와 시설물의 설치를 수반하는 경우는 제외한다]
   라. 산지일시사용

정답 69 ④

70 생물다양성법상 용어 설명이 맞지 않은 것은?

① 생물다양성이란 식물·동물 및 미생물군집들과 무생물환경이 기능적인 단위로 상호작용하는 역동적인 복합체를 말한다.
② 생물자원이란 사람을 위하여 가치가 있거나 실제적 또는 잠재적 용도가 있는 유전자원, 생물체, 생물체의 부분, 개체군 또는 생물의 구성요소를 말한다.
③ 유전자원이란 유전의 기능적 단위를 포함하는 식물·동물·미생물 또는 그 밖에 유전적 기원이 되는 유전물질 중 실질적 또는 잠재적 가치를 지닌 물질을 말한다.
④ 전통지식이란 생물다양성의 보전 및 생물자원의 지속가능한 이용에 적합한 전통적 생활양식을 유지하여 온 개인 또는 지역사회의 지식, 기술 및 관행 등을 말한다.

해설 생물다양성 보전 및 이용에 관한 법률 제2조 정의

1. "생물다양성"이란 육상생태계 및 수생생태계와 이들의 복합생태계를 포함하는 모든 원천에서 발생한 생물체의 다양성을 말하며, 종내(種內)·종간(種間) 및 생태계의 다양성을 포함한다.
2. "생태계"란 식물·동물 및 미생물 군집(群集)들과 무생물 환경이 기능적인 단위로 상호작용하는 역동적인 복합체를 말한다.
3. "생물자원"이란 사람을 위하여 가치가 있거나 실제적 또는 잠재적 용도가 있는 유전자원, 생물체, 생물체의 부분, 개체군 또는 생물의 구성요소를 말한다.
4. "유전자원"이란 유전(遺傳)의 기능적 단위를 포함하는 식물·동물·미생물 또는 그 밖에 유전적 기원이 되는 유전물질 중 실질적 또는 잠재적 가치를 지닌 물질을 말한다.
5. "지속가능한 이용"이란 현재 세대와 미래 세대가 동등한 기회를 가지고 생물자원을 이용하여 그 혜택을 누릴 수 있도록 생물다양성의 감소를 유발하지 아니하는 방식과 속도로 생물다양성의 구성요소를 이용하는 것을 말한다.
6. "전통지식"이란 생물다양성의 보전 및 생물자원의 지속가능한 이용에 적합한 전통적 생활양식을 유지하여 온 개인 또는 지역사회의 지식, 기술 및 관행(慣行) 등을 말한다.
6의2. "유입주의 생물"이란 국내에 유입(流入)될 경우 생태계에 위해(危害)를 미칠 우려가 있는 생물로서 환경부장관이 지정·고시하는 것을 말한다.
7. "외래생물"이란 외국으로부터 인위적 또는 자연적으로 유입되어 그 본래의 원산지 또는 서식지를 벗어나 존재하게 된 생물을 말한다.
8. "생태계교란 생물"이란 다음 각 목의 어느 하나에 해당하는 생물로서 제21조의2제1항에 따른 위해성평가 결과 생태계 등에 미치는 위해가 큰 것으로 판단되어 환경부장관이 지정·고시하는 것을 말한다.
　가. 유입주의 생물 및 외래생물 중 생태계의 균형을 교란하거나 교란할 우려가 있는 생물
　나. 유입주의 생물이나 외래생물에 해당하지 아니하는 생물 중 특정 지역에서 생태계의 균형을 교란하거나 교란할 우려가 있는 생물

다. 삭제 〈2018. 10. 16.〉
8의2. "생태계위해우려 생물"이란 다음 각 목의 어느 하나에 해당하는 생물로서 제21조의2제1항에 따른 위해성평가 결과 생태계 등에 유출될 경우 위해를 미칠 우려가 있어 관리가 필요하다고 판단되어 환경부장관이 지정·고시하는 것을 말한다.
　가. 「야생생물 보호 및 관리에 관한 법률」 제2조제2호에 따른 멸종위기 야생생물 등 특정 생물의 생존이나 「자연환경보전법」 제12조제1항에 따른 생태·경관보전지역 등 특정 지역의 생태계에 부정적 영향을 주거나 줄 우려가 있는 생물
　나. 제8호 각 목의 어느 하나에 해당하는 생물 중 산업용으로 사용 중인 생물로서 다른 생물 등으로 대체가 곤란한 생물
9. "외국인"이란 다음 각 목의 어느 하나에 해당하는 자를 말한다.
　가. 대한민국 국적을 가지지 아니한 사람
　나. 외국의 법률에 따라 설립된 법인(외국에 본점 또는 주된 사무소를 가진 법인으로서 대한민국의 법률에 따라 설립된 법인을 포함한다)
10. "생태계서비스"란 인간이 생태계로부터 얻는 다음 각 목의 어느 하나에 해당하는 혜택을 말한다.
　가. 식량, 수자원, 목재 등 유형적 생산물을 제공하는 공급서비스
　나. 대기 정화, 탄소 흡수, 기후 조절, 재해 방지 등의 환경조절서비스
　다. 생태 관광, 아름답고 쾌적한 경관, 휴양 등의 문화서비스
　라. 토양 형성, 서식지 제공, 물질 순환 등 자연을 유지하는 지지서비스

71 습지보전법에 따른 습지기본계획의 기간은?

① 20년　　　　　② 15년
③ 10년　　　　　④ 5년

해설 환경관련 법률에 의한 기본계획 체계

구분	내용	관련법률
20년	국가환경종합계획('20~'40)	「환경정책기본법」(1991)
	기후변화 대응 기본계획('20~'40)	「저탄소 녹색성장 기본법」 폐지(2022년 폐지)
	지속발전가능 기본계획('21~'40)	「저탄소 녹색성장 기본법」 폐지(2022년 폐지)
	국가 탄소중립 녹색성장 기본계획(작성 중)	「기후위기 대응을 위한 탄소중립·녹색성장 기본법」(2022)
10년	자연환경보전 기본계획('16~'25)	「지속가능발전 기본법」(2022)
	자연공원 기본계획('13~'22)	「자연환경보전법」(1992)
	백두대간보호 기본계획('16~'25)	「자연공원법」(1980)
	배출권거래제 기본계획('16~'25)	「백두대간 보호에 관한 법률」(2005)
	배출권거래제 기본계획('21~'30)	「온실가스 배출권의 할당 및 거래에 관한 법률」(2012)

	습지보전기본계획('23~'27)	「습지보전법」(1999)
5년	국가생물다양성 전략('19~'23)	「생물다양성 보전 및 이용에 관한 법률」(2013)
	외래생물관리계획('19~'23)	「생물다양성 보전 및 이용에 관한 법률」(2013)
	야생생물보호 기본계획('21~'25)	「야생생물 보호 및 관리에 관한 법률」(2005)
	기후변화대응 기술개발 기본계획(작성 중)	「기후변화대응 기술개발 촉진법」(2021년 시행)

72 독도 등 도서지역의 생태계보전에 관한 특별법에 따른 특정도서로 지정할 수 있는 조건이 아닌 것은?

① 수자원 , 화석, 희귀동식물, 멸종위기 동식물, 그 밖에 우리나라 고유 생물종의 보존을 위하여 필요한 도서
② 야생동물의 서식지 또는 도래지로서 보전할 가치가 있다고 인정되는 도서
③ 자연림 지역으로서 생태학적으로 중요한 도서
④ 문화재보호법 규정에 의거 무형문화재적 보전가치가 높은 도서

해설 독도 등 도서지역의 생태계 보전에 관한 특별법 제4조(특정도서의 지정 등)

① 환경부장관은 다음 각 호의 어느 하나에 해당하는 도서를 특정도서로 지정할 수 있다.
1. 화산, 기생화산(寄生火山), 계곡, 하천, 호소, 폭포, 해안, 연안, 용암동굴 등 자연경관이 뛰어난 도서
2. 수자원(水資源), 화석, 희귀 동식물, 멸종위기 동식물, 그 밖에 우리나라 고유 생물종의 보존을 위하여 필요한 도서
3. 야생동물의 서식지 또는 도래지로서 보전할 가치가 있다고 인정되는 도서
4. 자연림(自然林) 지역으로서 생태학적으로 중요한 도서
5. 지형 또는 지질이 특이하여 학술적 연구 또는 보전이 필요한 도서
6. 그 밖에 자연생태계등의 보전을 위하여 광역시장, 도지사 또는 특별자치도지사(이하 "시·도지사"라 한다)가 추천하는 도서와 환경부장관이 필요하다고 인정하는 도서
② 환경부장관은 특정도서를 지정하려면 관계 중앙행정기관의 장과 협의하고 관할 시·도지사의 의견을 들어야 한다. 특정도서의 지정을 해제하거나 변경할 때에도 또한 같다.
③ 환경부장관은 특정도서를 지정하거나 해제·변경한 경우에는 환경부령으로 정하는 바에 따라 그 도서의 명칭, 구역, 면적, 지정연월일 및 그 밖에 필요한 사항을 정하여 지체 없이 고시하여야 한다.
④ 다음 각 호의 어느 하나에 해당하는 경우가 아니면 특정도서의 지정을 해제하거나 축소·변경할 수 없다. 〈개정 2020. 5. 26.〉
1. 군사목적 또는 공익을 위하여 불가피한 경우와 천재지변 또는

그 밖의 사유로 특정도서로 존치(存置)할 수 없게 된 경우
2. 지정 목적에 현저히 맞지 아니하여 존치시킬 필요가 없다고 인정되는 경우
[전문개정 2011. 7. 28.]

73 야생생물보호 및 관리에 관한 법률에 따른 용어설명이 잘못된 것은?

① 야생생물이란 산·들 또는 강 등 자연상태에서 서식하거나 자생하는 동물, 식물, 균류, 지의류, 원생생물 및 원핵생물의 종을 말한다.
② 유해야생생물이란 사람의 생명이나 재산에 피해를 주는 야생동물로서 대통령령으로 정하는 종을 말한다.
③ 멸종위기 야생생물이란 관계 중앙행정기관 장과 협의하여 환경부령으로 정하는 종을 말한다.
④ 국제적 멸종위기종이란 "멸종위기종국제거래협약"에 따라 국제거래가 규제되는 생물로서 환경부장관이 고시하는 종을 말한다.

해설 야생생물 보호 및 관리에 관한 법률 제2조 정의

1. "야생생물"이란 산·들 또는 강 등 자연상태에서 서식하거나 자생(自生)하는 동물, 식물, 균류·지의류(地衣類), 원생생물 및 원핵생물의 종(種)을 말한다.
2. "멸종위기 야생생물"이란 다음 각 목의 어느 하나에 해당하는 생물의 종으로서 관계 중앙행정기관의 장과 협의하여 환경부령으로 정하는 종을 말한다.
가. 멸종위기 야생생물 Ⅰ급 : 자연적 또는 인위적 위협요인으로 개체수가 크게 줄어들어 멸종위기에 처한 야생생물로서 대통령령으로 정하는 기준에 해당하는 종
나. 멸종위기 야생생물 Ⅱ급 : 자연적 또는 인위적 위협요인으로 개체수가 크게 줄어들고 있어 현재의 위협요인이 제거되거나 완화되지 아니할 경우 가까운 장래에 멸종위기에 처할 우려가 있는 야생생물로서 대통령령으로 정하는 기준에 해당하는 종
3. "국제적 멸종위기종"이란 「멸종위기에 처한 야생동식물종의 국제거래에 관한 협약」(이하 "멸종위기종국제거래협약"이라 한다)에 따라 국제거래가 규제되는 다음 각 목의 어느 하나에 해당하는 생물로서 환경부장관이 고시하는 종을 말한다.
가. 멸종위기에 처한 종 중 국제거래로 영향을 받거나 받을 수 있는 종으로서 멸종위기종국제거래협약의 부속서 Ⅰ에서 정한 것
나. 현재 멸종위기에 처하여 있지는 아니하나 국제거래를 엄격하게 규제하지 아니할 경우 멸종위기에 처할 수 있는 종과 멸종위기에 처한 종의 거래를 효과적으로 통제하기 위하여 규제를 하여야 하는 그 밖의 종으로서 멸종위기종국제거래협약의 부속서 Ⅱ에서 정한 것
다. 멸종위기종국제거래협약의 당사국이 이용을 제한할 목적으로

자기 나라의 관할권에서 규제를 받아야 하는 것으로 확인하고 국제거래 규제를 위하여 다른 당사국의 협력이 필요하다고 판단한 종으로서 멸종위기종국제거래협약의 부속서 Ⅲ에서 정한 것

4. 삭제 〈2012. 2. 1.〉

5. "유해야생동물"이란 사람의 생명이나 재산에 피해를 주는 야생동물로서 환경부령으로 정하는 종을 말한다.

6. "인공증식"이란 야생생물을 일정한 장소 또는 시설에서 사육·양식 또는 증식하는 것을 말한다.

7. "생물자원"이란 「생물다양성 보전 및 이용에 관한 법률」 제2조제3호에 따른 생물자원을 말한다.

8. "야생동물 질병"이란 야생동물이 병원체에 감염되거나 그 밖의 원인으로 이상이 발생한 상태로서 환경부령으로 정하는 질병을 말한다.

8의2. "야생동물 검역대상질병"이란 야생동물 질병의 유입을 방지하기 위하여 제34조의18에 따라 수입검역을 실시하는 야생동물 질병으로서 환경부령으로 정하는 것을 말한다. 이 경우 「가축전염병 예방법」 제2조제2호에 따른 가축전염병 및 「수산생물질병 관리법」 제2조제6호에 따른 수산동물전염병은 제외한다.

9. "질병진단"이란 죽은 야생동물 또는 질병에 걸린 것으로 확인되거나 걸릴 우려가 있는 야생동물에 대하여 부검, 임상검사, 혈청검사, 그 밖의 실험 등을 통하여 야생동물 질병의 감염 여부를 확인하는 것을 말한다.

[전문개정 2011. 7. 28.]
[시행일: 2024. 5. 19.] 제2조

74 자연공원법에 따른 공원구역에서 공원사업 외에 공원관리청의 허가를 받아야 하는 사항이 아닌 것은?

① 건축물이나 그 밖의 공작물을 신축·증축·개축·재축하는 행위

② 광물을 채굴하거나 흙·돌·모래·자갈을 채취하는 행위

③ 야생동물을 잡는 행위

④ 공원마을지구에서 상업시설 또는 숙박시설을 주택으로 용도변경하는 행위

해설 국토환경성 평가지도[자연공원법 제23조(행위허가)]

① 공원구역에서 공원사업 외에 다음 각 호의 어느 하나에 해당하는 행위를 하려는 자는 대통령령으로 정하는 바에 따라 공원관리청의 허가를 받아야 한다. 다만, 대통령령으로 정하는 경미한 행위는 대통령령으로 정하는 바에 따라 공원관리청에 신고하고 하거나 허가 또는 신고 없이 할 수 있다.

　1. 건축물이나 그 밖의 공작물을 신축·증축·개축·재축 또는 이축하는 행위

　2. 광물을 채굴하거나 흙·돌·모래·자갈을 채취하는 행위

3. 개간이나 그 밖의 토지의 형질 변경(지하 굴착 및 해저의 형질 변경을 포함한다)을 하는 행위

4. 수면을 매립하거나 간척하는 행위

5. 하천 또는 호소(湖沼)의 물높이나 수량(水量)을 늘거나 줄게 하는 행위

6. 야생동물[해중동물(海中動物)을 포함한다. 이하 같다]을 잡는 행위

7. 나무를 베거나 야생식물(해중식물을 포함한다. 이하 같다)을 채취하는 행위

8. 가축을 놓아먹이는 행위

9. 물건을 쌓아 두거나 묶어 두는 행위

10. 경관을 해치거나 자연공원의 보전·관리에 지장을 줄 우려가 있는 건축물의 용도 변경과 그 밖의 행위로서 대통령령으로 정하는 행위

② 공원관리청은 제1항 각 호 외의 부분 단서에 따른 신고를 받은 경우 그 내용을 검토하여 이 법에 적합하면 신고를 수리하여야 한다. 〈신설 2022. 12. 13.〉

③ 공원관리청은 다음 각 호의 기준에 맞는 경우에만 제1항에 따른 허가를 할 수 있다. 〈개정 2022. 12. 13.〉

　1. 제18조제2항에 따른 용도지구에서 허용되는 행위의 기준에 맞을 것

　2. 공원사업의 시행에 지장을 주지 아니할 것

　3. 보전이 필요한 자연 상태에 영향을 미치지 아니할 것

　4. 일반인의 이용에 현저한 지장을 주지 아니할 것

④ 공원관리청은 제1항에 따른 허가를 하려는 경우에는 대통령령으로 정하는 바에 따라 관계 행정기관의 장과 협의하여야 한다. 이 경우 대통령령으로 정하는 규모 이상의 행위에 대하여는 추가로 해당 공원위원회의 심의를 거쳐야 한다. 〈개정 2022. 12. 13.〉

[전문개정 2008. 12. 31.]

75 생태계 복원의 성공여부를 확인하기 위한 과정인 모니터링에 대한 설명으로 옳지 않은 것은?

① 모니터링은 복원 목적에 따라 달라지나 모니터링항목은 동일하게 적용하는 것이 일반적이다.

② 모니터링은 지표종을 활용하기도 하며 이때에는 환경변화에 매우 민감한 종을 대상으로 한다.

③ 생물의 모니터링은 활동 및 생활사가 계절에 따라 달라지므로 계절에 따른 조사가 중요하다.

④ 모니터링은 기초조사, 선택된 항목의 주기적인 모니터링, 그리고 복원 주체와 학문 연구기관과의 유기적인 협조관계가 포함되어야 한다.

76 백두대간 보호에 관한 법률상 산림청장은 백두대간 보호 기본계획을 몇 년마다 수립하여야 하는가?

① 1년   ② 3년
③ 5년   ④ 10년

해설 백두대간 보호에 관한 법률[법률 제17318호, 2020. 5. 26., 일부개정] 제4조(백두대간보호 기본계획의 수립)

① 환경부장관은 산림청장과 협의하여 백두대간보호 기본계획(이하 "기본계획"이라 한다)의 수립에 관한 원칙과 기준을 정한다. 다만, 사회적·경제적·지역적 여건의 변화로 원칙과 기준의 변경이 불가피하다고 인정하는 경우에는 산림청장과 협의하여 변경할 수 있다.
② 산림청장은 백두대간을 효율적으로 보호하기 위하여 제1항에 따라 마련된 원칙과 기준에 따라 기본계획을 환경부장관과 협의하여 10년마다 수립하여야 한다.
③ 산림청장은 기본계획을 수립하거나 변경할 때에는 미리 관계 중앙행정기관의 장 및 기본계획과 관련이 있는 도지사와 협의하여야 한다.
④ 기본계획에는 다음 각 호의 사항이 포함되어야 한다.
   1. 백두대간의 현황 및 여건 변화 전망에 관한 사항
   2. 백두대간의 보호에 관한 기본 방향
   3. 백두대간의 자연환경 및 산림자원 등의 조사와 보호를 위한 사업에 관한 사항
   4. 백두대간보호지역의 지정, 지정해제 또는 구역변경에 관한 사항
   5. 백두대간의 생태계 및 훼손지 복원·복구에 관한 사항
   6. 백두대간보호지역의 토지와 입목(立木), 건축물 등 그 토지에 정착된 물건(이하 "토지등"이라 한다)의 매수에 관한 사항
   7. 백두대간보호지역에 거주하는 주민 또는 백두대간보호지역에 토지를 소유하고 있는 자에 대한 지원에 관한 사항
   8. 백두대간의 보호와 관련된 남북협력에 관한 사항
   9. 그 밖에 백두대간의 보호를 위하여 필요하다고 인정되는 사항

77 환경정책기본법령상 아황산가스(SO_2)의 대기환경기준으로 옳은 것은? (단, 24시간 평균치이다.)

① 0.02ppm 이하   ② 0.03ppm 이하
③ 0.05ppm 이하   ④ 0.06ppm 이하

해설

아황산가스(SO_2)의 24시간 평균치는 0.05ppm 이하이다.
환경기준(제2조 관련)

1. 대기

항목	기준
아황산가스 (SO_2)	• 연간 평균치 : 0.02ppm 이하 • 24시간 평균치 : 0.05ppm 이하 • 1시간 평균치 : 0.15ppm 이하
일산화탄소 (CO)	• 8시간 평균치 : 9ppm 이하 • 1시간 평균치 : 25ppm 이하

항목	기준
이산화질소 (NO_2)	• 연간 평균치 : 0.03ppm 이하 • 24시간 평균치 : 0.06ppm 이하 • 1시간 평균치 : 0.10ppm 이하
미세먼지 (PM-10)	• 연간 평균치 : $50\mu g/m^3$ 이하 • 24시간 평균치 : $100\mu g/m^3$ 이하
초미세먼지 (PM-2.5)	• 연간 평균치 : $15\mu g/m^3$ 이하 • 24시간 평균치 : $35\mu g/m^3$ 이하
오존 (O_3)	• 8시간 평균치 : 0.06ppm 이하 • 1시간 평균치 : 0.1ppm 이하
납(Pb)	연간 평균치 : $0.5\mu g/m^3$ 이하
벤젠	연간 평균치 : $5\mu g/m^3$ 이하

78 습지보전법상 "연안습지" 용어의 정의로 옳은 것은?

① 습지수면으로부터 수심 10m까지의 지역을 말한다.
② 광합성이 가능한 수심(조류의 번식에 한한다)까지의 지역을 말한다.
③ 만조 때 수위선과 지면의 경계선으로부터 간조 때 수위선과 지면의 경계선까지의 지역을 말한다.
④ 지하수위가 높고 다습한 곳으로서 간조 시에 수위선과 지면이 접하는 경계면 내에서 광합성이 가능한 수심지역까지를 말한다.

해설

「습지보전법」 제2조 정의에 따라 "연안습지"란 만조 때 수위선과 지면의 경계선으로부터 간조 때 수위선과 지면의 경계선까지의 지역을 말한다.
습지보전법[법률 제17844호, 2021. 1. 5., 일부개정]제2조(정의)
이 법에서 사용하는 용어의 뜻은 다음과 같다.
1. "습지"란 담수(淡水 : 민물), 기수(汽水 : 바닷물과 민물이 섞여 염분이 적은 물) 또는 염수(鹽水 : 바닷물)가 영구적 또는 일시적으로 그 표면을 덮고 있는 지역으로서 내륙습지 및 연안습지를 말한다.
2. "내륙습지"란 육지 또는 섬에 있는 호수, 못, 늪, 하천 또는 하구(河口) 등의 지역을 말한다.
3. "연안습지"란 만조(滿潮) 때 수위선(水位線)과 지면의 경계선으로부터 간조(干潮) 때 수위선과 지면의 경계선까지의 지역을 말한다.
4. "습지의 훼손"이란 배수(排水), 매립 또는 준설 등의 방법으로 습지 원래의 형질을 변경하거나 습지에 시설이나 구조물을 설치하는 등의 방법으로 습지를 보전 목적 외의 용도로 사용하는 것을 말한다.
[전문개정 2014. 3. 24.]

🔒정답   76 ④   77 ③   78 ③

79 산지관리법령상 산사태위험판정기준표에 사용되는 용어의 정의 및 적용기준과 관련하여 ㉠과 ㉡에 들어갈 내용이 모두 옳은 것은?

- "혼효림"이란 해당 산지에 침엽수 또는 활엽수가 각각 (㉠)으로 생육하고 있는 산림을 말한다.
- "치수림"이란 가슴높이지름 (㉡) 미만의 입목이 50% 이상 생육하고 있는 산림을 말한다.

① ㉠ 25% 초과 75% 미만, ㉡ 6cm
② ㉠ 25% 초과 75% 미만, ㉡ 10cm
③ ㉠ 50% 초과 75% 미만, ㉡ 6cm
④ ㉠ 50% 초과 75% 미만, ㉡ 10cm

해설 산지관리법 시행규칙 [별표 1의2]

"산사태위험지판정기준표"에 따라 "혼효림"이란 해당 산지에 침엽수 또는 활엽수가 각각 25% 초과 75% 미만으로 생육하고 있는 산림을 말한다. "치수림(稚樹林)"이란 가슴높이지름 6cm 미만의 입목이 50% 이상 생육하고 있는 산림을 말한다.

80 야생동물 보호 및 관리에 관한 법령상 환경부장관이 멸종위기야생동물을 지정하는 주기 기준은?

① 1년   ② 3년
③ 5년   ④ 10년

해설

「야생생물 보호 및 관리에 관한 법률」 제13조의2에 따라 환경부장관은 멸종위기야생생물을 5년마다 다시 정하여야 한다.

야생생물 보호 및 관리에 관한 법률[법률 제18908호, 2022. 6. 10., 일부개정]제13조의2(멸종위기 야생생물의 지정 주기)

① 환경부장관은 야생생물의 보호와 멸종 방지를 위하여 5년마다 멸종위기 야생생물을 다시 정하여야 한다. 다만, 특별히 필요하다고 인정할 때에는 수시로 다시 정할 수 있다.
② 환경부장관은 제1항에 따른 사항을 효율적으로 하기 위하여 관계 전문가의 의견을 들을 수 있다.
[본조신설 2014. 3. 24.]

2023년 2회 필기 기출(복원)문제

본 기출(복원)문제는 수험자의 기억을 토대로 작성되었습니다. 또한, 수험자의 기억이 불확실할 경우에는 유사문제로 대체하였음을 알려드립니다.

01 경관생태학

01 경관생태학에서 패치의 설명으로 잘못된 것은?

① 하나의 생태계를 동질적으로 간주한다.

② 환경을 구성하는 요소들의 공간적인 배치를 중시한다.

③ 생태적 유형과 과정 사이의 관계가 관찰 규모에 따라 달라지는 사실을 중시한다.

④ 연구범위 안에 인간과 그들의 활동을 환경의 빠뜨릴 수 없는 부분으로 포함한다.

해설 경관구조

• 바탕(Matrix) : 가장 넓은 면적을 차지하고 연결성이 가장 좋으며, 역동적 통제력을 가진 경관

• 조각(Patch) : 생태적, 시각적 특성이 주변과 다르게 나타나는 비선형적 경관

• 통로(Corridor) : 바탕에 놓여 있는 선형의 경관요소

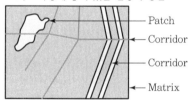

02 경관 조각의 형태와 관련된 내용이 잘못된 것은?

① 가장자리 면적이 커지면 내부종의 개체수가 증가한다.

② 같은 면적의 조각이라도 길쭉한 굴곡형 조각보다 밀집형 조각에서 내부 종수가 더 많다.

③ 조각 둘레에 굴곡이 많은 경우 둥글고 매끄러울 때보다 둘레길이가 길어지며, 이로 인해 바탕과 상호작용이 더욱 활발해진다.

④ 경관 모자이크 안에서 조각모양은 끊임없이 변한다.

해설

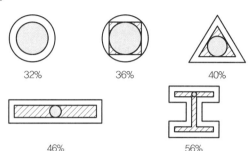

• 조각모양에 따른 핵심구역(회색원)과 내부(빗금부분) 그리고 가장자리(백색부분) 면적의 상대적인 크기비교

• 가장자리 면적이 커질수록 내부의 크기는 줄어들고 내부종이 살 수 있는 핵심지역의 면적이 작아진다.

03 경관 바탕은 넓은 구역을 망라하고 잘 연결되어 있으며 경관이나 광역(Region)의 움직임을 통제한다. 때로는 바탕, 조각, 통로의 형태들이 비슷한 세력을 형성하고 있어 경관바탕을 구분하기 어려울 때 바탕을 조각과 통로로부터 구별하는 방법으로 옳지 않은 것은?

① 전체면적

② 연결성

③ 역동성 통제력

④ 최소입자단위

해설 경관에서 바탕을 조각과 통로로부터 구별하는 방법

• 전체면적 : 전체 토지면적의 반 이상을 덮고 있는 부분이 경관바탕이다.

• 연결성 : 두 가지 특징이 한 구역에서 동등하게 나타나는 경우에는 연결성이 높은 부분이 경관바탕이다.

• 역동성 통제력 : 구역의 경관 역동성을 좌우하는 공간부분이 경관바탕이다.

04 경관조각의 특징이 아닌 것은?

① 각이 지니고 있는 본질적인 특성을 유지하는 데는 내부 핵심지역에 의지하는 반면에 외부와 연결성은 가장자리 면적이 클수록 유리하다.
② 대체로 조각의 크기가 일정할 경우 원에 가까운 모양일수록 내부 핵심지역은 크고 연결성은 작아진다.
③ 불규칙한 모양이 될수록 내부 핵심면적이 줄어들기 때문에 외부작용에 예민한 생물개체군을 유지하기 어렵다.
④ 일반적으로 같은 면적의 조각이라도 길쭉한 굴곡형 조각보다 밀집형 조각에서 내부 종수가 더 적다.

05 다음 표의 순생산량과 P/R률(ⓐ~ⓓ)의 값으로 옳은 것은?

구분	초지	산림
총광합성량	24,000	48,000
독립영양생물호흡량	8,000	12,000
순생산량	ⓐ	ⓑ
종속영양생물호흡량	4,000	8,000
P/R률	ⓒ	ⓓ

① ⓐ : 12,000, ⓑ : 28,000, ⓒ : 2.0, ⓓ : 2.4
② ⓐ : 12,000, ⓑ : 28,000, ⓒ : 1.0, ⓓ : 1.4
③ ⓐ : 16,000, ⓑ : 36,000, ⓒ : 2.0, ⓓ : 2.4
④ ⓐ : 16,000, ⓑ : 36,000, ⓒ : 1.0, ⓓ : 1.4

06 NPP가 가장 높은 생태계는?

① 초지
② 산림
③ 경작지
④ 도시

07 생태복원에 대한 설명으로 틀린 것은?

① 복구(Rehabilitation) : 완벽한 복원으로 단순한 구조의 생태계 창출
② 복원(Restoration) : 교란 이전의 상태로 정확하게 돌아가기 위한 시도
③ 복원(Restoration) : 시간과 많은 비용이 소요되기 때문에 쉽지 않음
④ 대체(Replacement) : 현재 상태를 개선하기 위하여 다른 생태계로 원래의 생태계를 대체하는 것

08 원격탐사 장점이 아닌 것은?

① 광역성
② 동시성
③ 단발성
④ 주기성

09 생태계 내에서 자연순환하는 물질이 아닌 것은?

① 우라늄
② 질소
③ 인
④ 탄소

10 펄갯벌 우점종은?

① 갑각류
② 고둥류
③ 갯지렁이
④ 달랑게

11 다음 설명 중 잘못된 것은?

① 핵심종 : 생태계에 존재하는 종 가운데 한 종의 존재가 생태계 내 다른 종다양성 유지에 결정적인 역할을 하는 종

② 깃대종 : 한 지역의 생태적 · 지리적 · 문화적 특성을 반영하는 상징적인 종

③ 지표종 : 그 생물종이 자라는 지역이나 서식지의 기후, 토양 또는 환경 특성을 잘 나타내어 주는 생물종으로 사람들이 중요하다고 인식해 보호할 필요가 있다고 생각하는 종

④ 희소종 : 야생 상태에서 생육 개체수가 특히 적은 생물종

해설
- 우점종 : 특정군집에서 다른 종들보다 더 많은 비율을 차지하는 종
- 생태적 지표종 : 특정지역의 환경조건이나 상태를 측정하는 척도로 이용하는 생물종
- 핵심종 : 우점도나 중요도와 상관없이 어떤 종류에 지배적 영향력을 발휘하고 있는 종
- 우산종 : 이 종을 보호하면 많은 다른 생물종이 생존할 수 있다고 생각되는 종
- 깃대종(상징종) : 특정지역의 생태 · 지리 · 문화특성을 반영하는 상징적인 종
- 희소종(희귀종) : 야생상태에서 개체수가 특히 적은 종

12 생태천이에 대하여 잘못 설명한 것은?

① 1차 천이는 습성천이, 건성천이, 중성천이 등으로 구분되며 자발적 천이의 성격을 가진다.

② 생태천이 후기에는 개체수를 늘리는 r전략보다는 개체수를 제한하는 K전략을 갖는다.

③ 일반적으로 산림의 극상과 다르게 특정한 환경조건에서는 양수 또는 중간내음성 수종에 의해 산림경관이 유지된다.

④ 생태천이 진행 초기에는 광합성량/생체량 비율이 낮지만 후기에는 안정화되면서 광합성량/생체량 비율이 높아진다.

해설
생태천이 진행 초기에는 광합성량/생체량 비율이 높고 후기에는 안정화되면서 광합성량/생체량 비율이 낮아진다.

13 극상단계 생태계를 잘못 설명한 것은?

① 성숙단계로 갈수록 순군집생산량이 낮다.

② 성숙단계로 갈수록 생물체의 크기가 크다.

③ 성숙단계로 갈수록 생활사이클이 길고 복잡하다.

④ 성숙단계로 갈수록 생태적 지위의 특수화가 넓다.

해설
성숙단계로 갈수록 생물다양성이 감소하고 생태적 지위의 특수화가 단순화된다.

14 도시생태계 특징이 아닌 것은?

① 도시생태계는 주로 자연시스템으로부터 인위적 시스템으로의 에너지 이전에 의해서 기능이 유지된다.

② 도시생태계는 사회-경제-자연의 결합으로 성립되는 복합생태계이다.

③ 대도시들은 물질순환계의 불균형으로 많은 문제점을 안고 있다.

④ 대도시에서는 자연시스템을 구성하고 있는 대기, 토양, 공기, 물, 녹지 등이 오염되어 자정능력을 상실하고 있다.

15 서식지 분절화에 대한 설명으로 옳지 않은 것은?

① 면적효과란 서식지의 면적이 클수록 종수나 개체수가 적어지는 것을 말한다.

② 장벽효과의 정도는 동물의 이동공간과 이동능력에 따라 달라진다.

③ 가장자리 효과란 안정된 내부환경을 좋아하는 종이 서식하기 어려워지는 현상을 말한다.

④ 거리효과란 서식지 상호 간의 거리가 작을수록 생물의 왕래가 용이하게 되는 것을 말한다.

해설 면적과 종수의 상관관계 기술
㉠ 일반적으로 숲 조작의 면적이 크면 서식하는 종의 수는 많아진다.
㉡ 패치 면적이 증가함에 따라 처음에는 종의 수도 급격히 증가하지만, 어느 수준(최소면적점, M)을 넘어서면 완만해지다 일정수준을 유지한다.

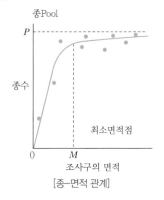

[종-면적 관계]

16 브라운브랑켓 2등급 관련 내용이 알맞은 것은?

① 피도 5~25% ② 피도 26~50%
③ 피도 51~75% ④ 피도 76~100%

해설 수도 및 피도범위 판정기준

계급	수도(Abundance)	피도범위(Cover)
r	한 개 또는 수개의 개체	고려하지 않음
+	다수의 개체이며	조사구(Releve) 면적의 5% 미만
1	어떤 경우나 조사구 면적의 5% 미만	
	많은 개체이면서	매우 낮은 피도 또는
	보다 적은 개체이면서	보다 높은 피도
2	매우 풍부하며 피도 5% 미만 또는 조사구 내에서 피도 5~25%	
3	수도를 고려하지 않으며	26~50%
4	수도를 고려하지 않으며	51~75%
5	수도를 고려하지 않으며	76~100%

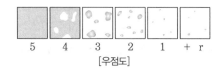

5   4   3   2   1   + r

[우점도]

17 탄소순환에 대한 설명이 잘못된 것은?

① 탄소는 모든 유기화합물의 기본 구성물질이며 광합성에 의한 에너지 고정에 관련된다.
② 살아 있는 생물과 화석퇴적물 속에 들어 있는 모든 탄소의 공급원은 지구의 대기와 물속에 들어있는 이산화탄소이다.
③ 광합성 시 탄소흡수속도와 독립영양생물 및 종속영양생물의 호흡에 의한 탄소손실속도와의 차이는 순생태계생산력(Net Ecosystem Productivity)이다.
④ 죽은 물질이 물속으로 가라앉는 습지나 스왐프에서는 유기물이 완전하게 분해되지 않아 탄소가 빠르게 순환한다.

해설

죽은 물질이 물속으로 가라앉는 습지나 스왐프에서는 유기물이 완전하게 분해되지 않아 탄소가 빠르게 순환하지 못한다.

18 생태계 직접가치가 아닌 것은?

① 윤리적 가치 ② 경제적 가치
③ 생태적 가치 ④ 문화적 가치

해설

생태계는 인간에게 직·간접적 서비스를 제공하고 있다. 일반적으로 생태계서비스를 공급, 조절, 지지, 문화서비스로 구분하고 있으며 보기 중 직접가치와 가장 거리가 있는 것은 윤리적 가치로 판단된다.

19 경계에 대한 설명이 틀린 것은?

① 인간의 간섭이 많은 지역에서는 상대적으로 곡선형 경계가 우세하다.
② 경계를 따라 또는 가로질러 야생동물이 이동한다.
③ 경계의 길이와 내부서식지 비율은 생물다양성에 매우 중요하다.
④ 경계부에서 일반적으로 생물다양성이 높고, 이러한 것을 주연부 효과라고 한다.

해설

인간의 간섭이 많은 곳은 직선형 경계가 우세하다.

20 경관을 구성하는 지형·토질 등의 요소가 수직적으로 경관단위를 구성하고 또한 다른 경관단위는 자연적 조건과 인위적 조건의 영향을 받아 수평적으로 배치되는 것을 무엇이라 하는가?

① 경관모자이크 ② 자연지역
③ 이질적인 공간 ④ 결절지역

02 생태복원계획

21 도시생태계를 설명한 것으로 적합하지 않은 것은?

① 도시생태계는 주로 자연시스템으로부터 인위적 시스템으로의 에너지 이전에 의해서 기능이 유지된다.
② 도시생태계는 사회-경제-자연의 결합으로 성립되는 복합생태계이다.
③ 대도시들은 물질순환관계의 불균형으로 많은 문제점을 안고 있다.
④ 대도시에서는 자연시스템을 구성하고 있는 대기, 토양, 공기, 물, 녹지 등이 오염되어 자정능력을 상실하고 있다.

정답 16 ① 17 ④ 18 ① 19 ① 20 ① 21 ①

22 생태도시에 적용할 수 있는 계획요소로서 관련이 가장 적은 것은?

① 관광분야
② 물·바람분야
③ 에너지분야
④ 생태 및 녹지분야

23 환경친화적 택지개발에 관한 설명으로 옳지 않은 것은?

① 지구환경의 보전
② 인간과 자연상호에게 유익함 제공
③ 토지자원 절약을 통한 효율성 제고
④ 단지 개발 시 자연보존문제를 동시적으로 고려

24 도시생태현황지도의 활용가치에 대한 설명으로 옳지 않은 것은?

① 경관녹지계획 수립의 핵심적 기초자료를 제공한다.
② 자연보호지역, 경관보호지역 및 주요 생물서식공간 조성의 토대를 제공한다.
③ 생태도시건설을 위한 기초자료로는 큰 의미가 없다.
④ 토양 및 자연체험공간 조성의 타당성 검토를 위한 기초자료를 제공한다.

25 식생보전 2등급을 설명한 것은?

① 삼림식생 이외의 특수한 입지에 형성된 자연성이 우수한 식생이나 특이식생 중 인위적 간섭의 영향을 거의 받지 않아 자연성이 우수한 식생
② 자연식생이 교란된 후 2차 천이에 의해 다시 자연식생에 가까울 정도로 거의 회복된 상태의 삼림식생
③ 자연식생이 교란된 후 2차 천이의 진행에 의하여 회복단계에 들어섰거나 인간에 의한 교란이 지속되고 있는 삼림식생
④ 인위적으로 조립된 식재림

해설

등급구분	분류기준
Ⅰ등급	• 식생천이의 종국적인 단계에 이른 극상림 또는 그와 유사한 자연림 　－아고산대 침엽수림(분비나무군락, 구상나무군락, 주목군락 등) 　－산지 계곡림(고로쇠나무군락, 층층나무군락 등), 하반림(오리나무군락, 비술나무군락 등), 너도밤나무군락 등의 낙엽활엽수림 • 삼림식생 이외의 특수한 입지에 형성된 자연성이 우수한 식생이나 특이식생 중 인위적 간섭의 영향을 거의 받지 않아 자연성이 우수한 식생 　－해안사구, 단애지, 자연호소, 하천습지, 습원, 염습지, 고산황원, 석회암지대, 아고산초원, 자연암벽 등에 형성된 식생. 다만, 이와 같은 식생유형은 조사자에 의해 규모가 크고 절대보전가치가 있을 경우에만 지형도에 표시하고, 보고서에 기재사유를 상세히 기술하여야 함
Ⅱ등급	• 자연식생이 교란된 후 2차 천이에 의해 다시 자연식생에 가까울 정도로 거의 회복된 상태의 삼림식생 　－군락의 계층구조가 안정되어 있고, 종조성의 대부분이 해당 지역의 잠재 자연식생을 반영하고 있음 　－난온대 상록활엽수림(동백나무군락, 신갈나무-당단풍군락, 졸참나무군락, 서어나무군락 등의 낙엽활엽수림) • 특이식생 중 인위적 간섭의 영향을 약하게 받고 있는 식생
Ⅲ등급	• 자연식생이 교란된 후 2차 천이의 진행에 의하여 회복단계에 들어섰거나 인간에 의한 교란이 지속되고 있는 삼림식생 　－군락의 계층구조가 불안정하고, 종조성의 대부분이 해당 지역의 잠재자연식생을 충분히 반영하지 못함 　－조림기원 식생이지만 방치되어 자연림과 구별이 어려울 정도로 회복된 경우 • 산지대에 형성된 2차 초원 • 특이식생 중 인위적 간섭의 영향을 심하게 받고 있는 식생
Ⅳ등급	인위적으로 조림된 식재림
Ⅴ등급	• 2차적으로 형성된 키가 큰 초원식생(묵밭이나 훼손지 등의 억새군락이나 기타 잡초군락 등) • 2차적으로 형성된 키가 작은 초원식생(골프장, 공원묘지, 목장 등) • 과수원이나 유실수 재배지역 및 묘포장 • 논·밭 등의 경작지 • 주거지 또는 시가지 • 강, 호수, 저수지 등에 식생이 없는 수면과 그 하안 및 호안

비고 : 식재림은 인위적으로 조림된 수종 또는 자연적(2차림)으로 형성되었다 하더라도 아까시나무 등의 조림기원 도입종이나 개량종에 의해 식피율이 79% 이상인 식물군락으로 한다. 다만, 녹화목적으로 적지적수(適地滴樹)가 식재된 경우에는 식재림으로 보지 않는다.

26 녹지자연도등급이 잘못된 것은?

① 1등급 : 녹지식생이 거의 존재하지 않는 시가지
② 3등급 : 과수원이나 유실수 재배지역 및 묘포장
③ 6등급 : 자연식생이 교란된 후 2차 천이의 진행에 의하여 회복단계에 들어섰거나 인간에 의한 교란이 심한 삼림식생
④ 9등급 : 식생천이의 종국적인 단계에 이른 극상림 또는 그와 유사한 자연림

해설 녹지자연도 사정기준

지역	등급	개요	해당 식생형
수역	0	수역	수역(강, 호수, 저수지 등 수체가 존재하는 부분과 식생이 존재하지 않는 하중도 및 하안을 포함)
개발지역	1	시가지, 조성지	식생이 존재하지 않는 지역
	2	농경지(논, 밭)	논, 밭, 텃밭 등의 경작지 • 비교적 녹지가 많은 주택지(녹피율 60% 이상)
	3	농경지(과수원)	과수원이나 유실수 재배지역 및 묘포장
	4	이차초원A (키 작은 초원)	이차적으로 형성된 키가 작은 초원식생(골프장, 공원묘지, 목장 등)
	5	이차초원B (키 큰 초원)	이차적으로 형성된 키가 큰 초원식생(묵밭 등 훼손지역의 억새군락이나 기타 잡초군락 등)
반자연지역	6	조림지	인위적으로 조림된 후 지속적으로 관리되고 있는 식재림 • 인위적으로 조림된 수종이 약 70% 이상 우점하고 있는 식생과 아까시나무림이나 사방오리나무림과 같이 도입종이나 개량종에 의해 우점된 식물군락
	7	이차림(Ⅰ)	자연식생이 교란된 후 2차 천이의 진행에 의하여 회복단계에 들어섰거나 인간에 의한 교란이 심한 삼림식생 • 군락의 계층구조가 불안정하고, 종조성의 대부분이 해당지역의 잠재자연식생을 반영하지 못함 • 조림기원 식생이지만 방치되어 자연림과 구별이 어려울 정도로 회복된 경우
	8	이차림(Ⅱ)	자연식생이 교란된 후 2차 천이에 의해 다시 자연식생에 가까울 정도로 거의 회복된 상태의 삼림식생 • 군락의 계층구조가 안정되어 있고 종조성의 대부분이 해당 지역의 잠재자연식생을 반영하고 있음 • 난온대 상록활엽수림(동백나무군락, 구실잣밤나무군락 등), 산지계곡림(고로쇠나무군락, 층층나무군락), 하반림(버드나무-신나무군락, 오리나무군락, 비술나무군락 등), 너도밤나무군락, 신갈나
			무-당단풍군락, 졸참나무군락, 서어나무군락 등
자연지역	9	자연림	식생천이의 종국적인 단계에 이른 극상림 또는 그와 유사한 자연림 • 8등급 식생 중 평균수령이 50년 이상된 삼림 • 아고산대 침엽수림(분비나무군락, 구상나무군락, 잣나무군락, 찝빵나무군락 등)
	10	자연초원, 습지	산림식생 이외의 자연식생이나 특이식생 • 고산황원, 아고산초원, 습원, 하천습지, 염습지, 해안사구, 자연암벽 등

27 환경공학과 생태공학에 대한 설명으로 잘못된 것은?

① 환경공학은 인간과 다른 생명체의 거주를 위해 건강한 수자원, 땅을 공급하며, 오염된 지역을 정화하는 등, 과학과 공학의 원리들을 통합하여 주변 자연환경을 개선하는 학문이다.
② 환경공학은 인간과 동물 활동으로부터 발생하는 폐기물관리, 에너지 자원의 보호 및 공급 자산관리에 관한 이슈들을 다루는 응용과학 기술의 한 분야이기도 하다.
③ 생태공학기술은 자연파괴를 막고 자연과 인간의 공존을 도모하기 위해 생태계의 정화능력을 인위적으로 제어하는 기술이다.
④ 생태공학은 인위적 목적에 따라 생명체, 생명체가 가지는 시스템, 또는 생명체가 만들어 내는 생산물 및 파생물을 변형하거나, 이를 응용하여 산업, 의학, 농업 등 다양한 분야에 걸쳐 사용하기 위한 절차를 포함한 기술적 학문분야이다.

해설
생태공학은 생태학과 공학을 사용하여 "인간 사회와 자연환경 모두의 이익을 위해" 통합하는 생태계를 예측, 설계, 구성 또는 복원 및 관리한다.

28 생태하천복원에 대한 설명으로 잘못된 것은?

① 생태하천 복원 범위 및 대상 유형에는 하천과 수변공간, 생태시스템, 수질개선 등이 포함된다.
② 하도변에 자연적으로 형성된 홍수터는 주기적인 침수에 따라 자연발생적 생물서식지 형성을 유도하는 동시에 다양한 하천생태계를 재생시킬 수 있는 기반환경을 제공하므로 생태하천복원 범위에 포함된다.

③ 여울은 유속이 느려 부유물 및 오염물의 침전작용, 흡착작용 및 산화분해작용을 기대할 수 있고, 소는 폭기작용을 통하여 용존산소량을 증가시킬 수 있으므로 생태하천복원 범위에 포함된다.

④ 저수호안은 생태적 추이대(Ecotone) 기능을 회복시켜 어류, 물속 곤충류의 서식기반으로 보전·복원하도록 하고 저수호안에 식생여과대를 확보하여 적용되는 공법에 따라 수질 정화를 할 수 있도록 한다.

해설 여울·소(웅덩이)

㉠ 개념
- 여울 : 하천 바닥이 급경사를 이루며 수심이 얕고 물의 흐름이 세며 빠른 구간
- 소 : 하도의 종 방향으로 여울을 지나 수심이 점차 깊어지면서 물의 흐름이 약해지는 곳을 말함

여울과 소(웅덩이)의 특징

하상형태		소(웅덩이)	여울	
			평여울	경사여울(급여울)
수심		깊다.	얕다.	얕다.
수면		물결이 생기지 않음	무늬를 갖는 물결 생성	폭기 또는 물결 생성
유속		느리다.	빠르다.	매우 빠르다.
저니질		모래나 퇴적토	작은 자갈과 박혀 있는 돌	굵은 자갈과 하상에 노출된 돌
하천 생태계	어류	대형 어류	중형 어류	소형 어류
	곤충	서식수가 적다.	날도래류[1]가 특히 많다.	날도래류[1]가 많다.
	기타	침수식물	조류	조류

[1] 날도래류 : 대체로 깨끗한 물 근처에서 발견되며, 저녁 무렵이나 또는 밤에 활동하는 야행성임
(*출처 : 국토해양부. 2001. 자연친화적 하천정비기법 개발)

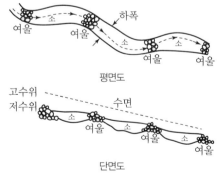
평면도

단면도
[여울·소(웅덩이) 구조의 평·단면도]

㉡ 역할
- 여울 : 폭기작용을 통하여 용존산소량을 증가시키고 유속이 빠른 구간에 정착되는 부착조류 등과 같이 특정 수생생물의 먹이를 제공하여 하상안정에 기여
- 소(웅덩이) : 유속이 느려 부유물 및 오염물의 침전작용, 흡착작용 및 산화분해작용을 기대할 수 있으며, 각종 영양물질과 부착조류 등이 풍부하고 어류를 비롯한 수생생물의 서식지를 제공하며 홍수 시에는 피난처를 제공하는 공간이 됨

29 생태복원사업으로 향상되는 환경가치를 추정하는 평가 방법이 아닌 것은?

① 환경수용력
② 편익/비용비율
③ 순현재가치
④ 내부수익률

30 환경영향평가 기본원칙이 아닌 것은?

① 환경영향평가 등은 보전과 개발이 조화와 균형을 이루는 지속가능한 발전이 되도록 하여야 한다.

② 환경보전방안 및 그 대안은 과학적으로 조사·예측된 결과를 근거로 하여 경제적·기술적으로 실행할 수 있는 범위에서 마련되어야 한다.

③ 환경영향평가등의 대상이 되는 계획 또는 사업에 대하여 충분한 정보 제공 등을 함으로써 환경영향평가등의 과정에 주민 등이 원활하게 참여할 수 있도록 노력하여야 한다.

④ 자기의 행위 또는 사업활동으로 환경오염 또는 환경훼손의 원인을 발생시킨 자는 그 오염·훼손을 방지하고 오염·훼손된 환경을 회복·복원할 책임을 지며, 환경오염 또는 환경훼손으로 인한 피해의 구제에 드는 비용을 부담함을 원칙으로 한다.

해설
제4조(환경영향평가등의 기본원칙) 환경영향평가등은 다음 각 호의 기본원칙에 따라 실시되어야 한다. 〈개정 2018. 6. 12.〉
1. 환경영향평가등은 보전과 개발이 조화와 균형을 이루는 지속가능한 발전이 되도록 하여야 한다.
2. 환경보전방안 및 그 대안은 과학적으로 조사·예측된 결과를 근거로 하여 경제적·기술적으로 실행할 수 있는 범위에서 마련되어야 한다.
3. 환경영향평가등의 대상이 되는 계획 또는 사업에 대하여 충분한 정보 제공 등을 함으로써 환경영향평가등의 과정에 주민 등이 원활하게 참여할 수 있도록 노력하여야 한다.
4. 환경영향평가등의 결과는 지역주민 및 의사결정권자가 이해할 수 있도록 간결하고 평이하게 작성되어야 한다.

정답 29 ① 30 ④

5. 환경영향평가등은 계획 또는 사업이 특정 지역 또는 시기에 집중될 경우에는 이에 대한 누적적 영향을 고려하여 실시되어야 한다.

6. 환경영향평가등은 계획 또는 사업으로 인한 환경적 위해가 어린이, 노인, 임산부, 저소득층 등 환경유해인자의 노출에 민감한 집단에게 미치는 사회 · 경제적 영향을 고려하여 실시되어야 한다.

31 환경영향평가 세부평가항목이 아닌 것은?

① 자연생태환경 분야
② 사회 · 경제환경 분야
③ 생활환경 분야
④ 계획의 적정성 · 지속성

해설 환경영향평가 등의 분야 및 평가항목

자연생태환경	동식물상, 자연환경자산
대기환경	기상, 대기질, 악취, 온실가스
수환경	수질, 수리 · 수문, 해양환경
토지환경	토지이용, 토양, 지형 · 지질
생활환경	친환경적 자원순환, 소음 · 진동, 위락 · 경관, 위생 · 공중보건, 전파장해, 일조장해
사회 · 경제환경	인구, 주거, 산업

32 습지 관련 협약은?

① CITES
② CBD
③ Ramsar Convention
④ CMS

해설 람사르협약(1971)

㉠ 물새서식지로서 특히 국제적으로 중요한 습지에 관한 협약
㉡ 습지 잠식과 상실 방지
㉢ 람사습지 선정기준
  • 대표성 · 특이습지로 생태적 중요성 · 희귀성을 띨 것
  • 멸종위기종 · 희귀종 서식
  • 물새 2만 마리 이상의 정기적 서식, 전세계 개체수 1% 이상 서식

33 습지은행제도에 대하여 바르게 설명한 것은?

① 습지개발사업자가 습지의 보상 · 완화조치를 완료하기 위하여 자체적으로 습지복원 · 향상 기술을 보유하거나, 새로운 습지를 조성해야 하는 제도이다.
② 대체습지의 선정, 조성, 유지에 많은 비용을 부담하거나, 개발업자의 대부분이 습지에 대한 전문지식이 부족하여 습지의 조성 및 유지가 불가능한 경우가 대부분이다.
③ 새로운 습지를 조성할 경우에는 오랜 기간이 소요된다는 문제점 등이 있다.
④ 습지 전문가들에 의하여 습지의 복원, 조성, 향상 및 보전 · 관리가 이루어지므로 습지의 기능과 가치를 적절하게 유지시킬 수 있다.

해설

습지은행제도는 생태적이고 유기적으로 연계된 광범위한 지역을 장시간에 걸쳐 관리하게 된다는 점에서 동일지역 내의 습지만을 다루는 프로그램보다 효과적이며 대체습지를 조성함으로써 습지의 총량을 유지할 수 있는 제도이다. 습지 훼손의 우려가 있는 지역을 개발하려는 사업자에게 동 지역의 개발에 따른 습지손실 및 생물종다양성의 감소 등과 같은 생태계적 피해를 완화하기 위해 유사지역 또는 다른 지역에 같은 규모의 습지 또는 생태지역을 조성하도록 하는 제도이다.

보상 · 완화조치의 문제점과 습지은행의 보충점

	보상 · 완화조치의 문제점	습지은행이 보충할 수 있는 점
개발사업자의 경제적 부담	• 부지조성공사에 많은 비용 필요 • 자연환경의 보호 · 육성에 관한 토지의 관리 · 유지 비용 과다	부지조성공사 및 부지의 관리 · 유지는 전문사업자(습지은행)가 실시하기 때문에 이들에 대한 개발사업자의 부담이 없게 됨
자연환경의 보상방법에 대한 문제	• 전문적 지식이 부족한 개발사업자만으로는 적절한 관리가 난이 • 보상되는 자연환경은 새롭게 조성되기까지 장기간을 필요로 하고 당해 개발에서 손실되는 자연환경에 대해서 큰 시간차 발생 • 개발로 손실을 받는 생물종과는 다른 생물종이 보상될 가능성 상존	• 습지은행은 자연환경보호, 육성 등에서 필요로 하는 전문가집단으로 구성되기 때문에 적절한 관리 가능 • 개발사업자는 본 시스템을 통해 사전에 보상조치를 완료시키기까지 시간차가 생기지 아니함 • 당해개발에서 손실을 받는 생물과 동종의 생물을 취급하는 습지은행을 선택할 수 있기 때문에 보상대상생물은 이종이 되기 어려움

(*출처 : 「습지보전을 위한 정책방안 연구-습지은행제도를 중심으로」, 2006, 방상원 안선영 박주현 , 한국환경정책평가연구원)

34 유네스코맵 생물권보전지역 공간구분이 아닌 것은?

① 보전   ② 핵심

③ 완충   ④ 전이

해설 생물권보전지역의 공간모형

구분	내용
핵심구역(Core Area)	• 보전 및 최소한의 이용 • 모니터링 및 교육
완충구역(Buffer Area)	• 핵심지역보호 • 생태관광, 환경교육 등
협력구역(Transition Area)	• 다양한 농업활동과 주거지 • 지속가능 이용

○ 핵심구역
○ 완충구역
○ 협력구역
🏠 사람이 사는 곳
Ⓡ 연구소
Ⓜ 모니터링
Ⓔ 교육, 훈련
Ⓣ 관광, 여가활동

[생물권보전지역(BR)의 공간]

35 비탈면 녹화 장점이 아닌 것은?

① 도로비탈면 안정성 유지

② 미관과 경관 향상

③ 토양 유실방지

④ 대규모 산림 조성

36 어떤 하천의 수로(유심선)거리가 3km이며, 계곡거리가 1.3km일 때 하천만곡도(Sinuosity Index)와 하천의 종류가 맞게 짝지어진 것은?

① 0.43, 직류하천

② 0.43, 사행하천

③ 2.31, 직류하천

④ 2.31, 사행하천

해설

• 만곡도 = $\dfrac{유심선}{직선거리} = \dfrac{3}{1.3} = 2.3$

• 만곡도 1.5 이상일 때 사행하천이라고 함

37 산지형 내륙습지 종류를 바르게 설명하지 못한 것은?

① Bog : 강우나 안개에 의해 수원을 확보하며, 빈영양환경에 적응한 식생군락이 나타나거나 이탄층이 형성된 습지

② Fen : 지중수 혹은 지표수가 유입하여 비교적 부영양환경을 유지하나 유기물 분해상태가 빨라 무기성 토양 혹은 유기물과 점토, 실트 등으로 구성되고 초본식생이 우점한 습지

③ Marsh : 주기적으로 과습 또는 계속적으로 침수된 지역, 표면이 깊게 담수되어 있지 않으며, 초목, 관목, 등이 자람

④ Swamp : 자연제방 배후지역 혹은 제내지 범람원에 계절적 혹은 영구적으로 침수되는 습지

해설 산지형 내륙습지

구분			특징	예
중분류	소분류 (수원/ 범람)	상세분류 (식생, 토양, 수문)		
산지형 내륙습지	강우	고층습원 (Bog)	강우나 안개에 의해 수원을 확보하며, 빈영향환경에 적응한 식생군락이 나타나거나 이탄층이 형성된 습지	대암산 용늪
	지중수	저층습원 (Fen)	지중수 혹은 지표수가 유입하여 비교적 부영양환경을 유지하나 유기물 분해상태가 빨라 무기성 토양 혹은 유기물과 점토, 실트 등으로 구성되고 초본식생이 우점한 습지	신안장도습지
	지중수· 지표수	저습지 (Marsh)	주기적으로 과습 또는 계속적으로 침수된 지역, 표면이 깊게 담수되어 있지 않으며, 초목, 관목 등이 자람	대관령습지
		소택지 (Swamp)	지하수면이 높고 배수가 불량하며, 목본이 우세한 습지	연수동습지

38 토지적성평가와 국토환경성평가를 비교하여 설명한 내용이 틀린 것은?

	토지적성평가	국토환경성평가
㉠ 법적 근거	국토의 계획 및 이용에 관한 법률	환경정책기본법
㉡ 대상지역	전 국토	전 국토
㉢ 평가지표	표고 등 물리적 특성, 토지이용 특성, 공간적 입지성	생태계보전지역 등 법제적 지표와 자연성 정도 등 환경, 생태적 지표
㉣ 평가단위	토지필지 단위(미시적)	지역적 단위(거시적)

① ㉠ ② ㉡
③ ㉢ ④ ㉣

39 일반적인 환경문제의 발생 특성에 해당하지 않는 것은?

① 상호단절성 ② 광역성
③ 시차성 ④ 탄력성과 비가역성

해설 환경문제의 특성
• 복잡성 : 다요인, 다변수, 시차
• 감축불가능성 : 단순화 불가능, 환원주의 부정
• 시공간적 가변성 : 동적인 생태계
• 불확실성 : 상호침투성, 우발성, 동태성(개별 or 결합)
• 집합적 특성 : 많은 행위자 – 공유재의 비극, 공공재 과소 공급
• 자발적 특성 : 자기조절, 적응성

40 아래의 설명에 해당하는 국제협력기구는?

> 1972년 유엔총회의 결의에 의해 설립된 기구로서 케냐의 나이보리에 본부를 두고 있으며 종합적인 국제환경 규제 · 환경법과 정책의 개발 등에서 매우 중요한 기능을 하고 있다. 1987년 몬트리올의정서 체결, 1989년 바젤협약 등을 주도하였다.

① 유엔개발계획 ② 지구위원회
③ 유엔환경계획 ④ 지속발전위원회

---

03 생태복원설계 · 시공

41 비탈면 파종시기가 3~5월일 경우 비탈면 시험시공결과 평가(녹화공법 평가) 일정으로 맞는 것은?

① 여름 전과 여름 후에 1차 및 2차 평가, 11월 전에 최종평가
② 여름 후 1차 평가, 11월 2차 평가, 이듬해 4~5월 최종평가
③ 여름 후 9월경 1차 평가, 이듬해 4~5월 2차 평가, 이듬해 8~9월 최종평가
④ 11월 중 1차 평가, 이듬해 여름 직전 2차 평가, 이듬해 9~10월 최종평가

해설 녹화공법 평가 일정

파종 시기	3~5월 파종	6~8월 파종	9~11월 파종
평가 시기	• 여름 전과 여름 후에 1차 및 2차 평가 • 11월 전에 최종평가	• 여름 후 9월경 1차 평가 • 이듬해 4~5월 2차 평가 • 이듬해 8~9월 최종평가	• 11월 중 1차 평가 • 이듬해 여름 직전 2차 평가 • 이듬해 9~10월 최종평가

42 암벽 비탈면에 사용할 수 있는 공법은?

① 식생기반재뿜어붙이기
② 잔디식재
③ 거적덮기
④ 씨드스프레이

해설
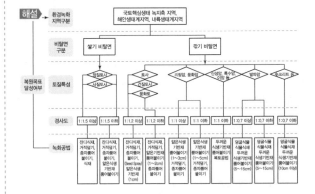

---

43 비탈면 높이 30~50cm 내외마다 너비 15~20cm 내외의 수평계단을 설치하고, 계단 안에 약 10cm 정도의 파종구(깊이 약 2~3cm)를 파며 그 구덩이에 시비와 객토 등을 하고 그 위에 파종 후 잘 밟아주고 다시 약간의 흙으로 덮어주고, 그 위에 짚이나 산풀을 덮어주는 기법은?

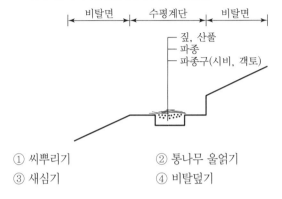

① 씨뿌리기
② 통나무 울얽기
③ 새심기
④ 비탈덮기

44 식재할 수목을 가식할 때의 유의사항으로 옳지 않은 것은?

① 토양의 배수가 불량할 때는 배수시설을 설치한다.
② 원활한 통풍을 위해 수목 간 식재 간격을 충분히 둔다.
③ 수목의 뿌리부분은 공기에 잘 노출되도록 배분하여 가식한다.
④ 가식할 장소에는 가식기간 중의 관리를 위한 작업통로를 설치한다.

45 자연환경보전 이용시설 설치에 대한 설명 중 잘못된 것은?

① 보전형 : 주로 조사 · 연구 및 보전, 학술적 복원 등의 목적으로 조성하며 생태자원에 부정적 영향을 미치지 않는 범위 내에서 관찰 활동 등을 허용
② 절충형 : 시설 조성지역의 환경수용력을 고려한 이용계획 수립 등 인간활동에 따른 환경적 영향 저감대책 마련 또는 훼손된 환경의 적극적 복원 계획 등을 포함
③ 이용형 : 매립장, 오 · 폐수처리장 등 환경기초시설 입지지역과 경작지 등 인간활동과 개발로 훼손된 지역의 생태적 복원과 이를 활용한 교육 · 전시 · 체험시설 등을 통해 보다 적극적 · 활동적 프로그램을 운영

④ 완충형 : 생태자원을 활용한 관찰 · 교육 · 연구 · 전시 · 체험 등 다양한 목적의 시설 설치가 가능하나 이용자와 생태자원 모두에 대한 세심한 배려와 보전에 대한 원칙 준수 필요

해설 자연환경보전 · 이용시설의 유형

구분	내용	고려사항
보전형	• 주요 동식물의 보전 및 생물 다양성 배려가 우선 • 생태적 보전가치가 높은 지역에 조성	• 특별히 보전이 필요한 지역 • 단, 보호지역의 핵심지역 등은 회피하거나 중요한 학술 연구 등 그 필요성에 따라 극히 제한적 허용
절충형	• 다양한 목적의 시설 설치가 가능 • 이용자와 생태자원 모두에 고려	비교적 생태 · 경관적 가치가 우수하나 개발에 대한 압력이 강한 지역
이용형	• 환경기초시설 입지지역 및 훼손지역 • 적극적 · 활동적 프로그램 운영	자연환경의 가치는 높지 않으나 자연환경 보전 · 이용시설 조성의 목적달성이 가능한 곳

46 탐방시설 설치에 대한 설명 중 잘못된 것은?

① 보전지역에는 원칙적으로 탐방로의 설치가 제한되어야 하나 학술 및 관리목적 등의 동선설치가 불가피할 경우에는 제한적 · 소극적으로 설치가능하다.
② 완충지역에는 관찰 · 학습관리 목적으로 제한적 탐방로 설치가 가능하며 답압을 피해야 하는 경우에는 데크 등을 이용하여 지면과 적정 이격 설치한다.
③ 탐방로는 주로 전이지역에 배치하며 정해진 탐방로 이외에는 답압 등을 하지 않도록 유도한다.
④ 핵심지역에 이용자 고려한 시설을 적극적으로 배치하되, 지형 및 경관을 그대로 활용하는 것을 원칙으로 한다.

해설 생태시설물 배치기준
• 시설물 배치 시 생물권보전지역(BR) 공간구분인 핵심공간, 완충공간, 협력공간을 고려하여 배치한다.
• 활동목적별 생태시설물을 결정하여 각 시설을 배치하되, 핵심 · 완충 공간의 공간별 환경을 조사 분석, 환영영향 등을 고려하여 설계한다.

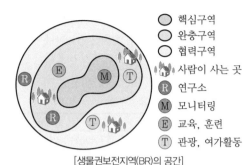

○ 핵심구역
○ 완충구역
○ 협력구역
🏠 사람이 사는 곳
Ⓡ 연구소
Ⓜ 모니터링
Ⓔ 교육, 훈련
Ⓣ 관광, 여가활동

[생물권보전지역(BR)의 공간]

47 조류관찰시설 설치 시 잘못된 것은?

① 조류관찰시설 설치 시 천장과 벽을 설치하여 비간섭거리를 줄여준다.
② 조류관찰시설은 전망대의 높낮이를 조절하거나 계단 등을 설치하여 키 큰 사람과 키 작은 사람 모두를 고려한다.
③ 조류관찰시설 재료는 자연재료를 이용하고 주변과 조화되도록 한다.
④ 조류관찰시설은 항상 햇빛이 비치는 남쪽방향으로 향하게 한다.

해설 순수관찰시설
㉠ 자연환경을 이용하거나 관찰하기 위한 목적으로 설치한다.
㉡ 유인되는 동식물상을 관찰 · 학습할 수 있도록 관찰대상과 관찰형태에 따라 적정한 조망점 및 관찰위치를 고려한다.
㉢ 주변의 자연환경에 영향을 주지 않도록 최대한 은폐하여 설치한다.
㉣ 주변의 자연생태계에 미치는 영향을 최소화하기 위해 차폐용 판벽과 연계 후 위장하여 설치한다.
㉤ 목재를 주로 사용한다.
㉥ 관찰자의 움직임이 노출되지 않으면서, 안정적으로 관찰할 수 있도록 한다.
㉦ 관찰시설 높낮이를 이용자의 신체에 맞춰 여러 높이로 조성한다.
㉧ 필요시 위장시설(목재, 넝쿨, 식재)을 도입한다.
㉨ 망원경과 관찰시설을 연계하여 관찰효과를 높일 수 있도록 한다.
㉩ 해설판과 조합하여 관찰의 효과를 극대화한다.
※ 조류관찰대는 태양의 방향을 등지고 바라볼 수 있도록 하는 것이 바람직하다.

48 관찰데크 설치 시 잘못된 것은?

① 식물과 관련된 관찰공간을 조성할 경우, 초본식물의 높이를 고려하고, 식물생육지에 이용객의 출입을 예방하기 위해 목재데크 및 관찰데크 등을 조성하는 것이 적합하다.

② 수변관찰공간은 물과 접촉하거나 잠자리, 소금쟁이 등 수생곤충을 관찰할 수 있도록 수면과의 거리를 0.5~1m 이하로 설계하는 것이 바람직하다.
③ 관찰공간 설계 시에는 관찰목적 및 대상, 태양의 방향, 주요동선 및 관찰대상공간의 시각적 · 물리적 차폐 등을 충분히 고려한다.
④ 생물종을 방해하지 않는 선에서 이용자가 최대한 가까이에서 자세히 관찰할 수 있는 공간에 설치한다.

해설
수변관찰공간은 물과 접촉하거나 잠자, 소금쟁이 등 수생곤충을 관찰할 수 있도록 수면과의 거리를 30cm 이하로 설계하는 것이 바람직하다.

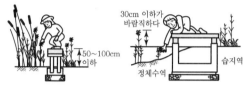

※ 보통 고저차 130cm 이상은 추락방지용 난간 등이 필요
[식물관찰공간(좌)과 수변관찰공간(우) 설계의 예시]

49 생태복원시설물 중 전시 · 연구시설이 아닌 것은?

① 전시관, 촉각전시관
② 생태해설판
③ 센서카메라
④ 관리사무소

해설
관리사무소는 이용 편의시설에 해당된다.

50 양단면적이 각각 60m², 50m²이고, 두 단면 간의 길이가 20m일 때의 평균단면적법에 의한 토사량(m³)은 얼마인가?

① 750
② 900
③ 1,100
④ 1,500

해설 양단면평균법

$V = 1/2(A_1 + A_2) \times L$

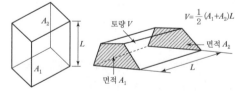

[양단면평균법에 의한 토량산정방법]

$\therefore \dfrac{(60+50)}{2} \times 20 = 1,100\text{m}^3$

51 운향과 식물이 아닌 것은?

① 초피나무
② 유자나무
③ 쉬나무
④ 회화나무

해설

회화나무는 콩과 식물이다.

52 양서·파충류 서식지 조성방법으로 잘못된 것은?

① 대상지와 습지 주변의 수목에 의해 그늘이 생기게 하여 수온은 차갑게 유지한다.
② 습지의 모양은 불규칙한 형태가 바람직하고, 수심은 다양하게 조성하되, 50~70cm가 적당하다. 단, 동면을 위하여 습지 바닥이 얼지 않을 정도의 깊이가 확보되어야 하고, 산란기에는 개구리가 수심 10cm되는 곳에 산란을 하므로 해당 수심의 서식지를 조성한다.
③ 양서류의 유생은 습지에 주로 생활하고 성체로 성장하면 초지나 산림으로 이동을 하여 활동하게 되므로 이를 위한 이동통로를 확보해야 한다.
④ 유생을 위한 차폐식재가 필요하고, 대상지 인근 지역에서 자생하는 식물들을 도입하되, 수생식물이 전체 수면적의 10~20% 수준으로 유지되도록 계획한다.

해설 양서류 서식지 조성기법

㉠ 대상지와 습지의 크기는 햇볕이 잘 드는 곳으로 물이 너무 차갑지 않고, 주변의 수목에 의해 그늘이 생기지 않도록 하며 크기는 100m² 이상으로 조성한다.
㉡ 습지의 모양은 불규칙한 형태가 바람직하고, 수심은 다양하게 조성하되 50~70cm가 적당하다. 단, 동면을 위하여 습지 바닥이 얼지 않을 정도의 깊이가 확보되어야 하고, 산란기(봄철)에는 개구리가 수심 10cm되는 곳에 산란을 하므로 해당 수심의 서식지를 조성한다.
㉢ 공급 수원은 우수나 강물을 이용한다.
㉣ 양서류의 유생은 습지에서 주로 생활하고 성체로 성장하면 초지나 산림으로 이동을 하여 활동하게 되므로 이를 위한 이동통로를 확보해야 한다. 이 통로는 인간의 이용행위로 인한 간섭이 최대한 일어나지 않도록 처리한다.
㉤ 유생을 위한 차폐식재가 필요하고, 대상지 인근 지역에서 자생하는 식물들을 도입하되, 수생식물이 전체 수면적의 10~20% 수준으로 유지되도록 계획한다.
㉥ 양서류의 이동거리를 고려하여 반경 내 다른 습지, 개울이 존재하도록 계획한다.

53 조류습지 조성방법으로 잘못된 것은?

① 저습지는 2m 이하로 수위를 유지하며, 다양한 수위로 조성하여 수면성 오리류, 잠수성 오리류, 백로류, 갈매기류와 같은 다양한 물새들이 선호하는 환경을 조성한다.
② 저습지 호안은 일부 조류를 제외하고 대부분 완경사비탈면을 선호한다. 호안 경사를 1:3 정도로 유지한다.
③ 저습지 주위에 물새류 서식을 위해 은신할 수 있는 갈대군락, 줄군락, 버드나무군락 등을 조성한다.
④ 물떼새, 도요류와 할미새류는 하천변에 저수로 돌쌓기를 하여 은신처로 이용할 수 있도록 한다.

해설 조류 서식처 조성기법

조류 대체서식지 구성을 위한 핵심 구성요소

구성요소	설명
먹이	조류는 수서곤충, 어류, 양서류, 파충류, 수생식물을 주로 이용하며, 먹이자원이 풍부할수록 좋음
커버	잠자리, 피난, 은신, 휴식처 등을 충분히 제공하여야 하며, 다양한 기능을 복합적으로 제공하는 지역에 서식밀도가 높음
번식	둥지를 마련할 수 있는 공간이 제공되어야 하며, 둥지 재료 및 유조에 대한 육추활동을 지원할 수 있는 공간이 제공되어야 함

㉠ 조류의 유인 및 서식환경 조성기법
• 수심 : 2m 이하 깊이, 다양한 수심
• 호안 : 가파른 제방 1.5~2m, 대부분의 조류는 완경사면 선호
• 조류가 공중에서 인식할 수 있는 서식환경 조성 필요
 －개개비류 번식 및 이동 : 갈대군락의 연속적 조성
 －쇠물닭 : 줄과 부들군집 필요
 －붉은머리오목눈이 : 연속적인 관목과 덤불 조성
 －개방수면 : 수면적의 50% 내외로 개방수면 유지
• 섬
 －길이와 폭의 비율=5 : 1~10 : 1이 적절
 －습지와 횡방향으로 위치 → 물의 흐름 방해 예방
 －크기 : 전체 습지면적의 1~5%, 최소 4m² 이상
 －섬끼리 158m 이상 거리 확보, 호안 가장자리로부터 15m 이상 이격
 －윤곽 : 습지의 모양처럼 불규칙한 곡선을 이용
 －내부경사는 10% 내외로 조성
• 모래톱, 자갈톱 : 물떼새류의 산란지, 조류 휴식지
 －습지 조성 시 모래톱, 자갈톱 도입
 －하천의 물흐름을 고려하여 자연스럽게 형성되도록 유도
• 산림 : 다층구조 식재, 인공새집 가설
㉡ 먹이식물 식재
• 식생은 야생동물, 특히 조류의 은신처나 피난처로 이용될 뿐만 아니라 먹이원으로 활용됨

- 멧새류를 위하여 주변녹지에 조류의 식성을 만족시킬 수 있는 다양한 종자식물을 선정
- 물새류를 위한 습지는 은신처나 번식장소로서의 저습지가 2/3, 먹이를 획득하기 위한 넓은 수면은 1/3의 비를 갖추어야 하며, 물새류가 가장 선호하는 수생식물은 수심 30~60cm 위치에 서식함
- 수심이 얕은 곳에는 수면성 오리류(천둥오리, 흰뺨검둥오리, 쇠오리 등)가 주로 서식. 수면성 오리류는 거의 초식성으로 천변에 먹이가 되는 수초를 식재하여 이들의 먹이와 함께 서식처를 조성해 주어야 함
- 물떼새, 도요새, 할미새류는 얕은 물가의 모래나 자갈밭에서 번식하기 때문에 하천변에 자갈(크기 7~15mm)밭과 모래밭을 조성하면 이들의 번식을 유도할 수 있음. 또한, 하안식생을 유지하여 은신처로 작용할 수 있도록 하여야 함
- 박새, 멧새, 참새류는 교목과 관목을 적절하게 잘 혼용하여 이들의 서식공간을 조성해주고 이들의 먹이가 되는 종자식물을 많이 식재하여야 함

54 토양산성화가 심한 지역에서 유효도가 증가하는 원소는?

① Fe, Mn
② N, P
③ K, Ca
④ Mg

해설

토양이 산성화되면 Fe, Al, Mn 등은 가용성이 높아지면서 이들의 과잉흡수가 문제가 되며, 인산과 결합하여 불용성의 인산화합물을 만들기 때문에 인산결핍증이 나타난다. 반면에 K, Ca, Mg, Mo 등은 가용성이 낮아져 흡수가 억제되며, pH 4 이하가 되면 수소이온이 직접 뿌리에 해작용을 나타낸다. 토양이 pH 5 이하로 낮아지면 질소고정균의 활동이 나빠지고, 질산균과 아질산균의 활동도 둔해져 토양의 양이온교환능이나 완충능의 저하를 가져오게 된다.

55 식물과 토양침식의 관계에 대하여 잘못 설명한 것은?

① 식물은 빗방울에 의한 직접적인 타격으로부터 토양의 입단을 보호하여 침식을 막을 수 있다.
② 식물의 뿌리는 토양의 입단구조를 발달시키며 피복에 의한 유속의 감소나 토양 건조방지효과를 나타낸다.
③ 식물에 의한 토양보전효과는 지표면에 바로 접촉되어 있는 피복이 토양유실 방지에 가장 낮은 효과를 보인다.
④ 지표면 하부에서 토양보전효과는 식물의 뿌리가 토양의 투수성을 개선하여 유거량을 줄임으로써 토양의 유실을 줄일 수 있다.

해설 식물의 생육

식물은 빗방울에 의한 직접적인 타격으로부터 토양의 입단을 보호하여 침식을 막고, 식물의 뿌리는 토양의 입단구조를 발달시키며 피복에 의한 유속의 감소나 토양건조방지효과를 나타낸다. 작물에 의한 토양보전효과(土壤保全效果)는 지표면 상부·지표면·지표면 하부 등 세 가지로 구분하여 살펴볼 수 있으며, 작물의 종류 및 줄기의 밀도와 형태에 따라 달라진다.

지표면 상부에서의 토양보전효과는 식물의 피복도(被覆度)와 초장에 따라 강우차단효과가 달라지는데, 피복이 지표면 가까이 있을 경우 잎에서 지면으로 떨어진 물방울은 직접 지면으로 떨어지는 물방울보다 에너지가 작기 때문에 물방울의 타격력(打擊力)이 작아진다. 지표면에 바로 접촉되어 있는 피복은 토양유실 방지에 가장 효과적이라고 할 수 있다.

토양 표면에서의 토양보전효과는 식물의 잔재(殘滓)가 빗방울의 지면 타격면적을 감소시키고 유속을 줄임과 동시에 지표의 저수능력을 증가시키는 것이다. 지표면 하부에서의 토양보전효과는 식물의 뿌리가 토양의 투수성을 개선하여 유거량을 줄임으로써 토양의 유실을 줄일 수 있을 뿐만 아니라, 토양의 보수능력(保水能力)을 증가시키는 것이다.

56 생태통로 조성 시 야생동물의 유인 및 이동을 촉진시키기 위한 방법으로 틀린 것은?

① 조류의 유인을 위해 식이식물을 식재한다.
② 포유류의 이동을 위해 단층구조의 수림대를 조성한다.
③ 양서류의 이동을 위해 측구 등에 의한 이동용 보조통로를 설치한다.
④ 곤충의 유인 및 이동을 위해 먹이식물이나 밀원식물을 적극 도입한다.

57 도로 아래에 이미 설치된 수로박스와 수로관 등의 암거 수로를 이용하여 생태통로를 만들 때 어떤 보완시설의 설치가 필요한가?

① 기둥
② 비포장통로
③ 울타리설치
④ 선반이나 턱 구조물

분류		설치목적 및 시설규모 · 종류	형태
기타 시설	수로탈출 시설	도로의 배수로 및 농수 로 등에 빠진 양서류, 파 충류, 소형 포유류가 빠 져나오도록 하는 시설	
	암거수로 보완시설	수로박스 등의 기존 암 거구조물을 야생동물이 생태통로처럼 이용할 수 있도록 하는 보완시설	
	도로횡단 보완시설	하늘다람쥐나 청설모 등 이 도로를 안전하게 횡 단할 수 있도록 설치한 기둥 등의 보조시설	

58 수관저류는 수관 표면이 포화되는 데 필요한 최소의 강우량이다. 수관저류 능력에 가장 큰 영향을 미치는 요인으로만 짝지어진 것은?

① 엽면적지수, 강우강도, 수종
② 엽면적지수, 강우량, 수종
③ 엽지량, 엽면적지수, 강우강도
④ 낙엽지량, 강우량, 수종

해설

강수는 지상의 식생에 의해서, 특히 숲에서는 임목의 수관에 의하여 상당량이 차단되어 지상에 도달하지 못한다. 즉 강수의 일부는 식물의 잎과 가지에 부착되며, 그곳으로부터 증발되어 결국 땅 위에 도달하지 못하는데, 이것을 수관차단우량이라 한다.
숲의 강우차단율, 수관차단율은 수종, 수령, 수관모양, 임분밀도 등에 따라서 차이가 있으며, 또한 강우계절, 강우강도, 강우시간 등에 따라서도 다르게 된다.
(*출처 : 우보명, 훼손지환경녹화공학)

59 황폐한 산간계곡의 유역면적이 10ha인 곳에서 강우강도가 100mm/hr일 때, 최대유량(m³/s)은? (단, 유역의 유출계수 = 0.8, 감수계수가 고려된 합리식을 사용한다.)

① 0.1
② 0.2
③ 2.2
④ 4.4

해설

$$최대홍수량 = (유거계수 \times 유역면적(ha) \times 강우강도(mm))/360$$
$$= (0.8 \times 10 \times 100)/360$$
$$= 2.22$$

60 생태이동통로의 형태 중 훼손 횡단부위가 넓고, 절토지역 또는 장애물 등으로 동물을 위한 통로설치가 어려운 지역에 만들어지는 통로는?

① Box
② Culvert
③ Shelterbelt
④ Overbridge

해설

Overbridge(육교형)

04 생태복원 사후관리 · 평가

61 모니터링 필수평가항목이 아닌 것은?

① 사업대상지에 서식이 확인되는 멸종위기종의 종수
② 사업대상지에 서식이 확인되는 동물, 식물의 종수
③ 사업대상지 내 수림대 조성에 따른 탄소저감량
④ 주민만족도 설문조사표를 활용하여 전체 응답자의 점수를 산술평균한 주민만족도 결과

해설 모니터링 필수평가항목

구분	평가항목	내용
생물종다양성	멸종위기종 종수 변화	사업대상지에 서식이 확인되는 멸 종위기종의 종수
자연성 (교란 정도)	생태계교란생물 종수 변화	사업대상지에 서식이 확인되는 생 태계교란생물의 종수
생태기반환경	탄소저감량 (또는 탄소저장량)	사업대상지 내 수림대 조성에 따른 탄소저감량(탄소저장량)
이용만족도	주민만족도 결과	주민만족도 설문조사표를 활용하여 전체 응답자의 점수를 산술평균하 여 만족도(점)를 평가항목으로 함

62 모니터링 결과를 바탕으로 세부관리계획 수립 시 정기적 유지관리 항목이 아닌 것은?

① 토양환경, 수환경 등의 안정성 확인

② 교목, 관목, 초화류의 생육상태 확인

③ 대상지 내 교란종 점검 및 제거

④ 장마, 홍수 등이 발생한 경우 시설물의 훼손상태 확인

해설 유지관리 주기 설정

㉠ 정기적 유지관리 : 토양환경, 수환경 등의 안정성 확인, 교목 · 관목 · 초화류의 생육상태 확인, 대상지 내 교란종 점검 및 제거, 서식지 관리, 시설물 관리 등은 주기적으로 점검을 실시한다.

㉡ 비정기적 유지관리

· 장마, 홍수, 가뭄, 태풍 등이 발생한 경우 시설물의 훼손상태 확인 등 전반적인 점검을 실시함

· 항목별 정기점검 시 토양오염, 녹조 발생, 병충해 발생, 수변식생 과다 번식, 생태계교란종 등이 관찰되었을 시 조치를 취하기 위한 점검을 실시함

63 야생생물 보호 및 관리에 관한 법률에 따라 "수렵동물" 등의 타당성을 검토하여 개선 등의 조치를 취하여야 하는 기간은?

① 2년 ② 3년

③ 4년 ④ 5년

64 멸종위기 1급 양서파충류는?

① 비바리뱀 ② 고리도롱뇽

③ 구렁이 ④ 표범장지뱀

해설 멸종위기 야생생물 Ⅰ급 양서 · 파충류

비바리뱀, 수원청개구리

65 자연공원법에 따른 자연공원위원회 위원장은?

① 환경부장관

② 환경부차관

③ 국립공원공단 이사장

④ 지자체장

해설 자연공원법 시행령 제5조(국립공원위원회의 구성)

① 법 제9조제1항에 따른 국립공원위원회(이하 "국립공원위원회"라 한다)는 위원장 및 부위원장 각 1명을 포함한 25명 이내의 위원과 특별위원으로 성별을 고려하여 구성한다.

② 위원장은 환경부차관이 되고, 부위원장은 위원 중에서 호선한다.

③ 위원은 다음 각 호의 사람이 된다.

  1. 기획재정부 · 국방부 · 행정안전부 · 문화체육관광부 · 농림축산식품부 · 환경부 · 국토교통부 · 해양수산부 및 산림청의 고위공무원단에 속하는 공무원 중에서 해당 기관의 장이 지명하는 사람

  2. 국립공원공단(이하 "공단"이라 한다) 상임이사 중 이사장이 지명하는 사람

  3. 대한불교조계종 사회부장

  4. 국립공원 안에 거주하는 주민 · 사업자 등 이해관계인 중 환경부장관이 위촉하는 사람

  5. 다음 각 목의 사람 중에서 환경부장관이 위촉하는 사람

66 환경부장관이 국가차원의 환경보전을 위해 수립하는 '국가환경종합계획'의 수립주기는?

① 5년 ② 10년

③ 20년 ④ 30년

67 환경정책기본법에서 사용하는 용어의 뜻이 잘못된 것은?

① 자연환경이란 식물 · 동물 및 미생물 군집들과 무생물 환경이 기능적인 단위로 상호작용하는 역동적인 복합체를 말한다.

② 환경훼손이란 야생동식물의 남획 및 그 서식지의 파괴, 생태계질서의 교란, 자연경관의 훼손, 표토의 유실 등으로 자연환경의 본래적 기능에 중대한 손상을 주는 상태를 말한다.

③ 환경용량이란 일정한 지역에서 환경오염 또는 환경훼손에 대하여 환경이 스스로 수용, 정화 및 복원하여 환경의 질을 유지할 수 있는 한계를 말한다.

④ 환경기준이란 국민의 건강을 보호하고 쾌적한 환경을 조성하기 위하여 국가가 달성하고 유지하는 것이 바람직한 환경상의 조건 또는 질적인 수준을 말한다.

1. "환경"이란 자연환경과 생활환경을 말한다.
2. "자연환경"이란 지하·지표(해양을 포함한다) 및 지상의 모든 생물과 이들을 둘러싸고 있는 비생물적인 것을 포함한 자연의 상태(생태계 및 자연경관을 포함한다)를 말한다.
3. "생활환경"이란 대기, 물, 토양, 폐기물, 소음·진동, 악취, 일조(日照), 인공조명, 화학물질 등 사람의 일상생활과 관계되는 환경을 말한다.
4. "환경오염"이란 사업활동 및 그 밖의 사람의 활동에 의하여 발생하는 대기오염, 수질오염, 토양오염, 해양오염, 방사능오염, 소음·진동, 악취, 일조 방해, 인공조명에 의한 빛공해 등으로서 사람의 건강이나 환경에 피해를 주는 상태를 말한다.
5. "환경훼손"이란 야생동식물의 남획(濫獲) 및 그 서식지의 파괴, 생태계질서의 교란, 자연경관의 훼손, 표토(表土)의 유실 등으로 자연환경의 본래적 기능에 중대한 손상을 주는 상태를 말한다.
6. "환경보전"이란 환경오염 및 환경훼손으로부터 환경을 보호하고 오염되거나 훼손된 환경을 개선함과 동시에 쾌적한 환경 상태를 유지·조성하기 위한 행위를 말한다.
7. "환경용량"이란 일정한 지역에서 환경오염 또는 환경훼손에 대하여 환경이 스스로 수용, 정화 및 복원하여 환경의 질을 유지할 수 있는 한계를 말한다.
8. "환경기준"이란 국민의 건강을 보호하고 쾌적한 환경을 조성하기 위하여 국가가 달성하고 유지하는 것이 바람직한 환경상의 조건 또는 질적인 수준을 말한다.

68 자연환경보전법에 따른 생태·경관보전지역 중 완충지역을 설명하는 것은?

① 생태계의 구조와 기능의 훼손방지를 위하여 특별한 보호가 필요하거나 자연경관이 수려하여 특별히 보호하고자 하는 지역
② 핵심구역의 연접지역으로서 핵심구역의 보호를 위하여 필요한 지역
③ 핵심구역 또는 완충구역에 둘러싸인 취락지역으로서 지속 가능한 보전과 이용을 위하여 필요한 지역
④ 군사목적 또는 천재·지변 그 밖의 사유로 인한 지역

해설 생태경관 보전지역의 구분

1. 생태·경관핵심보전구역(이하 "핵심구역"이라 한다) : 생태계의 구조와 기능의 훼손방지를 위하여 특별한 보호가 필요하거나 자연경관이 수려하여 특별히 보호하고자 하는 지역
2. 생태·경관완충보전구역(이하 "완충구역"이라 한다) : 핵심구역의 연접지역으로서 핵심구역의 보호를 위하여 필요한 지역

3. 생태·경관전이(轉移)보전구역(이하 "전이구역"이라 한다) : 핵심구역 또는 완충구역에 둘러싸인 취락지역으로서 지속가능한 보전과 이용을 위하여 필요한 지역

69 자연환경보전법에 따라 생태관광사업자, 생태관광 관련 단체 및 그 밖에 생태관광 관련 업무 종사하는 자는 생태관광의 육성 필요에 따라 환경부장관의 허가를 받아 생태관광 협회를 설립할 수 있다. 그에 해당하는 사업이 아닌 것은?

① 생태관광에 적합한 지역 및 탐방프로그램의 조사·연구
② 생태관광 관련 국제협력업무
③ 생태관광 육성을 위하여 필요한 사업
④ 자연환경해설사의 육성

해설 자연환경보전법 제55조의2(생태관광협회)

1. 생태관광에 적합한 지역 및 탐방프로그램의 조사·연구
2. 생태관광 관련 국제협력업무
3. 그 밖에 생태관광 육성을 위하여 필요한 사업
② 생태관광협회는 법인으로 한다.
③ 국가 또는 지방자치단체는 생태관광의 육성을 위하여 필요한 경우에는 예산의 범위에서 생태관광협회에 필요한 경비의 일부를 지원할 수 있다.
④ 생태관광협회에 관하여 이 법에서 규정한 사항을 제외하고는「민법」중 사단법인에 관한 규정을 준용한다.
[본조신설 2013. 3. 22.]

70 습지보전법의 목적으로 가장 거리가 먼 것은?

① 습지의 효율적 보전·관리에 필요한 사항을 정한다.
② 습지 오염에 따른 국민건강의 위해를 예방하고, 습지개발을 통하여 국민으로 하여금 그 혜택을 널리 향유할 수 있도록 한다.
③ 습지에 관한 국제협약의 취지를 반영함으로써 국제협력의 증진에 이바지한다.
④ 습지와 습지의 생물다양성의 보전을 도모한다.

해설 습지보전법 제1조 목적

이 법은 습지의 효율적 보전·관리에 필요한 사항을 정하여 습지와 습지의 생물다양성을 보전하고, 습지에 관한 국제협약의 취지를 반영함으로써 국제협력의 증진에 이바지함을 목적으로 한다.

71 습지보전법의 용어 설명이 잘못된 것은?

① 습지란 담수, 기수 또는 염수가 영구적 또는 일시적으로 그 표면을 덮고 있는 지역으로서 내륙습지 및 연안습지를 말한다.
② 내륙습지란 육지 또는 섬에 있는 호수, 못, 늪, 하천 또는 하구 등의 지역을 말한다.
③ 연안습지란 만조 때 수위선과 지면의 경계선까지의 지역을 말한다.
④ 습지훼손이란 배수, 매립 또는 준설 등의 방법으로 습지 원래의 형질을 변경하거나 습지에 시설이나 구조물을 설치하는 등의 방법으로 습지를 보전 목적 외의 용도로 사용하는 것을 말한다.

해설 습지보전법 제2조 정의

1. "습지"란 담수(淡水 : 민물), 기수(汽水 : 바닷물과 민물이 섞여 염분이 적은 물) 또는 염수(鹽水 : 바닷물)가 영구적 또는 일시적으로 그 표면을 덮고 있는 지역으로서 내륙습지 및 연안습지를 말한다.
2. "내륙습지"란 육지 또는 섬에 있는 호수, 못, 늪, 하천 또는 하구(河口) 등의 지역을 말한다.
3. "연안습지"란 만조(滿潮) 때 수위선(水位線)과 지면의 경계선으로부터 간조(干潮) 때 수위선과 지면의 경계선까지의 지역을 말한다.
4. "습지의 훼손"이란 배수(排水), 매립 또는 준설 등의 방법으로 습지 원래의 형질을 변경하거나 습지에 시설이나 구조물을 설치하는 등의 방법으로 습지를 보전 목적 외의 용도로 사용하는 것을 말한다.
[전문개정 2014. 3. 24.]

72 생물다양성법에 따라 국립생태원의 장은 위해성 평가를 해야 한다. 그와 관련된 설명 중 잘못된 것은?

① 위해성평가의 대상 및 범위, 종류와 시기, 방법 등의 계획을 수립하여야 한다.
② 각 기준에 따라 위해성평가를 실시하고 위해성 정도에 따라 등급을 정하여 생태계교란 생물 등의 지정을 위한 자료로 활용할 수 있다.
③ 객관적이고 공정한 위해성 평가를 위하여 관련 분야의 전문가 등으로 구성된 생태계위해성평가위원회를 구성·운영할 수 있다.
④ 국립생태원장은 수립된 위해성평가 계획에 그에 따른 위해성평가 결과를 2년에 한번 환경부장관에게 보고해야 한다.

해설 생물다양성 보전 및 이용에 관한 법률 시행규칙 제8조(위해성평가의 기준 및 절차 등)

① 「국립생태원의 설립 및 운영에 관한 법률」에 따른 국립생태원의 장(이하 "국립생태원장"이라 한다)은 법 제21조의2제1항에 따른 위해성평가(이하 "위해성평가"라 한다)를 하기 위하여 매년 12월 31일까지 다음 각 호의 사항이 포함된 다음 해의 위해성평가 계획을 수립하고, 그 계획에 따라 위해성평가를 해야 한다.
   1. 위해성평가의 대상 및 범위
   2. 정기평가와 수시평가 등 위해성평가의 종류와 시기
   3. 위해성평가의 방법
② 국립생태원장은 다음 각 호의 기준에 따라 위해성평가를 실시한다. 이 경우 그 위해성 정도에 따라 등급을 정하여 생태계교란 생물 등의 지정을 위한 자료로 활용할 수 있다.
   1. 평가 대상 생물종의 생물학적·생태학적 특징
   2. 평가 대상 생물종의 환경방출, 정착, 확산 양상
   3. 평가 대상 생물종이 생태계에 미치는 영향
   4. 평가 대상 생물종의 사후관리방안의 적용 양상
   5. 그 밖에 위해성평가를 위하여 국립생태원장이 정하는 기준
③ 국립생태원장은 객관적이고 공정한 위해성평가를 위하여 관련 분야의 전문가 등으로 구성된 생태계위해성평가위원회를 구성·운영할 수 있다.
④ 국립생태원장은 제1항에 따라 수립된 위해성평가 계획과 그에 따른 위해성평가 결과를 매년 환경부장관에게 보고해야 한다.
[전문개정 2019. 10. 17.]

73 뉴트리아 포획 시기는?

① 11월~4월
② 3월~6월
③ 5월~10월
④ 9월~2월

해설 뉴트리아 관리방법 및 시기

• 생태 특성에 기초한 주요 활동지역(이동로, 상륙지, 먹이자원 공급지, 휴식지, 서식굴, 흔적 확인지점 등)을 중심으로 트랩 설치, 서식지 내 다른 야생동물 피해 최소화
• 포획은 생포트랩을 이용, 수중트랩은 육상트랩에 비해 포획에 효과적
• 연중 동일한 강도로 트랩을 운영하여 개체수를 조절하고 확산을 방지
• 수매제도는 생활 터전 인근 소규모 서식 개체 제거에 효과적
• 포획 효율이 높은 시기는 11월부터 4월까지로 해당 시기에 집중적인 포획 활동을 전개

뉴트리아 포획작업   포획트랩 설치

관리방법	관리시기
	1 2 3 4 5 6 7 8 9 10 11 12
활동시기 및 포획시기	•━━━━━• •━━•
수매제도 운용	•━•━•━•━•━•━•━•━•━•━•━•
포획트랩의 운용	•━━━━• •━━━━•

시기별 관리방법

74 산지보전법 공익용 산지가 아닌 것은?

① 자연휴양림의 산지

② 사찰림의 산지

③ 산지전용 · 일시사용제한지역

④ 채종림 및 시험림의 산지

해설 산지관리법 제4조(산지의 구분)

나. 공익용산지 : 임업생산과 함께 재해 방지, 수원 보호, 자연생태계 보전, 산지경관 보전, 국민보건휴양 증진 등의 공익 기능을 위하여 필요한 산지로서 다음의 산지를 대상으로 산림청장이 지정하는 산지

1)「산림문화 · 휴양에 관한 법률」에 따른 자연휴양림의 산지

2) 사찰림(寺刹林)의 산지

3) 제9조에 따른 산지전용 · 일시사용제한지역

4)「야생생물 보호 및 관리에 관한 법률」제27조에 따른 야생생물 특별보호구역 및 같은 법 제33조에 따른 야생생물 보호구역의 산지

5)「자연공원법」에 따른 공원구역의 산지

6)「문화유산의 보존 및 활용에 관한 법률」에 따른 문화유산보호구역의 산지 또는 「자연유산의 보존 및 활용에 관한 법률」에 따른 자연유산보호구역의 산지

7)「수도법」에 따른 상수원보호구역의 산지

8)「개발제한구역의 지정 및 관리에 관한 특별조치법」에 따른 개발제한구역의 산지

9)「국토의 계획 및 이용에 관한 법률」에 따른 녹지지역 중 대통령령으로 정하는 녹지지역의 산지

10)「자연환경보전법」에 따른 생태 · 경관보전지역의 산지

11)「습지보전법」에 따른 습지보호지역의 산지

12)「독도 등 도서지역의 생태계보전에 관한 특별법」에 따른 특정 도서의 산지

13)「백두대간 보호에 관한 법률」에 따른 백두대간보호지역의 산지

14)「산림보호법」에 따른 산림보호구역의 산지

15) 그 밖에 공익 기능을 증진하기 위하여 필요한 산지로서 대통령령으로 정하는 산지

75 백두대간의 무분별한 개발행위로 인한 훼손을 방지함으로써 국토를 건전하게 보호하고, 쾌적한 자연환경을 조성하기 위하여 백두대간 보호지역을 지정 · 구분한 것은?

① 핵심구역, 전이구역

② 핵심구역, 완충구역

③ 완충구역, 전이구역

④ 핵심구역, 완충구역, 전이구역

해설 백두대간 보호에 관한 법률 제6조(백두대간보호지역의 지정)

② 산림청장은 백두대간 중 생태계, 자연경관 또는 산림 등에 대하여 특별한 보호가 필요하다고 인정하는 지역을 제1항 본문에 따른 원칙과 기준에 따라 환경부장관과 협의하여 보호지역으로 지정할 수 있다. 이 경우 보호지역은 다음 각 호와 같다.

1. 핵심구역 : 백두대간의 능선을 중심으로 특별히 보호하려는 지역

2. 완충구역 : 핵심구역과 맞닿은 지역으로서 핵심구역 보호를 위하여 필요한 지역

76 국토의 계획 및 이용에 관한 법률상 토지의 이용실태 및 특성, 장래의 토지 이용방향 등을 고려한 용도지역 구분에 관한 설명으로 옳지 않은 것은?

① 관리지역 : 도시지역의 인구와 산업을 수용하기 위하여 도시지역에 준하여 체계적으로 관리하거나 농림업의 진흥, 자연환경 또는 산림의 보전을 위하여 농림지역 또는 자연환경보전지역에 준하여 관리할 필요가 있는 지역

② 농림지역 : 도시지역에 속하지 아니하는 농업진흥지역 또는 보전산지 등으로서 농업을 진흥시키고 산림을 보전하기 위하여 필요한 지역

③ 산업단지개발지역 : 인구와 산업이 밀집되어 있거나 밀집이 예상되어 그 지역에 대하여 체계적인 개발 · 정비 · 관리 · 보전 등이 필요한 지역

④ 자연환경보전지역 : 자연환경 · 수자원 · 해안 · 생태계 · 상수원 및 문화재의 보전과 수산자원의 보호 · 육성 등을 위하여 필요한 지역

1. 도시지역 : 다음 각 목의 어느 하나로 구분하여 지정한다.
   가. 주거지역 : 거주의 안녕과 건전한 생활환경의 보호를 위하여 필요한 지역
   나. 상업지역 : 상업이나 그 밖의 업무의 편익을 증진하기 위하여 필요한 지역
   다. 공업지역 : 공업의 편익을 증진하기 위하여 필요한 지역
   라. 녹지지역 : 자연환경 · 농지 및 산림의 보호, 보건위생, 보안과 도시의 무질서한 확산을 방지하기 위하여 녹지의 보전이 필요한 지역
2. 관리지역 : 다음 각 목의 어느 하나로 구분하여 지정한다.
   가. 보전관리지역 : 자연환경 보호, 산림 보호, 수질오염 방지, 녹지공간 확보 및 생태계 보전 등을 위하여 보전이 필요하나, 주변 용도지역과의 관계 등을 고려할 때 자연환경보전지역으로 지정하여 관리하기가 곤란한 지역
   나. 생산관리지역 : 농업 · 임업 · 어업 생산 등을 위하여 관리가 필요하나, 주변 용도지역과의 관계 등을 고려할 때 농림지역으로 지정하여 관리하기가 곤란한 지역
   다. 계획관리지역 : 도시지역으로의 편입이 예상되는 지역이나 자연환경을 고려하여 제한적인 이용 · 개발을 하려는 지역으로서 계획적 · 체계적인 관리가 필요한 지역
3. 농림지역
4. 자연환경보전지역

77 국토의 계획 및 이용에 관한 법률상 용도지역이 아닌 것은?

① 도시지역
② 산업지역
③ 관리지역
④ 농림지역

해설

76번 문제 해설 참고

78 생물다양성 보전 및 이용에 관한 법규상 생태계교란생물이 아닌 것은?

① 뉴트리아(*Myocastor coypus*)
② 비바리뱀(*Sibynophis dhinensis*)
③ 황소개구리(*Lithobates catesbeianus*)
④ 파랑볼우럭(블루길)(*Lepomis macrochirus*)

해설

비바리뱀 : 멸종위기야생생물 1급

79 자연환경보전법상 생태 · 자연도의 등급 구분 중 별도관리지역에 대한 설명으로 옳은 것은?

① 생물의 지리적 분포한계에 위치하는 생태계 지역 또는 주요 식생의 유형을 대표하는 지역
② 장차 보전의 가치가 있는 지역 또는 1등급 권역의 외부지역으로서 1등급 권역의 보호를 위하여 필요한 지역
③ 「야생생물 보호 및 관리에 관한 법률」에 따른 멸종위기 야생생물의 주된 서식지 · 도래지 및 주요 생태축 또는 주요 생태통로가 되는 지역
④ 다른 법률의 규정에 의하여 보전되는 지역 중 역사적 · 문화적 · 경관적 가치가 있는 지역이거나 도시의 녹지보전 등을 위하여 관리되고 있는 지역으로서 대통령령으로 정하는 지역

해설 자연환경보전법 제34조(생태 · 자연도의 작성 · 활용)

4. 별도관리지역 : 다른 법률에 따라 보전되는 지역 중 역사적 · 문화적 · 경관적 가치가 있는 지역이거나 도시의 녹지보전 등을 위하여 관리되고 있는 지역으로서 대통령령으로 정하는 지역

80 자연공원법규상 자연공원의 구분에 해당하지 않는 것은?

① 국립공원
② 군립공원
③ 도립공원
④ 도시자연공원

해설 자연공원법규상 자연공원

국립공원, 도립공원, 군립공원, 지질공원

2023년 3회 필기 기출(복원)문제

본 기출(복원)문제는 수험자의 기억을 토대로 작성되었습니다. 또한, 수험자의 기억이 불확실할 경우에는 유사문제로 대체하였음을 알려드립니다.

01 경관생태학

01 무산소상태에서 광합성이 가능한 세균은?

① 녹색황세균
② 클로스트리듐
③ 황산염환원세균
④ 메탄세균

해설

논이나 늪에 많은 광합성 세균은 거의 혐기성으로, 광합성 세균에 의한 물질순환은 다음과 같다.
- 광합성 세균(홍색황세균, 녹색황세균) + 황화수소(환원제) → 이산화탄소 동화하여 세포물질을 만든다.
- 광합성 세균이 사멸하면 클로스트리듐 또는 다른 분해력 있는 혐기성 세균이 세포물질을 분해하여 이산화탄소, 소소, 암모니아, 유기산이나 알코올 등이 생성된다. 이러한 생산물은 황산염환원세균이나 메탄세균에 의해 혐기적으로 산화되어 황화수소나 아세트산이 된다.
- 황화수소는 광합성세균, 아세트산은 홍색비황세균으로 이행한다.
- 메탄세균에 의해 생성된 메타가스나 이산화탄소는 혐기성 환경 밖으로 배출된다.

02 돌말-모기유충-붕어-베스로 이어지는 수생태 먹이피라미드에서 돌말이 감소하면 일어나는 현상은?

① 모기유충, 붕어, 베스 모두 감소한다.
② 모기유충은 증가하고 붕어, 베스는 감소한다.
③ 모기유충은 감소하고 붕어, 베스는 증가한다.
④ 모기유충, 붕어, 베스 모두 증가한다.

해설

피식자가 감소하면 상위 포식자는 먹이가 부족하게 되어 개체수가 감소하게 된다.

03 경관의 구성요소가 아닌 것은?

① 뷰포인트
② 바탕
③ 조각
④ 통로

해설 경관구조

- 바탕(Matrix) : 가장 넓은 면적을 차지하고 연결성이 가장 좋으며, 역동적 통제력을 가진 경관
- 조각(Patch) : 생태적, 시각적 특성이 주변과 다르게 나타나는 비선형적 경관
- 통로(Corridor) : 바탕에 놓여 있는 선형의 경관요소

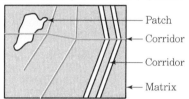

04 경관이질성을 제대로 설명한 것은?

① 동질적인 공간으로 가정되는 생태계 안에서 생물과 비생물로 구성되는 구성요소들의 정량적인 상태
② 조각은 주변과 구분되는 서식지 영역으로서, 흔히 경관 매핑 및 분류 체제에서 생태학적으로 구별되는 가장 작은 경관 구성요소
③ 바탕은 주변 경관을 대부분을 차지하는 경관요소
④ 통로는 경관에서 연결 또는 장벽의 역할을 할 수 있는 좁은 선형 조각

05 경관생태학에서 통로에 대한 설명으로 잘못된 것은?

① 통로는 서식처, 도관, 장벽, 여과대, 공급원, 수용처라는 6가지의 기본적인 기능을 가지고 있다.
② 통로는 수평적인 크기와 형태에 따라 선형, 좁은 띠형, 넓은 띠형의 형태로 나타난다.
③ 통로너비는 환경통로에서 생물의 서식 및 이동효율뿐만 아니라 물과 영양소 이동, 침식과 퇴적, 홍수방지와 같은 하천 통로의 여과와 수용처 기능의 크기를 결정하는 요소이다.
④ 통로는 넓은 형태일수록 가장자리의 비율이 높다.

정답 01 ① 02 ① 03 ① 04 ① 05 ④

해설

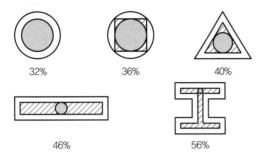

32%	36%	40%

46%	56%

• 조각모양에 따른 핵심구역(회색원)과 내부(빗금부분) 그리고 가장 자리(백색부분) 면적의 상대적인 크기비교
• 가장자리 면적이 커질수록 내부의 크기는 줄어들고 내부종이 살 수 있는 핵심지역의 면적이 작아진다.

06 도시외곽보다 도시지역에서 기온이 높게 나타나는 현상은?

① 도시열섬
② 지구온난화
③ 알베도
④ 파편화포

해설

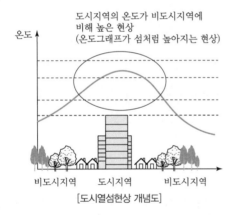

도시지역의 온도가 비도시지역에 비해 높은 현상
(온도그래프가 섬처럼 높아지는 현상)

온도

비도시지역　　도시지역　　비도시지역

[도시열섬현상 개념도]

07 우리나라 아한대림 수종이 아닌 것은?

① 분비나무
② 구상나무
③ 주목
④ 서어나무

해설

우리나라 아한대림은 고도가 높은 산지 일부에서 자라는 수종으로 분비나무, 구상나무, 주목 등이 있다.

08 지구온난화에 따른 수생태계 변화가 아닌 것은?

① 용존산소 감소
② 해수면 상승
③ 해수온도 상승
④ pH 증가

해설

지구 온난화에 따라 수온이 상승하면 pH가 감소하여 산성화가 진행된다.

09 동물의 분산이유가 아닌 것은?

① 과밀도 개체군 조절
② 번식
③ 먹이
④ 근친교배

해설

동물들은 서식지의 밀도가 높아 경쟁이 심해지면 먹이를 찾거나 번식의 목적으로 분산하는 경우가 대부분이며 그로 인해 개체군이 조절된다.

10 호수에서 100마리의 베스를 포획하여 표식을 남기고 다시 풀어주었다. 얼마 후 그 호수에서 150마리의 베스를 포획하였더니 전에 표식을 남긴 베스가 50마리가 포획되었을 때 호수에 있는 베스의 모집단 수는 얼마인가?

① 200
② 250
③ 300
④ 350

해설 경관구조

$$\frac{100}{모집단} = \frac{50}{150}$$

$$모집단 = 100 \times \frac{150}{50} = 300$$

11 경관조각의 종류가 아닌 것은?

① 잔류조각
② 교란조각
③ 재생조각
④ 변화조각

해설 조각의 종류

• 잔류조각 : 교란이 주위를 둘러싸고 일어나 원래의 서식지가 작아진 경우
• 재생조각 : 잔류조각과 유사하지만 교란된 지역의 일부가 회복되면서 주변과 차별성을 가지는 경우
• 도입조각 : 바탕 안에 새로 도입된 종이 우점하거나 흔히 인간이 숲을 베어내고 농경지 개발이나 식재활동을 하거나 골프장 또는 주택지를 조성하는 경우

- 환경조각 : 암석, 토양형태와 같이 주위를 둘러싸고 있는 지역과 물리적 자원이 다른 조각
- 교란조각 : 벌목, 폭풍이나 화재와 같이 경관바탕에서 국지적으로 일어난 교란에 의해서 생긴 조각

12 개체가 적은 개체군은 개체군 증가율 감소라는 피해를 입는다는 이론은?

① 알리효과　　　　② 구조효과
③ 조절효과　　　　④ 매개효과

해설 역밀도의존성(알리효과)
- 개체군 밀도가 너무 낮을 때 출생률과 생존률이 낮아진다.
- 잠재적 배우자를 찾는 능력이 제한
- 교배, 먹이획득, 방어와 관련된 협동행동을 수행하는 사회구조 붕괴

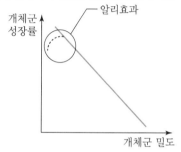

13 일정한 환경에서 생물의 성장이나 생활을 억제하는 제한요인과 관계가 있는 법칙은?

① 최소량의 법칙
② 에너지보존법칙
③ 엔트로피증가법칙
④ 내성한계

해설 최소량의 법칙
생물이 가지는 내성 또는 적응의 가장 좁은 범위의 인자가 그 생존을 제한한다는 법칙으로, 만일 어떤 원소가 최소량 이하이면 다른 원소가 아무리 많아도 생육할 수 없으며, 원소 또는 양분 중에서 가장 소량으로 존재하는 원소가 생물의 생육을 지배한다는 원칙이다.

14 부영양화 초기 남조류가 대량 발생하는 원인이 아닌 것은?

① N, P 등의 영양염류 증가
② 수온 상승
③ 일사량 증가
④ 수량 증가

해설 부영양화 과정
㉠ 다량의 인과 질소 유입
㉡ 조류와 기타 수생식물의 대폭적 성장
㉢ 광합성 산물 증가로 영양소 증가
㉣ 식물생장 더욱 촉진
㉤ 식물플랑크톤은 따뜻한 상층부에 밀집 : 진초록색
㉥ 조류, 유기물잔해 다량이 바닥으로 떨어짐
㉦ 바닥에 서식하는 세균이 죽은 유기물을 분해함
㉧ 세균 활동에 의한 바닥의 산소 고갈
㉨ 저서종의 수 감소
㉩ 극단적인 경우 산소 고갈로 인해 무척추동물과 어류의 집단폐사

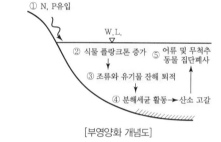

[부영양화 개념도]

15 종다양성에 대한 설명으로 잘못된 것은?

① 종다양도는 심슨지수(Simpson's index)와 샤논지수(Shannon index)를 이용하여 구할 수 있다.
② 극상림보다 극상 전단계에서 종다양성이 더 높다.
③ 종다양도는 종풍부도와 아울러 종 간에 개체가 어떻게 배분되어 있는지를 반영하는 종균등도의 두 요소 모두를 포함한다.
④ 상록침엽수가 우점하는 침엽수림은 종 다양성이 가장 높은 지역이다.

해설
침엽수림은 햇빛이 지표면까지 닿지 못해 초본류 및 관목 아교목 등이 자라기 힘든 환경으로 낙엽수림에 비하여 생물다양성이 낮은 경우가 대부분이다.

16 환경지표에 대한 설명으로 잘못된 것은?

① 환경을 구성하고 있는 여러 부문의 관측값 중에서 현상을 가장 잘 설명하는 대표치들을 말한다.
② 이상적인 환경지표가 되기 위해서는 대표성과 과학적 타당성이 있어야 한다.
③ 가축분뇨 발생량 및 처리현황, 수질현황, 폐수배출시설 및 배출량현황은 물환경 관련 지표가 될 수 있다.
④ 환경상태를 측정하는 지표생물을 깃대종이라고 한다.

해설
환경상태를 측정하는 지표생물을 지표종이라고 한다.

17 OECD 환경지표 구성틀이 아닌 것은?

① Pressure   ② State
③ Response   ④ Measure

해설 OECD의 환경지표 구성틀

분류	정의	예
원인 (Pressure)	인간의 활동, 생활과정과 삶의 유형	• 자원의 이용 • 오염물질 배출량 • 폐기물 발생량 등
상태 (State)	원인에 의해 변화된 환경상태	• 오염된 공기 또는 물 • 토양의 비옥도 • 염화 및 침식 등
대응 (Response)	환경변화에 대한 사회적 대응	• 법정, 제도적, 경제적 수단 • 관리전략 • 개발계획 및 전략 등

18 조각모양에 따라 내부와 가장자리의 비가 다른 것으로 알려져 있다. 다음 그림을 보고 내부가 큰 모양 순서로 나열한 것은?

① a>b>c   ② a>c>b
③ b>c>a   ④ b>a>c

해설

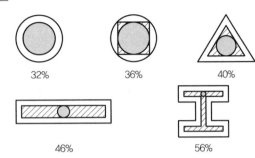

32%   36%   40%

46%   56%

• 조각모양에 따른 핵심구역(회색원)과 내부(빗금부분) 그리고 가장자리(백색부분) 면적의 상대적인 크기비교
• 가장자리 면적이 커질수록 내부의 크기는 줄어들고 내부종이 살 수 있는 핵심지역의 면적이 작아진다.

19 비오톱의 개념을 가장 잘 설명한 것은?

① 인간의 토지이용에 직간접적인 영향을 받아 특징지어진 지표면의 공간적 경계로서 생물군집이 서식하고 있거나 서식할 수 있는 잠재력을 가지고 있는 공간 단위
② 지하 · 지표 및 지상의 모든 생물과 이들을 둘러싸고 있는 비생물적인 것을 포함한 자연의 상태
③ 자연의 상태에서 이루어진 지리적 또는 지질적 환경과 그 조건 아래에서 생물이 생활하고 있는 일체의 현상
④ 식물 · 동물 및 미생물군집들과 무생물환경이 기능적인 단위로 상호작용하는 역동적인 복합체

해설
비오톱이라 함은 인간의 토지이용에 직간접적인 영향을 받아 특징지어진 지표면의 공간적 경계로서 생물군집이 서식하고 있거나 서식할 수 있는 잠재력을 가지고 있는 공간단위를 말한다.

20 비오톱의 면적요소를 가장 잘 설명한 것은?

① 너비에 비하여 가장자리 면적이 큰 좁은 선형
② 넓은 띠형으로 내부종이 서식 가능한 형태
③ 작은 서식처들의 가깝게 위치하는 징검다리 형태
④ 작은 서식처와 큰 서식처가 혼재하는 형태

21 환경림에 대하여 잘못 설명한 것은?

① 토지이용 변화로 자연환경 개선이 필요한 지역에 조성
② 기존 생태계와 유사한 기능 및 보완적 기능 수행의 목적
③ 환경을 보전할 수 있는 총체적 기능을 담당하는 여러 가지 숲
④ 일시에 묘목을 심어 산업용 목재 공급이 가능한 숲

22 인공림에 대하여 잘못 설명한 것은?

① 1~2개의 수종을 일시에 심으므로 동령림이 형성되는 숲
② 사람의 손길이 닿지 않아 원형 그대로를 간직한 숲
③ 지속적인 관리가 필요하며 방치할 경우 산림쇠퇴가 일어나기도 하는 숲
④ 사람이 나무를 심어 인공적으로 만든 숲

23 다음 설명이 나타내는 것은?

비접촉 센서시스템을 이용하여 기록, 측정, 화상해석, 에너지 패턴의 디지털 표시 등을 함으로써 관심의 대상이 되는 물체와 환경의 물리적 특징에 관한 신뢰성 높은 정보를 얻은 예술, 과학 및 기술

① GIS   ② GPS
③ RS   ④ Lidar

24 국토공간계획에 대하여 잘못 설명한 것은?

① 우리나라 국토공간계획의 체계는 공간적 위계에 따라 크게 국토 및 지역계획-도시계획-건축계획의 3단계로 구분할 수 있다.
② 국토 및 지역계획의 종류로는 국토계획, 수도권정비계획, 광역도시계획이 있다.
③ 국토계획 및 환경보전계획 수립 시 중·장기적 국토여건, 환경변화 등을 고려하여 지속가능한 국토·환경 비전과 경제, 사회, 환경적 측면에서 추진전략, 목표를 공유하고 제시하여야 한다.
④ 도시계획의 종류에는 시·군종합계획, 지역계획, 부문별 계획 등이 있다.

해설 ④는 도시계획이 아는 국토계획에 대한 설명이다.

25 친환경적 국토관리에 관한 내용에 포함되지 않는 것은?

① 국토에 관한 계획 또는 사업을 수립·집행할 때는 환경계획의 내용을 고려하여 자연환경과 생활환경에 미치는 영향을 사전에 검토함으로써 환경에 미치는 부정적인 영향을 최소화하고 환경정의가 실현될 수 있도록 하여야 한다.
② 국토의 무질서한 개발을 방지하고 국민생활에 필요한 토지를 원활하게 공급하기 위하여 토지이용에 관한 종합적인 계획을 수립하고 이에 따라 국토공간을 체계적으로 관리하여야 한다.
③ 산, 하천, 호수, 늪, 연안, 해양으로 이어지는 자연생태계를 통합적으로 관리·보전하고 훼손된 자연생태계를 복원하기 위한 종합적인 시책을 추진함으로써 인간이 자연과 더불어 살 수 있는 쾌적한 국토환경을 조성하여야 한다.
④ 국토환경을 효율적으로 보전하고 국토를 환경친화적으로 이용하기 위해 국토에 대한 환경적 가치를 평가하여 등급으로 표시한 지도를 작성·보급하여야 한다.

26 환경보전지역에서 공간별 가능행위가 잘못 짝지어진 것은?

① 핵심 : 생태계의 모니터링, 파괴적이지 않은 조사연구와 영향을 적게 주는 이용
② 완충 : 환경교육, 레크레이션, 생태관광, 기초연구 및 응용연구
③ 전이 : 다양한 농업활동과 주거지, 다른 용도로 이용되며 지역의 자원을 함께 관리하고 지속가능한 방식으로 개발
④ 보전 : 환경교육, 연구 및 모니터링, 생태관광 등

해설 대상지 공간구분/인간과 생물권계획(Man And the Biosphere programme : MAB)

생물권보전지역의 공간모형

구분	내용
핵심구역(Core Area)	• 보전 및 최소한의 이용 • 모니터링 및 교육
완충구역(Buffer Area)	• 핵심지역보호 • 생태관광, 환경교육 등
협력구역(Transition Area)	• 다양한 농업활동과 주거지 • 지속가능 이용

🔒정답 21 ④ 22 ② 23 ③ 24 ④ 25 ④ 26 ④

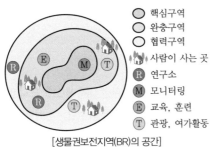

○ 핵심구역
○ 완충구역
○ 협력구역
🏠 사람이 사는 곳
Ⓡ 연구소
Ⓜ 모니터링
Ⓔ 교육, 훈련
Ⓣ 관광, 여가활동

[생물권보전지역(BR)의 공간]

27 생태 · 경관보전지역의 특징이 바르게 짝지어진 것은?

① 지리산 – 극상원시림
② 무제치늪 – 국내유일 산지습지
③ 소황사구 – 철새도래지
④ 영월 동강유역 – 붉은박쥐 서식지

해설 생태경관보전지역

지역명	위치	면적 (km²)	특징	지정일자 (변경일자)
환경부 지정 : 9개소, 248.029km²				
지리산	전남 구례군 산동면 심원계곡 및 토지면 피아골 일원	20.20	극상원시림 (구상나무 등)	1989.12.29
섬진강 수달서식지	전남 구례군 문척면, 간전면, 토지면 일원	1.834	수달 서식지	2001.12.01
고산봉 붉은박쥐 서식지	전남 함평군 대동면 일원	8.78	붉은박쥐 서식지	2002.05.01
동강유역	강원 영월군 영월읍, 평창군 미탄면, 정선군 정선 신동읍 일원	79.259	지형, 경관 우수 희귀 야생동식물 서식	2002.8.9. ('19.12.23 확대)
왕피천 유역	경북 울진군 서면, 근남면 일원	102.841	지형, 경관 우수 희귀 야생동식물 서식	2005.10.14. ('13.07.17 확대)
소황사구	충남 보령시 웅천읍 소황리, 독산리 일원	0.121	해안사구, 희귀 야생동식물 서식	2005.10.28
하시동 · 안인사구	강원도 강릉시 강동면 하시동리 일원	0.234	사구의 지형, 경관 우수	2008.12.17
운문산	경북 청도군 운문면 일원	26.395	경관 우수 및 수달, 하늘다람쥐, 담비, 산작약 등 멸종위기종 서식	2010.09.09
거금도 적대봉	전남 고흥군 거금도 적대봉 일원	8.365	멸종위기종과 특정 야생동식물 서식	2011.01.07

시도	지역명	위치	면적 (km²)	특징	지정일자 (변경일자)
	시 · 도지사 지정 : 23개소, 37.905km²				
서울	한강밤섬	서울 영등포구 여의도동 84-4 및 마포구 당인동 314	0.279	철새도래지, 서식지	1999.08.10
	둔촌동	서울 강동구 둔촌동 211	0.030	도시지역의 자연습지	2000.03.06. ('13.07.04 확대)
	방이동	서울 송파구 방이동 439-2 일대	0.059	도시지역의 습지	2002.04.15. ('05.11.24 확대)
	탄천	서울 송파구 가락동 및 강남구 수서동	1.151	도심 속의 철새도래지	2002.04.15
	진관내동	서울 은평구 진관동 282-1 일대	0.017	도시지역의 자연습지	2002.12.30
	암사동	서울 강동구 624-1, 659-1 일대	0.270	도시지역의 하천습지	2002.12.30. ('21.12.30 확대)
	고덕동	서울 강동구 고덕동 396 일대 서울 강동구 강일동 661일대(고덕 수변 생태복원지 ~하남시계)	0.320	다양한 자생종 번성 제비, 물총새 등 보호종을 비롯한 다양한 조류 서식	2004.10.20. ('07.12.27 확대)
	청계산 원터골	서울 서초구 원지동 산4-15번지 일대	0.146	갈참나무를 중심으로 낙엽활엽수 군집 분포	2004.10.20
	헌인릉	서울 서초구 내곡동 산13-1 일대	0.057	다양한 자생종 번성	2005.11.24
	남산	서울 중구 예장동 산5-6 일대 서울 용산구 이태원동 산1-5 일대	0.705	신갈나무군집 발달 남산 소나무림 지역	2006.07.27. ('07.12.27.)
	불암산 삼육대	서울 노원구 공릉동 산223-1 일대	0.204	서어나무군집 발달	2006.07.27
	창덕궁 후원	서울 종로구 와룡동 2-71 일대	0.441	갈참나무군집 발달	2006.07.27
	봉산	서울 은평구 신사동 산93-16	0.073	팥배나무림 군락	2007.12.27
	인왕산	서울 서대문구 홍제동 산1-1 일대	0.258	기암과소나무가 잘 어우러지는 수려한 자연경관	2007.12.27
	성내천 하류	서울 송파구 방이동 88-6 일대	0.070	도심 속 자연하천	2009.11.26
	관악산	서울 관악구 신림동 산56-2 일대	0.748	회양목군락 자생지	2009.11.26
	백사실 계곡	서울 종로구 부암동 산115-1 일대	0.133	생물다양성 풍부	2009.11.26

🔒**정답** 27 ①

시도	지역명	위치	면적 (km²)	특징	지정일자 (변경일자)
울산	태화강	울산 북구 명촌동 태화강 하류 일원	0.983	철새등야생동·식물 서식지	2008.12.24
강원	소한계곡	강원 삼척시 근덕면 초당리, 하맹방리 일원	0.104	국내 유일 민물김 서식지	2012.10.05
전남	광양 백운산	전남 광양군 옥룡면, 진상면, 다압면	9.74	자연경관수려 및 원시자연림	1993.04.26
경기	조종천 상류 명지산·청계산	경기 가평군, 포천군	22.06	희귀곤충상 및 식물상이 다양하고 풍부한 지역	1993.09.01
부산	석은덤 계곡	부산 기장군 정관면 병산리 산 101-1	0.02	희귀야생식물 집단서식	2015.06.10
	장산습지	부산 해운대구 반송동 산51-188	0.037	산지습지로서 희귀야생식물 서식	2017.08.09

28 환경계획 및 설계 시 고려되어야 할 내용으로 가장 거리가 먼 것은?

① 환경위기 의식이 기본바탕이 되어야 한다.
② 개발계획과 다르게 자연환경의 보전가치를 배려한 공간계획이 이루어져야 한다.
③ 에너지 절약적이고 물질순환적인 공간설계가 이루어져야 한다.
④ 토지의 효율성을 고려하여 개발계획은 집약적으로 하여야 한다.

29 국토를 친환경적·계획적으로 보전하고 이용하기 위하여 환경적 가치를 종합적으로 평가하여 환경적 중요도에 따라 5개 등급으로 구분하고 색채를 달리 표시하여 알기 쉽게 작성한 지도는?

① 토지피복지도
② 국토환경성평가지도
③ 생태자연도
④ 토지적성평가

해설 **국토환경성평가지도**
국토를 친환경적·계획적으로 보전하고 이용하기 위하여 환경적 가치를 종합적으로 평가하여 환경적 중요도에 따라 5개 등급으로 구분하고 색채를 달리 표시하여 알기 쉽게 작성한 지도

30 토지적성평가는 몇 등급으로 이루어져 있는가?

① 3등급
② 5등급
③ 7등급
④ 9등급

해설 **국토환경성평가와 토지적성평가 비교**

분류	국토환경성평가	토지적성평가
법률	환경정책기본법	국토의 계획 및 이용에 관한 법률
목적	국토보전가치의 효과적 보전 및 활용방안	도시관리계획 수립을 위한 적합성에 따른 통제구역 재검토
대상지역	전국토	도시군관리계획 지역 내
평가방법	등가중치법, 최소지표법	적성값 산정
기준 및 표준	입법기준 환경 및 생태기준	물리적 토지이용특성
평가단위	grid	필지단위(지적도)
등급	5등급	5등급
성과	1/5000	도시관리계획의 기본정보를 제공하는 통제구역의 지정

31 생태통로 계획 및 설계과정에서 고려하지 않아도 되는 것은?

① 생태통로의 구체적인 위치 선정
② 생태통로 유형 선정
③ 생태통로 목표종의 선정
④ 생태통로 내부 및 주변 탐방객 출입통제

32 산지에 도로를 설치하여 비탈면 절개지가 형성되었을 때 도로 양쪽의 산림을 연결할 수 있도록 하는 생태통로의 유형은?

① Box
② Overbridge
③ Overpass
④ Underpass

해설 **생태통로(Wildlife Passage, Wildlife Crossing Structure)**
생태통로(생태 이동통로, 야생동물 이동통로)는 도로 및 철도 등에 의하여 단절된 생태계의 연결 및 야생동물의 이동을 위한 인공구조물로서, 야생동물이 노면을 거치지 않고 도로를 건널 수 있도록 조성하며 일반적으로 육교형(Overpass)과 터널형(Underpass)으로 구분된다.

33 생태통로에 대한 설명으로 잘못된 것은?

① 생태통로는 도로 및 철도 등에 의하여 단절된 생태계의 연결 및 야생동물의 이동을 위한 인공구조물이다.
② 도로·댐·수중보·하구언 등으로 인하여 야생동·식물의 서식지가 단절되거나 훼손 또는 파괴되는 것을 방지하고, 야생동·식물의 이동을 돕기 위하여 설치되는 인공구조물·식생 등의 생태적 공간
③ 일반적으로 육교형 생태통로와 터널형 생태통로로 구분된다.
④ 터널형 생태통로 조성 시 통로 단면적이 작을수록 길이를 길게 조성하는 것이 좋다.

해설 터널형 생태통로 조성 시 개방도 0.7 이상

| 터널형 | • 박스터널형 개방도
= 입구단면적(폭×높이)/길이
• 원형 터널형 개방도
= 입구단면적/길이 |  |

34 하천 공사의 생태적 문제점이 아닌 것은?

① 획일적인 공법적용에 의한 생태계 훼손
② 공사 시 토사유입에 의한 수생태계 교란
③ 생물종의 생활사를 고려하지 않는 공사기간
④ 치수 안전성 확보를 위한 단계적 시공

35 잠재자연식생을 가장 잘 설명한 것은?

① 어떤 지역의 대상식생을 지속시키는 인위적 간섭이 완전히 정지되었을 때 성립이 예상되는 식생
② 생태복원 시 생태복원의 목표 및 설계 방향을 설정하기 위해 생태계의 모델이 될 수 있는 표준생태계
③ 인위적으로 조림된 수종
④ 자연식생이 교란된 후 2차 천이의 진행에 의하여 회복단계에 들어섰다가 인간에 의한 교란이 지속되고 있는 삼림식생

36 생태복원사업 절차 중 가장 먼저 시행되는 것은?

① 목표종 선정
② 대상지 분석
③ 목표수립
④ 모니터링

해설 생태복원사업 절차
대상지 분석 → 목표수립 → 목표종 선정 → 계획 → 설계 및 시공 → 모니터링

37 다음 중 국가기본도의 표준좌표는?

① WGS
② UTM
③ UTMK
④ TM

해설
• WGS(World Geodetic System) : 세계 지구 좌표 시스템
• UTM(Universal Transverse Mercator) : 투영좌표계로 군사지도나 단일원점을 사용하는 일부 부처에서 부분적으로 사용한다.
• UTMK(Universal Transverse Mercator Korea) : 한국형 UTM 좌표계
• TM(Transverse Mercator) : 투영좌표계로 우리나라의 경우 TM 좌표계를 기반으로 국가기본도를 제작하고 있다.

38 람사르습지에 대하여 잘못 설명한 것은?

① 자연적이거나 인공적이나 영구적이거나 일시적이거나, 또는 물이 정체하고 있거나, 흐르고 있거나, 담수이거나 기수이거나 함수이거나 관계없이 소택지, 늪지대, 이탄지역 또는 수역을 말한다.
② 간조 시 수심 6미터를 넘지 않는 해역을 포함한다.
③ 우리나라는 창녕군 우포늪이 첫 번째로 람사르습지로 등록되었다.
④ 전 세계를 대상으로 습지로서의 중요성을 인정받아 람사르협회가 지정, 등록하여 보호하는 습지를 말한다.

해설
우리나라 첫 번째 람사르습지는 대암산 용늪이다.

39 현존 식생조사를 실시한 결과 밭 $1km^2$, 논 $1km^2$, 일본잎갈나무 조림지 $1km^2$, 20년 미만 상수리나무림 $1km^2$, 20년 이상 신갈나무림 $1km^2$로 조사되었다. 환경영향평가 협의 결과 녹지자연도 7등급 이상은 보전하고 나머지는 개발 가능한 것으로 협의되었다. 이 대상지에서 개발 가능한 가용지 면적(km^2)은?

① 2
② 3
③ 4
④ 5

지역	등급	개요	해당 식생형
수역	0	수역	수역(강, 호수, 저수지 등 수체가 존재하는 부분과 식생이 존재하지 않는 하중도 및 하안을 포함)
개발 지역	1	시가지, 조성지	식생이 존재하지 않는 지역
	2	농경지(논, 밭)	논, 밭, 텃밭 등의 경작지 • 비교적 녹지가 많은 주택지(녹피율 60% 이상)
	3	농경지(과수원)	과수원이나 유실수 재배지역 및 묘포장
	4	이차초원 A (키 작은 초원)	이차적으로 형성된 키가 작은 초원식생(골프장, 공원묘지, 목장 등)
	5	이차초원 B (키 큰 초원)	이차적으로 형성된 키가 큰 초원식생(묵밭 등 훼손지역의 억새군락이나 기타 잡초군락 등)
반자 연지 역	6	조림지	인위적으로 조림된 후 지속적으로 관리되고 있는 식재림 • 인위적으로 조림된 수종이 약 70% 이상 우점하고 있는 식생과 아까시나무림이나 사방오리나무림과 같이 도입종이나 개량종에 의해 우점된 식물군락
	7	이차림 (Ⅰ)	자연식생이 교란된 후 2차 천이의 진행에 의하여 회복단계에 들어섰거나 인간에 의한 교란이 심한 삼림식생 • 군락의 계층구조가 불안정하고, 종조성의 대부분이 해당지역의 잠재자연식생을 반영하지 못함 • 조림기원 식생이지만 방치되어 자연림과 구별이 어려울 정도로 회복된 경우
	8	이차림 (Ⅱ)	자연식생이 교란된 후 2차 천이에 의해 다시 자연식생에 가까울 정도로 거의 회복된 상태의 삼림식생 • 군락의 계층구조가 안정되어 있고 종조성의 대부분이 해당 지역의 잠재자연식생을 반영하고 있음 • 난온대 상록활엽수림(동백나무군락, 구실잣밤나무군락 등), 산지계곡림(고로쇠나무군락, 층층나무군락), 하반림(버드나무-신나무군락, 오리나무군락, 비술나무군락 등), 너도밤나무군락, 신갈나무-당단풍군락, 졸참나무군락, 서어나무군락 등
자연 지역	9	자연림	식생천이의 종국적인 단계에 이른 극상림 또는 그와 유사한 자연림 • 8등급 식생 중 평균수령이 50년 이상된 삼림 • 아고산대 침엽수림(분비나무군락, 구상나무군락, 잣나무군락, 찝빵나무군락 등)
	10	자연초원, 습지	산림식생 이외의 자연식생이나 특이식생 • 고산황원, 아고산초원, 습원, 하천습지, 염습지, 해안사구, 자연암벽 등

• 논, 밭 : 2등급
• 일본잎갈나무 조림지 : 6등급

• 20년 미만 상수리나무림 : 7등급
• 20년 이상 신갈나무림 : 8등급

40 식생보전등급에 대하여 잘못 설명한 것은?

① 1등급 : 식생천이의 종국적인 단계에 이른 극상
② 2등급 : 자연식생이 교란된 후 2차 천이에 의해 다시 자연식생에 가까울 정도로 거의 회복된 상태의 삼림식생
③ 3등급 : 자연식생이 교란된 후 2차 천이의 진행에 의하여 회복단계에 들어섰거나 인간에 의한 교란이 지속되고 있는 삼림식생
④ 4등급 : 2차적으로 형성된 키가 큰 초원식생

해설 ▶ 식생보전등급(등급분류기준)

등급구분	분류기준
Ⅰ등급	• 식생천이의 종국적인 단계에 이른 극상림 또는 그와 유사한 자연림 　-아고산대 침엽수림(분비나무군락, 구상나무군락, 주목군락 등) 　-산지 계곡림(고로쇠나무군락, 층층나무군락 등), 하반림(오리나무군락, 비술나무군락 등), 너도밤나무군락 등의 낙엽활엽수림 • 삼림식생 이외의 특수한 입지에 형성된 자연성이 우수한 식생이나 특이식생 중 인위적 간섭의 영향을 거의 받지 않아 자연성이 우수한 식생 　-해안사구, 단애지, 자연호소, 하천습지, 습원, 염습지, 고산황원, 석회암지대, 아고산초원, 자연암벽 등에 형성된 식생. 다만, 이와 같은 식생유형은 조사자에 의해 규모가 크고 절대보전가치가 있을 경우에만 지형도에 표시하고, 보고서에 기재사유를 상세히 기술하여야 함
Ⅱ등급	• 자연식생이 교란된 후 2차 천이에 의해 다시 자연식생에 가까울 정도로 거의 회복된 상태의 삼림식생 　-군락의 계층구조가 안정되어 있고, 종조성의 대부분이 해당 지역의 잠재 자연식생을 반영하고 있음 　-난온대 상록활엽수림(동백나무군락, 신갈나무-당단풍군락, 졸참나무군락, 서어나무군락 등의 낙엽활엽수림) • 특이식생 중 인위적 간섭의 영향을 약하게 받고 있는 식생
Ⅲ등급	• 자연식생이 교란된 후 2차 천이의 진행에 의하여 회복단계에 들어섰거나 인간에 의한 교란이 지속되고 있는 삼림식생 　-군락의 계층구조가 불안정하고, 종조성의 대부분이 해당 지역의 잠재자연식생을 충분히 반영하지 못함 　-조림기원 식생이지만 방치되어 자연림과 구별이 어려울 정도로 회복된 경우 • 산지대에 형성된 2차 초원 • 특이식생 중 인위적 간섭의 영향을 심하게 받고 있는 식생
Ⅳ등급	인위적으로 조림된 식재림

정답 40 ④

V등급	• 2차적으로 형성된 키가 큰 초원식생(묵밭이나 훼손지 등의 억새군락이나 기타 잡초군락 등) • 2차적으로 형성된 키가 작은 초원식생(골프장, 공원묘지, 목장 등) • 과수원이나 유실수 재배지역 및 묘포장 • 논·밭 등의 경작지 • 주거지 또는 시가지 • 강, 호수, 저수지 등에 식생이 없는 수면과 그 하안 및 호안

03 생태복원설계 · 시공

41 생태숲 조성 시 고려사항이 아닌 것은?

① 다층구조로 조성하여 기후변화 저감효과와 더불어 다양한 생물의 서식지로서 먹이공급, 번식지, 보금자리 역할을 하고 이동통로로 활용할 수 있도록 조성한다.
② 생태숲의 구조는 내부, 가장자리, 숲틈공간으로 구분되면 생태숲 유형은 단순림, 혼효림 등이 있다.
③ 생태숲 가장자리 일부 면적을 완충지역으로 확보하여 식생정착을 보조하고, 생태숲의 성장을 촉진할 수 있는 관목류를 식재한다.
④ 생물다양성이 적은 지역에서 식물을 패치형태로 식재하여 핵심종이 자리잡고 난 후에 점차 자연적 재생을 가속화하는 식재한다.

해설
생물다양성이 적은 지역에서 식물을 패치형태로 식재하는 방법은 생태적 특성을 고려한 식재설계의 한 방법으로 핵화기법(Nucleation)이라고 한다.

42 생태복원재료 중 돌 재료에 대한 설명으로 맞는 것은?

① 조약돌은 가공하지 않은 자연석으로서 지름 10~20cm 정도의 계란형 돌이다.
② 호박돌은 하천에서 채집되어 지름 50~70cm로 가공한 호박형 돌이다.
③ 야면석은 표면을 가공한 천연석으로서 운반이 가능한 비교적 큰 석괴이다.
④ 견치석은 전면, 접촉면, 후면들을 구형에 가깝게 규격화한 돌이다.

43 시공자재로서의 목재의 성질을 잘못 설명한 것은?

① 가공의 횟수가 적어 부패의 위험성이 적다.
② 리기다소나무, 밤나무, 참나무류 등은 기초말뚝으로도 사용된다.
③ 통나무는 거친 질감을 갖고 있지만, 원목이라는 점에서 자연스러움의 표현이 가능하다.
④ 침엽수의 건벌재는 입도개설 시에 절·성토비탈면의 비탈침식 방지 공사용으로 사용할 수 있다.

해설
목재는 석재나 철재보다 부패의 위험이 크다.

44 해안사구의 대표적인 복원법은?

① 모래채집용 울타리 조성
② 식물식재
③ 바람막이 조성
④ 객토법

45 습지생태계 조성방법이 잘못된 것은?

① 물이 유입되는 입수구와 출수구의 구조를 명확히 하여 물이 들고 나는 것이 원활하도록 해야 하며 유입된 물이 머무르는 시간을 감안하여 습지의 구조를 조성하여야 한다.
② 서식지와 친수기능을 함께하는 습지의 경우에는 수질을 고려하여 상수나 중수, 지하수를 활용하여 안정된 수원을 확보한다.
③ 습지의 가장자리는 최고 수심지점에서 자연스럽고 점이적으로 형성되는 것이 가장 바람직하지만 여건에 따라 급경사를 형성할 수도 있다.
④ 가장자리로 갈수록 수심이 깊어지며 수생식물과 초본이 분포하도록 설계하고 호안의 경우 다공질의 자연소재를 활용하여 생물의 이동을 고려하여야 한다.

해설
습지 가장자리로 갈수록 수심이 얕아져야 한다.

46 생태연못 조성 시 입수구와 출수구 설계에 대하여 잘못 설명한 것은?

① 물이 유입되는 입수구와 출수구의 구조를 명확히 하여 물이 들고 나는 것이 원활하도록 해야 하며 유입된 물이 머무르는 시간을 감안하여 습지의 구조를 조성하여야 한다.

② 입수구는 생태연못의 수위보다 높아야 한다.

③ 출수구는 생태연못의 수위보다 낮아야 한다.

④ 서식지와 친수기능을 함께하는 습지의 경우에는 수질을 고려하여 상수나 중수, 지하수를 활용하여 안정된 수원을 확보한다.

해설

출수구는 생태연못의 수위와 같아야 한다. 출수구의 수위가 낮으면 생태연못의 수위도 낮아진다.

47 도시에 인공적으로 조성된 잠자리연못 관리에 대한 내용으로 잘못된 것은?

① 연못 물은 되도록 자주 교체하도록 한다.

② 연못 물 교체 시 한꺼번에 100%의 물을 새롭게 유입하는 것보다 30~40%의 새물을 유입하고 기존의 물을 남겨둔다.

③ 잠자리 생활사를 고려하여 고운 진흙이 바닥에 깔리도록 한다.

④ 여러 종의 잠자리 생활사를 고려하여 개방수면 및 정수식물 식재 공간을 유지한다.

해설

도시 잠자리습지 관리 시 물은 너무 자주 갈아주면 안 되며, 한번에 물 전체를 갈아주는 것보다 조금씩 나누어서 갈아주는 것이 좋음

48 생태복원 사업 시 방문객센터 조성에 관한 사항으로 잘못된 것은?

① 자연환경이 우수한 핵심지역에 방문객센터를 조성하여 이용자들의 편의를 도모한다.

② 이용자의 접근이 쉽도록 동선을 조성한다.

③ 주변 재료를 이용하고 자연환경과 조화롭게 디자인한다.

④ 생태교육을 할 수 있는 공간을 조성한다.

해설

방문객센터는 사람의 이동이 많은 진입구 등에 조성하도록 한다.

49 식물의 염분 정화방법이 아닌 것은?

① 조직에 저장된 물로 염분을 희석함

② 잎에 소금을 분비시켜 비에 의해 씻어냄

③ 뿌리의 막에서 기계적으로 소금을 제거함

④ 조직에서 염분을 화학적으로 분해함

해설

식물의 염분 정화에는 크게 희석, 제거, 차단 기작을 이용한다. 즉 조직에 저장된 물로 염분을 희석하거나, 잎에 소금을 분비시켜 빗물에 의해 씻어내거나, 뿌리의 막에서 기계적으로 소금을 제거한다.

50 비탈면에서 잘 자라기 때문에 비탈면 녹화에 많이 쓰이는 향토 초본류는?

① 쑥, 비수리, 달맞이꽃

② 톨훼스큐, 크리핑레드훼스큐, 위핑러브그라스

③ 낭아초, 싸리, 병꽃나무

④ 구절초, 참싸리, 큰금계국

해설 비탈면녹화 향토 초본류

그늘사초, 큰기름새, 대사초, 참억새, 새, 솔새, 개솔새, 쑥류, 양지꽃, 노루오줌, 구절초, 참취, 큰까치수영, 뚝갈, 산국, 감국, 쑥부쟁이, 산마늘, 마타리, 산마늘 등

51 다음 중 부유식물은?

① 생이가래　　　　② 나사말

③ 말즘　　　　　　④ 마름

해설 습지식물

구분		특징
수생식물	정수식물	갈대, 줄, 애기부들, 꼬마부들, 부들, 고랭이류, 택사류, 매자기, 미나리, 보풀, 흑삼릉, 석창포, 물옥잠, 창포, 골풀, 물질경이 등
	부엽식물	노랑어리연꽃, 어리연꽃, 수련, 가래, 네가래 등
	침수식물	말즘, 붕어마름, 새우말, 나사말 등
	부유식물	자라풀, 개구리밥, 좀개구리밥 등
습생식물		• 초화류 : 물억새, 달뿌리풀, 털부처꽃, 물봉선고마리, 꽃창포, 노랑꽃창포, 붓꽃, 금불초, 동의나물, 수크렁 등 • 관목류 : 갯버들, 키버들 등 • 교목류 : 버드나무, 수양버들, 오리나무, 신나무 등

52 양 단면적이 각각 60m², 50m²이고, 두 단면 간의 길이가 20m일 때의 평균단면적법에 의한 토사량(m³)은 얼마인가?

① 750
② 900
③ 1,100
④ 1,500

해설 양단면평균법

$V = 1/2(A_1 + A_2) \times L$

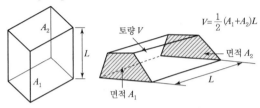

[양단면평균법에 의한 토량산정방법]

$\therefore \dfrac{(60+50)}{2} \times 20 = 1,100\text{m}^3$

53 비점오염저감시설 중 자연형 시설만 나열한 것은?

a. 저류지	b. 인공습지
c. 침투도랑	d. 유공포장
e. 여과형시설	f. 소용돌이형 시설
g. 스크린형 시설	h. 응집 · 침천 처리형 시설
i. 생물학적 처리형 시설	

① a, b, c
② a, b, c, d
③ a, b, c, i
④ e, f, g, h

해설 비점오염저감시설 종류
• 자연형 시설 : 식생체류지, 나무여과상자, 식물재배화분, 식생수로/식생여과대, 침투시설(침투도랑, 침투조, 침투저류조, 유공포장), 모래여과시설, 인공습지
• 장치형 시설 : 여과형 시설, 스크린형 시설, 와류형 시설, 와류형+여과형 시설

54 생태축의 역할 및 기능 중 생태적 기능에 해당하지 않는 것은?

① 생물 이동성 증진
② 도시 내 생태계의 균형 유지
③ 대기오염 시 소음저감 기능
④ 생물의 다양성 유지 및 증대

55 토양의 불량요인에 따른 보완대책에 대한 설명 중 틀린 것은?

① 토성불량 : 객토 및 개량제 혼합 실시
② pH부적합 : 객토, 중화 개량제 혼합 등
③ 배수불량 : 배수, 경우, 개량제 혼합, 개량제 층상 부설 등
④ 통기 · 투수불량 : 개량제, 유효토심을 두껍게 하고, 멀칭 실시

56 토양개량제인 피트모스에 대한 설명으로 틀린 것은?

① 일반적으로 pH 7~8 정도의 알칼리성을 나타내므로 산성 토양의 치환에 적합하다.
② 섬유가 서로 얽혀서 대공극을 형성하는 것과 함께 섬유자체가 다공질이고 친수성이 있다는 특징이 있다.
③ 보수성, 보비력이 약한 사질토 또는 통기성, 투수성이 불량한 점성토에서의 사용이 효과적이다.
④ 양이온 교환량이 130mg/100g 정도로 퇴비에 비해 높아서 보비력의 향상에 효과적이다.

해설
피트모스는 수태종류가 퇴적되어 만들어진 유기물질로 보수력, 보온성, 통기성 등이 좋아 토양을 부드럽고 탄력 있게 개량한다. 또한 피트모스는 산성이다.

57 유효토심에 대한 설명으로 옳지 않은 것은?

① 교목의 유효토심은 관목의 유효토심보다 두텁고 넓다.
② 유효토심에서는 뿌리가 호흡하며, 생육할 수 있도록 적당한 공기와 수분이 필요하다.
③ 얕은 부분은 수분, 공기, 양분을 보유할 수 있는 부드러운 성질의 토층이 요구된다.
④ 근계 가운데 수분이나 양분을 흡수하는 세근의 생육범위는 유효토심의 깊은 부분이다.

해설
세근의 생육범위는 유효토심의 얕은 부분인 경우가 대부분이다.

58 생태복원 관련된 공사에서 순공사원가 계산에 포함되는 3가지 비목은 무엇인가?

① 재료비, 노무비, 이윤
② 재료비, 노무비, 경비
③ 재료비, 일반관리비, 이윤
④ 재료비, 일반관리비, 경비

59 빈칸에 들어갈 내용으로 옳은 것은?

생태적 빗물관리시스템은 집수 → 쇄석여과층 → 저류연못 → ( ) → 배수 → 2차 저류시설의 순서로 진행된다.

① 물넘이   ② 저류조
③ 침투연못   ④ 잔디형 수로

60 수고가 7~12m 정도인 교목을 식재할 때, 자연토에 적합한 유효토심의 깊이는?

① 상층 20cm, 하층 20cm
② 상층 30cm, 하층 90cm
③ 상층 60cm, 하층 20cm
④ 상층 60cm, 하층 90cm

해설 자연토에 적합한 유효토심
• 초본 : 30cm
• 소관목 : 45cm
• 대관목 : 60cm
• 아교 : 90cm
• 대교목 : 150cm

04 생태복원 사후관리 · 평가

61 다음이 설명하는 것은?

도시 · 군계획 수립 대상지역의 일부에 대하여 토지 이용을 합리화하고 그 기능을 증진시키며 미관을 개선하고 양호한 환경을 확보하며, 그 지역을 체계적 · 계획적으로 관리하기 위하여 수립하는 도시 · 군관리계획을 말한다.

① 도시 · 군기본계획
② 광역도시계획
③ 도시군계획
④ 지구단위계획

62 환경정책기본법의 특별대책지역 내의 토지이용 등의 제한이 가능한 지역에 포함되지 않는 것은?

① 환경기준을 초과하여 주민의 건강 · 재산이나 생물의 생육에 중대한 위해를 가져올 우려가 있다고 인정되는 경우
② 자연생태계가 심하게 파괴될 우려가 있다고 인정되는 경우
③ 토양이나 수역이 특정유해물질에 의하여 심하게 오염된 경우
④ 친환경 에너지의 개발 · 보급이 시급한 지역

해설 환경정책기본법 시행령 제13조(특별대책지역 내의 토지이용 등의 제한)
1. 법 제12조제1항 또는 제3항에 따른 환경기준을 초과하여 주민의 건강 · 재산이나 생물의 생육에 중대한 위해(危害)를 가져올 우려가 있다고 인정되는 경우
2. 자연생태계가 심하게 파괴될 우려가 있다고 인정되는 경우
3. 토양이나 수역(水域)이 특정유해물질에 의하여 심하게 오염된 경우

63 다음 ( ) 안에 들어갈 값으로 옳은 것은?

환경부장관 또는 해양수산부장관으로부터 습지기본계획의 시생을 위하여 필요한 조치를 하여줄 것을 요청받은 관계중앙행정기관의 장 및 특별시장 · 광역시장 · 도지사 또는 특별자치도지사는 조치결과를 요청받은 날부터 ( )개월 이내에 환경부장관 또는 해양수산수방관에게 제출하여야 한다.

① 12   ② 6
③ 3   ④ 1

64 다음 용도지역 중 생태적 중요성이 가장 큰 지역은?

① 생산관리지역　　　　② 보전관리지역
③ 계획관리지역　　　　④ 도시지역

해설 생태계보전부담금

• 생태계 훼손면적×단위면적당 부과금액(300원)×지역계수
• 지역계수

용도 지역	주거지역/상업지역/공업지역/계획관리지역		녹지 지역	생산 관리 지역	농림 지역	보전 관리 지역	자연 환경 보전 지역
	전·답·임야 ·염전·하천 ·유지·공원	그외					
지역 계수	1	0	2	2.5	3	3.5	4

생태자연도	1등급	2등급	3등급	별도관리지역
지역계수	4	3	2	5

※ 지역계수는 생태적 중요성이 클수록 커진다.

65 자연공원 중 마을이 형성된 지역으로서 주민생활을 유지하는 데 필요한 용도지구는?

① 공원자연보존지구
② 공원자연환경지구
③ 공원마을지구
④ 공원문화유산지구

해설 자연공원 용도지구

① 공원자연보존지구
　• 생물다양성이 특히 풍부한 곳
　• 자연생태계가 원시성을 나타내는 곳
　• 특별히 보호할 가치가 높은 야생동식물이 살고 있는 곳
　• 경관이 특히 아름다운 곳
② 공원자연환경지구
　공원자연보존지구의 완충공간으로 보전할 필요가 있는 지역
③ 공원마을지구
　마을이 형성된 지역으로서 주민생활을 유지하는 데 필요한 지역
④ 공원문화유산지구
　지정문화재를 보유한 사찰과 문화재의 보전 및 불사에 필요한 시설 설치 지역

66 백두대간 핵심지역에서 가능한 행위가 아닌 것은?

① 생태통로 설치
② 자연환경보전·이용 시설 설치
③ 생태복원시설 설치
④ 수목원 설치

해설 백두대간 보호에 관한 법률 제7조(보호지역에서의 행위제한)

① 누구든지 보호지역 중 핵심구역에서는 다음 각 호의 어느 하나에 해당하는 경우를 제외하고는 건축물의 건축, 인공구조물이나 그 밖의 시설물의 설치, 토지의 형질변경, 토석(土石)의 채취 또는 이와 유사한 행위를 하여서는 아니 된다. 〈개정 2014. 3. 11., 2017. 4. 18., 2020. 5. 26.〉
1. 국방·군사시설의 설치
1의2. 「6·25 전사자유해의 발굴 등에 관한 법률」 제9조에 따른 전사자유해의 조사·발굴
2. 도로·철도·하천 등 반드시 필요한 공용·공공용 시설로서 대통령령으로 정하는 시설의 설치
3. 생태통로, 자연환경 보전·이용 시설, 생태 복원시설 등 자연환경 보전을 위한 시설의 설치
4. 산림보호, 산림자원의 보전 및 증식, 임업 시험연구를 위한 시설로서 대통령령으로 정하는 시설의 설치
4의2. 등산로 또는 탐방로의 설치·정비
5. 문화재 및 전통사찰의 복원·보수·이전 및 그 보존관리를 위한 시설과 문화재 및 전통사찰과 관련된 비석, 기념탑, 그 밖에 이와 유사한 시설의 설치
6. 「신에너지 및 재생에너지 개발·이용·보급 촉진법」에 따른 신·재생에너지의 이용·보급을 위한 시설의 설치
7. 광산의 시설기준, 개발면적의 제한, 훼손지의 복구 등 대통령령으로 정하는 일정 조건하에서의 광산 개발
8. 농가주택, 농림축산시설 등 지역주민의 생활과 관계되는 시설로서 대통령령으로 정하는 시설의 설치
8의2. 「전파법」 제2조제1항제6호에 따른 무선국 중 기지국의 설치. 다만, 산불·조난 신고 등의 무선통신을 위하여 해당 지역에 기지국의 설치가 부득이한 경우로 한정한다.
9. 제1호, 제2호부터 제4호까지, 제4호의2, 제5호부터 제8호까지 및 제8호의2의 시설을 유지·관리하는 데 필요한 전기시설, 상하수도시설 등 대통령령으로 정하는 부대시설의 설치
10. 제1호, 제2호부터 제4호까지, 제4호의2, 제5호부터 제8호까지 및 제9호의 시설(제8호의2의 시설을 유지·관리하는 데 필요한 부대시설은 제외한다)을 설치하기 위한 진입로, 현장사무소, 작업장 등 대통령령으로 정하는 임시시설의 설치

67 생태복원사업 후 식물재료 관리 시 주기적 작업이 이루어지지 않는 것은?

① 병충해 방제 ② 제초
③ 시비 ④ 전정

68 자연환경보전법상 '소생태계'의 정의로 맞는 것은?

① 생물다양성을 높이고 야생동·식물의 서식지 간의 이동가능성 등 생태계의 연속성을 높이거나 특정한 생물종의 서식조건을 개선하기 위하여 조성하는 생물서식공간
② 식물, 동물 및 미생물 군집들과 무생물 환경이 기능적인 단위로 상호작용하는 역동적인 복합체
③ 지하·지표 및 지상의 모든 생물과 이들을 둘러싸고 있는 비생물적인 것을 포함한 자연의 상태
④ 자연의 상태에서 이루어진 지리적 또는 지질적 환경과 그 조건 아래에서 생물이 생활하고 있는 모든 현상

해설

소생태계라 함은 생물다양성을 높이고 야생동·식물의 서식지 간의 이동가능성 등 생태계의 연속성을 높이거나 특정한 생물종의 서식조건을 개선하기 위하여 조성하는 생물서식공간을 말한다.

69 자연환경보전법상 '대체자연'의 정의로 맞는 것은?

① 기존의 자연환경과 유사한 기능을 수행하거나 보완적 기능을 수행하도록 하기 위하여 조성하는 것
② 인간의 생활이나 경제활동에 이용될 수있는 유형·무형의 가치를 가진 자연상태의 생물과 비생물적인 것의 총체
③ 자연환경적 측면에서 시각적·심미적 가치를 가지는 지역·지형 및 이에 부속된 자연요소 또는 사물이 복합적으로 어우러진 자연의 경치
④ 생태적 기능과 수려한 자연경관을 보유하고 이를 지속가능하게 보전·이용할 수 있는 역량을 가진 자연

해설

대체자연이라 함은 기존의 자연환경과 유사한 기능을 수행하거나 보완적 기능을 수행하도록 하기 위하여 조성하는 것을 말한다.

70 생물다양성 보전 및 이용에 관한 법률에 규정되지 않는 것은?

① 생태·자연도
② 생태계서비스지불제 계약
③ 위해성 평가
④ 국가생물다양성센터의 운영

해설

생태·자연도는 자연환경보전법에 의해 규정된다.

71 환경정책기본법령 시행상 이산화질소의 1시간 평균치 대기환경기준(ppm)은?

① 0.03 ② 0.05
③ 0.06 ④ 0.1

해설 환경기준(제2조 관련)

1. 대기

항목	기준
아황산가스(SO_2)	• 연간 평균치 0.02ppm 이하 • 24시간 평균치 0.05ppm 이하 • 1시간 평균치 0.15ppm 이하
일산화탄소(CO)	• 8시간 평균치 9ppm 이하 • 1시간 평균치 25ppm 이하
이산화질소(NO_2)	• 연간 평균치 0.03ppm 이하 • 24시간 평균치 0.06ppm 이하 • 1시간 평균치 0.10ppm 이하
미세먼지(PM-10)	• 연간 평균치 $50\mu g/m^3$ 이하 • 24시간 평균치 $100\mu g/m^3$ 이하
초미세먼지(PM-2.5)	• 연간 평균치 $15\mu g/m^3$ 이하 • 24시간 평균치 $35\mu g/m^3$ 이하
오존(O_3)	• 8시간 평균치 0.06ppm 이하 • 1시간 평균치 0.1ppm 이하
납(Pb)	연간 평균치 $0.5\mu g/m^3$ 이하
벤젠	연간 평균치 $5\mu g/m^3$ 이하

72 농업을 하지 않는 개인이 주말·체험영농을 하기 위해 소유할 수 있는 면적은?

① 1천 제곱미터 미만
② 1천5백 제곱미터 미만
③ 2천 제곱미터 미만
④ 2천5백 제곱미터 미만

73 생태복원사업 모니터링과정에서 가장 먼저 수행하는 것은?

① 대상지 사업계획 검토

② 모니터링 목표 수립

③ 모니터링 방법 설정

④ 모니터링 예산 수립

해설

대상지 사업계획 검토 → 모니터링 목표 수립 → 모니터링 방법 선정 → 모니터링 예산 수립

74 모니터링 필수평가항목이 아닌 것은?

① 멸종위기종 종수 변화

② 생태계 교란생물 종수 변화

③ 탄소저감량

④ 동식물 종수 변화

해설 모니터링 필수평가항목

구분	평가항목	내용
생물종다양성	멸종위기종 종수 변화	사업대장지에 서식이 확인되는 멸종위기종의 종수
자연성 (교란 정도)	생태계교란생물 종수 변화	사업대상지에 서식이 확인되는 생태계교란생물의 종수
생태기반환경	탄소저감량 (또는 탄소저장량)	사업대상지 내 수림대 조성에 따른 탄소저감량(탄소저장량)
이용만족도	주민만족도 결과	주민만족도 설문조사표를 활용하여 전체 응답자의 점수를 산술평균하여 만족도(점)를 평가항목으로 함

75 독도 등 도서지역의 생태계 보전에 관한 특별법에서 특정도서보전 기본계획은 몇 년에 한 번씩 이루어지는가?

① 3년   ② 5년

③ 10년   ④ 15년

해설 독도 등 도서지역의 생태계 보전에 관한 특별법 제2조(특정도서 보전 기본계획)

①환경부장관은 특정도서의 자연생태계등을 보전하기 위하여 10년마다 특정도서보전 기본계획(이하 "기본계획"이라 한다)을 수립하고 관계 중앙행정기관의 장과 협의한 후 이를 확정한다.

②제1항에 따른 기본계획에는 다음 각 호의 사항이 포함되어야 한다.

  1. 자연생태계등의 보전에 관한 기본방향

  2. 자연생태계등의 보전에 관한 사항

  3. 그 밖에 대통령령으로 정하는 사항

③제1항에 따른 기본계획의 수립방법, 절차 및 그 밖에 필요한 사항은 대통령령으로 정한다.

[전문개정 2011. 7. 28.]

76 생태교란종 관리에 대한 설명이 잘못된 것은?

① 돼지풀과 단풍잎돼지풀은 꽃이 많이 피어있는 때가 아니면 만지거나 접촉하는 것은 문제가 되지 않는다.

② 환삼덩굴은 우리나라 자생종으로 주로 하천변에 집단적으로 분포하여 다른 식물의 생장에 방해를 주는 식물이다.

③ 황소개구리는 산란기(5~6월)에 알을 제거하고, 성체는 되도록 포획하지 않는다.

④ 붉은귀거북속 전종은 서식밀도가 높거나 생태계 영향이 높은 지역을 대상으로 우선 제거한다.

해설 황소개구리 관리방법

㉠ 관리방법 및 시기

• 주요 발생지역 및 확산 위험지역을 중심으로 포획

• 산란기 알 제거, 유생포획 및 성체포획 방법을 이용하여 관리

• 알덩어리는 뜰채를 이용하여 제거

• 성체는 낚시, 그물, 통발 등을 이용하여 포획

• 유생은 통발, 투망, 족대 등을 이용하여 포획

• 제거 완료 지역은 재발생에 대비하여 상시 관찰하고 개체의 확인 시 신속하게 제거

• 퇴치 시 인접지역으로의 이동을 차단하기 위해 차단막을 설치하고 지역 간 공동제거 실시

• 5~6월에는 알덩어리, 4~10월에는 유생(올챙이)과 성체 위주로 포획

• 산란 시기는 지역에 따른 차이가 있으므로, 사전에 실태조사 후 알과 유생을 제거

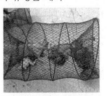
통발에 포획된 황소개구리

황소개구리 포획 통발 설치

㉡ 시기별 관리방법

관리방법	관리시기 1 2 3 4 5 6 7 8 9 10 11 12
활동시기 및 포획시기	
포획트랩의 운용	
산란시기	

- 동면은 하천이나 저수지의 바닥부분에서 하며, 유생의 형태로 겨울을 지내기도 함

(*출처 : 환경부, 생태교란생물 현장관리 가이드)

77 생태복원사업 후 모니터링 1차 연도의 모니터링 자문횟수는?

① 현장자문 1회
② 기술자문 1회
③ 현장자문 1회, 기술자문 1회
④ 현장 또는 기술자문 1회

78 야생생물 보호 및 관리에 관한 법규상 멸종위기야생생물 Ⅱ급에 해당하는 것은?

① 만년콩
② 한라솜다리
③ 단양쑥부쟁이
④ 털복주머니란

해설
만년콩, 한라솜다리, 털복주머니란 : 멸종위기야생생물 Ⅰ급

79 다음에서 설명하는 생태복원사업의 시공 후 관리방법은?

> 실험적 관리라고도 부르며, 생태복원 후 계속해서 변하는 생태계에 대한 불확실성을 감소시키기 위해 생태계 형성 과정에 대한 모니터링을 지속적으로 시행해 그 결과에 따라 관리방법을 최적화하는 방식으로, 인위적인 교란을 원천적으로 방지한다.

① 순응관리
② 운영관리
③ 적용관리
④ 하자관리

80 자연환경보전법규상 환경부장관의 승인을 받아 생태계보전부담금의 반환을 받을 수 있는 사업으로 옳지 않은 것은? (단, 생태계보전부담금의 부과대상 사업의 일부로서 추진되는 사업이 아니다.)

① 소생태계 조성사업
② 생태통로 조성사업
③ 생태학습 전문학원 조성사업
④ 자연환경 보전·이용시설의 설치사업

해설 자연환경보전법 시행령 제46조(자연환경보전사업의 범위 및 생태계보전부담금의 반환 등)

① 법 제50조제1항 본문에서 "대체자연의 조성, 생태계의 복원 등 대통령령으로 정하는 자연환경보전사업"이란 다음 각 호의 사업을 말한다. 다만, 법 제46조제2항에 따른 생태계보전부담금의 부과대상 사업의 일부로서 추진되는 사업은 제외한다. 〈개정 2022. 1. 6.〉
1. 법 제2조제6호에 따른 소생태계 조성사업
2. 법 제2조제9호에 따른 생태통로 조성사업
3. 법 제2조제11호에 따른 대체자연 조성사업
4. 법 제38조에 따른 자연환경보전·이용시설의 설치사업
5. 그 밖에 훼손된 생태계의 복원을 위한 사업

정답 77 ③ 78 ③ 79 ① 80 ③

■ 참고 문헌

• 공우석(2012), 「키워드로 보는 기후변화와 생태계」, 지오북
• 구본학(2018), 「습지생태학」, 도서출판 조경
• 국립생태원(2015), 「자연환경보전사업 설계 가이드라인」, 국립생태원
• 국립환경과학원 국립습지센터(2015.3), 「내륙습지 생태복원을 위한 안내서」, 국립환경과학원 국립습지센터
• 권태호 외(2012), 「환경생태학(생태계의 보전과 관리)」, 라이프사이언스
• 김윤성(2009), 「그림으로 이해하는 생태사상」, 개마고원
• 김인호(2015), 「조경 식재 설계」 실습 교재
• 김재근 외(2006), 「생태조사방법론(자연생태복원대계 2)」, 보문당
• 김준호 · 서계홍 · 정연숙 외(2007), 「현대생태학(개정판)」, (주)교문사
• 김준민 외(2000), 「한국의 귀화식물」, 사이언스북스
• 김지연(2013), 「포인트 자연환경관리기술사」, 예문사
• 문석기(2004), 「생태공학」, 보문당
• 문석기(2005), 「환경계획학(자연생태복원대계 3)」, 보문당
• 이경재 외(2011), 「환경생태계획」, 광일문화사
• 이경재 외(2011), 「환경생태학」, 광일문화사
• 이도원(2016), 「경관생태학(환경계획과 설계, 관리를 위한 공간생리)」, 서울대학교 출판부
• 이동근(2008), 「경관생태학(자연생태복원대계 1)」, 보문당
• 이동근 · 김명수 · 구본학 외(2004), 「경관생태학」, 보문당
• 이동근 · 이명균 · 정태용(2014), 「생물다양성, 경제로 논하다」, 보문당
• 이우신, 박찬열, 임신재 외(2010), 「야생동물 생태 관리학」, 라이프사이언스
• 정종배 · 양재의 · 김길용 외(2006), 「토양학」, 鄕文社
• 정회성, 변병설(2019), 「환경정책론」, 박영사
• 조동길(2011), 「생태복원계획 · 설계론」, 넥서스환경디자인연구원 출판부
• 조동길(2017), 「생태복원계획 · 설계론 제 II 권」, 넥서스환경디자인연구원 출판부
• 차윤정 · 전승훈(2009), 「숲 생태학 강의」, 지성사
• 최재천 외(2011), 「기후변화교과서」, 도요새
• 생태편집위원회 편저(2011), 「생태계와 기후변화」, 한국생태학회
• 한국조경학회(2007), 「조경설계기준」, 기문당
• 한국조경학회(2007), 「조경시공학」, 문운당
• 홍선기 외(2005), 「생태복원공학(서식지와 생태공간의 보전과 관리)」, 라이프사이언스
• 환경부(2014.1), 「전략환경영향평가 업무 매뉴얼」, 진한엠앤비
• Andre F. Clewwll 외, 조동길 외 역(2015), 「생태복원」, 넥서스환경디자인연구원 출판부
• G. Tyler Miller 외, 김기대 외 역(2020), 「(21세기)생태와 환경」, 라이프사이언스
• Jonathan D. Ballou 외, 김백준 외 역(2014), 「보전유전학 입문」, 월드사이언스
• M. Galatowitsch, Susan(2012), 「Ecological Restoration」, Sinauer Associates Inc
• Richard B. Primack 저, 이상돈 외 역(2014), 「보전생물학」, 월드사이언스
• Richard T.T. Forman, 홍선기 외 역(2000), 「토지 모자이크」, 성균관대학교 출판부
• Thomas M. Smith 외, 강혜순 외 역(2011), 「생태학 7판」
• William J. Mitch 외, 강대석 외 역(2012), 「생태공학과 생태계 복원」, 한티미디어

REFERENCES

■ 보고서 및 보도자료, 학술자료

• 과학기술정보통신부(2022.12.14), 「제1차 기후변화대응 기술개발 기본계획('23~'32)」
• 관계부처합동(2015.12), 「제2차 국가기후변화 적응대책 2016~2020」, 환경부
• 관계부처합동(2015.12), 「제4차 국가환경종합계획」, 환경부
• 관계부처합동(2018.11), 「제4차 국가생물다양성전략(2019~2023년)」, 환경부
• 관계부처합동(2019.10), 「제2차 기후변화대응 기본계획」, 환경부
• 관계부처합동(2020), 「제5차 국가환경 종합계획(2020~2040)」, 환경부
• 관계부처합동(2021), 「제4차 지속가능발전 기본계획(2021~2040)」
• 구본덕(2006), 「과제설계 시의 건축설계개념 유형과 특성에 관한 연구」, 「대한건축학회논문집(22권 5호)」, 대한건축학회
• 국립생태원(2017), 「환경영향평가 협의를 위한 대체서식지 조성 가이드라인」
• 국토교통부(2009), 「도로비탈면 녹화공사의 설계 및 시공 지침」
• 국토교통부 수자원정책국(2013.4.16), 「친수구역 조성 지침」
• 김민수(2009), 「녹색성장 국가전략」, 대한산업공학회
• 김철환(2000), 「자연환경평가 – 식물군의 선정」, 「한국환경생물학회」
• 미래창조과학부(2016), 「한국의 모든 기후기술 한자리에(기후기술확보 로드맵(CTR)」
• 산림청 산림생태계복원팀(2016), 「제2차 백두대간보호 기본계획 2016~2025」
• 안소은 · 김지영 · 이창훈 외(2009), 「환경가치를 고려한 통합정책평가 연구 I」, 한국환경정책 · 평가연구원
• 이덕환(2003), 「열역학의 새 패러다임 : 가역과 평형에서 비가역과 비평형으로」, 자연과학
• 이상윤(2014), 「국제 기후변화 협상동향과 대응전략(I)」, KEI
• 이상윤(2015), 「2014년 신기후체제 협상결과 및 2015년 협상전략」, 「환경포럼(통권 198호)」, KEI
• 이승준(2016.2), 「기후변화 적응 및 손실과 피해에 관한 파리협정의 의의와 우리의 대응」, 「환경포럼(통권 206호)」, KEI
• 정대연, 「국가 지속가능발전지표 개발의 목적과 의의」
• 「하천식물자료집」(환경부 G – 7 연구사업)
• 한국개발연구원(2008), 「예비타당성조사 수행을 위한 일반지침 수정 · 보완 연구(제5판)」
• 한국개발연구원(2008), 「정릉중~버드내교 간 도로개설 예비타당성조사 보고서」
• 한국관광공사(2017), 「관광자원 개발 매뉴얼」
• 한국수자원공사(2011), 「조경공사 설계지침」
• 한국환경정책 · 평가연구원(2003), 「국토환경보전계획 수립 연구」
• 한국환경정책 · 평가연구원(2007), 「식물사회학적 이론에 의한 생태모델숲 조성기법」
• 환경부(2002), 「하천복원 가이드라인」
• 환경부(2005.9), 「도서 · 연안 생태축 보전방안」
• 환경부(2005), 「자연환경보전 · 이용시설 업무편람」
• 환경부(2005), 「자연환경보전 · 이용시설 설치 · 운영 가이드라인 연구」
• 환경부(2007), 「광역생태축 구축을 위한 연구」
• 환경부(2007), 「국토환경성평가지도 유지 · 관리 대행 사업 최종보고서」
• 환경부(2009), 「사업 유형별 평가서 작성을 위한 환경영향평가서 작성 가이드라인」
• 환경부(2009), 「생태환경 이용 및 관리 기술 : 통합정보관리시스템을 이용한 생물다양성 경제가치평가지침서」
• 환경부(2010.6), 「생태통로 설치 및 관리지침」
• 환경부(2010.10), 「새만금 개발에 따른 환경관리 가이드라인」
• 환경부(2010), 「생태계보전협력금 반환사업 가이드라인」
• 환경부(2011), 「생태하천 복원 기술지침서」

- 환경부(2011.5.3), 「자연공원 삭도(索道) 설치·운영 가이드라인」
- 환경부(2011), 「훼손자연환경의 체계적 복원을 위한 연구」
- 환경부(2012), 「대체서식지 환경영향평가지침」
- 환경부(2012.12), 「제2차(2013~2022) 자연공원 기본계획」
- 환경부(2012), 「한국의 생물다양성 보고서」
- 환경부(2013), 「대체서식지 조성·관리 환경영향평가지침」
- 환경부(2013), 「환경영향평가 시 저영향개발(LID)기법 적용 매뉴얼」
- 환경부(2014.8), 「생태하천 복원사업 기술지침서」
- 환경부(2014), 「생태하천 복원 사후관리 매뉴얼」
- 환경부(2014.4), 「비점오염저감시설의 설치 및 관리·운영 매뉴얼」
- 환경부(2014.8), 「생태하천 복원 조사·평가 및 진단 매뉴얼」
- 환경부(2014.10), 「생태계보전협력금 반환사업 사례집」
- 환경부(2014.10), 「외래생물 유입에 따른 생태계 보호 대책」
- 환경부(2014.12), 「생태계보전협력금 업무편람 및 반환사업 가이드라인」
- 환경부(2014.12), 「유엔기후변화협약(UNFCCC)에 따른 제1차 대한민국 격년갱신보고서」
- 환경부(2014b), 「인공습지 조성 및 유지관리 가이드라인」
- 환경부(2015.8), 「개발사업 등에 대한 자연경관 심의지침」
- 환경부(2015), 「국가생태문화탐방로 조성·운영 가이드라인」
- 환경부(2015), 「신기후체제(Post－2020)」
- 환경부(2015), 「자연환경보전사업 설계 가이드라인」
- 환경부(2015), 「자연환경보전사업 설계 가이드라인」
- 환경부(2015.12), 「전략환경영향평가 업무 매뉴얼」
- 환경부(2016.5), 「교토의정서 이후 신 기후체제 파리협정 길라잡이」
- 환경부(2016), 「국립공원, 기후 변화 알려주는 계절 알리미 생물종 선정」
- 환경부(2016.7.1), 「생태면적률 적용 지침」
- 환경부(2017.1), 「생태복원사업 모니터링 및 유지관리 가이드라인」
- 환경부(2017), 「자연마당 조성사업 가이드라인」
- 환경부(2017), 「자연마당 조성사업 기본 계획 및 설계 공모 지침서」
- 환경부(2018.6), 「제3차 습지보전기본계획(안)(2018~2022)」
- 환경부(2018.7), 「도시생태복원사업 시행지침 마련 연구 최종 보고서」
- 환경부(2019.8.30), 「제2차 외래생물 관리계획(2019~2023)」
- 환경부(2020.12.28), 「제4차 야생생물 보호 기본계획('21~'25)」
- 환경부(2022.4), 「환경영향평가 관련 규정집」
- 환경부(2023.3.25), 「제1차 국가 탄소중립 녹색성장 기본계획('23~'42)」
- 환경부·국립환경과학원(2012), 「제4차 전국 자연환경조사지침」
- 환경부·국립환경과학원(2014), 「한국기후변화 평가보고서 2014」
- 환경부·국립환경과학원(2016), 「생물측정망조사 및 평가지침」
- 환경부 국토환경평가과(2013.1.1), 「친수구역 조성사업 환경성 검토 가이드라인」
- 환경부 국토환경평가과(2013.1.1), 「친환경 골프장 조성 및 운영을 위한 가이드라인」
- 환경부·기획재정부(2019.12.30), 「제3차 배출권거래제 기본계획」
- 환경부 물환경정책국 토양지하수과(2013), 「표토 보전 종합 계획('13~'17)」

REFERENCES

- 환경부(2014.7), 「생태놀이터 "아이뜨락" 유형별 조성모델 가이드북」
- 환경부 수생태보전과(2016.2.23.), 「생태하천복원사업 업무추진 지침(예·결산, 사업관리)(9차 개정)」
- 환경부 자연보전국(2015.12), 「제3차 자연환경보전 기본계획(2016~2025)」
- 환경부 자연정책과(2014.2), 「생태놀이터 조성 가이드라인」
- 환경부·한국환경공단(2011.3), 「생태하천 복원 가이드북」
- 환경부·해양수산부(2022.12), 「제4차 습지보전기본계획(2023~2027)」
- 환경부 G-7 연구사업 국내 여건에 맞는 자연형 하천공법 개발 연구팀(2001), 「하천식물자료집」
- Bach, D.H, and MacAskill, I.A.(1984), 「Vegetation in Civil and LandscapeEngineering」, Granada : London.

■ 인터넷 자료

- 과학기술정보통신(www.msit.go.kr)
- 개별 공간정보 시스템(www.egis.me.go.kr/intro/each.do)
- 국가공간정보포털(www.nsdi.go.kr)
- 국가생물종지식정보시스템(www.nature.go.kr)
- 국가소음정보시스템(www.noiseinfo.or.kr)
- 국가수자원관리종합정보시스템(www.wamis.go.kr)
- 국립생물자원관(작성일 불명). 국가 기후변화 생물 지표종(https://species.nibr.go.kr)
- 국립생태원(www.nie.re.kr)
- 국토지리정보원(www.ngii.go.kr)
- 국립환경과학원(www.nier.go.kr)
- 국토환경성평가지도(www.ecvam.neins.go.kr)
- 기상청 날씨누리(www.weather.go.kr)
- 농어촌지하수관리시스템(www.groundwater.or.kr)
- 농업기상정보서비스(www.weather.rda.go.kr)
- 농지공간포털(www.njy.mafra.go.kr)
- 농촌용수종합정보시스템(www.rims.ekr.or.kr)
- 문화재 공간정보 서비스(www.gis-heritage.go.kr)
- 물환경정보시스템(www.water.nier.go.kr)
- 법제처(www.moleg.go.kr)
- 브이월드(www.map.vworld.kr)
- 산림공간정보(www.fgis.forest.go.kr)
- 산림청-산지정보시스템(www.forestland.go.kr)
- 생활환경안전정보시스템 초록누리(www.ecolife.me.go.kr)
- 순환자원정보센터(www.re.or.kr)
- 스마트서울맵, 더 스마트한 서울지도(www.map.seoul.go.kr)
- 씨:리얼(SEE:REAL)(www.seereal.lh.or.kr)
- 유네스코 한국위원회(www.unesco.or.kr)
- 유네스코 MAB 한국위원회(www.unescomab.or.kr)
- 유튜브(Dr.CY 리스크 강의 시리즈-지리정보시스템(GIS) 기본개념 정리
  www.youtube.com/watch?v=GoGA69PN_7U)

- 자동차 배출가스 누리집(대국민)(www.mecar.or.kr)
- 전자문제집 CBT(www.comcbt.com)
- 토양지하수종합정보시스템(www.sgis.nier.go.kr)
- 토양환경정보시스템(흙토람)(www.soil.rda.go.kr)
- 토지이용규제지역ㆍ지구도(www.egis.me.go.kr/intro/use.do)
- 토지피복도(www.egis.me.go.kr/intro/land.do)
- 폐기물종합관리 시스템(올바로)(www.allbaro.or.kr)
- 하천관리지리정보웹시스템(www.river.go.kr)
- 한국산업인력공단(www.hrdkorea.or.kr)
- 화학물질정보처리시스템(www.kreach.me.go.kr)
- 환경공간정보서비스(www.egis.me.go.kr)
- 환경영향평가정보지원시스템(www.eiass.go.kr)
- 환경주제도(www.egis.me.go.kr/intro/envi.do)
- 환경부(www.unesco.or.kr)
- 환경부 환경통계포털(우리나라 주요환경지표)(http://stat.me.go.kr)
- CITES Secretariat(작성일 불명). CITES-Listed species. http://cites.org/eng/disc/species.php에서 2018.7.24. 검색
- Daum Cafe 자연생태복원기사(https://cafe.daum.net/gfhfsf)
- https://www.ncs.go.kr/unity/th03/ncsResultSearch.do(생태계 종합평가)
- https://www.ncs.go.kr/unity/th03/ncsResultSearch.do(생태복원 구상)
- https://www.ncs.go.kr/unity/th03/ncsResultSearch.do(생태기반환경복원 계획)
- https://www.ncs.go.kr/unity/th03/ncsResultSearch.do(생태기반환경복원 설계)
- https://www.ncs.go.kr/unity/th03/ncsResultSearch.do(생태기반환경 복원)
- https://www.ncs.go.kr/unity/th03/ncsResultSearch.do(서식지 복원)
- https://www.ncs.go.kr/unity/th03/ncsResultSearch.do(생태복원 현장관리)
- https://www.ncs.go.kr/unity/th03/ncsResultSearch.do(생태복원사업 타당성 검토)
- https://www.ncs.go.kr/unity/th03/ncsResultSearch.do(인문환경 조사)
- https://www.ncs.go.kr/unity/th03/ncsResultSearch.do(생태기반환경 조사)
- https://www.ncs.go.kr/unity/th03/ncsResultSearch.do(서식지 복원 계획)
- https://www.ncs.go.kr/unity/th03/ncsResultSearch.do(생태시설물 계획)
- https://www.ncs.go.kr/unity/th03/ncsResultSearch.do(서식지복원 설계)

  https://www.ncs.go.kr/unity/th03/ncsResultSearch.do(생태시설물 설계)
- https://www.ncs.go.kr/unity/th03/ncsResultSearch.do(생태시설물 설치)
- https://www.ncs.go.kr/unity/th03/ncsResultSearch.do(동물 조사)
- https://www.ncs.go.kr/unity/th03/ncsResultSearch.do(식물 조사)
- https://www.ncs.go.kr/unity/th03/ncsResultSearch.do(생태복원 도서작성)
- VESTAP 기후변화 취약성 평가도구(www.vestap.kei.re.kr)

REFERENCES

■ 법제처 국가법령정보센터 사이트

• 「국토계획 및 환경보전계획의 통합관리에 관한 공동훈령」(국토교통부)
• 「국토계획평가에 관한 업무처리지침」
  [별표 1] 국토계획평가의 세부 평가기준 선정 고려사항
  [별표 2] 환경성 검토 세부 평가기준의 평가범위
• 「기후변화대응 기술개발 촉진법」
• 「기후변화대응 기술개발 촉진법」
• 「기후위기 대응을 위한 탄소중립 · 녹색성장 기본법」
• 「도시생태현황지도의 작성방법에 관한 지침」
• 「백두대간 보호에 관한 법률」
• 「생물다양성 보전 및 이용에 관한 법률」
• 「생태계교란 생물 지정고시」(환경부고시 제2017－265호, 2018.1.3.)
• 「습지보전법」
• 「야생생물 보호 및 관리에 관한 법률」
• 「야생생물 보호 및 관리에 관한 법률 시행규칙」 [별표 1](개정 2017.12.29)
• 「야생생물 보호 및 관리에 관한 법률 시행규칙」 [별표 3](개정 2018.2.1)
• 「야생생물 보호 및 관리에 관한 법률 시행규칙」 [별표 6](개정 2015.3.25)
• 「온실가스 배출권의 할당 및 거래에 관한 법률」
• 「유입주의 생물 지정 고시」
• 「자연공원법」
• 「자연환경보전법」
• 「지속가능발전 기본법」
• 「환경영향평가법」
• 「환경영향평가서등에 관한 협의업무 처리규정」
• 「환경정책기본법」
• 「환경정책기본법 시행령」 [별표 1](개정 2020.5.12)
• 「환경정책기본법 시행령」(개정 2018.5.28) [별표]

자연생태복원기사 필기

발행일 | 2023. 3. 10   초판 발행
2024. 3. 10   개정 1판1쇄

저 자 | 이효준
발행인 | 정용수
발행처 | 예문사

주 소 | 경기도 파주시 직지길 460(출판도시) 도서출판 예문사
T E L | 031) 955-0550
F A X | 031) 955-0660
등록번호 | 11-76호

- 이 책의 어느 부분도 저작권자나 발행인의 승인 없이 무단 복제하여
  이용할 수 없습니다.
- 파본 및 낙장은 구입하신 서점에서 교환하여 드립니다.
- 예문사 홈페이지 http : //www.yeamoonsa.com

정가 : 39,000원

ISBN 978-89-274-5385-7   13520